Friedrich Jonas · Geschichte der Soziologie 2

WV studium Band 93

Friedrich Jonas

Geschichte der Soziologie 2

Von der Jahrhundertwende bis zur Gegenwart

Mit Quellentexten

2. Auflage

Westdeutscher Verlag

CIP-Kurztitelaufnahme der Deutschen Bibliothek

Jonas, Friedrich:
Geschichte der Soziologie / Friedrich Jonas. –
Opladen: Westdeutscher Verlag
Früher im Rowohlt-Verl., Reinbek bei Hamburg
2. Von der Jahrhundertwende bis zur Gegenwart:
mit Quellentexten. – 2. Aufl. – 1981.
(WV-Studium; Bd. 93)
ISBN 3-531-22093-4

NE: GT

1.–7. Tausend Juni 1976
2. Auflage 1981

Die Erstausgabe des Werkes erschien 1969 in den rde-Bänden 306/307 u. 308/309.

Umschlaggestaltung: Horst Dieter Bürkle, Darmstadt
Satz: Clausen & Bosse, Leck/Schleswig
Druck: E. Hunold, Braunschweig
Buchbinder: W. Langelüddecke, Braunschweig
Printed in Germany

ISBN 3-531-22093-4

INHALTSVERZEICHNIS

VORWORT

Die Soziologie ist eine an der Erfahrung orientierte und der Zukunft zugewandte Wissenschaft. Sie kann sich nicht durch Autoritäten oder Dogmen legitimieren wollen, und ihre Geschichte ist demzufolge kein Mausoleum, in dem Namen und Meinungen um ihrer selbst willen konserviert werden. In einer Zeit, die auf allen Gebieten einen außerordentlichen Zuwachs an Wissensstoff zu verzeichnen hat, gehört zum Fortschritt der Erkenntnis auch die Fähigkeit, das Vergangene auf sich beruhen und das Tote durch die Toten begraben zu lassen. Die Beschäftigung mit der Geschichte einer Wissenschaft kann sich hier nicht durch die Erinnerung eines der Vergangenheit angehörenden Stoffes rechtfertigen, sondern muß zur Erkenntnis der Fragen beitragen, vor denen diese Wissenschaft hier und jetzt steht.

Die Geschichte der Soziologie, sagt PARSONS (*Structure of Social Action, Preface*), ist ein *convenient way* zur soziologischen Theorie selbst. Wenn wir uns diese Meinung zu eigen machen, so weisen wir jedoch gleich darauf hin, daß auch die Geschichte kein Fiaker ist, den man nach Belieben besteigen und verlassen kann. Die Geschichte der Soziologie ist nicht nur in dem Sinne ein bequemer Weg zur soziologischen Theorie, daß sie uns die Entwicklung von Problemstellungen und Denkansätzen zeigt, die der soziologischen Theorie der Gegenwart zugrunde liegen. Eine solche Auffassung trifft, wie wir meinen, nur einen Teil dessen, was von der Geschichte eines Wissenschaftsgebietes zu erwarten ist. Wir wollen gewiß nicht bestreiten, daß eine Darstellung der vergangenen soziologischen Theorien als Vorstufen der gegenwärtigen Theorie ihre Berechtigung und ihr Interesse hat. Sicher gehört zur Geschichte der Soziologie auch dieser Aspekt, unter dem also gezeigt wird, wie sich bestimmte Denkansätze zu ihrer gegenwärtigen Form entwickelt haben oder wie gegenwärtige Theorien nach rückwärts verlängert werden können. Uns kommt es hier aber darauf an zu betonen, daß er für denjenigen, der nicht – wie PARSONS – das Interesse an einer bestimmten Theorie vertritt, nicht im Zentrum der Darstellung stehen kann.

Für uns liegt der eigentlich interessante Aspekt der Geschichte der Soziologie darin, daß sie demjenigen, der sich mit ihr beschäftigt, einen Einblick in die nicht festgelegte und entwickelbare Natur des Gegenstandes vermittelt, auf den sich die Soziologie als Wissenschaft bezieht. Die Entwicklung läuft hier nicht in *einer* Dimension ab, sie hat auch nicht nur *eine* Thematik zum Gegenstand, sondern es gibt innere Gegensätze in den Selbstverständlichkeiten, von denen ausgegangen wird, um das Verhalten des Menschen in der Gesellschaft und die Ordnung dieser Gesellschaft selbst zu interpretieren. Gewiß fehlt es nicht an Versuchen, diese verschiedenen Denkansätze zu einer Synthesis zusammenzuzwingen, die dann ihrerseits eine neue Wissenschaft legitimieren soll

– ein Verfahren, das auf eine mehr als hundertjährige Tradition zurückblicken kann. Wir müssen jedoch gestehen, daß uns diese Versuche, Ausschließlichkeitsansprüche anzumelden, nicht überzeugen können und daß unser Ehrgeiz eher dahin geht, dem Leser die Nuancen und Probleme deutlich zu machen, die sich mit der soziologischen Theorie in ihrer Geschichte verbinden.

Die Geschichte der Soziologie erscheint uns in diesem Sinne als Organon, mit dem verschiedene Interpretationsmöglichkeiten des gesellschaftlichen Prozesses aufgeschlossen werden. Den eigentlich belehrenden Effekt würden wir weniger in der Herleitung bestimmter Theoreme sehen als in der Einsicht in die Differenziertheit von Denkansätzen und deren Konsequenzen. Hier werden verschiedene Wege der Interpretation und Forschung beschritten, die mehr oder weniger weit führen, alle aber eine gewisse innere Notwendigkeit haben, die sich über die Zeit hinweg wiederholt. Mit der Stellung einer Frage ist auch die Antwort, die erwartet werden kann, vorgezeichnet, und die Auseinandersetzung geht nicht zuletzt um die Anerkennung von Fragestellungen. Das Auftauchen bestimmter Fragestellungen und ihr Versanden, der Griff einer bestimmten Thematik und ihre Umdeutung, die Probleme, die mit der Rezeption soziologischer Theorien verbunden sind, das alles sind Vorgänge, an denen nicht nur dogmatische Kenntnisse zu erwerben sind, sondern das Urteil über den Gegenstand der Soziologie geschult werden kann. Dieser Gegenstand ist keine Natur, die unter zeitlosen Gesetzen steht, und er ist doch so beständig, daß wir ihn nicht als Ergebnis menschlicher Willkür und Einbildungskraft ansehen können. Die Geschichte zeigt uns die Relativität aller Fragestellungen, aber zugleich auch das Durchhalten von Themen, die immer wiederkehren. Bei alledem zwingt sie uns zu der Frage – die heute ebenso aktuell ist wie vor zweihundert Jahren –, ob und gegebenenfalls in welchem Sinne es eine allgemeine Erkenntnis von diesem Gegenstand geben könne, d. h. wieweit unsere Fragestellungen und Voraussetzungen kanonisierbar sind.

Die Geschichte der Soziologie beginnt in dem Augenblick, in dem die selbstverständliche Geltung von Institutionen und Werten durchbrochen und die Frage nach ihnen als relevanter Forschungsgegenstand anerkannt wird. In der schönen Formulierung von KANT ist das der ‹Ausgang der Menschheit aus ihrer selbstverschuldeten Unmündigkeit›. Menschen, die die Verhältnisse, unter denen sie leben, nicht mehr als Naturtatsachen anerkennen, fragen nach den Prinzipien und Legitimitätsgründen ihres Zusammenlebens, ihrer gesellschaftlichen Ordnung. Die Soziologie ist darum immer eine kritische Wissenschaft, verpflichtet auf das *sapere aude*, auf die Distanz gegenüber geltenden Werten und Institutionen: sie ist kein Ersatz für verlorene Identifikationen, keine begleitende Sinngebung für Handlungen, sondern schlicht Erkenntnis der Zusammenhänge in ihrem Problemfeld. Die Geschichte der Soziologie zeigt uns aber nicht nur, wie schnell unkritische Positionen zusammenbrechen, sie zeigt uns auch, daß die eigentliche Meisterschaft darin besteht, die Selbstverständlichkeiten zu ergreifen, die in einer bestimmten Gesellschaft zu einer bestimmten Zeit der Analysis und Interpretation gesellschaftlicher Prozesse unterliegen. Die soziologische Erkenntnis braucht, wie jede andere wissenschaftliche Erkenntnis, einen *frame of reference,* in dem Erfahrungen zu Erkenntnissen werden können. Sowohl die unkritische Übernahme eines bestimmten Bezugssystems als auch der radikale Skeptizismus, der angesichts der veränderlichen Materie, mit der es die Soziologie zu tun hat, einen wissenschaftlich befriedigenden Bezugsrahmen überhaupt für unmöglich hält, zerstören schließlich das, wonach sie streben: die wissenschaftliche Erkenntnis mit ihren – überall anzutreffenden – Problemen und Unzulänglichkeiten.

Die Geschichte der Soziologie konfrontiert uns mit dem Gegenstand, mit dem es die Soziologie zu tun hat. Sie zeigt uns die Probleme, die sich mit der Erfassung dieses Gegenstandes verbinden, und sie bewahrt uns eben dadurch, daß sie über den begrenzten Rahmen einer bestimmten Theorie hinausgehen muß, vor der Versuchung, diese Probleme in Definitionen verschwinden zu lassen. Die Beschäftigung mit der Geschichte der Soziologie kann auf diese Weise dazu beitragen, unsere Urteilskraft zu stärken, die leider so oft gegenüber bloßen Kenntnissen in den Hintergrund tritt. Zur Ausbildung der wichtigen Fähigkeit, abschätzen zu können, wie weit eine bestimmte Begrifflichkeit reicht, was von ihr gegriffen wird und was nicht, sind methodenkritische Kenntnisse, so wichtig sie auch sein mögen, allein nicht genug. Das lebendige Beispiel, das uns in den Arbeiten derjenigen entgegentritt, die sich vor uns um Erkenntnis bemühten, die Einsicht in die Erfahrungen, die hier gesammelt wurden, können, so glauben wir, durch nichts ersetzt werden. *«Si vous voulez mûrir votre pensée»,* so riet DURKHEIM 1911 seinem Schüler MAUBLANC, *«attachez-vous à l'étude d'un grand maître.»* Unser Ziel wäre erreicht, wenn wir hierzu einen kleinen Anstoß geben könnten.

Zur Darstellung selbst ist zu bemerken, daß sie keine monographische Aufarbeitung von Einzelfragen sein kann. Sie muß sich im Detail beschränken und kann nur hoffen, demjenigen, der an Spezialfragen interessiert ist, den Einstieg zu erleichtern. Wir haben versucht, einige Grundlinien der Entwicklung deutlich zu machen und dadurch zu einer rationalen Interpretation von Sache, Problemen und Selbstverständnis der Soziologie beizutragen. Wir sind uns dabei darüber im klaren, daß kein derartiger Versuch problemlos sein oder den Anspruch erheben kann, die einzig mögliche Art der Interpretation darzustellen. In diesem Sinne hoffen wir, daß die Kritik dazu beitragen möge, das Adäquanzverhältnis unserer Darstellung zu ihrer Sache zu verbessern.

Die Literaturhinweise am Schluß des Bandes bringen für jedes Kapitel eine kleine Bibliographie, die jedoch nur ausgewählte Monographien der Sekundärliteratur enthält. Sie werden eingeleitet durch eine summarische Übersicht über die wichtigsten bisher vorliegenden Gesamtdarstellungen. Einige zusätzliche Angaben haben wir im Text gemacht. Im übrigen können wir nur die alte Wahrheit wiederholen, daß das Studium der Primärliteratur durch nichts zu ersetzen ist.

Den Herren Kollegen BAIER, HARTMANN, LUDZ, SCHELSKY und STEGER, die einzelne Teile des Manuskripts durchgesehen haben, sei an dieser Stelle für ihre kritischen Ratschläge gedankt.

VI. SOZIOLOGIE IN FRANKREICH

1. Der Prozess des Sokrates

Das 20. Jahrhundert beginnt damit, rückblickend auf die Erfahrungen des 19. Jahrhunderts, die Frage nach dem Schicksal der Emanzipationsbewegung zu wiederholen, in deren Verlauf die Soziologie als eigenständige Wissenschaft hervorgetreten war. Frankreich hatte sich im 18. Jahrhundert zum Anwalt dieser Emanzipationsbewegung gemacht und in seiner großen Revolution den geistigen und politischen Führungsanspruch in Europa angemeldet. Gerade hier sind jedoch die Erwartungen, die man mit der Emanzipation verbunden hatte, enttäuscht worden. Die Revolution endet mit der Errichtung eines neuen Absolutismus. Es folgen die Niederlagen Napoleons, die Restauration, zwei Revolutionen, die ebenfalls nicht zur ersehnten Freiheit führen, sondern einem neuen Kaiser zur Macht verhelfen, der dann wieder geschlagen wird. Tocqueville stellte fest, daß er in einem Lande wohne, in dem man während vierzig Jahren ein wenig von allem versucht habe, ohne sich endgültig irgendwo festzulegen. Die revolutionäre Emanzipation sollte den Weg zu gesellschaftlich-politischem Fortschritt ebnen. Aber tatsächlich sind England und Preußen die großen Gewinner des 19. Jahrhunderts, und hinter ihnen zeichnet sich schon die künftige Vormachtstellung von Amerika und von Rußland ab, deren Machtzuwachs man, wenn auch aus verschiedenen Gründen, mit Mißtrauen gegenübersteht.

Diese Erfahrungen führen über den schon zu Beginn des 19. Jahrhunderts sichtbaren Zweifel an der Emanzipation hinaus zu einer grundsätzlichen Kehrtwendung gegen sie. Wenn man nach der Neubegründung der Soziologie in Frankreich zu Beginn des 20. Jahrhunderts fragt, dann darf dieser Hintergrund nicht übersehen werden. Für alle diese Denker sind Emanzipation und Aufklärung mit ihrer Befreiung des einzelnen aus den Korporationen und des Geistes aus den Institutionen eine Täuschung oder ein Unglück. Der Geist der Anarchie, gegen den schon Rousseau, Saint-Simon und Comte geschrieben hatten, wird immer heftiger angeklagt und als Ursache der gesellschaftlichen Schwierigkeiten, des politischen Unglücks, der ideologischen Täuschungen verurteilt. Alle bedeutenden Denker dieser Zeit, Renan, Bergson, Sorel, Le Bon, Durkheim, Péguy, um nur diese zu nennen, sind in ihren Gedankenkreisen fest mit dem Schicksal ihrer Nation verbunden. *«A tort ou à raison nous n'avons plus l'esprit de tradition ... nous avons, pour notre malheur peut-être, soif de logique»*, und darum, so bemerkt Durkheim weiter in seinem Aufsatz ‹*La philosophie dans les universités allemandes*› (Revue Internationale de l'Enseignement›, 13, 1887, S. 439), müssen wir deutlich machen, *«que la sympathie ne s'exerce qu'au sein de groupes inégalement extensifs mais toujours clos et fermés, et marquer la place de la patrie parmi ces groupes»*. Auch wenn man sich um wissenschaftliche Objektivität und Neutralität bemüht, so weiß man doch genau, wem die Theorie, die man vertritt, nützt, welche Institutionen sie legitimiert. Patriotismus, so bemerkt HUGHES *(Consciousness and Society.* 1958, S. 58 f), war hier eine fast instinktive Bewegung, über die man weniger als in Deutschland redete, weil sie mehr als selbstverständlich galt. Soziologie, so empfindet man hier, das ist weder ein neutrales analytisches Instrument noch eine beliebig verfügbare Theorie, sondern in ihr geht es um eine Einsicht, die von lebenswichtiger Bedeutung für die Gesellschaft ist, in der man lebt. DURKHEIM wird in seinem patriotischen Eifer so weit gehen, die Soziologie als «französische Wissenschaft» zu bezeichnen.

Das Prinzip der Emanzipation hatte im 17. und im 18. Jahrhundert in zwei großen Franzosen beispielhafte Darstellung gefunden. DESCARTES hatte die Emanzipation des Geistes aus den Institutionen zur Grundlage wissenschaftlicher Erkenntnis, VOLTAIRE die Emanzipation des einzelnen aus den Korporationen zur Grundlage einer freien und aufgeklärten Gesellschaft gemacht. Vernunft und Freiheit sind die großen Ideale der Revolution, die die Göttin der Vernunft verherrlicht und die Menschenrechte als Freiheitsrechte in der Verfassung verankert. Dieser Rationalismus und diese Begeisterung für die Emanzipation hatten von Anbeginn an Widerspruch gefunden. PASCAL und ROUSSEAU bleiben zwar in ihrer Zeit im Hintergrund, aber ihr Einfluß wächst langsam und beständig. Für sie ist das Thema nicht mehr die Emanzipation, die Befreiung der Vernunft und des Menschen aus ihren alten Fesseln, sondern die Rückkehr zu einer alten Wahrheit. Ihr Gott ist nicht der Gott der Dichter und Philosophen, der mit Hilfe der Vernunft erkannt wird, sondern der Gott des Alten Testaments, der Gott Abrahams und Isaaks, der den Glauben, die irrationale Unterwerfung fordert. Die Vernunft, so hatte schon ROUSSEAU gesehen, zerstört eben die Einheit, ohne die der Mensch nicht leben kann. Und das Thema der Soziologie wird die Wiederherstellung dieser Einheit.

«Terminer la Révolution», das ist der Grundgedanke, den schon SAINT-SIMON, COMTE und PROUDHON ebenso wie die Legitimisten BONALD und DE MAISTRE vertreten haben. Und je mehr die Zeit voranschreitet, desto weniger ist man geneigt, die Emanzipation als ein Durchgangsstadium zu einer besseren Welt anzusehen, wie es ROUSSEAU, SAINT-SIMON und COMTE getan hatten, desto mehr erscheint sie vielmehr als ein tödlicher Irrtum, ein schlechthin negatives und zerstörerisches Prinzip. Das be-

rüchtigte *«écrasez l'infâme»* wird jetzt auf diejenigen zurückgewendet, die es sich zu eigen gemacht hatten. Aus welcher Gesellschaftsschicht stammt denn die Infamie, so fragt PROUDHON, den SOREL in seinem Buch *‹Le Procès de Socrate›* (Paris 1889, S. 98) zitiert. Und er antwortet: das sind die Raffinierten, die Künstler, die *«gens de lettres»*. RENAN erklärt in seiner Schrift *‹La Réforme intellectuelle et morale›*, daß die Niederlage Frankreichs im Kampf gegen Preußen darauf zurückzuführen sei, daß man in Preußen der tödlichen Wirkung der Reflexion widerstanden und sich einen Rest von Rauheit, Schwere und Selbstverleugnung bewahrt habe. Aufklärung und Rationalismus sind hier nicht mehr nur Antithese, durch die man in einem dialektischen Prozeß hindurch muß, sondern Anathema. Man hat den falschen Göttern gedient und ist darum besiegt worden. Das Ausgehen von den Bedürfnissen und Interessen des einzelnen war ein Irrtum gewesen; jetzt handelt es sich darum, den kollektiven Zwang, die organische Totalität, die überindividuelle Macht der Gesellschaft zu rechtfertigen. Eine Betrachtungsweise, die deswegen empirisch und rational war, weil sie an die in der Erfahrung vorhandenen Interessen und Bedürfnisse des einzelnen anknüpfte, wird jetzt aufgegeben. Die Kollektiva, die man nur irrational intuitiv erfassen oder rein rational konstituieren kann – mit dem alten aristotelischen Argument, daß das Ganze mehr sei als die Summe seiner Teile –, konstituieren jetzt den Erkenntnisgegenstand der Soziologie.

HENRI BERGSON (1859–1941) findet mit seinem *«élan vital»* eine einprägsame Formel für diese neue Interpretation von Welt und Gesellschaft. BERGSON, der im Geiste des Rationalismus, des *esprit de géométrie*, erzogen worden war, der zu seiner Zeit im Positivismus seine letzten Triumphe feierte, beschäftigt sich während eines Spazierganges mit dem aus der Antike bekannten Paradox des ZENON. Die Vernunft ist nicht in der Lage zu beweisen, daß Achilles von einer Schildkröte überholt werden könne. Die Vernunft ist blind für die eigentlichen Kräfte, die im Leben eine Rolle spielen. Sie kann alles nur nach einem abstrakten Maßstab messen. Hier wendet sich BERGSON ebenso wie PASCAL vom Rationalismus ab. Der Rationalismus ist unfähig, die Realität zu erreichen. Seine kritischen Definitionen, die sich im Bereiche der unbelebten Materie bewährt haben, versagen, wenn es sich um die Erkenntnis von Lebensprozessen handelt. Die Erkenntniskraft der Vernunft ist beschränkt, und sie versagt gerade dort, wo es sich um das Leben des Menschen, auch um sein Leben in der Gesellschaft handelt. Nicht die Vernunft, sondern die Intuition ist es, die uns im Gegensatz zu der zergliedernden Vernunft die eigentlichen Zusammenhänge offenbart. Das Ganze, das mehr ist als die Teile, kann eben deswegen nicht rational aus den Teilen abgeleitet werden, wie es Aufklärung und Liberalismus hinsichtlich der

Handlungszusammenhänge der bürgerlichen Gesellschaft getan hatten. Das intuitive Erfassen des Ganzen geht der zergliedernden Analyse voraus. Die lebendige Bewegung, die rational nicht zerlegbar ist, kann nur als Einheit aufgefaßt werden. Sie läuft nicht in einer räumlich-meßbaren Zeit ab, sondern vollzieht sich in einer nur erlebbaren Dauer.

Elan vital, évolution créatrice, das sind die tragenden Kräfte, die nicht rational erkennbar sind und sich insofern aller Voraussage entziehen. Das, was sie kennzeichnet, ist ihre innere, rational nicht verstehbare Freiheit und Offenheit. Ihre äußeren Erscheinungsformen verhalten sich zu ihrer Wahrheit so, wie der Kieselstein, der von der Woge herangetragen wird, sich zu dieser Woge verhält. Man hebt den Kieselstein auf, aber die eigentliche Kraft ist die Woge, die ihn herangetragen hat und dann wieder zurückflutet. Leben, das ist Aktion, und diese Aktion wird nicht durch rationale Zergliederung, sondern durch intuitives Ergreifen erkannt. BERGSON unterscheidet schon in seiner Dissertation, dem *‹Essai sur les données immédiates de la conscience›* (1889), zwischen dem äußeren, bewußten, gesellschaftlich geprägten Ich und dem inneren, wahren, nicht sozialisierten und nicht im Bewußtsein präsenten Ich. Dieses letztere Ich ist die Quelle aller lebendigen Schöpferkraft. Sich ihr zuzuwenden, bedeutet die wahre Freiheit. In seiner schöpferischen Tätigkeit bezieht sich der Mensch nicht auf das, was ihm durch Vernunft zugänglich ist oder von der Gesellschaft vermittelt wird, sondern auf eine Lebenskraft, die spontan, unberechenbar und nur intuitiv erfaßbar ist. «Alles, was unbegreifbar ist, hört nicht auf zu sein», hatte PASCAL in seinen *‹Pensées›* (430 b) erklärt. Und ebenso ist für BERGSON wie für SOREL das, was eigentlich wirkt, unerkennbar. Es ist eine Kraft, von der man nur in Gleichnissen reden kann und die, wie es BERGSON sagt, aller Voraussicht Trotz bietet.

Ein Beispiel für die Wirksamkeit dieser elementaren Lebenskraft gibt BERGSON, wenn er die Moral des Christentums mit der Moral der Stoa vergleicht. Beide gebrauchen fast dieselben Worte, aber sie fanden nicht das gleiche Echo, weil sie nicht mit dem gleichen Akzent gesagt worden waren. Die Stoiker, so stellt BERGSON (Die beiden Quellen der Moral und der Religion. Deutsche Ausgabe 1933, S. 56) fest, haben sehr schöne Beispiele gegeben, aber es ist ihnen nicht gelungen, die Menschheit mit sich zu reißen, weil sie keinen Zugang zu der Begeisterung fanden, die sich von der Seele zur Seele bis ins Unendliche fortpflanzt. Die rationale Morallehre der Stoiker konnte nicht das leisten, was der christliche Glaube vollbrachte. Und ebensowenig kann die positivistische Einsicht zu den wirklich bewegenden Kräften im menschlichen Leben und in der menschlichen Gesellschaft vordringen. Alle lebendige Wirklichkeit ist innere, unterhalb der Rinde des Bewußtseins verborgene Wirklichkeit. Alle wahre Zeit ist innerlich erlebte Dauer. Diese innere, durch Vernunft und Gesellschaft unterdrückte Kraft muß jetzt beschworen werden. Sie soll der Dekadenz und der Erstarrung entgegentreten. Es kommt darauf an, die lebendige Kraft, die in der Wirklichkeit wirkt, zu erkennen und dann die Gesellschaft für diese Kraft offenzuhalten.

Die Gesellschaft wird nicht von dem rationalen Interesse des einzelnen, sondern von der sittlichen Verpflichtung, die die Gruppe gegenüber dem einzelnen verkörpert, konstituiert. Die offene Gesellschaft ist darum im Gegensatz zur geschlossenen Gesellschaft nicht die, die den einzelnen emanzipiert, sondern die, die diese sittliche Verpflichtung sich öffnen und weiterentwickeln läßt. Offene Gesellschaft und geschlossene Gesellschaft bedeutet hier nicht den Gegensatz zwischen Individualismus und Kollektivismus, sondern umgekehrt, den Gegensatz zwischen einer Gesellschaft, die sich in der individualistischen Rationalität abschließt und darum erstarrt, und einer Gesellschaft, in der es zur Entfaltung eines wahrhaften Gemeinschaftslebens kommt. Die offene Gesellschaft ist nicht die Gesellschaft, die den einzelnen freiläßt, sondern die selbst frei geworden ist für die vitalen Mächte, die ihr Leben bestimmen. Diese Freiheit bedeutet Befreiung von der kritischen Vernunft, die durch Intuition zu ersetzen ist, den Anschluß an die wahren, unbewußten Quellen der Moral, die Befreiung von der Kompliziertheit und Reizüberflutung des modernen Lebens durch Rückkehr zu einer neuen Einfachheit und Askese.

Tocqueville, J. St. Mill, Cournot, Nietzsche, Burckhardt und andere hatten gezeigt, daß der rasche soziale Wandel die Vision einer Welt heraufbeschwor, in der die Schwerkraft äußerer Massen bzw. einer äußeren Notwendigkeit alles innere Leben erdrückte. Schon Proudhon und die ihm folgenden Anarchisten hatten gegen diesen Druck protestiert und versucht, eine Gegenkraft zu mobilisieren. Proudhon hatte schließlich die Aussichtslosigkeit dieses Bemühens eingesehen, und er war nicht der letzte, der den Weg vom Humanismus zum Kulturpessimismus ging. Bergson jedoch setzt, hierin Nietzsche, der sich gegen Schopenhauers Pessimismus gewendet hatte, nicht unähnlich, gegen diesen Pessimismus die Forderung nach einer neuen Seele. Und eben diese Forderung ist auch das zentrale Motiv bei Durkheim und Sorel. Renan hatte gefragt: Wovon wird man nach uns leben? Durkheim, Bergson und Sorel antworten: Wir müssen uns eine neue Seele schaffen. Während jedoch Bergson und Durkheim dieses Thema unter zwei verschiedenen Ansätzen und im Widerspruch zueinander behandeln, schließt sich Sorel an Bergson an. Für ihn ist, wie es M. Freund (Georges Sorel, Der revolutionäre Konservativismus. Frankfurt 1932, S. 148) bemerkt, Bergson in wesentlicher Hinsicht dasselbe wie Hegel für Marx.

SOREL (1847–1922) konkretisiert die Forderung BERGSONS nach Neubelebung der schöpferischen Kräfte in den modernen Gesellschaften zu der Forderung nach einem Mythos. Was bei BERGSON ein im wesentlichen philosophisches Argument gewesen war, wird bei SOREL, ähnlich wie bei MARX im Vergleich zu HEGEL, zu einem soziologisch-politischen Argument. SOREL geht es nicht um eine Kritik der Philosophie, sondern um eine Kritik der Gesellschaft. Nicht der Rationalismus als solcher, sondern seine gesellschaftlichen Konsequenzen sind für ihn interessant. Ebenso wie für MARX die bürgerliche Interpretation der Gesellschaft die tatsächlichen Widersprüche hinter einer Ideologie der Harmonie verbirgt, hat der Rationalismus nach SOREL die Folge, daß die tatsächliche Bewegung der Dekadenz hinter den Illusionen des Fortschritts verborgen wird. Der ideologiekritische Grundgedanke von MARX, NIETZSCHE und FREUD taucht auch hier wieder auf, daß nämlich die Krankheit in den Köpfen der Erkrankten genau die Vorstellungen produziert, die sie in dieser Krankheit festhalten. Die reale Ausbreitung der Dekadenz erzeugt die Illusion des Fortschritts, die dann wiederum dazu dient, die Gesellschaft auf den Prozeß der Dekadenz zu verpflichten.

Die Dekadenz beginnt auch bei SOREL mit der Auflösung der ursprünglichen Kollektivität. Der einzelne wird sich seiner Einzelheit bewußt und orientiert seine Handlungen nicht mehr an der Gruppe, sondern an der Subjektivität. Dieser Prozeß wird eingeleitet bei SOKRATES und CHRISTUS – man erinnere sich daran, daß HEGEL gerade SOKRATES und CHRISTUS als die Gestalten ansieht, von denen die Vernünftigkeit der modernen Welt ihren Ausgang nimmt – und führt zu einer fortschreitenden Enthemmung des einzelnen, aus der ein noch nicht abzusehender Verfall des Gesellschaftslebens folgt. Der Mensch tendiert seiner Natur nach immer dahin, es sich bequem zu machen, nur an sich selbst zu denken und in die Dekadenz auszuweichen. SOKRATES und CHRISTUS haben dieses Ausweichen legitimiert. Dieses Grundthema von SORELS Gesellschaftslehre ist schon in seinen ersten Büchern: *‹Contribution à l'étude profane de la Bible›* und *‹Le procès de Socrate›* enthalten, die beide 1889 erscheinen. Die Bewegung der Emanzipation, die von SOKRATES und CHRISTUS eingeleitet wird, erscheint hier nicht als Ausdruck einer neuen Macht, die zur Ordnung einer künftigen Welt berufen ist, sondern als bloße Zerstörung einer ursprünglichen und sinnvollen Einheit, die es wiederherzustellen gilt. Das Leben ist seinem Wesen nach Kampf, so wie es sich in der Geschichte der griechischen und jüdischen Nation darstellt. Nur durch Anspannung aller kollektiven Kräfte kann hier etwas Großes geleistet und Dauer erreicht werden. Das bedeutet, daß der einzelne hinter der Gemeinschaft zurückzutreten hat, daß sein Dasein als einzelner, seine Subjektivität niemals öffentlich anerkannt werden dürfen, wenn man die Dekadenz, die schließliche Niederlage, vermeiden will. Während DURKHEIM als Intellektualist die Gesellschaft als eine Sache ansieht, die von Natur her dem einzelnen objektiv überlegen ist,[1] wird bei dem Voluntaristen SOREL der moralische Appell deutlich, der hinter einer solchen Interpretation der Gesellschaft steht. Die Gesellschaft soll dem einzelnen wie ein Naturgesetz unteilbar, unbezwingbar und heilig erscheinen, um an ROUSSEAUS Ausdrücke im ‹*Contrat social*› zu erinnern. In dem Augenblick, in dem der einzelne mit seinen Motiven und Interessen anerkannt wird, sind gesellschaftliche Unordnung und Verfall nicht zu vermeiden.

SOREL greift hier ein Thema auf, das, im Gegensatz zu England, in Frankreich längst vertraut ist. Die Radikalen des 18. Jahrhunderts, MORELLY, BABEUF, ROUSSEAU, die offenen und verborgenen Legitimisten des 19. Jahrhunderts, BONALD, DE MAISTRE, SAINT-SIMON, COMTE, PROUDHON, sie alle sind davon überzeugt, daß die wahre Gesellschaft die Unterdrückung des Privategoismus, die Rückgängigmachung der Emanzipation erfordere. Wenn es später so geschienen hat, als ob SOREL zwischen Links- und Rechtsradikalismus schwankte, so ist eben dieses Schwanken ein Zeichen dafür, daß hier der gemeinsame Nenner lag, auf dem sich Links und Rechts treffen. Die Emanzipation des einzelnen, das *sapere aude*, der Stolz der Aufklärung, erscheint jetzt als Verderben. Die Argumentation ist jetzt nicht mehr rational, sondern moralisch; sie appelliert auch nicht mehr an die Gebildeten, sondern an die einfachen Menschen, die, wie es schon ROUSSEAU bemerkte, eben wegen ihrer Einfachheit nicht zu täuschen sind. Die Welt, in der das einfache Volk lebt, die wahre Welt, ist eine tragische Welt. Das Volk weiß, daß es darauf ankommt, zu kämpfen und zusammenzuhalten. Hatte die Aufklärung an die Hoffnungen appelliert, die im Kreise der Gebildeten lebendig waren, so appelliert SOREL an das tragische Weltbild des einfachen Volkes. *«La grande faiblesse des écoles socratiques était leur optimisme; on ne peut remuer les masses en leur vantant le bon ordre, l'harmonie, la rationalité des choses existantes. Tout grand mouvement religieux a pour base une conseption pessimiste de la vie»* (*Le procès de Socrate*. 1889, S. 277).[2]

SOREL weist darauf hin, daß die Massen das Leben unter ganz anderen

---

1 S. DEPLOIGE hat in seinem Buch ‹*Le conflit de la morale et de la sociologie*›. 1911, auf den Konflikt hingewiesen, der hier zwischen DURKHEIM, dem Soziologen, und DURKHEIM, dem Moralisten, besteht.

2 Vgl. auch E. DURKHEIM, *Le Dualisme de la Nature humaine et ses Conditions sociales*. Scientia 15, 1914, S. 211: *«L'homme seul est obligé de faire normalement à la souffrance une place dans sa vie.»*

Aspekten sehen als die Gebildeten mit ihrer *«culture malsaine et exotique»*, mit ihrem *«détraquement cérébral»* (a. a. O., S. 100 f). Die Gesellschaft ist in sich gespalten, aber nicht ökonomisch, wie es MARX meinte, sondern moralisch. Und es kann sich auch nicht darum handeln, das Proletariat in die Gesellschaft hineinzuführen, wie es die Theoretiker der sozialen Frage und auch COMTE glaubten, sondern umgekehrt, das Volk mit seinen richtigen und gesunden Auffassungen muß zur Quelle der gesellschaftlichen Erneuerung werden. Die wahre Gesellschaft, so stellt SOREL fest, ist die Stammesgemeinschaft, die *koinonia.* Sie wurde nicht von außen, sondern von innen zerstört. Der kritische Rationalismus des SOKRATES war es, der gegen diese Gemeinschaft die zerstörende Macht des individuellen Gewissens wachrief. *«La philosophie avait accompli son œuvre, la démocratie athénienne avait succombé»* (a. a. O., S. 209). SOKRATES schließt sich nicht an die konkreten Götter seiner Heimatstadt an, er emanzipiert sich von dem Zwang, den die Gesellschaft natürlicherweise über jeden einzelnen ausübt. SOKRATES appelliert an das Allgemeine, das allen Menschen zukommt, unabhängig von dem sozialen Zusammenhang, in dem sie leben. Damit wird er moralisch schuldig. Er begibt sich auf ein Niveau mit den Hetären. Die Philosophen, die den einzelnen von seiner Bindung an die jeweiligen Götter seiner Heimatstadt entpflichten, die denen, die ihnen folgen, klarmachen, daß das Soziale keine Sache ist, der sie mit Notwendigkeit folgen müßten, sind der ASPASIA gleich: sie haben kein Vaterland, keine Ahnengräber, nichts, wodurch sie gebunden sind. *«Aspasie, étrangère à l'Attique, incapable de partager les joies et les colères des purs Hellènes ... Ces philosophes étaient comme elle, ils n'avaient pas de patrie»* (a. a. O., S. 158).

Unterordnung unter die Gemeinschaft ist moralische Pflicht. Wer sein eigenes Leben dadurch besserstellen will, daß er sich von dieser Gemeinschaft emanzipiert, macht sich moralisch schuldig. Und wer glaubt, auf diese Weise den gesellschaftlichen Fortschritt fördern zu können, gibt sich einer Illusion hin. Der Kult des Fortschritts, so erklärt SOREL, habe lange genug geherrscht, jetzt beginne man, die Gesellschaft unter einem realistischeren Aspekt zu sehen. Diejenigen, die für den freien einzelnen eintreten und die Gesellschaft von den Handlungen des einzelnen her zu interpretieren versuchen, wollen sich in Wirklichkeit nur Spielraum für ihre privaten und unnatürlichen Vergnügungen verschaffen. Sie erklären, daß der Mensch gut sei, um sich ein Alibi zu verschaffen, aber man werde sich wieder an PASCAL erinnern müssen, der erkannt habe, daß man bei einem Menschen, der ein mittelmäßiges Wesen sei, das Gleichgewicht brechen müsse, um Großes zu erreichen. Am Schluß des Vorwortes zu dem Buch von EDOUARD BERTH, ‹*Les méfaits des intellectuels*› (1914), spricht SOREL von der herannahenden *«ère qui attri-*

buera la place qui convient à la métaphysique du mal». PASCAL hatte in seinen ‹*Pensées*› (hrsg. von Wasmuth, Nr. 393) geschrieben: «Es ist ein lustig Ding, darüber nachzudenken, daß es Menschen auf Erden gibt, die, nachdem sie alle Gesetze Gottes und der Natur verworfen haben, sich selbst welche machen, die sie genau befolgen ... Eigentlich müßte ihre Freiheit ohne Grenze und Schranke sein, da sie so viele gerechte und heilige (Gesetze) überschritten haben.» Der Grundeinwand, den PASCAL hier gegen die Emanzipation und gegen die Eigengesetzlichkeit der bürgerlichen Gesellschaft, gegen den Versuch, eine solche Eigengesetzlichkeit zum Thema einer eigenen Wissenschaft zu machen, richtet, ist auch das Thema von SOREL. Er entdeckt, was FRANZ VON BAADER und HEGEL schon längst gesehen hatten, daß nämlich die Aufklärung dem Problem des Bösen ausgewichen war. Aber während HEGEL die Emanzipation bejahte, obwohl er sah, daß der Mensch von Natur und durch seinen eigenen Willen böse sei, dient dieses moralische Argument jetzt dazu, die Vorstellung zurückzuweisen, daß sich der Mensch seinen gesellschaftlichen Lebenszusammenhang in seinen Handlungen frei aufbauen könne. Die Emanzipation, die subjektive Freiheit, ist nur ein Vorwand. Mit ihm versucht sich der einzelne von dem Druck der Wirklichkeit aus der «kleinen verächtlichen Welt des Schmerzes, der Arbeit und des Schweißes» (so M. FREUND, a. a. O., S. 32) zu befreien. Diese kleine, enge und tragische Welt ist aber die reale Welt. Der Versuch, über sie hinauszugelangen, muß zur Katastrophe führen. Die «Epileptiker des Begriffs», die «Halluzinierten von 1793» übernehmen jetzt die Führung, und ihre Forderungen und Illusionen begleiten von nun an den Weg des Verfalls. Die Bewegung zur Größe ist stets erzwungen, die Bewegung zur Dekadenz ist in der Natur der Menschen angelegt. Immer will er in die Dekadenz entschlüpfen. Die Frage ist also, wie dieser moralische Verfall aufgehalten und dem Menschen der Sinn für das Erhabene wiedergegeben werden kann.

SOREL ist in seinem Kern, wie auch ROUSSEAU, COMTE und DURKHEIM, Moralist. Sein Thema ist die Unterwerfung des einzelnen, die Heilung einer durch den Egoismus ruinierten Welt. Was den Intellektuellen, den Philosophen und Schriftstellern angekreidet wird, ist dies, daß sie sich gegenüber den Werten ihrer eigenen Gesellschaft distanziert verhalten. HEGEL hatte in seiner ‹Phänomenologie› Tugend und Weltlauf miteinander streiten und die Tugend unterliegen lassen. Jetzt soll diese Niederlage, die bei HEGEL Grundlage der freien Individualität ist, gerächt werden. Nicht die Interessen und Bedürfnisse des einzelnen, sondern Katechismus und Familie sind die Grundlagen aller intakten Gesellschaften. J. WANNER (*Georges Sorel et la Décadence*. 1943, S. 77) weist darauf hin, daß SOREL im Grunde bäuerliche Tugenden, eine Agrarmoral vertreten habe. Die wahre Welt ist für ihn eine moralisch überschaubare und kontrollierte Welt, die wahre Gesellschaft eine in diesem Sinne geschlossene und nicht offene Gesellschaft. Was darüber hinausgeht, ist die Welt der Hetären und Philosophen. «Du ließest deine Neffen und Nichten den Katechismus aufsagen, du fürchtetest dich davor, zu spät zum Essen zu kommen, du warst immer prächtig gebürstet», so schreibt René Johannet in seinem Nachruf auf Sorel (zit. bei H. Barth, Masse und Mythos. rde Bd. 88, 1959, S. 23). Der Kern des gesellschaftlichen Geschehens, der Punkt, an dem die Funktionsanalyse der Gesellschaft anzusetzen hat, ist nicht sozialökonomischer Natur, wie es Marx behauptet hatte, sondern moralischer Natur. Gesellschaftliche Entwicklung ist darum nicht Entwicklung oder Zerstörung von Produktivkräften, sondern der Weg zu moralischer Größe oder zu moralischem Verfall.

Marx hatte noch geglaubt, daß es bestimmte gesellschaftliche Entwicklungsgesetze gebe, die sich aus dem Wechselspiel von Produktivkraft und Produktionsverhältnis rational herleiten ließen. Der Revisionismus hatte diesen Glauben weitgehend zerstört, und Sorel zieht die Konsequenz, daß es in einer indeterminierten, aber dem Verfall zuneigenden Welt darauf ankomme, einen bestimmten moralischen Willen durchzusetzen. Das Mittel hierzu ist der Mythos, der dem Menschen den Sinn für das Erhabene wiedergeben soll. Im Mythos sollen die Gemeinschaftsseele, der moralische Konsensus neu geschaffen werden, die die Grundlage für alle wahre Vergesellschaftung sind. Aus einer Wertordnung, die im gesellschaftlichen Funktionszusammenhang einen angebbaren Ort hat, die im Zusammenhang mit äußeren Umständen, den vorhandenen Institutionen und Überlieferungen, der geographischen Lage und Größe des betreffenden Gemeinwesens zu verstehen ist, wie es Montesquieu dargestellt hatte, wird hier ein irrationaler Appell, der totale Hingabe verlangt. Der Mythos hat hier die Funktion, die Anwendung von Gewalt zu legitimieren, die allein die Degeneration aufhalten kann. Gewalt und Mythos sind wechselseitig aufeinander bezogen. Die Anwendung der Gewalt kann ihre reinigende Wirkung nur dann haben, wenn sie mit einem Mythos verbunden ist, und umgekehrt kann der Mythos seine verpflichtende Wirkung nur dort entfalten, wo hinter ihm die reale Drohung der Gewalt steht, wo die Gewalt selbst zum Mythos wird.

In der Theorie von Marx wie in der Gesellschaftslehre des 18. Jahrhunderts hatte die Anwendung von Gewalt eine rationale und damit zugleich nur marginale Bedeutung. Wenn man sich im 18. Jahrhundert gegen die politisch-theologische Interpretation der Vergangenheit empört und ihr gegenüber die Vorstellung einer Eigengesetzlichkeit der bürgerlichen Gesellschaft verteidigt, dann nicht zuletzt deswegen, weil die unkontrollierte und irrationale Anwendung von Gewalt unerträglich geworden war. Der Rechtsstaat soll die Anwendung von Gewalt in den Grenzen fixieren, die mit dem Bestehen bürgerlicher Freiheit vereinbar sind. Die Anwendung von Gewalt steht hier im Dienst einer bestimmten Gesellschaftsordnung, sie richtet sich nach den objektiven Funktionsbedingungen dieser Gesellschaft. Wenn MARX die Anwendung von Gewalt als notwendig ansieht, dann legitimiert er diese Gewaltanwendung mit dem Durchbruch zu einer neuen gesellschaftlichen Ordnung. Die Gewalt hat weder hier noch dort eine eigentlich schöpferische Macht. Sie dient nur entweder als Erhalter einer bestehenden Ordnung oder aber als Geburtshelfer für eine neue. Bei SOREL hingegen wird die Anwendung der Gewalt mystifiziert. Sie erscheint, ähnlich wie bei DE MAISTRE, als eine schöpferische Kraft, aus der etwas Neues entsteht. Die Anwendung von Gewalt hat eine befreiende Wirkung, sie bedeutet die Schaffung einer neuen Seele. Sie wird nicht nur durch einen Mythos legitimiert, sondern sie ist selbst Bestandteil des Mythos, Ausdruck eines freien moralischen Handelns mit schlechthin schöpferischem Charakter. In SORELS *‹Réflexions sur la violence›* (1908) erscheint der Generalstreik gegen die bestehende Gesellschaft als die einzige Kraft, die in der Lage ist, den Enthusiasmus hervorzurufen, ohne den es keine Moralität und keine wahre gesellschaftliche Vereinigung gibt. Wie PROUDHON verherrlicht SOREL den Krieg und die Gewalt, die ihm das Versprechen einer moralischen Erneuerung in sich zu bergen scheinen. Und während SPENCER und COMTE die Ablösung der kriegerischen Tugenden durch die industriellen voraussagen, sieht SOREL in der gesellschaftlichen Entwicklung ein neues Zeitalter der Gewaltanwendung heraufkommen. In seinem Alter begeistert er sich für MUSSOLINI und LENIN, die, wie er meint, die bürgerliche Gesellschaft aus ihrer Dekadenz und Erstarrung aufrütteln werden. In seinem Nachwort zu den *‹Réflexions sur la violence›*, *‹Pour Lenine›*, rechtfertigt er dessen Gewaltsamkeit und erklärt, daß der LENINsche Sozialismus kein Anwärter auf die Tugendpreise der französischen Akademie sei. In MUSSOLINI sieht er einen Condottiere, der eines Tages an der Spitze eines heiligen Battaillons die Fahne Italiens mit dem Degen grüßen werde. Im Grunde ist es für SOREL unerheblich, ob es sich hier um eine Bewegung von links oder rechts, um Sozialismus oder Faschismus handelt. Das Entscheidende ist die moralische Erneuerung, die das gesellschaftliche Grundverhältnis wiederherstellt, in dem der einzelne dem Kollektiv unterworfen ist. Die Athener des Altertums, so erklärt SOREL, waren keine Kaufleute, sondern Soldaten, und Soldaten sollen auch die Mitglieder der künftigen Gesellschaft sein. Sie werden nicht von der rationalen Einsicht, sondern vom Glauben geleitet.

Ebenso wie bei de Maistre und Proudhon steht auch bei Sorel im Hintergrund immer die alte theologische Voraussetzung, daß die Realität für den Menschen im Grunde unerkennbar und von Dunkelheit verhüllt sei. Hier ist alle Wissenschaft eitel, und es kommt vielmehr auf den Magier an, der mit der rechten Beschwörungsformel diese Realität dazu bringt, aus ihrem Schatten herauszutreten. Das Ergebnis war, wie Hughes (a. a. O., S. 176) feststellt, *«a kind of sociological mysticism»*. Freund (a. a. O., S. 210) spricht von einer genialen Akrobatik der Ideen, bei der die meisten Begriffe einen doppelten Sinn haben. Die Richter, die Sokrates und Christus zum Tode verurteilten, konnten sich auf klare und bekannte Gesetze berufen; Sorel, der diesen Prozeß nachholt, kann nur an Mythos und Gewalt appellieren, die irgendwann einmal diese Hinrichtung legalisieren sollen. Hier wird nicht rational analysiert, hier werden auch die materiellen, ökonomischen, technischen und sozialen Grundbestände der industriellen Gesellschaft nicht zur Kenntnis genommen; hier wird nur von dem moralischen Reflex dieser Situation ausgegangen, nämlich von der Tatsache, daß sich die obersten Werte entwertet haben. Daraus wird gefolgert, daß die Welt in einem gewaltigen Schöpfungsakt neu zu schaffen sei. Diese Position war als Kritik gegenüber einem erstarrenden Positivismus und Utilitarismus wichtig genug und wies auf ein Problem hin, das durchaus reale Bedeutung hatte. Aber ein Vergleich von Sorel mit Marx zeigt ebenso wie ein Vergleich von Bergson mit Freud, daß dieses Problem nicht nur als solches erkannt, sondern auch so formuliert werden mußte, daß es einer rationalen Analyse zugänglich war. In dem Augenblick, in dem die Schaffung einer neuen Welt bzw. einer neuen Erkenntnis dem Mythos bzw. der Intuition überlassen wurde, konnte diese Einsicht nicht mehr wissenschaftlich weiterentwickelt werden. Das eigentliche Argument gegen den Irrationalismus von Bergson und Sorel ist nicht, daß dieser Irrationalismus uns keine Tatbestände offenbart, die wichtig und bedeutsam seien, sondern daß er diese Tatbestände in einer Sprache darstellt, die intersubjektiv nicht vergleichbar und demzufolge wissenschaftlich nicht entwickelbar ist. Das Problem lag darin, wie die rationale Analyse der Vergangenheit weiterentwickelt werden konnte. In dem Augenblick, in dem man diese rationale Analyse überspringen zu können glaubte, schnitt man sich selbst alle Entwicklungsmöglichkeiten ab.

Le Bon (1841–1931) bestimmt die Welt, die so von Verfall bedroht und mythologisch zu beschwören ist, näher als die Welt der Massen. Eine Gesellschaft, so schreibt er in *‹Psychologie du Socialisme›* (1908, *Préface*), ist ein *«réseau d'idées, de sentiments, d'habitudes»*, und von diesem *«héritage moral»* wird sie zusammengehalten. Emotion, nicht Intelligenz ist die tragende Kraft in der Gesellschaft. Aber während Sorel in den Emotionen des einfachen Volkes die Quelle der moralischen Erneuerung sah, steht LE BON noch in der Tradition der Aufklärung, die diesen Emotionen mit Mißtrauen begegnet. Sein Thema ist nicht die Dekadenz, sondern das bedrohliche Altern der bürgerlichen Gesellschaft. Die bürgerliche Gesellschaft, so schreibt er, ist in hundert Jahren um ebensoviel gealtert wie die Aristokratie in tausend Jahren. Kaum, daß die Emanzipation begonnen hat, ist sie auch schon wieder beendet, und zwar wird sie beendet durch die allgemeine Entfremdung, die in der modernen Gesellschaft eintritt. Haß und Neid in den unteren Gesellschaftsschichten, Gleichgültigkeit, Egoismus und Genußsucht in den führenden Kreisen, Pessimismus bei den Denkern, das sind, so sagt LE BON, die allgemeinen Tendenzen der Gegenwart (a. a. O., 3. Aufl., S. 15 und 20).

Nachdem nun das Ideal verblaßt ist, das die Rassenseele erhob, so beschließt LE BON seine *‹Psychologie des foules›* (1895), beginnen alle von ihm geschaffenen religiösen, politischen und gesellschaftlichen Institutionen zu wanken. Alle wichtigen zivilisatorischen Leistungen sind nach LE BON Werke der politischen Elite, und das Zeitalter der Massen ist darum eine Periode der Anarchie. Die alten Ideen sind zerstört, neue Ideen haben noch keine Gestalt gewonnen, und in den so entstandenen Leerraum treten die Massen ein. Wie schon bei TOCQUEVILLE, JACOB BURCKHARDT und NIETZSCHE erscheint auch hier die Zukunft der europäischen Gesellschaften von der Heraufkunft der Massen geprägt, in denen der rationale, gebildete, starke Einzelne untergeht. Gemeine, mittelmäßige, überhaupt haltlose Motive gewinnen die Oberhand. Es breitet sich das Gefühl der Bedrohung durch die allzu vielen Menschen aus, die man in den herkömmlichen sozialen Kategorien nicht unterbringen kann.

LE BON wird Prophet der Massenseele und der Massengesellschaft. Aber gerade die Eingängigkeit dieser Begriffe darf nicht übersehen lassen, daß mit ihnen keine soziologische Funktionsbestimmung verbunden ist. Eine wirkliche Theorie des Proletariats als einer breiten sozialen Schicht, die unter anderen Entwicklungsgesetzen steht als die bürgerliche Gesellschaft, hatte nur MARX auf der Grundlage der RICARDOschen Arbeitswertlehre entwickelt; aber diese Theorie war außerhalb sozialistischer Kreise nicht rezipiert worden. Die französische Soziologie des 18. und 19. Jahrhunderts hat keinen Platz für die industrielle Arbeiterschaft. MESLIER, ROUSSEAU und BABEUF hatten zwar von dem Gegensatz zwischen arm und reich gesprochen und diejenigen, die sich durch ihre körperliche Arbeit ihren Lebensunterhalt verdienen müssen, von denen abgegrenzt, die aus ihrem Besitz leben. Das aber waren vorindustrielle, um nicht zu sagen antike, Unterschiede. Als MARX 1844 nach Paris kommt, sieht er, daß man sich dort für die Handwerker, Meister und Gesellen begeistert, und nennt den Sozialismus, der an diese Sozialschichten und ihre Ideale anknüpft, den utopischen Sozialismus. ARNOLD RUGE sprach treffend von einer «sozialen Handwerkerdogmatik». Und wenn SAINT-SIMON, COMTE und COURNOT über diese Handwerkerdogmatik und die Werte der bürgerlichen Gesellschaft hinauswollen, dann appellieren sie an den Industriellen, den Bankier und den Techniker. Industrialisierung wird hier nicht unter dem Aspekt der Ausbreitung des industriellen Proletariats gesehen, sondern unter dem Aspekt der Entstehung einer neuen gesellschaftlichen Elite. COMTE sieht wohl, daß das Proletariat außerhalb dieser industriell-technischen Gesellschaft steht, aber er zieht daraus nur die Konsequenz, daß man sich bewußt um seine Eingliederung bemühen müsse. Ein eigener soziologischer Standort, eine eigene soziologische Entwicklungsgesetzlichkeit wird diesen Massen nicht zugeschrieben. Das Thema ist infolgedessen die Sozialreform bzw. Sozialpolitik, die heimatlosen und quasi gesetzlos lebenden Menschen Ordnung und Gesetz vermitteln sollen. Je mehr nun die Zeit voranschreitet und es nicht gelingt, sich diese Massen unter bürgerlichen Wertmaßstäben verständlich zu machen, desto mehr mußte die Zukunft wie ein Alpdruck erscheinen. Man sieht eine ungeheure Macht auf sich zukommen, die, wie man glaubt, nicht institutionalisiert ist und darum wie eine riesige Welle über die Gesellschaft hereinzubrechen droht. Die Theorie von MARX hatte die große Bedeutung, auch denen, die nicht im Sinne des Bürgertums rational handeln konnten, einen rational durchsichtigen Standort in der industriellen Gesellschaft zuzuweisen und so wenigstens prinzipiell das Proletariat in die Entwicklung der industriellen Gesellschaft einzubeziehen. Die Vernunft in der Geschichte, die rationale Entwicklung der Gesellschaft sind nicht allein die Sache einer kleinen Elite, der Industriellen, der Unternehmer, der Techniker, der Philosophen; auch die Massen des Volkes haben hier einen angebbaren Platz. Sie stehen zwar außerhalb der bürgerlichen Gesellschaft, aber sie sind nicht asozial, sondern sie verkörpern mit ihren Werten und ihren Institutionen die Gesellschaft der Zukunft.

MARX hatte den Massen in der industriellen Gesellschaft einen festen Standort zugeschrieben und sie so, wenigstens ihrem Begriff nach, organisiert. Dort, wo man den produktiven gesellschaftlichen Zusammenhang nicht sieht, in dem nach MARX die Menschenmassen in der industriellen Gesellschaft stehen, dort, wo man nicht sieht, daß es die Arbeit dieser Menschenmassen ist, von der der Bestand dieser Gesellschaft wesentlich abhängt, dort, wo man die Disziplin und den Zwang nicht begreift, unter denen gerade die Massen im industriellen Arbeitsprozeß stehen, glaubt man, daß sie von irrationalen Mächten beherrscht werden.[3] Die Wirksamkeit dieser irrationalen Mächte in den Menschenmassen der Gegenwart ist das Thema von Le Bon.

Die Massen sind nach Le Bon die eigentlichen Souveräne der Gegenwart. Es gibt keine objektiven Gesetzmäßigkeiten, die ihnen widerstehen könnten, und die eigentliche Soziologie ist darum Theorie der Masse, ihrer Erscheinungsformen und ihrer Bewegungsweise. Le Bon unterscheidet die heterogene und die homogene Masse, nach der Ungleichartigkeit oder der Gleichartigkeit der sie begründenden Elemente. Praktisch ist jedoch dieser an sich wichtige Unterschied für ihn kaum von Bedeutung, da er das Schwergewicht seiner Überlegungen auf die allgemeinen Kennzeichen abstellt, die beide Massen gemeinsam haben. Das entscheidende Merkmal, das nach Le Bon eine Masse konstituiert, ist die seelische Einheit, die in ihr entsteht. Das ist das sogenannte Gesetz der geistigen Einheit der Masse. Eine Vielzahl rein äußerlich vereinter Individuen bildet noch keine Masse. Diese entsteht erst, wenn die einzelnen auf ihre Subjektivität verzichtet haben und in dem allgemeinen Willen der Masse untergegangen sind. Diese Übertragung des Einzelwillens auf den Allgemeinwillen geschieht nicht mehr durch einen Gesellschaftsvertrag wie bei Rousseau, sondern spontan und instinktiv unter dem Eindruck überwältigender äußerer Ereignisse. Die Grundvoraussetzung ist die, daß sich der Mensch in seiner Subjektivität, in seinem freien und rationalen Willen nicht halten kann, wenn er aus seinen engen, überschaubaren Verhältnissen heraustritt. Wenn der einzelne in eine Masse gerät, dann verändert sich schon allein dadurch seine Gefühlslage, und es erweist sich, daß er kein auf sich selbst bezogenes und darum rationales Wesen ist, sondern ein Wesen, das einer von ihm selbst nicht kontrollierbaren Suggestibilität unterworfen ist. Durkheim leitet hieraus die Ursprünge der Religion ab, hinter der nach seiner Auffassung kein übernatürliches Wesen, sondern das Erlebnis der Vereinigung in einer menschlichen Gruppe steht. Das Erlebnis der sozialen Verdichtung verändert das menschliche Bewußtsein. Die so entstehende Begeisterung reißt es über seine individualistischen Hemmungen hinaus.

Hatte Sorel die Welt mit einem neuen Enthusiasmus zu erfüllen gesucht, so zeigt Le Bon, daß sich diese Welt als Welt der Masse zum Enthusiasmus drängt. Anders als Sorel beurteilt Le Bon diese Entwicklung allerdings negativ, aber wie dieser sieht auch er in Aufklärung und Revolution die eigentlichen Ursachen für diese gefährliche Entwicklung.

---

3 Die häufigen Vergleiche der spätbürgerlichen Gesellschaft mit der Gesellschaft des späten Rom haben ebenfalls in dieser soziologischen Orientierungslosigkeit ihre Wurzel. Man sieht nicht, daß der Proletarier damals eine ganz andere Rolle hatte als in der Industriegesellschaft.

Sorel hatte die Aufklärung angegriffen, weil er sie als Emanzipation des rationalen Bürgers verstand. Hier wird die Aufklärung angegriffen, weil sie mit ihren egalitären Ideen die Massen emanzipiert und mit ihrem Rationalismus die Illusion verbreitet, daß diese Massen aus vernünftigen Wesen bestünden. Hatte Sorel die Aufklärung angeklagt, weil sie Logik und Vernunft an die Stelle des alten Glaubens gesetzt hatte, so klagt Le Bon die Aufklärung an, weil sie sich eingebildet habe, Vernunft und Logik an die Stelle des Glaubens setzen zu können. Tatsächlich aber, so sagt Le Bon, werden die Völker nie von Logik und Vernunft geleitet, sondern von irrationalen Mächten beherrscht. Sorel predigt die Rückkehr zum Irrationalismus, Le Bon hält den Irrationalismus für eine feststehende Tatsache. Hier handelt es sich nicht mehr darum, Sokrates den Prozeß zu machen und ihn im Namen der Geschichte zu verurteilen, hier wird mit großem Erfolg sein Rationalismus als eine Illusion hingestellt.

In den Massen zeigen sich die wahren Triebkräfte der Menschen: Bilder, Namen, Illusionen, die zwar durch katastrophale Erfahrungen korrigiert, aber nie in ihrem Grundbestand geändert werden können. Früher waren diese Triebkräfte kontrolliert, jetzt, nachdem das Gebäude der Kultur morsch geworden ist, die Kraft der Rassenseele nachgelassen hat, beginnen sie die Szene zu beherrschen. Wir müssen uns also damit abfinden, die Herrschaft der Massen zu ertragen, und können uns nur damit trösten, daß wir den primitiven Mechanismus durchschauen können, der hier wirksam wird. Man ist hier in der Position des Gebildeten, der zwar an dem heranrollenden Schicksal nichts zu ändern vermag, aber doch das Bewußtsein seiner intellektuellen Überlegenheit zu behaupten versucht. In der Masse, so erkennt man hier, wird der einzelne zum Triebwesen, zum Barbaren. Er folgt wie ein Automat äußeren Eindrücken. Da er nicht mehr selbst handelt, sondern nur reagiert, muß er sich Führern anvertrauen, die sich bestimmter Manipulierungstechniken bedienen. Behauptung, Wiederholung und Übertragung sind ihre Führungsmittel. Hatte Bergson gesagt, daß die diskursive Vernunft zur Erkenntnis unfähig sei, so heißt es hier, daß es zur Führung nicht auf richtige, sachliche Argumente, sondern auf Wiederholung von Behauptungen ankomme. Durch fortwährende Wiederholung entsteht schließlich eine Strömung, die die Menschen mit sich reißt, ob sie es nun wollen oder nicht.

Zu diesen Führungstechniken kommt die Führungsqualität, das Prestige, das zu einem Führer gehört. Dieses ist entweder erworben, d. h. künstlich, und kann auf angebbare Sachverhalte, wie Vermögen und Besitz, zurückgeführt werden, oder aber es ist eine nicht weiter ableitbare persönliche Qualität, ein Charisma, das ausgezeichneten Führerpersönlichkeiten anhaftet. Diese Führerpersönlichkeiten üben auf ihre Umwelt einen magischen Zauber aus. Die moderne Massengesellschaft wird weder von Ideen noch von Institutionen, sondern von den Leidenschaften der Massen und dem charismatischen Führer als der bewegenden Kraft dieser Massen regiert. Er ist der Übermensch, der Diktator, der Condottiere, der einer verwirrten und der Dekadenz zuneigenden Herde wieder Sinn und Gefühl für das Erhabene gibt. Alle genannten Denker stimmen ebenso wie später MAX WEBER darin überein, daß der Sozialismus mit seinen egalitären und rationalen Idealen nicht fähig sein wird, diese Massen zu führen. Gerade in einer Zeit, in der sich die Menschen immer mehr aneinander angleichen und danach streben, ihren privaten Vergnügungen nachzugehen, wäre der Sozialismus die falsche Antwort. Hier kommt es vielmehr darauf an, «Klüfte aufzureißen» (NIETZSCHE), über den in Bewegung geratenen Massen eine Superstruktur zu errichten, durch die wieder eine sichere Führung und Integration der Gesellschaft möglich ist. TOCQUEVILLE hatte gesagt, in einem Zeitalter der Gleichheit würden sich alle Menschen an den Staat drängen. Jetzt wird in der Gewalt, im Übermenschen, im charismatischen Führer die Instanz gesehen, die in einer zusammenbrechenden Welt wieder Disziplin und Ordnung herstellen soll. Wenn die Institutionen zusammengebrochen sind, so hatte schon DAVID HUME gesagt, dann wird jeder verständige Mensch den General begrüßen, der mit dem Schwert in der Faust die Macht an sich reißt. NIETZSCHE, SOREL und LE BON, sie alle sind der Ansicht, daß man auf dem Boden dieses Ernstes jetzt wieder angelangt sei. Es geht nicht mehr darum, theoretische Alternativen zu der Handlungslehre der Aufklärung zu entwickeln, sondern man wartet und weist auf die Kräfte hin, die die durch die Aufklärung eingetretene Situation beenden werden.

BERGSON, SOREL und LE BON sind mehr Visionäre als Theoretiker, mehr Politiker bzw. Künstler als Wissenschaftler. Sie wirken nicht durch die innere Klarheit ihres Arguments oder durch seine empirisch belegte Richtigkeit, sondern durch die Faszination ihrer Sprache und Bilder. Der Erfolg, den sie erzielten, ist insoweit Beweis für die Richtigkeit ihrer These, daß es nämlich nicht auf logische Argumente oder empirische Beweise, sondern auf das Ansprechen einer bestimmten Gefühlslage ankomme. Ihr Ziel ist die Verkündung bestimmter Wahrheiten, die als konservative Weltanschauung den revolutionären Weltanschauungen der Vergangenheit entgegentreten konnten. Aber in eben diesem praktischen Willen liegt auch ihre wissenschaftliche Grenze. Sie stützten sich auf praktische bzw. intuitiv überzeugende Argumente, die wohl Zustimmung finden, aber nicht weiterentwickelt werden konnten. Bei allem Aufsehen, das sie erregten, blieb darum die Erregung, die von ihnen ausging, für die Wissenschaft folgenlos.

Im Gegensatz zu den im vorangegangenen genannten Versuchen, Struktur und Funktion der modernen Gesellschaften von Kollektivbegriffen her zu beschreiben, versucht TARDE (1843–1904), die modernen Gesellschaften mechanistisch bzw. atomistisch zu interpretieren. Er ist am meisten von COURNOT beeinflußt worden, der ebenfalls die Ansicht vertreten hatte, daß das Schicksal der modernen Gesellschaften als Konsequenz einer rationalen Mechanik zu beschreiben sei. Auch COURNOT hatte diesen Zwang als einen psychischen Zwang beschrieben, nämlich als die zunehmende Durchsetzung rationaler Motive in den Handlungen der Menschen. In seinen kriminologischen Arbeiten ‹*La criminalité comparée*› (1886) und ‹*La philosophie pénale*› (1890) hatte TARDE an der psychologischen Verantwortlichkeit des Verbrechers für seine Tat festgehalten und die Theorie, Verbrechensgründe seien vorwiegend sozialer Art, zurückgewiesen. In seinen soziologischen Arbeiten, von denen die wichtigste das ebenfalls 1890 veröffentlichte Buch ‹*Les lois de l'imitation*› ist, hatte er an diesem Ansatz festgehalten. TARDE ist deswegen kein Individualist, wenn man hierunter die Lehren des 18. Jahrhunderts, insbesondere der schottischen Moralphilosophie und des deutschen Idealismus, versteht; er ist Atomist oder Nominalist in dem Sinne, wie es auch HOBBES war, dessen Ansatz dann über HELVÉTIUS an die Utilitarier weitergereicht wird. Die zentrale Voraussetzung der individualistischen Handlungslehre, daß nämlich die Menschen sich die Umstände, unter denen sie leben, selbst schaffen, kommt hier nur in dem Sinne vor, daß es in der Gesellschaft eine Elite besonders erfinderischer oder schöpferischer Menschen gebe, die, sei es als Gesetzgeber, sei es einfach als Vorbild, die Institutionen der Menschen begründeten, was auch die Antike, HOBBES und andere nicht geleugnet hatten. Die kopernikanische Wendung, die Integration der Gesellschaft grundsätzlich aus den Handlungen der Menschen abzuleiten, wird auch von TARDE nicht wiederholt, sondern es geht auch bei ihm darum, einen kollektiven Prozeß als Individual-Mechanik zu interpretieren.

TARDE wendet sich gegen SPENCER und die von ihm gegebene biologische Interpretation der Gesellschaft. Als Schüler des Positivismus und Verehrer von COURNOT versucht er gegenüber SPENCER die Gesellschaft als einen mechanisch zu erklärenden Naturprozeß darzustellen. Die Idee einer mechanisch und nominalistisch zu interpretierenden sozialen Physik von HOBBES taucht hier wieder auf. Wie der Naturwissenschaftler Naturgesetze aus den Bewegungen der einzelnen Partikel bzw. Massenteilchen ableitet, so leitet der Soziologe die gesellschaftlichen Gesetze aus einem individualistischen Mechanismus ab. Hören wir, wie sich TARDE von SPENCER abgrenzt (G. TARDE, *Les lois sociales.* ‹Revue de Métaphysique et de Morale›, 6, 1898, S. 334 ff). SPENCER und seine Nachfolger, so sagt Tarde, glaubten, daß das Gesellschaftsgeschehen im einzelnen ungeordnet und zufällig sei und daß man sich darum auf eine große Höhe erheben müsse, um Gesetzmäßigkeiten zu erkennen. Es gebe, so meinte man hier, gewisse ganz allgemeine Gesetze, die die Gesellschaften regierten, deren Wirksamkeit sich aber desto mehr abschwäche, je mehr man ins Detail gehe. Er hingegen glaube, sagt Tarde, in gewisser Weise das Gegenteil. Nicht aus den biologischen Entwicklungsbedingungen eines Kollektivs, sondern aus einer individuellen Mechanik müssen die gesellschaftlichen Gesetze begründet werden. Auch diese Gesetze sind, wie es Spencer gemeint hatte, objektive Gesetze, die von dem Willen des einzelnen unabhängig sind, aber eben deswegen sind sie keine Gesetze, die nur im großen und ganzen gültig sind, sondern Gesetze, deren Wirksamkeit man bis ins Detail nachweisen kann. Soziologie kann nur dann eine wirkliche Wissenschaft sein, wenn sie wie die Physik und die anderen Naturwissenschaften in ihren Aussagen an die beobachtbaren Partikel anknüpft und nicht einfach behauptet, daß es Kollektive gebe, die sich in dieser oder jener Richtung bewegten.

Tarde spricht, wenn er seine soziologischen Gesetze erläutern will, sehr oft in naturwissenschaftlichen Beispielen. Die Bewegung der Sterne am Himmel, die Wellenbewegung im Meer, die Schwingungen der Moleküle im Gas oder Metall, das sind für ihn Beispiele der Art von Gesetzen, wie er sie herauszufinden sucht. Wissenschaft, sagt er, kann es nur dort geben, wo es Wiederholung gibt. Es gibt keine Wissenschaft von nur einmaligen Zuständen. Nur wenn auch die menschlichen Gesellschaften solche sich ständig wiederholenden Prozesse sind, kann es von ihnen eine Wissenschaft geben. Die Wissenschaft, so sagt Tarde, besteht in der Aufdeckung solcher Wiederholungen, in der Darstellung von Gleichförmigkeiten oder eben von Kollektivgesetzmäßigkeiten. Die Bedeutung der Nachahmung in den menschlichen Gesellschaften liegt nun darin, daß sie einen in diesem Sinne wissenschaftlichen Erkenntnisgegenstand für die Soziologie konstituiert. Dort, wo alles spontane, irrationale oder lebendige Entwicklung ist, kann es keine wissenschaftliche Erkenntnis geben. Nur wenn es gelingt, die Imitation als Naturgesetz menschlicher Gesellschaften darzustellen, gibt es von diesen Gesellschaften eine wissenschaftliche Erkenntnis.

Inhalt aller Wissenschaft ist die Aufdeckung von Kollektivgesetzmäßigkeiten, und die Nachahmung bringt solche Kollektivgesetzmäßigkeiten auch im Bereich der Gesellschaft zustande. Sie begründet die Gesellschaft als einen möglichen Gegenstand wissenschaftlicher Erkenntnis. Durch die Imitation werden die einzelnen zu Partikeln einer Massenbewegung, und diese Massenbewegung mit ihren Wiederholungen kann allein Gegenstand der Wissenschaft sein. Auch für Tarde beruhen die modernen Gesellschaften nicht auf den freien Handlungen einzelner. Er ist in dieser Hinsicht, verglichen mit DURKHEIM, eher kollektivistischer als individualistischer als dieser. DURKHEIM erkannte den einzelnen immerhin noch als Gegenstand gesellschaftlichen Zwanges an; hier bei TARDE ist der einzelne ein Massenteilchen, das wie ein Molekül in den gesellschaftlichen Wiederholungsprozessen schwingt.

Nachahmung schafft Massenbewegung, und die Gesellschaft ist Inbegriff solcher Massenbewegungen. TARDE charakterisiert die Gesellschaft als *«cascade de magnétisations successives»* (*Les lois de l'imitation.* 1890, S. 94). *«La société»*, schreibt er ebenda (S. 90), *«c'est une espèce de somnambulisme.»* Hypnose, Somnambulismus, Magnetismus, das sind Ausdrücke, die TARDE verwendet, um den Gesellschaftszustand zu kennzeichnen, der durch die Nachahmung entsteht. Oft zieht er Vergleiche aus der Natur heran: die Schwingung unbelebter Körper, Vererbung von Zelleigenschaften, Organisation von Gasen usf. Die Gesellschaft, das ist ein Schwingungszusammenhang, der von bestimmten Gesetzen regiert wird. Das erste dieser Gesetze ist die Nachahmung, ohne welche sich die Atome in alle Winde zerstreuen würden, vermöge deren jedoch die Wissenschaft ein Erkenntnisobjekt hat. TARDE betont hier, daß es sich nicht darum handle, die Soziologie als eine Art erweiterter Assoziationspsychologie zu begründen. Den Versuch von MILL, psychologische Gesetze der menschlichen Natur als Grundlage der Soziologie zu nehmen, lehnt er ab. Bei ihm handelt es sich nicht um eine intrazerebrale Psychologie, sondern um eine interzerebrale Psychologie, nicht um Gesetze der menschlichen Natur, sondern um Gesetze der zwischenmenschlichen Beziehung. LE BON hatte von einer Massenseele, SPENCER von einem Gesellschaftsorganismus gesprochen, als ob sie Wesenheiten wären, die sich von allein fortbewegten. TARDE bleibt hier kritisch. Er sieht, daß alles, was wirklich ist, im Detail, im einzelnen nachweisbar sein muß und hier seinen Anknüpfungspunkt hat. Auch für ihn ist die Gesellschaft ein Kollektiv, *«un rêve en action»*, *«état hypnotique»*. Aber gerade deswegen ist es die Aufgabe des Wissenschaftlers, die *«synthèse anonyme»* darzustellen, auf Grund deren die einzelnen in den *«état hypnotique»*, in den Gesellschaftszustand geraten.

Nachahmung ruft Gleichförmigkeit hervor. Bevor sie sich aber durchgesetzt hat, begegnet sie Widerständen. Zur Imitation oder Repetition gehört die Opposition. Eine Idee oder Erfindung muß sich ausbreiten, und hierbei spielen nun die äußeren, geschichtlichen, sozialen und rassischen Umstände, unter denen sie auftritt, eine Rolle. Der Einwand von DURKHEIM, TARDE habe nicht erklärt, warum einzelne Verhaltensweisen nachgeahmt werden, andere aber nicht, trifft also nicht zu. TARDE hat sehr wohl versucht, die Ausbreitung von Imitationswellen zu analysieren, wenngleich er hierin nicht besonders originell ist. In einem einschränkenden Sinne erkennt TARDE die Wirksamkeit von Institutionen und Werten durchaus an, aber die eigentliche Schwerkraft liegt bei ihm immer auf der Seite eines mechanisch wirkenden Naturverhältnisses.

Diese Naturgesetzlichkeit erklärt er sich nach der Analogie der Mechanik. Ein bestehender Gleichgewichtszustand wird gestört, und nun finden aufeinanderfolgende Wellen von Veränderungen statt, die so lange fortdauern, bis ein neuer Gleichgewichtszustand erreicht wird. Um etwas zu erfinden, sagt er, muß der einzelne für einen Augenblick der Gesellschaft entschlüpfen – ein Vorgang, der ebenso kühn wie selten ist. Das Moment der Irrationalität, die SOREL und LE BON als Massenerscheinung betrachtet hatten, begegnet auch hier als Anstoß, der einen Gleichgewichtszustand verändert. Die Ursachen dieses Anstoßes sind nicht weiter durchschaubar. Man kann nur feststellen, daß einzelne Menschen zum Typus der Erfinder gehören, andere wiederum sich auf Nachahmung der Erfindungen beschränken. Der Erfinder befreit sich aus dem allgemeinen Zustand der Hypnose und setzt durch seine Aberration eine Wellenbewegung in Gang. Sie ist vergleichbar mit der Wellenbewegung, die entsteht, wenn ein Stein in ein mit Wasser gefülltes Gefäß fällt, und die dort so lange dauert, bis ein neuer Gleichgewichtszustand erreicht ist. Auf den auslösenden Anstoß folgt die Opposition, die Gegenbewegung, die diesen Anstoß wieder zu unterdrücken versucht. Die Opposition, das ist im Leben der Gesellschaften der soziale Kampf mit seinen drei Formen, dem Krieg, der Konkurrenz und der Diskussion. Unter diesen drei Erscheinungsbildern breitet sich der neue Anstoß aus und führt zu immer stärkerer Nachahmung. Ist der Prozeß der Imitation beendet und eine allgemeine Anpassung erfolgt, dann tritt ein neuer Zustand allgemeiner Hypnose ein, bis wieder ein neuer Anstoß erfolgt.

Es ist kennzeichnend, daß TARDE diesen sozialen Antagonismus nicht als Wesensbestandteil des Vergesellschaftungsprozesses überhaupt ansieht, sondern nur als eine Durchgangsphase zu der wahren Vergesellschaftung. Der soziale Konflikt, dessen produktive Bedeutung in der schottischen Moralphilosophie und auch bei HEGEL ausdrücklich betont worden war, tritt hier als bloßes Moment der Friktion auf, das überwunden werden muß. Die Gesellschaft ist kein Prozeß, der sich durch Konflikte entwickelt, sondern ein Naturvorgang, der sich wiederholt. Das gesellschaftliche Verhalten der einzelnen ist nicht zu begreifen als ein Streben nach Anerkennung und Durchsetzung ihrer Bedürfnisse und Interessen, sondern als ein Zustand der Vereinigung, des Vergessens und der Anpassung. Der soziale Kampf, so schreibt TARDE, spielt in der Gesellschaft nur die Rolle einer Vermittlung. Er ist dazu bestimmt, progressiv abgebaut zu werden, sich zu erschöpfen und schließlich zu verschwinden.

Tardes Zukunftsvision ist hierin bemerkenswert ähnlich der von Cournot und auch der von Comte. Auf die Opposition folgt die Adaptation, die neue Anpassung, und je weiter die Geschichte fortschreitet, desto vollkommener wird diese Anpassung werden. In der Gegenwart nähert man sich diesem Idealzustand. Die Schranken, die bisher die vollständige Vergesellschaftung verhindert haben, nämlich Klassen, Kasten, Transportschwierigkeiten usw., fallen jetzt weg. Die Wirkung der Nachahmung kann sich jetzt zunehmend direkt auf die ganze Menschheit auswirken. «*La transmission imitative... sur toute la masse humaine serait presque instantanée, comme la propagation d'une onde dans un milieu parfaitement élastique. Nous courons à cet étrange idéal*» (*Les lois de l'imitation*, a. a. O., S. 401 f).

In seinen ‹*Fragments d'histoire future*› (1904) hat Tarde dieses sonderbare Ideal zu einer Utopie weiterentwickelt und das Bild einer Idealgesellschaft entworfen, in der die «*masse humaine*» in interessenfreier Liebe einander nachahmt und ohne Zwang zusammenlebt. Wie man sieht, ist hier, und nicht nur hier, das alte Ideal der französischen Aufklärung, das Ideal der ‹*Salente*›, der Philosophen-Republik, noch lebendig, wenngleich es jetzt anders begründet wird. Und es erscheint angebracht, in diesem Zusammenhang an die Worte zu erinnern, die Hegel über dieses Ideal in seiner ‹Geschichte der Philosophie› (Bd. 3, S. 116) findet: «Man könnte sich vorstellen eine allgemeine Gemeinschaft der Liebe, Welt der Frommen und Heiligen, eine Welt von Brüderschaft, von Lämmlein und Geisteständeleien, eine göttliche Republik, einen Himmel auf Erden, aber so ist es auf der Erde nicht gemeint. Jene Phantasie ist in den Himmel, das heißt anderswohin verwiesen – in den Tod. Jede lebendige Wirklichkeit braucht noch ganz andere Gefühle, Anstalten, Taten.»

Damit sind wir bei dem Thema der Institution angelangt. Dieses Thema, das Hegel gegen die Naturlehren der Aufklärung vorgebracht hatte – weswegen er als Reaktionär erschien und von Marx angegriffen wurde –, wird jetzt von Durkheim gegen Tarde erneuert. Was Tarde von Durkheim unterscheidet, ist nicht, daß er Individualist ist, sondern daß er in der Tradition der Aufklärung das Thema der Institution als ein zweitrangiges Thema ansieht und die Gesellschaft als einen mechanisch wirkenden Naturprozeß zu interpretieren sucht. Diese Theorie, die die alte Vorstellung einer natürlichen Ordnung zur Voraussetzung hatte, war in einer Zeit, die sich als Zeit der Krise begriff, wenig überzeugend. In dem Wechselspiel von Imitation, Opposition und Adaptation blieb völlig offen, ob und gegebenenfalls wie eine soziale

Ordnung, nicht aber das soziale Chaos aus diesen Imitationen hervorgehen sollte. Die von Tarde eröffneten theoretischen Perspektiven, so schreibt E. Ferri (*La théorie sociologique de M. Tarde.* ‹Le Devenir Social›, 1, 1895, S. 263), gleichen denen einer Ballonfahrt. Sie eröffnen zunächst einen gewissen Überblick, aber dann entfernen sie den Betrachter sehr schnell von der Realität, von der nur noch eine abstrakte Vorstellung bleibt: «*on reste le cerveau vide*».

2. Emile Durkheim

Tarde war kein Individualist, aber er war Aufklärer insoweit, als er – wie Cournot – die gesellschaftliche Integration nicht als ein institutionelles Problem, sondern als ein Problem allgemeiner Werte und Prozesse ansah. Sein Gesellschaftsmodell war ein mechanisches und ging insofern auf die Tradition des 17. Jahrhunderts zurück, in dem der Mechanismus als das rationale Modell schlechthin begriffen worden war. Die Alternative zu diesem Mechanismus war der Organismus, und die Gegenposition zu Tarde ist der Organizismus, wie er von Fouillée (1838–1912) und Espinas (1844–1922) vertreten wurde. Fouillée hatte im Anschluß an Rousseau die Gesellschaft als «*organisme contractuel*» definiert, der von «*idées-forces*», Leitideèn, vorangetrieben werde. Die Gesellschaft erschien als «Vertragsorganismus», der aus dem freien Willen der Individuen hervorgeht, dann aber eine eigenständige Realität diesen gegenüber gewinnt. Espinas hatte sich an Spencer angeschlossen und die Soziologie als «*biologie agrandie*» definiert. Die Gesellschaft erscheint ihm als ein «*organisme d'idées*» oder «*conscience vivante*». Ausdrücklich hatte er betont, daß dieser geistige Organismus nicht von den einzelnen her zu begreifen sei, denn es sei unmöglich, die «*existence supérieure*» aus der «*existence inférieure*» abzuleiten.

Aus diesem Organizismus, wie er hier auf der Linie Rousseau – Comte bzw. Darwin – Spencer vertreten wird, konnten verschiedene soziologische Theoreme wie die gesellschaftliche Auslese, die Anpassung, die Arbeitsteilung und die Funktionsdelegierung abgeleitet werden, aber schon zu der Zeit, in der Fouillée und Espinas schreiben, fehlt diesem Ansatz die Überzeugungskraft. Unter dem Eindruck des außenpolitischen Machtkampfes, der sozialen Frage im Innern treten Lehren in den Hintergrund, die auf eine quasi natürliche Entwicklung der Gesellschaft vertrauten. In Frankreich entsteht mit dem Buch von Huysmans, ‹*A Rebours*› (1884), die Bewegung der Dekadenz, die die Zweideutigkeit und Verfallsneigung der Natur betont. Die Glaubwürdigkeit des Appells, der von der Natur und ihrer Lebenskraft ausgeht, nimmt ab, die Einsicht, daß es bei soziologischen Problemen nicht um natürliche Entwicklungen, sondern um Institutionen geht, nimmt zu. Das Soziale ist etwas anderes als eine Natur, die sich von selbst fortzeugt und entwickelt; es ist keine *biologie agrandie*, die aus den *sociétés animales* abgeleitet werden könnte, wie es ESPINAS versucht hatte. Mit BERGSON und SOREL war der moralische Aspekt soziologischer Probleme in den Vordergrund gerückt. Das Handeln der Menschen wurde hier von einem befreienden Ethos her interpretiert. Gegen die nüchterne Wissenschaft, wie sie FOUILLÉE, ESPINAS, LITTRÉ, die Organizisten und die Positivisten vertraten bzw. zu vertreten meinten, war die Begeisterung aufgestanden, die die zentralen Probleme, um die es faktisch ging, in dieser Wissenschaftlichkeit nicht wiederfand. Ein Empirismus, der nicht zur Theorie fand, und eine Theorie, die im Unbestimmten verharrte, wurden hier mit einem Willen konfrontiert, der die Gesellschaft aus sich heraus neu schaffen wollte. Mit dem Auftreten dieses Willens war das Thema der Institutionen als der äußeren Wirklichkeit dieses Willens gestellt und zugleich in seiner Bedeutung insofern herabgesetzt worden, als die Wirklichkeit als ein beliebiges Material erschien, das in völliger Abhängigkeit von diesem Willen stand. Dort das blinde Naturgesetz, hier der freie Wille des Menschen – das waren zwei Alternativen, die je für sich nicht überzeugen konnten, und zwar weder unter dem Gesichtspunkt der theoretischen Verifizierung noch der praktischen Handlung. Beide Positionen waren nicht entwickelbar; sie konnten nicht zur Analyse konkreter gesellschaftlicher Probleme vordringen, weil in ihrem Ansatz der Gegenstand der Gesellschaft nicht enthalten war.

Die große Meisterschaft von EMILE DURKHEIM (1858–1917) liegt nun darin, wie er diese verschiedenen Momente, die zu seiner Zeit die soziologische Theorie beherrschen – und diese Theorie in Deutschland auseinanderreißen in Ethoswissenschaft und reine Theorie bzw. theorielose Empirie –, zusammenfaßt in einer soziologischen Theorie, die zugleich rational durchsichtig, empirisch beweisbar und moralisch verpflichtend sein soll. Soziologie als Wissenschaft muß sich auf eine objektive Realität beziehen, und sie muß deswegen empirisch beweisbar sein. Sie muß die Realität, auf die sie sich bezieht, als solche aufweisen können. Aber diese Realität ist keine rein äußerlich zu denkende Natur, kein blindes Naturgesetz, das die Geschicke der Völker beherrscht, wie es GUMPLOWICZ erklärt hatte, sondern sie ist die Realität des menschlichen Daseins, seines Geistes und seiner Moral. Wenn DURKHEIM sagt, der Gegenstand der Soziologie sei das Soziale, und man müsse das Soziale durch das Soziale, nicht durch eine äußere Natur erklären, dann definiert er den Gegenstand, um den es der Soziologie geht, als eine geistige oder moralische Totalität, die eben deswegen den einzelnen nicht nur einfach zwingt, sondern ihm auch geistig und moralisch überlegen und so zu ihrem Zwang legitimiert ist. DURKHEIM definiert: «Ein soziologischer Tatbestand ist jede mehr oder minder festgelegte Art des Handelns, die die Fähigkeit besitzt, auf den einzelnen einen äußeren Zwang auszuüben» (Regeln der soziologischen Methode. Hg. R. König, S. 114). Diese Definition hat mancherorts – so z. B. bei J. MONNEROT, *‹Les faits sociaux ne sont pas des choses›* (1946) – Anstoß erregt, und die Verteidiger von EMILE DURKHEIM – wie etwa RENÉ KÖNIG – haben versucht, ihn dadurch zu rechtfertigen, daß sie darauf hinweisen, daß DURKHEIM die in seinem Ansatz implizierte Trennung von Soziologie und Psychologie «auf der ganzen Linie am Überwinden war» (so R. KÖNIG, Einleitung zu DURKHEIM, Regeln, a. a. O., S. 61).[4] Uns scheint jedoch, daß sowohl Kritiker als auch Verteidiger dem Wesen von DURKHEIMS Ansatz nicht gerecht werden. MONNEROT täuscht sich, wenn er meint, daß DURKHEIM das *fait social* mit blinden Naturtatsachen auf eine Ebene habe stellen wollen, als er davon ausging, daß auch der Gegenstand der Soziologie objektiven, sachlichen Charakter haben müsse. KÖNIG übersieht, daß DURKHEIM immer wieder den schroffen Gegensatz von Soziologie und Psychologie betont und – wie wir noch sehen werden – bis zu seinen späten Aufsätzen hin an der theoretischen Position des Dualismus festhält. Was DURKHEIM mit dem *fait social* meint, ist weder eine äußerliche Sache noch eine Verknüpfung von soziologischen und psychologischen Momenten, sondern eine Realität, die objektive Gegebenheit und moralische Verpflichtung zugleich ist. Auch hinsichtlich des Positivismus oder Chosismus von DURKHEIM gilt, daß es Tatsachen nur innerhalb von Definitionen gibt. (Vgl. K. POPPER, Logik der Forschung. 1965, S. 71 ff.) Diese Definitionen, nicht die Tatsachen, sind der Ausgangspunkt der Theorienbildung.

DURKHEIM ist zugleich Theoretiker und Moralist. Die richtige Einsicht hat für ihn die Bedeutung, die Handlungen zu leiten; das Bemühen, Handlungen richtig zu lenken, treibt seine wissenschaftliche Arbeit an. DURKHEIM will kein indifferenter Betrachter der sozialen Wirklichkeit sein, er will die Vernunft in ihre Rechte, die Handlungen zu leiten, wieder einsetzen (vgl. das Vorwort zu *‹Division du travail›*, Regeln, ed. König, S. 141 ff). In seinem Buch über den Selbstmord klagt er, daß man nicht mehr die legitimen Grenzen der Handlungen kenne; in der *‹Division du travail›* (Vorwort zur 2. Aufl.) stellt er fest, daß die Grenzen

4 Wir erinnern in diesem Zusammenhang an die nachdrückliche Feststellung von DURKHEIM: «Die beiden Wissenschaften sind also so scharf voneinander getrennt, wie es zwei Wissenschaften nur sein können.» Regeln der soziologischen Methode, a. a. O., S. 94.

zwischen dem Gerechten und dem Ungerechten sich verwischt hätten. Es herrsche das Recht des Stärkeren, und «*notre premier devoir est actuellement de nous faire une morale*» (1. Aufl., S. 460). In seinem Aufsatz ‹*Le dualisme de la nature humaine et ses conditions sociales*› (‹Scientia›, 15, 1914, S. 217) nennt DURKHEIM «*la raison – cet auxiliaire indispensable de l'activité morale*».

Die bekannte, oben gegebene Definition des *fait social* – eine mehr oder minder festgelegte Art des Handelns, die die Fähigkeit besitzt, auf den einzelnen einen äußeren Zwang auszuüben – darf nicht vergessen lassen, daß DURKHEIM diese Definition auf entscheidende Weise erläutert. Es gibt, so stellt er fest, nicht nur den Zwang, der vom *fait social* ausgeht. Man kann nicht übersehen, daß der einzelne auch in der Lage ist, auf sich selbst einen Zwang auszuüben, und daß es in der Gesellschaft auch den Zwang gibt, den der Stärkere gegenüber dem Schwächeren ausübt. Beides ist kein sozialer Zwang. Denn der erstere Zwang ist zentrifugal, während der soziale Zwang zentripetal ist, den einzelnen mit seiner Gruppe oder Gattung vereinigt. Der Zwang des Stärkeren aber scheidet als *fait social,* als normaler Zwang, der mit der Vergesellschaftung verbunden ist, aus, weil zum Wesen dieses Zwanges die soziale Überlegenheit, und zwar die geistige oder moralische (so DURKHEIM, Regeln, a. a. O., S. 203, Anm.) gehört. Die Unterordnung des einzelnen gegenüber dem *fait social,* seine Abhängigkeit von diesem – das große Thema der DURKHEIMschen Soziologie – beruhen auf der Voraussetzung, daß das *fait social* dem einzelnen geistig und moralisch überlegen ist, daß «die Überlegenheit der Gesellschaft nicht bloß physisch, sondern auch moralisch und geistig ist» (Regeln, a. a. O., S. 203). Es geht DURKHEIM weder um die Darstellung einer blinden Abhängigkeit noch um eine psycho-soziologische Durchdringung. Er stellt vielmehr das *fait social* als die geistig und moralisch höhere Natur des Menschen dar, von der der einzelne nicht nur abhängt, sondern auf die er auch verpflichtet ist. Ziel von DURKHEIM ist nicht nur die wertfreie Erkenntnis, sondern auch die Wiedereinsetzung der Vernunft in ihre praktischen Rechte (a. a. O., S. 141 ff). Unsere Methode, so schreibt er, besitzt «den Vorzug, das Denken und das Handeln gleichzeitig zu regeln» (a. a. O., S. 163). Das kann diese Methode aber nur deshalb, weil der Gegenstand, den sie aufweist, zugleich verpflichtenden Charakter hat. DURKHEIM steht in der großen Tradition der französischen Rationalisten und Moralisten, für die Erfahrung und Vernunft, das Wahre und das Vollkommene eine Einheit sind. In seiner Schrift ‹Soziologie und Philosophie› – eine Zusammenfassung von Arbeiten aus den Jahren 1898 bis 1911 – betont DURKHEIM, daß zwischen Werturteilen und Wirklichkeitsurteilen kein Wesensunterschied bestünde: immer handle es sich um kollektive Ideale, über die geurteilt werde, und es könne in bezug auf sie nur eine Urteilskraft geben. TARDE hatte zu zeigen versucht, daß die Gesellschaft den einzelnen in einen hypnotischen Zustand versetze; DURKHEIM stellt fest, daß die Gesellschaft den einzelnen zur wahren Ordnung, zu Wahrheit und moralischer Überlegenheit führt, ihn in ein höheres und reicheres Dasein aufnimmt. Rationale Explikation, empirische Darlegung und praktische Konsequenz gehören hier zusammen. Wenn der Mensch ein vernünftiges Wesen ist, so hatte RICHELIEU gesagt, dann muß man die Vernunft zum Souverän des Menschen machen. DURKHEIM, der im 19., nicht im 17. Jahrhundert schreibt, spricht nicht mehr von der Vernunft, sondern von dem Sozialen, dem *fait social*.

Wer wissenschaftliche Reife erlangen wolle, so wies DURKHEIM im Jahre 1911 seinen Schüler MAUBLANC an, müsse sich dem Studium eines großen Meisters widmen, und er fuhr fort: «Mein Meister war RENOUVIER» (zitiert bei: *E. Durkheim*. Ed. K. H. Wolff, 1960, S. 25). RENOUVIER war Kantianer, der den Kantianismus zum Personalismus weiter- oder vielleicht besser gesagt: zurückentwickelte. Der Dualismus, wie ihn KANT seiner Erkenntnislehre zugrunde gelegt hatte, erschien RENOUVIER als nicht ausreichend. Die spätere Entwicklung des deutschen Idealismus hatte gezeigt, daß die Position KANTS zu einer Dialektik weitergeführt werden konnte, die die Trennung von Subjekt und Objekt wieder aufhob. Das kunstvolle Gleichgewicht zwischen den (subjektiven) Bedingungen der Möglichkeit der Erkenntnis und den (objektiven) Bedingungen der Erkenntnis, das KANT postuliert hatte, war bei HEGEL zu der Idee einer vernünftigen Wirklichkeit geworden, in der Subjekt und Objekt eine Einheit bildeten. RENOUVIER steigert nun in Opposition gegen diesen innerlich instabilen Dualismus den Begriff des Subjekts zu dem der Person, die qualitativ etwas anderes ist als der Inbegriff aller (objektiven) rationalen und sinnlichen Eigenschaften und ein höheres Prinzip gegenüber diesen äußeren Bestimmungen darstellt. Damit ging RENOUVIER im Prinzip zu dem radikalen Dualismus des DESCARTES zurück, in dessen Überwindung KANT mit seinem Ansatz, der an der skeptischen Lehre des Engländers HUME orientiert war, sein Ziel gesehen hatte. Der Dualismus setzt auch in der Form des Personalismus als Grundlage der Erkenntnis etwas Absolutes voraus, i. e. ein Prinzip, das eigenständige Bedeutung hat, unabhängig von der Möglichkeit der Erfahrung, auf die KANT das Erkennen verpflichtet hatte. Auch KANT war insofern Dualist, als er das, was der Erfahrung zugrunde lag, getrennt hatte von dem Inhalt der Erfahrung selbst. Aber er hatte immer behauptet, daß das Unbedingte, das der Erfahrung zugrunde lag, Bedeutung nur habe durch seinen Bezug auf mögliche Erfahrung. Der Personalismus hingegen konstituiert ein unbedingtes Subjekt, das sich selbst genügt, dessen Vermögen nicht nur ein transzendentales ist, wie es KANT behauptet hatte, sondern ein transzendentes.

Im Personalismus von RENOUVIER sind Subjekt und Objekt nicht mehr Teile einer Welt, sondern verschiedene Welten, von denen die eine der anderen qualitativ überlegen ist.[5] Auf der einen Seite steht das Absolute und Wahre oder die eigentliche Lebenskraft, auf der anderen Seite das Material, in dem sich dieses Absolute und Wahre äußert, bzw. das, was von dieser Lebenskraft assimiliert wird. Dieser Dualismus, den DURKHEIM von RENOUVIER übernimmt, ist grundlegend für DURKHEIMS ganzes Werk. – In seinem späteren Aufsatz, ‹*Le dualisme de la nature humaine et ses conditions sociales*› (‹Scientia›, 1914) hat er sich ausdrücklich zu ihm bekannt. Eben dieser Dualismus ist die Quelle der rationalen Klarheit, die das Werk von DURKHEIM kennzeichnet. Er ist aber auch die Quelle für alle die metaphysischen Probleme, um derentwillen schon DESCARTES kritisiert worden war[6] und nach ihm DURKHEIM kritisiert werden wird[7]. Hatte man DESCARTES seinen Rationalismus zum Vorwurf gemacht, so wird man DURKHEIM seinen Soziologismus ankreiden. In beiden Fällen geht es um das Prinzip des Dualismus, die Erfahrung in zwei Teile auseinanderzulegen, die qualitativ voneinander geschieden sind und von denen das eine über das andere herrschen soll. Der Gegensatz zu diesem Dualismus – und die Gegenposition, von der aus er kritisiert wird – ist der Empirismus, Skeptizismus oder Pragmatismus, wie er in der angelsächsischen Welt etwa von ISAAC NEWTON, DAVID HUME und WILLIAM JAMES vertreten wurde. Hier geht es darum, mögliche Zusammenhänge aus empirischen Erhebungen abzuleiten, dort darum, empirische Daten nach rationalen Ordnungen zu interpretieren

---

5 DURKHEIM übernimmt von RENOUVIER nicht nur das Prinzip des Dualismus, daß es eine von der Fülle der Erscheinungen klar unterschiedene Ursache der Gesetzmäßigkeit dieser Erscheinungen geben müsse – «*la personne comme premier principe causal à l'égard du monde*», wie es RENOUVIER, *Le personalisme*. 1903, S. VII, formuliert –, sondern auch dessen Moralismus. Man vergleiche das folgende aufschlußreiche Zitat aus RENOUVIER, a. a. O., S. 129, mit DURKHEIMS Morallehre: «*L'histoire de l'humanité depuis ses origines connues semble bien vérifier expérimentalement cette double thèse: que la raison de la vie de l'homme sur la terre est l'apprentissage de la justice, et que la fin de cet apprentissage ne peut être atteinte individuellement . . . parce que la matière de la justice réside dans les rapports donnés ou supposés de l'homme avec ses semblables.*»

6 Vgl. R. LENOBLE, *Mersenne ou la naissance du mécanisme*. 1944.

7 Vgl. E. BENOIT-SMULLYAN, *The Sociologism of Emile Durkheim and His School*. In: H. E. BARNES (ed.), *An Introduction to the History of Sociology*. 1948.

und zu kontrollieren. Das fundamentale Prinzip, auf das man sich hier beruft, drückt DURKHEIM – vor ihm ESPINAS – so aus, daß man unmöglich das Höhere aus dem Niederen ableiten könne, was eben genau die Absicht des Empirismus gewesen war. Während Lord MONBODDO den Menschen vom Orang-Utan ableiten will, erklärt BUFFON, daß man gerade das nicht könne, weil der Mensch Vernunft und Sprache habe; während DARWIN die Entwicklung des Niederen zum Höheren entwicklungsgeschichtlich darzustellen versucht, ist für COMTE die Geschichte ein Prozeß fortschreitender intellektueller und moralischer Läuterungen; während die Sozialdarwinisten Struktur und Funktion der Gesellschaft aus dem Kampf um das Dasein und sozialen Wandel als Ausleseprozeß des Tüchtigsten darstellen, ist für DURKHEIM das Soziale seiner Natur nach überall gleich, moralisch und intellektuell dem einzelnen überlegen, eine höhere Natur, die über der niederen Natur des einzelmenschlichen Daseins schwebt.

Das große Problem dieses Dualismus lag darin, daß er zu einer mündig gewordenen, emanzipierten Welt in immer stärkeren Gegensatz treten mußte. Die Beherrschung dieser Welt durch ein höheres Prinzip, das, dem *Roi Soleil* vergleichbar, über ihr thronte, mußte immer fremdartiger erscheinen, je mehr das Bewußtsein der Emanzipation, der Freiheit der Handlungen und der kritischen Vernunft fortschritt. Nicht die Herrschaft des *fait social* über den einzelnen, sondern der Einfluß sozialer Faktoren im Leben des einzelnen, nicht die geistige und moralische Überlegenheit der Gesellschaft, sondern die soziologische Bedingtheit von Wissen und Werten mußte hier Thema werden. Die Abkehr vom Dualismus wird im 20. Jahrhundert allgemein, und DURKHEIMS Position ist insofern von vornherein begrenzt.

DURKHEIM ist radikaler Dualist. In seinem Aufsatz ‹*La sociologia e il suo dominio scientifico*› (‹Rivista Italiana di Sociologia›, 4, 1900) stellt er fest, daß es die Soziologie als Wissenschaft überhaupt nur deshalb gebe, weil das Soziale ein vom Individuellen deutlich abgrenzbarer, selbständiger Erkenntnisgegenstand sei. Der Bereich des Sozialen unterscheide sich von dem des Individuellen ebenso, wie sich in der Biologie der Bereich des Biologischen, Lebendigen von dem des Mineralischen unterscheide. Auf der einen Seite steht der Bereich des Lebens, der Ordnung, der Moral, auf der anderen Seite der Bereich der an sich toten Stoffe, die nur dadurch Leben und Ordnung erlangen können, daß sie vom Sozialen assimiliert werden. Diese Hypostasierung eines Überbereiches von Ordnung und Vernunft war von JOHN STUART MILL anläßlich des Werkes von COMTE kritisiert worden, und MILL hatte aus dieser Kritik die Vorstellung entwickelt, daß derartige Aussagen keine Realität eigener Art charakterisierten, sondern nur Hypothesen seien, die abstrakte Geltung hätten. Für Durkheim ist das Soziale jedoch keine bloße Hypothese, sondern eine Realität, die in ihrer Wirksamkeit von der empirischen Forschung aufgewiesen werden muß. Die empirische Forschung soll die Wahrheit nicht finden, sondern beweisen; sie soll nicht herausfinden, welchen Einfluß soziale Faktoren auf das Verhalten der Menschen haben, sondern sie soll dieses Verhalten aus sozialen Faktoren ableiten. Nur in der Genesis des Sozialen taucht bei Durkheim das Individuelle kurz auf, um dann allerdings sogleich wieder zu verschwinden. Das Soziale entsteht, so kann Durkheim, der in einer säkularisierten Welt lebt und sich stets zu dieser Säkularisierung bekennt, nicht umhin festzustellen, aus der Gruppierung der Teile. Aber nachdem es entstanden ist, hat es gegenüber diesen Teilen eine eigene Gesetzlichkeit.

In dem Aufsatz ‹*Représentations individuelles et représentations collectives*› (‹Revue de Métaphysique et de Morale›, 6, 1898, S. 298 f) schreibt Durkheim: «*Le tout ne se forme que par le groupement des parties et ce groupement ne se fait pas en un instant, par un brusque miracle... Mais à mesure, que l'association se constitue, elle donne naissance à des phénomènes qui ne dérivent pas directement de la nature des éléments associés... une fois qu'un premier fond de représentations s'est ainsi constitué, elles deviennent... des réalités partiellement autonomes qui vivent d'une vie propre.*» Soziologische Erklärung bedeutet darum nicht die Ableitung des Sozialen aus dem Individuellen. Diese Ableitung ist nur das Vorwort zur eigentlichen soziologischen Erklärung, deren Ziel es ist, die Eigengesetzlichkeit des Sozialen aufzuweisen. Der einzelne, so stellt Durkheim in seiner Abhandlung ‹*Détermination du fait moral*› (zitiert nach ‹*Sociologie et philosophie*›, 1963) fest, kann die Gesellschaft nicht wollen, ohne seiner Natur Gewalt anzutun. Die Vergesellschaftung liegt nicht auf der Linie des individuellen Interesses – wie es die schottische Moralphilosophie, Kant und Hegel zu erklären versucht hatten –, sie ist vielmehr ein Zwang, den der einzelne von außen erfährt. Die Wirksamkeit dieses Zwanges darzustellen und ihn damit zu rechtfertigen, ist das Ziel der Soziologie.

Descartes, zu dem sich Durkheim wiederholt bekennt, hatte die klare Trennung zwischen dem, was rational, und dem, was nur empirisch und in diesem Sinne zufällig ist, zur Voraussetzung wissenschaftlicher Erkenntnis gemacht. Ebenso trennt Durkheim, dessen Ziel die Erarbeitung einer allgemeinen Theorie des Sozialen ist, die Kollektiv-Phänomena von den individuellen Erscheinungen. Wissenschaftliche Klarheit setzt voraus, daß man das, was sozial ist, nicht mit dem verwechselt, was individuell ist. Und diese Trennung des Allgemeinen von dem Individuellen wird bis in die menschliche Natur zurückverlegt. In seinem oben zitierten Aufsatz über die *nature humaine* stellt Durkheim fest, daß der Mensch ein *homo duplex* sei. Sein Leben kreist um zwei verschiedene Schwerpunkte: die Individualität oder das Profane und das Soziale oder das Heilige.[8] Wir führen ein Doppelleben. Das eine ist rein individuell und bezieht sich auf unseren Organismus, das andere ist gesellschaftlich und ist nichts anderes als die Fortsetzung der Gesellschaft. Die Gesellschaft besteht nur deswegen, weil sie den einzelnen assimilieren, ihn nach ihrem Bild und Gleichnis formen kann, und die Soziologie als Wissenschaft ist nur deswegen möglich, weil diese Assimilation an eine über den einzelnen schwebende Natur gelingt. Man würde, so stellt DURKHEIM fest, die Soziologie als Wissenschaft negieren, würde man behaupten, daß sich die Gesellschaft aus Individuen zusammensetze. Diese Individuen vergleicht DURKHEIM vielmehr mit den leblosen Atomen, aus denen die lebendige Zelle besteht; ebenso wie diese lebendige Zelle den einzelnen Atomen überlegen ist, ist auch die Gesellschaft, das Soziale, den einzelnen Individuen überlegen, die sich gewissermaßen im Bereich des Sozialen nur aufhalten und sich seinen Regeln unterwerfen.

Die Selbständigkeit dieses Bereichs des Sozialen gegenüber dem Individuellen hat DURKHEIM mit verschiedenen Argumenten zu beweisen versucht (vgl. zum folgenden BENOIT-SMULLYAN, a. a. O.). Zum ersten stellt DURKHEIM fest, sind der Bewußtseinszustand des einzelnen als einzelner und der des einzelnen als Teil eines Kollektivs voneinander unterschieden, worauf schon LE BON ausdrücklich hingewiesen hatte. Zum zweiten unterscheidet sich in gleicher Weise das Verhalten des einzelnen als eines einzelnen und sein Verhalten als Mitglied in einer bestimmten Gruppe. Drittens weisen die Gesellschaftsstatistiken Gleichförmigkeiten auf, während das individuelle Geschehen eben durch seine Individualität gekennzeichnet ist. Viertens kann das Höhere nicht aus dem Niederen abgeleitet werden, das Leben eines Organismus nicht aus den Molekülen, die ihn zusammensetzen, das Leben der Gesellschaft nicht aus dem der Individuen. Schließlich und endlich erfahren die einzelnen die Institutionen der Gesellschaft als einen äußeren Zwang, und es wäre nach DURKHEIM paradox anzunehmen, daß sich die Individuen diesen Zwang selber zufügen. DURKHEIM verkennt zwar nicht, daß es einen Zwang gibt, den der einzelne sich selbst auferlegt (Regeln, ed. König, a. a. O., S. 186) oder den der Stärkere auf den Schwächeren ausübt (Regeln, S. 203), aber er weigert sich, diesen Zwang als sozialen Zwang anzuerken-

---

8 Wir erinnern hier an BUFFON, *Œuvres philosophiques*, ed Piveteau, 1954, S. 337B: «*L'homme intérieur est double, il est composé de deux principes différents par leur nature et contraires par leur action. L'âme, ce principe spirituel ... est toujours en opposition avec cet autre principe animal et purement matériel: le premier est une lumière pure ..., l'autre est une fausse lueur ...*»

nen. Der soziale Zwang steht nicht nur dem einzelnen als eine äußere Macht gegenüber; er hat auch die Chance, vom einzelnen anerkannt zu werden, weil er ihn auf die Gruppe und dadurch auf eine moralisch und geistig überlegene Realität verpflichtet. «*Dans la conscience de chacun*», so schreibt DURKHEIM in seiner Schrift ‹*Montesquieu et Rousseau*› (1953, S. 62), «*la partie qui exprime la société et qui est la même chez tous, est étendue et puissante; celle qui se rapporte au contraire à nous seuls et à nos affaires personnelles est restreinte et sans force.*» Man erinnere sich, daß SPINOZA und im Anschluß an ihn SMITH und andere den Selbsterhaltungstrieb als die zentrale Potenz erklärt und aus ihm die Institutionen abgeleitet hatten.

Seine ‹*Règles de la méthode sociologique*› von 1895 beginnt DURKHEIM mit einem Argument, das so alt ist wie die Soziologie selbst und anscheinend auch so lange dauern wird wie diese. Man müsse, so stellt er fest, sich von den Suggestionen des gesunden Menschenverstandes, i. e. den Theorien der anderen Soziologen, befreien und die wahre Natur des sozialen Sachverhaltes begreifen. Unsere Methode, so schreibt er, sieht die soziologischen Tatbestände als Dinge an, deren Natur, so dehnbar sie auch sein mag, durch den Willen nicht verändert werden kann. Soziologie ist die Wissenschaft von den Institutionen, so definiert DURKHEIM im Anschluß an MAUSS und FAUCONNET, die in ihrem Artikel für die ‹*Grande Encyclopédie*› von 1901 diesen Begriff eingeführt hatten. Institution steht hier für denselben Sachverhalt, den wir schon als *fait social* oder *représentation collective* kennengelernt haben. Diese Wissenschaft von den Institutionen muß befreit werden von den un- oder vorwissenschaftlichen Vorstellungen, die über ihren Gegenstand im Umlauf sind. Für DURKHEIM sind das vornehmlich zwei fundamentale Irrtümer: einmal die Erklärung der Gesellschaft von den Interessen und Bedürfnissen der einzelnen her, zum anderen die Vorstellung, daß diese Gesellschaft eine Geschichte habe. Die Natur des Sozialverhältnisses ist kollektiv und ahistorisch – ebenso war schon ROUSSEAU die Natur des Sozialverhältnisses erschienen, von der sich der Mensch dann durch äußeres Mißgeschick und innere Haltlosigkeit entfernt habe. Die grundsätzliche Trennung des Individuellen vom Kollektiven als Prinzip der DURKHEIMschen Soziologie hatten wir schon charakterisiert. Wir erwähnen nur noch, daß DURKHEIM diese Trennung in seinen ‹Regeln› insofern nuanciert, als er (a. a. O., S. 100, Anm.) zugesteht, daß Individuen den Institutionen ihre persönliche Marke aufdrücken oder eine individuelle Nuance geben könnten. Nichtsdestoweniger, so schreibt er, bleibt das Gebiet der erlaubten Variationen begrenzt. Früher oder später taucht eine Schranke auf, die nicht überschritten werden kann, und an dieser Grenze zeigt sich die Überlegenheit des Sozialen in seiner

Eigenständigkeit. «Alles, was real ist, hat eine bestimmte Natur ... die niemals überwunden wird» (Regeln, a. a. O., S. 99). Das gilt auch für die Realität der Gesellschaft und ist, wie es DURKHEIM ausdrücklich betont, «das Wesentlichste an dem Begriffe des sozialen Zwanges. Sein Inhalt erschöpft sich darin, daß die kollektiven Handlungs- und Denkweisen eine Realität außerhalb der Individuen besitzen, die sich ihnen jederzeit anpassen müssen» (a. a. O.).

Als Erläuterung seiner These führt DURKHEIM die Kindererziehung an. Es genüge zu beobachten, wie Kinder erzogen werden, um den äußeren Zwangscharakter der soziologischen Tatbestände zu erfassen. Diese Erziehung bestehe darin, dem Kinde eine gewisse Art zu sehen, zu fühlen und zu handeln aufzuerlegen, zu der es spontan nicht gekommen wäre (a. a. O., S. 108). Dieses Beispiel der Kindererziehung erläutert uns aber auch eine besondere Eigenschaft, die der soziale Zwang in aller Regel hat: er beherrscht uns nämlich von innen heraus, er entspringt, so stellt DURKHEIM fest, dem Prestige, mit dem gewisse Vorstellungen bekleidet sind (a. a. O., S. 99). DURKHEIM, der einer elsässischen Rabbinerfamilie entstammt, stellt jedoch ausdrücklich fest, daß diese Tatsache der Internalisierung, die Tatsache, daß wir uns mit dem sozialen Zwang identifizieren können, nichts daran ändert, daß der soziologische Tatbestand eine andere, «eine von der unseren verschiedene Natur» aufweist (a. a. O., S. 186): Eine Vereinigung zwischen dem Höheren und dem Niederen findet nicht statt, nur eine Anerkennung des Höheren durch das Niedere.[9]

Wollte sich DURKHEIM mit dieser schroffen Trennung von TARDE abgrenzen, den er individualistisch interpretiert, so grenzt er sich mit seiner Betonung des ahistorischen Charakters des Sozialen von COMTE ab. COMTE hatte gemeint, daß sich der Charakter der Vergesellschaftung im Laufe der Geschichte ändere; DURKHEIM hingegen ist der Ansicht, daß die Tatsachen der Gesellschaft ebenso unveränderlich seien wie die der Natur. Alles, was real ist, hat eine bestimmte Natur, die niemals überwunden wird, und daraus folgt, daß das Soziale nur eine äußere, ephemere, keine eigentliche Geschichte hat. Am Schluß des vierten Kapitels seiner ‹Regeln der soziologischen Methode› setzt sich DURKHEIM mit der Kultursoziologie von VIERKANDT und STEINMETZ auseinander und stellt fest, daß hier nicht soziale Arten klassifiziert werden, sondern, «was sehr verschieden davon ist, historische Phasen» (a. a. O., S. 175, Anm.).

---

9 In seiner schon zitierten Schrift *‹Sociologie et philosophie›* stellt DURKHEIM fest, daß kein individuelles Bewußtsein exakt das kollektive Bewußtsein reproduziert; insofern seien wir alle in dieser oder jener Hinsicht unmoralisch. Die Grenze der Internalisierung ist auch die Grenze der Moral.

Frankreich, so bemerkt DURKHEIM, habe in seiner Geschichte verschiedene historische Phasen durchgemacht, es sei vom Agrikulturstaat bis zur Großindustrie fortgeschritten, aber man könne unmöglich annehmen, «daß ein und dieselbe kollektive Individualität ihre Art drei- oder viermal ändern» könne (a. a. O.). Die soziale Art, zu der Frankreich im Unterschied zu Deutschland oder Japan gehört, wird durch diese äußeren, historisch bedingten Änderungen nicht berührt; die Natur des Sozialen liegt höher als die Ebene der Geschichte.

Das Soziale ist für DURKHEIM eine quasi metaphysische Natur eigener Art. Es ist unabhängig von den Individuen, unabhängig von der historischen Entwicklung. Die historisch verschieden erscheinenden Gesellschaften sind «in Wirklichkeit nur verschiedene Kombinationen einer und derselben ursprünglichen Gesellschaft» (a. a. O., S. 173). Die ursprüngliche Gesellschaft aber und damit der Prototyp aller künftigen Gesellschaften ist die Horde, «ein soziales Aggregat, das in seinem Inneren kein elementareres Aggregat umfaßt... und das unmittelbar in Individuen zerfällt» (a. a. O., S. 170). DURKHEIM nennt die Horde das Protoplasma des sozialen Lebens. Er findet in ihr den notwendigen Stützpunkt für eine vollständige Stufenleiter der sozialen Typen. Von R. N. BELLAH (*Durkheim and History*. ‹Am. Soc. Rev.›, 24/1959) ist zu beweisen versucht worden, daß DURKHEIMS Analyse keine statische, ahistorische Analyse sei. Das ist insofern richtig, als DURKHEIM nicht nur einen Gesellschaftstypus, sondern verschiedene soziale Arten kennt und in seiner Darstellung berücksichtigt.

Die Methode der parallellaufenden Variationen, die für DURKHEIM im Zentrum seiner empirischen Methode steht, baut darauf auf, daß es verschiedene soziale Arten gibt, die verglichen werden können und in deren Vergleich die Wirksamkeit verschiedener Variablen herausgefunden werden kann. Diese verschiedenen sozialen Arten sind jedoch nur verschiedene Erscheinungen ein und derselben Natur des Sozialen. Ohne eine *petitio principii* – daß alle Gesellschaften zu derselben Gattung gehören – wäre die Methode, so wie sie DURKHEIM anwendet, nicht brauchbar. Das *fait social* sieht in Frankreich anders aus als in Japan, in einer primitiven Horde anders als in einer hochzivilisierten Nation; aber das Prinzip, die Realität des Sozialen, ist überall dasselbe. Die Macht des *fait social* erfährt der Japaner ebenso wie der Franzose, der Primitive ebenso wie der Moderne. Es ist sehr kennzeichnend, daß sich DURKHEIM an entscheidender Stelle seiner ‹Regeln› nicht auf die modernen Experimentatoren bezieht, die mit hypothetisch durchgeführten Induktionsreihen Sachverhalte zu ergründen suchen, sondern auf BACON und seinen noch der Alchimie verhafteten Begriff der *experimenta crucis*, denen die animistische Vorstellung zugrunde liegt, daß man die Natur auf die Folter spannen könne, um sie zu zwingen, ihre Wahrheit zu offenbaren. Die eigentlich experimentelle Methode, so stellt DURKHEIM (a. a. O., S. 167) fest, besteht darin, «an die Stelle der alltäglichen Tatsachen, die nur in großer Zahl gesammelt beweiskräftig sind und infolgedessen immer nur suspekte Schlüsse ermöglichen, die entscheidenden Tatbestände oder *experimenta crucis* zu setzen». Induktionsreihen ermöglichen nur suspekte Schlüsse; wer die Wahrheit kennen will, muß an die entscheidenden Tatbestände anknüpfen und sie zum Ausgangspunkt der *experimenta crucis* machen. Auf die naheliegende Frage, wie man denn *a priori* wissen könne, was die entscheidenden Tatbestände seien, kommt DURKHEIM nicht, denn eben diese Frage, was die Natur des *fait social* sei und was daher bewiesen werden müsse, ist für ihn schon entschieden.

Das Soziale ist eine ahistorische, überindividuelle Natur, deren Realität im *experimentum crucis* offenbar wird und deren unterschiedliche Variable mit der Methode der parallellaufenden Variationen erforscht werden können. Ein bei den Eskimos bewiesenes Gesetz hat universelle Geltung. Wenn man das religiöse Phänomen für die Arunta erklärt hat, dann hat man es im Prinzip auch für Frankreich erklärt; man muß dann nur noch feststellen, welche zusätzlichen äußeren Variablen das religiöse Phänomen in Frankreich zu einem typisch französischen machen. Ein *experimentum crucis* genügt, um die Wahrheit zu offenbaren, man braucht dann nur noch diese Wahrheit durch entsprechende Zusatzhypothesen auf die anderen sozialen Typen anzuwenden.

Das früheste Beispiel für eine derartige Interpretation soziologischer Tatbestände bringt DURKHEIM in seiner Schrift ‹*De la division du travail*› (1893). Das Problem, mit dem sich DURKHEIM hier beschäftigt, ist die unterschiedliche Ausprägung der gesellschaftlichen Solidarität in den primitiven Gesellschaften, die keine gesellschaftliche Arbeitsteilung kennen, und den modernen Gesellschaften, die eine ausgedehnte gesellschaftliche Arbeitsteilung zu verzeichnen haben. Es gibt also zwei verschiedene soziale Arten, die aber gemeinsam zur Gattung des Sozialen gehören, d. h. die Natur der Vergesellschaftung ist dieselbe: beide Gesellschaften bestehen als Gesellschaften nur wegen ihrer Solidarität. Der unterschiedliche Charakter dieser Integration muß jedoch aus dem unterschiedlichen sozialen Milieu erklärt werden. Die Hauptmerkmale des sozialen Milieus, das den konkreten Charakter der Vergesellschaftung bestimmt, sind die Zahl der sozialen Einheiten oder das Volumen der Gesellschaft und der Konzentrationsgrad der Masse oder ihre dynamische Dichte. Von ihnen hängt der Charakter des *fait social* ab; sie erklären die besondere Art und Weise der Integration. Diese Ableitung der Integration aus den äußeren Umständen hat DURKHEIM später in den Verdacht gebracht, Materialist zu sein – ein Vorwurf, gegen den er sich mit Recht zur Wehr setzte.

Die materialistische Ableitung des besonderen Charakters der Integration aus dem sozialen Milieu in seinem Frühwerk und die Hyperspiritualität in seinem Spätwerk stellen bei DURKHEIM keinen Bruch dar, sondern nur eine Akzentverschiebung in einem einheitlichen Ansatz. Schon in seiner ‹*Division du travail*› geht DURKHEIM von der metaphysischen Annahme aus, daß niemals die innere Grundvoraussetzung der Gesellschaft, nämlich ihre Solidarität, variieren könne, sondern nur deren äußere Erscheinungsformen. Die Solidarität als solche, die Tatsache des Sozialen, gilt für beide Gesellschaften gleichermaßen. Aber es gibt zwei Arten der Solidarität. Die eine leitet sich aus der Gleichheit, die andere aus der Arbeitsteilung ab; die eine wird darum mechanisch, die andere organisch genannt. Und die mechanische Solidarität variiert umgekehrt, die organische direkt proportional mit der Entwicklung der Individualität; jener entspricht die Unterdrückung, dieser die Zusammenarbeit.

Ausgangspunkt für DURKHEIMS Betrachtungen sind die primitiven Gesellschaften, in denen das Soziale in mechanisch-äußerlicher Weise über die einzelnen herrscht. Der Zusammenhang zwischen den Menschen beruht nur auf äußerem Zwang und hat darum mechanischen Charakter. Dieser Charakter der Solidarität ändert sich jedoch mit der Konstitution des sozialen Milieus. Zunehmende Dichte und Zahl der Gesellschaftsmitglieder erzwingen den Übergang von der mechanischen zu der organischen Solidarität, wobei dieser Wandel die Bedeutung hat, unter veränderten äußeren Umständen den solidarischen Charakter des Gesellschaftsverhältnisses aufrechtzuerhalten. Zunehmende Dichte bedeutet steigenden Wettbewerb um Lebenschancen und damit Bedrohung der gesellschaftlichen Solidarität. Um diese Solidarität zu erhalten, muß daher die Konkurrenz beschränkt werden, und das geschieht durch Arbeitsteilung. Arbeitsteilung bedeutet, daß aus gleichen Individuen, die durch äußeren Zwang miteinander verbunden waren, ungleiche Individuen werden, die eine neue, nämlich organische Art der Verbindung miteinander suchen müssen. Die einzelnen werden nicht mehr als Gleiche äußerlich-mechanisch miteinander verbunden, sondern als Ungleiche, die aufeinander angewiesen sind, miteinander verknüpft. Diese neue Form der Solidarität heißt deswegen organisch, weil in ihr wie in einem Organismus unterschiedliche Funktionen verbunden sind. Die gesellschaftliche Entwicklung erzwingt die Spezialisierung, und diese wiederum läßt neue Formen der Integration aufsuchen. Spezialisierung und Individualisierung, das Heraustreten des einzelnen aus seiner unterschiedslosen Gleichheit, bewirken, daß das Soziale eine neue Erscheinungsform annehmen muß. Die organische Solidarität knüpft an die Tatsache der Individualisierung an. Sie wird aus einem äußeren zu einem innerlich wirkenden Zwang, der allein in der Lage ist, differenzierte Gebilde zusammenzuhalten. Das Soziale wird nach innen verlegt; es ist, wie es schon ADAM SMITH erkannte, *the man within,* das Kollektivbewußtsein im Individualbewußtsein.

DURKHEIM, so stellt ALPERT (*Emile Durkheim. A Perspective and Appreciation.* ‹Am. Soc. Rev.›, 24, 1959, S. 465) fest, ist *«a mastersurgeon of the social»*. Überall schneidet DURKHEIM mit großer, wenngleich nicht unproblematischer Meisterschaft aus dem gesellschaftlich-kulturellen Bereich, den er analysieren will, den speziellen Bereich des Sozialen heraus. Dieser Bereich ist in der *‹Division du travail›* gekennzeichnet durch die Solidarität. Es kann DURKHEIM jedoch nicht verborgen bleiben, daß es auch abweichendes Verhalten gibt, das regelmäßig vorkommt und insofern der These der notwendigen Solidarität zu widersprechen scheint. DURKHEIM hilft sich hier dadurch, daß er das normale abweichende Verhalten als ein soziales Phänomen erklärt, das normal und sogar unentbehrlich sei. Auch im abweichenden Verhalten ist die Macht der Institutionen erkennbar; das abweichende Verhalten stellt den einzelnen nicht außerhalb der Gesellschaft, wie es TARDE gemeint hatte, sondern auch das abweichende Verhalten, das sich doch gegen den sozialen Zwang empört, ist Ausdruck eben dieses Zwanges. «Gibt es nicht», so fragt DURKHEIM (Regeln, a. a. O., S. 86), «im Organismus als widerlich empfundene Funktionen, deren regelmäßiges Spiel jedoch für die individuelle Gesundheit notwendig ist?» Ebenso gibt es in der Gesellschaft negative Erscheinungen wie das Verbrechen, die dennoch im Gesellschaftsleben normal und unentbehrlich sind. Das Soziale erweist sich sogar im Asozialen, wenn man sich einmal klargemacht hat, daß abweichendes Verhalten von den Institutionen definiert wird, daß es abweichendes Verhalten außerhalb sozialer Normen nicht gibt und daß das Verbrechen selbst die Bedingung dafür ist, daß «das moralische Bewußtsein sich entwickeln kann» (a. a. O., S. 160). Mit Hilfe des Verbrechers aktualisiert sich das Soziale in den Köpfen der Gesellschaftsmitglieder, und das Verbrechen kann darüber hinaus sogar Vorstufe sozialer Umwandlungen sein, so daß gewissermaßen das Soziale mit dem Verbrecher einen Boten in die Welt schickt, um dieser zu verkünden, daß sich etwa die Form der gesellschaftlichen Solidarität ändern werde. SOKRATES, so bemerkt DURKHEIM, war nützlich, denn er trug dazu bei, einen neuen Glauben vorzubereiten, der den gewandelten Existenzbedingungen der Athener angemessen war.

«Jede soziologische Erscheinung», schreibt DURKHEIM (a. a. O., S. 147), «ist ... imstande, je nach Umständen verschiedene Formen anzunehmen, wobei sie doch im Wesen dieselbe bleibt. Unter diesen Formen gibt es nun zwei Arten. Die einen treten im ganzen Bereiche der Gattung allgemein auf ... Im Gegensatz dazu gibt es andere Erscheinungen, die nur ausnahmsweise vorkommen.» Normal ist für DURKHEIM das, was allgemein vorkommt, und hierzu gehört auch die in einem bestimmten Bereich des Gesellschaftslebens normale Verbrechensrate. Was nicht allgemein vorkommt, ist pathologisch, wobei das, was pathologisch ist, gemessen wird an dem *fait social*, der Realität einer bestimmten Gattung. Eine zu geringe Verbrechensrate wäre in diesem Sinne, bezogen auf eine bestimmte Gattung, ebenso pathologisch wie eine zu hohe. In beiden Fällen müßten die Ursachen für die Abweichung vom Normalzustand in Milieu und Entwicklungszustand der betreffenden Gattung aufgesucht werden. Die Bedingung des sozialen Lebens, stellt DURKHEIM fest, ist der «Geist der Unterordnung» (Regeln, a. a. O., S. 204). Was diesen Geist der Unterordnung fördert – und dazu gehört auch das normale Verbrechen (man denke an die Lehre von der *felix culpa*) –, ist normal, was ihn schwächt, ist pathologisch; und es gibt, wie wir sahen, für DURKHEIM auch einen pathologischen Zwang in der Gesellschaft, einen Zwang, der zentrifugal und amoralisch ist. Die praktische Aufgabe der Soziologie besteht darin, diesen pathologischen Erscheinungen entgegenzutreten und den Normalzustand zu erhalten.

«Unsere Methode», so schreibt DURKHEIM (a. a. O., S. 163), «besitzt ... den Vorzug, das Denken und das Handeln gleichzeitig zu regeln.» Wenn das *fait social* an dem Normalzustand der Institutionen, ihrem ungestörten Gleichgewicht zu erkennen ist, wenn die Gesundheit, wie es DURKHEIM formuliert, etwas Umgrenztes und in den Tatsachen Gegebenes ist, dann handelt es sich nicht mehr darum, Ideologien nachzujagen, sondern «mit regelmäßiger Beharrlichkeit daran zu arbeiten, den Normalzustand zu erhalten, ihn wiederherzustellen, falls er gestört ist, und seine Bedingungen von neuem zu schaffen, wenn sie sich geändert haben. Die Pflicht des Staatsmannes besteht nicht mehr darin, die Gesellschaft gewaltsam einem ihm verlockend scheinenden Ideal zuzutreiben, sondern seine Rolle ist vielmehr die des Arztes: er verhütet den Ausbruch von Krankheiten durch eine angemesse Hygiene und sucht sie zu heilen, wenn sie ausgebrochen sind» (a. a. O., S. 163 f).

Da die Kategorie der Normalität oder der Gesundheit sich immer auf eine bestimmte Gesellschaft oder, wie DURKHEIM sagt, Gattung, bezieht, ergibt es sich von selbst, daß der Soziologe nicht im Dienst der Menschheit oder allgemeiner Werte arbeitet, sondern im Dienst einer bestimmten Gesellschaft, deren Normalzustand er zu erhalten hat. In einer seiner frühesten Veröffentlichungen, ‹*La philosophie dans les universités allemandes*› (‹Revue Internationale de l'Enseignement›, 13, 1887, zitiert nach ADORNO, Einleitung zu DURKHEIM, ‹Soziologie und Philosophie›, 1967, S. 10), schreibt DURKHEIM: «Was wir vor allem kennenlernen möchten, sind die Daseinsgründe der nationalen Gefühle und des Patriotismus; ob sie in der Natur der Dinge begründet liegen oder ob es sich dabei, wie so manche Doktrinäre offen oder versteckt behaupten, nur um Vorurteile oder Überreste der Barbarei handelt.» Schon die Akzentuierung zeigt hier deutlich, welcher Ansicht DURKHEIM zuneigt und welche Interpretation er mit seiner Theorie zu beweisen sucht. *«En l'unité la vie, en dehors la mort certaine»*, so hatte schon BOSSUET argumentiert. Für H. ALPERT (*France's First University Course in Sociology.* ‹Am. Soc. Rev.›, 2, 1937) ist DURKHEIM der Philosoph der dritten Republik; für E. MITCHELL (*Emile Durkheim and the Philosophy of Nationalism.* ‹Pol. Sc. Quart.›, 46, 1931) ist er ein Erznationalist. Vielleicht liegt hier mehr als irgendwo anders die Zäsur, die DURKHEIM von seinen Vorgängern, von COMTE, MONTESQUIEU und ROUSSEAU, trennt. Die Universalität und die Offenheit, durch die sich insbesondere MONTESQUIEU auszeichnete, sind ihm fremd. Die Typologie sozialer Arten, die DURKHEIM vorlegt, unterscheidet sich in dem Punkt radikal von der Typologie, wie sie MONTESQUIEU gegeben hatte, daß sie die Exposition einer einheitlichen Natur des Sozialen sein sollte, während MONTESQUIEU eben diese Natur genauso wie die Natur des Menschen als wandelbar ansah. DURKHEIM hat zwar MONTESQUIEU 1892 unter dem Titel *‹Quid Secundatus politicae scientiae constituendae contulerit›* eine längere Abhandlung gewidmet und dort festgestellt, daß MONTESQUIEU der Soziologie ihren Gegenstand und ihre Methode – nämlich die vergleichende – gegeben habe; aber vom Geist MONTESQUIEUS, der allem Dogmatismus abhold war, ist er weit entfernt. Auch für MONTESQUIEU ist die Integration das Hauptproblem, das die Soziologie zu erklären hat, aber er wäre nie so weit gegangen, diese Integration aus einem Prinzip zu deduzieren. Für MONTESQUIEU gibt es nicht das Soziale, das sich nur in verschiedenen Formen äußert. Für ihn unterscheiden sich die verschiedenen sozialen Typen institutionell und prinzipiell voneinander. MONTESQUIEU hütet sich davor, alle gesellschaftlichen Erscheinungen auf das Gesellschaftliche zurückzuführen und die Morphologie als nur einen Weg zu dem eigentlich erklärenden Teil der Wissenschaft anzusehen, wie es DURKHEIM tut. Für MONTESQUIEU gibt es eine Vielzahl selbständiger Faktoren, die sich zu einem *esprit des lois* vereinen, während DURKHEIM in aristotelischer Manier vom Ganzen, dem Sozialen her denkt, das mehr sei als die Summe der Teile. Für MONTESQIEU ist der Mensch ein flexibles Wesen, das sein Leben im Lichte seiner Erfahrungen selbst führen muß. Für DURKHEIM ist er ein *homo duplex*, eine klar umrissene Gestalt mit eindeutigen Wirkungskräften: hie das Soziale, dort das Individuelle; hie das Heilige, dort das Profane. Für MONTESQUIEU besteht Wissen darin, die Nuancen der Dinge zu erkennen und typische Zusammenhänge zu diagnostizieren. Für DURKHEIM, der noch an den

Positivismus glaubt, der schon zu seiner Zeit umstritten ist, ist das Ziel in der Erkenntnis allgemeiner Gesetze gelegen, die das Leben der Eskimos ebenso beherrschen wie das seiner Landsleute. Die Variationsmethode hat darum bei beiden auch entgegengesetzte Bedeutung. Bei Montesquieu soll sie die Besonderheiten typischer Zusammenhänge aufdecken, bei Durkheim die Allgemeinheit bestimmter Faktoren, die mit der Natur des Sozialen gegeben sind. Durkheim ist in der Handhabung empirischer Forschungsmethoden Montesquieu unendlich überlegen; er benutzt Instrumente, die dieser noch gar nicht kannte. Aber gerade der Vergleich von Montesquieu und Durkheim zeigt, daß methodische Überlegenheit, daß Scharfsinn in der Handhabung von Instrumenten nicht gleichbedeutend ist mit Urteilskraft hinsichtlich des Gegenstandes, auf den diese Instrumente angewendet werden.

K. H. Wolff (*The Challenge of Durkheim and Simmel.* ‹Am. Journ. Soc.›, 63, 1958) schreibt: «*Durkheim confuses or mixes history with social change, interpretation with explanation ... practice with theory, ontology with methodology, plea with exposition.*» Dieses Urteil ist streng, aber nicht ungerecht. Es kann nicht übersehen werden, daß es Durkheim nicht um die empirische Ableitung einer Theorie geht, sondern darum, eine bestimmte Theorie zu entwickeln und dann an empirischen Phänomenen zu erläutern. Was sozialer Wandel, Geschichte, der einzelne bedeuten, steht fest, und eben weil diese Linien so klar gezogen sind, kann Durkheim mit dem besten Gewissen praktische Forderungen erheben, ohne in den Zwiespalt zu geraten, in dem sich Max Weber befand. Für den Cartesianer Durkheim fallen das Wahre, das vernünftig Erkennbare und das Anzustrebende, i. e. das Normale, zusammen. Rationale Einsicht ist zugleich auch ideale Praxis, Wissenschaft zugleich rationale Politik, die davon ausgeht, daß zum Zusammenleben der Geist der Unterordnung gehört, und diesen Geist auf Vernunft und Wahrheit gründet. Die Tatsachen der Vergesellschaftung sind unerschütterliche Tatsachen; sie sind eben darum auch rational erkennbare und moralisch verpflichtende Tatsachen: «*par conséquent les révolutions au sens propre du mot sont choses aussi impossibles que les miracles*», (*La philosophie dans les universités allemandes*, a. a. O., S. 440).

Die rationale Entwicklung des Sozialen als einer Natur eigener Art und die empirische Darlegung der Wirksamkeit dieser Natur – das ist das Ziel, das sich Durkheim gesetzt hat. Von allen Werken Durkheims ist wohl sein Werk über den Selbstmord, ‹*Le suicide*› (1897), am bemerkenswertesten deswegen, weil hier das bei ihm immer vorhandene Streben, Theorie und empirische Forschung miteinander zu vereinen, am besten gelungen ist. In seinen ‹Regeln der soziologischen Methode› hatte er erklärt, man dürfe nicht, wie es oft geschehen sei, empirische Daten als bloße Illustrationen einer Theorie verwenden, sondern man müsse mit ihrer Hilfe eine bestimmte Theorie zu beweisen versuchen. Weder die bloße Anhäufung empirisch-statistischen Materials noch die Illustration einer vorfabrizierten Theorie durch empirische Beispiele, sondern der Beweis einer Theorie mit Hilfe der Variationen des empirischen Materials ist das Ziel. Der Soziologe muß mit dem empirischen Material ebenso experimentieren wie der Naturwissenschaftler. Und da er es nicht direkt tun kann, muß er Aufzeichnungen über empirische Phänomene so lange variieren, bis die zutreffenden Hypothesen, die dieses Material beherrschen, herausgefunden sind. Die kritische Untersuchung der verschiedenen Faktoren, die in dem empirischen Material wirksam sind, führt dazu, daß man die wahre Ursache herausfindet.

Wie wir schon in den ‹Regeln der soziologischen Methode› gesehen haben, bedeutet dieser empirische Ansatz jedoch nicht, daß beliebige Induktionsreihen aufgestellt werden, um die Gründe des Selbstmordes herauszufinden. Ein solches Verfahren hält Durkheim für unzweckmäßig wegen des besonderen Charakters des empirischen Materials, das eine genauere Beobachtung der Gründe im einzelnen nicht zulasse. Wir können aber auch nicht übersehen, daß der Versuch, die Gründe für den Selbstmord im Individuum zu suchen, seinem theoretischen Erkenntnisziel widersprechen würde, das darauf gerichtet ist, die Macht des *fait social* zu beweisen. Durkheim schreibt also (*Le suicide*, 1960, S. 141): *«Sans nous préoccuper de savoir pourquoi ils se différencient les uns des autres, nous chercherons tout de suite quelles sont les conditions sociales dont ils dépendent.»* Damit ist schon im Ansatz die Perspektive auf seine soziologische Theorie festgelegt.

Über das Thema des Selbstmordes hatte Durkheim am Schluß seines Methodenbuches bemerkt, es sei empirisch festzustellen, daß die Tendenz zum Selbstmord mit der Schulbildung variiert, aber es sei unmöglich, daß die Schulbildung auslösender Faktor des Selbstmordes sei. Infolgedessen führe die vergleichende Beobachtung des soziologischen Materials dazu, einen anderen gemeinsamen Faktor anzunehmen, der sowohl hinter der Tendenz zur Schulbildung als auch hinter der Selbstmordneigung stehe, nämlich die Abschwächung des religiösen Traditionalismus. Der religiöse Traditionalismus war früher die Art und Weise, in der das Soziale über die einzelnen herrschte. Solange diese Herrschaft als solche unbestritten war, war das Phänomen des Selbstmords als solches tabu. In der Gegenwart, die auch Durkheim als Zeit der Krise begreift, tritt der Selbstmord als gesellschaftliches Phänomen in Erscheinung. Und jetzt kommt es Durkheim darauf an zu beweisen, daß auch dieses Phänomen, das doch anscheinend auf einen ganz privaten Willensakt zurückgeht, strengen soziologischen Gesetzen unterliegt.

Nachdem man den Selbstmord als statistisches und psychologisches Phänomen entdeckt hatte,[10] entdeckt ihn DURKHEIM als soziologisches. Die bisherigen Untersuchungen über den Selbstmord erscheinen ihm unbefriedigend, weil sie entweder gar keine Kausalerklärungen geben oder aber sich auf die Kausalität des individuellen Willens zurückziehen, was für DURKHEIM eine bloße Scheinlösung bedeutet. Ihm kommt es darauf an, die allgemeine und wirksame Ursache hinter den Selbstmorden zu erkennen, und diese Ursache wird weder in statistischen Reihen noch in psychologischen Untersuchungen deutlich. Ausgehend von der für ihn feststehenden Tatsache, daß überall das Soziale das Individuelle beherrscht, versucht er, den Selbstmord auf soziale Faktoren zurückzuführen. DURKHEIM geht zu diesem Zweck in zwei Schritten vor. Zunächst einmal ist es sein Ziel zu beweisen, daß Erklärungen, die man bisher gegeben hatte, nicht oder nur zum Teil mit dem vorhandenen empirischen Material in Übereinstimmung stehen. Faktoren, von denen man bisher ausgegangen war, wie Armut, unglückliche Liebe, Bildung, Klima, Länge der Tageszeit, Landschaft usw., scheiden so als allgemeine Bestimmungsgründe des Selbstmordes aus. DURKHEIM ist in dieser Widerlegung seiner Gegner höchst ingeniös, und er zeigt eine große Meisterschaft darin, das empirische Material so zu gliedern, daß die Hypothesen der Vergangenheit unwahrscheinlich werden. Alle vergangenen Versuche, eine allgemeine Gesetzlichkeit für den Selbstmord zu finden, sind also mißlungen. Das weist darauf hin, daß man in einem anderen Faktor, den man bisher noch nicht herangezogen hatte, nämlich dem Sozialen, den bestimmenden Einfluß finden könnte. In einem zweiten Schritt unternimmt es DURKHEIM also zu zeigen, daß das empirische Material widerspruchsfrei und allgemein unter die Hypothese gebracht werden kann, daß es soziale Faktoren sind, die den Selbstmord auslösen.

DURKHEIMS Arbeit besteht jetzt darin zu beweisen, wie dieser soziale Einfluß unter sehr verschiedenen individuellen Umständen wirksam wird. Die Erfahrung zeigt, daß Menschen unter sehr verschiedenen gesellschaftlichen Bedingungen Selbstmord begehen, und es kommt darauf an, das empirische Material so aufzugliedern, daß der soziale Faktor in seinen verschiedenen Erscheinungsweisen zur Darstellung kommt. Zwischen der allgemeinen theoretischen Hypothese, daß das Soziale immer über das Individuelle herrscht, und dem empirischen Material muß die Wissenschaft eine Verbindung dadurch herstellen, daß sie Typen theoretischer Erklärungen bildet, in denen dieser Zusammenhang beider Seiten

---

10 Neben QUETELET verweisen wir hier noch auf A. M. GUERRY, *Essai sur la statistique morale de la France.* 1833, und A. BRIERRE DE BOISMONT, *Du suicide et de la folie suicide.* 1865.

deutlich wird. Die allgemeine Ursache des Selbstmordes ist die Abhängigkeit des einzelnen von der Gesellschaft. Aber die bestimmte Ursache, die im konkreten Fall wirksam wird, ist nicht überall dieselbe, sondern weist typische Unterschiede auf. Es gibt den egoistischen, den altruistischen und schließlich den anomischen Selbstmord. In allen drei Fällen ist die Ursache im Verhältnis des Individuums zum Sozialen zu suchen. Aber die Frage, warum dieses Verhältnis nun problematisch wird in dem Sinne, daß der einzelne zum Selbstmord getrieben wird, ist in den drei Fällen verschieden zu beantworten. Es gibt zwar eine allgemeine Ursache, aber drei verschiedene erklärende Variable. Die einen begehen Selbstmord, weil sie unzureichend integriert sind und deshalb von ihrer inneren Leere überwältigt werden. Die anderen bringen sich um, weil sie übermäßig integriert sind und darum ihr eigenes Leben zu gering schätzen. Wiederum andere scheiden freiwillig aus dem Leben, weil ihre Erwartungen nicht mit dem zu vereinen sind, was für sie sozial erreichbar ist.

DURKHEIMS Theorie des Selbstmords ist eines der besten Beispiele dafür, wie eine gegebene soziologische Theorie mit Hilfe einer geeigneten Typenbildung mit dem Erfahrungsmaterial verbunden werden kann. Da DURKHEIM KANT sehr genau kennt und wiederholt zitiert, ist anzunehmen, daß er dieses Verfahren in Anlehnung an den Schematismus der reinen Verstandesbegriffe entwickelt hat, die bei KANT die Vermittlung zwischen den Kategorien des Verstandes und dem Material der Erfahrung bewirken. Es ist jedoch nicht zu übersehen, daß diese Vermittlung weder bei KANT noch bei DURKHEIM in der Lage ist, eine bestimmte empirische Kausalität nachzuweisen. Wenn bewiesen worden ist, daß eine bestimmte Theorie nicht in Widerspruch zu einem gegebenen empirischen Material steht, dann ist damit noch nicht gezeigt, daß sie auch die in dem Material vorhandenen empirischen Ursachen enthält.[11] Nur wenn man wie DURKHEIM voraussetzt, daß das Soziale schlechthin als die wirksame Ursache in allen individuellen Erscheinungen zugrunde liegt, dann wird man seine Selbstmordtheorie, die den Selbstmord aus sozialen Ursachen zu erklären sucht, für empirisch bewiesen halten. Insofern kann man nicht sagen, daß DURKHEIM mit seinem Selbstmordwerk den Nachweis über eine empirische Kausalität des Sozialen geführt habe. Er hat nur gezeigt, daß seine Theorie die Möglichkeit bietet, das empirische Material allgemein und widerspruchsfrei unter seinen Voraussetzungen zu erklären, womit jedoch über die tatsächlich wirksame

---

11 Wir weisen darauf hin, daß MAX WEBERS Theorie des Idealtypus diese Schwierigkeiten umgeht, wie überhaupt WEBER als Methodologe kritischer ist als DURKHEIM.

Ursache des Selbstmords nichts gesagt ist. Schon WILHELM VON OCCAM hatte in seinem ‹Rasiermesser› festgestellt, daß alle wirksamen Ursachen direkte Ursachen sein müßten, aber das Soziale ist, wie es DURKHEIM selbst sieht, allenfalls eine indirekte Ursache, eine Ursache, die sich hinter anderen Erscheinungen verbirgt. Bei MAURICE HALBWACHS, einem Schüler DURKHEIMS, wird daher ein Kompromiß zwischen DURKHEIMS Erklärung und der traditionellen Erklärung gesucht. In seinem Buch ‹*Les causes du suicide*› (1930) folgt er zwar im wesentlichen DURKHEIM, führt darüber hinaus aber die traditionellen, individualistischen Faktoren, wie den körperlichen und geistigen Gesundheitszustand des betreffenden Individuums, ein. Was bei HALBWACHS nur eine Erweiterung des DURKHEIMschen Arguments war, wird bei A. DELMAS (*La Psychologie pathologique du suicide.* 1932) zu einer scharfen Ablehnung. Direkte, empirisch prüfbare Ursachen wie Angst und Übererregung werden hier zur Erklärung herangezogen. BLONDEL hat in seinem Buch ‹*Le Suicide*› (1933) die Idee einer grundsätzlichen Parallelität zweier sich ergänzender Erklärungsweisen einzuführen versucht, aber dieser Kompromiß umgeht das Problem, das sich DURKHEIM gestellt hatte.

Mit dem Vordringen des empirischen Methodenbewußtseins nahm auch die Kritik an DURKHEIMS Verwendung der empirischen Methoden zu. «*If Durkheim's insistence on verification may seem to imply the repudiation of plausible guesses in sociology*», bemerkt SVEND RANULF (*Methods of Sociology.* 1955, S. 23), «*it must be admitted that his method of interpretation means the reintroduction of the same kind of guesses by the way of the back stairs.*» DURKHEIMS Verfahren, so bemerkt SELVIN,[12] beruht auf einer Täuschung, nämlich der Täuschung, daß die Gruppe und nicht der einzelne Selbstmord begehen. Auch DURKHEIMS Hypothesen sind nur plausible Vermutungen. Und wenn er auch beweisen kann, daß sie in besserer Übereinstimmung mit dem empirischen Material stehen als die Hypothesen seiner Vorgänger, so beweist das doch nicht, daß in ihnen eine Kausalerklärung enthalten ist. Tatsächlich haben seine Hypothesen nur die Bedeutung, das empirische Material in bestimmter Weise zu ordnen. Man kann der Ansicht sein, daß diese Ordnung plausibel ist, man kann der Ansicht sein, daß sie wesentliche Faktoren außer acht läßt, aber es ist nicht zu übersehen, daß hier das empirische Material eine bestimmte theoretische Hypothese weniger beweist als illustriert.[13]

---

12 Vgl. H. C. SELVIN, *Durkheim's Suicide and Problems of Empirical Research.* The American Journal of Sociology, 63, 1957/58, S. 615.

13 Dies unterstreicht schon J. WILBOIS, *Introduction à la Sociologie.* Revue de Métaphysique et de Morale, 27, 1920, S. 493.

John Stuart Mill hatte festgestellt, daß die Gesetze der theoretischen Nationalökonomie nur abstrakte Hypothesen seien, keine Aussagen über empirische Zusammenhänge. In eben diesem Sinne hatte er gegenüber Comte die Gesetze des menschlichen Bewußtseins als abstrakte Hypothesen behandelt, die nur dadurch konkrete Bedeutung erlangen könnten, daß sie mit dem konkreten historisch definierten Material in Beziehung gebracht würden. Das Problem bei Durkheim besteht darin, daß er seine soziologische Erklärung nicht als ein System von abstrakten Hypothesen ansieht, sondern als Aussage über eine Realität. Die Realität des Sozialen ist keine Hypothese, die herangezogen werden kann, um bestimmte Phänomene zu erklären, sondern ist die Wahrheit, die im Prozeß der empirischen Forschung nachgewiesen werden muß. Es handelt sich für ihn nicht darum nachzuweisen, daß nicht alle Handlungen aus dem Willen oder dem Bewußtsein der beteiligten Menschen abzuleiten sind oder daß nicht alle Sozialphänomene kontraktuelle Phänomene sind, sondern ihm geht es darum, das Soziale als Realität eigener Art festzuhalten.

Unter diesem Gesichtspunkt wird es verständlich, daß sich Durkheim in seinem Spätwerk Fragen der Religion und Moral zuwendet, denn bei diesen mußte die Abhängigkeit des einzelnen vom Kollektiven besonders deutlich in Erscheinung treten, während die Untersuchung etwa wirtschaftlicher Integrationsprobleme den Gesichtspunkt des persönlichen Interesses mehr nach vorn gerückt hätte. Die Vorherrschaft des Sozialen über das Individuelle ließ sich am besten an Hand von Religion und Moral verdeutlichen. Und es kommt Durkheim nun darauf an, Religion und Moral nicht nur ihrer Funktion, sondern auch ihrer Substanz nach als soziale Tatbestände zu interpretieren. Das Soziale durch das Soziale zu interpretieren und es als eine den Individuen gegenüber unabhängige Sache zu begreifen, das ist das Programm, das Durkheim auch hier verfolgt.

In seinem Werk über den Selbstmord hatte Durkheim diesen Nachweis an einem sehr zentralen Punkt zu führen gesucht. Und das Ergebnis dieses Selbstmordwerkes war nicht nur der Entwurf einer Typologie, die die Vorherrschaft des Sozialen über den einzelnen darstellte, sondern auch der Entwurf einer neuen Gesellschaftsordnung, die die soziale Desintegration als Hauptursache der ansteigenden Selbstmordzahlen bekämpfen sollte. Die gesellschaftliche Entwicklung, wie sie Durkheim sieht, ist charakterisiert durch eine Abnahme der repressiven und mechanischen Kontrolle des einzelnen durch die Gesellschaft und eine Zunahme an individuellem Bewußtsein und der Persönlichkeit. Um einen angemessenen Grad von Sozialkontrolle aufrechtzuerhalten, ist es deswegen nötig, neue Formen der gesellschaftlichen Solidarität zu entwikkeln, die den Veränderungen in der gesellschaftlichen Umwelt Rechnung tragen. Der Staat, auf den die Royalisten der französischen Aufklärung ihre Hoffnung gesetzt hatten, ist hierzu nicht in der Lage. Es kommt vielmehr darauf an, das politische Programm der Revolution rückgängig zu machen und die *«groupes intermédiaires entre l'individu et l'état»* wiederherzustellen, die die Revolution zerschlagen hatte. Nur diese intermediären Gruppen können den einzelnen mit der Gesellschaft integrieren und sind zugleich plastisch genug, um sich an die Erfordernisse des industriellen Lebens anzupassen. Der Staat ist, wie es DURKHEIM bemerkt, eine schwere Maschine, die nur für allgemeine und einfache Aufgaben geschaffen ist. Seine Wirksamkeit muß daher durch eine berufsständische Organisation, *«groupe professionelle»*, ergänzt werden.[14] Das Ergebnis ist eine ständisch bzw. korporativ organisierte Gesellschaft, über der der Rechtsstaat steht – ein Ergebnis, das eine gewisse Ähnlichkeit mit der Gesellschaftskonzeption von HEGEL hat.

Das Problem einer derartigen Gesellschaftsorganisation lag aus der Sicht DURKHEIMS jedoch darin, daß es die Vorherrschaft von einzelnen Interessen bzw. Gruppenzielen gegenüber dem sozialen Ganzen des Staates oder der Gesellschaft nicht notwendigerweise ausschloß. Der Syndikalismus, der ein ähnliches Organisationsideal vertrat, verband mit diesem ganz massive Eigenwertvorstellungen, die gegen den Staat und andere nicht syndikalistisch organisierte Gruppen gerichtet waren. Der naturgesetzliche Zwangscharakter des Sozialen gegenüber dem einzelnen konnte, das hatte ROUSSEAU mit aller Klarheit erkannt, prinzipiell nur dann garantiert werden, wenn es zwischen ihm und dem einzelnen keine Zwischenstufen gab. Die Organisation der Einzelinteressen zu Ständen oder Korporationen warf immer das Problem auf, wie diese Korporationen miteinander ins Gleichgewicht gesetzt werden konnten bzw. wie sich diese korporierte Gesellschaft mit dem Staat arrangieren werde. Bei den antiken bzw. mittelalterlichen Schriftstellern, die, worauf BARNES hinweist, ein ähnliches Gesellschaftsideal wie DURKHEIM vertraten, und auch bei HEGEL, der dieses Ideal mit dem der Revolution zu vereinen sucht, war die Vorherrschaft des Allgemeinen gegenüber den Korporationen immer dadurch gewährleistet, daß diese Korporationen ein gemeinsames Ideal bzw. Prinzip anerkannten. Bei HEGEL ist es das Prinzip der Revolution, der subjektiven Freiheit. Für DURKHEIM ist es das Soziale, die unbedingte Vorherrschaft des allgemeinen Willens gegenüber dem einzelnen. Dieses Soziale, dem wir in unseren Handlungen oft unbewußt folgen, findet seinen klarsten Ausdruck in Moral und Religion,

---

14 Vgl. hierzu: H. E. BARNES, *Durkheim's Contribution to the Reconstruction of Political Theory*. Pol. Sc. Quart., 35, 1920.

die uns unsere Verpflichtung auf das Allgemeine deutlich machen. Und DURKHEIM bemüht sich demzufolge, die Gesellschaft, das Soziale als den eigentlichen Inhalt von Religion und Moral darzustellen, ja darüber hinaus alle Allgemeinbegriffe des menschlichen Bewußtseins auf die Gesellschaft zurückzuführen.

Das Problem von DURKHEIMS Moral- bzw. Religionssoziologie * besteht darin, daß er nicht nur eine soziologische Funktionsanalyse von Religion und Moral geben, sondern Religion und Moral in ihrer Substanz als gesellschaftliche Faktoren erklären will. Es geht ihm nicht nur darum, die Religion und die Moral aus der Gesellschaft abzuleiten. DURKHEIM beschränkt sich nicht darauf, wie BOSSUET, NECKER, TOCQUEVILLE und andere, die soziale Nützlichkeit der Moral zu unterstreichen. Er will sie auch nicht wie GIBBON oder MARX aus bestimmten psychologischen oder soziologischen Problemen herleiten. Er will beweisen, daß hinter Moral und Religion, wie hinter allen anderen Kollektivphänomenen, nichts anderes als die Gesellschaft steht. DURKHEIM zitiert PASCAL, nach dem der Mensch halb Tier, halb Engel sei. Er weist hin auf die altbekannte Trennung von Leib und Seele. Er akzeptiert diese Aussagen als Tatsachen, an denen nicht zu zweifeln sei. Zweifelhaft ist für ihn nicht der Dualismus, der Gegensatz zwischen dem einzelnen und dem Allgemeinen, sondern seine religiöse Begründung. Er sagt, wir müssen wählen zwischen Gott und der Gesellschaft.[15] Die Trennung von Leib und Seele, Profanem und Heiligem, Empirischem und Intelligiblem weist nach DURKHEIM nicht hin auf den Unterschied zwischen Gott und Mensch, sondern auf den Unterschied zwischen dem einzelnen und der Gesellschaft. Der Rigorismus von KANT ebenso wie die Forderungen der Religion, der kategorische Imperativ und der Katechismus sind rationalerweise als Ausdruck der Überlegenheit des Sozialen, der Gesellschaft gegenüber dem einzelnen zu interpretieren.

Die überall anzutreffende radikale Trennung des Heiligen und des Profanen ist, wie es DURKHEIM in ‹*Les formes élémentaires de la vie religieuse*› (1912) sieht, das zentrale Argument gegen alle Versuche, die Religion individualistisch aus den Bedürfnissen oder Neigungen der Menschen abzuleiten. In Religion und Moral spricht nicht Gott oder die Sittlichkeit des Menschen zum Menschen, sondern die Gesellschaft zu ihren Mitgliedern. DURKHEIM spricht von der «*aptitude de la société à*

---

* Über DURKHEIM als Religionssoziologe vgl. auch JOACHIM MATTHES, Religion und Gesellschaft. Einführung in die Religionssoziologie I. rde Bd. 279/80. (Anm. d. Red.)

15 Schon RENOUVIER, *Le Personalisme.* 1903, S. 221, hatte erklärt: «*Seulement ce Messie est l'humanité elle-même.*»

s'ériger en dieu ou à créer des dieux». Er stellt fest, daß die Religion das Abbild der Gesellschaft sei, «*elle en est l'image*» (*Les formes élémentaires de la vie religieuse*. 1960, S. 305, 601). Die Idee der Gesellschaft ist die Seele der Religion. Diese ist der konzentrierte Ausdruck des gesellschaftlichen Lebens. Sie entsteht aus dem begeisternden Erlebnis des Zusammenseins in der menschlichen Gruppe. Es gibt, so bemerkt DURKHEIM (a. a. O., S. 301), Perioden, in denen unter dem Einfluß kollektiver Entwicklungen die sozialen Interaktionen häufiger und aktiver werden. Aus dieser Zunahme der Interaktionen resultiert eine allgemeine Erregung, und diese Erregung bewirkt, daß sich die Menschen verändern. Die soziale Begeisterung, die Verdichtung der sozialen Bezüge führen dazu, daß der Mensch aus seinem kleinen eingeschränkten Ich heraustritt. Und dieses Heraustreten ist die Quelle der Religion. Die Religion mit ihrer Verpflichtung, dem Opfer, das sie von uns verlangt, spiegelt diese gesellschaftlich verursachte Begeisterung wider. Die höhere Welt, die sich hier ausspricht, ist die Welt der Gesellschaft, *chose sociale*.[16]

DURKHEIM spricht hier, wenn er die überwältigende Macht des Gruppenerlebnisses darstellt, ähnlich wie LE BON, nur daß er die kollektive Euphorie anders interpretiert. Für ihn ist sie kein Verhängnis, unter dem die Menschen wegen ihrer Irrationalität stehen, sondern sie ist die Quelle des Heiligen, des Höchsten und Besten im menschlichen Leben. Wir können jedoch nicht übersehen, daß DURKHEIMS Beweisführung, selbst wenn sie das Phänomen der Entstehung der Religion richtig beschreiben würde – was später bezweifelt wurde –, problematisch ist. Auch wenn bewiesen werden könnte, daß die Religion als Gruppenerlebnis entsteht, wäre dadurch ja nicht bewiesen, daß der Inhalt dieses Gruppenerlebnisses nichts anderes als das Soziale sei. Ebenso wie in seinem Werk über den Selbstmord gibt DURKHEIM auch in seiner Soziologie der Religion keine empirische Kausalerklärung für dieses Phänomen, sondern er zeigt nur, daß seine Theorie dieses Phänomen als solches respektiert bzw. mit ihm in Übereinstimmung gebracht werden kann. Aber selbst wenn man DURKHEIM so weit entgegenkommt und unabhängig von dem in ihr steckenden metaphysischen Gültigkeitsanspruch seine Theorie als eine plausible Erklärung geistiger Phänomene gelten läßt, wird man daran zweifeln können, ob sie in der Allgemeingültigkeit, wie sie DURKHEIM vertrat, richtig ist. Für DURKHEIM sind Moral und Religion, als aus dem Kollektivleben entstanden, die eigentlichen Mächte, die das Kollektiv integrieren. Sie sind die Zentren der sozialen Integration, weil in ihnen die Begeisterung verkörpert ist, die sich auf das Soziale richtet. Tatsächlich aber haben Moral und Religion im Laufe der Geschichte sehr häufig

---

16 Vgl. DURKHEIM, *Education morale*. 1963, S. 77.

desintegrierend gewirkt, haben nicht nur die Vergesellschaftung des einzelnen, sondern auch umgekehrt die Unabhängigkeit des einzelnen von der Gesellschaft zu ihrem Ziele gehabt. Der Versuch DURKHEIMS, in Religion und Moral nur die sozial integrierende Seite zu sehen, steht im Widerspruch zu der Erfahrung; sein Bestreben, alle konkreten Ideen und Werte von Religion und Moral zugunsten des Sozialen zu relativieren, klammert den spezifisch religiösen bzw. moralischen Gehalt der in Frage stehenden Phänomene aus.

Indem DURKHEIM die Vergesellschaftung als den eigentlichen Inhalt von Moral und Religion hinstellt, relativiert er alle konkreten Werte. Und hier wird, worauf GINSBERG[17] hinweist, das ganze Argument DURKHEIMS problematisch. Es zeigt uns nämlich nicht, weshalb wir die Gesellschaft als moralisch verpflichtend empfinden sollen, sondern läuft schlicht auf den Appell zu sozialer Unterordnung hinaus. Durch die Verabsolutierung des Sozialen klammert DURKHEIM das Problem der Anerkennung des Sozialen durch die einzelnen aus, ein Problem, das HEGEL, der hier ‹soziologischer› ist als DURKHEIM, nie übersehen hatte. Jede beliebige Wertordnung ist für ihn gleichermaßen verpflichtend; jede fordert prinzipiell die gleiche völlige Selbstaufgabe des einzelnen. Damit ist das Problem als moralisches und als soziologisches eigentlich umgangen. Denn das moralische Problem entsteht erst dort, wo der einzelne nicht zur Selbstaufgabe verpflichtet ist, sondern wo an seinen freien Willen appelliert wird. Ebenso entsteht das soziologische Problem einer Wertordnung erst dort, wo nicht jede beliebige Wertordnung akzeptiert, nicht jede beliebige Moral als den Funktionsbedürfnissen der Gesellschaft entsprechend hingenommen werden muß. Dort, wo es den freien einzelnen nicht gibt, gibt es keine Moral. Dort, wo das Soziale Inhalt aller möglichen Wertordnungen ist, gibt es nicht die Differenzierung, die eine soziologische Analyse von Wertordnungen möglich macht. Hier handelt es sich weniger um Analyse der verschiedenen Inhalte, die sich in sozialen Wertordnungen ausdrücken können, als vielmehr um die Legitimation des Sozialen als einer *«personnalité qualitativement différente des personnalités individuelles qui la composent»* (*Sociologie et philosophie*, a. a. O., S. 53). Die Moral und das Soziale werden bei DURKHEIM als gleichbedeutend gedacht. Der einzelne, der sich außerhalb des Sozialen stellt, ist in eben diesem Maße auch unmoralisch. Daß der einzelne oder wenigstens einige soziale Gruppen die Wertordnung der Gesellschaft als gerecht anerkennen müssen, ist für DURKHEIM kein Problem. Er differenziert nicht zwischen verschiedenen Werten und schaltet dadurch nicht

---

17 M. GINSBERG, *Durkheim's Ethical Theory*. The British Journal of Sociology, 2, 1951.

nur das moralische Problem der Geltung von Werten (vgl. PLATON, *Kriton*, 50c–52a)* aus, er umgeht auch die soziologische Frage nach der Legitimität von Werten, den Typen von Legitimität überhaupt, wie sie dann MAX WEBER stellen sollte. MONTESQUIEU war – wenn wir uns an die verschiedenen moralischen Prinzipien erinnern, die er verschiedenen Gesellschaftstypen zuordnete – hierin scharfsinniger gewesen, sowohl als Moralist als auch als Soziologe.

DURKHEIM will Gott aus den Institutionen ableiten, und er macht die Institutionen zu Göttern, die frei über das Leben der Menschen herrschen. Er kann jedoch nicht übersehen, daß ihm hier das Problem der Willensfreiheit begegnet, dem er nicht ausweichen kann, wenn er das Problem der Moral befriedigend lösen will. Disziplin, Bindung an die Gruppe und Willensfreiheit sind die Elemente der Moralität. Und es ist interessant zu sehen, wie er das Problem der Willensfreiheit löst. Für DURKHEIM liegt gerade hier eine wichtige Aufgabe, die die Soziologie als Wissenschaft zu bewältigen hat. Sie muß, gegenüber dem empirischen Augenschein, der den Menschen als freies Wesen erscheinen läßt, die wahren und unverrückbaren Tatsachen des Sozialen festhalten. Die Willensfreiheit muß also neu definiert werden. Und sie wird von ihm in ausdrücklicher Anlehnung an FICHTE als Einsicht in die Notwendigkeit bestimmt. Der einzelne, so stellt DURKHEIM fest, muß kollektiven Normen gehorchen; aber nicht dieser passive Gehorsam an sich stellt eine Herabsetzung unserer Persönlichkeit dar, sondern nur der Gehorsam, dessen Grund wir nicht einsehen. Wenn wir hingegen blind einen Plan ausführen, den wir nicht verstehen, wobei wir aber wissen, daß wir uns notwendigerweise in die Rolle eines blinden Instrumentes fügen müssen, dann sind wir ebenso frei, als wenn wir selbst die Initiative unserer Handlungen gehabt hätten (*Education Morale*, S. 100). Die Soziologie beweist also nicht nur, daß die Moral aus der Gruppe stammt, sie beweist auch, daß durch eine geeignete Definition die Willensfreiheit des einzelnen mit der blinden Unterwerfung gegenüber der Gruppe vereinbar ist. Der einzelne hat gegenüber der Gruppe kein Recht auf Freiheit, aber er hat das Recht, über seine eigene Nichtigkeit aufgeklärt zu werden. Und dieser Rechtsanspruch wird von der Soziologie bedient. Die Soziologie ist nicht nur eine kausal erklärende Wissenschaft, sondern auch eine praktische Morallehre. Sie hat nach dem Zusammenbruch der alten Werte neue Werte wissenschaftlich zu begründen, die den einzelnen auf die Gesellschaft verpflichten. Das Kind, so schreibt DURKHEIM (‹Bulletin de la Société française de Philosophie›, 9, 1909, S. 220), muß das Warum seiner Pflichten kennen; man muß es davon abhalten, diese Pflichten

* PLATON, *Kriton*. Rowohlts Klassiker, Bd. 1/1a, S. 43 f. (Anm. d. Red.)

für bloße Phantastereien zu halten: *«il nous faut donc armer son intelligence de raisons solides»*. In dem Augenblick, in dem uns klargemacht worden ist, daß wir uns bedingungslos zu unterwerfen haben, uns als blinde Instrumente einem Willen zur Verfügung zu stellen haben, den wir nicht verstehen und nicht verstehen können, in diesem Augenblick sind wir frei.[18] Freiheit ist Einsicht in die Notwendigkeit, und zwar in die Notwendigkeit der eigenen Unterwerfung. Ein rationaler Anspruch des Individuums, die Gesellschaft aus Vernunftgründen akzeptieren zu können, ist hier ausdrücklich nicht enthalten, sondern es geht darum, den einzelnen gegenüber beliebigen gesellschaftlichen Werten zu verpflichten.

Dieser Ansatz wird verständlich, wenn man sich mit ALPERT und HUGHES daran erinnert, daß hinter DURKHEIMS Interpretation von Moral und Religion als Motiv das Bestreben steht, zur Konsolidation der dritten Republik beizutragen. Der Anspruch des einzelnen auf Emanzipation, auf Kritik gegenüber der Gesellschaft hatte, wie es schon COMTE sah, ein Zeitalter der Anarchie heraufgeführt. Und schon COMTE hatte die Vorstellung individueller Rechte als verderblich bezeichnet, davon gesprochen, daß es in der Gesellschaft ebensowenig wie in der Natur individuelle Freiheit geben könne. KANT hatte festgestellt, die Französische Revolution habe gezeigt, daß aller wahrer Enthusiasmus moralischer Enthusiasmus sei. Aber DURKHEIM übernimmt nicht die Formel von KANT, sondern die von FICHTE, der in romantischer Begeisterung die abstrakte Moral KANTS durch eine konkrete, gesellschaftliche Ethik zu ersetzen versucht hatte. Und wie bei FICHTE und der Romantik die Vernunft zum Volksgeist, zum Eigentum bestimmter Nationen bzw. besonders auserwählter Gruppen herabgesetzt wird, um gegen die allgemeine Definition des menschlichen Bewußtseins in der Aufklärung zu polemisieren, so wird auch bei DURKHEIM der Geist nicht nur in Religion und Moral, sondern grundsätzlich auf die Gruppe festgelegt.

Für DURKHEIM gibt es nicht so etwas wie ein Bewußtsein überhaupt gegenüber den Institutionen und Werten der Gesellschaft. Die Gesellschaft umfaßt vielmehr, wie er (*Formes élémentaires*, S. 633) schreibt, alle bekannte Realität. *«Placée en dehors et au-dessus des contingences individuelles et locales, elle ne voit les choses que par leur aspect permanent et essentiell qu'elle fixe en des notions communicables.»* Hierzu

---

18 I. SEGER, *Durkheim and his Critics on the Sociology of Religion*. Columbia 1957, S. 45, schreibt: *«Autonomy or free will consists in understanding rationally the nature of things and accepting them.»* Diese Interpretation – die an HEGEL erinnert – erscheint uns noch zu schwach, denn DURKHEIM sagt ausdrücklich, daß der einzelne auch als blindes Instrument frei sein könne.

gehören nicht nur die moralischen und religiösen Werte, sondern auch alle Allgemeinbegriffe. Der Mensch ist nicht von sich oder seiner Natur her allgemeines Wesen, wie es die Aufklärung und auch der Idealismus gesagt hatten, sondern er ist, wie es Hobbes ebenfalls gesehen hatte, von Natur her bloßes Bedürfniswesen, das sich im Umkreis seiner körperlichen Gefühle bewegt. Erst als Gruppenwesen erhält er Zugang zu allgemeinen Begriffen. Der Grund aller Abstraktion liegt in der Abstraktion der Gruppe von dem einzelnen. Die Gruppe mit ihrer Unterschiedenheit und Überlegenheit gegenüber dem einzelnen ist Quelle aller Abstraktion, aller Allgemeinheit. Alle Allgemeinbegriffe sind zu erklären als Instrument der Vergesellschaftung durch den Zwang der Konformität, der in der Gruppe herrscht. Die Gruppe besetzt ein bestimmtes Territorium, um ständige Konflikte mit anderen Gruppen zu vermeiden. Dieser Lebensraum der Gruppe ist die Quelle für die Kategorie Raum, an der sich der einzelne orientiert. Des weiteren hat die Gruppe einen bestimmten Rhythmus für ihr Leben. Sie kennt Feste, gemeinsame Jagden, militärische Expeditionen, und diese Gemeinsamkeit setzt voraus, daß die Zeitpunkte, zu denen man sich organisiert, festgelegt sind. Es gibt also eine gemeinsame Zeit, die für alle Gruppenmitglieder gilt, und diese Zeit, die sich aus dem Lebensrhythmus der Gruppe ableitet, ist die Grundlage für die Kategorie Zeit. Schließlich, bemerkt Durkheim, ist die Zusammenarbeit vieler im Hinblick auf ein gemeinsames Ziel nicht möglich, wenn man sich nicht über die Mittel im klaren ist, mit denen man dieses gemeinsame Ziel erreichen kann, d. h. wenn nicht eine gemeinsame Vorstellung über die Kausalität bei allen herrscht, die in dieses gemeinsame Unternehmen verwickelt sind. Diese kollektive Kausalität, die vorausgesetzt wird, ist dann die Quelle für die Kategorie Kausalität. Die Gesellschaft ist, mit einem Wort, die höchste Form des geistigen Lebens, das Bewußtsein des Bewußtseins, ‹*conscience des consciences*›. Das ganze Universum ist Teil des Innenlebens der Gesellschaft.

Bergson hatte für eine offene Gesellschaft und eine offene Moral plädiert, Durkheim will zeigen, daß alle Gesellschaft geschlossene Gesellschaft, alle Moral geschlossene Moral ist. Bergson interpretiert die Gesellschaft von der schöpferischen Entwicklung, Durkheim von der Notwendigkeit der Integration und Konsolidation her. Beide sind je auf ihre Weise extrem. Bergson glaubt, daß eine Interpretation, die an der Lebendigkeit des menschlichen Lebens vorbeigeht, immer die Realität des menschlichen Daseins verfehlen müsse. Durkheim umgekehrt glaubt, daß eine rationale Interpretation menschlichen Zusammenlebens immer voraussetze, daß man die sozialen Sachverhalte als Dinge ansieht, die von dem lebendigen Willen des Menschen unabhängig sind.

Die grenzenlose Freiheit des Unbewußten und die grenzenlose Gebundenheit an vorhandene Sachen stehen sich hier fremd gegenüber. Und in beiden Fällen mußte die weitere empirische Forschung das Ungenügen der hier vertretenen theoretischen Ansätze zeigen. War BERGSONS Ansatz wegen seiner Irrationalität nicht entwickelbar, so mußte der DURKHEIMS seinen verborgenen Dogmatismus offenbaren. Das Soziale als autonomes Faktum, das von nirgendwoher bedingt ist, ist unter empirischen Gesichtspunkten ebensosehr ein Ding an sich, wie es der *«élan vital»* von BERGSON war. Beide wollten ein allgemeines Entwicklungsprinzip für die menschlichen Gesellschaften aufstellen, aber beide schufen nur eine allgemeine Sprache, in der beliebige Sozialphänomene dargestellt werden konnten. Sie ermöglichten es, die gesellschaftlichen Phänomene in einer neuen Weise zu verstehen, ohne jedoch die methodologischen Grenzen eines solchen Verstehens und insbesondere den Unterschied dieser Erklärung gegenüber einer naturwissenschaftlichen Kausalerklärung zu erkennen.

DURKHEIM hatte seine Institutionenlehre hyperspiritualistisch genannt. Mit diesem Ausdruck wollte er, wie er am Schluß seiner Abhandlung über individuelle und kollektive Vorstellungen ausführt, betonen, daß die kollektiven Vorstellungen, die die Institutionen tragen, gegenüber den geistigen Gehalten der Individuen einen gänzlich neuen Sachverhalt darstellen: *«quelque chose d'entièrement nouveau»*. In diesem hyperspiritualistischen Ansatz, der die Gesellschaft in der Idee begründet sieht, die sie sich selbst macht, ist DURKHEIM vergleichbar mit HAURIOU (1856–1929). Für HAURIOU (*Précis de Droit Constitutionnel.* 2. Aufl. 1929, S. 72 ff) sind es die Institutionen, die dem gesellschaftlichen Zusammenhang Dauer verleihen, und die Institutionen werden getragen von einer Idee. *«De ce point de vue, non seulement les idées mènent le monde, mais elles le soutiennent et le font durer»* (S. 74). HAURIOU schließt sich hier an FOUILLÉE an, der in Nachfolge von ROUSSEAU den Begriff der *idées-forces* geprägt hatte.[19] Ähnlich wie bei DURKHEIM ist auch hier der Ausgangspunkt der Dualismus, über dessen metaphysischen Charakter hier allerdings von Anfang an kein Zweifel besteht. *«Les grandes idées civilisatrices proviennent d'un monde intelligible qui compénètre le monde physique»* (S. 63). Während bei DURKHEIM das Soziale zu einer Idee gesteigert wird – *«divinisation de la société par elle même»*, wie GURVITCH (‹Cahiers Internationaux de Sociologie› [CIS], 1959, S. 7) sagt –, erscheint bei HAURIOU die Idee umgekehrt als herabgestiegen aus einer anderen Welt, um jetzt die Führung in dieser Welt zu übernehmen. In den sehr engen Grenzen, die durch diesen Ansatz gezogen sind, hat dann HAURIOU eben-

19 Vgl. A. FOUILLÉE, *L'Evolutionisme des Idées-Forces.* 4. Aufl., 1906.

so wie DURKHEIM versucht, die wechselseitige Durchdringung subjektiver und objektiver Faktoren aufzuzeigen.[20] Genau wie bei DURKHEIM geht aber auch hier die Entwicklung in Richtung einer stärkeren Herausarbeitung der eigenständigen Realität der Institution. In seinem Aufsatz ‹*La théorie de l'institution et de la fondation*› (1925)[21] erscheinen die Ideen als das eigentlich Objektive, als das vitale Prinzip der sozialen Organisation. Wir verkennen freilich nicht, daß HAURIOU das subjektive Element nicht einfach in den Institutionen untergehen lassen will, aber das Schwergewicht liegt doch eindeutig bei den Institutionen und ihren «*idées-forces*», die nicht geschaffen, sondern – wie ein Kristall im Berg – von Menschen gefunden werden. Die Ideen erschaffen sich in den Institutionen Organe, verleihen ihnen ein eigenes Leben, das man von dem Leben der Individuen trennen kann. Diese Trennung, die bei DURKHEIM zum Soziologismus führte, führt bei den Nachfolgern HAURIOUS zur Weiterentwicklung seiner Institutionenlehre zum Thomismus. Als Beispiel für diese Entwicklung nennen wir nur G. RENARD mit seiner Schrift ‹*La théorie de l'institution*›. *Essais d'ontologie juridique* (1930).

Die innere Problematik eines Ansatzes, der bei DURKHEIM und HAURIOU getragen wird von dem schon bei BONALD, SAINT-SIMON und COMTE deutlichen Willen, die Revolution zu beenden, *terminer la révolution*, wird hier in der Rückwendung zu scholastischen Vorstellungen deutlich sichtbar. «*La pensée scientifique*», so hatte DURKHEIM (zit. bei BOUGLÉ, *Bilan de la sociologie française*. 1935, S. 50) geschrieben, «*n'est qu'une forme plus parfaite de la pensée religieuse.*» Diese Vorstellung, daß das wissenschaftliche Denken das religiöse Denken nur vervollkommnet – eine Vorstellung, die in ihrer Problematik sowohl gegenüber dem wissenschaftlichen Denken als auch gegenüber der Theologie schon bei DESCARTES deutlich geworden war –, führt erneut zu den Schwierigkeiten, vor denen schon DESCARTES, SAINT-SIMON und COMTE gestanden hatten. DURKHEIM hatte die soziale Dynamik von COMTE als metaphysisch kritisiert; aber er hatte übersehen, daß auch die rationale

---

20 Vgl. P. HÄBERLE, Die Wesensgehaltsgarantie des Art. 19 Abs. 2 Grundgesetz. Karlsruhe 1962, S. 73 ff, und F. JONAS, Die Institutionenlehre Arnold Gehlens. Tübingen 1965, S. 14 ff. Wir erinnern daran, daß FOUILLÉE den Spuren ROUSSEAUS folgt und daß schon bei diesem die Wechselseitigkeit von Subjekt und Objekt im Gesellschaftsverhältnis nicht erreicht wird. Die tragische Spaltung zwischen Mensch und Bürger, die ROUSSEAU am Beginn seines ‹*Emile*› aufzeigt, bleibt unüberwunden. Die *volonté générale* bzw. die Ideen tragen schließlich den Sieg davon.

21 Dt. bei R. SCHNUR, M. Hauriou, Die Theorie der Institution und zwei weitere Aufsätze. Berlin 1965.

Metaphysik des Sozialen, die er entwirft, eben eine Metaphysik war.[22] Während man sich bei HAURIOU und seinen Nachfolgern keinen Täuschungen über den idealistischen bzw. metaphysischen Charakter der Lehre hingibt, glaubt DURKHEIM, daß zwischen seiner Metaphysik und einer wissenschaftlichen Erklärung kein prinzipieller Widerspruch besteht. *«Son aspect métaphysique»*, so bemerkt er über seine Lehre, *«ne désigne donc rien qu'un ensemble de faits naturels, qui doivent s'expliquer par des causes naturels»* (*Sociologie et philosophie*, 1963, S. 48). Es konnte jedoch nicht verborgen bleiben, daß DURKHEIM die Gesellschaft weniger als Naturtatsache bewiesen als vielmehr als Naturtatsache vorausgesetzt hatte. Ebenso wie COMTE hatte er das Thema einer empirischen Soziologie gestellt, aber diese Soziologie gleichzeitig auf bestimmte Voraussetzungen festgelegt. Die Emanzipation von diesen Voraussetzungen bestimmt die folgende Entwicklung der französischen Soziologie.

3. Die soziologische Totalität

Der Wille, die Revolution zu beenden und die eingetretene Emanzipation des einzelnen aus den Institutionen theoretisch zu widerlegen und praktisch rückgängig zu machen, beherrscht die französische Soziologie seit dem Beginn des 19. Jahrhunderts. In diesem zentralen Motiv stimmt man trotz aller Unterschiedlichkeiten im einzelnen überein. SAINT-SIMON, COMTE und ihre Nachfolger behandeln dieses Thema ebenso wie LE PLAY und seine Schule. BERGSON und DURKHEIM haben hier das gleiche Anliegen wie COURNOT und SOREL. Wenn BERGSON sagt, wir müssen unsere Seele wiederfinden, wenn DURKHEIM feststellt, wir müssen uns eine Moral schaffen, wenn SOREL an einen neuen Mythos appelliert und BUREAU als das zentrale Problem die Überwindung des einzelnen hinstellt, dann weisen sie alle auf dasselbe Ziel hin. Weil DURKHEIM mit der größten theoretischen Klarheit und Gründlichkeit diesen Ansatz vertreten hat, wird er der führende Soziologe Frankreichs an der Schwelle vom 19. zum 20. Jahrhundert. Was weder dem Empirismus von LE PLAY und seinen Nachfolgern noch dem Irrationalismus von BERGSON und SOREL gelang, erreicht DURKHEIM, ausgehend von klaren Axiomen und Regeln, gestützt auf die Überzeugung, daß die Soziologie eine im wesentlichen französische Wissenschaft sei, die im Geiste DES-

22 Einen Vergleich von COMTE und DURKHEIM, der nicht zugunsten von DURKHEIM ausfällt, gibt G. L. DUPRAT, *Auguste Comte et Emile Durkheim*. In: Gründer der Soziologie, F. K. Mann (ed.), Jena 1932.

CARTES' betrieben werden müsse. Das zentrale Axiom ist die Totalität des Sozialen, die Hauptregel, diese Totalität durch geeignete Definitionen in der Erfahrungswelt nachzuweisen. Richtig sind die Definitionen, die die Totalität des Sozialen bestätigen, und umgekehrt wird die Definition des Sozialen dann bestätigt, wenn sie sich als geeignetes Instrument zur Klassifikation empirischer Phänomene bewährt hat. Das alte, schon im 17. Jahrhundert kritisierte Problem dieses theoretischen Ansatzes bestand darin, daß hier theoretische Kategorien oder Axiome und empirisches Material, auf welches diese Axiome angewendet werden sollten, zwei verschiedene Welten waren, die sich zwar gegenseitig stützen sollten, aber nicht auseinander abzuleiten waren. Die theoretischen Kategorien sind das Ergebnis logischer Konstruktionen. Die empirischen Tatsachen, die diese Konstruktionen beweisen sollen, sind ein rein äußerliches Material, das nur durch geeignete Definitionen in eine übersichtliche Form gebracht werden kann. LÉVI-STRAUSS (in: *Twentieth Century Sociology*, hrsg. von GURVITCH, 1945, S. 528) bemerkt über DURKHEIM: *«He oscillates between a dull empirism and an aprioristic frenzy.»* Diese Kritik ist so alt wie die Kritik am Cartesianismus überhaupt, und es wäre falsch, sie allein DURKHEIM anlasten zu wollen. Sicher ist aber, daß LÉVI-STRAUSS hier auf das zentrale theoretische Problem hinweist, vor dem die DURKHEIM-Schule[23] stand, deren Entwicklung wir uns jetzt zuwenden wollen.

In seinem Aufsatz ‹*La Sociologia ed il suo Dominio Scientifico*› (‹Rivista Italiana di Sociologia›, 4, 1900), hatte DURKHEIM erklärt, es hieße die Soziologie negieren, wolle man zugeben, daß die Gesellschaft sich aus Individuen zusammensetze. In einem weiteren wichtigen Aufsatz, den er mit MAUSS zusammen veröffentlichte: ‹*De quelques formes primitives de classification. Contribution à l'étude des représentations collectives*› (‹Année Sociologique› 1901–1902) hatte er erklärt, daß das Konzept der Totalität nichts anderes als die abstrakte Form des Konzepts der Gesellschaft sei. Die Gesellschaft ist Inbegriff aller allgemeinen Bestimmungen, Kategorien und Werte, die in ihr vorkommen. Sie formt, um erneut einen wichtigen Aufsatz DURKHEIMS zu zitieren: ‹*Le dualisme de la nature humaine et ses conditions sociales*› (‹Scientia›, 15, 1914), den Menschen nach ihrem Bild und Gleichnis. Dieses Konzept der soziologischen Totalität war für die Schüler DURKHEIMS nicht nur ein willkommener theoretischer Ausgangspunkt, sondern auch eine nicht übersehbare Herausforderung. *«Between the boldness of its theoretical premonitions and the lack, or insufficiency, of concrete data»* (so

---

23 Vgl. hierzu: E. CONZE, Zur Bibliographie der Durkheim-Schule. In: Kölner Vierteljahreshefte für Soziologie, 6, 1927.

Lévi-Strauss, a. a. O., S. 503) bestand ein bedenklicher Abstand, der zu vermindern gesucht werden mußte. Hier setzt die Arbeit der Schüler Durkheims an. Während die einen seine Lehre auf das Niveau des allgemeinverständlichen Textbuches bringen – so z. B. R. Hubert, *‹Manuel élémentaire de sociologie›* (1925) –, versuchen die anderen, seine Lehre durch Detailforschungen zu untermauern. Wir verweisen hier auf P. Fauconnet, *‹La Responsabilité. Etude de sociologie›* (1920), und G. Davy, *‹La Foi jurée. Etude sociologique du problème du contrat. La fonction du lien contractuel›* (1922). Das Ziel von Fauconnet ist es zu beweisen, daß die Tatsache der Verantwortlichkeit sich aus dem Leben der Gruppe herleitet. Die Verantwortlichkeit ist kein Ausdruck der persönlichen Freiheit. Diese persönliche Freiheit, in der man bisher die Verantwortlichkeit zu verankern versucht hatte, ist nur Ausdruck einer Illusion, die dadurch entsteht, daß der Mensch von der Gesellschaft ständig umgeschaffen wird. Tatsächlich ist die Verantwortlichkeit Ausdruck der Verpflichtung, die der einzelne von seiner Gruppe übernimmt. Davy will nachweisen, daß der Vertrag nicht aus dem individuellen Interesse abzuleiten sei, sondern eine Institution ist, die ihren Ursprung in dem gemeinsamen Gruppenerleben hat. Er erforscht an Hand von Gesellschaften, die das Institut des Vertrages noch nicht kennen, die Grundlagen, aus denen der Vertrag entstanden ist, und sieht ihn schließlich begründet in dem gemeinsamen totemistischen Gruppenleben.

Der beherrschende Theoretiker in diesem Zusammenhang ist M. Mauss, dessen *‹Essai sur le don. Forme et raison de l'échange dans les sociétés archaiques›* (‹Année Sociologique› 1923–1924) klassisch geworden ist. Die Totalität der Gesellschaft, die von Durkheim nur vorausgesetzt worden war, wird hier an Hand eines bestimmten Phänomens, nämlich des Geschenks, empirisch nachzuweisen gesucht. In gewissen primitiven Gesellschaften wird das gesamte Leben von drei Verpflichtungen, dem Schenken, dem Empfangen und dem Zurückgeben, beherrscht. Alles wird auf diese Weise geschenkt, empfangen und zurückgegeben, wodurch ein Kreislauf institutionalisiert wird, der das gesamte Gruppenleben umfaßt. Hier zeigt sich nach Mauss der totale Charakter der sozialen Phänomene, auf dessen Erkenntnis es schließlich ankommt. Mauss zieht nur die logische Konsequenz aus Durkheims Ansatz: Eine Soziologie, die das Phänomen des Sozialen als wesentlich unabhängig vom Leben der einzelnen begreift, als eine totale Macht, die dem einzelnen gegenübersteht, kann sich nicht auf die wissenschaftliche Erkenntnis von Einzeltatsachen beschränken. Ziel muß immer die Erfassung des sozialen Totalphänomens sein, in dem das gesamte Gruppenleben, insbesondere seine wirtschaftliche und religiöse Seite, wie in einem Brennpunkt zusammengefaßt wird.

War das Verfahren DURKHEIMS vornehmlich analytisch und rational, so ist das Verfahren von MAUSS synthetisch und appelliert an die Intuition. Der Mangel der Wissenschaft, sagt er (zit. bei GUGLER, Die neuere französische Soziologie. 1961, S. 39), ist oft derart, daß man sich besser auf die Natur verläßt, auf die blinden und unbewußten Wahlen der Kollektivität. Aufgabe des Soziologen ist nicht die rationale Zergliederung der Phänomene, sondern, im Gegenteil, der Blick, der die verschiedenen gesellschaftlichen Funktionen, die sich mit einem bestimmten sozialen Phänomen verbinden, erfaßt. DURKHEIM hatte vom *fait social* gesprochen und versucht, dieses *fait social* analytisch aufzugliedern. Jetzt spricht man vom *fait social total* und versucht, einzelne Erscheinungen in ihrer Totalität zu erfassen. Das bedeutet, daß man weniger den zwingenden als vielmehr den umfassenden Charakter des sozialen Phänomens darstellt. HUVELIN (*Magie et droit individuel.* ‹Année Sociologique› 1905–1906) hatte gezeigt, daß die einzelnen in den primitiven Gesellschaften förmlich in einem Meer kollektiver Vorstellungen schwimmen. HUBERT, MAUSS, DAVY und nicht zuletzt HALBWACHS greifen dieses Thema auf. M. HALBWACHS stellt in seiner Schrift *‹Les Cadres sociaux de la mémoire›* (1925) dar, daß unsere Abhängigkeit von der Gesellschaft nicht nur unsere äußeren Lebensbezüge bzw. unsere rationale Orientierung in Werten und Kategorien betrifft, sondern sich auch auf unser persönliches Erinnerungsvermögen bezieht. Nur vermöge der sozialen Anhaltspunkte, die uns die Gesellschaft zur Verfügung stellt, gibt es ein geordnetes Erinnerungsvermögen. Die Institutionalisierung unserer selbst als einer bestimmten Person ist nur auf dem Wege über die Stützen möglich, die uns die Gesellschaft anbietet. Das, was uns nur persönlich angeht, was keinen sozialen Bezug hat, ist nur ein Chaos von Gestalten ohne inneren Halt, der freien Libido von FREUD vergleichbar. Individuelles Gedächtnis gibt es nur innerhalb der *cadres sociaux.* Der einzelne, unabhängig gedacht von seinem bestimmten sozialen Standort, ist nur ein Chaos, im Grunde eine Krankheit. Für CH. BLONDEL (*La Conscience morbide.* 1914) ist das krankhafte Bewußtsein dadurch gekennzeichnet, daß es ihm nicht gelingt, seine individuellen Vorstellungen unter allgemeine Begriffe zu bringen. Und es sei daran erinnert, daß FREUD die Neurose als Überwiegen sexueller Motive über soziale definiert.

Ausgehend von der Bestimmung der Gesellschaft als einem Totalphänomen zeigt die DURKHEIM-Schule, daß alle Phänomene, die wir im einzelnen wahrnehmen, soweit sie geordnet sind, Ausdruck der menschlichen Gruppe sind, und daß alle Daten, um die das Gruppenleben kreist, für den einzelnen umfassende Bedeutung haben. Außerhalb dieser Totalität gibt es nur Erscheinungen, die pathologisch zu bewerten sind. Alle geordneten Erscheinungen, die wir am normalen Menschen wahrnehmen, sind Erscheinungen, die nicht ihm, sondern seiner Gruppe zuzurechnen sind. Nicht nur unsere Handlungen, die uns mit unseren Nachbarn in Verkehr bringen, nicht nur die allgemeinen Kategorien unseres Bewußtseins, die allgemeinen Vorstellungen und Werte, die wir mit unseren Handlungen verbinden, sondern auch wir selbst als Person, unsere Gefühle, wie Lachen, Weinen, Trauer, Freude, sind gesellschaftliche Tatsachen. Können sie nicht als gesellschaftliche Tatsachen erklärt werden, verselbständigen sie sich gegenüber den kollektiven Normen, so werden sie Krankheitserscheinungen, die, wie es BLONDEL vorgeschlagen hat, in Irrenanstalten isoliert werden müssen. «Wer anders ist, geht freiwillig ins Irrenhaus», so hatte NIETZSCHE in seinem ‹Zarathustra› prophezeit.

Der Mensch ist das Ensemble gesellschaftlicher Verhältnisse, *«homme total»* oder *«homme complet»*, wie es MAUSS in *‹Sociologie et Anthropologie›* (1950, S. 304) ausdrückt. Die Untersuchung menschlichen Verhaltens ist identisch mit dem Studium der Gesellschaft im ganzen. *«Il n'y a pas d'autre morale, ni d'autre économie, ni d'autres pratiques sociales que celles-là»* (S. 279). Der runde Tisch, um den sich die Ritter des Königs Arthur versammelten, das ist für MAUSS das Modell der Gesellschaft, der an diesem Tisch sitzende Ritter der *«homme total kat'exochen»*. Völker, Klassen, Familien, Individuen, sagt MAUSS, mögen sie sich auch persönlich bereichern, glücklich werden sie erst sein, wenn sie sich wie jene Ritter an die gemeinsame Tafel setzen können. *«Il est inutile, d'aller chercher bien loin quel est le bien et le bonheur. Il est là, dans la paix imposée, dans le travail bien rythmé, en commun et solitaire alternativement, dans la richesse amassée, puis redistribuée ...»* (S. 279). *Le bon roi Henri IV,* von dem die Aufklärer schwärmten, die *Salente,* die das Idealbild FÉNELONS war, die *communauté bien réglée,* von der MESLIER gesprochen hatte, erfahren hier fröhliche Urständ.[24]

Aus der trockenen Vorstellung gesellschaftlicher Normalität bei DURKHEIM wird hier ein farbiges Bild total menschlicher Existenz, einer Existenz, die man, ähnlich wie in der Aufklärung, nicht als eine bloße Idealität betrachtet, sondern als eine Realität. Sie ist im Dasein primitiver Völker in der Erfahrung aufzuweisen, und sie gilt als Modell auch für jede Vergesellschaftung schlechthin. Man stützt sich freilich nicht mehr auf die Berichte von reisenden Missionaren, sondern auf die Berichte von Ethnologen, die man im eigenen Sinne interpretiert. Man formuliert seine Gedanken nicht mehr in der naiven Moralität des 18. Jahrhunderts, die von den guten Wilden sprach, aber jetzt wie damals

---

24 Im 87. seiner *Lettres persanes* schreibt MONTESQUIEU: *«On dit que l'homme est un animal sociable. Sur ce pied-là, il me paraît qu'un Français est plus homme qu'un autre.»*

ist der beispielhafte Charakter dieser primitiven Völkerschaften unbezweifelt. Wenn man sich mit ihnen beschäftigt, dann nicht, um eine fremde, andere Welt kennenzulernen, sondern um die eigentlichen Bausteine der eigenen Welt herauszufinden. DURKHEIM hatte ausdrücklich erklärt, daß die primitive Horde das Protoplasma jeder menschlichen Vergesellschaftung sei, und es lag daher nahe, an primitiven Gesellschaften, die, wie man glaubte, sich eben wegen ihrer Primitivität leichter erkennen ließen, die Grundgesetze des Sozialen zu exemplifizieren. In diesem Sinne hatte schon DURKHEIM seine für sein ganzes Werk zentrale Religionstheorie auf dem Totemismus der Arunta aufgebaut. In diesem Sinne hatten MAUSS, DAVY und HUBERT ihre Forschungen durchgeführt. Und wir wollen hier auch noch das Buch von M. GRANET, ‹*La Civilisation Chinoise*› (1935), erwähnen. GRANET zeigt, daß *Ying, Yang* und *Tao* aus dem Gruppenerleben herzuleiten sind, ebenso wie es schon die DURKHEIMsche Theorie vorausgesetzt hatte, daß Raum und Zeit sich aus Lebensraum und Lebensrhythmus der Gruppe begreifen lassen und daß Zahlen vorwiegend dazu dienen, die Gruppenhierarchie zu beziffern.

Das theoretische Prinzip, das hinter diesen Forschungen steht, hatte DURKHEIM selbst genannt, wenn er in seinem Buch über die elementaren Formen des religiösen Lebens erklärt, daß, wenn einmal ein Gesetz durch ein Experiment bewiesen sei, dieser Beweis universelle Geltung erlange. Aus diesem Grunde hatte DURKHEIM seine Forschungen über den Totemismus der Arunta zur Grundlage einer allgemeinen Theorie der Religion genommen, und ebenso argumentieren auch seine Nachfolger. Die Wendung gegen die Geschichtsphilosophie von COMTE erhält hier ihre konkrete Bedeutung. Bei COMTE war vorausgesetzt worden, daß die Geschichte einen inneren Fortschritt, eine Anreicherung ihrer Daten, ja sogar eine Änderung in ihren Prinzipien kenne. DURKHEIM hatte dieses Prinzip in seinen ‹Regeln der soziologischen Methode› ausdrücklich zurückgewiesen und gegen die historische Methode von COMTE seine eigene vergleichende Methode gesetzt. Diese vergleichende Methode setzt voraus, daß alle menschlichen Gesellschaften aus demselben Material bestehen, das nur eine unterschiedliche Dichte und Kohäsion aufweist. Die in den modernen Gesellschaften zu beobachtende größere Mannigfaltigkeit der Daten bedeutet daher keine qualitative Verschiedenartigkeit. DURKHEIM betont zwar stets, daß man nicht das Höhere durch das Niedere erklären könne, aber er meint damit keine historischen Strukturen, sondern das Verhältnis des einzelnen zur Gesellschaft. Man kann nicht das *fait social* aus dem einzelnen ableiten, aber sehr wohl das Kompliziertere, also Historisch-Spätere durch das Einfachere, Historisch-Frühere erkennen. Institutionen und soziale Tatsachen können ihre Wirkungsweise verändern, etwa durch den Übergang von der mechanischen zur organischen Solidarität; sie haben aber immer denselben Charakter. Oder in der Sprache von MAUSS: Die Runde des Königs Arthur ist auch für die modernen Gesellschaften der Prototyp gesellschaftlicher Integration.

Das war genau der Soziologismus, den man an DURKHEIM als dogmatisch kritisierte, und es war gewiß kein Zufall, daß diese Kritik gerade auch von der katholischen Soziallehre geäußert wurde; ist doch die christliche Soziallehre immer daran gebunden, daß es in der Geschichte die Möglichkeit und Wirklichkeit einer grundsätzlichen Erneuerung für den Menschen und seine Gesellschaft gibt. Dieser Kritik haftete jedoch ebenso wie der existential-philosophischen[25] stets der Verdacht an, daß hier im Grunde unsoziologische Maßstäbe vorausgesetzt wurden. Die wirkliche Kritik der Position DURKHEIMS und seiner Schule konnte nicht von Theologie und Philosophie, sie konnte nur von der Soziologie selbst geleistet werden. Die Entwicklung der Soziologie und Ethnologie stellt selbst die Voraussetzungen in Frage, von denen DURKHEIM und seine Schule ausgegangen waren.

C. BOUGLÉ veröffentlicht 1908 seine ‹*Essais sur le régime des castes*›, in denen er an die Stelle der radikalen These, daß der Inhalt einer Religion die Gesellschaft sei, die bescheidenere These setzt, daß die Religion eine wichtige Funktion für die Stabilisierung einer gegebenen Sozialstruktur habe. In dieser Form ist diese These, wie wir wissen, schon seit BOSSUET und NECKER bekannt. HOBBES und ROUSSEAU hatten die «*sentiments de sociabilité*» ausdrücklich zum Teil des Gesellschafts- bzw. Unterwerfungsvertrages gemacht. Eine ähnliche Akzentverschiebung ergibt sich bei G. DAVY und A. MORET, in deren Buch ‹*Des Clans aux empires*› (1923). DURKHEIM hatte gesagt, daß die Horde das Protoplasma sei, aus dem sich alle entwickelteren Gesellschaften zusammensetzten. Hier wird nun die Verbindung von Horde und Imperium ausdrücklich zum Thema einer empirischen Untersuchung gemacht. Es zeigt sich jedoch an dem konkreten Fall des antiken Ägypten, daß die entscheidende Frage weniger die der Einheit von Clan und Imperium ist, sondern daß das wirkliche Problem darin besteht, daß die Reichsgründung durch die Horden verhindert wird. Der Hordengeist verzögert die Bildung größerer Verbände. Er ist nicht die Grundlage, sondern der Gegner, der überwunden werden muß. RAMSES und SARGON müssen sich zu Göttern erklären, der ‹*culte du Souverain commun*› muß institutionalisiert werden, um an die Stelle der alten Clan-Gottheiten zu treten. Das Imperium, das ver-

---

25 Vgl. J. MONNEROT, *Les Faits sociaux ne sont pas des choses.* 1946, und MERLEAU-PONTY, *La Philosophie et la sociologie.* CIS, 1951.

schiedene Völkerstämme miteinander vereint, ist etwas qualitativ Neues. Hier beginnt der Prozeß, der zu einer fortschreitenden Individualisierung auf der einen Seite und zur Verallgemeinerung der Werte auf der anderen Seite führt.

Eine weitere, sehr wichtige Einschränkung stammt von MAUSS selbst. Die Interpretation des Menschen als *«homme total»*, der sozialen Phänomene als *«phénomènes sociaux totaux»* wird in einem entscheidenden Punkt in Frage gestellt. Für eine kleine Menschengruppe, für den *«homme civilisé des hautes castes»* (a. a. O., S. 306), hat die Runde des König Arthur ihre integrative Kraft verloren. Die soziologische Analyse, die von der Totalität der Gesellschaft ausgeht und die Darstellung dieser Totalität zum Gegenstand hat, hat zwar auch in unseren Tagen noch Gültigkeit, aber sie betrifft nur noch den Durchschnittsmenschen, insbesondere, wie MAUSS sagt, die Frauen. Sie sind totale Menschen. Das Studium der Totalität ist darum weiterhin wichtig, aber nur für die sozialen Schichten, die nicht zur Elite der modernen Gesellschaft zählen – *«Pour tout ce qui ne concerne pas l'élite de nos sociétés modernes»* (MAUSS, a. a. O.). MAUSS sieht sehr richtig, daß die soziologische Analyse, wie sie von DURKHEIM und seiner Schule betrieben wird, voraussetzt, daß der Mensch nicht Herr seiner selbst ist. Aber das gilt in zivilisierten Gesellschaften eben nicht mehr für alle Menschen. Und die Aufklärung hatte bekanntlich genau hier an dem Emanzipationsprozeß dieser Elite ihre neue theoretische Analyse der bürgerlichen Gesellschaft begründet. Eine, wenn auch kleine, so doch entscheidende Gruppe von Menschen kann, so sieht es MAUSS, selbst unter der Voraussetzung des soziologischen Totalphänomens nicht analysiert werden. Und damit ist der Geltungsbereich dieses Ansatzes entscheidend eingeschränkt. In einer seiner letzten Arbeiten, *‹Une Catégorie de l'esprit humain: La Notion de personne, celle de ‚Moi'›* (‹Journal of the Royal Anthropological Institute›, 68, 1938), hat MAUSS diesen Gedanken weiter zugespitzt. Hier nähert er sich Vorstellungen, die direkt an das Gedankengut der Aufklärung bzw. des deutschen Idealismus anknüpfen. Er sieht, daß in der Geschichte, in der Entwicklung der Gesellschaft etwas Neues entsteht, nämlich die menschliche Subjektivität. Und wie schon DAVY und MORET am antiken Ägypten zeigten, bringen Individualisierung und Verallgemeinerung der Werte das Problem der gesellschaftlichen Integration auf eine Ebene, die als grundsätzlich neu im Vergleich zu den geschlossenen Gesellschaften der Vergangenheit anzusehen ist. Hier, bei MAUSS, der das soziologische Totalphänomen zum Mittelpunkt seiner Analyse gemacht hatte, wird jetzt die Entwicklung deutlich, die von der Überwältigung des einzelnen in der Gesellschaft, der gesellschaftlichen Maskerade des einzelnen zur Maske, von der gesellschaftlich festgelegten Persönlichkeit zur Person, von einem durch die Gruppe verliehenen Namen zum Individuum und von diesem zur Moral und zum moralischen Bewußtsein des einzelnen führt. Die Kategorie des *‹moi›*, des Selbst, taucht hier plötzlich auf als eine geschichtlich entstandene und einer bestimmten Kultur zugeordnete Kategorie, eine Kategorie, die nicht als eine zeitlos vorhandene Naturtatsache zu begreifen ist, sondern einer bestimmten Kultur ihr besonderes Gepräge gibt. Seit dieser Zeit, so schließt MAUSS mit einer Formel, die sich fast wörtlich ebenso bei HEGEL findet, ist eine geistige Revolution eingetreten, nämlich die Entdeckung des Selbstbewußtseins. Die soziologische Analyse, die bei DURKHEIM die sozialen Tatsachen als objektive Naturtatsachen auffassen zu können meinte, wird hier in den Reflexionszusammenhang einbezogen, der gegenüber dem *fait social* selbständige Bedeutung hat.

J. CAZENEUVE hat in einem wichtigen Artikel, *‹La connaissance d' autrui dans les sociétés archaiques›* (CIS 5, 1958), diesen Gedanken noch untermauert. Er weist darauf hin, daß die Primitiven sich nicht maskieren, um sich zu verbergen, sondern um sich zu erkennen. Hier, bei den Primitiven ist Realität tatsächlich kollektive, keine individuelle Realität. Hier ist tatsächlich, wie es DURKHEIM gesagt hatte, das Universum identisch mit der Gruppe. Aus diesem Bedürfnis, das Individuelle zu verschleiern und das Heterogene zu leugnen, stammt der symbolische, mythologische und totale Charakter der primitiven Gesellschaften. Totalität und Mythos sind die Kategorien, mit denen man sich das Individuelle zu verbergen sucht. Die Angst vor dem Abweichenden, dem einzelnen, führt dazu, daß man danach strebt, allem eine einheitliche, kollektiv festgelegte Gestalt zu geben. Und hier liegt, wie CAZENEUVE sagt, der Schlüssel für den Unterschied zwischen unserem Bewußtsein und dem der Primitiven. Dort erkennt man den einzelnen, indem man ihm eine Maske aufsetzt und ihn so zu einem allgemeinen oder totalen Phänomen macht. Hier, bei uns, erkennt man ihn, indem man seine Einzigartigkeit zu erkennen sucht. Dort herrscht der Symbolismus der Rollen, hier das Selbstbewußtsein. Dort die Erstarrung in kollektiven Normen, hier die Lebendigkeit, die sich auf dem Selbstbewußtsein der Individuen aufbaut. MAUSS war zunächst der Ansicht, daß es sich hier nur um das Bewußtsein einer kleinen Elite gegenüber einer von Totalphänomenen beherrschten Masse handle.[26] Aber je mehr die Zeit voranschreitet, desto mehr breitet sich das Bewußtsein aus, daß der Gegensatz zwischen dem von Totalphänomenen beherrschten Bewußtsein und dem freien Selbstbewußtsein ein grundsätzlicher Unterschied ist, der die primitiven Ge-

---

26 So hatte auch A. BAYET, *Le Suicide et la Morale.* 1923, gezeigt, daß es neben der Moral für die Masse auch eine Moral für die Elite gebe.

sellschaften von den modernen Gesellschaften trennt: «Das Recht der Besonderheit des Subjekts, sich befriedigt zu finden oder – was dasselbe ist – das Recht der subjektiven Freiheit macht den Wende- und Mittelpunkt in dem Unterschiede des Altertums und der modernen Zeit. Dies Recht in seiner Unendlichkeit ist im Christentum ausgesprochen und zum allgemeinen, wirklichen Prinzip einer neuen Form der Welt gemacht worden» (Hegel, Grundlinien der Philosophie des Rechts, § 124).

Werfen wir unter diesem Aspekt noch einmal einen Blick auf das schon zitierte Werk von Halbwachs. Dieser hatte, getreu der Tradition von Durkheim, das Bewußtsein in seinem Kern, nämlich in seinem Gedächtnis sozial zu verankern versucht. Aber ebenso wie Mauss stößt auch er in dem Augenblick auf ein kritisches Problem, in dem er sich mit den modernen Gesellschaften zu beschäftigen beginnt. Diese Gesellschaften sind dadurch gekennzeichnet, daß sich das Bewußtsein in ihnen einer großen Beweglichkeit und Freiheit erfreut. Und Halbwachs muß sich nun fragen, wie es denn möglich sei, daß sich Ideen gegen Traditionen durchsetzen können, da doch das gesamte Gedächtnis des einzelnen und der Gruppe sozial verankert ist. Würde diese Theorie zutreffen, so gäbe es keinen Ansatzpunkt, von dem her man sich von der Macht der gelebten Zeit befreien, das Bewußtsein aus der Gruppe emanzipieren könne. Das Phänomen der Emanzipation, der kritischen Distanz des einzelnen gegenüber den sozialen Verankerungen seines Bewußtseins stellt die These in Frage, daß alles Bewußtsein in seinem Kern soziales Bewußtsein sein müsse. Halbwachs löst dieses Problem dadurch, daß er ähnlich wie Tarde annimmt, daß dieser empirisch feststellbare Prozeß der Veränderung von außen in Gang gehalten werde. Der Konflikt zwischen Traditionen und Ideen bedeutet also keine Emanzipation, sondern er bedeutet, daß in den Rahmen bestehender Traditionen Ideen eindringen, die aus anderen Traditionen stammen. Die in der Erfahrung feststellbare größere Beweglichkeit der Ideen kommt nicht daher, daß diese Ideen sich aus vergangenen Traditionen emanzipieren, sondern daher, daß in der Gegenwart die verschiedenen menschlichen Gruppen näher aneinanderrücken und sich dadurch in ihren Bewußtseinsinhalten wechselseitig stören. Die Gruppe, sagt Halbwachs, setzt ihrer Vergangenheit nicht ihre Gegenwart entgegen, denn das Selbstbewußtsein als Bewußtsein der Gegenwärtigkeit gibt es für Halbwachs nicht, sondern die Vergangenheit anderer Gruppen (deutsche Ausgabe, 1966, S. 383). Das ist, wie es Halbwachs bemerkt, die einzig mögliche Erklärung – besser gesagt, die einzig mögliche Erklärung, die mit seiner Theorie übereinstimmt. Die Macht der Gruppe über das Bewußtsein bleibt ungebrochen. Es handelt sich nur darum, daß eine andere Gruppe die Herrschaft antritt. Die zentrale These ist, daß das Bewußtsein in den modernen Gesellschaften ebenso wie in den primitiven von außen geführt wird und nicht zu sich selbst kommt, wie es MAUSS angedeutet hatte. In seiner Konsequenz setzt dieser Ansatz voraus, daß man sich zu einer Weltanschauung bekennt, die, etwa in der Art des klassischen Materialismus des 18. und 19. Jahrhunderts, eine bestimmte Objektivität unabhängig von dem menschlichen Bewußtsein als gegeben voraussetzt. Die innere Problematik einer solchen Voraussetzung wird uns später im Zusammenhang mit der Entwicklung der deutschen Soziologie noch begegnen.

Die Vorherrschaft des *fait social* oder des sozialen Totalphänomens gegenüber dem einzelnen bzw. dem Selbstbewußtsein wird immer mehr in Frage gestellt. Und eine wichtige Etappe auf dem Weg dieser Kritik ist das Werk von LEVY-BRUHL (1857–1939). LEVY-BRUHL hatte schon in seinem Buch ‹*La morale et la science des mœurs*› (1903) eine positive Wissenschaft der Sitten gefordert gegenüber einer Moral, die eine immer gleiche menschliche Natur und universelle Prinzipien voraussetzte, aus denen sie die Pflichten der Menschen ableitete. Diese Forderung stand schon als solche im Gegensatz zu den Voraussetzungen, von denen DURKHEIM ausgegangen war. Denn sie bezweifelt dessen These, daß das menschliche Bewußtsein und die menschliche Moral im Prinzip überall die gleichen soziologischen Strukturmerkmale aufwiesen. Gegenüber dieser Auffassung von DURKHEIM versucht LEVY-BRUHL, insbesondere in seinen Büchern ‹*La mentalité primitive*› (1922) und ‹*L'âme primitive*› (1927), den Unterschied der primitiven Mentalität gegenüber der modernen aufzuzeigen. Die theoretische Bedeutung dieses Unterschiedes für die Soziologie liegt darin, daß in dem Augenblick, in dem gezeigt wird, daß die Mentalität der primitiven Völker sich qualitativ von der der modernen unterscheidet, auch die gesellschaftliche Integration als eine Frage auftritt, die nicht nur der äußeren Form, sondern auch ihrem inneren Gehalt nach entwickelbar und veränderlich ist. Das Problem, auf das MAUSS mit der Entdeckung des Selbst gestoßen war, wird von LEVY-BRUHL als Unterschied zwischen der primitiven und der modernen rationalen Mentalität festgestellt. Es gibt keinen universellen Menschen und demzufolge auch kein universell gleiches Integrationsproblem, das nur nach der Zahl der vorhandenen Daten und ihrer Dichte zu modifizieren sei.

Schon MONTESQUIEU war davon ausgegangen, daß die gesellschaftliche Integration unter verschiedenen Umständen qualitative Unterschiede aufzuweisen habe, daß etwa die völlig Assimilation kollektiver Werte nur in der Republik, aber nicht in der Monarchie gefordert sei, daß die völlige Abhängigkeit des einzelnen von der Gesellschaft in Republik und Despotie einen geradezu entgegengesetzten Charakter habe. Urteilskraft, so hatte MONTESQUIEU betont, besteht darin, die Nuancen der

Dinge zu kennen. Aber DURKHEIM hatte an die Stelle dieser Nuancen Definitionen gesetzt, die die Aufgabe hatten, Phänomene, die in der Erfahrung verschiedenartig waren, als Teile eines gegebenen natürlichen Erklärungshorizontes darzustellen. Wissenschaftlichkeit bestand für ihn gerade darin, den Horizont der Erklärung zu vereinheitlichen. LEVY-BRUHL zeigt nun, daß dieser Erklärungshorizont, also die Grundannahmen, von denen die soziologische Erklärung auszugehen hat, in der primitiven Gesellschaft ganz anders aussieht als in der modernen und daß der Totalcharakter der primitiven Sozialphänomene erst die Folge einer besonderen Mentalität ist DAVY (*Sociologues d'hier et d' aujourd'hui.* 1950, S. 216 f) hat diesen Unterschied zwischen LEVY-BRUHL und DURKHEIM wie folgt definiert: Bei DURKHEIM steht immer das Soziale im Vordergrund, während die besondere Mentalität nur ein Akzidens ist. Im Gegensatz dazu geht LEVY-BRUHL von der besonderen mystischen Mentalität des Primitiven aus und zeigt, wie sie eine besondere Form des Denkens und Zusammenlebens verursacht. DURKHEIM kennt nur Nuancierungen eines im wesentlichen immer gleichen Problems. LEVY-BRUHL hingegen sieht, daß die Vergesellschaftung die Menschen zu unterschiedlichen Zeiten und in unterschiedlichen Umständen vor unterschiedliche Probleme stellt.

Für den weißen erwachsenen und zivilisierten Menschen ist die Sozialisierung etwas anderes als für den Primitiven, der ohne Selbstbewußtsein unmittelbar in die Welt verflochten ist. Gewiß sind Partizipation und Mystizismus keine Qualitäten, die ausschließlich den primitiven Gesellschaften zukommen, ebenso wie auch die Primitiven bestimmte rationale Techniken entwickelt haben, ohne die sie nicht überleben könnten.[27] Aber wenn es sich hier vielleicht auch nicht um einen absoluten Unterschied handelt, um einen Unterschied, der keine Übergänge nach beiden Seiten aufweist, so ist doch der faktische Unterschied, die Vorstellung, daß es verschiedene Bewußtseinszustände gibt, die die Soziologie nicht im Hinblick auf ein gegebenes *fait social* relativieren kann, in seiner theoretischen Bedeutung unverkennbar. «*Je suis plus empiriste, plus relativiste et je n'ai pas la même idée de la science que Durkheim.*»[28] DURKHEIMS Ideal war der «*naturalisme sociologique*», Die Erkenntnis

---

27 G. MOSCA, *Elementi di Scienza Politica.* Dt. 1950, S. 82, bemerkt: «Wir können nicht leugnen, daß sich im alten Athen und im alten Rom, wie in Paris und in Berlin, in London und New York die Mehrheit der Menschen mitten im theologischen oder bestenfalls metaphysischen Stadium befindet... Andererseits könnte der Wilde, der eine Pflanze oder einen Stein als einen Fetisch verehrt... nicht ohne ein gewisses Maß realistischer, positiver Kenntnisse leben.»

28 LEVY-BRUHL, zit. bei G. DAVY, *Pour le centième anniversaire de la naissance.* Revue Philosophique, 4, 1957, S. 471.

überzeitlicher, allgemein gültiger soziologischer Gesetze nach der Art der naturwissenschaftlichen Gesetze. Gegen MAUSS gewandt, sagte LEVY-BRUHL, daß seine Sondierungen nicht in diese Tiefe gingen. Er sah, daß es in der Erfahrung jedenfalls qualitative Unterschiede gab, und glaubte, daß eine Wissenschaft, die Erfahrungswissenschaft sein wollte, eben diese Unterschiede nicht zugunsten eines allgemeinen Schemas vernachlässigen könne. Soziologie kann keine überhistorische Wissenschaft sein, sie kann nicht nach dem allgemeinen Substrat aller menschlichen Gesellschaften fragen, sondern sie muß Struktur und Funktion in bestimmten Gesellschaften zu erklären suchen.[29] *In nuce* zeigt sich der Unterschied zwischen DURKHEIM und LEVY-BRUHL darin, wie sie DESCARTES, zu dem sich beide bekennen, einschätzen, weswegen sie diesen französischen Philosophen verehren. Für DURKHEIM ist DESCARTES der Philosoph des Rationalismus, für LEVY-BRUHL ist er Naturwissenschaftler. DURKHEIM hat eine Leidenschaft für klare Ideen, und die Beweise, die er für die prinzipielle Vorherrschaft des Sozialen gegenüber dem Individuellen bringt, sind räsonierte oder deduzierte Beweise. Im Gegensatz dazu ist für LEVY-BRUHL der klare Gedanke nur ein Mittel, um Erkenntnisse zu gewinnen, aber er ist als solcher wegen seiner Klarheit noch kein Beweis für deren Richtigkeit.[30]

LEVY-BRUHL hatte gegenüber dem Versuch DURKHEIMS und seiner Nachfolger, die soziale Integration nach einem universell gleichen Schema zu interpretieren, den Unterschied zwischen der primitiven und der modernen Mentalität betont. Diese Unterscheidung hatte prinzipiell nur empirische Bedeutung, und LEVY-BRUHL selbst hat in seinen späteren Werken darauf hingewiesen, daß hier kein absoluter Unterschied vorliege. Im Gegensatz zu MAUSS, der die Kategorie des ‹*moi*› entdeckt, sah er nicht, daß der entscheidende Unterschied zwischen der primitiven und der modernen Mentalität nicht in dem Verhältnis des Bewußtseins zur Welt, sondern in dem Verhältnis des Bewußtseins zu sich selbst lag. Erst dort, wo man das moderne Bewußtsein als Selbstbewußtsein definierte, konnte der Unterschied zwischen der modernen Gesellschaft und ihrer Integration und der primitiven Gesellschaft in seiner grundsätzlichen Bedeutung hervortreten. Erst in diesem Augenblick stellt sich zum Beispiel die Frage der Legitimität, die für MAX WEBER so große Bedeutung erlangen sollte.[31] LEVY-BRUHL hatte DURKHEIM empirisch kritisiert,

---

29 Vgl. LEFORT, *Société sans histoire et historicité*. CIS, 1952.

30 Vgl. DURKHEIM, *La Sociologie*. In: La Science Française, 1915, und ET. GILSON, *Le Descartes de Levy-Bruhl*. Revue Philosophique, 4, 1957.

31 Legitimität als Problem gibt es erst, nachdem die Emanzipation des einzelnen aus den Korporationen und des Geistes aus den Institutionen Realität geworden ist; verborgen bei DESCARTES, offen bei LOCKE und ROUSSEAU.

und seine Daten wurden dann wiederum von anderen Ethnologen in Frage gestellt. Je mehr man sich mit der primitiven Welt beschäftigte, desto mehr sah man, daß es sich hier um sehr komplexe Gebilde handelte, die nur schwer zu verallgemeinern waren. Die von DURKHEIM vorausgesetzte Natur der menschlichen Gesellschaften bröckelt auseinander. Man sieht, daß alle vereinfachenden Vorstellungen, sowohl seine als auch die von LEVY-BRUHL, problematisch sind.

Die Ethnologie, der es einfach darauf ankommt, empirische Phänomene in den Griff zu bekommen, trennt sich hier von der Soziologie.[32] DURKHEIMS Argument war, wie es PERISTIANY *(Durkheim's Letter to Radcliffe-Brown.* In: *E. Durkheim,* hrsg. von Wolff, a. a. O., S. 322) bemerkt, *«based mainly on the internal logic of the system itself and an analysis of the different alternatives the system offers».* Die Grenzen eines solchen deduktiven Verfahrens wurden im Laufe der Zeit immer deutlicher. Und der Versuch von LEVY-BRUHL, an die Stelle einer einheitlichen Welt zwei deutlich voneinander verschiedene Welten zu setzen, erwies sich ebenfalls als unbefriedigend. LÉVI-STRAUSS kritisiert und radikalisiert den Versuch von LEVY-BRUHL, indem er an die Stelle von dessen Dualismus zweier Welten den Perspektivismus verschiedener möglicher Welten setzt. Jede Kultur ist aus der ihr eigentümlichen Perspektive zu betrachten. Alle Kulturen stehen prinzipiell gleichwertig nebeneinander, sie sind als solche zu bewerten und können nicht in ein allgemeines Schema gebracht werden. Jede Epoche, jede historische oder kulturelle Gestalt, ist nur aus sich selbst heraus zu begreifen. Aus dem sozialen Totalphänomen wird immer mehr die Totalität verschiedener, nebeneinanderstehender empirischer Gestalten.

«Je ne suis pas sociologue», erklärt LÉVI-STRAUSS[33] in seiner *‹Anthropologie structurale›* (1958, S. 371). Er lehnt es ausdrücklich ab, Soziologe zu sein, um nicht auf den Schematismus verpflichtet zu werden, in dem sich die Soziologie verfangen hat. Die soziologische Erklärung, die aus der Verallgemeinerung einzelner Fälle eine universelle Gesetzlichkeit ableiten will, kreist nur noch um die Phänomene, wie er in seinem Buch ‹Das Ende des Totemismus› (deutsch 1959, S. 135) bemerkt. Schon

32 Vgl. G. BLANDIER und G. DIETERLEN, *Tendances de l'ethnologie française.* CIS, 6, 1959, und P. MERCIER, Französische Ethnologie heute. Kölner Zeitschrift für Soziologie und Sozialpsychologie (künftig zitiert ‹Kölner Zeitschrift›), 9, 1957.

33 Wir verweisen auch auf die LÉVI-STRAUSS gewidmete Nr. 26 von ‹L'Arc› und auf M. MERLEAU-PONTY, *De Mauss à Claude Lévi-Strauss.* La Nouvelle Revue Française, 7, 1959. [Über LÉVI-STRAUSS vgl. außerdem jetzt GÜNTHER SCHIWY, Der französische Strukturalismus. Mode–Methode–Ideologie. rde Bd. 310/11. Anm. d. Red.]

Levy-Bruhl hatte festgestellt, daß seine Sonde nicht in die Tiefe reiche, die die Soziologen zu erreichen vorgaben. Und Lévi-Strauss greift diese Kritik auf. Er weist darauf hin, daß die empirischen Grundlagen von Durkheims Religionstheorie entweder falsch oder aber ·unbewiesen seien. In seinem Buch ‹*Les structures élémentaires de la parenté*› (1949, zit. nach dem Abdruck in: Kulturanthropologie, 1966, S. 99) bemerkt er über die Erklärung des Inzestverbots durch Durkheim: «Selbst wenn man bereit wäre, diese Hypothese provisorisch anzuerkennen, würden die logischen Verbindungen fehlen, die eine Deduktion der verschiedenen Etappen von der ursprünglichen Voraussetzung ermöglichen könnten. Jede Etappe ist durch eine willkürliche Verbindung an die vorhergehende geknüpft, von der man nicht beweisen kann, ob sie vorhanden oder nicht vorhanden war.»

‹Das Ende des Totemismus› ist mehr als das Ende eines Versuches, eine bestimmte religionssoziologische Theorie aufzustellen. Für Durkheim, insbesondere in seinen späten Schriften, hatte der Versuch, Religion und Moral sozial abzuleiten, eine grundlegende theoretische Bedeutung. Hier sollte und mußte sich erweisen, daß die Welt, in der der einzelne lebte, nichts anderes als eine soziale Welt war. Hier sollte die Allmacht des *fait social* gerade dort nachgewiesen werden, wo man bisher am meisten die Grenze der Vergesellschaftung betont hatte. Das Übernatürliche und Übersinnliche, die moralische Verpflichtung, die innersten Triebkräfte des menschlichen Herzens sollten in wenigen Denkschritten auf die Gesellschaft zurückgeführt werden. Aber dieser Versuch mißlingt. Gerade die empirische Feldforschung zeigt, daß der Versuch, die Religion auf die Gruppe zu reduzieren, weder eine im einzelnen empirisch beweisbare noch gar eine allgemein gültige Hypothese darstellt. Jede Kultur kann nach Lévi-Strauss nur aus ihrem Eigendasein begriffen werden. Es gibt kein allgemeines Schema, in das die verschiedenen Kulturen gepreßt oder gar in eine Rangordnung zueinander gestellt werden könnten. Jede Kultur ist, um an das Wort von Ranke zu erinnern, «unmittelbar zu Gott», d. h. sie ist eine bestimmte Verwirklichung menschlichen Lebens, die mit anderen nicht vergleichbar ist und eigenen Gesetzen folgt. Wenn hinter diesen Kulturen etwas Gemeinsames steht, dann keine allgemeine soziologische Gesetzlichkeit, sondern, wie es Fleischmann (*L'esprit humain selon Claude Lévi-Strauss.* ‹Eur. Arch. f. Soz.›, VII, 1966, S. 57) feststellt, *«le cadre d'une théorie de l'esprit»*[34]. Das könnte, wenn auch auf einer höheren Ebene,

---

34 Lévi-Strauss beschließt seine Abhandlung über die Französische Soziologie in Gurvitch – Moore, a. a. O., S. 536, mit den Worten: *«The philosophical ancestry of French sociology has played it some tricks in the past; it may well*

als eine Rückkehr zu dem Ansatz von COMTE verstanden werden. Und in diesem Sinne hat auch A. VARAGNAC in seinem Buch ‹*De la préhistoire au monde moderne*› (1954) den Versuch unternommen, auf der Grundlage der ethnologischen Ergebnisse eine allgemeine Theorie vorzulegen. Das Resultat, das sich so ergab, blieb jedoch zweifelhaft. Auch wenn sich DURKHEIMS Soziologismus als unhaltbar erwies, so gelang es doch nicht, an dessen Stelle ein anderes, allgemeines Fundament in Gestalt einer Theorie des Bewußtseins oder einer Theorie der Geschichte einzuschieben.

«*No one in France, literally no one*», bemerkt STOETZEL (in: H. BECKER und A. BOSKOFF [eds.], *Modern Sociological Theory.* 1957, S. 637), «*replaced the leaders of the proceeding aera. The only newcomer was a foreign philosopher ... Georges Gurvitch.*» In der Tat, GEORGES GURVITCH (1894–1965) war der einzige, der nach dem Tode DURKHEIMS und der Auflösung seiner Schule den Anspruch auf eine umfassende soziologische Theorie erneuerte. Diese Erneuerung vollzieht sich jedoch nicht in Nachfolge DURKHEIMS, sondern in einem ausgesprochenen Gegensatz zu dessen System. Eine sogenannte dialektische Soziologie soll den nach GURVITCHS Ansicht zu engen und dogmatischen Ansatz DURKHEIMS ablösen. GURVITCH bemerkt über DURKHEIM: «*Durkheim est resté fidèle au préjugé psychologique de la conscience close ... a été empêché d'expliquer la structure de la conscience collective, en la projetant en dehors des consciences individuelles, en la confondant avec ses données spirituelles immédiates et en ne sachant pas réaliser le principe de la réciprocité de perspectives ... l'irréductibilité de la conscience collective par rapport aux consciences individuelles et réciproquement n'est que l'irréductibilité de deux points de vue abstraits ... de la totalité concrète du psychique*» (G. GURVITCH, *Essais de Sociologie.* 1938, S. 169). GURVITCH kritisiert hier die Grundannahmen, die dem an DESCARTES orientierten Dualismus von DURKHEIM zugrunde liegen.[35] An die Stelle dieses Dualismus, der bei DURKHEIM immer mehr zur Vorherrschaft des Sozialen über den einzelnen ausgebaut wurde, tritt bei GURVITCH die Idee der dialektischen Soziologie, die die totale Verschränkung des sozialen Phänomens unterstreicht. Es gibt für GURVITCH weder den einzelnen noch die Gesellschaft als getrennt voneinander, sondern nur eine konkrete Totalität, die unter verschiedenen Perspektiven auseinandergelegt werden kann. Die Schwierigkeit dieses Ansatzes liegt, ganz abgesehen von sei-

---

prove, in the end, to be its best asset.» Und FLEISCHMANN beendet seinen zitierten Artikel mit der Aufforderung: «*à lire notre Hegel plus soigneusement que nous ne le faisions dans le passé*».

35 EISERMANN meint freilich, daß sich GURVITCH «ganz der Einwirkung der DURKHEIM-Schule» geöffnet habe – Kölner Zeitschrift, 18, 1966, S. 224.

ner empirischen Verifizierung, schon in der Sprache. GURVITCH will im Gegensatz zu DURKHEIM und den Empirikern eine dialektische Soziologie bringen. Aber die Dialektik bedeutet für ihn die Leugnung der Gesetze der formalen Logik, die Zurückweisung alles Diskursiven.[36]

GOLDMANN bemerkt über GURVITCH: «*M. Gurvitch devient extrêmement sensible aux faiblesses des différentes théories sociologiques, qu'il critique, mais risque, lorsqu'il développe sa propre pensée, de réunir les désavantages du système (abstraction) et du relativisme (manque de structure) sans garder leurs qualités respectives éventuelles: vue synthétique et structurée et proximitée du réel immédiat*» (L. GOLDMANN, *Sciences humaines et philosophie*. 1952, S. 65, Anm.).[37] GURVITCH versucht, mit seiner dialektischen Soziologie über die Begrenzungen der vergangenen soziologischen Theorien hinauszukommen. Aber indem er diese Begrenzungen überwinden will, verliert er auch die Bestimmtheit, die jene Theorien hatten. Die zentrale Schwäche seiner Position liegt darin, daß er im Gegensatz zu PLATON und HEGEL, die von ihm heftig kritisiert werden, für die Dialektik eine nur sehr unbefriedigende Definition gibt. Sie ist für ihn im Grunde nichts Bestimmtes, sondern nichts anderes als der Weg, «den das menschliche Element *en marche* einschlägt, um Widerstände zu überwinden» (Dialektik und Soziologie, a. a. O., S. 39). Eine solche Definition ist weder als Grundlage einer empirischen soziologischen Theorie noch als Grundlage eines theoretischen Systems geeignet. Weder in einem logischen noch in einem empirischen Sinne folgen aus diesem Ansatz falsifizierbare Konsequenzen. Der dialektische Empirismus, auf den sich GURVITCH beruft, überspringt das entscheidende wissenschaftstheoretische Problem, wie nämlich das Bewußtsein zur Erfahrung gelange und diese Erfahrung methodisch überprüfen könne. Die Definition der Dialektik im Gegensatz zur diskursiven Logik entzieht diese Dialektik der logischen Überprüfung. Mit DURKHEIMS Methode brauchte man nicht übereinzustimmen, aber es war mit ihr immerhin eine wissenschaftliche Auseinandersetzung möglich. GURVITCHS Methode hingegen vermittelt bestenfalls, um TOULEMONT (*Sociologie et pluralisme dialectique*. 1955, S. 263) zu zitieren, «*une impression d'inachèvement*».

---

36 G. GURVITCH, Dialektik und Soziologie. Dt. 1965, S. 36.

37 Zur Kritik, die GURVITCH an anderen Autoren übt – über MAX WEBER bemerkt er: «*beaucoup de bruit pour peu de choses*» (*La vocation actuelle de la sociologie*. 1950, S. 40, Anm.); zu seiner Auseinandersetzung mit PLATON, KANT und HEGEL vgl. B. WILLMS, Über die Domestikation der Dialektik. Soziale Welt, 16, 1966 –, können wir nur mit BRAUDEL (*G. Gurvitch ou la discontinuité du social*. Annales, 8, 1953, S. 347) feststellen: «*une colère vengeresse nous saisit ...*».

Gurvitch definiert die Soziologie als «eine Wissenschaft, welche die sozialen Totalphänomene in der Einheit ihrer Aspekte und Bewegungen untersucht, in denen sie diese in ‹dialektisierten Typen› ... erfaßt» (a. a. O., S. 19). Es kommt also auf die Erfassung von «dialektisierten Typen» an, und nach der oben gegebenen Definition von Dialektik kann das nur bedeuten, daß die Soziologie den Weg der Menschheit durch die Geschichte in allgemeinen Kategorien darstellt. Die Soziologie soll den Weg, den das «menschliche Element» einschlägt, um Widerstände zu überwinden, in seinen allgemeinen Grundbeständen zur Darstellung bringen. Das ist der Gegenstand der *«sociologie en profondeur»* (*La Vocation actuelle de la Sociologie.* 1. Bd., 1957, S. 63 ff). Wenn man die verschiedenen dialektisierten Typen, mit denen es die Soziologie zu tun hat, erkennen will, dann muß man sie in ihre Dimensionen zerlegen können. Alle sozialen Phänomene sind vieldimensional, sie sind aus verschiedenen Schichten aufgebaut, und die soziologische Erkenntnis besteht in der Rekonstruktion dieser Schichten, wobei von der einfachsten auszugehen ist. Von der morphologischen und ökologischen Umwelt bis hin zu den kollektiven Werten und Seelenzuständen ergeben sich so zehn verschiedene Ebenen, die nacheinander untersucht werden müssen. Durkheims *fait social* löst sich in zehn verschiedene Perspektiven auf, und nicht anders ergeht es auch dem Geschichtsbild von Comte, dessen Zeitbegriff sich ebenfalls eine Zerlegung in verschiedene Dimensionen gefallen lassen muß. Zu jedem Tiefenniveau gehört ein besonderer Zeitbegriff, und jede soziale Gruppe hat darüber hinaus noch ihr eigenes Zeitspektrum.

Gurvitch ist außerordentlich fruchtbar, wenn es sich darum handelt, verschiedene Dimensionen und Perspektiven zu erfinden. Bastide (*Déterminisme sociaux et Liberté Humaine.* CIS, 18, 1953, S. 173) spricht von dem *«bouillonnement tropical des types, des paliers, des formes, qui se lient par des dialectiques diverses».* Cuvillier (*Où va la Sociologie Française.* 1953, S. 142) bemerkt angesichts dieser wuchernden Unterscheidungen und der daran anschließenden Diskussionen: *«Je me garderai bien d'élever la voix au milieu de cette Babel.»* Wir können nicht umhin festzustellen, daß ebenso wie die Methode auch die Ergebnisse dieser sogenannten dialektischen Soziologie einen chaotischen Eindruck machen. Hatte Durkheim vor der Gefahr gestanden, die Einheit der Gesellschaft zu sehr zu betonen, so gerät Gurvitch in das andere Extrem. Über der Fülle der verschiedenen, zum Teil höchst heterogenen und sich überdies ständig entwickelnden Dimensionen äußerer und innerer Art kommt die Einheit der Gesellschaft nicht mehr zum Vorschein.

Vergleichen wir Gurvitch mit einem anderen Soziologen, der einen in etwa vergleichbaren Ansatz hat und auch als Vorläufer von DURKHEIM von Bedeutung ist, nämlich mit MONTESQUIEU. Auch MONTESQUIEU geht davon aus, daß in dem Zusammenleben der Menschen eine Reihe verschiedenartiger Faktoren eine Rolle spielt. Auch er sieht, daß die Methode der Soziologie eine vergleichende, typisierende, keine historisierende oder geschichtsphilosophische Methode ist. Auch er stellt fest, daß es in diesem Gegenstandsbereich keine allgemeinen Naturgesetze gebe. Alle diese Momente verbinden ihn mit GURVITCH, aber im Gegensatz zu diesem vergißt MONTESQUIEU niemals, daß nicht die Aufzählung dieser verschiedenen Perspektiven und Dimensionen, sondern der *esprit des lois*, der aus diesen Momenten resultierende typische Zusammenhang, das eigentliche Ziel der Erkenntnis ist. Man muß die Nuancen der Dinge kennen, aber man darf diese Nuancen nicht mit den Dingen selbst verwechseln. GURVITCH polemisiert gegen die abstrakten Unterschiede, die DURKHEIM in die Gesellschaft legt. Er wendet sich gegen den abstrakten und fixen Charakter, den diese Unterschiede bei allen Modifikationen schließlich doch behalten mußten, wenn sie mit dem methodologischen Ansatz übereinstimmen sollten. Gegen DURKHEIMS Hyperspiritualismus versucht GURVITCH seinen Hyperempirismus zu stellen, der den verschiedenen empirischen Ebenen des *fait social* genügend Rechnung tragen sollte. Aber dieser Hyperempirismus zerstörte nicht nur den in GURVITCHS Augen eindimensionalen und dogmatischen Charakter von DURKHEIMS Lehre, er löste darüber hinaus den Gegenstand der Soziologie in eine Fülle verschiedenartigster Facetten und Perspektiven auf. GURVITCH versucht zwar, eine neue theoretische Einheit dadurch zu entwickeln, daß er im Anschluß an FICHTE die Gemeinschaft aller sozialen Gebilde darin sieht, daß es sich um Wir-Gebilde handelt. Aber er vermochte diesen Ansatz ebensowenig weiterzuentwickeln und mit einem bestimmten Inhalt zu füllen, wie dies FICHTE selbst gelungen war. Der eigentliche Schritt über FICHTE hinaus war im deutschen Idealismus von HEGEL mit seiner Theorie des objektiven Geistes getan worden. GURVITCH aber setzt an die Stelle dieser Theorie des objektiven Geistes seinen dialektischen Empirismus oder Hyperempirismus und liefert sich dadurch ganz willkürlichen und heterogenen Bestimmungen aus, die zwar im einzelnen geistvolle Anregungen enthalten, als solche sich aber bis jetzt weder als theoretisch brauchbar noch als Grundlage empirischer Forschungen erwiesen haben. Ebenso dunkel und im Grunde einer metaphysischen Tradition verhaftet bleibt seine Rechtssoziologie, der er die Aufgabe zuweist, das Bild der Gerechtigkeit auf der Grundlage des radikalen Empirismus auf dialektischer Basis zu rekonstruieren.[38]

38 Vgl. ‹Grundzüge der Soziologie des Rechts›. S. 220.

Die konkrete Totalität des Sozialen, das war, wenn man alle Versprechungen, die in ihrem Namen abgegeben, und alle Ansprüche, die in ihrem Namen erhoben wurden, abzog, eine Formel, die selbst keinen konkreten Inhalt hatte. GURVITCH, der die diskursive Logik als Instrument des subjektiven Erkennens verachtet und gegen die Institutionen als auf Dauer gestellte soziale Handlungsformen polemisiert, GURVITCH, der Logik mit Dogmatik und Institution mit Unterdrückung gleichsetzt, erschöpft sich schließlich in einer Polemik gegen alles, was vor ihm als Philosophie und Soziologie geboten wurde. GURVITCH schreibt in einer Zeit, in der der Ansatz der DURKHEIM-Schule zweifelhaft wurde, und seine tropisch wuchernden Distinktionen und Perspektiven haben das Ziel, nicht nur diesen Ansatz, sondern alle möglichen Ansätze als dogmatisch zu diskreditieren. Um noch einmal den schon zitierten BRAUDEL (a. a. O., S. 348) zu Wort kommen zu lassen: «*Georges Gurvitch adore détruire. Il le fait avec une sorte d'enthousiasme. Trop vite, sans doute.*»

Abschließend wollen wir uns noch DE GREEF (1842–1924) zuwenden, der ebenso wie GURVITCH wesentliche Anregungen von PROUDHON übernommen hat. DE GREEF ist neben dem früher erwähnten QUETELET und neben WAXWEILER der dritte bedeutende Soziologe belgischer Provenienz. Für ihn ist PROUDHON mit seinem Anarchismus der Ausgangspunkt, sein Ziel die Verwandlung der gesamten Gesellschaft in einen rationalen Debattierclub. Es gibt sieben Faktorengruppen: wirtschaftliche, genetische, ästhetische, psychokollektive, moralische, juristische und politische, die die gesellschaftliche Integration beherrschen. Auf diesen Ebenen muß nun eine Debatte stattfinden, um vor dem Tribunal der verschiedenen Interessen einen rationalen Ausgleich zu erzielen. Die so gewonnene rationale Integration soll die Institutionen der Vergangenheit ablösen – eine Idee, die ihren klassischen Ausdruck schon bei GODWIN gefunden hatte, der auch GURVITCH anhing. Auch hier ist, wie es DOUGLAS[39] richtig erkannt hat, das eigentliche Ziel der Begriffsbildung nicht die wissenschaftliche Erkenntnis, sondern die Destruktion. DE GREEF, der im Gegensatz zu GURVITCH der Praxis näher und der Theorie ferner steht, meint hier nun allerdings weniger die Destruktion vorangegangener Lehrmeinungen, als vielmehr die faktische Destruktion bestehender Institutionen.

---

39 D. W. DOUGLAS, *The Doctrines of Guillaume de Greef. Syndicalism in the Guise of a Classificatory Sociology.* In: H. E. BARNES, *An Introduction to the History of Sociology*, 1948.

4. Soziale Morphologie

Durkheim hatte die Soziologie in zwei Teile gegliedert: die soziale Morphologie, die sich mit dem materiellen Substratum der Gesellschaft beschäftigt, und die Physiologie, die den sozialen Funktionszusammenhang der Gesellschaft zu ihrem Gegenstand hat. Das Schwergewicht bei Durkheim lag dabei eindeutig auf der Physiologie, auf der Interpretation des sozialen Funktionszusammenhanges von einer bestimmten Theorie her. Die Schwierigkeit dieser Theorie lag darin begründet, daß sie wohl empirisch verifizierbar sein sollte, aber nicht aus diesem oder jenem Bestandteil des materiellen Substratums der Gesellschaft abgeleitet werden konnte. Sie gründete sich allein in dem Begriff der Notwendigkeit oder des Zwanges, der für den einzelnen mit dem Faktum der Vergesellschaftung verbunden war. Die Soziologie konnte, nach der Auffassung von Durkheim, nur dann eine selbständige Wissenschaft sein, wenn sie einen Gegenstand eigener Art hatte, sich also weder auf ökonomische noch auf psychologische oder sonstige äußere Sachverhalte stützte und nur von dem *fait social* ausging, der Tatsache der Vergesellschaftung und des Zwangscharakters, der mit dieser Vergesellschaftung verbunden war. Hier, in dieser Notwendigkeit, einen Erkenntnisgegenstand zu haben, der die Soziologie deutlich von allen anderen Sozialwissenschaften unterschied und sie zur Oberwissenschaft aller dieser Einzelwissenschaften erhob, lag der Hyperspiritualismus begründet, der besonders in dem Spätwerk von Durkheim zutage trat. Die Tatsache der Vergesellschaftung war eine Tatsache, die über allen anderen, empirisch-materiell gegebenen Tatsachen stand, und konnte demzufolge nur als hyperspiritualistische Tatsache verstanden werden. In diesem Sinne haben äußere, materielle oder psychologische Faktoren für Durkheim nur sekundäre Bedeutung. Der eigentliche Zusammenhang der Gesellschaft ist etwas Überzeitliches und Überräumliches. Zeit und Raum werden, wie es Durkheim zu zeigen versuchte, erst innerhalb der Vergesellschaftung selbst entwickelt.

Die Morphologie, die die verschiedenen materiellen, äußeren Umstände der Vergesellschaftung darstellt, ist für Durkheim nur ein Weg «zum eigentlich erklärenden Teil der Wissenschaft» (Regeln, a. a. O., S. 176). Durkheim erkannte die soziale Morphologie als Bestandteil der Soziologie an, aber die Alleinzuständigkeit und Universalität der Theorie werden bei ihm in keinem Augenblick in Zweifel gezogen. Die soziale Morphologie ist für ihn nicht Inbegriff selbständiger Einzelwissenschaften, sondern Inbegriff des Materials, an dem die soziologische Theorie verifiziert werden kann. Der Grundcharakter der Vergesellschaftung, des *fait social,* bleibt überall derselbe. Der besondere Inhalt der Solidarität kann sich wandeln, aber das Wesen der sozialen Integration ist unveränderlich gegeben durch die Überlegenheit des Sozialen gegenüber dem Individuellen. Die Soziologie ist in diesem Sinne für DURKHEIM das *corpus* aller speziellen Sozialwissenschaften. Sie stellt die allgemeinen Gesetzmäßigkeiten dar, die das von den anderen Sozialwissenschaften erarbeitete Material aufweist. Diese Soziologie, für die alle menschlichen Gesellschaften in Wirklichkeit nur verschiedene Kombinationen einer und derselben ursprünglichen Gesellschaft waren, für die alle sozialen Phänomene mit einer theoretischen Hypothese erklärt werden sollten, geriet jedoch immer mehr in Zweifel. Und gerade das Bestreben DURKHEIMS, das *fait social* als eigenständigen und selbständigen Erkenntnisgegenstand einer allgemeingültigen Wissenschaft darzustellen, löste die Kritik an dieser Wissenschaft aus. LÉVI-STRAUSS (*Histoire et Ethnologie.* ‹Revue de Métaphysique et de Morale›, 54, 1949) stellte fest, daß diese Soziologie in die Nähe der Sozialphilosophie rückte und ihre Brauchbarkeit als empirische Wissenschaft verlor. PARSONS spricht von einem *«definite breakdown of the positivistic theory of action»* (*Structure of Social Action.* 1966, S. 470). PIAGET nennt diese Soziologie *«un peu académique»*.[40]

Der gleiche Vorwurf, der von GASSENDI und anderen gegen DESCARTES vorgebracht worden war, der insbesondere von der deutschen Historiographie gegen COMTE geltend gemacht wurde, trifft jetzt auch das Werk von DURKHEIM. Hinter der rationalen Beweisführung, die von strengen logischen Notwendigkeiten ausgeht, verbirgt sich eine Metaphysik, deren empirische Gültigkeit bestenfalls zweifelhaft ist. Ähnlich wie DESCARTES nicht an dem zweifelte, was er klar und deutlich erkannt hatte, wie COMTE die Tatsachen des Geschichtsprozesses für eindeutige Tatsachen hielt, ging DURKHEIM von der Tatsache des *fait social* aus, anstatt eben diese Vergesellschaftung als ein empirisches Problem zu behandeln, das an Hand der Erfahrung aufgelöst werden müßte. Jetzt stellt sich jedoch immer mehr heraus, daß analog der Entwicklung, wie sie sich seit dem 17. Jahrhundert im Gegenzug zum Cartesianismus in den Naturwissenschaften durchsetzte, auch in den Sozialwissenschaften der eigentliche Ausgangspunkt nicht ein allumfassendes System, sondern die empirische Vergewisserung von Tatsachen sein müsse. Wer wie DURKHEIM feststehende Tatsachen zum Ausgangspunkt seiner Überlegungen nahm, setzte sich in den Verdacht, den Glauben an ein bestimmtes System zu fordern. Und nach dem Tode des *«incomparable dialecticien que fut Emile Durkheim»*, so bemerkt PAUL BUREAU (*Introduction à la méthode sociologique.* 1926, S. 8), gab es niemanden mehr, *«pour voi-*

---

40 J. PIAGET, *Pensée égocentrique et pensée sociocentrique.* CIS, 1951, S. 34.

ler la témérité trop certaine de conclusions, plutôt déduits d'un système philosophique a priori que de l'analyse méthodique des faits».

Nachdem die überragende Persönlichkeit DURKHEIMS aus dem Gesichtsfeld geschwunden ist, läuft in Frankreich ein ähnlicher Prozeß ab, wie er sich in Deutschland schon seit der Jahrhundertwende abzeichnet. Die empirische Sozialforschung verselbständigt sich gegenüber der soziologischen Theorie. Die soziale Morphologie, die Untersuchung einzelner Strukturen und Funktionen, löst sich aus dem Gebäude allgemeiner, theoretischer Voraussetzungen. Und mit dieser Verlagerung tritt zunächst der durch die Erfolge DURKHEIMS lange zurückgestaute Einfluß LE PLAYS in den Vordergrund. LE PLAY hatte, wie schon erwähnt, seine Soziologie unter ganz bestimmten politischen Vorzeichen gesehen; bei seinen Nachfolgern ist das jedoch nicht mehr der Fall. Ihr Ehrgeiz geht nur dahin, bestimmte soziale Sachverhalte monographisch zu erforschen.[41] HENRY DE TOURVILLE, EDMOND DESMOLINS, CHARLES LETOURNEAU, PAUL DESCAMPS, ELIE RECLUS und PAUL BUREAU haben im wesentlichen sozialgeographische bzw. anthropogeographische Probleme untersucht. JEAN BRUNHES mit seiner 1910 veröffentlichten ‹*Géographie Humaine*› und C. VALLAUX mit seiner ‹*Géographie Sociale*› von 1911 können als typischer Ausdruck dieser Forschungsrichtung gelten. PAUL BUREAU mit seiner oben zitierten ‹*Introduction à la méthode sociologique*› und PAUL DESCAMPS mit seiner ‹*Sociologie expérimentale*› (1934) haben sich am weitesten in Richtung auf eine allgemeine soziologische Theorie vorgewagt, die jedoch nirgendwo die innere Geschlossenheit der Theorie DURKHEIMS erreichte noch auch erreichen konnte. Der Versuch, die Vergesellschaftung von geographischen Faktoren her zu erklären, war, wie schon die Diskussion um MONTESQUIEU gezeigt hatte, zum Scheitern verurteilt. JEAN BRUNHES stellt in diesem Sinne ausdrücklich fest, daß *«des formes analogues d'activité humaine correspondent en réalité à des cas géographiques très différents»* (a. a. O., 1912, S. 578), und kommt zu dem Schluß: *«les hommes sont assujettis à la nature d'une manière réelle, mais indirecte»* (a. a. O., 1912, S. 737). Die Bedeutung der Sozialgeographie reduziert sich so auf die allgemeine Feststellung, daß zu jeder Gesellschaft ein ‹*esprit géographique*› gehört, dessen Wirksamkeit jedoch von anderen Faktoren abhängt. Die eigentliche Bedeutung dieses sozialgeographischen Ansatzes liegt darum nicht in dem Versuch, die DURKHEIMsche soziologische Theorie zu ersetzen, sondern in der Entwicklung einer neuen Spezialwissenschaft. Als Vertreter dieser Wissenschaft nennen wir DEMANGEON, BLANCHARD, VALLAUX, LUCIEN FÈBVRE,

41 Wir verweisen aber auch auf das Methodenbuch von P. MAROUSSEM, *Les Enquêtes, Pratique et Théorie.* Paris 1900.

M. SORRE und VIDAL DE LA BLACHE. Diese Forschungen weisen, wie etwa das Werk von DESCAMPS, vielfältige Übergänge zur Ethnologie auf, die sich, wie wir schon sahen, jetzt ebenfalls als selbständige Spezialwissenschaft konstituiert. Für sie verweisen wir auf I. DUGAST, M. SORET, M. CARDAIRE, R. DELAROZIÈRE und D. PAULME.

Neben diesen Forschungen, die sich mit der natürlichen Geographie und ihrer gesellschaftlichen bzw. politischen Rückwirkung befassen, treten jedoch immer mehr Untersuchungen in den Vordergrund, die sich an die künstliche Geographie, d. h. an den Unterschied von Stadt und Land, anschließen bzw. die Untersuchung von Entwicklungsproblemen der modernen Großstadt zu ihrem Gegenstand machen. Wir verweisen hier auf das von G. FRIEDMANN herausgegebene Buch ‹*Villes et Campagnes*› (1953). Ein weiteres hervorragendes Beispiel ist das zweibändige Werk von CHOMBART DE LAUWE, ‹*Paris et l'agglomération parisienne*› (1952).[42]

In dem Maße, in dem man sich von der theoretischen Absicht, die der Soziologie bei DURKHEIM zugrunde gelegen hatte, trennt, wird das Feld ihrer Forschungen unübersehbar. HALBWACHS hatte in seiner ‹*Morphologie sociale*› (1938) die soziale Morphologie noch auf die Demographie einzuschränken versucht; aber auch hier geht die Entwicklung über derartige sachfremde, nämlich theoretisch begründete Vormeinungen hinweg. Die soziale Morphologie läßt sich nicht um einer bestimmten Theorie willen auf diese oder jene Sachverhalte einseitig festlegen. Sie fördert vielmehr eine Fülle verschiedenartiger Sachverhalte zutage, bei denen es nicht auf den allgemeinen Begriff, sondern gerade auf die Verschiedenartigkeit ankommt. In diesem Sinne konstituiert sich jetzt auch die Demographie unabhängig von der Soziologie, nicht mehr als Wissenschaft von der sozialen Morphologie, sondern als spezielle Wissenschaft, die sich mit zahlreichen Sonderfragen beschäftigt. In der Beantwortung dieser Fragen spielt der Gesichtspunkt der sozialen Morphologie gewiß auch noch eine Rolle, aber er ist eben nur noch ein Gesichtspunkt unter verschiedenen anderen. Auch hier können wir nur einige Beispiele nennen. Vorab das zweibändige Werk von A. SAUVY, ‹*Théorie générale de la population*› (1952 und 1954), ferner J. BOURGEOIS-PICHAT, ‹*Mesure de la fécondité des populations*› (1950), und A. VEXLIARD, ‹*Introduction à la sociologie du vagabondage*› (1956). Wir verweisen ferner auf zahlreiche Aufsätze in der Zeitschrift ‹Population›. Diese und

42 Zu weiteren detaillierten Angaben, auf die wir hier und im folgenden verzichten müssen, vgl. A. GIRARD, Entwicklungstendenzen der Soziologie in Frankreich. Soziale Welt, 8, 1957, S. 108 ff; H. NAUMANN, Anmerkungen zur gegenwärtigen französischen Soziologie. Sociologica, 1, 1955, S. 408 ff; GUGLER, a. a. O., S. 65 ff; STOETZEL, a. a. O., S. 649 ff, und J. VIET, *Les sciences de l'homme en France*. 1966, S. 118 ff.

ähnliche Forschungen sind dann von A. FABRE-LUCE, ‹*Les hommes de l'an 2000. Six milliards d'insectes*› (1962), und P. BERTEAUX, ‹*La Mutation humaine*› (1964), zu mehr oder weniger bedrückenden Zukunftsbildern ausgesponnen worden.

Weitere Spezialgebiete, auf die wir in diesem Zusammenhang verweisen, sind die Soziologie der Familie, die Soziologie des religiösen und politischen Verhaltens und schließlich Sozialpsychologie und Kleingruppenforschung. Auf jedem der genannten Gebiete gibt es zahlreiche Einzeluntersuchungen mit sehr differenzierten Problemstellungen. Wir nennen hier nur CHOMBART DE LAUWE, ‹*La vie quotidienne des familles ouvrières*› (1956), J. DESFORGES, ‹*Le divorce en France*› (1947), G. DUPLESSIS–LE GUÉNIEL, ‹*Les mariages en France*› (1954), H. LEFÈBVRE, ‹*Critique de la vie quotidienne*› (2 Bände, 1958 und 1961). Für die Soziologie des politischen Verhaltens ist klassisch das Werk von A. SIEGFRIED, ‹*Tableau politique de la France de l'ouest*› (1913). Daneben verweisen wir auf zahlreiche Schriften von RAYMOND ARON und MAURICE DUVERGER. F. GOGUEL veröffentlichte 1951 eine ‹*Géographie des élections françaises de 1870 à 1951*›. Wir verweisen ferner auf A. SAUVY, ‹*La nature sociale. Introduction à la psychologie politique*› (1959). Für die Soziologie des religiösen Verhaltens ist vor allen Dingen zu nennen G. LE BRAS mit seiner ‹*Introduction à l'histoire de la pratique religieuse en France*› (2 Bände, 1942 und 1945) und seinen ‹*Études de sociologie religieuse*› (2 Bände, 1955 und 1956). Daneben gibt es auch hier zahlreiche Einzeluntersuchungen, wie etwa die von LE GROS, ‹*La pratique religieuse dans le diocèse de Marseille*› (1945), E. G. LÉONHAD, ‹*Le protestant français*› (1953), und E. PIN, ‹*Pratique religieuse et classes sociales dans une paroisse urbaine*› (1956).

Für das Gebiet der Sozialpsychologie verweisen wir zuerst auf M. HALBWACHS, ‹*Esquisse d'une psychologie des classes sociales*› (1938). Die sozialen Klassen werden hier als Motivationsrahmen für das menschliche Verhalten aufgezeigt. Damit wird sein frühes Werk über die ‹*Cadres sociaux de la mémoire*› (1925) weitergeführt. Hier tritt denn auch deutlicher als in dem vorgenannten Werk, deutlicher auch als in dem parallelen Werk von MAUSS, der axiomatische Charakter dieser Soziologie des Bewußtseins zutage. An die Theorie, die erklärt, daß das menschliche Bewußtsein sozial organisiert sei, schließt sich die Forderung an, dieses Bewußtsein sozial zu organisieren, «*il faut un effort collectif pour organiser la recherche du bonheur*» (*Esquisse*, 1964, S. 238). Ein derartiger Standpunkt, der das Bewußtsein im Sozialen verankert und demzufolge von einer Psychologie sozialer Klassen spricht, konnte aber jetzt nur noch als ein Ansatz neben verschiedenen anderen möglichen Ansätzen erscheinen. Der Streit zwischen Psychologie und Soziologie, wie er insbesondere von DURKHEIM entfacht worden war, wird dadurch überwunden, daß man den Versuch, das Bewußtsein von seiner sozialen Verfassung her zu erklären, als einen unter verschiedenen anderen möglichen Versuchen behandelt. In diesem Sinne stellt R. DUCHAC (*Sociologie et psychologie.* 1963) fest, daß es sich darum handle, den Gegenstand der Analyse in seine verschiedenen Niveaus, das psychologische, das psychosoziologische und das soziologische zu zerlegen. In diesem Sinne schreibt auch M. DUFRENNE (*La personnalité de base.* 1966, S. 326): «*Sociologie, histoire et psychologie revendiquent à bon droit leur autonomie; et leur collaboration ne s'établit pleinement qu'à l'intérieur de certaines disciplines.*» Besonders eng ist diese Zusammenarbeit in der Kleingruppenforschung, die in Frankreich vornehmlich an dem Laboratoire de Psychologie Sociale an der Sorbonne betrieben wird. Wir verweisen hier auf H. PIÉRON, ‹*Traité de psychologie appliquée*› (1949–1959), und J. STOETZEL, ‹*La psychologie sociale*› (1963). Daneben nennen wir die Namen MAISONNEUVE und MAUCORPS, die in den CIS Aufsätze zu dem genannten Thema veröffentlicht haben.

Nicht zu übersehen ist in diesem Zusammenhang schließlich das Werk von JEAN PIAGET, von dem wir nur die ‹*Introduction à l'épistémologie génétique*› (3 Bde., 1950) und seinen Aufsatz ‹*Pensée égocentrique et pensée sociocentrique*› (CIS, 10/11, 1951) hervorheben, die für den Soziologen besonders wichtig sind. PIAGET betont den Zusammenhang von Soziogenese und Psychogenese, den Zusammenhang zwischen der Sozialisierung des Menschen und der Struktur seines Bewußtseins: «*Chaque rapport social constitue ... une totalité en elle-même, productive de caractères nouveaux et transformant l'individu en sa structure mentale.*» (*Introduction*, a. a. O., 3. Bd., S. 203). Rein psychologische Deutungen, wie sie TARDE und PARETO angestrebt hatten, lehnt PIAGET ab und stellt diesem Ansatz den soziologischen Ausgangspunkt von DURKHEIM gegenüber. Der Handlungszusammenhang in der Gesellschaft und das Bewußtsein des einzelnen müssen von soziologischen Tatsachen her erklärt werden.

Besonders interessant ist der letzte Abschnitt der genannten ‹*Introduction*›, ‹*Logique et société: Les opérations formelles et la coopération*›. Hier versucht PIAGET, die soziale Kooperation als System der *coopération*, also im Grunde logisch begründeter Operationen, darzustellen. «*Le groupement n'est donc qu'un système de substitutions possibles, soit au sein d'une même pensée individuelle (opérations de l'intelligence) soit d'un individu à l'autre (coopération sociale entendue comme un système de coopérations)*» (*Introduction*, a. a. O., S. 271 f). In seinem Aufsatz in den CIS setzt PIAGET dieses Thema fort. DURKHEIM hatte zu zeigen versucht, daß hinter allen Wissensformen die Gruppe steht; bei PIAGET tritt jetzt der Gedanke auf, daß die Gruppe nicht die höchste Stufe der Allgemeinheit darstellt, auf die das Denken und damit auch das Handeln zurückgehen. Der Soziozentrismus, der das Denken auf einen bestimmten sozialen Zusammenhang festlegt, ist eine Einengung des Denkens, vergleichbar dem Egozentrismus des kleinen Kindes bzw. dem Klassenbewußtsein oder dem Nationalbewußtsein. Gegenüber diesen Beschränkungen des Denk- und Handlungsvorganges durch äußere Kollektive stellt das wissenschaftliche Denken eine höhere Stufe der Entwicklung dar. Wissenschaftliche Einsicht ist nicht durch Festlegung auf bestimmte Kollektiva oder Ganzheiten, sondern durch ‹*décentration*› und Operationalisierung des Denkens gekennzeichnet. Das logisch-rationale Element befreit sich durch die Überwindung von Soziozentrismus und Egozentrismus. Hier deutet sich eine neue Perspektive an – sowohl in der Erziehung des Kindes als auch in der Entwicklung der Gesellschaft; und wir erinnern an den deutschen Idealismus, dessen Gesellschaftslehre den Menschen weniger als ein soziales als vielmehr als ein rationales Wesen angesehen hatte (wir verweisen in diesem Zusammenhang auch auf R. LINTON, der in seinem Buch ‹*The Study of Man*› erklärt, daß das logische Element nicht aus dem sozialen abzuleiten sei).

Einer alten Tradition in Frankreich entspricht schließlich die Untersuchung technischer Faktoren in ihrem sozialen Zusammenhang. Wir denken dabei an das umfangreiche Werk von J. FOURASTIÉ, von dem wir hier nur das jüngste, ‹*Les 40 000 heures*› (1965), erwähnen. FOURASTIÉ selbst hat an anderer Stelle darauf hingewiesen, daß schon die Enzyklopädisten sich mit dieser Fragestellung beschäftigt haben. Neben seinem Werk ist vornehmlich hinzuweisen auf zahlreiche Veröffentlichungen von G. FRIEDMANN, die sich im wesentlichen mit der Stellung des Menschen und seiner Arbeit im Industriebetrieb beschäftigen, während FOURASTIÉ sein Augenmerk mehr gesamtgesellschaftlichen Fragen zuwendet. Zu diesen und anderen Problemen hat die soziologische Abteilung des Centre National de la Recherche Scientifique eine Reihe nützlicher Monographien herausgebracht.[43] Mehr spekulativ ist das Werk von J. ELLUL, ‹*La Technique ou l'enjeu du siècle*› (1954). Hier werden im wesentlichen Gedankengänge wiederholt, die uns schon aus dem Werk von SAINT-SIMON vertraut sind.

Wenn wir uns jetzt der Soziologie wirtschaftlicher Faktoren zuwenden, stoßen wir zunächst auf das Werk von M. HALBWACHS, ‹*La Classe ouvrière et les niveaux de vie*› (1913). Der bedeutendste Autor ist hier

---

43 Wir verweisen insbesondere auf A. TOURRAINE, *L'évolution du travail ouvrier aux usines Renault*. 1955.

jedoch F. Simiand mit seinem dreibändigen Hauptwerk ‹*Le Salaire, l'évolution sociale et la monnaie*› (1932). Simiand, der ein klares Methodenbewußtsein hat, versucht, die Methode des Positivismus auf die Frage anzuwenden, nach welchen Faktoren sich die Lage der wirtschaftlich Abhängigen im Laufe der wirtschaftlichen Entwicklung bestimmt. Das allgemeine Ergebnis, zu dem er kommt, besteht darin, daß es zwei Faktoren gibt, nämlich einmal die Sozialpsychologie eines *homo oeconomicus*, der für Simiand nicht nur hypothetische, sondern reale Bedeutung hat – *la psychologie sociale d'un ‹homo oeconomicus› réel* – und zum anderen die spontane Fluktuation monetärer Faktoren – *un monétarisme social à fluctuation incitatrice*[43]. Dieses Ergebnis war im ganzen nicht recht überzeugend, zumal wenn man es mit vorangegangenen Untersuchungen von Marx oder Simmel verglich, die die Lage der wirtschaftlich Abhängigen und die Konsequenzen der Monetarisierung der Industriegesellschaften ungleich differenzierter untersucht hatten. Ch. Morazé[44] kommt zu dem Ergebnis, daß Simiand seinen Anspruch, eine Soziologie wirtschaftlicher Faktoren zu geben, nicht eingelöst habe. Die Voraussetzung eines gegebenen psychologischen Faktors, die Annahme, daß monetäre Veränderungen unter soziologischem Gesichtspunkt als zyklische Veränderungen beschrieben werden könnten, schlössen gerade die entscheidende soziologische Perspektive aus, die in der Darstellung der sozialen Evolution bestünde. Nicht die Darstellung einer zyklischen Preisbewegung, sondern die Analyse der unterschiedlichen sozialen Bedeutung verschiedener Preisniveaus sei das Ziel, auf das es ankomme. Nicht die Frage, welche Konsequenzen sich aus einer gemeinsamen psychologischen Orientierung ergeben würden, sei entscheidend, sondern die Frage, wie eine solche gemeinsame Orientierung zustande käme. «*Pour étudier les phénomènes de salaire, ce qui nous paraît important, ce n'est pas la définition des caractères psychologiques permanents, ouvriers et patronaux; c'est, au contraire, l'étude de l'évolution des mentalités*» (Morazé, a. a. O., S. 23). Trotz dieser Kritik bleibt das Werk von Simiand interessant, vornehmlich wegen seiner Methodik. Hier wurde versucht, auf einem verhältnismäßig großen Gebiet die Methode des Positivismus konsequent anzuwenden. Aber wenn auch dieser Versuch wegen der damit verbundenen Mühe allgemein Hochachtung vor dem Autor auslöste, so hat er doch bislang nicht zur Nachahmung gereizt.

---

43 Simiand, a. a. O., 1. Bd., S. XX.

44 Ch. Morazé, *La Leçon d'un echec, essai sur la méthode de François Simiand*. Mélanges d'Histoire sociale, 1, 1942; vgl. auch D. Knoblauch, Die Methodologie François Simiands. Diss. Köln 1935.

Eine umfassende Darstellung der Zusammenhänge von Wirtschaft und Gesellschaft will F. PERROUX in seinem Buch ‹*Economie et Société. Contrainte, échange, don*› (1963) geben. Dieses Werk hat jedoch im Gegensatz zu dem von SIMIAND keine empirische Grundlage. PERROUX versucht vielmehr, die soziologischen Bedingungen, die den Gleichungen von WALRAS zugrunde liegen, zur Darstellung zu bringen. Vorausgesetzt wird also, daß die Gleichgewichtstheorie von WALRAS den Kern dessen umschreibt, was man als Wirtschaft bezeichnen kann, während die Soziologie zum Ziel hat, die gesellschaftlichen Bedingungen darzustellen, die in diesem Gleichungssystem impliziert sind. Daneben gibt es im gegenwärtigen Schrifttum Frankreichs zahlreiche an einzelnen Fragen der Wirtschaftssoziologie orientierte Schriften. Wir nennen hier: CHOMBART DE LAUWE, ‹*La vie quotidienne des familles ouvrières*› (1956), M. FAURE, ‹*Les paysans dans la société française*› (1966), R. LEDRUT, ‹*Sociologie du chômage*› (1966), und P. COMBE, ‹*Niveau de vie et progrès technique en France depuis 1860*› (1956), und schließlich den in zwei Bänden von FRIEDMANN und NAVILLE herausgegebenen ‹*Traité de Sociologie du Travail*› (1964). Im Zusammenhang mit diesen technisch-ökonomischen Fragen ist schließlich nicht das Problem der Freizeit zu übersehen, das durch die Leistungsfähigkeit der technischen Apparate entsteht. Mit den dadurch ausgelösten Problemen haben sich J. DUMAZEDIER, ‹*Vers une civilisation de loisir*› (1962), und ED. MORIN, ‹*L'esprit du temps*› (1962), beschäftigt.

Abschließend ist als weiteres Spezialgebiet die Rechtssoziologie nicht unerwähnt zu lassen. Seit den Auseinandersetzungen zwischen HAURIOU und DUGUIT sind hier bedeutende Werke entstanden, von denen wir nur an die Untersuchungen von E. LÉVY, ‹*Les fondements de droit*› (1929), die Rechtssoziologie von GURVITCH, ‹*Eléments de sociologie juridique*› (1940), und das Werk von LE HENAFF, ‹*Le droit et les forces sociologiques*› (1931), erinnern. Wir verweisen hier im übrigen auf die Bibliographie, die P. TRAPPE als Anhang zu GURVITCHS Rechtssoziologie veröffentlicht hat, und auf den Aufsatz von M. REHBINDER, ‹Entwicklung und gegenwärtiger Stand der rechtssoziologischen Literatur› (‹Kölner Zeitschrift›, 16, 1964).

Die vorgezeigte Entwicklung, von der wir immer nur kleine Ausschnitte zur Darstellung bringen konnten, zeigt, daß sich die empirische Sozialforschung auf den verschiedensten Gebieten in voller Entfaltung befindet. Es gibt wohl niemanden, der diese Entwicklung nicht begrüßt. Und doch stellt sich auch hier die Frage, ob und in welchem Sinne man noch von der Soziologie als einer einheitlichen Wissenschaft mit einem eigenen, besonders markierten Erkenntnisgegenstand sprechen könne. DURKHEIM hatte, eben weil es ihm um die Soziologie als eine selbständige Wissenschaft ging, die soziale Morphologie in einen bestimmten theoretischen Rahmen eingeordnet. Aber es zeigte sich, daß nicht nur dieser Rahmen selbst kritisiert werden konnte, sondern daß darüber hinaus das so eingerahmte Material eine Lebendigkeit und Eigenständigkeit besaß, die den Begriff der Soziologie als eines *corpus* der Sozialwissenschaften um so mehr in Frage stellte, je mehr die empirischen Forschungen voranschritten. In der Fülle der Einzelforschungen ist von allgemeinen soziologischen Theorien immer weniger die Rede. Die Orientierung vollzieht sich an den Sachen, deren Verschiedenartigkeit immer deutlicher ins Bewußtsein tritt. Wenn, um CUVILLIER (a. a. O., S. 165) zu zitieren, im Falle GURVITCHS die Gefahr bestand, Ideen ohne Tatsachen zu haben, so entsteht jetzt die Gefahr, *«d'aboutir à des faits sans idées»*.

Hier scheint auch der eigentliche Grund für die bleibende Aktualität des Werkes von EMILE DURKHEIM zu liegen, dessen innere Zwiespältigkeit in der Entwicklung der vergangenen zwei Generationen allerdings deutlich zutage getreten ist. Auf der einen Seite der Anspruch des Positivismus, der rücksichtslosen quasi naturwissenschaftlichen Orientierung an den Tatsachen. Auf der anderen Seite der Anspruch, in diesen Tatsachen ein theoretisch erkennbares und moralisch verpflichtendes System gefunden zu haben. Der Anspruch des Positivismus hat seine Wirkungen nicht verfehlt und zahlreiche Anhänger gefunden, die, wenn auch mit unterschiedlicher methodischer Strenge, vielfältige Spezialgebiete untersuchen. DURKHEIMS Forderung, daß die Soziologie eine empirische und keine spekulative Wissenschaft sein müsse – eine Forderung, die auch von den großen Soziologen der französischen Aufklärung unterschrieben worden wäre, der aber in den Weltanschauungskämpfen, denen sich DURKHEIM gegenübersah, eine erneute Bedeutung zukam –, wird allgemein anerkannt. Nicht eingelöst worden ist jedoch DURKHEIMS Anspruch, mit Hilfe der positivistischen Methodik eine durchgehende Erklärung des *fait social* gegeben zu haben. Für DURKHEIM gab es einen einheitlichen Erkenntnisgegenstand der Soziologie, dessen übermächtige Wirklichkeit er an verschiedenen Gegenstandsbereichen darzustellen versuchte. Diese große Sicherheit, mit der DURKHEIM seine Theorie vertrat, ist heute weitgehend verlorengegangen oder durch andere Forschungsinteressen überspielt worden. Das Problem, das hier entstanden ist, wird vielerorts gesehen, aber bis jetzt ist noch kein neuer DURKHEIM aufgetreten, der seine Lösung in Angriff nehmen würde. Der Versuch von LÉVI-STRAUSS, MAUSS und anderen, die Grundstrukturen des menschlichen Geistes herauszuarbeiten, scheint von der Fragestellung der Soziologie wegzuführen. Der Appell FRIEDMANNS, der Mensch sei eine Einheit, und um ihn zu erfassen, könne und müsse auch die Wissenschaft eine Einheit werden, enthält eine *petitio principii,* um deren Aufklärung es gerade der Soziologie gehen muß, die zu definieren hat, in welchem Sinne der Mensch für sie als eine Einheit gelten soll. Wer einfach die Einheit des Menschen voraussetzt und von ihr auf die Einheit der Wissenschaften schließt, die sich mit dem Menschen beschäftigen, geht an dem Problem vorbei, das hier vorliegt. Seit den Tagen der großen französischen Moralisten hat nun aber die Leistung der französischen Moralphilosophie und Soziologie gerade darin bestanden, den Menschen neu zu definieren und ihm seine Rechte und Pflichten im Sinne dieser Definition zu erläutern. DURKHEIM war ein hervorragender Vertreter dieser Tradition gewesen, und wenn er bislang auch keinen überzeugenden Nachfolger gefunden hat, so wäre es doch wohl verfrüht, diese Tradition als solche als erloschen oder gar als irrelevant zu bezeichnen. In einem Land, in dem man – um MONTESQUIEU zu wiederholen – mehr Mensch ist als anderswo, sollte diese Tradition auch noch in Zukunft eine Chance haben. *«Il est urgent d'importer ces études en France»,* so hatte DURKHEIM seinen zitierten Aufsatz über die deutschen Universitäten geschlossen, *«car nous en avons bien plus besoin encore que les Allemands, puisque nous avons entrepris de nous conduire et de nous gouverner nous-mêmes.»*

VII. ITALIENISCHE SOZIOLOGIE UNTER EINSCHLUSS DER SPANISCHEN UND SÜDAMERIKANISCHEN SOZIOLOGIE

1. Die Rezeption der soziologischen Theorie und ihre Probleme

Frankreich und England sind die beiden Länder, in denen schon zu Beginn des 18. Jahrhunderts die Idee der gesellschaftlichen Eigengesetzlichkeit vorhanden und diese Eigengesetzlichkeit Gegenstand wissenschaftlicher Untersuchungen ist. Die Soziologie hat in diesem Sinne hier eine lange Tradition, eine Tradition, die, wie wir sahen, für Deutschland durch den deutschen Idealismus rezipiert worden war. Die hier erarbeiteten theoretischen Konzepte unterschieden sich im einzelnen sehr deutlich voneinander, hatten aber das gemeinsam, daß sie von einer allgemeinen gesellschaftlichen Eigengesetzlichkeit ausgingen und diese zum Gegenstand wissenschaftlicher Untersuchungen machten. Die vorhandenen Institutionen, Stände und Korporationen und, wie bei Rousseau und Durkheim, auch die einzelnen Menschen wurden in bezug auf diese Eigengesetzlichkeit relativiert und ihrer eigenen Substantialität beraubt. Es gibt, so sieht man hier, in der Erfahrung objektive Zusammenhänge, deren ordnende Kraft von dem Willen einzelner Menschen unabhängig ist. Das politische Programm der Emanzipation und die theoretische Voraussetzung der Soziologie als Wissenschaft beruhen auf dieser Einsicht, daß es eine in diesem Sinne objektive Gesellschaft gibt. Nur weil es diese Gesellschaft gibt, braucht die Erklärung des menschlichen Handlungszusammenhangs nicht mehr wie in der Vergangenheit an den Willen eines einzelnen Herrschers oder einer bestimmten Institution, wie etwa des Staates oder der Kirche, anzuknüpfen.

Der entscheidende Gedanke, der Ende des 18. Jahrhunderts auftaucht und sich gegen den Merkantil- und Patrimonialstaat durchsetzt, ist der, daß die Gesellschaft nicht nur ein objektiv gegebenes Material ist, eine Natur, die bestimmte allgemeine Merkmale aufweist, sondern daß sie einen Funktionszusammenhang darstellt, der sich selbst nach erkennbaren Gesetzen ordnet. Das war die grundlegende Idee der Emanzipation. Und für die italienische Soziologie ist nun eigentlich typisch, daß diese Idee hier fremd ist – wir hatten schon gesehen, daß sie auch in Deutschland nicht zum Zuge kommt –, daß hier die traditionelle Vorstellung immer naheliegt, nach der alle gesellschaftliche Ordnung durch einen bestimmten politischen Willen gesetzte Ordnung ist. Im Positivismus, so bemerkt M. Abbate (*La Filosofia di Benedetto Croce e la Crisi della*

Società Italiana. 1955, S. 56), hatte die demokratisch-freimaurerische Ideologie des Fortschritts ihren wissenschaftlichen Ausdruck gefunden. Aber gegen diese Ideologie erhob sich eine Polemik, die das Grundkonzept, nämlich das von einer Natur und von Naturgesetzen, in Zweifel zog, die sich dagegen wehrte, die Wissenschaft dadurch zu erniedrigen, daß man sie von der Ebene des wahren Wissens auf die Ebene der Konventionen verpflichtete, daß man sie aus dem Bereich der Logik in den Bereich der Handlungen abschob. Die Überzeugung, daß es Naturgesetze gebe, die die Menschen zu einer bürgerlichen Gesellschaft zusammenfinden ließen, der Wille, diese Naturgesetze an den Handlungen der Menschen darzustellen, scheinen einerseits eine bloße Ideologie zu sein, zum andern aber wissenschaftliche Erkenntnis auf ein unangemessen niedriges Niveau zu verpflichten. Wenn man wahre wissenschaftliche Erkenntnis gewinnen will, dann kann man nicht von einer Natur aus zweiter Hand ausgehen, wie die Gesellschaft es ist, sondern muß an die ursprüngliche Natur anknüpfen, wie sie sich im einzelnen offenbart; dann kann man auch nicht die Handlungen der Menschen als über Werte und Institutionen geführte Handlungen zu begreifen versuchen, sondern muß die Prinzipien dieser Handlungen in der Natur der einzelnen Menschen festmachen. Objektive Realität ist nicht das Soziale, der Handlungszusammenhang, der von den Menschen bewirkt wird, sondern die Natur des einzelnen Menschen mit ihrer inneren Notwendigkeit. BECCARIA hatte gegen ROUSSEAU eingewendet, dessen Buch sei eine Romanze, weil es voraussetze, daß der einzelne auf seine Individualität zugunsten des Staates verzichten werde. Und ebenso sieht ROMAGNOSI, einer der frühen italienischen Soziologen des 19. Jahrhunderts, in der *«forza del principio della individualità»* das eigentliche Bewegungsprinzip der Gesellschaft. GHISLERI, der das Werk von ROMAGNOSI überhaupt mit der frühen italienischen Soziologie gleichsetzt, bemerkt in einer charakteristischen Formulierung: *«Chi prescinde da queste tendenze dell'individualità può costruire dei romanzi sociologici, ma non della sociologia positiva»*[1].

Der Ausgangspunkt ist nicht die Vergesellschaftung des Menschen, sondern ähnlich wie bei HOBBES die menschliche Natur. Der Mensch ist als Mensch in bestimmter Weise festgelegt. Er hat empirisch angebbare Eigenschaften, die immer wiederkehren. Er ist, wie es im 17. Kapitel des *‹Principe›* von MACHIAVELLI heißt, «undankbar, wankelmütig, verlogen, heuchlerisch, ängstlich und raffgierig». Die eigentlich wissenschaftliche Erkenntnis besteht in der Feststellung dieser Eigenschaften, die dann

---

1 A. GHISLERI, *Sociologia Italiana; di alcune vedute fondamentali di G. D. Romagnosi.* Rivista d'Italia, 22, 1919, S. 437.

praktisch ebenso berücksichtigt werden müssen, wie ein Ingenieur Bodenbeschaffenheit und Beschaffenheit des Baumaterials zu berücksichtigen hat, wenn er eine Brücke bauen will. Das gesellschaftliche Geschehen hat, wie es im 25. Kapitel der zitierten Schrift von MACHIAVELLI heißt, den Charakter einer blinden Naturgewalt, vor dem man sich dadurch schützen muß, daß man Dämme und Deiche baut. Integration heißt, daß man gegen diese Natur die rationale Gewalt des eigenen Willens durchsetzt. Auch hier kann und muß man sich wissenschaftlich mit den Problemen der gesellschaftlichen Integration beschäftigen. Aber die wissenschaftliche Erkenntnis bezieht sich nicht auf eine objektiv integrierte Realität mit einer eigenen Gesetzlichkeit, sondern ihr Ziel ist es, die Eigenschaften des Materials festzustellen, das integriert werden soll und dem man dann Gesetze geben will. Gesellschaftlicher Zusammenhang ist konstruierter Zusammenhang, Zusammenhang, der von oben bewirkt ist, nicht von unten sich selbst und spontan organisiert. Die real wirksame, klar markierte Macht von Menschen über Menschen, von Institutionen über andere Institutionen, das ist hier das eigentliche Thema. Und alle Vorstellungen, die darüber hinausgehen, die den Machtcharakter des Wirklichen verdecken, werden schon bei MACHIAVELLI als bloße Redensart abgetan. Die einzelnen Dinge haben als einzelne hier eine hell beleuchtete, feste und klar umrissene Realität, die nicht, wie etwa bei LOCKE oder ROUSSEAU, zugunsten einer allgemeinen Gesetzlichkeit relativiert wird. *«Il processo di formazione di una determinata volontà collettiva»*, schreibt ANTONIO GRAMSCI (in ‹*Note sul Machiavelli*› (1949, S. 3), *«...viene rappresentato non attraverso disquisizioni e classificazioni pedantesche di principi e criteri di un metodo d'azione, ma come qualità tratti caratteristici, doveri, necessità di una concreta persona.»* [2] Die Dinge stehen für sich und müssen in ihrem Eigendasein aufgefaßt werden. Sie müssen auch ihr eigenes Dasein allein aushalten und verantworten. Die Vorstellung einer legitimen Autorität, so bemerkt SHILS in seiner Einleitung zu SORELS ‹*Reflections on Violence*›, konnten weder SOREL noch PARETO noch MICHELS verstehen; und wir möchten hinzufügen, daß sie auch MACHIAVELLI fremd ist. Wenn MACHIAVELLI oder PARETO von Autorität sprechen, dann meinen sie die Autorität, die auf der faktischen Gewalt beruht und ohne begleitende Sinngebung deutlich ist. Wenn sie von der menschlichen Natur sprechen, dann meinen sie einen Inbegriff von disparaten, empirisch nachweisbaren Eigenschaften, die man aus pragmatischen Gründen kennen muß. Wenn hier von *ragione* die

2 Zu GRAMSCI, der in seinem Werk die Tradition des historischen Materialismus fortsetzt, vgl. L. GALLINO, *Gramsci e le scienze sociali.* Quaderni di sociologia, 16, 1967.

Rede ist, dann meint man nicht *raison* im Sinne eines allgemeinen Vernunftbegriffs, sondern die Klugheit eines bestimmten Verhaltens. Und die Erleuchtung des Selbstinteresses bedeutet hier nicht dessen Sozialisierung, sondern umgekehrt seine Befreiung von allen moralischen oder sonstigen Rücksichten. Die Realität, in der sich die Menschen bewegen, ist kein eigengesetzlicher geordneter Zusammenhang, sondern eine blinde Natur. Und die Ordnung dieser Natur ist stets künstlicher Art, das Ergebnis von Manipulationen, Betrug und Gewalt. Die Herrin der Welt ist hier nicht die Vernunft, wie es die Aufklärung sich dachte, sondern Fortuna. Vergeblich wäre es, hier belehren zu wollen oder auf Vernunft zu warten; «denn», wie MACHIAVELLI im ‹*Principe*› (25. Kapitel) schreibt, «Fortuna ist ein Weib; um es unterzukriegen, muß man es schlagen und stoßen».

Alle gesellschaftliche Ordnung ist manipulierte Ordnung. Und nur so weit, wie diese Manipulationen reichen, und das ist oft nicht weit, gibt es eine wirksame, das heißt nicht nur in Worten bestehende Verbindung zwischen den Menschen. Der Handlungszusammenhang ergibt sich hier nicht von selbst aus der Natur der Sache oder aus den Interessen der einzelnen, sondern er muß aus dem Willen des Menschen abgeleitet werden. Die Integration wird vom *Principe* bzw. von der *classe scelta* bewirkt, die aus einem gegebenen Material nach den Regeln der Klugheit ein bestimmtes Gebäude zimmern. Theorie der gesellschaftlichen Integration ist, um einen Titel von MOSCA zu zitieren, «*teorica dei governi*» (1884).

MONTESQUIEU und LOCKE hatten zu Beginn des 18. Jahrhunderts die Theorie vertreten, daß dem Willen des Staates eine gesellschaftliche Eigengesetzlichkeit gegenüberstehe, die objektive Bedeutung habe. Diese revolutionäre Ansicht findet in Italien keinen Widerhall. Hier bleiben die Grenzen der Macht natürliche Grenzen, wie sie sich aus den Sachen und Leidenschaften der Menschen ergeben. Wenn der Wille des Staates begrenzt ist, dann liegt es daran, daß er sich im Rahmen einer gegebenen Natur bewegen muß, aber nicht daran, daß ihm eine Gesellschaft gegenübersteht. Diese ist vielmehr immer Objekt des staatlichen Willens, die Vergesellschaftung das Ergebnis staatlicher Herrschaft. DORIA (*La vita civile.* 1710) sieht das bürgerliche Leben als einen Organismus an, der zu seiner Erhaltung den Staat voraussetzt. GENOVESI (*Lezioni di commercio.* 1769) sieht zwar, daß die Gesellschaft eine Interessengemeinschaft, *figlia del mutuo bisogno*, ist, stellt aber ebenfalls fest, daß diese Gesellschaft nicht durch sich selbst, sondern durch den Staat, den *corpo politico*, zusammengehalten wird.

Auch bei VERRI erscheint die Gesellschaft nur als Teil des Staates. Bei CESARE BECCARIA (*Dei delitti e delle pene.* 1767) ist der Staat der ordnende Überbau über eine *moltitudine*, ebenso bei MARTINELLI (*Isto-*

ria critica della vita civile. 1764). Sofern die Gesellschaft ein Eigenleben hat, handelt es sich um Stände, die um die politische Macht kämpfen. Für GRIMALDI (*Riflessioni sopra l'inegualianza tra gli uomini.* 1779) steht der Staat im Dienste dieses Machtkampfes. Er verschärft und institutionalisiert die gesellschaftliche Ungleichheit – eine These, die bekanntlich in der Gegenwart von DAHRENDORF übernommen worden ist. Außerhalb des Staates gibt es den weiten Bereich der Natur, des immerwährenden Machtkampfes der Interessen und Leidenschaften. Ordnung gibt es nur so weit, wie die Macht einer bestimmten Institution reicht. Sie bedeutet nicht ein Gleichgewicht zwischen verschiedenen Kräften, sondern immer das Vorherrschen einer bestimmten Kraft über die andere. GALANTI (*Discorso preliminare intorno alla constituzione della società e al governo politico.* 1779) sieht die Gesellschaft aus dem Verband vieler Familien hervorgehen. Mit der Ausdehnung des Verbandes wachsen Bedürfnisse und Leidenschaften, damit entsteht die Notwendigkeit einer neuen, stärkeren Institution des Staates. Der Staat hat für Ordnung und Entwicklung in diesem größeren Verband zu sorgen. GRISOLA (*Ragionamento sul sistema dell' origine della sovranità.* 1783) sieht die Menschen als ungesellige Wesen, zu deren Vereinigung nicht nur der Staat, sondern auch die Religion erforderlich sei. FILANGIERI vertritt in ‹*Scienza della legislazione*› (1780–85) das Ideal des aufgeklärten Wohlfahrtsstaates. Und sein wohlfahrtsstaatlich orientiertes Denken wird im 19. Jahrhundert von ROMAGNOSI (*Istituzioni di filosofia civile o giurisprudenza teorica.* 1840) fortgesetzt. Ausgehend vom Prinzip der Individualität, fordert ROMAGNOSI, der Staat möge dafür sorgen, daß die einzelnen sich in ihrem Konkurrenzkampf nicht unterdrücken. Sein Ideal ist, ähnlich dem des aufgeklärten Absolutismus, eine möglichst zahlreiche Bevölkerung, die ohne bedrückende Arbeit in der Lage ist, für ihre eigenen Bedürfnisse zu sorgen. Wenn man Integrationsprobleme überhaupt außerhalb der Ebene des Staates stellt, dann bedeutet das nur, daß man ein anderes Niveau der Institutionalisierung wählt, wie es etwa RICCI in seiner Schrift ‹*Del municipio considerato come unità elementare della città e nazione Italiana*› (1847) tut. Hier wird nicht der Staat, sondern werden die Gemeinden zur Grundlage des gesellschaftlichen Zusammenhanges erklärt – eine Vorstellung, die an die Herrschaft der Städte in der Zeit der Renaissance erinnert.

Italien hatte, wenn wir hier JACOB BURCKHARDT, ‹Die Kultur der Renaissance in Italien›, folgen, den modernen Menschen, den einzelnen entdeckt. Hier aber sah man das Wesen dieses einzelnen nicht in seinen Bedürfnissen oder Handlungen, die diesen einzelnen mit seinen Mitmenschen verbanden, sondern in seiner genialen Individualität. Der einzelne, das war der *uomo universale,* nicht der *uomo sociale.* Das war ein Kosmos in einer Person, nicht aber ein Individuum als Teil eines Kosmos. Der Kern des Machiavellismus lag schließlich darin, daß es von dem freien, durch Originalität, Herrschsucht und Genialität gekennzeichneten einzelnen zur gesellschaftlichen Ordnung keine andere Vermittlung gab als die der Gewalt.[3] Auf der einen Seite steht die Natur mit ihren sich wiederholenden Gleichförmigkeiten, blinden Leidenschaften und Tendenzen, auf der anderen Seite der Wille des Starken bzw. der herrschenden Klasse, die aus diesem Material eine bestimmte Ordnung schafft.[4]

Diese Theorie war in ihrer antiken Herkunft klar erkennbar – PARETO wird später seine antiken Quellen auch nicht verleugnen –, ihre Distanz zu den in Frankreich und England entwickelten Vorstellungen über Struktur und Funktion der modernen Gesellschaften war nicht zu übersehen. Als aber Italien nach seiner Einigung den Anschluß an die europäische Entwicklung findet, dringt auch hier der Einfluß COMTES und SPENCERS vor, die im ausgehenden 19. Jahrhundert die soziologische Theorie beherrschen. Sie repräsentieren, so scheint es, die modernen Ideen, die dazu bestimmt sind, die alten abzulösen. Naturgesetze bzw. historische Gesetze beherrschen die gesellschaftliche Entwicklung. Die Soziologie ist die positive empirische Darstellung dieser Naturgesetze. Nicht mehr Institutionen begründen den gesellschaftlichen Zusammenhang, sondern umgekehrt: die Natur- oder Geschichtsgesetze schaffen sich Institutionen, um als Zusammenhang einer bestimmten Ordnung wirklich zu sein. Macht, Betrug und List werden abgelöst durch Notwendigkeit, Vernunft und Anpassung. Positivismus und Sozialdarwinismus werden jetzt auch in Italien rezipiert. Wir können auch hier nur einige wenige Titel anführen.[5] Wir nennen R. ARDIGO, der sich in seiner ‹*Sociologia*› (1879) als Schüler von COMTE ausweist, und dessen Schüler CONSENTINI, ‹*Sociologia*› (1912); M. VACCARO rezipiert den Sozialdarwinismus in seinem Buch ‹*La lotta par l'esistenza*› (1886). Eine geistvolle Umkehrung der darwinistischen These versucht GINA LOMBROSO, die Tochter des berühmten An-

---

3 Vgl. A. NORSA, *Il principio della forza nel pensiero politico di Niccolo Machiavelli.* Milano 1936.

4 Vgl. hierzu auch die Statistik, die INKELES, *Industrial Man.* Am. Journ. Soc. 66, 1960, S. 23, unter der Überschrift ‹*Percentage who believe in the possibility of change in human nature, by country and class*› bringt. Wir entnehmen daraus die Daten für Frankreich und Italien:

	wealthy	*average*	*below average*	*very poor*
France	70	63	61	50
Italy	31	37	31	35

5 Wir verweisen im übrigen auf R. MICHELS, *The Status of Sociology in Italy.* Social Forces, 9, 1930, der einen gewissen Überblick gibt.

thropologen, in ihrem Buch ‹*I vantaggi della degenerazione*› (1904). Im ganzen bleibt der Versuch, Positivismus und Sozialdarwinismus zu rezipieren, jedoch folgenlos. Man durchschaute sehr schnell, daß – wie FERRAROTTI in seinem Artikel ‹*Introduzione alla sociologia come una scienza*› (‹Quaderni di Sociologia›, 1, 1951, S. 26) über diese Rezeptionsversuche bemerkt, – hier unter dem Mantel der Wissenschaftlichkeit in Wirklichkeit die Metaphysik der Antimetaphysik angeboten wurde. In gewisser Parallele zu Deutschland liegt auch hier das Schwergewicht der soziologischen Entwicklung zunächst auf dem Gebiet der Einzelforschung. Daneben wird versucht, auf eine möglichst undogmatische Weise zu einer allgemeinen Klassifikation sozialer Phänomene zu gelangen. In diesem Zusammenhang nennen wir E. MORSELLI, ‹*Elementi di sociologia generale*› (1898), und F. SQUILLACE mit seinen ‹*Dottrine sociologiche*› (1902) und dem ‹*Dizionario di sociologia*› (1911). SQUILLACE schließt sich hier im wesentlichen an die mechanistische Interpretation an, die TARDE gegeben hatte. Daneben gibt es eine Fülle von Einzeluntersuchungen. Denn, wie es ROBERT MICHELS in seinem zitierten Artikel bemerkt, wenn sich auch die Soziologie in Italien keiner offiziellen Unterstützung erfreute, so bot ihr doch das Klima vollständiger akademischer Freiheit genügend Raum zur Entfaltung. Besonders hervorzuheben sind hier sozialpsychologische bzw. kriminologische Arbeiten, wie etwa ROSSI, ‹*Psicologia collettiva*› (1900), SC. SIGHELE, ‹*Intelligenza della folla*› (1903), und P. VIAZZI, ‹*La lotta del sesso*› (1900). Auf dem Gebiet der Kriminologie ist besonders hervorgetreten: CESARE LOMBROSO mit seinem ‹*L'uomo delinquente*› (1876). Hier wird der Verbrecher als ein biologisch minderwertiges Geschöpf aufgefaßt. A. NICEFORO mit seiner ‹Anthropologie der nichtbesitzenden Klassen› (deutsch 1913) hat diese These verallgemeinert: die unteren Sozialschichten sind biologisch minderwertig. Als ein weiteres Spezialgebiet erwähnen wir nur noch die Sozialstatistik, deren Bedeutung als empirisches Forschungsinstrument hier wie in Deutschland zeitig erkannt wird. Wir nennen E. MORPUGO, ‹*La statistica e le scienze sociali*› (1872), F. VIRGILII, ‹*La statistica nella odierna evoluzione sociale*› (1913), und A. NICEFORO, ‹*Il metodo statistico*› (1923).

Aber nicht nur der Positivismus und der Sozialdarwinismus, auch der Marxismus bot sich zur Rezeption an.[6] Von den radikalen Gesellschaftslehren, wie sie im 18. und 19. Jahrhundert entwickelt worden waren, war in Italien neben dem Nationalismus der Anarchismus vorherrschend gewesen.[7] Die Lehre von MARX wird erst Ende des 19. Jahrhun-

---

6 Vgl. R. MICHELS, Die Entwicklung der Theorie des modernen Sozialismus Italiens. In: E. FERRI, Die revolutionäre Methode. Deutsch von Michels, 1908.

7 Vgl. H. GUALTARI, *The Labour Movement in Italy*. 1946.

derts von Achille Loria und Antonio Labriola rezipiert, nicht ohne daß man sich gegenseitig beschuldigt, von der wahren Lehre abgewichen zu sein. Weder Labriola noch Loria oder A. Astuarto, um noch einen dritten Namen zu nennen, gelingt es, eine größere Anhängerschaft um sich zu sammeln, so wie es Marx insbesondere in Deutschland gelungen war. Entscheidend wird jedoch, daß Labriola den jungen Benedetto Croce in die zwischen ihm und Loria geführten dogmatischen Auseinandersetzungen einführt, wobei er zu spät bemerkt, daß Croce dem Marxismus eine neue Wendung gibt.

Das Werk von Benedetto Croce (1866–1952) wächst heraus aus der Auseinandersetzung mit dem Marxismus als einer besonderen Form, in der eine spekulative Interpretation der gesellschaftlichen Verhältnisse nach Italien zu importieren versucht wird. Und das Werk von Croce wird das geistige Leben Italiens bis in die Mitte des 20. Jahrhunderts hinein beherrschen. Gramsci vergleicht seinen Einfluß mit dem des Papstes. Ferrarotti bezeichnet ihn in dem von Becker und Boskoff herausgegebenen Sammelwerk ‹*Modern Sociological Theory*› (S. 697) als vollständig und alldurchdringend. Für Croce war Marx nur ein Weg, um von den Ideen der Aufklärung, wie sie im Marxismus, Positivismus und Sozialdarwinismus wirksam geworden waren, zurückzufinden zu der wahren italienischen Tradition. Nach dieser Tradition ist die gesellschaftliche Integration kein Ergebnis einer abstrakten Natur oder einer Geschichtsgesetzlichkeit, sondern das Ergebnis eines Machtkampfes. Marx, so sagt Croce (*Di alcuni concetti del Marxismo*. In: *Materialismo storico, ed Economia marxista.* 1961, S. 113), hat keine spitzfindigen Definitionen der Gesellschaft gegeben, wie man sie bei Simmel, Stammler oder Durkheim findet, aber er hat gelehrt, in das einzudringen, was die wirkliche Realität der Gesellschaft ist: *«Il socialista ... debba fondarsi sulla storia, armandosi di forza o potenza (mentale, culturale, etica, economica) e non già confidare nei sermoni moralistici e nelle ideologie e ciarle illuministiche»* (a. a. O., S. XIII). Marx, so sieht ihn Croce, ist der *Machiavelli del proletariato.* Er hat das Konzept der Macht und des Kampfes in die Soziologie eingeführt, und er hat dieser Wissenschaft damit wiederum zur historischen Realität verholfen. Durch seinen Einfluß haben sich nicht nur die historischen Wissenschaften aus einer langen Dekadenz befreit, er hat auch, wie es Croce bemerkt, dafür gesorgt, daß man unempfänglich wurde für die Verführungen durch falsche Ideen wie die Idee der Gerechtigkeit und der Menschheit.

Eine solche Interpretation des Marxismus war, wie Croce selbst erkennt, natürlich nur dadurch möglich, daß man entscheidende Lehrstücke aus ihm herausoperierte. Marx, so sieht es Croce, hat für seine

Zeit eine geniale Politik betrieben, aber er hat keine wissenschaftlichen Rezepte für die Dauer gegeben, wie es diejenigen glauben, die ihm immer noch in einem lobhudelnden Dogmatismus – *ammirevole dogmatismo scientifico* (S. 114) – anhängen. Ein solcher wissenschaftlicher Dogmatismus kann ebenso wie ein politischer Dogmatismus nur schädliche Folgen haben, und man muß sich deshalb aus ihm befreien und den Marxismus neu interpretieren. Entweder, sagt CROCE, ist der Marxismus *«un procedimento d'interpretazione»* oder aber *«una determinata concezione della vita e del mondo»* (a. a. O., S. 92). Für CROCE ist vertretbar nur die erste Interpretation. Wissenschaftlich haltbar ist der Marxismus nicht als ein aprioristisches Konzept der geschichtlichen Entwicklung, sondern nur als ein Kanon der Interpretation der Geschichte. Der zentrale Punkt, auf den er immer wieder zurückkommt, betrifft die *«liberazione del materialismo storico da ogni concetto aprioristico e l'intendimento della dottrina come fecondo bensì, ma semplice canone d'interpretazione storica»* (S. 111 f). Der historische Materialismus ist wichtig, weil er eine Reihe von Tatsachen in den Vordergrund rückt, die bei der Interpretation der Geschichte und der Gesellschaft nicht übersehen werden dürfen. Er ist aber keine in sich geschlossene Theorie, die die Aufgabe der Interpretation selbst überflüssig macht. Und eben diese Kritik, die CROCE gegen MARX und seine dogmatischen Anhänger richtet, richtet er später auch gegen PARETO. PARETO hatte gesagt, die wissenschaftliche Analyse bestehe darin, aus der Wirklichkeit einen bestimmten Aspekt herauszuschneiden und diesen allein zu analysieren. Hier, sagt CROCE, liegt das Problem, denn es handelt sich doch bei der Wirklichkeit nicht um ein Stück Brot, von dem man mit dem Messer eine Scheibe einfach abschneiden könne. Unter dem Vorgeben, man wolle das wirtschaftliche Phänomen rein darstellen, werde unkritisch festgelegt, was dieses Wirtschaftsphänomen in Wahrheit sei. *«Il vostro ‹tagliar la fetta› è già un risolvere la questione del quid, nel quale consiste il fatto economico»* (S. 242). Auch PARETOS Unterscheidung von logischen und nichtlogischen Handlungen ist gleichermaßen dogmatisch und willkürlich. Sie ist nur eine Klassifikation, die von außen herangetragen wird. Aber PARETO kann nicht beweisen, daß sich die Logik nur auf der einen und nicht auf der anderen Seite befindet. Wenn PARETO sagt, man könne Moral und Ethik nicht begründen und alle dahingehenden Versuche seien leere Worte, dann macht er es sich zu leicht. Auch hier wird aus dem, was ein Kanon der Interpretation von Handlungen sein könnte, ein Dogma gemacht, das zurückgewiesen werden muß. Auch PARETO bringt nur bestimmte Fragestellungen oder bestimmte Techniken der Erkenntnis. Er bringt kein System, das an sich wahr wäre. Eine derartige Behauptung wäre ein ebensolcher metaphysischer Monismus, wie es die Theorien SPENCERS und MARXENS gewesen waren. Die verborgene soziologiefeindliche Tendenz dieser Kritik wird später GENTILE in seinem Buch ‹*Sistema di logica come teoria del conoscere*› (1917) herausarbeiten. Er kritisiert nicht nur den philosophischen Anspruch der Soziologie, d. h. den Anspruch, eine Aussage über die Realität, nicht nur, wie es CROCE wollte, ein Kanon der Interpretation und der Realität zu sein; GENTILE spricht der Soziologie überhaupt jeden praktisch empirischen Wert ab. Er sagt nicht nur, daß sie als Aussage über empirisch vorhandene Gesetzlichkeiten von zweifelhaftem Wert sei, sondern darüber hinaus, daß nach ihren Kategorien keine derartigen Gesetzlichkeiten erkannt werden könnten.

Für die wissenschaftliche Erkenntnis der Wirklichkeit ist nach CROCE entscheidend, daß diese Erkenntnis immer eine kritische Erkenntnis bleibt. Das heißt, daß sie niemals den Unterschied zwischen den Begriffen und der Wirklichkeit übersieht: «*La distinzione tra il fatto e l'idea, o meglio, tra il fatto particolare e il concetto del fatto*» (a. a. O., S. 31). «*La logica non è la vita*» (a. a. O., S. 103). Wissenschaftliche Theorien, die den Unterschied zwischen ihren Konzepten und der Wirklichkeit übersehen, wiederholen nur eine alte und überwundene Metaphysik. Ähnlich wie später MAX WEBER betont auch CROCE, daß es die Wissenschaft weder mit dem Wünschbaren, auch nicht mit dem Ausführbaren zu tun hat, sondern daß ihre Erkenntnisse immer relative Erkenntnisse sind, daß sie uns keine absolute Wahrheit und keine historische Notwendigkeit offenbaren. Und ebenso wie bei MAX WEBER folgt auch bei CROCE aus der Einsicht in die Relativität wissenschaftlicher Erkenntnis und ihrem Abstand gegenüber der Wirklichkeit die Notwendigkeit, sich praktisch zu entscheiden. Das, was wirklich ist, geschieht nicht durch Naturnotwendigkeit oder geschichtliche Notwendigkeit, sondern durch den menschlichen Willen, durch den Dämon, von dem MAX WEBER später sprechen wird.

Ironisch zitiert CROCE das Beispiel, das RABELAIS gibt, der in seinem ‹*Pantagruel*› von einem Richter erzählt, der im Vertrauen auf Gottes Allmacht einfach würfelte, anstatt eine Entscheidung zu fällen. Das Vertrauen in eine objektive Macht, die das Leben der Menschen beherrscht, ist für CROCE Dogmatik. Die Wirklichkeit ist Ergebnis menschlicher Entscheidungen, im Grunde ein Kunstwerk, das die Menschen sich selbst aufbauen. In seiner Schrift ‹*La storia ridotta sotto il concetto generale dell'arte*› (1893) entwirft CROCE diese seine grundlegende Geschichtsauffassung und bewährt sich hier, wie es seine Bewunderer sagten, als GARIBALDI der Kritik. Die Vorstellung, es gebe eine wissenschaftlich erkennbare Eigengesetzlichkeit der Geschichte, wie sie COMTE, SPENCER und MARX vertreten hatten, wird hier zurückgewiesen. Geisteswissenschaftliche Allgemeinheit hat nur die Mathematik. Jeder Zusammenhang, der kein mathematischer oder logischer Zusammenhang ist, ist tatsächlich ein Kunstwerk, das der Wirklichkeit abgetrotzt wird. Die Baugesetze dieses Kunstwerkes aber bleiben dunkel. Der Forscher kann sie nur erahnen, so wie man nächtens angestrengten Blickes den anderen erahnt. *«Lo storico guarda ‹aguzzando le ciglia› come suol da sera guarda l'un l'altro sotto nuova luna.»*[8]

Vico hatte erklärt, daß die Geschichte vom Menschen geschaffen sei. Croce befreit diesen Gedanken von den bei Vico noch vorhandenen theologischen Voraussetzungen. Der Mensch realisiert in seinen Handlungen nicht ein übermenschliches Schicksal – das eben, weil es übermenschlich ist, objektiv klar und theoretisierbar ist –, sondern sich selbst. Die Geschichte ist nicht ein Kunstwerk Gottes, sondern Kunstwerk des Menschen, die Selbstverwirklichung der menschlichen Freiheit. Was die Geschichte beherrscht, ist keine Gesetzlichkeit, sondern der Wille des Menschen, frei zu sein. In seiner Schrift *‹La storia come pensiero e come azione›* (1938) wird dieses Thema ausgeführt, und hier zeigt sich denn auch die Grenze, die in diesem Ansatz von Croce steckt. So großartig und wirkungsvoll seine Lehre als Kritik der vorhandenen Systeme war, so problematisch wird seine Auffassung in dem Augenblick, in dem er versucht, nun selbst ein System der Geschichte zu entwerfen, den menschlichen Willen in dieser Geschichte auf ein bestimmtes Thema, das Thema der Freiheit, festzulegen und ihn eben deswegen nicht mehr wirklich frei zu lassen. Die Interpretation der Geschichte als Kunstwerk und des gesellschaftlichen Zusammenhanges als eines künstlichen, gewollten Zusammenhanges wurde in dem Augenblick fragwürdig, in dem diesem Kunstwerk ein bestimmter Sinn unterstellt werden sollte. Die tragische Konsequenz, die für Max Weber aus der kritischen Haltung folgt, versucht Croce zu überwinden, aber sein Versuch gelingt nicht. Und insofern ist seine Wirkung auf die italienische Soziologie im wesentlichen negativer Natur, denn Croce war es, der das Eindringen von Theorien, die an die Vorstellung der emanzipierten gesellschaftlichen Eigengesetzlichkeit anknüpften, verhinderte. Wenn Croce und Gentile einen so beherrschenden Einfluß ausüben konnten, dann deswegen, weil hier die Kritik an Theorien gelehrt wurde, denen man ohnehin mißtrauisch gegenüberstand. Der Idealismus von Croce, der die Geschichte als ein vom Menschen frei geschaffenes Kunstwerk ansah, stimmte mit dem Pragmatismus Machiavellis überein, der die Welt dem Tüchtigen verheißen hatte, der die Gunst der Stunde zu nutzen verstehe. Dieser Idea-

8 Zit. bei M. Corsi, *Le origini del pensiero di Benedetto Croce. Firenze 1951*, S. 70.

lismus konnte aber bestenfalls eine ästhetische Versöhnung, nicht aber eine theoretische Einsicht zustande bringen, nach welcher MAX WEBER strebt. Auch für MAX WEBER ist die Welt eine von antagonistischen Entscheidungen zerrissene Welt, aber er hält doch eine rationale theoretische Interpretation dieser Wirklichkeit für möglich. Im Gegensatz dazu bleibt CROCE bei einer Art ästhetischem Ethos stehen, während GENTILE in den reinen Spiritualismus ausweicht. Nachdem CROCE das italienische Geistesleben fast ein halbes Jahrhundert lang beherrscht hatte, blieb wenig zurück, woran die nachfolgende Generation anknüpfen konnte.

Ebenso wie in Italien ist auch die Rezeption der soziologischen Theorie in Spanien und in Südamerika von den in den betreffenden Gesellschaften geltenden Werten abhängig. In Südamerika war das beherrschende Ereignis des 19. Jahrhunderts die Entkolonialisierung gewesen, und von diesem Ereignis her ließ sich eine Verbindung zur Soziologie, wie sie in Frankreich und England entstanden war, insofern finden, als das Thema der Emanzipation hier unmittelbar verständlich war. Seit dem Beginn des 19. Jahrhunderts gibt es eine ganze Reihe von Schriften, die sich damit beschäftigen, das eigenständige Leben der südamerikanischen Bevölkerung zur Darstellung zu bringen. Wir nennen hier nur SARMIENTO FACUNDO, ‹*O civilisación i barbari en las pampas argentinas*› (1845), und J. MEJIA, ‹*Las multitudes argentinas*› (1899). An diese und ähnliche Schriften schließt sich dann an der Wende zum 20. Jahrhundert das Bestreben an, aus der so erarbeiteten Volkskunde zur soziologischen Theorie vorzudringen. Besonders hervorzuheben ist hier DE HOSTOS, der von ALFREDO POVINA (‹Kölner Zeitschrift›, 4, 1951, S. 94) als der erste systematische Soziologe Südamerikas bezeichnet wird. DE HOSTOS veröffentlicht 1904 seinen ‹*Tratado de Sociología*›, in dem die Gesellschaft als «die spontane und natürliche Vereinigung von Individuen zur Befriedigung aller Bedürfnisse ihres physischen, moralischen und intellektuellen Lebens, die von dem einzelnen nicht befriedigt werden können», bezeichnet wird. In einer Mischung von empirisch-deskriptiver und moralisch-theoretisierender Betrachtungsweise wird ein Überblick über die verschiedenen Gesellungsformen und deren Zusammenhänge zu geben versucht. In dieser Zeit hält QUESADA die erste soziologische Vorlesung in Südamerika. Sein Buch ‹*La Sociología*› wurde 1904 veröffentlicht. Hier wie auch bei COLMO, ‹*Principios sociologicas*› (1905), und A. ALVAREZ, ‹*La creación del mundo moral*› (1912), wird die in Frankreich entwickelte Soziologie zu rezipieren versucht – ein Versuch, der im ganzen allerdings ebensowenig überzeugt wie parallele Bemühungen in Italien. M. H. CORNEJO lehnt sich in seiner ‹*Sociología general*› (2 Bde., 1908) vornehmlich an SPENCER, WUNDT und L. F. WARD an. Vor der Wende zum 20. Jahrhundert ist die soziologische Theorie in Südamerika nur in sehr eingeschränktem Umfang vorhanden. Der eigentliche Aufschwung wird noch eine Generation auf sich warten lassen.

In Spanien war die Lage insofern noch ungünstiger, als hier die Tradition durch keine Revolution gebrochen worden war. Es gibt zwar einen gewissen Prioritätsanspruch Spaniens in soziologischer Hinsicht insofern, als Reisebeschreibungen des 17. Jahrhunderts als erste Ansatzpunkte einer vergleichenden Gesellschaftskunde angesehen werden können. Charakteristischerweise schließt sich hier aber nicht wie in Frankreich an diese Reiseberichte eine geistige Revolution an, ein Übergang zu abstrakten theoretischen Prinzipien soziologischer Erkenntnis. Das soziologische Verständnis emanzipiert sich hier nicht von den Institutionen, sondern bleibt eng an sie gebunden. Der einzige theoretische Ansatz, der größeren Widerhall findet, geht auf KARL CHRISTIAN FRIEDRICH KRAUSE zurück, der zu Beginn des 19. Jahrhunderts eine in Deutschland obskur bleibende, in Spanien aber sehr einflußreiche organizistische Gesellschaftslehre vertrat. Dieser Organizismus konstituiert den liberalen Flügel einer im ganzen auf die bestehenden Institutionen verpflichteten Gesellschaftslehre. In diesem Sinne stehen sich DONOSO CORTES, AZMAR, ROS DE OLANO und ihre Gesinnungsgenossen auf der einen, JULIAN SANZ DE RIO, FRANCISCO GINER und ihre Anhänger auf der anderen Seite weniger als Wissenschaftler denn als Vertreter einer bestimmten Weltanschauung gegenüber. Dem liberalen Flügel, innerhalb dessen FRANCISCO GINER eine führende Rolle spielte, ist die Rezeption positivistischer Gedankengänge zu danken, wie sie sich bei LASES Y FERRER und dem Kriminologen SALILLAS finden.

Italien, Spanien und Südamerika finden nur langsam den Anschluß an die soziologische Theorie. Die Einsicht in die praktische Bedeutung und theoretische Leistung dieser Wissenschaft ist an die Durchsetzung bestimmter Werte und Institutionen gebunden. Und erst mit der Ausbreitung dieser Werte und Institutionen konnte sich die Fragestellung der wissenschaftlichen Soziologie durchsetzen. Ebenso wie die Fragestellung der Naturwissenschaften sich erst Schritt für Schritt Anerkennung verschaffen muß, muß auch die Soziologie sich gegenüber einer bloß historischen, politischen oder religiösen Behandlung gesellschaftlicher Probleme durchsetzen. In Frankreich und England hatte dieser Durchsetzungsprozeß schon im 18. Jahrhundert begonnen, aber diese Länder stehen weit an der Spitze der Entwicklung, die anderswo nur langsam nachvollzogen wird. Alle Bemühungen, die wissenschaftliche Fragestellung zu verallgemeinern, können nicht darüber hinwegtäuschen, daß dort, wo es um die Frage nach den gesellschaftlich bewegenden Kräften und ihrer Integration geht, die in einer bestimmten Gesellschaft überlieferten Werte den Ausschlag geben. Die Einsicht, daß alle menschlichen Gesellschaften formell dieselben Probleme zu lösen haben, ist zwar als solche wichtig genug, aber aus ihr folgt weder, daß diese Problemlösung überall auf dieselbe Art und Weise geschieht, noch, daß die Probleme überall auf die gleiche Art und Weise definiert werden. Die Rezeption der soziologischen Theorie, die unter ganz bestimmten gesellschaftlich-politischen Umständen entstand, ist daher immer ein großes Problem, wenn es darum geht, die Werte und Motive, die mit ihr verbunden sind, auf andere Umstände zu übertragen. Die Frage, wo die Triebkraft der gesellschaftlichen Integration liegt und welche Werte hinter dieser Integration stehen, die Frage, was vom Menschen zu halten sei, um dessen Gesellschaft es sich doch handelt, die Frage nach der Stellung von Herrschaftsapparaten, nach dem Grund, aus dem die Legitimität der Werte anerkannt wird, das alles sind Fragen, von denen man zwar zeigen kann, daß sie in ein bestimmtes formales Schema passen. Aber der eigentliche Inhalt und die Bedeutung, die Aussagekraft der soziologischen Theorie, werden doch je nach den Umständen der Rezeption anders definiert. Wer sich nicht mit allgemeinen Formeln zufrieden gibt, der wird schon den Unterschied zwischen Aufklärung und Liberalismus nicht übersehen, der wird nicht verkennen, daß etwa im Sozialismus Werte und Motive zum Zuge kommen, die in der Aufklärung im Hintergrund standen. Wenn es nun gar darum geht, soziologische Theorien, die, wie der Positivismus und der Sozialdarwinismus, ganz spezifische gesellschaftliche Entwicklungen aufarbeiten, in anderen Gesellschaften zu rezipieren, dann ist es nicht verwunderlich, daß überall dort, wo diese Rezeption versucht wird, eine wirkliche Umarbeitung und Neuakzentuierung notwendig wird. Die entscheidende theoretische Leistung geschieht überall dort, wo über die bloße Rezeption hinaus die rezipierten Ideen im Lichte der eigenen Probleme umgearbeitet werden. Das hervorragendste Beispiel für eine solche fruchtbare Umarbeitung ist der deutsche Idealismus, der sich mit den in Frankreich und England entstandenen Theorien auseinandersetzt. Aber die entscheidende soziologische Leistung beginnt auch in Italien, Spanien und Südamerika dort, wo man die Vorstellungen, die in Frankreich und England erarbeitet worden waren, in die Handlungsvoraussetzungen, Motive und Institutionen der eigenen Gesellschaften zu übersetzen versucht. In unserem hier zu besprechenden Zusammenhang ist das hervorragendste Beispiel für eine solche Übersetzung die Leistung der von Burnham so genannten Machiavellisten: Mosca, Pareto und Michels. Sie versuchen, die neuen Theorien, denen man sich gegenübersieht, im Sinne der klassischen Tradition ihrer Gesellschaft umzuformulieren.

Die Hauptthese von Montesquieu war es gewesen, daß es überall, ob nun in Europa oder Asien, bei hochzivilisierten oder bei primitiven Völkern, einen *esprit des lois*, ein Zusammenwirken äußerer und innerer Faktoren gebe, durch das die gesellschaftliche Integration objektiv bestimmt werde. Montesquieu hatte sich damit nicht nur gegen Hobbes, sondern auch gegen den ihm verhaßten Machiavellismus gewandt,[9] der im Namen der Staatsräson dem *Principe* praktisch unbeschränkte Handlungsfreiheit gab. Bei Montesquieus Nachfolgern und in der an Locke anschließenden parallelen englischen Tradition hatte die Bedeutung der neuen Wissenschaft von der Gesellschaft nicht zuletzt darin bestanden, die Autonomie des gesellschaftlichen Geschehens gegenüber dem Staat und damit die Grenzen des Machthabers zu betonen. Zuerst bei den Physiokraten, dann weiter im 19. Jahrhundert bei Saint-Simon und Marx wird diese These weiter radikalisiert und damit zu der Voraussage eines alsbaldigen Absterbens der Herrschaftsverhältnisse überhaupt. Das Wesen der Soziologie als Wissenschaft liegt darin, daß man dort, wo man früher vom menschlichen Willen oder von bestimmten politischen Interessen sprach, jetzt objektive gesellschaftliche Gesetzmäßigkeiten sieht. Der schärfste Ausdruck hierfür ist die Lehre von Durkheim, der immer wieder betont, daß das *fait social* unabhängig vom menschlichen Willen zu denken und als ein ganz objektiver Tatbestand aufzufassen sei. Die zweifelsfreie Objektivität gesellschaftlicher Gesetze, die Marx und Saint-Simon erst von der Zukunft erwarteten, während die gegenwärtige Gesellschaft für sie noch durch antagonistische Widersprüche bestimmt wurde, ist für den Positivismus eine Tatsache, die überall nachweisbar ist. Integration heißt hier, wie es Durkheim ausdrücklich betont, daß der einzelne sich die Einsicht von der ihn umgebenden Notwendigkeit verschafft, sich an das *fait social* assimiliert.

Diese These von der Objektivität und Notwendigkeit sozialer Zusammenhänge und Gesetzmäßigkeiten kommt in der Gestalt des Utilitarismus und Sozialdarwinismus und des Positivismus im 19. Jahrhundert nach Italien. Sie findet dort, wie schon erwähnt, einige Anhänger, aber die eigentliche theoretische Entwicklung ist doch als Gegenzug gegen diese These zu erklären. Die Vorstellung, daß es eine objektive Gesetzlichkeit gebe, die die menschliche Gesellschaft integriere und womöglich noch in Richtung auf den Fortschritt weiter vorantreibe, wird hier als

---

9 Vgl. J. E. E. Dalberg-Acton, *Introduction to L. A. Burd's Edition of Il Principe by Machiavelli.* In: *The History of Freedom and other Essays.* London 1907.

eine, wie es ABBATE formuliert, demokratisch-freimaurerische Illusion angesehen. Gesellschaftliche Integration ist weder eine Naturtatsache, die rein positiv aufzufassen wäre, noch ist sie das Ergebnis einer hinterrücks wirkenden Gesetzlichkeit, die sich mit den menschlichen Handlungen verbindet, wie es die schottische Moralphilosophie und HEGEL erklärt hatten. Sie ist vielmehr immer das Ergebnis eines bestimmten Willens, der andere, entgegengesetzte Bestrebungen unterwirft. Gesellschaftliche Integration ist nicht Integration einer emanzipierten Gesellschaft durch sich selbst, sondern Integration, die auf einem Herrschaftsverhältnis beruht und nur so weit geht, als dieses Herrschaftsverhältnis reicht. Soziologie ist darum ihrer theoretischen Substanz nach Naturwissenschaft, insoweit sie nämlich das Material beschreibt, das integriert werden muß, und ihrer praktischen Wirksamkeit nach Lehre von der Politik, von den Kunstregeln, die bei der Kontrolle dieses Materials angewendet werden müssen.

Der erste Autor, der hier zu nennen ist, ist GAETANO MOSCA (1859 bis 1941). Seine wichtigsten Bücher sind die ‹*Teorica dei governi e sul governo parlamentare*› (1884) und seine ‹*Elementi di scienza politica*›, die zuerst 1896 erschienen und die wir nach der von BORKENAU veranstalteten deutschen Ausgabe (1950) zitieren. In Sizilien groß geworden und langjährig aktiv in der italienischen Politik tätig, hatte MOSCA genügend Gelegenheit, sich eine eigene Anschauung von der geselligen Natur des Menschen zu verschaffen. Diese Erfahrungen und eine eingehende Beschäftigung mit der Geschichte führen ihn zu der Überzeugung, daß die neueren Theorien, wie sie von COMTE, SPENCER und MARX vorgetragen wurden, falsch seien. Es gibt keinen Fortschritt der Geschichte in dem Sinne, daß an die Stelle der alten Herrschaftsverhältnisse nun eine neue, auf dem Prinzip der Emanzipation aufbauende Ordnung der Gesellschaft treten werde. Die wissenschaftliche Einsicht, die durch die Hülle der Ideologien hindurchstößt, lehrt vielmehr, daß die Natur der Vergesellschaftung, ihre Voraussetzungen und ihre Probleme im Grunde stets die gleichen sind.

MOSCA versucht ebenso wie viele andere, die Soziologie in der Art einer Naturwissenschaft zu begründen. Und ebenso wie auch anderswo bedeutet dieser Anspruch bei ihm, daß man sich von den Theorien der Vergangenheit ab- und den sogenannten Erfahrungstatsachen zuwendet. Wissenschaftliche Erklärung kann nicht auf Theorien aufbauen, die bestimmte Zusammenhänge als wirklich voraussetzen; sie muß sich vielmehr voraussetzungslos an die Wirklichkeit anschließen. MOSCA beginnt damit, die herrschenden Theorien seiner Zeit zu kritisieren, und von dieser Kritik ist für uns besonders bedeutsam diejenige, die sich gegen COMTE, SPENCER und MARX richtet. Zu COMTES Dreistadiengesetz bemerkt

Mosca: An sich wäre gegen die Einteilung in drei verschiedene geistige Entwicklungsstadien der Menschheit nichts einzuwenden, nur müsse man bemerken, daß diese drei Stadien überall gleichzeitig vorkommen. Nicht nur die Völker, sondern auch die Individuen weisen gleichzeitig verschiedene geistige Entwicklungsstufen auf. Und damit wird die entscheidende Pointe von Comtes System, daß sich nämlich die Menschheit zu einem neuen, rationalen Integrationstyp hin entwickle, abgelehnt. Die Natur des Menschen und seines Gesellschaftsverhältnisses ändert sich nicht im Zeitverlauf. Heute wie früher ist der Mensch «ein äußerst komplexes Tier voller Widersprüche, dem es nicht immer auf Logik und Folgerichtigkeit ankommt. Selbst wenn er glaubt und hofft, daß Gott zu seinen Gunsten eingreifen wird, hält er vorsichtig sein Pulver trocken» (*Elementi*, S. 83 f). Der Mensch folgt heute wie ehedem gleichzeitig rationalen und irrationalen Motiven, und darum sind auch die verschiedenen gesellschaftlichen Stadien, die Comte unterscheidet – das militärische, das feudale und das industrielle –, nicht als Ausdruck einer bestimmten geistigen Entwicklung der Menschheit zu interpretieren. Ob das militärische, das feudale oder das industrielle Element in einer Gesellschaft vorherrscht, hängt von äußeren Faktoren ab, über die man sich in der Geschichte vergewissern kann. Aber diese Faktoren ändern nichts an der Gesetzlichkeit der gesellschaftlichen Zusammenhänge, die überall die gleichen sind.

Spencer hatte zwischen der kriegerischen, auf Gewalt aufbauenden und der industriellen Gesellschaft unterschieden, die auf der vertraglich geregelten, freien Übereinkunft der Menschen beruht. Die Entwicklung, so hatte Spencer gesagt, gehe in Richtung auf diesen letzteren Integrationstypus. Auch hier sieht Mosca anstelle einer historischen Aufeinanderfolge zwei Prinzipien, die immer gleichzeitig vorhanden sind: Freiwilligkeit und Zwang gehören immer zusammen. «Natürlich, spontan und unvermeidlich entsteht überall eine Gesellschaft, wo es Menschen gibt, und ein Staat, wo es eine Gesellschaft gibt, das heißt, es herrscht immer eine Minderheit, und eine Mehrheit wird beherrscht» (a. a. O., S. 89).

Marx schließlich hatte versucht, die an sich richtige Idee, daß alle gesellschaftlichen Verhältnisse als Kampfverhältnisse zu interpretieren seien, in denen der Stärkere über den Schwächeren siegt, in ein historisch-theoretisches Schema zu pressen und ihr so ihre zeitlose, natürliche Bedeutung zu nehmen. Marx hatte eine Theorie entwickelt, die den Kampf mit bestimmten Motiven und Institutionen verband und so dessen allseitige, geschichtslose und grundsätzliche Geltung verwarf. Überdies hatte er von einem bevorstehenden Ende dieses Kampfverhältnisses gesprochen. Das ist, wie Mosca bemerkt, eine «unvollständige, einseitige und tendenziöse Interpretation der Geschichte ... Es gibt in der Geschichte jedes Volkes Tatsachen von größter Bedeutung, die in keiner Weise in dieses enge Schema passen» (a. a. O., S. 245 f). Und hier meint nun Mosca nicht etwa das funktionale Zusammenwirken verschiedener Gruppen, das überall neben den Konfliktverhältnissen zu beobachten ist, sondern er meint Kampfverhältnisse, die aus ganz anderen als den von Marx angegebenen Ursachen entstehen, insbesondere nationale und religiöse Kriege. Neben den Kampfverhältnissen, die aus Klasseninteressen zu erklären sind, gibt es zahllose andere Auseinandersetzungen, die so nicht erklärt werden können, und ebenso ist auch das Ausbeutungsverhältnis nicht einfach als Ausbeutung des wirtschaftlich Schwächeren durch den wirtschaftlich Stärkeren zu erklären. Marx zieht auch hier, um zu einer geschlossenen Theorie zu kommen, viel zuwenig Tatsachen in Betracht. Auch das Ausbeutungsverhältnis ist ebenso wie das Kampfverhältnis ein zeitloser und überall vorkommender Sachverhalt. «Parasiten und Ausbeuter gibt es ... in allen Schichten, wie es auch auf allen Einkommensstufen Ausgebeutete gibt» (a. a. O., S. 249). Der Politiker und der Beamte, die ihre Karriere nicht auf Leistungen, sondern auf Korruption gründen, sind ebenso Ausbeuter wie der Soldat, der feige ist, der Arbeiter, der faulenzt, der Hagestolz, der den Ehefrauen anderer Männer nachstellt, oder der Gelehrte, der mit seinen Büchern schmeicheln will. Wer die soziale Realität mit einer Theorie verwechselt, der täuscht sich. Eine solche Täuschung kann nur dort entstehen, wo vorausgesetzt wird, daß die Gesellschaft ein von Natur zusammenhängendes Ganzes sei. Aber diese Voraussetzung trifft nicht zu. Die Gesellschaft ist kein System, das in sich zusammenhängt. Und jede Theorie, die einen solchen Zusammenhang voraussetzt, ihn etwa aus funktionalen Notwendigkeiten ableitet, befindet sich im Irrtum. «Für jede ruhige und unvoreingenommene Betrachtung der Geschichte», schreibt Mosca (a. a. O., S. 251), «liegt es auf der Hand, daß gesellschaftliche Vorgänge einerseits durch unbewußte und unberechenbare Leidenschaften, Instinkte und Vorurteile, andererseits durch unmittelbare Interessen und schließlich auch durch den sogenannten Zufall bestimmt werden.» Diese Faktoren liegen nicht in einer Dimension, sie bilden kein schönes System, sondern sie sind Elemente, die der Soziologe so zur Kenntnis zu nehmen hat wie der Naturwissenschaftler die Elemente, die ihm in der Natur begegnen. Sie haben jedes für sich eigene Charakteristika und eigene Notwendigkeiten.

Mosca will die Soziologie oder, wie er sagt, die Wissenschaft von der Politik naturwissenschaftlich begründen, und er weigert sich dementsprechend, von einem gegebenen Sinn von Handlungen, einem gegebenen Sinn der Geschichte oder von sogenannten gesellschaftlichen Notwendigkeiten auszugehen. Sein Anknüpfungspunkt sind äußere Phänomene, die er in der Erfahrung feststellt. Ebenso wie PARETO will er Naturwissenschaftler sein. Und dieser Anspruch hat einen bestimmten theoretischen Sinn. Weder MOSCA noch PARETO hat jemals versucht, in einem strengen Sinne naturwissenschaftlich zu arbeiten oder, wie DURKHEIM, die experimentelle Methode in der Soziologie anzuwenden. Jeder dahingehende Anspruch muß, worauf schon BENEDETTO CROCE in seiner Besprechung von MOSCAS ‹*Elementi*› (‹Critica›, 21, 1923) hinwies, als eine rhetorische Konzession an den Zeitgeist angesehen werden.[10] Der eigentliche Sinn des naturwissenschaftlichen Anspruchs, der bei MOSCA und auch bei PARETO erhoben wird, liegt nicht darin, daß man sich naturwissenschaftlicher Erkenntnismethoden bedient, sondern darin, daß man die gesellschaftliche Wirklichkeit als ein zusammenhangloses Material auffaßt, dessen Eigenschaften unabhängig von sozialen Faktoren bestimmt werden können. Die wissenschaftliche Erklärung knüpft im Gegensatz zu der spekulativen Deutung an die Eigenschaften des Materials an, nicht an die Theorien, die über dieses Material und dessen Ordnung aufgestellt werden. In diesem Sinne hatte schon MACHIAVELLI damit begonnen, die großsprecherischen und falschen Lehren der Scholastiker und Humanisten zu widerlegen und die Dimension der Zeit aus der gesellschaftlichen Erklärung herauszunehmen. Die Dimension der Zeit, der Geschichte, war in der christlichen Tradition, bei den Humanisten, der Renaissance, in der Aufklärung und zuletzt bei COMTE und MARX dazu verwendet worden darzustellen, daß im Handeln der Menschen sich nicht nur eine ewig gleiche Natur wiederholt, sondern daß etwas geschieht, daß eine neue, höhere und bessere Wirklichkeit auf Grund dieser Handlungen verwirklicht wird. Diese Vorstellung, daß der Mensch seine Handlungen auf einen bestimmten Sinn hinführe oder durch seine Handlungen einen bestimmten Sinn verwirkliche, daß der Handelnde, soweit er aufgeklärt sei, sich in seinem Handeln also an diesem Sinn orientieren solle, wird von MACHIAVELLI ebenso wie von seinen Erben als spekulativ abgetan. Geschichte und Gesellschaft, in denen man dort die eigentliche Substanz des Menschen zu ergreifen suchte, erscheinen hier als nur sekundäre Realitäten, hinter denen die eigentliche Realität eine Natur ist, die sich immer wiederholt. Wissenschaftliche Erklärung ist in diesem Sinne eine Erklärung, die an Konstanten anknüpft, und ihr voran geht die Kritik der spekulativen Theorien, die vormachen wollen, daß diese Konstanten ihrerseits abhängig wären von einer höheren, geistig-moralischen Wirklichkeit. PARETO ist in dieser Kritik am gründlich-

10 Zu PARETO vgl. R. ARON, *La Sociologie de Pareto.* Zeitschrift für Sozialforschung, 6, 1937.

sten und legt die Voraussetzungen seines Denkens am deutlichsten dar. Aber er unterscheidet sich nicht prinzipiell von seinen Vorgängern.

MACHIAVELLI hatte in drei Elementen die Grundlagen politischen Handelns gesehen: im Zwang der Notwendigkeit – *necessità* –, in der Klugheit und Energie praktischen Handelns – *virtù* – und schließlich im Zufall – *fortuna*. MOSCA und PARETO folgen ihm hier. Leidenschaft, Interesse und Zufall sind die Bestimmungsgründe gesellschaftlicher Vorgänge. Ihr Wesen liegt darin, daß sie nicht als Momente eines in sich geschlossenen theoretischen Systems zu begreifen sind, sondern daß sie wie Bausteine nebeneinanderstehen und zu einer Einheit, zu einem gesellschaftlichen Funktionszusammenhang erst durch einen bestimmten Willen geformt werden. COMTE, SPENCER und MARX haben, wie schon CROCE betonte, nur bestimmte Tatsachen aufgewiesen, die beachtet werden müssen. Sie haben den Kanon der Interpretation erweitert, der zur Beurteilung und Erkenntnis gesellschaftlicher Zusammenhänge verwendet werden muß, aber sie haben kein System nachgewiesen, das die tatsächliche Integration der Gesellschaft erklärt. So wichtig und nützlich auch die Perspektiven und Tatsachen sind, die COMTE, SPENCER und MARX darstellen, den Beweis, daß die gesellschaftliche Gesetzlichkeit aus diesen Tatsachen erklärt werden könnte, haben sie nicht erbracht. Immer gibt es im gesellschaftlichen Leben der Menschen eine Vielzahl von Faktoren, moralische und materielle, rationale und irrationale, geographische und rassische, die nebeneinander wirksam sind und deren Integration nicht theoretisch abgeleitet, sondern nur praktisch erzwungen werden kann. Diese Faktoren sind nicht nur äußerlich voneinander unterschieden, sie liegen in verschiedenen Dimensionen, die nebeneinander bestehen und keinen natürlich geordneten Kosmos ergeben.

Die soziologische Theorie hatte bisher vorausgesetzt, daß sich die Menschen im Prozeß der Sozialisierung auf bestimmte Werte und Normen einigen würden, und insbesondere COMTE und DURKHEIM hatten dieser Voraussetzung große Bedeutung zugemessen. Im Gegensatz dazu erklärt MOSCA: «In Wahrheit ist das Interesse eines Menschen dasselbe wie sein persönlicher Geschmack, und jeder versteht unter seinem Interesse etwas anderes. Vielen bedeutet die Befriedigung ihrer Eigenliebe, ihres Ehrgefühls, ihrer großen und kleinen Eitelkeiten, ihrer Launen und ihres Neides mehr als materieller Genuß» (a. a. O., S. 102). Das Gesellschaftsverhältnis ist nicht unter dem Gesichtspunkt der Einigung zu betrachten, die durch die Sozialisierung erreicht wird, sondern muß als beständiger Kampf aller gegen alle angesehen werden. «BUFFON berichtet», so schreibt MOSCA (a. a. O., S. 141), «daß, wenn man eine Anzahl Hirsche in einem Park einschließt, sie sich stets in zwei Herden teilen, die dauernd miteinander kämpfen. Ein sehr ähnlicher Instinkt scheint unter den Menschen wirksam zu sein. Menschen neigen von Natur zum Kampf.» Die Menschen kämpfen von Natur miteinander, entweder als einzelne oder in Gruppen. Und diese Kampflust muß entweder durch äußere oder durch innere Kriege befriedigt werden. Der beständige Krieg, der auf der Eitelkeit, dem Ehrgefühl oder dem Machthunger der Menschen aufbaut, das ist die Realität, wie sie schon MACHIAVELLI beschrieben hatte. Frieden und Ordnung gibt es nur dort, wo es eine Hierarchie gibt, in der festgelegt wird, wessen Interessen den Interessen der anderen vorzugehen haben. Gesellschaftliche Einheit kommt nicht aus dem wohlverstandenen Selbstinteresse der Menschen, aus der Aufklärung der menschlichen Natur oder der Einigung auf gegebene Werte und Normen zustande, sondern es gibt sie nur dort, wo sie durch eine Hierarchie erzwungen wird. «Es gibt keine menschliche Organisation ohne Rangordnung, und jede Rangordnung verlangt, daß einige befehlen und die übrigen gehorchen» (a. a. O., S. 323). Aus diesem Grunde gibt es in allen Gesellschaften zwei Klassen: «eine die herrscht und eine, die beherrscht wird» (S. 53). Jeder Staat wird von einer organisierten Minderheit beherrscht, und jede Staatsform, die auf dem Mehrheitswillen zu beruhen vorgibt, enthält in sich eine Unwahrheit, die auf lange Sicht zu ihrem Untergang führen muß. «Die Vielen – und vor allem die Armen und Unwissenden – haben niemals die Wenigen, die Reichen und Gebildeten, beherrscht. Darum könnte die sogenannte Diktatur des Proletariats nie etwas anderes sein als die Diktatur einer äußerst dünnen Schicht im Namen des Proletariats» (S. 319). MOSCA nimmt hier den Kerngedanken von PARETOS *‹Systèmes socialistes›* (1901) vorweg. Die Herrschaft der Minderheit über die Mehrheit ist, wie er bemerkt, eine Tatsache, die praktisch allgemein anerkannt wird, und es falle schwer, sich eine anders organisierte Welt überhaupt vorzustellen, eine Welt, in der etwa alle einem einzigen unterworfen oder aber alle gleichermaßen frei wären. Emanzipation ist gleichbedeutend mit Anarchie – eine Vorstellung, die MOSCA und PARETO mit den Gegnern der bürgerlichen Gesellschaft von links und rechts teilen. Es gibt keine gesellschaftliche Eigengesetzlichkeit, kein *fait social* als Realität eigener Art. Vergesellschaftung bedeutet vielmehr immer die Herrschaft einer Minorität über die Majorität.

«Bei jedem Kulturvolk», sagt MOSCA (S. 271), liegt «die politische Führung im weitesten Sinne, also die Führung in Verwaltung, Heerwesen, Religion, Wirtschaft und Moral, in der Hand einer besonderen Klasse, einer organisierten Minderheit.» Es ist ausdrücklich zu vermerken, daß MOSCA hier von der politischen Führung im weitesten Sinne spricht. Politische Führung bedeutet nicht nur Führung in einem Subsystem der strukturell-funktionalen Theorie, sondern ganz allgemein gesellschaftliche Führung überhaupt. Die herrschende Klasse umfaßt «alle jene, die sich für leitende Stellungen eignen» (S. 329). Sie ist insofern keine geschlossene Einheit, sondern besteht aus mehreren Schichten, die MOSCA mit den Generälen und der zweiten Schicht von Offizieren vergleicht, die persönlich die Truppen aller Waffengattungen ins Feuer führen. Die Politiker im engeren Sinne, die Anwälte, die Unternehmer, die Offiziere und nicht zuletzt auch die Intellektuellen gehören mit zu der herrschenden Klasse, die die Führung in Verwaltung, Heerwesen, Religion, Wirtschaft und Moral ausübt. Wenn MOSCA sein Buch ‹Elemente der politischen Wissenschaft› nennt, so deshalb, wie er ausdrücklich bemerkt, weil der Ausdruck Soziologie wissenschaftlich noch nicht genügend definiert worden sei. Tatsächlich beschäftigt er sich jedoch nicht nur mit der politischen Führung im engeren Sinne, sondern sein Thema ist die Integration der Gesellschaft überhaupt. Staat und Gesellschaft sind keine getrennten Systeme – eine derartige Trennung war ja erst durch Emanzipation und Aufklärung eingeleitet worden, denen man hier mit Mißtrauen gegenübersteht –, sondern der Staat ist, wie es MOSCA bemerkt, «die Organisation aller sozialen Kräfte von politischer Bedeutung» (S. 138). Politisches Handeln ist ein Handeln, das aus einer Summe gegenläufiger und auf verschiedenen Ebenen operierender Faktoren eine gesellschaftliche Einheit, ein Zusammenwirken der Menschen macht. Die herrschende Klasse, so unterstreicht MOSCA, übt nicht nur die politische Herrschaft im engeren Sinne in der Gesellschaft aus, sondern sie entscheidet in ihrer wechselnden Zusammensetzung auch über die Struktur und den Kulturstand der Gesellschaft. Wenn die herrschende Klasse gestürzt wird, ohne daß eine neue Minorität an ihre Stelle tritt, dann werden «alle Organisationen und jeder gesellschaftliche Zusammenhalt zerstört» (S. 54).

Worin begründet sich nun die Macht der herrschenden Klasse? An sich wäre die Tatsache, daß eine Minorität die Führung über die Majorität übernimmt, mit den Theorien von SAINT-SIMON, COMTE und MARX durchaus zu vereinen. Der entscheidende Gesichtspunkt ist hier aber der, daß bei diesen, ebenso wie bei LOCKE, die herrschende Minorität Treuhänderin der Gesellschaft oder einer geschichtlichen Notwendigkeit ist. Es gibt eine objektive Gesetzlichkeit, die von sich her diese oder jene Minorität mit den Führungsaufgaben in der Gesellschaft beauftragt. Von einer solchen Ansicht ist nun MOSCA weit entfernt. Eine historische Notwendigkeit, die diese oder jene Minorität zur Ausführung ihrer Beschlüsse delegiert, gibt es für ihn nicht. Die Macht der herrschenden Klasse ist zwar, wie wir noch sehen werden, von objektiven Faktoren abhängig, aber diese Faktoren sind nicht als gesellschaftliche Notwendigkeiten, sondern als äußere Umstände zu verstehen, die sich in der Gesellschaft vorfinden. Die Macht der Minorität beruht nicht auf irgendeiner Funktion, die aus der Gesellschaft abgeleitet werden kann, sondern in ihrem Kern darauf, daß eine Minorität leichter zu organisieren ist als eine Vielzahl von Menschen. Die Macht der herrschenden Klasse wird grundsätzlich nicht nach soziologischen, sondern nach politischen Maximen erklärt. Schon deswegen fällt die Frage der Legitimität prinzipiell fort, denn diese Frage hatte ja seit den Zeiten von MONTESQUIEU und LOCKE darin bestanden, daß sich der Herrscher verantworten mußte gegenüber einer gesellschaftlichen Ordnung, die ohne ihn bestand und ihn nur zur Durchführung bestimmter Funktionen benötigte. Im Gegensatz dazu beruht hier die Macht der herrschenden Klasse darauf, daß sie die einzige organisierte Einheit ist gegenüber einem Naturzustand, der von sich aus keine eigene Ordnung aufweist. Für LOCKE und auch für MARX bestand kein Zweifel daran, daß die eigentliche Macht auf der Seite des Bürgers bzw. des Proletariats lag, weil diese durch objektive Notwendigkeit organisiert und darum der nur abgeleiteten Macht der Herrenschicht überlegen waren. Ganz das Gegenteil behauptet MOSCA. Für ihn ist die Organisation einer bestimmten Klasse oder Gruppe immer an den ausdrücklichen Willen des Menschen gebunden, und dieser Wille ist eben wirkungsvoller in kleinen als in großen Zusammenhängen. Schon HELVÉTIUS hatte festgestellt, daß die Mehrheit der Menschen immer unterdrückt werde, weil sie sich nicht organisieren könne. Und diese Ansicht wird hier wiederholt. Nur Minderheiten können sich organisieren, und nur Minderheiten haben demzufolge wirkliche Macht.

Hinzu kommt, daß sich in diesen Minderheiten gewöhnlich die Individuen versammeln, die besondere persönliche Vorzüge aufzuweisen haben. Sie sind reich, tapfer und gebildet und damit anderen überlegen. Es gibt natürliche Unterschiede zwischen den Menschen, es gibt Positionen der Stärke und der Schwäche. Und wer eine Position der Stärke innehat, wird sich nicht nur nach der Herrschaft drängen, er wird es auch leichter finden, sie auszuüben. Aus der individuellen Überlegenheit wird so durch die Organisation einer Minorität gesellschaftliche Macht, und es ist gut, daß der Kampf um diese gesellschaftliche Macht an solche Positionen der Stärke anknüpfen kann. MOSCA sieht, daß es nicht nur natürliche, sondern auch gesellschaftliche Unterschiede zwischen den Menschen gibt, die den Zugang zur herrschenden Klasse kontrollieren. Er kommt aber nicht auf den Gedanken, nun etwa wie MARX die Konstitution der herrschenden Klasse aus diesen gesellschaftlichen Unterschieden abzuleiten und dadurch der herrschenden Klasse selbst einen bestimmten Ort im gesellschaftlichen Funktionszusammenhang zu geben. Wenn die herrschende Klasse die reichen und intelligenten Individuen bei sich versammelt, dann bedeutet es nicht, daß sie sich auf bestimmte gesellschaftliche Interessen verpflichtet, sondern gerade umgekehrt, daß sie alle Positionen der Stärke bei sich monopolisiert. Durch diese Monopolisierung aller Positionen der Stärke wird erreicht, daß der Aufbau einer Gegenelite, die Konkurrenz um die Positionen der Macht erschwert wird. Und diese Erschwerung ist, wie es MOSCA sieht, existenznotwendig. «Wenn alle Individuen an diesem Kampf unter gleichen Bedingungen teilnehmen könnten», so schreibt MOSCA (a. a. O., S. 340), «dann würde er sich bis zur Raserei steigern und zu einem enormen Kräfteverbrauch führen.» Das klassische *«Sulla potuit, ego non potero?»* (CICERO *ad. At.*, IX, 10, 2) wird hier in aller Schärfe erkannt. Wenn SULLA es geschafft hat, dann muß dafür gesorgt werden, daß andere nicht auf den Gedanken kommen, es ebenfalls schaffen zu wollen.

Die Entstehung der herrschenden Klasse ist kein sozialer, sondern ein politischer Vorgang, ein Vorgang, der nicht aus gesellschaftlichen Notwendigkeiten, sondern aus organisatorischen Gründen zu erklären ist. Um den ersten, der eine neue Lehre verkündet, sammelt sich eine mehr oder weniger zahlreiche Gruppe. Und diesem Kern, der sich durch Kooptation erneuert, ist die Zukunft der neuen herrschenden Klasse anvertraut. Kooptation und systematische Assimilation, d. h. die Auswahl und Heranziehung geeigneter Menschen, erhalten den Kern der herrschenden Klasse. Das Phänomen der Veralltäglichung des Charisma, das hier zu bewältigen ist, wird von MOSCA schon klar gesehen: «Begeisterung, Opfermut und Einseitigkeit genügen, um Religionen und politische Parteien zu gründen; sie genügen nicht, um sie weiter zu verbreiten und ihnen eine dauernde Existenz zu sichern» (S. 160). Aus diesem Grunde muß durch eine geeignete Organisation dafür gesorgt werden, daß in der herrschenden Klasse für die verschiedensten Charaktere Platz vorhanden ist, «für solche, die sich für andere aufopfern wollen, und für solche, die andere für sich ausnutzen wollen» (S. 160). Das hervorragendste Beispiel für eine derartige Institution ist die katholische Kirche, die für die barmherzige Schwester ebenso Platz bietet wie für den Kardinal. Dem Armen bietet sie Trost, dem Reichen die Befriedigung seiner Eitelkeit.

«Wenn der führende Kern einmal organisiert ist, dann kann er die verschiedensten Methoden zur Gewinnung und Beherrschung der Massen verwenden» (S. 162). Die Anwendung von Gewalt, Überredung und Täuschung ist allen herrschenden Minoritäten gemeinsam. «In Wahrheit gleichen sie sich alle, wenn auch mit Gradunterschieden.» Nur der Außenstehende, der von den Tatsachen nur einen äußeren Schein wahrnimmt, kann sich einbilden, daß die Organisation menschlicher Gesellschaften ohne diese moralisch zweifelhaften Mittel zuwege gebracht werden könnte. «Man kann», so schreibt MOSCA (S. 164), «vollkommen moralisch bleiben, solange man nichts mit anderen zu tun hat, und vor allem, solange man keinen Anspruch erhebt, sie zu leiten. Aber sobald man ihr Verhalten leiten will, muß man alle Federn ihres Gefühlslebens ins Spiel setzen. Man muß alle ihre Schwächen ausnützen, und jeder, der sich nur an ihre edlen Gefühle wendet, wird spielend von weniger bedenklichen Konkurrenten geschlagen.» Wer herrschen will, muß sich aber nicht nur an «sehr bescheidene moralische Maßstäbe anpassen», er muß auch sorgfältig das Milieu beobachten, in dem er operiert. Wer an die Leidenschaften und Interessen der Menschen appellieren will, darf nicht die Konstellationen übersehen, in denen sich diese Leidenschaften und Interessen bewegen. Er darf zum Beispiel nicht übersehen, daß der Mensch in der Gegenwart die Macht, die ihm gegenübertritt, gerechtfertigt haben will. MOSCA distanziert sich hier von MACHIAVELLI, der ihm zu einseitig erscheint, wenn er den Willen des *Principe* in einem leeren Raum operieren läßt, in dem praktisch alles erlaubt ist. In seinem Artikel über MACHIAVELLI, den MOSCA in der *‹Encyclopedia of the Social Sciences›* veröffentlicht, bemerkt er, daß, wenn auch die Regeln einer strengen Moralität in der Politik nicht beobachtet werden können, es nichtsdestoweniger doch wahr sei, daß die Politik eine Kunst sei, für deren Ausübung der Sinn für Grenzen und Proportionen die größte Bedeutung habe. Die herrschende Klasse ist in diesem Sinne nicht völlig frei in ihren Handlungen. Sie muß nicht nur auf soziale Veränderungen, wie etwa auf den seit dem 18. Jahrhundert bemerkbaren Aufstieg des Mittelstandes achten, sie darf auch nicht übersehen, daß sie in der Neuzeit ihre Macht gegenüber den Unterworfenen rechtfertigen muß und demzufolge nicht als eine ganz wertfreie Ordnung erscheinen kann. Sie muß ihre Autorität rechtfertigen «und zugleich die Beherrschten von der Pflicht des Gehorsams überzeugen» (S. 323). Die herrschende Klasse braucht eine politische Formel, die ihre Macht legitimiert.

In seiner *‹Teorica dei governi›* war MOSCA noch davon ausgegangen, daß das Problem der Legitimation im Grunde ein nur ideologisches Problem sei. Und auch in seinen *‹Elementi›* wird die Ansicht beibehalten, daß der harte Kern der gesellschaftlichen Integration immer die Macht sei, die eine Minorität für sich erkämpft. Hier betont MOSCA aber, daß in allen Staaten, die eine gewisse Kulturhöhe erreicht haben, die Macht der Minorität durch eine politische Formel legitimiert werden muß. Die Macht kann hier nicht mehr einfach durch ihren tatsächlichen Besitz gerechtfertigt werden, sie muß sich dadurch legitimieren, daß sie auf bestimmten anerkannten Lehren oder Glaubenssätzen aufbaut. Die herrschende Klasse muß sich an die gegebenen Umstände anpassen, und diese Umstände sind nicht nur als natürliche Umstände zu begreifen; in ihr spielen, wenigstens in der Gegenwart, auch moralische Faktoren eine

Rolle. Der Herrscher darf sich nicht an moralische Utopien halten und etwa glauben, mit Hilfe des Gerechtigkeitsprinzips regieren zu können; aber er muß sehr wohl sehen, daß es ein allgemeines Bedürfnis gibt, für den Gehorsam eine moralische Grundlage zu finden. Insofern muß er dafür sorgen, daß seine Herrschaft mit den Grundsätzen der Gerechtigkeit als vereinbar erscheint. Es gibt in jedem Volk bestimmte Glaubenslehren, Gefühle und Gewohnheiten, die die herrschende Klasse in der politischen Formel berücksichtigen muß und die ihrem Verhalten Grenzen setzen.

Die Unterworfenen müssen der politischen Formel zustimmen, und das tun sie nur, wenn diese Formel ihren Glaubenssätzen und Gewohnheiten entspricht. Hier wird eine Verbindungslinie zu Comte sichtbar, der ebenfalls die Bedeutung des moralischen Konsensus für die Integration der Gesellschaft unterstrichen hatte. Aber der Unterschied zwischen Mosca und Comte ist doch ebensowenig zu übersehen wie der zwischen Mosca und Marx. Für Mosca gehören der moralische Konsensus, die politische Formel mit zur Integration, sie sind aber nicht die Realität dieser Integration. Die Realität der Gesellschaft ist keine moralische Realität, sondern eine natürliche, mit einem in der Gegenwart hinzukommenden moralischen Aspekt. Es geht für ihn nicht darum, daß die Menschen in ihrem Handeln einen bestimmten rationalen oder humanitären Sinn verwirklichen wollen, sondern es handelt sich um den in der Neuzeit auftretenden Anspruch, für das Handeln eine begleitende Sinngebung zu haben. Von einer bestimmten Kulturhöhe ab muß Herrschaft sich durch eine politische Formel erklären, was an dem Charakter der Herrschaft nichts ändert, sondern die Herrschaftsaufgabe, der sich die herrschende Klasse gegenübersieht, zusätzlich erweitert. Ein Sprung aus der Notwendigkeit in die Freiheit, ein Übergang zu einer neuen organischen oder rationalen Gesellschaft findet nicht statt. Auch eine herrschende Klasse, die auf den Schutz durch eine politische Formel angewiesen ist, ist deshalb noch nicht in die funktionalen Notwendigkeiten eines umfassenden sozialen Systems einbezogen. Und die eigentlich wissenschaftliche Interpretation der Gesellschaft bleibt die Interpretation der Gesellschaft als eines Kampfverhältnisses, in dem derjenige, der stärker ist oder sich organisieren kann, über den Schwächeren oder den nichtorganisierten Teil herrscht.

Anders als bei Saint-Simon, Comte und Marx ist für Mosca, ebenso wie für Pareto, das gesellschaftliche Integrationsproblem kein geschichtliches Problem, kein Problem, das seine Substanz im Ablauf der Geschichte verändert, sondern ein naturgegebenes Problem, das in seinem Grundbestand unverändert bleibt. In seinen *‹Discorsi›* (I, 2) hatte Machiavelli von dem Kreislauf gesprochen, in dem sich alle Staatsgebilde der Welt gedreht haben, drehen und immerdar drehen werden, dem Aufstieg aus dem regellosen Zustand zur Ordnung und dem Abstieg von der Ordnung zu einem neuen regellosen Zustand. Bei MOSCA wird daraus die Vorstellung von einer Zirkulation der Eliten. Anläßlich seiner Polemik gegen MOSCA, der ihm vorwarf, er habe ihn an entscheidender Stelle nicht zitiert, hat PARETO bekanntlich erklärt: diese Vorstellung von der Zirkulation der Eliten sei auch von MOSCA nicht erfunden worden. Dazu ist zu sagen, daß MOSCA natürlich TAINE gekannt hat, der die Französische Revolution als einen solchen Austausch der Eliten beschrieb[11]. Ebenso kannte MOSCA selbstverständlich MACHIAVELLI, dessen beständiges Thema die Zirkulation solcher Eliten ist. Und sicher hat er DANTE gekannt, der im 16. Gesang seines ‹*Paradiso*› das politische Geschick von Florenz mit den Gezeiten vergleicht, die der Mond in seinen Umkreisungen hervorruft. Doch wird man schwerlich das Verdienst MOSCAS schmälern können, der erste gewesen zu sein, in dem «Bestreben der Herrschenden nach Monopolisierung und Vererbung der politischen Macht und dem Bestreben neuer Kräfte nach einer Änderung der Machtverhältnisse» (a. a. O., S. 64 f) ein allgemeines Prinzip der gesellschaftlichen Organisation ausdrücklich formuliert zu haben. Die Organisation einer herrschenden Klasse und ihre Ablösung durch eine andere Klasse, das ist, wie es MOSCA sieht, das entscheidende Thema gegenüber den aus Aufklärung und Liberalismus stammenden soziologischen Theorien.

Die schnellere oder langsamere Zirkulation der Eliten wird nach MOSCA von zwei Prinzipien beherrscht, die er das aristokratische und das demokratische Prinzip nennt. Er versteht dabei unter dem demokratischen Prinzip die Tendenz, eine schnelle Zirkulation der Eliten herbeizuführen, und unter dem aristokratischen Prinzip die Tendenz, die Herrschaft für lange Zeit in einer bestimmten Schicht zu monopolisieren. Das Rad der Zirkulation der Eliten dreht sich manchmal schneller, manchmal langsamer, manchmal scheint es stehenzubleiben; dann ist die Monopolisierung der Herrschaft wirklich gelungen. Ein Spezialfall dieser Monopolisierung ist das bürokratische Prinzip, d. h. die Errichtung eines straff organisierten Verwaltungsapparates im Interesse der herrschenden Klasse. Wenn es der herrschenden Klasse gelingt, das aristokratische Prinzip rein durchzusetzen, d. h. sich vollständig abzuschließen gegenüber aufsteigenden Elementen aus der beherrschten Majorität, dann hat sie zwar ihr ausdrückliches Ziel erreicht, gleichzeitig leitet sie aber eben dadurch ihren eigenen Untergang ein. Durch diese Monopolisierung

---

11 Vgl. C. MONGARDINI, *Mosca, Pareto e Taine*. Cahiers Vilfredo Pareto, 5, 1965.

verliert sie nämlich den Kontakt zur Realität, wie man es etwa in der französischen Aufklärung beobachten konnte, als die herrschende Klasse von einem Arkadien träumte, während das Volk hungerte. Umgekehrt wird das demokratische Prinzip, wenn es in voller Wirksamkeit herrscht, die Konstitution einer herrschenden Klasse überhaupt verhindern oder zu einer so schnellen Zirkulation der Eliten führen, daß sich keine bestimmte gesellschaftliche Struktur oder Ordnung herausbilden kann. Das Beste ist darum eine Vermischung von aristokratischem und demokratischem Prinzip, wodurch sowohl eine vollständige Isolierung der Oberschicht von den Unterworfenen als auch eine allzu schnelle Zirkulation der Eliten verhindert werden. Die Entartung des Machtkampfes auf der einen Seite und die Degeneration der Oberschicht auf der anderen Seite können nur durch ein abgewogenes Herrschaftsverhältnis verhindert werden.

Herrschaft und Zirkulation der Eliten sind die Gesetze, die das Gesellschaftsleben bestimmen. Man kann diese Gesetze nicht ändern, aber man kann sehr wohl Folgerungen aus ihnen ziehen. Und die allgemeine Folgerung, die Mosca aus ihnen zieht, ist die, daß die beste Integration der Gesellschaft auf der Grundlage eines gemischten Regimes erfolgt, einer Herrschaft also, die weder die politische Klasse ganz von der übrigen Gesellschaft trennt, noch den Unterschied zwischen dieser Elite und den Beherrschten durch eine zu rasche Zirkulation der Eliten verwischt. Der Normalfall, sagt Mosca, ist das langsame Eindringen von Elementen aus der Unterschicht in die Oberschicht. Und dieser Normalfall ist auch wissenschaftlich zu begrüßen insofern, als er nämlich für gesellschaftliche Stabilität sorgt. Herrschaft, das hatte Mosca gegen Machiavelli betont, ist an die Innehaltung bestimmter Grenzen und Proportionen gebunden, die sich in einer politischen Formel ausdrücken lassen. Zu diesen Proportionen gehört auch, daß sich die Oberschicht nicht vollständig von der Unterschicht isoliert, in der «die harten Notwendigkeiten des Lebens, der niemals endende bedrückende Kampf ums Brot und der Mangel an literarischer Bildung die primitiven Instinkte und die unerschöpfliche Arbeit der menschlichen Natur lebendig (halten)» (a. a. O., S. 105 f). Eine beständige Erneuerung der führenden Kreise ist die beste Garantie für gesellschaftliche Stabilität, wie es das Beispiel Englands zeigt, das für Mosca als vorbildlich gilt, während Frankreich das warnende Beispiel ist. Der Unterschied in der gesellschaftlichen und politischen Entwicklung Englands und Frankreichs im 18. und 19. Jahrhundert zeigt, daß die Herrschaft der herrschenden Klasse auf verschiedene Art und Weise ausgeübt werden kann und daß es hier glücklichere und weniger glückliche Lösungen gibt. Mosca rühmt hier an den Engländern die Trennung von Kirche und Staat, die Entmonopolisierung der Wirtschaft, den freien Zugang zu den Bildungsstätten und die lange Erfahrung im Ersinnen der praktischsten Mittel zur Niederhaltung der niedrigsten Instinkte, die sich oft mit Machtgier paaren.[12]

Mosca kommt hier an die Grenzen seiner eigenen Theorie. Er sieht nicht nur, daß es qualitative Unterschiede im Herrschaftsverhältnis gibt, er hofft auch, daß dieses Herrschaftsverhältnis moralisch veredelt werden kann. «In jeder Generation», so beschließt er seine *‹Elementi›*, «gibt es eine Anzahl hochgesinnter Menschen, die alles Edle und Schöne lieben und einen großen Teil ihrer Tätigkeit dem Kampf gegen den Verfall der Gesellschaft widmen. Das ist jene kleine moralische und geistige Aristokratie, die die Menschheit hindert, im Sumpf des Egoismus und der materiellen Begierden zu verrotten.» Das Ziel, so heißt es dort, müsse darum sein, die herrschende Klasse in diesem Sinne zu bilden und zu erziehen. Die Herrschaft gründet sich zwar auf die Macht, aber es soll zu ihr auch Moralität gehören. Das ist der Anspruch, den unsere Zeit an die Herrschenden stellt. Nicht nur Croce, sondern auch Mosca hat sich vom Faschismus distanziert, dem Pareto 1923, kurz vor seinem Tode, die Ernennung zum Senator des Königreiches verdankte.

Moscas Schriften sind von seiner lebenslangen Erfahrung als Politiker bestimmt. Im Gegensatz dazu ist Vilfredo Pareto (1848–1923) seiner Herkunft nach Ingenieur, und seine Schriften drücken die Ideale eines Theoretikers aus. Er will das gesellschaftliche Gleichgewicht darstellen, d. h. die grundlegenden Konstanten definieren und ihre Zusammenhänge entwickeln. Livingston, der amerikanische Herausgeber von Mosca und Pareto,[13] bemerkt über beide, Paretos Ziel sei der umfassende Überblick über die ganze Gesellschaft gewesen, die Errichtung eines Gebäudes von gigantischen Proportionen, innerhalb dessen die Frage, mit der sich Mosca beschäftigt hatte, nur eine Detailfrage darstelle. Moscas Fragestellung ist, verglichen mit der Paretos, eng. Und diese vergleichsweise Enge hat dazu geführt, daß seine Schriften gegenüber denen Paretos in den Hintergrund gedrängt wurden. Erst in der Gegenwart beginnt man zu erkennen, daß diese Enge auch ein Vorteil sein könne, insofern sie ihn nämlich weniger angreifbar macht als seinen bekannteren Landsmann.[14]

Bevor wir uns nun aber dem System Paretos zuwenden, haben wir

---

12 Vgl. G. Mosca und G. Bouthoul, *Histoire des Doctrines Politiques*. Paris o. J., S. 253.

13 Aus Paretos *Trattato di Sociologia generale* wurde *‹The Mind and Society›*. 1935, aus Moscas *Elementi di Scienza Politica* – *‹The Ruling Class›*. 1939.

14 Vgl. Meisel, in: Cahiers Vilfredo Pareto, 1964, Heft 4, S. 117, und Hughes, *Consciousness and Society*. 1958, S. 258 f.

noch eine Vorfrage zu klären. Wir müssen prüfen, ob der wissenschaftstheoretische Anspruch, der von PARETO mit seinem System verbunden wird, gerechtfertigt ist. In seinen *‹Fatti e teorie›* (Firenze 1920, S. 29) bemerkt PARETO: Eine Theorie könne unter drei verschiedenen Aspekten gesehen werden:

1. *la sua corrispondenza colla verità sperimentale;*
2. *il suo accordo coi sentimenti di determinate persone;*
3. *la sua utilità sociale.*

Für sich selbst hat PARETO nun immer den erstgenannten Punkt in Anspruch genommen. «*Intendo solo descrivere fatti e trarne consequenze logiche*» (*Fatti*, S. 106), und: «*La scienza ha per scopo quasi unico di trovare relazioni tra i fatti*» (*Fatti*, S. 113). Immer wieder bezeichnet PARETO seine Methode als «*metodo logico sperimentale*», um sie von den dogmatischen Versuchen seiner Vorgänger abzugrenzen. Ein derartiger Anspruch ist, wie wir schon bemerkten, zur Zeit PARETOS nichts Ungewöhnliches. Und man muß leider feststellen, daß er auch bei PARETO mit denselben Problemen wie bei seinen Vorgängern behaftet ist. Seit dem Beginn des 19. Jahrhunderts gehört es gewissermaßen zur Routine der Selbstlegitimation der Soziologen, die eigene Theorie als wissenschaftlich im Sinne der Naturwissenschaften, die Theorien der anderen aber als unwissenschaftlich und dogmatisch hinzustellen. BENTHAM hatte – seinerseits aufbauend auf den französischen Materialisten des 18. Jahrhunderts – diese Art der Argumentation im großen Stile eingeführt und für sich den Anspruch erhoben, die Methode NEWTONS auf die Sozialwissenschaften angewendet zu haben. LAPLACE, QUETELET, WEITLING, FOURIER, MARX und SPENCER, GALTON und GUMPLOWICZ hatten je auf ihre Weise diese Art der Argumentation erneuert. Am einflußreichsten aber war COMTE mit seinem Positivismus gewesen, der, um FERRAROTTI zu wiederholen, im Namen der Wissenschaft die Metaphysik der Antimetaphysik lieferte. Erst CROCE setzt gegen diese dogmatischen Versicherungen, die Wissenschaftlichkeit für sich selbst gepachtet zu haben, einen kritischen, d. h. perspektivisch reflektierten Wissenschaftsbegriff, der, wenigstens im Ansatz, demjenigen entspricht, der von MAX WEBER in Deutschland vertreten wird. Die Wissenschaften erarbeiten je für ihre respektiven Erkenntnisgebiete einen Kanon der Interpretation, Techniken und Begriffe für die Analyse, aber kein System, das an sich wahr wäre. Die eigentliche Leistung von Wissenschaftlern wie MOSCA, PARETO und MARX liegt nicht in den Systemen, die sie konstruiert haben, sondern in ihrem Beitrag zu diesem Kanon der Interpretation.

PARETO wurde von CROCE wiederholt vor dem Dogmatismus gewarnt, der darin liege, eine bestimmte Perspektive der Interpretation mit der Realität zu verwechseln und zu übersehen, daß von einer bestimmten

Fragestellung her das ganze Phänomen stilisiert und festgelegt werde. PARETO schlug jedoch alle diesbezüglichen Warnungen, die CROCE schon hinsichtlich seines ökonomischen Werkes angemeldet hatte, in den Wind. Der Unterschied zwischen theoretischen Konzeptionen und dem Gegenstand, auf den sich diese beziehen, den CROCE immer wieder betonte und der in Deutschland von MAX WEBER unterstrichen werden wird, ist PARETO nie deutlich gewesen. Er glaubte, das Wesen seines *metodo logico sperimentale* bestehe darin, in den eigentlichen Kern der Wirklichkeit vorzudringen, und hielt seine Methode eben deswegen anderen Methoden für überlegen, weil sie nach seiner Meinung in der Lage war, die Tatsachen rein als solche aufzufassen, ohne sich von den Idealen der Philosophen und Juristen blenden zu lassen. Im § 2158 seines ‹*Trattato di sociologia generale*› (im folgenden zitiert nach der deutschen Übersetzung von G. EISERMANN, 1962) bemerkt PARETO: «Wenn man ausschließlich und immanent Ideen, Ideale und Mythen betrachtet, erhält man Systeme der Ethik, Metaphysik und Theologie. Wenn man ausschließlich reale Tatsachen in Betracht zieht ... gelangt man zu Forschungen der erfahrungsmäßigen Wissenschaft.» «*Like others who despise philosophy*», so bemerkt hierzu CRAWFORD (in: H. E. BARNES [Hrsg.], *An Introduction to the History of Sociology.* 1948, S. 558), «PARETO *seems naively sure that he will know a fact when he sees one.*» PARETO ist, das darf man bei aller Hochachtung vor der Gelehrsamkeit und dem Scharfsinn dieses Autors nicht übersehen, wissenschaftstheoretisch naiv in dem Sinne, daß er glaubt, durch eine Fülle von Illustrationen und Anekdoten seine Theorie empirisch beweisen zu können. «*Comme si la multiplication des anecdotes suppléait à l'incertidude des preuves*», wie ARON (*La Sociologie de Pareto.* ‹Zeitschrift für Sozialforschung›, 6, 1937, S. 489) bemerkt. DURKHEIM hatte in seinen ‹Regeln der soziologischen Methode› (deutsche Ausgabe 1965, S. 213) erklärt: «Eine Idee illustrieren heißt noch nicht, sie demonstrieren. Man muß nicht nur isolierte Variationen vergleichen, sondern regelrecht aufgestellte Variationsreihen.» So weit reicht jedoch der *metodo logico sperimentale* von PARETO nicht. Im Gegensatz zu DURKHEIM, der insbesondere in seinem Werk über den Selbstmord versucht, seine Theorie empirisch zu überprüfen, kommt PARETO nie über die Illustration mit einzelnen, wenn auch zahlreichen Beispielen hinaus, bei denen er nie versucht, die Eindeutigkeit der Zuordnung zu bestimmten Faktoren durch deren Variation zu überprüfen. Der Anspruch, sich einer logisch-experimentellen Methode zu bedienen, hat hier, ähnlich wie bei MOSCA, im wesentlichen polemische Bedeutung. Man will sich mit diesem Anspruch abgrenzen gegenüber Theorien, deren Voraussetzungen man nicht teilt. Von einer experimentellen Methode im strengen Sinne ist PARETO ebenso weit entfernt wie seine Gegner. Genau wie COMTE erhebt PARETO den Anspruch, die reinen Tatsachen unabhängig von den sie begleitenden Sinngebungen zu beschreiben. Und ähnlich wie bei jenem geht sein tatsächliches Bemühen nicht dahin, diese Tatsachen in einem wissenschaftlich kritischen Sinne zu ermitteln, sondern ein allgemeines Schema zu konstruieren, nach dem diese Tatsachen logisch widerspruchsfrei geordnet werden können.

PARETO ist seiner Herkunft nach Ingenieur, und das Ideal wissenschaftlicher Erkenntnis bleibt für ihn die Erklärung durch ein allgemeines mechanisches Gleichgewichtsmodell. Das eigentliche Ziel seiner Arbeiten liegt in dem Versuch, ein allgemeines Gleichgewichtssystem für Wirtschaft und Gesellschaft zu konstruieren. In diesem Sinne schließt er seine ökonomische Theorie an das Gleichgewichtssystem von WALRAS an, und seine Soziologie ist, wie es EISERMANN in seiner Schrift ‹Vilfredo Pareto als Nationalökonom und Soziologe› (1961, S. 25) bemerkt, «einfach die Erweiterung der Nationalökonomie ... deren innerster Kern die Theorie des allgemeinen Gleichgewichts darstellt». Die Entwicklung eines allgemeinen Gleichgewichtssystems, dessen Funktionieren unabhängig ist von den konkreten Individuen, Werten und Institutionen, die in ihm erfaßt werden, das ist das Erkenntnisziel, das sich PARETO gesetzt hat. Ein solches Gleichgewichtssystem müßte für Wirtschaft und Gesellschaft dasselbe leisten, was die NEWTONsche Mechanik für die Bewegungen der physikalischen Körper leistet. Die Stellung der Soziologie in diesem System geht aus einer Bemerkung hervor, die SENSINI [15] anführt, PARETO habe beabsichtigt, seinen ‹*Cours d'économie politique*› (zwei Bände, 1896–1897) neu herauszubringen, und zwar so, daß mit der Soziologie begonnen, dann zur Systemtheorie der reinen Ökonomie fortgeschritten und schließlich mit der Anwendung dieser reinen Theorie geendet werden sollte. Die reine ökonomische Theorie ist der harte Kern des Systems, die reine Darstellung der Gesetzlichkeit, die in ihm wirksam ist. Die Soziologie leitet zu diesem System dadurch hin, daß sie die spekulativen und dogmatischen Erklärungsversuche der Vergangenheit auflöst. Den Schlußpunkt bildet die Anwendung der reinen Theorie, der wissenschaftlichen Wahrheit auf die gesellschaftliche Wirklichkeit.

Am weitesten fortgeschritten von diesem umfassenden Gebäude wissenschaftlicher Erkenntnis ist der theoretische Kern, den PARETO in dem schon zitierten ‹*Cours d'économie politique*› und dem 1906 folgenden ‹*Manuale di economia politica*› (im folgenden zitiert nach der französischen Ausgabe 1927) darstellt. «*L'objet principal de notre étude est l'équilibre économique*», so heißt es im ‹*Manuel*› (S. 102). Dieser Gleichgewichtszustand wird definiert als Gleichgewicht von *goûts* und *obstac-*

15 G. SENSINI, *Corrispondenza di Vilfredo Pareto.* 1948, S. 24.

les, deren abstrakter und von einzelnen Individuen unabhängiger Charakter ausdrücklich betont wird.[16] Das Gleichgewicht, das hier beschrieben wird, ist ein Gleichgewicht von theoretischen Funktionen, die einen Bezug auf real vorhandene Bedürfnisse und Hindernisse ausdrücklich unnötig machen. *«L'individu peut disparaître, pourvu qu'il nous laisse cette photographie des ses goûts»* (*Manuel*, a. a. O., S. 170, vgl. auch PARETO, Anwendung der Mathematik auf Nationalökonomie. Enzyklopädie der mathematischen Wissenschaften, 1. Bd., 2. Teil, Leipzig 1900 bis 1904). Es stört PARETO nicht, daß dieses Gleichgewichtssystem dem, wie es der bedeutende englische Nationalökonom ALFRED MARSHALL festgestellt hat, fiktiven Gleichgewicht des Wasserspiegels gleicht, das eintreten würde, wenn die relativen Positionen von Erde, Sonne und Mond fixiert wären und der Wind stillstehen würde.[17] Für PARETO handelt es sich hier nicht um eine abstrakte Sprache von problematischer empirischer Geltung, als welche ALFRED MARSHALL sein ökonomisches System kritisierte. Für ihn handelt es sich um die abstrakte und allgemeine Darstellung allgemein wirksamer Kräfte, die ebenso wie in der Mechanik vom menschlichen Willen, ja sogar von konkreten gesellschaftlichen Institutionen unabhängig sind.

Das berühmte Beispiel, an dem PARETO diesen empirischen Gültigkeitsanspruch seiner Theorie näher zu konkretisieren versucht hat, ist sein Gesetz der Einkommensverteilung, das er im ‹*Cours d'économie politique*› (in den §§ 957 ff) entwickelt. Die Einkommensverteilung erscheint hier von einfachen, quasi naturwissenschaftlichen Konstanten abhängig. «Die Ungleichheit der Einkommensverteilung», so schreibt PARETO im § 1012, «scheint daher eher von der Natur der Menschen als von der wirtschaftlichen Organisation der Gesellschaft abzuhängen. Weitgreifende Modifikationen dieser Organisationen haben nur geringen Einfluß auf die Einkommensverteilung.» Diese Feststellung, die PARETO an verschiedenen Beispielen illustriert, scheint seine Vorstellung zu bekräftigen, daß hinter dem wirtschaftlichen bzw. gesellschaftlichen Zusammenhang Naturtatsachen stehen, die diesen Zusammenhang nach einfachen Gesetzen determinieren. Tatsächlich ist jedoch sein Gesetz der Einkommensverteilung kein empirisches Gesetz wie etwa das Fallgesetz, sondern nur eine – allerdings elegante – Ausdrucksweise, mit der be-

16 In der theoretischen Ökonomie ist das der Übergang von dem kardinalen zum ordinalen Nutzenbegriff. Vgl. F. JONAS, Das Selbstverständnis der ökonomischen Theorie. 1964, 2. Teil: Grenznutzen und Lausanner Schule, S. 102–157, insbes. S. 145 ff.

17 ALFRED MARSHALL, *Industry and Trade*. London 1923, S. 195. Vgl. hierzu auch die Kritik SCHUMPETERS in seiner ‹*History of Economic Analysis*›. 1954, S. 1008.

stimmte Verteilungszusammenhänge, und zwar nicht nur Zusammenhänge der Einkommensverteilung, dargestellt werden können. Der Faktor Alpha, der die größere oder kleinere Ungleichheit der Verteilung angibt, ist keine Konstante, wie es PARETO in einer wenn auch vorsichtigen Formulierung des § 960 impliziert, sondern eine Variable. Sie ist, wie neuere Untersuchungen gezeigt haben, deutlich abhängig von der Einkommenshöhe in den verschiedenen Pyramidenschichten, auch von dem wirtschaftlichen Entwicklungsstand, der wirtschaftlichen Organisation des in Frage stehenden Landes.[18]

PARETO versucht in Analogie zu dem Kräftemodell der Mechanik ein allgemeines Gleichgewichtssystem für Wirtschaft und Gesellschaft zu entwickeln. Er setzt dabei voraus, daß es auch hier wie auf dem Gebiet der Physik hinter der Erscheinung von Wirtschaft und Gesellschaft eine allgemeine Natur gebe, die den Kern der in Frage stehenden Zusammenhänge bestimmt. Ebenso wie DURKHEIM wendet sich PARETO von einer historischen Erklärung der menschlichen Gesellschaften ab. Aber während DURKHEIM das Soziale durch das Soziale erklären will, den allgemeinen Gesichtspunkt der Erklärung in der überzeitlichen Tatsache der Vergesellschaftung, dem *fait social,* sucht, versucht PARETO in Nachfolge der Aufklärungsphilosophie des 18. Jahrhunderts,[19] die gesellschaftlichen Erscheinungen als Ausdruck einer gegebenen Natur zu erklären. Wissenschaftliche Erklärung bedeutet für ihn wie für die Naturphilosophen des 18. Jahrhunderts, daß man den Funktionszusammenhang der Gesellschaft nicht in den Werten oder Institutionen der betreffenden Gesellschaft begründet sieht, sondern daß man an eine gegebene Natur anknüpft. Wissenschaftliche Erklärung ist in diesem Sinne ideologiekritisch; sie reißt den Schleier weg, der dadurch entsteht, daß sich die Menschen im Lichte von bestimmten Werten und Institutionen verstehen, anstatt die Natur zu erkennen, die als Konstante hinter diesen Werten und Institutionen verborgen ist. Auch hier der Anspruch des Positivismus, gegenüber den populären Vorurteilen die nur wissenschaftlich erkennbare Realität auszudrücken, aber hier erhoben in einer ganz anderen Blickrichtung als bei DURKHEIM.

SALOMON hat in seiner Einleitung zu BOUSQUET, ‹Grundriß der Soziologie nach Vilfredo Pareto› (1926), diesen Ansatz in Parallele gesetzt zu der positivistischen Sozialmechanik, die WINIARSKI entworfen hatte. HUGHES, RUGGIERO und SOROKIN haben PARETO ebenfalls in diesem Sinne

---

18 Vgl. hierzu J. TINBERGEN, *Redelijke inkommensverdeling.* 1953, S. 15 ff; DERS., *On the Theory of Income Distribution.* Weltwirtschaftliches Archiv, 77, 1956, und I. B. KRAVIS, *Relative Income Shares in Fact and Theory.* American Economic Review, 49, 1959.

19 Vgl. LA FERLA, *Vilfredo Pareto filosofo volteriano.* 1954.

interpretiert, und wir glauben, daß tatsächlich die zentrale Problematik von PARETOS Soziologie darin besteht, daß sie ihre Erklärung nicht auf sozialen, sondern auf natürlichen Tatsachen aufbauen will. H. KARRER (Rückblick auf die Soziologie Vilfredo Paretos. ‹Schweizerische Zeitschrift für Volkswirtschaft und Statistik›, 84, 1948, S. 509) bemerkt: «In größter Strenge wird die Feststellung herausgearbeitet, daß letzten Endes die Gesellschaft keine eigene Substanz irgendwelcher Struktur, ja nicht einmal ein Gemenge aus einzelnen Substanzen gleich wenig zahlreicher Arten, z. B. Klassen darstellt, sondern ein nur unbestimmt determiniertes Aggregat von Elementen großer Variationsbreite.» PARETOS Ziel ist es, die Gesetze eines sozialen Molekularmodells darzustellen, indem er durch geeignete Definitionen einen Schnitt in die Wirklichkeit legt, der die dauerhaften, wirksamen, quasi konstanten Bestandteile dieser Natur von den äußeren, begleitenden Umständen trennt. Im § 2410 seines *‹Trattato›* bemerkt PARETO, man müsse immer komplexe Phänomene in einfache zerlegen. Er habe das in einer bestimmten Richtung getan, andere könnten es in anderer Richtung versuchen. Entscheidend sei jedoch, daß an dem Prinzip festgehalten werde, nach dem sich diese Zerlegung in Richtung auf eine objektive Realität bewege. Sein Vorgehen ist hier – ähnlich dem Vorgehen von HOBBES – an dem Beispiel orientiert, das GALILEI für die Mechanik gegeben hatte. Die sozialen Kräfte sind nach PARETO (*Fatti*, a. a. O., S. 44) in Analogie zu mechanischen Kräften zu sehen. Die Wirksamkeit dieser Kräfte kommt zur Darstellung, wenn man sie als solche rein herausarbeitet, wie es GALILEI zum Beweis seines Fallgesetzes getan hatte.

PARETO fordert die Soziologen auf, durch die Wirklichkeit einen theoretischen Schnitt zu legen, der ähnlich wie bei den Naturwissenschaften Konstanten zutage fördert. Der Glaube, daß es solche Konstanten gebe, durchzieht und trägt sein ganzes Werk. FERGUSON hatte erklärt: Dort, wo wir Unterschiede zwischen Tieren sehen, sehen wir einen Unterschied der Art. Wo wir aber Unterschiede zwischen den Menschen sehen, sehen wir einen Unterschied von Gesellschaft und Geschichte. FERGUSON unterstreicht hier den Unterschied zwischen den Tieren, die durch Konstanten festgelegt sind, und den Menschen, die sich in ihrem Verhalten selbst festlegen, ihre Handlungen über gesellschaftliche Werte und Institutionen führen. Eine solche Unterscheidung hält PARETO für ideologisch. Der Mensch ist in wissenschaftlicher Hinsicht ein Naturwesen, wie das Tier, und die Geschichte ein Naturvorgang, der ebenso wie andere Naturvorgänge in seinem Kern auf Konstanten beruht. «Ebenso gewiß wie, daß die Geschichte sich niemals wiederholt», schreibt PARETO (*Trattato*, § 2410), «ist, daß sie sich in gewissen Aspekten, die wir die hauptsächlichen nennen können, immer wiederholt.»

Im § 2060 seines ‹*Trattato*› entwickelt PARETO die Grundzüge der von ihm beabsichtigten Sozialmechanik. Sie ist gekennzeichnet durch ein Aufeinanderwirken äußerer und innerer Elemente. Zu den äußeren Elementen gehören nicht nur Boden, Klima usw., sondern auch andere hinsichtlich des Raumes und der Zeit externe Elemente, insbesondere die Einwirkungen anderer Gesellschaften und die Konsequenzen des vorausgegangenen Zustandes. Diese sind nach PARETO ebenso objektiv wie natürliche Faktoren. Den externen Daten stehen die internen gegenüber, die die Eigenschaften der Elemente ausdrücken, die sich in dem äußeren – und zufälligen – Rahmen bewegen. Den äußeren Bedingungen schenkt PARETO in den §§ 2064 und 2065 nur wenig Aufmerksamkeit; ihn interessieren die inneren Bewegungsgesetze der Elemente seiner Sozialmechanik, die EISERMANN mit Recht mit den Gesetzen vergleicht, die ein Aggregat von Molekülen beherrschen.

Die erste und grundlegende Eigenschaft, die hier festgehalten werden muß, ist die, daß es sich bei den Elementen des Gesellschaftsprozesses um Elemente handelt, die sich – wie Moleküle eines Gases – unabhängig voneinander bewegen. Der Mensch ist für PARETO nur dem äußeren Anschein nach ein soziales Wesen, in wissenschaftlicher Hinsicht jedoch ein Wesen, dessen Verhalten nicht gesellschaftlich abgeleitet werden kann. Das Verhalten der Menschen kann nicht aus den Werten und Institutionen, den Handlungszusammenhängen einer gegebenen Gesellschaft erklärt werden, sondern nur aus der Natur, die das Verhalten in beliebigen gesellschaftlichen Umständen bestimmt. Die Gesellschaft ist für PARETO keine Realität eigener Art, sondern sie ist wissenschaftlich zu sehen als ein Aggregat von Individuen, die ihrerseits als Naturwesen zu analysieren sind. Alle Kritik, die PARETO gegen die Ideologen richtet, kreist darum, daß diese den Menschen als von Werten und Institutionen geleitet ansehen, während sein Verhalten doch tatsächlich allgemeinen Naturgesetzen folgt, die insbesondere von den demokratischen und humanitären Idealen der Gegenwart nicht verändert werden können. In wissenschaftlicher Hinsicht ist der Mensch kein gesellschaftliches Wesen, sondern ein Individuum, das wie ein Molekül eigenen Antrieben folgt (§ 2080). In ‹Scientia›, 1922, I, S. 4 (zitiert bei BOUSQUET, ‹*Pareto, Le savant et l'homme*›. 1960, S. 181) schreibt PARETO: «*La société humaine est un aggrégat de parties hétérogènes, ayant une tendance naturelle à s'opposer les unes aux autres.*» PARETO spottet über die Volkswirte und Soziologen, die den radikalen Unterschied zwischen dem individuellen und dem sozialen Nutzen, dem Gesamtnutzen der Gemeinschaft und dem Gesamtnutzen für die Gemeinschaft übersehen. Der Mensch ist kein soziales Wesen, sondern wesentlich Naturwesen, Individuum, das sich unabhängig von anderen Individuen bewegt. «Die Nutzen der verschiedenen Individuen sind heterogene Qualitäten», so heißt es in § 2127, und in § 2143: «Die Vorstellungen der verschiedenen Individuen über ihr eigenes Wohl und das der anderen sind wesentlich heterogen.»

Die Heterogenität der verschiedenen Bauelemente ist Voraussetzung für die Interpretation der Gesellschaft als einer Sozialmechanik. Würden die verschiedenen Elemente sich aufeinander einstellen, würden sie die Antriebe für ihr Verhalten aus der Gesellschaft nehmen, so wäre ihr Verhalten nicht mehr nach mechanischen Grundsätzen zu beschreiben. Pareto will keine Handlungslehre entwerfen, wie es die schottische Moralphilosophie getan hatte, wie es Max Weber tat, für den das entscheidende Moment der Handlung in ihrer Orientierung am Verhalten anderer lag. Pareto will die reinen Bewegungsformen der sozialen Elemente herausarbeiten und dann, nachdem dies geschehen ist, zeigen, wie diese heterogenen Elemente zu einem sozialen Ganzen integriert werden.

Pareto beschreibt zu diesem Zweck zunächst die reinen Aktionsformen der sozialen Elemente und dann ihre Eigenschaften. Es gibt zwei verschiedene Aktionsformen, nämlich die logischen und die nicht-logischen Handlungen. Logisch heißen dabei alle die Handlungen, die nicht allein vom Standpunkt des Handelnden aus, sondern auch vom Standpunkt derer aus, die ein extensiveres Wissen besitzen, Mittel und Zweck logisch miteinander vereinen (§ 150). Alle anderen Handlungen, bei denen also der zuschauende Wissenschaftler bemerkt, daß der vorgestellte Zweck und die verwendeten Mittel nicht übereinstimmen, sind unlogische Handlungen. Der Unterschied der Aktionsformen wird also nicht soziologisch definiert. Er betrifft nicht den gesellschaftlichen Stellenwert der Handlungen, sondern ihren Stellenwert im Bezugssystem des zuschauenden Wissenschaftlers. Auch Adam Smith hatte den unbeteiligten Zuschauer in seine Handlungslehre eingeführt. Aber bei ihm ist der Zuschauer Ausdruck der Gesellschaft, die das Handeln der einzelnen kontrolliert. *The man within* kontrolliert das Verhalten und lenkt es auf soziale Ziele. Smith gibt eine soziologische Analyse von Handlungen, wenn er darstellt, wie die Gesellschaft in Gestalt des unbeteiligten Zuschauers das Verhalten der einzelnen lenkt. Pareto hingegen geht es nicht darum, einen solchen Prozeß sozialer Kontrolle darzustellen. Ihm geht es um die Klassifizierung von Handlungen nach logischen Gesichtspunkten. Über den gesellschaftlichen Charakter und Funktionszusammenhang der Handlungen ist nichts ausgesagt, wenn wir sie als logisch oder als nicht-logisch klassifiziert haben.

Im Anschluß an diese reinen Aktionsformen unterscheidet Pareto zwei verschiedene Gesellschaftstypen (§ 2141): einmal die Gesellschaft, die ausschließlich von Gefühlen, ohne jede Überlegung geleitet, zum anderen die Gesellschaft, die ausschließlich von logisch-experimentellen Überlegungen beherrscht wird. Auch diese Unterscheidung ist keine soziologische in dem Sinne, wie etwa MARX oder DURKHEIM verschiedene Gesellschaftsstrukturen unterschieden. Die Differenzierung betrifft vielmehr Unterschiede in der Motivation der Elemente, die nicht mit einer bestimmten Gesellschaftsformation in Verbindung stehen. Die beiden Gesellschaftstypen, die PARETO nennt, sind also keine Idealtypen, die – wie es etwa MAX WEBER zeigt – zur Interpretation konkreter Gesellschaften verwendet werden könnten. Sie markieren nur die beiden Endpunkte einer Skala von Klassifizierungsmöglichkeiten, auf der alle beliebigen Gesellschaften aufgeführt werden können.

Auf die Analysis der reinen Aktionsformen folgt die Analysis der Triebkräfte, die in diesen Formen wirksam sind. Der logisch-experimentellen Aktionsform entspricht, daß das rationale Interesse Triebkraft der Aktionen wird. Diesem interessierten Handeln widmet PARETO in seiner Soziologie verhältnismäßig wenig Aufmerksamkeit, während er in seiner Wirtschaftstheorie die rationale Kalkulation von *goûts* und *obstacles* als Grundlage seiner Theoreme vorausgesetzt hatte. Hier heißt es hingegen lapidar: «Die Menschen werden vor allem vom Gefühl geleitet» (§ 1859). In der Herausarbeitung des konstanten Charakters dieser Gefühle und in ihrer Differenzierung sieht PARETO die wesentliche Grundlage seiner Sozialmechanik, so wie er in der Herausarbeitung des rationalen Interesses die Grundlage seiner Theorie vom wirtschaftlichen Gleichgewicht gesehen hatte. Den konstanten und darum theoretisch tragenden Kern der Antriebe bezeichnet PARETO mit *Residuum*, die begleitenden Sinngebungen und äußeren Formen dieser Antriebe dagegen mit *Derivationen*.

Beim Menschen, so stellt PARETO in § 2159 fest, sind das Ideale und das Reale miteinander vermischt, weil der menschliche Geist beides in verschiedenen Proportionen erheischt. Eben diese Mischung macht die Undurchsichtigkeit und den täuschenden Charakter menschlicher Handlungen und Werte aus. Der Wissenschaftler muß in diese Gemengelage einen Schnitt legen, der das Substantielle vom Fiktiven, die Hauptsache von der Nebensache trennt. In diesem Sinne muß man unterscheiden zwischen der Triebkraft, die die Handlung bestimmt, dem Interesse, das als Motiv dem Handelnden bewußt ist, jedoch nur selten die Handlung wirklich erklärt, und der den Handlungsablauf begleitenden Sinngebung. Die Residuen sind die Konstanten, auf die sich die soziologische Erklärung zu beziehen hat. «Die Klassen der Residuen», schreibt PARETO in § 2410, «verändern sich wenig oder nur langsam, und deswegen können sie eingereiht werden unter die Elemente, die den konstanten, nahezu konstanten oder am wenigsten variablen Teil der Phänomene determinieren.» Wer diese Konstanten zusammenwirft mit den Einflüssen, die von gesellschaftlichen Werten und Institutionen ausgehen, die nur den Horizont der begleitenden Sinngebungen und bewußten Interessen bestimmen, läßt sich verleiten, «die Haupt- mit den Nebensachen, die fast konstanten mit den höchst variablen Elementen zu verwechseln» (§ 2410).

Die Interpretation dieser Residuen in der Literatur ist nicht ganz einhellig. PARSONS hat in ihnen Werte oder Ideale gesehen und so eine Parallele zwischen seinem sozialen System und der Sozialmechanik von PARETO gezogen (*Encyclopedia of the Social Sciences*, XI, S. 577). O'DEA (*The Residues of Pareto.* In: ‹The American Catholic Sociological Review› 16, 1955) ist der Meinung, PARETO habe mit seinen Residuen nichts anderes als eine operationale Definition des Naturrechts gegeben. PARETO selbst spricht jedoch von Instinkten, wenn er seine Residuen meint. Und wenn auch EISERMANN dies als eine bloß leichtfertige Redeweise bezeichnet (a. a. O., S. 43), so ist doch naheliegend, in PARETOS Ansatz mit SCHUMPETER (*Ten Great Economists.* 1951, S. 141) eine Wiederholung der alten Instinktpsychologie zu sehen. Auf dieser Linie wird PARETO auch von GEHLEN interpretiert, der in seinem Aufsatz ‹Vilfredo Pareto und seine neue Wissenschaft› (‹Blätter für deutsche Philosophie›, 15, 1941) die Verbindungslinie von PARETO zu NIETZSCHE zieht, der in seiner Schrift gegen WAGNER den «Rückschluß von jeder Denk- und Wertungsweise auf das dahinter kommandierende Bedürfnis» gefordert hatte. Entscheidend ist für uns jedoch nicht die Benennung – ob nun PARETOS Ansatz zu Recht als Instinktpsychologie bezeichnet wird oder nicht –, sondern der systematische Charakter seiner Theorie, der sich auch in seinen Vorstellungen über die Triebkräfte menschlicher Handlungen zeigt.

Die menschlichen Handlungen sind für PARETO wissenschaftlich von konstanten oder quasi-konstanten Naturbestimmungen her zu erklären. Er trifft die Unterscheidung zwischen Residuen und Derivationen nicht in psychologischer Absicht, um eine Instinktpsychologie zu schreiben, sondern in systematischer Absicht. Mit dieser Differenzierung will er seine Sozialmechanik auf analytisch klare Grundlagen stellen. Residuen und Derivationen entspringen einer gemeinsamen Grundlage, «die uns im allgemeinen unbekannt ist und der man den Namen Gefühl oder Seelenzustand» geben könne (§ 1690). Diese Grundlage selbst bleibt uns verborgen, aber wir können in ihren Äußerungen beständige und weniger beständige, real wirksame und verhüllende Elemente unterscheiden. Zur Kennzeichnung dieser Elemente entwickelt PARETO nicht nur eine scharfsinnige Klassifikation, er zieht auch eine Fülle von historisch-empirischem Material heran, um diese Klassifikation zu illustrieren. Im einzelnen unterscheidet PARETO:

1. die Residuen der Kombination (§§ 889–990)
2. die Residuen der Persistenz der Aggregate (§§ 991–1088)
3. das Bedürfnis, seine Gefühle durch äußere Akte darzustellen (§§ 1089–1112)
4. die Residuen der Soziabilität (§§ 1113–1206).
5. die Residuen der Integrität (§§ 1207–1323) und
6. die Residuen der Sexualität (§§ 1324–1396).

Die Derivationen werden wie folgt differenziert:

1. die Derivationen der Affirmation (§§ 1420–1423)
2. die Derivationen der Autorität (§§ 1434–1463)
3. die Derivationen der Übereinstimmung mit Gefühlen oder Prinzipien (§§ 1464–1542) und
4. die Derivationen der Beweise durch Worte (§§ 1543–1680)

Auf eine nähere Erläuterung dieser Variablen können wir hier verzichten; wir verweisen jedoch auf den zitierten Aufsatz von KARRER, in dem eine knappe und brauchbare Darstellung gegeben wird. Von entscheidender Bedeutung sind zumal im zweiten Teil des ‹*Trattato*› nur die Unterschiede zwischen den ersten beiden Residuen, um die die Zirkulation der Eliten kreist, worauf wir noch eingehen werden.

Bevor wir jedoch unseren Überblick über die Elemente der Sozialmechanik PARETOS abschließen, ist zu fragen, was der soziologische Ertrag dieser Differenzierungen ist. Hier ist festzustellen, daß dieser Ertrag verhältnismäßig gering ist. PARETOS Klassifizierung und die zahlreichen Beispiele, die er bringt, geben zwar interessante Anregungen; aber es handelt sich nicht um empirisch bewiesene oder auch nur beweisbare Aussagen – wie es bei der klassischen Mechanik, an der sich PARETO orientiert, allerdings der Fall war. Da der Mensch uns in seinen Handlungen nur als Kulturwesen bekannt ist, da seine Handlungen tatsächlich immer gesellschaftlich orientiert sind, hat der Versuch, hinter diesem gesellschaftlichen Schein die wahre Natur zu offenbaren, «den Schleier wegzureißen und die darunter verborgenen Dinge aufzudecken» (§ 249), keinen empirischen Ansatzpunkt. So klar und überzeugend PARETO *in abstracto* ist, so unklar und problematisch wird er dort, wo es sich um die Analyse konkreter Handlungszusammenhänge handelt. In seinen ‹*Systèmes socialistes*› (1. Bd. 1926, S. 100) schreibt er, daß die Menschen zwar alle gewissen Leidenschaften unterworfen seien, daß sie ihnen aber nicht gleichermaßen nachgeben, was doch der Fall sein müßte, wenn die Gesellschaft als soziales Molekularmodell beschrieben werden soll. In dem Augenblick, in dem die Menschen – wenigstens in gewissen Grenzen – die Freiheit haben, den Konstanten ihrer Natur zu folgen oder nicht, wird es problematisch, überhaupt von Konstanten zu sprechen, und wird eine empirische Verifikation dieser Konstanten unmöglich.

Hinzu kommt, daß, wie PARETO selbst gesehen hat, die langfristig kontrollierenden Faktoren nicht immer die Szene beherrschen, daß Residuen, Interessen und Derivationen in einem Interdependenzzusammenhang stehen, der jede mögliche Kombination zuläßt (§ 2206). Wenn das aber so ist, dann hat die Aussage, daß die Residuen das Handeln bestimmen, weder einen *predictive value*, noch kann sie empirisch bewiesen bzw. falsifiziert werden. Man muß auch feststellen, daß PARETO den doch zunächst sehr hohen Informationsgehalt seiner Theorie, die nach der Art der klassischen Mechanik eine exakte Interpretation der gesellschaftlichen Vorgänge anstrebte, systematisch herabsetzt, um *in concreto* nicht widerlegt zu werden. Der Humanitätsglaube, der bei ihm als Paradebeispiel für Derivationen erscheint, tritt in § 2474 plötzlich als Residuum auf. PARETO spottet über die Philosophen, die den Menschen als Vernunftwesen ansehen, meint aber dann in § 2393, die Auffassung, die der Vernunft einen immer größeren Anteil am menschlichen Handeln zuschreibe, stimme mit den Tatsachen überein. Der Fortschrittsglaube wird wiederholt ironisiert; aber in § 2392 heißt es, es gebe tatsächlich eine Verschiebung in den Residuen, die dem Modell des Fortschritts entspricht, wie es SAINT-SIMON und COMTE entworfen hatten. PARETO, so bemerkt RAYMOND ARON (*La Sociologie de Pareto*, a. a. O., S. 505), *«a beau jeu à ridiculiser les interprétations des autres, puisque lui-même, au fond, n'en donne aucune»*. PARSONS (in: GURVITCH-MOORE, *Twentieth Century Sociology*. 1945, S. 57) bemerkt in einer paradoxen Formulierung: *«What is successfully established is too vague and general»* – wobei man sich fragen muß, ob man eine Aussage, die zu unbestimmt ist, als erfolgreich begründet ansehen kann. W. HIRSCH (Vilfredo Pareto. 1948, S. 105) kommt zu dem Ergebnis, PARETOS Werk sei ebensowenig objektiv wie das Werk von SPENGLER. ARON (*Les étapes de la pensée sociologique*. 1967, S. 483) erklärt, daß PARETO im Abstrakten steckengeblieben sei. Wenn man auch vielleicht nicht sagen könne, daß seine Resultate falsch seien, so seien sie doch nicht immer instruktiv.[20] Eine

---

20 EISERMANN versucht, PARETOS System mit demselben Argument zu verteidigen, das schon von FRIEDRICH ENGELS zur Verteidigung des historischen Materialismus vorgebracht worden war. MARX, so hatte ENGELS festgestellt, habe nur behaupten wollen, daß ‹letzten Endes› die ökonomischen Faktoren den Ausschlag gäben. In diesem Sinne sollen nach EISERMANN die Residuen die Faktoren sein, die ‹letzten Endes› den Gang der Dinge bestimmen. Mit dieser Formel, daß ‹letzten Endes› dieser oder jener Faktor entscheidend sei, kann jedoch jede beliebige Metaphysik bewiesen werden. Wirksame Faktoren müssen wissenschaftlich stets nachweisbar wirksame Faktoren sein. Erkenntnis muß sich, wie es KANT formulierte, «direkt oder indirekt» auf die Erfahrung beziehen; und eben dieser Bezug auf die Erfahrung wird durch die Formel ‹letzten Endes›

Theorie, die hinreichend unbestimmt ist, kann nicht falsifiziert werden, aber ihr Informationsgehalt ist dann eben entsprechend gering.

Pareto gibt, wie es Croce formuliert hat, eine *«teratologia scientifica»* (B. Croce, *Conversazioni critiche.* IV, 1932, S. 167), eine wissenschaftliche Klassifikation von Mißbildungen. La Ferla hat in diesem Sinne Pareto mit Voltaire verglichen, der in der Geschichte das melancholische Schauspiel endloser Täuschungen und Betrügereien gesehen hatte. Es gibt eine durchschnittliche, gemeine Menschennatur und das Schauspiel von sich stets wiederholenden Dummheiten und Gemeinheiten. Dieses pessimistische Bild der Menschennatur erklärt jedoch nicht, wie es zur Vergesellschaftung des Menschen kommt, warum die sozialen Moleküle nicht blind aufeinanderprallen. Hobbes, der Pareto in seinem Ansatz sehr nahe steht, hatte hier den Leviathan eingeführt; Voltaire hatte vorausgesetzt, daß sich die Menschen immer einem Herrn unterwerfen müßten, von dem sie nur hoffen könnten, daß er aufgeklärt und am zivilisatorischen Fortschritt interessiert sei. Pareto führt an der Stelle, wo Voltaire von den *fripons* und der *canaille* gesprochen hatte, die Vorstellung ein, daß die Masse der Menschen immer von einer Elite beherrscht und dadurch zu einem sozialen Verband gebracht werde. Im Unterschied zu Marx knüpft Pareto seine Elitentheorie nicht an gesellschaftliche Werte und Institutionen an, sondern gibt eine rein politische bzw. psychologische Interpretation des Herrschaftsverhältnisses.[21] Pareto ist zwar nicht so weit gegangen wie Ammon und Vacher de Lapouge, die die Zusammensetzung der Elite biologisch abzuleiten versuchten,[22] aber entscheidend ist, daß Pareto die Elite so definiert, daß aus ihr soziologisch nichts Eindeutiges folgt. Pareto bezieht die Elite nicht auf eine bestimmte Gesellschaftsstruktur, nicht auf bestimmte Werte und Institutionen, sondern zur Elite gehört für ihn jedermann, der in seiner besonderen Sparte tüchtig ist (vgl. §§ 2027–2031). Zu ihr gehören derjenige, der zu Recht oder Unrecht eine Million verdient hat, einflußreiche Frauen wie die Pompadour, der geschickte Betrüger, der Poet, der dem Geschmack seiner Zeit entspricht. In einem eingeschränkteren Sinne (§§ 2032–2034) ist die Elite Inbegriff all derer, die herrschen, anstatt beherrscht zu werden – eine Differenzierung, die ebenfalls soziologisch wenig aussagt, denn darunter können sehr viele verschiedene Sachverhalte verstanden werden. Die Aussage, daß es überall Tüchtige und weniger Tüchtige, Herrscher

aufgehoben, weil in ihr keine Operationen angegeben werden, die den wirksamen Faktor mit der Erfahrungstatsache verbinden.

21 Vgl. R. Lukic, *La théorie de l'élite chez Pareto et Marx.* In: Cahiers Vilfredo Pareto, 1964.

22 Vgl. neuerdings G. de Meo, *Circolazione delle aristocrazie e ricambio sociale.* In: *Vilfredo Pareto, l'economista e il sociologo.* 1949.

und Beherrschte gebe, ist zwar nicht zu falsifizieren, aber sie ist wenig informativ, wenn man sie nicht – wie es MARX tat – mit einer bestimmten Gesellschaftsstruktur verbindet, wobei dann allerdings in Kauf genommen werden muß, daß man unter Umständen widerlegt wird.

Ebenso abstrakt ist das Grundmodell für die Zirkulation der Eliten, das PARETO in seiner einfachsten Gestalt im schon zitierten ersten Band seiner ‹*Systèmes socialistes*› bringt. Die beiden Eliten A und B und die Machtlosen C sind die drei Größen, um deren Verhältnis zueinander es geht. Die Elite A ist an der Macht, die Elite B will zur Macht, und C ist die Masse der Bevölkerung, die nun von der einen und der anderen Seite für ihre Zwecke einzuspannen versucht wird. Beide Eliten sind nicht soziologisch, sondern psychologisch charakterisiert. Die breite Skala der Residuen schrumpft hier zusammen auf zwei Grundtypen, den Instinkt der Kombination und den Instinkt der Persistenz der Aggregate. Wie schon MACHIAVELLI teilt PARETO die Eliten in Füchse (Spekulanten und Skeptiker) und Löwen (Rentiers und Gläubige) ein. Diese Unterscheidung ist nicht an bestimmte gesellschaftliche Bedingungen gebunden, und PARETO spottet in diesem Sinne über die, die glauben, daß sich aufgrund gesellschaftlicher Veränderungen der Charakter der gesellschaftlichen Integration, der Herrschaft einer Elite über die Masse etwa ändern werde. Hier handelt es sich um Naturgesetze, auf die sich schon MACHIAVELLI in seinen ‹*Discorsi*› bezog, als er im ‹*Proemio*› schrieb: «*... come se il Cielo, il sole, gli elementi, gli uomini fossero variati di moto, die ordine e di potenza, da quelle che eglino erano anticamente*».

Das einzige immer wiederkehrende Strukturmerkmal der gesellschaftlichen Integration ist die immer wiederkehrende Unterscheidung zwischen Herrschern und Beherrschten – ein Unterschied, den PARETO in § 2227 mit dem Unterschied zweier fremder Nationen vergleicht, eine Analogie, die schon DISRAELI verwendet hatte. Elite und Masse stehen sich fremd gegenüber, und das Herrschaftsverhältnis ist darum als Gewaltverhältnis zu definieren. PARETO rühmt an SOREL, daß er «alle Faseleien über Bord geworfen habe» (§ 2193), und geht noch über diesen hinaus. Bei SOREL war die Anwendung von Gewalt Teil des Mythos, der die Gesellschaft integrieren und erneuern sollte. PARETO jedoch glaubt weder daran, daß es eine gesellschaftliche Erneuerung gebe, noch mißt er dem Mythos (SOREL), der politischen Formel (MOSCA), den Legitimitätsprinzipien, von denen FERRERO sprechen wird, eine andere als verhüllende Bedeutung bei. Jenseits aller ‹Faseleien› ist die Anwendung von Gewalt das einzige Mittel, mit dem eine aufsteigende Elite die Macht erobern und dann verteidigen kann. Es gibt keine mehr oder weniger legitime Herrschaft, sondern nur eine mehr oder weniger schlaue Tarnung des Gewaltverhältnisses, das die Herrschaft ist.

«Die Anwendung von Gewalt», schreibt PARETO in § 1858, ist «in den Gesellschaften unerläßlich. Wenn die oberen Gesellschaftsklassen ihr entfremdet sind, was gewöhnlich daraus folgt, daß sie sich größtenteils nur noch der Gerissenheit bedienen, zum geringsten Teil, weil sie aus Albernheit oder Feigheit vor energischen Handlungen zurückschrecken, so wird es notwendig, wenn die betreffende Gesellschaft überleben und gedeihen soll, daß an die Stelle der herrschenden Klasse eine andere tritt, die sich der Gewalt zu bedienen weiß und will.» Das ist der Kern von PARETOS berühmter Theorie der Zirkulation der Eliten. Alle Macht beruht auf der Anwendung von Gewalt. Eine Handvoll Bürger, die entschlossen ist, Gewalt anzuwenden, kann die Macht erobern, wenn sich nicht die Machthaber ebenfalls mit Gewalt zur Wehr setzen (§ 2178). Wenn die Machthaber diese Entschlossenheit im Gewaltgebrauch verlernt haben, dann werden sie ihre Stellung verlieren, und derjenige, der sie ausrottet, vollbringt «ein ebenso nützliches Werk, als wenn man schädliche Tiere ausrottet» (§ 2191).[23]

Auch hinsichtlich dieser Elitentheorie gilt, daß bei aller Anregung, die sie bietet, ihr wissenschaftlicher Informationsgehalt gering ist. PARETO ist innerhalb seines Modells konsequent, aber der Nachweis einer empirischen Gültigkeit seines Modells gelingt ihm nicht. Geschichtliche Beispiele wie das der Republik Venedig, das PARETO zitiert, zeigen, daß das Herrschaftsverhältnis nicht einfach als Gewaltverhältnis definiert werden kann, daß neben der Gewalt auch die politische Klugheit und die politische Formel ein langfristig stabilisierender Faktor sind. Das kunstvolle institutionelle Gleichgewicht, mit dem die Venezianer sich ihre politische Stabilität sicherten, kann nicht einfach auf zwei Variable reduziert werden. In der Anmerkung zu § 2180 spottet PARETO über die Humanitätsgläubigen, die immer davon reden, daß man sich nicht auf Bajonette setzen könne. Aber, so fährt PARETO fort, sie sagen nicht, ob nicht die Macht des AUGUSTUS «zumindest teilweise» auf die Stärke der Prätorianer gegründet war (vgl. auch § 2251). In dieser Form ist seine Theorie freilich unangreifbar, aber sie ist dann auch nicht mehr informativ. Daß die Anwendung von Gewalt regelmäßig mit zum Herrschaftsverhältnis gehört, ist von denen, die sich mit politischen Fragen beschäftigen, noch nie bestritten worden: «Die Ideologie, die Symbolik und der Knüppel liegen immer nahe beieinander», wie es MERRIAM (*Political Power*. 1934, dt. bei FRIEDRICH, Die politische Wissenschaft. 1961, S. 434) ausdrückt.

Ebenso wie PARETO einen naturwissenschaftlichen Ansatz zur Defini-

---

23 R. ARON, *La Sociologie dè Pareto*, a. a. O., S. 518, bemerkt: *«Le Traité tout entier nous apparaît comme une immense dérivation, dont les résidus sont les haines politiques ...»*

tion der einzelnen Elemente des sozialen Zusammenhangs sucht, sucht er einen naturwissenschaftlichen Ansatz, um den sozialen Zusammenhang und seine Gesetze zu erklären. In § 2330 spricht PARETO von der allgemeinen Erscheinung des wellenförmigen Verlaufs der einzelnen sozialen Phänomene. Im ‹*Manuel*› hatte PARETO erklärt, die Krise sei nur ein besonderer Fall des rhythmischen Verlaufs, der alle sozialen Erscheinungen beherrsche (a. a. O., S. 529). Jetzt zeigt sich, daß diese Oszillationen allgemeine Bedeutung haben. Die soziale Dynamik, die von der Zirkulation der Eliten, den Residuen, Derivationen, Interessen und Tatsachen ausgeht, gründet in diesem Naturgesetz. Schwingungsreihen, die sich gegenseitig überlagern, miteinander zusammenschwingen, dann wieder selbständig werden – das ist das Modell, nach dem man sich den gesellschaftlichen Prozeß vorstellen muß. Es ist zu vergleichen mit der Zeichnung, die ein Oszillograph anfertigt, der gleichzeitig verschiedene Eigenschaften desselben Materials aufzeichnet. Das Erscheinungsbild ist insgesamt zwar zunächst verwirrend, läßt sich dann aber auf einige einfache Elemente zurückführen, in denen sich die Bewegung immer wiederholt. Dieses Modell ist, strenggenommen, kein soziologisches, sondern ein geschichtsphilosophisches; und in diesem Sinne nennt PARETO ANAXIMANDER, ANAXIMENES und HERAKLIT als seine Vorläufer, und wir wollen auch nicht POLYBIOS vergessen, der die Lehre vom Kreislauf der Eliten als erster vorgebracht haben soll.

Welche soziologische Bedeutung hat nun diese Geschichtsphilosophie? Wir glauben, daß eine Parallele zum ‹*Principe*› von MACHIAVELLI angebracht ist. RAYMOND ARON (a. a. O., S. 517) stellt fest: «*Toutes les théories du Traité s'éclairent, si on les regarde comme le système par lequel un tel chef justifie et organise sa conduite.*» Der ‹*Trattato*› ist geschrieben für einen Politiker, der sein Verhalten zu rationalisieren und nach außen zu rechtfertigen sucht. ENRICO BARONE, ein Schüler PARETOS, veröffentlichte 1908 im ‹Giornale degli Economisti› einen Aufsatz unter dem Titel ‹*Il ministero della produzione dello stato collettivista*›, in dem er bewies, daß unter den von PARETO genannten Voraussetzungen das wirtschaftliche Verteilungs- und Produktionsproblem in einer kollektiven Planwirtschaft rational zu lösen sei. Im gleichen Sinne hat PARETO versucht, das politische Problem der Herrschaft zu rationalisieren. In einer Zeit, in der die alten Werte und Institutionen zweifelhaft wurden und die Integration der Gesellschaft damit fragwürdig wurde, will er nicht – wie die soziologische Theorie von LOCKE oder MONTESQUIEU – die gesellschaftlichen Grenzen der Staatsgewalt herausarbeiten, sondern rational über den Umgang mit der Macht aufklären. Es handelt sich im Grunde um einen politischen Appell, vorurteilslos zu handeln und nicht auf allgemeine Werte zu vertrauen. Der Zusammenbruch der bürgerlichen Gesellschaft Mitteleuropas in den zwanziger und dreißiger Jahren hat diesem seinem Mißtrauen scheinbar recht gegeben. Es ist aber nicht zu übersehen, daß zwischen dieser äußeren Rechtfertigung und der Erklärung dieser Katastrophe durch seine Theorie ein großer Unterschied besteht.

Robert Michels (1876–1936) war nicht gerade Schüler von Mosca, aber er greift dessen leitenden Grundgedanken auf, nach dem gesellschaftliche Integration gleichbedeutend mit Herrschaft einer Minorität über die Majorität ist. Mosca hatte diese Theorie auf Grund seiner persönlichen Erfahrungen entwickelt, aber diese Erfahrungen waren verhältnismäßig begrenzt. Sie schlossen insbesondere nicht die Kenntnis des modernen Parteiwesens ein. Die Problematik der sowohl von Mosca als auch von Pareto proklamierten ahistorischen Methode zeigte sich nicht zuletzt darin, daß beide blind waren für den spezifischen Charakter der Institutionen in der modernen Gesellschaft und hier speziell auch für die Institutionen, in denen hier die politische Herrschaft ausgeübt wird. Michels ist insofern eine wichtige Ergänzung, als er Moscas These in diesem Sinne zu erweitern sucht. Er versucht die Theorie der herrschenden Klasse mit der Realität der politischen Parteien zu vereinen, und sein Grundthema ist der Widerspruch zwischen der demokratischen Wertordnung, die die modernen Gesellschaften beherrscht, und der Notwendigkeit, in diesen Gesellschaften eine politische Organisation aufzubauen. Im Vorwort zur ersten Auflage seines Buches ‹Zur Soziologie des Parteiwesens in der modernen Demokratie› (1911) schreibt Michels: «In der Tat will es uns scheinen, daß die Demokratie als Bewegung wie als Gedankenwelt heute im Zeichen einer Krisis steht, aus der sie nicht heil hervorgehen kann.»

In der Zeit, in der Michels schreibt, waren die großen sozialistischen Parteien für viele Menschen die Hoffnung auf eine weitere Demokratisierung der europäischen Gesellschaften. Mit diesen Hoffnungen beschäftigt sich Michels, und er kommt zu dem Ergebnis, daß sie illusionär sind. In demselben Sinne, in dem schon Mosca und Pareto die nicht zuletzt auch von den Sozialisten genährte Hoffnung auf Emanzipation als eine bloße Ideologie abgetan hatten, stellt Michels fest, daß es gerade auch in den großen sozialistischen, dem Ideal der Demokratie verschriebenen Parteien ein ehernes Gesetz der Oligarchie gebe. Dieses werde alle freiheitlich demokratischen Hoffnungen zunichte machen. Es ist organisatorisch, psychologisch und intellektuell so fest verankert, daß die Demokratie ein bloßes Ideal bleiben wird und man sich allenfalls eine Milderung der «oligarchischen Krankheit» erhoffen kann. Im Zentrum steht hier bei Michels wie bei seinen Vorgängern und seinen Nachfolgern die Notwendigkeit der Organisation. Die Organisation einer

Massenbewegung setzt einen Verwaltungsapparat voraus, der nicht mehr von den Massen selbst kontrolliert werden kann. Die Zunahme der Zahl der Mitglieder und das Wachstum der Aufgaben, die bewältigt werden müssen, bringen, unabhängig von allen demokratischen Idealen, die Notwendigkeit bürokratischer Organisationsformen hervor. HELVÉTIUS hatte festgestellt, daß die Unterdrückung darauf aufbaue, daß die Unterdrückten sich selbst nicht organisieren könnten, und von dieser Feststellung geht MICHELS ebenso aus wie auch MOSCA und PARETO. Die Massen können sich nicht selbst regieren, sondern müssen immer regiert werden. Organisation der Massen einerseits und schlagfertiges Handeln andererseits setzen voraus, daß ein Apparat geschaffen wird, der als Herrschaftsapparat über der Masse steht.

Organisierte Minderheit und unorganisierte Mehrheit sind immer Gegenpole. Die Vorstellung, daß sich die Massen selbst organisieren, Führungsapparat und Führungspersönlichkeiten aus ihren eigenen Reihen hervorbringen könnten, ist für MICHELS, MOSCA und PARETO undenkbar. Auf der einen Seite steht die führungsbedürftige, emotional haltlose Masse, auf der anderen Seite die organisierte, berufsmäßige Führerschaft, deren Psychologie das Korrelat der Massen ist. Die Masse ist führungsbedürftig, interesselos und inkompetent. Sie kann sich selbst über ihre eigenen Interessen nicht klarwerden und ist darum auf jemanden angewiesen, der ihr diese Interessen erklärt. Die Massenpsychologie von LE BON wird bei MICHELS eingeführt, um eine Voraussetzung zu untermauern, die bei MOSCA und PARETO als selbstverständlich gilt. Die Masse der Menschen ist gekennzeichnet durch Desorganisation und Desorientierung. Organisation und Orientierung müssen ihr daher von oben beigebracht werden. Nicht nur der bürokratische Apparat, sondern auch der Führer ist hier unentbehrlich. Der Führer, der sich durch seine Verwaltungskenntnisse, durch seine Rednergabe und Intelligenz auszeichnet, auf den die Massen ihre eigenen Herrschgelüste übertragen können, wird Gegenstand von Dankbarkeit und Verehrung. Auch bei MICHELS ist die Begründung viel weniger soziologisch als vielmehr psychologisch bzw. sozialpsychologisch. Die Notwendigkeit der Organisation könnte allein ja nicht das eherne Gesetz der Oligarchie, d. h. der Unterwerfung der Massen unter eine kleine Führerschicht, erklären. Erst unter der Voraussetzung, daß sich Masse und Führerschaft als zwei verschiedene Welten begegnen, ergibt sich die Notwendigkeit der Unterwerfung unter eine Oligarchie. Masse und Führerschaft sind einander immer entfremdet. Und diese Entfremdung ist die Konsequenz der Psychologie der Massen. MICHELS schreibt (Ausgabe Kröner, S. 64): «Häufig ist das Anbetungsbedürfnis der einzige *rocher de bronze*, der alle Wandlungen in der Weltanschauung der Massen überdauert. Die sächsischen

Fabrikarbeiter sind in den letzten Jahrzehnten aus frommen Protestanten zu Sozialdemokraten geworden ... Unter den Ruinen der alten Anschauungsweise der Massen blieb unversehrt die Siegessäule des Anbetungsbedürfnisses aufrecht stehen.» Unter diesen Bedingungen kann von der Demokratie nichts anderes übrigbleiben als die mehr oder weniger schnelle Zirkulation verschiedener Eliten, so wie es schon MOSCA gesehen hatte.

Interessant ist nun aber, daß MICHELS diese Grundthese seines Werkes entscheidend modifiziert. Im vierten Teil gibt er eine soziale Analyse der Führerschaft – eine Analyse, die BURNHAM in seiner Darstellung von MICHELS' Buch charakteristischerweise überspringt, weil sie nämlich nicht in seine These vom Machiavellismus paßt. MICHELS kennt die Entwicklung des modernen Parteiwesens. Er versucht, sie im Lichte einer bestimmten theoretischen Hypothese zu interpretieren, aber er kann nicht übersehen, daß sich in den Massen, die zunächst von außen organisiert wurden, doch deutliche Tendenzen zur Selbstorganisation zeigen. Die Masse ist schließlich kein natürlicher oder abstrakt psychologischer, sondern ein soziologischer Tatbestand, ein Tatbestand, der von den Werten und Institutionen einer bestimmten Gesellschaft geprägt wird und sich an diesen Institutionen und Werten auch selbst entwikkeln kann. Die Massen werden in einer bestimmten gesellschaftlichen Situation nicht nur äußerlich organisiert, sie verändern sich auch innerlich. Und diese These, daß auf Grund der geschichtlichen Erfahrung eine innere Veränderung in Motivation und Organisation erreicht werden kann, ist die Gegenthese gegen sein eigenes «ehernes Gesetz der Oligarchie». «Die Sozialdemokratie», schreibt MICHELS (a. a. O., S. 268), «dient demnach gewissen Schichten der Lohnarbeiterschaft als ... Klassenerhöhungsmaschine, und zwar in demselben Maße, in welchem sich die Maschinerie ihres bürokratischen Organismus erweitert und verzweigt. Ihr ist die geschichtliche Aufgabe zuteil geworden, proletarische Bestandteile, und zwar vielfach die fähigsten, klügsten zu entproletarisieren.» Diese Entproletarisierung läßt schließlich die strenge Scheidung zwischen den verschiedenen Klassen und auch den strengen Unterschied zwischen Führerschaft und Masse hinfällig werden. Die teilnahmslose und handlungsunfähige Masse nimmt in steigendem Umfang intelligente und handlungsbereite Mitglieder aus anderen Gesellschaftsschichten, der Bourgeoisie und der Akademikerschaft, auf. Sie entwickelt schließlich auch eine eigene Arbeiterführerschaft proletarischer Abstammung.

In seinem Aufsatz ‹Die oligarchischen Tendenzen der Gesellschaft› (‹Archiv für Sozialwissenschaft und Sozialpolitik›, Bd. 27, 1908, S. 133 f) stellt MICHELS fest: «Es liegt im Wesen der Demokratie und also auch der Arbeiterbewegung, die Fähigkeit zu Kritik und Kontrolle im einzelnen zu stärken und anzuspornen, wenn andererseits auch zugegeben werden muß, daß die Bürokratisierung dieser Fähigkeit wieder in hohem Maße Abbruch tut. Jede Arbeiterbewegung schafft vielfach wider den Willen ihrer gewordenen Führer eine Reihe freier Individuen, die, sei es aus Prinzip, sei es aus Instinkt, immer von neuem die Autoritäten revidiert.» MICHELS bezeichnet es in diesem Zusammenhang sogar als Hauptarbeit auf dem Gebiet der sozialen Pädagogik, die oligarchischen Tendenzen jeder Arbeiterbewegung tunlichst zu paralysieren. Dies zeigt, daß er selbst nicht an ein ehernes Gesetz der Oligarchie glaubte, sondern sah, daß der Prozeß der Vergesellschaftung im Gegensatz zu den Prozessen der Natur nicht eindeutig determiniert ist. Die Masse ist nicht hilfloses Material in den Händen der Elite, sie ist nicht wehrlos einem ehernen Gesetz der Oligarchie ausgeliefert, ebensowenig wie sie einem ehernen Lohngesetz ausgeliefert ist, an das noch LASSALLE glaubte. Die Soziologie des modernen Parteiwesens gewinnt unter diesem Aspekt der Emanzipation eine neue Bedeutung, eine Bedeutung, die weit über die Perspektive von MOSCA und PARETO hinausweist, die mit der Formel der regierenden Elite den Kern des hier vorliegenden Sachverhalts getroffen zu haben meinten. MICHELS selbst hat diese Konsequenzen nicht weiter verfolgt, sein Bestreben ging vielmehr dahin, dieses Phänomen mit der alten Theorie dadurch zu vereinen, daß er, ähnlich wie LENIN, diejenigen, die aus der Masse aufstiegen, in eine Arbeiteraristokratie verwandelte, die von den Besitzenden gekauft sei. Die entscheidende theoretische Weiterentwicklung in der Theorie der Organisation ist ihm deswegen entgangen. Trotzdem kann nicht übersehen werden, daß sich bei MICHELS im Gegensatz zu MOSCA und PARETO Ansätze finden, die bis in das moderne Problem der Spontaneität innerhalb der Organisationen hineinführen und die soziologische Frage nach der Bedingtheit des Herrschaftsapparates durch den Prozeß der Vergesellschaftung eröffnen.

Ein verspäteter Nachfolger von MOSCA und MICHELS ist DORSO mit seiner ‹*Dittatura, classe politica e classe dirigente*› (1949). Im Anschluß an diese bemerkt er auf Seite 133, daß die Unvollkommenheit der menschlichen Natur die Konsequenz habe, daß alle menschlichen Gesellschaften sich in Oligarchien formiert haben, die das Gerippe (*ossatura*) aller Sozialstrukturen darstellen. Bemerkenswert ist aber bei DORSO, daß er diese Oligarchie auf die Kollektivinteressen der Gesamtheit verpflichtet, wovon weder bei MOSCA noch bei PARETO oder MICHELS die Rede war, die sich wohl hüteten, Kollektivinteressen als real vorhandene Gegenstände zu interpretieren. Die Theorie der herrschenden Klasse hatte dort gerade deswegen den Charakter einer ausweglosen, immer bestehenden Notwendigkeit angenommen, weil man glaubte, daß es keinen Schwerpunkt der Organisation, kein *fait social* außerhalb des organisierten Willens einer Minderheit geben könne. Dieser Ansatz wird von DORSO in Frage gestellt, der der Elite eine soziale Funktion beimißt und damit impliziert, daß es eine gesellschaftliche Struktur gebe, die gegenüber dem Willen der Elite objektiv sei. Man erinnert sich hier an die italienische Soziologie des 18. Jahrhunderts, in der, etwa bei BECCARIA, von dem größten Glück der größten Zahl als Ziel aufgeklärten politischen Handelns die Rede gewesen war, also auch die Interessen der Kollektivität als ein objektives Datum angesehen wurden. Diese Tradition, der MOSCA und PARETO mißtrauisch gegenüberstanden, wird hier wieder erneuert. Eine weitere Modifikation, die wir bei DORSO bemerken, besteht darin, daß er nicht mehr nur von zwei Klassen spricht, sondern zwischen die herrschende Klasse und die Unterworfenen eine Mittelschicht einschiebt. Auf dem Wege über diese Mittelschicht wird so aus einer Auseinandersetzung, die zwischen Eliten um die Macht geführt wird, eine Wechselwirkung zwischen der beherrschten und der herrschenden Klasse, die schließlich zur Deklassierung der herrschenden Klasse führen kann. DORSO nähert sich hier Vorstellungen, die dem alten elitären Konzept widersprechen und auf die offene Führungsorganisation der modernen Gesellschaften hindeuten, die keine herrschende Klasse mehr kennen.

Bei MICHELS und DORSO löst sich das Konzept von MOSCA und PARETO auf. Die Integration der Gesellschaft erscheint zunehmend problematisch und nicht mehr in einfachen, quasi naturwissenschaftlichen Kategorien darstellbar. Die Theorie der herrschenden Klasse verliert an Bestimmtheit, aber eine wirkliche Alternative wird nicht entwickelt. Diese Alternative hätte darin bestehen müssen, den theoretischen Ansatz, wie er im 18. Jahrhundert von MONTESQUIEU und LOCKE entwickelt worden war, zu rezipieren, in dem die Integration der Gesellschaft nicht mehr aus dem Willen der Herrschenden, sondern aus dem gesellschaftlichen Prozeß selbst abgeleitet wurde. Diese Rezeption findet nicht statt, aber ein großer Schritt in ihrer Richtung wird von FERRERO getan.

FERREROS Buch ‹*Pouvoir*› (zit. nach der deutschen Ausgabe 1944) erschien 1942 in Amerika. Auch FERRERO sieht, daß die Macht immer in den Händen einer organisierten Minderheit liegt, aber diese Minderheit steht seiner Auffassung nach nicht einer bloßen Masse gegenüber, die sie nach ihrem Willen organisieren kann, sondern einem Kosmos von Werten, an den sie sich anschließen muß. Macht muß legitime Macht sein. Die Integration der Gesellschaft vollzieht sich über allgemeine Werte, nicht über die Ausübung von Gewalt. An die Stelle der alten, mystischen Verehrung der Macht soll nach seinen Worten «die Verallgemeinerung der Kenntnis und des Gefühls der gegenseitigen Pflichten» treten (S. 434). Die Ausübung der Herrschaft rechtfertigt sich nicht durch die bloße Gewalt, auch nicht durch die Tatsachen der Psychologie oder der Organisation, sondern durch gesellschaftliche Werte, von denen her die Zuerkennung und Ausübung der Macht geregelt werden. Die Legitimitätsprinzipien – FERRERO zählt deren vier auf: das Prinzip der Wahl, das Prinzip der Erblichkeit, das aristokratisch-monarchische Prinzip und das demokratische Prinzip – sind «Rechtfertigungen der Macht» (S. 48). Zwischen einer Macht, die sich rechtfertigen kann, und einer Macht, die sich nicht rechtfertigen kann, besteht aber nicht nur ein Unterschied der Worte, sondern ein soziologisch entscheidender Unterschied. Die Gewalt, so stellt FERRERO fest, ist niemals sicher, daß sie den Gehorsam erzwingen kann. Sie kann auch einen Aufruhr hervorrufen, und das ist der Grund, weshalb sie ebensowohl Angst einflößt als auch selbst beständig Angst hat. Die Legitimitätsprinzipien, die die Übertragung und Ausübung der Macht regeln, haben deshalb nicht nur verhüllende Bedeutung, sondern die entscheidende Funktion, dem Herrschenden Sicherheit zu geben. Die Legitimitätsprinzipien, auf Grund deren die Beherrschten ihre Herrscher als legitim anerkennen, sind keine bloßen Worte. Diese Anerkennung sichert vielmehr denjenigen, der die Herrschaft ausübt. Wer glaubt, daß zur Gewinnung und Bewahrung der Macht nur der Wille zur Organisation und zum rücksichtslosen Gewaltgebrauch ausreiche, der täuscht sich, wie es das Beispiel gerade auch der Französischen Revolution gezeigt hat. Eine Macht, die illegitim ist, ist immer bedroht, und sie macht sich verhaßt, weil sie eben wegen dieser Bedrohung streng und grausam sein muß. Im Gegensatz dazu braucht sich eine Macht, die sich an die Legitimitätsprinzipien anschließt, nicht vor der beständigen Gefahr des Aufruhrs zu fürchten, und sie kann deswegen weniger streng und grausam sein.

MOSCA und PARETO hatten die Gesellschaft als ein Kampfverhältnis definiert. Für sie war das Entscheidende die Stärke, durch die eine organisierte Minderheit die Macht erobert. FERRERO sieht die Innenseite dieses Kampfverhältnisses, nämlich die Angst. Die Unsicherheit und Unübersehbarkeit der gesellschaftlichen Beziehungen zwischen den Menschen führen zu einer beständigen Angst aller vor allen. Die Schwachen fürchten sich vor den Starken, die Starken fürchten sich vor denen, die sie unterworfen haben. Immer versuchen die Menschen, dieser Angst zu entgehen, aber je mehr sie sich bewaffnen, um sicher zu sein, desto größer wird die Furcht, die sie voreinander haben. Der Mensch, so sagt FERRERO, lebt im Mittelpunkt eines Systems von Schrecken. «Jeder Mensch weiß, daß er stärker ist als manche seinesgleichen und schwächer als andere» (S. 63). An diesem Tatbestand kann keine Mystifizierung der Macht etwas ändern. Kein Machthaber ist sicher, der seine Macht nicht auf allgemein anerkannte Werte stützt. Zur Macht, die von oben kommt, gehört die Anerkennung von unten, die Legitimität. Für FERRERO stehen diese Legitimitätsprinzipien in engem Zusammenhang mit christlichen Vorstellungen, aber er betont immer wieder, daß sie nichts Übersinnliches an sich haben, sondern daß ihre Wirksamkeit empirisch in der Geschichte nachgewiesen werden könne. Macht muß anerkannte Macht sein, und das bedeutet, daß sie sich auf eine objektive Realität außerhalb ihrer, auf einen, um MONTESQUIEU zu zitieren, *esprit des lois* stützen muß. Außerhalb der Organisation, die von der herrschenden Klasse erzwungen wird, gibt es nicht nur die Anarchie, das Chaos blinder Naturgewalten, sondern es gibt auch Prinzipien, die bestimmte Ordnungsvorstellungen implizieren. FERRERO ist nicht so weit gegangen, die soziologische Grundlage dieser Prinzipien in der Struktur der Gesellschaft aufzusuchen, und PETER SCHNEIDER[24] hat mit Recht darauf hingewiesen, daß abstrakte Legitimitätsprinzipien, wie sie FERRERO vertritt, die Ausübung der Macht nicht nur begrenzen, sondern auch radikalisieren können, aber er hat doch den Punkt, auf den es gegenüber den pessimistischen Theorien seiner Vorgänger ankam, klar erkannt. Die Ausübung der Macht ist an objektive Bedingungen gebunden, sie kann nicht einfach von organisatorischen Prinzipien oder der Entschlossenheit zur Gewaltanwendung her verstanden werden. Der politische Machtkampf ist keine «große Lotterie», wie es PARETO (*Trattato*, § 2263) pessimistisch meinte, er ist von seinen Legitimitätsvoraussetzungen her durchschaubar. Bei FERRERO wird die Macht – im Gegensatz zu den Versuchen, sie als ein blindes Naturphänomen zu verstehen, wie dies noch bei E. CANETTI, Masse und Macht (1960), der Fall ist – auf gesellschaftliche Werte zurückgeführt. In ihnen findet sich der Faktor, der Herrscher und Beherrschte verbindet; von ihnen ausgehend, muß daher die Integration der Gesellschaft beschrieben werden.

3. WIEDERHOLUNG DER REZEPTION

Der Einfluß von MOSCA, PARETO und MICHELS beruhte nicht zuletzt auf dem esoterischen Charakter, den ihre Lehren gegenüber der herrschenden Tendenz hatten, gesellschaftliche und geschichtliche Sachverhalte idealistisch zu interpretieren. Bei aller Leistung blieb selbst PARETO ein Außenseiter, von dessen Werk auch nicht annähernd die Konsequen-

24 P. SCHNEIDER, Über das Verhältnis von Recht und Macht. In: Die moderne Demokratie und ihr Recht, Tübingen 1966.

zen ausgingen, wie sie das Werk DURKHEIMS in Frankreich hatte. Die harte Kritik an allen anderen Theorien, durch die die eigene Position isoliert wurde, die Entfremdung gegenüber den Werten, die auch zur philosophisch-christlichen Überlieferung Italiens gehörten, und nicht zuletzt der komplizierte und unorthodoxe Aufbau des Werkes ließen es nicht zu einer größeren Wirksamkeit kommen. Der Versuch, der hier unternommen wurde, die Soziologie neu zu definieren, kommt nicht zum Zuge. Statt dessen wird die Entwicklung zunächst beherrscht von den Bestrebungen, die Soziologie in den Kanon der überlieferten Wissenschaften bzw. der Philosophie und der Theologie einzuordnen. In diesem Sinne ist die Soziologie für CROCE – dessen Einfluß wir schon gewürdigt haben – eine Unterabteilung der Jurisprudenz, die die Rechtstatsachen in einer bestimmten Art und Weise klassifiziert.

Noch entschlossener geht sein Schüler GENTILE diesen Weg. Bei ihm wird die Soziologie zur ‹*deontologia etico-sociale*›[25], zur Theorie des geistigen bzw. moralischen Prozesses, in dem eine gegebene Geistnatur sich zugleich in den Individuen und als Kollektivität begreift. Das Individuum, *«che non tocca la terra del particolare senza alzarsi nella libera aria della universalità e librarsi nel mondo della libertà» (Genesi e struttura della società.* Opere IX, S. 24), ist zugleich allgemeines Bewußtsein, und als solches arbeitet es ständig an der Überwindung der eigenen Individualität. Vergesellschaftung ist in diesem Sinne als ein rein geistiger Prozeß zu begreifen, als spirituelle Notwendigkeit, die sich aus dem Begriff des allgemeinen Bewußtseins und der konkreten Individualität ergibt.

Neben dieser philosophisch orientierten Soziologie haben einen großen Einfluß auch die christlich orientierten Gesellschaftslehren, die in Italien bis in die Gegenwart hinein eine nicht geringe Rolle spielen. Als Beispiele nennen wir: U. MIONI, ‹*Manuale di sociologia*› (1932); L. BELLINI, ‹*Saggio di una teoria generale della società*› (2 Bände, 1934); L. STURZO, ‹*La società, sua natura e leggi*› (1935), und neuerdings G. PALOMBA, ‹*Genesi e struttura della moderna società*› (1961). Als Modell der hier geübten Erklärungsweise diene das Werk von STURZO, der als Leiter des nach ihm benannten Instituts in Rom den größten Einfluß in dieser Richtung ausgeübt hat. Ausgangspunkt ist die Einzelheit des einzelnen, der nicht als gesellschaftliches Wesen, sondern als Datum außerhalb der Gesellschaft angesehen wird. Das Gewissen und die Rationalität des einzelnen sind die Grundlage der Gesellschaft. Jede Gesellschaft ist materiell und formell eine individualistische Gesellschaft. *«Le forme*

---

25 Vgl. E. DI CARLO, *La sociologia in Italia dalla seconda metà dello scorso secolo ad oggi.* In: Sociologia, 1, 1957.

sociali seguono i fini naturali dell'attività umana» (Ausgabe 1960, S. 44).

Die Gesellschaft verwirklicht die natürlichen Ziele des Menschen. Diese Ziele gipfeln schließlich in der Vereinigung des Menschen mit Gott. Hinter den Differenzierungen und Gegensätzen der Gesellschaft steht eine bestimmte Menschennatur, und die Konflikte haben daher einen gemeinsamen Nenner, auf dem sie sich auflösen können. Dieser Nenner sind nicht die Institutionen, in denen die Handlungen der Menschen sozialisiert werden, sondern der eine von Gott geschaffene Mensch. Der Kreislauf, der bei dem einzelnen beginnt und zur Gesellschaft führt, endet schließlich in dem Streben nach Vervollkommnung, nach Transzendenz zu dieser von Gott geschaffenen Natur hin. Jede Vergesellschaftung bedeutet Transzendenz über den empirischen einzelnen hinaus. Das beginnt bei der kleinen Gruppe, setzt sich fort in der Gesellschaft und endet schließlich dort, wo die Transzendenz überhaupt ihr Ziel findet, in Gott. Gott ist darum der feste Punkt, der Ursprung aller Autorität, der Inbegriff der sozialen Ordnung. Das Streben des einzelnen wie auch der Prozeß der Vergesellschaftung finden hier ihr letztendliches Ziel. Die Soziologie wird damit zu einem Teil der praktischen Theologie, so wie sie bei CROCE Teil der Jurisprudenz, bei GENTILE Teil der Ontologie geworden war. Eine Weiterentwicklung der Soziologie als solcher war hier nicht möglich. Die Konsequenz ist, daß in Italien mehr als anderswo das Bestreben, die moderne Soziologie zu rezipieren, einen wirklichen Bruch mit der Tradition bedeutete. Weder die Tradition des «Machiavellismus» noch die des Spiritualismus ließen sich hier fortsetzen.

Kennzeichnend für diesen Bruch ist das Werk von BATTAGLIA. Es ist insofern interessant, als er von einem spiritualistischen Ansatz übergeht in einen empirischen, der die alten Fragestellungen nicht fortführt, sondern aufgibt. BATTAGLIA beginnt damit, Soziologie und Sozialphilosophie miteinander zu identifizieren und in einer an CROCE und HEGEL angelehnten Weise als Lehre von der Vermittlung zwischen wirtschaftlichen und moralischen Kräften zu sehen. Später [26] fordert er die rein empirische Forschung als Inhalt der gegenwärtigen Soziologie. Die Soziologie wird hier im Sinne des Empirismus zur Wissenschaft der sozialen Tatsachen, der beobachtbaren Interaktionszusammenhänge in den Gruppen und der Sozialisierung des Menschen in diesen Gruppen. Das Erkenntnisziel ist ausdrücklich ein partielles, d. h. es richtet sich nicht auf den gesellschaftlichen Handlungszusammenhang, sondern auf den Zusammenhang einzelner beobachtbarer Tatsachen. Auf die große Theo-

---

26 Vgl. F. BATTAGLIA, *Oggetto e prospettive dell'odierna sociologia.* Bollettino di Sociologia dell'Istituto Sturzo, 1, 1956.

rie, die über die beobachtbaren Tatsachen hinaus in das Wesen oder die Natur, den letztendlichen Zusammenhalt der gesellschaftlichen Prozesse vorzudringen suchte und sich damit in eine Metaphysik verlor, folgt hier die Position des Empirismus, der sich ohne theoretische Vormeinungen im Bereich des Beobachtbaren aufhält. Dieser Empirismus widerlegt die vergangenen großen Theorien nicht, sondern er verzichtet darauf, sich auf deren Fragestellungen einzulassen. In diesem Sinne treten jetzt die Theorien von MOSCA und PARETO ebenso wie die Theorien der christlichen Soziallehre in den Hintergrund. Man verzichtet darauf, sich mit ihnen im einzelnen auseinanderzusetzen, und wechselt das Forschungsziel.

Auch in Italien verlagert sich das Schwergewicht der soziologischen Forschung von den großen Systemen auf empirische Einzeluntersuchungen. Dieser Übergang vollzieht sich hier in mancher Hinsicht reibungsloser als in Frankreich, da es MOSCA und PARETO im Gegensatz zu DURKHEIM nicht gelungen war, eine Schule um sich zu bilden und im Rahmen dieser Schule empirische Forschungen unter bestimmten theoretischen Voraussetzungen zu treiben. Hier waren die großen theoretischen Systeme von Anfang an eine Sache für sich gewesen, neben der die empirische Forschung, wie sie sich aus der Tradition von Volkskunde und Statistik entwickelte, einherlief. Klassischer Ansatzpunkt ist hier wie auch in Frankreich die Demographie, die, wie wir sahen, HALBWACHS sogar zum Inbegriff der sozialen Morphologie machen wollte. Wir nennen hier das 25bändige Werk von G. PITRÈ, ‹*Tradizioni populari Siciliane*›, das 1871–1913 veröffentlicht wurde; ferner BENINI mit seinen ‹*Principi di demografia*› (1901) und COLAJANNI, ‹*Manuale di demografia*› (1919). A. NICEFORO versucht in seinem Buch ‹*Sulla differenziazione della populazione in gruppi dissimili e sulla cosidetta circolazione delle aristocrazie*› (1930) auf der Grundlage demographischer Forschungen eine Elitentheorie auszuarbeiten, die auf einem rohen Biologismus beruht. Am bedeutendsten ist in dieser Hinsicht das Werk von C. GINI, von dessen Schriften wir hier nur seine ‹*Saggi di demografia*› (1934) und seinen ‹*Corso di sociologia*› (1957) erwähnen. GINI[27] versuchte, ausgehend von der Demographie eine allgemeine Theorie des nationalen Aufstiegs und Verfalls zu entwickeln, eine zyklische Theorie, in der biologische Faktoren neben geographischen den Ausschlag geben. Er betrachtet sich selbst als Neoorganizist. Diese Tradition wird fortgesetzt durch V. CASTELLANO, ‹*Sul fondamento biologico della concezione della società umana*› (1950).

---

27 M. MAROTTA, *Il pensiero di Corrado Gini e la sociologia in Italia.* Sociologia, 1, 1958.

Zwei Gebiete werden traditionsgemäß in Italien besonders gepflegt, nämlich die politische Soziologie einschließlich der Rechtssoziologie und die Religionssoziologie. Wir verweisen hier auf das Werk von E. PENNATI, von dem wir insbesondere seine ‹*Dottrine politiche minoritarie: i capi e le masse*› (1955) hervorheben, in dem er das uns schon von MOSCA und PARETO her bekannte Thema wieder aufgreift. Daneben erwähnen wir seine ‹*Elementi di sociologia politica*› (1961) und die ‹*Sociologia della politica*› von BARBANO. MALAPARTE und neuerdings S. TOSI haben sich mit dem Staatsstreich beschäftigt. U. MELOTTI, ‹*Rivoluzione e società*› (1965), behandelt sein Thema unter der klassischen Voraussetzung, daß die Gesellschaft auf der Unterdrückung des einzelnen beruhe. G. PERTICONE, ‹*La formazione della classe politica nell'Italia contemporanea*› (1954), versucht, die Gesellschaftsstruktur des heutigen Italien zur Darstellung zu bringen. Für die Rechtssoziologie verweisen wir auf A. GROPPALI, von dessen Werk wir besonders seine ‹*Studi giuridici e sociali*› (1954) und seine ‹*Sociologia e teoria generale del diritto*› (1958) hervorheben. Nicht unerwähnt bleibe auch das von R. TREVES herausgegebene Sammelwerk ‹*La sociologia del diritto. Problemi e ricerche*› (1966).[28] Auf dem Gebiet der Kriminologie ist an die sechsbändige ‹*Criminologia*› von A. NICEFORO (1949–1954) zu erinnern.

Hinsichtlich der Religionssoziologie heben wir hervor: P. G. GRASSO, ‹*Elementi di sociologia religiosa*› (1955), und A. LEONO, ‹*Sociologia religiosa e azione pastorale*› (1955). Mehr ethnologisch als religionssoziologisch orientiert ist das Buch von V. LANTERNARI, ‹*Les Mouvements religieux des peuples opprimés*› (1962). Daneben verweisen wir auf die Monographien von I. AZZALI, S. BURGALASSI, L. BEDESCHI und B. DA GANGI.

Die Liste dieser empirischen Einzelforschungen könnte noch lange fortgesetzt werden, wobei insbesondere zahlreiche Aufsätze in den ‹Quaderni di Sociologia› nicht zu übersehen sind. Das Problem dieser Forschungen liegt jedoch ebenso wie auch anderswo hier darin, daß sie in aller Regel ohne Bezug auf eine soziologische Theorie unternommen werden. FERRAROTTI schließt seine Darstellung der italienischen Soziologie (in: BECKER and BOSKOFF, a. a. O.) mit der Feststellung, daß es wenig italienische Soziologen gebe, die die Notwendigkeit klar definierter theoretischer Hypothesen für die empirische Forschung einsehen. Das Urteil von TREVES[29] lautet nicht anders. Im Gegensatz zur empirischen

---

28 Vgl. auch seinen Aufsatz: *Recenti sviluppi della sociologia del diritto in Europa*. Quaderni di Sociologia, 16, 1967.

29 *Gli studi e le ricerche sociologiche in Italia*. In: *La sociologia nel suo contesto sociale*. 1959, S. 207 f.

Forschung bleibt die theoretische Entwicklung im ganzen zurück. Der Versuch, den F. Barbano mit seiner ‹*Teoria e ricerca nella sociologia contemporanea*› (1955) unternahm, die strukturell funktionale Theorie nach Italien zu übertragen, blieb ohne sichtbaren Erfolg. P. Rossi (*Contributions italiennes à la théorie sociologique.* ‹Europäisches Archiv für Soziologie›, III, 1962, S. 174) führt dieses unbefriedigende Ergebnis darauf zurück, daß die empirische Sozialforschung in Italien noch nicht genügend ausgebaut worden sei – ein Argument, das im Hinblick auf die vorgenannten Arbeiten jedoch nicht recht überzeugt. Die Entwicklung der strukturell funktionalen Theorie als eines analytischen Begriffssystems steht in keinem direkten Zusammenhang mit den empirischen Forschungen, sondern bedeutet die Ausarbeitung einer Sprache, die auf beliebige Phänomene angewendet werden kann. Vielleicht ist es gerade dieses bewußte Disengagement einer sich analytisch verstehenden Theorie, die die Chancen ihrer Rezeption begrenzt. Die großen theoretischen Systeme jedenfalls, wie sie von Mosca, Pareto und selbst Croce entwickelt worden waren, forderten ein bestimmtes Engagement, markierten klar die Positionen, die von der Theorie her politisch richtig oder falsch waren. Theorien, die von sich selbst einen skeptischeren, disengagierten Begriff hatten, bleiben demgegenüber im Hintergrund.

Wir erinnern in diesem Zusammenhang an F. Carli mit seiner ‹*Introduzione alla sociologia generale*› (1925). Carli bestimmt im Sinne von Comte und Durkheim das Studium der Gruppen, der in ihnen wirkenden Kräfte und Interaktionen als Erkenntnisgegenstand der Soziologie. Er unterscheidet allgemeine und spezielle Soziologie, je nachdem, ob es sich um allgemeine Formen und Kräfte menschlicher Gruppen oder aber um besondere Gruppen und deren Eigentümlichkeiten handelt. Das Schwergewicht liegt für ihn auf der allgemeinen Soziologie, und hier schließt er sich im Ausgangspunkt an Tarde an: Gegenstand der Soziologie sind Phänomene, die sich wiederholen, nicht jedoch Phänomene, die sich entwickeln. Gesetze der Soziologie sind Abstraktionen, in denen die Aspekte des Soziallebens, die sich immer wiederholen, ausgedrückt werden. In diesem Ansatz und in den Beispielen, mit denen er ihn erläutert, schließt sich Carli an die französische Soziologie an, geht jedoch in seinem theoretischen Verständnis über diese Soziologie insofern hinaus, als er erkennt, daß die dort gefundenen Einsichten keine empirisch belegten Erkenntnisse, sondern Modelle sind, nach denen beliebige Erfahrungsinhalte beschrieben werden können. «*Le leggi sono dei modelli mentali capaci di dare alla mente una posizione riposante*» (S. 92). So kann etwa die Arbeitsteilung unter dem Gesichtspunkt der zunehmenden Dichte beschrieben werden, wie es Durkheim getan hatte, aber über die tatsächliche Kausalität, die hinter der zunehmenden Arbeitsteilung steht, ist damit ebensowenig etwas ausgesagt, wie etwa in dem Axiom EUKLIDS, nach dem sich die Parallelen nicht schneiden, etwas darüber enthalten ist, warum sie sich nicht schneiden. CARLI sieht, wo die eigentliche Stärke dieses Ansatzes liegt, nämlich darin, daß er als formaler Ansatz in der Lage ist, der Pluralität der Phänomene Rechnung zu tragen. Während anderenorts die soziale Realität als eine im Grunde einfache oder doch wenigstens eindeutig festgestellte Realität erschienen war, kann hier der komplexe und nicht festgestellte Charakter dieser Realität anerkannt werden, ohne daß deshalb die Theorie auseinanderreißt. Weil die soziologischen Gesetze nichts anderes als abstrakte Modelle sind, kann uns nichts daran hindern, die ganze Breite der Erfahrung zur Kenntnis zu nehmen, die sonst das System zu sprengen droht. Gegenstand der Soziologie sind die *«forme sociali»*. Sie hat es mit Modellen von sozialen Beziehungen zu tun, ist eine Beziehungslehre, in der Erscheinungen wie Wettbewerb, Krieg, Freundschaft usw. definiert und als begriffliche Werkzeuge benutzt werden, um bestimmte empirische Phänomene zu zerlegen.

Einen ähnlichen, distanzierten und analytischen Theoriebegriff wie CARLI hat N. ABBAGNANO, der in seinen *‹Problemi di sociologia›* (1967), S. 31, feststellt: *«Intendo per teoria sociologica un complesso di significati linguistici, adatto a guidare la ricerca sperimentale.»* Bei ABBAGNANO wird dieser analytische Theoriebegriff verbunden mit der Existenzphilosophie.* Die soziologische Theorie kann nur formalen oder analytischen Charakter haben, weil die gesellschaftlichen Beziehungen immer ein Ergebnis menschlicher Freiheit und deshalb materiell nicht festzulegen sind. Die Wissenschaft kann immer nur bestehende Beziehungen in ihrer empirischen Faktizität aufweisen oder aber Modelle solcher Beziehungen entwerfen, die dann nur sprachliche Bedeutung haben. Die empirische Kausalität, aus der die gesellschaftliche Wirklichkeit hervorgeht, ist wegen der Freiheit des Menschen nicht durchschaubar. Wissenschaftliche Erkenntnis heißt entweder Verifikation gegebener Tatsachen oder aber Konstruktion abstrakter Möglichkeiten. Und ebensowenig wie die soziologische Theorie ist die menschliche Gesellschaft ein System notwendiger Beziehungen, sondern ein Ensemble mehr oder weniger organisierter möglicher Verbindungen zwischen den Menschen. Die soziologische Erklärung ist in diesem Sinne keine kausale, sondern eine konditionale Erklärung: *«la delimitazione di un campo di possibilità determinate»* (a. a. O., S. 109). Der Soziologe stellt objektive Möglichkeiten bestimmter gesellschaftlicher Situationen dar, deren Wirk-

---

* Vgl. NICOLA ABBAGNANO, Philosophie des menschlichen Konflikts. Eine Einführung in den Existentialismus. rde Bd. 43. (Anm. d. Red.)

lichkeit aber nur durch den freien Willen des Menschen konstituiert wird.

Gegenüber diesen distanzierten Positionen hat aber – vielleicht neben den christlichen Soziallehren – gegenwärtig den größten Einfluß die Position des engagierten Positivismus, wie er von FERRAROTTI nicht ohne innere Widersprüche vertreten wird. FERRAROTTI hat einige einflußreiche Werke veröffentlicht, von denen wir neben der mehr spezialistisch orientierten *‹Sociologia industriale in America e in Europa›* (2. Aufl. 1964) besonders hervorheben seine *‹Sociologia, saggi e ricerche›* (1955) und seine *‹Sociologia, storia, concetti, metodi›* (1961). FERRAROTTI bestimmt die Soziologie zunächst als eine empirische Wissenschaft, die, von theoretischen Hypothesen geleitet, bestimmte empirische Phänomene untersucht. Sie ist keine Oberwissenschaft der anderen Sozialwissenschaften, wie sie noch DURKHEIM definieren wollte. In der Ausführung seines Werkes bleibt FERRAROTTI jedoch nicht bei diesem erkenntniskritisch geläuterten Wissenschaftsbegriff stehen. Die Rechtfertigung der Soziologie liegt für ihn nicht darin, daß sie Hypothesen oder eine bestimmte Sprache zur Verfügung stellt; sie soll sich vielmehr an bestimmte Werte anschließen und diese verteidigen. *«La ricerca sociologica»*, schreibt FERRAROTTI (in: *La sociologia come partecipazione.* 1961, S. 29), *«implica un rapporto di fini, ossia un rapporto fra* persone, *che accettano, entro certi limiti, un* fine commune.» Die Soziologie ist in diesem Sinne nicht wertfrei, sondern auf eine bestimmte Kultur bezogen. Ihr systematischer Ansatz ist in Kulturwerten begründet. Die Aussage des Soziologen stellt insofern nicht die Explikation einer neutralen Wahrheit, sondern das Engagement für eine bestimmte Kultur dar. *«Forse più di ogni altra disciplina scientifica, la sociologia pone un problema di ‹impegno› sociale e umano ai suoi cultori. E'assai rara la ricerca sociologica che non ponga un problema politico»* (a. a. O., S. 32). Die Soziologie darf, so hatte FERRAROTTI schon Seite 27 festgestellt, nicht mit der Prätention einer Wissenschaftlichkeit nach der Art der Naturwissenschaften auftreten und die Augen vor den Werten ihrer Kultur verschließen. Wer eine bestimmte soziologische Theorie vertritt, engagiert sich für eine bestimmte Kultur. Die Soziologie, so schließt er sein Buch, kann nicht gleichgültig sein gegenüber den politischen und kulturellen Bedingungen, in denen sie arbeitet. Sie ist vielmehr auf ein freiheitliches Regime verpflichtet. Wie weit der Rahmen dieser Freiheit dabei unter Umständen gespannt ist, zeigt FERRAROTTI in seiner Schrift *‹Sociologia e realtà sociale›* (1958), in der er auf Seite 26 bemerkt, daß allein die soziologische Analyse neue Wege zu einer direkten Demokratie eröffnen könne.

Für FERRAROTTI ist die Soziologie eine empirische, aber gleichwohl engagierte Wissenschaft. Die Tatsachen, mit denen sie es zu tun hat, konstituieren sich als Tatsachen erst im Licht bestimmter Werte. Und der Soziologe kann darum das Engagement für bestimmte Werte niemals vergessen. In diesem Sinne hat FERRAROTTI auch in seiner Schrift ‹*Max Weber e il destino della ragione*› (1965) Kritik an MAX WEBER geübt und versucht, seine Wissenschaftstheorie als Ausdruck einer bestimmten gesellschaftlichen Situation zu relativieren. Unbefriedigt ebenso von bloß empirischen Einzelforschungen wie auch von einem bloß analytischen Theoriebegriff, versucht FERRAROTTI, ein Gleichgewicht zwischen den Anforderungen empirischer Gültigkeit und dem Bestreben nach theoretischer Systematik zu finden. Den Rückhalt, den COMTE in seinem Dreistadiengesetz und DURKHEIM in seinem *fait social* fand, findet er in den Kulturwerten, auf die er die Soziologie verpflichtet glaubt. Die soziologische Theorie ist für ihn eine «*ricerca integrata, scienza del vivente e del presente*» (a. a. O., S. 35 und 32), deren Ansätze vom Erkenntnisobjekt der vorhandenen Gesellschaft und ihrer Kulturwerte, nicht aber, wie es MAX WEBER wollte, von den Erkenntnismöglichkeiten und dem Erkenntniswillen des Subjekts bestimmt werden. Nur im Rahmen bestimmter kultureller Werte wird die Soziologie als Wissenschaft anerkannt, und sie ist darum auch als Wissenschaft auf diese Werte verpflichtet. Wer, wie MAX WEBER, die soziologische Theorie gegenüber diesen Werten distanziert, übersieht – so meint FERRAROTTI – die gesellschaftlichen Voraussetzungen seiner eigenen Position.

Abschließend weisen wir schließlich noch auf das Werk von F. ALBERONI hin. In seinen Büchern ‹*Consumi e società*› (1963) und ‹*L'elite senza potere*› (1963) entwickelt er eine soziologische Theorie im Anschluß an die psychologische Lehre FREUDS. Der Prozeß der Vergesellschaftung wird von den beiden Grundtrieben, die dieser herausgestellt hatte, Eros und Thanatos, her zu erklären versucht. Hier entsteht jedoch, wie EISERMANN in ‹Die gegenwärtige Situation der Soziologie› (1967) bemerkt, die Frage, «warum und wie diese Mechanismen im sozialen Bereich funktionieren» (a. a. O., S. 85). Dieser Einwand konnte, wie wir sahen, schon gegenüber dem Werk von PARETO geltend gemacht werden. ALBERONI ist weiter hervorgetreten als Herausgeber des zweibändigen Werkes ‹*Questioni di sociologia*› (1966), das den umfassendsten und besten Überblick über die gegenwärtige italienische Soziologie bietet. Von den zahlreichen informativen Aufsätzen dieses Sammelwerks heben wir hier nur hervor den theoretischen Aufsatz von F. BARBANO, der sich im wesentlichen an MAX WEBER und PARSONS orientiert, darüber hinaus aber in Anlehnung an MERTON ein Gleichgewicht zwischen theoretischer Soziologie und empirischer Sozialforschung sucht; ferner den religionssoziologischen Aufsatz von ACQUAVIVA und die industriesoziologische Abhandlung von FERRAROTTI. Fragen der sozialen Schichtung und Mobilität werden von CRESPI, V. CAPECCHI und C. MARLETTI behandelt. Kritisch ist allerdings anzumerken, daß man sich im wesentlichen auf eine Rezeption insbesondere der amerikanischen Soziologie beschränkt.[30]

Der Beitrag Spaniens zur Soziologie schließt sich im wesentlichen an den schon erwähnten FRANCISCO GINER und über ihn an den ‹Krausismo› des 19. Jahrhunderts an. Der bedeutendste Soziologe dieser Schule ist POSADA. In seiner ‹*Sociología general*› (1903) und seinen ‹*Principios de sociología*› (zwei Bände, 1908 und 1929) erweitert er die organizistische Interpretation der Gesellschaft durch psychologische Elemente. Die Struktur der menschlichen Gesellschaft kann nach seiner Ansicht am besten durch die biologisch-psychologische Konzeption SPENCERS begriffen werden, in der allerdings bei ihm noch mehr als bei SPENCER das psychologische Element betont wird. Die sozialen Antriebe des einzelnen sind psychologisch zu erklären als Bewußtsein, Wille und Absicht. Die Soziologie schneidet aus diesem psychologischen Gesamttatbestand den Teil heraus, der gesellschaftlich von Bedeutung ist. Hinsichtlich der Methoden der Sozialforschung versucht POSADA jede Einseitigkeit zu vermeiden, betont aber, daß die soziologische Methode im wesentlichen eine psychologische Analyse sei. Seine Hauptschwäche liegt nach HOPPER[31] darin, daß er nicht zu einer klaren Darstellung des Verhältnisses kam, in dem nach seiner Theorie Individuum und Gesellschaft zueinander stehen. Es gelang ihm nicht, eine Theorie der sozialen Motivation oder eine Theorie der sozialen Handlungen zu entwickeln. Die Grenzen von SPENCERS Methode werden bei POSADA noch einmal deutlich.

Außerhalb der Tradition des Krausismus steht ORTEGA, dessen bekanntestes Buch, ‹*La rebelión de las masas*›* (1930), von BARNES und BECKER (a. a. O., S. 1119) treffend als Mischung von LE BON, PARETO, SPENGLER und seiner eigenen hervorragenden Rhetorik gekennzeichnet wird. Interessanter ist sein postumes Buch ‹*El hombre y la gente*› (1957, dt.: Der Mensch und die Leute. Stuttgart 1958). Hier wird versucht, eine menschliche Grundwirklichkeit hinter der Gesellschaft aufzudecken und von dieser her den Prozeß der Gesellschaft zu erklären. Ist in der Tradition des Krausismus die organische Totalität der Gesellschaft der leitende Gesichtspunkt, so hier der radikale Individualismus. «Menschlich im

---

30 Weitere Werke der allgemeinen Soziologie, auf die wir hier nur verweisen, sind: F. LEONARDI, *Forme e processi culturali.* 1961; G. BOLACCHI, *Metodologia delle scienze sociali.* 1963, und F. CRESPI, *La sociologia come scienza e teoria dell'azione sociale.* 1964.

31 R. D. HOPPER in: BARNES, *An Introduction,* a. a. O., S. 593.

* dt.: Der Aufstand der Massen. rde Bd. 10. (Anm. d. Red.)

eigentlichen und ursprünglichen Sinne ist also nur das, was ich aus mir selbst heraus und im Blick auf meine eigenen Zwecke tue» (Ortega, Der Mensch, a. a. O., S. 7). Menschliches Leben ist seinem Wesen nach Einsamkeit. Das gesellschaftliche Leben ist also kein menschliches Leben im engen und ursprünglichen Sinne. Gesellschaft, das sind die Leute, die übrigen, das Kollektiv, d. h. niemand Bestimmtes. Der Zusammenhang dieser Gesellschaft wird uns durch die Bräuche der Gesellschaft aufoktroyiert. Es sind mechanisch wirkende Nötigungen, die uns zu Handlungen veranlassen, die uns eigentlich unverständlich sind. Ortega bezieht sich hier auf Durkheim, von dem er den Zwangscharakter des Sozialen übernimmt. Im Gegensatz zu diesem betont er jedoch, daß dieser Zwang durch das Merkmal der Irrationalität gekennzeichnet sei. Die Gesellschaft ist irrational, mechanisch und gewalttätig. Sie zwingt den Menschen zur Selbstentfremdung. Gegenüber dieser Selbstentfremdung ruft Ortega zum strategischen Rückzug des einzelnen auf sich selbst auf. Der einzelne soll sich selbst denken, seine Lage und seine Entscheidungen, vor denen er in der Welt steht.

Ein weiteres Beispiel für die spanische Soziologie der Gegenwart ist R. A. Perpina mit seiner *‹Sociología general›* (1956). Perpina bekennt sich zunächst zu dem positivistischen Ansatz von Comte, aber er sieht ebenso, wie schon bei Comte deutlich war, daß die rein positivistische Tatsachenbeschreibung nicht ausreicht. Die Tatsachenbeschreibung muß durch eine Analyse der Werte ergänzt werden, und beide, Tatsachenbeschreibung und Ethik, werden durch eine allgemeine Weltanschauung überhöht. Die Soziologie zerfällt bei Perpina demgemäß in drei Teile: in die *Epistemologia sociale*, die *Ontologia sociale* und die *Filosofia della vita*. Man wird nicht umhin können zuzugeben, daß eben diese Dreiteilung auch in dem Werk von Auguste Comte enthalten war, nur daß sie bei diesem nicht so klar zutage trat. Insofern wird man das Werk von Perpina als ein soziologisches anerkennen müssen, wenngleich nicht zu übersehen ist, daß hier die Wissenschaftskritik, wie sie Durkheim und Max Weber geübt hatten, und überhaupt die Entwicklung der soziologischen Forschung im 20. Jahrhundert nicht rezipiert worden ist.[32]

Abschließend verweisen wir auf das Werk von Salustiano del Campo Urbano, *‹La sociologia scientifica moderna›* (1962). Auch hier wird ein positivistischer Ansatz gewählt. Die Soziologie wird definiert als die Wissenschaft, die sich mit dem Menschen als Teilnehmer sozialer Systeme beschäftigt. Ihre kleinste Einheit ist die Gruppe. Dieser Ansatz wird jedoch nicht systematisch ausgeführt, sondern um ihn ranken sich die

---

32 Zu Perpina vgl. V. Filippone, *Intorno al concetto di sociologia generale.* Sociologia, 1, 1958.

verschiedenen Themen der Soziologie, die keineswegs alle auf einer Ebene liegen. Im einzelnen werden hier genannt: Sozialorganisation, Sozialpsychologie, sozialer Wandel und Desorganisation, menschliche Umweltlehre, Bevölkerungslehre, Theorie und Methodik. Im Gegensatz zu dem Werk von PERPINA hat dieser Eklektizismus den Vorteil, wenigstens zu einem Teil die Rezeption des Standes der Forschung zu ermöglichen.

Sehr viel reicher ist die Entwicklung der Soziologie in Südamerika.[33] Grundlage und Ausgangspunkt der dortigen soziologischen Untersuchungen bleiben auch in der Gegenwart Demographie und Ethnologie. Diese spiegeln sich in Werken wie etwa J. MENDOZA, ‹*El factor geográfico en la nacionalidad boliviana*› (1925), R. T. DEL FRANCO, ‹*Aporto para una sociología de la cultura argentina*› (1950), L. A. COSTA PINTO und J. LAMBERT, ‹*Problemas demograficos contemporáneos*› (1944), F. DE AZEVEDO, ‹*La cultura brasileira*› (1943), und L. N. ARTETA, ‹*Economia y cultura de la historia de Colombia*› (1942), um nur einige Werke aus dem reichhaltigen Angebot zu nennen.[34] Aus jüngerer Zeit sind zu erwähnen: E. WILLEMS, ‹*Una villa brasileira*› (1961), ORLANDO FALS BORDA, ‹*Peasant Society in the Columbian Andes*› (1961), und ‹*La violencia in Columbia*› (1964), GILBERTO FREYRE, ‹Herrenhaus und Sklavenhütte› (1965), FLORESTAN FERNANDES, ‹Die Integration des Negers in die Klassengesellschaft› (1967), und C. AGULLA, ‹Soziale Strukturen und soziale Wandlungen in Argentinien› (1967).

Es wäre jedoch unrichtig, annehmen zu wollen, daß die südamerikanische Soziologie über diese und ähnliche Arbeiten hinaus keine größere Bedeutung habe.[35] Hier ist zunächst an diejenigen Autoren zu denken, die in mehr oder weniger engen Grenzen dieselben Ansätze weiterentwickeln, auf denen aufbauend die wissenschaftliche Soziologie an der Wende zum 20. Jahrhundert in Südamerika rezipiert worden war. Wir nennen hier PONTES DE MIRANDA, ‹*Introduçao à la sociología*› (1926), F. DE AZEVEDO, ‹*Principíos de sociología*› (1935), LÓPEZ DE MESA, ‹*Sociología*› (1931). Alle diese Werke stellen den Versuch dar, die europäische, insbesondere die französische, und die nordamerikanische Soziolo-

---

33 Vgl. hierzu und zum folgenden die Veröffentlichungen des ibero-amerikanischen Studienprogramms COSAL, das unter Leitung von H. A. STEGER an der Sozialforschungsstelle Dortmund durchgeführt wird.

34 Wir verweisen in diesem Zusammenhang auf A. POVINA, Die jüngsten Fortschritte der Soziologie in Lateinamerika. Kölner Zeitschrift, Bd. 4, 1952, und L. RECASÉNS SICHES, *El pensamiento filosófico, social, politico y jucidico en hispano-américa.* Revista Mexicana de Sociologia, VI, 1944.

35 Vgl. hierzu F. AYALA, Über die Unkenntnis der ibero-amerikanischen Soziologie in Deutschland. ARSP, 48, 1962.

gie zu rezipieren – ein Versuch, der mehr oder weniger gut gelingt, aber jedenfalls nicht zu einer wirklich selbständigen Leistung führt. GIDDINGS und WARD auf der einen Seite, DURKHEIM und Organizisten wie RENÉ WORMS auf der anderen Seite stellen die Hauptquellen dar.

Von größerer Bedeutung ist die nächste Generation, die etwa mit den vierziger Jahren an die Öffentlichkeit zu treten beginnt. Wir erwähnen hier R. A. ORGAZ, ‹*Introdución à la sociología*› (1939). Hier wird die Soziologie im Anschluß an SIMMEL und VON WIESE als Beziehungslehre aufgefaßt, die die Formen sozialer Handlungen und ihre Voraussetzungen zur Darstellung bringt. A. POVINA, ‹*Questiones de ontología sociologica*› (1949), definiert das Soziale als Wirklichkeit einer Gruppenstruktur und versucht, die strukturelle Ganzheit des Sozialen von der Gruppe her zu analysieren. POVINA ist stärker von FREYER beeinflußt und neigt zu einer ethisierenden Betrachtung des Sozialen. Mehr an DURKHEIM orientiert ist J. S. GUANDIQUE, ‹*Datos de sociología*› (1947). Objektivität, Organisation und Handlung sind für ihn die Hauptmerkmale des Gegenstandes, mit dem sich die Soziologie zu beschäftigen hat. L. MENDIETA Y NUNEZ, ‹*Teoria de los agrupamientos sociales*› (1963), teilt die sozialen Gruppen in zwei Abteilungen ein. Auf der einen Seite stehen die Gruppen, die sich gewissermaßen von Natur bilden, weil sie den natürlichen Anlagen des Menschen entsprechen, auf der anderen Seite stehen die Gruppen, die künstlich sind in dem Sinne, daß sie auf einen bestimmten Willensakt zurückgehen. Im Laufe der Entwicklung erlangen letztere Gruppen, die der Verfasser mit mechanischen Gerätschaften vergleicht, die beliebigen Zwecken dienen können, die Oberhand. Der Einfluß von TÖNNIES, aber auch von FREYER ist hier unverkennbar. Der Verfasser versucht, alle sozialen Erscheinungen auf die Entwicklungsgesetze zurückzuführen, die diesen künstlichen Gruppen zu eigen sind.[36]

Von Bedeutung ist ferner der spanische, aber nach Mexiko emigrierte Soziologe J. MEDINA ECHAVARRIA, von dessen Werk wir hier nur seine ‹*Sociología: teoría y técnica*› (1943) erwähnen. Der wechselseitige Zusammenhang von theoretischer Hypothesenbildung und empirischer Forschung wird hier klar erkannt. Wissenschaftliche Soziologie kann nicht ohne theoretische Hypothesen und ohne Untersuchungstechniken existieren. Aus diesem Grunde besteht sie aus Theorien und Techniken.

---

36 Wir verweisen in diesem Zusammenhang auf L. MENDIETA Y NUNEZ, Soziologie in Mexiko. ARSP, 50, 1964, und erinnern auch an den *Diccionario abreviado de sociología* von C. A. ECHANOVE TRUJILLO, 1944, der, wie L. L. BERNARD bemerkt, «*is as good as anything of its kind anywhere*», in: H. E. BARNES (ed.), *An Introduction to the History of Sociology*, a. a. O., S. 908.

Ontologische oder ethische Fragen, die sonst in der südamerikanischen Soziologie eine so große Rolle spielen, sind für ihn irrelevant. Er bemüht sich nicht, das Soziale zu definieren, sondern sieht in der Formulierung theoretischer Hypothesen und deren empirischer Verifikation die Aufgabe, die der Soziologie gestellt ist. Auch der sonst gerade wegen der völkerkundlichen Tradition eine gewisse Rolle spielende Unterschied von Natur- und Kulturwissenschaften hat für ihn keine Bedeutung mehr. Die Soziologie beschäftigt sich ebenso wie die anderen Wissenschaften mit empirischen Phänomenen, die rein äußerlich zu beschreiben sind. In diesem Sinne hat die Soziologie sich auch mit der Beschreibung von Handlungsverläufen zufriedenzugeben. Sie ist keine Ethoswissenschaft und kann nicht den Anspruch erheben, Handlungsziele aufzustellen. Eine ähnliche Grundeinstellung zeigt auch L. RECASÉNS SICHES in seinem Werk ‹*Tratato general de sociología*› (1956). Aufbauend auf COMTE, aber kritisch gegenüber dessen Metaphysik, definiert er die Soziologie als Lehre von den Interaktionszusammenhängen und bemüht sich, einen enzyklopädischen Überblick über die Gestalten dieser Zusammenhänge und deren bestimmende Faktoren zu geben. Wie er im Vorwort zur ersten Auflage des zitierten Werkes schreibt, ist es sein Ziel, ein Panorama aller substantiellen Themen der Soziologie zu bringen. Das ist es auch, was er mit allen Vorzügen und Nachteilen eines derartigen Versuches erreicht.[37]

GINO GERMANI unterscheidet in seinem Buch ‹*La sociología en América Latina, problemas y perspectivas*› (1964) drei verschiedene Stadien der Rezeption der soziologischen Theorie: die Kolonialperiode; die Periode, die nach der Mitte unsres Jahrhunderts endet, und schließlich den Beginn der wissenschaftlichen Soziologie in der Gegenwart, die jedoch mit großen Schwierigkeiten zu kämpfen habe, die sich aus dem Nationalismus und der Ablehnung der ‹*sociología yanqui*› herleiten. Aufgabe der wissenschaftlichen Soziologie in Südamerika, so meint er auf Seite 8, sei es, diese ideologischen und emotionalen Deformationen zu überwinden. Die Rezeption der Soziologie ist, wie es GERMANI betont, gebunden an die geschichtlich-gesellschaftlichen Voraussetzungen der betreffenden Gesellschaft. Die soziologische Theorie muß den Kontakt mit der Wirklichkeit und mit dem, was historisch möglich ist, aufrechterhalten. «*Mantener un sano contacto con lo real y con lo historicamente posible*» (S. 148). Das kann eine Behinderung der theoretischen Entwicklung bedeuten, aber die südamerikanische Soziologie hat es, nach der Ansicht von GERMANI, vorwiegend mit der realen Situation Südamerikas und

---

37 Vergleichbar in diesem Ansatz ist das zweibändige Werk von G. FREYRE, *Sociología*. 1957.

deren Problemen zu tun, nicht aber mit Problemen, die in einem anderen Zusammenhang von Bedeutung erscheinen. In diesem Sinne hat GERMANI selbst versucht, in seiner Schrift ‹*Clase social subjetiva e indicadores objetivos de estratificatión*› (1963) vergleichbare amerikanische Ansätze auf südamerikanische Verhältnisse zu übertragen.

Im ganzen muß man feststellen, daß die Soziologie in Südamerika sich im wesentlichen noch im Stadium der Rezeption befindet. Besondere gesellschaftliche Umstände[38] mögen hier ausschlaggebend gewesen sein, daß bis jetzt nur Ansätze einer originären Leistung zu erkennen sind und daß die wissenschaftliche Erkenntnis der südamerikanischen Gesellschaft mit eigenständigen Begriffen und Fragestellungen noch eine Hoffnung für die Zukunft bleiben muß.

38 Vgl. u. a. J. GALTUNG, *Socio-cultural Factors and the Development of Sociology in Latin America*. Social Sciences Information, 5, 1966; F. FERNANDES, Die sozialgeschichtliche Entwicklung der Soziologie in Brasilien. Sociologus, 6, 1956; O. FALS BORDA, Einige Aspekte der Institutionalisierung der Soziologie in Kolumbien. Kölner Zeitschrift, 18, 1966, und J. D. BECKMANN (ed.), Soziologie in Lateinamerika. 1967.

VIII. SOZIOLOGIE IN DEUTSCHLAND

1. Kritik der soziologischen Erkenntnis

Die Kritik der soziologischen Erkenntnis, die in Deutschland die Entwicklung der soziologischen Theorie an der Wende vom 19. zum 20. Jahrhundert bestimmt, greift ein Thema auf, das hier schon seit dem Beginn des 19. Jahrhunderts bekannt ist. Damals hatte die Auseinandersetzung mit der Aufklärung begonnen, die hier in Gestalt des deutschen Idealismus eine allgemeine und rationale Interpretation der menschlichen Gesellschaft und Geschichte zu entwickeln versucht hatte. Der deutsche Idealismus war damit ebenso wie die Aufklärung über die historische oder politische Interpretation lokaler Verhältnisse hinausgegangen und hatte einen allgemeinen Begriff des Menschen und seiner Gesellschaft erarbeitet, der sich an das Selbstbewußtsein des Menschen, seine Vernunft und seine Bedürfnisse anschloß. «Es ist», so hatte Hegel in seiner ‹Geschichte der Philosophie› (Bd. 3, S. 526) geschrieben, «absoluter Trieb, einen festen Kompaß in sich zu finden, das heißt im Menschengeist immanent. Für den Menschengeist ist es dringend, solchen festen Punkt zu haben, wenn er einmal in ihm selbst sein soll, wenn er in seiner Welt wenigstens frei sein soll.» An die Stelle des Menschen, der – wie es Hegel in seinen Jugendschriften formuliert – seine Schätze an den Himmel verschleudert oder, um an Kant zu erinnern – sich im Zustand selbstverschuldeter Unmündigkeit befindet, tritt der Mensch, der sich ein eigenes Selbstbewußtsein erworben hat, der sich seiner Freiheit in dieser Welt bewußt wird und sich in diesem Sinne nur noch von seiner eigenen Vernunft, seinen eigenen Interessen abhängig weiß.

Dieser Ausgangspunkt war von Anbeginn an spekulativ und sollte auch spekulativ in dem Sinne sein, daß er nicht wie die Naturwissenschaften an Erfahrungstatsachen gebunden war, sondern von der Fähigkeit des Menschen ausging, diese Erfahrungstatsachen im Hinblick auf seine Ziele zu verändern. Kant schrieb in einer berühmten Stelle seiner ‹Kritik der reinen Vernunft› (Ausg. Meiner 1956, S. 353): «Denn in Betracht der Natur gibt uns Erfahrung die Regel an die Hand und ist der Quell der Wahrheit; in Ansehung der sittlichen Gesetze aber ist Erfahrung (leider!) die Mutter des Scheins.» Es könne darum nichts «Unwürdigeres gefunden werden als die pöbelhafte Berufung auf vorgeblich widerstreitende Erfahrung, die doch gar nicht existieren würde, wenn ... nicht rohe Begriffe, eben darum, weil sie aus Erfahrung geschöpft worden, alle gute Absicht vereitelt hätten» (a. a. O., S. 352). Kant gibt hier das Argument der Aufklärung gegenüber denen, die sich in der Interpretation des Menschen und seiner Gesellschaft einfach auf vorgefundene Erfahrungstatsachen berufen zu können meinen. Eine solche Fixierung auf Erfahrungstatsachen ist nur dort berechtigt, wo sich der Mensch nicht aus den ihn umgebenden Erfahrungstatsachen emanzipiert hat, wo er gegenüber den gesellschaftlichen Werten und Institutionen nicht zu eigenem Selbstbewußtsein gekommen ist. Hier kann und muß die Interpretation unmittelbar an das anschließen, was in der Erfahrung gegeben ist, hier ist die wissenschaftliche Erkenntnis eine streng empirische und in diesem Sinne an konkrete historische und lokale Verhältnisse gebunden. Bevor der Gedanke der Emanzipation die Menschen ergreift und zu einer Emanzipation aus den Werten und Institutionen führt, die bislang das Leben der Menschen beherrscht hatten, ist die ganze Welt der Gesellschaft ein Kosmos von konkreten Gestalten, die unmittelbar festlegen, was gültig ist, gibt es keine anderen Gesetze als die Gesetze dieser oder jener Herrschaft, keine andere Sittlichkeit als die Sittlichkeit dieses oder jenes Volkes, keine anderen Motive als die Motive dieser oder jener Gruppe, keinen allgemeinen Begriff vom Menschen, sondern nur den Begriff, der in dieser oder jener Religion festgehalten ist. Alle Aussagen über den Menschen und seine Gesellschaft sind darum konkret, empirisch belegt und pragmatisch differenziert. Man versucht nicht klüger zu sein als das, was in der unmittelbaren Wirklichkeit gegeben ist; die Erfahrungswirklichkeit ist eine konkrete Totalität, die in der Erkenntnis nicht überstiegen oder kritisiert, sondern nur wiederholt wird. Der Empiriker, so stellte Kant fest, sieht den Menschen, der doch dazu bestimmt war, aufrecht zu gehen und den Himmel zu sehen, mit Maulwurfsaugen an, d. h. er bindet ihn ganz an konkrete Verhältnisse und läßt ihn in diesem Sinne nicht zu sich selbst kommen als dem Wesen, das dazu berufen ist, einen Schnitt zwischen sich und diese Verhältnisse zu legen, sich zu emanzipieren.

Aufklärung und Idealismus waren insofern theoretische Abstraktionen, als sie sich nicht auf bestimmte äußere Erfahrungsdaten festlegen ließen, aber sie brachten zugleich die Überzeugung zum Ausdruck, daß dieses spekulative Element dem Wesen des Menschen und seiner Gesellschaft nicht nur nicht widersprach, sondern vielmehr seinen eigentlichen Kern ausdrückte. Der Mensch ist seinem Begriff nach allgemeines Wesen, das durch keine konkreten Verhältnisse gebunden ist, die Gesellschaft ihrer Idee nach die Verwirklichung dieses Menschen in dieser Welt, die Wirklichkeit der freien Subjektivität, die Wirklichkeit, die ihm früher in einem jenseitig legitimierten Staat, einer jenseitig begründeten Kirche vorenthalten worden war. Der Mensch erwirbt sich das Bewußtsein, selbst das Allgemeine zu sein, das er früher irgendwo anders gesucht hatte, und alle wissenschaftlichen Gesetze oder allgemeinen Aussagen über die Gesellschaft müssen darum an dieses Selbstbewußtsein des Menschen anknüpfen.

Real entspricht dieser Emanzipation von den bloßen Erfahrungstatsachen der sich beschleunigende und bewußt werdende soziale Wandel, der den Tatsachen den Nimbus ihrer Unveränderlichkeit raubt. Nachdem die Wandelbarkeit der sozialen Tatbestände insbesondere in der Französischen Revolution in das Bewußtsein getreten ist, wird es problematisch, sich einfach und ausschließlich auf bestehende Tatsachen zu berufen und aus ihnen Gesetze ableiten zu wollen. Man verkennt zwar nicht, daß es in pragmatischer Hinsicht viele empirische Gesetze gibt, aber diese Gesetze gelten eben nicht mehr als das Allgemeine, nach dem man fragt, sind nicht mehr die letzte Instanz, vor der sich das Denken zu bescheiden habe. Gegenüber den empirisch vorhandenen Gesetzen gibt es andere, allgemeinere Gesetze, und zwar nicht nur jenseits, sondern in dieser Welt: es sind dies die Gesetze der menschlichen Gesellschaft, die nicht nur unabhängig von den historisch-politisch überlieferten Institutionen bestehen, sondern sich im Kampf der Revolution ihnen gegenüber durchsetzen. Dem Menschen, der jede Erfahrung übersteigen kann, entspricht eine Gesellschaft, die nicht einfach aus Erfahrungstatsachen herzuleiten ist, sondern in ihrer Gesetzlichkeit einen allgemeinen Begriff oder eine Idee ausdrückt, in der der Mensch seine bisherige Geschichte überwindet. MAX WEBER bringt diesen Sachverhalt auf eine einprägsame Formel, wenn er gegen die Historische Schule einwendet, daß man unterscheiden müsse zwischen den Gesetzen der Gesellschaft und den einzelnen historisch-empirischen Gesetzmäßigkeiten in dieser Gesellschaft. Auch bei ihm liegt das eigentliche Problem der soziologischen Erklärung nicht dort, wo einzelne empirische Gesetzmäßigkeiten festgehalten werden, sondern in dem Versuch, den Gesamtzusammenhang einer bestimmten empirischen Faktizität rational zu interpretieren, d. h. ihn zu übersteigen im Hinblick auf eine allgemeine Begrifflichkeit, die eben nicht aus den Tatsachen selbst genommen werden kann und insofern spekulativ ist.

Das große Problem dieses theoretischen Ansatzes lag nun weniger darin, daß er überempirisch war in dem Sinne, daß er die Tatsachen der Vergangenheit kritisierte, sondern darin, daß er mit den Tatsachen seiner Gegenwart nicht fertig wurde. Nicht die spekulative Herkunft des Gedankens, sondern sein Versagen, sich in der Wirklichkeit durchzusetzen, war der eigentliche Einwand gegenüber Idealismus und Aufklärung. Hier entsteht dann auf der einen Seite die «Philosophie der Tat», repräsentiert durch FICHTE, CIESZKOWSKI und MARX, in der diese Theorie zu einem Dogma umgearbeitet wird, das mit Hilfe gläubiger Schülerscharen verwirklicht werden soll, auf der anderen Seite die Bewegung, die zu konkreten, empirisch überschaubaren Verhältnissen zurückfinden will, Romantik und Historische Schule. Dort glaubt man noch, das Erbe der großen Theorie anzutreten, ja man meint, eben durch die Philosophie der Tat oder den Übergang zur Praxis diese Theorie zu verwirklichen, trotz des inneren Widerspruchs, der zwischen der vorausgesetzten Allgemeinheit des Begriffs und seiner Verwirklichung durch eine bestimmte Elite besteht, deren Sieg die Errichtung einer neuen Herrschaftsordnung, nicht aber Emanzipation bedeuten mußte; hier wendet man sich gänzlich ab von einem theoretischen Ansatz, der offenbar gescheitert ist. Wird die Theorie der Aufklärung in der Philosophie der Tat zu einer Ideologie, die im Dienste eines bestimmten Gruppeninteresses steht, so wird die Frage nach der Gültigkeit der emanzipatorischen Gedankengänge in Romantik und Historismus dazu benutzt, zur empirischen Wirklichkeit und in diesem Sinne zur Wissenschaftlichkeit zurückzufinden. Zu Beginn des 19. Jahrhunderts hatten Romantik und Historismus das Ethos eines konkreten Volkes, die volle Lebendigkeit einer historischen Gestalt, die Faktizität konkreter Tatsachen gegenüber dem Versuch verteidigt, diese Wirklichkeit auf einen allgemeinen Begriff zu bringen. Real ist nicht die Gesellschaft, sondern der konkrete politische Staat, nicht der Mensch, sondern der Bauer, der Städter, der Protestant, der Pfälzer, kurz der Mensch in einer bestimmten, begrenzten und darum empirisch nachweisbaren Gestalt. Hier werden nicht Tatsachen kritisiert, die einem bestimmten Begriff vom Menschen und seiner Gesellschaft widersprechen, wie es die Aufklärung getan hatte, sondern Gedanken, die sich von Tatsachen entfernen. Die aufklärerische Kritik, die an der Wirklichkeit – wenigstens dem äußeren Anschein nach – gescheitert war, schlägt zurück auf den Gedanken, der diese Kritik gewagt hatte.

Romantik und Historismus konnten mit Recht beanspruchen, in einem empirischen Sinne kritischer und wissenschaftlicher zu sein als die Theorien der Aufklärung, und ihr Einwand gegen diese wird erneuert, als an der Wende zum 20. Jahrhundert die soziologische Theorie von Comte nach Deutschland kommt. Am Werk von Lamprecht, der die soziologische Fragestellung von Comte in die Geschichtswissenschaft einzuführen versucht, entzündet sich die alte Auseinandersetzung. Die deutsche Historiographie hatte sich im 19. Jahrhundert dazu entschlossen, im Gegensatz zu den rationalen Systemen der Aufklärung individuelle Gestalten der Geschichte anschaulich darzustellen und eine Synthesis, die über diese Gestalten hinausging, nur im Transzendenten zu suchen. Im Gegensatz dazu will Lamprecht die Geschichte in kollektiven Tatsachenreihen kausal und rational erklären. Es soll nicht nur den Empirismus geben, der individuelle Gestalten beschreibt, sondern Allgemeinbegriffe, die aus psychologischen und kollektiven Tendenzen zu begreifen sind. Lamprecht greift hier einen Ansatz auf, den schon John Stuart Mill verwendet hatte, wenn er sagt, daß die Geisteswissenschaften, zu denen auch die Geschichte gehöre, Wissenschaften von den seelischen Erscheinungen seien, für die die Psychologie die Grundwissenschaft sei, ebenso wie die Mechanik für die physikalischen Wissenschaften (Die kulturhistorische Methode. 1900, S. 13). Eine Kultur, in der verschiedene historische Erscheinungen zusammengefaßt werden, ist Inbegriff eines «eine Zeit beherrschenden, seelischen Gesamtzustandes eines Diapasons» (S. 26). In diesem Diapason findet Lamprecht den allgemeinen Bezugsrahmen, von dem her die einzelnen Kulturerscheinungen rational erklärt werden können. Die Kultur ist «nicht mehr etwas Singuläres ... und daher wohl definierbar durch wissenschaftliche Begriffe» (S. 27). Wissenschaftliche Erkenntnis ist allgemeine Erkenntnis, eine Erkenntnis, die sich nicht nur an die Beschreibung individueller Gestalten hält, die nicht miteinander verglichen werden können; sie muß allgemeine Erklärung sein, die über das hinausgeht, was unmittelbar in der Erfahrung einer konkreten Gestalt zugänglich ist.

Gegen diesen Versuch, einen allgemeinen Bezugsrahmen für die Interpretation der Erfahrungswirklichkeit zu erarbeiten, also Allsätze für die gesellschaftlich-geschichtliche Welt des Menschen aufzustellen, so, wie sie die Naturwissenschaften hinsichtlich der Natur erarbeiteten, erhebt sich wie schon in der Vergangenheit die Kritik der soziologischen Erkenntnis unter Berufung auf die Erfahrung. Da in der Gegenwart mancherorts ganz undifferenziert die Meinung vertreten wird, daß sich die Soziologie als Wissenschaft im Gegensatz zu der «Salonspekulation» der Gesellschaftslehre auf die Erfahrung gründen müsse, ist es nicht uninteressant zu sehen, wie in der Kritik der soziologischen Erkenntnis die Berufung auf die Erfahrung dazu verwendet wird, die Soziologie als Wissenschaft mit einem eigenen Erkenntnisgegenstand in Frage zu stellen. RACHFAHL bemerkt in seinem Aufsatz ‹Über die Theorie einer kollektivistischen Geschichtsauffassung› (in: ‹Jahrbücher für Nationalökonomie und Statistik›, 8, 1897), daß historische Gesetze so, wie sie LAMPRECHT behauptet hatte, nicht nachgewiesen werden könnten. Für den Historiker gebe es nur tatsächliche, aber keine notwendigen Verknüpfungen in der Geschichte. Was für ein Zusammenhang vorliege, müsse die Forschung in jedem einzelnen Falle nachweisen. MEINECKE (‹Historische Zeitschrift› [HZ], 1896) sieht in solchen Gesetzen nur das kimmerische Grau abstrakter Riesengebilde. GEORG VON BELOW nennt diesen Versuch, zu allgemeinen Erkenntnissen gegenüber der Geschichte zu kommen, in seinem Aufsatz ‹Was ist Soziologie?› (‹Hochland›, 16, 1918/1919) ein bloßes Wortgeklingel. «Das Ungeheuer einer großen Wissenschaft, der Soziologie», so meint er in ‹Die deutsche Geschichtsschreibung von den Befreiungskriegen bis zu unseren Tagen› (1924, S. 101), «wird nie ins Leben treten.» Für DILTHEY ist die Soziologie mit ihrem Anspruch, die Tatsachen der menschlichen Gesellschaft in einen rationalen Bezugsrahmen zu bringen, die Ausführung einer «gigantischen Traumidee» (Gesammelte Schriften, I, S. 84). Die Lehre von COMTE ist für ihn «eine verworrene und unbestimmte Allgemeinvorstellung, welche aus dem bloßen Überblick über den geschichtlichen Zusammenhang abstrahiert ist» (a. a. O., S. 107). EDUARD MEYER kritisiert in seinem Buch ‹Zur Theorie und Methodik der Geschichte› (1902) an der modernen Richtung, d. h. an LAMPRECHT und BREYSIG, daß diese den unendlichen Reichtum der Geschichte in allgemeine Formeln pressen wollten.

Für TROELTSCH (Zum Begriff und zur Methode der Soziologie. ‹Weltwirtschaftliches Archiv› [WA], 8, 1916, S. 260) handelt es sich bei der Soziologie um eine «Metaphysik, welche an die Erfaßbarkeit des Wirklichen in einer notwendigen Begriffseinheit und darum an eine Generalmethode glaubt». Eine solche Soziologie, so führt er ebenda aus, übersieht aber alle Lücken und Spannungen der Wirklichkeitserkenntnis. Diese Wirklichkeit ist immer historische Wirklichkeit «der in diesen Vergesellschaftungen befaßten Individuen, die man eben als solche nicht darstellen kann» (a. a. O., S. 271).

So wie sich die Romantik gegen die abstrakten Theorien des Idealismus und der Aufklärung gewandt hatte, wendet sich die Kritik der soziologischen Erkenntnis gegen den Versuch des Positivismus, allgemeine gesellschaftliche Gesetze zu erkennen. Die Problematik dieses Ansatzes, wie überhaupt jeder wissenschaftlich-allgemeinen Aussage, war nun freilich nicht zu übersehen. EMILE DURKHEIM hatte in seinem Aufsatz ‹*Le Dualisme de la Nature humaine et ses conditions sociales*› (‹Scientia›, 15, 1914, S. 211) geschrieben: «*Jamais nos concepts ne réussissent à maîtriser nos sensations et à les traduire tout entières en termes intelligibles ... nous ne pouvons donc comprendre les choses sans renoncer, en partie, à en sentir la vie ...*» Alle wissenschaftliche Erkenntnis, im Grunde jedes Wort, das über das bloße Aufzeigen des «Hier und Jetzt» (vgl. dazu das erste Kapitel in HEGELS ‹Phänomenologie des Geistes›) hinausgeht, ist eine Entfremdung, fordert das Opfer der einzelnen Existenz zugunsten der allgemeinen Aussage. Die volle Lebendigkeit der individuellen Gestalt ist in keiner Begrifflichkeit zu erhalten, und in diesem Sinne hatte schon KANT in seiner ‹Kritik der Urteilskraft› festgestellt, daß kein NEWTON kommen werde, der das organische Wachstum eines individuellen Grashalmes werde erklären können – ein Beispiel, auf das wir hier zurückgreifen, weil es aus dem Gebiet der Naturwissenschaften stammt und also zeigt, daß diese Grenze der Begrifflichkeit hier ebenso gilt wie auf dem Gebiet der historischen Wissenschaften, für das sie jetzt ausdrücklich gemacht wird. COMTE, TOCQUEVILLE, COURNOT und DURKHEIM – um nur diese zu nennen – hatten versucht, auf verschiedenen Ebenen allgemeine Gesetze zu erkennen, die die Vergesellschaftung des Menschen beherrschen. Bei diesen Versuchen war gewiß vieles im einzelnen fragwürdig geblieben, aber jetzt geht es nicht darum, die hier erarbeiteten Theorien zu verbessern – wie es z. B. DURKHEIM gegenüber COMTE versuchte –, sondern den hier zugrunde liegenden Wissenschaftsbegriff überhaupt aufzulösen. Die Kritik der soziologischen Erkenntnis hat das Ziel, zunächst den Wissenschaftsbegriff der Soziologie radikal einzuschränken und dann das so frei werdende Feld allgemeinbegrifflicher Erkenntnis durch eine andere, d. h. «höhere» Wissenschaft zu besetzen, d. i. die Kultur- oder Geschichtsphilosophie oder die Weltanschauungslehre, wie sie RICKERT als Konsequenz seines Werkes fordern sollte.

Die Sätze der positivistischen Soziologie sind abstrakte Spekulationen, weil sie die volle Lebendigkeit der individuellen Gestalt nicht auszudrücken vermögen. Dieser Einwand hätte nun freilich auch gegen die Naturwissenschaften geltend gemacht werden können – und insofern handelt es sich hier eben gar nicht um einen Unterschied, der im Erfahrungsgegenstand begründet ist, sondern um einen Unterschied der Erkenntnisabsicht –, er setzt sich jedoch durch nur gegenüber der Soziologie, die in ihrer an den Naturwissenschaften orientierten Erkenntnisabsicht die Werthaftigkeit und Individualität der historisch-kulturellen Welt zu verraten scheint. Das Historische tritt hier nicht als differenzierendes Moment zu den allgemeinen Faktoren gesellschaftlicher Entwicklung hinzu, sondern es soll ein Reich eigener Art gegenüber diesen Faktoren begründen, die als bloße «von Gelehrten erfundene Abstraktionen» (so TREITSCHKE) angesehen werden. Ohne zu sehen, daß das, was im wissenschaftlichen Sinne real ist, immer eine Frage der Festsetzung ist (worauf z. B. POPPER ausdrücklich hinweist), wird hier die Wirklichkeit in zwei verschiedene Realitäten aufgeteilt, von denen die eine Realität Gegenstand nomothetischer Naturwissenschaften, die andere aber Gegenstand idiographischer historischer Wissenschaften sein soll. Die Welt des Menschen ist eine geschichtliche Welt in dem Sinne, daß sie auf die Freiheit und Spontaneität des Menschen gegründet ist, die nicht auf allgemeine Formeln gebracht werden kann. Angesichts der verallgemeinernden Tendenzen des Industriesystems, angesichts der allgemeinen Relativierung der Werte, die MAX WEBER gegenüber SCHMOLLER betonte, wird hier die Werthaftigkeit einer individuellen Gestalt als das Reale festgesetzt, auf das sich die wissenschaftliche Erkenntnis zu beziehen habe. Die Abstraktion von dieser Realität widerspricht der Würde, die dieser Gegenstand im Vergleich zu den Gegenständen der Naturwissenschaften hat. Die Gesellschaft, so stellt GEORG VON BELOW in seinem Aufsatz ‹Zum Streit um das Wesen der Soziologie› (in: ‹Jahrbücher für Nationalökonomie und Statistik›, 69, 1926) fest, ist kein Naturbegriff, sondern ein Kulturbegriff, der die Freiheit des Menschen und sein Beherrschtsein von Ideen zur Voraussetzung hat. Die geschichtliche Welt ist eine moralische Welt in dem Sinne, daß die Wissenschaft, die hier arbeiten will, nicht nur moralische Verhältnisse zu analysieren hat, sondern sich vielmehr zu bestimmten moralischen Werten bekennen muß, um nicht in willkürliche Abstraktionen zu verfallen.[1]

Grundlage der historisch-gesellschaftlichen Welt ist die Freiheit des

---

1 Vgl. HEGEL, Geschichte der Philosophie, 3. Bd., S. 512: «Die Franzosen, gleichsam gewissenlos, haben Alles geradezu abgemacht und systematisch einen bestimmten Gedanken festgehalten, das physiokratische System; die Deutschen wollen sich den Rücken frei halten, vom Gewissen her untersuchen, ob sie auch dürfen.»

Menschen, seine Verpflichtung auf Ideen in diesem Sinne die lebendige Totalität eines sittlich begründeten Gegenstandes. Für die Soziologie mit ihrer Neigung zu positivistischen und allgemeinbegrifflichen Verfahren bleibt hier nur ein sehr enges Tätigkeitsfeld übrig; sie wird Hilfswissenschaft für die historischen Wissenschaften. Die Soziologie könne, so meinten BELOW, MEINECKE und andere, zwei wenngleich bescheidene Aufgaben erfüllen. Sie könne einmal den Kanon der historischen Interpretation erweitern durch Einbeziehung der materiellen und sozialen Faktoren, und sie könne zum anderen eine Fachsprache entwickeln, die die Individualbegriffe des Historikers durch Kollektivbegriffe ergänzt. TROELTSCH (WA, 8, 1916) stellte fest, daß man in der Soziologie eine Einzelwissenschaft allgemeinbegrifflicher Haltung sehen könne, in der die Formen und Bedingungen der Vergesellschaftung überhaupt vergleichend schematisiert würden, ein Verfahren, durch welches die Soziologie zu einer wichtigen Hilfswissenschaft für die Geschichts- und Kulturphilosophie werde. In seiner Abhandlung ‹Soziologie und Marxismus in ihrem Verhältnis zur deutschen Geschichtswissenschaft› (‹Historische Blätter› 1921) bemerkt G. v. BELOW, daß die Soziologie zwar kein Gegenstand einer einheitlichen Wissenschaft sein könne, daß sie aber gleichwohl das Gesellschaftliche auf einzelnen Fachgebieten untersuchen und gleichzeitig versuchen könne, Allgemeinbegriffe des Gesellschaftlichen zu entwickeln. Soziologie ist als Hilfswissenschaft der Geschichtswissenschaft und Kulturphilosophie auf der einen Seite empirische Sozialforschung, die die Fakten anderer Wissenschaften ergänzt, und auf der anderen Seite Lehre von Klassifikationen, die eine Begriffssprache entwickelt, die zu der Begrifflichkeit der überlieferten Wissenschaften hinzutritt.

Die Entwicklung der deutschen Soziologie im ersten Drittel des 20. Jahrhunderts ist nun dadurch bestimmt, daß sie die von der Historiographie geforderte Definition ihres Erkenntnisgegenstandes übernimmt. Während die DURKHEIM-Schule in Frankreich, PARETO in Italien und die amerikanischen Soziologen dieser Zeit an einem einheitlichen Wissenschaftsbegriff der Soziologie festhalten, nach dem diese eine allgemeinbegriffliche Wissenschaft mit empirischer Grundlage zu sein habe, zerfällt in Deutschland die Soziologie in zwei bzw. drei voneinander deutlich unterschiedene Bereiche und verliert so den Anspruch, eine mit anderen vergleichbare Wissenschaft mit einem eigenen Gegenstand zu sein. In seinem Aufsatz ‹Einteilung der Soziologie› (‹Zeitschrift für die gesamte Staatswissenschaft›, 79, 1925) übernimmt TÖNNIES praktisch die Kritik der Historiographie. Er unterscheidet: die reine Soziologie, die konstruktiv vorgeht, also die Klassifikationsbegriffe erarbeitet, die BELOW als Ergänzung der historischen Begriffe gefordert hatte; die empirische Sozialforschung, die induktiv arbeitet, also den Kanon der empirischen Interpretation der historischen Wissenschaften durch Einbeziehung sozialer und materieller Sachverhalte erweitert; und schließlich die angewandte Soziologie, die deduktiv vorgeht, ihre Aussagen also in dem von RICKERT gerechtfertigten Verfahren auf die unbedingte Gültigkeit von Werten gründet, die eine weltanschaulich begründete Synthese historischer Gestalten erlaubt. Empirie, Theorie und Kulturphilosophie, das sind die drei Gebiete, auf denen man sich hinfort bewegt, wobei gerade diese kritisch sein sollende Zerspaltung des Erkenntnisgegenstandes die unfruchtbaren Polemiken heraufbeschwört, die von den Gründungstagen der Deutschen Gesellschaft für Soziologie bis in die Gegenwart geführt wurden.

DILTHEYS Diktum, daß die Soziologie eine «gigantische Traumidee» sei, scheint sich in Deutschland zu bestätigen. Wenn man das Werk des Altmeisters der deutschen Soziologie, FERDINAND TÖNNIES, mit dem von EMILE DURKHEIM vergleicht, wird man feststellen, daß TÖNNIES im Gegensatz zu DURKHEIM als Theoretiker und als Empiriker zwei verschiedene Sprachen spricht,[2] also keinen einheitlichen Wissenschaftsbegriff hat, der die Soziologie als selbständige Wissenschaft hätte legitimieren können. Die von CARL MENGER in seinem einflußreichen Buch ‹Untersuchungen über die Methode der Sozialwissenschaften› (1883) durchgeführte scharfe Trennung von Theorie und Empirie wird hier als Ausweg aus den kritischen Problemen benutzt, um deren Auflösung sich DURKHEIM und MAX WEBER je auf ihre Weise bemühten. In dem Augenblick, in dem die empirische Sozialforschung von der soziologischen Theorie getrennt war, konnten sich beide ungehindert entwikkeln, wobei die Theorie die Frage ihrer empirischen Gültigkeit und die Empirie die Frage ihrer theoretischen Relevanz ausklammern und damit den anderen Wissenschaften überlassen konnten. Theorielose empirische Forschung und reine Theorie, d. h. Klassifikationslehre, sind zwei voneinander geschiedene Welten, die sich gegenseitig nicht behindern, aber auch nicht fördern können. Für die relative Legitimation, die man sich so gegenüber der etablierten Historiographie erwarb, mußte jedoch ein hoher Preis gezahlt werden: Nicht nur wurde die Soziologie als Wissenschaft in eine Randlage gedrängt, auch auf jedem einzelnen der so unterschiedenen Gebiete kam die Entwicklung nicht mehr recht voran. Die empirische Sozialforschung, die sich nicht auf Theorie stützen kann, tendiert dahin, sich als administrative Hilfswissenschaft zu bewähren, eine Funktion, die gewiß nützlich, aber wissenschaftlich steril ist; die reine Theorie, die sich von empirischer Gültigkeit abgeschnitten sieht,

---

2 Vgl. A. BELLEBAUM, Das soziologische System von Ferdinand Tönnies unter besonderer Berücksichtigung seiner soziographischen Untersuchungen. 1966, und R. KÖNIG, Die Begriffe Gemeinschaft und Gesellschaft bei Ferdinand Tönnies. In: Kölner Zeitschrift für Soziologie und Sozialpsychologie (künftig zitiert ‹Kölner Zeitschrift›), 7, 1955.

neigt dazu, sich in einer Weltanschauung eine eigene Substanz zu verschaffen, wie dies insbesondere bei TÖNNIES – dessen Begriffe Gemeinschaft und Gesellschaft nicht als Instrumente empirischer Forschungen, sondern als Grundlage weltanschaulicher Orientierungen berühmt werden – und SIMMEL deutlich ist.

Die empirische Sozialforschung hatte in Deutschland schon im 19. Jahrhundert einen vielversprechenden Anlauf genommen, auf den wir schon im fünften Kapitel eingegangen waren.[3] Jetzt, nachdem gewisse methodische Grundlagen gelegt sind, wäre eine Verbindung dieser Methodik mit der soziologischen Theorie fällig gewesen, ein Schritt, der in Frankreich von DURKHEIM versucht wurde. In Deutschland wird er jedoch – wie gerade die soziographischen Untersuchungen von TÖNNIES zeigen – nicht intendiert, die Bedeutung der soziologischen Forschung für die Theoriebildung wird – mit Ausnahme MAX WEBERS – nicht gesehen. Die empirische Sozialforschung kommt nicht mehr recht voran; die Übersetzung ihrer Ergebnisse in theoretische Hypothesen gelingt nicht, und vielleicht auch aus diesem Grunde war das Interesse an ihr gering. AD. LEVENSTEIN, der 1912 ein interessantes Buch, ‹Die Arbeiterfrage›, veröffentlichte, hielt sich bewußt von theoretischen Erwägungen fern und lehnte die von MAX WEBER angebotene Hilfe ab.[4] Die Untersuchung von MARTIN WOLFF, ‹Das BGB und die deutschen Lebensgewohnheiten› (‹Jur. Wochenschrift› 1906), scheiterte am mangelnden Interesse der Beteiligten.[5] In den Fachzeitschriften der damaligen Zeit wird der interessierte Leser zwar weitere zahlreiche Beispiele empirischer Sozialforschung finden, die von der Untersuchung der Lebensverhältnisse der Landarbeiter bis hin zu der Dienstbotenfrage in den Städten reichen; und später wird unter dem Eindruck der zunehmenden wirtschaftlichen und sozialen Probleme der Strom dieser Darstellungen sich noch ausweiten. Wenn trotzdem später der Eindruck entstehen konnte, die empirische Sozialforschung in Deutschland sei erst nach dem Zweiten Weltkrieg begründet worden, so deshalb, weil die vorangegangenen Untersuchungen alle folgenlos blieben. Die Beschränkung auf die Deskription, allenfalls ergänzt durch moralisch-politische Forderungen, also der

---

3 Wir verweisen in diesem Zusammenhang auch auf die beiden Aufsätze von PAUL LAZARSFELD: *The Sociology of Empirical Social Research.* In: Am. Soc. Rev., 27, 1962, und *Notes on the History of Quantification in Sociology.* In: Isis, 52, 1961.

4 Vgl. M. WEBERS Besprechung: Zur Methodik sozialpsychologischer Enquêten und ihre Bearbeitung. In: Archiv für Sozialwissenschaft und Sozialpolitik, 29, 1909.

5 Ein weiteres rechtssoziologisches Werk der damaligen Zeit, das allerdings wegen seines theoretischen Charakters mehr Erfolg hatte, ist: EUGEN EHRLICH, Grundlegung der Soziologie des Rechts. 1913. Vgl. dazu: M. REHBINDER, Die Begründung der Rechtssoziologie durch Eugen Ehrlich. 1967.

Abstand zur soziologischen Theorie, eröffnete der empirischen Forschung zwar nach außen volle Bewegungsfreiheit, aber nach innen wenig Entwicklungschancen.

Auch auf dem Gebiet der Theorie zeigt sich, daß mit deren Trennung von der Empirie die Entwicklung nicht mehr vorankommt. Wir sehen uns zwar einem großen Reichtum theoretischer Klassifikationen und Begriffe gegenüber; diese aber stehen – auch hier drängt sich der Vergleich mit der DURKHEIM-Schule in Frankreich auf, bei der die Entwicklung entgegengesetzt verläuft – in einem eigentümlich indifferenten, um nicht zu sagen, beliebigen Verhältnis zueinander und führen auch nicht im Ansatz zu einer Kumulation des Wissens. TÖNNIES (1855–1936), SIMMEL (1858 bis 1918), VIERKANDT (1867–1953) und VON WIESE (geb. 1876) sind die wichtigsten Vertreter der jetzt entstehenden reinen oder formalen soziologischen Theorie. Das berühmteste Beispiel für die Herausarbeitung einer solchen Begrifflichkeit ist die Gegenüberstellung von Gemeinschaft und Gesellschaft, die TÖNNIES 1887 in seinem Buch ‹Grundbegriffe der reinen Soziologie› entwickelt. AHRENS und WILHELM WUNDT sind ebenfalls Anhänger dieser prinzipiellen Differenzierung. Daneben ist in der Definition des Gesellschaftsbegriffs der Einfluß von HOBBES nicht zu übersehen. Wesenswille und Kürwille, naives Wollen und Wirken und bewußtes Handeln und Schaffen werden einander gegenübergestellt, um die irrationale und unspezifische Gemeinschaft von der rationalen, mit spezifischen Interessen verbundenen Gesellschaft zu unterscheiden. HEBERLE hat diese Begriffe in seinem Aufsatz *‹The Sociology of Ferdinand Tönnies›* (‹Am. Soc. Rev.›, 2, 1937) als Idealtypen bezeichnet – eine Bezeichnung, der TÖNNIES selbst distanziert gegenüberstand und die auch den Unterschied zwischen MAX WEBERS Idealtypus und den Begriffen der reinen Theorie verwischt. Für MAX WEBER haben Idealtypen operationale Bedeutung. Sie müssen sich in der rationalen Analyse empirischen Materials bewähren. Das ist aber bei den Begriffen der reinen Soziologie nicht der Fall, die eine nur systematische Bedeutung haben, wenn sie nicht, wie bei VON WIESE, unmittelbar als empirische Kategorien angesehen werden. Im Gegensatz zu MAX WEBER hat TÖNNIES nie versucht, seine Begriffe in der empirischen Forschung heranzuziehen, wie es umgekehrt VON WIESE unterläßt, den Anspruch auf empirische Gültigkeit, den er für seine Beziehungslehre erhebt, näher zu belegen.[6] Berühmt geworden sind die Begriffe Gemeinschaft und Gesellschaft nicht als Instrumente wissenschaftlicher Analyse, sondern als Brennpunkte einer weltanschaulich gebundenen Interpretation des Vergesellschaftungsprozesses.

Neben TÖNNIES ist SIMMEL zu Unrecht in den Hintergrund getreten

6 Vgl. hierzu die Kritik von S. RANULF, *Methods in Sociology*. 1955, S. 59.

und erst in neuerer Zeit wieder stärker beachtet worden.[7] Dort, wo TÖNNIES von reiner Soziologie spricht, entwickelt SIMMEL das Konzept der formalen Soziologie als einer von Sozialpsychologie, Sozialphilosophie und Historiographie unterschiedenen Wissenschaft. Die reine oder formale Soziologie behandelt die Geometrie der sozialen Interaktionsformen. Ihre Aufgabe ist es, «Arten und Formen der Vergesellschaftung» (SIMMEL, Soziologie. 1958, S. 6) zu untersuchen. Was die Gesellschaft zur Gesellschaft macht, stellt SIMMEL fest, ist die Wechselwirkung zwischen den Menschen. Erst durch diese Wechselwirkung wird aus dem bloß räumlichen Nebeneinander und zeitlichen Nacheinander eine Gesellschaft. Die Wechselwirkung dieser Arten und Formen der Vergesellschaftung ist Gegenstand der formalen Soziologie. Die wesentliche Technik dieser reinen Soziologie besteht in der Unterscheidung zwischen den allgemeinen Formen der Vergesellschaftung und dem besonderen Inhalt der Gesellschaft. Bei SIMMEL, der sich eingehend mit KANT beschäftigt hat, ist dieser Punkt schärfer herausgearbeitet als bei TÖNNIES oder VON WIESE. Insofern kann man sagen, daß es SIMMEL war, der in vollem Bewußtsein der methodischen Voraussetzungen das Konzept der reinen Soziologie begründete, auf das dann später PARSONS zurückgreift.

Aus diesem Grunde ist es nicht uninteressant zu sehen, wie SIMMEL den Konflikt behandelt – ein Punkt, der bekanntlich bei PARSONS bisweilen Anstoß erregt hat. COSER, ein Kritiker von PARSONS, der sich in seinem Buch ‹Theorie sozialer Konflikte› (deutsche Ausgabe, 1966) wesentlich an SIMMEL orientiert, hat die funktionale Bedeutung von Konflikten für die Entwicklung und Integration sozialer Systeme unterstrichen, um damit einen Aspekt zu betonen, den PARSONS in seiner Systemtheorie wesentlich ausgeklammert hatte. SIMMEL selbst jedoch geht es, worauf insbesondere TARTLER hingewiesen hat, weder um eine funktionale noch um eine dysfunktionale Interpretation der Konflikte, sondern um eine Kasuistik derselben. SIMMEL will hier wie auch andernorts nur die reinen Formen herausarbeiten. So unterscheidet er etwa beim Konflikt die Opposition, den Wettbewerb, die Eifersucht, den Neid – Unterscheidungen, die, wie er selbst sieht, intuitiv begründet sind, also weder einen empirischen noch einen theoretischen Anspruch erheben können. SIMMEL vermeidet dadurch die Kritik, der das Werk von PARSONS in beiden Richtungen, d. h. sowohl im Hinblick auf die empirische Gültigkeit als auf den systematischen Charakter der zugrunde gelegten Kategorien, ausgesetzt war. Bei SIMMEL wird deutlich, was eine reine Theorie bedeutet, die sich weder empirisch noch als ein logisch notwendiges System begründen kann. Sie ist eine Sprache, deren konkrete Bedeutung und inne-

---

7 Vgl. R. TARTLER, Georg Simmels Beitrag zur Integrations- und Konflikttheorie. In: Jahrb. für Sozialwissenschaften, 16, 1965, J. SPYKMAN, *The Social Theory of Georg Simmel*. ²1965, und K. H. WOLFF (ed.), *Georg Simmel*. 1959.

rer Zusammenhang allein in der Anwendung auf einen bestimmten Fall begründet werden. *A priori* ist sie weder von empirischer Gültigkeit noch ein System von innerer logischer Notwendigkeit.

Die reine Theorie entwickelt eine auf der Intuition aufbauende Kasuistik, und ihr Feld ist nahezu unbegrenzt, da es weder logisch noch empirisch zwingende Gründe für die eine oder andere Kasuistik gibt. Neben TÖNNIES und SIMMEL sind daher noch andere Autoren hervorgetreten, die andere Gliederungsgesichtspunkte und Begriffe vertraten. Wir nennen hier VIERKANDT, der im 1. Jahrgang der ‹Kölner Vierteljahreshefte für Soziologie› einen Aufsatz, ‹Programm einer formalen Gesellschaftslehre›, veröffentlicht, ein Programm, an dessen Ausführung er sich in seiner ‹Gesellschaftslehre› von 1923 macht. Hier bezeichnet er es als sein Ziel, dem Leser ein Begriffsnetz an die Hand zu geben, wobei die Gruppe als vermittelndes Glied zwischen dem Universalismus und dem Individualismus im Mittelpunkt steht. GEIGER veröffentlicht 1928 sein Buch ‹Die Gestalten der Gesellung›, in dem er die Aufstellung allgemeingültiger, d.i. apriorischer Begriffe anstrebt. H. SCHMALENBACH entwickelt 1922 in der Zeitschrift ‹Die Dioskuren› die Kategorie des Bundes. Und LEOPOLD VON WIESE bringt 1924 sein ‹System der Allgemeinen Soziologie› heraus, in dem die verschiedenen möglichen Beziehungen zwischen Individuen als Gegenstand der reinen Soziologie bezeichnet werden. Als letzter Titel in diesem Zusammenhang sei schließlich noch das zweibändige Werk von MAX GRAF SOLMS, ‹Bau und Gliederung der Menschengruppen› (1929 und 1932), erwähnt.

Die Kritik der soziologischen Erkenntnis trennt die empirische Forschung von der soziologischen Theorie und läßt hier wie dort Spezialgebiete entstehen, auf denen folgenlos operiert werden kann. Die eigentliche Bedeutung dieser «kritischen» Trennung von Theorie und Empirie lag deshalb nicht in den Entwicklungschancen, die so für die Soziologie eröffnet wurden, sondern darin, daß jetzt die Besetzung der großen Fragen der Zeit durch die weltanschaulich gebundene Betrachtungsweise möglich wurde. Die Ergebnisse, die mit der theorielosen Forschung auf der einen, der intuitiven Kasuistik auf der anderen Seite erzielt werden konnten, waren nicht sonderlich eindrucksvoll. YORCK VON WARTENBURG (Briefwechsel mit Dilthey. 1923, S. 33) verglich SCHMOLLERS Empirismus mit dem Versuch, «an einem von dem Brand ergriffenen Fuße ein Hühnerauge zu operieren». ALFRED DOVE spricht, bezogen auf die Soziologie, von einem «Wortmaskenverleihinstitut», G. v. BELOW von einem «Wortgeklingel». Die entscheidende Konsequenz lag nicht in den Ergebnissen, die jetzt noch soziologisch möglich waren, sondern darin, daß nun ein großer und wichtiger Fragenbereich für die kulturwissenschaftliche Betrachtungsweise freigekämpft war.

GEORG VON BELOW fordert, daß eine neu zu begründende Universalwissenschaft, für die er die Bezeichnung «allgemeine Kulturwissenschaft» in Erwägung zieht (in: Zum Streit etc., a. a. O.), das Territorium besetze, das man der Soziologie abgerungen hat. Ähnlich wie zu Beginn des 19. Jahrhunderts die Kritik am deutschen Idealismus die Aufgabe hat, einer neuen ‹positiven› Interpretation des Menschen und seiner Gesellschaft Platz zu schaffen, liegt die Bedeutung der Kritik der soziologischen Erkenntnis in dem Versuch, an die Stelle der soziologischen Interpretation die kulturwissenschaftliche zu setzen, die sich bewußt von dem Rationalismus und «westlichen Wirklichkeitsfanatismus» (TROELTSCH) des Positivismus abgrenzt. Auch die Bewegung des Neukantianismus, auf die wir noch eingehen werden, findet hier ihren Platz; sollte doch seine Erkenntniskritik gleichzeitig die Ansprüche des Positivismus widerlegen und die Neubegründung einer Kulturwissenschaft mit überempirischer Geltung rechtfertigen.

Der führende Kopf in diesem Versuch einer Neubegründung der Kulturwissenschaften – und gleichzeitig einer der schärfsten Kritiker der Soziologie – war WILHELM DILTHEY (1833–1911). DILTHEY hatte seinem Werk ursprünglich den Titel ‹Kritik der historischen Vernunft› geben wollen, um damit jedoch eine Absicht anzudeuten, die der von KANT, dessen ‹Kritik der reinen Vernunft› in dem von DILTHEY gewählten Titel anklingt, genau entgegengesetzt war. Hatte KANT sein Werk geschrieben, um den Vernunftgebrauch kritisch zu begrenzen, so will DILTHEY umgekehrt die historische Vernunft von allzu engen Grenzen befreien und sie über die historische Forschung hinaus auf das Verstehen von Kultursynthesen verpflichten. DILTHEY geht davon aus, daß sich in seiner Gegenwart die Kulturwissenschaften, also die Wissenschaften von der geschichtlich-gesellschaftlichen Welt des Menschen, von der Metaphysik der Vergangenheit befreit haben, aber noch nicht zu einer neuen Synthesis gekommen sind. Sie stehen darum in der Gefahr, einer Metaphysik, nämlich dem Positivismus anheimzufallen. Und die Aufgabe, die er sich setzt, ist darum die, eine neue, allgemeine Grundlage für die Kulturwissenschaften zu finden.

«Die Wissenschaften, welche die geschichtlich-gesellschaftliche Wirklichkeit zu ihrem Gegenstand haben», schreibt DILTHEY, (Gesammelte Schriften, I, S. 4) «suchen angestrengter als je zuvor ihren Zusammenhang untereinander und ihre Begründung.» Er selbst findet diese Grundlage in der Psychologie. Die Wissenschaft, die DILTHEY anstrebt, ist, wie es C. ANTONI (Vom Historismus zur Soziologie. 1954, S. 29) bemerkt, «eine beschreibende Psychologie, die von den empirischen Gegebenheiten aufsteigt zu den Gesetzen der ‹psychischen Struktur›».[8] Dieser Ansatz war nicht eben originell. Der Versuch, die Psychologie zur Grundlage von allgemeinen Einsichten auf historisch-gesellschaftlichem Gebiet

---

8 Vgl. hierzu auch H. J. LIEBER, Geschichte und Gesellschaft im Denken Diltheys. In: Kölner Zeitschrift, 17, 1965, S. 713.

zu machen, hatte gerade im ausgehenden 19. Jahrhundert zahlreiche Anhänger gefunden – man denke an JOHN STUART MILL, an W. WUNDT, an LAZARUS STEINTHAL, die Franzosen TARDE und LE BON und nicht zuletzt an den schon erwähnten LAMPRECHT. Was DILTHEY jedoch von diesen Versuchen unterscheidet, ist, daß er die Psyche nicht als Individualpsyche auffaßt, die analytisch zu zergliedern und damit Gegenstand der Naturwissenschaft wäre. Für DILTHEY ist die Psyche vielmehr die Grundform des Lebens, das unmittelbar erlebt und in diesem Erleben typische Strukturen aufweist. Es geht DILTHEY nicht um Analysis einer allgemeinen Natur, sondern um verstehende Beschreibung lebendiger Gestalten, die sich in der Geschichte in typischen Zusammenhängen darstellen. TROELTSCH stellt in seinem zitierten Werk ‹Der Historismus› (a. a. O., S. 515 f) fest, daß das «Leben und unmittelbare Selbsterfassen des Lebens ohne naturalistische Hypothesen ... das immer wiederkehrende Stichwort» bei DILTHEY gewesen sei.[9]

Dieser unmittelbaren Erfassung des Lebens ohne naturalistische, i. e. positivistische Hypothesen dient eine besondere Hermeneutik des Verstehens, die eben die unmittelbare Gewißheit vermittelt, die der naturwissenschaftlich orientierte oder positivistische Soziologe vergeblich sucht. Im intuitiven Erfassen von werthaften Strukturen und Zusammenhängen wird der Weg zum Leben selbst gebahnt, wird jenseits aller rationalistischen Zergliederung die Wirklichkeit als solche aufgedeckt.[10] HEINRICH MAIER unterschied in seiner Abhandlung ‹Das geschichtliche Erkennen› (1914) zwei Typen der Wirklichkeitsbewältigung: die begriffliche und die anschauliche, wobei die anschauliche Verallgemeinerung, die Herausarbeitung von Bildern, den «Schlüssel zur Lösung unseres Problems» (a. a. O., S. 21) darstellt. Grundlage der historischen Vernunft ist die psychogene Intuition, die jenseits aller diskursiven Begrifflichkeit das Anschaulich-Allgemeine aus der Wirklichkeit heraushebt. «Aus der Versenkung in das Tatsachenmaterial erwachsen der Intuition des Forschers ... die Allgemeinbilder der verschiedenen Stufen.» Diese Allgemeinbilder sollten an die Stelle der Allgemeinbegriffe treten, deren sich die positivistischen Wissenschaften bedienten und somit – in der Formulierung von TROELTSCH – die «Kultursynthese aus historischen Erbstücken» (a. a. O., S. IX) herstellen, die den «Einbruch romantischer

---

9 Vgl. auch E. DURKHEIM, *Le dualisme de la nature humaine et ses conditions sociales*. Scientia, 15, 1914, S. 211: «*Sans doute, nous rêvons parfois d'une science qui exprimerait adéquatement tout le réel. Mais c'est là un idéal dont nous pouvons bien nous rapprocher sans terme, mais qu'il nous est impossible d'atteindre.*»

10 Zu einer eingehenden Kritik dieser Hermeneutik vgl. TH. ABEL, *The Operation Called ‹Verstehen›*. In: Am. Journ. Soc., 54, 1948.

Willkür und skeptischer Subjektivität in das Gebiet der Geschichte» (so Dilthey, Gesammelte Schriften, V, S. 331) aufhalten sollte.

Diltheys Ziel, «die geistig-gesellschaftliche Welt aus einem reinen Empirismus des Erlebens (zu) verstehen» (so Troeltsch, Der Historismus, a. a. O., S. 513, über Dilthey), führt jedoch zu keinem konkreten Ergebnis. Das Gefühl der gesellschaftlich-geschichtlichen Objektivität, des Zwanges bzw. der Zusammenhänge, die hier angelegt waren, konnte und sollte nicht zu einer abstrakten und vereinseitigenden Begrifflichkeit entwickelt werden. Die Psychologie, so hatte Durkheim bemerkt, eröffnet einen Abgrund ohne Grund, und das gleiche gilt auch für die Geschichte. Diltheys Versuch, den Grund für die Kultursynthese nicht in einer abstrakten Begrifflichkeit zu finden, wie es der Positivismus versucht hatte, sondern in der Fülle der lebendigen Geschichte, führt ihn konsequent zu der Einsicht, «man müßte das Ende der Geschichte erst abwarten, um für die Bestimmung der Bedeutung das vollständige Material zu haben» (Ges. Schriften, VII, S. 233). Der «reine Empirismus des Erlebens», der auf das Gerüst einer lebensfremden Begrifflichkeit verzichten will, endet so bei dem Relativismus, der zwar auch noch als Sinn der Geschichte idealisiert werden konnte, aber doch das Ende weitgespannter Hoffnungen darstellt. Das Scheitern von Diltheys Versuch, mit Hilfe einer besonderen kulturwissenschaftlichen Hermeneutik einen Weg aus den Zerrissenheiten seiner Zeit zu finden, kündigt, wie es Antoni (a. a. O., S. 56) bemerkt, «eine Krisis des ganzen deutschen Geistes» an.

Im Vergleich zu Dilthey hatte Troeltsch wenig Zweifel an der Bedeutung der «Kultursynthese aus historischen Erbstücken». Er hatte es, wie Antoni (a. a. O., S. 106 f) bemerkt, nicht nötig, «den Historismus zu überwinden, aus dem einfachen Grund, weil er eine absolute außergeschichtliche Wahrheit besaß», nämlich den Glauben an die «Absolutheit der Werte der abendländischen Kultur». Insofern ist weniger Dilthey als vielmehr Troeltsch – dessen Schriften über die Kulturbedeutung des Protestantismus und die Soziallehren der christlichen Kirchen auch im Vergleich zu Max Webers Arbeiten interessant sind – paradigmatisch für die folgende, von Weltanschauungskämpfen zerrissene Zeit. Bei Troeltsch tritt auch ein Thema in den Vordergrund, das bei Dilthey nur anklingt, für die folgende Zeit aber entscheidend werden sollte, nämlich der Gedanke, daß die eigentliche Legitimation der Kulturwissenschaften nicht in ihrem rationalen Erkennen, sondern in ihrer ethischen Begründung liege. Dilthey hatte in seiner ‹Einleitung in die Geisteswissenschaften› (Ausg. 1959, S. 91) bemerkt, daß das Erkennen nicht nur das Interesse des Vorstellens, sondern auch des Gemüts, der Mitempfindung und des Enthusiasmus zu bedienen habe. In seinem Briefwechsel mit dem Grafen Yorck hatte er erklärt, daß sein Ziel, «die selbständige Macht der Geisteswissenschaften zu erhöhen», nicht wissenschaftslogisch, sondern moralisch begründet sei (a. a. O., S. 139). Durch die Geisteswissenschaften werde nämlich «die selbständige Geltung der sittlich-religiösen Motive auch mehr zur Anerkennung gebracht». Die Geistes- oder Kulturwissenschaft ist nicht nur Wissenschaft, die das Ethos eines Volkes rational untersucht, sie ist auch auf dieses Ethos verpflichtet. Der letzte Maßstab zur Beurteilung historischer Dinge ist, wie es TROELTSCH in seinem Aufsatz ‹Über die Maßstäbe zur Beurteilung historischer Dinge› (HZ, 1916) feststellt, nicht wissenschaftlich-empirischer, sondern ethischer Natur. Gegenüber dem Positivismus hatte TROELTSCH zwar betont, daß man «Seinswirklichkeit» nicht in «Wertwirklichkeit» umwandeln könne; für seine eigene Interpretation nimmt er jedoch in Anspruch, daß sich überall «aus dem Seienden heraus das Geltende entwickelt». Die wissenschaftliche Erkenntnis knüpft in diesem Sinne an die «spontane und momentane Idealsetzung» (WA, 8, 1916, S. 276) an, die auf das praktische Handeln Bezug hat. Der Gesichtspunkt, unter dem Tatsachen zu Erkenntnissen zusammengefaßt werden, ist hier nicht eine abstrakte Begrifflichkeit, sondern eben derselbe Gesichtspunkt, der das praktische Handeln der Menschen in der Geschichte bestimmt. Geschichtlich ist, was den Verband des Lebens vertieft; unhistorisch ist, was diesen Verband zersetzt. So kennzeichnet F. KAUFMANN die Philosophie des Grafen YORCK VON WARTENBURG (‹Jahrb. f. Phil. und Phän. Forschung›, 9, 1928). Die Wissenschaft, die auf das geschichtliche Erkennen und dann auf das Ethos eines bestimmten Volkes verpflichtet ist, steht im Dienste der Integration einer bestimmten Kultur, die gegen die von außen herangetragene Zersetzung durch eine abstrakte Rationalität und Begrifflichkeit geschützt werden soll. Der Versuch, die Kulturwissenschaften gegenüber dem von Westen herankommenden Positivismus neu zu begründen, das Bemühen um eine spezielle Hermeneutik, die einen unmittelbaren Zugang zur Totalität des Erlebens eröffnet, ohne die rationale Analysis zu bemühen, die eine lebendige Gestalt in ihre Bestandteile zerlegt, sind von dieser Perspektive her zu begreifen, um die es hinter allen methodologischen Fragen schließlich geht. Wenn G. VON BELOW (Die Geschichtsschreibung, a. a. O., S. 123) gegenüber aller Regel- und Gesetzeswissenschaft an der «heroischen geschichtlichen Auffassung» festhalten will, dann verteidigt er nicht nur eine bestimmte Methode oder Perspektive, die neben anderen Perspektiven und Methoden ihre eigene Bedeutung hat, sondern die Wertwirklichkeit einer Kultur, die nicht naturalistisch, sondern idealistisch zu interpretieren sei. Gegen den Versuch, gesellschaftliche Gesetze positivistisch zu entwickeln, werden hier die Freiheit des Menschen, seine Spontaneität und Autonomie gestellt, *implicite* das Recht einer bestimmten Kultur, sich von der allgemeinen Weltentwicklung abzusondern.

Der Positivismus hatte versucht, die soziologische Erkenntnis auf Tatsachen zu gründen, die intersubjektiv und interkulturell überprüfbar waren, er hatte immer die ‹Macht des Allgemeinen› betont, der gegenüber lokale und partikulare Verhältnisse zurücktreten mußten. Im Gegensatz dazu wird hier – wie in der Romantik – von dem Schöpferischen und Einzigartigen ausgegangen, das die Geschichte einer naturalistischen oder positivistischen Erkenntnis unzugänglich macht. In den Augen von G. v. BELOW stehen sich in Positivismus und Kulturwissenschaft die ‹naturalistische› und die ‹idealistische› Auffassung gegenüber, wobei der Naturalismus, der sich auf äußere Tatsachen gründet, keinen Zugang zu der Erklärung findet, die allein der idealistischen Auffassung vorbehalten ist, die an die Freiheit des Menschen und sein Beherrschtsein durch Ideen bzw. an die «spontane und momentane Idealsetzung» anknüpft, wie es TROELTSCH formulierte. Diese ‹idealistische› und ‹heroische› Interpretation – die nicht zu verwechseln ist mit dem klassischen deutschen Idealismus, sondern vielmehr ihre Quellen in der Romantik findet – hatte jedoch ein Problem, an dem schon die Romantik gescheitert war. Wie schon im vorhergehenden gezeigt, tritt im 19. Jahrhundert nicht die Romantik das Erbe des deutschen Idealismus an, obschon sie alle zentralen Argumente entwickelt, die später gegen diesen vorgebracht werden, sondern der Historische Materialismus. Das romantische Pathos, das sich gegen die Entfremdung des Gedankens in den logischen Abstraktionen insbesondere des HEGELschen Systems wehrte, war gewissermaßen zu konsequent – konsequenter jedenfalls als der Marxismus, der sich nicht scheute, an die Stelle einer ‹falschen› Theorie eine ‹wahre› zu setzen, anstatt den Gedanken festzuhalten, daß jede Theorie als Theorie eine Entfremdung darstellt. Auch die Kulturwissenschaft ist von dieser Konsequenz bedroht, wie sich gerade auch im Werk von DILTHEY zeigt. Ist einmal festgestellt, daß jede Abstraktion von der Wirklichkeit ablenkt, sie entfremdet oder verfälscht, dann gibt es keine Ebene mehr, auf der sich der Gedanke wirklich halten kann, und alles löst sich in Miniaturen auf, wie es schon bei der Romantik der Fall gewesen war.

In diesem Sinne wird nun das Werk von HEINRICH RICKERT (1863 bis 1936) wichtig, der eine logische Begründung dieser Kulturwissenschaften versucht. RICKERT sieht klar, daß die Kulturwissenschaften eine logische Grundlage brauchen, nicht nur um den Status der Wissenschaftlichkeit zu erlangen, sondern um ein Fundament zu haben, auf dem sie sich entwickeln können. DILTHEYS Versuch, die Kulturwissenschaften psychologisch oder historisch zu begründen, hatte in den Relativismus geführt, eine wirkliche Begründung der Kulturwissenschaften war hier nicht gelungen. Dieses Scheitern drückt viel mehr aus als nur die Problematik kulturwissenschaftlicher Begriffsbildung: hier sprach sich die Krise des Glaubens aus – dem auch WILHELM DILTHEY verhaftet war –, in der Erfahrung den allgemeinen Grund der Erkenntnis zu finden. Dieser Wissenschaftsbegriff gerät jedoch an der Jahrhundertwende ins Wanken, und RICKERT ist scharfsinnig genug zu sehen, daß es jetzt möglich wird, einen neuen Wissenschaftsbegriff zu erarbeiten, der sowohl für die Naturwissenschaften als auch für die Kulturwissenschaften Raum gibt. Es geht RICKERT nicht darum, eine spezielle kulturwissenschaftliche Methode zu legitimieren, sondern zu zeigen, daß Kulturwissenschaft und Naturwissenschaft eine gemeinsame logische Grundlage haben, daß die Kulturwissenschaften unter denselben logischen Voraussetzungen möglich sind wie die Naturwissenschaften. Aus diesem Grunde trägt sein Hauptwerk den bezeichnenden Titel: ‹Die Grenzen der naturwissenschaftlichen Begriffsbildung – Eine logische Einleitung in die historischen Wissenschaften› (zuerst 1902, im folgenden zitiert nach der 3. Aufl. 1921).

Die methodologische Grundlegung, die den Positivismus ablösen und in diesem Sinne den Kulturwissenschaften zu Hilfe kommen soll, knüpft an die von KANT getroffene Unterscheidung von Begriff und Erfahrung an, die von FRIES gegen HEGEL erneuert worden war. Aus dieser Unterscheidung – die bei KANT ausgeglichen wird durch den Gedanken der Synthesis, in der Begriff und Erfahrung ihrem Wesen nach aufeinander verwiesen sind – wird bei LOTZE «der logische Grundgedanke einer wesenhaften Spannung zwischen dem Allgemeinen und Besonderen in aller Logik, die Scheidung der allgemeinen Gesetze von den rein tatsächlich gegebenen individuellen Wirklichkeiten» (so TROELTSCH, Der Historismus, a. a. O., S. 552). Der Gedanke, daß Begriff und Wirklichkeit wesenhaft voneinander getrennt sind, konnte aber nicht nur zur Kritik der Theorien verwendet werden, die – wie der Positivismus – vorgaben, die Wirklichkeit in Gedanken widerzuspiegeln. Viel wichtiger als diese negative Kritik war die Einsicht, daß hiermit die Idealisierung aller Erkenntnisse impliziert wurde. Auf die Trennung von Begriff und Realität folgt die Idealisierung der Begriffe. Alles Denken gründet sich in einer ideellen Ordnung bzw. bezieht sich auf sie, nicht auf die Wirklichkeit, von der es getrennt ist. Der Idealismus, so schreibt LOTZE in seinem ‹Mikrokosmos› (3. Bd., 3. Aufl., 1880, S. 239 f), gesteht zu, «weder zu wissen, wie die Dinge sind, noch was sie sind, wohl aber, was sie bedeuten». Die ideelle Bedeutung geltender Ordnungen ist der Bezugspunkt für das Erkennen, nicht die empirische Realität. In diesem Sinne schließt LOTZE seine Logik mit der Hoffnung, daß die deutsche Philosophie sich wieder dazu erheben werde, den Weltlauf von diesen geltenden Ordnungen her zu verstehen und ihn nicht nur – empirisch – zu berechnen.

Diese Idealisierung aller Erkenntnisse – die nicht an HEGELS Idealismus anknüpft, sondern gerade die Gegenposition zu dessen Identitätsphilosophie darstellt – ist nun die Grundlage, von der aus RICKERT die Legitimation der Kulturwissenschaften unternimmt. Eben zu der Zeit, in der – in der Formulierung von DILTHEY – die Kulturwissenschaften «angestrengter denn je» nach einer Neubegründung suchen, war auch das Fundament, der Wissenschaftsbegriff der Naturwissenschaften, ins Wanken geraten. Autoren wie MACH, DUHEM, DU BOIS-REYMOND und POINCARÉ stellten den naiven Wissenschaftsbegriff des Positivismus in Frage, der auf der strengen Objektivität naturwissenschaftlicher Gesetze aufbaute. RICKERT sieht, daß es keinen logischen Unterschied zwischen Natur- und Kulturwissenschaften gibt, wie er insbesondere von den Kulturwissenschaftlern zu begründen versucht worden war. «Die Wirklichkeit wird Natur, wenn wir sie betrachten mit Rücksicht auf das Allgemeine; sie wird Geschichte, wenn wir sie betrachten mit Rücksicht auf das Individuelle» (Kulturwissenschaft und Naturwissenschaft. 1926, S. 55). Alle Erkenntnis beruht auf einer Umformung oder Stilisierung des Erfahrungsgegenstandes – unabhängig davon, was dieser Erfahrungsgegenstand ist. Die Gültigkeit einer jeden Erkenntnis kann darum nicht empirisch begründet werden – etwa in dem Sinne, in dem der Positivismus gehofft hatte, sich einfach an vorhandene Gesetze anschließen zu können. Diese Gesetze gibt es nur als Ergebnis logischer und methodologischer Stilisierungen des Erfahrungsgegenstandes, der den Gesetzesbegriff als «überempirische Voraussetzung» (Die Grenzen, a. a. O., S. 499) zugrunde legt. Die logischen Grundlagen von Naturwissenschaft und Kulturwissenschaft sind in dieser Hinsicht einander gleich. In beiden Fällen ist die Objektivität wissenschaftlicher Erkenntnis nicht in der Objektivität eines gegebenen Gegenstandes, sondern in begrifflichen oder überempirischen Voraussetzungen begründet, die der Stilisierung dieses Gegenstandes zugrunde gelegt werden. Geht die Naturwissenschaft von dem Gesetzesbegriff aus, so führt die Kulturwissenschaft die Voraussetzung ein, daß «irgendwelche Werte unbedingt gelten» (a. a. O.). Alle Erkenntnis ist logisch nur dadurch möglich, daß die Erfahrungswirklichkeit vom Gedanken in der einen oder anderen Hinsicht bearbeitet, umgeformt, in einen Erkenntnisgegenstand umgewandelt wird. Dabei gibt es keinen Unterschied zwischen Naturwissenschaft und Kulturwissenschaft: beide beruhen logisch auf derselben Grundlage. Grundlage der Naturwissenschaft ist der Gesetzesbegriff – der nicht aus der Erfahrung stammt –, Grundlage der Kulturwissenschaft ist der Begriff unbedingt gültiger Werte, deren Anerkennung «jedem wissenschaftlichen Menschen als unvermeidlich zugemutet werden darf» (a. a. O., S. 270). Ebenso wie bei SCHMOLLER gründet auch bei RICKERT die wissenschaftliche Erkenntnis auf dem Gebiet der Kulturwissenschaften auf der Voraussetzung, daß es unbedingt gültige Werte gebe, die dann freilich ebenso sichere Allsätze ermöglichen würden, wie die Voraussetzung, daß es Naturgesetze gibt, es auf dem Gebiet der Naturwissenschaft ermöglicht. Diese Erkenntnis, daß sowohl die Naturwissenschaften als auch die Kulturwissenschaften auf überempirischen Grundlagen beruhen, verwischt jedoch den entscheidenden Tatbestand, daß nämlich die ‹überempirischen Voraussetzungen›, die der Interpretation von Erfahrungsgegenständen unterliegen, von verschiedener Qualität sein können. RICKERT klammert diesen Gesichtspunkt, daß es solche Unterschiede gibt, aus, weil es sich hier nicht mehr um «rein methodologische Fragen» (S. 272) handle. Für ihn als Wissenschaftslogiker ist entscheidend nur die Feststellung, daß alle Erkenntnis apriorische Voraussetzungen hat; daß in der Art dieser Voraussetzungen unter Umständen gerade der entscheidende Unterschied zwischen fruchtbaren und unfruchtbaren Gedankensystemen liegen kann, übersieht er nicht nur, sondern sein Ziel ist es geradezu, die Kulturwissenschaften zu einer «universale(n) wissenschaftliche(n) Weltanschauungslehre aufgrund eines umfassenden Systems der Werte» (a. a. O., S. XX) zu entwickeln. Eine solche Weltanschauungslehre konnte zwar formal-logisch mit den Naturwissenschaften verglichen werden, in praktischer Hinsicht mußte sie jedoch gerade den Unterschied zwischen Naturwissenschaften und Kulturwissenschaften schärfer akzentuieren. Die Bedeutung des Unterschiedes zwischen Naturwissenschaft und Kulturwissenschaft wird darum durch den Nachweis ihrer logischen Vergleichbarkeit nicht herabgesetzt, dieser Unterschied wird im Gegenteil durch die jetzt eingeführte und logisch legitimierte Trennung der Weltanschauungslehren von ihrer empirischen Realität noch mehr betont.

Die Idealisierung allen Wissens – die entscheidende Leistung, mit der der Neukantianismus der Kritik der soziologischen Erkenntnis zu Hilfe kommt und die Wertgebundenheit kulturwissenschaftlicher Erkenntnis rechtfertigt – sieht ab von der unterschiedlichen Entwickelbarkeit und Überprüfbarkeit verschiedener Begriffssysteme. Sie verwischt damit den entscheidenden Unterschied zwischen unüberprüfbaren Weltanschauungen und überprüfbarem wissenschaftlichen Wissen: sie legitimiert logisch den Weg von der empirisch überprüfbaren Soziologie des Positivismus zur weltanschaulich gebundenen Soziologie, die das Bild in Deutschland zu beherrschen beginnt. Die Wissenschaftslehre von RICKERT, die die Wertgebundenheit aller kulturwissenschaftlichen Erkenntnis logisch ableitete, wurde in diesem Sinne in den 20er Jahren ebenso berühmt wie die Kategorien Gemeinschaft und Gesellschaft, in denen TÖNNIES konkrete Werte zur Grundlage seiner soziologischen Theorie entwickelt. Der logische Scharfsinn des Methodologen dient hier – anders als etwa in den USA, in denen in dieser Zeit die ersten empirisch-methodologischen Arbeiten erscheinen – nicht dazu, die soziologische Erkenntnis auf eine feste Erfahrungsgrundlage zu stellen, sondern dazu, der Ethoswissenschaft den Rücken frei zu halten, die sich aus ganz anderen als aus den von RICKERT angegebenen logischen Gründen immer mehr ausbreitet.

In diesem Zusammenhang abschließend eine kurze Bemerkung über das Verhältnis von RICKERT zu MAX WEBER. Die Wissenschaftstheorie von RICKERT wird bisweilen in Parallele gesetzt zu der von MAX WEBER;

aus diesem Grunde sei hier unterstrichen, daß in dem von uns herausgestellten Aspekt der Idealisierung der Erkenntnisse im Neukantianismus ein wesentlicher Unterschied zu Max Weber besteht. Auch Max Weber sieht, daß Erkenntnis immer Stilisierung und Umformung der Wirklichkeit bedeutet, daß sie also den Bezug auf bestimmte überempirische Voraussetzungen beinhaltet. Bei Max Weber werden diese überempirischen Voraussetzungen jedoch nicht zu absoluten Werten idealisiert, die allen wissenschaftlich gebildeten Menschen zugemutet werden können – diese Zumutung stellte vielmehr Schmoller, der von der unbezweifelbaren Gültigkeit bestimmter Werte ausging. Bei Max Weber sind die überempirischen Voraussetzungen Forschungsgesichtspunkte, die sich als solche in der Forschung selbst bewähren müssen. Das Erkennen wird hier nicht – wie bei der Weltanschauungslehre – durch die Werte legitimiert, von denen es ausgeht, sondern es wird legitimiert durch die Ergebnisse, die sich von bestimmten Forschungsgesichtspunkten her erzielen lassen. Wissenschaftliche Wahrheit ist darum für Weber keine Wahrheit einer jenseits der Wirklichkeit geltenden Ordnung, sondern besteht in der Bewährung einer wissenschaftlichen Hypothese. Nicht der logische Ausgangspunkt, sondern die praktischen, empirisch belegbaren Resultate bestätigen oder widerlegen ein Wissen.

Max Weber und Rickert vertreten bei aller äußeren Ähnlichkeit zwei verschiedene Wissenschaftsbegriffe; Raymond Aron (*La Philosophie critique de l'Histoire.* 3. Aufl., 1964, S. 272) hat in diesem Sinne festgestellt, daß man das neukantianische Vokabular bei Max Weber auch gegen ein anderes austauschen könne, E. Fleischmann (*De Weber à Nietzsche.* In: ‹Eur. Arch. Soz.›, 5, 1964, S. 198) spricht davon, daß zwischen Weber und dem Neukantianismus nur Höflichkeitsbeziehungen bestanden, *«les rapports de pure politesse… à peu près inexistants sur le plan intellectuel de la méthodologie»*. Das Ziel von Rickert war die «universale wissenschaftliche Weltanschauungslehre aufgrund eines umfassenden Systems der Werte» (a. a. O., S. XX). Genau das hielt Max Weber für unmöglich, dessen Absicht auf die ‹Wirklichkeitswissenschaft› gerichtet war, der nun wiederum Rickert fremd gegenüberstand. Rickert interpretierte Max Weber als einen Historiker, hat also für dessen zentrales Anliegen kein Verständnis, wie umgekehrt Max Weber kein Verständnis für Rickerts Versuch hatte, das Wissen in unbedingt gültigen Werten zu begründen. Im Neukantianismus geht es um die gnoseologische Absicherung von Wissen überhaupt, bei Max Weber um ein empirisches Forschungsinteresse. Max Weber beginnt seine Laufbahn mit historisch-ökonomischen Arbeiten und endet mit dem Versuch einer rationalen Interpretation des Kapitalismus. Rickert beginnt mit dem Versuch, eine Logik der Geschichte zu entwerfen, und sieht in einer universalen Weltanschauungslehre die Krönung seines Werkes. Die Kulturwissenschaft, die sich durch transzendente Werte legitimiert, ist insofern das genaue Gegenteil der Wirklichkeitswissenschaft, die von dem rücksichtslosen Blick für Realitäten ausgeht. MAX WEBER hat seine Wissenschaftslehre am Neukantianismus ausgebildet, aber er hat ihr eine Entwicklungsrichtung gegeben, die der dort legitimierten Weltanschauungslehre entgegengesetzt war. Bei WEBER wird, wie es H. BAIER (Soziologie als Handlungswissenschaft. Eine wissenschaftsgeschichtliche Studie über die Erkenntnis- und Methodenlehre Max Webers. Habil. Schr. Münster, 1968, S. 61) formuliert, der transzendentale Rationalismus des Neukantianismus übergeführt in eine methodologisch gezügelte Forschungsrationalität. Das bedeutete nicht nur einen Wechsel der Blickrichtung, sondern auch einen Wandel des Pathos. Das romantisch-idealistische Pathos der Kulturwissenschaften, die nicht zuletzt durch die irrationale Begeisterung wirkten, die von ihnen ausging, wird hier abgelöst durch das Pathos eines «düsteren, allem offiziellen Optimismus und aller Phrase feindlichen Werkes». (So ADORNO in: Max Weber und die Soziologie heute. 1965, S. 102). Nicht zuletzt hierin lag es begründet, daß MAX WEBER in einer entscheidenden Phase der deutschen Soziologie ein Außenseiter blieb.

2. MAX WEBER

Die Kritik der soziologischen Erkenntnis hatte die Soziologie darauf verwiesen, Hilfswissenschaft der historischen Wissenschaften zu sein, der Neukantianismus hatte den Weg zu einer Weltanschauungslehre eröffnet. Damit sind die Entwicklungslinien genannt, die die deutsche Soziologie nach dem Ersten Weltkrieg bestimmen, aber auch die Klippen, zwischen denen MAX WEBER hindurchzusteuern versucht. MAX WEBERS Werk ist ebenso geprägt von der Kritik des positivistischen Wissenschaftsbegriffs seitens der Historiographie wie von der Einsicht in die erkenntnislogischen Grundlagen wissenschaftlicher Erkenntnis, wie sie der Neukantianismus erarbeitet hatte. Aber er teilt nicht die Folgerungen, die hier wie dort gezogen worden waren. Für ihn ist die Soziologie weder bloße Hilfswissenschaft der historischen Wissenschaften noch eine Kulturwissenschaft, die sich durch die Voraussetzungen unbedingt gültiger Werte legitimiert. Zwischen der Scylla empirisch überprüfbarer Miniaturen und der Charybdis unüberprüfbarer Theorien muß die Soziologie hindurchfinden, um eine ‹Wirklichkeitswissenschaft› zu sein, eine wissenschaftliche Erkenntnis, die empirisch überprüfbar ist und doch allgemeine Bedeutung hat.

Die Kritik der soziologischen Erkenntnis hatte die Soziologie darauf hingewiesen, daß sie nicht naiv verfahren könne, daß sie die Voraussetzungen ihres Erkennens nicht von diesem Erkennen selbst trennen könne. In diesem Sinne bilden auch im Werk von MAX WEBER Wissenschaftskritik und soziologische Theorie eine Einheit, wird der Charakter seiner soziologischen Theorie – ihre Fragestellung und die ihr beigemessene Gültigkeit – immer durch die kritische Reflexion auf die Bedingungen sozialwissenschaftlicher Erkenntnis mitbestimmt. Die Kulturwissenschaft hatte aus eben diesen kritischen Erwägungen heraus diese Wirklichkeit als eine ideale Wertwirklichkeit begriffen, deren empirische Gültigkeit jedem Gebildeten zugemutet werden müsse. RICKERT und SCHMOLLER meinen bei aller äußeren Verschiedenheit hier faktisch dasselbe, wenn sie ihren theoretischen Ansatz auf Werte stützen zu können glauben, und auch die unüberprüfbare Methode des Verstehens und der Intuition bedeutete praktisch, daß die Gültigkeit der so gewonnenen Erkenntnisse nicht bewiesen, sondern zugemutet wurde. Die Unbefangenheit, mit der man sich später nicht selten über das Problem der empirischen Gültigkeit wissenschaftlicher Aussagen hinwegsetzen zu können glaubte, stammt nicht zuletzt aus dieser Tradition.

MAX WEBER unterscheidet sich jedoch in diesem Punkte grundsätzlich von all denen, die ohne Zweifel seine wissenschaftliche Fragestellung und seinen Wissenschaftsbegriff entscheidend mitgeprägt haben. MAX WEBER baut auf der Kritik der soziologischen Erkenntnis auf, aber er zieht aus ihr andere Konsequenzen. Auch für ihn sind das Weltbild und der Wissenschaftsbegriff des Positivismus zusammengebrochen, ist die Wirklichkeit, in der die Menschen leben, eine historisch-kulturell je verschiedene Wirklichkeit, die nicht aus allgemeinen Gesetzen deduziert werden kann. Gleichwohl bleibt MAX WEBER dem Wissenschaftsbegriff des Positivismus insofern treu, als er die Gültigkeit wissenschaftlicher Aussagen nicht in ihrem Bezug auf überempirische Voraussetzungen, sondern in empirisch nachweisbaren Tatsachen begründet sieht. Die Soziologie war vor dem Konflikt, in den sie zwischen den entgegengesetzten Forderungen – hier Legitimation durch unbedingte Werte, dort Gültigkeit der Aussagen begründet durch empirische Tatsachen – geraten war, auseinandergebrochen. MAX WEBER hingegen versucht, was hier als unmöglich angesehen worden war: mit dem Anspruch empirischer Gültigkeit historisch-kulturelle Zusammenhänge durchsichtig zu machen.

TÖNNIES hatte die Soziologie in drei wesentlich voneinander unabhängige Teile gegliedert, die empirische Forschung, die Theoriebildung und die generalisierende Interpretation gesellschaftlicher Kollektivgebilde. Für MAX WEBER hingegen sind diese drei Gebiete immer eine Einheit, sie müssen sich gegenseitig stützen, können nur als ein zusammenhängendes Ganzes eine empirische und kritische Wissenschaft legitimieren. MAX WEBERS Werk findet in dieser Hinsicht in Deutschland keine Parallele, sondern ist nur mit dem Werk des großen französischen Soziologen EMILE DURKHEIM zu vergleichen, der ebenfalls Wissenschaftslehre, Forschung und Theoriebildung zu einer Einheit verbunden hatte. DURKHEIM hatte das Zentrum seiner Lehre im *fait social*, im Begriff der Institution oder des Kollektivs gefunden, der nach seiner Ansicht in wissenschaftstheoretischer Hinsicht die Objektivität der soziologischen Erkenntnis, in der Realität die Gesetzmäßigkeit gesellschaftlichen Verhaltens begründete. Bei MAX WEBER steht an eben derselben Stelle der Begriff der Handlung; sie ist das Reale, an das die soziologische Erklärung anzuknüpfen hat, die Grundlage der empirischen im Gegensatz zu einer spekulativen Interpretation. Soziologie ist für MAX WEBER eine kritische empirische Wissenschaft insofern, als sie die Kollektivbegriffe wie Staat, Gesellschaft, Gruppe usw. «auf Handeln der beteiligten Einzelmenschen» (Gesammelte Aufsätze zur Wissenschaftslehre. 1951, S. 439, im folgenden zitiert als WL) zurückführt. «Handeln in sinnhaft verständiger Orientierung des eigenen Verhaltens gibt es für uns stets nur als Verhalten von einer oder mehreren einzelnen Personen», heißt es in ‹Wirtschaft und Gesellschaft› (Ausg. 1956, 1. Bd., S. 9). Das Kollektiv ist weder im ideellen noch im reellen Sinne Grund für ein bestimmtes Verhalten. Alle wissenschaftliche Erklärung muß an die Motive des einzelnen anknüpfen: Nicht die Konventionalregel des Grußes nimmt den Hut ab, sondern der einzelne, und zwar aus recht verschiedenartigen Motiven: «Nicht das ‹ideelle Gelten› einer Norm, sondern die empirische Vorstellung des Handelnden, daß die Norm für sein Verhalten ‹gelten solle›, ist der Grund» (WL, S. 330 f).

Schon hier wird deutlich, wie sehr sich der Ansatz von MAX WEBER sowohl von den ‹realistischen› Erklärungen – von denen eine Spielart der Positivismus war – als auch von den ‹idealistischen› Erklärungen unterscheidet. DURKHEIM und ebenso – wenngleich theoretisch schwächer – GUMPLOWICZ, OPPENHEIMER u. a. hatten in den Gruppen, Institutionen oder schlechthin den Kollektiva die Realität gesehen, an die die Soziologie anknüpfen müßte. DURKHEIM und MAX WEBER – die beiden führenden Soziologen des beginnenden 20. Jahrhunderts – stehen sich hier gegenüber wie Begriffsrealismus und Nominalismus, sind Antipoden, wie es ROUSSEAU und HOBBES zu ihrer Zeit gewesen waren. Für DURKHEIM – der hier als Repräsentant einer ganzen Richtung steht, die sich vom Individualismus und Subjektivismus der Aufklärung abgewendet hat – ist die Soziologie, wie er im Vorwort zu seinen ‹Regeln der soziologischen Methode› bemerkt, die Wissenschaft von den Institutionen, die gesellschaftliche Ordnung ist für ihn eine Ordnung, die objektiv, im *fait social*, begründet ist, das der einzelne nur in Nuancen beeinflussen kann. MAX WEBER hingegen hat, wie es HONIGSHEIM formuliert, «einer jeden Institution ... die mit dem Anspruch auf metaphysische Realität oder Allgemeingültigkeit auftrat, den Kampf bis aufs Messer angesagt» (P. HONIGSHEIM, Der Max-Weber-Kreis in Heidelberg. ‹Kölner Vierteljahreshefte für Soziologie›, 5, 1925, S. 271). An ROBERT LIEFMANN schreibt MAX WEBER am 9. 3. 1920: «Wenn ich jetzt nun einmal Soziologe bin (laut meiner Anstellungsurkunde), dann wesentlich deshalb, um dem noch immer spukenden Betrieb, der mit Kollektivbegriffen arbeitet, ein Ende zu machen. Mit anderen Worten: Auch Soziologie kann nur durch Ausgehen vom Handeln des oder der weniger oder vieler einzelnen, strikt ‹individualistisch› in der Methode also, betrieben werden» (zit. in: Max Weber und die Soziologie heute. 1965, S. 137, Anm.). Diese Kritik richtete sich aber nicht nur gegen den ‹Realismus›, der die gesellschaftlichen Gesetze unabhängig vom einzelnen durch Kollektive wie Gruppen und Institutionen ableiten wollte, sondern auch gegen den ‹Idealismus›, der ‹geltende Normen› oder ‹Werte› zur Grundlage seiner Erklärung nehmen wollte. Der Streit um die Werturteilsfreiheit soziologischer Erklärung gewinnt seine eigentliche Bedeutung erst dadurch, daß man sich vergegenwärtigt, daß es hier für MAX WEBER nicht nur um ein abstraktes methodologisches Prinzip ging, sondern um die entscheidende Frage, wo das Fundament der soziologischen Erklärung gesucht werden sollte: ob in Werten, wie es die Anhänger der werturteilsgebundenen Wissenschaft und auch der Neukantianismus mit der durch ihn legitimierten Kulturwissenschaft behaupteten, oder in empirischen Handlungen, die immer aus individuellen Motiven zu verstehen sind.

Im Sinne des Idealismus hatte OTHMAR SPANN – der hier ebenfalls nur paradigmatisch genannt wird – versucht, den «wahren Staat» aus Begriffen zu deduzieren. Das «Gesellschaftliche als solches» ist für ihn die «logische Tat des Verstandes» (O. SPANN, Untersuchungen über den Gesellschaftsbegriff etc. In: ‹Zeitschrift für die gesamte Staatswissenschaft›, 59, 1903, S. 589), die Soziologie demzufolge eine streng idealistische oder philosophische Wissenschaft, die absolute Kategorien entwickelt. Für MAX WEBER hingegen gibt es dieses Absolute ebensowenig wie die Realität von Institutionen, die eine solche absolute Geltung für sich beanspruchen. Das ‹Soziale› gibt es für WEBER nur insoweit, als es in den Handlungen der einzelnen Motiv ist, und die Erklärung des gesellschaftlichen Geschehens muß darum da anknüpfen, wo es sich in den Handlungen der einzelnen äußert. MAX WEBER war, wie es J. WINCKELMANN (Legitimität und Legalität in Max Webers Herrschaftssoziologie. 1952, S. 8) feststellt, zutiefst von der Wahrheit des Wortes von HERODOT überzeugt: «Lasset nichts unversucht, denn nichts geschieht von selbst, sondern alles pflegt vom Menschen auszugehen!» Das Handeln der Menschen kann in kritisch-wissenschaftlicher Absicht weder von Kollektivbegriffen noch von Kollektivrealitäten aus erklärt werden: wenn gehandelt wird, handeln faktisch immer einzelne, und eine Erklärung, die empirisch überprüfbar sein will, muß darum immer hier begründet werden.

Handeln kann zweckrational, wertrational oder traditional bestimmt sein, es ist aber immer als Handeln einzelner zu verstehen, nicht als Emanation von Werten oder Ideen. Die Welt, auf die sich das menschliche Wissen als Erfahrungswissen bezieht, ist keine sinnvoll geordnete, ethisch interpretierbare Welt von Ganzheiten, sondern ein «ungeheurer chaotischer Strom von Geschehnissen, der sich durch die Zeit dahinwälzt» (WL, S. 214). Der Prozeß der Vergesellschaftung ist nicht zu begreifen als Assimilation des einzelnen an eine objektiv vorgegebene Ordnung, sondern als ein Prozeß von Handlungen, die rationalerweise ständig zwischen Alternativen wählen, also entscheiden müssen. Es gibt hier kein ‹*fait social*›, das dem einzelnen als fraglose Autorität begegnet, auch keinen ‹Wert›, dem er sich unterzuordnen hätte, sondern nur einen «unüberbrückbaren tödlichen Kampf, so wie zwischen ‹Gott› und ‹Teufel›» (WL, S. 493). Die «bittere Frucht» der vorurteilsfreien wissenschaftlichen Betrachtungsweise besteht eben in der Einsicht, daß es für den Menschen weder in seinem Handeln noch in seinem Erkennen einen bequemen Ausweg gibt. Wer hier handeln will, muß stark genug sein, die Verantwortung für seine Entscheidungen auf sich zu nehmen, wer als Wissenschaftler erkennen will, muß stark genug sein, um auf eine Legitimation durch höhere Werte zu verzichten. Kann das reale Geschehen nur «strikt individualistisch» begriffen werden, so ist das wissenschaftliche Erkennen strikt subjektivistisch ohne Bezugnahme auf legitimierende Sollvorstellungen zu begründen.

Einer Interpretation des gesellschaftlichen Geschehens von den Handlungen der beteiligten Einzelmenschen her entspricht eine Wissenschaftslehre, die sich ihre Wahrheit nicht durch Berufung auf Werte erschleichen will. Für Roscher, Schmoller, Dilthey, Troeltsch und andere erschien diese Welt als eine ethisch sinnvoll geordnete Welt. Aus diesem Grunde war es für sie – wie insbesondere Schmoller in seinem Methodenstreit mit Menger und Schumpeter betonte [11] – geradezu selbstverständlich, daß der wissenschaftlichen Erkenntnis Werte zugrunde gelegt wurden. Erkenntniskritische Überlegungen, wie sie Menger, Schumpeter und schließlich Max Weber vorbrachten, erschienen hier nicht nur als kein wissenschaftlicher Gewinn, sondern als eine Ablenkung in die falsche Richtung. Alle kulturwissenschaftliche Erkenntnis bezieht sich auf eine durch Werte geordnete Welt, und sie muß demzufolge, wenn sie nicht zu sinnlosen Abstraktionen kommen will, auf diesen Werten aufbauen, deren Gültigkeit – um Rickert zu wiederholen – jedem wissenschaftlich gebildeten Menschen zugemutet werden kann. Demgegenüber geht Max Weber davon aus, daß die Wirklichkeit, auf die sich die wissenschaftliche Erkenntnis bezieht, keine Ordnung mit einem objektiv angebbaren Sinn ist, sondern ein Prozeß, dessen eigentliche Dynamik aus der Abwesenheit oder dem Verschwinden solcher objektiver Ordnungsgesichtspunkte zu erklären ist.

Schon in seiner Dissertation über ‹Die Entwicklung des Solidarhaftprinzips und des Sondervermögens der offenen Handelsgesellschaft aus

---

11 Vgl. F. Jonas, Das Selbstverständnis der ökonomischen Theorie. Berlin 1964, S. 119 ff.

den Haushalts- und Gewerbegemeinschaften in den italienischen Städten› (1889) hatte Max Weber die Emanzipation aus den alten vorgegebenen Ordnungen und in diesem Sinne die Heraufkunft des okzidentalen Rationalismus als einer die Gesellschaft prägenden Kraft diagnostiziert. Nicht mehr die alten, auf Verwandtschafts- und Familienbeziehungen beruhenden Haftungsgemeinschaften: «gemeinsamer Haushalt, gemeinsames *staccio, bottega, taberna*» (Ges. Aufsätze zur Sozial- und Wirtschaftspolitik. 1924, S. 434), sondern der rationale Wille des einzelnen, eine Haftungsgemeinschaft einzugehen, wird der für diese Haftungsgemeinschaft konstitutive Faktor. Die alte Societas mit Solidarhaftung wird abgelöst durch ein neues, rationales Ordnungsprinzip, ein Prinzip, das deswegen rational ist, weil es den Willen des einzelnen, bestimmte Mittel für bestimmte Zwecke einzusetzen, reflektiert. Die Wissenschaftslehre, die es ablehnt, von Werten, Ordnungen oder Ganzheiten auszugehen, ist unabtrennbar von einem Wirklichkeitsbegriff, der die gesellschaftliche Wirklichkeit als emanzipierte oder rationale Wirklichkeit begreift. Max Webers Wissenschaftslehre rechtfertigt sich nicht durch abstrakt-logische Prinzipien – wie es Rickert versuchte, mit der Konsequenz, daß das so legitimierte Wissen idealisiert wurde. Max Webers Wissenschaftsbegriff rechtfertigt sich, ebenso wie der Wissenschaftsbegriff der Naturwissenschaften, durch die Vorstellung einer bestimmten empirisch nachweisbaren Realität, auf die sich dieser Wissenschaftsbegriff bezieht. Setzen die Naturwissenschaften voraus, daß die Realität, auf die sich ihre Aussagen bezogen, eine materielle, aus eigenen, nicht aus jenseitigen Gesetzen erklärbare Realität sei, so setzt Max Weber voraus, daß die Realität, auf die sich die soziologische Erklärung bezieht, eine Realität ist, in der die sittlichen Mächte der Vergangenheit, die kollektiven Ideen und Werte ihre Macht verloren und damit eine Welt freigesetzt haben, die aus den Handlungen der einzelnen zu verstehen ist. Dieser Ansatz ist durchaus vergleichbar mit dem Ansatz, in dem die Soziologie im 18. Jahrhundert in der schottischen Moralphilosophie begründet wird, zu deren Skeptizismus Max Weber eine große Affinität hat.[12] Der Zweifel an den alten Werten und Institutionen, der im 18. Jahrhundert Veranlassung zu einer neuen Wissenschaft von der Gesellschaft gibt, die an die Stelle der überlieferten Dogmen rationale Einsichten setzen soll, prägt auch das Werk von Max Weber. Seine Methodik, die es ablehnt, von Werten, Ordnungen oder Ganzheiten auszugehen, ist unabtrennbar von der geschichtlichen Situation, in der durch die Macht

12 Der Vergleich mit Hobbes liegt selbstverständlich auch nahe, jedoch erscheint der Vergleich mit Hume passender, steht doch bei Hobbes im Hintergrund eine Naturmetaphysik und die Vorstellung einer durch diese aufgenötigten Ordnung, während Hume antimetaphysisch ist und die gesellschaftliche Ordnung als eine vom Interesse legitimierte, auf Tradition und Gewohnheit aufbauende Ordnung begreift.

des rationalen Erkennens und Wollens die alten Evidenzen und emanatischen Gebilde zerstört worden sind. «Das rationale Erkennen, an welches ja die ethische Religiosität selbst appelliert hatte, gestaltete autonom und innerweltlich seinen eigenen Normen folgend, einen Kosmos von Wahrheiten, welcher nicht nur mit den systematischen Postulaten der rationalen Ethik: daß die Welt als Kosmos ihren Ansprüchen genüge, nichts mehr zu tun hatte, diesen Anspruch vielmehr prinzipiell ablehnen mußte» (Gesammelte Aufsätze zur Religionssoziologie. 1. Bd., 1920, S. 569). Die Wirklichkeit, auf die sich das wissenschaftliche Erkennen bezieht, ist geprägt vom okzidentalen Rationalismus, dessen Herkunft und Wirksamkeit Max Weber hier ähnlich wie Nietzsche begreift (vgl. E. Fleischmann, *De Weber à Nietzsche.* ‹Eur. Arch. Soz.›, 5, 1964). Dieser Rationalismus hat die Welt aus den alten sinnvollen Ordnungen emanzipiert, und jeder Versuch, diese vergangenen Ordnungen in kulturellen Werten wiederaufleben zu lassen, kann nur über den «gewaltigen Ernst dieser Sachlage» (WL, S. 155) hinwegtäuschen. «Der Puritaner wollte Berufsmensch sein; wir müssen es sein» (Gesammelte Aufs. z. Religionssoziologie, a. a. O., 1. Bd., S. 203). Diejenigen, die unsere Zivilisation begründeten, wollten Puritaner sein, ihrem Gewissen, nicht vorgeschriebenen Wahrheiten folgen, sie wollten im klaren Bewußtsein der schweren Entscheidungen leben, vor denen der Mensch in dieser Welt steht, sie wollten sich die rationale Einsicht in diese Entscheidungen nicht von Institutionen und Dogmen abnehmen lassen. Hier zog sich der Glaube auf das Gewissen zurück, hier wurde in den rationalen Handlungen nach Rechtfertigung dieser Gewissensentscheidungen gesucht. Diese Wendung war deshalb so folgenreich, weil sie sich wegen der Produktivität ihrer Konsequenzen durchsetzte und eine ganz neue Welt heraufführte, eine Welt, die mit nichts, was man bisher gekannt hatte, vergleichbar war. Wir müssen Berufsmenschen sein, wir müssen rational handeln, wir können uns nicht mehr in die alten Haftungs- und Schicksalsgemeinschaften zurückziehen, sondern sind den «kalten Skeletthänden rationaler Ordnungen» (bei E. Baumgarten, Max Weber. Werk und Person. Tübingen 1964, S. 477) überantwortet. Die Wahrheit, auf die wir uns im Erkennen und Handeln beziehen, ist die Wahrheit einer entzauberten, rationalen Welt, einer Welt, deren Ordnungen nicht mehr von Werten, sondern vom Willen und Interesse der Beteiligten legitimiert werden. «Wo immer ... rational empirisches Erkennen die Entzauberung der Welt ... konsequent vollzogen hat, tritt die Spannung gegen die Ansprüche des ethischen Postulats, daß die Welt ein gottgeordneter, also irgendwie *ethisch* sinnvoll orientierter Kosmos sei, endgültig hervor» (Religionssoziologie, a. a. O., 1. Bd., S. 564).[13] Wer

13 Vgl. Hegel, Briefe, 4. Bd., 1960, S. 67: «Ein unauslöschlicher, unglücklicher Durst, der sich auf keinen Vergleich einläßt, führt uns zur Wahrheit.»

in dieser entzauberten, rational zum Selbstbewußtsein gekommenen Welt die Einsicht auf ‹höhere› Prinzipien gegenüber der rational zugliedernden Analyse stützen will, der hat seine Chance anderswo als in der Wissenschaft: «Wer ‹Schau› wünscht, gehe ins Lichtspiel ... wer ‹Predigt› wünscht, gehe ins Konventikel» (Religionssoziologie, 1. Bd., S. 14).

MAX WEBERS Kampf für die Werturteilsfreiheit gehört zu den berühmtesten und am häufigsten zitierten Teilen seines Werkes. Aus diesem Grunde ist es wichtig, sich zu vergegenwärtigen, daß für ihn die hier verfochtene methodologische Klarheit unabtrennbar ist von seiner soziologischen Theorie, oder wie es WINCKELMANN (a. a. O., S. 1) ausdrückt, von seinem Geschichtsbewußtsein. Nur im Okzident, so betont MAX WEBER, hat es eine Rationalisierung der Handlungen gegeben, nur im Okzident gibt es eine rationale Wissenschaft. Diese Wissenschaft kann aber nicht gleichzeitig rational sein und Motive bedienen, die unter dem Einfluß des Rationalismus ins Private abgedrängt worden sind. Die Wissenschaft bedient nicht mehr das Interesse des Gemüts und des Enthusiasmus, wie es DILTHEY wollte, denn der Prozeß der Entzauberung zerstört jene kollektiven Werte, vermöge deren im Erkennen gleichzeitig das, was ist, und das, was sein soll, erkannt werden konnte. Das, was sein soll, ist kein Wert mehr, der mit Selbstverständlichkeit allen zugemutet werden kann, sondern ist Sache individueller Entscheidung geworden, Sache der Wahl, deren Last niemandem von der Wissenschaft abgenommen werden kann. Wissenschaftliche Erkenntnis ist hier weder Explikation höherer Wahrheiten, wie sie es nach PLATON sein sollte, sie ist auch kein Weg zur Wahrheit, wie es noch NEWTON und SWAMMERDAM glaubten, sondern sie ist Lehre von empirischen Tatsachen und den technischen Einsatzmöglichkeiten für diese Tatsachen. Aufgabe der Wissenschaft ist in diesem Sinne nicht die Apologie von Handlungen, sondern die Erkenntnis von Sachverhalten, und nur, weil es im Verlauf der Rationalisierung des Erkenntnisvorganges gelungen ist, das Wünschenswerte von dem Tatsächlichen zu trennen, konnte die wissenschaftliche Erkenntnis eine im Vergleich zu der vorwissenschaftlichen Erkenntnis so große Leistungsfähigkeit erlangen.

Im Grunde handelt es sich bei der Forderung nach Werturteilsfreiheit um die, wie MAX WEBER bemerkt, «an sich höchst triviale Forderung, daß der Forscher und Darsteller die Feststellung empirischer Tatsachen ... und *seine* praktisch wertende ... Stellungnahme unbedingt *auseinanderhalten* solle» (WL, S. 486).[14] Immer wieder ist gegen diese Werturteilsfrei-

---

14 J. SCHUMPETER bemerkt über den Methodenstreit in seiner ‹Geschichte der ökonomischen Analyse›. 2. Bd., 1965, S. 994: «Trotz einiger Beiträge zur Klärung der logischen Grundlagen ist die Geschichte dieser Literatur im wesentlichen eine Geschichte vergeudeter Energie, die man besser hätte nützen können.»

heit eingewendet worden, daß schon die Auswahl einer bestimmten Fragestellung eine bestimmte Wertung verlange und daß insofern keine wissenschaftliche Forschung werturteilsfrei sei. Um dieses – von ALBERT so genannte – «Basisproblem»[15] geht es jedoch in der Werturteilsfrage ausdrücklich nicht, und wer dieses Basisproblem mit dem Werturteilsproblem verwechselt, muß – absichtlich oder unabsichtlich – die Frage, um die es MAX WEBER geht, verwirren. Es geht MAX WEBER nicht darum, daß bestimmte Neigungen oder Interessen die Auswahl der Forschungsprobleme bestimmen, sondern darum, daß in der Durchführung der Forschung das, was beweisbar und demzufolge intersubjektiv nachprüfbar ist, streng geschieden wird von dem, was nur die persönliche Meinung dieses oder jenes Wissenschaftlers darstellt. Wo das Erkennbare und das Wünschbare nicht auseinandergehalten werden, gibt es kein intersubjektiv überprüfbares Wissen und infolgedessen keinen wissenschaftlichen Fortschritt; wo das Wissen dazu verwendet wird, Handlungsziele zu legitimieren oder gar vorzuschreiben, wird im Namen der Wissenschaft der Glaube an Werte gepredigt, die – so gut und so nützlich sie auch sein mögen – eben nur durch die Entscheidung des Menschen für sie, nicht aber von einer ‹Natur der Sache› her verbindlich sind. Unter dem Gesichtspunkt der Wissenschaft sind Werte Bezugspunkte für menschliche Wahlakte. Sie sind keine objektiven Kulturbedeutungen, die an sich verpflichtend wären.[16]

Die Wissenschaft lehrt niemanden, wie er handeln soll, sie lehrt nur «erstens die unvermeidlichen Mittel und zweitens die unvermeidlichen Nebenerfolge, drittens die dadurch bedingte Konkurrenz mehrerer *möglicher* Wertungen miteinander in ihren *praktischen* Konsequenzen» (WL, S. 494). Die Historische Schule konnte noch an das Dasein sittlicher Mächte glauben, die das Handeln der Menschen in dieser oder jener Richtung legitimierten, MARX hatte noch Vertrauen in eine Realdialektik der Geschichte, die von sich her den menschlichen Handlungen einen bestimmten Wert und Sinn verlieh, TROELTSCH glaubte an die Absolutheit der Werte der abendländischen Kultur, und nach ihm werden manche andere kommen, die andere Werte als selbstverständlich vertreten. Bei MAX WEBER wird erkannt, daß alle diese metaphysischen bzw. homo-

---

15 Vgl. H. ALBERT, Wertfreiheit als methodisches Prinzip. In: Logik der Sozialwissenschaften, ed. Topitsch, 1965.

16 Auf den Unterschied, der in diesem Punkt zwischen MAX WEBER und DILTHEY besteht, weist richtig hin K. LÖWITH, Max Weber und Karl Marx. In: Gesammelte Abhandlungen, 1960, S. 12; vgl. ebenso TENBRUCK, Die Genesis der Methode Max Webers. In: Kölner Zeitschrift, 11, 1959, S. 625, und P. ROSSI, *Lo storicismo tedesco contemporaneo*. 1956, S. 371, sowie R. ARON, *La philosophie critique de l'histoire*. 31964, und E. BERGSTRÄSSER, *Wilhelm Dilthey and Max Weber*. In: Ethics, 57, 1946.

zentrischen Interpretationen mit ihren «grandiosen Farben» (WL, S. 51) ebensowenig zur Erkenntnis beitragen wie die theozentrischen Interpretationen der Vergangenheit.[17] «Die Welt», so stellte WITTGENSTEIN in seinem ‹Tractatus logico-philosophicus› (1921, 1.1) fest, «ist die Gesamtheit der Tatsachen, nicht der Dinge.» Die Welt, auf die sich die wissenschaftliche Erkenntnis bezieht, ist keine Welt von Sinn- und Ganzheitszusammenhängen, sondern eine Welt von Sinnesdaten, die zunächst einmal als solche aufzufassen sind, bevor man sie in irgendeiner Weise auf menschliche Sinn- und Wertvorstellungen bezieht. Nicht das neukantianische Wissenschaftsideal, nach dem man – in der Formulierung von LOTZE – zwar nicht das Dasein, aber die Bedeutung der Dinge erkennen wollte, sondern das Wissenschaftsideal des Positivismus, der schon bei COMTE die Fakten ohne begleitende Sinnvorstellungen darstellen will, steht hier im Hintergrund. Der Positivismus war zu einer Metaphysik geworden, aber sein Programm, Tatsachen von Wunschvorstellungen zu trennen, politische Maximen und wissenschaftliche Erkenntnisse auseinanderzuhalten oder, in der Formulierung von DURKHEIM, unwissenschaftliche Vorurteile zu unterscheiden von wissenschaftlichen Aussagen, bleibt doch – als Gegenpol der Ethoswissenschaft, wie sie sich jetzt konstituiert – aktuell. Zu der Welt, in der sich der okzidentale Rationalismus durchgesetzt hat, gehört ein Erkennen, das sich von dem Pathos der Sinnbedeutungen distanziert. Man erinnert sich an HEGELS Vorrede zu seiner ‹Rechtsphilosophie›: «Wenn die Philosophie ihr Grau in Grau malt, dann ist eine Gestalt des Lebens alt geworden, und mit Grau in Grau läßt sie sich nicht verjüngen, sondern nur erkennen; die Eule der Minerva beginnt erst mit der einbrechenden Dämmerung ihren Flug.» Wissenschaftliche Erkenntnis hat nichts mit dem verjüngenden Pathos der Begeisterung zu tun, sondern ihr Ziel ist

---

17 H. LÜBBE, Die Freiheit der Theorie, Max Weber über Wissenschaft als Beruf. In: Archiv für Rechts- und Sozialphilosophie, 48, 1962, hat aus WEBERS Wissenschaftsbegriff die Verpflichtung der Wissenschaft auf eine freiheitliche demokratische Gesellschaftsordnung ableiten zu können geglaubt. Das ist aber, wie es LÜBBE selbst sieht, eine Folgerung, die über MAX WEBER hinausgeht. Ob MAX WEBER selbst der Ansicht gewesen wäre, daß zum Wissenschaftsbegriff des okzidentalen Rationalismus eine bestimmte demokratisch-freiheitliche Gesellschaftsordnung gehört, scheint zweifelhaft; denn als Soziologe wäre ihm nicht entgangen, daß wissenschaftliche Forschung auch im Sinne völliger Wertneutralität und Sachorientierung unter sehr verschiedenen Gesellschaftssystemen möglich ist. Aus dem Begriff der Wissenschaft lassen sich nur logische Konsequenzen hinsichtlich ihrer Methode, nicht aber soziologische Konsequenzen hinsichtlich des gesellschaftlichen Milieus, in dem sie arbeitet, ableiten. Allein eine Soziologie der Wissenschaft könnte einen Zusammenhang zwischen Gesellschaftsordnung und wissenschaftlicher Entwicklung wahrscheinlich machen.

das Grau in Grau der Tatsachen. Die Zeit des okzidentalen Rationalismus ist in diesem Sinne eben die Zeit der Dämmerung, in der die Welt ihre Buntheit verliert, oder in der Sprache von MAX WEBER, die Zeit der Entzauberung und Ernüchterung, in der die großen Ziele und Werte der Vergangenheit ihren natürlichen Glanz verlieren und nur noch vom Willen des Menschen gehalten werden. Das wissenschaftliche Erkennen legitimiert nicht mehr, es ist über den Kreis theozentrischer oder homozentrischer Zurechnungsmöglichkeiten hinausgeraten in die Unendlichkeit eines chaotischen Ereignisstromes, der sich durch die Zeit dahinwälzt und der – wenn er überhaupt ein Zentrum hat, von dem her er verstanden werden kann – dieses Zentrum jedenfalls jenseits unserer Begrifflichkeit findet, die sich vor der hereinbrechenden Dämmerung bescheiden genug ausnimmt. Diese Entzauberung oder Entfremdung einer dem Menschen bislang vertrauten Welt ist in der Aufklärung, im Rationalismus selbst angelegt, in dem das menschliche Wissen kritisch auf seine Grundlagen befragt wird. Man erinnert sich an VOLTAIRES *‹Micromégas›*, an das unendliche Gelächter, in das der Wissende ausbricht, als ihm ein Menschenwesen erklärt, das Weltall sei für ihn in diesem oder jenem Sinne geschaffen worden. MAX WEBER hat nicht die gallische Heiterkeit von VOLTAIRE, aber er hat die gleiche geschulte Rücksichtslosigkeit des Blickes. Wo VOLTAIRE ironisch ist, ist MAX WEBER bitter: Wo versucht wird, Erörterungen sachlicher Zweckmäßigkeit zu vermengen mit den Werten der abendländischen Kultur, da handelt es sich um «eine widerwärtige Geschmacksentgleisung sich wichtig nehmender Literaten» (WL, S. 526).

MAX WEBER ist voller Leidenschaft, wenn es darum geht, die Objektivität wissenschaftlicher Erkenntnis gegenüber moralischen oder politischen Werten zu verteidigen, deren Berechtigung je an ihrem Ort er nie bestritten hat, die aber eben keine Maximen wissenschaftlicher Erkenntnis sein können. Gewiß soll der Mensch in seinem Handeln sich für bestimmte Werte entscheiden, und MAX WEBER hat sich daher zu Recht gegen den Vorwurf des Nihilismus oder Relativismus gewehrt; aber bevor sich der Mensch für bestimmte Werte entscheidet, soll er doch das Feld der Tatsachen, in dem er sich bewegt, vorurteilslos zur Kenntnis nehmen und nicht glauben, daß seine wertende Stellungnahme an den Tatsachen etwas ändere. Das wissenschaftliche Erkennen stößt zwar nicht zu den Dingen an sich vor – wie es im Positivismus angeklungen war –, aber es ist auf seine eigene Überprüfbarkeit verpflichtet und deswegen praktisch von so großer Bedeutung. Das wertende oder intuitive Denken konnte zwar auch Sachverhalte richtig treffen, aber es war in seinen Begründungen nicht überprüfbar und deswegen nicht entwickelbar. Überprüfbarkeit macht ein Wissen objektiv, bezogen nicht auf die Dinge an sich, sondern auf einen bestimmten Stand wissenschaftlicher Erkenntnis. Hier kommt es nicht auf Legitimierung von Handlungen, sondern darauf an, ob Aussagen richtig oder falsch sind.[18] Wissenschaftliches Erkennen ist in diesem Sinne an seinem eigenen Erfolg orientiert; diese Orientierung gilt auch für die Sozialwissenschaften, deren Aussagen nicht von unüberprüfbaren Voraussetzungen ausgehen können.

Hinter der Auseinandersetzung um die Objektivität der wissenschaftlichen Erkenntnis steht nicht nur der Kampf Max Webers gegen das Eindringen moralischer oder politischer Vorurteile in die Wissenschaft, sondern auch die Abwehr einer Hermeneutik, die der wissenschaftlichen Erkenntnis ihre objektive Grundlage raubte. Dilthey – und nicht er allein – hatte für die Kulturwissenschaft eine besondere Hermeneutik des Verstehens gefordert, die fern von analytisch-rationaler Zergliederung einen unmittelbaren Zugang zur Totalität des Gegenstandes eröffnen sollte. Aus der Intuition wachsen – um an die Formulierung von Heinrich Maier zu erinnern – dem Forscher die Allgemeinbilder zu, in denen er das Reale der verschiedenen Kulturgestalten erkennt. Dieses irrationale Verstehen schloß eine intersubjektive Überprüfbarkeit und damit eine Entwickelbarkeit wissenschaftlicher Einsichten ebenso aus wie die Zugrundelegung von Werten, die Rickert empfohlen hatte, um in das irrationale Dunkel des Verstehensvorgangs etwas Klarheit zu bringen. Die Objektivität wissenschaftlicher Erkenntnis kann in einer Zeit, in der eine Vielheit von möglichen Wertsetzungen miteinander konkurrieren, weder auf Wertungen, noch kann sie auf der unüberprüfbaren Intuition aufbauen; die «dumpfe Ungeschiedenheit des ‹Erlebens› muß... gebrochen sein, damit auch nur der erste Anfang wirklichen ‹Verstehens› ...einsetzen kann» (WL, S. 104). Am Anfang des wissenschaftlichen Erkennens steht nicht die Intuition, die den Wissenschaftler mit seinem Gegenstand eins werden läßt, sondern die Trennung von Erkenntnissubjekt und Erkenntnisobjekt, in der Sprache Hegels die Negation, die Macht des Denkens, das sich aus einer lebendigen Gestalt losreißt, um sie wissenschaftlich zu betrachten. Die verstehende Soziologie von Max Weber ist darum nicht zu verwechseln mit der auf der Hermeneutik des Verstehens aufbauenden Kulturwissenschaft. «Wir nehmen», so bemerkt Max Weber (WL, S. 129) nicht «eine ‹psychologische› Analyse der ‹Persönlichkeit› mit Hilfe irgendwelcher eigenartiger Erkenntnismittel vor, sondern vielmehr eine Analyse der ‹objektiv› gegebenen *Situation* mit Hilfe unseres nomologischen Wissens.» Max Webers Soziologie wird eine verstehende Soziologie genannt, weil sie – wie wir noch sehen werden – das Verständnis von Kulturbedeutungen zum Ziele hat; sie ist jedoch streng zu unterscheiden von der verstehenden Kulturwissenschaft, die sich auf das Verstehen als eine spezielle Erkenntnismethode berief, um sich dadurch von den positivistischen Naturwissenschaften

---

18 Vgl. auch den Geschäftsbericht von Max Weber, Schriften der DGS 1. Bd., 1911, S. 39.

abzugrenzen. Auch die Sozialwissenschaft kann sich nach MAX WEBER nicht auf «eigenartige Erkenntnismittel» berufen, sondern muß von einer ‹objektiv›, d. h. in der Erfahrung gegebenen Situation ausgehen. Rationale Begriffsbildung und empirische Forschung sind in der Soziologie ebenso Grundlage der Erkenntnis wie in den anderen Wissenschaften. «Nicht psychisch-erlebnismäßige Momente der Innerlichkeit», so schreibt WINCKELMANN (in: Max Weber Gedächtnisschrift. 1966, S. 196), «sondern pragmatisch-erfahrbare objektive Strukturen und Abläufe realen sozialen Geschehens liefern das Material soziologisch-empirischer Untersuchungen und Erfahrungserkenntnisse.» Wer glaubt, Deutung und psychologische Introspektion an die Stelle wissenschaftlicher Analyse setzen zu können, der setzt sich über die entscheidende Grundlage aller wissenschaftlicher Erkenntnis, nämlich ihre Objektivität und Nachprüfbarkeit hinweg.

Alle wissenschaftliche Erkenntnis muß intersubjektiv überprüfbar sein. Das bedeutet aber nicht nur, daß sie sich von Werturteilen und irrationalen Erkenntnismethoden befreien muß, sie muß sich auch von einem naiven Glauben an Erfahrungstatsachen befreien, nach dem die wissenschaftliche Wahrheit irgendwo außerhalb der Wissenschaft in den ‹Tatsachen› gefunden werden könnte. MAX WEBER schreibt am 7. März 1886 an seinen Bruder ALFRED (Jugendbriefe. Tübingen o. J., S. 209 f): «Du hast mir auch sonst noch mancherlei geschrieben, worüber sich sprechen ließe. Zum Beispiel, was den Wert der Erkenntnis ‹allein durch Erfahrung und Verstand› betrifft. Gewiß war es niemandem leichter, den Wert und Umfang derselben hoch anzuschlagen, als dem Altertum. Aber über die Bedingungen und die wirkliche Grundlage dieser Erkenntnis und unsere Fähigkeit dazu, wurde es sich niemals klar ... Wir sind weiter damit gekommen als das Altertum und stellen die Fragen jetzt etwas tiefer. Wir begnügen uns nicht damit zu sagen ‹Erfahrung›, sondern fragen weiter nach dem Grunde, weshalb Erfahrung uns Wahrheit gibt, nach der Art und dem Wert derjenigen, welche sie gibt, und derjenigen, welche sie nicht geben kann.» MAX WEBER grenzt sich hier ebenso kritisch von der «Deifikation der Fakten» (so POPPER in: Logik der Sozialwissenschaften, ed. Topitsch 1965, S. 125) ab wie von der Deifikation der Werte, wie sie von SCHMOLLER und RICKERT betrieben wurde. Wissenschaftliche Erkenntnis kommt weder durch Berufung auf Werte noch durch Berufung auf Tatsachen zustande: «Ein Chaos von ‹Existentialurteilen› über unzählige einzelne Wahrnehmungen wäre das einzige, was der Versuch eines ernstlich ‹voraussetzungslosen› Erkennens der Wirklichkeit erzielen würde» (WL, S. 177). «Vielwisserei bringt noch keinen Verstand», so hatte schon HERAKLIT (Vorsokratiker, ed. Capelle, S. 157) gesagt. Die bloße Anhäufung von Tatsachen bringt noch keine wissenschaftliche Erkenntnis; diese kann erst das Ergebnis der begrifflichen und methodischen Aufarbeitung der Erfahrungstatsachen sein.

Max Weber zieht eine Trennungslinie sowohl gegenüber dem Idealismus, der die Erkenntnis in zugemuteten Werten begründen wollte und konsequent zu der irrationalen Schau von Werten und Wesenheiten führte, als auch gegenüber dem naiven Empirismus, der die theorielose Forschung nicht zuletzt deswegen betrieb, um sich von der idealistischen «Salonspekulation» abzugrenzen. «Nur solche statistischen Regelmäßigkeiten, welche einem *verständlichen* gemeinten Sinn sozialen Handelns entsprechen, sind ... verständliche Handlungstypen, also: soziologische Regeln» (Wirtschaft und Gesellschaft, 1. Bd., 1964, S. 9). Ebenso wie die Selbstmordtypen, die Emile Durkheim entworfen hatte, verständlich nur sind von einer bestimmten soziologischen Theorie her, wie in ihnen das empirische Material in einer bestimmten Weise soziologisch geordnet wurde, will auch Max Weber soziologische Regeln unter bestimmten theoretischen Gesichtspunkten entwerfen, Gesichtspunkten, die sich nicht einfach aus dem empirischen Material ergeben, sondern an es herangetragen werden. Alle wissenschaftliche Erkenntnis beruht auf der Voraussetzung, daß «ein *endlicher* Teil der unendlichen Fülle der Erscheinungen allein *bedeutungsvoll* sei» (WL, S. 177). Sie wird gewonnen durch «einseitige *Steigerung eines* oder *einiger* Gesichtspunkte und durch Zusammenschluß einer Fülle von diffus und diskret, hier mehr und dort weniger, stellenweise gar nicht vorhandener *Einzel*erscheinungen, die sich jenen einseitig herausgehobenen Gesichtspunkten fügen zu einem in sich einheitlichen *Gedankengebilde*» (WL, S. 191). An diesem Punkte hatte bei Rickert die Idealisierung des Wissens, die Zurückführung aller wissenschaftlichen Erkenntnis auf «überempirische Voraussetzungen» eingesetzt, war der Weg zu einer Weltanschauungslehre eröffnet worden. Auch Max Weber sieht, daß die Umformung des Erfahrungsgegenstandes in einen wissenschaftlichen Erkenntnisgegenstand überempirische Voraussetzungen zur Grundlage hat. Für ihn sind jedoch diese Voraussetzungen nicht absolut geltende Werte oder Ideen, sondern Forschungsgesichtspunkte, von denen her bestimmte Fragen gestellt und Methoden eingesetzt werden, die sich in ihrem praktischen Erfolg rechtfertigen müssen. Gegen die Verabsolutierung der Werte im Neukantianismus bemerkt Max Weber: «Es sei ... nur daran erinnert, daß der Ausdruck ‹Wertbeziehung› lediglich die philosophische Deutung desjenigen spezifischen wissenschaftlichen ‹Interesses› meint, welches die Auslese und Formung des Objekts einer empirischen Untersuchung beherrscht» (WL, S. 473). Die Wertbeziehung, unter der aus einem Erfahrungsgegenstand ein Erkenntnisgegenstand wird, ist also als eine teleologische bzw. pragmatische Beziehung zu verstehen,[19] die von einem be-

---

19 Zu dem leider noch wenig geklärten Verhältnis Max Webers zum Pragmatismus vgl.: E. M. Manasse, *Moral Principles and Alternatives in Max Weber and John Dewey*. In: The Journal of Philosophy, 41, 1944.

stimmten Erkenntnisziel beherrscht wird. Nicht objektive Zusammenhänge von Dingen, Werten oder Ideen, sondern Zusammenhänge von Forschungsinteressen und Problemen konstituieren die Wissenschaften und ihre Erkenntnisgegenstände. Der wissenschaftliche Begriff ist «*jedes* durch logische Bearbeitung einer anschaulichen Mannigfaltigkeit zum Zweck der *Erkenntnis des Wesentlichen* entstehende ... Gedankengebilde» (WL, S. 6, Anm.). Er ist keine Idee, deren ‹Schau› die Wahrheit offenbart, sondern er ist ein Mittel, um einen unübersehbaren Erfahrungsinhalt wissenschaftlich in einer bestimmten Weise durchsichtig zu machen. Begriffe sind in diesem Sinne keine Wahrheiten, die überempirische Geltung haben, sondern Werkzeuge, «gedankliche Mittel zum Zweck der geistigen Beherrschung des empirischen Gegebenen» (WL, S. 208).[20]

«Wissenschaftliche Wahrheit», so schreibt Max Weber (WL, S. 184), «ist nur, was für alle gelten *will*, die Wahrheit *wollen*.» Wissenschaftliche Wahrheit gründet sich also weder in Werten noch in Tatsachen, sondern im Erkenntniswillen des Subjekts, das eine bestimmte Wahrheit will. Wahrheit ist nicht etwas, was objektiv in der Welt vorhanden wäre, sie wird dem Menschen nicht vom Sein zugesprochen, sie wird ihm auch nicht von der Idee zugemutet, sondern er muß sich für sie entscheiden, sie wollen, und das heißt doch immer: eine bestimmte Wahrheit auf Kosten anderer möglicher Wahrheiten suchen wollen. In diesem Sinne ist Wahrheit nichts *a priori* Feststehendes, sondern offenes Ergebnis einer eingeschlagenen Forschungsrichtung. Die Fragestellung, die Methoden, kurzum der Erkenntnisgegenstand einer bestimmten Wissenschaft werden uns verständlich, wenn wir uns vergegenwärtigen, welche Wahrheit hier oder dort gesucht wird, was man wissen will und was man aus eben diesem Grunde nicht fragt. Es gibt überall eine Vielzahl möglicher Wahrheiten, nach denen man streben kann; eine Wissenschaft begründet sich dadurch, daß sie sich auf eine bestimmte Fragestellung festlegt. In diesem Sinne fragen die Naturwissenschaften nach Kausalzusammenhängen, die Wahrheit, die sie suchen, ist das Vorhandensein oder nicht Vorhandensein einer kausalen Verknüpfung: und um diese Verknüpfung herauszuarbeiten, müssen sie ihren Gegenstand quantifizieren und mathematisieren, weil nur so übersehbare Zurechnungsverhältnisse erzielt werden können. Die Sozialwissenschaften suchen jedoch eine andere Wahrheit. Das liegt nicht daran, daß die Kausalverknüpfungen auf dem Gebiet der Sozialwissenschaften unendlich viel komplizierter sind als in der Natur – die Gesellschaft, bemerkt Max Weber (WL, S. 197), ist «ein Chaos unendlich differenzierter und höchst

20 Von hier gesehen wird auch die Parallele zweifelhaft, die C. Antoni, *Dallo storicismo alla sociologia*. Firenze 1940, S. 176–178, zwischen Idealtypus und platonischer Idee zu ziehen gesucht hat. Max Webers Idealtypen sind eben keine Ideen, die sich durch sich selbst rechtfertigen.

widerspruchsvoller Gedanken- und Gefühlszusammenhänge aller Art» –, sondern daran, daß allgemeine Kausalverknüpfungen uns nicht die bestimmte Wirklichkeit verständlich machen könnten, in der wir leben. «Die Sozialwissenschaft, die *wir* treiben wollen» schreibt MAX WEBER (WL, S. 170 f), «ist eine *Wirklichkeitswissenschaft*. Wir wollen die uns umgebende Wirklichkeit des Lebens, in welches wir hineingestellt sind, *in ihrer Eigenart* verstehen – den Zusammenhang und die Kultur*bedeutung*, ihre einzelnen Erscheinungen in ihrer heutigen Gestaltung einerseits, die Gründe ihres So-und-nicht-anders-geworden-seins andererseits.»

Wissenschaftliche Erkenntnis ist immer bezogen auf eine bestimmte Erkenntnisabsicht; und diese Erkenntnisabsicht geht im Falle der Sozialwissenschaften nicht auf allgemeine Gesetze, sondern auf die Besonderheiten bestimmter historisch-kultureller Erscheinungen. MAX WEBER fühlt sich, wie es TENBRUCK (Die Genesis der Methode Max Webers. In: ‹Kölner Zeitschrift›, 11, 1959, S. 596) feststellt, als Erbe und Verteidiger einer Welt, wie sie vom deutschen Historismus in ihrer unendlichen Mannigfaltigkeit und Bewegtheit entdeckt worden war. Gerade als empirische Wissenschaft darf die Soziologie nicht den Unterschied übersehen, der hinsichtlich ihres Erfahrungsgegenstandes zwischen ihr und den Naturwissenschaften besteht. Die Naturwissenschaften können einen allgemeinen, zeitlosen Erfahrungsgegenstand voraussetzen, und ihr Erkenntnisideal sind darum allgemeine Gesetze von überzeitlicher Gültigkeit. Im Gegensatz dazu ist die Wirklichkeit, auf die sich die Sozialwissenschaften beziehen, eine Wirklichkeit, die stets eine bestimmte «qualitative Färbung» aufweist, und das Erkenntnisinteresse geht hier nicht auf überzeitliche Wahrheiten, sondern auf das, was in der Zeit als Prozeß des Wandels und der Veränderung geschieht. Bei einem Erfahrungsgegenstand, der keine Zeit kennt, kann das, was geschieht, nach überzeitlichen Gesetzen erklärt werden; aber bei einem Gegenstand, der sich in der Zeit verändert, muß das Verständnis immer an eine konkrete Gestalt und ihre Besonderheiten anknüpfen. Hier ist die wirksame Kraft, die Wirklichkeit, nicht das Allgemeine, sondern das Besondere, nicht eine allgemeine Natur ‹des Menschen› oder ‹der Gesellschaft›, sondern das Spezifische einer bestimmten Integration, einer bestimmten Entwicklungschance, in denen allgemeine, unspezifische Kräfte aktualisiert und konkretisiert werden. Wirkliches Wissen, so hatte MONTESQUIEU erklärt, besteht darin, die Nuancen der Dinge zu kennen, und ebenso stellt MAX WEBER fest, daß es in den Sozialwissenschaften auf die qualitative Färbung, die «Kulturbedeutung» der Vorgänge ankomme. Diese kann nicht aus Gesetzen deduziert werden, und insofern ist der Versuch einer kausalen Zurechnung – selbst wenn er trotz der Komplexität der Daten gelingen sollte – unerheblich. Das rationale Verständnis von Kulturbedeutungen kann nicht an die blinden Kausalkräfte anknüpfen, aus denen jene – möglicherweise – hervorgehen, sondern muß einen bestimmten gemeinten Sinn zugrunde legen, von dem man annimmt, daß er dieser Kultur ihr besonderes Gepräge verleiht.

Diese Erkenntnisabsicht der ‹Wirklichkeitswissenschaft› MAX WEBERS bringt freilich besondere Probleme mit sich, da der Sinn oder die Bedeutung, von der her eine bestimmte Kulturwirklichkeit verstanden werden kann, nicht ebenso empirisch nachgewiesen werden kann wie die Wirksamkeit von Kausalgesetzen.[21] Die Begrifflichkeit der Wirklichkeitswissenschaft hat daher einen vergleichsweise suspendierten Charakter; der Wandelbarkeit aller Zusammenhänge muß die kritische Einsicht in die Problematik aller Deutungen von Zusammenhängen entsprechen, denen keine feststehende Realität entspricht.

In diesem Sinne sind die Idealtypen konstruierte Gedankengebilde, die als Instrumente verwendet werden, um wirkliche Zusammenhänge rational zu verstehen. Diese Eigenschaft, konstruierte Gedankengebilde zu sein, die als Orientierungsmaß an die Erscheinungswelt herangetragen werden, haben sie mit anderen wissenschaftlichen Begriffen gemeinsam. Auch diese Begriffe sind – wie etwa das Kausalgesetz – nicht Ausdruck der Wirklichkeit, sondern sollen der wissenschaftlichen Erkenntnis eindeutige Ausdrucksmittel verleihen; sie sind keine Hypothesen über die Wirklichkeit, sondern sollen die Hypothesenbildung in eine erfolgversprechende Richtung lenken. Der Idealtypus, so stellt MAX WEBER fest, ist in dieser Weise überall der Ansatzpunkt wissenschaftlicher Erkenntnis, die Idealtypen sind «Nothäfen, bis man gelernt hatte, sich auf dem ungeheuren Meere der empirischen Tatsachen zurechtzufinden» (WL, S. 206): Idealtypen sind erste Orientierungsmaße, die einen Überblick ermöglichen, der dann gegebenenfalls durch Einsicht in empirische Gesetze abgelöst wird. Die Konstruktion von Idealtypen ist ein erstes Probierhandeln des Denkens, mit dem ein rationales Verständnis in einem bestimmten Feld eröffnet wird; wenn sich dieses Verständnis bewährt, schließt sich daran eine wirkliche Orientierung auf dem «Meer der Tatsachen» an, d. h. die Konstruktion empirischer Hypothesen: insofern bedeutet das Reifwerden einer Wissenschaft immer die «*Überwindung* des Idealtypus» (WL, S. 206).

Die Kulturwissenschaften hatten gegenüber den Naturwissenschaften eine höhere Erkenntnismethode behauptet, die ihnen den direkten Zu-

21 H. REICHENBACH, *Probability Methods in Social Sciences.* In: LERNER and LASSWELL (eds.), *The Policy Sciences.* 1959, S. 127, weist auf den hier vorliegenden Unterschied zu den Naturwissenschaften hin, wenn er feststellt, daß es diese mit den «*statistics of microphenomena*» zu tun haben, die gegebene Ganzheiten voraussetzen können, während der Sozialwissenschaftler nur Einzelphänomene beobachte, von denen aus er Ganzheiten konstruieren, also in den «*statistics of macrophenomena*» sich den Bezugsrahmen seiner Interpretationen erst aufbauen müsse.

gang zur Wirklichkeit selbst ohne verfälschende Abstraktionen ermögliche. Von diesem Pathos der Überlegenheit findet sich bei MAX WEBER nichts. Er sieht vielmehr die Problematik dieser Wissenschaften darin, daß sie nicht eigentlich reif werden, weil ihnen der Zeitverlauf immer neue und wechselnde Problemstellungen zuführt, so daß sie sich auf dem Meer von Tatsachen nicht wirklich zurechtfinden können. «Es gibt», so schreibt MAX WEBER (a. a. O.), «Wissenschaften, denen ewige Jugendlichkeit beschieden ist, und das sind alle *historischen* Disziplinen, alle die, denen der ewig fortschreitende Fluß der Kultur stets neue Problemstellungen zuführt. Bei ihnen liegt die Vergänglichkeit *aller*, aber zugleich die Unvermeidlichkeit immer *neuer* idealtypischer Konstruktionen im Wesen der Aufgabe.» Alle idealtypischen Orientierungsgesichtspunkte sind vergänglich, weil das Licht der Kulturprobleme weiterzieht und ihnen die Wissenschaft dann folgen muß; sie sind nur «Nothäfen», die keinen wirklichen Schutz gewähren und für die es doch keine Alternative gibt, da der stetige Wandel in der Geschichte keine wirkliche Orientierung erlaubt. MAX WEBER, der weder den Weg der Resignation (empirische Forschung, reine Theorie) noch den der Metaphysik (Kulturwissenschaft, Weltanschauung) geht, sondern daran festhält, daß es auch für die Sozialwissenschaften eine empirisch beweisbare Wahrheit geben muß, ist Pessimist hinsichtlich der Art von Wahrheit, die hier errungen werden kann. Wer die Kritik der soziologischen Erkenntnis nicht einfach überspringt, wer die Gesellschaft also nicht als Natur begreift und gleichzeitig darauf verzichtet, diesem besonderen, bewegten und veränderlichen Gegenstand durch metaphysische Konstruktionen eine Pseudofestigkeit zu geben, der gerät vor den Abgrund, der sich ebenso vor der Historiographie wie vor der empirischen Sozialforschung aufgetan hatte, nämlich vor das «Chaos von Existentialurteilen», die kein verbindendes Band zusammenhält. Die ungeheure Spannung, die das Werk von MAX WEBER durchzieht, in der ein schier unübersehbarer Reichtum von Tatsachen nur mühsam durch einen bestimmten Erkenntniswillen gebändigt wird, rührt eben daher, daß er das Problem sah, vor das die Soziologie von ihren Kritikern gestellt worden war, und daß er trotzdem das Ziel wissenschaftlicher Erkenntnis nicht einfach aufgab bzw. durch Aufteilung der Fragestellung verharmloste. Wissenschaft ist der Ort, «wo Wahrheit gesucht wird, die ... auch für den Chinesen die Geltung einer denkenden Ordnung der empirischen Wirklichkeit beansprucht» (WL, S. 156). Das gilt auch für die Sozialwissenschaften: auch hier soll eine denkende Ordnung der empirischen Wirklichkeit auf intersubjektiv überprüfbare Weise möglich sein. Das Instrument, das hierzu verwendet werden muß, ist der Idealtypus, ein Nothafen, den der Wissenschaftler ansteuert gegenüber einem Meer von Sinnesdaten, das weder allgemeinen Naturgesetzen noch selbstverständlichen Wertordnungen unterworfen ist. Hier gibt es keine Wahrheit, die der Sache zugeschrieben werden kann, sondern immer nur eine gedankliche Konstruktion, die sich in angebbarer Weise bewährt. Ob ein Idealtypus ein bloßes Gedankengebilde ist oder ob er das Verständnis von Kulturbedeutungen eröffnet, kann sich immer nur an seinem Erfolg in der praktischen Forschung zeigen, nämlich daran, ob es gelingt, das empirische Material unter seinem Gesichtspunkt überzeugend aufzuarbeiten. In diesem Sinne hat MAX WEBER in seinen historischen Arbeiten, in seinen industriesoziologischen Forschungen, in seinem Versuch, den Kapitalismus zu interpretieren, immer wieder eine bestimmte Perspektive, nämlich die des okzidentalen Rationalismus, als Zugang zu einem rationalen Verständnis unserer Lebenswirklichkeit zu entwickeln versucht.

Die industriesoziologischen Arbeiten von MAX WEBER werden im Zusammenhang mit seinem Gesamtwerk oft vernachlässigt, scheinen aber gerade im Hinblick auf die spätere Entwicklung der empirischen Forschung interessant zu sein, zeigt sich doch in ihnen, wie MAX WEBER ein empirisches – im Verein für Socialpolitik aus ganz anderen Gründen entstandenes – Forschungsinteresse in seinem Sinne fruchtbar zu machen sucht. Der Anstoß zu der Untersuchung des Vereins für Socialpolitik, deren Ergebnisse in den Bänden 133 bis 135 der ‹Schriften des Vereins für Socialpolitik› veröffentlicht wurden, ging von ALFRED WEBER aus, der im Verein für Socialpolitik eine Untersuchung des Lebensschicksals von Industriearbeitern anregte.[22] MAX WEBER wendete diesen deskriptiven Ansatz ins Theoretische[23] und definierte das Ziel der Untersuchung wie folgt: «Die gegenwärtige Erhebung versucht festzustellen: einerseits, welche Einwirkung die *geschlossene Großindustrie* auf persönliche Eigenart, berufliches Schicksal und außerberuflichen ‹Lebensstil› ihrer Arbeiterschaft ausübt, welche physischen und psychischen Qualitäten sie in ihnen entwickelt und wie sich diese in der gesamten Lebensführung der Arbeiterschaft äußern – andererseits: inwieweit die Großindustrie ihrerseits in ihrer Entwicklungsfähigkeit und Entwicklungsrichtung an gegebene, durch ethnische, soziale, kulturelle Provenienz, Tradition und Lebensbedingungen der Arbeiterschaft erzeugte Qualitäten derselben gebunden ist» (a. a. O., S. 1). Hatten ALFRED WEBER, HERKNER und SCHMOLLER die Untersuchung vornehmlich in sozialpolitischer Absicht durchfüh-

22 Vgl. hierzu auch den interessanten Bericht von HERKNER, Probleme der Arbeiterpsychologie unter besonderer Rücksichtnahme auf Methode und Ergebnis der Vereinserhebung. Verhandlungen des Vereins für Socialpolitik, Bd. 138, 1911.

23 Vgl. M. WEBER, Methodologische Einleitung über die Erhebungen des Vereins für Socialpolitik über Auslese und Anpassung (Berufswahl und Berufsschicksal) der Arbeiterschaft der geschlossenen Großindustrie. 1908, und seine Abhandlung zur Psychophysik der industriellen Arbeit, 1908–1909, die beide im folgenden zitiert werden nach ‹Gesammelte Aufsätze zur Soziologie und Sozialpolitik›. 1924.

ren wollen mit dem Ziel, bestehende Gesetze zu verbessern bzw. neue Gesetze einzuführen, so stellt MAX WEBER ausdrücklich fest, daß ihm jede sozialpolitische Tendenz fernliege. Der Zweck der Untersuchung sei vielmehr ein rein sozialwissenschaftlicher. «Es handelt sich ausschließlich um die sachliche und objektive Feststellung von Tatsachen und die Ermittlung ihrer in den Existenzbedingungen der Großindustrie und der Eigenart ihrer Arbeiter gelegenen Gründe» (a. a. O., S. 2).

Der Ansatz ist also ein streng positivistischer, und dementsprechend geht MAX WEBER auch von der empirischen Psychologie aus, wie sie zu seiner Zeit von KRAEPELIN entwickelt worden war. Hier handelte es sich darum, die Wirkung von Arbeitspausen, Monotonie der Arbeit, Länge der Arbeitszeit usw. in ihrer Auswirkung auf die Arbeitsleistung empirisch zu messen, also eine – wie es MAX WEBER im Titel seiner Abhandlung zum Ausdruck bringt – Psychophysik der industriellen Arbeit zu geben. Die Begrenzungen, die mit einem solchen Ansatz verbunden sind und die später in den Hawthorne-Experimenten zutage traten, brauchen uns hier nicht zu beschäftigen.[24] Im Zusammenhang mit dem Werk von MAX WEBER ist für uns ein anderer Gesichtspunkt wichtiger. Wir sehen nämlich, daß MAX WEBER seine methodologische Einleitung mit dem Entwurf eines Programms von Untersuchungen beschließt, die, wie er schreibt, insgesamt «ein Bild von der *Kulturbedeutung* des Entwicklungsprozesses, den die Großindustrie vor unseren Augen durchmacht, geben können» (a. a. O., S. 59). Die Großindustrie hat, wie er feststellt, «das geistige Antlitz des Menschengeschlechts fast bis zur Unkenntlichkeit verändert» (S. 60). Und diese Veränderung im einzelnen zu verfolgen, sieht er als die Aufgabe auch seiner empirischen Forschungen an. In diesem Sinne klassifiziert er die Faktoren, die auf die Arbeitsleistung Einfluß haben, nicht, wie es der bloße Empiriker tun würde (vgl. OBERSCHALL, *Empirical Social Research in Germany 1848 – 1914*. 1965, S. 118), nach der Möglichkeit ihrer Messung, sondern nach ihrer kulturspezifischen Qualität. Die Faktoren, die die Arbeitsleistung in der Industrie beeinflussen, sind in ihrer Kulturbedeutung ungleichwertig. Es handelt sich einmal um Faktoren, die rationales Verhalten beeinflussen; dann gibt es am anderen Extrem Faktoren, die gänzlich unbewußt, quasi mechanisch wirken, und dazwischen gibt es Faktoren, die MAX WEBER als «Stimmungslagen» beschreibt (a. a. O., S. 131–133). Das sind also Faktoren, die als solche ins Bewußtsein treten, aber nicht zusammenhängend als bewußt erlebt werden. Ziel der industriesoziologischen Forschung müßte nach MAX WEBER also sein, die Wirksamkeit dieser verschiedenen kulturspezifischen Faktoren zu analysieren und darzulegen, inwieweit insbesondere rationale Faktoren in zunehmendem

---

24 Nur M. BERNAYS, eine Mitarbeiterin MAX WEBERS, weist ausführlich auf kollektive Bestimmungsgründe der Arbeitsleistung in «Saalmoden» hin.

Maße auch das Verhalten der Arbeiterschaft bestimmen. Eine solche Untersuchung würde einen Beitrag leisten zum Verständnis des okzidentalen Rationalismus und seiner gesellschaftlichen Auswirkungen – ein Thema, das MAX WEBER auch hier am Herzen liegt.

MAX WEBERS industriesoziologische Untersuchung kam insgesamt ebensowenig wie die größere Erhebung des Vereins für Socialpolitik zu einem befriedigenden Ergebnis. Das lag im wesentlichen darin begründet, daß die Arbeiterschaft diesen Untersuchungen gegenüber mißtrauisch eingestellt war. Trotzdem bleibt der Ansatz, unter dem MAX WEBER diese Forschung betrachtete, wichtig genug. Sein Denken kreist um das Problem der Kulturbedeutung der verschiedenen Faktoren, die auf die industrielle Arbeitsleistung einwirken. Und hier sieht er das wichtigste Ergebnis seiner Forschung, nämlich in dem Nachweis, daß es jedenfalls im Prinzip möglich sei, diese Faktoren in technische, rationale und irrationale Faktoren aufzugliedern (a. a. O., S. 140). Das Problem der Arbeitsleistung wird so in Zusammenhang gebracht mit der Frage der Kulturbedeutung der Faktoren, die auf diese Arbeitsleistung einwirken. Eine Analyse dieser Faktoren müßte die Bedeutung einer bestimmten Kultur auch im kleinen deutlich machen.

Soziologie als empirische Wissenschaft ist nicht nur in einzelnen empirischen Fragestellungen, sondern auch grundsätzlich in ihrem theoretischen Ansatz auf eine bestimmte historische Wirklichkeit bezogen. Sie soll die Kulturbedeutung bestimmter sozialer Phänomene durchsichtig machen. Dieser Ausgangspunkt[25] unterscheidet MAX WEBER prinzipiell sowohl von denen, die theorielose empirische Forschung treiben wollten, als auch von denen, die an einer reinen und in diesem Sinne systematisch orientierten Soziologie interessiert waren. PARSONS hat in seiner Einleitung zu ‹*Max Weber, The Theory of Social and Economic Organization*› (1947, S. 12) MAX WEBER vorgeworfen, daß er es vernachlässigt habe, die Analyse der Struktur eines totalen sozialen Systems zu entwickeln. PARSONS geht hier an der eigentlichen Frage, mit der sich MAX WEBER beschäftigt, vorbei. WEBER will gar kein allgemein logisches System entwerfen; denn ein solches System hätte keinen Beitrag für die Soziologie, wie er sie verstand, leisten können. MAX WEBER ist an den spezifischen Problemen und Eigentümlichkeiten sozialer Phänomene interessiert, nicht an logischen Gliederungsgesichtspunkten, nach denen beliebige soziale Erscheinungen zusammengefaßt werden könnten. «Sein immer waches Erkenntnisinteresse» galt, wie es WINCKELMANN in ‹Max Weber, Gedächtnisschrift› (a. a. O., S. 220), bemerkt, «den Aporien». Und dieses Erkenntnisinteresse schloß jede überhistorische Systematik aus, die die Unterschiede verschiedener Problemlagen nur verstellen

---

25 Vgl. hierzu ROSSI, a. a. O., S. 360 f, und D. HENRICH, Die Einheit der Wissenschaftslehre Max Webers. 1952, S. 130.

konnte. Die von TÖNNIES getroffene Unterscheidung in reine, empirische und angewandte Soziologie gilt für MAX WEBER nicht, ebensowenig wie sie für EMILE DURKHEIM gelten konnte. Für MAX WEBER ist die Soziologie als Wirklichkeitswissenschaft eine Einheit. Sie ist in ihrem Forschungsinteresse, in ihrer Begrifflichkeit und in ihren Prüfungsverfahren an eine bestimmte Kultur gebunden. Ihr Forschungsinteresse ist das rationale Verständnis von Kulturbedeutungen; ihre Begrifflichkeit ist die Typologie, die um dieses Forschungsinteresses willen bestimmte Charakteristika der sozialen Erscheinungen unterstreicht; und ihre Prüfungsverfahren sind rationaler, d. i. intersubjektiver Natur: Ihre Ansätze müssen sich vor den Ergebnissen der empirischen und historischen Forschung bewähren.

Das berühmteste Beispiel, an dem dieser Charakter von MAX WEBERS Soziologie deutlich gemacht werden kann, ist sein Versuch, die Erscheinung des Kapitalismus rational durchsichtig zu machen. MAX WEBER will weder als Historiker das Phänomen des Kapitalismus in einer bestimmten Weise kausal erklären, noch will er als systematischer Soziologe das Zusammenwirken zweier Bereiche der soziologischen Theorie am Beispiel der Entstehung des Kapitalismus illustrieren, sondern er will einen Idealtypus entwerfen, der uns das Phänomen des Kapitalismus rational verständlich macht. Obwohl MAX WEBER wiederholt diesen Charakter seiner Interpretation der Entstehung des Kapitalismus dargelegt hat (vgl. ‹Archiv für Sozialwissenschaft›, Bd. 30 und 31, sowie Gesammelte Aufsätze zur Religionssoziologie. Bd. 1, S. 536 ff), ist er immer wieder mißverstanden worden. Und an dieses Mißverständnis hat sich eine Kritik geknüpft, die, obschon sie viele wichtige Forschungsergebnisse zutage förderte, doch ihr eigentliches Ziel, nämlich die Widerlegung MAX WEBERS, verfehlen mußte. Der Idealtypus ist für MAX WEBER keine Aussage über eine empirisch vorfindliche Wahrheit, sondern er ist ein Orientierungsmittel gegenüber einer im ganzen außerordentlich vielfältigen historischen Wirklichkeit. MAX WEBER schreibt über das Ziel seiner religionssoziologischen Arbeiten (Aufsätze, a. a. O., S. 536 f): «Das konstruierte Schema hat natürlich nur den Zweck, ein idealtypisches *Orientierungsmittel* zu sein, nicht aber eine eigene Philosophie zu lehren ... Die Konstruktion ermöglicht es da, wo sich eine historische Erscheinung einem von diesen Sachverhalten in Einzelbezügen oder Gesamtcharakter annähert, deren – sozusagen – typologischen Ort durch Ermittlung der Nähe oder des Abstandes vom theoretisch konstruierten Typus festzustellen. Wir dürfen ... hoffen, durch zweckmäßig konstruierte rationale Typen, also: durch Herauspräparierung der innerlich ‹konsequentesten› Formen eines aus fest gegebenen Voraussetzungen ableitbaren praktischen Verhaltens die Darstellung der sonst unübersehbaren Mannigfaltigkeit zu erleichtern.»

Bisweilen hat man MAX WEBERS Kapitalismus-These in Parallele gesetzt zu der Geschichtsinterpretation, wie sie KARL MARX gegeben hatte.[26] Das Ziel von MAX WEBER wäre es nach dieser Interpretation gewesen, an die Stelle einer materialistischen Geschichtsinterpretation eine idealistische zu setzen. Eine solche Interpretation übersieht jedoch, daß die Darstellung von MARX und die von MAX WEBER sich auf verschiedenen Niveaus bewegen. KARL MARX behauptete tatsächlich eine bestimmte, nämlich ökonomisch-technische Kausalität der Geschichte. MAX WEBER hingegen will nur sagen, daß für uns die unübersehbare historische Mannigfaltigkeit unter dem Gesichtspunkt ihres idealtypischen Zusammenhanges übersehbar gemacht werden könne. Wenn MAX WEBER in den Mittelpunkt seines Versuches, den Kapitalismus idealtypisch zu verstehen, die Religion stellt, dann nicht deswegen, um MARX zu widerlegen, sondern weil für uns ein rationales Verständnis nicht von den blinden ökonomisch-technischen Triebkräften, sondern nur von den Motiven her möglich ist, die eine bestimmte Entwicklung eröffnen. In seiner Schrift ‹Die römische Agrargeschichte in ihrer Bedeutung für das Staats- und Wirtschaftsrecht› (1891) hatte MAX WEBER gegenüber MOMMSEN, dem er eine zu geringe Berücksichtigung wirtschaftlich-technischer Faktoren vorwarf, gerade den Einfluß dieser Faktoren auf die Lage der Landbevölkerung zu seinem Thema gemacht.[27]

MAX WEBER übersieht den Einfluß ökonomisch-technischer Faktoren keineswegs, aber er glaubt nicht, daß die Faktoren so spezifisch sind, daß sie uns das einzigartige Phänomen des westlichen Kapitalismus erklären können. MAX WEBER ist weit davon entfernt, diesen Kapitalismus aus rein spirituellen Ursachen entstehen zu lassen. «Daß die bloße Tatsache der konfessionellen Zugehörigkeit eine bestimmte Entwicklung ökonomischer Art ... aus dem Boden stampfen könnte ... diese Meinung wird man mir nicht imputieren können», so bemerkt er (in: ‹Archiv für Sozialwissenschaft›, Bd. 25, 1907, S. 246). Und im 1. Band der ‹Gesammelten Aufsätze zur Religionssoziologie› betont MAX WEBER (S. 26, Anm. 1), daß der Kapitalismus seine idealtypisch vorausgesetzte Wirksamkeit nur dann entfalten konnte, wenn in dem betreffenden Gebiet die Möglichkeit der kapitalistischen Entwicklung überhaupt gegeben war. MAX WEBER behauptet nicht, daß der Kapitalismus aus spirituellen Ursachen entstanden sei; er sagt nur, daß für uns, die wir uns das Phänomen des Kapitalismus verdeutlichen wollen, die Variable, die uns den rationalen Zugang möglich macht, eben die protestantische Ethik sei. Die entscheidende Frage für MAX WEBER war nicht die empirische Frage, ob und in welchem Maße der Calvinismus direkt kausal war für die Entstehung

---

26 So neuerdings R. A. NISBETH, *The Sociological Tradition*. 1967, S. 257 ff.

27 In seinem Objektivitätsaufsatz bezeichnet MAX WEBER die Pflege der ökonomischen Geschichtsinterpretation ausdrücklich als Aufgabe seiner Zeitschrift. Die wissenschaftliche Leistungsfähigkeit dieser Theorie werde unterbewertet.

des Kapitalismus, sondern ob eine idealtypische Begriffsbildung, die religiöse Faktoren in den Mittelpunkt stellt, ein geeignetes und im Vergleich zur materialistischen Geschichtsauffassung überlegenes Mittel sei, um den Kapitalismus als Kulturerscheinung zu verstehen.

MAX WEBER, das ist nie zu übersehen, hat die Kritik der soziologischen Erkenntnis, wie sie von der historischen Schule geübt worden war, für sich rezipiert. Er glaubt nicht an die Möglichkeit allgemeiner kausaler Gesetzmäßigkeiten in der Geschichte, die also von den besonderen Motiven und Werten der beteiligten Menschen absehen. Er hält auch den Versuch, generalisierend begriffliche Verfahren subsidiär zur historischen Forschung zu entwickeln, für wenig ergiebig.[28] Es geht MAX WEBER weder um historische Erkenntnis noch um den Versuch, diese Erkenntnis subsidiär zu verallgemeinern. MAX WEBER sucht nach dem Drehpunkt, von dem her die Durchsetzung des Kapitalismus verständlich wird, und er findet ihn in dem disziplinierten Wollen des Menschen, sich zunächst im Dienst jenseitiger, dann diesseitiger Zwecke als Mittel rational zu führen. «Der ‹fürstliche› Mann [im Sinne des Konfuzianismus, F. J.] war ästhetischer Wert und daher *auch nicht* ‹Werkzeug› eines *Gottes*. Der echte Christ, der außer- oder innerweltliche Asket vollends wollte gar nichts anderes sein als eben dies; denn gerade nur darin suchte er seine Würde. Und weil er dies sein wollte, war er ein brauchbares Instrument, die Welt rational umzuwälzen und zu beherrschen» (Religionssoziologie, 1. Bd., S. 535). Das Subjekt, das gelernt hat, sich selbst als Mittel rational zu führen, ist zwar keineswegs alleinige Ursache für die Umwälzung der gesellschaftlichen Verhältnisse, aber der Punkt, von dem her für uns diese Umwälzung rational verständlich wird. Die Kulturbedeutung der kapitalistischen Wirtschaft ist zu verstehen von dem Willen her, diese Welt rational zu beherrschen. Und die Heranzüchtung dieses Willens ist zu begreifen als das Ergebnis der christlichen, insbesondere puritanischen Religiosität. «Der konfuzianische Rationalismus bedeutet rationale Anpassung an die Welt. Der puritanische Rationalismus: rationale Beherrschung» (a. a. O., S. 534). Der im okzidentalen Rationalismus herangezüchtete Wille zur rationalen Beherrschung des eigenen Selbst und der äußeren Lebensumstände – das ist der Punkt, von dem her für uns ein adäquates Verständnis unserer Kultur möglich ist.[29]

---

28 RACHFAHL hatte dies im Gegensatz zu dem idealtypischen Verfahren von MAX WEBER vorgeschlagen, um den Kapitalismus rational zu interpretieren. Aber RACHFAHL und MAX WEBER argumentierten, so faßt BAUMGARTEN, a. a. O., S. 448, die daraus entstehende Polemik zusammen, auf zwei verschiedenen methodischen Ebenen.

29 Im Archiv für Sozialwissenschaft, Bd. 25, 1907, S. 246, schreibt MAX WEBER: «daß es der Geist ‹methodischer *Lebensführung*› ist, welcher aus der ‹As-

Interpretation der gegenwärtigen Kultur vom Standpunkt rationaler Lebensführung her, das ist das Ziel, das sich Max Weber mit seiner Soziologie gestellt hat. In diesem Sinne entwickelt er in seiner Religionssoziologie den typischen Unterschied zwischen den Religionen, die auf mystisches Versenken in Gott abzielen, und denen, die auf rationale Lebensführung im Sinne eines vorausgesetzten Heils gerichtet sind, stellt er in seiner Rechtssoziologie die materielle Gerechtigkeit der formellen, an Normen orientierten Gerechtigkeit gegenüber, unterscheidet er in seiner Herrschaftssoziologie den charismatischen, traditionalen und schließlich den rationalen Charakter von Herrschaftsordnungen. Die Soziologie der Stadt ebenso wie die Typologie möglicher Bildungs- und Erziehungssysteme, die Klassifikation von Handlungen in den Grundbegriffen der Soziologie kreisen alle um diesen Unterschied zwischen rationalen Verhaltensweisen und Institutionen, in denen der Mensch sein Leben im Hinblick auf definierte Zwecke führt, und anderen Verhaltensweisen, in denen etwa die bloße Überlieferung oder die besondere Heilsqualität eines bestimmten Menschen den Ausschlag geben. Das ganze Werk von Max Weber ist geprägt von dem Versuch, die Konsequenzen und den Zwang, die von der abendländischen Rationalität ausgehen, rational deutlich zu machen.[30] Der Wille zur berechnenden Beherrschung der Wirklichkeit muß nach Max Weber im Zentrum aller Bemühungen stehen, die uns umgebende Lebenswirklichkeit zu verstehen. Dieser Gesichtspunkt ist es, der dem unübersehbaren Strom der Ereignisse um uns herum ihre spezifische Kulturbedeutung verleiht. Die Quelle dieses rationalen Willens sieht Max Weber in der israelitischen Prophetie.[31] Hier wurde die Macht des magischen Weltbildes durchbrochen. Hier wurde «die absolut unendliche Aufgabe immer erneuter Arbeit an der ethisch rationalen Bewältigung und Beherrschung der gegebenen Welt: die rationale Sachlichkeit des ‹Fortschritts›» (Religionssoziologie, 1. Bd., S. 527) aus der Erfahrung eines furchtbaren und unnahbaren Gottes, dem gegenüber weder Magie noch Mystik Zuflucht boten, entwickelt. Nicht das Grübeln über den Lebenssinn, sondern das aktiv rationale Handeln im Sinne Jahwes war hier geboten. Und «niemals rechnete der Prophet auch nur mit der Möglichkeit, seinerseits Jahwe durch Zauber bezwingen zu können» (a. a. O., Bd. 3, S. 312). Dort, wo andere grübelten, sah sich der Israelit in einer eben durch den Ab-

---

kese› in ihrer protestantischen Umbildung ‹abgeleitet› werden sollte und hier zu den Wirtschafts*formen* nur in einem allerdings kulturgeschichtlich meines Erachtens sehr wichtigen ‹Adäquanz›-Verhältnis steht».

30 Vgl. hierzu auch R. Bendix, Max Webers Gesellschaftsbild. In: Kölner Zeitschrift, 12, 1960.

31 Vgl. hierzu G. Abramowski, Das Geschichtsbild Max Webers. 1966, S. 71 ff.

stand zwischen Gott und Mensch klar definierten Situation: «Handeln nach Gottes Gebot, nicht Erkenntnis des Sinns der Welt frommte dem Menschen» (a. a. O., Bd. 3, S. 332). Während das mystische Gefühl der Einheit mit Gott oder der Welt bzw. das Streben nach dieser Einheit zu einer seelischen Kraftvergeudung führt, bewirkten der klar definierte Abstand zwischen Gott und Welt, die klare Definition des göttlichen Auftrages an den Menschen die «Kräfteökonomie», die MAX WEBER noch im Puritaner, noch in der schlichten Frömmigkeit BISMARCKS wirksam sieht. Rationalität wird aus der Entfremdung geboren, aus dem Bewußtsein, hier bin ich, dort ist Gott bzw. der andere mit seinen Interessen bzw. die Natur mit ihrer eigenen Sachlichkeit. Auf dieser Auseinanderlegung einer ursprünglich diffusen Situation bauen die Rechenhaftigkeit und Berechenbarkeit der Sachverhalte auf.

Rationalität wird aus der Entfremdung geboren. Sie ist, wie es HUGHES (*Consciousness and Society*. 1958, S. 317) feststellt, die Verallgemeinerung dessen, was MARX unter Entfremdung verstanden hat. Entgegen den Erlösungshoffnungen, die MARX verkündet hatte,[32] stellt MAX WEBER fest, daß Rationalität eben auf der klaren Unterscheidung zwischen den eigenen Wünschen und Interessen und der Realität bzw. den Interessen und Wünschen der anderen beruht. «*Weber is*», wie es NELSON (in: Verhandlungen des 15. Deutschen Soziologentages, a. a. O., S. 193) bemerkt, «*both ‹stumbling block› and ‹scandal› to all, who ardently quest for the total and the instant regeneration of self, society and culture; all utopians and ideologists – whether of the left, right or center – who are confirmed in their irrefutable assurances by every turn of history, however fateful.*» Rationalität kann nur dort entstehen, wo Entzauberung wirklich ist, wo das magische oder mystische Weltbild durchbrochen ist, die naive Vorstellung von dem sympathetischen Weltzusammenhang nicht mehr gilt. Hier wird der Überschwang des Gefühls abgelöst durch rationale Mitarbeit im Beruf, tritt an die Stelle gewalttätiger Synthesen die rationale Anwendung von Gesetzen, wird der Traum von einer hier erreichbaren Totalität der Sinnerfüllung abgelöst durch die Institutionalisierung rationaler Zweckverbände.

Rationalisierung bedeutet die Auflösung aller Ganzheiten, in denen sich der einzelne von seiner eigenen Verantwortung, von der Einzelnheit seines Daseins entlasten wollte. Handeln heißt hier nicht mehr, daß man blind einem gegebenen Zweck folgt, sondern daß man selbst rational Zweck und Mittel gegeneinander abwägt. Handeln ist in diesem Sinne regelmäßig ein Handeln «gegen andere» (WL, S. 150). Das Leben des Menschen in dieser Welt ist ein fortwährender Kampf. Rationali-

---

32 LÖWITH unterstreicht in seinem oben zitierten Aufsatz, S. 37, daß das, was für MAX WEBER ein unentrinnbares Schicksal war, für MARX nicht mehr als die Vorgeschichte der Menschheit bedeutete.

sierung bedeutet die Versachlichung und Entzauberung dieses Handlungsfeldes, die Trennung von Arbeit und Kapital, die Institutionalisierung der freien Arbeit und der privaten Unternehmung, der Geld- und Kapitalrechnung, die «in ihrer formal rationalsten Gestalt... daher den Kampf *des Menschen mit dem Menschen*» (Wirtschaft und Gesellschaft, a. a. O., S. 66) voraussetzt. Eine sentimentale Romantik mit ihrer Erlösungssehnsucht ist hier ebensowenig angebracht wie ihr Pendant, nämlich der Haß gegen die bestehende gesellschaftliche Wirklichkeit, die Ablehnung einer Wissenschaft, die dem Menschen immer nur zeigt, was ist, aber nicht, was sein soll. Rationalisierung heißt Zerlegung der sympathetischen Weltzusammenhänge, die Überwindung der «wahrscheinlichsten aller Weltanschauungen» (GEHLEN) und die Entfremdung des Handelnden und des Erkennenden gegenüber seiner Welt. Die operationale Leistungsfähigkeit des Wissens, die Berechnung von Handlungschancen beruhen auf dieser Entzauberung. Wer das nicht aushalten kann, muß sich zurückziehen ins Private, er muß das Opfer des Intellekts bringen, aber er kann weder den Anspruch erheben, Wissenschaftler zu sein, noch den, politisch verantwortlich handeln zu können. In jedem Falle ist der Versuch, Synthesen oder Ganzheiten an die Stelle der rationalen Analysis zu setzen, verderblich. «Ein geflickter Strumpf», so hatte HEGEL[33] geschrieben, «besser als ein zerrissener; nicht so das Selbstbewußtsein.» Eben das war auch die Meinung von MAX WEBER. Das Bewußtsein muß seine eigene Zerrissenheit aushalten; es darf nicht versuchen, über Alternativen hinwegzusehen. «Die aller menschlichen Bequemlichkeit unwillkommene, aber unvermeidliche Frucht vom Baum der Erkenntnis ist gar keine andere als eben die: um jene Gegensätze wissen und also sehen zu müssen, daß jede einzelne wichtige Handlung und daß vollends das Leben als Ganzes... eine Kette letzter Entscheidungen bedeutet» (WL, S. 493 f). Diese Entscheidungen können sich als private Entscheidungen der einzelnen an Gesinnungen orientieren, die ohne Rücksicht auf Konsequenzen verfolgt werden; wer jedoch Verantwortung für andere trägt, wer den Beruf der Politik ergreifen will, muß die Konsequenzen seiner Handlungen, entgegenstehende Interessen und Alternativen in Betracht ziehen, so schwer dies auch vom Standpunkt einer bestimmten Weltanschauung sein mag. MAX WEBER unterscheidet in bezug auf das Handeln Gesinnungsethik und Verantwortungsethik, ebenso wie er in Hinsicht auf das Erkennen das weltanschaulich gebundene Denken und das wissenschaftliche Erkennen unterschieden hatte. Er bestreitet nicht den privaten Wert von Meinungen und Gesinnungen, aber in einem öffentlich verantwortlichen Sinne wird doch nur dort ge-

---

33 Bei R. ROSENKRANZ, Georg Wilhelm Friedrich Hegels Leben. Neuaufl. 1963, S. 552.

dacht und gehandelt, wo man dem «Bohren von harten Brettern», der Orientierung an Sachen nicht ausweicht.

«Endlos wälzt sich der Strom des unermeßlichen Geschehens der Ewigkeit entgegen» (WL, S. 184). Wer glaubt, diesen Strom auf einige moralische, politische oder geschichtsphilosophische Synthesen reduzieren zu können, der schließt sich nicht nur vom Erkennen, sondern auch vom Handeln aus. Ebenso wie zur rationalen Wissenschaft die Einsicht gehört, daß man auf die Verkündung objektiver Sinn- oder Wertzusammenhänge verzichten muß, gehört zum praktischen Handeln in der Politik der tapfere Wille, die Welt mit ihren harten Widersprüchen zu ertragen. Wer hier über den Sinn grübelt oder moralische Vorstellungen erhebt, der hat seine Chancen anderswo, nicht in der Wissenschaft, auch nicht in der Politik. Jeder muß sein Gewissen befragen, um festzustellen, für welchen Beruf er geeignet ist. Wer aber in dieser Welt ein öffentliches Amt ausübt, sei es als Politiker, sei es als Wissenschaftler, muß in der Lage sein, den Ansprüchen der Rationalität zu genügen. In dieser kalten und scharfen Luft der Rationalität finden die letzten und sublimsten Werte keinen Platz. Sie sind, wie es Max Weber (WL, S. 596) feststellt, aus der Öffentlichkeit zurückgetreten in das hinterweltliche Reich mystischen Lebens oder in die Brüderlichkeit unmittelbarer Beziehungen der einzelnen zueinander. Hier ist der Platz für diejenigen, die nicht in der Lage sind, den kritischen Charakter der modernen Wissenschaft und den Machtcharakter der Politik auszuhalten.

Rationalisierung bedeutet Entzauberung, und Entzauberung heißt, daß ganze Problemfelder, die den alten magisch-sympathetischen Weltbegriff kennzeichneten, ausfallen. Wissenschaftliches Erkennen ist weder magische Beschwörung noch moralisches Postulat, politisches Handeln weder Bekenntnis noch Appell an imaginäre Instanzen. Erkennen heißt, daß unter bestimmten theoretischen Voraussetzungen das erkannt wird, was ist, handeln heißt, daß Interessen gegenüber anderen Interessen durchgesetzt werden. Ebensowenig, wie der Erkennende seine Vorstellungen und Urteile auf den Gegenstand projizieren darf, darf der Handelnde glauben, daß alle Welt dieselben Werte wie er selbst vertrete und daß es demzufolge um die Verwirklichung moralischer Ideale gehe. Die Entzauberung der alten sympathetischen Ganzheiten bedeutet eben, daß der antagonistische Charakter menschlicher Handlungen zutage tritt, daß das Berufen auf Gesinnungen bestenfalls ein Zeichen dafür ist, daß man für den Beruf der Politik nicht geeignet ist.[34] Rationalisierung heißt Entfremdung, gegenüber dem Mitmenschen, der Natur, gegenüber Werten und Idealen, gegenüber den eigenen Handlungen. Jeder Mensch soll und

34 Hegel, a. a. O., S. 541, stellt fest, «daß das Gewissen eine moralische Laterne sei, die nur auf gutem Wege leuchtet; geht man auf bösem, bläst man sie aus».

muß dem «Dämon in seiner Brust» folgen, seine Ideale und Interessen zu vertreten suchen, aber der Modus dieses Strebens muß rational sein, d. h. die alternative Abwägung von Zielen und Mitteln und die Beschränkung auf das Mögliche beinhalten. Ohne diese Rationalität können Ziele nicht durchgesetzt werden, und mit der Entzauberung, die die Menschen darauf verweist, daß sie ihre Ziele selbst durchsetzen müssen, daß sie im Erkennen und Handeln auf sich selbst zurückgeworfen werden, tritt die Bedeutung dieses rationalen Elements immer mehr hervor. Alle konkreten Werte verblassen gegenüber der Macht rationaler Vollzugsformen: der rationalen Technik, der rationalen Bürokratie. Die rationale Herrschaft, die die traditionale und charismatische ablöst, garantiert nicht die Erhaltung bestimmter Ideale oder Werte,[35] sie garantiert vielmehr die Erhaltung und Institutionalisierung bestimmter Vollzugsformen oder operationaler Mechanismen, die sich als zweckmäßig erwiesen haben. In diesem Sinne ist der Fortschritt der Rationalität für MAX WEBER unaufhaltsam; er setzt sich durch, nicht, weil er dem Menschen angenehm oder bequem ist, sondern weil rationale Verhaltensweisen und Systeme leistungsfähiger sind als andere.

Im Begriff der Rationalität, der, wie es LÖWITH (a. a. O., S. 36) bemerkt, «im äußersten Gegensatz zu jener ‹Freiheit› (steht), zu der MARX den Menschen ‹menschlich› emanzipieren wollte und die ihm eine Freiheit der *‹höchsten Gemeinschaft›* war», vollendet sich – um ADORNO zu wiederholen – MAX WEBERS düsteres, allem offiziellen Optimismus abgeneigtes Werk. Rationalisierung bedeutet nicht die Heraufkunft eines neuen *ordre naturel,* einer neuen rationalen Synthese, sondern die Entzauberung aller Synthesen, die Einsicht, daß eine Synthesis im Handeln wie auch im Erkennen nur auf den menschlichen Willen gegründet werden kann[36]. An die Stelle der entlastenden Selbstverständlichkeiten tritt die Belastung durch die Forderung, Handlungen und Erkenntnisse im Hinblick auf Erfolgschancen durchsichtig zu machen. Der «gewaltige Ernst» dieser Sachlage war nicht gerade einladend für eine Zeit, die noch von den Hoffnungen der Vergangenheit leben wollte, für die die Ver-

---

35 Vgl. hierzu A. KARSTEN, Das Problem der Legitimität in Max Webers Idealtypus der rationalen Herrschaft. Diss. Hamburg 1960. KARSTEN setzt sich hier eingehend mit WINCKELMANN auseinander und betont, daß MAX WEBER den Typus der rationalen Herrschaft nicht an naturrechtlichen Werten, sondern an der Erscheinungsform bürokratischer Verwaltung konzipiert hat.

36 Es ist, wie MAX WEBER – Der Sinn der Wertfreiheit der Sozialwissenschaft – betont, nur eine von mehreren Möglichkeiten, daß die subjektive Rationalisierung der Handlungen zu einem objektiv zweckmäßigen Handeln führt. In seinem Aufsatz: Über einige Kategorien der verstehenden Soziologie, stellt er fest, daß Rationalisierung ganz und gar nicht die Universalierung des Wissens um die Bedingtheit und Zusammenhänge des Gemeinschaftshandelns bewirkt, sondern «meist gerade das Gegenteil».

quickung von Moral und Politik, von Werturteil und Erkenntnis ein bequemes Mittel war, um sich das Scheitern in den großen Sachfragen zu verbergen. Gegen diese Tendenz zur Verhüllung hat Max Weber mit aller Leidenschaft gekämpft, um die Sache der Politik und die Sache der Wissenschaft in das harte und klare Licht zu setzen, das ihm von der Entwicklung des okzidentalen Rationalismus her gefordert erschien. Motive und Entwicklungschancen des Irrationalismus auch unter modernen Bedingungen hat er – ähnlich wie Hegel – unterschätzt; die nachfolgende Zeit zeigte jedoch, daß der objektive Druck in Richtung auf Rationalisierung zu einer mächtigen Gegenbewegung führen konnte, die einen irrationalen Ausweg aus den Problemen der modernen Welt vortäuschte. Gerade deswegen erscheint jedoch die Erinnerung an das Werk von Max Weber eine bleibende Aufgabe: Von ihm ist mehr zu lernen als nur dieses oder jenes Theorem, nämlich die geschulte Rücksichtslosigkeit des Blicks und das unbeirrbare Streben nach wissenschaftlicher Wahrheit, auch wenn diese als solche unbequem und unwillkommen sein sollte.

3. Wirklicher und unwirklicher Geist

Max Weber starb zu früh, als daß er einen entscheidenden Einfluß auf die Entwicklung der Soziologie in Deutschland hätte nehmen können; aus der 1909 unter seiner Mitwirkung gegründeten Deutschen Gesellschaft für Soziologie[37] schied er alsbald unter dem Eindruck unüberbrückbarer Gegensätze in der Werturteilsfrage wieder aus. Sein nachgelassenes Werk wurde zwar allgemein bewundert, aber gerade in seiner entscheidenden, nämlich rationalen und wissenschaftskritischen Absicht nicht rezipiert. Die Entwicklung der deutschen Soziologie in den zwanziger und dreißiger Jahren zeigt, wie schwer und nahezu aussichtslos Max Webers Kampf um Werturteilsfreiheit und wissenschaftliche Klarheit gewesen war, wie fremd er auch denen geblieben war, die sich, wie etwa Sombart, zu ihm bekannt hatten. Gegenüber der kritischen Wissenschaftslehre von Max Weber wird das alte romantische Konzept der positiven Philosophie wiederholt, einer Interpretation von Welt und Gesellschaft, die sich unmittelbar an das Wirkliche anschließen und die kritische Reflektion auf das Verhältnis von Begriff und Wirklichkeit zuein-

---

37 Die DGS veranstaltete 1910–1930 sieben Soziologentage, die in der vorherrschenden geschichtsphilosophischen Orientierung und methodologischer Problematik die Entwicklung deutscher Soziologie nach dem Tode Max Webers widerspiegeln. Wir heben nur besonders hervor den Geschäftsbericht von Max Weber auf dem ersten und das Referat von Brinkmann über Presse und öffentliche Meinung auf dem siebten Deutschen Soziologentag.

ander überspringen will. Die kritische Distanz, die MAX WEBER in wissenschaftlicher Methodik und Trennung von Wissenschaft und Politik postuliert hatte, wird aufgegeben, und die praktische Synthesis bzw. die absolute, d. h. weltanschauliche Gewißheit werden zum Programm der wissenschaftlichen Erkenntnis. In seiner Schrift ‹Die Gegenwartsaufgaben der Soziologie› (1932) erklärt KARL MANNHEIM, daß es die Pflicht der Soziologie sei, zur Synthese zu drängen, daß die empirischen Methoden der soziologischen Forschung nur zur Unterstützung konstruktiver Überlegungen herangezogen werden könnten, nicht aber als solche Selbstzweck seien. Diese Synthesen, in deren Erarbeitung man mehr und mehr die eigentliche Aufgabe der Soziologie sieht, werden freilich nicht mehr wie im neunzehnten Jahrhundert in Naturbegriffen dargestellt, sondern als Kultursynthesen bzw. als Ausdruck eines bestimmten politischen Wollens zu erfassen versucht. Das Prinzip ist aber in beiden Fällen das gleiche. Orientierung im Denken heißt nicht mehr, wie bei MAX WEBER – und gleichermaßen bei KANT –, kritische Vergewisserung der Grundlagen des Denkens in der menschlichen Subjektivität, sondern Gründung des Denkens in einer äußeren Wirklichkeit, die man zu verstehen oder zu kennen glaubt. In diesem Sinne klagt HORKHEIMER (Bemerkungen über Wissenschaft und Krise. ‹Zeitschrift für Sozialforschung›, 1, 1932) die Verengung der Rationalität an, die zu einer bloßen Registrierung von Erscheinungen führt, während doch die gesellschaftliche Wirklichkeit eine Struktur enthalte, die keineswegs durch naturwissenschaftliche Verfahrensweisen aufgedeckt werden könne, sondern vielmehr «die theoretische Abbildung radikal umgestaltender, alle kulturellen Verhältnisse umwälzender Verläufe erfordert» (S. 3). Sieht sich HORKHEIMER einer dynamisch bewegten, um nicht zu sagen apokalyptischen Realität gegenüber, so FREYER (Gegenwartaufgaben der deutschen Soziologie. ‹Zeitschrift für die gesamte Staatswissenschaft›, 95, 1935) einer werdenden Volksgemeinschaft als gediegenem Leben. Das allgemeine Prinzip dieser Entwicklung der Soziologie drückt LEOPOLD VON WIESE als unverdächtiger Zeuge aus, wenn er im 8. Bd. der ‹Kölner Vierteljahreshefte für Soziologie› in der Besprechung von ABELS Buch *‹Systematic Sociology in Germany›* feststellt, daß MAX WEBER zwar der erkenntnistheoretische Ausgangspunkt der soziologischen Arbeit sei, daß aber der eigentliche Weg erst dort beginne, wo MAX WEBER aufgehört habe.

Diese Überwindung des kritischen Standpunktes von MAX WEBER, der unter logischem Gesichtspunkt als zu wenig systematisch und unter realistischem Gesichtspunkt als zu rationalistisch erscheint, ist vorgezeichnet in den Autoren, von denen sich MAX WEBER selbst kritisch distanziert hatte. Insbesondere sind hier DILTHEY und RICKERT zu nennen, die den Weg vom Historismus zur Metaphysik bzw. zur Kultursynthese gegangen waren, um der Gefahr des Relativismus und Nihilismus zu entgehen. Die Überwindung der Trennung von Subjekt und Objekt, von der MAX WEBER ausgegangen war, entweder durch eine besondere Hermeneutik des Verstehens oder aber dadurch, daß vorausgesetzt wurde, es gebe eine absolute Wertwirklichkeit, von der her die Geschichte zweifelsfrei interpretiert werden könne, ist die Voraussetzung dafür, daß man tatsächlich dort zu denken und zu argumentieren beginnt, wo MAX WEBER die Grenze für das wissenschaftliche Erkennen gezogen hatte. Die Deutung der Geschichte setzt, wie es RICKERT in der ‹Festschrift für Kuno Fischer› (1907, S. 411) erklärte, «die Idee eines Systems unbedingter Werte voraus», und damit ist die Überwindung des kritischen Standpunktes von MAX WEBER, für den diese Wertbeziehung immer nur den Charakter eines Forschungsgesichtspunktes hatte, klar bezeichnet. Die Wahrheit ist hier nicht mehr das Ziel wissenschaftlicher Erkenntnis, sondern der Ausgangspunkt, von dem her diese ihre Synthesen entwickeln kann. Dementsprechend braucht dieses Denken sich nicht kritisch zu rechtfertigen; seine Rechtfertigung liegt in der Darstellung seiner selbst, seines Systems, seiner Synthesis, die nicht an eine Forschungshypothese, sondern, wie sich WEIPPERT (Die idealtypische Sinn- und Wesenserfassung etc. ‹Zeitschrift für die gesamte Staatswissenschaft›, 100, 1940) ausdrückt, an die «in der Wirklichkeit gegebene ‹Eigenart›» anschließt.

A. VON SCHELTING schließt seine Darstellung ‹Max Webers Wissenschaftslehre› (1934) mit dem kritischen oder besser: unkritischen Einwand gegen WEBER, dessen Lehre könne nicht «das geschichtliche *‹Selbst-Sein›* einer Lebensgestalt der von Menschen gehandelten Geschichte» (S. 405) erfassen. MAX WEBER habe nur eine subjektiv reflektierte Interpretation gegeben; es komme jedoch darauf an, die Wirklichkeit nicht mit den Augen des Wissenschaftlers, sondern mit den Augen der wirklichen Menschen, die in dieser Realität leben, zu sehen, «das heißt, die historische Realität im eigentlichen Sinn zu ergreifen» (S. 409). Die eigentliche wissenschaftliche Erkenntnis bestehe in der «Erfassung der eigenen inneren Totalstruktur des historischen Lebens» (S. 412).[38] Damit wird genau der Punkt, an dem sich MAX WEBER von DILTHEYS Lebensphilosophie und RICKERTS Weltanschauungslehre distanziert hatte, wieder gegen MAX WEBER selbst eingewendet. MAX WEBER hatte den Idealtypus konstruiert, um den grundsätzlich subjektiv reflektierten

---

38 In eben diesem Sinne will noch neuerdings HABERMAS, Analytische Wissenschaftstheorie und Dialektik. In: Zeugnisse, Festschrift für Th. W. Adorno, 1963, an die Stelle der «subjektiv willkürlichen Wertbeziehung MAX WEBERS» die Reflexion eines objektiven Zusammenhanges setzen, womit er ein altes, aus der Gegenbewegung gegen die Aufklärung in Deutschland längst vertrautes Thema wieder aufgreift. Philosophische Ideen, so hatte ROSCHER gegen KANT eingewendet, seien die Produkte ihrer Zeit, wir aber bedürfen «einer Wahrheit, deren Geschöpfe wir sind» (Zit. b. M. WEBER, WL, S. 20), d. h. einer objektiven Gewißheit, die nicht als subjektiv willkürliche Wertbeziehung verstanden werden kann.

Charakter aller wissenschaftlicher Erkenntnis deutlich zu machen. Hier bei SCHELTING und anderen wird nicht mehr vom erkennenden Subjekt, sondern vom Sein bzw. der Geschichte oder der Gesellschaft her gedacht, die von sich her dem Menschen bestimmte Wahrheiten zusprechen. TH. ABEL wies in seinem Aufsatz ‹*The Operation Called. ‚Verstehen'*› (in: ‹Am. Journ. Soc.›, 54, 1949) mit Recht auf die methodologische Problematik dieses Ansatzes hin und bezeichnete ihn als *«misplaced familiarity»*. Nichtsdestoweniger muß man feststellen, daß dieser Ansatz und nicht der MAX WEBERS die Soziologie in den zwanziger und dreißiger Jahren beherrscht.[39]

VIERKANDT gab diesem wissenschaftstheoretischen Verständnis programmatischen Ausdruck, als er 1926 im ‹Jahrbuch für Soziologie› einen Aufsatz mit dem Titel ‹Die Überwindung des Positivismus in der deutschen Soziologie der Gegenwart› veröffentlichte. Hier hieß es, daß das Zeitalter des Positivismus, wie es in der zweiten Hälfte des neunzehnten Jahrhunderts begonnen habe, zu Ende sei, daß es abgelöst werde durch die phänomenologische Methode, die darin bestünde, «daß sie Tatbestände von allgemeiner Verbreitung nicht durch Induktion, sondern an einem einzigen Gegenstande mit völliger Evidenz feststellt, wobei uns dieser Gegenstand in unserem Bewußtsein unmittelbar gegeben ist und durch einen Akt spezieller innerer Anschauung erfaßt wird» (S. 77). VIERKANDT nennt selbst als Vertreter dieser Richtung SPANN, ‹Gesellschaftslehre› (1914), FREYER, ‹Die Lehre vom objektiven Geist› (1923), LITT, ‹Individuum und Gemeinschaft› (1918), SPRANGER, ‹Lebensformen› (1923), TROELTSCH, ‹Der Historismus und seine Probleme› (1922), und die Liste der hier aufgezählten Namen ließe sich selbstverständlich noch weit verlängern. SOMBART, ALFRED WEBER, PLENGE, SCHELER, PLESSNER, ZIEGENFUSS und viele andere bezeichnen ihr wissenschaftliches Verfahren zwar nicht unbedingt als ein phänomenologisches, aber sie teilen die Voraussetzung der phänomenologischen Methode, nach der, wie es insbesondere ALFRED SCHÜTZ (Der sinnhafte Aufbau der sozialen Welt. 1932) darstellt, neben dem subjektiven Sinn auch der objektive Sinn als Anknüpfungspunkt wissenschaftlicher Erkenntnis zu verwenden sei. «Alle Kulturobjektivationen können daher in zweifacher Weise interpretiert werden. Die eine Interpretation geht auf die Ereignisse als fertig konstituierte Gegenständlichkeiten, wie sie uns, den Deutschen, jetzt als Zeitgenossen in Gegenwart oder als Nachfahren in der Geschichte vorliegen ... Alle diese Ereignisse können aber auch als Zeugnisse für den Bewußtseinsablauf dessen, der sie setzte, interpretiert werden» (a. a. O., ²1960, S. 153). Sinn ist nicht mehr nur, wie es MAX WEBER meinte, subjektiv gemeinter oder subjektiv gewollter Sinn, sondern ob-

---

39 Vgl. Verhandlungen des 6. Deutschen Soziologentages, 1928, Untergruppe A, Methodologik: Das Verstehen.

jektiv gegebener, objektiv gewollter Sinn. MAX WEBER habe, so bemerkt SCHÜTZ im Vorwort zu der genannten Schrift, «seine Analysen noch nicht bis in jene Tiefenschicht geführt... von der allein aus viele wichtige, aus dem Verfahren der Geisteswissenschaften selbst erwachsende Aufgaben bewältigt werden können». Diese Tiefe wird jetzt auszumessen versucht; auf sie wird die Soziologie verpflichtet. Nicht mehr das rationale Verständnis auf Grund idealtypischer Konstruktionen, sondern die Wahrheit, die von bestimmten Erlebnissen oder Situationen vermittelt wird, ist das Ziel der Wissenschaft. MAX WEBER ist, wie es BRINKMANN in ‹Schmollers Jahrbuch›, 67 (1943) feststellt, der letzte Bürger gewesen, dessen Werterlebnis durch das Gemeinschaftserlebnis unserer Zeit abgelöst wird. Für CH. STEDING (Politik und Wissenschaft bei Max Weber. 1932) ist MAX WEBER restlos überholt. R. KÖNIG (Einige Grundüberlegungen zur Frage der Werturteilsfreiheit bei Max Weber. ‹Kölner Zeitschrift›, 16, 1964) weist mit Recht darauf hin, daß in dieser Frage Einigkeit besteht bei so gegensätzlichen Autoren wie SPANN, FREYER, LANDSHUT, LUKÁCS und ADORNO. Für MAX SCHELER (‹Kölner Vierteljahreshefte für Soziologie›, Bd. 1, Heft 3) ist MAX WEBER nominalistischer Voluntarist, der nicht sieht, daß nur die Person der Form des Erkennens Welttotalität zu geben vermag. Die Philosophie als essentielle Erkenntnishaltung falle bei ihm vollständig unter den Tisch – eine Kritik, der gegenüber MAX SCHELER die philosophische Metaphysik als setzende Weltanschauung verteidigt. PETERS kritisiert im 12. Band der ‹Kölner Vierteljahreshefte› MAX WEBER dahingehend, daß dieser die Idealtypen subjektiv konstruiert und dann auf die Realität von außen angewendet habe, anstatt die vollerlebte Realität auf jeweils ihr im Wesen gemäße Typen zu sondieren.

MAX WEBER blieb bei aller Hochachtung, die ihm zuteil wurde, in der wissenschaftlichen Welt seiner Tage ein Außenseiter, den man allenfalls, wie es RICKERT tat, als Historiker verstand – ein Urteil, das *noch* von FERBER wiederholt wird[40] –, der aber in seiner Soziologie das Entscheidende, die große, objektiv begründete Synthesis, nicht vollbracht habe. Während man sich in Frankreich und in Amerika zu dieser Zeit immer mehr von den großen Synthesen distanziert, wird hier gewissermaßen in einem romantisch-politischen Gegenzug zum Rationalismus MAX WEBERS eben diese «Kultursynthese aus historischen Erbstücken», um TROELTSCH zu wiederholen, neu belebt, ein Ansatz, der von der dialektischen Soziologie, die die Totalität in den Mittelpunkt ihrer Betrachtungen stellt, wieder aufgegriffen werden wird. Hier liegt die Eigenart der deutschen Soziologie in dieser Epoche, über die SCHELSKY (Ortsbestim-

---

40 Für CH. FERBER, Der Werturteilsstreit 1909/1959. In: Kölner Zeitschrift, 11, 1959, gehört WEBERS Wirklichkeitswissenschaft zur «theoretischen Reservearmee in der Krise der Kulturbedeutungen».

mung der deutschen Soziologie. 1959, S. 37) mit Recht feststellte, daß diese Soziologie 1933 nicht brutal niedergeworfen zu werden brauchte, sondern «zu dieser Zeit selbst am Ende war».

Mehr als alle anderen hier zu erwähnenden Wissenschaftler knüpft OPPENHEIMER direkt an die Tradition des neunzehnten Jahrhunderts, insbesondere an MARX und COMTE, an. Soziologie, so heißt es in seinem ‹System der Soziologie› (4 Bde., 1922–1935), ist eine geschichtsphilosophische Universalwissenschaft; ihr Gegenstand ist der historische Prozeß in seiner Ganzheit und in seinem gesetzlichen Verlauf. Sein Denken wiederholt hier den Ansatz, von dem schon MARX ausging: die Unterdrükkung der Gesellschaft durch den Überbau, wobei bei OPPENHEIMER der politische Charakter dieser Unterdrückung noch stärker hervortritt. Die Gesellschaft ist für ihn Inbegriff der Gruppen, die miteinander in Beziehung stehen bzw. miteinander um die Macht kämpfen. Die Entstehung des Staates wird aus der Überschichtung abgeleitet. Handlungssubjekte sind, ähnlich wie bei GUMPLOWICZ, Gruppen, nicht der einzelne. Wenn OPPENHEIMER die Gruppe in den Mittelpunkt seines soziologischen Denkens stellt, dann nicht, um die innere Struktur der Gruppe zu erforschen, sondern um die Gesellschaft als Zusammenhang von Gruppen darzustellen. Die Unfreiheit des Willens ist für ihn Axiom der Soziologie, die dadurch zur Kausalwissenschaft wird.[41] Das zentrale gesellschaftliche Problem der Gegenwart sieht OPPENHEIMER in der Bodensperre, von der nach seiner Meinung alle Ausbeutung ihren Anfang nimmt. Ziel der gesellschaftlichen Entwicklung ist die herrschaftslose Ordnung der Freibürgerschaft, in der die politische und ökonomische Unterdrückung der Menschheit beseitigt wird. Die Soziologie leitet diese geschichtliche Entwicklung mit mathematischer Genauigkeit aus der sozialen und ökonomischen Lage der Menschen ab.[42]

Hatte sich OPPENHEIMER auf Wahrheiten berufen, die im wesentlichen aus der materialistischen Geschichtsauffassung abgeleitet waren, so beruft sich OTHMAR SPANN – ‹Der wahre Staat› (1921) – auf Wahrheiten noch älteren Ursprungs. Er bezieht sich auf die klassische griechische Philosophie sowie auf die katholische Soziallehre, insbesondere auf THOMAS VON AQUINO und ADAM MÜLLER. In seinem Universalismus glaubt er die Wahrheit gefunden zu haben, die dazu berufen sei, Individualismus und Materialismus zu überwinden. Geht OPPENHEIMER von

---

41 Vgl. J. HOHMEIER, Die Theorie der Gruppe und des Gruppenhandelns in der Soziologie Franz Oppenheimers. Diss. Münster 1967.

42 Im Anschluß an OPPENHEIMER hat ALEXANDER RÜSTOW in seinem Buch: Ortsbestimmung der Gegenwart. 1951–1957, eine kultursoziologische Totalanalyse der Menschheit vorgelegt. Auch hier erscheint die Überlagerung von friedliebenden seßhaften Bauernvölkern durch kriegerische Nomaden als historisches Zentralereignis.

wirtschaftlichen Tatsachen und wirtschaftlichen Bedürfnissen aus, so SPANN von geistigen Tatsachen und in sich gegliederten Begriffen. Soziologie ist in diesem Sinne eine Wissenschaft, die sich im wesentlichen mit der Analyse von Begriffen beschäftigt, in denen sich die geistige Einheit und Gliederung der Gesellschaft aussprechen.[43] Alles geistige Leben beruht auf der Tatsache der «Gezweitheit», und diese Gezweiung verwandelt einfache Begriffe in lebendige Wahrheiten, die vom Wissenschaftler als ontologischer Grund der Vergesellschaftung anzusehen sind. Aus diesen Begriffen lassen sich eine ewige Gliederung der Gesellschaft und das System des wahren Staates ableiten.

Von der Unbefangenheit, mit der hier von ontologischen Wahrheiten geredet wurde, distanzieren sich die Vertreter der mehr kritisch eingestellten phänomenologischen Richtung. Der Unterschied zwischen dieser phänomenologischen Richtung und der ontologischen ist jedoch nur gering. Seitdem RICKERT deutlich gemacht hatte, daß alle Erkenntnis aus überempirischen Quellen abgeleitet werden müsse, konnte es sich hier nur noch darum handeln, diese überempirischen Quellen hermeneutisch anders zu erschließen, als es bei den Ontologen der Fall gewesen war. Die Wahrheiten, die bei OPPENHEIMER und SPANN schlicht vorausgesetzt worden waren, werden hier «erschaut» oder «verstanden». Was bei jenen als objektiv gegebene materielle bzw. geistige Tatsachen angesehen wurde, erscheint hier als objektiv gegebener Sinn, der in einem apriorischen Verfahren (so VIERKANDT, a. a. O., S. 76) erschlossen wird. Neben dem schon genannten Buch von SCHÜTZ ist hier vornehmlich hinzuweisen auf LITT, ‹Individuum und Gemeinschaft› (1919). Hier wird versucht, Soziologie und Psychologie durch «ideierende Wesensanalyse» zu verbinden. Die phänomenologische Methode erscheint als «eine Dialektik des Gedankens», die den «phänomenologisch aufgefaßten Sachverhalt», nämlich die strukturell sich bedingenden Pole Individuum und Gemeinschaft, begrifflich entfaltet. OPPENHEIMER kämpfte gegen Kapitalismus und Kommunismus, SPANN gegen Individualismus und Materialismus, LITT gegen Individualismus und Universalismus. Dialektik heißt hier die synthetische Vereinigung von Individuum und Gesellschaft, die als Reziprozität der Perspektiven sozialer Verschränkung und Einheitsgefüge von Erlebnissen ebenso umfassend wie unbestimmt definiert wird. Ziel ist es, «das Fundament zu einer Metaphysik der Geisteswissenschaft» (LITT, a. a. O., S. 265) zu legen. Ebenso wie RICKERT beschränkt sich LITT darauf, die Notwendigkeit dieser Metaphysik aufzuzeigen und ihre Struktur anzugeben. Insofern blieb seine Lehre von den Einwänden, die sich gegen OPPENHEIMER und SPANN richteten, verschont, konnte sie als Schema, unter dem soziologische Erkenntnis möglich sei, begriffen wer-

43 Vgl. O. SPANN, a. a. O., in: Zeitschrift für die gesamte Staatswissenschaft, 59, 1903.

den. Trotzdem ist nicht zu übersehen, daß es sich hier um das Fundament einer Metaphysik handelte und handeln sollte, nicht um das Fundament einer Wissenschaft, wie es MAX WEBER zu legen versucht hatte. Der Hinweis darauf, daß alles in einer totalen Verschränkung gedacht werden müsse, ließ die eigentliche Frage nach dem kritischen Ansatzpunkt wissenschaftlicher Erkenntnis völlig offen und war wegen seiner Unwiderlegbarkeit ebenso metaphysisch wie die offen weltanschaulichen Positionen von SPANN und OPPENHEIMER.

In ähnlicher Weise versucht sich später ZIEGENFUSS (Versuch über das Wesen der Gesellschaft. 1935) aus dem «mörderischen Streit der Weltanschauungen» zurückzuziehen. Auch für ihn ist das Soziale gekennzeichnet durch das Pulsieren zwischen zwei Polen, die hier nicht Individuum und Gemeinschaft, sondern Natur und Geist heißen, die sich in «fünf Dimensionen sozialer Erstreckung und Schicksalsrhythmik» aufeinander beziehen. Der Übergang von der Ontologie zur Phänomenologie bedeutet praktisch, daß an die Stelle angreifbarer konkreter Aussagen über die Gesellschaft «eine Vielheit beschreibbarer Bewußtseinsgestaltungen» (so S. KRACAUER, Soziologie als Wissenschaft. 1922, S. 100) gesetzt wird, die «die obersten Erlebnisgattungen und ihre Gegebenheitsweisen» beschreibt.[44] An die Stelle der auf weltanschaulichen Wahrheiten aufbauenden Totalsysteme tritt in der phänomenologischen Richtung der Rückzug auf hermeneutische Fragen, in denen nach der Möglichkeit totaler Erkenntnis überhaupt gefragt wird, ohne daß gesehen wurde, daß diese Fragestellung nur dem Schein nach kritisch, tatsächlich aber ebenso problematisch war wie die ontologischen Systeme. Man beschränkt sich darauf, den Weg zur totalen Erkenntnis und ihren abstrakten Inhalt aufzuzeigen. Wenn dies ein Fortschritt gegenüber dem ontologischen Verfahren war, dann war es jedenfalls ein Fortschritt, der der Tendenz zur Idealisierung und weltanschaulichen Begründung des Wissens nicht entgegentrat, sondern diese verstärkte insofern, als der Sprung in das Absolute hermeneutisch legitimiert wurde.

WERNER SOMBART versuchte, mit einer an der Phänomenologie orientierten verstehenden geisteswissenschaftlichen Methode den modernen Kapitalismus und die ihm zugeordneten sozialökonomischen Theorien darzustellen. In einem umfangreichen wissenschaftlichen Werk, das er während fast eines halben Jahrhunderts veröffentlichte – wir nennen nur ‹Der moderne Kapitalismus› (1902, [7]1928) –, blieb praktisch kein Gebiet der Kulturwissenschaften unbehandelt, wurden aber auch alle weltanschaulichen Positionen, unter denen diese Gebiete behandelt werden konnten, nacheinander bezogen. G. WEIPPERT (Sombarts Verstehens-

---

44 «Die Phänomenologie ist», so charakterisiert KRACAUER, a. a. O., S. 100 f, «... das Ende eines Auflösungsprozesses, das Zeichen einer letzten Ferne vom Sinn (und wohl auch einer neuen Sehnsucht nach ihm).»

lehre. ‹Kyklos›, 15, 1962) weist hin auf den Unterschied, der zwischen der Methodik SOMBARTS und MAX WEBERS bestand, der, wie WEIPPERT feststellt, auf Grund seines subjektivistischen Nominalismus zu «wirklichkeitsverzerrenden Aussagen» gekommen sei. SOMBART, der sich an der Hermeneutik DILTHEYS orientierte, wird hier gegenüber dem Rationalismus MAX WEBERS bevorzugt. Gerade das Werk von SOMBART zeigt aber, daß die sogenannte verstehende Methode einen übermäßig großen Spielraum für Interpretationen bot. Die verstehende Soziologie beruht, wie SOMBART wiederholt betont hat, auf der Voraussetzung, daß der strenge Wissenschaftsbegriff auf die Kulturerscheinungen nicht anwendbar ist. Hier mache der freie Wille des Menschen alle Ermittlung von Regelmäßigkeiten hinfällig; der Stoff, an dem man Regelmäßigkeiten nachweisen könnte, besteht nicht, und die geistigen Tatbestände sind komplexe Ganzheiten, die sich nicht in Bestandteile auflösen lassen. Diese Argumente, die SOMBART in seiner postumen ‹Noo-Soziologie› (1956, S. 121 f) entwickelt, zeigen, daß hier, im Gegensatz zu MAX WEBER, die Kritik der soziologischen Erkenntnis nicht dazu verwendet wurde, eine neue rationale Interpretation gesellschaftlicher Sachverhalte zu entwickeln, sondern umgekehrt, die Möglichkeit einer solchen rationalen Interpretation überhaupt in Frage zu stellen.

PLESSNER erklärte offen, der eigentliche Zweck der philosophischen Anthropologie sei es, «zum Glauben an den Menschen wieder Platz zu bekommen» (Zwischen Philosophie und Gesellschaft. Ausgewählte Abhandlungen und Vorträge, 1953, S. 131). Auch er beruft sich, ähnlich wie die Vorgenannten, auf BERGSON, DILTHEY, SPENGLER und andere und stellt fest, daß die geschichtlichen Kulturgebilde mehrdimensionale Einheiten seien, die in Stoff und geistigem Gehalt wie alle Äußerungen des Menschen von einem übergreifenden, d. h. überempirischen Gesamtstil geprägt wären. Ausdrücklich heißt es darum: «Was eine Erkenntnistheorie hier leisten kann, ist begrenzt» (a. a. O., S. 130). Der eigentliche Zweck der Wissenschaft sei die Verteidigung des Humanitätsglaubens, auf den sich übrigens auch SOMBART berufen hatte (a. a. O., S. 80), um seine verstehende Soziologie zu begründen. In seinem Aufsatz ‹Der Mensch als Lebewesen› (‹Merkur›, 231, 1967) nennt PLESSNER den Menschen als «seinem Entwurf nach invalide» und will in ihm den «Antagonisten zur Sterblichkeit alles Lebens sehen, ein Aufbegehren der Natur gegen sich selbst».

PLESSNER geht in seiner philosophischen Anthropologie, die er zuerst in seinem Buch ‹Die Stufen des Organischen und der Mensch› (1928) entwickelt hatte, auf das Werk von MAX SCHELER zurück, der ebenfalls 1928 seine einflußreiche Schrift ‹Die Stellung des Menschen im Kosmos› veröffentlichte (6. Aufl., 1962). SCHELER hatte in dieser Schrift zuerst das Thema von der exzentrischen Positionalität des Menschen entwickelt, das dann bei PLESSNER mit den oben angedeuteten pessimistischen Konsequenzen weitergeführt wird. Grundlage dieser Interpretation ist der strenge Dualismus, von dem MAX SCHELER ausgegangen war. Natur und Geist, Realfaktoren und Idealfaktoren, werden hier streng getrennt, und daraus folgt die These von der Ohnmacht des Geistes, der zwar eine weltüberlegene oder exzentrische, aber eben deshalb in Hinblick auf die Welt ohnmächtige Position einnimmt. LENK (Von der Ohnmacht des Geistes. 1959, S. 64) sieht hier die «Projektion anthropologischer Kategorien auf Geschichte und Gesellschaft». Ein tragisches oder pessimistisches Weltgefühl[45] wird auf Geschichte und Gesellschaft projiziert, die von irrationalen Realfaktoren beherrscht erscheint, denen nicht mit rationaler Einsicht, sondern nur mit politischer oder weltanschaulich-philosophischer Entschlossenheit begegnet werden kann. Diese Interpretation konnte als Chance der Versöhnung gegenüber einem unfaßlich gewordenen Geschehen ihren Eindruck nicht verfehlen. An die radikale Trennung des Geistes von der Natur, der Vernunft von der Wirklichkeit, an das Vordringen des Irrationalismus, der nur noch von bestimmten weltanschaulichen oder politischen Positionen her eine Interpretation der Wirklichkeit für möglich hält, schließt sich die Existenzphilosophie an, die dazu aufforderte, einer im ganzen unfaßlichen Situation durch freie Handlungen einen bestimmten Sinn zu geben. SCHELER und nach ihm PLESSNER ziehen in ihrer Anthropologie die Konsequenz aus dem Neukantianismus, der das Bewußtsein außerhalb der Erfahrung zu verankern versucht hatte. Ebenso wie dort das Problem der intersubjektiven Überprüfbarkeit des Wissens durch die Zumutung unvermeidlich geltender Werte übersprungen worden war, wird hier die Aufgabe, Handlungen von soziologischen Strukturen her zu interpretieren, durch die Zumutung einer radikalen Trennung von Natur und Geist, Mensch und Welt übersprungen. Aus dem Versuch, die Stellung des Menschen im Kosmos zu definieren, wird hier die aktivistische Einsicht, «gegenwärtig tun, was echt ist, ist am Ende das einzige, was gewiß zu tun mir bleibt» (K. JASPERS, Die geistige Situation der Zeit. 1931, 5. Aufl. 1947, S. 188).

Aber nicht nur der ontologische Dualismus bzw. die aus diesem abgeleitete tragische und irrationale Selbstverwirklichung des Menschen bieten Anknüpfungspunkte für Kultursynthesen, auch das Leben, der Wille, das Schicksal eignen sich hierzu. Was LENK (Das tragische Bewußtsein, a. a. O., S. 266) über SIMMEL sagt: «Wesensschau tritt an die Stelle begrifflicher Analyse», gilt hier ganz allgemein. Für PLENGE ist die Soziologie Teil «der Gesamtlehre von der geistdurchwirkten Menschengesellschaft» (in: Soziologie von heute. Hsg. von Thurnwald, 1932, S. 32), die sich in Organisation und Propaganda zusammenfinden müs-

45 Vgl. hierzu K. LENK, Das tragische Bewußtsein in der deutschen Soziologie. In: Kölner Zeitschrift, 16, 1964.

sen.[46] Tönnies veröffentlicht 1935 sein Buch ‹Geist der Neuzeit›, in dem er auf die empirische Sozialforschung und die reine Soziologie nun ein Werk der angewandten Soziologie folgen läßt.[47] Das Thema dieses Buches ist die Tendenz zu «kürwilligen» Beziehungen und «gesellschaftlichen» Einheiten, die die «gemeinschaftlichen» Einheiten der Vergangenheit ablösen werden. In diesem Zusammenhang plädiert Tönnies für radikale soziale Reformen. Seinem Buch schickt er die Bemerkung voraus, es gäbe doch «ein gewaltigeres Schicksal, welches den Menschen erhebt, wenn es den Menschen zermalmt», und dieses Schicksal ist für ihn das Thema der angewandten Soziologie. Sie ist ihrem Gehalt nach Universalgeschichte, ihrer Form nach soziale Systematik. R. König (Die Begriffe Gemeinschaft und Gesellschaft bei Ferdinand Tönnies. In: ‹Kölner Zeitschrift›, 7, 1955, S. 413) stellt in diesem Zusammenhang mit Recht fest, daß die Soziologie hier zu einer Maske werde, hinter der Tönnies sein eigentliches Anliegen, die Ontologie, verberge. Rückt die Soziologie so bei Tönnies in die Nähe der Ontologie, so nimmt sie bei Alfred Weber (Ideen zur Staats- und Kultursoziologie. 1927, S. 7) die Fragestellung der früheren Geschichtsphilosophie auf. Sie behandelt diese Fragestellung nur mit anderen, mehr empirischen Mitteln. Diese empirische Geschichtsphilosophie ist «Soziologie insofern, als man Lebenszusammenhänge, ein Zusammen in einer Totalität und dessen allgemeines Resultat zu ergreifen versucht». Ziel dieses Bemühens ist «an keiner Stelle mehr als ein zu leidlich gesicherter Evidenz gesteigertes Verständnis» (a. a. O., S. 14). Diese Evidenz selbst knüpft an das Gefühl des Menschlichen an, das nicht als «Vollstrecker irgendwelcher von der Soziologie ausgeheckter Allgemeinheiten»[48] relativiert werden kann.

Steht in Alfred Webers ‹Kulturgeschichte als Kultursoziologie› (1935) der Humanitätsgedanke, die Frage nach der Entwicklung des Menschen, im Mittelpunkt, so baut Simmel seine Kulturphilosophie auf der durch Nietzsche gegenüber Schopenhauer begründeten und dann von Dilthey erneuerten Lebensphilosophie auf.[49] Dieser Standpunkt, der das Spätwerk von Simmel kennzeichnet, bedeutet, wie es M. Susman (Die geisti-

---

46 Zu Plenge vgl. neuerdings B. Schäfers, Soziologie und Wirklichkeitsbild, Plenges Beitrag zur deutschen Soziologie um 1930. In: Soziologie und Sozialismus, Organisation und Propaganda. Abhandlungen zum Lebenswerk von Johann Plenge. Stuttgart 1967.

47 Zur Aktualität von Tönnies in den zwanziger Jahren vgl. R. König, Soziologie der zwanziger Jahre. In: Die Zeit ohne Eigenschaften, eine Bilanz der zwanziger Jahre. 1961.

48 Zit. b. V. Willi, Das Wesen der Kulturhöhe und der Kulturkrise in der kultursoziologischen Sicht Alfred Webers. 1953, S. 13.

49 Vgl. insbesondere Simmel, Lebensanschauung, vier metaphysische Kapitel. 1918, und ders., Der Konflikt in der modernen Kultur. [2]1921.

ge Gestalt Georg Simmels. 1959, S. 22) unterstreicht, «den unbedingten Primat des Lebens vor dem Denken». Die Geschichte erscheint hier als ein tragischer Konflikt zwischen dem warmen Strom des Lebens und den Schemata der Dingbegriffe, in welche es sich ergießt. Grundlage der Erkenntnis ist das historische Verstehen (vgl. SIMMEL, Vom Wesen des Historischen Verstehens. 1918), das ausdrücklich – und in klarem Gegensatz zu MAX WEBER – als unauflösbar und nur erlebbar bezeichnet wird. In seinem Aufsatz ‹Weibliche Kultur› (in: Philosophische Kultur. 1911) tritt neben der Intuition auch die Konstitution als «Werkzeug des Elements» auf. Für den Soziologen ist aus diesem Teil von SIMMELS Lebenswerk am interessantesten seine 1900 erschienene ‹Philosophie des Geldes›, die jedoch kaum originell zu nennen ist, wenn man sie mit MARX oder DURKHEIM vergleicht. Die hier entwickelte Veränderung des Lebensstils durch die Geldwirtschaft: Arbeitsteilung, rationalistische Einstellung, Kalkulation und Entpersönlichung der Sozialbeziehungen war zu seiner Zeit schon des öfteren behandelt worden.

Hatte SIMMEL bei NIETZSCHE die Grundlagen seiner Metaphysik zu finden gesucht, so greift FREYER auf ein durch DILTHEY geprägtes Verständnis von HEGEL zurück. In seiner ‹Einleitung in die Soziologie› (1931) bezeichnet er die gesellschaftlichen Gebilde als «Formen aus Leben»: «die gesellschaftliche Wirklichkeit ist nicht ein Reich von objektiv-geistigen Formen, sondern sie ist lebendiges Menschentum in seinem realen Zusammenhang: Leben in Form» (a. a. O., S. 11). Die Soziologie, die dieses Leben in Form als Ausdruck eines historischen Willens begreift, ist Ethoswissenschaft gegenüber der formalen Soziologie. FREYER zitiert in seinem Buch ‹Soziologie als Wirklichkeitswissenschaft› (1930, S. 158) LANDSHUT, der in seiner ‹Kritik der Soziologie› (1929) festgestellt hatte, man müsse MAX WEBER gegen sich selbst verteidigen, und bemerkt, daß es sich auch bei MAX WEBER, recht verstanden, um konkrete Soziologie gehandelt habe. Wie weit man tatsächlich vom Verständnis MAX WEBERS entfernt ist, zeigt sich daran, daß hier die Alternative, formale oder konkrete Soziologie als selbstverständlich vorausgesetzt wird, eine Alternative, die nicht für MAX WEBER bestand, für den die Soziologie ihrem Begriff nach eine Einheit war, sondern die Position derer ausdrückt, die von der Kritik der Historiographie her die Soziologie als reine Theorie bzw. als weltanschaulich begründete Ethoswissenschaft definiert hatten. Aus dem subjektiv reflektierten Charakter der wissenschaftlichen Erkenntnis bei MAX WEBER wird hier die Lehre vom objektiven Geist und der gesellschaftlichen Wirklichkeit, die man so, wie sie an sich ist, erfassen könne. In seinem Buch ‹Revolution von Rechts› (1931) appelliert FREYER an das Volk, das die Arbeits- und Güterwelt der industriellen Gesellschaft in Besitz nehmen solle, ohne deren Prinzip zu übernehmen. ‹Revolution von Rechts› heißt Aufstand des Volkes gegen Klassen und Interessen. In seiner ‹Theorie des gegenwärtigen

Zeitalters› (1955) werden die sozialen Strukturen als Gebilde begriffen, «die sich aus der Lebendigkeit des Menschen aufwölben» (S. 80). Das sekundäre System erscheint als geschichtliche Notwendigkeit, die auf objektiven Tatsachen aufbaut, nämlich der menschlichen Natur und dem Willen zu voraussetzungsloser Berechnung der Wirklichkeit. Ähnlich wie bei TÖNNIES und SIMMEL wird auch hier eine pessimistische Konsequenz gezogen in der Vorstellung, daß in der Geschichte eine ursprüngliche romantische Lebenswärme in eine ebenso unbegreifliche Entfremdung umschlägt. «Die sozialen Strukturen der Gegenwart sind nicht mehr solche einliegende Ordnungen, die dem menschlichen Dasein eine innere Führung geben. Sie sind ungreifbar, selbstläufig, von einer gleichsam technischen Ferne und Ethoslosigkeit» (FREYER, Der Geist im Zeitalter der Technik. In: ‹Wort und Wahrheit›, 7, 1952, S. 189 f). «Ein D-Zug, der nächtlich durch Hunderte von beziehungsvollen Lichtern hindurch über Dutzende automatischer Weichen hinweg in den Großbahnhof einfährt» (Theorie, a. a. O., S. 92 f), das ist das Bild für das sekundäre System. Dieses sekundäre System ist nun kein Begriff, der sich operational zu bewähren hat, sondern eine geschichtsphilosophische Wahrheit, die eine objektive Synthesis verschiedener soziologischer Tatbestände erlaubt.

Eine nicht uninteressante Abart dieser objektivistischen oder Weltanschauungssoziologie stellt O. NEURATH mit seiner Schrift ‹Empirische Soziologie› (1931) dar. NEURATH beginnt zunächst mit einem radikalen Positivismus, der die Soziologie als Teil der Einheitswissenschaft, des Physikalismus, sieht. «Man kann», schreibt NEURATH (S. 44), «keinen Fehler begehen, wenn man an jeder Stelle von genau angebbaren, räumlich-zeitlichen Objekten spricht.» An die Stelle der Aussagen über geistige Vorgänge sollen Formulierungen treten, «in die *nur* räumlich-zeitliche Beziehungen eingehen, die auf Kontrollaussagen beruhen» (a. a. O., S. 60). Diese positivistische oder materialistische, rein empirische Interpretation, die sich von aller Metaphysik fernhalten will, hat jedoch, wie NEURATH selbst bemerkt, den einen Nachteil, daß sie, wenn sie über das bloße Hier und Jetzt hinaus will, nicht eindeutig bleibt: «Strengste wissenschaftliche Selbstbesinnung zeigt uns also, daß die Voraussagen, die wir machen, notwendig in Manchem unbestimmt bleiben müssen. Schon das Hypothesensystem, das sie aufstellen, ist nicht nur auf *eine* Art möglich. Mehr als ein System von Sätzen genügt den Bedingungen, widerspruchslos und mit den Beobachtungsaussagen vereinbar zu sein» (a. a. O., S. 132). Die strenge Wissenschaft muß «die Mehrdeutigkeit ihrer Systeme zugeben und die Einheitlichkeit des Lebens anderen Faktoren überlassen» (S. 133). Hier erhält nun, gerade als Konsequenz der strengen Wissenschaftlichkeit, die Idee des Schicksals einen notwendigen Ort. Ähnlich wie im Historismus die schlichte Frömmigkeit die Erhebung der einzelnen Tatsachen ergänzen mußte, ergänzt hier die Vorstellung von der Solidarität des Schicksals einen streng positivistischen Ansatz: «Die Solidarität des Schicksals führt zur Solidarität des Verhaltens, führt zur Pflege wissenschaftlicher Soziologie, die den Massen sagt, was ihnen die Zukunft bringt» (a. a. O., S. 135, im Original gesperrt). Das gemeinsame gesellschaftliche Schicksal führt zu Einheitlichkeit und Berechenbarkeit, auf der dann wissenschaftliche Voraussagen aufbauen können. Diese Idee wird man, wenn man sie mit der Soziologie von COMTE vergleicht, nicht gerade als originell ansehen können. Leben, Wille, Schicksal, alte Themen der deutschen Romantik, werden wieder in die Soziologie eingeführt, nachdem der Ansturm des «westlichen Wirklichkeitsfanatismus» (TROELTSCH) bzw. MAX WEBERS Wissenschaftskritik abgewehrt worden sind.[50] Und wie schon bei FICHTE im Verhältnis zu KANT die Überwindung der kritischen Trennung von Subjekt und Objekt parallel lief mit einer Wendung zum Aktivismus, zur Philosophie der Tat, so tritt auch hier an die Stelle der von MAX WEBER ausdrücklich geforderten Trennung von Theorie und Praxis der leidenschaftliche Wille, in die Praxis hineinzuwirken. Die Rechtfertigung der Theorie, die MAX WEBER mit seiner Wissenschaftstheorie angestrebt hatte, wird hier in den praktischen Konsequenzen der Theorie gesucht. Eine Wissenschaft, die auf einer Wahrheit außerhalb ihrer selbst gegründet ist, findet auch ihre Rechtfertigung außerhalb ihrer selbst. Der durch kritische Reflexion vermittelte Wille zur wissenschaftlichen Wahrheit wird abgelöst durch den auf den Glauben an eine Wahrheit gegründeten Willen zu gesellschaftlicher Praxis. Nur wer gesellschaftlich etwas will, sieht soziologisch etwas, erklärt FREYER in seinem Buch ‹Soziologie als Wirklichkeitswissenschaft› (1930, S. 300); und erst die geschehene Geschichte beweist das System der Soziologie (S. 307). Der in diesen Jahren hervortretende Marxist GEORG LUKÁCS erklärt in seinem Buch ‹Geschichte und Klassenbewußtsein› (1923), daß es für den Untergang des Kapitalismus keine materielle Gewähr geben könne. «Diese Garantie kann nur durch die Tat, durch die Revolution selbst, durch das Leben und Sterben für die Revolution erprobt und erworben werden» (S. 55); und: «nur wer die Zukunft herbeizuführen berufen und gewillt ist, kann die konkrete Wahrheit der Gegenwart sehen» (S. 223). Eine ähnlich aktivistische Interpretation des Marxismus vertritt KARL KORSCH (Kernpunkte der materialistischen Geschichtsauffassung. 1922 und: Marxismus und Philosophie. 1930). Bezeichnete es FREYER in seinem Buch ‹Soziologie von heute› (S. 23) als die Aufgabe der Wissenschaft, die verantwortliche Einsicht in die Notwendigkeit mit den härteren Mitteln der Wissenschaft durchzusetzen, so werden hier der Glaube an ein besseres Leben und der Kampf für die-

---

50 In diesen Zusammenhang gehört auch die Tatsache, daß EMILE DURKHEIM in Deutschland nicht rezipiert wird.

ses bessere Leben als Voraussetzung der soziologischen Erkenntnis gefordert.[51] Für NEURATH (a. a. O., S. 17) ist die Soziologie «Wissenschaft der Staatsmänner und Organisatoren, das ist der *Gesellschaftstechniker*». PLESSNER, der der kritischen Reflexion in der Wissenschaft ausdrücklich eine nur begrenzte Rolle zuweist, unterstreicht *«den Primat des Politischen für die Wesenserkenntnis des Menschen»* (a. a. O., S. 290, im Original kursiv). OPPENHEIMER und PLENGE betonen, wenn auch in unterschiedlicher Blickrichtung, daß sie eine Weltanschauung bieten, die bestimmte praktische Ziele erreichen soll. Für TÖNNIES war, wie HEBERLE (in: BARNES, *An Introduction to the History of Sociology*. 1948, S. 244) feststellt, die angewandte Soziologie die Wissenschaft des Staatsmannes, das Ziel eine im Sinne von COMTE positive, d. h. von der Wissenschaft gesteuerte Politik. Die Tradition der Kathedersozialisten, die sich ebenfalls im Namen der Wissenschaft zu massiven Werturteilen berechtigt glaubten, wirkt hier fort. Kategorien wie Gemeinschaft und Gesellschaft wurden weniger als Instrumente theoretischer Analysen als vielmehr als Ausdruck eines praktisch-politischen Willens einflußreich. Der Primat des Politischen bzw. der Werturteile in der wissenschaftlichen Erkenntnis ist mit wenigen Ausnahmen, zu denen etwa KANTOROWICZ, ‹Der Aufbau der Soziologie› (in: Erinnerungsgabe für Max Weber. Bd. 1, 1923), und das Werk von LEOPOLD VON WIESE gehören, praktisch unbestritten. Das Ergebnis ist, wie es MAX WEBER klar vorausgesehen hatte, der «mörderische Streit der Weltanschauungen» (ZIEGENFUSS) und die «Unfaßlichkeit des Ganzen» (JASPERS).

KANT hatte seine Schrift ‹Was heißt: Sich im Denken orientieren› (‹Berlinische Monatsschrift›, 1786), mit der Aufforderung beschlossen: «Nehmt an, was Euch nach sorgfältiger und aufrichtiger Prüfung am Glaubwürdigsten scheint, es mögen nun Fakta, es mögen Vernunftgründe sein; nur streitet der Vernunft nicht das, was sie zu höchstem Gut auf Erden macht, nämlich das Vorrecht ab, der letzte Probierstein der Wahrheit zu sein.» Kritische Erkenntnis gründet sich in der Vernunft des erkennenden Subjekts; weder in Tatsachen noch in logischen Notwendigkeiten, sondern in der Synthesis, die die transzendentale Einbildungskraft, d. h. die Erkenntnisabsicht des forschenden Wissenschaftlers zustande bringt. Aber eben dieser kritische Standpunkt tritt jetzt mehr und mehr in den Hintergrund. Ontologische Gesichtspunkte, die von einer bestimmten Wahrheit ausgehen, oder politische Gesichtspunkte, die den Primat eines bestimmten Willens behaupten, verdrängen die kritische Frage nach der Gültigkeit der Erkenntnisse. Es ist daher kein Zufall, daß in dieser Zeit die Wissenssoziologie in Deutschland einen

51 Eine Fortsetzung hat dieser Ansatz gefunden bei ST. WARYNSKI, Die Wissenschaft von der Gesellschaft. 1944, und DERS. unter seinem tatsächlichen Namen: L. KOFLER, Zur Geschichte der bürgerlichen Gesellschaft. 1948.

neuen Auftrieb erhält, denn die geistigen Diadochenkämpfe, die sich hier abspielten, mußten die Frage nach der Legitimität und dem Grund dieser einander vielfältig entgegengesetzten Theorien auslösen.

«Glaubt nicht einem jeglichen Geist, sondern prüfet die Geister, ob sie von Gott sind.» MANNHEIM zitiert dieses Wort aus dem ersten Brief des JOHANNES 4, 1 in ‹Ideologie und Utopie› (3. Aufl., 1952, S. 65). Er will damit das Problem des falschen Bewußtseins deutlich machen. Das falsche Bewußtsein ist für MANNHEIM nicht ein Bewußtsein, das in diesem oder jenem Punkt von der Wahrheit abweicht oder auf dieser oder jener unrichtigen Voraussetzung beruht, sondern es ist ein Bewußtsein, das, in den Worten von JOHANNES, nicht von Gott ist, d. h. in seinem Prinzip unwahr ist. Es handelt sich für MANNHEIM weder darum, den Ansatz von MAX WEBER zu rezipieren und Wissenschaft und Weltanschauung streng zu trennen, noch darum, eine neue Weltanschauung den vorhandenen entgegenzustellen, sondern darum, das Prinzip der Weltanschauungen zu radikalisieren und es dadurch zu einem wahren Prinzip zu erheben. Der Streit der Weltanschauungen war die direkte Konsequenz der Tatsache gewesen, daß man sich weigerte, MAX WEBERS Wissenschaftsbegriff zu rezipieren, und statt dessen an eine ontologisch, phänomenologisch oder kulturphilosophisch gegebene Wahrheit glaubte. Eben dieser Standpunkt führt Ende der zwanziger Jahre bei MANNHEIM dazu, Erkenntniskritik überhaupt durch die Lehre von der Seinsverbundenheit des Denkens zu ersetzen. MANNHEIM folgt ausdrücklich den Gegnern von MAX WEBER, wenn er die Ansicht vertritt, daß «die Erkenntnistheorie keine kritische, sondern eine rechtfertigende Wissenschaft ist»[52]. MAX WEBER war in Nachfolge von KANT davon ausgegangen, daß die Erkenntnistheorie eine kritische und keine apologetische Wissenschaft sei, und auch SCHMOLLER war nie so weit gegangen, etwas Derartiges zu behaupten. Auch bei den Gegnern von MAX WEBER war noch die Tradition von Aufklärung, Humanismus und Reflexionsphilosophie insoweit wirksam, als nicht bezweifelt wurde, daß es eine erkennbare wissenschaftliche Wahrheit gäbe. Dieses Prinzip, daß sich der Mensch im Denken orientieren könne, war im 17. und 18. Jahrhundert gegen große Widerstände durchgesetzt worden, war aber bei den Radikalen, bei ROUSSEAU ebenso wie bei BURKE, bei BABEUF ebenso wie bei DE MAISTRE immer umstritten geblieben. Hier wurde die entgegengesetzte Maxime vertreten, daß alle wissenschaftliche Erkenntnis Apologie eines bestimmten Standpunktes sei. Erkenntnistheoretische Fragen werden schon damals durch Parteikämpfe ersetzt, wissenschaftliche Kritik durch die «Kritik im Handgemenge», von der MARX sagte, es käme nicht auf ihre Richtigkeit, sondern nur darauf an, zu treffen. KANT hatte in

52 So K. H. WOLFF, in: Einleitung zu Karl Mannheim, ‹Wissenssoziologie›. 1964, S. 59.

seiner oben zitierten Schrift erklärt, «daß, wenn die Vernunft dem Gesetze nicht unterworfen sein will, das sie sich selbst gibt, sie sich unter das Joch der Gesetze beugen muß, die ihr ein anderer gibt». Und eben dieser Vorgang, daß die Vernunft unter ein ihr fremdes Gesetz gebeugt wird, spielt sich überall dort ab, wo das wissenschaftliche Erkennen an eine objektive Wahrheit gebunden werden soll, wo es seine eigenen Sätze nicht mehr als Forschungshypothesen, sondern als Ausdruck gegenständlicher Wahrheiten versteht. MANNHEIM zieht die Konsequenz aus dieser Wendung, die bei DILTHEY, TROELTSCH und anderen deutlich geworden war, die RICKERT in seiner Weltanschauungslehre zu rechtfertigen versucht hatte. Bei ihm wird aus der Verzweiflung an der Möglichkeit kritisch wissenschaftlicher Erkenntnis die These, daß sich alles Erkennen durch seine Seinsgebundenheit zu rechtfertigen habe.

MAX WEBER hatte vorausgesetzt, daß die Wissenschaft auf einem Bewußtsein überhaupt aufbauen könne, auf einer kritischen Vergewisserung von Erkenntnissen, die «auch ein Chinese» nachvollziehen könne. Aufklärung und Idealismus hatten dieses «Bewußtsein überhaupt» vorausgesetzt, hatten angenommen, daß es möglich sei, unabhängig von Rasse, Religion oder Klasse bestimmte sachliche Einsichten sich rational zu vergegenwärtigen. Die Naturwissenschaften hatten auf dieser Grundlage ihre großen Erfolge errungen und alle sozialen, kulturellen und politischen Schranken übersprungen. In den Sozialwissenschaften hingegen war dieser Standpunkt von Anbeginn an umstritten und das Bewußtsein als Ausdruck bestimmter gesellschaftlicher Interessen verdächtigt worden. MANNHEIM zerschlägt nun den gordischen Knoten, der durch diese wechselseitigen Verdächtigungen entstanden war, dadurch, daß er den Anspruch des Erkennens, sich kritisch in sich selbst zu begründen, zurückweist. Das Denken, das seine Abhängigkeit von äußeren Umständen, seine «Seinsverbundenheit» übersieht, ist ein falsches Bewußtsein. In seiner Schrift ‹Mensch und Gesellschaft im Zeitalter des Umbaus› (1935, S. 119) erklärt er, «der stillschweigende Antrieb ... der Soziologie ... ist die Frage: wie befriedige ich dieses oder jenes Bedürfnis?» Nicht nur das – den Naturwissenschaften selbstverständliche – Interesse des Erkennens, sondern praktische Bedürfnisse und damit Parteikämpfe um den Vorrang dieser oder jener Bedürfnisse, bilden den Antrieb der Soziologie. Dieses Prinzip der Parteilichkeit wird als Prinzip der Seinsverbundenheit allen sozialwissenschaftlichen Erkennens radikalisiert. Die Überwindung des Streites der Weltanschauungen besteht für MANNHEIM darin, daß alle Reste kritischer Subjektivität in den Weltanschauungen beseitigt und die reine objektive Abhängigkeit des Denkens vom Sein zum Prinzip wissenschaftlicher Erklärung gemacht wird. Das ist keine Wendung gegen Metaphysik und Ontologie, sondern die Kritik der verkappten Metaphysik und partiellen Ontologie, die durch eine totale Metaphysik und Ontologie ersetzt werden sollen.

«Ich bin», so schreibt MANNHEIM (Wissenssoziologie, a. a. O., S. 622), «ferner nicht nur nicht gegen, sondern ausdrücklich *für* Metaphysik und Ontologie, lehre sogar ihre Unentbehrlichkeit für die seinsverbundene Art der Empirie»; und auf S. 623 stellt er fest: «Das Ringen um eine Ontologie, wie sie etwa HEIDEGGER *vertritt*, (ist) geradezu eine der entscheidenden Leistungen der zeitgenössischen Philosophie.»[53]

Das menschliche Erkennen ist nicht mehr vom Subjekt her zu beschreiben, wie es KANT in seiner kopernikanischen Wendung dargelegt hatte, sondern gründet, wie das religiöse Denken der Vergangenheit, in Ontologie und Metaphysik, die ausdrücklich als unentbehrlich bezeichnet werden, um eine «seinsverbundene Art der Empirie» zu begründen. Die Ideologiekritik, die als partielle Kritik Waffe der Aufklärung im Kampf gegen ihre Gegner gewesen war, wird als totale Kritik Grundlage des Versuches, das kritische Bewußtsein als Bezugspunkt wissenschaftlicher Erklärung überhaupt zu zerstören. Ideologiekritik, sagt MANNHEIM, besteht darin, daß man «auch die noo-logische Ebene in den Angriffskreis einbezieht und auch diese noo-logische Ebene der gegnerischen Aussagen durch soziale Funktionalisierung ihrer Geltung destruiert» (Ideologie und Utopie, a. a. O., S. 64). Der partielle Ideologiebegriff war eine Waffe der Aufklärung im Kampf um Emanzipation des Wissens von außerwissenschaftlicher Bevormundung gewesen, er setzte voraus, daß es ein allgemeines Bewußtsein überhaupt gab, das gegenüber Kirche und Staat zu verteidigen sei. Der totale Ideologiebegriff hingegen, der das Bewußtsein funktionalisiert und damit abhängig macht von einer der Kritik nicht mehr zugänglichen Macht, hat das Ziel, das Wissen wieder der außerwissenschaftlichen Bevormundung – soziologisch der jeweils herrschenden Partei – unterzuordnen. MANNHEIM stellt, ähnlich wie FREYER, LUKÁCS und andere, fest, *«daß nur bestimmten, historisch sozialen Bewußtseinsstrukturen bestimmte qualitative Eigenheiten am historisch lebendigen Objekte sich eröffnen»* (Wissenssoziologie, a. a. O., S. 570, im Original kursiv). Nicht die kritische Arbeit des Wissenschaftlers führt zur Wahrheit, sondern die Wahrheit eröffnet sich dem, der in den historischen Parteikämpfen seiner Gegenwart Stellung nimmt und dadurch Seinsverbundenheit dokumentiert.

MANNHEIM versteht seine Lehre als Relationismus, als Denken, das sich «nach dem Verschwinden des göttlichen Bezugspunktes» (Ideologie und Utopie, S. 65) von einem anderen metaphysischen Bezugspunkt, nämlich dem Sein, abhängig weiß. Der Relationismus stellt für MANNHEIM einen Ausweg aus den Relativismen der Weltanschauungen dar. Wenn

---

53 Wir weisen darauf hin, daß noch ein anderer in der Gegenwart bekannter Soziologe ausdrücklich HEIDEGGER die Reverenz erweist, nämlich H. MARCUSE im Vorwort seines 1932 erschienenen Buches ‹Hegels Ontologie und Theorie der Geschichtlichkeit›.

er von perspektivistischen Wahrheiten spricht, dann meint er etwas ganz anderes, als MAX WEBER mit seinem Idealtypus gemeint hatte. Für MAX WEBER wurde der Idealtypus unter dem Gesichtspunkt begründet, daß aus dem unendlichen Fluß des Geschehens ein Ausschnitt für den Wissenschaftler bedeutungsvoll erschien. Für MANNHEIM bedeutet der Perspektivismus, daß die Realität, das Sein von sich her, immer nur bestimmte Ausblicke zuläßt. Im Idealtypus sprach bei MAX WEBER der Wille des Wissenschaftlers zur Wahrheit, in der perspektivistischen Einsicht, die MANNHEIM als Quintessenz seiner Wissenssoziologie vertritt, spricht sich der Wille des Seins zu einer bestimmten Erhellung seiner selbst aus. Der Hinweis auf HEIDEGGER, den wir bei MANNHEIM an zentralen Stellen finden, ist nicht zufällig. Nicht zufällig ist auch, daß MANNHEIM nach einer neuen Metaphysik und Ontologie strebt. Hinter seinem Perspektivismus und Relationismus steht die Vorstellung von einem Sein oder Ding an sich, in dem alle Perspektiven zusammenlaufen. «Es wird ein Gegenstand als Ding an sich anerkannt, der hinter den Perspektiven da ist und den es zu erkennen gilt... der fruchtbare Ansatz der Wissenssoziologie ist damit eigentlich aufgehoben.»[54] Nachdem die Lehre von der Seinsverbundenheit des Denkens den kritischen Standpunkt überwunden und erklärt hat, es sei «prinzipiell unmöglich, eine reine Erkenntnistheorie aufzubauen» (Wissenssoziologie, a. a. O., S. 243), gibt es, dem Begriff nach, keine wissenschaftliche Wahrheit mehr, über die man sich kritisch verständigen könnte. Maßstab für Wahr und Falsch ist nicht mehr die wissenschaftliche Kritik, sondern der Sieg im Kampf der Parteien um «öffentliche Auslegung des Seins», ein Ausdruck, der, worauf MANNHEIM hinweist, von HEIDEGGER stammt.

Eine besonders privilegierte Position im Kampf um diese öffentliche Auslegung des Seins haben, nach MANNHEIM, die Intellektuellen. Die freischwebende Intelligenz hat, weil sie sich nicht mit bestimmten Interessen identifiziert, den Zugang zum Ding an sich und ist deswegen dazu berufen, die allgemeine Kultursynthese zu verwirklichen, die über konkrete Interessen hinausgeht. Diese Theorie, die, wie es MERTON (*Social Theory and Social Structure.* 1965, S. 507) feststellt, ein Palliativ gegen den bei MANNHEIM impliziten Relativismus ist, ist sowohl aus marxistischer Sicht als auch von THEODOR GEIGER kritisiert worden. GEIGER wendet gegen diese These von MANNHEIM ein, daß die Synthese, die so durch die freischwebende Intelligenz zustande kommt, nicht eine wirkliche Aufhebung des vergangenen Bewußtseins bedeuten werde, sondern faktisch bedeutet, daß die Intelligenz ihre eigene Ideologie für eine Synthese der streitenden Klassenideologien ausgeben wird.[55] Der eigent-

---

54 H. J. LIEBER, Wissen und Gesellschaft. 1952, S. 107.

55 Vgl. GEIGER, Aufgaben und Stellung der Intelligenz in der Gesellschaft. 1949, S. 64.

liche Beweis der Wahrheit wird auch bei MANNHEIM in der gesellschaftlichen Praxis gesucht. Da zur Erkenntnis eine bestimmte Überzeugung, d. h. Seinsverbundenheit vorausgesetzt wird, die nicht allgemein vorhanden ist und auch nicht intersubjektiv bewiesen werden kann, kann der Beweis für die Richtigkeit dieser Überzeugung nur in ihrem praktischen Erfolg liegen, der entgegenstehende Ansichten ausschaltet. Die Kultursynthese, in der das Ding an sich zur Sprache kommen sollte, schlägt um in «den Entwurf einer pragmatischen Soziologie, die als Ordnungsmacht und Planungskonzept dienen sollte».[56] Dieser Weg wird von MANNHEIM in seinen Spätschriften, insbesondere in ‹*Man and Society in an Age of Reconstruction*› (1950) beschritten. Die Verwandlung der Gesellschaft durch die Verwandlung der Persönlichkeit eines jeden einzelnen (a. a. O., S. 225) ist das Ziel, dessen praktische Verwirklichung auch jeden theoretischen Zweifel beenden muß. Das Sein, an dessen Macht über das Denken man vielleicht noch Zweifel haben konnte, soll sich hier zu gesellschaftlichen Institutionen konkretisieren, die nach einer Umformung des Menschen das Denken auf eindeutige Weise festlegen. Das Zukunftsideal ist eine Art autoritärer, geplanter Demokratie. Die gegenwärtig vorhandenen Widersprüche werden als Widersprüche zwischen dem zurückweichenden *laissez faire*-Prinzip und dem vordringenden Planungsprinzip erklärt. Sie werden durch die neuen, rational einsichtigen Vermittlungsprinzipien der Gesellschaft, besonders also des gesellschaftlichen Planungsprozesses, als überwindbar gedacht. ADORNO bemerkt hierzu in ‹Prismen› (1963, S. 63): «solche Nivellierung der gesellschaftlichen Kämpfe auf formal definierbare und vorweg spiritualisierte Verhaltensweisen erlaubt erbauliche Aussagen über die Zukunft».

Auch ARNOLD GEHLEN geht in seiner Habilitationsschrift ‹Wirklicher und unwirklicher Geist› (1931) von dem Mißtrauen in Wesen und Wert des Geistes aus, dessen Versuch, sich kritisch in sich selbst zu begründen, offenbar mißlungen ist. Im Gegensatz aber zu denen, die an eine alte Metaphysik anzuknüpfen oder eine neue Metaphysik zu begründen versuchten, wird hier sogleich die «wahrhaft abgründige Frage» gestellt, ob wir «am Ende aus der Fraglichkeit der Begriffe nur in die Gewohnheit der Handlungen ausweichen» (a. a. O., S. 3, Anm.) könnten. Nachdem während einer Generation die Versuche einander abgelöst hatten, die zerbrochenen alten Gewißheiten durch neue Kultursynthesen zu ersetzen, stellt GEHLEN fest, daß selbst dann, wenn die eine oder andere dieser Synthesen wahr wäre, uns dies nichts nützen würde: «jetzt hoffe ich, wird klar, warum ich so leidenschaftlich die Hypothesen über das Absolute bekämpfe ... gesetzt selbst, man könnte es dort erfahren, so wäre

56 LENK, in: Kölner Zeitschrift, 1964, a. a. O., S. 282.

uns wenig geholfen, das Absolute zu wissen, ohne es sein zu können» (a. a. O., S. 171). GEHLEN teilt nicht die Hoffnung derer, die ihre Philosophie damit rechtfertigen, daß sie von einem durch politische Akte erreichbaren Absoluten ausgingen, oder wie es ADORNO später formuliert, vom Standpunkt der Erlösung her dachten. GEHLEN vertraut nicht darauf, daß das Absolute für den Menschen erreichbar wäre, und für ihn ist darum das Denken, das sich mit diesem Absoluten beschäftigt, unwirklicher Geist, der in den praktischen Handlungen nicht Motiv werden kann. Wirklicher Geist ist nicht der Geist, der sich mit Kultursynthesen oder vom Ende der Geschichte her rechtfertigt, sondern der Geist, der in den Handlungen der Menschen wirksam ist. Die Leistungen, die den Menschen und seine Gesellschaft in ihrem Bestand erhalten, sind der Bezugspunkt empirisch-wissenschaftlicher Erklärung, nicht die Wahrheit, die zum Menschen und zu seiner Gesellschaft auch noch gehört. «So schnell», schreibt GEHLEN in ‹Stellungnahme zu den Hauptsachen› (‹Zeitschrift für philosophische Forschung›, 1952), «glaube ich, sind wir nicht im Absoluten, so zu sagen, ohne gelaufen zu sein.»

Gegenüber dem weltanschaulichen, auf absolute Wahrheit zielenden Ansatz entwickelt GEHLEN eine pragmatische Interpretation, die die natürliche Ausstattung des Menschen und seine gesellschaftlich-kulturellen Institutionen von seinen Lebensbedingungen her erklärt. Sein bekanntestes Werk ist in diesem Zusammenhang das Buch ‹Der Mensch› geworden, das zuerst 1940 und in der 8. Auflage 1966 erschien. In diesem Buch setzt er einen pragmatischen Kontrapunkt zu den philosophischen und überempirisch orientierten Interpretationen, die vor ihm die Szene beherrscht hatten. Der bedeutende Exponent einer derartigen Anthropologie war MAX SCHELER gewesen, der in seinem Buch ‹Die Stellung des Menschen im Kosmos› (1928) den Menschen als dualistisches Wesen interpretiert hatte. Geist und Leben, die beiden Prinzipien, aus denen der Mensch zu verstehen sei, sind nach SCHELER wesensverschieden, aber aufeinander hin geordnet, und zwar so, daß die reale Macht dem Leben zukommt, der Geist aber nur eine Schleusenfunktion gegenüber den drängenden Realfaktoren ausüben kann. Die These von der Ohnmacht des Geistes war die logisch notwendige Folge aus diesem Dualismus, der Geist und Leben als wesensverschiedene Prinzipien verstand. Die eigentliche Einheit des Menschen war so nur als metaphysisch zu verstehen, von einem absoluten Bezugspunkt her, der außerhalb der möglichen Erfahrung lag. Diesem Ansatz, dem sich zahlreiche Autoren wie PLESSNER, LITT und GROETHUYSEN angeschlossen hatten, setzt GEHLEN seine Theorie entgegen, die den Menschen empirisch als handelndes Wesen darzustellen versucht. Die Einheit von Geist und Leben, Bewußtsein und Handlung ist begründet in der Tatsache, daß der Mensch ohne die Vereinigung dieser verschiedenen Funktionen nicht am Leben bleiben könnte. Als handelndes Wesen ist er wirklicher Geist und durchgeistigtes

Leben in einem. Für GEHLEN ist der Mensch nicht von der Metaphysik her, sondern die Metaphysik vom Menschen her zu verstehen. In der Transzendenz zeigt sich nicht ein absolutes Sein, sondern hier zeigen sich in Sprache, Fakteninnenwelt, Religion, Ritus, Werkzeug und Institution die Leistungen, die zur Existenz des Menschen gehören. Die Transzendenz des Menschen, seine Fähigkeit, sich von der Eindrucksfülle der Unmittelbarkeit zu entlasten, ist Existenzbedingung des Menschen ebenso wie seine Fähigkeit, seine Handlungen im Lichte seiner Erfahrung in Führung zu nehmen. Die biologisch mangelhafte Ausstattung des Menschen zwingt ihn dazu, seine geistigen Fähigkeiten: Sprache, Phantasie, Gedächtnis in den Dienst seiner Lebenserhaltung zu stellen bzw. sich als gesellschaftliches Wesen auf eine bestimmte Kultur zu verpflichten.[57] Für das unreflektierte, naive Bewußtsein sind diese geistigen Gehalte, ist diese Kulturwelt Ausdruck absoluter Gehalte und Ideen. Tatsächlich ist sie jedoch zu verstehen als Ausdruck menschlicher Existenzbedingungen. Diese Existenzerhaltung, von der her das menschliche Leben und die Institutionen seiner Gesellschaft interpretiert werden, bedeutet nicht einfach nur Lebenserhaltung, Ausleben von oder Scheitern in biologischen Funktionen, sondern ebensosehr Lebenssteigerung, Durchgeistigung, Fortsetzung der Menschwerdung im Sinne einer fortschreitenden Entlastung von dem Druck der Außenwelt. Kultur, so stellt GEHLEN fest, besteht nicht im konservativen Festhalten gefundener Sicherungen und Gleichgewichte, sondern «viel eher in den Aufgipfelungen einer Energie, die durch das Risiko gereizt wird, geradezu gelockt wird. Das Exponierte sich selbst zu exponieren, aus der Riskiertheit bewußt das Risiko zu machen: das ist die oft versuchte und oft gelungene Chance ... (der sich hier zeigende) Antriebsüberschuß ist also eine sehr entscheidende Tatsache, er steckt in den über alle Worte großartigen Schöpfungen, in denen der Mensch die Natur nötigte, ihn zu tragen, wie in den entsprechenden durchgezüchteten und formierten, auf Dauer gestellten Antriebsstrukturen, deren Inbegriff Charakter heißt» (Der Mensch, 1966, S. 60 f).

Wirklicher Geist, das ist der Geist, der in den Handlungen der Menschen wirksam ist, der Geist, der nicht einfach von der künftigen Erlösung ausgeht, sondern den Weg zur Steigerung als Entlastungschance des Menschen zeigt. Das Absolute oder Ideale wird hier zum Thema des Menschen selbst, es wird gezeigt, daß es zur menschlichen Lebensführung selbst gehört. Stabilisierung des Menschen, das heißt eben Stabili-

---

57 Die Bestimmung des Menschen als eines «Mängelwesen» bedeutet also keineswegs, daß der Mensch «seiner Natur nach invalide» (PLESSNER) sei, sondern weist auf spezifische und großartige Leistungen hin, die der Mensch im Unterschied zum Tier vollbringt. Vgl. F. JONAS, Die Institutionenlehre Arnold Gehlens. 1966, S. 29.

sierung geistiger Gehalte, anspruchsvoller Motive bzw. hoher Kulturwerte. Zur Lebensführung des Menschen gehört der Antriebsüberschuß, der ihn erst in der Steigerung zu einem bestimmten Wert Sicherheit und inneren Halt finden läßt. Man hat die Lehre von ARNOLD GEHLEN bisweilen als Biologismus kennzeichnen zu können geglaubt, aber niemand hat die Bedeutung geistiger Gehalte für die Lebensführung des Menschen so sehr betont wie gerade GEHLEN, der den Menschen in diesem Sinne von der übrigen Tierwelt unterscheidet. Was GEHLEN allerdings immer wieder unterstreicht, ist, daß der Geist für den Menschen eine lebenspraktische Bedeutung haben muß, daß er nicht nur in Vorstellungen und Worten, sondern in Motiven wirksam sein muß, die das Handeln der Menschen bestimmen. Diese zugleich skeptische und anspruchsvoll fordernde Interpretation des Geistes reflektiert die Situation einer Zeit, in der, wie es GEHLEN nicht ohne Warnung betont, Ideen zu bloßen Vorstellungen werden und Institutionen ihren Eigenwert verlieren. Die Orientierung des Menschen, der im Gegensatz zum Tier sein Leben führen und in Handlungen bewältigen muß, wird jetzt problematisch. Die verpflichtende Kraft geistiger Gehalte bzw. der Institutionen und Überlieferungen geht verloren, und gerade die Leichtigkeit und Beliebigkeit, mit der Weltanschauungen und Kultursynthesen hergestellt werden können, zeigt, daß entscheidende Haltepunkte, an denen der Mensch sich vordem orientieren konnte, ihre Festigkeit verloren haben. Diese Bedrohung des Menschen durch sich selbst ist das Thema von GEHLENS späteren Schriften, insbesondere ‹Urmensch und Spätkultur› (1956) und ‹Die Seele im technischen Zeitalter› (rde Bd. 53, 1957).

GEHLEN sieht, ebenso wie MAX WEBER, daß die Soziologie sich nur als empirische Wissenschaft, also nicht in einer Metaphysik oder Ontologie begründen kann. Sie kann nicht an Leben, Geist, Sein oder ähnliche Kategorien anknüpfen und auch nicht versuchen, ein bestimmtes politisches Wollen als Maßstab ihrer Erkenntnis zu nehmen. Ausgangspunkt muß vielmehr eine naturwissenschaftliche Beschreibung des Menschen von seinen Handlungsvoraussetzungen her sein, in denen die besondere Ausstattung des Menschen als Grundlage angesehen wird für die Bedingungen und Chancen, unter denen er sein Leben bewältigen kann. Das Problem dieser Interpretation bei ARNOLD GEHLEN liegt nun weniger in seinen empirischen Voraussetzungen und Konsequenzen als vielmehr in dem methodischen Anspruch, den er erhebt. Er versteht seine Lehre als empirische Philosophie, nicht als idealtypische Interpretation, die uns bestimmte Aspekte des Menschen und seiner Gesellschaft verständlich macht. Damit rückt GEHLEN in die Nähe derer, die die wissenschaftliche Wahrheit nicht in dem Willen des Subjekts zu einem bestimmten rationalen Verständnis, sondern in objektiven Tatsachen zu begründen versucht hatten. Eine pragmatische Weltanschauung bzw. eine pessimistische Utopie oder eine Geschichtsphilosophie, die das Ende aller Geschichtsphilosophie als ‹Kulturelle Kristallisation› (1962) verkündet, sind die Konsequenz einer empirischen Philosophie, die über nur idealtypische Einsichten hinaus zu einer Diagnose der Zeit selbst vordringen möchte. Diese erkenntniskritische Problematik sollte jedoch nicht übersehen lassen, daß GEHLENS Anthropologie und Institutionslehre ebenso wie MAX WEBERS Protestantismusthese und Herrschaftstypologie zu den großen Leistungen der gegenwärtigen deutschen Soziologie gehört, in denen eine Zeit, die durch den Rationalismus und Pragmatismus geprägt worden ist, die Chance ihres rationalen Selbstverständnisses findet.

Die Kritik an der soziologischen Erkenntnis, oder die Kritik am positivistischen Wissenschaftsbegriff überhaupt, hatte gezeigt, daß es der wissenschaftlichen Erkenntnis nicht auf Erkenntnis einer objektiv vorhandenen Wahrheit, sondern entweder auf operational brauchbare Interpretationen oder auf Interpretationen ankommt, von denen her eine rationale Durchsichtigkeit bestimmter Sachverhalte möglich ist. In diesem Sinne würden wir das Werk von GEHLEN als Chance zu einer bestimmten rationalen Durchsicht interpretieren und erwähnen abschließend in diesem Zusammenhang noch das Werk von JOSEPH SCHUMPETER. Sein soziologisches Hauptwerk ist das Buch *‹Capitalism, Socialism and Democracy›* (1942, deutsche Ausgabe 1950). Es ist, wie so manches andere wertvolle Werk deutscher Soziologen, während des Nationalsozialismus im Ausland veröffentlicht worden.[58] Das Grundthema ist das schon von MAX WEBER angegebene Thema der Rationalisierung. Schon in seinem 1919 im ‹Archiv für Sozialwissenschaft und Sozialpolitik› veröffentlichten Aufsatz ‹Zur Soziologie der Imperialismen› hat SCHUMPETER dieses Thema mit aller Klarheit definiert. Im Anschluß an LEDERER interpretiert er hier die moderne Gesellschaft als eine demokratische, individualistische und rationale Ordnung und sieht in der Rationalität einen gesellschaftlich erzwungenen und dynamisch weiterwirkenden Sachverhalt: «zum wirtschaftlichen Rationalismus erzogen, ließen die Leute kein Lebensgebiet unrationalisiert, stellten sie Alles an

58 Wir verweisen in diesem Zusammenhang auf ALFRED WEBER, Kulturgeschichte als Kultursoziologie, 1935 in Holland erschienen; ebenfalls in Holland erschien 1935 das Buch von MANNHEIM, Mensch und Gesellschaft im Zeitalter des Umbaus. PLESSNER veröffentlichte 1935 in der Schweiz sein Buch: Das Schicksal des deutschen Geistes im Ausgang seiner bürgerlichen Epoche. Von BORKENAU erschien 1934 in Paris sein Buch: Der Übergang vom feudalen zum bürgerlichen Weltbild. NORBERT ELIAS veröffentlichte 1939 in der Schweiz seine Arbeit: Der Prozeß der Zivilisation. In dänischer Sprache erschien 1939 das Buch von THEODOR GEIGER, Abriß der Soziologie. Die Zeitschrift des Frankfurter Instituts für Sozialforschung erschien ab 1933 in Paris, der letzte Band 1941 in New York. Zahlreiche hervorragende Wissenschaftler haben hier ihre Arbeiten veröffentlicht, so HORKHEIMER, POLLOCK, ADORNO, MARCUSE, FROMM, NEUMANN, LAZARSFELD und andere.

sich, der sozialen Struktur, dem Staat, den Herrschenden kritisch zur Rede. Die Spuren dieses Prozesses sind allen Seiten der modernen Kultur eingegraben. Er erklärt den Grundzug ihres Charakters» (Aufsätze zur Soziologie. 1953, S. 122). In dem zitierten Aufsatz will SCHUMPETER zeigen, daß eben diese Rationalisierung der modernen Kultur dem Imperialismus seine Grundlage entzieht. In seinem Buch ‹Kapitalismus, Sozialismus und Demokratie› benutzt er diesen Ausgangspunkt, um die Unmöglichkeit des Weiterbestehens des Kapitalismus zu begründen.

Im Gegensatz zu MARX, der auch in seinem Imperialismusaufsatz sein Gegner gewesen war,[59] will SCHUMPETER zeigen, daß der Kapitalismus nicht wegen seiner inneren ökonomischen Widersprüche zugrunde geht, sondern sich selbst durch seine fortschreitende Rationalisierung seiner Grundlagen beraubt. Zentral ist hier die Feststellung: «die kapitalistische Rationalität räumt nicht mit den unter- oder überrationalen Impulsen auf; sie setzt sie lediglich frei, indem sie die Schranken heiliger oder halbheiliger Tradition entfernt. In einer Zivilisation, der die Mittel oder gar sogar der Wille fehlen, sie zu zügeln und zu leiten, werden diese Impulse sich empören» (Kapitalismus, S. 233). Es ist das Thema, das auch GEHLEN behandelt. Der Abbau von Traditionen und Institutionen im Namen der Vernunft führt nicht zu einer neuen Ordnung, sondern setzt Impulse frei, die das System selbst in seinem Bestand bedrohen. Die Feindseligkeit der Umwelt nimmt zu. Sie wird von der Schicht der Intellektuellen bewußt ausgebeutet, und schließlich wird ein soziales System, das keine Energie mehr zu seiner Verteidigung aufzubringen vermag, zusammenbrechen. Der typische Bourgeois verliert das Vertrauen zu sich selbst, und die einzige Erklärung für die Sanftmut, mit der er mit seinen Gegnern umgeht, ist die Tatsache, «daß die bürgerliche Ordnung für die Bourgeoisie selbst keinen Sinn mehr hat» (a. a. O., S. 261). Die kapitalistische Gesellschaft bezieht ihre Energie aus vorkapitalistischen Verhaltensmustern, und ihre eigene Entwicklung zerstört somit die Grundlagen der kapitalistischen Gesellschaft. Damit wird der Sozialismus, dessen objektive Möglichkeit SCHUMPETER nachzuweisen versucht, zu einer realen Wahrscheinlichkeit.

Glänzend ist neben der Analyse von MARX, die SCHUMPETER in dem zitierten Werk gibt, auch seine politische Theorie der Demokratie. In ihr versucht er zu zeigen, daß Demokratie ein formales, politisches Organisationsprinzip ist, das demzufolge auch unter dem Sozialismus funktionieren könne. Demokratie ist nicht an bestimmte gesellschaftliche Werte gebunden, sondern «ist diejenige Ordnung der Institutionen zur Erreichung politischer Entscheidungen, bei welcher einzelne die

---

59 Man denke auch an W. I. LENIN, Der Imperialismus als höchstes Stadium des Kapitalismus. 1917.

Entscheidungsbefugnis vermittels eines Konkurrenzkampfes um die Stimmen des Volkes erwerben» (a. a. O., S. 428). Die Demokratie unterscheidet sich nicht qualitativ von anderen Herrschaftsverhältnissen, sie bedeutet nur, daß ein anderer Funktionsmodus zur Auswahl der Herrschenden institutionalisiert wird. Ebenso wie bei MAX WEBERS Typus der rationalen Herrschaft steht hier im Vordergrund eine bestimmte soziologische Leistungsfähigkeit, nicht aber ein naturrechtlicher Wert. Die allgemeine Rationalisierung führt zu einer rationalen Auswahl der Herrschenden durch Wahlen, sie bedeutet jedoch nicht, daß Herrschaftsverhältnisse überhaupt verschwinden, daß die Menschen ihr Schicksal einfach in die eigenen Hände nehmen. SCHUMPETER ist hier nicht weniger skeptisch als VOLTAIRE oder KANT; er spricht von der Wählermasse, die keiner anderen Handlung als der Panik fähig sei (S. 450); wenn er in seiner Gedankenführung dem Sozialismus zuneigt, dann deswegen, weil *«der Sozialismus das einzige Mittel sein mag, um die soziale Disziplin wiederherzustellen»* (S. 342, im Original kursiv). Der Sozialismus erscheint so als Ausweg aus einer Situation, in der durch die Rationalisierung die Traditionen und Institutionen abgebaut werden, die den Menschen auf eine bestimmte Wirklichkeit verpflichteten. Diese Freisetzung wird das gegenwärtige System schließlich zerstören: «was mir am meisten auffällt und mir der eigentliche Kern aller Schwierigkeiten zu sein scheint, ist die Tatsache, daß der Sinn für die Wirklichkeit so völlig verlorengeht» (a. a. O., S. 414).

Schon der Abbé MABLY hatte erklärt, daß die Philosophen die Vernunft nur als Vorwand benutzen würden, um sich gegenseitig umzubringen. Diese pessimistische These der Gegenaufklärung kehrt hier bei SCHUMPETER und auch bei GEHLEN wieder. Die Rationalisierung erreicht faktisch das Gegenteil dessen, was sie beabsichtigt. Hatte MAX WEBER den Begriff der Rationalität benutzt, um das Entstehen einer neuen Zivilisation zu erklären, so wird er hier pessimistisch gewendet, um den Untergang bzw. die Erstarrung dieser Zivilisation zu begreifen. Das eigentliche Problem liegt auch bei SCHUMPETER auf der Ebene der Wissenschaftstheorie. Auch er glaubt, bestimmte objektiv notwendige Tendenzen nachzuzeichnen, während MAX WEBER klug genug war, sich mit idealtypischen Konstruktionen zufriedenzugeben. Anstatt auf die Chance zu achten, die eine bestimmte rationale Interpretation, sei es in operationaler Hinsicht, sei es mit Rücksicht auf die rationale Durchsichtigkeit eines bestimmten Sachverhaltes eröffnet, tritt auch hier der Glaube in den Vordergrund, eine geschichtlich notwendige Entwicklung vom Kapitalismus zum Sozialismus dargestellt zu haben. Diese nur zu sehr in ihrer Zeitbedingtheit begründeten Grenzen sollen uns aber nicht übersehen lassen, daß SCHUMPETER sowohl in seiner Interpretation von MARX als auch in seinen Interpretationen, die er für den kapitalistischen Prozeß, die politische Demokratie und die Soziologie der Intellektuellen gibt, einen wesentlichen und leider oft nicht genügend gewürdigten[60] Beitrag zur Entwicklung der deutschen Soziologie geleistet hat.

4. Die skeptische Generation

Nationalsozialismus und Krieg bedeuteten für die deutsche Soziologie einen schmerzhaften Einschnitt. Viele namhafte Gelehrte wie Adorno, Horkheimer, Geiger, Mannheim und Schumpeter verließen das Land. Die Deutsche Gesellschaft für Soziologie stellte 1934 ihre Tätigkeit ein. Als sich nach dem Zusammenbruch die Möglichkeit eines Neuanfangs ergab – die Deutsche Gesellschaft für Soziologie wurde 1946 durch Leopold von Wiese neu gegründet –, zeigte sich eine weitverbreitete Ernüchterung gegenüber den Versuchen, größere Sinnzusammenhänge soziologisch verstehen zu wollen. Die Enttäuschung über Begriffe, die kein Motiv waren, über Synthesen, die alles verstehen, aber nichts wirklich erklären konnten, ist der Hintergrund für die skeptische Generation der Soziologen, die in der empirischen Sozialforschung ihre eigentliche Hauptaufgabe sieht.

Diese rein empirische, aller von R. König so genannten «Salonspekulation» abgeneigte Beschreibung sozialer Sachverhalte hat in Deutschland eine lange Tradition, die nie abgerissen ist, auch wenn man ihr nicht immer das gleiche Schwergewicht beigemessen hat. Es hängt vielleicht auch mit dem unglücklichen Schicksal der deutschen Nation zusammen, daß hier, mehr als anderswo, die empirische Sozialforschung polemisch von der Theorie distanziert und zum Inbegriff des wahren Wissens erklärt werden konnte. «Es ist», so bemerkt Dahrendorf in seinem Aufsatz ‹Betrachtungen zu einigen Aspekten der gegenwärtigen deutschen Soziologie› (in: ‹Kölner Zeitschrift›, 11, 1959, S. 144), «vielleicht angesichts der Wechselfälle der deutschen Geschichte nicht überraschend, daß viele Deutsche es schwierig finden, die Gestalt der deutschen Gesellschaft und ihren Platz in umfassenderen Bezügen in einem halbwegs kohärenten Gesellschaftsbild zu begreifen ... (und es) drängt der Verdacht sich auf, daß es vielen deutschen Soziologen an einem sozialen Modell mangelt, weil sie als Bürger kein rechtes Gesellschaftsbild haben.»

Der eigentliche Bezugspunkt kohärenter sozialer Interpretationen war schon in der Vergangenheit kein gesellschaftlicher oder rationaler, sondern vielmehr ein moralischer und politischer gewesen. Das galt für die Romantik ebenso wie für den Historismus und für die aus dieser Bewegung hervorgehende Ethoswissenschaft zu Beginn des 20. Jahr-

60 Vgl. G. Eisermann, Joseph Schumpeter als Soziologe. In: Kyklos 17, 1965.

hunderts. Die Diskreditierung dieser Ethoswissenschaft führte jetzt dazu, daß ihre Zwillingsschwester, die vorurteilslos sich verstehende empirische Sozialforschung, wieder in den Vordergrund trat. Seit der Volks- oder Staatszustandskunde der Merkantilisten und Kameralisten, seit den Miniaturen der Romantik und der Leidenschaft, die die Historiographie für Tatsachen an den Tag gelegt hatte, bis hin zu den gesellschaftsstatistischen Versuchen ADOLPH WAGNERS und G. v. MAYRS, von einfachen Beschreibungen, wie sie RIEHL gibt, bis hin zu der verfeinerten Analyse von SCHNAPPER-ARNDT und zur Soziographie von TÖNNIES, von diesen zu den verfeinerten Erhebungs- und Auswertungsverfahren der gegenwärtigen empirischen Sozialforschung, ist zwar methodologisch ein großer Schritt zu bewältigen gewesen, der aber die zugrunde liegende Erkenntnisabsicht nicht berührt. Wenn man in der Gegenwart die Soziologie von der «Salonspekulation» trennt, so trennte KNIES die Staatszustandskunde von den Staatsweisheiten, die Historische Schule die Tatsachen von den sittlichen Mächten, TÖNNIES die Soziographie von der angewandten Soziologie. In jedem Fall hat diese Trennung die Bedeutung, die heikle Frage nach den gesellschaftlichen Institutionen, der Kulturbedeutung einer bestimmten Wirklichkeit, auszuklammern oder auf ein Nebengleis abzuschieben. Wenn man wissenschaftliche Soziologie und Gesellschaftslehre voneinander trennt, kann man sich von der durch MAX WEBER aufgeworfenen Frage nach der Kulturbedeutung des modernen Kapitalismus entlasten und in die Resignation ausweichen, in der KOYRÉ die Quelle des Positivismus oder Empirismus sieht. «Der Positivismus», schreibt A. KOYRÉ in seinem Aufsatz ‹Die Ursprünge der modernen Wissenschaft› (in: ‹Diogenes›, 1957, S. 442), «ist das Produkt des Mißerfolgs und der Resignation». SCHELSKY führt in seinem Buch ‹Ortsbestimmung der deutschen Soziologie› (1959, S. 56 f) den starken Appell der empirischen Soziologie auf die «fundamentale soziale Desorientiertheit» und das Verlangen nach «Wirklichkeiten, die dem Feuer des sozialen Wirklichkeitsverlustes standgehalten haben», zurück.

Das Streben nach Sicherheit, das Suchen nach einem Terrain, auf dem man sich unangefochten bewegen und doch zugleich das Bewußtsein haben konnte, den Anschluß an die Entwicklung der Soziologie wiederzufinden, kennzeichnen die Entwicklung der Soziologie in Deutschland während der 50er und beginnenden 60er Jahre. Die Skepsis gegenüber den großen Theorien der Vergangenheit, das Streben nach Verkleinerung der Probleme und die Rezeption der formalen Systemtheorie, die, in Deutschland entstanden, jetzt über den Atlantik zurückkommt, entlasten von Fragestellungen, die als unlösbar erscheinen. Wenn jetzt die Forderung erneuert wird, die Soziologie solle nichts als Soziologie sein, dann bedeutet das, daß man gegenüber den kulturphilosophischen Theorien wieder zur Kritik der soziologischen Erkenntnis zurückfindet, die zu Beginn des 20. Jahrhunderts die Soziologie darauf verwiesen hatte, empirische Forschung und Entwicklung von Klassifikationsbegriffen zu sein. Die Entwicklung zwischen den beiden Weltkriegen wird verdrängt und nur in polemischer Absicht bedacht, die Auseinandersetzung mit den wissenschaftlichen Fragen, die MAX WEBER aufgeworfen hatte, vermeidet es sorgfältig, auf den Boden des Ernstes zu kommen, auf dem sich MAX WEBER mit der Frage nach der Kulturbedeutung des okzidentalen Rationalismus bewegt hatte. Kennzeichnender noch als die Abwendung von der Kulturwissenschaft, die die Soziologie in den 20er Jahren beherrscht hatte, ist die Folgenlosigkeit des Werkes von MAX WEBER, der zwar allerorts anerkennend zitiert wird, dessen Erkenntnisabsicht aber anscheinend ein Irrtum gewesen ist. Während einzelne Spezialgebiete seines Werkes in hervorragender Weise aufgearbeitet werden – wir erinnern hier an das Werk von MOMMSEN ‹Max Weber und die deutsche Politik›, und die Klärung der Werturteilsfrage durch TOPITSCH und ALBERT –, wird die Erkenntnisabsicht von MAX WEBER nicht erneuert, sondern statt dessen auf einen Wissenschaftsbegriff zurückgegriffen, dessen geistiger Ort vor MAX WEBER zu suchen ist.

Die Bewegung des Skeptizismus eröffnet keine neuen Horizonte, sondern sucht Sicherheit in alten, überlieferten Ansätzen. Insbesondere gehört dazu die Polarisierung der Soziologie in empirische Forschung und «indirekte Morallehre» (SCHELSKY), i. e. einer auf humanitäre Werte verpflichteten soziologischen Theorie – eine Konstellation, in der sich R. KÖNIG, TH. W. ADORNO und R. DAHRENDORF treffen. Diese Konstellation ist schon aus der Historischen Schule, ja schon aus der Romantik bekannt, zu ihr kehrt man zurück, nachdem der Versuch der Kulturwissenschaft, das empirische und moralische Element der Sozialwissenschaft durch Wesensschau und Seinsverbundenheit zu überspringen, gescheitert ist. Ernüchterung heißt, daß die Synthese wieder in ihre einfachen Bestandteile zerlegt wird: die Tatsachen der empirischen Sozialforschung und die Verpflichtung auf Werte, daß man also den Tatsachen nicht mehr einfach Werte in einer Wesensschau unterschiebt und daß man andererseits die Werte nicht mehr als Tatsachen hinstellt, sondern als Bezugspunkte von menschlichen Verpflichtungen begreift. Empirische Forschung und humanitäres Pathos sind in diesem Sinne die beiden Pole, um die die deutsche Soziologie in der Nachkriegszeit kreist, oder auch die Schranken, die sie unerbittlich in gegebenen Horizonten festhalten, wie nicht zuletzt die Auseinandersetzung zwischen der sogenannten positiven und der sogenannten dialektischen Soziologie zeigt, in denen sich beide Pole entfremdet gegenübertreten. Es geht nicht um Erneuerung, sondern um Wiederholung, Wiederholung einer Position, die einmal vor der Kritik der soziologischen Erkenntnis Schutz geboten hatte und die jetzt wieder aufgesucht wird.

Die Kritik der soziologischen Erkenntnis hatte den Versuch, die Soziologie in der Allgemeinheit eines bestimmten, insbesondere in Frankreich entwickelten Begriffs zu gründen, abgewehrt. Statt dessen war versucht worden, diese Allgemeinheit der Erkenntnis in einem bestimmten Willen bzw. in einem bestimmten Ethos zu gründen; aber dieser Wille war zerbrochen und das ihn legitimierende Ethos hatte sich als zweifelhaft erwiesen. Es bleibt der Rückzug auf eine Position, wie sie schon der Altmeister der deutschen Soziologie, FERDINAND TÖNNIES, vorgezeichnet hatte, als er, um der Problematik der soziologischen Erkenntnis insgesamt zu entgehen, diese Erkenntnis in drei Abteilungen gegliedert hatte. Empirische Sozialforschung, reine Theorie und angewandte Soziologie sind je für sich unproblematisch, und wenn sie sich auch gegenseitig nicht schätzen, so können sie sich doch nicht gegenseitig widerlegen. SCHELSKY schließt sich in seinem oben zitierten Werk dieser Dreiteilung an, wenn er die empirische Funktionswissenschaft, die sozialphilosophische Deutungswissenschaft und die transzendentale Soziologie voneinander unterscheidet und allen dreien besondere Aufgaben zuweist. Das Schwergewicht der Entwicklung liegt dabei auf dem Gebiet der empirischen Soziologie, die nicht zuletzt wegen des raschen sozialen Wandels in der Nachkriegszeit eine besondere Bedeutung erlangte. Diese empirische Sozialforschung knüpft in Deutschland nach dem Zusammenbruch an die Tradition der 20er und beginnenden 30er Jahre an, wobei auch die Schwerpunkte im wesentlichen erhalten bleiben. Im Vordergrund stehen die Industrie- und Betriebssoziologie, daneben die Untersuchung von Fragen der Schichtung und Mobilität in der industriellen Gesellschaft. Ein weiterer Schwerpunkt ist die Familiensoziologie, mit einem gewissen Abstand folgen politische Soziologie und Religionssoziologie.

Von den industriesoziologischen Untersuchungen der 20er Jahre bzw. beginnenden 30er Jahre nennen wir H. MÜNSTERBERG, ‹Soziologie und Wirtschaftsleben› (1911), W. HELLPACH, ‹Gruppenfabrikation› (1922), ROSENSTOCK, ‹Werkstattaussiedlung› (1922), GECK, ‹Die sozialen Betriebsverhältnisse im Wandel der Zeit› (1932) und G. BRIEFS, ‹Betriebsführung und Betriebsleben in der Industrie› (1934). Wir weisen ferner hin auf die empirischen Erhebungen, die von den zuständigen Berufsverbänden vornehmlich zu Beginn der 30er Jahre durchgeführt wurden, um die soziale Lage ihrer Mitglieder zu erforschen, so: ‹Mein Arbeitstag, mein Wochenende›, 150 Berichte von Textilarbeiterinnen, durchgeführt vom deutschen Textilarbeiterverband (1930), ‹Die wirtschaftliche und soziale Lage der Angestellten›, Ergebnisse und Erkenntnisse aus der großen sozialen Erhebung des Gewerkschaftsbundes der Angestellten (1931), ‹Die Lebenshaltung der Bauarbeiter nach Wirtschaftsrechnungen aus dem Jahre 1929›, durchgeführt vom deutschen Baugewerksbund (1931), ‹Die Gehaltslage der Kaufmannsgehilfen›, eine Fragebogenerhebung des DHV (1931). An diese Arbeiten schließen dann die Forschungen an, die nach der durch den Nationalsozialismus bedingten Unterbrechung in den 50er

Jahren veröffentlicht wurden. Auch hier können wir nur einige Titel nennen. FÜRSTENBERG veröffentlichte 1959 eine Textauswahl zur Geschichte der Industriesoziologie. DAHRENDORF legte 1956 in der Sammlung Göschen eine Gesamtdarstellung der Industriesoziologie vor. SCHELSKY schrieb den Artikel ‹Industrie- und Betriebssoziologie› für das von ihm zusammen mit GEHLEN herausgegebene ‹Lehr- und Handbuch zur modernen Gesellschaftskunde› (3. Aufl., 1955). FRIEDEBURG legte 1963 seine ‹Soziologie des Betriebsklimas› vor. Zahlreiche Untersuchungen beschäftigten sich mit Einzelproblemen. PIRKER, BRAUN, LUTZ und HAMMELRATH veröffentlichten 1955 eine Untersuchung über Arbeiter, Management, Mitbestimmung. JANTKE legte 1953 sein Buch ‹Bergmann und Zeche› vor. POLLOCK veröffentlichte 1956 ‹Die sozialen und wirtschaftlichen Folgen der Automation›, Forschungen, die er 1964 mit seinem Buch ‹Automation› fortsetzte. Wir nennen ferner POPITZ, BAHRDT, JÜRES, KESTING, ‹Das Gesellschaftsbild des Arbeiters› (1957) und ‹Technik und Industriearbeit› (ebenfalls 1957); KNEBEL, ‹Handlungsorientierung im Industriebetrieb› (1963), und HETZLER, ‹Die Bewertung von Bürotätigkeiten› (1961).

Neben diesen industriesoziologischen Arbeiten im engeren Sinne gibt es andere, die theoretische bzw. organisationssoziologische Aspekte in den Vordergrund rücken. Wir nennen hier BAHRDT, ‹Industriebürokratie› (1958), wo versucht wird, technokratische Vorstellungen auf die Organisation des Industriebetriebes zu übertragen. Ferner HARTMANN, ‹Funktionale Autorität› (1964), der sich an der strukturell-funktionalen Theorie orientiert, LUHMANN, ‹Funktion und Folgen formaler Organisation› (1965), ein Buch, in dem der Stand der strukturell-funktionalen Theorie zu diesem Thema dargestellt wird. Schließlich R. MAYNTZ, ‹Soziologie der Organisation› (rde Bd. 166, 1963), die einen Überblick über den Stand der Organisationssoziologie vermittelt.

Fragen der sozialen Schichtung und sozialen Mobilität nehmen oft im Anschluß an die Probleme der Industrialisierung und der Stellung des einzelnen im Berufsleben einen breiten Raum in der empirischen Sozialforschung ein. Wir erinnern hier an E. GRÜNBERG, ‹Der Mittelstand in der kapitalistischen Gesellschaft› (1932), und GEIGER, ‹Die soziale Schichtung des deutschen Volkes› (1932), und ‹Klassengesellschaft im Schmelztiegel› (1949). Ferner F. CRONER, ‹Die Angestellten in der modernen Gesellschaft› (1954). DAHRENDORF veröffentlichte 1959 sein allerdings mehr theoretisch orientiertes Werk ‹Soziale Klassen und Klassenkonflikt in der industriellen Gesellschaft›. Mehr empirisch orientiert ist seine Arbeit ‹Arbeiterkinder an deutschen Universitäten› (1965). Ebenfalls streng empirisch orientiert ist das Buch von R. MAYNTZ, ‹Soziale Schichtung und sozialer Wandel in einer Industriegemeinde› (1958), während BOLTE sein Buch ‹Sozialer Aufstieg und Abstieg› (1959) mehr allgemein angelegt hat. Ebenfalls mehr theoretisch orientiert ist die Arbeit von LEPSIUS,

‹Theorie der sozialen Schichtung in der industriellen Gesellschaft› (1963); das gleiche gilt für die Veröffentlichung von FÜRSTENBERG, ‹Das Aufstiegsproblem in der modernen Gesellschaft› (1962). Im Gegensatz dazu ist das Buch von KÄTSCH, ‹Teilstrukturen sozialer Differenzierung und Nivellierung in einer westdeutschen Mittelstadt› (1965), wieder empirisch orientiert.

Ein weiterer Schwerpunkt ist die Familiensoziologie. Wir erinnern hier an die 12bändige Untersuchung, die A. SALOMON und M. BRAUN 1931/32 unter dem Titel ‹Bestand und Erschütterung der Familie in der Gegenwart› veröffentlichten. Ferner an NIEMEYER, ‹Zur Struktur der Familie› (1931), WILDENHAYN, ‹Die Auflösung der Familie› (1931), WAGNER, ‹Der jugendliche Industriearbeiter und die Industriefamilie› (1931), KAHLE, ‹Die Beziehungen weiblicher Fürsorgezöglinge zur Familie› (1931). Nach dem Kriege wird diese Tradition fortgesetzt von SCHELSKY, ‹Wandlungen der deutschen Familie in der Gegenwart› (1953), DERS., ‹Arbeitslosigkeit und Berufsnot der Jugend› (zwei Bände, 1952), DERS., ‹Die skeptische Generation› (1957). R. KÖNIG veröffentlichte 1946 ‹Materialien zur Soziologie der Familie› und schrieb den Artikel ‹Die Familie› in dem schon zitierten, von GEHLEN und SCHELSKY herausgegebenen ‹Lehr- und Handbuch der Gesellschaftskunde›. Ebenfalls von KÖNIG erwähnen wir in diesem Zusammenhang noch seine Darstellung ‹Die Gemeinde› (rde Bd. 79, 1958), in der, wie er feststellt, das soziale Leben einen einzigartigen und nur mit der Familie vergleichbaren Grad an Wärme erreicht. Wir weisen ferner hin auf das von FRIEDEBURG herausgegebene Sammelwerk ‹Jugend in der modernen Gesellschaft› (1965) und auf VIGGO GRAF BLÜCHER, der mit seinem Buch ‹Die Generation der Unbefangenen› (1966) die Analyse SCHELSKYS auf eine neue Jugendgeneration fortführt. Wir erinnern ferner an TARTLER, ‹Das Alter in der modernen Gesellschaft› (1961), WURZBACHER, ‹Leitbilder des gegenwärtigen deutschen Familienlebens› (1951), CLAESSENS, ‹Familie und Wertsystem› (1962), und ROESSLER, ‹Jugend im Erziehungsfeld› (1957). Die Soziologie der Sexualität behandeln SCHELSKY in seinem gleichnamigen Buch von 1955 (rde Bd. 2) und BAUER, BÜRGER-PRINZ, GIESE, JÄGER in ihrem Buch ‹Sexualität und Verbrechen› (1963).

Auf dem Gebiet der Religionssoziologie weisen wir hin auf GOLDSCHMIDT-SCHELSKY-GREINER, (eds.), ‹Soziologie der Kirchengemeinde› (1960), ferner J. MATTHES, ‹Die Emigration der Kirche aus der Gesellschaft› (1964), DERS., ‹Einführung in die Religionssoziologie›. I: ‹Religion und Gesellschaft› (rde Bd. 279/280, 1967), II: ‹Kirche und Gesellschaft› (rde Bd. 312/313, 1969), und F. FÜRSTENBERG (ed.), ‹Religionssoziologie› (1964). Schließlich verweisen wir auf E. A. JÜRES, ‹Erfahrung mit Arbeitern – Kirche zwischen Tradition und Industrialisierung› (1967), und auf NEULOH-KURUCZ, ‹Vom Kirchdorf zur Industriegemeinde› (1967). Neben diesen religionssoziologischen Arbeiten sei noch an die Soziallehren der evangelischen und katholischen Kirche erinnert. Wir nennen hier das evangelische Soziallexikon, F. KARRENBERG (ed.), (4. Aufl. 1963), H. D. WENDLAND, ‹Person und Gesellschaft in evangelischer Sicht› (1965), das Staatslexikon der Görres-Gesellschaft (6. Aufl. 1957 ff) und O. v. NELL-BREUNING, ‹Wirtschaft und Gesellschaft heute› (3 Bde., 1956 ff). Die politische Soziologie wird vornehmlich von OTTO STAMMER gepflegt, der zahlreiche Artikel zu diesem Thema veröffentlicht hat. Wir weisen nur hin auf seinen Artikel ‹Politische Soziologie› in dem oben schon erwähnten, von GEHLEN und SCHELSKY herausgegebenen Handbuch zur modernen Gesellschaftskunde. Daneben erinnern wir an NEUMANN, ‹Parteien in der Bundesrepublik› (1956), ESCHENBURG, ‹Die Herrschaft der Verbände› (1955), KAISER, ‹Die Repräsentation organisierter Interessen› (1956), BREITLING, ‹Die Verbände in der Bundesrepublik› (1955), BERGSTRÄSSER, ‹Geschichte der politischen Parteien› (1921), LOHMAR, ‹Innerparteiliche Demokratie› (1963), und R. MAYNTZ, ‹Parteigruppen in der Großstadt› (1959).

Die Geschichte der Sozialpsychologie hat in Deutschland eine Tradition, die bis zum Beginn des 19. Jahrhunderts zurückreicht.[61] An der Wende vom 19. zum 20. Jahrhundert war die Tendenz, gesellschaftliche Erscheinungen psychologisch zu interpretieren, weit verbreitet, wie wir schon erwähnt haben. LAZARUS, STEINTHAL, WUNDT, nicht zu vergessen DILTHEY und andere haben versucht, in der Völker- bzw. Sozialpsychologie den theoretischen Ansatzpunkt für die Kulturwissenschaften zu finden. Ein Autor, der in der damaligen Zeit erstmals hervortrat, dessen Einfluß aber bis in die Gegenwart reicht, ist HELLPACH, der in seinem Buch ‹Die Grenzwissenschaften der Psychologie› (1902) zuerst sozialpsychologische Probleme behandelt und dessen ‹Elementares Lehrbuch der Sozialpsychologie› 1951, dessen ‹Einführung in die Völkerpsychologie› 1954 in der dritten Auflage erschien. In dem von ZIEGENFUSS herausgegebenen Handbuch der Soziologie übernahm er den Artikel ‹Sozialpsychologie›.

In den 20er Jahren kreiste die Sozialpsychologie wesentlich um die Auseinandersetzung mit den Theorien von LE BON, auf die z. B. VIERKANDT in seiner Gesellschaftslehre ausführlich einging. 1920 veröffentlichte MOEDE seine experimentelle Massenpsychologie, 1928 THEODOR GEIGER sein Buch ‹Die Masse und ihre Aktion›, in dem er LE BON scharf kritisiert. Zu Beginn der 30er Jahre verlagert sich die Auseinandersetzung auf die Rezeption der psychoanalytischen Theorien von SIGMUND FREUD, die vornehmlich im Frankfurter Institut für Sozialforschung stattfindet. Neben HORKHEIMER, dessen Buch ‹Autorität und Familie› 1936 in Paris erscheinen mußte, erinnern wir hier an die Arbeiten von

---

61 Vgl. hierzu ADOLF GECK, Sozialpsychologie in Deutschland. In: Archiv für Rechts- und Wirtschaftsphilosophie, 22, 1928/29.

Adorno und Erich Fromm. Ihre Bücher, die wesentlich auf Ansätzen aufbauen, die im Frankfurter Institut erarbeitet worden waren, wurden in den Vereinigten Staaten veröffentlicht. Wir verweisen hier insbesondere auf Fromm, ‹*The Fear of Freedom*› (1942), und Adorno mit Mitarbeitern, ‹*The Authoritarian Personality*› (1950). Diese psychoanalytische Richtung wird in der Nachkriegszeit fortgesetzt durch Mitscherlich in seinen Büchern ‹Die Krankheiten der Gesellschaft und die psychosomatische Medizin› (1957), ‹Auf dem Weg zur vaterlosen Gesellschaft› (1963) und ‹Die Unfähigkeit zu trauern› (1967). Wir weisen ferner auf das Werk von Hofstätter hin, dessen ‹Einführung in die Sozialpsychologie› 1954 und dessen ‹Gruppendynamik› (rde Bd. 38) 1957 erschien. Die Erklärung wird hier aus einer psychologischen im engeren Sinne zu einer sozialpsychologischen, d. h. sie orientiert sich am Gruppenverhalten des Menschen. In diesem Zusammenhang verweisen wir auch auf H. Fischer, ‹Gruppenstruktur und Gruppenleistung› (1962), und F. Stendenbach, ‹Soziale Interaktion und Lernprozesse› (1963); wir erinnern ferner an den Aufsatz von T. H. Scharmann, ‹Zur Systematik des Gruppenbegriffes in der neueren deutschen Psychologie und Soziologie› (in: ‹Psychologische Rundschau›, 10, 1959), und ders., ‹Experimentelle Interaktionsanalyse kleiner Gruppen› (in: ‹Kölner Zeitschrift›, 14, 1962).

Aus dem großen Gebiet der empirischen Sozialforschung sind dies nur einige wenige Titel, die die Schwerpunkte dieser Forschungen markieren sollen. Daneben gibt es zahlreiche weitere Spezialgebiete, wie etwa die Soziologie der Kunst, bei der wir nur an das Buch ‹Zeitbilder› von Arnold Gehlen (1960) und die musiksoziologischen Arbeiten von Adorno, ‹Einleitung in die Musiksoziologie› (1962, 1968 als rde Bd. 292/293) erinnern. Wir verweisen ferner auf die Soziologie der Intellektuellen mit der klassischen Arbeit von Geiger, ‹Aufgaben und Stellung der Intelligenz in der Gesellschaft› (1949), und der Schrift von Klages ‹Über die gesellschaftliche Funktion der sozialwissenschaftlichen Intelligenz› (1962). Alle diese Spezialgebiete können hier nicht weiter verfolgt werden, hingewiesen sei jedoch noch auf die vorliegenden Anthologien bedeutender deutscher Soziologen, in denen der Leser sich einen ersten Überblick über den Stand der gegenwärtigen deutschen Soziologie verschaffen und sich über die Interessenrichtung der verschiedenen deutschen Soziologen orientieren kann. Wir nennen hierzu Schelsky, ‹Auf der Suche nach der Wirklichkeit› (1965), Dahrendorf, ‹Gesellschaft und Freiheit› (1961), König, ‹Soziologische Orientierungen› (1965), Eisermann, ‹Wirtschaft und Gesellschaft› (1964), Adorno, ‹Prismen – Kulturkritik und Gesellschaft› (1963), und Gehlen, ‹Studien zu Anthropologie und Soziologie› (1963). Neben diesen Sammelwerken gibt es eine Reihe von Wörterbüchern, die dem Leser ebenfalls Gelegenheit bieten, sich eine allgemeine Orientierung zu verschaffen. Wir nennen hier das ‹Handbuch der Soziologie›, hrsg. von Ziegenfuss (1931), das ‹Soziologenlexikon› von BERNSDORF (1958), das ‹Handbuch der empirischen Sozialforschung›, hrsg. von KÖNIG und MAUS (1958), das schon zitierte Lehr- und Handbuch von GEHLEN und SCHELSKY (1955) und den Band ‹Soziologie› in der Reihe der Fischer-Lexika, hrsg. von KÖNIG, schließlich das Sammelwerk ‹Die Lehre von der Gesellschaft›, hrsg. von EISERMANN (1958). Als einführende Texte nennen wir ST. LAMPRECHT, ‹Die Soziologie› (1958), E. K. FRANCIS, ‹Wissenschaftliche Grundlagen soziologischen Denkens› (1957), und H. P. BAHRDT, ‹Wege zur Soziologie› (1966).

Bevor wir nun abschließend versuchen wollen, die theoretische Entwicklung der deutschen Soziologie zu charakterisieren, müssen wir uns noch mit einem Phänomen beschäftigen, das in gewisser Weise ebenfalls typisch ist für die deutsche Soziolgie, nämlich mit dem Methodenstreit. Diese Neigung, Methodenfragen zu prinzipiellen Fragen zu erheben und ihnen somit einen sehr hohen Rang beizumessen, hängt gewiß auch mit der philosophischen Tradition der deutschen Soziologie zusammen. Man will nicht nur sachlich etwas wissen, sondern zugleich auch nach der Sachlichkeit der Sache und der gnoseologischen Verankerung des Wissens fragen. In diesem Sinne hatte Deutschland im ausgehenden 19. und beginnenden 20. Jahrhundert zwei große Methodenstreite erlebt, die sich – einmal in der Auseinandersetzung zwischen MENGER und SCHMOLLER, dann in der Frage der Werturteilsfreiheit – um die Grundlagen der ökonomischen bzw. soziologischen Theorie drehten. Ohne Zweifel sind damals bedeutende Klärungen erreicht worden, die die Legitimation theoretischer Einsicht auf dem Felde der Ökonomie und der Soziologie betrafen. Nicht zu übersehen ist jedoch, daß der sachliche Fortschritt der Erkenntnis von dieser Klärung verhältnismäßig unabhängig war und in anderen Ländern, wie etwa Frankreich, England und den USA, die eine ähnliche methodologische Leidenschaft nicht kennen, mindestens ebenso schnelle, wenn nicht schnellere Fortschritte machte. Das Urteil von SCHUMPETER, nach dem es sich bei dem Methodenstreit um eine Geschichte vergeudeter Energie gehandelt habe, hatten wir schon zitiert. EDWARD SHILS bemerkt in seinem Aufsatz ‹*Tendenze della ricerca sociologica*› (in: ‹Quaderni di sociologia›, 16, 1967): «Die Soziologen beschäftigen sich nicht mehr mit der Methodologie in dem Sinne der Definition einer speziellen Methode für die Soziologie, die deren Existenz rechtfertigen und sie in den Stand setzen solle, den ihr angemessenen Platz unter anderen akademischen Disziplinen einzunehmen» (S. 4, aus dem Italienischen von F. J.). Auch hier kann man sagen: «Amerika, Du hast es besser.» In Deutschland ist es noch nicht selbstverständlich, daß sich eine Methode oder eine bestimmte Definition an ihrer Fähigkeit zu bewähren hat, bestimmte Sachfragen zu bewältigen; hier werden Definitionen und Methoden *a priori,* aus dem Begriff eines bestimmten Erkenntnisgegenstandes heraus zu rechtfertigen gesucht. «Die Wissenschaftstheoretiker», so bemerkt LAZARSFELD[62] zu dieser Tendenz, «sind an der alltäglichen Arbeit des empirischen Forschers weder interessiert, noch wissen sie darüber Bescheid. Daraus ergeben sich zwei Konsequenzen: Entweder müssen wir unsere eigenen Methodologen werden, oder wir müssen ohne die segensreichen Explikationen des methodologischen Klerus weiterwursteln.»

Die Auseinandersetzung zwischen der sogenannten positivistischen und der sogenannten dialektischen Soziologie[63] hat bisher weder auf der einen noch auf der anderen Seite zu einem sachlichen Fortschritt in der Erkenntnis geführt, sondern nur dazu gedient, zwei gleichermaßen abstrakt mögliche methodologische Standpunkte gegeneinander zu fixieren. Beide Positionen – dort die Deifikation der Fakten, hier die Deifikation der Geschichte[64] – sind als solche unangreifbar, weil weder hier noch dort angegeben wird, woran die Gültigkeit der jeweiligen Sätze überprüft werden könnte. Dort wird versichert, daß allein empirisch belegte Aussagen gültige Aussagen seien – eine Versicherung, die das Problem überspringt, was denn in einem widerlegbaren Sinne unter wissenschaftlicher Erfahrung verstanden werden solle –, hier heißt es, daß keine Tatsache unabhängig von dem Ganzen, in dem sie steht, fixiert werden könne – wobei dieses Ganze als eine überpositive Wahrheit erscheint, von der nur emphatisch oder metaphorisch geredet werden könne. Wenn wir hier das Abgrenzungskriterium von POPPER[65] zugrunde legen, nach welchem wissenschaftliche Sätze widerlegbar sein müssen, handelt es sich sowohl hier als auch dort um metaphysische Positionen, die im Mantel der Kritik bezogen werden, ein Sachverhalt, von dem her auch erklärlich ist, weshalb eine wechselseitige Relativierung oder Verallgemeinerung der Fragestellung bisher nicht möglich war. Wissenschaftliche Sätze sind entscheidbare Sätze, Sätze, zu denen man sich nicht zu bekennen braucht, sondern deren Gültigkeit rational klargestellt werden kann. Sie haben in diesem Sinne eine widerlegbare oder pragmatische Bedeutung, d. i. sie rechtfertigen sich vor Zwecken, nicht vor an sich seienden Wahrheiten, und gehen in diesem Sinne weder von absoluten Tatsachen noch von absoluten Wahrheiten gegenüber den Tatsachen aus. Auch Methodenfragen sind Forschungsfragen. Aber anders als in den

---

62 Wissenschaftslogik und empirische Sozialforschung. In: Logik der Sozialwissenschaften, ed. Topitsch, 1965, S. 46.

63 Vgl. insbesondere J. HABERMAS, Analytische Wissenschaftstheorie und Dialektik. In: Zeugnisse, Festschrift für Adorno, 1963, und H. ALBERT, Der Mythos der totalen Vernunft. In: Kölner Zeitschrift, 16, 1964.

64 Vgl. POPPER, in: Logik der Sozialwissenschaften, a. a. O., S. 125, und P. E. MEEHL, *Theory Testing in Psychology and Physics, a Methodological Paradox.* In: Philosophy of Science, June 1967.

65 K. R. POPPER, Logik der Forschung. 2. Aufl. 1966, S. 14 ff.

USA dient die Methodendiskussion hier nicht der empirischen Forschung, nicht dem Ziel, die sachliche Erkenntnis weiter voranzutreiben, sondern dazu, bestimmte Positionen *a priori* zu legitimieren.[66] Beide Positionen – die Deifikation der Fakten und die Deifikation der Geschichte bzw. einer emphatischen Wahrheit – sind uns schon als die beiden Pole bekannt, um die das Selbstverständnis der Soziologie zu Beginn des 20. Jahrhunderts kreiste, damals unter dem Stichwort ‹empirische Sozialforschung bzw. Soziographie› auf der einen und ‹Geschichts- und Kulturphilosophie› auf der anderen Seite. Hier wird eine alte, bis in die Romantik zurückverfolgbare Tradition wiederholt, eine Tradition, die bisher immer in eine Sackgasse geführt hat. Es mag darum als ein Zeichen wissenschaftlichen Fortschritts angesehen werden, daß in der deutschen Soziologie der Gegenwart nur wenig Neigung besteht, den sachlichen und theoretischen Fortschritt der Soziologie von apriorischen Festsetzungen über den einzig wahren Weg der Wissenschaft abhängig zu machen. In dem Augenblick, in dem erkannt wird, daß es nicht um die Legitimation von Positionen, sondern um die Erforschung von Sachzusammenhängen geht, wird deutlich, daß es unzweckmäßig ist, aus dogmatischen Gründen den Weg dieser Forschung *a priori* festzulegen. «*How wise we would be to resist the temptation to squander our energies in squabbles over which is the* true *or the* best *method of sociological inquiry*» (A. Inkeles, *What is Sociology?* 1964, S. 105).

Das Schwergewicht der theoretischen Entwicklung der deutschen Soziologie liegt auf der Rezeption der strukturell-funktionalen Theorie. Diese Rezeption schließt an die in Deutschland seit dem Beginn des 20. Jahrhunderts bestehende Tradition der reinen oder formalen Soziologie an und ist inzwischen so weit fortgeschritten, daß man heute Kategorien wie Rolle, Bezugsgruppe, Struktur, manifeste und latente Funktion, Anomie und andere nicht mehr als zweifelhafte Novitäten ansehen könnte, wie es Dahrendorf noch 1959 darstellte. Systemgesichtspunkt und Sprache der strukturell-funktionalen Theorie gelten heute weitgehend als selbstverständlich, und insofern ist eine intersubjektive Verständigungsmöglichkeit erreicht worden, die von dem Zustand der 30er und 40er Jahre sich erfreulich unterscheidet. Wir dürfen in diesem Zusammenhang auf zwei kleinere Arbeiten hinweisen, die sich mit Spezialproblemen der strukturell-funktionalen Theorie beschäftigen, nämlich R. Dahrendorf, ‹Homo sociologicus› (5. Aufl., 1965), und H. Popitz, ‹Der Begriff der sozialen Rolle als Element der soziologischen Theorie›

66 Wir verweisen in diesem Zusammenhang auch auf den deutlichen Gegensatz, der in dem zitierten Band ‹Logik der Sozialwissenschaft› zwischen den Forschungsarbeiten von Lazarsfeld, Merton, Selvin u. a. und den methodenphilosophischen Arbeiten von Habermas und Albert besteht. Vgl. hierzu auch F. Jonas, Logik der Sozialwissenschaften. In: Der Staat, 7, 1968.

(1967). Kritisch hat sich DAHRENDORF vornehmlich unter dem Gesichtspunkt des Konflikts mit der strukturell-funktionalen Theorie auseinandergesetzt; wir verweisen auf seinen Aufsatz ‹Zu einer Theorie des sozialen Konflikts› (in: ‹Hamburger Jahrbuch für Wirtschafts- und Gesellschaftspolitik›, 3, 1958). Die Klage, daß es keine übergreifende soziologische Theorie gäbe, scheint unter dem Eindruck der Rezeption der strukturell-funktionalen Theorie ihr Schwergewicht verloren zu haben. Man wird nicht fehlgehen mit der Feststellung, daß diese Theorie, wenn auch nicht unproblematisch, so doch als im ganzen brauchbar angesehen wird.

Neben dieser Rezeption der strukturell-funktionalen Theorie als einer Sprache, in der man Begriffe und Problemansätze für die eigenen Arbeiten findet, ist jedoch ein gewisses humanitäres Engagement in der deutschen Soziologie nicht zu übersehen, das vielleicht aus einer Reaktion auf die unglückliche Vergangenheit Deutschlands heraus verhältnismäßig weit verbreitet ist. «Die Schwäche des Soziologen», so schreibt ROSENSTOCK-HUESSY in seiner ‹Soziologie› (Bd. 1, 1956, S. 55), «besteht darin, nicht genügend Teil, Partei, Mitglied der Wirklichkeit zu bleiben, also in einer verfrühten Flucht in entwertende Unparteilichkeit.» In diesem Sinne distanziert man sich, wie schon vor einer Generation, von MAX WEBER, der für ROSENSTOCK (a. a. O., S. 20) «die Verkörperung des Untergangs der deutschen Universität» ist, weil er seine Gegner als Gegner, nicht als feindliche Brüder behandelte und seinen Studenten zwischen Politik und Wissenschaft ein «Entweder-Oder vorzauberte» (Bd. 2, 1958, S. 35). In eben diesem Sinne bezeichnet es DAHRENDORF in seinem oben zitierten ‹Homo sociologicus› (S. 72) als die Schuld MAX WEBERS, daß er die moralische Verantwortung der Soziologie im Sinne des Humanismus nicht erkannt und in seiner Betonung der Werturteilsfreiheit ausdrücklich vernachlässigt habe. Soziologie ist hier, um den Terminus von FREYER zu gebrauchen, Ethoswissenschaft, wenngleich sie nicht mehr um das Ethos des Volkes, sondern um das Ethos des einzelnen zentriert ist. In diesem Sinne bezeichnet auch KÖNIG, der die Soziologie zwar grundsätzlich als quasi naturwissenschaftliche, und somit auf empirische Verfahren festgelegte Forschung begreifen möchte, die Wertentscheidung für einen aktiven und realistischen Humanismus als Grundlage seiner Arbeiten (Soziologische Orientierungen. 1964, S. 11). Diese Wertentscheidung ist für KÖNIG ebenso selbstverständlich wie das Atmen, weshalb sie als Problem der soziologischen Optik nicht weiter reflektiert werden kann. Die soziologische Theorie als Aussage über den Zusammenhang gesellschaftlicher Tatsachen baut auf einer bestimmten apriorischen Werthaltung auf, während die Erforschung der Tatsachen selbst voraussetzungslos empirisch erfolgen soll. KÖNIG, der in seiner Kritik an TÖNNIES scharfsinnig genug ist, wiederholt hier genau dessen Position. Die Grenze der empirischen Erkenntnis in der Soziologie, die anders als die empirische Erkenntnis in der Physik nicht auf Konstanten stößt (Soziologische Orientierungen, a. a. O., S. 106), wird durch Entscheidung für eine bestimmte Werthaltung übersprungen. «Die Gesellschaft», so bemerkt KÖNIG (Soziologie von heute. 1949, S. 112), «kann eines Tages sein, was wir von ihr wollen, wir müssen uns nur entschließen, zu wollen.» Auch dieser Ansatz, der die Synthesis in einem bestimmten Willen verankert sieht, ist uns schon vertraut.

Die bedeutendsten Vertreter einer humanistisch engagierten Soziologie sind jedoch THEODOR GEIGER und THEODOR W. ADORNO. In dem Werk von GEIGER verbindet sich das Bestreben, soziale Zusammenhänge als Faktizitäten ohne Einmischung metaphysischer Vorstellungen zu untersuchen, mit einem dezidierten Bekenntnis zu einer humanistischen Werthaltung. In der Konkretisierung dieser Werthaltungen ist bei GEIGER von seiner Frühschrift ‹Die Masse und ihre Aktion› (1926) bis hin zu seinem nachgelassenen Werk ‹Gesellschaft zwischen Pathos und Nüchternheit› (1952) eine gewisse Entwicklung festzustellen,[67] aber immer geht es ihm darum, einen bestimmten Wert, zuletzt den des intellektuellen Humanismus, zur Grundlage und zum Bezugspunkt seiner soziologischen Arbeiten zu machen. Dieser intellektuelle Humanismus appelliert an die rationale Einsicht des Menschen. GEIGER schreibt: «Es ist ein keineswegs utopischer Gedanke, daß die Gesellschaften einer fernen Zukunft auf Rechtsstrafen verzichten und es bei sanktionslosen Verboten und Geboten bewenden lassen können» (Gesellschaft zwischen Pathos und Nüchternheit, S. 169). In diesem Sinne hatte schon GODWIN darauf vertraut, daß man das rationale Argument zur eigentlich integrativen Kraft der menschlichen Gesellschaften erheben könne. GEIGER geht es um die Sache des Menschen, und seine eigene Aufgabe im besonderen und die der sozialwissenschaftlichen Intelligenz im allgemeinen sieht er in der Kritik der Werthaltungen, die den alleinigen Wert des menschlichen Individuums in Frage stellen. Besonders hervorgetreten ist GEIGER hier in seiner auf die Uppsala-Schule zurückgehenden Kritik der Rechtsbegriffe. GEIGER möchte, wie es TRAPPE (a. a. O., S. 40) feststellt, eine Staats- und Gesellschaftsform schaffen, in der intellektuelle Zucht herrscht, wobei diese intellektuelle Zucht bedeutet, erstens, daß die Menschen von der irdischen Gesellschaft nicht die Verwirklichung einer göttlichen Wertidee erwarten, und zweitens, daß sie sich nach Bedarf der Stunde zu ihrer Gesellschaft zusammenschließen, um in rationaler Abschätzung des Verhältnisses zwischen Zwecken und Mitteln gemeinsame Interessen zu fördern. Hier, wie auch schon im 18. und beginnenden 19. Jahrhundert, zeigt sich, daß der radikale Empirismus, der gegen alle überlieferten Werthaltungen und Institutionen polemisiert, sehr gut zusammengehen kann mit einem utopischen Gesellschafts-

---

67 Vgl. hierzu TRAPPE in seiner Einleitung zu THEODOR GEIGER, Arbeiten zur Soziologie. 1962, S. 24.

begriff. An der Verwirklichung dieser Utopie hat GEIGER selbst Zweifel gehabt; sein durch seinen plötzlichen Tod unterbrochenes Werk überläßt die Lösung der Probleme, wie E. FLEISCHMANN (*L'œuvre de Theodor Geiger.* ‹Europäisches Archiv für Soziologie›, 6, 1965) feststellt, der Nachwelt.[68]

Die Problematik einer Wissenschaft, die als Wissenschaft zugleich eine für bestimmte Werte engagierte Weltanschauung sein will, zeigt sich am deutlichsten in dem Werk von ADORNO, der die empirische Tatsachenfeststellung als Fetischisierung dessen, was ist, diskreditiert: «alle Phänomene starren wie Hoheitszeichen absoluter Herrschaft dessen, was ist» (Prismen. 1963, S. 25). Der Versuch, Wissenschaft empirisch zu begründen, erscheint hier als partikulare Rationalität im Rahmen totaler Irrationalität. «Das Gegebene gibt sich nur dem Blick, der es unter dem Aspekt eines wahren Interesses sieht, unter dem einer freien Gesellschaft, eines gerechten Staates, der Entfaltung des Menschen» (Soziologische Exkurse. Hsg. von HORKHEIMER und ADORNO, 1956, S. 18). Wahre Theorie ist Eschatologie: «Philosophie, wie sie im Angesicht der Verzweiflung einzig noch zu verantworten ist, wäre der Versuch, alle Dinge so zu betrachten, wie sie vom Standpunkt der Erlösung aus sich darstellten» (ADORNO, Minima moralia. 1951, S. 480). Hier geht es nicht um die diskursiv begreifliche und empirisch belegbare Wahrheit, sondern um den «emphatischen Begriff der Wahrheit», in dem «die richtige Einrichtung der Gesellschaft mitgedacht ist» (ADORNO, Zur Logik der Sozialwissenschaften. ‹Kölner Zeitschrift›, 14, 1962, S. 263). Theorie soll hier in Praxis übergehen, die Gesellschaft soll ihrer selbst mächtig werden, die Rationalität der Mittel soll durch die Rationalität der Zwecke abgelöst werden. Ein solches Wollen setzt, wie schon bei FICHTE deutlich war, einen festen Glauben an die Wahrheit der eigenen Überzeugungen voraus, einen Glauben, der hier stark genug ist, um den Geltungsanspruch positivistischer Wissenschaften überhaupt zu bestreiten. Für den, der die Dinge vom Standpunkt der Erlösung, d. h. vom Ende der Geschichte aus ansieht, ist die Wissenschaft nicht Mittel der Erkenntnis – die ohnehin vorhanden ist –, sondern Instrument der Veränderung; sie soll den «Stein aufheben, unter dem das Unwesen brütet» (ADORNO in: Logik der Sozialwissenschaften, a. a. O., S. 511), wobei das, was «Stein» ist, und das was «Unwesen» ist, durch spontane Idealsetzung, um TROELTSCH zu wiederholen, entschieden wird.

---

68 Wir erinnern in diesem Zusammenhang auch an seine eigene kritische Einsicht in ‹Aufgaben und Stellung der Intelligenz in der Gesellschaft›. 1949, S. 64: «Betraut man also die Intelligenz mit der besonderen Aufgabe, die politische Synthese der Zeit zu finden, so ist das wahrscheinliche Ergebnis eben nicht eine Synthese der konkurrierenden Klassenideologien, sondern etwas ganz anderes: die Intelligenz wird ihre eigene Ideologie... für eine Synthese der streitenden Klassenideologien ausgeben.»

«... das Höchste, was die Soziologie als Analyse der Zeit und des Zeitgenossen zu erreichen vermag, (ist) nur eine indirekte Morallehre.» Mit diesen Worten schließt Schelsky seine Einleitung zu der deutschen Ausgabe von Riesman, ‹Die einsame Masse› (1957, hier zitiert nach dem gleichnamigen rde-Band 72/73, [12]1968, S. 19). Die immanente Kritik, die in diesen Worten enthalten ist, vermag man nur abzuschätzen, wenn man sich daran erinnert, daß der Werturteilsstreit im Verein für Socialpolitik eben um die Frage ging, ob die Soziologie eine indirekte Morallehre sei, wie es Schmoller und seine Anhänger behaupteten, oder aber eine werturteilsfreie Wissenschaft. Max Weber hatte versucht, eine Analyse der Zeit zu geben, die sich durch das rationale Verständnis, das sie ermöglichte, nicht aber durch die moralischen Appelle, die von ihr ausgingen, legitimierte. Schelsky, der das Moralisieren in der Soziologie selbst scharf verurteilt (Ortsbestimmung, a. a. O., S. 108), versucht, die soziologische Theorie als transzendentale zu legitimieren.

Die Bedeutung der transzendentalen Theorie für die Soziologie liegt darin, daß sie im Sinne von Kant den theoretischen Ansatzpunkt in den Bedingungen sucht, die soziologische Erkenntnisse zu allererst ermöglichen. Die transzendentale Theorie hat die Bedingungen des soziologischen Denkens und des in ihm Gedachten zu erörtern (vgl. Schelsky, a. a. O., S. 95 f). Die Durchführung dieses Programms besteht für Schelsky «in der Explikation der Bestimmungen der Freiheit des Menschen von der Gesellschaft und in einer von dort aus vorzunehmenden sinnkritischen und d. h. auch wertenden Reflexion des sozialen Gesamttatbestandes, wie er von der empirischen und analytischen Soziologie erkannt und gedacht ist» (a. a. O., S. 99). Das Programm einer solchen transzendentalen Theorie, die in ihrem Ansatz auf das Ich-Du-Wir-Verhältnis von Fichte zurückgeht, ist bisher jedoch noch nicht ausgeführt worden. Statt dessen hat Schelsky 1960 mit seiner Schrift ‹Der Mensch in der wissenschaftlichen Zivilisation› ein theoretisches Modell vorgelegt, das zwar nicht die Bedingungen des Sozialen im allgemeinen, aber die Bedingungen gesellschaftlicher Entwicklungen in der modernen Gesellschaft darstellen soll.

Einen auf seiner philosophischen Anthropologie und den Voraussetzungen des Pragmatismus aufbauenden Versuch einer soziologischen Interpretation der Gegenwart hat Gehlen in zahlreichen Schriften vorgelegt, von denen wir hier nur ‹Urmensch und Spätkultur› (2. Aufl., 1964), ‹Die Seele im technischen Zeitalter› (rde Bd. 53, 1957) und ‹Kulturelle Kristallisation› (1962) nennen. Die Grundthese ist die, daß auch unsere Gesellschaft von den Handlungsbedingungen der in ihr lebenden Menschen zu begreifen sei und daß diese Handlungsbedingungen in dem Maße ungünstiger werden, in dem der Eigenwert von Traditionen und Institutionen gegenüber der Subjektivität der Bedürfnisse in den Hintergrund tritt. Ebenso wie das rationale Modell von Schelsky ist auch dieser pragmatische Interpretationsversuch umstritten, und der eigentliche Effekt scheint auch hier in der indirekten Morallehre zu liegen, als welche man diese Theorien auch lesen kann. In diesem Zusammenhang verweisen wir schließlich auch auf das Buch von H. SCHOECK, ‹Der Neid› (1967), in dem der Neid als das zentrale Sozialphänomen dargestellt wird.

MAX WEBER hatte der Soziologie die vielleicht unlösbare Aufgabe gestellt, die Wahrheit von Kulturbedeutungen mit einer solchen Objektivität zu erarbeiten, daß diese Wahrheit auch einem denkenden ‹Chinesen› als gültige Wahrheit dargestellt werden könnte. Diese Aufgabenstellung von MAX WEBER hing an der Voraussetzung, daß es «ein Bewußtsein überhaupt» gebe, auf das sich unsere Erkenntnisse und die Kritik dieser Erkenntnisse bezögen. MAX WEBER stand hier noch klar in der Tradition des deutschen Idealismus, einer Tradition, die schon im beginnenden 19. Jahrhundert von der Romantik angezweifelt worden war, die es vorzog, von Volksgeistern, nicht vom menschlichen Bewußtsein zu sprechen; und in dem auf MAX WEBER folgenden Streit der Weltanschauungen wird diese Erkenntnisvoraussetzung einer wissenschaftlich-objektiven Soziologie erneut diskreditiert.[69] Was konnte der wissenschaftliche Wille zur Wahrheit, wie ihn MAX WEBER verkörpert hatte, schon bedeuten, wenn diese Wahrheit an bestimmte politische oder ethisch-soziale Voraussetzungen gebunden war, wenn es nur verschiedene Parteistandpunkte gab, die – um an MANNHEIM zu erinnern – um die öffentliche Auslegung des Seins konkurrierten? Ebenso wie zu Beginn des 19. Jahrhunderts folgt auch hier auf einen rationalen Ansatz die Begeisterung, die die Grenzen dieses Ansatzes, der nicht lebensvoll genug erscheint, überspringen möchte, und dann, nachdem diese Begeisterung sich als unwirklicher Geist entpuppt hat, die Ernüchterung, die die ganze Fragestellung zurücknimmt.

Nach dem Zusammenbruch ging es wesentlich darum, das wissen-

---

69 Wir verweisen in diesem Zusammenhang jedoch noch einmal auf das Werk von JEAN PIAGET, in dem die Frage nach dem Primat des Logisch-Rationalen gegenüber dem Sozialen aufgeworfen wird. Dieser Ansatz widerspricht zwar weitverbreiteten Grundannahmen, in denen die Konstitution des menschlichen Bewußtseins durch das Soziale vorausgesetzt und nicht nur die verschiedenen Bewußtseinsinhalte, sondern auch die Art und Weise, in der mit diesen umgegangen wird, von der sozio-kulturellen Umwelt her erklärt werden; aber er scheint gerade deswegen interessant zu sein. Wir erinnern in diesem Zusammenhang ferner auch an R. LINTON, *The Study of Man.* 1936, S. 290: «*While it* [d. h. die Kultur, F. J.] *corresponds rather closely to the ideas, emotional values and habitual behavior patterns which make up the bulk of the personality, it does not include any of the rational functions. Although culture provides the individual with most of the concepts which serve as the basis for his rational activities, the actual processes of thought and reasoning are individual, not cultural.*»

schaftliche Gewissen der deutschen Soziologie wiederherzustellen, das durch die vorangegangenen Weltanschauungskämpfe ruiniert worden war. Dies ist im wesentlichen gelungen dadurch, daß man sich unter Aufgabe aller größeren Ansprüche, wie sie insbesondere von MAX WEBER erhoben worden waren, zurückzog auf Stellungen, deren Unangreifbarkeit schon an der Jahrhundertwende erkannt worden war. Die Rezeption der strukturell-funktionalen Theorie auf der einen und die Ausbreitung der empirischen Sozialforschung auf der anderen Seite führen zurück zu einer wissenschaftskritischen Position, wie sie FERDINAND TÖNNIES zuerst systematisiert hat. Diese Polarisierung der Soziologie erscheint heute freilich eher als eine Last denn als ein Gewinn, eher als das kleinere von zwei Übeln denn als ein wissenschaftlicher Fortschritt. Die weitere Entwicklung der Soziologie wird, so sieht man immer deutlicher,[70] nicht auf dieser Linie möglich sein, sondern ganz wesentlich davon abhängen, ob es gelingt, die Kluft zwischen denen, die sich auf abstrakte Aussagen über die Gesellschaft beschränken, und denen, die in der reinen Induktion ihr Genüge finden, zu überwinden.

Ein solcher Fortschritt setzt jedoch mehr voraus als nur die Einführung eines theoretischen Bewußtseins in die empirische Sozialforschung bzw. eines empirischen Bewußtseins in die theoretischen «Sprachspiele» (ALBERT). Gewiß wäre es vom Standpunkt der empirischen Forschung ein notwendiger Fortschritt, wenn sich der Brauch allgemein durchsetzen sollte, Forschungshypothesen klar zu formulieren und in Replikationen zu überprüfen; ebenso wäre es unter theoretischem Gesichtspunkt ein Fortschritt, wenn sich das Bewußtsein ausbreiten würde, daß Theorien einen empirischen Gehalt haben sollten. Es ist aber nicht zu übersehen, daß das Verfahren, das sich durchzusetzen scheint, weniger zu einer Vereinigung von Theorie und Empirie als vielmehr zu einer wechselseitigen Immunisierung führen kann. Theoretische *ad hoc*-Hypothesen, die empirisch getestet werden, sind keine echten theoretischen Sätze im Sinne von Sätzen, die zu einem deduktiven Zusammenhang gehören, und die Einführung von logischen Zeichen für empirische Gehalte bzw. die Verwendung von Worten, die solche Gehalte bezeichnen sollen, machen eine Theorie noch nicht zu einer empirischen. In beiden Fällen hat man nur einen Ausweg gefunden, um an dem Problem vorbeizukommen, das MAX WEBER etwa in seinen industriesoziologischen Untersuchungen in Angriff genommen hatte, in denen er versuchte, die Wirkung von Faktoren darzustellen, deren Kulturbedeutung, d. i. deren theoretischen Zusammenhang er vorher dargestellt hatte.

Die deutsche Soziologie ist gegenwärtig noch wesentlich mit der Rezeption von amerikanischen Ansätzen beschäftigt, d. h. von Ansätzen,

---

70 Vgl. auch E. SCHEUCH, Sozialer Wandel und Sozialforschung. In: Kölner Zeitschrift, 17, 1965, S. 38.

die sowohl wissenschaftstheoretisch als auch empirisch-methodisch an der Wende zum 20. Jahrhundert in Europa und nicht zuletzt in Deutschland entwickelt wurden[71] und jetzt in verfeinerter Form über den Atlantik zurückkommen. Der wissenschaftstheoretische Ort dieser Arbeiten liegt – bei aller Weiterentwicklung im einzelnen – vor MAX WEBER, bei dem allein wir nicht nur das klare Bewußtsein finden, daß die soziologische Theorie – wie jede andere Theorie – ein deduktives System von Sätzen sei, das sich empirisch zu bewähren habe, sondern auch den Versuch, eine solche Theorie auf kritischer Grundlage zu entwickeln, während bei seinen Nachfolgern der Zusammenhang von wissenschaftstheoretischer Reflexion und soziologischer Interpretation auseinanderreißt. Die Frage nach der Interpretation unserer Kultur insgesamt ist bei MAX WEBER nicht zu trennen von der empirischen Forschung im Detail, die rationale Anwendung empirischer Forschungsmethoden in einem bestimmten Feld nicht zu unterscheiden von theoretischen Fragestellungen, die weit über dieses Feld hinausweisen. MAX WEBER war der 15. Deutsche Soziologentag von 1964 gewidmet, und die Auseinandersetzungen in dieser Versammlung[72] zeigen vielleicht mehr als alle anderen Publikationen die ungelösten Probleme, vor denen die deutsche Soziologie gegenwärtig steht.

---

71 Vgl. P. F. LAZARSFELD, *The Sociology of Empirical Social Research*. In: Am. Soc. Rev., 27, 1962.

72 Noch charakteristischer war in diesem Zusammenhang der Verlauf des 16. Deutschen Soziologentages 1968, auf den wir hier jedoch nur hinweisen, da seine Materialien noch nicht veröffentlicht sind.

IX. AMERIKANISCHE SOZIOLOGIE UNTER EINSCHLUSS DER ENGLISCHEN

1. DIE GRÜNDERVÄTER

Die amerikanische Soziologie beginnt mit dem Sozialdarwinismus. Diese Lehre entsprach einer Gesellschaft, die sich in rascher Entwicklung befand, ohne diese als Last anzusehen. In Amerika, so hatte TOCQUEVILLE bemerkt, konnte sich jedermann ohne Mühe bereichern, und das Streben nach materiellem Reichtum erschien deswegen als unproblematisch. Es führte nicht zu der sozialen Frage, mit der sich die europäischen Gesellschaften schon im 19. Jahrhundert konfrontiert sahen. Wer sich mit den Schriften der Gründerväter der amerikanischen Soziologie beschäftigt, wird, bei allen Differenzen, die im einzelnen bestehen, bei den Sozialdarwinisten, Sozialpsychologen und Pragmatisten, ein eigentümliches Klima der Zuversicht bemerken, das an das Pathos des europäischen 18. Jahrhunderts erinnert. Während in Europa das 18. Jahrhundert kaum noch zur Debatte steht, während hier Aufklärung, Liberalismus und Idealismus als vorgestrige Positionen erscheinen, ist in den USA der Geist von BENJAMIN FRANKLIN, dem Lehrmeister der amerikanischen Revolution,[1] noch lebendig. Traditionen sind das Kapital der Erfolgreichen und Glücklichen. Während man sich in Europa von ihnen enttäuscht abwendet, sind sie hier noch das Fundament, auf dem man aufbaut.

SPENCER und COMTE, in denen die Traditionen von Liberalismus und Aufklärung einen letzten Niederschlag gefunden hatten, gewinnen Anhänger und Zuhörer weniger in Europa als in den USA. In Deutschland und in Italien löst gerade der Versuch, ihre Lehren als soziologische Theorie zu rezipieren, eine grundsätzliche Kritik an der Soziologie aus, während zu der gleichen Zeit eben diese Rezeption zur Grundlage der amerikanischen Soziologie wird. Während insbesondere in Deutschland und Italien die Kritik der soziologischen Erkenntnis um sich greift, in Frankreich bei BERGSON und SOREL eine mächtige Strömung gegen die Voraussetzungen entsteht, von denen die Soziologie ausgegangen war, setzt sich in den USA der Sozialdarwinismus durch, der an die optimistische Tradition der Aufklärung anknüpft und sich eine beständige Verbesserung des menschlichen Schicksals durch Auslese und Anpassung erhofft. Europa neigt sich dem Pessimismus und Irrationalismus zu, aber in den USA kommen gerade die Autoren nicht zum Zuge, die in diesem Sinne europäischen Einflüssen folgen. HENRY GEORGE, LEWIS HENRY MORGAN, HENRY und BROOKS ADAMS finden ihre Zuhörer und Nachfolger wesentlich

1 Vgl. E. BAUMGARTEN, Benjamin Franklin. Der Lehrmeister der amerikanischen Revolution. 1936, S. 239 ff.

in Europa, nicht in den USA. Henry George gab mit seinem Buch ‹*Progress and Poverty*› (1879) ein Thema an, das weniger in den USA als in Europa verständlich war. Hier war die Furcht vor der Bodenknappheit, die Forderung nach Agrarreform bzw. die Forderung nach Konfiskation der Grundrente von den Diggers und den Agrarkommunisten der französischen Aufklärung bis hin zu den Schülern Ricardos und zu Oppenheimer, Damaschke, Sylvio Gesell und anderen das soziale Problem schlechthin, während die USA zu dieser Zeit immer noch ein Land der offenen Grenze sind. Auch Lewis Henry Morgan schrieb sein Buch ‹*Ancient Society*› (1877) nicht so sehr für den amerikanischen als für den europäischen Leser. Seine Unterscheidung zwischen der primitiven Gesellschaft (*societas*), in der Gemeineigentum, Freiheit und Gleichheit das soziale Leben bestimmen, und der modernen Gesellschaft (*civitas*), in der das Privateigentum zur Entstehung sozialer Ungleichheit und Fremdherrschaft führt, war europäisch und nicht amerikanisch gedacht, denn hier war die Gründerzeit noch lange nicht abgeschlossen. Sein Buch wurde demzufolge in Europa insbesondere von Friedrich Engels rezipiert und die Grundlage für dessen Buch ‹Der Ursprung der Familie, des Privateigentums und des Staates› (1884). Die Brüder Henry und Brooks Adams schließlich, die einer der angesehensten amerikanischen Familien entstammten, lebten und dachten an der Peripherie der amerikanischen Gesellschaft. Der Zweifel am Fortschritt – «wir sind Affen, die mit einem geladenen Gewehr spielen» (zit. bei L. Marcuse, Amerikanisches Philosophieren. rde Bd. 86, 1959, S. 117) – und der Fatalismus hinsichtlich des zukünftigen Ganges der Dinge legen einen Vergleich mit Jacob Burckhardt und Spengler nahe. In den USA hingegen bleiben sie folgenlos. Was sollte man hier auch mit Geschichtspessimismus und Fatalismus anfangen, wo man selbst erst an der Schwelle zur Weltgeschichte stand?

Spencer und Comte hatten als eines der wichtigsten Ziele ihrer Soziologie die Darstellung des normalen geschichtlichen Entwicklungsganges gesehen und aus dieser Darstellung dann Konsequenzen für die praktische Politik abzuleiten versucht. Hinsichtlich des Entwicklungsganges selbst, der die Gesellschaften von den kriegerischen Gesellschaften der Vergangenheit zu den industriellen Gesellschaften der Gegenwart und Zukunft leiten sollte, waren sie sich im wesentlichen einig gewesen. Unterschiede bestanden jedoch im Hinblick auf die praktischen Folgerungen, die sie aus diesem Fortschritt zogen. Hier hatten sie beide entgegengesetzte Ansichten vertreten. Spencer war davon ausgegangen, daß man den Gang der Entwicklung im wesentlichen sich selbst überlassen müsse; Comte hingegen hatte die Vorstellung entwickelt, daß die Integration und der Fortschritt der künftigen Gesellschaften das Ergebnis bewußter Politik sein müßten. Dieser Gegensatz zwischen Spencer und Comte wird in den USA reproduziert in dem Gegensatz zwischen

Sumner und Ward. Beide haben im wesentlichen dasselbe Entwicklungsmodell vor Augen, unterscheiden sich aber hinsichtlich der praktischen Konsequenzen, die sie aus diesem Modell ableiten.

William Graham Sumner (1840–1910) ist Sozialdarwinist reinster Prägung. Seine geistigen Ahnherren sind Malthus, Darwin und Spencer, wobei Spencer die entscheidende Vermittlerrolle zukommt. Der Kampf um die Existenz, der Wettbewerb um Daseinschancen, ist die Grundtatsache des Gesellschaftslebens. Die Entwicklung der Gesellschaft ist das Ergebnis von Naturgesetzen, der Auslese, der Anpassung und der Weitergabe. In diesem Gesellschaftsprozeß kommt den *mores* oder *folkways* die entscheidende Bedeutung zu. Sie sind Ausleseinstrumente, durch die die Tüchtigsten ausgewählt werden. Sie zwingen den einzelnen zur Anpassung, durch sie werden die Erfahrungen vergangener Generationen weitergegeben. Diese *folkways* sind nicht das Ergebnis bewußter menschlicher Bestrebungen. In ihnen kristallisiert sich vielmehr das Ergebnis langer Probierhandlungen, die notwendig geworden waren, nachdem der Mensch den Instinkt verloren hatte, der sein Verhalten ursprünglich leitete. «*All the life of human beings, on all ages and stages of culture, is primarily controlled by a vast mass of folkways handed down from the earliest existence of the race, having the nature of the ways of other animals, only the topmost layers of which are subject to change and control, and have been somewhat modified by human philosophy, ethics and religion, or by other acts of intelligent reflection*» (Sumner, *Folkways*. 1959, S. 4). Schon hier wird – in Nachfolge Spencers – eine funktionale Interpretation der Kultur gegeben, deren Aufgabe darin gesehen wird, die Grundbedürfnisse ihrer Mitglieder immer besser zu befriedigen. Das soziale Problem ist ein Problem der Auslese des Tüchtigsten, der Anpassung an die gegebenen Lebensbedingungen und der Weitergabe von gemachten Erfahrungen. Dieses Problem wird gelöst in den *mores*, die die Gesellschaft integrieren und den Bestand der Art sichern. Ein bewußtes Eingreifen des Menschen in diesen Prozeß kann nur dann sinnvoll sein, wenn es die vorhandenen Tendenzen verstärkt, nicht aber ihnen entgegenwirkt. A. G. Keller, ein Schüler von Sumner, stellt in seinem Buch ‹*Societal Evolution*› (1915) die Kultur als einen beständigen Anpassungs- und Entwicklungsprozeß dar, der sich durch *trial and error* vollzieht. Sumner wiederholt die Lehre der Ricardianer, wenn er feststellt, daß aller sozialer Fortschritt sekundär ist gegenüber wirtschaftlichem Fortschritt, insbesondere der Ansammlung von Kapital, das die Ergiebigkeit der Arbeit erhöht. Die Verbesserung der Umwelt, in der der Mensch lebt, ist ein autonomer und spontaner Vorgang. Alle Versuche, diesen Prozeß zu überspringen, müssen scheitern. Seine berühmte Frage «*What do the social classes owe to each other?*» (1883) beantwortet Sumner damit, daß es die Pflicht jeder Klasse sei, die andere Klasse anzuerkennen und für ein Klima von Freiheit und Sicherheit zu sorgen, in dem jede Klasse ihre Chancen voll entfalten kann.[2] In seinen Vorstellungen über die Struktur der Gesellschaft und die Funktion sozialer Institutionen geht SUMNER nicht über SPENCER hinaus.

Sein Hauptwerk, ‹*The Science of Society*›, wurde 1927/28 postum veröffentlicht. Sein bekanntestes Werk, auf dem sein *opus postumum* aufbaut, sind seine ‹*Folkways*› (1907). Hier versucht er an vergleichenden ethnographischen Beispielen den Auslese- und Anpassungsmechanismus darzustellen, der mittels der *folkways* in den Gesellschaften stattfindet. Die vergleichende Völkerpsychologie, die von LAZARUS und STEINTHAL im 19. Jahrhundert begründet worden war, wird herangezogen, um mit ihrer Hilfe den Sozialdarwinismus von SPENCER zu beweisen. Dieser Beweis, daß die *mores* eine bestimmte soziologische Funktion im Hinblick auf Anpassung und Auslese haben, gelingt jedoch nicht. Das einzige, was SUMNER immer wieder darlegt, ist, daß sie das faktische Verhalten der Menschen in der Gesellschaft bestimmen. Und diese These war nicht eben neu, wenn man an die schottische Moralphilosophie, insbesondere an FERGUSON denkt. Von der These, daß das Verhalten der Menschen in der Gesellschaft von den *mores* bestimmt wird, bis hin zu der These, daß diese *mores* eine bestimmte soziologische Funktion im Sinne des Sozialdarwinismus haben, ist noch ein weiterer Schritt, ein Schritt, der von SUMNER nicht getan wird. Eine tiefere soziologische Analyse der *mores* – wie sie etwa DURKHEIM versuchte – findet sich hier nicht. Ein Beispiel für den hier zwischen SUMNER und DURKHEIM bestehenden Unterschied ist die Theorie des Inzests, der bei SUMNER biologisch bzw. psychologisch erklärt wird, während das entscheidende soziologische Argument, das DURKHEIM schon vorgebracht hatte,[3] fehlt. Im Vergleich zu dem, was DURKHEIM an soziologischem Scharfsinn aufgeboten hatte, um den Einfluß der *mores* auf das Verhalten der einzelnen und den soziologischen Hintergrund der *mores* zu durchleuchten, wird man den *folkways* von SUMNER eine nur zweitrangige Bedeutung beimessen können. Der Sozialdarwinismus erweist sich hier nicht als Instrument, sondern als Hindernis für die soziologische Durchleuchtung von Zusammenhängen.

Gegenspieler von SUMNER ist LESTER FRANK WARD (1847–1913).[4] R. HOFSTADTER (*Social Darwinism in American Thought.* 1965, S. 68) hat festgestellt, daß er die soziologische Erklärung von einfachen und direkten biologischen Analogien abgetrennt habe. Aber das bedeutet, wie

---

2 Vgl. CH. A. PAGE, *Class and American Sociology.* 1940, wo nachgewiesen wird, daß der Klassengedanke für die Gründerväter, ebenso wie für SPENCER, nur marginale Bedeutung hat.

3 Vgl. E. DURKHEIM, *La prohibition de l'inceste.* In: Année sociologique, 1, 1896/97.

4 Vgl. J. M. GILLETTE, *Critical Points in Ward's Pure Sociology.* In: Am. Journ. Soc., 20, 1914/15.

wir noch sehen werden, nicht, daß nicht hinter seiner soziologischen Erklärung doch einfache biologische bzw. psychologische Prinzipien stünden. Gesellschaftliche Entwicklung ist nach WARD weniger ein Kampf um Existenz als vielmehr ein Kampf um Struktur. Nicht der beste einzelne, sondern die besten sozialen Strukturen überleben. Und die Qualität einer Struktur wird vornehmlich bestimmt durch ihre Fähigkeit, gegensätzliche Sozialkräfte zu kontrollieren. Die gesellschaftliche Entwicklung geht von der Strukturlosigkeit, in der die einzelnen blind zusammenstoßen, über den geregelten Wettbewerb hin zu Kooperation und Organisation. Ähnlich wie bei COMTE finden wir bei WARD eine aufsteigende Skala sozialer Strukturen, die alle als mehr oder weniger gute Möglichkeiten begriffen werden, soziale Energien zu kontrollieren.

Ohne unbewußte oder bewußte Kontrolle der Energie gibt es nach WARD keine Entwicklung. Der bloße Wettbewerb um Lebenschancen ist keine zureichende Bedingung der Evolution. Wenn der Mensch eine bestimmte Form des Lebens in Kultur nimmt, so stellt WARD fest, der sich auch als Botaniker einen Namen gemacht hat, dann macht diese Art, die so in Kultur genommen wird, schnellere Fortschritte als andere Arten, die dem Lebenskampf überlassen bleiben. Das Vorliegen von Naturgesetzen der gesellschaftlichen Entwicklung ist nicht, wie bei SUMNER, ein Argument für das *laissez-faire*, sondern umgekehrt: Auch der Sozialwissenschaftler muß Techniker werden und seine Erkenntnisse als Grundlage für Manipulationen benutzen, wenn er seine Aufgabe erfüllen soll. Die Entstehung der Sozialwissenschaften bedeutet, daß die unbewußte Kontrolle der Entwicklung, die Genesis, in ihre bewußte Kontrolle, Telesis, umschlägt. In der Zukunft wird eine Soziokratie mit Hilfe sozialer Reformen, die industrielle Gesellschaft der Gegenwart, in der sich zahlreiche irrationale Hemmnisse der Entwicklung finden, in eine Meritokratie (dieser Ausdruck findet sich noch nicht bei WARD, trifft aber das, was er meint) verwandeln. Das, was die freie Konkurrenz um Lebenschancen nicht verwirklichen konnte: eine an Leistung und Fortschritt orientierte Sozialordnung, wird durch bewußte Manipulationen erreicht werden. WARD übersetzt COMTES Streben nach Konsensus und Organisation ins Amerikanische. Der Staat ist für ihn das Hauptinstrument der sozialen Telesis, des geplanten sozialen Wandels. Die bewußte Kontrolle sozialer Zusammenhänge ist für ihn kein Übel, sondern die Bedingung hoher Entwicklung, die Soziologie «die einzige Wissenschaft, welche die Milchstraße der Geschichte in ein gefestigtes soziales Universum verkehren kann... sie ist die *scientia scientiarum* (WARD, Reine Soziologie. Dt. von J. V. Unger, 1. Bd., 1907, S. 77 und 115).

WARD rühmte die Soziologie als Wissenschaft der Wissenschaften, aber es lag ihm fern, Soziales durch Soziales zu erklären. Das eigentliche Fundament der soziologischen Gewißheit liegt nicht im Sozialen, sondern in biologischen Tatsachen. Im Anschluß an GUMPLOWICZ und RATZENHOFER erklärt er, die Soziologie habe es im Unterschied zur Anthropologie hauptsächlich mit weltgeschichtlichen Rassen zu tun, «weil in ihnen allein das *sine qua non* aller Errungenschaften, nämlich soziale Fortdauer gefunden wird» (a. a. O., S. 40). Und auf S. 326 f bemerkt er über die Grundlagen des sozialen Systems: «Die sozialen Kräfte sind Bedürfnisse, welche durch Anstrengung Befriedigung suchen, und sind auf diese Art soziale Motive oder Beweggründe, die zu Tätigkeiten anregen, welche entweder vermittels sozialer Synergie soziale Strukturen schaffen oder die schon erschaffenen Strukturen durch Innovation und Konation umgestalten. Sie wohnen im Individuum, werden aber durch Interaktion, Kooperation und angehäufte Wirkungen sozial. Sie sind alle ursprünglich physisch oder physiologisch, selbst die als geistig bezeichneten ...» Wenn auch WARD soziale Strukturen und Funktionen nicht wie SUMNER in direkter Anlehnung an biologische Analogien erklärt, so ist doch für ihn kein Zweifel, daß die Grundlage des Gesellschaftsprozesses biologische bzw. psychologische Faktoren sind. Die Lehre von den sozialen Funktionen oder die soziale Physiologie ist der eigentliche Gegenstand seiner Soziologie. Und der Bezugspunkt, auf den sich seine Erklärung gründet, ist kein sozialer, sondern ein physiologischer oder psychologischer. Das war kaum ein Fortschritt über COMTE hinaus, mit dem WARD sonst vieles gemeinsam hat. Während die Theorie von COMTE und SPENCER in Europa zunehmend kritisiert wird, wird sie hier, bei SUMNER und WARD, rezipiert, aber gleichzeitig in ihrem Erklärungsgehalt auf den Traditionalismus bzw. psychische oder biologische Faktoren reduziert. Diese Weiterentwicklung der Theorie ließ das eigentlich soziologische Element, das bei SPENCER und COMTE enthalten war, in den Hintergrund treten.

ALBION W. SMALL (1854–1926) verglich WARD mit Gulliver, der die ihn umgebenden Liliputaner um ein Vielfaches überragte. Sein eigener Ansatz, wie er ihn in seiner ‹*General Sociology*› (1905) gibt, schließt sich an WARD an. Verschiedene naturgegebene Interessen – *health interest, wealth interest, sociability interest, righteousness interest* – bestimmen die Aktionen des «*human animal*». Die Gesellschaft ist die Kombination der verschiedenen, von bestimmten naturgegebenen Interessen geleiteten einzelnen, und ihre Struktur wird von der Kombination dieser einzelnen bestimmt. Es gibt hier verschiedene Strukturen, in denen das Verhältnis von Harmonie und Konflikt zueinander unendlich variabel ist. Wie WARD glaubt auch SMALL, daß die Entwicklung vom Konflikt zur Harmonie verlaufe und daß der Staat die höchste Form der Kooperation darstelle. In ihm werden die gemeinsamen Interessen bewußtes Ziel der Handlungen. Ziel des sozialen Prozesses ist es, eine zunehmende Zahl von Menschen mit den Gütern zu versorgen, die von der Menschheit entdeckt worden sind. Und Aufgabe der Soziologie ist es, diesen Prozeß zu fördern. Soziologie muß in diesem Sinn nützlich sein:

«Science with its decks cleared for action» (*The Meaning of Social Science*. 1910, S. 242).

Diese aktivistische Interpretation der Wissenschaft entsprach dem Temperament von SMALL, der sehr viel für die Durchsetzung der Soziologie in den USA getan hat. Er gründete 1895 das ‹American Journal of Sociology›, war 1905 maßgeblich an der Gründung der American Sociological Society beteiligt und leitete mehr als dreißig Jahre lang das Department of Sociology an der Universität von Chicago, dem für die Entwicklung der Soziologie in den USA lange Zeit maßgebliche Bedeutung zukam. Die eigentliche wissenschaftliche Leistung von SMALL wird heute in seinen Arbeiten zur Geschichte der Soziologie – *‹Adam Smith›* (1907), *‹The Cameralists›* (1909), *‹The Origins of Sociology›* (1924) – gesehen. Auf theoretischem Gebiet war SMALL nicht originell, aber er hatte die Fähigkeit, die herrschende Thematik einer Zeit anzugeben und Entwicklungslinien zu erfassen. Er beginnt mit einer systematischen Soziologie, die quasi naturwissenschaftliche Erkenntnisse im Sinne des Meliorismus zu verwenden bestrebt war, und er endet bei einer Soziologie, die sich die empirische Erforschung von Gruppen zum Ziele setzt. In seiner letzten Arbeit, dem Rundschreiben vom September 1924, erklärt er, daß bislang die Soziologie zu 95 Prozent aus Rationalisierungen bestanden habe und nur zu 5 Prozent aus Forschungen.

Dieser Zustand muß sich ändern, wenn jetzt die systematische Erforschung von Gruppenzusammenhängen zum Thema der Soziologie wird. SMALL entfernt sich hier von dem Konzept einer *scientia scientiarum*, von dem er, ebenso wie WARD, ausgegangen war, und weist der Soziologie eine Spezialaufgabe, eben die Erforschung der Gruppenaspekte menschlichen Verhaltens, zu. Das totale Sozialphänomen, in dessen Erforschung noch SUMNER und WARD ihre Aufgabe gesehen hatten, kann nicht Gegenstand der Wissenschaft sein. Sein Aufsatz *‹The Future of Sociology›* (‹Publications of the American Sociological Society›, 15, 1920) schließt mit dem Appell: *«We are bound together by common consciousness of a vocation to see that group aspects of human experience receive their dues in all attempts to interpret or to control human affairs»* (S. 193).

Ebenso vielgestaltig ist das Werk von FRANKLIN H. GIDDINGS (1855–1931). Einflüsse von COMTE, SPENCER, TARDE und DURKHEIM versucht GIDDINGS zu vereinen. Besonders einflußreich ist er durch sein Bemühen geworden, die statistische Erfassung sozialer Tatbestände im Sinne von QUETELET, GALTON, PEARSON und WATSON zur Grundlage soziologischer Erkenntnis zu machen. Die Gesellschaft ist für ihn die Vereinigung, die aus dem kollektiven oder pluralistischen Existenzkampf der Menschen hervorgeht. Auch er ist wie SMALL der Auffassung, daß dieser Vergesellschaftung eher psychologische als biologische Tatsachen zugrunde liegen, und sieht die Grundlage der Vergesellschaftung und der gesellschaftlichen Entwicklung im Gruppenbewußtsein verankert. Dieses Gruppenbewußtsein vollbringt bei GIDDINGS dieselbe Leistung, die SUMNER den *folkways* und WARD den sozialen Strukturen zugeschrieben hatte. Es wählt die Tüchtigsten im Lebenskampf aus, es kontrolliert das Verhalten aller, die in Handlungszusammenhängen stehen, und es ist die Grundlage der gesellschaftlichen Entwicklung, deren Ergebnisse in ihm weitergegeben werden. Das Gruppenhandeln der Menschen ist ursprünglich das Ergebnis natürlicher oder primärer Stimuli. Im Laufe der Entwicklung treten jedoch gegenüber den primären die sekundären Stimuli immer mehr in den Vordergrund. Jetzt wird aus dem Existenzkampf im Urwald das zunächst unbewußte und dann bewußte Streben nach Entwicklung der menschlichen Persönlichkeit. Die Entwicklung der Gesellschaft verwandelt «*a biological survival of the fit for the jungle into a historical survival of the better for human purposes ... the function of society is to develop and to safeguard the higher types of human personality*» (F. H. GIDDINGS, *Further Inquiries of Sociology*. ‹Publications of the American Sociological Society›, 15, 1920, S. 60).

Es gibt eine gesellschaftliche Entwicklung, die von dem Existenzkampf im Urwald bis zur Vereinigung der Menschen in einem ethischen Willen hinführt. Sinn der sozialen Kontrolle ist es, die Leistungsfähigkeit der Gesellschaft als Instrument für den Schutz und die Verbesserung des menschlichen Lebens zu steigern. Die Gesellschaft, sagt GIDDINGS, ist ein Mittel für ein bestimmtes Ziel, nämlich ein Instrument für das Überleben und die Verbesserung der Menschen durch fortdauernde Auswahl von Intelligenz und Sympathie. «*In the long run organized society by its approval and disapprovals, its pressures and achievements selects and perpetuates the types of mind and character that are relatively intelligent, tolerant and helpful, that exhibit initiative, that bear their share of responsibility and that effectively play their part in collective enterprise*» (GIDDINGS, a. a. O., p. 292). Der Ansatzpunkt, das Fundament der soziologischen Gewißheit, ist auch hier ein individual-psychologischer bzw. ethisch-moralischer. Das Gruppenbewußtsein deutet nicht auf eine Realität eigener Art hin, wie es bei DURKHEIM der Fall war, sondern ist psychologisch zu erklären. Soziologie wird von GIDDINGS auch als Psychologie der Gesellschaft bezeichnet. Ihr Gegenstand sind Ursprung, Prozeß, Ausmaß und Ergebnisse der Typenkontrolle, die innerhalb einer Gruppe von mehr oder weniger fest verbundenen Individuen stattfindet. Das Artbewußtsein oder Sozialbewußtsein ist nur Instrument für die Vervollkommnung der menschlichen Persönlichkeit und die Erleichterung des menschlichen Lebens. Von diesem individualistischen Ansatz findet GIDDINGS dann den Übergang zu dem Versuch, soziologische Gesetze im Sinne von QUETELET statistisch abzuleiten. In seinen Büchern ‹*Studies in the Theory of Human Society*› (1922) und ‹*The Scientific Study of Human Society*› (1924) erscheint die Soziologie als eine rein induktive Wissenschaft, die mit statistischen Methoden arbeitet. «*Pluralistic behavior is the subject matter of the psychology of society, otherwise called Sociology, a science statistical in method which attempts, first, to factorize pluralistic behavior, and, second, to explain its genesis, integration, differentiation and functioning by accounting for them in terms of the variables, (1) stimulation, and (2) the resemblance (more or less) to one another of reacting mechanisms.*» (*The Theory of Human Society*, S. 252)

Das Hauptproblem, das die amerikanische Soziologie in dieser Zeit beschäftigt, ist die Frage, ob das Verhalten des Menschen und der Funktionszusammenhang der Gesellschaft durch *nature or nurture*, durch Natur oder durch Kultur, zu erklären seien. Im wesentlichen ist man hier der Ansicht, daß der Einfluß der Natur überwiege und daß darum der Gesellschaftsprozeß als Naturprozeß entweder sich selbst überlassen werden müsse oder aber seine Gesetze als Naturgesetze zur Grundlage bewußter Manipulation verwendet werden könnten. Bei GIDDINGS deutet sich zwar an, daß man im Laufe der Entwicklung der Gesellschaft andere, höhere Prinzipien einführen müsse. Aber er selbst hat in seinem Neopositivismus, in seiner Reduktion der Soziologie auf individualpsychologische Tatsachen den Wechsel des Erklärungshorizontes, der sich hier immerhin andeutet, nicht vollzogen. Ganz konsequenter Reduktionist ist WILLIAM MCDOUGALL (1871–1938), dessen Buch ‹*An Introduction to Social Psychology*› (1908) großen Einfluß ausgeübt hat. Es erlebte in zehn Jahren vierzehn Auflagen; der letzte Neudruck erschien 1967. Ausgangspunkt für MCDOUGALL sind die Instinkte, die als «*prime movers of all human activity*» angesehen werden. Die sozialpsychologische Analyse der Instinkte – *reproductive and parental instincts, instinct of pugnacity, gregarious instinct, instincts through which religious conceptions affect social life, instincts of acquisition and construction* – führt zu dem Ergebnis: «*that the springs of all the complex activities that make up the life of societies must be sought in the instincts and in the other primary tendencies* (i. e. *imitation, play, habit,* F. J.) *that are common to all men and are deeply rooted in the remote ancestry of the race*» (a. a. O., 1967, S. 302). Letzter Bezugspunkt wissenschaftlicher Erklärung und Grund für die Gültigkeit wissenschaftlicher Aussagen sind natürliche Neigungen, Instinkte und Gewohnheiten, die sich in einem Schaubild, das den Charakter von John Doe darstellt, übersichtlich aufzeigen lassen. Aus diesen *conative tendencies* werden dann auch das Sozialverhalten der Menschen und die Integration der menschlichen Gesellschaften erklärt.

Die Problematik dieser und ähnlicher Erklärungen wurde jedoch von BERNARD aufgedeckt, der 1924 ein Buch mit dem Titel ‹*Instincts. A Study in Social Psychology*› veröffentlichte. Hier stellte er fest, er habe bei der Durchsicht von zweitausend zu diesem Thema erschienenen Schriften insgesamt 15 798 Instinkte gezählt, die in 6131 Kategorien geordnet waren. Für ihn und für E. FARIS (*Are Instincts Data or Hypotheses?* ‹Am. Journ. Soc.›, 27, 1921) sind Instinkte nur erklärende Annahmen, nicht aber beobachtbare Erscheinungen. Und der Wert dieser Annahmen zur Erklärung dieser Erscheinungen wird dadurch herabgesetzt, daß die Klassifikation höchst unklar und empirisch nicht belegt ist. Die Reduktion sozialen Verhaltens auf Naturanlagen wird überhaupt abgelehnt. Der Ansatz, das Verhalten eines Wesens, das uns nur als Kulturwesen begegnet, aus natürlichen Anlagen zu erklären, wird als ein Irrweg dargestellt. Diese Kritik der Instinktpsychologie läßt dann die interaktionistische Sozialpsychologie hervortreten, deren wichtigste Vertreter wir im nächsten Abschnitt behandeln werden.

Eine andere Konsequenz, die sich aus dem zunehmenden Zweifel am Reduktionismus ergibt, ist der Versuch, die Bedeutung kultureller Faktoren gegenüber natürlichen Anlagen stärker zu betonen. Hier ist zu erinnern an EDWARD A. ROSS (1866–1951). Ross veröffentlichte 1908 ebenfalls ein Buch mit dem Titel *‹Social Psychology›*. In ihm versucht er, die Kontrollprinzipien herauszuarbeiten, die eine Gruppe entwickelt, um das Verhalten ihrer Mitglieder zu regeln. Die Prinzipien, die die Wechselbeziehungen der verschiedenen Personen der Gruppe untereinander kontrollieren, bezeichnet er als Nachahmung, Beeinflußbarkeit und Gewohnheit. Das war im wesentlichen eine Ausarbeitung des Ansatzes, wie ihn SUMNER in seinen *‹Folkways›* gegeben hatte. Die gesellschaftlich bewegenden Kräfte sieht auch Ross in den Naturanlagen des einzelnen, seinen Bedürfnissen und Interessen, deren gesellschaftlicher Niederschlag in den sozialpsychologischen Prozessen zu suchen ist, mit denen die Gruppe Auswahl und Anpassung der Mitglieder kontrolliert. In seinen *‹Principles of Sociology›* (1926) betont er jedoch, daß diese bewegenden Antriebe kulturell überformt seien und daß es sogar Antriebe gebe, die gänzlich kulturellen Ursprungs seien. Die Veredlung der Instinkte, die Ross auch hier als ursprüngliche soziale Kräfte bezeichnet, und damit die Veredlung des Menschen und seiner Gesellschaft sind das Ergebnis kultureller bzw. gesellschaftlicher Entwicklung und das praktische Ziel, auf das die soziologische Einsicht verpflichtet ist. Für ihn wie auch für SUMNER und WARD gilt es als selbstverständlich, daß die Soziologie, im Dienste praktischer Ziele stehend, Werturteile zu vertreten habe. LEOPOLD VON WIESE bezeichnete Ross in seiner Einleitung zur deutschen Ausgabe der *‹Principles of Sociology›* als den «Ur-Yankee», der «die Probleme des Gesellschaftslebens ohne viel Spekulation resolut anpackt». In der damaligen Zeit der Weltanschauungskämpfe konnte das als eine Empfehlung verstanden werden.

Auch für WILLIAM F. OGBURN gibt es eine ursprüngliche Natur des Menschen, deren Erklärung von der Physiologie und der Psychologie gegeben wird. Er sieht jedoch, daß es sehr schwer ist, diese ursprüngliche

Natur des Menschen in den Griff zu bekommen und zur wissenschaftlichen Erklärung der menschlichen Gesellschaft heranzuziehen. Neben der psychologischen Natur führt er als selbständigen Faktor das soziale Erbe ein und bemerkt, daß die Erklärung immer beide Faktoren betreffen müsse. Das Schwergewicht liegt dabei nach seiner Ansicht auf dem kulturellen Faktor, wobei er allerdings feststellt, daß das Verständnis dieses kulturellen Faktors es ermöglichen werde, die menschliche Natur besser als bisher zu verstehen. Die Hauptthese in seinem Buch *‹Social Change›* (1922) ist, daß die menschliche Natur praktisch unveränderlich sei, während die materielle Kultur zu einer immer schnelleren Akkumulation tendiere. Es gibt keine Korrelation zwischen kulturellen Veränderungen und biologischen Veränderungen. Die kulturelle Entwicklung kann darum nicht auf eine biologische Entwicklung zurückgeführt werden. Die kulturelle Entwicklung unterliegt eigenen Gesetzen, und das Hauptproblem, das sich hier für OGBURN stellt, ist der sogenannte *cultural lag*. Die verschiedenen Teile der modernen Kultur verändern sich nicht gleichmäßig. Einige Teile verändern sich schneller als andere. Da insbesondere die Technik rasch fortschreitet, wird von ihr ein beständiger Druck zur Anpassung auf die anderen Gebiete der Kultur ausgeübt. Hatte MARX von einem Wechselspiel zwischen den Produktivkräften und den Produktionsverhältnissen gesprochen, so spricht OGBURN von einer Beziehung zwischen der *material culture* und der *adaptive culture*. In dem Maße, in dem die *adaptive culture*, die Institutionen und Werte einer Gesellschaft, dem Fortschritt der *material culture* nicht folgt, entsteht der *cultural lag*. OGBURN stellt hier eine Skala der nicht-materiellen Kultur auf. Die Wirtschaft paßt sich am leichtesten an, es folgen die Regierungsform, die Familienkultur, die Erziehung, die Philosophie und die Religion. Am schwersten anpaßbar sei die Kunst.

OGBURN war Schüler von GIDDINGS, und er beginnt mit einer Verbeugung vor dem traditionellen Reduktionismus. Die Beschäftigung mit den Entwicklungsproblemen der Kultur läßt ihn jedoch einen Ansatz finden, der ausdrücklich als Alternative gegenüber dem Ansatz des Sozialdarwinismus aufgefaßt wird. Da die Entwicklung und die Integration der Gesellschaft nicht aus den natürlichen Faktoren erklärt werden können, die der Sozialdarwinismus zugrunde gelegt hatte, treten neue, kulturelle Faktoren in den Vordergrund: Erfindung, Akkumulation von Erfindungen, Ausbreitung von Erfindungen und Anpassung an Erfindungen. Die Analyse dieser Faktoren bietet eine allgemeine soziologische Erklärung, die sich ausdrücklich nicht mehr als natürliche, sondern als kulturelle Erklärung versteht.

Als weiteren Autor, der noch in der Tradition steht, von der die Gründerväter ausgingen, nennen wir CHARLES A. ELLWOOD (1873–1946). Soziale Traditionen sind nach ihm der wichtigste Faktor, von dem her menschliches Verhalten interpretiert werden kann. Der soziale Prozeß besteht darin, diese Traditionen an die Stelle der ursprünglichen Naturkräfte zu setzen, so daß schließlich die Natur durch die Kultur, die erzwungene Anpassung durch die gelernte Anpassung abgelöst wird. Die Grundlagen der Gesellschaft sind in den Zielen des Menschen zu suchen, die von der menschlichen Intelligenz gesteuert werden können. Die Aufgabe der Soziologie besteht darin, wissenschaftliche Traditionen des sozialen Verhaltens zu entwickeln.

Der bedeutendste Vertreter einer kultursoziologischen Betrachtungsweise ist jedoch PITIRIM A. SOROKIN (1889–1968). Sein Hauptwerk ist das vierbändige ‹*Social and Cultural Dynamics*›, von dem die ersten drei Bände 1937, Band 4 1941 erschienen.[5] Die gesamte Geschichte der Menschheit wird hier unter der Voraussetzung behandelt, daß es sich in ihr um die Fluktuation einer großen Anzahl verschiedener Variablen handle. Diese Variablen werden aus ihrem Zusammenhang herausgenommen und in eine Klassifikation gebracht, die zeitlos gedacht ist. Auf diese Weise entstehen Fluktuationsreihen, in denen zum Beispiel gezeigt wird, daß die Kunst in Europa im 10. Jahrhundert 100 Prozent spiritualistisch, im 18. Jahrhundert aber zu knapp 80 Prozent sensualistisch war. Der Zusammenhang der verschiedenen kulturellen Phänomene, die SOROKIN analysiert, wird auf vier verschiedenen Ebenen untersucht. Die höchste Ebene ist die der logisch bedeutsamen Einheiten; denn auf dieser Ebene erhält eine bestimmte Kultur ihre Individualität, ihren besonderen Stil. Wenn wir die griechische Kultur des 5. Jahrhunderts vor Christi als einzigartig bezeichnen, bemerkt SOROKIN in seinem Aufsatz ‹*Forms and Problems of Culture-Integration and Methods of Their Study*› (in: ‹Rural Sociology›, 1, 1936, S. 352), so beziehen wir uns nicht vornehmlich auf die breite Schicht der Kennzeichen, die unterhalb der höchsten Ebene liegen. Wie die Griechen ihre körperlichen Bedürfnisse befriedigten, aßen, schliefen, arbeiteten, liebten, kämpften und ihren Lebensunterhalt verdienten, ist von zweitrangiger Bedeutung. Wir beziehen uns vornehmlich auf die besonderen, logisch bedeutungsvollen Systeme, die von ihren großen Denkern und Künstlern geschaffen wurden.

Man kann der Ansicht sein, daß SOROKIN hier gerade den soziologisch bedeutungsvollen Aspekt vernachlässigt, aber es ist nicht zu übersehen, daß seine Methode prinzipiell auch für diesen Aspekt offen ist, wenngleich er in seiner Analyse sicherlich eine nur zweitrangige Bedeutung hat. SOROKIN ist Moralist in einem anderen, nämlich philosophischen Sinne, als es etwa WARD oder SMALL waren. Diese waren Moralisten in dem Sinne, daß sie die Soziologie in den Dienst des geplanten sozialen

---

5 Eine paradigmatische Zusammenfassung einiger seiner Thesen findet sich in: P. A. SOROKIN, *The Fluctuation of Idealism and Materialism in the Greco-Roman and European Cultures from 600 B. C. to 1920 A. D.* In: Reine und angewandte Soziologie, eine Festgabe für F. Tönnies, 1936.

Wandels stellen und diesem Wandel bestimmte Werte als notwendig vorschreiben wollten. SOROKINS Analyse ist ausdrücklich ahistorisch und in seiner Grundthese, daß es in der kultursoziologischen Erklärung um die Darstellung der Fluktuation von Variablen gehe, auch antievolutionistisch. Die gesellschaftliche Integration und der gesellschaftliche Fortschritt – Probleme, die im Zentrum des Denkens von SPENCER, COMTE und deren Nachfolgern standen – interessieren SOROKIN nicht. Ihm kommt es darauf an, die Integration nach einem feststehenden Schema als gut oder schlecht zu bewerten und die Fluktuation von Variablen darzustellen, die sich ebenfalls vor dem Hintergrund von moralischen Maßstäben abspielt. So sind etwa die religiöse Kunst, familiäre oder gemeinschaftliche Sozialbeziehungen und philosophischer Idealismus gut, ihre Entgegensetzungen aber schlecht. Im Grunde kreist alles um den Gegensatz zwischen Sinnlichkeit und Idealität, einen Gegensatz, hinter dem man, wenn man will, den Gegensatz zwischen Universalität und Partikularität, Konsensus und Dissens sehen kann, der aber in der speziellen Form, in der er bei SOROKIN auftritt, mehr philosophischen als soziologischen Charakter hat. In der Anklage der gegenwärtigen westlichen Zivilisation als einer hedonistischen oder relativistischen steht SOROKIN gewiß im Kreis der Soziologen seiner Zeit nicht allein. Aber seine Methode, die bewußt von soziologischen Fragestellungen absah, und der Reichtum oder wenn man so will, die Unübersehbarkeit des von ihm verwendeten Materials legten doch eine Grenze zwischen ihn und die anderen Soziologen. SOROKIN ist, ähnlich wie BERDJAJEW, mit dem er in den Motiven seiner Geschichtsinterpretation übereinstimmt, im Grunde ein religiöser Denker. Aber anders als ROUSSEAU oder SOREL, mit denen er in dieser Hinsicht vergleichbar ist, gelang es SOROKIN nicht, für seine Zeit eine Idee zu erarbeiten, in deren Licht sie sich selbst besser verstehen konnte. SOROKIN war nicht der Mann, um, wie ROUSSEAU oder SOREL, dem Establishment seiner Tage mit Leidenschaft und einer klaren Alternative entgegenzutreten. Und die Problematik seiner Methode trat immer mehr zutage, je mehr sich die Soziologie auf spezielle, empirisch überprüfbare Fragestellungen zurückzog.

THORSTEIN B. VEBLEN (1857–1929) war ein soziologisch interessierter Nationalökonom. Unbefriedigt von der herrschenden ökonomischen Theorie seiner Tage, machte er es sich zur Aufgabe, Sinn und Widersinn gesellschaftlicher Institutionen zu beschreiben und die Idee einer rational institutionalisierten Gesellschaft zu entwerfen. Auch er geht davon aus, daß das Verhalten des Menschen letztlich aus bestimmten instinktiven Veranlagungen zu erklären sei, in deren Zentrum der *«instinct of workmanship»* steht. In der Einleitung zu seinem ersten und vielleicht bekanntesten Buch, *‹The Theory of the Leisure Class›* (1889), bemerkt VEBLEN, daß jedermann aus natürlicher Notwendigkeit ein handelndes Wesen sei. Jedermann strebe danach, irgend etwas Konkretes,

Objektives zu erreichen, und habe deswegen eine Zuneigung zu produktiver Arbeit und eine Abneigung gegenüber vergeblichen Anstrengungen. «*He has a sense of the merit of serviceability or efficiency and of the demerit of futility, waste, or incapacity. This aptitude or propensity may be called the instinct of workmanship.*» Der Konflikt dieses Strebens nach produktiver Leistung mit den gesellschaftlichen Institutionen, insbesondere den Institutionen des Geldes und der Hochfinanz, steht im Zentrum seines Werkes, dessen Grundstimmung mit der Kulturkritik von ROUSSEAU und MARX zu vergleichen ist.

Für VEBLEN liegt der entscheidende Bruch in dem Übergang vom friedlichen Stadium der Wildheit zu einer kriegerischen und ausbeuterischen Lebensführung. Die Lebensführung durch produktive Arbeit, die der Natur des Menschen entspricht, wird jetzt verächtlich. Kampf, Unterwerfung, Ausbeutung, dementsprechend das Prahlen mit Besitz, Macht und Konsum werden entscheidend für das Leben der Gesellschaft. Das Naturverhältnis: würdige Arbeit, entwürdigender Müßiggang, kehrt sich jetzt um. Die Arbeit wird entwürdigend und der Müßiggang, die «*conspicuous consumption*», zum eigentlichen Lebensinhalt. In der Gegenwart wird diese Verkehrung der Werthaltung zum eigentlichen Hindernis der weiteren wirtschaftlichen und gesellschaftlichen Entwicklung. Die Technik schreitet voran, die Institutionen und Werte der Gesellschaft passen sich ihr nicht an. Das Ergebnis sind die Krisen, aus denen nur eine radikale Änderung der Institutionen einen Ausweg verspricht. VEBLEN ist der Begründer der amerikanischen Bewegung der Technokratie, die unter dem Einfluß der Depression in den dreißiger Jahren vorübergehend größere Bedeutung erlangte.[6] Die Emanzipation der Ingenieure von dem Profitstreben der Kapitäne der Hochfinanz wird hier als die Lösung der sozialen Probleme der Gegenwart vorgeschlagen. In seiner Einleitung zu der Ausgabe von 1953 der ‹*Theory of the Leisure Class*› bemerkt C. WRIGHT MILLS über diese technokratische Theorie: «*He failed to recognize the terrible ambiguity of rationality in modern man and society.*» VEBLEN habe angenommen, daß die Arbeiter, Ingenieure und Techniker die Verkörperung der Vernunft sein würden und daß sie sich die Institutionen aneignen könnten. Er übersah, daß die zunehmende Rationalität der Maschinenwelt keineswegs bedeutet, daß die Individuen, die diese Maschinen beaufsichtigen, persönlich rationaler oder intelligenter geworden seien. VEBLEN war einer der letzten, die daran glaubten, daß die Vernunft eine objektive Macht mit angebbarem Inhalt sei. Sein Gesellschaftsbild war darum ebenso übersichtlich wie soziologisch problematisch. In der Analyse des menschlichen Verhaltens und gesellschaftlicher Institutionen hat er freilich großen Scharfsinn bewiesen und setzt auch hierin die Tradition der Entmythologisierung

6 Vgl. J. DORFMAN, *Thorstein Veblen and his America.* 1934.

fort, die seit dem 18. Jahrhundert untrennbar mit der Soziologie verbunden ist.

Die Entwicklung der Soziologie als einer akademischen Disziplin in England geht, so bemerkt GINSBERG, wesentlich auf HOBHOUSE zurück.[7] LEONARD T. HOBHOUSE (1864–1929) entwickelte seine Soziologie, ähnlich wie SPENCER und WARD, als Teil eines allgemeinen Schemas der Evolution. Unter Evolution, so schreibt HOBHOUSE in seinem Buch *‹Social Evolution and Political Theory›* (1913, S. 33), verstehe er jede Art von Wachstum, und unter sozialem Fortschritt die Entwicklung des sozialen Lebens im Hinblick auf die Qualitäten, denen die Menschen rationalerweise sich verbunden fühlen und ihnen Wert beimessen. Soziologie ist hier, ebenso wie bei COMTE, die Wissenschaft des menschlichen Fortschritts. Seine Kernthese lautet, daß es in der menschlichen Geschichte eine Entwicklung gibt, die von kritiklos übernommenen, ethisch zweideutigen Sitten zur rationalen Ordnung des Verhaltens führt. Im Gegensatz zu SPENCER und ähnlich wie COMTE und WARD glaubt HOBHOUSE, daß diese Entwicklung in der Gegenwart die zunehmende bewußte Kontrolle der Gesellschaft durch den Menschen bedeutet. Es gibt ein allgemeines Entwicklungsgesetz der Natur, das auch für die menschlichen Gesellschaften gilt. In seinem Buch *‹Mind in Evolution›* (1901) stellt er die Entwicklung auf dem Gebiet des organischen Lebens dar, wo sie von unbewußten Bemühungen bis hin zu einem artikulierten Willen geht, und in seinen *‹Principles of Sociology›* (1918–1924) wird dieses Prinzip auf die Gesellschaft übertragen. Das Problem der gesellschaftlichen Entwicklung sieht er in einer immer höheren Synthesis von Individuum und Gesellschaft im Laufe der Entwicklung. Das Ziel ist die gesellschaftliche Harmonie, die sich auf die freie und rationale Zusammenarbeit der Menschen gründet.

Lag das Schwergewicht bei HOBHOUSE auf einer philosophischen Theorie der Evolution in Anlehnung an SPENCER und COMTE, so lag es bei EDWARD WESTERMARCK (1862–1939) auf der vergleichenden Völkerkunde im Stile von FRAZER und TYLOR. In seinem Buch *‹The Origin of Human Marriage›* (1889) versucht er die Abhängigkeit der Moral von den sozialen Institutionen zu beweisen und zugleich, daß es eine allgemeine Grundlage menschlicher Moral gebe, die etwa Mord und Diebstahl verbiete und Großzügigkeit und gegenseitige Hilfe positiv bewerte. Die wichtigste theoretische Quelle für ihn ist ADAM SMITH mit seiner *‹Theory of Moral Sentiments›*, von der er die Grundthese übernimmt, daß Sitten und Gebräuche die entscheidenden Faktoren sind, die unsere Gefühle sozialisieren. WESTERMARCKS Theorie war schwierig, weil sie versuchte, einen ethischen Relativismus mit der Annahme zu vereinen, daß es ab-

---

7 M. GINSBERG, *Reason and Unreason in Society. Essays in Sociology and Social Philosophy*. 1947, S. 55 f.

solute ethische Maßstäbe gebe, die in der Geschichte der Völker aufweisbar seien. Gegen diese Ansicht, die Monogamie und Familie als universelle Kategorien darzustellen unternahm, trat R. BRIFFAULT mit seinem dreibändigen Werk ‹*The Mothers*› (1927) auf, in dem er nachzuweisen versuchte, daß nicht die vom Vater beherrschte Familie, sondern die biologische Gruppe, die sich um die Mutter formt, die ursprüngliche Einheit primitiver Völkerschaften sei.

MORRIS GINSBERG (geb. 1889), der Nachfolger von HOBHOUSE auf dem Lehrstuhl für Soziologie an der London School of Economics, vertritt einen Ansatz, der sich im wesentlichen an der Evolutionstheorie von HOBHOUSE und der Instinkttheorie von MCDOUGALL orientiert. Gegenstand der Soziologie ist das Gewebe menschlicher Beziehungen und Handlungen. Aufgabe der Soziologie ist die Interpretation des sozialen Lebens als eines Ganzen mit dem Ziel, die Bedingungen rationaler Selbstbestimmung des Menschen in der Gesellschaft zu erkennen. Die Trennung von Soziologie und Psychologie wird ausdrücklich abgelehnt.[8] Die Kernthese ist schon in seinem Buch ‹*The Psychology of Society*› (1921), daß das Konzept eines Gruppengeistes, das GIDDINGS von DURKHEIM übernommen hatte, in der Soziologie keinen Wert habe. Ausgangspunkt der soziologischen Erklärung sind die menschlichen Instinkte, die zwar ausdrücklich als nicht starr angesehen werden, deren wesentliches Kriterium aber, daß sie nämlich zur Natur des Individuums, nicht zu der der Gesellschaft gehören, beibehalten wird. «*Les lois fondamentales de la sociologie seraient, me semble-t-il dans cette conception, les lois de l'interaction des esprits individuels*» (GINSBERG, *L'individu*, a. a. O., S. 159).[9] Dieser individualpsychologische Ansatz wird, ähnlich wie in der Beziehungslehre, dann ergänzt durch den Versuch, die allgemeinen Formen sozialen Zusammenlebens der Menschen zu klassifizieren.

Die Gründerväter der amerikanischen Soziologie hatten je auf ihre Art und Weise versucht, Entwicklung und Charakter der Vergesellschaftung in großen Theorien darzustellen. Sie hatten in diesem Sinne eine Tradition rezipiert, die in Europa selbst schon fragwürdig geworden war und die darüber hinaus im Widerspruch zu amerikanischen Denkgewohnheiten selbst stand. Die Rezeption der Theorien von SPENCER und COMTE bedeutete gewissermaßen die Kultivierung eines Gebietes, um das sich die Amerikaner aus ihren eigenen Traditionen heraus nicht gekümmert hatten, weil sie, wie es TOCQUEVILLE im 20. Kapitel seines Buches ‹*De la démocratie en Amérique*› feststellt, daran gewöhnt waren, selbst die Wahrheit zu suchen und die öffentliche Meinung über einen

---

8 Vgl. M. GINSBERG, *L'individu et la société*. In: Bulletin International des Sciences Sociales, 6, 1954.

9 Vgl. hierzu auch M. GINSBERG, *Sociology*. 1934, Kap. IV: *The psychological basis of social life.*

Sachverhalt anzuerkennen. TOCQUEVILLE faßt diese Tradition mit den Worten zusammen: In dem Prinzip der Gleichheit unterscheide ich deutlich zwei Tendenzen: die eine führt den Verstand eines jeden auf selbständige Gedanken, die andere neigt dazu, ihm das Denken überhaupt zu verbieten. Aufforderung zur Selbständigkeit im Denken auf der einen Seite und Kontrolle dieses Denkens durch die öffentliche Meinung, die weitgehend von praktischen Erwägungen beherrscht wird, auf der anderen Seite – das sind die beiden Momente, die es mit sich bringen, daß man, wie es TOCQUEVILLE ausdrückt, sich nirgendwo anders weniger um Philosophie kümmert als in den USA. Die Gleichheit, so bemerkt TOCQUEVILLE, führt dazu, alles, was die Grenzen des Verständnisses übersteigt, auszuschalten, alles als sinnlos und störend zu behandeln, was zwischen ihnen und der Wahrheit steht.

Die Lehren von SPENCER und seinen Nachfolgern waren in diesem Sinne weniger als Ausdruck einer kritisch geprüften Lehrmeinung, denn als Verallgemeinerung einer gegebenen Lebenserfahrung mit Beifall bedacht worden, wobei der Vergleich des Sozialdarwinismus mit der von MARX so genannten Vulgärökonomie naheliegt. In dem Maße jedoch, in dem diese Lehren sich dogmatisch verfestigten und die ihnen zugrunde liegende Lebenserfahrung sich veränderte, mußte ihre Überzeugungskraft abnehmen und parallel damit das alte Mißtrauen gegenüber abstrakten Systemen durchbrechen. Das bedeutete nicht nur, daß die Soziologie sich immer mehr als eine empirisch an Einzelproblemen orientierte Wissenschaft verstand, sondern auch, daß ein neuer, undogmatischer und in diesem Sinne von allen europäischen Traditionen abgegrenzter Theoriebegriff zu entwickeln versucht wurde. Diese Wendung vollzieht sich im Pragmatismus, der im letzten Drittel des 19. Jahrhunderts entsteht und dessen wissenschaftstheoretische Konsequenzen bis hin zu POPPER zu verfolgen sind. Er greift auf die undogmatische und aktivistische Tradition zurück, durch die sich die USA von der europäischen Leidenschaft für Systeme und Theorien getrennt wußten. Die system- und begriffskritische Haltung, die der Empirismus nur naiv voraussetzt, wird hier reflektiert, und insofern ist der Pragmatismus die interessanteste und folgenreichste Entwicklung, die sich in den USA bis zur Gegenwart ereignet hat. Die Grundzüge seiner Tradition sind, wie es BAUMGARTEN gezeigt hat, schon bei FRANKLIN vorhanden. Abstrakte Prinzipien sind hier, wie es CHAUNCEY WRIGHT, der intellektuelle Führer des von PEIRCE gegründeten Metaphysical Club erklärte, nur insofern von Bedeutung, als sie unsere konkreten Kenntnisse vermehren. Ideen sind Instrumente, um Wahrheiten zu finden, nicht Zusammenfassungen der Wahrheit. Das ist der Ansatz des Pragmatismus, der von CHARLES S. PEIRCE (1839–1914), WILLIAM JAMES (1842–1917) und JOHN DEWEY (1859–1954) in zum Teil offener Polemik gegen die europäische Tradition von HEGEL, SPENCER und COMTE entwickelt wird.

Der geistige Vater des Pragmatismus ist PEIRCE, der in ‹The Popular Science Monthly›, 12. Jan. 1878, den zentralen Aufsatz *‹How to Make Our Ideas Clear›* veröffentlichte. Hier wurde das Wort Pragmatismus eingeführt als Bezeichnung für eine Methode, die schwierige Begriffe und abstrakte Konzeptionen klären sollte. Klar, so stellt PEIRCE fest, sind weder landläufige Vorstellungen noch Sinnesdaten, sondern allein die Wirkungen, die in einem Experiment erzeugt werden können. Wenn wir wissen, was für Wirkungen eine bestimmte Sache oder Idee hervorbringt, dann wissen wir alles, was wir von dieser Idee oder Sache wissen können. Wenn etwa definiert werden soll, was ein bestimmtes chemisches Element, zum Beispiel Lithium, ist, dann müssen wir die Operationen beschreiben, mit denen wir dieses Element erhalten. Es handelt sich hier, wie PEIRCE bemerkt, weniger um eine Definition als vielmehr um eine Vorschrift, die brauchbarer ist als eine Definition. Sie sagt uns, was wir tun müssen, um den Gegenstand in der Erfahrung zu erhalten, den wir mit einem bestimmten Wort meinen.

Pragmatismus hat bei PEIRCE wenig mit dem Pragmatismus gemeinsam, von dem man sich vorstellt, daß er darauf abziele, das menschliche Denken auf unmittelbar nützliche Zusammenhänge zu verpflichten. Pragmatismus ist vielmehr eine Regel, nach der die Zulässigkeit von wissenschaftlichen Hypothesen geprüft wird. Zugelassen werden klare Hypothesen, und klar sind die Hypothesen, bei denen wir wissen, wie wir sie beweisen oder widerlegen können. Aus diesem Grunde hat das Experiment eine fundamentale Bedeutung; denn nur die Hypothesen, die experimentell beweisbar bzw. widerlegbar sind – POPPER wird diesen Gedanken weiterentwickeln –, sind klar. Die Besonderheit des Pragmatismus von PEIRCE besteht nun darin, daß er einsah, daß die Beobachtungen, auf die sich wissenschaftliche Hypothesen beziehen müssen, nicht einfach partikulare Ereignisse sein können, die sich irgendwann einmal ereignen, sondern daß unter Wiederholung der Versuchsanordnung diese Ereignisse beliebig wiederholbar sein müssen. Hinter dem Anspruch auf Klarheit von wissenschaftlichen Hypothesen, die der Pragmatismus von PEIRCE zum Ziele hat, steht die Voraussetzung, daß es allgemeine Naturgesetze gebe, die unabhängig von diesen oder jenen konkreten Ereignissen eigene Wahrheit haben. Wahrheit ist, wie es PEIRCE betont, öffentliche oder allgemeine Wahrheit. Sie gilt für die *«community of scientists»*, d. h. für alle, die wissenschaftliches Denken gelernt haben. Das Experiment produziert nicht einfach Phänomene, sondern Wahrheiten. *«Indeed, it is not in experiment, but in* experimental phenomena, *that rational meaning is said to consist. When an experimentalist speaks of a* phenomenon, ... *he does not mean any particular event that did happen to somebody in the dead past, but what* surely will *happen to everybody in the living future who shall fulfill certain conditions. The phenomenon consists in the fact that when an experi-*

mentalist shall come to act *according to a certain scheme that he has in mind, then will something else happen, and shatter the doubts of sceptics, like the celestial fire upon the altar of Elijah*» (CH. S. PEIRCE, *Collected Papers*. Cambridge, Massachusetts 1960, 5. 425).

Wissenschaftliche Wahrheit, so wird es MAX WEBER später formulieren, ist das, was für die gilt, die Wahrheit wollen. Der Experimentalist ist bei PEIRCE derjenige, der Wahrheit will und wollen kann, weil es diese in objektiven Naturgesetzen gibt. Der Pragmatismus ist insofern hier den höchsten Idealen der Erkenntnis verpflichtet, die unser Denken seit den Tagen PLATONS beherrschen. Was für PLATON die Idee ist, der sich das Denken erkennend annähert, sind für PEIRCE die Naturgesetze. Im Gegensatz dazu[10] ist das Ziel von WILLIAM JAMES nicht, Regeln anzugeben, um wissenschaftliche Wahrheit zu suchen, sondern eine bestimmte Art von Phänomenen mit dem Attribut wahr auszuzeichnen. Wahr ist das, was nützlich ist, was einen bestimmten *cash value* hat. Der entscheidende Unterschied zwischen PEIRCE und JAMES, so stellt GALLIE (S. 150) fest, besteht darin, daß beide in der Alternative zwischen Realismus und Nominalismus eine entgegengesetzte Haltung einnehmen. Für PEIRCE gibt es Naturgesetze, die unabhängig von unseren Gedanken Realität haben. Für JAMES hingegen besteht die Realität nur aus individuellen Existenzen. JAMES war ausgebildeter Psychologe, und allgemeine Ausdrücke erschienen ihm nur als symbolische Verkürzungen für Realitäten, die in Wirklichkeit aus psychologischen Einzeltatsachen bestanden. Gegenstand der Erfahrung und mögliches Ziel wissenschaftlicher Erkenntnis sind einzelne Erfahrungstatsachen und Zusammenhänge zwischen diesen Erfahrungstatsachen, nicht aber allgemeine Gesetze, die eine Wahrheit unabhängig von diesen Tatsachen konstituieren. War das eigentliche Motiv von PEIRCE ein wissenschaftstheoretisches, nämlich die Klärung von Begriffen, so ist das eigentliche Motiv von JAMES ein moralisches, nämlich der Aufstand gegen das deterministische Weltbild, wie es im 19. Jahrhundert entstanden war.

Bei WILLIAM JAMES und JOHN DEWEY erhält der Pragmatismus die spezifisch utilitaristische und aktivistische Bedeutung, die später als Synonym für den Pragmatismus überhaupt angesehen wurde. Unsere Überzeugungen und auch unsere wissenschaftlichen Hypothesen rechtfertigen sich nicht vor einer gegebenen Wirklichkeit, sondern durch ihre soziale, moralische oder biologische Nützlichkeit. Dort, wo eine solche Rechtfertigung nicht gelingt, tritt die moralische Entscheidung für einen bestimmten Wert ein, der auf der Linie des Wachstums liegen muß. Wachstum ist bei DEWEY das einzige moralische Endziel. Für JAMES ist die Wahrheit eine Spezies des Guten, und das Wesen des Guten liegt in

---

10 Für die Herausarbeitung des Gegensatzes zwischen PEIRCE und JAMES verweisen wir auf W. B. GALLIE, *Peirce and Pragmatism*. 1966.

der Befriedigung eines bestimmten Verlangens. Hatte PEIRCE aus wissenschaftstheoretischen Gründen sich auf die Realität von Naturgesetzen bezogen, so ist für JAMES aus moralischen Gründen das Universum durch Unsicherheit und Pluralismus gekennzeichnet. Inbegriff der Wirklichkeit sind nicht allgemeine Gesetze, auf deren Erkenntnis wissenschaftliche Hypothesen abzielen, sondern einzelne und insofern pluralistische Erfahrungstatsachen. Der Pluralismus, so stellte es JAMES in seiner Schrift ‹*A Pluralistic Universe*› (1909) fest, stellt die Realität wieder her, die an das Absolute entfremdet worden war. Pluralismus bedeutet radikalen Empirismus, und die Pointe des radikalen Empirismus besteht darin, daß er, der nur einzelne «*bits of experience*» als real ansieht, den moralischen Appell des Lebens wiederherstellt. W. CORELL zieht in seiner Einleitung zur deutschen Ausgabe von DEWEYS ‹*Experience and Education*› (1963) richtig die Parallele zu FICHTE. Ähnlich wie FICHTE gegen KANT polemisierte, polemisiert der Pragmatismus von JAMES und DEWEY gegen die im 19. Jahrhundert entstandene und zu einem Alpdruck gewordene Vorstellung, daß die Wirklichkeit des Menschen unter einer strengen Gesetzlichkeit stehe. Der Pragmatismus will gegenüber einer solchen Weltanschauung die Verantwortlichkeit des Menschen als eines moralisch handelnden Wesens wiederherstellen. Das Denken ist nicht wesentlich Erkenntnisprozeß, der sich auf eine Wahrheit bezieht, sondern Glied eines Handlungsvorganges, der auf Schwierigkeiten stößt und sie überwindet. Theorie und Praxis sind hier – wie bei FICHTE und MARX – eins. Theorie ist Instrument zu nützlichen Zwecken, Praxis soll wissenschaftlich durchleuchtete und gelenkte Praxis werden. Eine allgemeine Theorie der Realität ist weder möglich noch nötig; es genügt, Sätze zu haben, die in einem konkreten Handlungszusammenhang von praktischer Bedeutung sind.

JAMES und DEWEY verlagern das Schwergewicht des Pragmatismus von dem wissenschaftstheoretischen Ansatz, den PEIRCE gewählt hatte, auf das moralische Gebiet. PEIRCE zog es deswegen vor, später von Pragmatizismus zu sprechen, weil dieser Ausdruck so häßlich sei, daß er nicht auch gekidnappt werden würde. DEWEY gehört, wie es LUDWIG MARCUSE (Amerikanisches Philosophieren, a. a. O., S. 133) bemerkt, weniger zu der Societas Scientiae als zu der «alten Sekte der Menschen-Befreier». Der eigentliche Sinn einer Theorie liegt in dem Ethos, das sie ermöglicht bzw. fordert. Der Pragmatismus von JAMES und DEWEY macht in diesem Sinne den moralischen Appell deutlich, der in den Theorien von SUMNER, WARD u. a. verdeckt worden war. Die klassische Formel von MARX und ENGELS (Heilige Familie, 1953, S. 207): «Wenn der Mensch von den Umständen gebildet wird, so muß man die Umstände menschlich bilden», erhält hier eine aktuelle, auf die Werte der amerikanischen Gesellschaft zugeschnittene Bedeutung. Der Wissende, so hatte JAMES erklärt, ist ein Handelnder. Und Ziel der Handlungen, und damit auch

Inbegriff der Wahrheit, ist die Nützlichkeit, die *utility* oder der *cash value* einer bestimmten Hypothese.

Die Konsequenz des Pragmatismus in dieser Form ist es nicht nur, Regeln anzugeben, nach denen Erkenntnis angestrebt wird, sondern vor allen Dingen den Erkennenden auf bestimmte moralische Ziele festzulegen. Wenn Hypothesen die Wahrheit ‹machen›, die sie erklären, wenn der Verstand als wahrheitsschaffender, spontaner Verstand gegenüber einer Unendlichkeit von Ereignissen zu begreifen ist, dann – wie es JAMES ausdrückt – «*its judgments of the* should-be, *its ideals, cannot be peeled off from the body of the* cognitandum» (*Collected Essays and Reviews.* 1920, S. 67). Die moralische Erziehung des Wissenden – darin eingeschlossen die Sozialkritik gegenüber der bestehenden Gesellschaft – ist darum die eigentliche Aufgabe des Pragmatismus, der so zu einer Gesellschaftslehre zurückfindet, wie wir sie in ähnlicher Form in der französischen Aufklärung des späten 18. Jahrhunderts kennengelernt haben. Wahrheiten, die von Werten geprägt, und Theorien, die als Instrumente verstanden sind, rechtfertigen den Versuch, unter der Bezeichnung Pragmatismus die Aufklärung weiter voranzutreiben, aus einer lebensfernen Theorie eine Theorie im Dienste des Progressismus und des *New Deal* zu machen.

Sowohl JAMES als auch DEWEY enden bei der Vorstellung eines funktionalen Sozialismus, einer Gesellschaft, in der freie Individuen durch wissenschaftliche Manipulationen zu einer friedlichen Zusammenarbeit gebracht werden: «*The reign of peace and the gradual advent of some sort of socialistic equilibrium*», wie es WILLIAM JAMES in seinem Vortrag ‹*The Moral Equivalent of War*› (1910) bemerkte (in: *Memories and Studies.* 1924, S. 286). «*Anything that obscures the fundamentally moral nature of the social problem*», so schreibt JOHN DEWEY (*Freedom and Culture.* 1939, S. 172), «*is harmful.*» Das war nun freilich weit entfernt von dem Pathos, quasi-naturwissenschaftlich sein zu wollen, in dem die Gründerväter ihre Arbeit begonnen hatten. Aber man muß sich doch fragen, ob nicht auch sie von einem im Grunde moralischen Appell geleitet worden waren, den sie sich nur hinter dem Mantel strenger Wissenschaftlichkeit verborgen hatten, der aber zutage trat, als dieser Mantel fadenscheinig geworden war. In dem Maße, in dem die großen Theorien der Gründerväter nicht mehr überzeugten und der Anspruch auf Wissenschaftlichkeit von den Empirikern appropriiert wurde, geht der moralische Appell ihres Werkes auf den Pragmatismus über, in dem der Aktivismus und Optimismus der amerikanischen Tradition weiterleben.

2. Die Empiriker

Wie wir schon gesehen haben, hat die empirische Sozialforschung in England eine Geschichte, die bis in das 18. Jahrhundert zurückreicht. Praktische Bedürfnisse und philosophische Traditionen führten hier dazu, daß der Erfahrung ein größeres Gewicht beigemessen wurde als auf dem Kontinent. Als sich im 19. Jahrhundert unter dem Einfluß des sozialen Wandels ein Bruch zwischen Theorie und Empirie ankündigt, ist man zuerst in England bereit, den Theoriebegriff so zu modifizieren, daß die Polarisierung, die das Bild namentlich in Deutschland beherrscht, die Spannung zwischen Ethoswissenschaft und empirischer Sozialforschung, vermieden wird. John Stuart Mill, der führende Kopf in der Mitte des 19. Jahrhunderts, reduziert den Theoriebegriff auf einen abstrakt hypothetischen, womit er sich gegenüber der klassischen Tradition des 18. Jahrhunderts ebenso abgrenzt wie gegenüber dem Positivismus von Comte. W. Whewell bemerkt in seiner ‹*History of Scientific Ideas*› (1858, 2. Bd., S. 198), daß Definitionen nicht die Grundlage der Erkenntnis, sondern der Ausgangspunkt der Forschungen seien und daß ihre Bedeutung erst an den Ergebnissen von Beobachtungen deutlich gemacht werden könne. Von hier bis zum Pragmatismus von Peirce war nur noch ein kleiner Schritt.

Was wirklich ist, wird durch methodische Sammlung von Erfahrungsdaten, nicht durch theoretische Spekulationen erkannt. In diesem Sinne wächst der *Social Survey*, ähnlich wie bei Le Play in Frankreich, aus einer empirischen und antispekulativen Behandlung der sozialen Frage heraus. In ihm erneuert sich die lange Tradition des englischen Empirismus ebenso wie der praktische Eifer der *Philosophical Radicals*. Hintergrund ist das Verblassen der Erwartungen, die man mit der Victorianischen Ära verbunden hatte, einer Ära, die zwar mit großem äußeren Glanz, aber doch mit inneren ungelösten sozialen Problemen zu Ende geht. Charles Booth (1840–1916) geht aus von der Hilflosigkeit der Gesellschaft gegenüber der sozialen Frage – einer Hilflosigkeit, die zugleich auch das theoretische Vorverständnis seiner Zeit bezüglich der gesellschaftlichen Bedingungen der Armut ausdrückt. «*With regard to the disadvantages under which the poor labour, and the evils of poverty, there is a great sense of helplessness: the wage earners are helpless to regulate their work and cannot obtain a fair equivalent for the labour they are willing to give; the manufacturer or dealer can only work within the limits of competition; the rich are helpless to relieve want without stimulating its resources. To relieve this helplessness a better stating of the problems involved is the first step*» (Ch. Booth, *Labour and Life of the People*. Vol. I, 1889, S. 6).

Das zahlenmäßige Verhältnis der armen zu den wohlhabenden Kreisen und die allgemeine Beschreibung der Bedingungen, unter denen die verschiedenen Gesellschaftsschichten leben, gibt BOOTH als das Ziel seines *Social Survey* an. Er will feststellen, wieviel Armut es in einem bestimmten Stadtbezirk Londons gibt, und den sozialen Standort dieser Armut ermitteln. Seine hauptsächlichsten Quellen bestanden aus Berichten der Schulaufsichtsbehörden, bei denen die Praxis bestand, zwei oder drei Jahre, bevor die Kinder das schulpflichtige Alter erreichten, einen Besuch im Elternhaus durchzuführen und die sozialen Bedingungen, unter denen die Kinder lebten, zu erheben. Da diese Besuche laufend fortgesetzt wurden, hatten die Behörden einen recht guten Überblick über die sozialen Lebensbedingungen besonders der ärmeren Bevölkerung. Die Schulaufsichtsbehörden klassifizierten das so gewonnene Material nach dem Beruf und den Einkommensverhältnissen der Familie, und BOOTH ergänzte diese Daten durch zusätzliche Sekundärquellen: den Zensus und die Statistik der Armengesetzgebung. Zusätzlich führte er eigene Beobachtungen in den Armenvierteln durch, die sich allerdings auf die Erhebung des äußeren Augenscheins beschränkten. Interviews wurden nicht veranstaltet.[11]

Das Ergebnis seines *Social Survey* war ein Überblick über die Verteilung der Bevölkerung Ost-Londons auf acht Bevölkerungsschichten, von denen die vier unteren Schichten A bis D, in denen die Armut zusammengefaßt war, mehr als 35 Prozent der Bevölkerung ausmachten. In einzelnen Distrikten war der Anteil dieser Armut noch höher und betrug fast 50 Prozent der Einwohnerschaft. Die Armen, so definiert BOOTH, sind diejenigen, die beständig darum kämpfen müssen, die elementaren Notwendigkeiten des Lebens zu erlangen, während die sehr Armen in einem Zustand beständiger Not leben. BOOTH unterläßt es jedoch nicht, darauf hinzuweisen, daß Armut und Arbeiterklasse zwei verschiedene soziologische Kategorien sind. Es ist, so bemerkt er, der Plan der Agitatoren und Sensationsschriftsteller, diese beiden Kategorien miteinander zu vermischen und von den hungernden Millionen zu sprechen. Gegen diese Methode der Agitatoren protestiere er, so erklärt BOOTH, und zwar um so mehr, als es sein Bestreben sei, die Bedingungen, unter denen die Masse der Bevölkerung lebt, zu verbessern sowie auch denjenigen zu helfen, die sich in akuter Not befinden. Eine Vermengung dieser wesentlich getrennten Probleme macht jedoch die Bewältigung beider unmöglich. «*It is not by welding distress and aspirations that any good can be done*» (bei SIMEY, *Charles Booth.* 1960, S. 90). Der Ausweg, den BOOTH selbst aus dieser Lage vorschlägt, ist eine Art von Gilden- oder Staatssozialismus, der nach dem Vorbild von OWEN geprägt ist (*Labour and Life*, a. a. O., S. 167 ff).

---

11 «*With the insides of the houses and their inmates there was no attempt to meddle. To have done so would have been an unwarrantable impertinence.*» (BOOTH, zit. bei SIMEY, *Charles Booth.* 1960, S. 87)

Der *Social Survey* über die Armut in Ost-London erregte großes Aufsehen, weil er dem optimistischen Bild widersprach, an das man sich im 19. Jahrhundert gewöhnt hatte. Weniger bekannt sind die soziologisch mindestens ebenso interessanten Untersuchungen von BOOTH zur Religionssoziologie. Das Hauptergebnis dieser seiner Untersuchungen, die BOOTH in seiner ‹*Religious Influence Series*› veröffentlichte, bestand darin, daß die Beteiligung an religiösen Praktiken von den gesellschaftlichen Bedingungen, die in den verschiedenen Stadtteilen vorherrschten, abhängig war. «*When we sum the matter up, we shall find that each religious method finds its place in London according to local conditions as a social status*» (bei SIMEY, a. a. O., S. 230). Abnehmende soziale Kontrolle auf der einen und die Zunahme anderer geistiger Zerstreuungen auf der anderen Seite führen darüber hinaus nach BOOTH zu einer allgemeinen Verminderung des religiösen Einflusses.

Neben BOOTH weisen wir hin auf das Werk von SIDNEY und BEATRICE WEBB – letztere begann ihre wissenschaftliche Laufbahn als Assistentin von BOOTH. Die WEBBS haben zusammen zahlreiche Werke veröffentlicht. Wir erwähnen hier nur ihr Buch ‹*Methods of Social Study*› (1932), eine Zusammenfassung ihrer Erfahrungen. Es ist auch heute noch lesenswert als Darstellung der Probleme, die sich bei der Routine sozialer Erhebungen ergeben, also der Kunst, Notizen zu sammeln, der Methode der persönlichen Beobachtung und des Interviews, der Benutzung von Dokumenten und literarischen Quellen und der Sammlung und Auswertung von Statistiken. In allen diesen Punkten geben die WEBBS Hinweise, die von jahrelanger praktischer Erfahrung geprägt sind. Ganz ähnlich wie bei DURKHEIM, jedoch ohne dessen theoretischen Anspruch, ist es ihr Ziel, soziale Institutionen möglichst unverzerrt von subjektiven Vormeinungen zu beschreiben. Die hauptsächliche Fehlerquelle, so stellen sie fest, liegt darin, daß der Sozialforscher etwas zu beweisen sucht, anstatt die Wahrheit, wie immer sie beschaffen sein mag, herauszufinden. Mehr als die Hälfte aller Forschungsarbeit, so zitieren sie den bedeutenden englischen Wissenschaftler J. B. S. HALDANE, besteht in dem Versuch, sich selbst zu widerlegen. Wer ein bestimmtes gesellschaftliches Problem untersuchen will, muß sich einer sozialen Institution gegenüber so verhalten, als wenn sie irgendeine Tier- oder Pflanzenart wäre, was DURKHEIM mit seiner berühmten Formel ausgedrückt hatte, daß man soziale Sachverhalte wie Dinge behandeln müsse. Man muß versuchen, alle möglichen Informationen über sie zu sammeln mit dem einzigen Ziel, jede Tatsache festzuhalten, die ihre Struktur und ihre Tätigkeiten darstellt. Diese Materialsammlung muß unabhängig davon geschehen, ob sie in einem sinnvollen Zusammenhang mit der ursprünglichen Fragestellung steht. Nur so können die Gefahr der Fehlinterpretation und die Ausschaltung von Faktoren, gegen die man ein verstecktes Vorurteil hat, vermieden werden.

Die Tradition des *Social Survey*, für die wir CHARLES BOOTH und SIDNEY und BEATRICE WEBB als Hauptvertreter genannt haben, findet ihre Fortsetzung in England in Werken wie B. S. ROWNTREE, ‹*Poverty, A Study in Town-Life*› (1922), DERS., ‹*The Human Factor in Business*› (1921), H. L. SMITH (ed.), ‹*The New Survey of London Life and Labour*› (9 Bde., 1934), und B. S. ROWNTREE und G. R. LAVES, ‹*English Life and Leisure*› (1951).[12] Mehr als eine Fortsetzung des an der Jahrhundertwende Erreichten wird allerdings nicht gegeben, und es ist nicht zu verkennen, daß die empirische Sozialforschung in England zugunsten der sogenannten akademischen Soziologie von HOBHOUSE und GINSBERG in den Hintergrund trat. GEDDES und BRANFORD, die Mitbegründer der Sociological Society, 1903, waren ebenfalls nicht in der Lage, die empirische Sozialforschung auf einem höheren Niveau weiterzuentwickeln. Sie waren beide von Haus aus Naturwissenschaftler und neigten daher zu einer empirischen Behandlung sozialer Probleme.[13] Aber auch hier zeigte es sich, daß unter einem naturwissenschaftlichen Ansatz eine Entwicklung soziologischer Fragestellungen nicht möglich ist. Der Versuch, naturwissenschaftliche, insbesondere biologische Kategorien auf gesellschaftliche Probleme zu übertragen, führte auch hier zu einer neuen synthetischen Sozialtheorie, die, ausgehend von einfachen biologischen Kategorien, Organismus, Funktion und Umwelt, bei GEDDES eine neue, höhere Synthese in theoretischer und praktischer Hinsicht zum Ziele hatte. Sowohl GEDDES als auch BRANFORD gingen zunächst von einer empirischen Fragestellung aus, die der von LE PLAY vergleichbar war. Beide entwickelten sich hin zu systematischen Konzeptionen der Art, wie sie SPENCER gegeben hatte, ohne jedoch den soziologischen Kern, den diese Systematik bei SPENCER immerhin hatte, beizubehalten. Das Ergebnis war eine Lebensphilosophie, die als Grundlage der Reform einer künftigen Gesellschaft dienen sollte. MUMFORD (in: H. E. BARNES, *An Introduction* usw., a. a. O.) faßt seine Ausführungen zusammen, indem er GEDDES mit ROUSSEAU und MARX vergleicht. Der Ehrgeiz, zu einer universellen und zugleich praktisch wirksamen Interpretation der Gesellschaft zu gelangen, legt diesen Vergleich in der Tat nahe. Uns scheint jedoch, daß die eigentliche Bedeutung von BRANFORD und GEDDES mehr in ihren Beiträgen zum *Social Survey* und zur Soziologie der Stadt liegt – Gebiete, auf denen beide große praktische Erfahrungen besaßen.

Zur eigentlichen Entfaltung kam der Ansatz des *Social Survey* erst in den USA. Wir verweisen in diesem Zusammenhang auf die kleine, aber gehaltvolle Schrift von SH. M. HARRISON, ‹*The Social Survey*› (1931).

---

12 Vgl. hierzu D. C. JONES, *Evolution of the Social Survey in England since Booth*. In: Am. Journ. Soc., 46, 1941.

13 Vgl. GEDDES, *The Evolution of Sex*. 1889; DERS., *City Development*. 1904, und BRANFORD, *Introduction to Regional Surveys*. 1904.

Hier wird gezeigt, wie sich die Tradition des *Social Survey* in den USA auf einer sehr breiten Ebene fortsetzt: «*Changing community conditions, the increasing demand for united action by citizens in order to control tendencies in the public interest, and the growing conviction that control and improvement can be more intelligent and effective if based on knowledge, have combined to make the social study or survey almost one of the indispensable activities of the modern community*» (HARRISON, a. a. O., S. 9 f). Ausgehend von dem Pittsburgh-Survey, der 1907–09 durchgeführt wurde, gibt HARRISON einen Überblick über die steigende Nachfrage nach Surveys und die steigende Zahl der Institute, die diese Nachfrage befriedigen. Eine Aufstellung ergibt bis zum 1. Januar 1928 die erstaunliche Zahl von 2775 vollendeten Projekten.

Alle diese *Surveys* waren mehr oder weniger direkt an praktischen Problemen orientiert, die Erfassung von Fakten stand im Vordergrund. Daneben ist aber nicht zu verkennen, daß von der empirischen Sozialforschung in den USA auch wichtige theoretische und methodische Impulse ausgingen.[14] Führend war hier in der Entwicklung die soziologische Abteilung der Universität von Chicago, die 1892 durch SMALL gegründet worden war. In diese Abteilung trat 1915 R. E. PARK ein, der das Programm des theoretischen Positivismus verband mit einer aus der Zeit seiner Betätigung als Journalist stammenden Neigung für konkrete Detailforschung. In seiner zusammen mit E. W. BURGESS herausgegebenen ‹*Introduction to the Science of Sociology*› (1924) stellte er fest, daß die Soziologie die Aufgabe habe, zu Naturgesetzen und allgemeinen Aussagen über die Menschen und ihre Gesellschaften zu gelangen, die von Zeit und Ort unabhängig sind. Dieses Programm war als solches zu der Zeit, als es PARK aufgriff, keine Neuigkeit mehr, aber wichtig wurde, wie er seine Zielvorstellung zu verwirklichen suchte. 1916 veröffentlichte er im ‹American Journal of Sociology› einen Artikel unter dem Titel ‹*The City, Suggestions for the Investigation of Human Behavior in the Urban Environment*›, in welchem er das Programm der empirischen Forschungen der Chicagoer Schule der Soziologie entwirft. Die Stadt soll als die ökologische Einheit begriffen werden, an Hand deren die Probleme der Vergesellschaftung und des sozialen Wandels konkret untersucht werden können. Da die Kräfte, die den sozialen Wandel verursachen, vornehmlich in der Stadt wirksam sind, bietet sich die Stadt als Untersuchungsobjekt besonders an. Und auch die Fragen, die mit der Vergesellschaftung verbunden sind, können in den vielfältigen Gruppierungen der Stadt am leichtesten empirisch verfolgt werden.

Es wäre nun freilich eine übermäßige Vereinfachung, wollte man annehmen, daß sich die sogenannten Gemeindestudien der amerikanischen

14 Vgl. C. C. TAYLOR, *The Social Survey and the Science of Sociology*. In: Am. Journ. Soc., 25, 1919 f.

Soziologie vornehmlich oder gar ausschließlich auf städtische Probleme beschränkten. Es gibt vielmehr zahlreiche Beispiele für Untersuchungen, die sogenannten ländlichen Gemeinden, *rural communities*, gewidmet sind.[15] Und es gibt darüber hinaus seit der umfassenden Studie von R. M. MacIver, ‹*Community, A Sociological Study*› (1917), eine Reihe von Untersuchungen, die das Problem der Gemeinde auf einem höheren theoretischen Abstraktionsniveau zu behandeln versuchen (vgl. hierzu Odum, a. a. O., S. 297). Wenn wir trotzdem Park, Burgess und deren Schüler Louis Wirth besonders erwähnen, dann deswegen, weil sie und ihr Kreis das Gesicht der amerikanischen Soziologie in den zwanziger und dreißiger Jahren sowie darüber hinaus maßgeblich geprägt haben.

Arensberg, ‹*The Community-Study Method*› (in: ‹Am. Journ. Soc.›, 60, 1954, S. 110), definiert: «*Community study is that method in which a problem (or problems) in the nature, interconnections, or dynamics of behavior and attitudes is explored against or within the surround of other behavior and attitudes of the individuals making up the life of a particular community.*» Park schließt sich mit diesem theoretischen Ansatz an Spencer an, der die Vorstellung entwickelt hatte, daß die Gesellschaft ein Organismus sei, der sich durch seine Entwicklung im Gleichgewicht halte. Auch die Entwicklung einer Stadt, so folgerte Park, muß durch bestimmte Gleichgewichtsbedingungen der Entwicklung, durch ein bestimmtes ökologisches Gleichgewicht gekennzeichnet sein. Dieses Gleichgewicht ergibt sich aus dem Wettbewerb um die Lebenschancen in der Arbeitsteilung und dem Streben nach gemeinschaftlichem Handeln und Erleben in der gesellschaftlichen Kommunikation. Lebenserhaltung und Kommunikation oder moralische Ordnung sind die beiden Brennpunkte, um die der Wettbewerb der Individuen kreist, die in einer Gemeinschaft zusammenleben. «*Human society ... is organized on two levels, the biotic and the cultural. There is a symbiotic society based on competition and a cultural society based on communication and consensus*» (R. E. Park, *Human Ecology*. ‹Am. Journ. Soc.›, 42, 1936, S. 13). Wettbewerb, Herrschaft und Nachfolge, das sind die Kategorien, mit denen die soziale Kontrolle und der soziale Wandel in dieser *Human Ecology* beschrieben werden können.

Die Nachbarschaftsuntersuchungen oder Gemeindestudien sind dem Ziel gewidmet, das Ergebnis dieser sozialen Kontrolle bzw. den Prozeß des sozialen Wandels empirisch festzuhalten. Die Bevölkerung, ihre Verteilung, die Typen, die sich in ihr finden, ihre Werthaltung und ihre Prinzipien werden so untersucht. 1925 entwirft Burgess (in: R. E. Park und E. W. Burgess, *The City*. 1925) das erste theoretische Schema einer ökologischen Verteilung der Bevölkerung in einer Stadt. Burgess

---

15 Vgl. hierzu die Angaben bei H. W. Odum, *American Sociology*. 1951, S. 292–301.

stellt Chicago dar als ein System von konzentrischen Kreisen, das, von dem Geschäftszentrum ausgehend, bis hin zu den Kreisen der Nachbargemeinden reicht, die mit Chicago in engen Verkehrsbeziehungen standen. Die Konzepte des Wettbewerbs und der Kommunikation, mit denen PARK seine Arbeit im Anschluß an SPENCER begonnen hatte, werden hier konkretisiert als Wettbewerb um Arbeits- und Wohnmöglichkeiten und als Nachfolge sozial und ethnisch verschiedener Gruppen in den einzelnen Wohngebieten der Stadt. Das Problem der Kommunikation wird zum Konzept der Zentralisation oder Dezentralisation, nach der sich die Verbindungswege in einer Stadt ordnen, und schließlich zur Frage nach der theoretischen Erfassung der verschiedenen Subkulturen, die in einer Stadt zusammenleben. Der Wettbewerb läßt dadurch, daß er den Schwächeren zurückdrängt, das Problem der Segregation, der Absonderung, entstehen, und die Untersuchung dieser Segregation ist ein besonderes Problem der Gemeinschaftsstudien. Von hier läuft ein Verbindungsweg zu der Soziologie der Rassentrennung, die in dieser Zeit als selbständiges Spezialgebiet zu entstehen beginnt und deren Probleme bei den Untersuchungen amerikanischer Großstädte, insbesondere Chicagos, immer wieder hervortraten.

Die Stadt ist eine ökologische Ordnung, die ein eigenes Muster von Bevölkerungsverteilung, Lebensgewohnheiten, Wertvorstellungen, Bodennutzung, Bodenpreisen usw. entwickelt.[16] Dieses theoretische Konzept war ein beträchtlicher Fortschritt gegenüber dem mehr oder weniger rein deskriptiven Ansatz des *Social Survey*. Ebenso wichtig aber war, daß dieser theoretische Ansatz den Anreiz dazu bot, unabhängig von konkreten sozialen Problemen, von denen BOOTH und die WEBBS ausgegangen waren, empirische Forschungen durchzuführen, die also weniger die Lösung praktischer Aufgaben als vielmehr die Verifikation theoretischer Ansätze bzw. die Gewinnung neuer theoretischer Hypothesen zum Ziel haben. In diesen mehr akademisch orientierten empirischen Studien werden dann auch neue Methoden der empirischen Sozialforschung entwickelt bzw. die vorhandenen Methoden verbessert.

E. C. LINDEMAN veröffentlichte 1924 sein Buch ‹*Social Discovery*›, in dem er sich eingehend mit der Forderung der Behavioristen nach gänzlich objektiven Untersuchungsmethoden auseinandersetzte und für einen Kompromiß zwischen der Beobachtung von außen und der teilnehmenden Beobachtung plädierte.[17] C. R. SHAW setzte sich in seinem Buch

---

16 Einige der hier gewonnenen Hypothesen faßt C. F. SCHMID in seinem Aufsatz: *Generalizations concerning the Ecology of the American City*. In: Am. Soc. Rev., 15, 1950, zusammen.

17 Wir verweisen auch auf F. ST. CHAPIN, *The Elements of Scientific Method in Sociology*. In: Am. Journ. Soc., 20, 1914/15, und C. J. BUSHNELL, *Scientific Method in Sociology*. In: Am. Journ. Soc., 15, 1919/20.

‹*The Jack Roller*› (1930) mit der Methode der Auswertung biographischer Daten auseinander, wie sie von THOMAS und ZNANIECKI verwendet worden war, auf deren Werk wir noch eingehen werden. Zusammen mit H. D. MCKAY entwickelte SHAW das Konzept der *delinquent aeras* in den Büchern ‹*Delinquency Aeras*› (1929) und ‹*Juvenile Delinquency and Urban Aeras*› (1941). Eine eingehende Studie der ökologischen Verteilung sozialer Desorganisation bringt H. W. ZORBAUGH in seinem Buch ‹*The Gold Coast and the Slum*› (1929).

F. M. THRASHER stellte in seinem Buch ‹*The Gang*› (1927) das Ergebnis der Beobachtungen von mehr als 1300 Gangs dar, die für sich eine bestimmte Subkultur der Jugendlichen bildeten. LOUIS WIRTH veröffentlichte eine Untersuchung zur Soziologie der Subkultur in einer Großstadt unter dem Titel ‹*The Ghetto*› (1928). N. ANDERSON war einer der ersten, der neben den schon erwähnten THOMAS und ZNANIECKI die Methode der teilnehmenden Beobachtung verwendete. Das Ergebnis seiner Studien veröffentlichte er unter dem Titel ‹*The Hobo*› (1923). Daneben publizierte er zusammen mit E. C. LINDEMAN einen allgemeinen Text unter dem Titel ‹*Urban Sociology*› (1930). R. S. CAVAN stellt die ökologische Verteilung des Selbstmordes in seinem Buch ‹*Suicide*› (1928) dar. W. C. RECKLESS brachte in seinem Buch ‹*Vice in Chicago*› (1933) abweichendes Verhalten mit demographischen Daten und sonstigen Anzeichen sozialer Desorganisation in Verbindung.

Die Chicagoer Schule machte zwar keine theoretischen Fortschritte über das ursprüngliche Konzept von PARK und BURGESS hinaus, aber ihre Bedeutung ist dennoch nicht gering, finden wir hier doch einen wirklichen Durchbruch zu einer empirisch begründeten soziologischen Theoriebildung. Damit parallel läuft eine zunehmende Verlagerung von allgemeinen theoretischen Aussagen auf Methoden, mit denen wechselnde Sozialtatbestände erfaßt werden können, wobei eine fortschreitende Verfeinerung und Anreicherung des methodologischen Inventars zu beobachten ist. Wir verweisen hier auf ST. A. RICE (ed.), ‹*Methods in Social Science*› (1931), und F. ZNANIECKI, ‹*The Method of Sociology*› (1934), die einen Überblick über den Stand der methodologischen Entwicklung geben, wie er sich auf Grund der zunehmenden Neigung zu empirischer Forschung ergeben hatte. Daneben ist jedoch nicht zu übersehen, daß die Methodenreflexion mehr und mehr nicht nur den Stand der praktisch-empirischen Erfahrungen referiert, sondern selbständig auf eine bessere Erfassung empirischer Merkmale hindrängt. Das zentrale Problem, das hier immer wieder auftauchte, war die Umwandlung qualitativer Daten in quantitative, d. h. meßbare. Der operationale Durchbruch ist hier das Werk von THURSTONE gewesen, der 1929 zusammen mit CHAVE sein Buch ‹*Attitudes Can Be Measured*› veröffentlicht. In dieser Zeit entwickelt MORENO (*Who shall Survive.* 1934) seine Soziometrie, machen F. ST. CHAPIN (*The Measurement of Social Status.* 1933) und L. A. GUTTMAN

(*A Basis for Scaling Qualitative Data.* In: ‹Am. Soc. Rev.›, 9, 1944, und *A Revision of Chapin's Social Status Scale.* In: ‹Am. Soc. Rev.›, 9, 1944) die ersten Schritte in Richtung auf die Forschungsmethoden, die großen Teilen der gegenwärtigen empirischen Sozialforschung zugrunde liegen.

Charakteristischerweise entzündet sich der einzige Methodenstreit, den wir hier beobachten können, nicht wie in Deutschland an den allgemeinen theoretischen Voraussetzungen sozialwissenschaftlicher Erkenntnis, sondern an der Zulässigkeit von bestimmten Untersuchungsmethoden unter empirischem Gesichtspunkt. Es ist die Auseinandersetzung um den Behaviorismus, die anläßlich der Veröffentlichungen von J. B. WATSON, ‹*Psychology from the Standpoint of a Behaviorist*› (1919) und ‹*Behaviorism*› (1924), begann. Der Behaviorismus versuchte, das menschliche Verhalten auf derselben Ebene wie tierisches Verhalten, d. h. ganz von außen zu interpretieren. Ein gewisser Einfluß war diesem Ansatz nur auf dem Gebiet der Lernpsychologie beschieden; auf dem Gebiet der Sozialpsychologie und der Soziologie war seine Wirkung begrenzt. Es gab zwar einige Sozialpsychologen, die sich, wie etwa G. H. MEAD, selbst Behavioristen nannten, aber doch von einem strengen Behaviorismus weit entfernt waren. Dieser gemäßigte Behaviorismus hat allerdings einen größeren Einfluß ausgeübt, aber es scheint uns richtiger, in diesem Falle die Verbindungslinie zur Tradition des Pragmatismus zu ziehen. Wenn MEAD, DEWEY und andere dem Sozialwissenschaftler einen behavioristischen Ansatz empfehlen, dann meinen sie, daß menschliches Verhalten nicht von den es begleitenden Sinngebungen her, sondern von seinen beobachtbaren Folgen her beschrieben werden solle. Dieses entideologisierende Verfahren ist aber schon mit der Tradition des Pragmatismus verbunden. Dieser hatte jedoch gegenüber dem strengen Behaviorismus unter soziologischem Gesichtspunkt den Vorzug, daß er die Einbeziehung eines an bestimmten, wenngleich elementaren Werten orientierten Verhaltens nicht prinzipiell ausschloß. Insofern war die Tradition des Pragmatismus offener und entwickelbarer als die eines naturwissenschaftlichen Behaviorismus, der, wie auch das Werk von WATSON selbst zeigt, in seiner Analyse auf ein recht enges Gebiet eingeschränkt blieb. Wenn man das Verhalten des Menschen auf derselben Ebene wie tierisches Verhalten analysieren wollte, dann bot sich im wesentlichen nur das Gebiet der Verhaltensforschung bei Kleinkindern an, während das sozial motivierte Verhalten von Erwachsenen nicht erfaßt werden konnte. An das Vorbild der Chicagoer Schule der empirischen Sozialforschung schließen sich in den USA zahlreiche andere Untersuchungen an, bei deren Darstellung wir uns ebenfalls auf nur einige wenige Titel beschränken müssen. Einen sozialanthropologischen Ansatz wählen R. und H. LYND für ihre Untersuchung einer amerikanischen Kleinstadt, deren Ergebnisse sie in zwei Büchern, ‹*Middletown*› (1929) und ‹*Middletown in Transition*› (1937), veröffentlichten. Ihr Ziel war die Beschreibung der Sozialstruktur und Wertordnung in Middletown, ihre Methode die des *objective observer*, der detachierten Beobachtung, mit der sie ein Höchstmaß von Objektivität zu erreichen hofften. Das Hauptergebnis bestand in der Herausarbeitung der Wertordnung von Middletown und deren praktischen Konsequenzen. Dies geschah vornehmlich in dem letztgenannten Buch ‹*Middletown in Transition*›, das unter dem Eindruck der Wirtschaftskrise geschrieben wurde. Resigniert mußten die Autoren feststellen, daß die Krisis eher zur Verstärkung der hierarchischen Sozialstruktur und der ihr zugeordneten konservativen Wertordnung geführt hatte. Sicherheit wurde in Middletown höher geschätzt als neue Erfahrungen.[18]

Im Grunde, so sehen es die Autoren, ist das Problem der Lebensführung in Middletown und der Anpassung von Middletown an veränderte gesellschaftliche Existenzbedingungen ein moralisches Problem, eine Frage der Wertordnung. Die amerikanische Gesellschaft sieht sich nicht imstande, eine Alternative zu ihrer aus der Gründerzeit überkommenen Wertordnung zu entwickeln, obschon diese den faktischen Lebensbedingungen nicht mehr entspricht. Das Dilemma, das sich hieraus ergab, ist der Hauptgegenstand der Untersuchung von G. MYRDAL, ‹*An American Dilemma*› (2 Bde., 1944). Das Thema von MYRDAL ist die Rassenfrage, die, wie er betont, als Problem nur deswegen existiert, weil die amerikanische Gesellschaft an einer universalistischen und demokratischen Wertordnung festhält. Es handelt sich um den Konflikt, der daraus entsteht, daß man grundsätzlich auf der Freiheit und Gleichheit aller Menschen besteht, ohne jedoch im konkreten Falle die praktischen Konsequenzen aus dieser Wertordnung übernehmen zu wollen. Auch die beiden LYND hatten schon die Bedeutung des Rassenproblems als eines entscheidenden Strukturmerkmals von Middletown erkannt. Und schon in den zwanziger Jahren waren zahlreiche Bücher über die Rassenfrage in den USA erschienen. COOLEY, THOMAS, PARK und ELLWOOD, um nur diese zu nennen, hatten sich schon mit dem Rassenproblem beschäftigt. Ein Standardtext der damaligen Zeit war das Buch von CH. S. JOHNSON, ‹*The Negro in the American Civilization*› (1930). Daneben sind hervorzuheben die mehr psychoanalytisch orientierten Studien von J. DOLLARD, ‹*Caste and Class in a Southern Town*› (1937), und E. F. FRAZIER, ‹*The Negro Family in the United States*› (1939). MYRDAL und seine Mitarbeiter konnten sich angesichts zahlreicher vorliegender Studien darauf beschränken, die vorhandene Literatur auszuwerten und deren Ergeb-

---

18 In diesem Zusammenhang erwähnen wir noch zwei weitere Werke, die das Thema von Middletown fortsetzen: J. WEST, *Plainville USA*. 1945, und A. J. VIDICH und J. BENSHAM, *Small Town in Mass Society*. 1958. Insbesondere das letztgenannte Werk bringt eine klare Darstellung der sozio-kulturellen Zusammenhänge in einer amerikanischen Kleinstadt.

nisse zusammenzufassen. Im Zentrum stand dabei die Herausarbeitung des moralischen Widerspruchs, in den der Amerikaner durch die Rassenfrage geriet. Während die anderen Minoritäten als Amerikaner akzeptiert wurden, war das bei den Farbigen nicht der Fall. Sie wurden auch dann noch als Farbige gewertet, wenn ihnen der soziale Aufstieg gelungen war. MYRDAL entwickelt hier eine Rangordnung der Diskrimination, der sich die Farbigen gegenübersahen, eine Stufenfolge, die von dem klassischen *connubium et commercium* bis hin zur Suche nach Arbeits- und Freizeitplätzen reicht. Ebenfalls ausführlich behandelt wird in diesem Zusammenhang die Konstruktion verhüllender Ideologien.

Das Buch von MYRDAL war wegen seines Themas wichtig genug, aber für den Soziologen sind vielleicht interessanter zwei andere Untersuchungen, die etwa aus der gleichen Zeit stammen. 1941 veröffentlichte LLOYD WARNER sein fünfbändiges Werk ‹*The Yankee City*›, in dem er ähnlich wie LYND, aber ungleich methodischer, die Struktur und Wertordnung einer Neu-England-Gemeinde untersuchte. Beschäftigungsstruktur und Mobilität verschiedener ethnischer Gruppen, der Einfluß von Industrialisierung und Gewerkschaften, die Interpretation von politischen und gesellschaftlichen Konflikten, das sind einige der Themen, die LLOYD WARNER behandelt. Am bekanntesten ist das Schichtungsmodell, das er für ‹*Yankee City*› entwickelte. Hier verteilt er die Bevölkerung der Stadt auf sechs Schichten: obere Oberschicht, untere Oberschicht, obere Mittelschicht, untere Mittelschicht, obere Unterschicht und untere Unterschicht. Das war gegenüber dem Verfahren der LYND, die nur zwei verschiedene Sozialschichten gekannt hatten, ein wesentlicher Fortschritt.

Das zweite Buch, das wir hier noch hervorheben wollen, ist das Werk von W. F. WHYTE, ‹*Street Corner Society*› (1943). Das theoretisch vielleicht interessanteste Ergebnis dieses Buches war die Herausarbeitung zweier verschiedener Führungstypen, die sich aus den verschiedenen Integrationsprinzipien zweier verschiedener Gruppen herleiten. In dem einen Falle handelt es sich um eine «Gemeinschaft», die von unspezifischen Emotionen zusammengehalten wird, im anderen um eine «Gesellschaft», die ihren Zusammenhalt auf gemeinsamen Interessen aufbaut. Der Vergleich dieser beiden Gruppen und der ihnen zugeordneten verschiedenen Führungspersönlichkeiten bildet das Hauptthema des Buches von WHYTE. Hier finden wir den Ansatz für die spätere Theorie der doppelten Führerschaft, wie sie im Rahmen der strukturell-funktionalen Theorie entwickelt wurde. Ein weiteres wichtiges Ergebnis, das ebenfalls später wiederholt bestätigt wurde, war die Feststellung, daß die individuellen Leistungen der einzelnen Gruppenmitglieder wesentlich abhängig sind von dem Ansehen, das sie in der Gruppe genießen.

Ein Musterbeispiel methodischer Akribie ist der KINSEY-Report, ‹*Sexual Behavior in the Human Male*› (1948) und ‹*Sexual Behavior in the Human Female*› (1953). A. C. KINSEY, ein Biologe, hatte gerade eine

Studie über die Gallwespen beendet, als er beschloß, das gleiche taxonomische Verfahren für die Untersuchung des menschlichen Sexualverhaltens zu verwenden. Das Ergebnis ist eine methodisch interessante, aber soziologisch problematische Klassifikation sexueller Verhaltensweisen.[19] Da KINSEY ein ausdrücklich naturwissenschaftliches Erkenntnisziel verfolgt, verwendet er kaum Aufmerksamkeit auf die Frage nach der psychologischen bzw. soziologischen Genese sexuellen Verhaltens. GORER (in: HIMELHOCH und FAVA [eds.], *Sexual Behavior in American Society*. 1955) stellt fest, daß für KINSEY das sexuelle Verhalten nur unter dem Gesichtspunkt der körperlichen Entspannung von Bedeutung gewesen sei. Für den Soziologen blieben hier nahezu alle Fragen offen. Trotzdem ist das Buch wegen seiner Methodik und der exakten Deskription eines bestimmten sozialen Tatbestandes interessant.

Ein Spezialgebiet der amerikanischen Soziologie, das trotz unserer notwendigerweise unvollständigen Darstellung nicht unerwähnt bleiben darf, ist die Industriesoziologie, die durch ELTON MAYO und seinen Kreis an der Harvard-Universität entscheidend vorangetrieben wurde. MAX WEBER hatte in dem Titel seiner industriesoziologischen Forschungen: ‹Zur Psychophysik der industriellen Arbeit› schlagwortartig das theoretische Konzept zusammengefaßt, unter dem man in Nachfolge des Utilitarismus das Problem der industriellen Arbeitsleistung verstand. Physiologische und psychologische Erschöpfung bzw. materielle Anreize, bestehend in Entlohnung und Arbeitsbedingungen, das waren die Variablen, mit denen man das Problem der Arbeitsleistung in der Industrie zu analysieren unternahm. Schon bei MAX WEBER und seinen Mitarbeitern, insbesondere bei M. BERNAYS, war allerdings deutlich geworden, daß dieser Ansatz nicht ausreichte. Aber es war MAX WEBER nicht vergönnt gewesen, diese Einsichten, daß zum Beispiel die Produktionsleistung von «Saalmoden» beeinflußt wird, theoretisch weiterzuführen. Um so wichtiger war es, daß ROETHLISBERGER und DICKSON bei ihrer Untersuchung in den Hawthorne-Werken der General Electric in Chicago auf dasselbe Problem stießen und es zum Anlaß nahmen, den theoretischen Ansatz der Industriesoziologie grundsätzlich zu ändern. Nicht mehr die körperlichen oder seelischen Bedingungen der Industriearbeit, sondern die Bedingungen der Gruppenleistung rücken bei ihnen in das Zentrum der Analyse, deren Ergebnisse sie 1939 unter dem Titel ‹*Management and the Worker*› veröffentlichten. Drei aufeinanderfolgende Forschungsvorhaben: die Untersuchung der Leistungsbedingungen ausgewählter Arbeiterinnen im ‹Relay Assembly Test Room›, die Befragung einer ganzen Werksabteilung hinsichtlich ihrer Berufszufriedenheit und ihrer Arbeitsbedingungen und schließlich die Untersuchung des Ein-

---

19 Zu einer kritischen Auseinandersetzung mit dem Kinsey-Report vgl. H. SCHELSKY, Soziologie der Sexualität. rde Bd. 2, 1955, S. 51 ff.

flusses der informellen Organisation im ‹Bank Wiring Observation Room› führten zu mittlerweile klassischen Untersuchungstechniken und Untersuchungsergebnissen. Das Hauptergebnis bestand in der klaren Herausarbeitung der Abhängigkeit der Arbeitsleistung von der Arbeitsgruppe. Hatte man bisher die Leistung des einzelnen Arbeiters individualistisch interpretiert, so rücken jetzt die Normen und die soziale Kontrolle durch die Gruppe in den Vordergrund. Die Arbeitsgruppe kontrolliert auf informelle Weise die Arbeitsleistung, und sie entwickelt eine Struktur und Normen, die dieses ihr informelles Verhalten nach außen abschirmen. Die mögliche Spannung zwischen der informellen und der formellen Organisation wird so aufgezeigt, und es werden Untersuchungstechniken entwickelt, die den Einfluß der informellen Organisation klar erkennen lassen.[20]

Neben diesen zahlreichen empirischen Einzelstudien weisen wir noch auf Arbeiten hin, die das Thema der Institutionen im allgemeinen bzw. einen Überblick über die amerikanische Gesellschaft zum Gegenstand haben. Zum Thema der Institutionen ist vor allen Dingen das Buch von I. O. HERTZLER, ‹*Social Institutions*›, zu nennen, das 1929 als letzter Band einer Trilogie – ‹*The History of Utopian Thought*› (1923), ‹*Social Progress*› (1928) – erschien und 1946 in einem revidierten Text neu aufgelegt wurde. ODUM (a. a. O., S. 318) bezeichnet es als einen Standardtext zur soziologischen Theorie. Das Thema ‹*Social Institutions*› behandeln BALLARD (1936) und BARNES (1942).[21] Ferner sind hier zu nennen: R. M. MACIVER, ‹*Society, its Structure and Changes*› (1931), F. H. ALLPORT, ‹*Institutional Behavior*› (1933), und C. PANUNZIO, ‹*Major Social Institutions*› (1939). Die Bedeutung der Institutionen als Systeme, in denen die Werte und Ziele eines Kultursystems integriert werden, wird hier herausgearbeitet. Einen wirklichen Fortschritt über das hinaus, was DURKHEIM oder SUMNER geleistet hatten, gibt es hier jedoch nicht. Das ist erst die Leistung der strukturell-funktionalen Theorie.

Über die amerikanische Gesellschaft insgesamt gibt es seit den Tagen von TOCQUEVILLE eine Fülle von Arbeiten ihrer Deskription und Interpretation. Als für den Soziologen besonders interessant nennen wir M. GENDELL und H. L. ZETTERBERG, ‹*A sociological Almanac for the United States*› (1961), einen Versuch, Sozialkunde und Sozialistik der USA zusammenzufassen; ferner G. GORER, ‹*The American People*› (1948), eine mehr sozialpsychologische Interpretation, und R. M. WILLIAMS, ‹*American Society*› (1951), das weitgehend als Standardwerk gilt. Nicht uner-

---

20 Vgl. a. die kritische Darstellung von H. LANDSBERGER, *Hawthorne Revisited*. Ithaca, N. Y., 1958.

21 Zum Institutionalismus in geistesgeschichtlicher und ökonomischer Bedeutung vgl. A. MONTANER, Der Institutionalismus als Epoche amerikanischer Geistesgeschichte. 1948.

wähnt sei in diesem Zusammenhang auch das Werk des deutschen Soziologen R. DAHRENDORF, das unter dem Titel ‹Die angewandte Aufklärung› (1963) einen Überblick über Gesellschaft und Soziologie in Amerika gibt, der um so wertvoller ist, als er durch eine umfangreiche Bibliographie ergänzt wird.

Die empirische Behandlung soziologischer Probleme, wie sie sich in den vorgenannten Arbeiten zeigt, macht einen etwas engen Eindruck, wenn man sie vergleicht mit der gleichzeitigen Entwicklung der DURKHEIM-Schule in Frankreich oder der noch ehrgeizigeren deutschen Soziologie. «*Human Sociology*», so definiert G. A. LUNDBERG (*Foundations of Sociology*. 1939, S. 5), «*deals with the communicable adjustment technics which human groups have developed in their long struggle to come to terms with each other and with the rest of their environment.*» Dieser technisch-pragmatistische Ansatz – der freilich auch dogmatisiert werden konnte, wie es gerade das zitierte Werk von LUNDBERG zeigt, in dem die menschliche Gesellschaft als Teil eines physikalisch-ökologischen Universums darzustellen versucht wird – ist kennzeichnend für alle vorgenannten Arbeiten. Um so bemerkenswerter ist es, daß gerade in den Vereinigten Staaten nicht nur Forschungsmethoden, sondern auch Theoreme entwickelt werden, die sich als zukunftsträchtiger erweisen sollten als manche anderen Theorien, die zur gleichen Zeit auf dem europäischen Kontinent vorgetragen wurden. Die Trennung von Empirie und Theorie wird hier zwar nicht ausdrücklich überwunden – man kann im Gegenteil feststellen, daß eine gewisse Naivität hinsichtlich des Verhältnisses von der Theorie zur Empirie vorherrscht –, aber doch unter dem Gesichtspunkt konkreter Forschungsprobleme in den Hintergrund gedrängt. Der schier unüberbrückbare Abstand zwischen theoretischer Soziologie einerseits und empirischer Sozialforschung andererseits, wie er das Bild namentlich in Deutschland bestimmt, ist hier weitgehend irrelevant, sei es, weil methodentheoretische Probleme hier nicht in dem Maße wie in Europa das Bewußtsein beherrschen, sei es, weil sowohl Theorie als auch Empirie sich unter dem Einfluß des Pragmatismus an beobachtbaren und in ihren Folgen übersehbaren Problemstellungen orientieren. Ähnliches gilt für den insbesondere von DURKHEIM so stark betonten Gegensatz von Psychologie und Soziologie. Die Abwendung von der Instinktpsychologie, deren Nachfolge nicht vom Behaviorismus, sondern von der interaktionistischen Sozialpsychologie angetreten wird, entzog diesem Gegensatz seine Grundlage.

Bevor wir uns jedoch den hier bedeutsamen Entwicklungen zuwenden, wollen wir noch ein Buch erwähnen, das als Ergänzung des oben gekennzeichneten pragmatisch-technischen Ansatzes wichtig ist. Zum Pragmatismus gehört, wenigstens in der Ausprägung, die er durch WILLIAM JAMES und JOHN DEWEY erhalten hatte, die aktivistisch-melioristische Tendenz. «*Science with its decks cleared for action*», das war das Stichwort, das SMALL gegeben hatte. Und wenn auch sein noch aus dem 19. Jahrhundert stammender Optimismus bescheideneren Erwartungen weichen mußte, so ist doch selbst bei Werken, die sich so streng wissenschaftlich und vorurteilsfrei gaben wie zum Beispiel der KINSEY-Report, eine verborgene moralisierende Tendenz nicht zu verkennen. Zum Pragmatismus gehört nicht nur die vorurteilsfreie Beschreibung der Wirklichkeit, sondern auch der Wille, diese Wirklichkeit in einem vorurteilsfreien Sinne einzurichten, wobei man davon ausgeht, daß Vorurteilsfreiheit und praktische soziale Harmonie miteinander übereinstimmen und deswegen für jedermann selbstverständlich sind.

Das beste Beispiel für diese Tendenz, der Sozialwissenschaft zur praktischen Wirksamkeit zu verhelfen, ist die Schrift von R. S. LYND, ‹*Knowledge for What?*› (1939). Ausgehend von der drohenden Trennung der Wissenschaftler in Gelehrte auf der einen und Sozialtechniker auf der anderen Seite will LYND, den wir schon als Mitautor von ‹*Middletown*› und ‹*Middletown in Transition*› kennengelernt haben, die Wissenschaft auf praktische Mitarbeit an den Entwicklungsproblemen der Gesellschaft verpflichten. Zu diesem Zweck formuliert er zwölf *outrageous hypotheses*, beginnend mit der Forderung nach gesellschaftlicher Planung bis hin zum Appell an die Wissenschaft, selbst für die gesellschaftlichen Bedingungen ihrer praktischen Wirksamkeit einzutreten. LUNDBERG widersprach zwar diesem melioristischen Ansatz – in seiner Schrift ‹*Can Science Save Us?*› (1947) erklärt er, daß keine Wissenschaft uns sagen könne, was wir mit ihrem Wissen anfangen sollen, sie stelle uns nur einen Wagen und einen Chauffeur zur Verfügung –, aber es kann kein Zweifel daran bestehen, daß nicht LUNDBERG, sondern LYND den Nerv getroffen hatte, der den Antrieb der empirischen Forschungen darstellte. Man will nicht nur Kenntnisse, und zwar empirisch genaue Kenntnisse, sondern auch Klarheit darüber, wozu man sein Wissen zu gebrauchen habe. LUNDBERG, BAIN und ANDERSON gaben 1929 ein Buch, ‹*Trends in American Sociology*›, heraus, in dem sich auf den Seiten 375 bis 378 ein umfangreicher Katalog der praktischen Aufgaben findet, denen die Soziologie als Wissenschaft dienen sollte. Die Frage Soziologie als Beruf ist hier kein akademisches Problem, sondern eine praktische Realität, an deren Nützlichkeit kein Zweifel besteht. «*Social control*», so schrieb L. L. BERNARD (*The Objective Viewpoint in Sociology.* In: ‹Am. Journ. Soc.›, 25, 1919, S. 306), «*is then the logical end of all social science, although it may not be the immediate end of any particular investigation of social phenomena according to scientific methods.*» Diese praktisch-empirische Orientierung stand, wie auch das Beispiel der nun zu besprechenden sozialpsychologischen Arbeiten zeigt, keineswegs im Widerspruch zur Entwicklung der Wissenschaft selbst.

Der starke Einfluß SPENCERS auf der einen Seite und die in Amerika wenig ausgeprägte Neigung zum methodischen Dogmatismus auf der anderen Seite hatten es hier nicht zu einer scharfen Trennung von Psychologie und Soziologie kommen lassen. Psychologische, physiologische und institutionelle Faktoren werden hier unbefangen nebeneinander gebraucht. Extreme Richtungen, wie der Behaviorismus, setzen sich nicht durch.[22] Die Entwicklung ist von Anfang an weit offen für alle theoretischen Ansätze und empirischen Forschungsmethoden. Wenn ein Ansatz, wie etwa der der Instinktpsychologie, ausscheidet, dann wegen seiner praktischen Unbrauchbarkeit, weniger aus prinzipiellen Erwägungen, etwa solchen der philosophischen Anthropologie.

Das sich immer mehr verstärkende Schwergewicht der empirischen Forschung legte ein unbefangenes Verhältnis zu theoretischen und methodologischen Problemen nahe. W. I. THOMAS (1863–1947) schrieb an R. E. PARK: «*It is my experience that formal methodological studies are relatively unprofitable ... it is my impression that progress in method is made from point to point by setting up objectives, employing certain techniques, then resetting the problem ...*» (*Social Behavior and Personality. Contributions of W. I. Thomas to Theory and Social Research*, ed. H. Volkardt, 1951, S. 83). Die Lösung von Problemen, nicht die Verteidigung theoretischer oder methodischer Positionen, steht hier im Vordergrund, und hier zeigte es sich, daß jede Einseitigkeit, die die Zulässigkeit von Fragestellungen *a priori* einschränkte, nachteilig war. Instinktpsychologie, Behaviorismus, aber auch die Kanonisierung einer bestimmten Theorie sind Hindernisse, die der Forschung im Wege stehen. Wenn sich in den Kreisen der hier zitierten Autoren eine gewisse Polemik gegen die sogenannte «*armchair sociology*» breitmacht, dann deswegen, weil man den Nutzen dieser Soziologie nicht zu begreifen vermag und sie eher als ein Hindernis ansieht. Mit der bloßen Ablehnung theoretischer Einseitigkeiten war es jedoch nicht getan. Nachdem man sich von den großen theoretischen Entwürfen der Gründerväter distanziert hatte, zeigte sich bald das Bedürfnis, Konzepte zu entwikkeln, in denen das Zusammenwirken subjektiver und objektiver Faktoren dargestellt werden konnte. Die Einheit von Subjekt und Objekt im Prozeß der Vergesellschaftung soll wieder entdeckt werden – eine Einheit, die für die schottische Moralphilosophie ebenso wie für den deutschen Idealismus eine Selbstverständlichkeit gewesen war, die aber die steigende Welle des Dogmatismus im 19. Jahrhundert aus dem Blickfeld verdrängt hatte.

Als einer der ersten, der, aufbauend auf den mehr philosophisch orientierten Einsichten des Pragmatismus und BALDWINS, die Einheit subjektiver und objektiver Faktoren im Prozeß der Vergesellschaftung zu sei-

---

22 Vgl. CH. A. ELLWOOD, *The Uses and Limitations of Behaviorism in Sociology*. Publications of the American Sociological Society, 24, 1929, und R. MAC-IVER, *Is Sociology a Natural Science?* Ebda., 25, 1930.

nem Thema macht, ist hier CH. H. COOLEY zu nennen. Für COOLEY sind der einzelne und seine Gesellschaft untrennbar. Sie verhalten sich wie zwei Seiten einer Medaille zueinander. WILLIAM JAMES hatte in seinen ‹*Principles of Psychology*› (1890), J. M. BALDWIN in seinem Buch ‹*The Individual and Society*› (1911) den sozialen Ursprung des Selbst betont. COOLEY entwickelt hieraus die Konzeption des «*looking-glass self*», des Selbst, das die Anerkennung widerspiegelt, die ihm in seiner Gruppe zuteil wird. Das Selbst, in dem sich der einzelne als Subjekt erfährt, ist keine Natureigenschaft, sondern es entsteht aus dem Sozialisierungsprozeß, in dem Primärgruppen im allgemeinen, insbesondere aber die Familie die Hauptrolle spielen. «*Self and society are twin born*», so lautet die einprägsame Formel, die COOLEY in ‹*Social Organization*› (1909, zit. nach der Ausgabe 1956, S. 5) gibt.[23] Kennzeichen der Primärgruppen, in denen das Selbst durch die Gesellschaft geprägt wird, sind nach COOLEY «*face-to-face association and cooperation*» (a. a. O., S. 23). COOLEY nennt als soziologische Institutionen die Familie, die Spielgruppe der Kinder und schließlich die Nachbarschaft. Hier wird, ganz ähnlich wie es schon DAVID HUME erkannte, der einzelne für sein Leben in der Gesellschaft vorbereitet.

Der Ansatz von COOLEY wird fortgeführt durch G. H. MEAD,[24] dessen Theorie von C. W. MORRIS in der Einleitung zu G. H. MEAD, ‹*Mind, Self and Society*› (1934, S. XI), als das Zentrum des Pragmatismus angesehen wird. Das Bewußtsein wird hier allgemein als die Daseinsweise eines bestimmten, nämlich menschlichen Organismus definiert. Diese Organismen leben in einer Umwelt bzw. schaffen sich eine Umwelt, die durch «*emergency*» und «*relativity*» gekennzeichnet ist (vgl. MEAD, a. a. O., S. 328 ff). Diese fluktuierende, unstabile Umwelt, die dem Begriff des Universums bei WILLIAM JAMES entspricht, ist die Welt der Gesellschaft. «*Human society as we know it could not exist without minds and selves, since all its most characteristic features presuppose the possession of minds and selves by its individual members; but its indivi-*

23 «*The individual is born with decisive but quite rudimentary capacities and tendencies, owing little or nothing to direct inheritance of the effects of use. For the development of these into a human personality he is wholly dependent upon a social environment which comes down from the past through an organic social process. This social process cannot be inferred from individual psychology, much less from heredity; it must be studied directly and is the principal subject of sociology. It absorbs individuals into its life, conforming them to its requirements and at the same time developing their individuality. There is no general opposition between the individual and the social whole; they are complementary and work together to carry on the historical organism.*» (C. H. COOLEY, *Sociological Theory and Social Research*. 1930, S. 273)

24 Zu MEAD vgl. H. BLUMER, *Sociological Implications of the Thought of G. H. Mead*. In: Am. Journ. Soc., 71, 1966.

dual members would not possess minds and selves if these had not arisen within or emerged out of the human social process in its lower stages of development» (Mead, a. a. O., S. 227).

Der Entwicklungsprozeß eines bestimmten biologischen Organismus bringt gleichzeitig den einzelnen und die Gesellschaft zur Entstehung. Auf dem Wege über die Vergesellschaftung, deren mächtigstes Instrument die Sprache ist, wird aus einem Tier ein soziales Wesen mit Selbstbewußtsein, aus einer natürlichen Umwelt die Gesellschaft mit den Institutionen, die dieses Selbstbewußtsein prägen. Der Mensch lebt in einer symbolischen Welt, und sein Bewußtsein ist Ausdruck der Lebensbedingungen eines Wesens, das in einer solchen Umwelt lebt. Die Sprache ist Inbegriff von Symbolen, durch welche das Verhalten von anderen provoziert wird. Geist (*mind*) ist die Präsenz von Symbolen im Verhalten. In der Reflexion wird dieser Geist zum Selbst und teilt sich in ein Ich und ein Mir bzw. Mich. Das Ich ist der spontane, impulsive Trieb, das Mir oder Mich der Inbegriff der sozialen Normen, in denen der einzelne sich als Selbst erfährt. Durch diese Unterscheidung verhindert Mead, daß das Selbst bloßer Ausdruck der Gesellschaft wird, und erhält in der Sozialisierung einen Rest von Spontaneität, an den der soziale Wandel anknüpfen kann. Gesellschaft und Individuum bleiben als analytisch selbständige Bezugspunkte bestehen, wenngleich sie nicht unabhängig voneinander gedacht werden können.

In der Sprache der Sozialpsychologie wiederholt Mead den Einwand, den Durkheim gegen Tarde vorgebracht hatte. Durkheim hatte gegen Tarde eingewendet, daß nicht die Nachahmung, sondern die Institution das erste sei, daß nicht aus der Nachahmung die Gesellschaft hervorgehe, sondern daß umgekehrt die Institutionen der Gesellschaft darüber entschieden, welches Verhalten nachgeahmt werde und welches nicht. Mead sieht, daß die Nachahmung als soziologisches Prinzip nicht ausreicht, weil der Mensch lernen muß, nicht nur dieses oder jenes konkrete Verhalten nachzuahmen, sondern sich auch das Allgemeine, Grundsätzliche oder Symbolische eines bestimmten Verhaltens sowie das Allgemeine des anderen Menschen schlechthin vergegenwärtigen muß. Die eigentliche Fähigkeit, die im Prozeß der Vergesellschaftung vorausgesetzt wird, ist die Fähigkeit der Abstraktion, die Fähigkeit, bestimmte allgemeine Normen und Werte sich anzueignen bzw. im anderen Menschen nicht nur den konkreten anderen Menschen, sondern den Menschen überhaupt zu sehen, wie er in einer bestimmten Gesellschaft begriffen wird. Ein konkretes Verhalten wird so auf seiner symbolischen Ebene begriffen, und ebenso erscheint der andere Mensch unter der Norm des verallgemeinerten anderen. Eben deswegen ist es dem Menschen möglich, symbolisch die Rolle des anderen zu übernehmen, aus sich selbst herauszutreten und zu einer höheren Stufe der Allgemeinheit zu gelangen. Und dieses Sichhineinversetzen in die Rolle des anderen ist, wie es schon

Adam Smith gesehen hatte, das entscheidende Instrument der sozialen Kontrolle. In dem Augenblick, in dem der Mensch gelernt hat, sich den verallgemeinerten anderen ständig gegenwärtig zu halten, ist er sozialisiert, hat er ein Gewissen, entsprechen seine Werte den sozialen Werten.

Baldwin, Cooley und Mead [25] bauen die interaktionistische Sozialpsychologie aus, die im Pragmatismus von William James angelegt war. Die eigentliche Bedeutung dieses Ansatzes zeigte sich jedoch erst, als versucht wurde, dieses Konzept, das bewußt auf metaphysische, im Sinne von nicht beobachtbaren Prinzipien verzichtete, praktisch anzuwenden. Der bedeutendste Autor, den wir hier zu erwähnen haben, ist der schon genannte W. I. Thomas. In seiner bekanntesten Veröffentlichung, *‹The Polish Peasant in Europe and America›*, die er zusammen mit F. Znaniecki in fünf Bänden 1918–1921 herausbrachte, stellt Thomas fest, daß die Ursache eines gesellschaftlichen Phänomens niemals allein eine soziale oder eine individuelle Ursache sei, sondern immer eine Kombination von beiden. Werte und Haltungen sind die beiden Faktoren, aus deren Zusammenwirken das gesellschaftliche Geschehen zu erklären ist. Thomas wendet sich hier gegen alle Versuche, die Soziologie als eine Naturwissenschaft anzusehen, wie es die Instinktpsychologen und die Behavioristen je auf ihre Weise versucht hatten. Die Daten der Gesellschaft sind nicht aus objektiv gegebenen Konstanten abzuleiten, sondern bestehen aus Situationen und Definitionen von Situationen. Der bekannte Satz von Thomas in diesem Zusammenhang lautet: *«If men define situations as real, they are real in their consequences»* (W. I. Thomas, *The Child in America.* 1932, S. 572).

Diese theoretische Konzeption, in der Subjekt und Objekt als eine Einheit gedacht werden, ist bei Thomas das Ergebnis einer längeren Entwicklung. In seinem schon zitierten Werk, *‹The Polish Peasant›*. und noch in *‹The Unadjusted Girl›* (1923) schließt sich Thomas noch weitgehend an eine psychologische Trieblehre an. Vier Wünsche, der Wunsch nach neuen Erfahrungen, das Streben nach Anerkennung, das Streben nach Herrschaft oder Macht und das Streben nach Sicherheit (*Polish Peasant*, Bd. 1, S. 71–74, deutsch in: W. I. Thomas, Person und Sozialverhalten, hrsg. von Volkhardt, 1965, S. 158 ff), sollen das Verhalten der Menschen erklären. Das Problem einer derartigen Theorie lag jedoch darin, daß aus diesen vier Wünschen keine eindeutigen Konsequenzen für das Verhalten folgten und daß insofern die Beziehung des tatsächlich beobachtbaren Verhaltens zu den vier Wünschen empirisch nicht nachprüfbar war. Schon in dem zitierten *‹Polish Peasant›* findet sich daher der aufschlußreiche Satz: *«Our study makes it very clear that a search for similarities in human behavior can lead to valuable and secure results only if it takes fully into account the important differen-*

---

25 Vgl. auch E. Goffman, *The Presentation of Self in Everyday Life.* 1959.

ces that exist between various societies, differences due chiefly to the widely varying lines of their past cultural evolution rather than to divergent biological tendencies and unequal natural abilities of their members» (Bd. 5, S. 340 f). THOMAS entschloß sich also im Laufe seiner Arbeit, nicht mehr von natürlichen Faktoren, sondern von Situationen und gesellschaftlichen Definitionen der Situation auszugehen. So war es im Grunde schon im ‹*Polish Peasant*› gewesen, dessen zentrale These darin bestand, daß die soziologische Erklärung ebenso wie die soziale Kontrolle von subjektiven Tendenzen oder «*attitudes*» und gesellschaftlichen Lebensbedingungen, dem «*social environment*», ausgehen müsse.[26] Jede Tätigkeit, so hieß es hier, besteht in der Bewältigung einer Situation. Und dieses Anknüpfen an die Situation hatte praktisch ebenso wie theoretisch die Bedeutung, daß man nicht mehr von problematischen Vorstellungen ausgehen mußte, sondern an das anknüpfen konnte, was in der Erfahrung zugänglich war. Das Anknüpfen an Situationen ist darum die größtmögliche Annäherung an die Erklärungsweise, wie sie in den Naturwissenschaften geübt wird. «*The study of the situation, the behavior in the situation, the changes brought about in the situation, and the resulting change in behavior represent the nearest approach the social scientist is able to make to the use of experiment in social research*» (W. I. THOMAS, zit. in der Einleitung zu: *Social Behavior and Personality*, a. a. O., S. 15).

Eine wirkliche Annäherung der Soziologie an die Exaktheit, die die Naturwissenschaften auszeichnet, hielt THOMAS für unmöglich. Der Erkenntnisanspruch einer jeden Wissenschaft muß sich nach der Art der Gegenstände bestimmen, auf die sie sich bezieht. Da der Mensch keine Natur ist, die sich in unveränderlicher Weise verhält, sondern in seinem Verhalten von seinen eigenen Definitionen der Situation ausgeht, können Aussagen über ihn nicht die Präzision haben, wie sie über physikalische Objekte möglich ist. «*We live by inference*», schrieb THOMAS in ‹*The Relation of Research to the Social Process*› (in: W. F. G. SWANN u. a., *Essays on Research in the Social Sciences.* 1931, S. 189). Das Leben in der Gesellschaft vollzieht sich ebenso wie der Erkenntnisprozeß der Sozialwissenschaften von Punkt zu Punkt, von einer Situation mit ihren Erfahrungen zu der nächsten. Es gibt keine ganz objektive Definition wie in den Naturwissenschaften, «*we move from point to point*», von einer bewältigten Situation zur nächsten. Das Ziel der Wissenschaft muß es sein, diese Bewegung, diesen Prozeß sozialer Anpassung, sozia-

---

26 Der Gebrauch von *Personal Documents* spielt daher in der soziologischen Analyse bei THOMAS eine relativ große Rolle. Vgl. hierzu: J. DOLLARD, *Criteria for the Life History.* 1935, G. ALLPORT, *The Use of Personal Documents.* 1942, und R. ANGELL, L. GOTTSCHALK, C. KLUCKHOHN, *The Use of Personal Documents in History, Anthropology and Sociology.* 1945.

ler Kontrolle und sozialen Wandels zu durchleuchten; es gibt keine Natur, die unabhängig von diesem Prozeß gedacht werden könnte. MacIver prägt in seinem Buch *‹Social Causation›* (1942) den Ausdruck *«dynamic assessment»*, um im Anschluß an Thomas diesen Prozeß sozialer Entwicklung zu kennzeichnen. Hinter dem Prozeß der Vergesellschaftung, der sozialen Kontrolle und des sozialen Wandels liegen, so schreibt MacIver, *«the converging and conflicting assessments generated within the social situation»* (MacIver, a. a. O., S. 374).

Der Ansatz der interaktionistischen Sozialpsychologie, wie er sich insbesondere im Werk von Thomas darstellt, erwies sich sowohl in methodisch-theoretischer als auch in empirischer Hinsicht als fruchtbar.[27] Der alte Ansatz, vom einzelnen auszugehen, hatte sich in der Formulierung von Rohrer und Sherif (*Social Psychology at the Crossroads.* 1951) als eine Sackgasse erwiesen, wenngleich er, wie wir noch sehen werden, in der Bewegung der Neo-Freudianer einen neuen Auftrieb erhielt. Was auf der Seite der Interaktionisten allerdings fehlte, war die klare Formulierung eines Bezugsrahmens für die Handlungen, von denen sie ausgingen. Der Psychologe, so hatte F. Znaniecki (*The Laws of Social Psychology.* 1925, S. 307) geschrieben, kann, wenn er die Handlungen der Menschen beschreiben will, nicht vom Ansatz der Behavioristen ausgehen, *«but must follow the agent's own experience of it»*; er muß sich ferner darauf besinnen, daß die Welt, in der die Menschen handeln, keine Natur ist, sondern eine Kulturwelt, *«full of meaning, containing innumerable objects which have no material existence at all, or merely a symbolic nucleus of materiality»*. Die systematische Erfassung dieser Kulturwelt, die Darstellung des sozialen Systems als Feld, in dem der Mensch als Kulturwesen, nicht als Naturwesen handelt, das war die nächste Aufgabe, die bewältigt werden mußte, wenn ein Fortschritt in der Entwicklung der Soziologie möglich sein sollte.

3. Der Funktionalismus

Die Diskreditierung der großen soziologischen Theorie, wie sie die Gründerväter vertreten hatten, und das Vordringen der empirischen Sozialforschung führten zu einer völligen Veränderung des Bildes der amerikanischen Soziologie in den zwanziger und beginnenden dreißiger Jahren. Diese Veränderung hatte, zumal wenn man sie etwa vergleicht mit dem gleichzeitigen Stand der Soziologie in Deutschland, unstreitige Vorzüge; sie brachte aber auch ein großes Problem mit sich, das bis in

---

27 Vgl. H. Blumer, *An Appraisal of Thomas and Znaniecki's ‹The Polish Peasant in Europe and America›*. 1939, und F. B. Karpf, *American Social Psychology – 1951*. In: Am. Journ. Soc., 58, 1952 f.

die Gegenwart hinein nicht gänzlich bewältigt worden ist. Der Horizont oder der allgemeine Bezugsrahmen der soziologischen Untersuchungen, das Thema der Soziologie insgesamt, gerieten aus dem Blickfeld, und damit stellte sich eine gewisse Unsicherheit darüber ein, wie denn diese verschiedenartigen Untersuchungen, die jetzt produziert wurden, zu interpretieren seien. Wie schon im vorhergehenden erwähnt, ist die Frage der Totalität oder des allgemeinen Bezugsrahmens, innerhalb dessen sich die einzelnen empirischen Forschungen bewegen, für die Soziologie anders gestellt als für die Naturwissenschaften, die von der Beständigkeit ihres Gegenstandes ausgehend, sich prinzipiell damit begnügen können, einzelne ausgewählte Problemstellungen zu untersuchen.[28] Gegenüber einem Gegenstand, der, gerade unter empirischen Gesichtspunkten, ständigen Veränderungen unterworfen ist, ist eine solche Beschränkung jedoch kaum möglich. Sie würde in ihrer Konsequenz bedeuten, daß gerade auch die Ergebnisse der so durchgeführten empirischen Einzelforschungen ungewiß und problematisch blieben. Die eigentliche Bedeutung von vielen Untersuchungen der damaligen Zeit wurde erst später entdeckt, nachdem ihre Ergebnisse in einen allgemeinen Bezugsrahmen eingeordnet werden konnten. Solange dieser allgemeine Bezugsrahmen nicht vorhanden war, blieben das Vordringen empirischer Forschungsmethoden und die Gewinnung und Prüfung theoretischer Hypothesen verbunden mit dem Eindruck, sich in einem insgesamt unübersehbaren und unabgrenzbaren Problemfeld zu bewegen. LYND (*Knowledge for What?* 1939, S. 183) verglich diese Forschung mit dem *«ditty bag of an idiot, filled with bits of pebbles, straws, feathers and other random hoardings».*

Darüber hinaus war nicht zu übersehen, daß die Entwicklung der Soziologie als Wissenschaft ganz wesentlich davon abhängen werde, ob es gelingen würde, eine gemeinsame Sprache, einen gemeinsamen systematischen Bezugspunkt für die Forscher dieses Gebietes zu erarbeiten. Solange dieses Ziel nicht erreicht war, gab es keine wissenschaftliche Öffentlichkeit, hatten die vorgelegten wissenschaftlichen Arbeiten wenig Chance, Bausteine eines kumulativen Wissensstoffes zu sein. HERTZLER hatte in seinem zitierten Werk den Versuch unternommen, seinen Institutionenbegriff aus den Begriffen der Vergangenheit heraus zu entwikkeln. ZNANIECKI (*Social Organization and Institutions.* In: GURVITCH-MOORE, *Twentieth Century Sociology.* 1945, S. 172) zog aus diesen und seinen eigenen Bemühungen die Folgerung: *«It is absolutely impossible*

---

28 Vgl. H. REICHENBACH, *Probability Methods in Social Sciences.* In: LERNER und LASSWELL (eds.), 1959, S. 127. REICHENBACH stellt hier fest, daß der Beobachtungsgegenstand der Naturwissenschaften statistische Totalitäten seien, während die Sozialwissenschaftler diese Totalitäten erst konstruieren müßten.

to introduce any logical order into the present terminological chaos.» Aus diesem Eindruck, sich einer ausgedehnten, spezialisierten Forschung gegenüberzusehen, die durch kein einigendes Band, keine gemeinsame Sprache, keine zuordnungsfähigen Problemstellungen zusammengehalten war, entstand in der Mitte der dreißiger Jahre das Streben nach einem soziologischen System. Die beiden Quellen, an die sich dieses erwachende Systembedürfnis anschloß, sind die strukturell-funktionale Anthropologie auf der einen und die in ihrem Lichte wiederentdeckte europäische soziologische Theorie auf der anderen Seite.

«Functionalism as a method», so beginnt B. MALINOWSKI seinen Aufsatz *‹The Functional Theory›* (in: *A Scientific Theory of Culture.* 1944, hier Ausgabe 1960, S. 147), *«is as old as the first stirrings of interest in alien, hence reputedly savage and barbarian cultures, whether the interest might have come from a Greek historian like* HERODOTUS, *a French Encyclopaedist like* MONTESQUIEU, *or a German Romanticist such as* HERDER.» Der Funktionalismus, so stellt MALINOWSKI in seinem Artikel *‹Anthropology›* der *‹Encyclopaedia Britannica›*, 1936, fest, liegt hervorragenden anthropologischen Feldforschungen ebenso zugrunde wie der soziologischen Theorie der DURKHEIM-Schule[29] und den Arbeiten der vergleichenden Völkerkunde. Immer mehr, so bemerkt MALINOWSKI (ebenda), wird die funktionale Methode zur vorherrschenden und ausschließlichen Erklärungsweise, wobei er neben seinen eigenen Arbeiten auf die Arbeiten von W. HOERNLÉ, A. RADCLIFFE-BROWN und R. THURNWALD hinweist.

Zu Beginn des 20. Jahrhunderts vollzieht sich in der Anthropologie eine Revolution,[30] in deren Verlauf die funktionale Methode die alte evolutionistische Erklärungsweise ablöst. Die Vorstellung, daß man mit Hilfe der Geschichte etwas erklären könnte, tritt hier ebenso wie in der Soziologie – man denke an DURKHEIM und PARETO – in den Hintergrund; sie wird ersetzt durch ein neues Bezugssystem. Dieses Bezugssystem ist der Funktionalismus, dessen allgemeine Axiome MALINOWSKI wie folgt zusammenfaßt (*The Functional Theory*, a. a. O., S. 150):

1. Eine Kultur ist wesentlich ein instrumenteller Apparat, mit dessen Hilfe der Mensch bestimmte Probleme lösen kann, die ihm in seiner Umgebung im Laufe des Prozesses der Bedürfnisbefriedigung begegnen.
2. Die Kultur ist ein System von Gegenständen, Tätigkeiten und Haltungen, in dem jedes Teil ein Mittel für ein Ziel ist.

---

29 Die nicht nur bei MALINOWSKI anzutreffende funktionalistische Interpretation DURKHEIMS erscheint problematisch. Vgl. hierzu insbesondere A. PIERCE, *Durkheim and Functionalism.* In: K. H. WOLFF (ed.), *Emile Durkheim*, 1960.

30 Vgl. I. C. JARVIE, *The Revolution in Anthropology.* London 1964.

3. Die Kultur ist eine Ganzheit, in der die einzelnen Elemente in einem Interdependenzzusammenhang stehen.
4. Handlungen, Haltungen und Gegenstände werden innerhalb der Kultur um wichtige und zentrale Aufgaben in Institutionen organisiert, wie es die Familie, der Clan, die Gemeinde, der Stamm und die organisierten Verbände zum Zwecke ökonomischer Zusammenarbeit, politischer, rechtlicher und erzieherischer Tätigkeit sind.
5. Unter dynamischem Aspekt, d. h. im Hinblick auf die Typen von Handlungen, kann die Kultur analysiert werden unter einer Anzahl verschiedener Gesichtspunkte, wie es Erziehung, soziale Kontrolle, Wirtschaft, Wissen, Glaube und Moral sowie auch das schöpferische und künstlerische Ausdrucksverhalten sind.

Die Bedeutung dieses Funktionalismus sieht MALINOWSKI ausdrücklich nicht nur darin, daß hier eine Alternative zu der vergangenen evolutionistischen Erklärungsweise gegeben, sondern darin, daß hier ein Instrument geschaffen wurde, das die praktische Feldarbeit anleiten konnte. Der Feldarbeiter findet hier ein Schema, mit dem er verschiedene Kulturen vergleichen und an dem er seine eigenen Fragestellungen orientieren kann. Der Funktionalismus, so bemerkt MALINOWSKI (S. 175), zielt primär darauf ab, den Feldarbeiter mit einer klaren Perspektive und deutlichen Instruktionen auszurüsten im Hinblick auf das, was er beobachtet und wie er das Beobachtete festhält. Der Funktionalismus bedeutet, was allerdings erst bei PARSONS klar erkannt wurde, nicht nur eine einfache Alternative zu vergangenen Theorien, sondern eine Neufassung des Theoriebegriffs überhaupt. Etwa eine Generation nachdem sich auf dem Gebiet der Nationalökonomie ein instrumenteller Theoriebegriff durchzusetzen beginnt, erreicht diese Auffassung auch die Anthropologie, und PARSONS wird hieraus konsequent den Begriff einer analytischen Theorie für die Soziologie ableiten. War das Selbstverständnis der Theorie früher dadurch gekennzeichnet, daß in ihr die Substanz oder die Wahrheit der Wirklichkeit enthalten war, so tritt jetzt immer mehr die Auffassung in den Vordergrund, daß die Theorie nur Instrumente, Sprachen und Verfahren, zur Erkenntnis der Wirklichkeit zur Verfügung stelle. Die Aufgabe der Theorie wird jetzt zunehmend in der Anleitung zur praktisch-empirischen Arbeit gesehen. Sie wird aus einem System, das sich selbst genügt, zu einer Sprache, deren eigentlicher Wert darin besteht, daß man sich mit ihrer Hilfe über bestimmte Gegenstände verständigen und diese erkennen kann.

Neben MALINOWSKI ist vornehmlich A. RADCLIFFE-BROWN als Vertreter der funktionalen Theorie hervorgetreten. Wir verweisen hier auf seine Aufsatzsammlung ‹*Structure and Function in Primitive Society*› (1952) und hierin auf die beiden Abhandlungen ‹*On the Concept of Function in Social Science*› von 1935 und ‹*On Social Structure*› von 1940. Das soziale Leben einer Gemeinschaft, so lesen wir auf S. 180, wird hier definiert als Funktionszusammenhang einer sozialen Struktur. Die Funktion einer jeden wiederkehrenden Tätigkeit, wie etwa die Bestrafung eines Verbrechens oder eine Begräbniszeremonie, ist der Teil, den sie in dem sozialen Leben als einem Ganzen spielt und demzufolge der Beitrag, den sie dazu leistet, daß die Struktur in ihrer Beständigkeit erhalten wird. Das Konzept der Funktion, wie es hier definiert wird, schließt also den Begriff der Struktur als eines Inbegriffs von Beziehungen zwischen Einheiten ein, wobei die Beständigkeit der Struktur eben durch diese Beziehungen der Einheiten aufeinander erhalten wird. Funktion und Struktur werden so in ihrer systematischen Bedeutung definiert, und auf S. 181 präzisiert RADCLIFFE-BROWN diese Definition noch, wenn er bemerkt: «*The function of a particular social usage is the contribution it makes to the total social life as the functioning of the total social system.*» Der leitende theoretische Gesichtspunkt der strukturell-funktionalen Theorie ist hier schon klar ausgesprochen.

Einen weiteren Schritt in Richtung auf die Entwicklung einer allgemeinen Theorie sozialer Systeme tut R. LINTON in seinem Buch ‹*The Study of Man*› (1936). Bei ihm finden wir eine Vielzahl von Anregungen für die spätere strukturell-funktionale Theorie und Handlungslehre von PARSONS. Hier ist zunächst zu denken an die Herausarbeitung der Begriffe ‹Status› – «*a position in a particular pattern*» – und ‹Rolle› – «*the dynamic aspects of status*» – (LINTON, a. a. O., S. 113 f). Wenn jemand, so bemerkt LINTON auf S. 114, die Rechte und Pflichten, die seinen Status konstituieren, ausübt, dann spielt er eine bestimmte Rolle. Eine weitere Unterscheidung, die, von LINTON ausgehend, breite Anerkennung gefunden hat, ist die Unterscheidung nach der Art und Weise, auf die soziale Positionen erworben werden. LINTON unterscheidet hier zwei mögliche Fälle. In dem einen werden Positionen auf Grund von Traditionen zugestanden (*ascribed positions*), in dem anderen werden sie durch die eigene Leistung erworben (*achieved positions*). Nicht minder wichtig ist aber die bei LINTON anzutreffende Unterscheidung von Gesellschaft und sozialem System. «*A society is an organization of individuals; a social system is an organization of ideas. It represents a particular arrangement of statuses and roles, which exist apart from the individuals*» (a. a. O., S. 253). Hier kündigt sich die Trennung des analytischen Begriffssystems, mit dem die soziale Realität erfaßt werden kann, von dieser Realität selbst an, wenngleich wir feststellen müssen, daß LINTON hier ebenso wie hinsichtlich seiner Definition von Rolle und Status als analytischer Instrumente der strukturell-funktionalen Theorie nicht konsequent ist. Immerhin sieht LINTON sehr wohl, und zwar ebenso deutlich wie die Gegner der funktionalen Erklärungsweise überhaupt, daß diese Erklärungsweise als Aussage über die Realität selbst im Gegensatz zu ihrer instrumentellen Bedeutung problematisch ist.

Wenn man die funktionale Erklärungsweise nicht dazu verwendet, ganz spezifische Fragen zu analysieren, wird sie zu einer unbestimmten Vorstellung, mit der alles erklärt werden kann. LINTON schreibt auf S. 406 f: In einem allgemeinen Sinne kann man von jedem Teil sagen, daß es eine Funktion habe. Weil nämlich die Teilhabe an einer gemeinsamen Kultur es den Mitgliedern dieser Kultur möglich macht, als Gesellschaft zu existieren, trägt jedes Element, einfach weil es gemeinsames Gut für viele ist, zur sozialen Solidarität bei. Eine solche universelle Anwendung des Funktionsbegriffs macht aus diesem jedoch eine Absurdität. Wenn der Begriff der Funktion irgendeine Bedeutung für die Untersuchung von Kulturen haben soll, dann muß er genauer definiert werden.[30a] Elemente, die ohne Nützlichkeit sind, können trotzdem eine Bedeutung als solche haben, wenn sie bestimmten individuellen oder Gruppenbedürfnissen entsprechen. So trägt etwa der Einbezug magischer Rituale in viele Tätigkeiten nichts zum Erfolg der Arbeit selbst bei, aber er sorgt für innere Sicherheit und Seelenfrieden bei dem, der arbeitet. Darüber hinaus scheint es viele Beispiele für Elemente zu geben, die keine bestimmte Bedeutung oder Funktion haben außer der, daß sie sich auf das Ganze einer bestimmten Kultur beziehen. Wir sehen hier, wie LINTON in seinem Bemühen, die funktionale Theorie zu präzisieren, sich in einer Richtung bewegt, die weit über das hinausweist, was man unter einem engen pragmatisch gefaßten Funktionalismus verstehen konnte.[31]

LINTON hat einen wichtigen Beitrag zur Entwicklung der strukturell-funktionalen Theorie geleistet, insbesondere durch seine Begriffe soziales System, Rolle und Status. Es ist aber nicht zu übersehen, daß er gegenüber der funktionalen Erklärungsweise eine gewisse Distanz wahrt, eine Distanz, die die Kritik widerspiegelt, auf die diese funktionale Erklärungsweise inzwischen gestoßen war. Der Funktionalismus kann ins Absurde gesteigert werden, und damit das verhindert wird, muß die funktionale Erklärungsweise ergänzt werden durch eine andere, ‹realistische› Erklärungsebene, auf der die Beschaffenheit des Materials festgelegt wird, das dann funktional interpretiert werden soll. Zum sozialen System gehört eine geschichtliche Basis, zum Begriff der Funktion die Bedeutung, die der Funktion eine bestimmte Richtung gibt, zur Vor-

---

30a LÉVI-STRAUSS bemerkt hierzu in seinem Buch ‹Strukturale Anthropologie› (dt. Ausg. 1967, S. 25), «zu sagen, eine Gesellschaft funktioniere, ist eine Banalität: aber zu sagen, alles in einer Gesellschaft funktioniere, ist eine Absurdität».

31 Wir verweisen in diesem Zusammenhang auf B. MALINOWSKI, *Culture as a Determinant of Behavior.* In: *Factors Determining Human Behavior,* 1937, und DERS., *Magic Science and Religion.* 1954, in denen MALINOWSKI eine funktionale Analyse der Religion auf der Linie der Vorstellungen versucht, die wir hier bei LINTON angedeutet finden.

stellung eines in sich interdependenten sozialen System gehört die Kategorie des Verhaltensmusters, das den materiellen Inhalt der in dem System integrierten Handlungen darstellt. Zum Begriff des Systems oder der Struktur gehört darum schließlich auch die Idee eines *‹Esprit de Corps›* *«which provides motion power for the expression of these patterns»* (Linton, a. a. O., S. 107). Das große Problem, das hier entsteht, nämlich, ob, und wenn ja, wie diese beiden Erklärungsebenen, die Perspektive des Wissenschaftlers, der eine bestimmte Kultur unter dem Gesichtspunkt des Funktionalismus interpretiert, und die Motivation dieser Kultur, die vielleicht auf alles andere als auf einen funktionalen Interdependenzzusammenhang gerichtet ist, zueinander in ein Verhältnis der Adäquanz gebracht werden können, sieht freilich Linton noch nicht. Er geht mehr oder weniger unbefangen zwischen der Ebene der Bedeutung und der Ebene der Funktion hin und her und bringt so in seine Darstellung eine gewisse Zweideutigkeit, die auch bei Parsons nicht immer vermieden worden ist. Bei G. P. Murdock schließlich, dessen Buch *‹Social Structure›* (1948) der vergleichenden Analyse von 250 verschiedenen Kulturen gewidmet ist, und in A. C. Kroeber (ed.), *Anthropology Today* (1953), spielt die funktionale Interpretation nur noch die Rolle eines methodischen Instrumentes neben anderen.

Die funktionale Theorie war, insofern sie mehr als eine instrumentale Hypothese sein wollte, nicht ohne Kritik geblieben.[32] Linton zieht daraus die Konsequenz, daß sie ergänzt werden müsse durch Hypothesen über das Werthaltungssystem, in dem das Entstehen und der Zusammenhalt einer bestimmten Kultur erklärt werden. Neben den strukturell-funktionalen Ansatz tritt hier der sozialanthropologische Ansatz, der die Sozialisierung des einzelnen durch Lernprozesse und den Erwerb von Verhaltensmustern erklärt. Hier trifft sich Linton nicht nur mit Sapir (*Selected Writings of Edward Sapir*, ed. D. Mandelbaum, 1951) und anderen Psychologen, die seit den zwanziger Jahren immer wieder auf die psychologischen Grundlagen der Kultur hingewiesen hatten. Er trifft sich vor allen Dingen auch mit A. Kardiner, für dessen Buch *‹The Individual and His Society›* (1939) Linton zwei selbständige Kapitel verfaßte. Hier wird von Linton der *«basic personality structure approach»* zum dominanten Gesichtspunkt gegenüber der funktionalen Erklärungsweise weiterentwickelt. Im Vorwort zu dem zitierten Buch von Kardiner schreibt Linton: *«When such a personality structure is recognized as the focus for the institutions comprised within a given culture, it can be seen that such institutions need not be mutually consistent, except to the degree required for their actual functioning, as long as they are individually consistent with various aspects of the personality*

---

32 Vgl. W. Rudolph, Die amerikanische ‹Cultural Anthropology› und das Wertproblem. 1959, S. 23 ff.

structure involved» (a. a. O., S. X). Das Schwergewicht der Erklärung wandert hier in die Persönlichkeitsstruktur ab, und das bedeutet, daß die Psychologie in der Erklärung sozialer Zusammenhänge ein starkes Übergewicht erhält. Die soziologische bzw. sozialanthropologische Forschung wird in die Rolle des Materiallieferanten gedrängt, während die Interpretation *«on the groundwork of Freudian principles»* (so KARDINER, a. a. O., S. XXI) durchgeführt wird.[33] Wir begegnen hier nicht zum letztenmal der bis in die fünfziger Jahre hinein starken Strömung des Neofreudianismus, gekennzeichnet durch Wissenschaftler wie KARDINER, A. FREUD, E. FROMM, K. HORNEY, S. RADO und W. REICH.[34] Hier wird versucht, eine Alternativposition zur soziologischen Interpretation aufzubauen – ein Gegensatz, den wir im 18. Jahrhundert vorgezeichnet finden in dem französischen Versuch, gesellschaftliche Zusammenhänge von einer gegebenen Natur des Menschen her zu erklären, gegenüber dem englischen Ansatz, diese Zusammenhänge aus einer Handlungslehre abzuleiten. Wir erinnern in diesem Zusammenhang auch an G. W. ALLPORT, dessen zentrale These in seinem Buch *‹Personality, a Psychological Interpretation›* (1937) dahin geht, die funktionale Autonomie der Person zu unterstreichen. Die erworbenen Motivsysteme sind nicht aus den Spannungen, die sie hervorgebracht haben, zu erklären – also funktional abzuleiten –, sondern müssen als solche, als Struktur des Ich, wie es jetzt existiert, untersucht werden.

Der eigentliche Einwand gegen die psychologische Erklärung, der sich hier LINTON zuwendet, war schon von SPENCER gegeben worden, der gegenüber der Gesellschaftslehre der *Philosophical Radicals* die Vorstellung entwickelt hatte, daß die Gesellschaft eine Realität eigener Art sei, die nicht aus der Perspektive individueller Handlungen erfaßt werden könne. SPENCER hatte, wie wir sahen, seine eigentlichen Nachfolger in den USA gefunden. Und der Kern seiner Theorie, daß die Gesellschaft ein eigengesetzliches, institutionell organisiertes Ganzes sei, blieb hier, wie es ZNANIECKI (*Social Organization*, a. a. O., S. 178) feststellt, noch bis weit in die erste Hälfte des 20. Jahrhunderts erhalten, obschon man sich nach außen hin längst von SPENCER abgewendet hatte. PARSONS beginnt sein Buch *‹The Structure of Social Action›* (1937) mit der Feststellung, daß SPENCER tot sei; trotzdem ist nicht zu übersehen, daß gerade SPENCER neben den vorgenannten Anthropologen eine wesentliche

---

33 Vgl. auch A. KARDINER, R. LINTON, CORA DU BOIS und JAMES WEST, *The Psychological Frontiers of Society*. 1945. Zur Kritik vgl. A. R. LINDESMITH und A. STRAUSS, *A Critique of Culture-Personality Writings*. In: Am. Soc. Rev., 15, 1950.

34 Vgl. B. NELSON, *Sociology and Psychoanalysis*. In: Psychoanalysis and Psychoanalytic Review, 49, 1962, und H. HARTMANN, Die Anwendung psychoanalytischer Begriffe auf die Sozialwissenschaft. In: Psyche, 18, 1964.

Quelle für die strukturell-funktionale Theorie ist.[35] SPENCER war es, der in Ablehnung des Utilitarismus zu einer objektiven Betrachtungsweise überging, die wie die Biologie die Erhaltung und Entwicklung von Systemen in ihren Mittelpunkt stellte. Zur Beschreibung dieser Prozesse der Systemerhaltung und Systementwicklung verwendete SPENCER biologische Analogien: Zwischen sozialen Strukturen und sozialen Funktionen und organischen Strukturen und organischen Funktionen bestand für ihn eine Parallele. Das soziale System erhält sich dadurch, daß seine Teile für es funktional sind bzw. daß die Strukturen, aus denen es besteht, zu einem Ganzen integriert werden. Die Gesellschaft als funktional organisiertes System von Institutionen, das ist der Kern der SPENCERschen Theorie, der jetzt wieder aktuell wird, nachdem sich auf dem Gebiete der Anthropologie der Funktionalismus ausgebreitet hat. Noch auffälliger wird die Parallele SPENCERS zur strukturell-funktionalen Theorie, wenn wir in Erwägung ziehen, daß sowohl SPENCER als auch PARSONS wesentliche Anregungen der Biologie bzw. der Physiologie verdanken.

Eine wichtige Quelle für die strukturell- funktionale Theorie, auf die PARSONS selbst wiederholt hinweist, ist der Physiologe W. B. CANNON mit seinem Buch ‹*The Wisdom of the Body*› (1932).[36] In seinem ‹*The Point of View of the Author*› (in: *The Social Theories of Talcott Parsons*, hrsg. von M. Black, 1961, S. 327) schreibt PARSONS: Ein System von Handlungen setze zunächst ein hierarchisch geordnetes, sich selbst erhaltendes System (*boundary-maintaining system*) voraus, und dieses wiederum impliziere den Begriff der Funktion als Inbegriff der Bedingungen, von dem die Erhaltung des Systems abhängt. Hierzu bemerkt PARSONS: «*The concept of function used here is essentially the same as that used in the biological sciences, e.g. as expressed by* W. B. CANNON.» CANNON war davon ausgegangen, daß der Körper des Menschen aus einer außerordentlich unstabilen Materie besteht, und hatte die Erhaltung des Lebens unter diesen Umständen als ein Wunder bezeichnet, das nur dadurch zu erklären sei, daß man eine ‹*Organization for Physiological Homeostasis*› (Titel eines Aufsatzes von CANNON in: ‹Physiological Review›, 1929) voraussetze. In seinem Buch ‹*The Wisdom of the*

---

35 Vgl. hierzu G. GURVITCH, *Une source oubliée des concepts de structure sociale, fonction sociale et institution: Herbert Spencer.* In: CIS, 23, 1957; D. AMBROS, Über Wesen und Formen organischer Gesellschaftsauffassung. In: Soziale Welt, 14, 1963, und J. RITSERT, Organismusanalogie und politische Ökonomie, Zum Gesellschaftsbegriff bei Herbert Spencer. In: Soziale Welt, 17, 1966. In: *The Social Theories of Talcott Parsons*, ed. M. Black, 1961, weist PARSONS selbst auf die «*very important sociological perspective of* SPENCER» (S. 313) hin.

36 Eine weitere Quelle ist das Werk des Biochemikers L. J. HENDERSON, *The Fitness of the Environment.* 1913.

Body› bringt CANNON dann zahlreiche Beispiele für diese Homeostasis, mit der der Körper zum Beispiel für eine beständige Innentemperatur sorgt. Er schließt sein Buch mit dem Versuch, ähnlich wie SPENCER die biologische Homeostasis als Analogie zur sozialen Homeostasis zu verwenden. Und ähnlich wie bei SPENCER stand auch hier die Strukturentwicklung durch Arbeitsteilung mit ihren Konsequenzen für die Stabilität der sozialen Systeme im Zentrum der Betrachtung. Nur wenn die durch die Arbeitsteilung entstehenden Gleichgewichtsprobleme gelöst werden können, so hatte CANNON ebenso wie SPENCER geschlossen, ist eine Entwicklung in Richtung auf größeres Volumen und größere Komplexität möglich.

Ein anderer Autor, der sich mit dem Problem der Systemerhaltung unter dem Einfluß interner Entwicklungen beschäftigt hatte, war EMILE DURKHEIM, der von PARSONS ausdrücklich als eine Quelle für seine Theorie genannt wird. DURKHEIM hatte in seiner Schrift *‹La division du travail›* den Übergang von der mechanischen zur organischen Solidarität als die Art und Weise dargestellt, auf welche die Integration des Systems aufrechterhalten werden konnte. Insofern als bei PARSONS, ähnlich wie bei SPENCER, die Integration bzw. die Selbsterhaltung sozialer Systeme im Zentrum der Betrachtung steht, ist die Rezeption von DURKHEIMS Theorie ein wichtiges Element in der Entwicklung der strukturell-funktionalen Theorie. Es kann jedoch nicht übersehen werden, daß im Gegensatz zu SPENCER weder DURKHEIM noch PARETO oder MAX WEBER, auf die sich PARSONS in seinem zitierten Werk bezieht, Funktionalisten sind. DURKHEIM stellt vielmehr ausdrücklich fest, daß die wirkende Ursache, von der ein soziales Phänomen erzeugt wird, und die Funktion, die es erfüllt, gesondert voneinander untersucht werden müßten (Regeln der soziologischen Methode. Hrsg. v. R. König, 1961, S. 181). Das Schwergewicht seiner Theorie lag für ihn nicht in der Interpretation funktionaler Zusammenhänge, sondern in der Untersuchung der Ursachen oder kausalen Zusammenhänge, von denen die sozialen Phänomene abhingen.

Ähnliches gilt für PARETO und für MAX WEBER. Beide sind für die strukturell-funktionale Theorie von PARSONS von Bedeutung, und zwar PARETO, weil er mit nahezu mathematischer Strenge die Darstellung eines sozialen Gleichgewichtszustandes anstrebt, und MAX WEBER, weil er die rationale Interpretation von Handlungen in den Mittelpunkt seiner Theorie stellt. Beide sind jedoch keine Funktionalisten. Für PARETO hatte die Mehrzahl der sozialen Phänomene ganz andere Ursachen als die rational einsehbare Funktion in einem sozialen Ganzen. Für ihn war das soziale System als ein mechanisches Gleichgewicht zu beschreiben, das aus dem logisch und funktional indifferenten Wechselspiel von Residuen, Derivationen und Interessen hervorgeht. Für MAX WEBER wiederum hatte der funktionale Gesichtspunkt lediglich die Bedeutung, daß zum Zwecke rationaler Interpretation eine funktionale Interdependenz idealtypisch postuliert werden mußte. Rationale Durchsichtigkeit von einem bestimmten idealtypisch gewählten Standpunkt her war eben nur dann möglich, wenn eine funktionale Interdependenz vorausgesetzt werden konnte. WEBERS Handlungslehre selbst ist nicht funktional, sondern rational. Sie ist nicht an den Bedingungen der Systemerhaltung, sondern an den Handlungsbedingungen des Handlungssubjekts orientiert, womit über die Erhaltung des Systems insgesamt selbst nichts gesagt ist. Die Welt, in der die einzelnen sich rational verhalten, ist für MAX WEBER keine funktional integrierte Welt, sondern eine Welt, die von Dämonen beherrscht wird, in deren Dienst die einzelnen und auch die Wissenschaft mit ihren rationalen Einsichten und Handlungen treten. Zunehmende Rationalisierung der Handlungen bedeutet nicht notwendigerweise zunehmende Integration oder auch nur Durchsichtigkeit der sozialen Systeme, in denen gehandelt wird. Dort, wo Rationalität in großen Institutionen auf Dauer gestellt wird, ahnt MAX WEBER vielmehr eher einen Rückfall in das Halbdunkel ägyptischer Zustände.

DURKHEIM, PARETO und MAX WEBER sind aus Gründen der Systemanalyse für PARSONS von Bedeutung geworden, aber in dem entscheidenden funktionalen Gesichtspunkt, der bei PARSONS im Zentrum seiner Theorie steht, sind nicht sie, sondern SPENCER bzw. die Organismustheorien überhaupt die eigentliche Quelle. SPENCERS Theorie war nie wirklich in Frage gestellt worden. Man hatte sich von ihr abgewendet, weil man berechtigten Zweifel an ihrer Gültigkeit hatte. Es war aber keine Alternative zu ihr entstanden, und PARSONS greift auf sie zurück, wobei der Physiologe CANNON dieselbe Vermittlerrolle zu einer alten soziologischen Theorie übernimmt, wie sie seinerzeit LAMARCK und DARWIN für SPENCER hinsichtlich der alten, ursprünglich gesellschaftlich orientierten biologischen Ordnungsideen gespielt hatten. Aus biologischen Analogien, zu denen sie durch bedeutende Naturwissenschaftler angeregt wurden, gewinnen sowohl SPENCER als auch PARSONS die Gesichtspunkte, mit denen sie sich gegenüber ihren Zeitgenossen abgrenzen und die soziologische Theorie neu formulieren. Die Interpretation der Systemstabilität als eines funktionalen Strukturzusammenhangs ist sowohl bei SPENCER als auch bei PARSONS der Hintergrund für ihre Interpretation sozialer Systeme.

Mit dem Funktionalismus rückt der Systemgedanke in den Mittelpunkt der theoretischen Analyse. Theorie als Systemtheorie argumentiert nicht von bestimmten Ursachen her, auch nicht historisch, sondern sie beweist apagogisch, d. h. mittelbar. Von der Notwendigkeit der Systemerhaltung ausgehend, fragt sie nach den Bedingungen, unter denen dieses System bestehen kann. Der Schluß der Kausalanalyse wird hier umgekehrt. Ein soziales Phänomen wird nicht aus bestimmten Ursachen herzuleiten versucht, sondern es wird gefragt, welche Funktionen erfüllt werden müssen, um eine bestimmte soziale Wirkung der Erhaltung des Systems zu erreichen. Da soziale Ordnung notwendig ist, wird festgestellt, welche Bedingungen erfüllt werden müssen, um sie zu sichern, nicht umgekehrt: aus welchen Ursachen die soziale Ordnung sich schließlich herleitet.

Dieser Gesichtspunkt, der den Systemgedanken und die an diesen Systemgedanken anschließenden funktionellen Notwendigkeiten in den Mittelpunkt stellt, ist keineswegs neu. PARSONS weist selbst wiederholt darauf hin, daß er in seinem Ansatz die Frage von HOBBES wiederholt. Wir unterstreichen hier, daß eben dieser Ausgangspunkt, den PARSONS wählt, die theoretische Perspektive ist, gegen welche sich die Theorie der Emanzipation, insbesondere bei LOCKE und HUME, durchgesetzt hatte. Bevor die Emanzipation der bürgerlichen Gesellschaft zum anerkannten Gesichtspunkt der theoretischen Analyse geworden war, hatte der Funktionalismus nicht nur in Gestalt der Lehre von HOBBES, sondern auch in Gestalt der traditionalen Lehre, wie sie etwa BOSSUET vertrat, das Feld beherrscht. Die Notwendigkeit der unbezweifelten Autorität von Staat und Kirche gegenüber den Emanzipationsbestrebungen der bürgerlichen Gesellschaft war hier mit funktionalen Argumenten begründet worden. Die Einheit des Ganzen und die mit dieser Einheit gesetzten funktionalen Bezüge der einzelnen Teile auf das Ganze – das ist eine theoretische Perspektive, die bis in die Antike zurückzuverfolgen ist, die dann in der christlichen Soziallehre weitergereicht wurde, um schließlich in die organizistischen Theorien des 18. und 19. Jahrhunderts einzumünden, an die dann die strukturell-funktionale Theorie von TALCOTT PARSONS anschließt.

Gegen diesen Funktionalismus war insbesondere in der schottischen Moralphilosophie der Gedanke vorgebracht worden, daß die gesellschaftliche Integration im allgemeinen und die Institutionen der Gesellschaft im besonderen von den Interessen der Bürger her interpretiert werden müßten, daß also die theoretische Analyse nicht von dem Systemgedanken, sondern von den Handlungen der einzelnen auszugehen habe. In dieser Lehre, die den gesellschaftlichen Zusammenhang als einen Prozeß der Vermittlung von Handlungen und Institutionen ansah, lag die Wurzel der Handlungslehre; und hier knüpft auch noch der deutsche Idealismus an, der die Freiheit des einzelnen gegenüber gesellschaftlichen Ganzheiten betont. Die alte Interpretation, die, vom Systemgedanken ausgehend, gesellschaftliche Integration und Institutionen der Gesellschaft funktional zu legitimieren versuchte, wurde hier abgelöst durch den Versuch, Institutionen und gesellschaftlichen Zusammenhang als Handlungszusammenhang mit eigenem Schwergewicht zu beschreiben.

Diese Handlungslehre sah die gesellschaftliche Integration und die Institutionen der Gesellschaft nicht als gegebene Ganzheiten an, die über die gesellschaftlichen Kräfte herrschten, sondern umgekehrt, als Wirkungsfelder und Entwicklungsmöglichkeiten für die gesellschaftlichen

Kräfte. Sie legte also das Schwergewicht nicht auf Struktur und Funktion, sondern auf Prozeß und treibende Kraft, auf das Selbstinteresse, wie es in der schottischen Moralphilosophie hieß, auf die Macht des Negativen, die Subjektivität, wie es HEGEL formulierte. Soziologische Theorie bedeutet hier die Einsicht in die Bedingungen und Prozesse, unter denen bzw. durch die die emanzipierte Gesellschaft sich selbst organisiert. Dieser Ansatz wurde mit dem Scheitern des deutschen Idealismus und der Radikalisierung des Liberalismus zum Utilitarismus wieder verdrängt durch den Systemgedanken, der von bestehenden Ganzheiten ausging. Bei SPENCER, MARX und COMTE ist der Gesichtspunkt wieder vorherrschend, daß theoretische Analyse Analyse von Ganzheiten oder Systemen sein müsse – Systemen, die nicht von den Handlungen der einzelnen Handlungssubjekte her verstanden werden könnten. Systemanalyse heißt Analyse von übersubjektiven, welthistorischen, materiellen oder biologischen Notwendigkeiten; es handelt sich um einen Prozeß, der über die Köpfe der einzelnen hinweggeht. Nachdem die Erwartungen enttäuscht worden sind, die die Aufklärung mit der Emanzipation verbunden hatte, schlägt die theoretische Perspektive um und greift den Gedanken wieder auf, daß die gesellschaftliche Gesetzmäßigkeit als Gesetzmäßigkeit von Systemen, nicht von Handlungen verstanden werden müsse. Kennzeichnend ist, daß der alte aristotelische Satz, nach dem das Ganze mehr sei als die Summe seiner Teile, jetzt immer wiederkehrt, bei DURKHEIM, bei GUMPLOWICZ, in der historischen Schule und bei den Romantikern, implizit bei SPENCER und auch bei PARSONS.

Im Sinne dieses Wechsels der Perspektive versucht PARSONS seine soziologische Theorie neu zu begründen. Er unterstreicht diesen Wechsel, wenn er immer wieder den Gesichtspunkt des Systems gegenüber dem der Entwickelbarkeit und Offenheit von Handlungen hervorhebt, den Autoren wie MONTESQUIEU, FERGUSON, KANT und andere betont hatten. Die Funktions- und Integrationsbedingungen eines Systems auf der einen Seite, auf der anderen Seite die Entwicklungsbedingungen von Handlungen, die sich selbst führen und, wie es FERGUSON betont hatte, dabei auf Institutionen stoßen, die sie für ihre Stabilität und weitere Entwickelbarkeit brauchen – das ist der Gegensatz der soziologischen Interpretation, der schon zu Beginn des 18. Jahrhunderts in dem Gegensatz von HOBBES und LOCKE deutlich geworden war. Im 18. Jahrhundert war der von HOBBES vertretene Systemgedanke zurückgedrängt worden von dem Gedanken der Emanzipation, von der Überzeugung, in der Gesellschaft einen sich selbst regulierenden Prozeß freier Handlungen vor sich zu haben. PARSONS schließt sich jedoch der Kritik an, die das späte 19. Jahrhundert am 18. Jahrhundert übt; für ihn handelt es sich, wie er immer wieder betont, um eine Wiederaufnahme des Themas von HOBBES. PARSONS findet keinen Zugang zur schottischen Moralphilosophie; Locke ist für ihn ein Utilitarier wie die Schüler Benthams (vgl. *The Structure of Social Action*. 1937, S. 95 ff). Im Zentrum seiner Theorie stehen nicht Handlungen, die sich selbst führen, sondern das System, von dem her Handlungen interpretiert und geordnet werden: «*the Hobbesian problem of order*», auf das sich Parsons immer wieder beruft (vgl. u. a. *The Social System*. 1964, S. 36, 43, 71, 118 f). Integration heißt hier nicht Integration von Handlungen zu einem System, sondern umgekehrt, Integration von Handlungen in ein System, das wie bei Hobbes autonome Bedeutung gegenüber den Handlungen hat. Der Funktionalismus hat die Bedeutung, die Selbständigkeit des Systems gegenüber den Handlungen zu begründen. Hier geht es nicht darum, Werte und Institutionen aus den Bedürfnissen und Handlungen abzuleiten, sondern ein System, das einen eigenen Legitimationsgrund hat, mit Bedürfnissen und Handlungen zu verbinden. Dieser Ansatz ist – ebenso wie der von Hobbes – nach der Seite der Antriebe und Motive psychologisch, nach der Seite der Ordnungen logisch, d. h. am Systembegriff orientiert. Logisch-rationale Notwendigkeiten des Funktionalismus hier, psychologisch-biologische Antriebe der menschlichen Natur dort, sollen zu einer gedanklichen Einheit verbunden werden: «*This integration of a set of common value patterns with the internalized need-disposition structure of the constituent personalities is the core phenomenon of the dynamics of social systems*» (*Social System*, a. a. O., S. 42).

Parsons formuliert das Problem genauso wie Hobbes, der ebenfalls das Problem der Ordnung in den Mittelpunkt gestellt hatte. Ebenso wie für Hobbes besteht für Parsons das zentrale theoretische Problem in der Frage nach dem Gültigkeitsanspruch einer Theorie, die von dem Postulat der Ordnung ausgeht, in einer Wirklichkeit, die den Eigenwert von Ordnungen, die selbstverständliche Geltung von Institutionen nicht mehr kennt, sich nicht mehr einfach als funktionierendes System legitimieren kann, sondern als institutionelle Ordnung rechtfertigen muß, die bestimmte gesellschaftliche Interessen bedient. Hobbes hatte im ausgehenden 17. Jahrhundert noch glauben können, daß auf den Bürgerkrieg die Rückkehr zu einer selbstverständlich geltenden und den einzelnen nicht nur faktisch, sondern auch moralisch unterwerfenden Ordnung bevorstünde. Parsons kann in diesem Sinne nicht so naiv sein und seine strukturell-funktionale Theorie als Theorie des Leviathan darstellen. Das Problem der Ordnung stellt sich daher für ihn ungleich komplizierter als für Hobbes, und zwar, wie wir noch sehen werden, als Problem der Ordnung eines theoretischen Systems und als Frage nach dem Geltungsanspruch dieses theoretischen Systems. Bevor wir uns jedoch mit den Problemen der strukturell-funktionalen Theorie beschäftigen, wollen wir versuchen, diese Theorie in ihren Grundzügen zu veranschaulichen.

Die Begriffswelt von Parsons ist ausgedehnt und verwickelt; sie gleicht, um DEVEREUX zu zitieren[37], dem Birnam Wood (vgl. SHAKESPEARE, ‹*Macbeth*› IV, 1), einem Wald, der sich bewegt. Im Zentrum der nur mit GURVITCH vergleichbaren Fülle von sich entwickelnden Kategorien steht jedoch immer der Gedanke, daß alle wissenschaftliche Erkenntnis ebenso wie ihre Gegenstände nur wegen ihres systematischen Gehaltes von Bedeutung seien. Das gilt zunächst für die Soziologie selbst. Ihre Reife als Wissenschaft ist nach PARSONS davon abhängig, ob sie ihr Wissen als systematisches Wissen darstellen kann. «*It is scarcely too much to say that the most important single index of the state of maturity of a science is the state of its systematic theory.*»[38] Dieses theoretische System – «*a body of logically interdependent generalized concepts of empirical relevance*» (a. a. O.) – hat zunächst die Aufgabe, eine allgemeine Sprache zu erarbeiten, in der eine intersubjektive Verständigung möglich ist. Ohne eine solche allgemeine Kodifizierung von Phänomenen kann es kein kumulatives Wissen geben. Des weiteren hat die systematische Theorie die Aufgabe, die empirische Forschung dadurch anzuleiten, daß sie die Problemfelder klarer erkennen läßt. Und schließlich soll die Theorie die Kontrolle von Vorurteilen dadurch erleichtern, daß sie allgemeine Bezugspunkte aufstellt, an denen eine erste Überprüfung der Ergebnisse möglich ist. Die allgemeine Theorie, so bemerkt PARSONS (in: *Essays*, S. 354), kann für einen allgemein orientierenden Bezugsrahmen sorgen. Sie kann ebenfalls einen Beitrag dazu leisten, eine gemeinsame Sprache zu entwickeln, die die Kommunikation zwischen verschiedenen Spezialisten ermöglicht, und sie kann dazu herangezogen werden, um große Bestände vorhandenen empirischen Wissens zu kodifizieren, untereinander in Verbindung zu setzen und für die Forschung verfügbar zu machen. Der Kern einer jeden Wissenschaft ist die systematische Theorie, die die verschiedenen Problemfelder miteinander in Verbindung bringt und einen gemeinsamen Bezugsrahmen für alle Phänomene ihres Gegenstandsbereiches erarbeitet.

Ist so die Bedeutung des Systemgedankens für die Wissenschaft selbst gesichert, so handelt es sich jetzt darum, die Fruchtbarkeit dieses Systemgedankens an den einzelnen Gegenstandsgebieten deutlich zu machen. Das gilt zunächst für die Handlungen. Das System der strukturell-funktionalen Theorie muß die Kategorie der Handlung systematisch einbeziehen. In einer sehr kennzeichnenden Formulierung schreibt PAR-

---

37 E. G. DEVEREUX, *Parsons' Sociological Theory*. In: *The Social Theories of Talcott Parsons*, ed. M. Black, 1961, S. 2. Vgl. auch J. F. SCOTT, *The Changing Foundations of the Parsonian Action Scheme*. Am. Soc. Rev., 28, 1963.

38 T. PARSONS, *The Present Position and Prospects of Systematic Theory in Sociology*. In: T. PARSONS, *Essays in Sociological Theory*. 1954, S. 212. Sehr entschieden äußert sich in diesem Sinne auch ED. SHILS, *The Present State of American Sociology*. 1948, S. 45.

PARSONS: «*The theory must be formulated within what may be called the ‹action› frame of reference*» (*The Position of Sociological Theory*. In: ‹Am. Soc. Rev.›, 13, 1948, S. 158). Das theoretische System muß nicht aus der Perspektive des Handelnden entfaltet werden, wie es in Deutschland etwa MAX WEBER und später ARNOLD GEHLEN versuchten; sondern der theoretische Bezugsrahmen muß die Kategorie der Handlung in sich aufnehmen, weil die Darstellung sozialer Systeme ohne diese Kategorie nicht vollständig wäre. Zur soziologischen Systemtheorie gehört als Grundlage die Handlung, denn ohne diesen Bezug auf Handlungen müßte die Systematisierung ganz äußerlich im Sinne des Behaviorismus erfolgen. In diesem Sinne hatten sich schon vor PARSONS THOMAS, ZNANIECKI, MACIVER und H. BECKER vom Behaviorismus abgewendet – eine Wendung, die, wie wir im Zusammenhang mit der interaktionistischen Sozialpsychologie sahen, ihre Wurzel in der Tradition des Pragmatismus hat. Während bei diesen Autoren jedoch der Schwerpunkt auf einer pragmatisch-aktivistischen Interpretation gesellschaftlicher Zusammenhänge liegt, liegt das Schwergewicht bei PARSONS auf dem systematischen Gesichtspunkt. Es geht nicht darum, soziale Zusammenhänge als Handlungszusammenhänge zu verstehen, sondern umgekehrt, Handlungszusammenhänge als Systeme zu interpretieren. Die theoretische Leistung besteht darin, den systematischen Charakter und die systematische Verortung aller Handlungen hervorzuheben.

Die Handlung ist theoretisch zu begreifen als Prozeß in dem System, das durch den Handelnden und die Situation konstituiert wird. Die fundamentale Eigenschaft der Handlung besteht darin, daß sie ein Teil eines Systems von Erwartungen ist, das sich auf die verschiedenen Gegenstände der Situation bezieht (*The Social System*, S. 4 f). Die beiden Pole dieses Handlungssystems, das durch den Handelnden und die Situation begründet wird, sind die Bedürfnisse (*need-dispositions*) auf der einen und die sozio-kulturellen Werte, an denen sich der Handlungsvollzug orientiert, auf der anderen Seite. Die wesentliche Dichotomie zwischen der physisch-psychischen Welt der Bedürfnisse auf der einen und der sozio-kulturellen Welt der Ordnung auf der anderen Seite gehört bei PARSONS ebenso wie bei HOBBES mit zu den Voraussetzungen der Theorie.[39] Alle Systeme haben nach PARSONS deswegen auch normativen oder hierarchischen Charakter. Sie stellen nicht Verfassungen oder Institutionen dar, die die Handelnden sich selbst geben, sondern sind Ordnungen, in die sich die Handelnden aus höheren – nämlich funktionalen – Gesichtspunkten fügen müssen. Der Funktionalismus, der darzustellen versucht,

---

39 Während GEHLEN den Dualismus von realen und idealen Faktoren überwinden will, läßt PARSONS ihn in seinem Aufsatz ‹Die jüngsten Entwicklungen in der strukturell-funktionalen Theorie›. In: Kölner Zeitschrift, 16, 1964, S. 37, ausdrücklich wieder aufleben.

wie ein gegebenes System von seinen Teilen bedient wird, impliziert den normativen Charakter des Systems, wie umgekehrt die Interpretation der Teile als Teile eines Ganzen den hierarchischen Gesichtspunkt impliziert. Alle Systeme sind normativ in dem Sinne, daß sie einen ungeordneten Zustand ordnen, und sie sind hierarchisch insofern, als diese Ordnung die Bedürfnisse des Systems bedient. Das System der Handlungen geht aus von dem konkreten menschlichen Individuum *«as a physical organism»*; und es beschreibt das System, das den *«individual organism as actor»* (T. Parsons, *Psychology and Sociology*. In: *For a Science of Man*. Hsg. von J. Gillin, 1954, S. 69) darstellt. Dieser *«individual organism as actor»* findet in seinen *«need-dispositions»* die Kraft, die das personale und soziale System von außen bewegt. Ebensowenig wie bei Hobbes wird der Handelnde soziologisch verstanden, er wird vielmehr biologisch bzw. psychologisch als Träger bestimmter Bedürfnisse bzw. Motivationen interpretiert. Diese quasi natürlichen Kräfte treiben das System von außen an und stellen in ihre natürliche Ungeordnetheit das Hobbessche Ordnungsproblem. Die Dichotomie, die Hobbes als Dichotomie zwischen Natur und Staat darstellte, kehrt bei Parsons als Dichotomie von Antrieben und Orientierungen wieder. Ebenso wie bei Spencer, der – in der Charakterisierung von Znaniecki – einen mechanischen Individualismus in eine biologische Ordnungsvorstellung einbaute, sind bei Parsons die «Mechanismen der Motivation» und das «Schema der Ordnung» (T. Parsons, Die Stellung der Soziologie in den Sozialwissenschaften. In: Die Einheit der Sozialwissenschaften, ed. Bernsdorf und Eisermann, S. 75) zwei verschiedene Dinge. Der Mensch ist nicht «von Natur ein Kulturwesen» (Gehlen), sondern eine Natur, der eine Ordnung aufgenötigt wird.

Parsons geht wie Hobbes von einem natürlichen Unterbau aus, über den sich dann das Schema von Ordnungen, das soziale System und das kulturelle System, erhebt. Der *‹basic frame of reference›* ist ein psychologischer, die elementarste Einheit, die von der strukturell-funktionalen Theorie vorausgesetzt wird, ist das Bedürfnissystem des einzelnen Handlungssubjekts, *«need-disposition system of the individual actor»* (*Social System*, a. a. O., S. 7), von dem wohl gezeigt werden kann, daß es in eine bestimmte soziale Situation paßt, nicht aber, wie es soziologisch im Zusammenhang einer bestimmten Gesellschaft entsteht. Der grundlegende Bezugsrahmen der strukturell-funktionalen Theorie besteht, wie Parsons (in: *Essays in Sociological Theory*, a. a. O., S. 229) bemerkt, in der Darlegung der strukturellen Kategorien der menschlichen Persönlichkeit in einem psychologischen Sinn. Hier wird gezeigt, wie – in eben diesem psychologischen Sinne – aus ungeordneten Antrieben orientierte *«need-dispositions»* entstehen, die das Verhalten in bestimmten Situationen festlegen. Dieses Bedürfnissystem hat zwei Aspekte: den Befriedigungsaspekt (*gratificational aspect*) und den Orientierungsaspekt (*orientational aspect*). Es befindet sich in einem anderen System (*object system*), das Situation genannt wird. Bedürfnissystem und Objektsystem sind die beiden Bezugspunkte des Personal-Systems. Die Verbindung zwischen ihnen wird hergestellt durch die drei Arten der Orientierung, die sich jeweils auf die Definition der Situation, auf die Befriedigung der Bedürfnisse und auf die Bewertung der Situation beziehen: *«cognitive, cathetic and evaluative modes of orientation»* (*Social System*, a. a. O., S. 7).

Die Analyse dieses personalen Systems ist die Grundlage des sozialen Systems, das den systematischen Zusammenhang personaler Systeme darstellt. Der *action-frame of reference* ist in beiden Fällen das gemeinsame Substrat, aber der Aspekt, unter dem er analysiert wird, ist jeweils ein verschiedener. Beim personalen System handelt es sich um Bedürfnisse, die in bestimmten Situationen befriedigt werden; beim sozialen System handelt es sich um ein Muster von Beziehungen, in dem diese personalen Systeme miteinander verknüpft sind. Diese Verknüpfung wird in der Analyse des sozialen Systems vorausgesetzt, genau wie Pareto bei der Analyse des ökonomischen Gleichgewichtssystems vorausgesetzt hatte, daß sich die beteiligten Machtparteien an den Gleichgewichtspreis angepaßt hätten. Die Theorie des sozialen Systems beschreibt nicht die Anpassungsvorgänge, die dazu führen, daß aus einer Vielzahl von Handlungen ein System wird, sie entwickelt die Kategorien, die analytisch im Systembegriff enthalten sind: Struktur, Funktion, Kontrolle, im Hinblick auf Systemerhaltung. Jedes System hat eine Struktur, weil es eine Ordnung aus Teilen ist; diese Ordnungen sind ihrerseits funktional auf das System hin geordnet, und das System muß in der Lage sein, die Funktionalität dieser seiner Struktur sowie die Erhaltung seiner Grenzen zu kontrollieren. Diese Kategorien sind logisch aus dem Systembegriff zu deduzieren, sie haben nichts mit Handlungen als einer psychologischen Realität zu tun. Nicht der Handelnde, sondern die Beziehung zwischen Handelnden ist hier der Erkenntnisgegenstand. Der Handelnde tritt hier nicht auf als Ausdruck von bestimmten Bedürfnissen, sondern als Inhaber einer bestimmten sozialen Position, als Teil einer funktional vorgegebenen Ordnung. Er hat eine Rolle bzw. einen Status. Der Status markiert hierbei den Ort, den der einzelne im sozialen System einnimmt; die Rolle gibt an, was er infolge dieser Position zu leisten hat. Die Struktur des sozialen Systems als eines Inbegriffs von Beziehungen Handelnder aufeinander wird in den Termini Rolle und Status beschrieben. Die Rolle, schreibt Parsons in ‹*Essays*› (a. a. O., S. 230), ist das Konzept, mit dem das Untersystem des Handelnden als einer psychologischen Einheit verbunden wird mit der davon unterschiedenen sozialen Struktur. Im sozialen System tritt der einzelne nicht als Handlungssubjekt, sondern als Inhaber eines bestimmten Status bzw. einer bestimmten Rolle auf, die vom Gesichtspunkt des Handelnden her gesehen, normative Erwartungen darstellt, denen er sich zu fügen hat. In bezug auf das einzelne Handlungssubjekt liegt der wesentliche Aspekt der sozialen Struktur darin, daß sie ein System von zusammenhängenden Erwartungen ist, die sich an den einzelnen richten und die Institutionen heißen, wenn es sich um geschlossene Systeme von Erwartungen bzw. *«role-integrates»* handelt. Ein jedes festgelegtes Interaktionssystem – ob groß oder klein – wird soziales System genannt. Eine Gesellschaft ist ein soziales System, für das bestimmte zusätzliche Bedingungen gelten, insbesondere, daß sie nicht als Untergruppe eines anderen sozialen Systems erscheint (Parsons und Shils [eds.], *Toward a General Theory of Action.* 1951, S. 26).

Die Frage, wie der einzelne Mitglied der Gesellschaft wird, wie sich die Vermittlung zwischen dem personalen und dem sozialen System vollzieht, kann von Parsons nicht auf derselben analytischen Ebene wie die Systemtheorie behandelt werden. Handlungsmuster und Institutionen werden bei Parsons nicht aus den Handlungen und Interessen der Beteiligten selbst abgeleitet – wie dies etwa in der schottischen Moralphilosophie im Gegensatz zu der Systemtheorie von Hobbes der Fall war –, es wird vielmehr vorausgesetzt, daß die «Mechanismen der Motivation» an die «Schemata der Ordnung» angepaßt werden können. Vom Gesichtspunkt des personalen Systems aus handelt es sich hier um die Prozesse der Sozialisierung, die als eine zusätzliche Erklärungsebene zur Systemtheorie gehören. Mit dieser Frage hat sich Parsons wiederholt, insbesondere in dem mit Bales zusammen verfaßten Buch *‹Family, Socialization and Interaction Process›* (1955) beschäftigt. Er schließt sich hier im wesentlichen an Freud an, dessen psychoanalytisches Entwicklungsschema er für die Darstellung der Sozialisierungsprozesse übernimmt. Die «dramatische Annäherung» von Psychologie und Soziologie, die Parsons hier sieht (Die Einheit der Sozialwissenschaften, a. a. O., S. 77), betrifft die Tatsache, daß es ihm gelingt, die von Freud aufgedeckten psychologischen Stadien in ihrer Bedeutung für den Sozialisierungsprozeß zu verstehen. Das allgemeine Prinzip ist – wie bei Spencer – die *«selection for survival»* (Parsons in: *Sociology Today.* 1. Bd., 1965, S. 35). Vom sozialen System her ist diese Anpassung des einzelnen als ein mechanisches Problem zu sehen. Mechanisch wirkende Kräfte eliminieren – wie bei Malthus und Spencer – denjenigen, der sich nicht die für das Überleben notwendigen Fähigkeiten angeeignet hat. Die Prinzipien dieses mechanischen Anpassungsproblems entwickelt Parsons in den von ihm zusammen mit Shils herausgegebenen *‹Working Papers in the Theory of Action›* (1953). Hier nennt Parsons im einzelnen: 1. das Prinzip der Trägheit, 2. das Prinzip von Wirkung und Gegenwirkung, 3. das Kraftprinzip und schließlich 4. das Prinzip der System-Integration, nach welchem jedes Muster, das Handlungen ordnet, seinerseits beherrscht wird von funktionalen Gesichtspunkten. Wie bei HOBBES ist das System von innen psychologisch, von außen mechanisch zu interpretieren.

Das soziale System ist ein System von Verhaltensmustern, deren Aneignung durch den einzelnen psychologisch, deren Wirkung im System aber mechanisch zu begreifen ist. Diese Verhaltensmuster selbst sind aber als Ausdruck bestimmter Werte ihrerseits Teil einer bestimmten Kultur. Zu jedem sozialen System gehört als Richtpunkt der Orientierung eine Kultur, ebenso wie zu jedem personalen System ein soziales System gehört. Die Werte, von denen die Orientierung und Stabilität der Handlungen abhängen, sind Teil einer bestimmten Kultur. PARSONS definiert diese Kultur als *«a shared symbolic system which functions in interaction»* (*Social System*, a. a. O., S. 11). Das soziale System ist Teil einer bestimmten Kultur, die ein System von Symbolen ist, die in Handlungen wirksam sind. Der normative oder hierarchische Charakter der Handlungsorientierung wird anerkannt auf Grund der kulturellen Werte, die eine bestimmte Handlungsorientierung legitimieren.

Die Kultur stellt mit ihren Symbolen die Maßstäbe zur Verfügung, an denen sich das Verhalten orientieren und differenzieren kann. Diese Orientierung und Differenzierung betreffen jedoch nicht nur die Richtung des Verhaltens, sondern auch seine Art und Weise. Es gibt nicht nur allgemeine Ziele, sondern auch allgemeine Modalitäten des Verhaltens, die in jeder Kultur auf je besondere Art und Weise verwirklicht werden. Die allgemeinen Ziele, die in jeder Kultur, wenn auch in unterschiedlicher Ausprägung, realisiert werden müssen, hat PARSONS in dem Schema funktioneller Leistungen dargestellt, auf das wir sogleich zurückkommen werden. Für die allgemeinen Modalitäten des Verhaltens hat er das Schema der *«pattern-variables»* entworfen, mit deren Hilfe eine allgemeine Differenzierung von Verhaltensmaßstäben möglich ist. Die *«pattern-variables»* stellen Verhaltensalternativen dar, von denen der Handelnde eine zu wählen hat, bevor ihm die Bedeutung der Situation, in der er sich befindet, klar ist und bevor er demzufolge im Hinblick auf diese Situation handeln kann. Der Handelnde muß sich nicht nur in dem Objektsystem orientieren, in dem er sich befindet, er muß auch zwischen möglichen Alternativen seiner Einstellung gegenüber diesem Objektsystem eine Wahl treffen. Das, was TÖNNIES mit seiner berühmten Alternative «Gemeinschaft und Gesellschaft» auf problematische Weise herauszuarbeiten suchte, wird hier von PARSONS methodisch schärfer und theoretisch verfeinerter erneuert. Für PARSONS unterscheiden die *«pattern-variables»* nicht Typen der Vergesellschaftung, sondern Typen der Orientierung innerhalb von beliebigen sozialen Systemen. Das soziale System ist nicht nur als ein System von motivierten Handlungen, sondern auch als ein System von Einstellungen zu beschreiben, die in diesen Handlungen wirksam werden. Die Alternativen, die PARSONS hier aufzählt, sind im einzelnen: Erstens: die Alternative zwischen affektivem und affektiv neutralem Verhalten. Dieser Unterschied steht, wie es PARSONS neuerdings sieht, in engem Zusammenhang mit der Zeitdimension der Bedürfnisbefriedigung, nämlich der Wahl zwischen unmittelbarer oder hinausgeschobener Bedürfnisbefriedigung. Die zweite Alternative ist die zwischen spezifischem und diffusem Verhalten. Hiermit will PARSONS ausdrücken, daß der Handlungszusammenhang je nach der in Frage stehenden Institution zu einer entweder streng begrenzten oder aber umfassenden wechselseitigen Inanspruchnahme führt. Die dritte Alternative ist die zwischen Universalismus und Partikularismus. Hier handelt es sich um die Frage, ob man allgemeinen und in diesem Sinne rationalen Wertmaßstäben folgen soll oder ob man etwa einen Arzt auf Grund persönlicher Bekanntschaft zu wählen hat. Die vierte Alternative ist die zwischen einer Entscheidung auf Grund von Leistungsgesichtspunkten oder auf Grund von anderen Kriterien. PARSONS versucht hier den von LINTON getroffenen Unterschied zwischen *«ascription»* und *«achievement»* zu verallgemeinern. Die fünfte Wahl betrifft die Alternative zwischen einem interessierten und einem nicht interessierten Verhalten. PARSONS versteht hierunter aber nicht die Wahl zwischen altruistischem oder egoistischem Verhalten. Er stellt vielmehr fest, daß das Verhalten institutionell danach differenziert wird, ob, wie beim Arzt, ein desinteressiertes Verhalten erwartet wird oder, wie beim Geschäftsmann, ein Verhalten, das sich an Gewinngesichtspunkten ausrichtet. Die Frage nach einem in diesem Sinne gesellschaftlich zulässigen interessierten bzw. desinteressierten Verhalten ist zu unterscheiden von der Frage, ob im Prozeß der Sozialisierung eine hinreichende Überwindung des ursprünglichen Selbstinteresses geglückt ist oder nicht.

Die *«pattern-variables»* stellen Alternativen von Einstellungen dar. In ihnen werden die sozio-kulturellen Systeme in Hinblick auf die in ihnen möglichen bzw. geforderten Einstellungen differenziert. Eine andere berühmte Unterscheidung, die PARSONS im Rahmen seiner strukturell-funktionalen Theorie erarbeitet hat, ist die Differenzierung der Funktionen, die von den verschiedenen sozio-kulturellen Systemen bedient werden müssen. Alle genannten Systeme, auch die *«pattern-variables»*, müssen bestimmten Zwecken genügen, damit sie als solche bestehen können. Und eine wesentliche Leistung von PARSONS Theorie besteht darin, diesen funktionalen Aspekt analytisch verallgemeinert, differenziert und damit zu einem theoretischen Instrument entwickelt zu haben, das in vielfacher Weise brauchbar ist. Die verschiedenen Funktionen, die PARSONS hier unterscheidet, sind:

1. Die instrumentellen Probleme der Zielerreichung. Alle Systeme müssen irgendwelche Ziele erreichen und demzufolge die technischen Probleme bewältigen, die mit dieser Zielerreichung verbunden sind. Prototyp der in diesem Sinne an der Zielerreichung orientierten Systeme ist nach PARSONS das politische System.

2. Alle Systeme müssen sich an die äußere Situation anpassen, in der sie sich befinden. Dieser Prozeß der Anpassung schließt die aktive Veränderung des Milieus, in dem man sich bewegt, ein. Das Ziel dieser Anpassung besteht darin, die Mittel zu erwerben, die notwendig sind, um die angestrebten Ziele zu erreichen. Prototyp der Anpassungssysteme in diesem Sinne ist für PARSONS die Wirtschaft.

3. Alle Systeme müssen ihren inneren Zusammenhalt wahren. Wenn Handlungszusammenhänge überhaupt bestehen sollen, müssen sie ein Minimum von Integration oder Solidarität aufweisen, und hier liegt nach PARSONS die besondere Bedeutung der Kultur als eines Inbegriffs gemeinsamer Werte und Verpflichtungen.[40]

4. Es entstehen schließlich im Prozeß der Handlungen Spannungen, mit denen die Systeme fertig werden müssen. Es gibt Konflikte der verschiedensten Art, nicht nur zwischen den Handelnden, sondern auch innerhalb der einzelnen Handlungssubjekte, und es muß daher in jedem System Institutionen geben, die die Bewältigung der so entstehenden Spannungen zu ihrer Aufgabe haben. Prototyp für die Institutionen, die mit diesen sogenannten *«latency-problems»* fertig werden, ist nach PARSONS die Familie.

Damit haben wir den Grundbestand der strukturell-funktionalen Theorie und ihre zentralen Kategorien dargestellt. Abschließend wollen wir uns mit den Problemen beschäftigen, die mit dieser Theorie verbunden sind. Bisweilen ist versucht worden, das System von PARSONS wegen des Schwergewichts, das Integration und normative Orientierung in ihm haben, als ein konservatives System zu kritisieren bzw. zu behaupten, daß entscheidende Aspekte der modernen Gesellschaft, wie der Konflikt, nicht in ihm behandelt werden könnten. Gegen diese Kritik hat PARSONS (vgl. insbesondere ‹Kölner Zeitschrift›, 16, 1964, S. 49) klar Stellung genommen und darauf hingewiesen, daß seine Theorie weder die Analyse bestimmter empirischer Probleme ausschließe, noch diese Analyse an bestimmte Wertvorstellungen binde.[41] Die strukturell-funktionale Theorie ist in dem Sinne, wie PARSONS sie auffaßt, weder eine konservative Theorie, noch ist sie blind für nicht-funktionale Probleme, die gerade vor dem Hintergrund eines funktionalen Modells klar definiert werden können.

---

40 Neuerdings betont PARSONS auch die Bedeutung der Kultur unter dem Gesichtspunkt der Evolution. Vgl. *Evolutionary Universal in Society*. In: Am. Soc. Rev., 29, 1964. Hier wird die Bedeutung der Religion für die gesellschaftliche Entwicklung herausgestellt. Dieser Ansatz ist an MAX WEBER, die Richtung, in der die Evolution gesehen wird: von kleinen und differenzierten zu großen komplexen Systemen, an SPENCER angelehnt.

41 Vgl. auch P. DREWE, Die strukturell-funktionale Theorie und der soziale Wandel. In: Kölner Zeitschrift, 18, 1966, und R. MAYNTZ, Soziologie in der Eremitage. In: Kölner Zeitschrift, 13, 1961.

Ein anderer, vielleicht schwerwiegenderer Einwand betrifft die Sprache, die PARSONS verwendet. So klar und zugänglich PARSONS dort ist, wo es um konkrete empirische Probleme geht, so schwierig und bisweilen auch undeutlich ist seine Sprache dort, wo er theoretische Probleme behandelt.[42] Nicht selten ist versucht worden, sich einen Zugang zu PARSONS dadurch zu verschaffen, daß man seine Theorie in die Alltagssprache übersetzte.[43] Ungeklärt blieb bei diesen Übersetzungen jedoch immer die Frage, inwieweit sie den Intentionen des Autors selbst gerecht wurden. Das Ergebnis dieser Übersetzungen ist in der Tat oft so trivial (vgl. z. B. BLACK in: *The Social Theories*, a. a. O., S. 279), daß nach der Mühe, die die Lektüre von PARSONS selbst bedeutet, ein gewisses Mißtrauen nicht zu vermeiden ist – ein Mißtrauen, bei dem allerdings offenbleibt, ob es sich gegen die Theorie oder gegen ihre Übersetzung zu richten habe. PARSONS sieht seine eigentliche Leistung in dem Versuch, das vorhandene soziologische Wissen zu systematisieren. Aber insgesamt scheint doch die Frage unbeantwortet zu bleiben, ob seine Kategorien zu diesem Zweck wirklich hinreichend definiert sind, oder ob sie nicht nur, wie es BLACK formuliert hat, technisch klingende Ausdrücke für laienhafte Interpretationen sind. Die Kritik von BLACK mag zu scharf sein, aber sie weist auf ein Problem hin, das ohne Zweifel mit der strukturell-funktionalen Theorie von PARSONS verbunden ist, bei der Forschungsgesichtspunkte hinter systematischen Gesichtspunkten sehr stark zurücktreten.

Ein – pragmatischer – Einwand gegen diese Theorie könnte doch immerhin der sein, daß diese Theorie sehr viel, um nicht zu sagen, allzuviel erklärt auf einem Gebiet, in dem noch im einzelnen sehr vieles ungeklärt ist. COOLEY (*Sociological Theory and Social Research.* 1930, S. 270) bemerkte über SPENCER: «*He spun a theory from any material he happened to have and collected facts to illustrate it.*» Man ist bisweilen versucht, PARSONS auch in dieser Hinsicht mit SPENCER zu vergleichen. Allerdings könnte gegen diesen Vergleich eingewendet werden, daß das Erkenntnisziel von PARSONS nicht die Totaltheorie im Sinne empirischer Verallgemeinerungen ist, sondern die Erarbeitung einer analytischen Theorie, d. h. einer Sprache, in der bestimmte Sachverhalte beschrieben werden können. Ist das theoretische Erkenntnisziel jedoch nur auf die

---

42 R. M. WILLIAMS, in: *The Sociological Theories of Talcott Parsons*, a. a. O., S. 92 f, bemerkt, «*that sentences sometimes appear to be literal translations of a text originally written in German*».

43 Wir verweisen in diesem Zusammenhang auf das zitierte Werk *The Social Theories of Talcott Parsons*, ed. M. Black, und hierin auf die Abhandlungen von DEVEREUX und BLACK, sowie auf H. M. JOHNSON, *Sociology. A Systematic Introduction.* 1961. Eine polemische Übersetzung versucht C. W. MILLS in seinem Buch *Sociological Imagination.* 1959.

Erarbeitung von Konzepten gerichtet, die die Aufgabe haben, Wissen, das aus anderen Quellen stammt, neu zu ordnen, dann muß geklärt werden, unter welchen Bedingungen eine solche Sprache zum Fortschritt der Erkenntnis beiträgt. Hier ist darauf hinzuweisen, daß unter empirischer Erkenntnisabsicht eine systematische Sprache – eine Sprache, die in ihren logischen Zusammenhängen übersichtlich ist – nicht notwendig ein Vorteil ist. Systematische Klarheit und empirische Brauchbarkeit einer Sprache sind zwei verschiedene Dinge, und gerade die systematische Klarheit kann – wie etwa das Beispiel der Scholastik zeigt – durchaus ein Hindernis in der Stellung der empirisch richtigen Fragen sein. PARSONS meint, daß alles Wissen systematisches Wissen sein müsse, um wissenschaftlich brauchbar zu sein, woraus folgt, daß eine Theorie schon allein wegen ihres systematischen Charakters den Vorzug gegenüber anderen Theorien haben müsse. Unter einem systemorientierten Wissenschaftsbegriff ist das richtig, aber es scheint doch fraglich, ob die Ideale der empirischen Wissenschaften in diesem Sinne tatsächlich systemorientiert sind. Wenn es darauf ankommt, empirisch brauchbares Wissen zu gewinnen, dann kann sich ein Wissen nicht allein durch seinen systematischen Charakter legitimieren wollen – wie es ja die ‹*Ars Magna*› des RAYMUNDUS LULLUS auch tat. Für G. C. HOMANS (*Bringing Man Back In.* In: ‹Am. Soc. Rev.›, 29, 1964) ist der Versuch von SMELSER (N. J. SMELSER, *Social Change in the Industrial Revolution.* 1959), den sozialen Wandel funktionalistisch zu beschreiben, nur «*window-dressing*». Die Sprache der strukturell-funktionalen Theorie hat hier verhüllende Bedeutung. Sie lenkt davon ab, daß die faktische Erklärung sich auf psychologische und ökonomische Tatsachen stützt, die nur in einer anderen Sprache beschrieben werden.

Daneben war jedoch nicht ohne Bedeutung, daß dieser systematische Eifer, der sich in eine esoterische Sprache kleidete, einen gewissen intellektuellen Reiz darstellt, der zu einer im ganzen fruchtbaren Zentrierung des theoretischen Interesses geführt hat. Die pragmatisch-empirische Orientierung hatte eine gewisse Unsicherheit hinsichtlich des Wertes der zahllosen Einzelforschungen zur Folge, deren Bedeutung nun im Rahmen der Theorie deutlich gemacht werden konnte. Das eigentümliche Vokabular und die Chance der Systematisierung haben wesentlich zur Professionalisierung der Soziologie beigetragen, eine Entwicklung, die allerdings nicht überall mit dem gleichen Enthusiasmus begrüßt wird. PARSONS erreichte das, was anderen vergleichbaren Autoren wie LUNDBERG und MEAD [44] nicht glückte, nämlich eine weitgehende Vereinheitlichung von Problemstellung, Perspektive und Kategoriensystem. Um so wich-

---

44 Vgl. J. C. MCKINNEY, *Methodological Convergence of Mead, Lundberg and Parsons.* In: Am. Journ. Soc., 59, 1953/54, und G. A. LUNDBERG, *Some Convergences in Sociological Theory.* In: Am. Journ. Soc., 62, 1956/57.

tiger ist es deshalb, Struktur und Funktion dieser Theorie selbst zu beleuchten und zu fragen, wie es um die innere Struktur der Theorie und um ihren Gültigkeitsanspruch bestellt ist.

Hat sich die Kritik an Parsons zunächst an dem vermeintlich konservativen Charakter seiner Theorie entzündet, so tritt in der Gegenwart die Frage nach der inneren Struktur und dem Gültigkeitsanspruch dieser Theorie in den Vordergrund. Die innere Einheitlichkeit, die theoretische Geltung und die empirische Relevanz des Systems stehen hier zur Debatte. Die Frage nach der inneren Einheitlichkeit des Systems und der Probleme, die mit dieser verbunden sind, betrifft die wesentliche Voraussetzung, die Parsons macht, daß nämlich die zugrunde liegenden Strukturen vergleichbar seien. Es gibt, so sagt er (*Social System*, S. 17), eine Symmetrie zwischen Personen, sozialem System und kulturellem System. Die Systeme, mit denen die Gesamtheit der sozio-kulturellen Integration beschrieben wird, müssen isomorph sein in dem Sinne, daß z. B. die Befriedigungsbilanz des personalen Systems und die Stabilität des sozialen Systems auf derselben Ebene liegen. Die Konformität der Systembestandteile, die bei Hobbes das Ergebnis der Furcht vor dem Tode war, wird hier platonisch als systemnotwendig vorausgesetzt. H. Hartmann (Moderne amerikanische Soziologie. 1967, S. 21) spricht hier von dem «Postulat der Homologie von kleinen und großen Sozialsystemen», womit also gesagt ist, daß die verschiedenen Systemgesichtspunkte alle als in einer Dimension liegend gedacht werden. Personales, soziales und kulturelles System bilden eine architektonische Einheit, sie meinen alle dasselbe, wenn auch in verschiedener Form, nämlich eine Ordnung, die funktioniert.

Alle sozialen Erscheinungen, ob es sich nun um Personen, Kulturen, Institutionen oder Prozesse handelt, haben miteinander gemeinsam, daß sie Systeme oder Strukturen sind, die bestimmten, prinzipiell vergleichbaren funktionellen Notwendigkeiten unterliegen. Die analytischen Kategorien, mit denen die verschiedenen Systeme durchleuchtet werden, sind verschieden, aber alle sind gleichermaßen Systeme und insgesamt Systeme in Systemen: «*systems nesting within systems nesting within systems*» (Devereux in: *The Social Theories of Talcott Parsons*, a. a. O., S. 61). Um eine solche Systemverschachtelung entwerfen zu können, muß Parsons voraussetzen, daß die einzelnen Systeme miteinander kongruent oder symmetrisch sind. Parsons ist, wie es Baldwin (in: *The Social Theories of Talcott Parsons*, a. a. O., S. 155) feststellt, «*unitary isomorphist*». Er ist der Ansicht, daß es sich bei den sozialen Phänomenen um systematisch vergleichbare, wenn nicht gleiche Systeme handelt. Parsons hat hier nicht nur in seinem Ausgangspunkt – dem Hobbesschen Problem der Ordnung –, sondern auch in der Art und Weise, wie er dieses Problem auflöst, einen berühmten Vorläufer im 17. Jahrhundert, nämlich Geulincx, der in seinem «Okkasionalismus» die Welt als einen

Mechanismus parallel laufender Uhren beschrieb.* GEULINCX nahm an, daß die Einheit der Welt gedacht werden könne als Gleichlauf von Uhren, die durch Gott synchronisiert worden waren. Der Gang der einen Uhr war keine direkte Ursache, sondern nur eine *causa occasionalis* für den Gang der anderen. Die wahre Einheit der Systeme ist nicht aus diesen Systemen selbst, sondern aus dem – transzendenten – Zentrum abzuleiten, das ihren Gang synchronisiert hat. Auch diese Erklärung war funktional insofern, als sie auf die Erklärung der Funktionalität der Weltsysteme im Ganzen abzielte und nicht von den Kausalbedingungen ausging, die in den einzelnen Systemen wirksam waren. Die Konsequenz dieses Okkasionalismus ist der Gedanke der prästabilierten Harmonie bei LEIBNIZ, die ihrerseits den Idealen des Absolutismus – nicht aber denen der bürgerlichen Gesellschaft entsprach. PARSONS kann nun freilich nicht voraussetzen, daß die von ihm vorausgesetzte Homologie der verschiedenen Systeme, mit denen er die sozio-kulturelle Wirklichkeit beschreiben will, von Gott eingerichtet sei. Er kann auch nicht – wie HOBBES – davon ausgehen, daß es einen Leviathan gebe, der die funktionale Ordnung als solche garantiere. Weder Gott noch die Gewalt sind als Bezugspunkte soziologischer Integration in der Gegenwart überzeugend. PARSONS muß darum von einer empirischen Ordnungsvorstellung ausweichen auf eine syntaktische. Er definiert seine Theorie als analytische, als Theorie, die sich als zusammenhängende Sprache rechtfertigt, wobei das menschliche Bewußtsein mit seinem Bestreben, den Ereignisstrom zu systematisieren, als Ursache dieser Homologie anzusehen ist. Eine Welt, die im 17. Jahrhundert unter theologischen bzw. politischen Gesichtspunkten als Einheit aufgefaßt wurde, wird hier unter gnoseologischen Gesichtspunkten als System beschrieben.

Hier ergibt sich nun, ganz unabhängig von der möglichen konservativen Implikation eines solchen Ansatzes, die Frage, ob nicht zum einen die Voraussetzung der Isomorphie der sozialen Systeme um der Einheit der Theorie willen zu viel an relevanter Einsicht, bezogen auf die einzelnen Systeme, opfert und zum anderen, wie denn bei vorausgesetzt isomorphen Systemen ein Zusammenhalt dieser Systeme zu denken sei. Einen Versuch, die Einheitlichkeit der verschiedenen Systeme zur Darstellung zu bringen, haben PARSONS und SHILS zusammen mit anderen Autoren in ihrem 1951 erschienenen Buch ‹*Toward a General Theory of Action*› unternommen. Dieser Ansatz hat bis jetzt jedoch keine weitere Fortsetzung gefunden, und es hat den Anschein, als ob die Perspektive der Einheitlichkeit der Systeme die empirisch relevanten Forschungsfragen auf den Teilgebieten nicht ausreichend zum Zuge kommen ließe. Es ist nicht zu übersehen, daß die Vereinheitlichung der soziologischen System-

---

* Über GEULINCX und seine Lehre s. KARL VORLÄNDER, Philosophie der Neuzeit. Geschichte der Philosophie IV: rde Bd. 261/62, S. 25 ff. (Anm. d. Red.)

theorie, wie sie PARSONS hier versucht, auf einer nachträglichen Stilisierung vorhandener Forschungsergebnisse beruht und bei Einsichten stehenbleibt, die, wie es BRONFENBRENNER (in: ‹*The Social Theories of Talcott Parsons*›, a. a. O., S. 212) bemerkt, Gemeinplätze der Entwicklungs- und Sozialpsychologie sind. Die Isomorphie der sozialen Phänomene ist keine von PARSONS bewiesene empirische Tatsache, sondern sie ist die Voraussetzung seiner Theorie. Sätze, die von anderen Wissenschaften, wie der Psychologie, der Physiologie, der Wirtschafts- und Sozialgeschichte, der Anthropologie, empirisch wahrscheinlich gemacht worden sind, werden auf eine nicht empirisch belegbare Systemebene transponiert, wobei nur zu leicht der verfeinerte empirische Gehalt dieser Sätze verlorengeht. In ähnlicher Weise hatte vor 150 Jahren BENTHAM die Assoziationspsychologie von CONDILLAC zu einem sozialen System umzuformen versucht.[45]

PARSONS ist kein Empiriker, und er will kein Empiriker sein. Aber er setzt voraus, daß die empirische Realität den Konzepten seiner Theorie entspricht und daß es demzufolge sinnvoll sei, soziologische Probleme vom Gesichtspunkt des Systems her zu beschreiben. Die logischen Argumente, die PARSONS für einen solchen Ansatz anführt, sind, wie wir oben gesehen haben, einsichtig genug. Die Frage ist, ob sie unter empirischen Forschungsgesichtspunkten genügend hergeben. Logische Kategorien mit empirischer Relevanz, das ist das Programm, das sich PARSONS für seine strukturell-funktionale Theorie gesetzt hat. Es wird in ihr aber nicht genügend deutlich, inwieweit der Systemgedanke empirisch relevant sein soll – «*People are not conceptual units, they are chunks of flesh within a skin operating as a physical entity*» (BALDWIN, a. a. O., S. 185).

Anzunehmen, daß klar definierbare «*need-dispositions*» die treibende Kraft der Person seien, daß Handlungen als zielgerichtete Prozesse im Rahmen eines Systems aufgefaßt werden könnten, daß kulturelle Werte funktional zu interpretieren seien, daß das soziale System von seiner funktionalen Orientierung her zu beschreiben sei, das heißt Voraussetzungen machen, die als Forschungshypothesen berechtigten Wert haben, kaum aber als verbindliche Sprachregelung allgemein akzeptiert werden müssen. D. WRONG (*The Oversocialized Conception of Man.* In: ‹Am. Soc. Rev.›, 26, 1961) stellt fest, die Soziologie habe mit der Kritik an einem einseitigen – ökonomischen, politischen oder theologischen – Menschenbild begonnen, sie stehe jetzt aber in Gefahr, ein ebenso einseitiges Bild zu entwerfen. Der Mensch sei wohl ein soziales, aber kein ausschließlich unter dem Gesichtspunkt der Sozialisierung zu begreifendes Wesen.

---

45 Zur Problematik eines solchen Verfahrens vgl. J. PIAGET, *Pensée égocentrique et pensée sociocentrique.* In: CIS, 10/11, 1951, und FRIEDRICH JONAS, Geschichte der Soziologie. Bd. III, rde Bd. 306/307, S. 191 ff.

Selbst dort, wo die Konformität des Verhaltens erreicht sei, bleibe doch die Frage nach den Motiven hinter dieser Konformität offen. Selbst, wenn man die Homologie der Systeme also als solche akzeptieren könne, bliebe immer noch ungeklärt, welche Bedeutung sie habe, welcher Preis – man denke an die Schrift von FREUD, ‹Das Unbehagen in der Kultur›, – etwa für sie zu zahlen sei. Unter Forschungsgesichtspunkten ist der Systemgedanke nur eine theoretische Hypothese, die man neben anderen theoretischen Hypothesen heranziehen kann. Wer aber die Motivation von Menschen erforschen will, verschließt sich wesentliche Aspekte, wenn er zu sehr auf dem Systemgedanken besteht. Und ähnliches gilt auch für das soziale und das kulturelle System. Ob diese Phänomene Systeme sind und ob, und gegebenenfalls wie, sie als Systeme mit anderen Systemen zusammenhängen – das sind Fragen, auf die die strukturell-funktionale Theorie nicht antwortet, sondern deren Beantwortung sie voraussetzt.

Die andere Frage, die mit dem Stichwort Einheit des Systems zusammenhängt, ist die, wodurch denn die Einheit der verschiedenen sozialen Phänomene als Systeme gewährleistet werden soll. Es fehlt eine Superstruktur, die den Zusammenhang der isomorphen Systeme begründen und von der her dieser Zusammenhang analysiert werden könnte. Weit entfernt von einer konservativen Geschlossenheit, gleicht das Schema von PARSONS in der Formulierung von DEVEREUX (a. a. O., S. 33 f) vielmehr einem *«powder keg», «it consists ... of a loosely federated congeries of systems and subsystems of many different sorts ...»*. GEULINCX glaubte, daß es einen Gott gebe, der die Weltuhren synchronisiert habe; für PARSONS kann das kein wissenschaftliches Argument sein, und so bleibt die Frage offen, wieso das soziologische Räderwerk – Person, Interaktionssystem, Kultursystem – ineinandergreift. PARSONS sieht sehr wohl, daß ein solches Ineinandergreifen – die systematische Verträglichkeit der vier verschiedenen Funktionen miteinander, die Isomorphie von psychologischem und kulturellem Determinismus, um nur diese zu nennen – ein offenes Problem ist.[46] Die Kategorien des Systems bilden nicht nur keinen zweifelsfreien Zusammenhang, sie können sogar miteinander in Widerspruch geraten, so daß die vorausgesetzte Isomorphie der sozialen Systeme möglicherweise dadurch unterlaufen wird, daß Kategorien wie Struktur und Funktion, aus denen diese Systeme bestehen, miteinander nicht isomorph sind. In dem schon erwähnten Aufsatz in der ‹Kölner Zeitschrift›, 1964, greift PARSONS dieses Problem auf, wenn er darauf hinweist, daß in komplexen Systemen allgemeine Steuerungssprachen vorhanden sein müßten, die den Zusammenhang der Segmente bewerkstelligen. Als Beispiele derartiger Steuerungsspra-

46 *«The matching of structures, functions, and needs involves some rather slippery problems for the analyst»*, bemerkt DEVEREUX, a. a. O., S. 50.

chen nennt er hier das Geld und die politische Macht. Aber das sind nur Hinweise, keine systematisch befriedigende Theorie. HOBBES hatte eine solche Theorie geboten, die, wenn auch nicht unproblematisch, so doch in sich konsistent war. Niemand kann absehen, wie sich die strukturell-funktionale Theorie in Zukunft entwickeln wird. Aber vielleicht ist die Vermutung gerechtfertigt, daß dem HOBBESschen Problem der Ordnung auch die HOBBESsche Lösung dieses Problems entspricht. Nicht nur auf der empirischen, sondern auch auf der syntaktischen Ebene, nicht nur als Realaussage über die Integration des sozialen Systems, sondern auch als Aussage über den Zusammenhang einer Sprache, in der dieses System zu beschreiben sei, bleibt die Theorie auf ein integratives Prinzip verwiesen. HOBBES hatte dieses Prinzip im Leviathan gefunden, PARSONS findet es in der Utopie der systemtheoretischen Einheit, in der die verschiedenen Ebenen und Strukturen zusammenhängen. Eine Theorie, die nicht nur ein Vokabularium bereitstellen, sondern auch eine zusammenhängende Sprache sein möchte, wird in dem Maße, in dem sie sich selbst über ihren Abstand zur Wirklichkeit klar wird, zur Utopie, in der eine in sich zerklüftete Sprache mit sich selbst versöhnt wird.[47]

Die beiden anderen Probleme – die Frage nach der theoretischen Geltung und der empirischen Relevanz der Theorie – hängen eng miteinander zusammen. Es geht darum festzustellen, was für einen Gültigkeitsanspruch diese Theorie erhebt und was daraus für ihre empirische Relevanz folgt. Für PARSONS (*Essays in Sociological Theory*, a. a. O., S. 212) ist die Theorie «*a body of logically interdependent generalized concepts of empirical reference*» [48]. Idealiter würde ein solcher Theoriebegriff die Konstruktion eines logisch geschlossenen Systems bedeuten, dem überall empirische Sachverhalte entsprechen. Ähnliches setzte der Okkasionalismus voraus, der annahm, daß ideelle und materielle Systeme sich in einer prästabilierten Harmonie befänden. PARSONS ist jedoch weit davon entfernt zu glauben, daß seine Theorie jetzt schon diesen Idealzustand erreicht habe, und er betont, daß ihre empirische Anwen-

47 BALDWIN, a. a. O., S. 161, weist darauf hin, daß PARSONS' Theorie wegen des problematischen Charakters ihrer inneren Einheit geradezu gezwungen sei, zu einer Utopie zu werden, die die Einheit, die sie erklären will, voraussetzt. BALDWIN scheint hiermit den Kern von PARSONS' Theorie besser zu interpretieren als diejenigen, die in der strukturell-funktionalen Theorie nur konservative Implikationen sehen. Man wird bei PARSONS kaum die Verpflichtung auf konservative Werte feststellen können, wohl aber ist er – wie er von sich selbst sagt – ein «*incurable theorist*».

48 Im Vorwort zu seiner *The Structure of Social Action*. 1937, hatte sich PARSONS noch entschiedener ausgedrückt und von einer «*Theory of empirical science*» gesprochen. Die Entwicklung bei PARSONS besteht in wissenschaftstheoretischer Hinsicht darin, von diesem empirischen Gültigkeitsanspruch immer mehr abzusehen.

dung erst dann möglich sein würde, wenn diese Theorie selbst ein Stadium größerer Reife erreicht haben werde (vgl. *Social System*, a. a. O., S. 43, und *Essays*, a. a. O., S. 364).

Wenn wir jedoch einmal von diesen Erwartungen absehen und danach fragen, wonach sich denn die Richtigkeit der theoretischen Begriffe bestimmt, wie die Einheit des Begriffssystems abgeleitet wird, so erkennen wir, daß die strukturell-funktionale Theorie keine Theorie im üblichen d. i. synthetischen Sinne, sondern eine analytische Theorie ist (zum Begriff vgl. KANT, Kritik der reinen Vernunft, Einleitung B, IV: Von dem Unterschiede analytischer und synthetischer Urteile). Die Begriffe, die hier entwickelt werden, stellen keine Erweiterung empirischer Erkenntnisse dar, sondern leiten sich aus der logischen Zergliederung allgemeiner Begriffe her; die Einheit dieser Begriffswelt ergibt sich nicht aus allgemeinen Hypothesen, die sich in der empirischen Forschung bewährt haben, sondern ist eine apagogisch begründete Einheit von Konzepten. Daraus folgt, daß die zugrunde liegenden Konzepte nicht falsifizierbar sind und daß sie in einem echten, d. h. logisch-deduktiven Sinne keine Einheit darstellen. Die strukturell-funktionale Theorie ist weder empirisch widerlegbar, noch ist sie eine Theorie, sondern sie ist ein Schema von Klassifikationen problematischer Gültigkeit und nur postulierter Konsistenz. Die Einsicht in diesen Sachverhalt drückt PARSONS dadurch aus, daß er selbst dazu übergeht, seine eigene Theorie als analytische Theorie oder gar nur noch als Schema von Konzepten zu bezeichnen. In seinem Aufsatz von 1945, ‹*The Present Position and Prospects of Systematic Theory in Sociology*›, glaubte er noch die strukturell-funktionale Theorie von einer analytischen Theorie in diesem Sinne unterscheiden zu können. In seinem Aufsatz ‹*The Prospects of Sociological Theory*› von 1950 erklärt er jedoch, es handle sich bei der strukturell-funktionalen Theorie um ein «*conceptual scheme*», nicht um ein theoretisches System. In seinem ‹*Social System*› von 1951 geht es ihm nicht mehr um den Versuch, die Theorie empirischer sozialer Systeme zu entwickeln, sondern darum, ein zusammenhängendes Schema von Konzepten zu entwerfen; 1959 (in: *Sociology Today*, 1. Bd., S. 36) spricht er von einer «*codification in terms of general theory*».

Mit dieser wissenschaftslogischen Einsicht – dem neuen Niveau methodologischer Verfeinerung, wie sich PARSONS ausdrückt – entzieht er seinen Kritikern einen wesentlichen Einwand gegen sein System. Der Vorwurf des Konservativismus beruhte schließlich auf der – jetzt zurückgewiesenen – Annahme, die strukturell-funktionale Theorie solle ein Abbild der Wirklichkeit sein. Wenn aber die Theorie jetzt diesen Anspruch nicht mehr erhebt, sondern nur Konzepte bereitstellen will, mit denen beliebige Wirklichkeiten widerspruchsfrei beschrieben werden können, dann entfällt die Möglichkeit dieser Kritik. Zugleich entfällt freilich auch der Anschein, es könnten aus dieser Theorie Hypothesen mit empirischem Voraussagewert abgeleitet werden. Der Gültigkeitsanspruch einer analytischen Theorie ist auf *ex-post-facto*-Klassifikationen begrenzt.

Im Zusammenhang hiermit steht die Tatsache, auf die R. M. Williams (in: *The Social Theories*, a. a. O., S. 98) hinweist, daß nämlich die Versuche, die Kategorien von Parsons in empirischen Forschungen anzuwenden, bisher kein überzeugendes Ergebnis geliefert, sondern nur die Problematik dieser Konzepte in empirischer Hinsicht deutlich gemacht haben. Black (a. a. O., S. 283) geht noch einen Schritt weiter und betont, daß wissenschaftliche Klassifikationen erst aus einem großen Reichtum an empirischen Generalisierungen hervorgehen können. Die strukturell-funktionale Theorie von Parsons habe aber diese Grundlage nicht, und ihr Schematismus sei demzufolge problematisch: «*It is easy enough to provide* some *set of definitions or* some *conceptual scheme: the difficulty is to provide one that is not capricious or arbitrary.*»[49]

Es war ein Schüler von Parsons, nämlich R. K. Merton, der gerade diese begriffliche Problematik der strukturell-funktionalen Theorie besonders unterstrichen hat. Nachdem Parsons in seinem Vortrag vor der American Sociological Society ‹*The Present Position of Sociological Theory*› (veröffentlicht in: ‹Am. Soc. Rev.›, 13, 1948) entwickelt hatte, erklärte Merton in seinem Diskussionsbeitrag, daß nicht das große theoretische System, sondern die Entwicklung von «*special theories applicable to limited ranges of data*» (‹Am. Soc. Rev.›, 13, 1948, S. 166) die gegenwärtige Aufgabe der Soziologie sein müsse. Wie selten, wie zerstreut und wie wenig eindrucksvoll, so stellt er fest, sind doch die soziologischen Einsichten, die von einem «*master conceptual scheme*» abgeleitet werden können. Worauf es jetzt ankäme, wären nicht anspruchsvolle Systemtheorien, sondern «*theories of the middle range*» (R. K. Merton, *Social Theory and Social Structure*. 1965, S. 5). Diese Theorien, so definiert er ebenda, stehen zwischen den Arbeitshypothesen, die der täglichen Forschung zugrunde liegen, und den alles umgreifenden Spekulationen, von denen man erwartet, daß sie eine große Zahl von Gleichförmigkeiten beobachtbaren Sozialverhaltens darstellen. Ein solches totales System der soziologischen Theorie hat in der Gegenwart dieselbe große Anziehungskraft und dieselbe Realisierungschance wie in der Vergangenheit. Wir sind noch nicht fertig; das vorbereitende Werk für ein solches großes System ist noch nicht getan. «*We have many concepts but few confirmed theories; many points of view but few theorems; many ‹approaches› but few conclusions. Perhaps a shift in emphasis would be all to the good*» (a. a. O., S. 9).

---

49 Wir verweisen in diesem Zusammenhang auf unsere obige Darstellung des Neukantianismus und erinnern daran, daß Parsons von diesem wesentliche Anregungen erhalten hat.

Ganz besonders kritisch ist MERTON gegenüber dem systematischen Geltungsanspruch des Funktionalismus. Hatte DURKHEIM in seinen ‹Regeln der soziologischen Methode› darauf hingewiesen, daß die tatsächliche Ursache eines sozialen Phänomens eine ganz andere sein könne als die Funktion, die es erfüllt, so erklärt MERTON, daß der Begriff Funktion überhaupt unklar sei. PARSONS hatte sich auf CANNON berufen und seine soziologische Theorie in Analogie zur Theorie der Physiologie entwickelt. MERTON weist nun darauf hin, daß eine solche Analogie verschiedene unbewiesene Voraussetzungen habe. Nämlich erstens: Postulat der funktionalen Einheit, das wohl bei einem konkreten Organismus, aber nicht bei einer Gesellschaft vorausgesetzt werden könne.[50] Der Funktionalismus in der Physiologie sei demzufolge anders zu beurteilen als der in der Soziologie. Ferner sei nicht bewiesen, daß alle sozio-kulturellen Prozesse eine positive Funktion haben müßten, womit MERTON die Kritik an der funktionalistischen Anthropologie wiederholt. Schließlich sei die These von der Unentbehrlichkeit eines positiv funktionalen Objekts unbewiesen und müsse durch die Vorstellung funktionaler Äquivalente ergänzt werden. Um in einem empirischen Sinne falsifizierbar zu sein, müsse die funktionale Analyse auch Dysfunktionen und funktionale Äquivalente zulassen. Zusammenfassend bemerkt er in *‹Social Theory›* (a. a. O., S. 49): Wenn man die funktionale Analyse in der Soziologie vergleiche mit derselben Analyse in der Physiologie, dann werde deutlich, daß die Soziologen im Gegensatz zu den Physiologen keine klaren Konzepte, keine systematisch gesammelten Tatsachen und auch keine vergleichbaren Verfahren der Gültigkeitsprüfung haben. In der Physiologie haben wir eine Gesamtheit von standardisierten Konzepten, Verfahren und analytischen Vorschriften, während in der Soziologie eine Vielheit von Konzepten, Verfahren und analytischen Vorschriften vorhanden sei, die, wie es schiene, von den Interessen und den Neigungen des jeweiligen Soziologen abhingen.

Die soziologische Theorie kann nicht auf abstrakten Konzepten aufbauen, deren Bedeutung im einzelnen zweifelhaft ist, sondern sie muß sich an die *«specific needs demonstrably identified in given social systems»* (‹Am. Soc. Rev.›, 13, 1948, S. 168) anschließen. In diesem Sinne hat die empirische Forschung nicht nur die Aufgabe, theoretische Konzepte zu verifizieren oder gar nur zu illustrieren; sie dient vielmehr wesentlich zur Entwicklung neuer theoretischer Hypothesen und Konzepte.[51] In seinem Aufsatz *‹The Bearing of Empirical Research Upon the Development of Social Theory›* (‹Am. Soc. Rev.›, 13, 1948) hat

---

50 Vgl. hierzu auch G. CARLSSON, *Reflections on Functionalism.* In: Acta Sociologica, 5, 1962.

51 Vgl. R. K. MERTON, *Notes on Problem-Finding in Sociology.* In: *Sociology Today,* 1. Bd., 1965.

MERTON gerade diesen Aspekt unter Hinweis auf einige Beispiele unterstrichen. PARSONS hatte gesagt, daß das soziologische Wissen nur im Rahmen einer Systemtheorie kumulative Bedeutung haben könne; hier heißt es, daß die Forschung selbst auf Konzepten aufbauen müsse, die klar genug seien, um den Anschluß weiterer Forschungsvorhaben zu ermöglichen.

MERTON selbst hat die soziologische Forschung in vielfacher Weise gefördert. Wir erinnern an seine Unterscheidung von manifesten und latenten Funktionen, an seinen Begriff der funktionalen Äquivalente und der Dysfunktion als empirischer Kriterien, an die die funktionale Analyse von sozialen Systemen anknüpfen könne. In engem Zusammenhang hierzu steht seine Darstellung der «*self-fulfilling prophecy*», das heißt der Tatsache, daß unter bestimmten Umständen Erwartungen, die in eine bestimmte Richtung drängen, die Tendenz haben, sich selbst zu rechtfertigen. Nicht zu vergessen ist aber auch seine im Anschluß an den ‹*American Soldier*› entwickelte Theorie der Referenzgruppe.[52]

Die strukturell-funktionale Theorie von PARSONS wurde aber nicht nur von der Seite einer mehr empirisch orientierten Soziologie, wie sie MERTON vertritt, kritisiert. Ein anderer bekannter Kritiker, der freilich eine ganz andere Perspektive wählt, ist C. WRIGHT MILLS, der sich in seinem Buch ‹*The Sociological Imagination*› (1959) sowohl gegen die Wirklichkeitsfremdheit der Theoretiker als auch gegen die Sterilität der Empiriker wendet. Die Theorie von PARSONS, so stellt MILLS (deutsche Ausgabe 1963, S. 74 ff) fest, hat ein so hohes Abstraktionsniveau, daß sie nicht zur empirischen Beobachtung durchdringen kann. Ihr fehlt der Sinn für echte Probleme. Ihre Unterscheidungen laufen vielfach auf ein leeres Spiel mit Begriffen hinaus. Man kann sich, so bemerkt er auf S. 85, «beispielsweise kaum etwas Nutzloseres vorstellen als den Versuch, die amerikanische Gesellschaft mit den Begriffen des ‹Wertmusters› einer ‹universalistischen Leistung› zu analysieren, ohne die wechselnden Eigenschaften, Bedeutungen und Ergebnisse des modernen Kapitalismus bzw. die sich wandelnde Struktur des Kapitalismus selbst zu erwähnen». Und auf S. 90 heißt es: «Es gibt keine ‹große Theorie›, kein universelles Schema, mit dessen Hilfe wir die Einheit der Sozialstruktur begreifen könnten.» Auf der anderen Seite ist für MILLS auch der Empirismus ungenügend. Hier wird, so bemerkt MILLS (S. 111), die Theorie zur Variablen, mit deren Hilfe statistische Ergebnisse erklärt werden können. Man befaßt sich hier mit kleinen Spezialgebieten und

---

52 In Parenthese sei hier noch erwähnt, daß MERTON im Gegensatz zu der Behauptung von PARSONS, daß alles Wissen systematisch entwickeltes Wissen sein müsse, darauf hingewiesen hat, daß der Weg der Erkenntnis auch umgekehrt, von der Erfahrung zur Theorie, verlaufen könne.

neigt dem Psychologismus zu, aber einen Blick für die Probleme und ihre Vielfältigkeit bekommt man erst dann, wenn man ganze Sozialstrukturen und ihre historische Wandelbarkeit untersucht. Man betreibt die empirische Forschung zwar in der Absicht, eine sicher gegründete soziologische Theorie zu erarbeiten, aber, so bemerkt MILLS, diese Analysen werden sich wahrscheinlich niemals zu einem wichtigen Ergebnis zusammenfügen lassen.

In anderen Schriften, insbesondere seinem Buch ‹*The Power Elite*› (1956), hat MILLS versucht, gegenüber dem geistlosen Empirismus und der abstrakten Theorie eine Alternative darzustellen, die die amerikanische Gesellschaft in einem bestimmten historischen Augenblick als Ganzheit interpretiert. Im Zentrum dieser Gesellschaft steht die Machtelite, die sich aus denen zusammensetzt, die die herrschenden Institutionen kontrollieren. Dazu gehören industrielle und militärische Führer, ferner die führenden Juristen und Finanziers. Diese Machtelite ist eine Einheit, innerhalb deren ein beständiger Austausch von Personen stattfindet. Sie umgibt sich mit anderen hervorragenden Persönlichkeiten und ist in der Lage, auf die wichtigen Regierungsinstitutionen einen Druck auszuüben.

Diese Kritik von MILLS an der herrschenden Soziologie und an der Struktur der amerikanischen Gesellschaft wird noch verschärft bei HERBERT MARCUSE in seinem Buch ‹*The One Dimensional Man*› (1961). HERBERT MARCUSE, der seine wissenschaftliche Laufbahn in Deutschland mit einer philosophischen Arbeit über HEGEL begann, eine Arbeit, die dann in eine marxistische Kritik HEGELS ausmündete, vertritt in seinem ‹*One Dimensional Man*› die These der großen Weigerung. Der eindimensionale Mensch, das ist der Mensch, der sein Dasein akzeptiert, der sich mit seiner Wirklichkeit ausgesöhnt hat, der diese Welt als die Welt seiner Arbeit und Vernunft begreift. Die moderne Gesellschaft entzieht der radikalen Opposition ihren Boden. Sie nimmt die Gegensätze in sich auf und wird damit zur eindimensionalen Wirklichkeit, in der «Vernunft und Wissenschaft zu Stützen der totalen Mobilisation» (MARCUSE, Zur Stellung des Denkens heute. In: Zeugnisse, Festschrift für Adorno, 1963, S. 49) werden. Hier bleibt nur die abstrakte Negation, die große Weigerung als irrationale Alternative zu dem Bestehenden.

Die moderne Gesellschaft wird zu einem umfassenden Sozialprozeß, der wegen seiner Offenheit und Leistungsfähigkeit vom rationalen Denken nicht mehr überstiegen werden kann: «Gegenüber dem totalen Charakter der Errungenschaften der fortgeschrittenen Industriegesellschaft», so schreibt MARCUSE in der Einleitung zu ‹Der eindimensionale Mensch› (dt. Ausgabe 1967), «gebricht es der kritischen Theorie an einer rationalen Grundlage zum Transzendieren dieser Gesellschaft.» In der zitierten Festschrift für ADORNO heißt es: «Vor dem Bestehenden, das als das, was ist, nicht wahr sein kann ... wird kritisches Denken Erinnerung an die Begriffe, die einst die Wahrheit über das Bestehende sagten und voraussagten» (S. 48). Im Unterschied zu MARX, der im Bestehenden selbst die Kraft der Emanzipation fand, der der kapitalistischen Gesellschaft nachzuweisen versuchte, daß sie ihre eigenen Totengräber produziere, erklärt MARCUSE: «Die Theorie ist außerstande, das geschichtliche Subjekt der Veränderung zu identifizieren» (Festschrift, a. a. O., S. 49). Es bleibt der Protest gegen Vernunft, Technik und Wissenschaft, ein Protest, in dem HABERMAS mit Recht die Rückwendung zum Existentialismus gesehen hat, «der Wissenschaft und Technik in ihrer gegenwärtigen Form zu einem historisch überholbaren ‹Entwurf› degradiert». (Antworten auf H. Marcuse, ed. J. Habermas, 1968, S. 13).[53] Aus diesem existentiellen Pathos heraus hat MARCUSE auf dem 15. Deutschen Soziologentag MAX WEBER scharf kritisiert, worauf u. a. BENJAMIN NELSON mit der Verteidigung des «Sozialen Realitätsprinzips» antwortete: *«So long ... as large-scale differenciated society endures, reification, alienation and self-estrangement in some measure will occur. To think otherwise is to suffer from a tragic reluctance to accept the inevitable social-cultural imperatives of complex civil societies»* (Verhandlungen des 15. Deutschen Soziologentages, 1965, S. 195). Es mag in diesem Zusammenhang auch angebracht sein, an den Abschnitt ‹Die Lust und die Notwendigkeit› in HEGELS ‹Phänomenologie des Geistes› zu erinnern, in dem das Selbstbewußtsein beschrieben wird, in das der «Erdgeist gefahren (ist), dem das Sein nur, welches die Wirklichkeit des einzelnen Bewußtseins ist, als die wahre Wirklichkeit gilt». HEGEL zitiert hier frei GOETHES Faust: «Es verachtet Verstand und Wissenschaft, des Menschen allerhöchste Gaben – es hat dem Teufel sich ergeben und muß zu Grunde gehen.»

Der Radikalismus, den MILLS und MARCUSE vertreten, hat eine gewisse öffentliche Wirkung ausgeübt. Darüber darf jedoch nicht übersehen werden, daß im Kreise der Wissenschaft selbst Distanz gegenüber den hier vertretenen Ansprüchen vorherrscht. Wir verweisen hier auf das Werk von DANIEL BELL, *‹The End of Ideology›* (1960). BELL weist hier darauf hin, daß diese weltanschaulich gebundene Soziologie Ideen vertritt, die aus Europa stammen und für die USA keine Gültigkeit haben. Ausführlich setzt er sich mit den Kritikern der Massengesellschaft auseinander, die, von pseudo-aristokratischen Vorurteilen ausgehend, die Realität der modernen Gesellschaft falsch interpretierten.[54] Daneben be-

---

53 KALTENBRUNNER, in: Merkur 236, 1967, S. 1081, bemerkt: «Verwirrt steht man vor dem Fall eines ... linken Denkers, der sich des Instrumentariums fortgeschrittener Ideologiekritik und Wissenschaftstheorie begeben hat und mit geradezu verzweifeltem Eigensinn auf – man möchte sagen: vorkritische Traditionsbestände, Heilswissen und Romantik zurückgreift.»

54 Vgl. hierzu auch HOFSTÄTTER, Gruppendynamik. rde Bd. 38, 1963.

schäftigt sich BELL eingehend mit MILLS und seiner ‹*Power-Elite*›. Er wirft MILLS vor, die empirische Verifikation seiner These vernachlässigt und einen romantischen Protest an die Stelle theoretischer Analyse gesetzt zu haben. Ebenso wie der unkritische Gebrauch des Ausdrucks Bourgeois-Demokratie von seiten der Kommunisten, des Terminus Revolution der Manager von seiten BURNHAMS verdeckt auch der Ausdruck *Power-Elite*, den MILLS gebraucht, die entscheidenden Kriterien, durch die Gesellschaften sich voneinander unterscheiden. Ebenso wie MARCUSE, aber in anderer Tendenz, stellt auch BELL fest, daß die große philosophische Alternative in der modernen Gesellschaft ihren Boden verloren habe. Die Ideologie, von der die Linkshegelianer sich so große Dinge versprachen, ist an ein Ende gekommen. Wie HEGEL selbst es vorausgesehen hatte, hat die Wirklichkeit nicht nachgegeben, sondern zwingt den einzelnen zur Versöhnung mit ihr oder aber zu einem leeren romantischen Protest. Aber auch für diesen Protest sieht BELL wenig Chancen; denn nach seiner Ansicht sind die alten Leidenschaften der Intellektuellen verbraucht. Der große Enthusiasmus ist nach Osten abgewandert und kristallisiert sich dort in utopischen Hoffnungen, die die wirtschaftliche Zukunft betreffen.

Diese Ernüchterung spiegelt sich auch in dem Werk von DAVID RIESMAN, dessen Buch ‹*The Lonely Crowd*› (1950), zusammen mit R. DENNEY und N. GLAZER veröffentlicht, die wohl einflußreichste Interpretation der modernen Industriegesellschaft geworden ist.[55] RIESMAN unterscheidet hier drei Gesellschaftstypen: die Gesellschaft mit hohem Bevölkerungsumsatz, in der die Traditionslenkung vorherrscht, die Gesellschaft, die durch eine starke Bevölkerungszunahme gekennzeichnet ist und in der sich die Innenleitung durchsetzt, und schließlich das Stadium der beginnenden Bevölkerungsschrumpfung, in der die Gesellschaft zunehmend von Menschen bevölkert wird, die sich von außen leiten lassen. Amerika hat in der Gegenwart dieses Stadium der Außenleitung erreicht, und diese Außenleitung ist allgemein dadurch gekennzeichnet, daß auf allen Lebensgebieten sich die Konsumhaltung durchsetzt. Weder die Arbeit noch die Politik, noch die Vergnügungen der Freizeit werden hier von innen her bewältigt, sondern sie werden zu Konsumartikeln. Diese Konsumhaltung drückt aus, daß sich die gesellschaftlichen Sachverhalte der Kontrolle durch den Menschen entzogen haben. Man kann sich nicht mehr einbilden, sie noch wirklich verändern zu können. In diesem Sinne stellt RIESMAN fest, daß es im Gegensatz zu der These von MILLS keine Elite gibt, die die Macht wirklich in der Hand hat. Sie ist situationsbedingt und wandelbar geworden, und sie widersetzt sich allen Versuchen, sie zu lokalisieren. Es gibt ein Hochplateau von Veto-

55 Vgl. S. M. LIPSET u. L. LOWENTHAL (eds.), *Culture and Social Character, The Work of David Riesman Reviewed*. 1961.

gruppen, aber keine wirklichen Machthaber mehr. Die alten Führer haben die Macht verloren, aber sie ist nicht in die Hände der Geführten gelangt, wie es die Revolutionäre versprochen hatten. Einsamkeit und Enttäuschung, aus diesen dann entstehend die Konsumhaltung, das sind die Grundmerkmale der modernen Gesellschaft. Vieles spricht dafür, und Riesman führt selbst zahlreiche illustrative Beispiele an, daß diese Interpretation bestimmte Eigentümlichkeiten in der Wertordnung der modernen Gesellschaft trifft; aber es ist nicht zu übersehen, daß auch diese Interpretation nicht allgemeingültig und in ihrem spezifischen Gültigkeitsanspruch nicht hinreichend definiert ist.

4. Continuities

Während die Soziologie sich in den USA rasch entfaltete, war in England ihre Entwicklung in den vierziger und fünfziger Jahren vergleichsweise zögernd. John Madge, einer der führenden englischen Soziologen, bemerkt im Vorwort zu seinem Buch ‹*The Origins of Scientific Sociology*› (1963), daß ein wirklicher Durchbruch der Soziologie in den beginnenden sechziger Jahren in England ebenso weit entfernt gewesen sei wie fünfzehn Jahre zuvor. In der theoretischen Soziologie ist der Stand nach wie vor durch den Einfluß von Hobhouse und Ginsberg gekennzeichnet. Ginsberg, der Schüler von Hobhouse, veröffentlichte 1953 ‹*The Idea of Progress*›, 1957 ‹*On the Diversity of Morals*›. Hier wird die Tradition der vergleichenden Sozialforschung in dem Sinne, wie sie von Westermarck und Hobhouse begründet worden war, fortgeführt. Auf Max Weber bezieht sich John Rex, ‹*Key Problems in Sociological Theory*› (1961). Für ihn ist die theoretische Soziologie eine wertfreie Modellwissenschaft. Die hauptsächliche Aufgabe der gegenwärtigen Soziologie, so bemerkt er auf Seite 41, ist die Konstruktion von Modellen sozialer Beziehungen und sozialer Systeme. Hier liegt nicht nur eine Verbindung zu Max Weber, sondern auch zu der Beziehungslehre von Leopold von Wiese und weiter zur strukturell-funktionalen Theorie von Parsons vor. Rex stellt in den Mittelpunkt dieses seines Modelldenkens allerdings nicht die Perspektive der Integration sozialer Systeme, sondern, umgekehrt, den Konflikt und das aus den Konflikten resultierende Gleichgewicht der Kräfte. Gerade das Buch von Rex ist ein Beispiel dafür, daß eine im Sinne von Parsons analytische Theorie sowohl den einen als auch den anderen Schwerpunkt wählen kann. Einen, wenn auch nicht umfassenden, so doch ausgewogenen Überblick über die gegenwärtige Soziologie und ihre Literatur bringt T. B. Bottomore, *Sociology: A Guide to Problems and Literature*› (1962).

Während bei Rex Konflikt und Gleichgewicht der Kräfte im Zentrum der Theorie stehen, schließen sich Sprott und Nadel mehr der Perspektive von PARSONS an, die Struktur und Funktion sozialer Systeme in den Mittelpunkt stellt. W. J. H. SPROTT veröffentlichte 1950 sein Buch *‹Sociology›*, 1953 *‹Science and Social Action›*, in denen er, den Spuren PARSONS und MAX WEBERS folgend, die Grundlagen einer soziologischen Handlungslehre entwirft. Von S. F. NADEL wurde 1957 postum seine *‹Theory of Social Structure›* veröffentlicht, in der er, aufbauend auf den Begriffen Rolle, Handlungssubjekt und Rollensystem, eine allgemeine Theorie der Sozialstruktur entwirft. BOTTOMORE charakterisiert in seiner Abhandlung *‹La sociologia contemporanea in Gran Bretagna›* (‹Quaderni di Sociologia›, 8, 1958, S. 243) diese Entwicklung mit der Feststellung, daß es auf theoretischem Gebiet in England keinen grundsätzlichen Fortschritt gegeben habe.

Ähnliches gilt für die empirische Sozialforschung. Auch hier wurde eine Reihe von interessanten Einzeluntersuchungen vorgelegt. Entscheidend ist jedoch, daß das Schwergewicht in der Regel auf der Darstellung praktischer Einzelfragen, nicht jedoch auf der wissenschaftlichen Entwicklung theoretischer Hypothesen lag. Das gilt vornehmlich für die zahlreichen Untersuchungen, die in der Tradition des *Social Survey* sich mit den Fragen beschäftigten, die durch die Nationalisierung der Grundstoffindustrie entstanden waren. Ähnliches trifft für die Untersuchungen zu, die der englischen Gewerkschaftsbewegung gewidmet sind. Auch auf dem Gebiet der politischen Soziologie gibt es eine Reihe von Arbeiten, die die Ergebnisse der britischen Wahlen analysieren. Als ein Werk von allgemeinem Interesse nennen wir hier nur das Buch von RUNCIMAN, *‹Social Science and Political Theory›* (1963).

Am stärksten entwickelt und theoretisch am interessantesten ist hier wie auch anderswo die Erforschung von Fragen der gesellschaftlichen Mobilität und Schichtung. Klassisch ist das Buch von R. TAWNEY, *‹Equality›* (1931). Hervorzuheben ist ferner das Buch von T. H. MARSHALL, *‹Citizenship and Social Class›* (1952). MARSHALL stellt in das Zentrum seiner Betrachtungen den Gegensatz zwischen dem egalitären Prinzip der staatsbürgerlichen Gleichheit und dem differenzierten Prinzip, das in der sozialen Schichtenbildung begründet ist. Die Wurzeln dieses Ansatzes lassen sich bis zu HOBHOUSE zurückverfolgen, für den der Einfluß der Menschenrechte auf die Entwicklung der Gesellschaft im Mittelpunkt des gesellschaftlichen Entwicklungsgedankens stand. Von MARSHALL erwähnen wir ferner seinen *‹General Survey of Changes in Social Stratification›*, den er 1956 in den *‹Transactions of the Third World Congress of Sociology›* veröffentlichte, und seinen Essayband *‹Sociology at the Crossroads and other Essays›* (1963). Daneben verweisen wir auf D. V. GLASS (ed.), *‹Social Mobility in Britain›* (1954). Dieses Buch baut auf empirischen Forschungen auf, die während eines Zeitraumes von fünf Jahren in England durchgeführt wurden, und gibt die bis jetzt umfassendste Übersicht über die Schichtungsverhältnisse in

England. Mehr theoretisch orientiert ist das Buch von T. B. Bottomore, ‹*Elites and Society*› (1964).

Neben diesen breiter angelegten Darstellungen gibt es eine Reihe von Untersuchungen, die die Sozialverhältnisse in den einzelnen Schichten der englischen Gesellschaft zum Gegenstand haben. Wir nennen hier M. Young und P. Willmott, ‹*Family and Kinship in East London*› (1957), R. Fletcher, ‹*Family and Marriage in Britain*› (1966), P. Townsend, ‹*Family Life of Old People*› (1963), F. Zweig, ‹*The British Worker*› (1952), und ders., ‹*The Worker in an Affluent Society*› (1961), R. Lewis und A. Maude, ‹*The English Middle Classes*› (1949), J. E. Floud, A. H. Halsey, F. A. Martin, ‹*Social Class and Educational Opportunity*› (1957), R. K. Kelsall, ‹*Higher Civil Servants in Great Britain*› (1955).

Wenden wir uns nun den USA zu, so begegnet uns hier ein ganz anderes Bild. Die Soziologie befindet sich in stürmischer Entwicklung, und zwar sowohl hinsichtlich der Breite des Forschungsinteresses als auch der Verfeinerung der verwendeten Begriffe und Forschungsmethoden. Angesichts der Fülle des vorliegenden Materials müssen wir uns hier darauf beschränken, einige Grundlinien der Entwicklung nachzuzeichnen und dem Leser Hinweise dafür zu geben, wie er sich selbst in diesen Gegenstand einarbeiten kann. Hier ist zunächst zu denken an bestimmte empirische Untersuchungen, die wegen ihrer Anlage und Methodik inzwischen klassisch geworden sind. Als Beispiele hierfür nennen wir die Untersuchungen über den amerikanischen Soldaten, über die autoritäre Persönlichkeit, über das Wahlverhalten und schließlich die Kleingruppenforschung.

Die Untersuchung ‹*The American Soldier*›, die von Stouffer und seinen Mitarbeitern im Zweiten Weltkrieg durchgeführt wurde, erschien 1949 in dem vierbändigen Werk ‹*Studies in Social Psychology in World War II*›. Ziel dieser Untersuchung war die Ermittlung der Einstellung der Soldaten zu einer Reihe von Fragen, die mit ihrem Militärdienst verbunden waren. Aus dem so gewonnenen Material wurde dann versucht, Hypothesen abzuleiten, die das künftige Verhalten, insbesondere im Kampf, vorauszusagen erlaubten. An diese Arbeiten haben sich zahlreiche weitere angeschlossen, die auf den hier verwendeten Begriffen und Erkenntnissen aufbauten.[56] Das Konzept der relativen Benachteiligung und die von Guttman entwickelten Skalierungsverfahren haben weite Verbreitung gefunden. Ähnlich klassisch geworden ist das von Adorno und seinen Mitarbeitern veröffentlichte Buch ‹*The Authoritarian Personality*› (1950). Ziel dieser Untersuchung war es, den autoritären Charakter als ein in sich zusammenhängendes Syndrom nachzuweisen und eine Skala zu entwickeln, die zur Differenzierung von Popu-

---

56 Vgl. R. K. Merton und P. F. Lazarsfeld (eds.), *Studies in the Scope and Method of ‹The American Soldier›*. 1950.

lationen in dieser Hinsicht geeignet war. Aus Quellen, die bis in die Zeit des Frankfurter Instituts für Sozialforschung zurückreichen, wurde hier ein im wesentlichen psychologisch bzw. psychoanalytisch orientiertes Interpretationsschema entwickelt. Auch diese Studie ist bei aller Kritik, die sie, wie auch der ‹*American Soldier*›, erfuhr, beispielhaft geworden.[57] Insbesondere die Forschungstechniken, Tiefeninterview und Skalierungsverfahren haben in zahlreichen Arbeiten Fortsetzung gefunden. Ein weiteres vorbildlich gewordenes Werk ist das Buch von LAZARSFELD, BERELSON und GAUDET, ‹*The People's Choice*› (1944). PAUL LAZARSFELD, ein amerikanischer Soziologe österreichischer Herkunft, ist einer der fruchtbarsten und sowohl für empirische als auch für theoretische Probleme aufgeschlossensten Soziologen der USA. Aufgabe der Soziologen ist es, so schreibt er in seinem Aufsatz ‹*Problems in Methodology*› (in: *Sociology Today*, 2. Bd., 1965, S. 39 f), das ausgedehnte und «*ever-shifting web of social relations*» zu verwandeln in ein «*understandable system of manageable knowledge*». Das beinhaltet methodische und theoretische Probleme, mit denen sich LAZARSFELD in zahlreichen Schriften auseinandergesetzt hat. In dem oben genannten Buch geht es ihm um die Erarbeitung einer Reihe von Techniken, mit denen das politische Verhalten gemessen werden kann. Die Erarbeitung dieser Methodik erlaubt es dann, bestimmte Hypothesen über das politische Verhalten zu formulieren. Auf dem Gebiet der Kleingruppenforschung nennen wir hier nur drei Namen: MORENO, LEWIN und BALES. MORENO ist bekannt geworden als Begründer der Soziometrie, eines empirischen Meßverfahrens zur Ermittlung der Gruppenstruktur, das inzwischen weite Verbreitung gefunden hat. LEWIN entwickelte in zahlreichen Schriften, u. a. ‹*Field-Theory in Social Sciences*› (1951), eine Feldtheorie zur Erforschung der Gruppenstruktur und Gruppendynamik. Ausgehend von der Gestaltpsychologie, versteht LEWIN alles Verhalten als Änderung der Struktur des Feldes, in dem der einzelne bzw. seine Gruppe leben. Am einflußreichsten von diesen Arbeiten ist jedoch das Werk von BALES geworden, dessen ‹*Interaction Process Analysis*› 1950 erschien. Seine Aufgliederung des Handlungsprozesses, seine Beobachtungsmethoden und die daran anschließende Auswertung des Materials in Interaktionsprofilen sind wohl das hervorragendste Beispiel für Stand und Möglichkeiten der Kleingruppenforschung. Die hier verwendeten Techniken und Fragestellungen haben inzwischen weite Verbreitung gefunden.[58]

BALES war gleichzeitig Mitarbeiter von PARSONS und zusammen mit SHILS Mitherausgeber der ‹*General Theory of Action*› (1951). Seine

---

57 Vgl. R. M. CHRISTIE und M. JAHODA, *The Authoritarian Personality. Continuities in Social Research*. 1954.

58 Vgl. L. A. COSER, *The Functions of Small-Group Research*. In: Social Problems, 3, 1955.

Kleingruppenforschung ist an die Konzepte von PARSONS angelehnt und stellt eines der wenigen Gebiete dar, auf denen sich diese funktionale Interpretation bisher in einer empirisch nachprüfbaren Weise bewährt hat. Kennzeichnend ist jedoch, daß es sich hier in der Kleingruppenforschung ebenso wie in der allgemeinen Systemtheorie um sehr abstrakte Fragestellungen handelt, um Laboratoriumsexperimente, bei denen spezifische gesellschaftliche und kulturelle Einflüsse bewußt ausgeschaltet werden. Es mag sein, daß sich so ein neuer Forschungsstil der Soziologie überhaupt ankündigt, in dem die bisherigen Erkenntnisgegenstände und Fragestellungen weitgehend obsolet werden. ZETTERBERG schreibt in seinem Buch ‹*On Theory and Verification in Sociology*› (1954, S. 9), daß wohl die populären Bücher von Automobilen, Flugzeugen usw. handelten, die fortgeschritteneren jedoch von Mechanik, Thermodynamik und anderen Forschungsgebieten. Impliziert ist, daß mit dem Fortschritt der Wissenschaft das Konkrete selbst nicht mehr Gegenstand der Erkenntnis ist, sondern nur noch als Illustration herangezogen werden kann, während die entscheidenden Fragen sich aus dem konkreten Zusammenhang der Erfahrungsgegenstände herauslösen und eine höhere Ebene der Abstraktion erreichen. Ähnlich bemerkt GOODE (in: *Sociology Today*, 1. Bd., 1965, S. 185), daß die gegenwärtigen Erkenntnisgegenstände wie Familie, Kriminologie etc. möglicherweise verschwinden und in der fortgeschritteneren Wissenschaft durch Erkenntnisgegenstände mit ganz anderen Variablen ersetzt werden mögen. CAHNMAN und BOSKOFF zählen am Schluß des von ihnen herausgegebenen Sammelwerkes ‹*Sociology and History*› (1964) klassische Fragestellungen auf, die zur Beantwortung offenstehen, und kommen zu dem Ergebnis, daß man nicht hoffen kann, derartige Fragen gegenwärtig beantworten zu können. Die rasche Entwicklung der Soziologie: die Kritik des Funktionalismus in theoretischer Hinsicht und die ungeheure Ausdehnung der Forschung auf empirischem Gebiet, legen die Vermutung nahe, daß die alten Konzepte und Fragestellungen durch neue abgelöst werden müssen, wenn die Soziologie der so an sie gestellten Herausforderung gerecht werden soll. Die wichtigste Antwort auf diese Herausforderung ist gegenwärtig der Reduktionismus, auf den wir abschließend noch eingehen werden. Zuvor sei jedoch die – problematische – Lage der gegenwärtigen amerikanischen Soziologie noch näher charakterisiert.

KINGSLEY DAVIS hielt 1959 seine Presidential Address vor der American Sociological Association über das Thema ‹*The Myth of Functional Analysis as a Special Method in Sociology and Anthropology*› (veröffentlicht in: ‹Am. Soc. Rev.›, 24, 1959). Hier stellte er die funktionale Analysis als eine besondere Methode soziologischer und anthropologischer Erkenntnis radikal in Frage. Reife der Wissenschaft bedeute das Ende aller Schulen, in denen das Erkennen auf bestimmte Ansätze verpflichtet werde. Und der Funktionalismus sei nicht nur als Schule, sondern auch in sich, durch seine unklare Terminologie eher ein Hindernis für die weitere Entwicklung. Der Funktionalismus, so schloß DAVIS, liege im Sterben, und es wäre ein Gewinn, wenn man diesen Prozeß nicht verlängern würde. DAVIS schließt sich in dieser seiner Kritik der schon oben erwähnten Kritik am Funktionalismus an. Was aber in den fünfziger Jahren noch nicht so deutlich geworden war, wird es in den sechziger Jahren: daß nämlich diese Kritik am Funktionalismus eine Verlagerung im Schwergewicht der Soziologie und im Anschluß daran das erneute Aufbrechen der Problematik bedeutet, deren Überwindung der Funktionalismus beabsichtigt hatte. PARSONS hatte seinen Schwerpunkt auf die Vereinheitlichung bekannter Forschungsinteressen gelegt, weil er der Überzeugung war, daß nur in einer systematischen Vereinheitlichung die Grundlage für ein kumulativ fortschreitendes Wissen gesucht werden könne. Die Kritik am Funktionalismus bedeutet deshalb mehr als nur die Kritik an einer bestimmten Theorie: hier wird ein ganzes Konzept in Frage gestellt, das der Soziologie die Chance einer kumulativ fortschreitenden und – wie in den anderen Wissenschaften – in ihren Grundbeständen übersehbaren Entwicklung eröffnen sollte.

Das Bild der Vereinheitlichung, das in den fünfziger Jahren unter dem Einfluß des Funktionalismus vorherrschte, verwandelt sich in ein Kaleidoskop von Ansätzen und Fragestellungen, deren innere Einheitlichkeit oder Verträglichkeit nicht nur ungeklärt ist, sondern für deren Prüfung es keinen gemeinsamen Nenner gibt. Die Epoche der Systematisierung schlägt um in den Eklektizismus, dessen sinnfällige Darstellung der *Reader*, die wissenschaftliche Anthologie ist, in der hier nicht nur verschiedene Perspektiven zu anerkannten Fachgebieten zusammengestellt, sondern ganz heterogene Fragestellungen miteinander verklammert werden. Nehmen wir als Beispiel das Sammelwerk, das H. HARTMANN unter dem Titel ‹Moderne amerikanische Soziologie› (1967) zur theoretischen Soziologie vorgelegt hat. Antagonisten wie PARSONS und MERTON finden sich hier ebenso nebeneinander wie SIMON mit seiner auf mathematische Strenge zielenden formalen Theorie der Interaktion und ROSE mit seiner Theorie der symbolischen Interaktion. Neben dem psychologischen Modell von HOMANS steht das mechanistische von PARSONS und BALES. Neben theoretischen Fragen der Kleingruppenforschung finden Fragen der sozio-kulturellen Dynamik ihren Platz. Das alles sind Ansätze, die nicht als Teile eines übergreifenden wissenschaftlichen Erklärungshorizonts begriffen werden können, sondern die je für sich spezielle, allenfalls mit dem einen oder anderen Nachbarn zusammenhängende Horizonte begründen. Es gibt offenbar verschiedene Soziologien, nicht nur verschiedene Theorien innerhalb einer im ganzen einheitlichen Wissenschaft.

In seiner Einleitung betont HARTMANN, daß die Entwicklung gegenwärtig nicht mehr unter dem Sog der Vereinheitlichung gesehen werden könne wie noch in den fünfziger Jahren, sondern daß sich inzwischen verschiedene selbständige Denkansätze herausgebildet haben. Die wichtigste praktische Konsequenz dieser Entwicklung liege darin, daß Fortschritte der Soziologie als Wissenschaft, Kumulationen soziologisch gesicherten Wissens relativ selten sind. «Kumulative Erscheinungen in der amerikanischen Soziologie», so bemerkt HARTMANN (a. a. O., S. 45), «sind weniger weit verbreitet, als man bei der Fülle des Materials erwarten würde.» Einige Ursachen dieses Phänomens sind nach HARTMANN: «Uferlose Streuung der Interessen, Spezialisiertheit der Forschung, Anerkennung isolierter Ergebnisse, Uneinigkeit über die Kriterien der Gültigkeit.» Man wird bemerken, daß es sich hier um sehr schwerwiegende Argumente handelt, um Argumente, die die innere Einheitlichkeit der Soziologie in Frage stellen.

Ein anderes Werk, auf das wir in diesem Zusammenhang paradigmatisch verweisen, ist das von PARSONS, SHILS, NAEGEL und PITTS herausgegebene Sammelwerk ‹*Theories of Society, Foundations of Modern Sociological Theory*› (1961, ²1965). In fünf großen Teilen wird hier das ganze Gebiet der theoretischen Soziologie behandelt oder genauer: es werden zu jedem Abschnitt und Unterabschnitt ausgewählte Texte zusammengestellt, die insgesamt ein recht buntes Bild vermitteln. Autoren, die man für tot erklärt hatte, wie SPENCER, COMTE und HEGEL, tauchen wieder auf, andere, die nur noch als Wegbereiter der eigentlichen Soziologie erschienen waren, wie MAX WEBER, PARETO und DURKHEIM, werden in ihrem eigenen Recht gewürdigt. Insgesamt herrscht ein unbefangener Eklektizismus. So erscheinen etwa in dem Unterabschnitt, der sich mit Religion und Magie beschäftigt, neben anderen Autoren FRAZER, MAUSS, MALINOWSKI, MAX WEBER und ADOLF HARNACK; in einem anderen werden Texte von DURKHEIM, MAX WEBER, SIGMUND FREUD und THOMAS hintereinandergereiht. Trotz der Bemühungen der Herausgeber, dieses heterogene Material zu verklammern, muß es schließlich dem Leser überlassen bleiben, in welchem *concetto* er die Grundlagen moderner soziologischer Theorie sieht. Die Heterogenität der Sachen spiegelt nur die Heterogenität der Aspekte wider, unter denen diese Sachen gesehen werden können, und es fehlt auch nicht ein skeptisches Nachwort von SHILS, in dem dieser die alte Aporie des Historismus: die Frage nach dem Verhältnis von Theorie und Wirklichkeit zueinander wiederholt. Der Trost, den SHILS gegenüber dem Historismus in der Einsicht findet, daß die Variationsbreite der menschlichen Gesellschaften beschränkt sei, wird beeinträchtigt durch die Feststellung, daß die Gesetze, nach denen diese Variationen vor sich gehen, unbekannt sind.

Insgesamt vermag sich der interessierte Leser vielleicht dadurch den besten Überblick über den gegenwärtigen Stand der amerikanischen Soziologie zu verschaffen, daß er einige der einschlägigen Sammelwerke zur Hand nimmt. Wir nennen hier E. F. HUNT und J. KARLIN (eds.),

‹*Society Today and Tomorrow*› (1967), J. S. Roucek (ed.), ‹*Readings in Contemporary American Sociology*› (1959), L. A. Coser und R. Rosenberg (eds.), ‹*Sociological Theory, A Book of Readings*› (1957), S. M. Lipset und N. J. Smelser (eds.), ‹*Sociology, the Progress of a Decade*› (1961), W. J. Cahnman und A. Boskoff (eds.), ‹*Sociology and History*› (1964), Merton, Broom und Cottrell (eds.), ‹*Sociology Today*› (1959), Berger, Zelditch und Anderson (eds.), ‹*Sociological Theories in Progress*› (1966). Eine nähere Besprechung dieser Werke verbietet sich hier. Allgemein kann jedoch festgestellt werden, daß auch sie die oben getroffenen Feststellungen bestätigen. Sowohl unter dem Gesichtspunkt der theoretischen Entwicklung als auch unter dem der empirischen Forschung befindet sich die amerikanische Soziologie in einem Prozeß der raschen Veränderung, deren Entwicklungschancen jedoch noch nicht abzusehen sind. Die Bedeutung von systematisch lokalisierten Fragestellungen scheint zurückzutreten gegenüber Fragestellungen, die ganz an speziellen empirischen Sachverhalten orientiert sind. G. Chinoy bemerkt in seiner Besprechung von E. L. Faris, ‹*Handbook of Modern Sociology*› (1964, ‹Am. Soc. Rev.›, 31, 1966, S. 270): «*There is little evidence of any general theory underlying the work in various specialized fields.*» Und er findet in diesem «*narrow theoretical focus*» das Kennzeichen für weite Bereiche der gegenwärtigen Soziologie.

In der Tat ist nicht nur auf dem Gebiet der empirischen Forschung, sondern auch auf dem der Theorie eine fortschreitende Auflösung von Ansatz und Fragestellung zu beobachten. Es hat zwar nicht an Versuchen gefehlt, die strukturell-funktionale Theorie weiterzuentwickeln,[59] auch ist die Feststellung von Parsons, daß seine Theorie als logisches Konzept für sehr verschiedene Fragestellungen offen und daher unter empirischen Gesichtspunkten nicht widerlegbar sei, nicht in Frage gestellt worden. Trotzdem ist die Tendenz unverkennbar, daß die Fragestellungen aus dem Gebäude der Systemtheorie abwandern, und zwar nicht deshalb, weil sie in diesem Gebäude keinen Platz fänden, sondern weil nicht klar ist, warum man in diesem Hause wohnen solle, das den Weg zum Material der Forschung versperrt und wenig zur Erklärung dieses Materials beiträgt. Das gilt z. B. für die Arbeiten, die sich mit den Fragen von Konflikt und Macht beschäftigen. Wie wir schon im vorhergehenden darlegten, ist die strukturell-funktionale Theorie durchaus in der Lage, diese Phänomene systematisch zu behandeln, und es gibt Ansätze, in denen eine derartige Aufarbeitung versucht wird. Wir verweisen hier auf Moore und Feldman, ‹*Society as a Tension-Management System*› (in: *Behavioral Science and Civil Defense*, hrsg. von Becker und Cottrell,

---

59 Wir verweisen hier auf M. Levy, *The Structure of Society.* 1952, H. M. Johnson, *Sociology. A Systematic Introduction.* 1961, und Ch. P. Loomis und Z. K. Loomis, *Modern Social Theories.* 1961.

1962), ferner auf J. HORTON, ‹*Order and Conflict Theories of Social Problems as Competing Ideologies*› (‹Am. Journ. Soc.›, 71, 1966), und G. LENSKI, ‹*Power and Privilege. A Theory of Social Stratification*› (1966). Trotzdem ist eine wirkliche – nicht nur nominelle – Integration dieser Fragen bisher nicht gelungen, und die Spannung zwischen den konflikttheoretischen Ansätzen und den systemtheoretischen Ansätzen bleibt fortbestehen, insofern, als es sich hier um Ansätze handelt, die auf ganz verschiedenen theoretischen Ebenen operieren. Neben dem oben zitierten Werk von MILLS verweisen wir auf COSER, ‹*Toward a Sociology of Conflict*› (1954) und ‹*The Functions of Conflict*› (1956), auf B. MOORE, ‹*Political Power and Social Theory*› (1958), und HOROWITZ, ‹*The New Sociology*› (1964), ferner auf BLAU, ‹*Exchange and Power in Social Life*› (1964).[60] Zu den großen Fragen des sozialen Wandels, wie sie hinter Konflikt und Macht stehen, gibt es neben den Bemühungen von PARSONS selbst zwar auch Versuche, sie theoretisch zu erfassen: wir verweisen auf W. E. MOORE, ‹*Social Change*› (1963), aber auch hier scheint die Ebene der Fragestellung als solche den Erwartungen nicht zu genügen, so daß große Werke ihre eigentliche Überzeugungskraft durch ihr historisch-empirisches Material, nicht aber durch ihren systematischen Bezug erhalten. Wir verweisen hier auf S. N. EISENSTADT, ‹*The Political Systems of Empires*› (1963), und K. A. WITTFOGEL, ‹Die orientalische Despotie› (dt. Ausgabe, 1962). Hier wird in Anlehnung an MAX WEBER und PARSONS auf der einen Seite, an MARX auf der anderen Seite eine Systematik von Herrschaftstypen zu entwickeln versucht, deren Grenze aber eben in dem damit verbundenen theoretischen Anspruch zu liegen scheint. Immer wieder wird man an die Vorzüge der Methodologie von MAX WEBER erinnert, und es mag sein, daß die funktionalen Gesichtspunkte, die EISENSTADT hervorkehrt, ebenso wie die ökonomischen, auf die sich WITTFOGEL bezieht, ihre eigentliche Bedeutung als Strukturmerkmale von Idealtypen finden könnten, deren Brauchbarkeit zur Begründung des Wirklichkeitsverständnisses in der gegenwärtigen Gesellschaft allerdings noch zu erweisen wäre.

Es hat den Anschein, als ob die großen Erschütterungen der Gegenwart, das mit ihnen verbundene Streben nach sicheren Haltepunkten, einen Skeptizismus hinsichtlich weiterreichender Erwägungen und das Bemühen, sich in engeren und überschaubareren Gehäusen einzurichten, ausgelöst hätten. Die Soziologie, so stellt ED. SHILS in seinem Aufsatz ‹*Tendenze della ricerca sociologica*› (‹Quaderni di Sociologia›, 16, 1967) fest, ist gegenwärtig ein «*campo disunificato*» (S. 17). Die Theorie sei offener und provisorischer denn je und habe noch nicht die Sprache und den Stil gefunden, die eine Brücke zur Forschung schlagen könnten: «*La*

60 Vgl. auch J. BERNARD, *Some Current Conceptualizations in the Field of Conflict.* In: Am. Journ. Soc., 70, 1965, S. 213.

sua applicazione è tuttora estremamente disagevole, ed essa tende ad esser troppo generale» (S. 10). Wäre eine solche Diagnose in einem anderen Lande als in den USA gestellt, so könnte man hinter ihr eine zu geringe Entwicklung der Soziologie vermuten. Hier jedoch, wo die Soziologie unvergleichlich stärker entwickelt ist als irgendwo anders, wird man eine solche bequeme Begründung schwerlich heranziehen können. Wenn die Soziologie gegenwärtig ein «*campo disunificato*» ist, wenn sie empirisch, methodologisch und theoretisch durch eine zunehmende Dispersion gekennzeichnet ist, dann dürfte dies weniger ein Zeichen zu geringer Entwicklung als vielmehr dafür sein, daß eine bestimmte Entwicklung an ihre Grenze gekommen ist. Schon die Reduktion der strukturell-funktionalen Theorie auf eine analytische Sprache, die Kritik dieser Sprache als Schema soziologischer bzw. anthropologischer Erklärung deuteten auf diese Grenze hin. Daneben zeigt sie sich in der üppig wuchernden Vielfalt der Forschungen, Methoden und Theorien, zwischen denen anscheinend nur noch kleine, segmentäre Verbindungen möglich sind.

Die Vielfalt theoretischer Ansätze haben wir im vorangegangenen schon angedeutet. Sie reichen von kulturphilosophischen Totaltheorien, wie sie SOROKIN vertritt, bis hin zu mathematischen Modellen, für die SIMON beispielhaft ist. Dazwischen liegen weltanschaulich gebundene Ansätze marxistischer Provenienz, wie bei MILLS, oder humanistischer Orientierung.[61] Auf das Weiterwirken der strukturell-funktionalen Theorie hatten wir schon hingewiesen, aber auch MERTON hat mit seinem Konzept der Theorien «mittlerer Reichweite» zahlreiche Anhänger gefunden. Diese und manche anderen Ansätze machen sich das Feld wechselseitig nicht streitig, sie liegen nebeneinander in einer bunten Gemengelage.[62] Wo Auseinandersetzungen stattgefunden haben, wie etwa zwischen PARSONS und MERTON, haben sie nicht zu einer Entscheidung in der einen oder anderen Richtung geführt, sondern nur die wechselseitigen Autonomieansprüche verteidigt. Eine gewisse Einheitlichkeit gibt es auf der Ebene der Textbücher. Wir verweisen hier auf L. BROOM und PH. SELZNICK, ‹*Sociology. A Text with Adapted Readings*› (1963), A. W. GOULDNER und H. P. GOULDNER, ‹*Modern Sociology. An Introduction to the Study of Human Interaction*› (1963), A. W. GREEN, ‹*Sociology, An Analysis of Life in Modern Society*›, und A. INKELES, ‹*What is Sociolo-*

61 Vgl. B. BARBER, *American Sociology in its Social Context.* In: *Transactions of the Fourth World Congress of Sociology*, 1, 1959, S. 172 ff, und K. H. WOLFF, *Notes Toward a Sociocultural Interpretation of American Sociology.* In: Am. Soc. Rev., 11, 1946. Als Beispiel verweisen wir auf BERGER, *Invitation to Sociology, a Humanistic Perspective.* 1963.

62 Als weitere Beispiele für das Bemühen, die Gesellschaft der Gegenwart zu interpretieren, nennen wir: SEIDENBERG, *Posthistoric Man.* 1950, MCCELLAND, *The Achieving Society.* 1961, GALBRAITH, *The New Industrial State.* 1967.

gy?› (1964). Hier wird auf didaktisch geschickte, wenngleich anspruchslose Art und Weise das Standardwissen des Soziologen vorgetragen, wobei die gefällige Darstellung über den inneren Eklektizismus hinweghilft, wenn dieser nicht überhaupt als unabwendbares, möglicherweise sogar aus dem Fortschritt der Wissenschaft folgendes Schicksal angesehen wird.

Auf eine Kennzeichnung der empirischen Forschung müssen wir hier verzichten, da sie nicht nur schon auf Einzelgebieten *«truly staggering proportions»*[63] erreicht hat, sondern sich auch sehr rasch in Richtung auf fortschreitende methodische Verfeinerung und Spezialisierung entwickelt. Wer sich eine erste Anschauung verschaffen möchte, könnte vielleicht das Buch von Berelson und Steiner, *‹Human Behavior. An Inventory of Scientific Findings›* (1964), zur Hand nehmen oder zu dem oben genannten Sammelwerk *‹Sociology Today›* greifen, in dem die einzelnen Gebiete charakterisiert werden. Wir weisen hier nur auf ein Gebiet hin, das sich auch in Deutschland einer gewissen Beliebtheit erfreut, nämlich das der Methodologie. Während jedoch in Deutschland methodologische Fragen gern unter philosophischem oder apriorischem Gesichtspunkt behandelt werden, ist die Methodenforschung in den USA an Sachfragen der empirischen Forschung orientiert. Wie schon im vorhergehenden dargestellt, brachte die Ausdehnung der empirischen Forschung in den zwanziger und dreißiger Jahren eine Fülle von Methodenproblemen mit sich, die die Erfassung und Auswertung des empirischen Materials betrafen. Weit über die herkömmlichen statistischen Verfahren hinaus ist es hier das Ziel gewesen, qualitative Daten in quantitative umzuwandeln und dadurch der exakten Analyse zugänglich zu machen. Wir erwähnten schon die von Likert, Thurstone und Guttman entwickelte Skalogramm- und Faktorenanalyse, an die sich die *Latent-Structure Analysis* von Lazarsfeld anschloß. Zu allen Fragen der empirischen Forschung gibt es reiche Spezialliteratur. Wir weisen nur auf einige allgemeinere Werke hin, nämlich Goode und Hatt, *‹Methods in Social Research›* (1952), Selltitz, Jahoda, Deutsch und Cook, *‹Research Methods in Social Relations›* (1959), Lazarsfeld und Rosenberg, *‹The Language of Social Research›* (1965), und schließlich den Band von S. Stouffer – der uns schon als Autor des *‹American Soldier›* begegnet ist –, *‹Social Research to Test Ideas›* (1962). Eine soziologische Interpretation der empirischen Arbeiten versucht P. Lazarsfeld in seinem Aufsatz *‹The Sociology of Empirical Social Research›* (‹Am. Soc. Rev.›, 27, 1962).

Wie wir im vorangegangenen gesehen haben, ist heute die amerikanische Soziologie die Bezugsgruppe, an der man sich von Japan bis nach Deutschland, von Südamerika bis nach Italien weltweit orientiert. Aus-

63 Vorwort zu: Macoby, Newcomb und Hartley (eds.), *Readings in Social Psychology.* [3]1958.

dehnung und Stand ihrer Forschung sichern ihr ein Ansehen, das keine Konkurrenz hat, aber gerade deswegen ist hier vielleicht die Kritik an der Soziologe schärfer als anderswo und hat auch mehr Gewicht, weil sie aus den Reihen der Profession geübt wird und nicht von Gruppen stammt, die sich in einer Randlage befinden. Auf die Kritik von MERTON – *«we have many concepts but few confirmed theories... many ‹approaches› but few arrivals»*[64] – hatten wir schon hingewiesen, auch auf die Kritik von SHILS, einem Mitarbeiter von PARSONS, der sich dann auf eine ganz andere Ebene der Forschung begibt (*The Torment of Secrecy.* 1956, *Political Development in the New States.* 1962).[65] Der schärfste Ausdruck dieser Kritik aber ist der Reduktionismus, wie er von G. C. HOMANS vertreten wird, denn hier wird nicht nur ein Zustand als problematisch gekennzeichnet, es wird der Versuch unternommen, ihn durch eine Alternative zu überwinden.

In dem Prozeß der Veränderung, der in der amerikanischen Soziologie zu bemerken ist, scheint dem Reduktionismus eine besondere Bedeutung zuzukommen. Das Streben nach empirischer Gewißheit, die kritische Distanz gegenüber Traditionen und Institutionen und der rasche soziale Wandel führen wie schon im 18. Jahrhundert dazu, die eigentliche Konstante in der Erscheinungen Flucht und zugleich die Quelle der sozialen Dynamik in der Natur des einzelnen zu suchen. Die konsequente Anwendung empirischer Meßverfahren tendiert dahin, den soziologischen Sachverhalt aufzulösen und nur noch von Gesetzen in der Gesellschaft, nicht aber mehr von Gesetzen der Gesellschaft zu sprechen. SELVIN wies gegenüber DURKHEIM darauf hin, daß einzelne und nicht Gruppen Selbstmord begehen, und das Buch von HENRY und SHORT, *‹Suicide and Homicide›* (1954), ist ebenso wie das von S. und E. GLUECK, *‹Unravelling Juvenile Delinquency›* (1950), mit der Absicht geschrieben, neben einer vorherrschend soziologischen Erklärung andere, nämlich psychologische Variablen einzubeziehen.[66] Mit dieser zunehmenden Heranziehung psychologischer Variablen war zwischen Soziologie und Psychologie ein «Vergleich der Billigkeit» zustande gekommen, der nicht wenig zu dem eklektizistischen und unübersichtlichen Gesamtbild beigetragen hatte. Über diesen «Vergleich der Billigkeit»[67] will der Reduktionismus hinauskommen, der nach dem allgemeinen Bezugspunkt

---

64 R. K. MERTON, *Social Theory and Social Structure.* 1967, S. 9.

65 Eine radikalere Kritik ist die von P. SOROKIN, *Fads and Foibles in Modern Sociology and Related Sciences.* 1956.

66 Vgl. A. INKELES, *Personality and Social Structure.* In: *Sociology Today,* 2. Bd., 1965.

67 Vgl. HEGEL, Gesch. der Philosophie, Bd. III, S. 373: «Gott ist und wir sind auch, das ist schlechte synthetische Vereinigung, das ist *Vergleich der Billigkeit.*» Man erinnere sich, daß DURKHEIM der Gesellschaft die Kraft zuschrieb, *«à s'ériger en Dieu»*.

wissenschaftlicher Erklärung fragt, zu dem harten Kern vordringen will, auf dem die Wissenschaft wirklich aufbaut.

HOMANS kann in seiner reduktionistischen Kritik der amerikanischen Soziologie nicht nur an Autoren anknüpfen, die wie die Neo-Freudianer schon zuvor die zentrale Stellung der psychologischen Variablen im Prozeß der Vergesellschaftung betont hatten. Die Wendung, die HOMANS vollzieht, ist vielmehr ein Rückgriff auf die amerikanische Tradition, die nur durch den Funktionalismus – der von PARSONS in Rezeption europäischer Vorstellungen: SPENCER, DURKHEIM, WEBER, PARETO in die amerikanische Soziologie eingeführt worden war – zeitweilig in den Hintergrund getreten war. Schon bei den Sozialdarwinisten und Pragmatisten war die Argumentation letztlich psychologisch bzw. physiologisch begründet worden, hatte man die sozialen Prozesse aktivistisch als Prozesse der Anpassung und Auslese definiert. Nicht das *fait social* bestimmt das individuelle Handeln, sondern umgekehrt, ein biologisch-psychisch zu interpretierender Prozeß schafft sich Strukturen der Gesellschaft. Es ist die Tradition von HOBBES, MALTHUS und SPENCER, die hier weiterlebt, eine Tradition, für die gesellschaftliche Sachverhalte nur sekundär sind gegenüber einer ursprünglichen Menschennatur. Gesellschaftliche Tatsachen, der Leviathan bei HOBBES, das Eigentum bei MALTHUS, die Institutionen bei SPENCER, sind hier nur Begrenzungen und – allerdings entwickelbare – Formen, in denen der Mensch sich an seine Vergesellschaftung anpaßt. Auch die interaktionistische Sozialpsychologie, die die reduktionistisch orientierte Instinktpsychologie ablöste, hatte kein wirkliches Gleichgewicht zwischen dem Handelnden und seiner Situation hergestellt, sondern wies ein deutliches Schwergewicht zur subjektiven Seite hin auf. Die treibende Kraft lag auf der Seite des Handelnden, die Situation war – in der bekannten Feststellung von THOMAS – erst real durch die Definition der beteiligten Menschen, und G.H. MEAD unterschied das soziale Ich von dem Ich, in dem die persönliche Spontaneität und Schöpferkraft wohnte. Diese tendenzielle Verlagerung der Gewichte zur subjektiven Seite wurde dann ganz deutlich bei PARSONS, der die treibende Kraft sozialer Dynamik psychologisch interpretierte und sich schließlich genötigt sah, das *fait social*, das er in seiner funktionalen Theorie darstellte, nicht als Realität *sui generis* anzusehen, sondern diese Theorie als eine analytische zu bestimmen. In dieser ‹methodologischen Verfeinerung› tritt zutage, daß das Soziale oder Soziologische, das seine Theorie ausdrückt, keine Realität ist, sondern nur eine Sprache, mit der eine anders begründete Realität beschrieben werden kann (im Gegensatz zu DURKHEIM, der eine kausale Erklärung sozialer Zusammenhänge geben zu können glaubte, weil er der Realität des Sozialen sicher war).

Schon vor der Kritik von HOMANS war – etwa an dem Werk von LINTON und KARDINER, aber auch an zahlreichen empirischen Studien, wie der oben erwähnten von HENRY und SHORT, den GLUECKS und von ADORNO – deutlich geworden, daß die Erklärung durch soziale Faktoren nur eine Vorstufe der eigentlichen Erklärung war, daß etwa, nachdem das Verhalten in der Gruppe in seinen Regelmäßigkeiten aufgedeckt war, nun ein erklärender Bezug zur Psyche der beteiligten Personen hergestellt werden mußte. Der Funktionalismus hatte, wie oben gezeigt, das Soziale apagogisch zu beweisen versucht und war schließlich durch die Kritik von der empirischen Ebene abgedrängt worden. HOMANS setzt hier seine Kritik an und beginnt seinen Aufsatz ‹*Bringing Men Back In*› (‹Am. Soc. Rev.›, 29, 1964) mit der Frage, welchen Sinn denn eigentlich Begriffe wie Rolle, Norm u. a. haben, die die Systemtheorie voraussetzte. An dem Buch von SMELSER, ‹*Social Change in the Industrial Revolution*› (1959), legt er dar, daß diese Begriffswelt – die Übersetzung eines historisch-ökonomisch erarbeiteten Sachverhalts in die Sprache der strukturell-funktionalen Theorie – nichts zur Erklärung beitrage, daß sie vielmehr an psychologische bzw. ökonomische Variablen anknüpfe. «*Much modern sociological theory*», so schreibt er in ‹*Social Behavior, Its Elementary Forms*› (1961, S. 10), «*seems to me to possess every virtue except that of explaining anything.*» Der Funktionalismus sei nur «*window-dressing*», eine äußere Form: «*The only general propositions of sociology are in fact psychological*» (*Bringing Men Back In*, a. a. O., S. 817).

HOMANS war 1950 mit seinem Buch ‹*The Human Group*› bekanntgeworden. In diesem Werk hatte er eine Zusammenfassung und Auswertung einer Reihe bekannter Gruppenuntersuchungen – darunter der ‹*Street Corner Society*› und des ‹*Hawthorne Experiment*› – vorgelegt. Das Schwergewicht lag hier auf der Beschreibung gewisser Regelmäßigkeiten, die sich in der Struktur verschiedener Gruppen nachweisen ließen. 1958 hatte er dann einen Aufsatz ‹*Human Behavior as Exchange*› (‹Am. Journ. Soc.›, 63, 1958) veröffentlicht, in dem er versuchte, diese Regelmäßigkeiten durch Rückgriff auf ein Tauschmodell zu erklären. In Fortsetzung dieser Arbeiten legte er 1961 sein oben zitiertes Werk vor, in dem das soziale Verhalten psychologisch als Funktion des mit ihm verbundenen ‹*pay-off*› zu erklären versucht wird. Dieser Ansatz war, wie es HOMANS selbst sieht, im Behaviorismus und in der Nationalökonomie schon längst üblich, und es geht ihm darum, die Soziologie in den Kreis von im Grunde psychologisch begründeten Sozialwissenschaften zurückzuführen. Überall, wo sozialwissenschaftlich erklärt wird, handelt es sich um Aussagen, die psychologisch begründet sind. In der Regel, so stellt er in seinem Aufsatz ‹*Bringing Men Back In*› fest, halte man diese psychologischen Annahmen, die der Erklärung zugrunde liegen, verborgen wie eine Flasche Whisky, die man nur dann unter dem Tisch hervorhole, wenn man wirklich Hilfe brauche. Es sei jedoch für die Soziologie an der Zeit, diese Heuchelei aufzugeben und sich offen zu der psychologischen Begründung ihrer Erklärungen zu bekennen.[68]

Die Ansicht von Homans blieb nicht unwidersprochen. Insbesondere wies Razak (‹Am. Soc. Rev.›, 31, 1966, S. 543) darauf hin, daß die Theorie von Homans selbst nur geringen Erklärungswert habe.[69] Aus abstrakten Tauschprinzipien sei nicht abzuleiten, wie die einzelnen Variablen des Tauschprozesses bewertet werden würden, und hier müsse die soziologische im Unterschied zur psychologischen Erklärung ansetzen. Dieses Argument ist uns aus der Geschichte der Soziologie längst vertraut. Es war von Spencer gegen den Utilitarismus, von Durkheim gegen Tarde vorgebracht worden, schon Montesquieu hatte gegen die abstrakte Erklärung von Hobbes die Einsicht in konkrete soziale Zusammenhänge gestellt. Diese Kritik an dem Reduktionismus von Homans lag also nahe; ebenso deutlich ist aber auch, daß die wirkliche Kritik sich niemals in diesem abstrakten Argument erschöpfte, sondern erst durch die Erarbeitung einer Alternative, eines neuen Erklärungshorizonts überzeugend wurde: Das war die Leistung von Montesquieu, von Spencer und von Durkheim, mit der sie sich gegenüber ihren Widersachern durchsetzten. Um eine solche Alternative scheint es in der Gegenwart zu gehen, und Homans ist sicher nicht im Unrecht, wenn er hier die allgemeinste geistige Herausforderung sieht, vor der die Soziologie gegenwärtig steht.

Die Entwicklung der soziologischen Theorie scheint damit zurückzuverweisen auf ihren Beginn. Die Kritik an Theorien, die nichts – oder nur dem Scheine nach – erklären, erneuert die Kritik der Aufklärung an dogmatischen bzw. metaphysischen Positionen. Diese immanente Kritik durchläuft die ganze Geschichte der Soziologie, führt immer wieder zu einem Angriff auf Theorien, die unglaubwürdig geworden sind, sucht nach einer neuen Gewißheit, von der aus in die Zukunft weitergebaut werden kann. Theorien, die nur noch ideale Bedeutung haben, denen keine wirklich erklärende Kraft innewohnt, lassen das Reale, die *propres forces* des Menschen als freie, undefinierte Potenz hervortreten, und der Reduktionismus ist immer der erste Schritt, um das, was so hinter oder neben den Theorien als Realität erscheint, zu bestimmen. Diese Konstellation ist aus der Geschichte der Soziologie bekannt: Alt ist der Versuch, Theorien, denen keine wirklich erklärende Bedeutung zukommt, durch Idealisierung zu retten, alt ist aber auch die revolutionäre Reduktion von Theorien, die die *propres forces* des Menschen an den Himmel

---

68 Vgl. auch K. Popper, Logik der Sozialwissenschaften. Kölner Zeitschrift, 14, 1962, S. 237: «Die soziale Anthropologie oder Ethnologie ist zur allgemeinen Sozialwissenschaft geworden; und es scheint, daß sich die Soziologie mehr und mehr damit abfindet, ein Teil der sozialen Anthropologie zu sein.»

69 Vgl. auch W. G. Runciman, *Justice, Congruence and Professor Homans*. Eur. Arch. Soc., 8, 1967, S. 124, und A. Malewski, Zur Problematik der Reduktion. Stufen der Allgemeinheit in Theorien über menschliches Verhalten. In: Logik der Sozialwissenschaften, ed. Topitsch, 1965.

bzw. das Soziale verschleudern. Immer wieder werden alte Erklärungshorizonte ab- und neue aufgebaut, und die Entwicklung der amerikanischen Soziologie deutet darauf hin, daß durch die Kritik am Funktionalismus ein solcher Prozeß wieder in Gang gekommen ist.

Der Reduktionismus ist nicht zuletzt stets die Gegenbewegung auf jene Verkleinerung und Aufsplitterung der Fragestellungen, wie sie sich dort ergeben, wo alte Theorien die Wirklichkeit nicht mehr greifen. Auf einen solchen Rückzug aus dem Allgemeinen, wie er sich gerade auch in der außerordentlichen Fülle und Unübersehbarkeit des amerikanischen Materials zeigt, antwortet der Reduktionismus durch den Sprung in das ganz Allgemeine und Abstrakte. Er stellt den Versuch dar, den Menschen, der sich nicht mehr in den alten Theorien versteht und sich demzufolge ganz ins Konkrete und Empirische zu verlieren droht, wieder als allgemeines Wesen zu begreifen. Daß er in diesem seinem Streben einem wichtigen Bedürfnis der Gegenwart entspricht, daran scheint wenig Zweifel zu bestehen. Die Skepsis gegenüber den konkreten Ergebnissen der Forschung nimmt zu, die Frage nach der Relevanz der Soziologie als Wissenschaft stellt sich aufs neue in einer Zeit, in der das «Licht der großen Kulturprobleme» (Max Weber) weiterzieht. Und ganz allgemein erscheint das Konkrete und empirisch Feststellbare gesellschaftlicher Tatsachen immer mehr als eine Grenze, die zu überwinden ist, sowohl in der Realität als auch im Begriff der Wissenschaft. Es geht um einen allgemeinen Begriff des Menschen und seiner Gesellschaft, um einen Begriff, unter dem der Mensch sich jenseits aller partikulären Bedingungen selbst verstehen und rational mit sich umgehen kann. Ob die Psychologie zur Erarbeitung eines solchen Begriffs geeignet ist, mag nach den vorangegangenen Erfahrungen bezweifelt werden, daß aber unsere Gegenwart in ihrem Selbstverständnis und in ihrer Wirklichkeit über lokale und feststehende Verhältnisse hinausdrängt, daß es ihr um Definition des Allgemeinen geht, daran kann wenig Zweifel sein. Insofern, als die reduktionistische Kritik die Soziologie auf dieses Allgemeine hinweist, ist sie die Negation, durch die der Weg zu neuen Horizonten freigemacht wird.

EXKURS: SOZIOLOGIE IN ANDEREN LÄNDERN

In den meisten Ländern gibt es gegenwärtig wissenschaftliche Arbeiten, die man, vorausgesetzt, daß man sich nicht auf einen zu engen Begriff festlegt, als soziologisch bezeichnen kann. Der Versuch, einen Überblick über diese Arbeiten zu geben, kann hier nicht unternommen werden; er läge auch außerhalb unserer Thematik. Andererseits kann nicht übersehen werden, daß es neben den Hauptströmungen der theoretischen Entwicklung, deren Darstellung unser Ziel ist, Nebenströmungen gibt, die nicht gänzlich unerwähnt bleiben dürfen. Naturgemäß muß eine solche Übersicht über diese Nebenströmungen noch selektiver sein, als es unsere Darstellung ohnehin ist. Die Absicht, die wir in diesem Exkurs verfolgen, besteht also lediglich darin, Hinweise zu bringen, die unsere Darstellung der Entwicklung der Soziologie ergänzen sollen.

Das erste Land, an das dabei zu denken ist, sind die Niederlande. Die Entwicklung der Soziologie ist hier bestimmt von einer ausgesprochenen Neigung zum Empirismus und einer praktischen Integration und Professionalisierung der Soziologie, die hier wahrscheinlich stärker ausgeprägt sind als irgendwo anders.[1] Die Soziologie geht hier aus von der Sozialgeographie, die die «älteren ‹Verwandten› der Soziologie vor die Tür setzte»[2]. R. STEINMETZ (1862–1940) ist der Gründer der Amsterdamer Schule, in der Soziographie[3] als eine Mischung aus Sozialgeographie und deskriptiver Soziologie getrieben wurde. Die antitheoretische Neigung war ausgeprägt. Als Vergleich bietet sich die Schule von LE PLAY an. Ein Wandel ergab sich erst seit der Mitte der fünfziger Jahre, als ein vermehrtes theoretisches Interesse einsetzte, wenngleich die empirische Tradition und insbesondere die Konzentration auf spezifisch niederländische Problemstellungen bestehen blieben. Wie MATTHES (a. a. O., Einleitung, S. 13) bemerkt, hat eben diese Bindung an die Pro-

---

1 Vgl. S. HOFSTRA, Die gegenwärtige Situation der niederländischen Soziologie. In: Die gegenwärtige Situation der Soziologie, ed. Eisermann, 1967, S. 155 ff, 169 ff.

2 J. v. DOORN, Die niederländische Soziologie. Geschichte, Gestalt und Wirkung. In: Soziologie und Gesellschaft in den Niederlanden, ed. J. Matthes, 1965, S. 33.

3 R. STEINMETZ, Die Stellung der Soziologie in der Reihe der Geisteswissenschaften. ARSP 6, 1912/13, S. 493, definiert: «Sie kann füglich als die Beschreibung mit allen Mitteln von allen Verhältnissen und Zuständen eines Volkes zu einer bestimmten Zeit angedeutet werden. Sie hat also für die höheren Völker genau dieselbe Aufgabe zu erfüllen wie die Ethnographie für die sogenannten Naturvölker.»

bleme der niederländischen Gesellschaft Außenstehenden den Zugang zu dieser Soziologie erschwert. Zu denken ist hier vornehmlich an das Phänomen der Versäulung bzw. Entsäulung, d. h. der weltanschaulich gebundenen Blockbildung in der niederländischen Gesellschaft. Daneben haben aber auch Probleme der Schichtung und Mobilität ein größeres Interesse niederländischer Soziologen gefunden. Auch hier ist jedoch das Ziel in aller Regel nicht die Aufstellung allgemeiner theoretischer Hypothesen, sondern die Bewältigung bestimmter sozialer Probleme gewesen. Die Aussagekraft dieser Arbeiten ist insofern begrenzt. Trotzdem sollte nicht übersehen werden, daß es gerade auf dem Gebiet der Religionssoziologie und der sozialen Schichtung in den Niederlanden eine Reihe von interessanten Arbeiten gibt. An allgemeinen Darstellungen sind zu nennen: P. J. BOUMANN, *‹Sociologie, Begrippen en Problemen›* (1945), ein allgemeines Handbuch der Soziologie, und DERS., *‹Fundamentele sociologie›* (1966), dt.: Grundlagen der Soziologie (1968), R. VAN DIJK, *‹Mens en Medemens›* (1953), J. A. PONSIOEN, *‹Menselijke Samenleving›* (1953), und F. L. POLAK, *‹De Toekomst is verleden Tiijd›* (2 Bände, 1955). Größere Bekanntheit auch außerhalb der Niederlande hat J. HUIZINGA mit seinem *‹Homo ludens›* (1938) * erlangt.

Mehr theoretisch orientiert ist die Entwicklung in Schweden, wo die Schule von Uppsala einen starken Einfluß ausgeübt hat.[4] Probleme der theoretischen, insbesondere methodologischen Entwicklung haben hier einen verhältnismäßig großen Anteil an der soziologischen Diskussion. Wir nennen: T. SEGERSTEDT, *‹Social Control as a Sociological Concept›* (1948), G. CARLSSON, *‹Dimensions of Behavior›* (1949), H. ZETTERBERG, *‹On Theory and Verification in Sociology›* (1954), und DERS., *‹Social Theory and Social Practice›* (1962). SEGERSTEDT, *‹Acta sociologica›* (a. a. O., S. 107), charakterisiert: *«The main characteristic of Uppsala sociology is perhaps the emphasis on the fact that sociology is a theory, but a theory which can be verified.»* In diesem Sinne hat sich ZETTERBERG in seinem oben zitierten Buch (1954) im wesentlichen an den theoretischen Ansatz von R. K. MERTON angeschlossen.

Im Zentrum dieser Theorie stehen die sozialen Gruppen und ihr Verhalten. Die Verbindung zur Sozialpsychologie liegt hier verhältnismäßig nahe. Und als charakteristisch für diese Untersuchungen nennen

---

* dt.: JOHAN HUIZINGA, Homo ludens. Vom Ursprung der Kultur im Spiel. rde Bd. 21. (Anm. d. Red.)

4 Vgl. T. T. SEGERSTEDT, *The Uppsala School of Sociology.* Acta Sociologica, Vol. 1, und G. BOALT und G. CARLSSON, *Current Trends in Swedish Sociology.* Transactions of the Third World Congress of Sociology, 6, 1956.

wir BOALT und BERNER-ÖSTE, ‹*Grupper, medlemmar och ledare*› (1956). Daneben verweisen wir auf Gemeindestudien wie die von DAHLSTRÖM, ‹*Trivsel i Söderot*› (1951), und PFANNENSTILL, ‹*Sociologisk undersökning av Augustemborgomradet i Malmö*› (1953). Die Industriesoziologie weist ebenfalls eine Reihe von Untersuchungen auf. Wir nennen hier: WESTERLUND, ‹*Behavior in a Work Situation with Functional Supervision and with Group Leaders*› (1952), BOALT, ‹*Arbetsgruppen*› (1954), und SVANÄNY und LUNDQUIST, ‹*Människan i industrisamhället*› (2 Bände, 1951 und 1955).

Auch Österreich hat nach dem Kriege eine lebhafte Ausdehnung soziologischer Forschungen zu verzeichnen. LAZARSFELD begann hier in der Zeit zwischen den Weltkriegen seine soziologischen Arbeiten, die er in den USA fortsetzen sollte. Zusammen mit JAHODA und ZEISEL veröffentlichte er 1953 ‹Die Arbeitslosen von Marienthal›, eine empirische Untersuchung über eine kleine Industriegemeinde. Nach dem Kriege wurde dieser empirische Ansatz in zahlreichen Forschungen weitergeführt. Wir erwähnen hier nur das Werk von E. BODZENTA und L. ROSENMAYR, die eine ganze Reihe von Veröffentlichungen, namentlich auf dem Gebiet der Familien- und Religionssoziologie vorgelegt haben. L. ROSENMAYR veröffentlichte zusammen mit E. KÖCKEIS 1966 einen umfassenden Überblick mit Bibliographie unter dem Titel ‹*Sociology in Austria, History, Present Activities and Prospects*›.

Ein Beispiel für die Rezeption westlicher soziologischer Theorien bietet Japan.[5] Zu Beginn des 20. Jahrhunderts wurden hier die soziologischen Theorien von COMTE und SPENCER durch E. FENOLOSA und T. SHOICHI eingeführt. 1905 bis 1918 veröffentlichte TAKEBE TONJO eine vierbändige Abhandlung über die allgemeinen Grundlagen der Soziologie, in der er sich ebenfalls an COMTE anlehnte. Einen mehr psychologischen Ansatz wählte ENDŌ RYŪKICHI mit seiner Abhandlung über die moderne Soziologie von 1907. Nach dem Ersten Weltkrieg wurde der deutsche Einfluß vorherrschend. SIMMEL, VON WIESE und VIERKANDT werden jetzt rezipiert. Nach dem Zweiten Weltkrieg setzt sich auch hier der amerikanische Einfluß durch. Die Soziologie erscheint jetzt als eine amerikanische Wissenschaft, wie sie DAIDŌ YASUJIRŌ nennt, der zu Beginn der fünfziger Jahre eine Darstellung der modernen Soziologie veröffentlicht, an die sich eine Reihe ähnlicher Arbeiten anschließt, die den amerikanischen Einfluß widerspiegeln. Wir nennen hier: RYŌZŌ TAKEDA mit seiner Abhandlung über die Grundlagen der Soziologie von

---

5 Vgl. The Sociological Review Monograph Nr. 10, 1966: *Japanese Sociological Studies*, und STEINER und MORIOKA, *Present Trends in Japanese Sociology*. In: *Sociology and Social Research*. 1956.

1952, TOSHIO HAYASE und AKIO BABA (eds.), ‹*Gendai Amerika Shakaigaku*› (1954), und das sechsbändige Werk von KUNIO ODAKA über die gegenwärtige Soziologie. Neben diesen mehr theoretisch orientierten Werken wendet sich auch hier das Interesse immer mehr der empirischen Forschung zu. Als Beispiele verweisen wir auf die Schichtungsuntersuchung von KUNIO ODAKA und die familiensoziologische Abhandlung von TAKASHI KOYAMA, die sich beide in dem zitierten Monograph finden und deshalb auch demjenigen zugänglich sind, der das Japanische nicht beherrscht. Im Gegensatz zu den Forschungen in den Niederlanden und in Schweden, die je auf ihre Weise einen Beitrag zur Soziologie leisten, dessen Eigenständigkeit nicht zu übersehen ist, scheint sich der japanische Beitrag zur Soziologie gegenwärtig noch im wesentlichen auf die Rezeption von Methoden und Forschungsansätzen vornehmlich amerikanischer Herkunft zu beschränken.

Die Entwicklung der Soziologie in den Ostblockländern steht im Zeichen einer zunehmenden, wenn auch vorsichtigen und differenzierten Emanzipation vom Marxismus-Leninismus. G. KLAUS, einer der führenden Sprachtheoretikern der DDR, formuliert: «Wahre Aussagen, die nicht in unsere Theorien passen ... werden wir nur mit großem Widerstreben annehmen ... kybernetisch gesprochen, haben derartige wahre Aussagen den Charakter von Störungen» (Die Macht des Wortes. 1964, S. 129). Inwieweit diese ‹Störungen› zu einem Durchbruch der wissenschaftlichen Soziologie führen werden, ist schwer zu beurteilen. Ein Anpassungsprozeß ist ohne Zweifel im Gange, sein Ergebnis jedoch gegenwärtig weder in positiver noch in negativer Hinsicht deutlich.[6]

Es gibt eine Reihe von Plänen zur Entwicklung der Soziologie[7], aber solange der Soziologie keine Autonomie gegenüber Staat und Gesellschaft zugestanden wird, wie sie seit dem 18. Jahrhundert im Westen selbstverständlich ist, wird man schwerlich große Erwartungen hegen können. Die Gebundenheit an bestimmte Werte und Institutionen ist im einzelnen doch sehr deutlich. Die Revision einzelner theoretischer Voraussetzungen des Marxismus-Leninismus, wie etwa des Klassenbegriffs und der Auffassung von der prinzipiellen Standortgebundenheit wissenschaftlicher Erkenntnis, ist zwar unverkennbar; ebenso unverkennbar ist aber auch die Grenze, die diesen revisionistischen Bemühungen gezogen ist. *«The single and unified Marxist-Leninist world view»*, schrieb ILICHEV 1962 (zitiert bei G. FISCHER, ‹*Science and Politics*›. 1964, S. 5) *«is a source of strength for our sociology.»* FEDOSEEV bemerkt in seinem

---

6 Vgl. G. KISS, Gibt es eine ‹marxistische› Soziologie? 1966.

7 Vgl. P. CH. LUDZ, Soziologie und empirische Sozialforschung in der DDR. Kölner Zeitschrift, 26, 1964.

Aufsatz ‹*Sociology in the USSR*› (Transactions of the Fourth World Congress of Sociology, I, 1959, S. 177), daß die Sowjetunion nicht als ein Konglomerat von selbständigen Individuen und sozialen Gruppen, sondern als ein Ganzes zu verstehen sei, das durch «*specific social relations*» zusammengehalten werde. Der Gedanke der Emanzipation, einer gesellschaftlichen Eigengesetzlichkeit, einer sozialen Realität unabhängig vom politischen Willen des Staates ist hier fremd.

Der vielfach beachtete Revisionismus der Gegenwart steht insofern weit hinter dem Revisionismus zurück, der zu Beginn des 20. Jahrhunderts vornehmlich in Deutschland die marxistische Theorie in Frage stellte. Die eigentliche Chance scheint unter diesen Umständen der empirischen Sozialforschung als einer administrativen Hilfswissenschaft zuzufallen. In diesem Sinne einer polizeilich-politischen Unterrichtung des Herrschers über Meinungen und Lebensumstände der Untertanen ist die empirische Sozialforschung bekanntlich sehr alt[8] und praktisch in dem Maße unentbehrlich, in dem die Eigeninitiative der Handlungssubjekte ausgeschaltet wird. Je mehr sich die in Frage stehenden Gesellschaften materiell entwickeln und demzufolge ihre Verwaltung komplizierter wird, desto wichtiger werden hier die Techniken der empirischen Sozialforschung.

G. Fischer, ‹*Current Soviet Work in Sociology*›[9], berichtet über eine Reihe empirischer Forschungen, die gegenwärtig in der Sowjetunion unternommen werden.[10] Diese Arbeiten bewegen sich allerdings fast ausschließlich auf der Ebene der Deskription. Die Frage nach Kausalzusammenhängen wird aus einsichtigen Gründen offengelassen. Das Gesamtergebnis beurteilt Fischer negativ. Nicht nur in theoretischen Arbeiten, sondern auch bei den empirischen Forschungen bleibt die Grenze der Doktrin unüberspringbar. Einige Forschungstechniken werden zwar aus dem Westen rezipiert, es werden auch unter der Überschrift ‹Gegenwärtige bourgeoise Soziologie› soziologische Theorien aus dem Westen dargestellt, aber doch nur so weit, wie sie in den vorliegenden Rahmen passen. Zdravomyslov und Yadov (zitiert bei Fischer, 1964, a. a. O., S. 12) bezeichnen das Konzept von Theorien mittlerer Reichweite als «*clearly doomed to failure*», weil es nämlich die gesellschaftlichen Gesamtbedingungen ausklammere, deren Primat hier theoretisch und praktisch unge-

8 Vgl. etwa T. B. L. Webster, Von Mykene bis Homer. 1960, S. 29 ff.

9 G. Fischer, *Current Soviet Work in Sociology.* In: The American Sociologist, Mai 1966, S. 127–132.

10 Vgl. auch R. Ahlberg, Die Entwicklung der empirischen Sozialforschung in der Sowjetunion. 1964. Zur Entwicklung in der DDR vgl. den zitierten Aufsatz von Ludz. Wir verweisen hier auch auf die Arbeiten von Sandor Szalai in Ungarn, vgl. Kölner Zeitschrift, 18, 1966, S. 826.

brochen ist. Das Beispiel der Ostblockländer zeigt recht gut, wie sehr die Entwicklung der Soziologie als einer Wissenschaft faktisch verbunden ist mit der Emanzipation der Gesellschaft vom Staat und des einzelnen innerhalb der Gesellschaft. Die Entwicklung der polnischen Soziologie in der Nachkriegszeit, so bemerkt der Pole CHASALINSKI (Transactions, a. a. O., S. 146) «*should be included among the extreme clinical cases of the impact of social mythology on sociologists*».

SCHLUSS

Die Geschichte der Soziologie hat uns über einen langen Weg geführt, einen Weg, dessen Markierungen verschieden interpretiert werden können und der in sich verschlungen und oft gegenläufig ist. Die großen Theorien des 18. Jahrhunderts eröffnen den Horizont soziologischer Fragestellungen, gegen sie richtet sich die Kritik des 19. Jahrhunderts, dem dieser Horizont fragwürdig geworden ist, und auf die hier entwickelten Systeme antwortet das 20. Jahrhundert mit einer Wendung nach außen, weg von den Systemen. In dieser Wendung nach außen, zum Empirischen und Konkreten hin, in Routinisierung, Spezialisierung und Professionalisierung wird die Sicherheit gesucht, die früher in Theorien und Systemen gefunden worden war. Die Soziologie wird durch diese Institutionalisierung als Wissenschaft eine soziale Realität, deren Bedeutung allerdings – eben wegen ihrer Neuheit – noch schwer abzuschätzen ist. Die Geschichte der Soziologie scheint hier auf ein festes Gleis zu kommen, auf dem die weitere Entwicklung reibungsloser und ertragreicher als in der Vergangenheit verlaufen wird. Sehr wahrscheinlich wird die Verbetrieblichung der Wissenschaft unter anderen auch diese Konsequenzen haben; die Frage ist, ob sie die einzigen oder auch nur die entscheidenden sind.

Die Geschichte der Soziologie kann uns hier vielleicht die Chance einer etwas breiteren Interpretation eröffnen und die Faszination herabsetzen, mit der das Schlagwort der ‹Verwissenschaftlichung› die Augen des eilfertigen Betrachters zu blenden droht. Nicht erst in der Gegenwart, sondern schon im 18. Jahrhundert wird der Anspruch der Wissenschaftlichkeit dazu verwendet, die unbequeme Tiefe der Horizonte durch dogmatische Festsetzungen zu reduzieren, und schon damals ist deutlich, daß eine solche Eingrenzung die Gefahr der Verflachung in sich birgt. Nicht die Verwissenschaftlichung der Soziologie, sondern die Reife der Soziologie als Wissenschaft, das ist die Aufgabe, die unserer Zeit ebenso gestellt ist, wie sie schon dem 18. Jahrhundert gestellt war. Die Reife einer Wissenschaft aber hängt nicht ab von der Verwendung bestimmter Methoden, von ihrer Professionalisierung – die mit größter Unreife verbunden sein kann –, auch nicht von ihrem gesellschaftlichen Ansehen, sondern allein davon, ob sie sich in ihren Voraussetzungen, Fragestellungen und Methoden auf sich selbst bezieht, oder ob sie sich von äußeren Mächten abhängig macht. Wissenschaftliche Reife ist in diesem Sinne keine Frage der historischen Entwicklung, sondern eine Frage der inneren Autonomie der Wissenschaft gegenüber ihrer Zeit. Hier, in dieser Autonomie, die den einzelnen Forscher verpflichtet, liegt die Kraft, die die Wissenschaft weiter vorantreibt. Dies zeigt nicht zuletzt die Geschichte der Soziologie, die nicht das wäre, was sie ist, hätte es keinen Montesquieu, keinen Durkheim, keinen Max Weber gegeben.

Die Soziologie entsteht in dem Augenblick, in dem sie einen Begriff vom Menschen und seiner Gesellschaft erarbeitet, der unabhängig ist von anderen, politischen, theologischen oder moralischen, Begriffen. Sie ist in diesem Sinne eine autonome Wissenschaft und bleibt eine autonome Wissenschaft so lange, als sie sich nicht dazu verleiten läßt, Begriffe, die aus anderen Systemen stammen, als ihre eigenen zu übernehmen. In ihrem Zentrum steht insofern immer nur sie selbst, stehen ihre eigenen Fragestellungen und Probleme. Die Geschichte der Soziologie kann als das Bemühen verstanden werden, dieses Zentrum intakt zu halten, es leistungsfähig und in sich klar zu machen. Wissenschaftliche Reife zeigt sich hier, und die Spezialisierung und Professionalisierung der Soziologie in der Gegenwart werden schließlich von hier her beurteilt werden müssen. Institutionalisierung und Professionalisierung, Routinisierung und Spezialisierung dürfen nicht den Anschein erwekken, als ob es sich in Zukunft nur noch darum handle, technische Probleme unter empirisch gegebenen Begrenzungen zu lösen. Aus der Dispersion dieser Probleme kann der Zerfall der Fragestellung, aus der Unübersehbarkeit des Gegenstandes die innere Unklarheit der Wissenschaft, aus der Routine der Forschung die Gleichgültigkeit der Sache werden. Heute wie vor 200 Jahren geht es schließlich um die innere Klarheit und Entwickelbarkeit eines bestimmten wissenschaftlichen Ansatzes. Der heuristische Wert einer Geschichte der Soziologie liegt nicht zuletzt darin, daß sie uns dieses mühevolle Streben immer wieder am Beispiel der Forschung vorführt, die die Fragen, die der Soziologie gestellt sind, unter wechselnden gesellschaftlichen und kulturellen Bedingungen immer wieder in den Griff zu bekommen versucht.

Die Geschichte der Soziologie zeigt, daß dieser Weg der Forschung immer zweierlei voraussetzt: einmal Klarheit darüber, daß Vorstellungen etwas anderes sind als Motive bzw. Sachverhalte, daß also die Fragestellung grundsätzlich empirisch orientiert sein muß; zum anderen die Einsicht, daß sich keine Fragestellung ‹objektiv›, durch eine sogenannte Natur der Sache legitimiert, sondern nur durch ihre Brauchbarkeit und Entwickelbarkeit in einer bestimmten Hinsicht, durch ihre Relevanz in einem bestimmten sozio-kulturellen Zusammenhang. Soziologie als lebendige Wissenschaft ist kein Gebäude von Lehrsätzen, sondern ein Prozeß, in dem Wissen gewonnen und verarbeitet wird. Die Wirklichkeit, die uns begegnet, können wir in verschiedenen Sprachen beschreiben, und von der Wissenschaft, die uns diese Wirklichkeit in einer möglichst klaren und intersubjektiv überprüfbaren Weise beschreibt, können wir verschiedene Dinge erwarten. Es wird immer Zeitströmungen geben, die das Schwergewicht einmal auf die eine, einmal auf die andere Seite legen, aber wichtiger als diese oder jene Tendenz ist, daß der Prozeß der Forschung als solcher offen und entwickelbar bleibt und nicht zu einer institutionalisierten Dogmatik von Axiomen und Methoden degeneriert, die in der Wissenschaft von der Gesellschaft eben den Prozeß des Wandels unterbinden würde, dem die Gesellschaft selbst in unübersehbarer Weise unterliegt. Nur durch ihre Offenheit gegenüber neuen Fragestellungen und Ideen kann die Wissenschaft in einer Zeit stürmischer Veränderungen ihren Erkenntnisanspruch legitimieren; und insofern gehört zu ihr immer das Wissen um ihre eigene Geschichtlichkeit. Schon oft ist das Ende der Geschichte der Soziologie und der Beginn der eigentlichen Soziologie verkündet worden in dem Sinne, daß jetzt die Wahrheit über den Menschen und seine Gesellschaft gefunden worden sei; und immer wieder hat sich gezeigt, daß Distanz gegenüber diesen Ansprüchen am Platze ist. Die Geschichte der Soziologie hört nicht auf, wenn das jeweils letzte Kapitel zu Ende geschrieben ist. Nur ihrem äußeren, dogmatischen Gehalt nach gehört diese Geschichte der Vergangenheit an: als begriffene Geschichte ist sie die Quelle der Erneuerung und Lebendigkeit, ohne die die Wissenschaft nur ein kraftloser und irrelevanter Schatten ihrer selbst wäre.

ANHANG

TEXTE

I. GEORGES SOREL

Aus: Über die Gewalt [Réflexions sur la Violence], nach der sechsten französischen Auflage ins Deutsche übertragen von Dr. Ludwig Oppenheimer, Wien 1928.

Drittes Kapitel

Die Vorurteile gegen die Gewalt

IV

Das Studium des Generalstreiks führt uns zum besseren Verständnis einer Unterscheidung, die man stets im Geiste gegenwärtig haben muß, wenn man über die sozialen Fragen der Gegenwart nachdenkt. Bald nämlich gebraucht man die Ausdrücke *Macht* (*force*) und *Gewalt* (*violence*), um Handlungen der Autorität, bald um Handlungen der Empörung zu bezeichnen. Es ist klar, daß die beiden Fälle zu höchst verschiedenartigen Folgen Anlaß geben. Ich bin daher der Ansicht, daß es höchst vorteilhaft sein würde, eine Terminologie anzuwenden, die zu keinerlei Zweideutigkeit Anlaß geben könnte, und daß man den Ausdruck ‹Gewalt› der zweiten Bedeutung vorbehalten müßte; wir würden also sagen, daß es Ziel der Macht sei, die Organisation einer bestimmten sozialen Ordnung aufzurichten, in der eine Minderheit regiert: während die Gewalt auf die Zerstörung eben dieser Ordnung hinzuwirken strebt. Das Bürgertum hat seit Beginn der Neuzeit die Macht angewendet, während heute das Proletariat gegen sie und gegen den Staat auf dem Wege der Gewalt reagiert.

Seit langer Zeit war ich überzeugt, daß es sehr wichtig sein würde, die Theorie der sozialen Kräfte zu vertiefen, die man in ziemlich weitem Maße mit den Kräften der Dynamik vergleichen kann, die auf die Materie einwirken; jedoch hatte ich den Hauptunterschied, der hier in Frage steht, nicht wahrnehmen können, ehe ich über den Generalstreik nachgedacht hatte. Es scheint mir übrigens nicht, daß Marx jemals andere soziale Kampfmittel geprüft hätte als die Macht. In den ‹*Saggi di critica del marxismo*› hatte ich vor einigen Jahren versucht, die Marxschen Sätze über die Anpassung des Menschen an die Bedingungen des Kapitalismus zusammenzufassen, und hatte diese Sätze auf den Seiten 38–40 in folgender Weise dargestellt:

«1. Es gibt ein in gewisser Weise mechanisches System, in dem der Mensch wahren *Naturgesetzen* unterworfen erscheint; die klassischen Ökonomen stellen diesen Automatismus, der das letzte Erzeugnis der kapitalistischen Ordnung ist, an den Anfang. ‹Im Fortgang der kapitalistischen Produktion entwickelt sich›, wie Marx sagt [1], ‹eine Arbeiterklasse, die aus Erziehung, Tradition, Gewohnheit die Anforderungen jener Produktionsweise als selbstverständliche

1 ‹Das Kapital›. Volksausgabe, 2. Aufl., 1919, S. 667.

Naturgesetze anerkennt›, ebenso bereitwillig wie den Wandel der Jahreszeiten. Das Eingreifen eines intelligenten Willens in jenen Zwang würde als Ausnahme erscheinen.

2. Es gibt eine Ordnung des Wetteifers und des großen Wettkampfes, die die Menschen dazu fortreißt, herkömmliche Hindernisse aus dem Wege zu räumen, beständig Neues zu suchen, und sich Lebensbedingungen auszudenken, die ihnen als besser erscheinen. In dieser revolutionären Aufgabe ragte nach MARX das Bürgertum hervor.

3. Es gibt die Ordnung der Gewalt, die in der Geschichte eine sehr bedeutsame Rolle spielt und sich in mehrere verschiedene Formen kleidet.

a) Auf der untersten Stufe haben wir eine verstreute Gewaltsamkeit, die dem Kampf ums Dasein (*concurrence vitale*) ähnelt, die durch Vermittlung der ökonomischen Verhältnisse handelt und eine langsame, aber gewisse Expropriation bewirkt; eine derartige Gewalt tritt besonders mit Hilfe von Steuerordnungen zutage [2].

b) Darauf folgt die konzentrierte und organisierte Macht des Staates, der unmittelbar auf die Arbeit wirkt, um den Arbeitslohn zu ‹regulieren›, das heißt innerhalb der Plusmacherei zusagende Schranken zu zwängen, um den Arbeitstag zu verlängern und den Arbeiter selbst in normalem Abhängigkeitsgrad zu erhalten. Es ist dies ein wesentliches Moment der sogenannten ursprünglichen Akkumulation [3].

c) Wir haben endlich die Gewalt im eigentlichen Sinne, die in der Geschichte der ursprünglichen Akkumulation einen so großen Raum einnimmt und den hauptsächlichen Gegenstand der Geschichte bildet.»

Einige ergänzende Bemerkungen werden an dieser Stelle nicht unnütz sein.

Zu allererst muß man bedenken, daß diese verschiedenen Momente nach einer logischen Reihe angeordnet sind, indem man von Zuständen ausgeht, die am meisten an einen Organismus erinnern und in denen kein unterscheidbarer Wille zum Vorschein kommt, um sich zu Zuständen hinzubewegen, wo Willensträger ihre durchdachten Pläne ans Licht bringen; jedoch ist die historische Reihenfolge gerade das Gegenteil der genannten.

Zu Beginn der kapitalistischen Akkumulation finden wir nämlich ganz deutlich unterschiedene historische Tatsachen, die jede zu ihrer Zeit auftreten, mit ihren eigentümlichen Kennzeichen und unter Bedingungen, die genügend hervortreten, um in den Chroniken zur Niederschrift zu gelangen. Derart begegnet man der Expropriation der Bauern und der Aufhebung der früheren Gesetzgebung, die «die Hörigkeit und die industrielle Hierarchie» begründet hatte. MARX fügt hinzu: «Die Geschichte dieser Expropriation beruht nicht auf bloßen

---

2 MARX macht darauf aufmerksam, daß in Holland die Steuer in Anwendung eines Regierungsgrundsatzes dazu verwendet wurde, die Güter höchster Lebensnotwendigkeit künstlich zu verteuern. Dies System übte einen zerstörenden Einfluß auf die Arbeiterklasse aus und richtete die Bauern, die Handwerker und die übrigen Elemente der Mittelklasse zugrunde; jedoch sicherte es eine vollkommene Unterwerfung der Arbeiter unter die Herren der Manufakturen. (‹Kapital›, a. a. O., S. 684–685)

3 ‹Kapital›, a. a. O., S. 667–668.

Mutmaßungen. Sie ist die Geschichte der Menschheit eingeschrieben mit unverlöschlichen Zügen von Blut und Feuer [4].»

Weiterhin zeigt MARX, wie die Morgenröte der Neuzeit durch die Eroberung Amerikas, die Negersklaverei und die Kolonialkriege bezeichnet wurde. «Die verschiedenen Momente der ursprünglichen Akkumulation verteilen sich nun, mehr oder minder in zeitlicher Reihenfolge, namentlich auf Spanien, Portugal, Holland, Frankreich und England. In England werden sie Ende des 17. Jahrhunderts systematisch zusammengefaßt im Kolonialsystem, Staatsschuldensystem, modernen Steuersystem und Protektionssystem. Diese Methoden beruhen zum Teil auf brutalster Gewalt, zum Beispiel das Kolonialsystem. Alle aber benutzen die Staatsmacht, die konzentrierte und organisierte Gewalt der Gesellschaft, um den Verwandlungsprozeß der feudalen in die kapitalistische Produktionsweise treibhausmäßig zu fördern und die Übergänge abzukürzen.» Bei dieser Gelegenheit vergleicht er die Macht mit einer Geburtshelferin und sagt, daß sie die soziale Bewegung verstärke [5].

So sehen wir ökonomische Kräfte sich in engster Weise mit der politischen Kraft vermischen und endlich den Kapitalismus sich bis zu einer Stufe vervollkommnen, wo er einer direkten Anrufung der öffentlichen Macht, abgesehen von ganz außergewöhnlichen Fällen, nicht mehr bedarf. «Für den gewöhnlichen Gang der Dinge kann der Arbeiter den ‹Naturgesetzen der Produktion› überlassen bleiben, das heißt seiner aus den Produktionsbedingungen selbst entspringenden, durch sie garantierten und verewigten Abhängigkeit vom Kapital [6].»

Sobald man dann zu dem letzten historischen Termin gelangt ist, verschwindet die Handlung unterschiedener Willensträger, und die Gesamtheit der Gesellschaft ähnelt nun einem organisierten Körper, der ganz von allein funktioniert; die Beobachter können dann eine ökonomische Wissenschaft begründen, die ihnen als ebenso exakt erscheint wie die Wissenschaften von der physischen Natur. Der Irrtum vieler Ökonomen hat nur darin bestanden, daß sie nicht sahen, daß dieses System, welches ihnen als natürlich oder ursprünglich erschien [7], sich erst aus einer Reihe von Umwandlungen ergibt, die nicht hätten einzutreten brauchen und deren Verknüpfung immer höchst unsicher bleibt:

---

4 ‹Kapital›, a. a. O., S. 646 f.

5 ‹Kapital›, a. a. O., S. 680. – Der deutsche Text lautet, daß die Macht eine «ökonomische Potenz» sei. (‹Kapital›, S. 680) Der französische Text nennt sie einen *«agent économique»*. FOURIER nennt die geometrischen Reihen «potentiell». (*Nouveau monde industriel et sociétaire*, S. 376.) MARX hat das Wort ‹Potenz› augenscheinlich im Sinne von Verstärkung gebraucht; Vergl. im ‹Kapital›, S. 350, den Ausdruck «potenzierte Arbeit» für Arbeit von vervielfachter Produktivität.

6 A. a. O., S. 667.

7 ‹Natürlich› im MARXschen Sinne ist das, was einer physischen Bewegung ähnelt, was sich der Schöpfung eines intelligenten Willens entgegenstellt; – für die Deisten des 18. Jahrhunderts war ‹natürlich› das, was von Gott geschaffen worden und gleichzeitig ursprünglich und vortrefflich war; derart ist noch heute, wie mir scheint, der Gesichtspunkt von G. DE MOLINARI.

denn es könnte ja durch Anwendung von Macht ebenso zerstört werden, wie es durch deren Eingreifen geschaffen worden ist; – übrigens ist ja auch die ökonomische Literatur der Gegenwart voll von Klagen über die Eingriffe des Staates, die die ‹Naturgesetze› stören.

Heutzutage sind die Ökonomen nicht eben geneigt, anzunehmen, daß die Achtung vor diesen ‹Naturgesetzen› sich auf die der Natur geschuldete Achtung gründe: sie sehen nämlich sehr wohl, daß man erst spät zum kapitalistischen System gelangt ist; jedoch meinen sie, daß dies durch einen Fortschritt erreicht worden sei, der die Seele aller Menschen in Entzücken versetzen müßte. Dieser Fortschritt äußert sich in der Tat in drei bemerkenswerten Tatsachen: es ist möglich geworden, eine ökonomische Wissenschaft zu begründen; das Recht kann seine einfachsten, sichersten und schönsten Formen erreichen, da ja das Recht der Schuldverhältnisse jeden fortgeschrittenen Kapitalismus beherrscht; und die Launen des Herren des Staates liegen schließlich nicht mehr so sehr zutage: – also könnte man der Freiheit zuschreiten. Jede Rückkehr zum Vergangenen erscheint jenen als ein Anschlag gegen die Wissenschaft, das Recht und die Menschenwürde.

Der Sozialismus dagegen sieht in dieser Entwicklung lediglich eine Geschichte der bürgerlichen Macht und sieht da nur Abwandlungen, wo die Ökonomisten Verschiedenartigkeiten zu entdecken glauben: denn ob die Macht sich unter dem Gesichtspunkte historischer Handlungen des Zwanges oder steuerlicher Bedrückung, ob sie sich als Eroberung oder als Arbeitsgesetzgebung darstelle, oder ob sie endlich gänzlich in der Wirtschaft verhüllt wirke: stets handelt es sich um die bürgerliche Macht, die mit mehr oder minder Geschick daran arbeitet, die kapitalistische Ordnung hervorzubringen.

Marx hat es sich angelegen sein lassen, die Erscheinungen dieser Entwicklung mit übergroßer Genauigkeit zu schildern; jedoch ist er sehr zurückhaltend mit Einzelheiten über die Organisation des Proletariats. Diese Lücke seines Werkes ist oftmals erklärt worden; er fand nämlich in England hinsichtlich der Geschichte des Kapitalismus eine ungeheure Masse von Material, das bereits ziemlich gut geordnet und bereits ökonomischen Erörterungen unterworfen worden war. Er konnte daher die verschiedenen Besonderheiten der bürgerlichen Entwicklung vertiefen; aber er besaß nur wenige Elemente für eine Betrachtung über die Organisation des Proletariats; er mußte sich also damit begnügen, seine Idee über den Weg, den jenes zu durchlaufen hätte, um zur Stunde des Revolutionskampfes zu gelangen, in sehr abstrakten Formeln zu entwickeln. Diese Unzulänglichkeit des Marxschen Werkes hatte dann zu Folge, daß der Marxismus von seinem wahren Wesen abirrte.

Die Leute, die ihren Stolz in die Orthodoxie ihres Marxismus setzten, haben dem, was ihr Meister geschrieben hatte, nichts Wesentliches hinzufügen wollen, und haben gemeint, daß sie, um sich über das Proletariat auszulassen, nur das nutzbar zu machen brauchten, was sie aus der Geschichte des Bürgertums gelernt hätten. Sie haben also nicht geargwöhnt, daß es zwischen der *Macht*, die sich auf die Autorität hinbewegt und einen automatischen Gehorsam zu verwirklichen sucht, und der *Gewalt*, die diese Autorität brechen will, einen Unterschied geben könne. Wenn man ihnen folgte, müßte das Proletariat ganz ebenso die Macht erringen, wie das Bürgertum sie errungen hat, sie so gebrauchen, wie jenes sie gebraucht hat und bei einem sozialistischen Staate enden, der den bürgerlichen Staat ersetzt.

Da der Staat ehemals eine Rolle höchster Bedeutung in den Revolutionen gespielt hat, die die alte Wirtschaft zugrunde richteten, soll nun wiederum der Staat den Kapitalismus zugrunde richten. Die Arbeiter sollen also alles einem einzigen Ziele opfern: Menschen an die Macht zu bringen, die feierlich versprechen, den Kapitalismus zum Nutzen des Volkes zu vernichten; derart bildet sich dann eine parlamentarische sozialistische Partei. Ehemalige sozialistische Kämpfer, die man mit bescheidenen Anstellungen ausstattet, oberflächliche und nach Aufregung lüsterne gebildete Bürger und Börsenspekulanten reden sich dann ein, daß im Gefolge einer besonnenen, höchst besonnenen Revolution, die das überkommene Staatsgefüge nicht ernsthaft antasten würde, für sie ein goldenes Zeitalter anbrechen könnte. Diese künftigen Herren der Welt träumen ganz natürlicherweise davon, die Geschichte der bürgerlichen Macht zu erneuern, und schließen sich zusammen, um dadurch aus dieser Revolution den größtmöglichen Gewinn ziehen zu können. Ein beträchtlicher Teil ihrer Anhängerschaft könnte dann in der neuen Hierarchie seine Stelle einnehmen, und das, was PAUL LEROY-BEAULIEU als den ‹Vierten Stand› bezeichnet, würde in Wahrheit ein ‹niederes Bürgertum› werden [8].

Die gesamte Zukunft der Demokratie vermöchte sehr wohl von diesem ‹Nieder-Bürgertum› abzuhängen, das die Macht der wahrhaft proletarischen Organisationen zum Besten seines größtmöglichen persönlichen Vorteils nutzbar zu machen hofft [9]. Die Politiker glauben nämlich, daß es stets friedliche Bestrebungen hegen würde, daß es sich für eine straffe Disziplinierung eigne, und daß, wenn die Führer so braver Verbände die Wirksamkeit des Staates ebenso auffaßten wie sie selbst, diese Klasse eine vortreffliche Anhängerschaft bilden werde. Sie hätten gerne, daß jene Klasse ihnen zur Beherrschung des Proletariats dienen möchte: aus diesem Grunde sind FERDINAND BUISSON und JAURÈS Anhänger der Gewerkschaften der kleinen Beamten, welche mit ihrem Eintritt in die Arbeitsbörsen dem Proletariat die Idee einflößen sollten, ihre eigene matte Friedenshaltung nachzuahmen.

Der politische Generalstreik drängt diese ganze Auffassung in einem leicht

---

8 In einem Artikel des ‹Radical› (vom. 2. Jänner 1906) legt FERDINAND BUISSON dar, daß die gegenwärtig in der günstigsten Lage befindlichen Arbeitergruppen sich noch weiter über die anderen erheben würden: die Arbeiter der Bergwerke, der Eisenbahn, der Staatswerkstätten oder der Gemeindebetriebe, die gut organisiert sind, bilden eine ‹Arbeiteraristokratie›, die um so leichter Erfolg hat, als sie sich mit solchen Gesamtheiten auseinanderzusetzen hat, die «berufsmäßig die Menschenrechte, die Souveränität der Nationen und die Autorität des allgemeinen Wahlrechts anerkennen». Auf dem Grunde dieses Gewäsches findet man ganz einfach die Anerkennung von Beziehungen, die zwischen unterwürfigen Schutzbefohlenen und Politikern bestehen.

9 «Ein Teil der Nation *gesellt sich dem Proletariate zu,* um Rechte zu fordern» sagt MAXIME LEROY in einem Buche, das der Verteidigung der Beamtengewerkschaften gewidmet ist. (‹*Les transformations de la puissance publique*›, S. 216)

verständlichen Bilde zusammen; er zeigt uns, wie der Staat nichts von seiner Macht einbüßen würde, wie der Übergang sich von Bevorrechtigten zu anderen Bevorrechtigten vollziehen würde: wie derart das Volk der Produzenten am Ende nur seine Herren wechseln würde. Und diese neuen Herren würden sehr wahrscheinlich minder geschickt sein als die von heute; sie würden zwar schönere Reden halten als die Kapitalisten; indessen spricht alles für die Vermutung, daß sie viel härter und schamloser sein würden als ihre Vorgänger.

Die ‹neue Schule› urteilt ganz anders; sie kann die Idee, daß die geschichtliche Sendung des Proletariats in der Nachahmung des Bürgertums bestehe, nicht gelten lassen; sie kann sich nicht denken, daß eine so höchst außerordentliche Revolution, wie die, die den Kapitalismus zugrunde richten sollte, um eines winzigen und zweifelhaften Ergebnisses willen unternommen werden könnte: um nämlich nur einen Wechsel der Herren und eine Befriedigung für Ideologen, Politiker und Spekulanten, für sämtliche Anbeter und Ausbeuter des Staates, zu erreichen. Sie will es bei den Marxschen Formeln nicht bewenden lassen: wenn dieser keine andere Theorie als die der bürgerlichen Macht aufgestellt hat, so ist das in ihren Augen kein Grund, um sich strenge an die Nachahmung der bürgerlichen Macht zu halten.

Im Verlauf seiner revolutionären Lebensbahn ist Marx nicht allzeit wohlberaten gewesen, und allzuoft ist er Eingebungen gefolgt, die der Vergangenheit angehören; in seinen Schriften ist es ihm sogar geschehen, eine ganze Menge von den Utopisten herrührenden Trödelkram aufzunehmen. Die ‹neue Schule› glaubt keineswegs, daß sie gehalten sei, die Einbildungen, Fehler und Irrtümer desjenigen zu bewundern, der so viel für die Herausarbeitung der revolutionären Ideen geleistet hat; sie ist bemüht, zwischen dem, was Marx' Werk verunziert, und dem, was seinen Namen unsterblich machen muß, eine Trennung herzustellen; sie tut also gerade das Entgegengesetzte wie die offiziellen Sozialisten, die in Marx insbesondere gerade das bewundern möchten, was nicht marxisch ist. Wir werden also den zahlreichen Textstellen, die man uns entgegenhalten kann, um uns zu zeigen, daß Marx die Geschichte oftmals ebenso wie die Politiker aufgefaßt hat, keinerlei Bedeutung beilegen.

Wir kennen nunmehr den Grund für seine Haltung: der uns heute so klar erscheinende Unterschied zwischen der bürgerlichen Macht und der proletarischen Gewalt war ihm nicht bekannt, weil er nicht in Umgebungen gelebt hat, die eine befriedigende Auffassung vom Generalstreik erreicht hatten [10]. Heutzutage dagegen stehen uns genügend Elemente zur Verfügung, um den syndikalistischen Generalstreik ebenso gut zu verstehen wie den politischen. Wir wissen, worin die proletarische Bewegung von den früheren bürgerlichen Bewegungen abweicht, und finden in der Haltung der Revolutionäre dem Staate gegenüber ein Mittel, Begriffe zu unterscheiden, die in Marx' Geist sich noch recht sehr miteinander vermengten.

---

10 Die Unzulänglichkeiten und Irrtümer, die sich in Marx' Werk bei allen mit der revolutionären Organisation zusammenhängenden Fragen finden, können als denkwürdige Erläuterungen jenes Gesetzes aufgewiesen werden, das es uns unmöglich macht, etwas anderes zu denken, als was im Leben reale Grundlagen besitzt. Verwechseln wir nicht das *Denken* mit der *Einbildung*!

Die Methode, die uns dazu gedient hat, den zwischen der bürgerlichen Macht und der proletarischen Gewalt bestehenden Unterschied zu bezeichnen, kann uns überdies noch dazu dienen, viele Fragen zu lösen, die sich bei Untersuchungen über die Organisation des Proletariats stellen. Wenn wir nämlich die Organisationsversuche des syndikalistischen mit denen des politischen Streiks vergleichen, vermögen wir von hier aus oftmals zu beurteilen, was gut und was schlecht ist, was eigentümlich sozialistisch ist, und was bürgerliche Tendenzen hat.

Die Volkserziehung zum Beispiel scheint gänzlich in bürgerlichem Geist geleitet zu werden; durch die ganze Geschichte des Kapitalismus geht das Bestreben, die Massen so weit zu bringen, daß sie sich durch die Bedingungen der kapitalistischen Wirtschaft regieren ließen: damit die Gesellschaft dadurch ein Organismus werden könne; – das *revolutionäre* Bestreben tendiert auf die Schaffung von *freien* Menschen; die demokratischen Regierungen dagegen setzen es sich zur Aufgabe, die *moralische Einheit* Frankreichs zu verwirklichen. Und diese moralische Einheit ist eben die automatische Disziplin der Produzenten, die glücklich sein sollten, für die Ehre ihrer geistigen Führer zu arbeiten.

Man darf weiterhin sagen, daß die größte Gefahr, die den Syndikalismus bedroht, in jeglichem Versuche bestünde, die Demokratie nachzuahmen; für ihn ist es besser, sich eine Zeitlang mit schwachen und chaotischen Organisationen zu begnügen, als unter die Herrschaft von Verbänden zu geraten, die politische Formen des Bürgertums nachahmen würden.

Die revolutionären Syndikalisten haben sich hierüber auch niemals Täuschungen hingegeben: da eben diejenigen, die sie auf der bürgerähnlichen Bahn fortführen möchten, Gegner des syndikalistischen Generalstreiks sind und sich derart selbst als Feinde verraten haben.

Anhang II

Apologie der Gewalt

Die Männer, die revolutionäre Worte an das Volk richten, sind gehalten, sich einer strengen Verpflichtung zur Aufrichtigkeit zu unterwerfen: weil nämlich die Arbeiter diese Worte in dem genauen Sinne verstehen, den ihnen die Sprache verleiht, und sich keiner symbolischen Ausdeutung hingeben. Als ich mich im Jahre 1905 unterfing, in etwas vertiefter Weise über die proletarische Gewalt zu schreiben, war ich mir vollkommen der schweren Verantwortlichkeit meines Versuches bewußt: die historische Bedeutung von Handlungen, die unsere parlamentarischen Sozialisten mit so viel Kunst zu verbergen bemüht sind, aufzuzeigen. Heute stehe ich nicht an, zu erklären, daß der Sozialismus ohne eine Apologie der Gewalt nicht bestehen kann.

In den Streiks bekräftigt das Proletariat sein Dasein. Ich kann mich nicht dazu verstehen, die Streiks als etwas Ähnliches anzusehen, wie einen zeitweiligen Abbruch der Handelsbeziehungen zwischen einem Krämer und dessen Backpflaumenlieferanten aus Anlaß einer Preisdifferenz. Der Streik ist eine Erscheinung des *Krieges*; und wer sagt, daß die Gewalt ein Zwischenfall sei, der bestimmt sei, aus den Streiks zu verschwinden, macht sich mithin einer schweren Lüge schuldig.

Die soziale Revolution ist eine Erweiterung jenes Krieges, in dem jeder große Streik eine Episode darstellt; darum eben sprechen die Syndikalisten von dieser Revolution in der Sprache der Streiks; der Sozialismus beschränkt sich für sie auf die Idee, Erwartung und Vorbereitung des Generalstreiks, der, verwandt der napoleonischen Schlacht, eine ganze zum Untergang verurteilte Ordnung beseitigen würde.

Ein solcher Gedanke läßt keine jener spitzfindigen Auslegungen zu, in denen JAURÈS glänzt. Es handelt sich hier um einen Umsturz, in dessen Verlaufe Arbeitgeber und Staat durch die organisierten Produzenten an die Luft gesetzt werden würden. Unsere Intellektuellen, die von der Demokratie die ersten Stellungen zu erlangen hoffen, würden zu ihrer Literatur zurückgeschickt werden; die parlamentarischen Sozialisten, die in der durch das Bürgertum geschaffenen Organisation die Mittel zu einer gewissen Beteiligung an der Macht finden, würden überflüssig werden.

Der zwischen den gewaltsamen Streiks und dem Krieg aufgestellte Vergleich führt zu fruchtbaren Folgerungen. Niemand zweifelt heut mehr daran (mit Ausnahme von D'ESTOURNELLES DE CONSTANT), daß der Krieg den Republiken des Altertums die Ideen verliehen hat, die die Zierde unserer modernen Kultur bilden. Der soziale Krieg, auf den sich das Proletariat in den Gewerkschaften unablässig vorbereitet, vermag die Elemente einer neuen Zivilisation zu erzeugen, wie sie für ein Volk von Produzenten angemessen ist. Ich weise meine jungen Freunde unablässig auf die Probleme hin, die der Sozialismus unter dem Gesichtspunkt einer Zivilisation von Produzenten aufweist; ich stelle fest, daß nach diesem Plane heute bereits eine Philosophie herausgearbeitet wird, von der man vor einigen Jahren noch kaum eine Ahnung hatte: und diese Philosophie ist eng verknüpft mit der Apologie der Gewalt.

Ich habe für den «schöpferischen Haß» niemals die Bewunderung empfunden, die JAURÈS bekundet hat; ich verspüre für die Auftraggeber der Guillotine keineswegs dieselbe Nachsicht wie er; ich verabscheue jede Maßregel, die die Besiegten unter juristischen Verkleidungen abstraft. Die Kriegführung bei hellem Tage dagegen, ohne jede heuchlerische Abschwächung und mit dem Ziele der Vernichtung eines unversöhnlichen Feindes, schließt alle die Greuel aus, die die bürgerliche Revolution des 18. Jahrhunderts entehrt haben. Die Apologie der Gewalt ist hier besonders leicht.

Es wäre ziemlich zwecklos, den Armen zu erklären, daß sie sehr unrecht daran täten, Gefühle der Mißgunst und der Rache gegen ihre Herren zu empfinden; diese Gefühle sind nur allzu beherrschend, als daß sie durch Ermahnungen unterdrückt werden könnten; auf ihrer Allgemeinheit beruht ja gerade die Macht der Demokratie. Der soziale Krieg dagegen vermag durch seinen Appell an das Ehrgefühl, das sich so natürlich in jeder organisierten Armee entfaltet, die niedrigen Gesinnungen auszuschalten, gegen welche die Moral ohnmächtig geblieben wäre. Und wenn dieser Grund der einzige sein würde, auf Grund dessen dem revolutionären Syndikalismus ein hoher zivilisatorischer Wert beizulegen wäre, so würde er, wie mir scheint, für sich allein durchaus zugunsten der Verteidiger der Gewalt entscheiden.

Die durch die Praxis der gewaltsamen Streiks erzeugte Idee des Generalstreiks schließt den Gedanken einer unabänderlichen Umwälzung in sich. Darin liegt etwas Erschreckendes – etwas, was um so erschreckender in Erscheinung treten wird, einen je größeren Raum die Gewalt im Denken der Proletarier eingenommen hat. Jedoch erhebt eben dies Beginnen eines ernsten, furchtbaren und erhabenen Werkes die Sozialisten über unsere leichtfertige Gesellschaft und macht sie würdig, der Welt neue Bahnen zu weisen.

Man könnte die parlamentarischen Sozialisten mit den Beamten vergleichen, aus denen NAPOLEON einen Adel geschaffen hatte und die an der Verstärkung des von der alten Ordnung hinterlassenen Staates mitwirkten. Der revolutionäre Syndikalismus würde dagegen recht gut den Heeren NAPOLEONS entsprechen, deren Krieger, obschon sie wußten, daß sie arm bleiben würden, so viele Heldentaten vollbrachten. Was ist vom Kaisertum geblieben? Nichts als das Heldengedicht der großen Armee; und was von der sozialistischen Bewegung bleiben wird, ist das Heldengedicht der Streiks.

(‹Matin›, 15. Mai 1908)

II. EMILE DURKHEIM (1858–1917)

Le dualisme de la nature humaine et ses conditions sociales, in ‹Scientia›, XV, 1914, S. 206 bis 221, deutsch von F. Jonas.

Der Dualismus der menschlichen Natur und seine sozialen Bedingungen

Obwohl sich die Soziologie als Wissenschaft von den Gesellschaften definiert, kann sie doch in Wirklichkeit menschliche Gruppen, die ihr unmittelbarer Untersuchungsgegenstand sind, nicht behandeln, ohne schließlich auf das Individuum zu stoßen, welches das letzte Element ist, aus dem sich die Gruppen zusammensetzen. Die Gesellschaft nämlich kann sich nur unter der Bedingung konstituieren, daß sie das Bewußtsein der einzelnen durchdringt und sie «nach ihrem Bild und Gleichnis» formt; ohne übermäßig dogmatisch sein zu wollen, kann man darum mit Sicherheit sagen, daß zahlreiche unserer Geisteszustände, und darunter die wichtigsten, einen sozialen Ursprung haben. Hier ist es das Ganze, welches in einem großen Maße das einzelne Teil bestimmt; infolgedessen ist es unmöglich, das Ganze erklären zu wollen, ohne wenigstens im Gegenzug dazu auch das einzelne Teil zu erklären. Das hervorstechendste Ergebnis der kollektiven Tätigkeit ist dieses Insgesamt der intellektuellen und moralischen Güter, das man die Zivilisation nennt; aus diesem Grunde machte Auguste Comte die Soziologie zur Wissenschaft von der Zivilisation. Auf der anderen Seite aber ist es die Zivilisation, die den Menschen zu dem gemacht hat, der er ist; sie ist es, die ihn vom Tier unterscheidet. Der Mensch ist nur deswegen Mensch, weil er zivilisiert ist. Wenn man also die Ursachen und Bedingungen erfragt, von denen die Zivilisation abhängt, dann fragt man gleichzeitig nach den Ursachen und Bedingungen dessen, was die eigentliche Menschlichkeit des Menschen ausmacht. Auf diese Art und Weise leistet die Soziologie, indem sie sich ganz auf die Psychologie stützt, ohne die sie nicht auskommt, in einer gerechten Gegengabe einen Beitrag, der dem Dienst, den die Psychologie ihr erweist, an Bedeutung gleichkommt und diesen sogar noch übertrifft. Allein durch historische Analyse kann man sich davon Rechenschaft abgeben, wie sich der Mensch formiert hat, denn er hat sich allein im Laufe der Geschichte formiert.

Das Buch, das wir kürzlich über die elementaren Formen des religiösen Lebens veröffentlicht haben,[1] erlaubt es uns, diese allgemeine Wahrheit an einem Beispiel zu illustrieren. Auf der Suche nach der soziologischen Erklärung religiöser Phänomene haben wir einen Weg gefunden, über den man wissenschaftlich eine der besonders charakteristischen Eigentümlichkeiten unserer Natur erklären kann. Da zu unserer großen Überraschung das Prinzip, auf dem diese Erklärung aufbaut, von den Kritikern, die sich bis jetzt mit diesem Buch beschäftigt haben, nicht bemerkt worden ist, scheint uns ein gewisses Interesse

---

1 *Les formes élémentaires de la vie religieuse.* Paris 1912.

zu bestehen, dieses Prinzip zusammenfassend den Lesern der ‹Scientia› darzustellen.

I

Diese Eigentümlichkeit ist der konstitutionelle Dualismus der menschlichen Natur.

Dieser Dualismus ist vom Menschen selbst seit jeher lebhaft empfunden worden. Überall hat er sich tatsächlich begriffen als von zwei radikal heterogenen Elementen geformt: dem Körper auf der einen Seite, der Seele auf der anderen. Und selbst dort, wo man sich die Seele in materieller Gestalt vorstellt, wird doch diese Materie im Vergleich zu der des Körpers als eine andere begriffen. Man sagt, sie sei ätherischer, subtiler, plastischer, sie affiziere die Sinne nicht so wie die sinnlichen Gegenstände im eigentlichen Sinne, sie sei nicht denselben Gesetzen unterworfen, usw.... Nicht allein sind diese beiden Elemente wesensverschieden, sondern sie sind auch in einem hohen Maße unabhängig voneinander; oft befinden sie sich im Konflikt miteinander. Jahrhundertelang hat man geglaubt, daß die Seele sich nach diesem Leben aus dem Körper befreien und weiterhin eine autonome Existenz führen könnte. Gerade beim Tod ist diese Unabhängigkeit immer wieder schärfstens betont worden. Während der Körper sich auflöst und vernichtet wird, überlebt ihn die Seele, und unter neuen Bedingungen folgt sie während einer längeren oder kürzeren Zeit einem neuen Schicksal. Man kann sogar sagen, daß die Seele und der Körper – obwohl eng miteinander verbunden – nicht zu derselben Welt gehören. Der Körper ist integraler Bestandteil eines materiellen Universums, so wie wir es durch die sinnliche Erfahrung wahrnehmen; die Heimat der Seele ist anderswo, und die Seele neigt immer dazu, dorthin zurückzukehren. Diese Heimat ist die Welt des Heiligen. Sie ist ausgestattet mit einer Würde, die man dem Körper immer verweigert hat; während also dieser als wesentlich profan betrachtet wird, erfüllt sie uns ein wenig mit den Gefühlen, die überall dem Göttlichen vorbehalten sind. Sie ist aus derselben Substanz geschaffen wie die heiligen Dinge: sie unterscheidet sich von ihnen nur graduell.

Eine Überzeugung, die so allgemein und dauerhaft ist, kann nicht auf einer bloßen Illusion beruhen. Damit sich in allen bekannten Zivilisationen der Mensch als dualistisches Wesen empfinden kann, muß er in sich irgend etwas haben, das diesem Gefühl Veranlassung gibt. Tatsächlich hat es uns die psychologische Analyse bestätigt: im Zentrum unseres inneren Lebens findet sie denselben Dualismus wieder.

Unsere Intelligenz und unsere Tätigkeit stellen zwei sehr verschiedene Ordnungen dar: es gibt die Sinneseindrücke [2] und die gefühlsmäßigen Tendenzen auf der einen Seite, das begriffliche Denken und die moralischen Handlungen

---

2 Zu den Sinneseindrücken muß man auch die Bilder hinzuzählen; aber da diese nichts anderes als fortdauernde Sinneseindrücke sind, erscheint es uns unnötig, sie getrennt aufzuzählen. Eben das gleiche gilt auch für Verbindungen von Bildern und Sinneseindrücken, also die Wahrnehmungen.

auf der anderen Seite. Jeder dieser beiden Teile von uns selbst kreist um einen Pol, der ihm eigentümlich ist, und diese beiden Pole sind nicht nur voneinander unterschieden, sie sind einander entgegengesetzt. Unsere sinnlichen Neigungen sind notwendigerweise egoistisch; sie haben unsere eigene Individualität als Ziel, und nur sie. Wenn wir unseren Hunger befriedigen, unseren Durst usw., ohne daß irgendeine andere Tendenz hier mitspielt, befriedigen wir unsere eigenen Bedürfnisse und sonst nichts [3]. Im Gegensatz dazu erkennt man die moralische Handlung daran, daß die Regeln, nach denen sie sich richtet, universelle Regeln sein können; sie verfolgt deshalb definitionsgemäß Ziele, die nicht an die Person gebunden sind. Die Moralität beginnt erst mit der Gleichgültigkeit gegenüber sich selbst, der Verpflichtung gegenüber einer Sache, die etwas anderes ist als wir selbst.[4] Derselbe Gegensatz findet sich in der intellektuellen Ordnung. Die Sinneswahrnehmung einer Farbe oder eines Tones ist eng mit meinem individuellen Organismus verbunden, und ich kann sie nicht davon ablösen. Es ist mir unmöglich, diese Sinneswahrnehmung über mein Bewußtsein hinaus einem anderen Bewußtsein mitzuteilen. Ich kann nur den anderen bitten, sich auf dasselbe Objekt einzustellen und dessen Wirkung wahrzunehmen, aber die Wahrnehmung, die er so haben wird, wird sein Werk sein und seine Wahrnehmung bleiben, ebenso wie meine Wahrnehmung meine Wahrnehmung ist. Im Gegensatz dazu sind Begriffe immer einer Mehrzahl von Menschen gemeinsam. Sie begründen sich in der Sprache; und das Vokabular ebenso wie die Grammatik einer Sprache sind nicht das Werk eines einzelnen Menschen; sie sind das Ergebnis einer kollektiven Tätigkeit, sie drücken diese anonyme Kollektivität aus, die sie verwendet. Der Begriff des Menschen oder des Tieres ist nicht etwas, das ich als einzelner für mich habe; er ist mir in hohem Maß gemeinsam mit allen Menschen, die derselben sozialen Gruppe wie ich angehören. Eben deswegen, weil sie allgemein sind, sind die Begriffe das hervorragendste Werkzeug jeden geistigen Verkehrs. Mit ihrer Hilfe treten die Geister miteinander in Verbindung. Ohne Zweifel individualisiert jeder von uns die Begriffe, die er von der Gemeinschaft erhält, indem er sie denkt; er bestimmt sie je nach dem Eindruck seiner Persönlichkeit; aber es ist keine persönliche Angelegenheit, die auf diese Art und Weise einer Individualisierung unterworfen ist.[5]

---

3 Es gibt ohne Zweifel egoistische Neigungen, die keine materiellen Gegenstände zum Ziel haben. Aber die sinnlichen Neigungen sind der charakteristischste Typ der egoistischen Neigungen. Wir glauben sogar, daß die Neigungen, die uns mit einem anderen Ziel verbinden, notwendigerweise eine Bewegung über diesen reinen Egoismus hinaus implizieren, was für eine Rolle auch egoistische Antriebe hier spielen mögen. Das ist z. B. der Fall bei der Ruhmsucht, dem Machtstreben usw.

4 Vgl. unsere an die Société Française de Philosophie gerichtete Stellungnahme über die Bestimmung des moralischen Sachverhalts (Bulletin de la Société Française de Philosophie, 1906, S. 113 ff.)

5 Wir bestreiten dem Individuum nicht die Fähigkeit, Begriffe zu bilden. Es hat von der Kollektivität gelernt, Vorstellungen dieser Art zu formen. Aber die

Die beiden Aspekte unseres Seelenlebens stehen sich so wie das Persönliche und das Unpersönliche gegenüber. Es gibt in uns ein Wesen, das sich nur auf sich selbst bezieht, das nur seine eigene Perspektive ausdrückt und keinen anderen Gegenstand als sich selbst hat. Aber es gibt in uns auch einen anderen Teil, der die Dinge *sub specie aeternitatis* kennt, so als ob er an einem anderen Wissen als dem unseren teilhätte und er gleichzeitig nach Zwecken strebte, die über ihn selbst hinausgehen. Der alte Ausdruck *homo duplex* wird also durch die Tatsachen bestätigt. Weit entfernt davon, eine einfache Einheit zu sein, hat unser inneres Leben vielmehr zwei verschiedene Gravitationszentren. Es gibt auf der einen Seite unsere Individualität und, genauer gesagt, unseren Körper als deren Grundlage;[6] auf der anderen Seite steht alles das, was in uns etwas anderes ausdrückt als uns selbst.

Diese beiden Bewußtseinszustände sind nicht nur durch ihren Ursprung und ihre Eigenschaften zu unterscheiden; zwischen ihnen besteht ein echter Gegensatz. Sie widersprechen und verneinen sich gegenseitig. Wir können uns nicht moralischen Zielen zuwenden, ohne uns von uns selbst abzuwenden, ohne die Instinkte und Neigungen zu verleugnen, die außerordentlich tief in unseren Körpern verwurzelt sind. Es gibt keine moralische Handlung, die nicht ein Opfer erfordert, denn wir können, wie es KANT gezeigt hat, das Gesetz der Pflicht nicht befolgen, ohne daß unsere individuelle Sinnlichkeit oder, wie er sagt, unsere empirische Individualität gedemütigt wird. Dieses Opfer können wir gleichwohl ohne Widerstand und sogar mit Begeisterung auf uns nehmen. Aber wenn die moralische Handlung mit freudiger Begeisterung erfüllt wird, läßt sie kein anderes Sein zu; der Schmerz, den der Asket spontan aufsucht, läßt das Dasein des Schmerzes nicht zu. Und dieser Widerspruch ist so tief und so radikal, daß er niemals wirklich aufgelöst werden kann. Wie könnten wir uns gänzlich selbst gehören und gänzlich anderen, oder umgekehrt? Das Ich kann nichts völlig anderes sein als es selbst, denn sonst löste es sich selbst auf. Genau das geschieht in der Ekstase. Um zu denken, muß man sein, muß man eine Individualität haben. Aber auf der anderen Seite kann das Ich nicht völlig und ausschließlich sich selbst gehören, denn dann entbehrte es jeglichen Gehaltes. Wenn man da sein muß, um zu denken, muß man auch Sachen haben, über die man denken kann. Was wäre denn das Bewußtsein, wenn es nicht den Körper und seine Zuständlichkeiten ausdrücken würde? Wir können nicht leben, ohne uns die Welt vorzustellen, die uns umgibt, all die Gegenstände verschiedenster Art, die diese Welt erfüllen. Aber allein dadurch, daß wir sie uns vorstellen, treten sie in uns ein, werden so Teil von uns selbst; infolgedessen

---

Begriffe, die es so bildet, haben denselben Charakter wie die anderen: sie sind so konstruiert, daß sie verallgemeinert werden können. Selbst wenn sie das Werk einer Persönlichkeit sind, sind sie zum Teil unpersönlich.

6 Wir sagen *unsere Individualität* und nicht *unsere Persönlichkeit.* Obwohl diese beiden Wörter oft gleichbedeutend verwendet werden, ist es wichtig, sie mit der größten Sorgfalt zu unterscheiden. Die Persönlichkeit besteht wesentlich aus überindividuellen Elementen (vgl. hierzu: Die elementaren Formen des religiösen Lebens, S. 386–390).

halten wir uns an sie, verbinden uns mit ihnen ebenso wie mit uns selbst. Von diesem Augenblick an gibt es in uns etwas anderes, das unser Handeln bestimmt. Es ist ein Irrtum zu glauben, daß es uns leicht ist, als Egoist zu leben. Der absolute Egoismus ebenso wie der absolute Altruismus sind ideale Grenzen, die niemals in der Wirklichkeit erreicht werden. Es sind Zustände, denen wir uns beliebig annähern können, ohne sie jemals wirklich zu erreichen.

Ebenso ist es mit der Ordnung unseres Bewußtseins. Wir begreifen nur in dem Maße, in dem wir mit Begriffen denken. Aber die sinnliche Wirklichkeit ist nicht geschaffen, um von sich aus und spontan in das System unserer Begriffe einzutreten. Sie leistet Widerstand, und um sie fügsam zu machen, müssen wir sie in gewisser Weise vergewaltigen, sie allen möglichen schwierigen Operationen unterwerfen, die sie verändern, um sie dem Bewußtsein nahezubringen, und niemals wird es uns völlig gelingen, über ihre Widerstände zu triumphieren. Niemals gelingt es unseren Begriffen, unsere Sinneswahrnehmungen zu beherrschen und sie vollständig in intellektuelle Begriffe zu übersetzen. Nur um den Preis, daß sie das verlieren, was das Konkreteste an ihnen ist, das, wodurch sie an unsere Sinnlichkeit appellieren und uns zum Handeln veranlassen, nehmen unsere Sinneswahrnehmungen begriffliche Gestalt an: sie werden somit etwas Totes und Erstarrtes. Wir können also die Dinge nicht begreifen, ohne darauf zu verzichten, ihre Lebendigkeit zu fühlen, und wir können nicht ihre Lebendigkeit fühlen, ohne darauf zu verzichten, sie zu begreifen. Zweifelsohne träumen wir manchmal von einer Wissenschaft, die das, was wirklich ist, vollkommen adäquat ausdrückt. Aber das ist ein Ideal, dem wir uns wohl ohne Unterlaß annähern können, das aber für uns unerreichbar ist.

Dieser innere Widerspruch ist eines der Charakteristika unserer Natur. Nach der Formel von Pascal ist der Mensch zugleich «Engel und Tier», ohne jemals ausschließlich das eine oder das andere zu sein. Daraus folgt, daß wir niemals vollständig in Übereinstimmung mit uns selbst sind, denn wir können keiner unserer beiden Naturen folgen, ohne daß die andere Schaden leide. Unsere Freuden können niemals rein sein; immer mischt sich in sie irgendein Schmerz, da wir niemals gleichzeitig die beiden Seiten befriedigen können, die in uns sind. Es ist diese Unstimmigkeit, diese beständige Teilung gegen uns selbst, die zugleich unsere Größe und unser Elend ausmacht: unser Elend, weil wir in dieser Weise dazu verurteilt sind, im Leiden zu leben; unsere Größe, weil wir uns eben dadurch gegenüber allen anderen Wesen auszeichnen. Das Tier folgt seinen Vergnügungen mit einer einseitigen und ausschließlichen Bewegung: allein der Mensch ist verpflichtet, dem Leiden einen normalen Platz in seinem Leben beizumessen.

Die traditionelle Antithese von Körper und Seele ist also keine leere Erfindung der Mythologie, die keine Grundlage in der Wirklichkeit hat. Es ist sehr wohl wahr, daß wir doppelt sind, daß wir einen Widerspruch ausdrücken. Jetzt jedoch stellt sich eine Frage, der sowohl die Philosophie als auch die positive Psychologie nicht ausweichen können: woher stammt dieser Dualismus, diese Antinomie? Wo liegt der Grund dafür, daß wir, um ein anderes Wort von Pascal aufzugreifen, ein solches «Monstrum von Widersprüchen» sind, das niemals vollständig in Übereinstimmung mit sich selbst gebracht werden kann?

Wenn dieser einzigartige Zustand ein charakteristisches Unterscheidungsmerkmal der Menschheit ist, muß die Wissenschaft vom Menschen versuchen, sich über ihn klar zu werden.

II

Die Lösungen, die man hier vorgeschlagen hat, sind überdies weder zahlreich noch sehr voneinander unterschieden.

Zwei Lehren, die in der Geistesgeschichte einen großen Einfluß gehabt haben, glauben, die Schwierigkeit dadurch zu lösen, daß sie sie verneinen, das heißt, sie stellen den Dualismus des Menschen als einen bloßen Anschein dar; das ist der Monismus, der in empirischer wie auch in idealistischer Form auftritt.

Nach der ersten Form sind die Begriffe nichts anders als mehr oder weniger ausgearbeitete Sinneswahrnehmungen: sie bestehen gänzlich aus Gruppen von Bildern, die einander ähnlich sind und denen ein bestimmtes Wort eine Art von Individualität gibt; sie haben aber keine Realität unabhängig von diesen Bildern und den Sinneswahrnehmungen, von denen sie stammen. Gleicherweise ist die moralische Handlung hiernach nur ein Aspekt der interessierten Handlung: der Mensch, der der Pflicht folgt, gehorcht tatsächlich seinem wohlverstandenen Eigeninteresse. In dieser Überlieferung verschwindet das Problem: der Mensch ist eine Einheit, und wenn er innerlich unruhig ist, dann nur deshalb, weil er nicht entsprechend seiner Natur denkt und handelt. Der Begriff, richtig interpretiert, widerspricht hier nicht der Sinneswahrnehmung, aus der er stammt, die moralische Handlung steht nicht im Widerspruch zu der egoistischen Handlung, da sie in Wirklichkeit aus Nützlichkeitserwägungen hervorgeht, wenn man nur die wahre Natur der Moralität in Betracht zieht. Unglücklicherweise werden davon die Tatsachen, die das Problem aufwerfen, nicht berührt. Es bleibt dabei, daß der Mensch immer ein unruhiges und unzufriedenes Wesen gewesen ist; er hat sich innerlich zerrissen und in Widerspruch mit sich selbst gefühlt; und die Überzeugungen und Praktiken, denen er in allen Gesellschaften und in allen Zivilisationen die größte Bedeutung beigemessen hat, hatten und haben nicht die Unterdrückung dieser unvermeidlichen Widersprüche zum Ziel, sondern die Milderung ihrer Folgen, sie sollen diesen Widersprüchen einen Sinn und ein Ziel geben, sie erträglich gestalten und den Menschen mit ihnen, so gut es geht, versöhnen. Es läßt sich jedoch nicht sagen, daß dieser Zustand allgemeiner und chronischer Krankheit das Ergebnis einer einfachen Verwirrung sei, daß der Mensch der Urheber seiner eigenen Leiden sei, daß er sich hier blind verhärtet habe, während seine Natur ihn tatsächlich dazu bestimmt habe, harmonisch zu leben; denn die Erfahrung hätte im Laufe der Zeit einen so beklagenswerten Irrtum zerstören müssen. Zumindest hätte man erklären müssen, woher eine so unbegreifliche Blindheit stamme. – Man weiß im übrigen, welchen schwerwiegenden Einwänden diese empiristische Hypothese begegnet. Sie hat niemals erklären können, wie das Inferiore zum Überlegenen werden konnte, wie die individuelle obskure und konfuse Sinneswahrnehmung zum unpersönlichen, klaren und begrenzten Begriff werden konnte, wie das Interesse sich in das Desinteresse verwandeln konnte.

Nicht anders ist es mit dem Standpunkt des absoluten Idealismus bestellt. Auch für ihn ist die Realität eine Einheit: sie besteht nur aus Begriffen, ebenso wie sie für den Empiristen ausschließlich aus Sinneswahrnehmungen besteht. Einer absoluten Intelligenz, die die Dinge so sieht, wie sie an sich sind, erscheint die Welt als ein System von Begriffen, die miteinander durch definierte Bestimmungen in Beziehung stehen. Die Sinneswahrnehmungen sind nichts aus sich selbst; sie sind nur unklare Begriffe, die mit anderen Begriffen vermischt sind. Die Art und Weise, in der sie uns in der Erfahrung erscheinen, stammt nur daher, daß wir sie nicht in ihre Elemente zerlegen können. Unter diesen Umständen gibt es also keinen grundsätzlichen Widerspruch zwischen uns und der Welt, auch nicht zwischen den verschiedenen Teilen in uns selbst. Das, was wir wahrzunehmen glauben, ist die Folge eines einfachen Irrtums, aus dem wir uns befreien müssen. Dieser Irrtum nimmt beständig ab in dem Maße, in dem sich das begriffliche Denken ausbreitet, in dem wir uns im Denken weniger auf Sinneseindrücke als vielmehr auf Begriffe stützen, das heißt in dem Maße, in dem sich die Wissenschaft entwickelt und ein immer wichtigerer Faktor in unserem geistigen Leben wird. Unglücklicherweise stimmt die Geschichte nicht mit diesen optimistischen Hoffnungen überein. Die menschliche Unruhe scheint im Gegenteil im Zunehmen begriffen zu sein. Die Religionen, die am meisten auf den Widersprüchen bestehen, mit denen wir uns abmühen, die das größte Schwergewicht darauf legen, uns den Menschen als ein gequältes und leidendes Wesen darzustellen, sind die großen Religionen der modernen Völker, während die rohen Kulte der niederen Gesellschaften eine fröhliche Zuversicht einflößen und ausströmen.[7] Das, was die Religionen ausdrücken, ist die gelebte Erfahrung der Menschheit: es wäre sehr überraschend, wenn unsere Natur sich vereinheitlichte und sich harmonisierte, während wir fühlen, daß unsere Widersprüche zunehmen. Nimmt man aber an, daß diese Widersprüche nur oberflächlich und scheinbar sind, dann muß man erklären, woher diese Erscheinung stammt. Wenn die Sinneswahrnehmungen nichts anderes sind als Begriffe, muß man erklären, woher es kommt, daß uns diese nicht so erscheinen, wie sie sind, sondern ungeordnet und verworren. Was kann ihnen eine Unbestimmtheit verliehen haben, die offenbar ihrer Natur widerspricht? Der Idealismus steht hier Schwierigkeiten gegenüber, die das Gegenteil derer sind, die man so oft und so berechtigt dem Empirismus vorgehalten hat. Wenn man niemals hat erklären können, wie das Inferiore sich zu dem Überlegenen entwickeln konnte, wie die Sinneswahrnehmung die Würde eines Begriffs erreichen und doch sie selbst bleiben konnte, ist es ebenso schwierig zu begreifen, wie das Übergeordnete zum Inferioren werden kann, wie der Begriff sich verändern und degenerieren kann, um so zur Sinneswahrnehmung zu werden. Dieser Fall kann nicht spontan aufgetreten sein. Er muß aus einem Gegenprinzip hervorgegangen sein. Aber es gibt in einer wesentlich monistischen Lehre kein Prinzip dieser Art.

Wenn man sich von den Theorien abwendet, die das Problem nicht lösen, sondern es leugnen, so stellt man fest, daß die einzigen Theorien, die Wert ha-

---

7 Vgl. *Formes élémentaires de la vie religieuse*, S. 320, 580.

ben und die es verdienen, untersucht zu werden, sich darauf beschränken, die Tatsache, die erklärt werden soll, festzustellen, ohne daß sie über sie Rechenschaft ablegen.

Es gibt hier zunächst die ontologische Erklärung, deren Formel von PLATON stammt. Der Mensch ist hier ein dualistisches Wesen, weil sich in ihm zwei Welten treffen: die Welt der geistlosen und unmoralischen Materie auf der einen Seite, die Welt der Ideen des Geistes und des Guten auf der anderen. Weil diese beide Welten von Natur her einander entgegengesetzt sind, kämpfen sie in uns, und weil wir an beiden Anteil haben, stehen wir notwendigerweise in Konflikt mit uns selbst. Aber während diese Antwort, die ganz und gar metaphysisch ist, das Verdienst hat, die Tatsache, die interpretiert werden soll, zu bejahen, und nicht versucht, sie abzuschwächen, so beschränkt sie sich doch darauf, diese beiden Aspekte der menschlichen Natur zu hypostasieren, anstatt sie zu erklären. Wenn man feststellt, daß wir dualistische Wesen sind, weil wir in uns zwei entgegengesetzte Kräfte haben, dann wiederholt man nur das Problem in einer anderen Sprache, anstatt es zu lösen. Man müßte uns sagen, woher diese beiden Kräfte stammen und was der Grund für ihren Gegensatz ist. Ohne Zweifel kann man zugeben, daß die Welt der Ideen und des Guten in sich selbst Grund ihrer Existenz ist, eben wegen der Vorzüglichkeit, die man ihr beimißt. Aber wie kommt es, daß es außerhalb ihrer ein Prinzip des Bösen, der Finsternis und des Nichtseins gibt? Was könnte die Funktion eines solchen Gegensatzes sein?

Noch weniger könnte man verstehen, wie diese beiden Welten, die einander so entgegengesetzt sind und die sich infolgedessen gegenseitig abstoßen und ausschließen müßten, doch dahin neigen, sich zu vereinen und sich gegenseitig zu durchdringen, so daß aus ihnen vermischte und widersprüchliche Wesen wie wir hervorgehen. Ihr Antagonismus, so erscheine es, sollte sie doch voneinander fern halten und ihre Vereinigung unmöglich machen. Um die Sprache von PLATON zu übernehmen: die Idee ist definitionsgemäß vollkommen und besitzt die Fülle des Seins; sie genügt sich darum selbst; sie braucht nichts außer sich selbst, um zu existieren. Warum sollte sie sich zur Materie erniedrigen, deren Berührung sie nur ihrer Natur entfremden und verlustig gehen lassen kann? Auf der anderen Seite, warum sollte die Materie zu dem entgegengesetzten Prinzip streben, welches sie leugnet, und sich von diesem durchdringen lassen? Schließlich ist der Mensch der Schauplatz der Kämpfe, die wir beschrieben haben; ein solcher Kampf findet sich bei anderen Wesen nicht. Dennoch ist der Mensch nicht der einzige Ort, wo entsprechend der Hypothese diese beiden Welten sich begegnen müßten.

Noch weniger erklärt eine Theorie, mit der man sich gegenwärtig in der Regel zufrieden gibt: man gründet den menschlichen Dualismus nicht auf zwei metaphysische Prinzipien, die am Grunde der Wirklichkeit insgesamt liegen, sondern auf das Vorhandensein von zwei einander entgegengesetzten Fähigkeiten in uns. Wir verfügen hiernach über die Fähigkeit, unter dem Aspekt der Individualität zu denken, das ist die Sensibilität, und über die Fähigkeit, unter universellem und unpersönlichem Aspekt zu denken, das ist die Vernunft. Unsere Handlungen ihrerseits stellen zwei verschiedene Charaktere dar, je nachdem, ob sie von sinnlichen oder von rationalen Antrieben abhängig sind.

Mehr als irgend jemand anders hat KANT auf diesem Gegensatz zwischen der Vernunft und der Sinnlichkeit, der rationalen und der sinnlich bestimmten Handlung bestanden. Aber wenn auch diese Klassifikation der Tatsachen vollständig legitim ist, so trägt sie doch nichts zur Lösung des Problems bei, das uns beschäftigt. Wenn man annimmt, daß wir einmal die Fähigkeit haben, ein persönliches, und zum anderen die Fähigkeit, ein unpersönliches Leben zu führen, dann handelt es sich nicht darum zu wissen, welche Namen wir diesen beiden entgegengesetzten Fähigkeiten geben sollen, sondern wie sie in einem und demselben Wesen zusammen vorhanden sein können, trotz ihres Gegensatzes. Woher kommt es, daß wir gleichzeitig an diesen beiden Sphären teilnehmen können? Wie kommt es, daß wir aus zwei Hälften bestehen, die anscheinend zwei verschiedenen Seinsweisen angehören? Wenn man der einen und der anderen verschiedene Namen gegeben hat, dann ist man in der Lösung der Frage um keinen Schritt weiter gekommen.

Wenn man sich so oft mit dieser Antwort, die eine bloß verbale Antwort ist, zufriedengegeben hat, dann deswegen, weil man im allgemeinen die geistige Natur des Menschen als etwas Gegebenes ansieht, über welches man sich weiter keine Rechenschaft abzulegen braucht. Man glaubt daher, daß alles gesagt ist, wenn man diese oder jene Tatsache, deren Gründe man sucht, auf eine menschliche Fähigkeit zurückgeführt hat. Aber warum sollte der menschliche Geist, der insgesamt nichts anderes als ein System von Phänomenen ist, das in jeder Hinsicht vergleichbar ist mit anderen beobachtbaren Phänomenen, jenseits oder über jeder Erklärung stehen? Wir wissen heute, daß unser Organismus das Ergebnis einer Entwicklung ist; weshalb sollte es mit unserer geistigen Verfassung anders sein? Und wenn es in uns irgendeinen Sachverhalt gibt, der dringend einer Erklärung bedarf, dann ist es gerade diese seltsame Antithese, die in uns die Wirklichkeit findet.

III

Das, was wir, ausgehend von der religiösen Form, in der sich der Dualismus der menschlichen Natur immer ausgedrückt hat, festgestellt haben, dient letztlich dazu, uns begreifen zu lassen, daß die Antwort auf diese Frage in einer ganz anderen Richtung gesucht werden muß. Überall, so haben wir festgestellt, wird die Seele als eine heilige Sache angesehen; man sieht in ihr einen Teil der Gottheit, die nur eine kurze Zeit ein irdisches Leben führt und die von selbst dazu neigt, zu ihrem Ursprung zurückzukehren. Deswegen widersetzt sie sich dem Körper, der als profan angesehen wird; und alles, was in unserem geistigen Leben direkt mit unserem Körper verbunden ist, die Sinneswahrnehmungen, die sinnlichen Neigungen, teilt diesen profanen Charakter. Deshalb bezeichnet man sie auch als inferiore Formen unserer Tätigkeit, während man der Vernunft und dem moralischen Handeln eine höhere Würde beimißt: dies sind die Fähigkeiten, durch die wir, wie man sagt, mit den Göttern in Verbindung stehen. Auch ein Mensch, der von aller konfessionsgebundenen Gläubigkeit weit entfernt ist, stellt sich diesen Gegensatz, wenn nicht in identischer, so doch in vergleichbarer Form vor. Man mißt unseren verschiedenen sachlichen

Leistungen einen unterschiedlichen Wert bei: sie stehen in einer hierarchischen Ordnung, und diejenigen, die am meisten mit dem Körper verbunden sind, stehen am Fuße dieser Hierarchie. Überdies gibt es, wie wir haben zeigen können,[8] keine Moral, die nicht von Religiosität durchtränkt wäre; auch für den Laien ist die Pflicht, der moralische Imperativ, eine erhabene und heilige Angelegenheit; und die Vernunft, dieses unentbehrliche Hilfsmittel jeder moralischen Handlung, inspiriert natürlicherweise die gleichen Gefühle. Auch ihr messen wir eine Art von alles überragendem und unvergleichbarem Wert bei. Der Dualismus unserer Natur ist also nur ein besonderer Fall dieser Teilung der Dinge in heilige und profane, die man am Grunde aller Religionen findet; sie erklärt sich aus denselben Prinzipien.

Genau diese Erklärung haben wir in unserem oben zitierten Werk über ‹*Les formes élémentaires de la vie religieuse*› zu geben versucht. Wir haben uns bemüht zu zeigen, daß die heiligen Dinge nicht einfach kollektive Ideale sind, die auf materielle Gegenstände fixiert sind.[9] Die Ideen und die Gefühle, die von einer Kollektivität beliebiger Art ausgearbeitet wurden, sind kraft ihres Ursprunges ausgestattet mit einem Einfluß und einer Autorität, die bewirken, daß die einzelnen Mitglieder, die diese Ideen und Gefühle hegen und ihnen glauben, sie sich als moralische Kräfte vorstellen, die sie beherrschen und aufrechthalten. Wenn diese Ideale unseren Willen bewegen, fühlen wir uns geleitet, geführt, fortgerissen durch einzigartige Energien, die offenkundig nicht aus uns selbst stammen, sondern sich uns aufzwingen und für die wir ein Gefühl der Achtung, der ehrerbietigen Furcht, aber auch der Dankbarkeit empfinden wegen des Trostes, den sie uns spenden; denn sie können sich uns nicht mitteilen, ohne unser Lebensgefühl zu heben. Diese besondere Kraft ist aber nicht irgendeinem geheimnisvollen Einfluß zuzuschreiben; es handelt sich einfach um die Wirkungen jener seelischen, wissenschaftlich analysierbaren und einzigartig schöpferischen und fruchtbaren Vorgänge, die man die Verschmelzung, die Vereinigung einer Mehrzahl von individuellen Bewußtseinszuständen in einem gemeinsamen Bewußtsein nennt. Auf der anderen Seite können aber diese kollektiven Bewußtseinszustände nur so Wirklichkeit werden, daß sie sich in materiellen Objekten darstellen, in Sachen aller Art, Figuren, Bewegungen, Tönen, Worten usw., die sie äußerlich darstellen und symbolisieren; denn allein durch Ausdruck ihrer Gefühle, durch die Übersetzung dieser Gefühle mittels eines Zeichens, das sie symbolisch in der Außenwelt darstellt, können die individuellen Bewußtseinszustände, die von Natur her voneinander abgegrenzt sind, empfinden, daß sie miteinander in Verbindung stehen und eine Einheit darstellen.[10] Die Dinge, die diese Rolle spie-

---

8 Vgl. *Détermination du fait moral.* In: Bulletin de la Société Française de Philosophie, 1960, S. 125.

9 Vgl. *Formes élémentaires de la vie religieuse,* S. 268–342. Wir können hier nicht die Tatsachen und Analysen wiederholen, auf die sich unsere These stützt: wir beschränken uns darauf, summarisch an die wesentlichen Schritte der Argumentation zu erinnern, die in unserem Buch entwickelt worden ist.

10 Vgl. *Les formes élémentaires de la vie religieuse,* S. 329 ff.

len, nehmen notwendigerweise an denselben Gefühlen teil wie die Bewußtseinszustände, die sie darstellen und sozusagen materialisieren. Auch sie werden als hilfreiche Mächte geachtet, gefürchtet oder gesucht. Sie stehen also nicht auf einer Stufe mit den vulgären Dingen, die nur unsere körperliche Individualität interessieren; sie werden von diesen letzteren getrennt; wir weisen ihnen einen deutlich unterschiedenen Platz im Insgesamt der Realität zu; wir trennen sie: und in dieser radikalen Trennung besteht wesentlich der Charakter des Heiligen.[11] Dieses System der Begriffe ist nicht einfach eingebildet oder eine Täuschung; denn die moralischen Kräfte, die die Dinge in uns erwecken, sind sehr wohl real, ebenso wie die Ideen wirklich sind, die die Worte in uns wachrufen, nachdem sie dazu gedient haben, sie zu bilden. Hieraus folgt der dynamische Einfluß, den die Religionen seit jeher auf die Menschen ausgeübt haben.

Diese Ideen aber, die das Werk des Lebens in der Gruppe sind, können sich nicht herausbilden und auch nicht fortdauern, ohne die individuellen Bewußtseine zu durchdringen und sich hier in einer dauernden Art und Weise zu organisieren. Die großen religiösen, moralischen und geistigen Konzeptionen, die die Gesellschaften in den Epochen ihrer schöpferischen Erregung aus sich heraus hervorbringen, werden, nachdem die soziale Verschmelzung ihr Werk getan hat, von den einzelnen mitgenommen, nachdem sich die Gruppe aufgelöst hat. Ohne Zweifel erhalten sich diese Wärme und diese Lebenskraft nicht in demselben Grad der Intensität, nachdem die Erregung abgeklungen ist und jeder seine private Existenz wieder aufnimmt, sich von ihrer Quelle entfernt. Aber sie erlöschen trotzdem nicht, weil der Einfluß der Gruppe nicht vollständig aufhört, sondern vielmehr beständig jenen großen Idealen Kraft verleiht, die sich die egoistischen Leidenschaften und persönlichen Alltagssorgen unterwerfen: hierzu dienen die öffentlichen Feste, die Zeremonien, die Riten aller Art. Jedoch indem sie sich so in unser individuelles Leben mischen, individualisieren sich diese Ideale selbst; sie verbinden und vermischen sich mit unseren anderen Vorstellungen, mit unserem Temperament, mit unserem Charakter, unseren Gewohnheiten usw. Jeder von uns versieht sie mit einer persönlichen Note; auf diese Weise hat jeder von uns eine persönliche Art, über die Glaubenssätze der Kirche zu denken, über die Regeln der gemeinsamen Moral, die Grundbegriffe, die den Rahmen für unser begriffliches Denken darstellen. Aber obschon sie so Teile unserer Persönlichkeit werden, verlieren doch die kollektiven Ideale nicht ihre charakteristische Eigenschaft, nämlich das Prestige, mit dem sie ausgestattet sind. Obschon sie uns gehören, sprechen sie doch in uns in einem ganz anderen Ton und mit einem ganz anderen Akzent als unser übriges Bewußtsein: sie befehlen uns, sie fordern Achtung, wir fühlen uns nicht auf einer Ebene mit ihnen. Wir legen uns Rechenschaft darüber ab, daß sie in uns etwas darstellen, das uns überlegen ist. Es ist darum nicht ohne Grund, daß sich der Mensch als dualistisches Wesen empfindet: er ist wirklich dualistisch. Er hat in sich zwei verschiedene Bewußtseinszustände, die sich voneinander durch ihren Ursprung, ihre Natur und ihre Zwecke unterscheiden. Die einen drücken nur unseren Organismus aus und die Gegenstände, mit de-

---

11 A. a. O., S. 53 ff.

nen er auf die direkteste Weise in Verbindung steht. Im engsten Sinne individuell, verbinden sie uns nur mit uns selbst, und wir können sie nicht von uns ablösen, ebensowenig wie wir uns von unserem Körper trennen können. Die anderen hingegen stammen aus der Gesellschaft; sie übertragen diese in uns und binden uns an etwas, das uns übersteigt. Da sie kollektive Wesen sind, sind sie unpersönlich; sie richten uns auf Zwecke aus, die uns mit anderen Menschen gemeinsam sind; durch sie und mit ihnen allein können wir mit anderen Menschen in Verbindung treten. Es ist daher sehr wohl wahr, daß wir aus zwei Teilen bestehen, und zwar aus zwei Teilen, die, obschon sie miteinander verbunden sind, aus sehr verschiedenen Elementen gemacht sind und uns in gegensätzlicher Weise orientieren.

Dieser Dualismus entspricht zusammenfassend der doppelten Existenz, die wir gleichzeitig führen: die eine, rein individuell, hat ihre Wurzeln in unserem Organismus, die andere, soziale, ist nichts anderes als die Verlängerung der Gesellschaft. Sogar die Art der Bestandteile, zwischen denen dieser Antagonismus besteht, den wir beschrieben haben, legt Zeugnis davon ab, daß hier ihr Ursprung liegt. Tatsächlich finden zwischen den Sinneseindrücken und sinnlichen Neigungen auf der einen Seite und dem intellektuellen und moralischen Leben auf der anderen Seite die Konflikte statt, für die wir Beispiele angeführt haben. Es ist aber evident, daß die Leidenschaften und egoistischen Neigungen aus unserer individuellen Konstitution stammen, während unser vernünftiges Handeln theoretisch wie praktisch eng mit sozialen Ursachen verbunden ist. Wir hatten des öfteren Gelegenheit festzustellen, daß die moralischen Vorschriften Normen sind, die von der Gesellschaft ausgearbeitet wurden;[12] der verpflichtende Charakter, der sie kennzeichnet, ist nichts anderes als die Autorität der Gesellschaft, die sich allem mitteilt, was von ihr stammt. Auf der anderen Seite haben wir uns in dem Buch, das der Anlaß des gegenwärtigen Aufsatzes ist und auf das wir hier nur verweisen können, zu zeigen bemüht, daß die Begriffe, der Ausgangspunkt aller logischen Überlegungen, in ihrem Ursprung Vorstellungen des Kollektivs sind: die Unpersönlichkeit, die sie kennzeichnet, ist der Beweis dafür, daß sie das Werk einer anonymen und selbst unpersönlichen Kraft sind.[13] Wir haben selbst Grund für die Annahme gefunden, daß die grundlegenden und hervorragenden Begriffe, die man Kategorien nennt, nach dem Modell der gesellschaftlichen Tatsachen geformt sind.[14]

Der schmerzhafte Charakter dieses Dualismus erklärt sich durch diese Hypothese. Wenn die Gesellschaft nichts anderes als die natürliche und spontane Entwicklung der einzelnen wäre, dann stünden diese beiden Teile von uns selbst ohne Zweifel miteinander in Harmonie und paßten sich ohne Schmerz und Reibung einander an: die Gesellschaft, die nichts anderes als die Verlän-

---

12 Vgl. *Division du travail social,* 3. Aufl., pass. und insbesondere S. 391 ff, ebenso: *La détermination du fait moral.* In: Bulletin de la Société Française de Philosophie, 1906.

13 Vgl. *Formes élémentaires de la vie religieuse,* S. 616 ff.

14 Ebenda, S. 12–28, 205 ff, 336 ff, 386, 508, 627.

gerung und die Verwirklichung des einzelnen wäre, fände in diesem keinen Widerstand. Tatsächlich hat aber die Gesellschaft eine eigene Natur und Notwendigkeiten, die gänzlich von denen unterschieden sind, die aus unserer individuellen Natur folgen. Die Interessen des Ganzen sind nicht notwendigerweise die Interessen des einzelnen Teils; aus diesem Grunde kann sich die Gesellschaft nicht formieren und sich auch nicht erhalten, ohne von uns beständige Opfer zu verlangen, die uns schmerzhaft sind. Allein dadurch, daß sie über uns steht, zwingt sie uns, uns selbst aufzugeben; und sich selbst aufgeben, daß heißt für ein Wesen in gewisser Weise seine eigene Natur verlassen, was nicht ohne mehr oder weniger schmerzhafte Spannung geschieht. Die freiwillige Hingabe an eine Sache ist, wie man weiß, eine Fähigkeit, die in uns nur unter dem Einfluß der Gesellschaft entsteht. Denn diese Hingabe setzt Anstrengung voraus; um aufmerksam zu sein, müssen wir den spontanen Fluß unseres Bewußtseins unterbrechen, das Bewußtsein daran hindern, sich zu zerstreuen, wozu es natürlicherweise neigt; in einem Wort, wir müssen einigen unserer vorherrschendsten Neigungen Gewalt antun. Und da der Anteil des Sozialen in dem Gesamtwesen, das wir sind, immer mehr zunimmt, in dem Maße, in dem man in der Geschichte voranschreitet, ist es sehr unwahrscheinlich, daß jemals eine Epoche kommen wird, da der Mensch weniger geneigt sein wird, sich selbst Widerstand zu leisten, und ein weniger angespanntes und leichteres Leben führen wird. Alles läßt vielmehr darauf schließen, daß die Anstrengung mit der Zivilisation immer mehr zunehmen wird.

III. JEAN PIAGET (*1896)

Pensée égocentrique et pensée sociocentrique, in: Cahiers Internationaux de Sociologie, Bd. 10/11, 1951, S. 34–49, deutsch von F. Jonas.

Egozentrisches und soziozentrisches Denken

Das Interesse, das die Untersuchungen über die geistige Entwicklung des Kindes für die Soziologie haben, stammt nicht allein daher, daß diese Entwicklung in jeder Hinsicht ebenso eine Sozialisierung des Individuums ist wie dessen Anpassung an die physische Umwelt. Es leitet sich vornehmlich aus der Tatsache ab, daß diese Sozialisierung nicht allein das Resultat einer einzigen Kausalität ist, wie der Druck der Gruppe der Erwachsenen auf das Kind auf dem Wege über die Erziehung in der Familie bis hin zur Erziehung in der Schule, sondern daß die Analyse die Wirksamkeit einer Vielzahl verschiedenartiger und bisweilen entgegengesetzter Einflüsse deutlich macht. Anders als die ein wenig akademische Soziologie der Schule Durkheims, die die Gesellschaft auf ein einheitliches Ganzes, das «kollektive Bewußtsein», und ihre Wirksamkeit auf einen einzigen Prozeß des «Zwanges», sei dieser nun physischer oder geistiger Art, zurückführt, muß die konkrete Soziologie, zu deren Erarbeitung uns die individuelle und soziale Entwicklung des Kindes veranlaßt, gegenüber umfassenden Ganzheiten mißtrauisch sein und ausschließlich Systeme von Beziehungen oder Interdependenzen zur Grundlage nehmen.

I

Was die Entwicklung der Intelligenz und des Denkvermögens anbetrifft (der einzige Gegenstand, mit dem wir uns hier einfachheitshalber beschäftigen), so ist es wesentlich, sich daran zu erinnern – denn diese Tatsache beherrscht alle unsere Diskussionen über die Sozialisierung dieser Funktionen –, daß wir es hier mit drei und nicht nur mit zwei verschiedenen Systemen in den Mechanismen zu tun haben, die sich auf die Erkenntnisfähigkeit des Kindes beziehen. Es gibt nicht allein auf der einen Seite senso-motorische Prozesse, deren Entwicklung vor allen Dingen durch nervliche und geistige Faktoren bestimmt ist, und auf der anderen Seite das verbale und begriffliche Denken, das in einem bestimmten Reifezustand von äußeren Beiträgen gespeist wird, die aus dem sozialen Leben stammen. Man muß vielmehr unterscheiden:

1. Die senso-motorischen Funktionen (Wahrnehmung und vielfältige wahrnehmende Tätigkeit, erste senso-motorische Versuche, senso-motorische und praktische Intelligenz), deren Ausbildung dem Erscheinen der Sprache vorangeht, deren Wirksamkeit aber während der ganzen Entwicklungszeit wesentlich bleibt als Grundlage oder Wurzel der Handlungen.

2. Das einfach vorstellende Denken, das darin besteht, Bilder ins Gedächtnis zu rufen oder mit Hilfe von Symbolen (eingebildeten Vorstellungen, spie-

lerischen Symbolen usw.) oder Zeichen (Sprache) etwas zu beschreiben, ohne daß jedoch diese Beschreibung oder Vorstellung die Vermittlung durch operationale Umformungen voraussetzt.

Dieses vorstellende Denken erscheint mit der symbolischen Funktion zwischen $1^1/_2$ und 2 Jahren und tut seine Wirkung in dem vorbereitenden Stadium bis zu 7 oder 8 Jahren; darüber hinaus behält es einen wenngleich abnehmenden Einfluß auf die Operationen der Intelligenz, beginnend von 7 bis 8 und besonders von 11 bis 12 Jahren.

3. Die Operationen der Intelligenz im begrenzten und strengen Sinne von Handlungen, die internalisiert, umkehrbar und in klar definierten Strukturen geordnet sind wie die Gruppierungen der konkreten Logik (Klassen, Beziehungen und Zahlen, die sich im Alter von 7 bis 8 Jahren auf manipulierbare Objekte beziehen) oder die Systeme und Gruppen der formalen Logik (Operationen der zweiten Potenz, die sich im Alter von 11 bis 12 Jahren auf die einführenden, konkreten Operationen beziehen).

Der beste Beweis dafür, daß wir es mit drei und nicht nur mit zwei verschiedenen Systemen zu tun haben, ist, daß das System der Operationen, das den dritten Platz einnimmt, in mancher Hinsicht dem senso-motorischen System (dem ersten) nähersteht als dem System der Vorstellungen (dem zweiten), wobei vorausgesetzt wird, daß dieses letztere eine vermittelnde Rolle zwischen beiden spielt. Tatsächlich ist eine Operation im eigentlichen Sinne des Wortes eine Handlung, und die Koordinierung von Operationen setzt darum in vieler Hinsicht die auf dem senso-motorischen Niveau ausprobierten Koordinationen fort: auf diese Art und Weise werden die verschiedenen Formen der Bewahrung auf dem senso-motorischen Niveau vorbereitet durch die Bewahrung des bestehenbleibenden Gegenstandes, und die koordinierenden Operationen der euklidischen Geometrie werden aufgepfropft auf die senso-motorische Koordination der räumlichen Verschiebungshandlungen (die empirische «Gruppe» dieser Verschiebungshandlungen, die seit dem zweiten Lebensjahr erworben wird, zeichnet sozusagen die Umkehrbarkeit späterer geometrischer Operationen vor).

Unter diesem Gesichtspunkt ist das vorstellende Denken sowohl eine notwendige Vorbereitung als auch ein Hindernis im Hinblick auf die Ausbildung des operationalen Denkens. Es ist eine notwendige Vorbereitung, weil es für den Übergang von der tatsächlichen oder senso-motorischen Handlung zur inneren oder geistigen Handlung notwendig ist, daß sich zwischen beide ein System von Symbolen oder Zeichen einschiebt. Im übrigen sollte man die Rolle der im eigentlichen Sinne verbalen Zeichen nicht übertreiben: Untersuchungen, die gegenwärtig an Taubstummen unternommen werden, scheinen anzuzeigen, daß die konkreten Operationen der Serienbildung, der Klassifikation usw. sich bei den Individuen normal herausbilden, deren symbolische Funktion intakt ist[1] (im Gegensatz zu Fällen von Aphasie), auch ohne das Vorhandensein von Sprache im eigentlichen Sinne. Aber das vorstellende Denken wird ein Hindernis in dem Maße, in dem es sich mehr auf die (statischen) Situa-

1 Vorstellende Nachahmung, Zeichensprache, geistige Bilder, symbolisches Spiel usw.

tionen als auf Umformungen, also mehr auf Darstellungen als auf den Übergang von einer Darstellung zur anderen konzentriert und so das Denken daran hindert, die Beweglichkeit und die Umkehrbarkeit (oder die Reziprozität) zu erwerben, die für sein Funktionieren unerläßlich sind, und das Denken also an privilegierten Vorstellungen festhält, die genau in dem Maße verzerren, in dem sie privilegiert sind: das sind die falschen Absolutheiten, an denen früher oder später die Vorstellung hängenbleibt und die im Gegensatz zur Relativität stehen, welche für die Operationen charakteristisch ist. Auf diese Art und Weise bekommen das Große und das Kleine, das Schwere und das Leichte, das Linke und das Rechte usw. eine illegitime Bedeutung in dem Maße, in dem diese Begriffe voroperationalen Vorstellungen Raum geben und nicht mehr adäquate Instrumente des Denkens sind, außer in dem Augenblick, wo sie logische Beziehungen als Ausdruck einer gegebenen Struktur von Entsprechungen oder Rückbezüglichkeiten usw. darstellen.

II

Das Interesse des Soziologen an den drei Gruppierungen, die wir unterschieden haben, stammt nun daher, daß sie zu drei verschiedenen Prozessen der Sozialisierung Anlaß geben.

Unterstreichen wir zunächst die Tatsache, daß alle drei für die Sozialisierung der Intelligenz oder des Denkens notwendig sind, denn die menschliche Intelligenz unterliegt dem sozialen Einfluß auf allen Stufen ihrer Entwicklung vom ersten bis zum letzten Tage des Lebens. Wir unterstreichen auch, daß wir niemals etwas Gegenteiliges gedacht haben und daß man, wenn man uns des Individualismus anklagt, wie es zum Beispiel M. Wallon unter dem Vorwand tut, daß wir dem Egozentrismus des Denkens und sogar dem «Autismus» (entsprechend der Bedeutung, die später präzisiert werden wird) eine Rolle beimessen, uns eine Meinung unterstellt, die genau das Gegenteil unserer wirklichen Meinung ist. Wir weigern uns nur zu glauben, daß die «Gesellschaft» oder das «gesellschaftliche Leben» Konzepte darstellen, die ausreichend präzis sind, um in der Psychologie verwendet zu werden. Wenn man unterstreicht, daß das gesellschaftliche Leben einen Einfluß auf alle Stadien der Entwicklung ausübt, dann sagt man etwas ebenso Evidentes, aber gleichzeitig ebenso Vages, als wenn man der physikalischen Umwelt einen beständigen Einfluß beimißt. Genau wie die physikalische Umwelt nach wissenschaftlicher Erfahrung in einer ganz anderen Art und Weise Einfluß auf das Neugeborene, auf das Kind von zwei bis fünf Jahren, auf den Heranwachsenden oder auf den Erwachsenen ausübt, genauso hat das «gesellschaftliche Leben» sehr verschiedenartige Wirkungen in diesen verschiedenen Stadien; und wenn die genetische Psychologie der Soziologie irgendeinen Dienst erweisen kann, dann besteht dieser eben darin, daß sie der Soziologie hilft, die verschiedenen Typen gesellschaftlicher Einwirkungen auf das Individuum zu differenzieren, wobei diese Differenzierung erleichtert wird durch die Analyse der Sozialisierungsprozesse und durch die Untersuchung der Ordnung, in der jeder Typus als Funktion einer derartigen Entwicklung erscheint.

In dieser Hinsicht entspricht die senso-motorische Intelligenz wenigstens während der Periode, wo sie allein am Werk ist und wo sie der Herausbildung von Sprache und Denken vorhergeht, einem elementaren Typus der Sozialisierung, der allein auf der Interdependenz der Wirkungen aufbaut. Es handelt sich noch nicht um eine Sozialisierung des Denkens (da das Denken nicht von der Handlung getrennt ist und darum nicht immer als Denken auftritt), und die Erwachsenen, die den Säugling umgeben, können ohne Zweifel nur als besonders aktive Körper aufgefaßt werden, als Quelle besonders intensiver Vergnügungen und Schmerzen und insbesondere als Körper, deren Äußerungen in einer bemerkenswerten Art und Weise dem eigenen Körper entsprechen. Das hauptsächliche Instrument dieser zunehmenden Sozialisierung ist die Nachahmung, von der BALDWIN tiefsinnig gezeigt hat, welche Rolle sie zugleich in der Eroberung des anderen und in der Entdeckung des eigenen Körpers ebenso wie des Ich spielt, das zu diesem Körper gehört.

Bei dem anderen Extrem, das heißt bei dem Niveau des operationellen Denkens, das konkret und insbesondere formal ist, baut die Sozialisierung des Denkens wesentlich auf Austausch und Zusammenarbeit auf, das heißt, auf Instrumenten, die die Rückbezüglichkeit und Gleichheit der Partner voraussetzen. Jedes autoritäre Argument steht in der Tat im Widerspruch zu dem rationalen Denken; und dort, wo Zwänge auftreten, die etwas anderes sind als logische Notwendigkeiten, hört das Denken auf, im eigentlichen Sinne operational zu sein, um sich in anderen Richtungen zu bewegen, die sich früher oder später als soziozentrisch darstellen werden (auf diese werden wir im folgenden zurückkommen).

Aber zwischen beiden veranlaßt das einfach vorstellende Denken Sozialisierungsprozesse, die viel komplexer sind. Mit der Symbolfunktion begründet sich in der Tat eine Skala von Bedeutungen, die von dem individuellen Symbol (das ist anfänglich das spielerische Symbol oder die Geste, die in ihrer Bedeutung zwischen der Übung und der Einbildung steht; dahin gehört das geistige Bild oder die verinnerlichte Nachahmung von Formen usw.) bis zum kollektiven Zeichen (Sprache) reicht. Daraus folgt, daß das Denken sich anfänglich in einem Zwischenstadium zwischen der individuellen Vorstellung (eingebildete Vorstellungen, symbolische Gedanken [2] usw.) und den kollektiven Vorstellungen (Begriffe usw.) befindet. Da des weiteren noch keine operationale Kooperation möglich ist und die einzigen Instrumente der Sozialisierung die Nachahmung der Angehörigen und der erzieherische Zwang der Erwachsenen sind, kann in diesem Zwischenstadium noch nicht die Stufe der Sozialisierung erreicht werden, die für das logische Denken charakteristisch ist, das heißt, die gleichzeitig die Autonomie des operationalen Denkens und die Kooperation, die sich auf den Austausch dieser Operationen bezieht, einschließt.

Wir haben vorgeschlagen, dieses Zwischenstadium mit dem Ausdruck Egozentrismus zu bezeichnen, da wir kein besseres Wort haben, wobei wir aber

---

2 Im engeren Sinn des Wortes, d. h. unter Aufrechterhaltung des Unterschiedes zwischen dem motivierten Symbol und dem willkürlichen oder konventionellen Zeichen.

versuchen, die Nachteile dieser zweideutigen Bezeichnung durch eine einschränkende Definition auszugleichen: der kindliche Egozentrismus bedeutet die unbewußte Vermengung des eigenen Gesichtspunktes mit dem des anderen. Zwischen zwei und sieben bis acht Jahren, wenn das Kind noch den äußerlichen gesellschaftlichen Einflüssen unterworfen ist, ohne in der Lage zu sein, diese sich mit Hilfe eines operationalen Mechanismus, den es selbst beherrscht, anzueignen, gelangt es tatsächlich weder zur Autonomie der eigenen Person noch zur Rückbezüglichkeit, die dem Tauschverhältnis zwischen autonomen Personen angemessen ist: es assimiliert also einfach das, was es von außen erwirbt, an seine eigene Tätigkeit, ohne bei jedem seiner eigenen Gedanken unterscheiden zu können, was von ihm selbst und was von einem anderen stammt. In der am meisten individualisierten Form vermischt sich das egozentrische Denken mit dem symbolischen Spiel oder Spiel der Phantasie, in dem eine Umsetzung des Realen im Hinblick auf die eigenen Bedürfnisse und Wünsche vorgenommen wird. In seiner am meisten sozialisierten Form ist das egozentrische Denken eine Kopie des Denkens der Erwachsenen, aber eine Kopie, die ebenfalls eine Umformung ist, da es keine Gleichheit zwischen den angenommenen Modellvorstellungen und der begrenzten Struktur der Intelligenz gibt, die sich diese Modelle assimiliert.

Kurz gesagt, die Sozialisierung des Denkens vollzieht sich in Etappen. Sie vollendet sich auf einer Stufe, wo die Operationen der individuellen Intelligenz sich als Ergebnis einer Kooperation zwischen den Individuen herausbilden und wo demgemäß diese Kooperation als einfache Entsprechung zwischen den von den einzelnen Individuen vorgenommenen Operationen erscheint: in diesem Stadium der Sozialisierung wird es unmöglich, das Soziale und das Individuelle im Grunde des Denkens zu trennen, nicht allein deswegen, weil beides von dem Individuum selbst durcheinandergebracht wird, sondern weil sich hierin zwei untrennbare Aspekte ein und desselben Mittels der Koordination darstellen, das sowohl individuell als auch zwischenmenschlich ist. Bevor jedoch das Denken diesen Zustand operationalen Gleichgewichts erreicht, ist es von gegensätzlichen Tendenzen beherrscht, die aus seiner eigenen Tätigkeit und aus dem Zwang der Gruppe (Familie, Schule usw.) stammen. Die Sozialisierung nimmt hier die Gestalt eines Kompromisses an, dessen Erscheinungen die einer Unterwerfung unter jene Zwänge sind, dessen eigentlicher Kern aber bestimmt wird durch den unbewußten intellektuellen Egozentrismus, der die ganze Vorstellungstätigkeit im voroperationalen Stadium beherrscht: das Soziale und das Individuelle sind also in dem Bewußtsein des Individuums, das sie miteinander vermischt, nicht untrennbar, sondern einfach undifferenziert.

III

Ein solches Schema könnte kompliziert und zerbrechlich erscheinen, wenn es dazu verurteilt wäre, nichts anderes als das Denken des Kindes im Prozeß der Sozialisierung zu erklären. Es scheint uns aber, daß seine Objektivität weiter noch dadurch gesichert wird, daß die Untersuchung verschiedener Formen kollektiver Vorstellungen in Gesellschaften, die sich in der Entwicklung befinden, uns veranlaßt, ein dreigeteiltes Schema einzuführen dort, wo die allgemeine Meinung der Soziologen, wenn man so sagen darf, nichts anderes als den Konflikt zwischen dem «Individuum» und der «Gesellschaft» oder dem individuellen Bewußtsein und dem kollektiven Bewußtsein sieht.

Wenn man tatsächlich die wesentlichen Darstellungen kollektiven Denkens untersucht, sieht man sich drei Formen gegenüber, die nicht aufeinander zurückgeführt werden können und die Zeugnis von einander ausschließenden Prozessen der Sozialisierung ablegen, das heißt, von unterschiedlichen Beziehungen zwischen der Tätigkeit des Individuums und der Koordination der Gruppe: den Techniken, dem wissenschaftlichen Denken und den soziozentrischen Ideologien.

Die Techniken können nicht auf das wissenschaftliche Denken zurückgeführt werden, da sie nach ihrer historischen und vorgeschichtlichen Bildung sehr primitiv sind, während das wissenschaftliche Denken erst spät sich herausbildet. Die Benutzung elementarer Instrumente ist schon Anthropoiden möglich, die nicht denken und keine andere Sozialisierung des Denkens kennen als die, die sich auf dem senso-motorischen Niveau abspielt.

Alle menschlichen Gesellschaften, die wir kennen, verfügen auf der anderen Seite über vielfältige Formen von Ideologien: Religionen, Kosmogonien, politische Ideologien usw. Alle diese Ideologien sind in unterschiedlichem Grade soziozentrisch. Im Gegensatz dazu besteht die Eigentümlichkeit des wissenschaftlichen Denkens darin, daß es von diesem Soziozentrismus befreit, und zwar auf dem Wege über die Koordination von Operationen, die die Objektivität garantieren und die Handlungssysteme, die sich schon auf technischem Niveau herausgebildet haben, unterstützen.

Man sieht so die dreifache Analogie zwischen diesen drei Formen der Intelligenz oder des sozialisierten Denkens und den drei Strukturen, die wir im Hinblick auf die Sozialisierung des einzelnen beschrieben haben. Insbesondere schieben sich die Ideologien zwischen die Techniken und das wissenschaftliche Denken, wie das vorstellende Denken sich zwischen die senso-motorische oder praktische Intelligenz und das operationale Denken schiebt. Des weiteren unterstützt das wissenschaftliche Denken nach seiner Ausbildung die Techniken, ebenso wie das operationale Denken nach seiner Ausbildung einige seiner Wurzeln in der senso-motorischen Intelligenz findet. Drittens spielen die Ideologien wie das vorstellende Denken im Hinblick auf das operationale Denken eine doppelte Rolle der Vorbereitung, aber auch der Hemmung im Hinblick auf das wissenschaftliche Denken: auf der einen Seite kündigen sie in gewisser Hinsicht dessen Ausbildung an, insofern nämlich, als das ideologische Denken zur Bildung allgemeiner Begriffe (Kausalität, Legalität, Substanz usw.) führt, die unter anderer Gestalt vom wissenschaftlichen Denken aufgegriffen werden; aber auf der anderen Seite ist das ideologische Denken soziozentrisch, so wie das vorstellende, voroperationale Denken egozentrisch ist, und dieser deformierende Einfluß hemmt das wissenschaftliche Denken, das die Wirkungen dieser Deformation überwinden soll, ebenso, wie der Egozentrismus die Herausbildung des operationalen Denkens hemmt, das den Egozentrismus durch die Mechanismen der Reziprozität und Dezentration schrittweise überwindet.

Im Hinblick auf die Theorie der kollektiven Vorstellungen ist diese dritte, durch die beiden vorangegangenen verdeutlichte Analogie ohne Zweifel die wichtigste, denn sie gestattet uns über das genetische Interesse hinaus, in dem allgemeinen oder sozialisierten Denken den Faktor, der zur objektiven Wahrheit führt, von dem zu trennen, der die kollektive Subjektivität ausdrückt.

Daß alle Ideologie soziozentrisch ist, das hat die Schule von DURKHEIM hinsichtlich der primitiven kollektiven Vorstellungen eingesehen, indem sie deren «soziomorphen» Charakter darstellte. Aber das Streben DURKHEIMS, die Einheit des kollektiven Bewußtseins aufrechtzuerhalten und das wissenschaftliche Denken aus dem religiösen Denken abzuleiten, hat ihn gehindert, die grundsätzliche Dualität dieser «soziomorphen» Formen des gesellschaftlichen Denkens und der objektiven oder wissenschaftlichen Formen des allgemeinen Denkens zu erkennen, und hat ihn insbesondere auch daran gehindert zu begreifen, daß dieser Gegensatz sich ebenso in den kollektiven Vorstellungen der am meisten entwickelten und am meisten zivilisierten Gesellschaften wiederfindet. DURKHEIM und ebenso COMTE waren auf der einen Seite als Soziologen Männer der Wissenschaft, auf der anderen Seite gaben sie eine Art idealistischer Theologie des kollektiven Bewußtseins, die ihnen die Widersprüche und Kämpfe verbarg zu Gunsten einer Einheit, die mehr aus dem System als aus den Tatsachen hergeleitet wurde. Im Gegensatz dazu führte bei MARX ein lebhaftes Gefühl für Kämpfe und Konflikte dazu, diese Widersprüche nicht zu verbergen, und diese Lektion ist lehrreich, unabhängig von der Meinung, die man sich über die politischen Ideen dieses Autors macht. Zwischen den Techniken oder produktiven Einwirkungen des Menschen auf die Natur und den Wissenschaften oder den Systemen intellektueller Beziehungen, die einen objektiven Begriff des Menschen und der Natur möglich machen und so die Technik verstärken, schieben sich Ideologien ein, die im wesentlichen eine Widerspiegelung nicht der Gesellschaft im ganzen darstellen – denn diese ist, ausgehend von den ersten sozialen Differenzierungen, in ungleiche und feindliche Klassen eingeteilt –, sondern eine Widerspiegelung von partiellen Untergruppen und ihren Interessen, ihren Konflikten und ihren Erwartungen. Die Neo-Marxisten der Gegenwart haben insbesondere gezeigt, wie die Literatur, die Metaphysik und sogar der Heiligenschein der Philosophie, der mehr oder weniger eng den Entstehungsprozeß der Wissenschaften umgibt, unbewußt von sozialen oder, genauer gesagt, soziozentrischen Vorurteilen Zeugnis ablegen. Die Ideologie bedeutet also für die Gesellschaft das gleiche, was das symbolische Denken für das Individuum bedeutet: genauer gesagt, sie ist ein symbolisches Denken, aber mehr begrifflich orientiert als das mythische Denken, das dem primitiven Soziomorphismus eigentümlich ist.

Es mag darum der Schluß gestattet sein, daß *mutatis mutandis* gewisse allgemeine Strukturen sowohl im Geschichtsverlauf, in den gesellschaftlichen Prozessen der Bewußtseinsbildung wie in dem psychogenetischen Vorgang der Sozialisierung zu finden sind. Immer und überall gehen die elementaren Formen der Intelligenz von der Handlung aus, zunächst der senso-motorischen Handlung, dann der praktischen und technischen Intelligenz, während man bei den übergeordneten Formen des Denkens diese handlungsbezogene Natur wiederfindet in der Herausbildung von Operationen, die in sich wirksame und objektive Strukturen entstehen lassen. Aber ebenso immer und überall schiebt sich zwischen die Handlung und die wirkliche Operation das Wort ein, die Quelle der freien Vorstellung auf der einen Seite, aber gleichermaßen die Quelle von Abweichungen im Sinne einer Unterwerfung des Denkens unter das denkende Subjekt: vom Egozentrismus des Kleinkindes, das sich die Dinge unter dem Gesichtspunkt seiner vorübergehenden Interessen vorstellt, ohne die Rückbezüglichkeit verschiedener möglicher Gesichtspunkte zu begreifen, bis zu dem Soziomorphismus ursprünglicher oder raffinierter Art, wie er sich in dem Bewußtsein der Klassen, der Nationen usw. darstellt. Es gibt sicher große Unterschiede im Grad und im Gehalt, aber man findet hier wie dort wenig Rücksicht auf logische Gründe der Vernunft, hier wie dort dieselbe deformierende Wirkung, die aus der Zentrierung des Denkens auf das individuelle oder kollektive Subjekt herrührt, im Gegensatz zur Dezentrierung, die für das objektive oder operationale Denken charakteristisch ist.

IV

Nachdem wir so die großen Linien eines Interpretationsversuches dargestellt haben, den wir im einzelnen anderswo ausgeführt haben,[3] versuchen wir jetzt den einen oder anderen Einwand zu prüfen, der gegen diese Interpretation vorgebracht worden ist, und wollen auch feststellen, ob einige Konzeptionen, die man ihr gegenübergestellt hat, wohlbegründet sind. Um nicht über den Rahmen dieser Zeitschrift hinauszugehen, gehen wir aus von der Kritik, die hier von M. H. Wallon vorgetragen worden ist, sowie auch von den Thesen, die dieser Autor in Gegenüberstellung zu unseren Thesen vorgebracht hat.[4]

Der bedeutende Gegner, dem wir hier antworten wollen, zeigt dabei eine Besonderheit, die zu einer anderen Wahl hätte verleiten können: Wie wir schon bei anderer Gelegenheit bemerken konnten, haben wir bei der Lektüre seiner freundschaftlichen Kritik niemals den Eindruck gehabt, richtig von ihm verstanden worden zu sein, so daß wir uns sehr oft mit einigen seiner Thesen in Übereinstimmung finden (die Bedeutung der Reifung des Nervensystems usw.), ohne jedoch zu begreifen, weshalb er uns eine abweichende Meinung vorwirft. Aber wenn M. Wallon, der ein großer Kinderpsychologe ist, mich nicht vollständig zu verstehen scheint, dann hat das ohne Zweifel tiefere Gründe, und dies veranlaßt mich, mich mit etwas mehr Sorgfalt zu erklären.

Der wesentliche Gegensatz, den Wallon zwischen ihm und mir in dem zitierten Artikel bemerkt, besteht, wenn ich ihn recht verstehe, darin, daß nach ihm das Kind vom Sozialen ausgeht (im Sinne einer Ununterschiedenheit zwischen der Gruppe und dem Ich), um sich fortschreitend zu individualisieren, während nach meiner Konzeption (das heißt: nach Piaget, interpretiert durch Wallon, unter den Vorbehalten, die wir soeben gemacht haben) das Kind von

---

3 Vgl. unsere *Epistémologie génétique* (Presses Universitaires de France, 1949), insbesondere den Bd. 3, Kapitel XII, ‹Das soziologische Denken›.

4 H. Wallon, *L'Étude psychologique et sociologique de l'enfant.* Cahiers Internationaux de Sociologie, Bd. III (1949), S. 3–23.

dem Ich ausgeht, um sich nach und nach zu sozialisieren (das nennt Wallon den «Individualismus von Piaget»).

Dies ist sicher ein schwerwiegender Unterschied, wenn man nicht mit Sorgfalt den Sinn der verwendeten Worte abwägt. Aber das Schwergewicht dieser kleinen Diskussion scheint mir gerade darin und vielleicht ausschließlich darin zu liegen, daß in der Mitte des 20. Jahrhunderts zwei Psychologen, die hingegeben an der konkreten Wirklichkeit arbeiten, nicht so weit kommen, dieselben Worte in denselben Bedeutungen zu verwenden und nicht einmal für einen Augenblick zum Zwecke eines objektiven und wirksamen Meinungsaustausches die Bedeutungen annehmen, die der Gegner den in Frage stehenden Worten beimißt.

Versuchen wir dennoch zu begreifen. M. Wallon nimmt an, daß das Kind als soziales Wesen beginnt, und zwar in dem Sinne, daß es nicht zwischen seinem Ich und den Handlungen, die seine Umwelt auf es ausübt, unterscheidet: es geht also aus von einer Art «Vermischung» (S. 22). Ich denke meinerseits, daß das Denken in einem Zustand von Egozentrismus beginnt, definiere aber ausdrücklich diesen Begriff als eine Ununterschiedenheit des eigenen Gesichtspunkts von dem irgendeines anderen, anders gesagt, durch die Abwesenheit eines klaren Selbstbewußtseins. Ist die gesellschaftliche «Vermischung» von Wallon dem Egozentrismus von Piaget wirklich so entgegengesetzt? Des weiteren zeigt Wallon, wie sich das Kind durch fortschreitende «Differenzierung» individualisiert: diese Differenzierung, die zunächst affektiv ist, «setzt sich während mehrerer Jahre fort. Jeder Fortschritt im Bewußtsein des Ich bringt einen entsprechenden Fortschritt in der Fähigkeit mit sich, sich die Gesellschaft vorzustellen» (S. 22). Für das, was Intelligenz ist (wo die Differenzierung ganz deutlich später eintritt), habe ich meinerseits zu zeigen versucht, daß die Autonomie der Person Funktion der Reziprozität ist, die gleichzeitig eine Differenzierung und Koordinierung der verschiedenen Gesichtspunkte einschließt. Ist das Ich, das bei Wallon durch Differenzierung erworben wird, wirklich im Widerspruch mit der Persönlichkeit und Reziprozität bei Piaget? Ich möchte nicht gleichzeitig Richter und Partei sein.

Im Gegensatz hierzu gibt es zwei Punkte, in denen sich M. Wallon zu täuschen scheint. Indem er sich weigert, meine Definition des Egozentrismus anzunehmen, um dort nichts anderes zu finden als den «Individualismus», greift Wallon die Annäherung auf, die ich zwischen dem anfänglichen Denken des Kindes und dem «Autismus» von Bleuler versucht habe. Da er den Autismus als einen besonderen Krankheitszustand der Schizophrenen ansieht, weist er diesen Vergleich ein wenig zu entschieden als «unzulässig» (S. 16) zurück. Aber wenn man von Wallon auf Bleuler selbst zurückgeht, der der Schöpfer dieses Begriffes Autismus ist (und dessen Schüler ich in Zürich war), dann bemerkt man, daß Bleuler in dem Autismus das symbolische Denken von Freud einbegriff; er fügte nur die fundamentale Ergänzung hinzu, daß, wenn das symbolische Denken dem Lustprinzip folge, dann eben deswegen, weil es die Regeln der Realität und des gesellschaftlichen Lebens ignoriere, weil es also «autistisch» ist. Aus der Perspektive von Bleuler war es also nicht unzulässig, das symbolische Spiel des kleinen Kindes der Kategorie des «nicht gerichteten und autistischen» Denkens zuzurechnen. Um jedes Mißverständnis zu vermeiden, habe ich seit längerem auf den Ausdruck Autismus verzichtet und spreche nur noch von dem symbolischen Denken. Aber welchen Ausdruck man auch verwendet, es erschiene mir von neuem als das Gegenteil des «Individualismus», wenn man das spielerische und symbolische Denken wegen des Fehlens einer angemessenen Sozialisierung (durch Kooperation und Rückbezüglichkeit, also durch Differenzierung und Koordination der verschiedenen Gesichtspunkte) als untauglich für jede Logik ansehen würde.

Schließlich der entscheidende Punkt, auf dem M. WALLON besteht (nachdem er darauf bereits in ‹*Les Origines du Caractère*› angespielt hat): der Übergang vom Egozentrismus zur Kooperation sei die Wiederholung des Individualismus von ROUSSEAU, von dessen ‹*Emile*› bis zum ‹*Contrat social*›! Ein Gegner ROUSSEAUS, der sich hier auskannte, ERNEST SEILLÈRES, hatte anläßlich des Erscheinens meines ersten Buches einen ganzen Artikel geschrieben, um zu zeigen, wie dieser Individualismus von ROUSSEAU von Grund auf widerlegt werde durch die aktuellen Arbeiten des ‹Institut J.-J. Rousseau›. Im Gegensatz dazu findet M. WALLON ROUSSEAU in PIAGET wieder und sieht in einer solchen Begegnung «die Kraft hartnäckiger ideologischer Haltungen» (S. 19). Man wird meine Verwirrung begreifen. Da ich mit MARX der Überzeugung bin, daß die Ideologien eine unbewußte Verzerrung im Denken der Individuen bewirken, wage ich nicht zu behaupten, daß mein Denken nicht verzerrt sei, und auch nicht, daß ich, obschon ich mich als Antipoden der Soziologie ROUSSEAUS verstehe, nicht doch sein Schüler wider Willen wäre. Aber das ideologische Argument ist umkehrbar. Man könnte sich auch fragen, unter dem Einfluß welcher Ideologien M. WALLON dazu neigt, meine Ansichten mit denen ROUSSEAUS zu verwechseln. Und wenn man feststellt, mit welcher Leichtigkeit gewisse polnische Zeitschriften dieselbe Interpretation übernehmen, kann man befürchten, daß die Lösung des Problems noch eine Weile auf sich warten lassen wird.

Aber kommen wir von den eingebildeten Gegensätzen zu den wirklichen Gegensätzen zurück. Die wahren Unterschiede, die zwischen mir und M. WALLON bestehen – und wahre gibt es –, richten sich auf die Beziehungen zwischen der senso-motorischen Intelligenz und dem operationellen Denken. Nach M. WALLON hat die senso-motorische Intelligenz, die er Intelligenz der Situationen nennt, keinen direkten Bezug auf das Denken selbst. Dieses erscheint mit der Vorstellung, das heißt mit der Nachahmung (aber ohne Beziehung zwischen dieser und der senso-motorischen Nachahmung, die WALLON als eine Pseudo-Nachahmung ansieht) und insbesondere mit der Sprache. Das Denken, welches also mit einer Phase des Synkretismus beginnt (noch eine Verwandtschaft mit dem, was wir Egozentrismus und egozentrischen Synkretismus nennen!), organisiert sich endlich in Operationen. Dieser letzte Punkt ist ohne Zweifel der einzige, in dem sich M. WALLON ausdrücklich mit mir einverstanden erklärt.

Wir befinden uns also nicht drei, sondern zwei Systemen gegenüber, die keinen Bezug aufeinander haben: der Intelligenz der Situationen und dem Denken. Infolgedessen leitet sich, weil der Egozentrismus nicht erkannt wird, das operationale Denken gänzlich aus dem vorstellenden Denken her, und weil keine Verbindung zwischen den senso-motorischen Funktionen und dem

Denken besteht, begründet sich das operationale Denken ohne Bezugnahme auf motorische Leistungen oder Handlungen im eigentlichen Sinne.

Eine solche Behauptung begegnet jedoch zwei Schwierigkeiten. Wir werden nicht auf der ersten bestehen, denn diese interessiert die Soziologie nur indirekt: wie soll man Operationen erklären, die (wir unterstreichen das noch einmal) verinnerlichte Handlungen sind und keine Vorstellungen, ohne sich in der einen oder anderen Form auf motorische Leistungen zu beziehen? Es gibt also keine Kontinuität zwischen dem verbalen Denken und den logischen Operationen, sondern die Notwendigkeit einer vollständigen Reorganisation, die ihre Wurzeln bis in die senso-motorischen Mechanismen zurückverlegt. Die zweite Schwierigkeit erscheint uns im Gegensatz hierzu wichtiger unter dem Gesichtspunkt einer Soziologie des Denkens.

Überzeugt von den verbalen Ursprüngen des Denkens hat M. WALLON ein ganz schönes Buch geschrieben, ‹*Les Origines de la pensée chez l'enfant*›, ohne auf das Alter jenseits von vier Jahren einzugehen; er hat sich mit Auszügen aus Gesprächen begnügt, ohne sich auf die vorbereitenden Materialien zu beziehen, an denen sich die Handlungen der Befragten vor ihrer Befragung üben konnten. Um welches Denken handelt es sich also, und wie soll man ohne künstliche Systematisierung den Übergang von diesem zunächst unzusammenhängenden Wortverhalten zu den logischen und strukturierten Operationen erklären?

Hier macht sich das Fehlen eines Vermittlungsgliedes, welches das egozentrische Denken (ein Kompromiß zwischen dem verbalen Zwang der Umgebung und der Assimilation der eigenen Tätigkeit) wäre, am deutlichsten spürbar, und dieser Mangel wird nicht durch Bezug auf ein Ergebnis des Egozentrismus, den Synkretismus des vorlogischen Denkens, ersetzt. Man muß sich fragen, ob nicht M. WALLON in dieser Hinsicht ein wenig das Opfer der Soziologie DURKHEIMS geworden sei, der das gesellschaftliche Leben als einen einheitlichen Block ansah, der ohne Unterschiede die Begründung der Logik und des soziomorphischen oder soziozentrischen Denkens erklärte. Wenn man sich im Gegensatz hierzu durch die marxistischen Unterscheidungen zwischen Techniken, Ideologien und Wissenschaft anregen läßt, dann verknüpft man das konkrete Denken mit dem Handeln (was darauf hinausläuft, die rationalen Operationen mit den motorischen Leistungen zu verbinden), und dann kann das wortgebundene oder einfach vorstellende Denken nicht die fundamentale Rolle spielen, die ihm M. WALLON beizumessen scheint. Eingezwängt zwischen der senso-motorischen Handlung und der operationalen Handlung, bereitet das wortgebundene Denken dieses letztere zum Teil vor, aber nur zu einem Teil; im übrigen ist es dessen Hindernis, weil dieses Denken in eine eingebildete und wunschbezogene Richtung ablenkt, mit einem Wort: ins Subjektive im Gegensatz zur aktiven Objektivität; eben aus diesem Grunde ist das einfach wortgebundene oder vorstellende Denken egozentrisch, analog dem, was die soziozentrischen Ideologien im Hinblick auf die wissenschaftliche Öffentlichkeit sind.

IV. GAETANO MOSCA (1858–1941)

Aus: Die herrschende Klasse. Grundlagen der politischen Wissenschaft [Elementi di Scienza politica], übersetzt von F. Borkenau, Bern 1950.

Kapitel II

Die politische Klasse

1. Unter den beständigen Tatsachen und Tendenzen des Staatslebens liegt eine auf der Hand: In allen Gesellschaften, von den primitivsten im Aufgang der Zivilisation bis zu den vorgeschrittensten und mächtigsten, gibt es zwei Klassen, eine, die herrscht, und eine, die beherrscht wird. Die erste ist immer die weniger zahlreiche, sie versieht alle politischen Funktionen, monopolisiert die Macht und genießt deren Vorteile, während die zweite, zahlreichere Klasse von der ersten befehligt und geleitet wird. Diese Leitung ist mehr oder weniger gesetzlich, mehr oder weniger willkürlich oder gewaltsam und dient dazu, den Herrschenden den Lebensunterhalt und die Mittel der Staatsführung zu liefern. Im praktischen Leben anerkennen wir alle die Existenz dieser herrschenden oder «politischen» Klasse, wie ich sie in einem früheren Werk genannt habe.[1] Wir alle wissen, daß in unserem eigenen Lande die Führung der öffentlichen Angelegenheiten in der Hand einer Minderheit einflußreicher Personen liegt, deren Leitung sich die Mehrheit freiwillig oder gezwungen unterwirft. Wir wissen, daß es sich in den Nachbarländern nicht anders verhält, und in Wahrheit würden wir es schwer finden, uns eine anders organisierte Welt vorzustellen, wo alle gleichmäßig einem einzelnen ohne jede Rangordnung unterworfen wären oder in der alle den gleichen Anteil an der politischen Führung hätten. Wenn wir in Theorie anders argumentieren, so beruht das zum Teil auf tiefsitzenden Denkgewohnheiten und teils auf der Überschätzung zweier politischer Tatbestände, die dem Anschein nach viel wichtiger sind als in Wirklichkeit.

Erstens sieht jeder, daß an der Spitze eines jeden politischen Gebildes ein einzelner steht, ein Haupt der Hierarchie der gesamten herrschenden Klasse, ein «Staatshaupt». Dies ist nicht immer derjenige, der nach dem Gesetz die höchste Macht innehat. Manchmal gibt es neben dem erblichen König oder Kaiser einen Premierminister oder Hausmeier, dessen wirkliche Macht größer ist als die des Souveräns; oder es regiert an Stelle eines gewählten Präsidenten ein einflußreicher Politiker, der die Wahl des Präsidenten herbeigeführt hat. Unter besonderen Umständen wird die höchste Leitung manchmal von zwei oder drei statt von einer Person ausgeübt.

Zweitens üben offenkundig in jeder Staatsform die Unzufriedenheit der beherrschten Massen und ihre Leidenschaften einen gewissen Druck auf die politische Klasse aus.

---

1 Mosca, *Teorica dei governi e governo parlamentare.* Kap. I, Turin 1884.

Aber der Mann an der Spitze des Staates könnte gewiß nicht ohne die Unterstützung einer herrschenden Klasse regieren, die seinen Befehlen Respekt verschafft und für ihre Durchführung sorgt. Er mag einen einzelnen oder einige Mitglieder der herrschenden Klasse seine Macht fühlen lassen, aber er kann sie nicht als Ganzes vor den Kopf stoßen oder sie beseitigen. Und selbst wenn das möglich wäre, müßte er sofort eine andere ebensolche Klasse schaffen, denn ohne deren Unterstützung wäre seine Tätigkeit völlig gelähmt. Anderseits mag die Unzufriedenheit der Massen zwar zum Sturz der herrschenden Klasse führen, aber wir werden noch sehen, daß dann unvermeidlicherweise eine andere organisierte Minderheit innerhalb der Massen entsteht, welche die Funktionen einer herrschenden Klasse übernimmt. Andernfalls würden alle Organisation und jeder gesellschaftliche Zusammenhalt zerstört werden.

2. Vom Standpunkt der Forschung aus gesehen liegt die Bedeutung des Begriffes der politischen Klasse darin, daß deren wechselnde Zusammensetzung über die politische Struktur und den Kulturstand eines Volkes entscheidet. Zufolge einer noch immer gebräuchlichen Einteilung waren die Türkei und Rußland beide bis vor wenigen Jahrzehnten absolute Monarchien, England und Italien waren konstitutionelle Monarchien, Frankreich und die Vereinigten Staaten Republiken. Die Einteilung beruhte darauf, daß in den ersten beiden Ländern das Staatsoberhaupt erblich und formal allmächtig war; bei der zweiten Gruppe erblich, aber in seinen Rechten beschränkt, in der letzten Gruppe aber wählbar.

Diese Einteilung war offenkundig oberflächlich. Das politische Regime in Rußland und in der Türkei hatten kaum etwas Gemeinsames, denn ihr Kulturstand und die Struktur ihrer politischen Klassen waren grundverschieden. Ebenso ist das monarchische Italien der französischen Republik viel verwandter als dem monarchischen Regime in England. Gleicherweise bestehen wichtige Unterschiede zwischen der politischen Ordnung der Vereinigten Staaten und Frankreich, obwohl beide Republiken sind.

Wir haben schon bemerkt, daß bestimmte Denkgewohnheiten den Fortschritt der Wissenschaft auf diesem Gebiet lange behindert haben und noch behindern. Die Einteilung der Regierungsformen in absolute Monarchie, beschränkte Monarchie und Republik geht auf MONTESQUIEU zurück, der sie an Stelle von ARISTOTELES' klassischer Einteilung der Regierungsformen in Monarchie, Aristokratie und Demokratie setzte. Was ARISTOTELES Demokratie nannte, war einfach eine Aristokratie auf ziemlich breiter Basis. ARISTOTELES selbst hätte sehen können, daß es in jedem griechischen Staat, ob nun Aristokratie oder Demokratie, eine oder mehrere Personen von maßgebendem Einfluß gab. Von POLYBIUS bis MONTESQUIEU hatten viele Autoren ARISTOTELES' Einteilung durch die Einführung des Begriffes der «gemischten» Regierungsformen vervollkommnet. Später ging die moderne demokratische Theorie, die von ROUSSEAU stammt, davon aus, daß die Mehrheit der Bürger jedes Staates an seinem politischen Leben teilnehmen könne und tatsächlich auch solle. Die Lehre von der Volkssouveränität beherrscht noch immer viele Köpfe, obwohl die moderne Wissenschaft immer deutlicher klarstellt, daß in jedem politischen System demokratische, monarchische und aristokratische Prinzipien nebeneinander vertreten sind. Wir fügen an dieser Stelle keine Widerlegung dieser Lehre ein, denn dies ist die Aufgabe dieses ganzen Werkes. Es wäre auch schwer, auf ein paar Seiten einen Menschen von der Unrichtigkeit eines Gedankensystems zu überzeugen, das in seinem Geiste tiefe Wurzeln geschlagen hat. Wie LAS CASAS so treffend in seinem ‹Leben des Columbus› bemerkt, ist es oft schwerer zu vergessen als zu lernen.

3. Doch wollen wir schon jetzt einem naheliegenden Einwurf begegnen. Es ist ohne weiteres verständlich, daß ein einzelner eine Masse nicht beherrschen kann, ohne die Unterstützung einer Minderheit zu genießen, aber es ist schwerer zuzugeben, daß Minderheiten stets notwendigerweise Mehrheiten beherrschen und nicht umgekehrt. Aber das ist einer jener in allen Wissenschaften so häufigen Fälle, wo der erste Eindruck der wirklichen Sachlage widerspricht. In Wirklichkeit ist die Herrschaft einer organisierten, einem einheitlichen Antrieb gehorchenden Minderheit über die unorganisierte Mehrheit unvermeidlich. Die Macht einer Minderheit ist für jedes Individuum der Mehrheit unwiderstehlich, da es sich isoliert der Gesamtheit der organisierten Minderheit gegenübersieht. Anderseits ist die Minderheit einfach darum organisiert, weil sie die Minderheit ist. Hundert Menschen, die gemeinsam nach gemeinsamen Plänen handeln, werden tausend Menschen besiegen, die nicht übereinstimmen und mit denen man darum nacheinander einzeln fertig werden kann. Und die erste Gruppe hat es leichter, im Einverständnis zu handeln, einfach darum, weil sie nur aus hundert und nicht aus tausend Menschen besteht. Daraus folgt, daß, je größer eine politische Gemeinschaft, desto kleiner die regierende Minderheit im Verhältnis zur regierten Mehrheit; desto schwerer ist es dann für die Mehrheit, sich zum Widerstand gegen die Minderheit zu organisieren.

Aber auch abgesehen von allen Vorteilen der Organisiertheit bestehen die herrschenden Minderheiten meistens aus Individuen, die der Masse der Beherrschten in materieller, intellektueller, sogar in moralischer Hinsicht überlegen sind, oder sie sind wenigstens Nachkommen von Individuen, die solche Vorzüge besaßen. Anders ausgedrückt haben die Mitglieder der herrschenden Minderheit regelmäßig wirkliche oder scheinbare Eigenschaften, die hochgeschätzt sind und in ihrer Gesellschaft großen Einfluß verleihen.

4. In primitiven Gesellschaften, die noch auf der ersten Stufe ihres Zusammenschlusses stehen, gibt die kriegerische Tapferkeit den leichtesten Zugang zur politischen Klasse. In Gesellschaften vorgeschrittener Zivilisation ist Krieg die Ausnahme. In Gesellschaften auf einer frühen Entwicklungsstufe ist er beinahe die Regel. Dort gewinnen die kriegstüchtigsten Individuen leicht die Herrschaft über alle anderen, die Tapfersten werden Häuptlinge. Der Tatbestand ist immer der gleiche, aber er nimmt entsprechend den Umständen sehr verschiedene Formen an.

Die Herrschaft einer Kriegerklasse über eine friedliche Menge wird meistens der Überlagerung einer Rasse über die andere, der Unterwerfung einer unkriegerischen Bevölkerung durch ein Kriegervolk zugeschrieben. Manchmal verhält es sich genau so – Indien nach den arischen Invasionen, das römische Reich nach den Invasionen der Germanen und Mexiko nach der Eroberung durch die Azteken bieten Beispiele. Aber häufiger vollzieht sich die Entstehung einer Krieger- und Herrenklasse dort, wo von fremder Eroberung keine Spur zu finden ist. Solange eine Horde ausschließlich von Jagd lebt, werden alle Männer leicht zu Kriegern. Natürlich gibt es Häuptlinge, die einen Vorrang in ihrem Stamm besitzen, aber wir finden dort keine Kriegerklasse, die die friedlichen Arbeiter gleichzeitig ausbeutet und beschützt. Wenn aber ein Stamm aus dem Jägerstadium in das Stadium des Ackerbaus und der Viehzucht tritt, dann stellt sich, zusammen mit einem ungeheuren Wachstum der Bevölkerung und einer größeren Beständigkeit der Mittel des sozialen Einflusses, eine mehr oder weniger deutliche Trennung in zwei Klassen ein, deren eine sich ausschließlich dem Landbau, die andere aber dem Kriege widmet. Dann gewinnt die Kriegerklasse schrittweise und unausweichlich eine solche Überlegenheit, daß sie die andere Klasse ungestraft unterdrücken kann.

Polen bietet ein charakteristisches Beispiel der schrittweisen Verwandlung einer Kriegerklasse in eine absolute Herrenschicht. Die Polen besaßen ursprünglich dieselbe Dorfgemeinschaft wie alle anderen Slawen. Es gab keinen Unterschied zwischen Kriegern und Bauern, zwischen Adligen und Hörigen. Als aber die Polen die großen Ebenen der Weichsel und der Memel besiedelten, entwickelte sich bei ihnen der Ackerbau. Doch der Zwang zum Kampf mit kriegerischen Nachbarn bestand weiter. Darum versammelten die Stammeshäuptlinge, die Woiwoden, um sich eine Anzahl ausgewählter Männer, deren einzige Tätigkeit das Waffenhandwerk war. Diese wurden auf die Dorfgemeinden verteilt. Sie waren von der Verpflichtung zum Ackerbau befreit, erhielten jedoch denselben Anteil an Bodenprodukten wie andere Gemeindemitglieder. Ursprünglich galt ihre Lage nicht als sehr beneidenswert, und Landbewohner verzichteten manchmal auf die Befreiung von der Landarbeit, um nicht in den Krieg ziehen zu müssen. Aber schrittweise stabilisierte sich diese Ordnung, die eine Klasse gewöhnte sich an Waffengebrauch und militärische Organisation, die andere an Pflug und Spaten, und so wurden die Krieger Adlige und Herren, und die Bauern, einst ihre Gefährten und Brüder, wurden Hörige und Leibeigene. Schrittweise steigerten die kriegerischen Herren ihre Ansprüche bis zu dem Punkt, wo sie die gesamte Erzeugung der Gemeinschaft abzüglich dessen, was für die Existenz der Ackerbauer völlig unentbehrlich war, als ihr Teil beanspruchten. Versuchten die Bauern, solchem Mißbrauch zu entfliehen, dann wurden sie gewaltsam gezwungen, auf der Scholle zu bleiben, und ihre Lage nahm mehr und mehr alle Kennzeichen der uneingeschränkten Leibeigenschaft an.

1333 versuchte König Kasimir der Grosse vergeblich, die Anmaßung der Krieger zu bändigen. Als die Bauern sich bei ihm über die Adligen beklagten, fragte er sie nur, ob sie keine Stöcke und Steine hätten. Im Jahre 1537 zwang der Adel alle Stadtbürger, ihren Grundbesitz zu verkaufen, und Grundeigentum wurde zum Vorrecht der Adligen. Gleichzeitig zwang der Adel den König, mit Rom darüber zu verhandeln, daß in Zukunft in Polen nur Adlige zum Priesterstand zugelassen werden sollten. So wurden Städter und Bauern völlig von allen Ehrenstellungen ausgeschlossen und verloren jeglichen sozialen Einfluß.[2]

---

2 Mickiewicz, *Les Slaves.* Bd. I, Kap. XXIV, pp. 376–380; *Histoire populaire de Pologne,* Kap. I–II.

In Rußland finden wir eine ähnliche Entwicklung. Auch dort erhielten die Krieger der Druschina, des Gefolges der Knesen aus dem Hause der Ruriks, einen Anteil am Produkt der Bauerngemeinde, des Mir, für ihren Lebensunterhalt. Dieser Anteil wuchs Schritt für Schritt. Da es viel überflüssiges Land gab und die Arbeitskräfte knapp waren, erkannten die Bauern oft ihren Vorteil und zogen fort. Darum gab Zar BORIS GODUNOW zu Ende des sechzehnten Jahrhunderts den Adligen das Recht, die Bauern zum Verbleiben auf ihrem Lande zu zwingen; und so entstand die Leibeigenschaft. Doch bestand das Heer in Rußland niemals ausschließlich aus Adligen. Die Bauern, die Muschiks, folgten im Kriege als Soldaten den Herren der Druschina, bis im sechzehnten Jahrhundert IWAN DER SCHRECKLICHE das stehende Truppenkorps der Strelitzen schuf. Diese bestanden, bis PETER DER GROSSE sie durch westeuropäisch organisierte Regimenter ersetzte, in denen Mitglieder der alten Druschina, mit Ausländern vermischt, das Offizierskorps bildeten, während die Muschiks die Soldaten stellten.[3]

Bei Völkern, die noch nicht lange zum Ackerbau und zu höherer Kultur übergegangen sind, ist die Kriegerklasse ausnahmslos die herrschende Klasse. Manchmal besitzt diese Klasse das ausschließliche Vorrecht des Waffentragens, wie früher in Indien und Polen. Häufiger werden auch die Beherrschten gelegentlich ausgehoben, aber immer nur als gewöhnliche Soldaten und für die weniger angesehenen Einheiten. So bildeten in Griechenland während der Perserkriege die reicheren und einflußreicheren Bürger die Kerntruppen der Reiter und Hopliten, während die ärmeren als Peltasten oder Schleuderer kämpften, und die Sklaven, also die arbeitenden Massen, fast völlig vom Militärdienst befreit waren. Ähnliche Einrichtungen bestanden in der Römischen Republik bis zum ersten Punischen Krieg und selbst bis zur Zeit des MARIUS, bei den Galliern zur Zeit JULIUS CÄSARS, in der germanisch-romanischen Welt des Mittelalters, in Rußland wie eben beschrieben, und bei vielen anderen Völkern. CÄSAR hebt wiederholt hervor, daß zu seiner Zeit der Kern der gallischen Heere aus adligen Reitern bestand. Darum konnten z. B. die Häduer gegenüber ARIOVIST nicht mehr standhalten, nachdem die Blüte ihrer Reiterei in der Schlacht gefallen war.

5. Überall, in Rußland und in Polen wie in Indien und im europäischen Mittelalter, erwirbt die herrschende Kriegerklasse nahezu ein Monopol des Landbesitzes; und Land ist in wenig kultivierten Ländern die Hauptquelle des Reichtums. Aber mit dem Kulturfortschritt wächst auch das Einkommen von Grund und Boden. Mit dem Wachstum der Bevölkerung wächst auch die «Bodenrente» (im Sinne RICARDOS) wenigstens in gewissen Perioden, hauptsächlich infolge des Entstehens großer Zentren des Verbrauchs, großer Hauptstädte und anderer Großstädte, in der Antike und in der Moderne. Bei günstigen Umständen vollzieht sich dann ein hochbedeutsamer Wandel der Sozialstruktur. Reichtum wird an Stelle von militärischer Tapferkeit das charakteristische Kennzeichen der herrschenden Klasse. Die Herrschenden sind nunmehr die

---

3 LEROY-BEAULIEU, *L'empire des tzars et les Russes.* Bd. I, pp. 338 ff, Paris 1881/82.

Reichen und nicht mehr die Starken. Die wichtigste Bedingung dieser Veränderung ist eine solche Vervollkommnung der gesellschaftlichen Organisation, daß der Schutz der Staatsgewalt viel wirksamer wird als der Schutz durch die Macht von Privaten. Das heißt, das Privateigentum muß durch die praktische Wirksamkeit der Gesetze so wirksam geschützt sein, daß die Eigenmacht des Eigentümers überflüssig wird. Dies geschieht durch eine Reihe schrittweiser Veränderungen der Sozialstruktur, als deren Ergebnis eine Staatsform, die wir als «Feudalstaat» bezeichnen wollen, durch eine andere, völlig verschiedene abgelöst wird, nämlich durch den bürokratischen Staat. Wir werden diese beiden Typen noch des näheren untersuchen und wollen hier nur sagen, daß diese Entwicklung meist durch das Heraufkommen friedlicher Sitten und moralischer Gewohnheiten begünstigt wird.

Wo diese Veränderung stattgefunden hat, erzeugt nun Reichtum politische Macht ganz so, wie früher politische Macht Reichtum erzeugte. In einer bis zu einem gewissen Grade fortgeschrittenen Gesellschaft, wo die individuelle Macht von der Macht der Gesellschaft gezügelt wird, sind die Mächtigen zugleich die Reichen, aber anderseits genügt es dort auch, reich zu sein, um zu den Mächtigen zu gehören. Wo der Kampf mit der gepanzerten Faust verboten, aber der Kampf mit klingenden Talern erlaubt ist, gewinnen die Reichsten unvermeidlich die besten Posten.

Zwar gibt es Staaten von höchster Kultur, die auf der Basis solcher moralischer Grundsätze organisiert sind, die die Übermacht des Reichtums auszuschließen scheint. Aber das ist einer der vielen Fälle, wo theoretische Prinzipien im wirklichen Leben nur sehr begrenzt angewandt werden können. In den Vereinigten Staaten entspringt alle Macht unmittelbar oder mittelbar aus Volkswahlen, und in allen Staaten der Union besteht das allgemeine Wahlrecht für Männer und Frauen. Überdies herrscht die Demokratie dort nicht nur in der Verfassung, sondern in gewissem Sinn auch in den Sitten. Die Reichen übernehmen nur ungern öffentliche Ämter, und die Armen wählen dafür nur ungern Reiche. Nichtsdestoweniger bleibt der Reiche einflußreicher als der Arme, da er auf die Politiker, die die Verwaltung kontrollieren, einen Druck ausüben kann. Es hindert nicht, daß Wahlen unter dem Klang rollender Dollars vor sich gehen, daß manche örtliche Vertretungskörper und Kongreßmitglieder unter dem Einfluß von Eisenbahngesellschaften und Finanzbaronen stehen.[4]

Auch in China beruhte die Regierung bis vor wenigen Jahren im wesentlichen auf der Grundlage der Gleichheit, wenn auch nicht auf dem Prinzip der Volkswahl. Die akademischen Grade eröffneten den Zutritt zur Beamtenlaufbahn, und die Beamtenstellen wurden durch Examina scheinbar ohne jede Rücksicht auf Familie und Reichtum vergeben. Nach gewissen Angaben waren nur Barbiere und gewisse Gruppen von Bootsleuten und deren Kinder von der Teilnahme an Prüfungen für die verschiedenen Grade des Mandarinentums ausgeschlossen.[5] Doch, obwohl die geldbesitzende Klasse in China weniger

---

4 Jannet, *Le istituzioni politiche e sociale degli Stati Uniti d'America.* Bd. II, Kap X f.

5 Rousset, *À travers la Chine.* Paris 1878.

zahlreich, weniger vermögend und weniger mächtig ist als die gleiche Klasse in den Vereinigten Staaten, vermochte sie trotzdem die korrekte Durchführung dieses Systems sehr erheblich zu stören. Nicht nur wurden die Prüfer oft bestochen, sondern die Regierung selbst verkaufte manchmal die verschiedenen akademischen Grade und ließ Ungebildete, oft aus den niedrigsten Schichten, zu öffentlichen Ämtern zu.[6]

In allen Ländern sind auch andere Mittel des sozialen Einflusses, wie persönliches Ansehen, hohe Bildung, Spezialkenntnisse und die hohen Stellen in Kirche, Verwaltung und Heer den Reichen leichter zugänglich als den Armen.

Die Reichen haben immer einen kürzeren Weg zum Erfolg als die Armen, und der Teil des Wegs, der ihnen erspart bleibt, ist oft der härteste und schwerste.

6. In Gesellschaften, wo die Religion eine große Rolle spielt und ihre Diener eine besondere Klasse bilden, entsteht fast immer eine priesterliche Aristokratie, die sich einen gewissen Teil des Reichtums und der politischen Macht aneignet. Das alte Ägypten (während gewisser Perioden), das Indien der Brahmanen und das mittelalterliche Europa bieten hervorstechende Beispiele. Oft erfüllen die Priester nicht nur religiöse Funktionen. Sie besitzen Kenntnisse auf dem Gebiet des Rechts und der Wissenschaften und sind die Klasse mit der höchsten intellektuellen Kultur. Priesterliche Hierarchien zeigen oft eine bewußte oder unbewußte Tendenz, solche Kenntnisse zu monopolisieren und andere von ihnen auszuschließen. Vielleicht ist die äußerst langsame Verbreitung der leichter erlernbaren demotischen Schrift im alten Ägypten wenigstens zum Teil aus dieser Tendenz zu erklären. Die Druiden in Gallien kannten das griechische Alphabet, gestatteten aber nicht die Niederschrift ihrer reichen heiligen Literatur, sondern ließen vielmehr ihre Schüler diese mühsam auswendig lernen. Das zähe Festhalten am Gebrauch toter Sprachen im alten Chaldäa, in Indien und im europäischen Mittelalter diente wohl demselben Zwecke; manchmal, z. B. in Indien, wurde den Unterklassen die Bekanntschaft mit den Heiligen Schriften ausdrücklich verboten.

Spezialisierte und echte, von allem sakralen und religiösen Beigeschmack befreite Wissenschaften werden erst auf sehr hoher Kulturstufe zu politischen Mächten und geben erst dann ihren Trägern Zutritt zur herrschenden Klasse. Aber auch in diesem Fall ist es nicht so sehr die Wissenschaft selbst als ihre praktische Anwendung zum Nutzen des Publikums und des Staates, die politische Bedeutung hat. Manchmal wird nichts anderes verlangt als die bloße Kenntnis der mechanischen Verfahren, die man zur Erwerbung höherer Kultur braucht, vielleicht weil es leichter ist, diese Kenntnisse im Examen festzustellen und zu klassifizieren. So war in gewissen Perioden des alten Ägyptens der Beruf des Schreibers ein Weg zu Amt und Macht, vielleicht auch, weil die Erlernung der Hieroglyphenschrift langes und geduldiges Studium erforderte, wie denn auch im modernen China die Kenntnis der zahllosen Schriftzeichen die Grundlage der Bildung eines Mandarins war.[7] Im heutigen Europa und

---

6 Mas y Sans, *La Chine et les puissances chrétiennes*. Bd. II, p. 332–334; Huc, *L'Empire chinois*.

7 Das galt bis vor wenigen Jahrzehnten, solange die Examina der Manda-

Amerika besitzt die Klasse, die die Entdeckungen der Wissenschaft auf den Krieg, die Verwaltung, die öffentlichen Bauten und das Gesundheitswesen anwendet, eine angesehene soziale politische Stellung. Hier besitzen die Juristen eine absolut privilegierte Stellung wie im alten Rom, denn sie kennen die komplizierte Gesetzgebung, die zu jeder alten Kultur gehört. Noch größer ist ihr Einfluß, wenn sie mit diesen Kenntnissen jene Art von Beredsamkeit verbinden, die dem Geschmack ihrer Zeit entspricht.

Es fehlt nicht an Beispielen, daß lange Erfahrung in führenden Stellungen in Krieg und Frieden in der Spitze der politischen Klasse eine wahre Kunst des Regierens hervorbringt, die mehr ist als banaler praktischer Sinn und mehr als bloße persönliche Erfahrung. Unter solchen Umständen entstehen jene Aristokratien von Staatsdienern wie der römische Senat, die venezianische Nobilität und in gewissem Sinne die englische Aristokratie, die die Bewunderung von John Stuart Mill hervorriefen. Sie haben Regierungen hervorgebracht, deren Leistungen an Reife des Planens und an Beständigkeit und Klugheit der Durchführung zum Allerbesten gehören. Diese Kunst des Regierens ist gewiß nicht dasselbe wie die Wissenschaft der Politik, doch hat sie in der Praxis manche ihrer Grundsätze vorweggenommen. So hat sich diese Kunst bei den traditionellen Trägern der politischen Macht eingebürgert, aber ihr Besitz öffnete normalerweise den Nichtzugehörigen gewiß nicht den Zugang zur herrschenden Schicht. Ob jemand die Kunst des Regierens besitzt, läßt sich übrigens in der Regel nur schwer feststellen, ehe der betreffende in der Praxis gezeigt hat, was er kann.

7. In manchen Ländern gibt es erbliche Kasten. In solchen Fällen ist die regierende Klasse ein für allemal auf eine bestimmte Zahl von Familien beschränkt, und Geburt ist der einzige Maßstab der Zulassung oder Ausschließung. Beispiele solcher erblicher Aristokratien sind überaus zahlreich. Es gibt kaum ein Land mit alter Kultur, das nicht einmal von einem erblichen Adel beherrscht worden wäre. Wir finden erbliche Adelsklassen in gewissen Perioden der chinesischen und der altägyptischen Geschichte, in Indien, in Griechenland vor den Perserkriegen, im alten Rom, bei den Slawen, bei den Romanen und Germanen des Mittelalters, in Mexiko zur Zeit der Entdeckung Amerikas und in Japan bis vor wenigen Jahrhunderten.

Wir müssen hier zwei Bemerkungen vorausschicken. Erstens tendieren alle politischen Klassen zur faktischen, wenn auch nicht immer zur gesetzlichen Erblichkeit.[a] Alle politischen Kräfte haben die Eigenschaft, die man in der Physik die Trägheit nennt, d. h. eine Tendenz, im gegebenen Zustand zu verbleiben. Reichtum und kriegerische Tüchtigkeit erhalten sich in gewissen Familien leicht durch moralische Traditionen und durch Vererbung. Die Praxis der hohen Politik, die Gewohnheit und selbst die Fähigkeit zum Behandeln großer Fragen erwirbt sich viel leichter, wenn man mit ihnen von Kindheit an vertraut ist. Auch wo akademische Grade, wissenschaftliche Kultur, standesgemäßes Verhalten und besondere Ausleseprüfungen den Zugang zu den

---

rine nur literarische und historische Gegenstände betrafen, und zwar in der chinesischen Auffassung dieser Fächer.

öffentlichen Ämtern öffnen, bleibt noch immer, französisch ausgedrückt, der Vorteil der *positions déjà prises* bestehen. Prüfungen und Wettbewerbe mögen theoretisch allen zugänglich sein, aber in Wirklichkeit hat die Mehrzahl nie die Mittel zur Bestreitung der Kosten einer langen Vorbereitung, und viele andere sind nicht im Besitz familiärer und sonstiger Verbindungen, um von vornherein den rechten Start zu finden und das Tasten und die Fehler zu vermeiden, die in einem ungewohnten Milieu ohne Führer und Helfer unvermeidlich sind.

Der demokratische Grundsatz eines ausgedehnten Wahlrechts scheint zunächst mit der besagten Tendenz zur Stabilität der politischen Klasse im Widerspruch zu stehen. Aber die Sieger im Wahlkampf sind fast immer im Besitz der genannten politischen Vorteile, und sehr oft haben sie ihre politische Stellung ererbt. Im englischen, französischen und italienischen Parlament findet man sehr häufig die Söhne, Brüder, Neffen und Schwäger von Abgeordneten und früheren Abgeordneten.[b] Zweitens aber können wir, wo immer eine erbliche Kaste die politische Macht monopolisiert, mit Gewißheit voraussetzen, daß der rechtlichen Erblichkeit die faktische Erblichkeit vorausging. Die betreffenden Familien und Kasten müssen die Herrschaft fest in der Hand halten und alle politischen Kräfte ihres Landes monopolisieren, bevor sie ihr ausschließliches und erbliches Recht auf die Macht verkünden; andernfalls würde ein solcher Anspruch nur bittere Proteste und Kämpfe hervorrufen.

Erbliche Aristokratien rühmen sich oft übernatürlichen Ursprungs oder wenigstens eines anderen und höheren Ursprungs als die Untertanen. Solche Ansprüche beruhen auf der bedeutsamen Tendenz jeder herrschenden Klasse, den faktischen Besitz der Macht auf ein allgemeines moralisches Prinzip zu gründen. Derselbe Anspruch wird manchmal in unserer Zeit in wissenschaftlicher Maske erhoben. Eine Anzahl von Autoren bauen auf einer Erweiterung von DARWINS Lehre die Behauptung auf, daß Oberklassen einen höheren Grad der Entwicklung haben als Unterklassen und diesen daher biologisch überlegen sind. GOBINEAU, GUMPLOWICZ[8] und andere gehen so weit zu behaupten, daß die Einteilung der Bevölkerung in Berufsgruppen in modernen Kulturländern auf ethnische Verschiedenheiten zurückgeht.

Nun gibt die Geschichte unzweideutig Auskunft über die sehr ausgeprägten gesonderen Vorzüge und Mängel von Aristokratien, die sich völlig abgeschlossen oder den Zugang zu ihrem Kreis sehr erschwert haben. Das altrömische Patriziat, der englische und der deutsche Adel bis vor fünfzig Jahren geben eine gute Vorstellung von diesem Typ. Aber ein und derselbe Einwand gilt gegenüber allen Theorien, die die Bedeutung dieses Tatbestandes übertreiben: Die Mitglieder einer solchen Aristokratie verdanken ihre besonderen Eigenschaften nicht so sehr dem Blut, das in ihren Adern fließt, als ihrer besonderen Erziehung, die bestimmte geistige und moralische Neigungen gefördert und andere unterdrückt hat.[c]

Offenbar genügt dies, um die intellektuelle Überlegenheit einer solchen Ari-

---

8 ‹Der Rassenkampf›. Diese Vorstellung durchzieht GUMPLOWICZ' ganzes Werk, s. insbesondere Buch II, Kap. III.

stokratie zu erklären, nicht aber ihre besonderen Charakterzüge, wie Willensstärke, Mut, Stolz und Energie. In Wahrheit aber tragen soziale Stellung, Familientradition und das Verhalten der Umgebung mehr zur Entwicklung solcher Vorzüge bei, als man meist glaubt. Wenn Individuen von einer Klasse in die andere aufsteigen oder absinken, dann verändert das neue Milieu ihren Verstand viel weniger als ihren Charakter. Studium und Erfahrung vermitteln den Angehörigen der Oberschicht (außer den ganz Dummen) einen weiteren Gesichtskreis, aber im übrigen behält jeder den Verstand, den die Natur ihm gegeben hat, sei er Schreiber oder Minister, Feldwebel oder General, Millionär oder Bettler. Aber ein Wechsel von Rang und Besitzverhältnissen macht gar oft den Hochmütigen demütig und den früheren Lakaien hochmütig; der emporgekommene Heuchler und Lügner legt sich gerne einen scheinbaren Freimut und Starrsinn zu.

Wer aber von großer Höhe herabstürzt, erwirbt oft die Fähigkeit der Resignation, der Selbstverleugnung und der Findigkeit, wie anderseits derjenige, der sich durchsetzt, oft an Gerechtigkeitssinn und *fairness* gewinnt. Kurzum, im Aufstieg und Niedergang braucht es ein gutes inneres Gleichgewicht, um auch bei einem großen Wechsel der sozialen Stellung seinen Charakter unverändert zu bewahren. MIRABEAU sagt, daß ein großer Aufstieg auf der sozialen Stufenleiter stets eine Krise hervorruft, die frühere Mängel heilt und neue Fehler entstehen läßt.[9] Mut in der Schlacht, Elan im Angriff, Ausdauer in der Verteidigung, das sind die Qualitäten, die man meist den Oberklassen als ihr Vorrecht nachrühmt. Ohne Zweifel gibt es große natürliche und sozusagen angeborene Unterschiede zwischen verschiedenen Individuen in dieser Hinsicht; aber mehr als alles andere bedingen Traditionen und Milieueinflüsse die Stärke, Schwäche und Durchschnittlichkeit solcher Qualitäten in jeder größeren Menschengruppe. Wir werden gleichgültig in der Gefahr, oder besser in bestimmten Arten von Gefahr, wenn unsere tägliche Umgebung von ihnen mit Gleichgültigkeit spricht und bei ihrem Eintreten kühl und unerschütterlich bleibt. Gebirgsmenschen und Seeleute sind oft ängstliche Menschen, aber sie begegnen furchtlos den Abgründen und den Seestürmen. So erhalten sich Völker und Klassen, die an den Krieg gewöhnt sind, die kriegerischen Tugenden.

Selbst der Waffen ungewohnte Völker und Klassen erwerben diese Tugenden schnell, wenn ihre Mitglieder in Gruppen eingegliedert werden, wo Mut und Entschlossenheit zur Tradition gehören. Ein solches Menschengemisch ist dann gewissermaßen mit jenen Gefühlen geladen, und sie übertragen sich leicht auf die Neuaufgenommenen. MOHAMMED II. rekrutierte seine schrecklichen Janitscharen hauptsächlich aus Knaben, die den degenerierten Griechen von Byzanz geraubt worden waren. Der verachtete ägyptische Fellache, seit Jahrhunderten der Waffen entwöhnt und widerstandslos bereit, sich von all seinen Unterdrückern auspeitschen zu lassen, bildete zusammen mit den Türken und Albanesen des MEHEMET ALI einen guten Soldaten. Der französische Adel war immer für seine glänzende Tapferkeit berühmt, aber der französi-

9 S. *Correspondance entre le comte Mirabeau et le comte de Lamarck.* Bd. II, p. 288, Paris 1851.

schen Bourgeoisie wurde dieser Vorzug bis zum Ende des achtzehnten Jahrhunderts nicht in derselben Art zugestanden; das gemeine Volk und die Bourgeoisie stellten nicht nur gute Soldaten, sondern auch ausgezeichnete Offiziere, was man für ein Vorrecht des Adels gehalten hatte. GUMPLOWICZ' Lehre von der ethnischen Grundlage jeder Klassenschichtung müßte mindestens durch reichliches Tatsachenmaterial unterbaut sein; denn gegen diese Behauptung lassen sich zahlreiche Tatsachen anführen, u. a. daß oft verschiedene Zweige derselben Familie ganz verschiedenen Klassen angehören.

8. Wenn die politische Klasse nach erblichen biologischen Eigenschaften ausgelesen wäre, dann ergäbe sich daraus eine Schlußfolgerung nicht unähnlich jener, zu der uns der Evolutionismus geführt hat: In beiden Fällen müßte die politische Geschichte der Menschheit viel einfacher sein, als sie in Wirklichkeit ist. Wenn die politische Klasse wirklich zu einer anderen Rasse gehörte, oder wenn ihre Herrscherqualitäten sich hauptsächlich durch organische Vererbung fortpflanzten, dann wäre es unverständlich, wieso eine solche Klasse, wenn sie einmal besteht, herabsinken und ihre Macht verlieren kann. Die besonderen Eigenschaften einer Rasse sind äußerst beständig. Hält man sich aber an den Evolutionismus, dann werden die erworbenen Eigenschaften der Eltern den Kindern vererbt, und sie werden so von Generation zu Generation immer stärker herausgearbeitet. Die Nachkommen der Herrschenden müßten darum immer besser zu herrschen verstehen, und alle anderen Klassen müßten immer mehr alle Chancen verlieren, sich an ihre Spitze zu setzen. Die einfachste Erfahrung zeigt, daß es sich ein wenig anders verhält.[d]

Wir sehen, daß jede Veränderung des politischen Gleichgewichts zu einer Änderung in der Zusammensetzung der politischen Klasse führt: es entsteht dann ein Bedürfnis nach anderen Qualitäten in der Staatsführung, und die alten Qualitäten verlieren z. T. ihre Bedeutung oder werden seltener. Wo eine neue Reichtumsquelle auftaucht, wo die praktische Bedeutung des Wissens wächst, wo eine alte Religion verfällt oder eine neue geboren wird, wo sich neue Ideen verbreiten, dort treten gleichzeitig weitgreifende Verschiebungen in der politischen Klasse ein.

Man könnte die ganze Geschichte der Kulturmenschheit auf den Konflikt zwischen dem Bestreben der Herrschenden nach Monopolisierung und Vererbung der politischen Macht und dem Bestreben neuer Kräfte nach einer Änderung der Machtverhältnisse erklären. Dieser Konflikt erzeugt eine dauernde gegenseitige Durchdringung der Oberschicht und eines Teiles der Unterschicht. Politische Klassen sinken unweigerlich herab, wenn für die Eigenschaften, durch die sie zur Macht kamen, kein Platz mehr ist, wenn sie ihre frühere soziale Bedeutung für die Allgemeinheit verlieren, wenn ihre Vorzüge und Leistungen in einer sozialen Umgebung an Bedeutung verlieren. So verfiel die römische Aristokratie, als sie nicht länger ausschließlich die höheren Offiziere, die Beamten der Republik und die Gouverneure der Provinzen stellte. So verfiel die venezianische Aristokratie, als die Nobili nicht mehr die Galeeren befehligten und nicht mehr den größten Teil ihres Lebens in Seefahrt, Handel und Krieg verbrachten.

In der anorganischen Natur haben wir das Beispiel der Luft, in der eine auf der Trägheit beruhende Beharrungstendenz ständig mit einer Tendenz zur Bewegung infolge der Ungleichheiten der Wärmeverteilung in Konflikt steht. Die beiden Tendenzen beherrschen abwechselnd die verschiedenen Erdgebiete und erzeugen bald Ruhe, bald Winde und Stürme. Formal ähnlich herrscht in menschlichen Gesellschaften bald die Beharrung geschlossener, festgeformter Klassen, bald die Tendenz zu ihrer langsameren oder schnelleren Erneuerung.

Die orientalischen Gesellschaften, die uns stationär erscheinen, waren das in Wirklichkeit nicht immer, sonst könnten sie, wie schon gesagt, nicht die Errungenschaften hervorgebracht haben, deren unwiderlegbare Zeugnisse wir besitzen. Vielmehr haben wir sie in einer Zeit der Erstarrung ihrer politischen Kräfte und Klassen kennengelernt. Dasselbe geschieht in den sogenannten «greisenhaften» Gesellschaften, wo Religion, Wissenschaft und Wirtschaft seit Jahrhunderten im wesentlichen unverändert blieben, ohne in ihrem täglichen Lauf durch das Eindringen fremder materieller oder geistiger Einflüsse von außen gestört zu werden. In solchen Gesellschaften sind die politischen Kräfte immer die gleichen, und die Klasse im Besitz der Macht behauptet sie unangefochten. Darum bleibt die Macht dauernd in der Hand gewisser Familien, und die Tendenz zur Unbeweglichkeit überträgt sich auf alle Schichten der Gesellschaft.

So setzt sich in Indien das Kastensystem nach der Unterdrückung des Buddhismus endgültig fest. Die Griechen fanden erbliche Kasten im alten Ägypten, aber wir wissen, daß Amt und Rang dort in den Zeiten der Größe und des Wiederauflebens der Kultur nicht erblich waren. Wir besitzen einen ägyptischen Bericht über das Leben eines hohen Offiziers zur Zeit der Vertreibung der Hyksos. Er begann seine Laufbahn als einfacher Soldat. Andere Berichte erwähnen Fälle, wo derselbe Mann nacheinander dem Heer, der Beamtenschaft und der Priesterschaft angehörte.[10]

Das bestbekannteste und vielleicht wichtigste Beispiel der Erstarrung bietet das spätrömische Reich. Nach einigen Jahrhunderten fast völliger sozialer Unbeweglichkeit trat dort eine immer schärfere Trennung zwischen der Klasse der Landbesitzer und hohen Beamten einerseits und der Klasse der Sklaven, Kolonen und städtischen Plebejer andererseits in Erscheinung. Es ist besonders bezeichnend, daß Amt und Rang schon gewohnheitsmäßig erblich waren, ehe sie es gesetzlich wurden. Und diese Erblichkeit verbreitete sich dann schnell über alle Stände.[11]

Andererseits schaffen Handel mit fremden Völkern, notgedrungene Auswanderung wie auch Entdeckungen und Kriege neue Armut und neuen Reichtum, verbreiten bisher unbekannte Kenntnisse und führen zum Eindringen neuer moralischer, geistiger und religiöser Strömungen. Manchmal entsteht auch aus einer langsamen inneren Entwicklung, aus äußeren Einflüssen oder aus dem Zusammenwirken beider eine neue Wissenschaft, oder vergessene Ergebnisse einer früheren wissenschaftlichen Entwicklung kommen wieder zu Ehren; die neuen Ideen und Überzeugungen unterhöhlen dann die Gedankenwelt, auf der der Gehorsam der Massen beruhte. Manchmal wird die poli-

10 LENORMANT, MASPERO, BRUGSCH.

11 MARQUARDT, *Manuel des antiquités romaines;* FUSTEL DE COULANGES, *Nouvelles recherches sur quelques problèmes d'histoire.* Paris 1891.

tische Klasse ganz oder teilweise durch äußere Feinde vernichtet oder durch neue soziale Elemente vertrieben. Dann folgt eine Periode der Erneuerung oder, wenn man will, der Revolution; individuelle Energien erhalten freie Bahn. In solchen Zeiten steigen die Leidenschaftlichsten, Tätigsten, Klügsten und Entschlossensten aus der Tiefe der Gesellschaft zu ihren höchsten Spitzen auf.

Hat eine solche Bewegung einmal begonnen, dann läßt sie sich nicht auf einmal aufhalten. Das Vorbild von Zeitgenossen, die aus dem Nichts kamen und zu hervorragenden Stellungen gelangten, stachelt neuen Ehrgeiz, neue Begierden und neue Energien an, und diese molekulare Erneuerung der politischen Klasse dauert fort, bis eine lange Periode sozialer Stabilität sie wieder verlangsamt. Beispiele solcher Vorgänge wären heutzutage überflüssig, denn besonders markant sind solche schnellen Erneuerungsprozesse in jungen Kolonien. Im Anfang gibt es dort keine fix und fertige herrschende Klasse, und während sie sich bildet, ist es leicht, Zutritt zu ihr zu finden. Die Monopolisierung von Land und anderen Produktionsmitteln ist schwerer als sonst, wenn vielleicht auch nicht ganz so unmöglich. Darum fanden griechische Energie und Unternehmungslust zeitweise solch weite Entfaltungsmöglichkeiten in den griechischen Kolonien. Darum gibt es in den Vereinigten Staaten, wo neues Land während des ganzen neunzehnten Jahrhunderts in Anbau genommen wurde und dauernd neue Industrien entstanden, auch heute noch soviel mehr Beispiele von Männern, die aus dem Nichts zur Berühmtheit und zum Reichtum gelangten, als in Europa. Das trägt zu der Illusion des Volkes bei, daß die Demokratie eine Wirklichkeit ist.

Wenn eine Gesellschaft schrittweise aus dem Fieberzustand zur Ruhe übergeht, dann setzen sich die dauernden psychologischen Tendenzen der Menschen wiederum durch, und die Angehörigen der politischen Klasse entwickeln langsam einen neuen exklusiven Korpsgeist. Sie lernen die Kunst, sich das Monopol der Qualitäten und Haltungen zu sichern, deren man zum Herrschen bedarf. Zuletzt bildet sich dann die konservative Macht *par excellence* – die Macht der Gewohnheit. Durch sie finden sich viele mit ihrem niedrigen Stande ab, während die Angehörigen bestimmter privilegierter Familien und Klassen die Überzeugung gewinnen, daß sie ein nahezu unbegrenztes Recht auf hohen Rang und Herrschaft haben.

Ein Philanthrop mag sich versucht fühlen zu fragen, wann die Menschheit glücklicher oder wenigstens minder glücklich ist: in Perioden der Ruhe und der Erstarrung, wenn jeder in dem Stand verbleiben muß, zu dem er geboren ist, oder in den entgegengesetzten Perioden der Erneuerung und der Revolution, wo jeder sich die höchsten Ziele setzen kann. Aber eine solche Untersuchung wäre schwierig. Man müßte viele Bedingungen und Einschränkungen formulieren, und letzten Endes bliebe die Antwort doch von der persönlichen Einstellung des Beobachters abhängig. Wir werden uns hüten, eine solche Antwort zu geben, um so mehr, als auch das sicherste Resultat kaum von praktischem Nutzen wäre. Denn der freie Wille, die spontane Entscheidung des einzelnen, von der Philosophen und Theologen sprechen, hat bisher nie viel Einfluß auf Anfang und Ende solcher Geschichtsperioden gehabt und wird sie nie haben.

Anmerkungen letzter Hand.

a) S. Mosca, *Il principio aristocratico ed il democratico nel passato e nell' avvenire.* Riforma sociale, 1903.

b) Aber neben der Kraft der Trägheit wirken stets mehr oder weniger stark andere Kräfte in der Richtung auf eine Veränderung der Gesellschaftsordnung. Im Text ist weiter unten dargestellt, daß in manchen Epochen die Kräfte der Trägheit und in anderen die Kräfte der Umgestaltung überwiegen.

c) Söhne hervorragender Väter sind oft nur mittelmäßig begabt. Aber während das Genie sich fast niemals vererbt, findet sich eine überdurchschnittliche Intelligenz bei den Nachkommen der gebildetsten Schicht. Übrigens berief sich der erbliche Adel fast niemals auf die Überlegenheit des Verstandes, sondern auf die des Charakters und auf seinen Reichtum. In bezug auf den Charakter ist schwer zu entscheiden, ob Erblichkeit oder Erziehung bei seiner Bildung die größere Rolle spielt, mit anderen Worten, ob er mehr durch das ererbte Blut oder durch den geistigen und moralischen Einfluß des Milieus bedingt ist.

d) Nach Gobineau und anderen verliert die herrschende Klasse ihre Fähigkeit zum Herrschen durch die Vermischung mit der beherrschten Klasse. Träfe das zu, dann müßte sich der Niedergang einer herrschenden Klasse dort am langsamsten vollziehen, wo das Kastensystem die Vermischung verschiedener Rassen verhindert. In Wahrheit ist oft das Gegenteil der Fall, wie z. B. in Indien.

V. VILFREDO PARETO (1848–1923)

Aus: Gottfried Eisermann, Vilfredo Paretos System der allgemeinen Soziologie, Einleitung, Texte und Anmerkungen. Ferdinand Enke Verlag, Stuttgart 1962.

I. Kapitel

§ 1. Die menschliche Gesellschaft ist Gegenstand vieler wissenschaftlicher Forschungen. Einige davon bilden Spezialwissenschaften wie z. B. die Rechtswissenschaft, die Volkswirtschaftslehre, die politische Geschichtsschreibung, die Religionsgeschichte u. ä. Andere wiederum werden noch nicht durch spezielle Namensgebungen bezeichnet. Der Synthese aus ihnen allen, die darauf ausgeht, die menschliche Gesellschaft im allgemeinen zu studieren, kann man den Namen «Soziologie» geben.

§ 2. Wir wollen uns mit der Erforschung der Beziehungen zwischen den sozialen Tatsachen beschäftigen und uns nicht um den Namen kehren, den man diesem Studium geben mag, desgleichen nicht um die Methode, durch die man Erkenntnis dieser Beziehungen gewinnt. An diesem Ziel sind wir interessiert, wenig oder gar nicht hingegen an den Wegen, die zu ihm führen.

§ 6. Die Soziologie ist bislang fast stets dogmatisch dargelegt worden. Man lasse sich nicht durch das Wort «positiv» täuschen, das Comte seiner Philosophie umhing: seine Soziologie ist ebenso dogmatisch wie der *‹Discours sur l'histoire universelle›* von Bossuet. Es handelt sich zwar um verschiedene Religionen, aber nichtsdestoweniger um Religionen. Dergleichen findet man auch in den Werken von Spencer, De Greef [1], Letourneau [2] und unzähligen anderen Autoren. Der Glaube ist durch seine bloße Natur exklusiv. Wer glaubt, die absolute Wahrheit zu besitzen, kann nicht einräumen, daß es auch noch andere Wahrheiten in der Welt gibt. Wir beabsichtigen hingegen im folgenden allein Erfahrung und Beobachtung als Führer zu nehmen. Wo die Erfahrung nicht der Beobachtung widerstreitet, werden wir der Kürze zuliebe uns auf sie allein beziehen. Deshalb muß man dort, wo wir von einer Sache sagen werden, sie sei durch die Erfahrung belegt, im Geiste hinzufügen: *und durch Beobachtung* und umgekehrt.

§ 12. In einer Theorie gibt es verschiedene deskriptive Teile, axiomatische

---

1 Guillaume de Greef (1842–1924), belgischer Soziologe, der in seinen zahlreichen Werken die Beziehungen zwischen den verschiedenen Sozialwissenschaften analysierte und dadurch die Möglichkeit der Konstituierung der Soziologie als eigenständiger Wissenschaft nachzuweisen suchte. (Anm. d. Herausg.)

2 Charles Letourneau (1831–1902), französischer Soziologe und Anthropologe, der im Sinne Herbert Spencers die Soziologie als die Wissenschaft von den Entwicklungsgesetzen der menschlichen Gesellschaft verstand. (Anm. d. Herausg.)

Behauptungen, Auftreten konkreter oder abstrakter, realer oder imaginärer Wesen, und alles dies kann man in gewisser Weise als das Material der Theorie verstehen. Sie enthält ferner logische oder pseudologische Überlegungen, Berufungen auf das Gefühl, pathetische Deklamationen, das Auftreten ethischer, religiöser und anderer Elemente. All das zusammen kann man als die Art und Weise verstehen, mit der man das Material zusammenfügt, um das Gebäude, das man Theorie nennt, zu errichten.

§ 13. In der eben bezeichneten Weise sei dies Gebäude errichtet worden, die betreffende Theorie existiert. Das ist einer der Gegenstände, die wir klassifizieren wollen. Wir wollen sie nun unter verschiedenen Aspekten betrachten.

1. Objektiver Aspekt. Man kann die Theorie unabhängig davon, wer sie aufstellt und wer sie akzeptiert, betrachten. Wir nennen dies *objektiv*, aber ohne diesem Begriff irgendeine metaphysische Bedeutung zu geben. Um sich von allen möglichen Kombinationen zwischen der Natur des Materials und derjenigen des Zusammenhanges Rechenschaft abzulegen, muß man die folgenden Klassen und Unterklassen unterscheiden:

Klasse I. *Erfahrungsmaterial:*
- I a) Logischer Zusammenhang;
- I b) Nichtlogischer Zusammenhang.

Klasse II. *Nichterfahrungsmäßiges Material:*
- II a) Logischer Zusammenhang;
- II b) Nichtlogischer Zusammenhang.

Die Unterklassen I b und II b sind logische Sophismen oder künstliche Schlußfolgerungen, um andere irrezuführen. Für die Studien, die wir hier anstellen, sind sie oftmals von sehr viel geringerer Bedeutung als die Unterklassen I a und II a. Die Unterklasse I a umfaßt alle Erfahrungswissenschaften; wir nennen sie *logisch-erfahrungsmäßig.* Man kann darin zwei andere Arten unterscheiden:

(I a 1) umfaßt den im strengen Sinne reinen Typus mit ausschließlichem Erfahrungsmaterial und logischem Zusammenhang. Die Abstraktionen und allgemeinen Prinzipien, die hier zur Anwendung gelangen, sind ausschließlich aus der Erfahrung entnommen und ihr untergeordnet.

(I a 2) umfaßt eine Abart dieses Typus, die sich II annähert. Das Material ist stets explizit erfahrungsmäßig, der Zusammenhang logisch, aber die Abstraktionen und allgemeinen Prinzipien enthalten einen Wert, der die Erfahrung transzendiert. Diese Art könnte man als Übergangsart bezeichnen. Man könnte noch andere ähnliche betrachten, aber sie besitzen nicht die Bedeutung der vorliegenden.

Die obige Klassifikation hängt wie jede andere denkbare von unseren Kenntnissen ab. Wer bestimmte Elemente im Gegensatz zu einem anderen als erfahrungsmäßig ansieht, wird eine Aussage unter Klasse I einreihen, die der andere in die Klasse II einordnet. Wer logisch zu denken glaubt und sich irrt, wird eine Aussage als logisch einordnen, die ein anderer, der den Irrtum bemerkt, als nichtlogisch einordnet. Wir müssen festhalten, daß die obige Klassifikation sich auf Typen von Theorien erstreckt. Im Konkreten kann eine Theorie sehr wohl aus einer Mischung dieser Typen bestehen. Das heißt, eine gegebene Theorie kann erfahrungsmäßige und nichterfahrungsmäßige, logische und nichtlogische Teile enthalten.

2. Subjektiver Aspekt. Man kann die Theorien in bezug auf denjenigen, der sie aufstellt und der sie akzeptiert, betrachten. Deshalb werden wir sie unter den folgenden subjektiven Aspekten zu betrachten haben.

a) Ursachen, aus denen eine gegebene Theorie von einem bestimmten Menschen aufgestellt wird. Warum behauptet ein bestimmter Mensch, daß A gleich B ist? Umgekehrt: wenn er das behauptet, welche Ursachen treiben ihn dazu?

b) Ursachen, aus denen ein bestimmter Mensch eine gegebene Theorie akzeptiert. Warum akzeptiert ein bestimmter Mensch die Behauptung A ist gleich B? Umgekehrt: Wenn er diese Behauptung akzeptiert, von welchen Ursachen wird er dazu getrieben? Diese Fragen reichen von einzelnen Individuen bis zu Kollektiven.

3. Aspekt der Nützlichkeit. Man darf nicht die Theorie und den Geisteszustand, die Gefühle, die sie manifestiert, miteinander verwechseln. Gewisse Menschen entwickeln eine Theorie, weil sie bestimmte Gefühle besitzen, und dann wirkt diese Theorie ihrerseits auf sie oder andere Menschen ein, um gewisse Gefühle zu erzeugen, zu verstärken oder zu modifizieren.

I. *Nutzen oder Schaden von theoretisch manifestierten Gefühlen:*
I a) Für den, der die Theorie aufstellt;
I b) Für den, der sie akzeptiert.
II. *Nutzen oder Schaden einer gegebenen Theorie:*
II a) Für den, der sie aufstellt;
II b) Für den, der sie akzeptiert.

Auch diese Unterscheidungen erstrecken sich ebensowohl auf die Kollektive. Wir können also sagen, daß wir Aussagen und Theorien unter *objektivem und subjektivem Aspekt*, unter dem Gesichtspunkt des *individuellen und sozialen Nutzens* betrachten werden. Aber die Bedeutung dieser Begriffe darf man nicht etwa von ihrer Etymologie oder ihrem gewöhnlichen Sprachgebrauch ableiten, sondern ausschließlich von den im Text gegebenen Definitionen (§ 119).

§ 16. Vom objektiven Standpunkt aus haben wir Aussagen oder Theorien in zwei große Klassen eingeteilt (§ 13), nämlich solche, die in keiner Weise den erfahrungsmäßigen Bereich überschreiten, und solche, die das auf irgendeine Weise tun. Es ist wesentlich, wenn man ein wenig exakt zu denken wünscht, sie gut auseinanderzuhalten, weil es sich im Grunde um heterogene Dinge handelt, die in keiner Weise durcheinander gebracht werden dürfen und nicht einmal miteinander verglichen werden können.[3]

Die Termini «wahr» und «falsch» stehen deshalb in strikter Abhängigkeit

---

3 Vgl. *Manuale*, I, § 41: «Eitel und töricht ist der Anspruch gewisser Menschen, daß ihr Glaube *wissenschaftlicher* sei als derjenige anderer. Glaube und Wissenschaft haben nichts gemein, und in dem ersten kann weder mehr noch weniger von der letztgenannten enthalten sein.»

von dem gewählten Kriterium. Wenn man ihnen einen absoluten Sinn verleihen wollte, würde man den logisch-erfahrungsmäßigen Bereich verlassen und den metaphysischen betreten.

Das Kriterium der «Wahrheit» der ersten Klasse von Aussagen beruht einzig und allein auf Erfahrung und Beobachtung. Das Kriterium der «Wahrheit» der zweiten Klasse liegt außerhalb der objektiven Erfahrung – in irgendeiner göttlichen Offenbarung, in Begriffen, die der menschliche Geist, wie man sagt, in sich selbst, ohne Unterstützung der objektiven Erfahrung findet, im universellen Konsensus der Menschheit usw.

Man darf sich niemals über Worte streiten. Deshalb werden wir, falls jemand Lust haben sollte, den Begriffen «Wahrheit» und «Wissenschaft» einen anderen Sinn zu verleihen, von unserer Seite aus nicht die geringsten Schwierigkeiten machen. Es genügt uns, daß er uns klar erkennen läßt, welchen Sinn er seinen Begriffen gibt, und vor allen Dingen, welches Kriterium er benützt, um festzustellen, ob eine Aussage «wahr» oder «falsch» ist.

§ 17. Wir befinden uns hier im Bereich der logisch-erfahrungsmäßigen Wissenschaft. Der Leser sei sich klar darüber, daß ich in diesem Buch absolut darin zu bleiben gedenke und mich weigere, ihn um welchen Preis auch immer zu verlassen. Darum soll er, wenn es ihm gefällt, einen anderen Richter als die objektive Erfahrung zu wählen, dieses Buch sein lassen, wie er aufhören würde, einem Prozeß zu folgen, wenn er den Richter abgelehnt hätte.

§ 145. Wir studieren jetzt die menschlichen Handlungen, den Geisteszustand, dem sie entsprechen, und die Art und Weise, mit denen er sich manifestiert, um schließlich zu unserem Ziel zu gelangen, die Formen der Gesellschaft zu erkennen. Wir gehen dabei induktiv vor. Wir haben keinerlei Vorurteil, keinerlei apriorischen Begriff. Wir stehen Tatsachen gegenüber, wir beschreiben sie, klassifizieren sie, studieren ihren Charakter und sehen zu, ob es uns gelingt, irgendwelche Gleichförmigkeiten (Gesetze) in ihren Beziehungen zu entdecken.

§ 148. Es handelt sich nicht um die konkreten Handlungen, die wir zu klassifizieren haben, sondern die Elemente dieser Handlungen. Ähnlich wie der Chemiker die einfachen Körper und ihre Verbindungen klassifiziert und sich in der Natur Mischungen dieser Verbindungen vorfinden. Die konkreten Handlungen sind synthetisch. Sie bestehen, in unterschiedlichen Proportionen, aus Mischungen, deren Elemente wir klassifizieren müssen.

§ 150. Es gibt Handlungen, die aus für ihren Zweck geeigneten Mitteln bestehen und die logisch die Mittel mit dem Zweck verbinden. Und es gibt andere, denen diese Eigenschaft abgeht. Diese beiden Klassen von Handlungen sind sehr verschieden, je nachdem, ob man sie unter objektivem oder subjektivem Aspekt betrachtet. Vom letzteren Aspekt aus betrachtet, gehören nahezu alle menschlichen Handlungen zur ersten Klasse. Es ist praktisch, diesen beiden Klassen von Handlungen Namen zu geben, um lästige Weitschweifigkeiten zu vermeiden. Wie wir schon früher sagten, wäre es vielleicht am besten, sich solcher Namen zu bedienen, die an sich überhaupt keinen Sinn besitzen, z. B. der Buchstaben des Alphabets. Andererseits würde ein solches Vorgehen der Klarheit der Darstellung schaden. Man muß sich also fügen und die Termini der Umgangssprache anwenden. Aber der Leser vergegenwärtige sich stets, daß diese Namen – oder ihre Etymologie – zu nichts dienen, wenn man wissen will, welche Dinge sie bezeichnen. Diese müssen unmittelbar studiert werden, und ihr Name ist nur ein beliebiger Zettel, der zu ihrer Bezeichnung dient (§ 119). Das heißt ein für allemal, wir werden mit dem Namen «logische Handlungen» diejenigen Handlungen bezeichnen, die nicht nur vom Standpunkt des Handelnden aus, sondern auch vom Standpunkt derjenigen, die ausgedehntere Kenntnisse besitzen, die Handlungen logisch mit dem Zweck verknüpfen, also Tätigkeiten, die sowohl subjektiv wie objektiv in dem oben erklärten Sinne logisch sind. Die anderen Handlungen werden «nichtlogisch» genannt werden, was keineswegs unlogisch bedeuten soll. Diese letztere Klasse werden wir in verschiedene Arten unterteilen.

§ 217. Aus dem bis jetzt unternommenen Studium können wir deutlich die folgenden Merkmale ableiten:

1. Es besteht ein nichtlogischer Kern, der einfach durch die Verbindung gewisser Handlungen und Worte gebildet wird, die spezifische Effekte haben, wie z. B. ein Orkan oder die Vernichtung der Ernte.

2. Von diesem Kern gehen zahlreiche Zweige logischer Interpretationen aus. Man kann unmöglich zu erkennen verfehlen, daß im allgemeinen die Interpretationen nur erdacht sind, um der Tatsache Rechnung zu tragen, daß Stürme entstehen oder abgewendet, Ernten vernichtet oder eingebracht werden. Nur ganz ausnahmsweise kann man das entgegengesetzte Phänomen beobachten, d. h. den Fall, wo die logische Theorie zum Glauben an die Tatsachen geführt hätte. Solche Interpretationen sind nicht immer deutlich voneinander unterschieden. Sie überschneiden sich vielmehr oft, ohne daß die Person, die sie akzeptiert, genau wüßte, welcher Teil jeder einzelnen Interpretation zuzuschreiben ist.

3. Die logischen Interpretationen nehmen diejenigen Formen an, die in der Zeit, in der sie aufgestellt werden, größtenteils üblich sind. Man könnte sie den Kleidern vergleichen, die von den Menschen jener Zeit getragen werden.

4. Es handelt sich dabei um keine direkte Entwicklung wie bei Abb. 1, sondern um eine in der Art von Abb. 2. Die rein nichtlogische Handlung wurde nicht in eine Handlung logischer Form verwandelt; sie besteht zusammen mit

Abb. 1

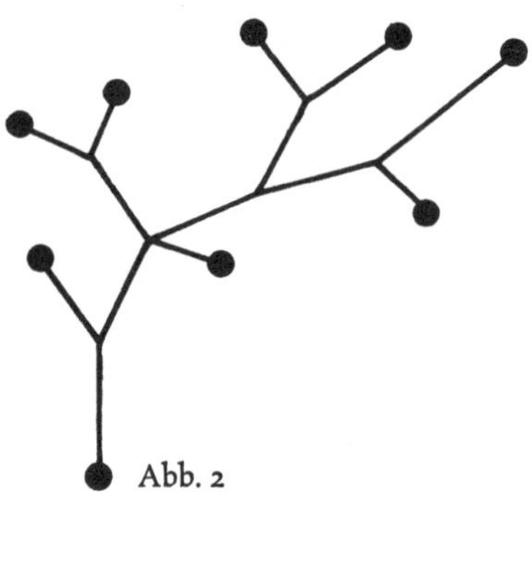
Abb. 2

den von ihr abgeleiteten Handlungen weiter. Man kann nicht bestimmen, auf welche Weise diese Verwandlung stattgefunden hat, indem man etwa z. B. festzulegen versuchte, daß die Entwicklung von der einfachen Verbindung von Handlungen und Fakten (Fetischismus) zu einer theologischen, dann zu einer metaphysischen und schließlich zu einer positivistischen Interpretation verlaufen sei. Einen solchen zeitlichen Ablauf gibt es nicht. Die Interpretationen, die man fetischistisch, magisch, erfahrungsmäßig oder pseudoerfahrungsmäßig nennen könnte, vermengen sich überdies sehr häufig ununterscheidbar und ohne daß sie derjenige, der sie akzeptiert, unterscheiden könnte. Er weiß, bestimmte Handlungen müssen bestimmte Tatsachen zur Folge haben, und kümmert sich nicht um die Erforschung, wie dies zustande kommt.

5. Gewiß hat auf die Dauer der allgemeine Bildungsgrad der Menschen Einfluß auf dieses Phänomen, aber es gibt hier keine konstante Beziehung. Die Römer verbrannten weder Zauberer noch Hexen, und dennoch war ihre wissenschaftliche Entwicklung zweifellos geringer als diejenige der Italiener, Franzosen, Deutschen usw. des 17. Jahrhunderts, die beide auf diese Weise in großer Zahl töteten. So wurden diese Unglücklichen auch um die Wende vom 12. zum 13. Jahrhundert überhaupt nicht verfolgt. Dennoch besteht keinerlei Zweifel, daß der intellektuelle und wissenschaftliche Entwicklungsstand zu dieser Zeit bei weitem geringer war als im 17. Jahrhundert.

6. Keineswegs durch logische Kunstgriffe haben die Kirche, die Regierungen oder sonst jemand den Glauben an diese nichtlogischen Handlungen verbreitet, sondern die nichtlogischen Handlungen haben vielmehr die logischen Kunstgriffe zu ihrer Erklärung aufgezwungen. Das verhindert natürlich nicht, daß solche Kunstgriffe ihrerseits den Glauben an die nichtlogischen Handlungen verstärken und auch dort hervorrufen konnten, wo er noch nicht bestand.

Diese letzte Induktion vermag uns zu verstehen helfen, wie analoge Phänomene stattfinden und wie wir uns täuschen können, wenn wir, lediglich in Kenntnis der nichtlogischen Handlungen in ihrem logischen Firnis, diesem Firnis eine Bedeutung beimessen, den er nicht besitzt.

§ 798. Das lange Studium der Theorien, das wir angestellt haben, hat uns jedenfalls zur Erkenntnis geführt, daß man die konkreten Theorien zumindest in zwei Teile gliedern kann, von denen der eine viel konstanter als der andere ist. In der Absicht, das Nachdenken über Worte anstatt über Tatsachen (§ 119) soweit als möglich zu vermeiden, werden wir damit beginnen, einfache Buchstaben des Alphabets zu benützen, um die Dinge, auf die wir hinweisen wollen, zu bezeichnen, und erst im folgenden Kapitel werden wir diese wenig bequeme Bezeichnungsweise durch Namen ersetzen. In den konkreten Theorien, die wir mit (c) bezeichnen werden, sind also jenseits der faktischen Daten zwei Elemente oder hauptsächliche Teile enthalten, d. h. ein Element oder substantieller Teil, den wir mit (a) bezeichnen werden, und ein gewöhnlich sehr variables Element oder kontingentes Teilstück, das wir mit (b) bezeichnen werden (§ 217). Der Teil (a) entspricht direkt nichtlogischen Handlungen; er ist der Ausdruck gewisser Gefühle. Der Teil (b) ist die Manifestation des logischen Bedürfnisses, das der Mensch besitzt; er entspricht ebenfalls teilweise Gefühlen, nichtlogischen Handlungen, verbirgt sie aber unter logischen oder pseudologischen Überlegungen. Der Teil (a) ist das Prinzip, das im Geiste des

Menschen existiert, der Teil (b) sind die Erklärungen, die Deduktionen von diesem Prinzip.

§ 850. Untersuchen wir nun gründlich die Elemente (a) und (b). Das Element (a) entspricht vielleicht gewissen Instinkten des Menschen oder sagen wir besser der Menschen, weil (a) keine objektive Existenz besitzt und verschieden ist bei verschiedenen Menschen und wahrscheinlich deswegen, weil es diesen Instinkten entspricht, fast konstant in den Phänomenen auftritt. Das Element (b) entspricht der Arbeit des Geistes, um über das Element (a) Rechenschaft abzulegen, und deswegen ist es sehr viel veränderlicher, weil es die Arbeit der Phantasie widerspiegelt.

§ 868. Bevor wir weitergehen, wird es vielleicht gut sein, wenn wir den Dingen (a) und (b) und auch (c) Namen geben, weil ihre Kennzeichnung mit Buchstaben ein wenig die Darstellung belastet und sie weniger klar macht. Aus diesem und keinem anderen Motiv (§ 119) werden wir (a) *Residuen*, (b) *Derivationen* und (c) *Derivate* nennen. Aber man muß sich immer vergegenwärtigen, daß aus der Eigenbedeutung dieser Namen, aus ihrer Etymologie nichts – aber auch gar nichts – entnommen werden kann und daß sie ausschließlich die Dinge (a), (b) und (c) bedeuten.

§ 870. Die Residuen entsprechen gewissen Instinkten des Menschen, und deswegen entbehren sie gewöhnlich der Genauigkeit, der strengen Abgrenzung.

§ 875. Man muß sich sehr hüten, die Residuen (a) mit den Gefühlen oder den Instinkten zu verwechseln, denen sie entsprechen. Die ersteren sind die Manifestation der letzteren, wie das Steigen des Quecksilbers in der Röhre eines Thermometers die Manifestation des Temperaturanstiegs ist. Nur elliptisch, um die Rede abzukürzen, sagen wir beispielsweise, daß die Residuen außer den Begierden, den Interessen usw. (§ 851 ff) hauptsächlich das gesellschaftliche Gleichgewicht bestimmen; so wie wir sagen, Wasser kocht bei 100 °. Die vollständigen Aussagen müßten lauten: «Die Gefühle oder Instinkte, die den Residuen entsprechen, außer denen, die den Begierden, Interessen usw. entsprechen, bestimmen hauptsächlich das gesellschaftliche Gleichgewicht. Wasser kocht, wenn der Wärmestand eine Temperatur von 100 ° Celsius erreicht.»

§ 1416. Diese Betrachtungen führen uns zu wichtigen Folgerungen, die in die *Logik der Gefühle* gehören.

1. Wenn man das Hauptresiduum, aus dem die Derivation hervorgeht, zerstört und es nicht durch ein anderes ersetzt wird, verschwindet auch der Zweck. Das geschieht gewöhnlich, wenn man logisch über erfahrungsmäßige Prämissen nachdenkt, d. h. bei den wissenschaftlichen Überlegungen. Übrigens kann es auch in diesem Falle, wenn die irrigen Prämissen durch andere ersetzt werden, sich ergeben, daß die Schlußfolgerung Bestand behält. Hingegen werden in den nichtwissenschaftlichen Überlegungen die fallengelassenen Prämissen gewöhnlich durch andere ersetzt – ein Residuum durch das andere. Es ist eigentlich die Ausnahme, daß ein solcher Ersatz nicht stattfindet. Zwischen diesen Grenzfällen gibt es Zwischenstufen. Die Zerstörung des Residuums, aus dem die Derivation hervorgeht, läßt den Zweck nicht ganz verschwinden, sondern verringert und schwächt ihn lediglich; er bleibt bestehen, wird aber mit geringerer Inbrunst aufgenommen. Zum Beispiel hat man in Indien beobachtet, daß die eingeborenen Konvertiten zum Christentum die Moral ihrer

früheren Religion verlieren, ohne die der neuen oder deren Gewohnheiten anzunehmen.

2. Beim wissenschaftlichen Denken entfällt die Schlußfolgerung, wenn man beweisen kann, daß sie nicht logisch aus den Prämissen folgt. Dagegen tritt beim nichtwissenschaftlichen Denken, kaum daß man eine der Formen der Derivation zerstört hat, eine neue an ihre Stelle. Beweist man die Nichtigkeit eines Schlusses, der ein bestimmtes Residuum mit einer Schlußfolgerung (dem Zweck) verknüpft, so ist zumeist der einzige Effekt der, daß eine neue Derivation anstelle der ursprünglichen, jetzt zerstörten tritt. Das kommt daher, daß Residuum und Zweck die Hauptsache, die Derivation in den allermeisten Fällen Nebensache ist. Zum Beispiel besitzen die verschiedenen christlichen Sekten Lehren über die guten Werke und die Prädestination, die unter logischem Aspekt gänzlich verschieden und zuweilen sogar entgegengesetzt sind. Und doch unterscheiden sie sich in nichts in ihrer praktischen Moral. Ein Chinese, ein Mohammedaner, ein calvinistischer Christ, ein Katholik, ein Kantianer, ein Hegelianer, ein Materialist lehnen aller gleicherweise das Stehlen ab, aber jeder gibt für sein Verhalten eine unterschiedliche Begründung. Es sind Derivationen, die ein Residuum, das in allen vorhanden ist, mit einer Schlußfolgerung verknüpfen, die sie alle akzeptieren. Und wenn jemand eine neue Derivation erfindet oder eine der bestehenden zerstört, so wird praktisch gar nichts daraus folgern, und die Schlußfolgerung wird dieselbe bleiben.

3. Im wissenschaftlichen Denken erhält man die stärksten Schlußfolgerungen dank streng logischer Deduktionen aus Prämissen, deren erfahrungsmäßige Verifikation soweit als möglich vollkommen ist. Beim nichtwissenschaftlichen Denken werden die stärksten Schlußfolgerungen von einem mächtigen Residuum konstituiert, ohne Derivationen. Man erhält dann die Schlußfolgerungen aus einem starken Residuum, an das man vermittels Derivation andere nicht allzu schwache Residuen knüpft. Allmählich, indem man das Band zwischen Residuum und Schlußfolgerung unterschiebt, vermindert sich die Kraft der Schlußfolgerung mit Ausnahme für wenige Verständnisvolle. Das einfache Volk ist von seinem christlichen Katechismus überzeugt, nicht von subtilen theologischen Untersuchungen. Diese erzielen lediglich eine indirekte Wirkung, d. h. das Volk bewundert sie, ohne sie zu verstehen, und diese Bewunderung verleiht ihnen Autorität, die sich auf die Schlußfolgerung ausdehnt. Das geschah auch in unseren Tagen mit dem ‹Kapital› von Karl Marx. Die wenigsten deutschen Sozialisten haben es gelesen, selten wie weiße Raben sind die, die es verstanden haben können. Aber die subtilen und dunklen Untersuchungen des Buches wurden von außen bewundert und verschafften ihm Autorität. Diese Bewunderung bestimmte die Form der Derivation und nicht etwa die Residuen und die Schlußfolgerungen, die schon vor diesem Buch bestanden und fortfahren werden zu bestehen, wenn das Buch längst vergessen sein wird, und die Marxisten und Nichtmarxisten gemeinsam sind.

4. Vom logischen Standpunkt aus können zwei widersprüchliche Behauptungen nicht gemeinsam aufrechterhalten werden; vom Standpunkt der nichtwissenschaftlichen Derivationen aus können zwei widersprüchlich erscheinende Behauptungen von derselben Person, im Geiste desselben Menschen gemeinsam aufrechterhalten werden. So erscheinen z. B. die folgenden Behaup-

tungen als widersprüchlich: «Du sollst nicht töten. Du darfst töten. – Du sollst dir nicht fremdes Gut aneignen. Du darfst dir fremdes Gut aneignen. – Du sollst Beleidigungen verzeihen. Du darfst Beleidigungen nicht verzeihen.» Dennoch können sie zur selben Zeit von dem gleichen Individuum dank Interpretationen und Unterscheidungen akzeptiert werden, die dazu dienen, den Widerspruch zu rechtfertigen. Entsprechend folgt daraus, daß A gleich B ist, unter logischen Gesichtspunkten strikt, daß auch B gleich A ist; aber diese Folgerung ist beim Schlußfolgern der Derivationen nicht unvermeidlich.

§ 1450. Die Derivationen sind, wie wir oft gesehen haben, im allgemeinen biegsam; die Derivationen der Tradition besitzen diese Eigenschaft sogar in hervorragendem Maße. Man kann z. B. alles, was man wünscht, aus einem Buch, das die Tradition liefert, entnehmen. Die Griechen fanden alles bei Homer, die Römer bei Vergil, die Italiener vieles bei Dante. Ganz bekannt ist der Fall der Bibel und der Evangelien. Man könnte schwer sagen, was man hier nicht gefunden hätte. Man hat aus ihnen zahllose, auch widersprüchliche Lehren entnommen und mit gleicher Leichtigkeit mit ihrer Hilfe das jeweilige Für und Wider bewiesen.

§ 1454. Seit dem 17. Jahrhundert hat man die Bibel mit einer gewaltigen Artillerie von Wissenschaft, Gelehrsamkeit und historischer Kritik bekämpft. Man hat in sehr evidenter Weise bewiesen, daß sehr viele Stellen dieses Buches nicht wörtlich verstanden werden dürfen. Man hat die Einheit des Buches zerstört, und statt des großartigen, so überaus bewunderten Gebäudes, blieben nur formlose Materialien übrig. Weder hat das die Bewunderung der Bibel vermindert, noch die Anzahl der Gläubigen, die sogar immer noch Abermillionen zählen. Und es gibt auch Leute, die einerseits den historischen Teil der Bibel kritisieren, andererseits vor ihr auf die Knie fallen und sie anbeten. Es wandeln sich die Derivationen, die Residuen bleiben bestehen.

§ 1462. Im Olymp des «Fortschritts» hat jetzt eine neue Gottheit, der man den Namen «vitale Interessen» und die Oberaufsicht über die internationalen Beziehungen erteilt hat, ihren Sitz. In den barbarischen Zeiten führte ein Volk Krieg gegen ein anderes, plünderte es aus, zapfte ihm sein Geld ab, ohne viele Worte zu machen; in unserer Zeit verfährt man noch immer so, aber nur im Namen der «vitalen Interessen», und das ist, sagt man, eine ungeheure Verbesserung. Bis jetzt werden die «vitalen Interessen» noch nicht von den privaten Briganten angerufen, die sich mit einer bescheideneren Gottheit begnügen und ihr Handeln dadurch rechtfertigen, daß sie sagen, sie wollten «ihr eigenes Leben leben».

§ 1463. Das Automobil genießt den Schutz des Fortschritts, der nahezu ein Gott ist, wie das Käuzchen in Athen den Schutz der Göttin Athene genoß. Die Gläubigen des Fortschritts müssen das Auto respektieren, wie die Athener das Käuzchen respektierten. In unserer Zeit, in der die Demokratie triumphiert, würde das Auto geächtet werden, wenn es nicht den Schutz des «Fortschritts» genösse, da es hauptsächlich von reichen oder wenigstens wohlhabenden Leuten benützt wird und die Kinder der Proletarier oder auch manche erwachsene Proletarier umbringt. Es nimmt den Kindern der Armen die Möglichkeit, auf den Straßen zu spielen, und füllt die Häuser der armen Bauern und Dorfbewohner mit Staub. Alles das wird dank des Schutzes des Gottes Fortschritt ertragen; wenigstens dem Schein nach, da in Wirklichkeit auch das Interesse des Beherbungsgewerbes und der Automobilindustrie im Spiel ist[4]. Man geht sogar so weit, diejenigen, die das Auto nicht bewundern, so zu behandeln, wie man in früheren Zeiten die Ketzer behandelte.

§ 1507. Die Theorie von ROUSSEAU ist in ihrer Substanz dieselbe wie die von HOBBES. Aber wie es gewöhnlich mit den Derivationen ist, gelangen beide Autoren zu entgegengesetzten Schlußfolgerungen. Heutzutage ist die Theorie von ROUSSEAU in Mode, weil wir in einer Zeit der Demokratie leben; morgen könnte die Theorie von HOBBES vorherrschen, wenn wieder eine der absoluten Gewalt günstige Zeit käme. Und wenn eine für irgendeine andere Gesellschaftsordnung günstige Zeit einträte, würde man, immer vom *contract social* ausgehend, leicht die Derivation finden, die zu Schlußfolgerungen gelangte, die zu dieser Ordnung passen.

§ 1552. Ein Ausdruck bezeichnet eine Sache und ruft akzessorische Gefühle hervor, oder akzessorische Gefühle lassen einen Ausdruck wählen. Diese Gattung von Derivationen spielt eine große Rolle in der forensischen Beredsamkeit und in der Politik. Sie eignet sich sehr zum Überreden, um so mehr, als die von den Ausdrücken suggerierten Gefühle, ohne daß man sich dessen gewahr wird, aufgenommen werden. ARISTOTELES[6] liefert in seiner Rhetorik übrigens gute Beispiele dafür: «Wenn man eine Sache begünstigen will, muß man die Metaphern aus dem Besten, was es gibt, entnehmen; wenn man schaden will, aus dem Schlechtesten.» Und weiter: «Beiwörter können aus dem Schlimmsten und Schändlichsten entnommen werden, z. B. (Orest) der Muttermörder; oder aus dem Besten, z. B. (Orest) der Rächer seines Vaters.» Aus ähnlichen Gründen nennt man das Verharren im eigenen Glauben, wenn er orthodox ist, «Standhaftigkeit», wenn er häretisch ist, «Verstocktheit». Im Jahre 1908 nannten die Freunde der russischen Regierung, wenn sie einen Revolutionär töteten, ihr Vorgehen «Exekution», das der Revolutionäre, wenn sie ein Regierungsmitglied töteten, «Mord». Die Feinde der Regierung kehrten die Bezeichnungen um: das erste Vorgehen war «Mord», das zweite «Exekution». Eine analoge Vertauschung findet statt zwischen den Bezeichnungen «Enteignung» und «Diebstahl». Wer heutzutage irgend etwas fördern will, muß es *modern, demokratisch, human* oder besser noch *humanitär, fortschrittlich* nennen. Einer solchen Kanonade halten wenige stand. Hält man sich an den ursprünglichen Wortsinn, so scheint es, daß ein «Freidenker» ein Mann sein müßte, der wenige oder keine Fesseln des Denkens oder besser des Gedankenausdrucks duldet, da die inneren Gedanken frei, ganz frei sind und man keine nicht vorhandenen Fesseln aufheben kann. Hingegen ist der Freidenker ein Gläubiger, der seine eigene Religion oktroyieren und die Gedanken derer, die nicht so denken wie er, in Fesseln schlagen möchte. Wer die Freiheit im Sinne

4 Das italienische Parlament besorgt liebevoll die Interessen der Industriellen und der Trusts. Deshalb nahm es im Jahre 1912 ein neues Gesetz an, das den geringen Schutz, den das Gesetz bis dahin den Fußgängern gegenüber den Automobilisten gewährte, aufhob.

6 ARISTOTELES, *Rhet.*, III, 2.

der Aufhebung der Fesseln will, sollte wollen, daß man ohne jede Fesseln das Für und Wider der katholischen Religion erörtern darf. Hingegen gestatten die Freidenker zwar den Angriff auf die christliche oder besser katholische Religion, sprechen ihr aber das Recht zur Verteidigung ab. Sie wollen den Priestern das Lehren verwehren, sie wollen jedoch das Unterrichtsmonopol für den Staat, um ihre Theorien oktroyieren zu können, um die Gedanken in dem von ihnen als gut erachteten Sinne in Fesseln zu schlagen. Ich beabsichtige hier nicht im geringsten zu untersuchen, ob das für die Gesellschaft nützlich sein könnte oder nicht; ich sage nur, wer auf diese Weise vorgeht, beraubt das Wort «frei» des Sinnes, den es meistens hat, und legt ihm ungefähr das Gegenteil unter.

§ 1553. Wörtlich genommen, ist *frei* eine Lage, in der sich jeder nach seinem Gefallen seine Gesellschaft, ohne sie anderen aufzuzwingen oder von anderen aufgezwungen zu bekommen, wählen kann. Und wenn es jemandem gefällt, den Zustand, bei dem einem die Gesellschaft, die einem mißfällt und einen anwidert, aufgezwungen wird, *frei* zu nennen, ist es notwendig, wenn wir uns verständigen wollen, ein anderes Wort für den gegensätzlichen Zustand zu finden, bei dem einem eine unangenehme Gesellschaft nicht aufgezwungen wird.

§ 1554. Wirklich, das Schicksal des Terminus «Freiheit» ist sehr komisch. In vielen Fällen bedeutet er heute genau das Gegenteil von dem, was er vor fünfzig Jahren bedeutete; aber die Gefühle, die er hervorruft, bleiben dieselben, d. h. er bezeichnet dem Zuhörenden einen günstigen Zustand. Wenn Hinz den Kunz in Fesseln schlägt, nennt der das sich den Fesseln Entwinden «Freiheit»; wenn dann Kunz seinerseits den Hinz fesselt, nennt er das Fesseln ebenfalls «Freiheit». In beiden Fällen erweckt der Ausdruck «Freiheit» bei Kunz angenehme Gefühle.

§ 1690. Kehren wir zurück zu der Ausdrucksweise, deren wir uns bedienen wollen, und halten wir fest, daß wir die Gefühle, da sie von den Residuen manifestiert werden, der Kürze halber häufig einfach als Residuen bezeichnen werden, um damit zugleich auch auf die Gefühle, die sie ausdrücken, hinzuweisen. In diesem Sinne sagen wir, daß die Residuen zu den Elementen gehören, die das gesellschaftliche Gleichgewicht determinieren, welchen Satz man dahingehend übersetzen und verstehen muß, daß «die von den Residuen ausgedrückten Gefühle zu den Elementen gehören, die in Beziehung wechselseitiger Determination zu dem gesellschaftlichen Gleichgewicht stehen». Aber selbst diese Aussage ist elliptisch und muß von neuem übersetzt werden. Wir wollen vor der Gefahr auf der Hut sein, den Residuen oder sogar den Gefühlen eine objektive Existenz zu verleihen (§ 94, 149, 1689). In der Realität beobachten wir lediglich Menschen in einem Zustand, der durch das, was wir Gefühle nennen, bezeichnet wird. Deshalb muß der soeben ausgesprochene Satz folgendermaßen übersetzt werden: «Die Verhaltensweisen der Menschen, die durch Gefühle charakterisiert werden, die sich durch Residuen ausdrücken, gehören zu den Elementen, die in Beziehung wechselseitiger Determination zu dem gesellschaftlichen Gleichgewicht stehen.» Aber wenn wir uns ganz strikt ausdrücken wollen, genügt das immer noch nicht. Was sind denn das für Verhaltensweisen «der Menschen» oder, wenn man so will, diese «psychischen

Zustände»? Sie sind eine Abstraktion. Was steckt dahinter? Wir werden deshalb sagen müssen: «Die Handlungen der Menschen gehören zu den Elementen, die in Beziehung wechselseitiger Determination zu dem gesellschaftlichen Gleichgewicht stehen; unter diesen Handlungen gibt es gewisse Manifestationen, denen wir den Namen Residuen verliehen haben und die eng verknüpft sind mit den anderen Handlungen; auf diese Weise kann man, wenn die Residuen bekannt sind, unter gegebenen Umständen auch die Handlungen erkennen; deshalb werden wir sagen, daß die Residuen zu den Elementen gehören, die in Beziehung wechselseitiger Determination zu dem gesellschaftlichen Gleichgewicht stehen.» Das kann man sehr wohl einmal so formulieren, um mit äußerster Strenge den Sinn der verwandten Termini festzulegen, aber es wäre nutzlos, lästig und geradezu pedantisch, wenn wir uns jedesmal mit solcher Weitschweifigkeit ausdrücken wollten. Daher können wir anstelle des vorausgegangenen Satzes folgendes sagen: «Die Residuen gehören zu den Elementen, die das gesellschaftliche Gleichgewicht determinieren.» Daraus kann dann keinerlei Schaden erwachsen, wenn man den Sinn der angewandten Termini im Gedächtnis bewahrt.7

Auch die Derivationen drücken Gefühle aus, sei es in direkter, den Residuen, aus denen sie entspringen, entsprechender Weise, sei es indirekt vermittels der Residuen, die zum Zwecke der Derivation dienen. Aber die Derivationen vermittels der Residuen, die sie ausdrücken, zu bezeichnen, wie die Alltagssprache zu verfahren pflegt, könnte zu schwerwiegenden Irrtümern führen, und wir werden uns dessen deshalb in all denjenigen Fällen enthalten, in denen ein Zweifel hinsichtlich der Bedeutung eines Satzes möglich ist.

Die Termini: «Gefühl», «Residuen» kommen gelegen in der Soziologie, wie der Terminus «Kraft» in der Mechanik gelegen kommt, und man kann sie ohne Unzuträglichkeiten anwenden, wenn man sich stets die Realitäten vergegenwärtigt, denen sie entsprechen.

§ 1723. *Verteilung und Wandlung der Residuen innerhalb der verschiedenen Schichten einer Gesellschaft.* – Die Residuen sind weder gleich stark noch gleich verteilt über die verschiedenen Schichten ein und derselben Gesellschaft. Das ist ein landläufiges Phänomen und zu jeder Zeit bekannt. Oft hat man den Aberglauben und die Neophobie der unteren Gesellschaftsklassen bemerkt, und es ist wohlbekannt, daß sie die Letzten waren, den Glauben an die Religion aufzugeben, die gerade von ihnen den Namen Paganismus ableitete. Bei ihnen besitzen die größte Verbreitung und Kraft die Residuen der Klassen II und III, während es sich häufig mit den Residuen der Klasse V (Integrität des Individuums) bei ihnen umgekehrt verhält.

---

7 In ähnlicher Weise wendet die reine Wirtschaftstheorie den Terminus «Ophelemität», die Mechanik den Terminus «Kraft» an, die in ihren Beziehungen zum volkswirtschaftlichen Gleichgewicht oder zum mechanischen Gleichgewicht dem Terminus «Gefühl» (Residuum) in seinen Beziehungen zum gesellschaftlichen Gleichgewicht entsprechen. Die in meinem Manuale gelieferte Theorie der Wahlakte entspricht den jetzt angestellten Betrachtungen zur Eliminierung des Terminus «Gefühl» (§ 2409).

§ 1843. Wer sich der blinden Herrschaft der eigenen Gefühle zu entziehen weiß, ist in der Lage, sich der Gefühle anderer für seine Zwecke zu bedienen. Wer hingegen der Herrschaft der eigenen Gefühle unterliegt, weiß sich nicht derjenigen anderer zu bedienen, stört sie nutzlos auf und erlangt nicht, was ihm Vorteil bringen könnte. Dasselbe läßt sich generell sagen für die Beziehungen zwischen Herrschern und Beherrschten. Der Politiker, der am besten sich und seiner Partei nützt, ist der, der keine Vorurteile besitzt und sich derer der anderen zu bedienen weiß.

§ 1844. Die Tatsachen der Sexualreligion liefern uns ein weiteres ausgezeichnetes Beispiel für die Vergeblichkeit des Unterfangens, vermittels der Unterdrückung der Derivationen die Residuen, die sie bewirken, zerstören zu wollen. Es ist zweifelhaft, ob im Verlauf der Jahrhunderte alle die Gesetze und Maßnahmen gegen die schlechten Sitten den geringsten Effekt ausgeübt haben, so daß man, wenn man nicht auf der Hut wäre gegen den Fehlschluß *post hoc, propter hoc,* sogar zu sagen geneigt wäre, daß die Sittlichkeit dort, wo die Maßnahmen gegen die schlechten Sitten am rigorosesten sind, selbst um so schlechter ist. Mit unseren eigenen Augen können wir sehen, daß die Maßnahmen, die eine Manifestation r eines Residuums unterdrücken, nur dazu dienen, die anderen Manifestationen s, t ... zu verstärken. Wo immer man Krieg gegen Kythera führt, nehmen Sodom, Lesbos und Onan an Stärke zu. Dort, wo man auf die öffentlichen Frauen Jagd macht unter dem Vorwand, den «weißen Sklavenhandel» zu unterdrücken, blühen der Ehebruch und die Ehen für ein Jahr, gelöst durch leichte Scheidungen.

§ 1859. Die Menschen werden vor allem vom Gefühl geleitet.

§ 1881. Wenn die intelligentesten, im landläufigen Sinne «gebildetsten» Menschen auch die wären, die am ehesten die logisch-erfahrungsmäßigen Prinzipien in gesellschaftlichen Fragen akzeptieren, wäre die Schlußfolgerung erlaubt, daß im Verlaufe der Zeit solche Menschen alles das, was nicht logisch-erfahrungsmäßig ist, zurückweisen würden und daß die anderen, ihnen im Wissen mehr oder weniger gleich, sich ihnen auch hinsichtlich der ausschließlichen Annahme der logisch-erfahrungsmäßigen Prinzipien annähern würden. Aber die Tatsachen bestätigen das ganz und gar nicht. Viele Wissenschaftler, hervorragend in den Naturwissenschaften, wo sie ausschließlich oder fast ausschließlich die logisch-erfahrungsmäßigen Prinzipien gebrauchen, vergessen sie gut und gern, wenn sie von den sozialen «Wissenschaften» handeln.[8] Aufs

---

8 Ein Chemiker oder Physiker würde lachen über einen Dilettanten, der, ohne je Physik oder Chemie studiert zu haben, sich unterfangen würde, Urteile in diesen Wissenschaften abzugeben; und doch maßen sich solche Gelehrte, ohne je die Sozialwissenschaften studiert zu haben, an, hier die diffizilsten Fragen lösen zu können (§ 1435 ff). Noch stärker tritt dieser Widerspruch in Erscheinung, wenn man Literaten, Dramaturgen und Poeten mit der größten Autorität über ökonomische und soziale Probleme urteilen hört, von denen sie nicht die geringste Ahnung haben. Welche Beziehung kann zwischen dem Abfassen eines Dramas, das die Gunst des Publikums gewonnen hat, und der objektiven Lösung sozialwissenschaftlicher Fragen bestehen? Die Beziehung besteht im

Ganze der Bevölkerung gesehen, beobachtet man eher einen Wandel der Theologien und Metaphysiken als eine Verminderung des Insgesamts dieser Phänomene (§ 2329 ff).

§ 1918. Die Macht der zu einem bestimmten Zeitpunkt in einer Gesellschaft vorhandenen Normen entspringt hauptsächlich daraus, daß sie von der Mehrheit der Menschen, aus denen sich diese Gesellschaft zusammensetzt, akzeptiert werden, und aus der Tatsache, daß derjenige, der sie überschreitet, dabei ein peinliches Empfinden hat, sich unbehaglich fühlt. Solche Normen sind einfach der nicht allzu präzise Ausdruck der in einer Gesellschaft existierenden Residuen. Deshalb ist das Nachforschen nutzlos, ob ihre Befolgung der Mehrheit von Menschen, aus denen sich die betreffende Gesellschaft zusammensetzt, Freude oder ihre Überschreitung Verdruß bereitet. Wäre dies nicht der Fall, so würden diese Normen nicht in der Mehrheit existierende Residuen ausdrücken, würden in der betrachteten Gesellschaft nicht gelten. Das zu lösende Problem ist ein ganz anderes. Vom Standpunkt des individuellen Vergnügens (Ophelemität) aus beruht es in der Erforschung des Effekts, den die Normen auf diejenigen ausüben, die nicht die von den Normen ausgedrückten Residuen besitzen, und der Art und Weise, auf welche man die Andersdenkenden überreden könne, eine Freude oder einen Verdruß zu empfinden, die sie nicht direkt fühlen. Vom Standpunkt des Nutzens aus haben wir zu erforschen, ob die Beobachtung dieser Normen dem Individuum, der Gemeinschaft, der Nation in dem Sinne nützt, dem man dem Terminus «Nutzen» geben will, beispielsweise im Sinne des materiellen Wohlergehens, wenn man dieses als *nützlich* betrachtet. Wenn man ein Tier daran hindert, seinem Instinkt zu folgen, so empfindet es ein Gefühl des Unbehagens, aber es kann sein, daß sich dadurch sein materielles Wohlergehen schließlich vergrößert. Wenn ein Politiker irgendeine Norm überschreitet, die in der Gesellschaft, in der er lebt, üblich ist, kann es geschehen, daß er dabei ein Gefühl des Unbehagens empfindet und daß sein Wirken schließlich der Gesellschaft schadet, aber es kann auch sein, daß es ihr nützt. Das sind die Fälle, die man analysieren muß.

§ 1923, Anm. Wehe der Partei, die sich auf die Ethik verläßt, um den Respekt ihrer Gegner zu gewinnen, noch unglücklicher die Nation, die sich für die Verteidigung ihrer Unabhängigkeit mehr auf das Völkerrecht als auf ihre Rüstung verläßt! Die Leute überreden, daß man in den internationalen Streitigkeiten oder im Innern nur durch Tugend und nicht durch Betrug siege, heißt sie in den Untergang führen, sie von den Vorkehrungen, sich durch Betrug zu schützen, und den langen und mühsamen Vorbereitungen abbringen, die sie allein zum Sieg führen können: kurz, es handelte sich um ein ähnliches Begin-

---

Aussprechen von wissenschaftlichen Konzeptionen, die, obschon sie erfahrungsmäßig absurd, töricht und hohl sind, doch demselben Publikum gefallen werden, das auch das Drama bewundert hat. Dieses Publikum ist größtenteils unfähig, logisch-erfahrungsmäßige Überlegungen zu verstehen, und nährt sich von sentimentalen, der eigenen Natur zusagenden Reden. Die Welt ist so gemacht, und man vermag nicht zu erkennen, wie und wann sie sich ändern könnte.

nen, als wenn man ein Heer überreden wollte, bemalte Holzkanonen anstatt solche von Stahl zu gebrauchen. Aber die «Intellektuellen» finden Gefallen an solchen Faseleien, weil sie nur Produzenten von Holzkanonen anstatt solcher von Stahl sind.

§ 2025. *Soziale Heterogenität und Zirkulation zwischen den verschiedenen Teilen der Gesellschaft.*[9] – Mehrmals sind wir bereits auf die Betrachtung der sozialen Heterogenität gestoßen, und wir werden uns jetzt damit noch mehr befassen müssen, da wir uns den Bedingungen des gesellschaftlichen Gleichgewichts zuwenden. Um einen klaren Weg vor uns zu haben, müssen wir uns hier eingehender damit befassen. Die Heterogenität der Gesellschaft und die Zirkulation zwischen ihren verschiedenen Teilen könnte man getrennt voneinander untersuchen, aber da die entsprechenden Phänomene in der Realität miteinander verknüpft sind, wird es nützlich sein, sie gemeinsam zu betrachten, um Wiederholungen zu vermeiden. Ob es gewissen Theoretikern gefällt oder nicht, so ist es dennoch eine Tatsache, daß die Menschen physisch, moralisch und intellektuell verschieden sind, daß die menschliche Gesellschaft nicht homogen ist. Wir wollen hier reale Phänomene untersuchen, also müssen wir dieser Tatsache Rechnung tragen. Und wir müssen auch der anderen Tatsache Rechnung tragen, daß die sozialen Klassen nicht vollständig separiert sind, nicht einmal in den Ländern, wo es Kasten gibt, und daß in den modernen zivilisierten Nationen eine intensive Zirkulation zwischen den verschiedenen Klassen vor sich geht. Es ist unmöglich, in seiner ganzen Breite den Gesichtspunkt der Verschiedenartigkeit der zahlreichen sozialen Gruppen und der verschiedenen Weisen, auf die sie sich vermischen, zu untersuchen. Deshalb muß man wie gewöhnlich sich mit dem Geringeren, das erreichbar ist, begnügen und das Problem vereinfachen, um es derart leichter behandeln zu können. Es ist der erste Schritt auf einem Wege, den andere weiter verfolgen werden können. Wir werden das Problem ausschließlich in Beziehung zu dem gesellschaftlichen Gleichgewicht betrachten und dafür Sorge tragen, die Anzahl der Gruppen und die Zirkulationsweisen so weit als möglich zu reduzieren, indem wir Phänomene zusammen behandeln, die sich in irgendeiner Art als analog erweisen.

§ 2047. *Die Ober- und die Unterschicht im allgemeinen.* – Das Mindeste, was wir tun können, ist die Einteilung der Gesellschaft in zwei Schichten, d. h. eine Oberschicht, in der sich üblicherweise die Herrschenden, und eine Unterschicht, in der sich die Beherrschten befinden. Diese Tatsache ist so offensichtlich, daß sie sich zu allen Zeiten sogar dem wenig erfahrenen Beobachter aufgedrängt hat, und ebenso offensichtlich ist die Zirkulation zwischen den beiden Schichten.

§ 2048. Die Veränderungen der Residuen von Klasse I und II, die in den sozialen Schichten erfolgen, sind sehr wichtig für die Determination des gesellschaftlichen Gleichgewichts. Die landläufige Beobachtung nimmt sie nur in einer speziellen Form wahr, d. h. in der Form von Veränderungen der sogenann-

---

9 Einen ersten und unvollkommenen Abriß der Theorie, die ich jetzt darlegen werde, habe ich in meinem Buch ‹*Les systèmes socialistes*›. 2 Bde., Paris 1902 und 1903 (2. Aufl. 1926) veröffentlicht.

ten «religiösen» Gefühle in der Oberschicht. Man beobachtete, daß es Zeiten gab, in denen sie abnahmen, andere, in denen sie zunahmen, und daß diese Wellenbewegungen bemerkenswerten sozialen Veränderungen entsprachen. Man kann dieses Phänomen präziser beschreiben, indem man sagt, die Residuen der Klasse II nehmen in der Oberschicht allmählich ab, bis sie von aus der Unterschicht aufsteigenden Gezeiten wieder verstärkt werden.

§ 2053. Die Eliten sind nicht von Dauer. Welches auch immer die Gründe dafür sein mögen, sie verschwinden nach einer gewissen Zeit. Die Geschichte ist ein Friedhof von Eliten.

§ 2054. Sie verfallen nicht allein der Zahl, sondern auch der Qualität nach in dem Sinne, daß in ihnen die Energie abnimmt und sich die Proportionen der Residuen wandeln, die ihnen zur Gewinnung und Behauptung der Macht dienten. Die herrschende Klasse wird nicht nur der Zahl nach, sondern, was wichtiger ist, der Qualität nach von den Familien erneuert, die aus den unteren Klassen kommen. Sie bringen die Energie und die notwendigen Proportionen von Residuen mit sich, um sich an der Macht zu halten. Auch wird die herrschende Klasse durch den Verlust ihrer dekadenteren Mitglieder erneuert.

§ 2057. Die Revolutionen erfolgen, weil sich in den oberen Schichten, sei es wegen einer verlangsamten Elitenzirkulation, sei es aus anderen Gründen, dekadente Elemente ansammeln, die nicht mehr über die zur Behauptung der Macht tauglichen Residuen verfügen und vor dem Gebrauch der Gewalt zurückschrecken, während in den unteren Gesellschaftsschichten qualitativ überlegene Elemente heranwachsen, denen die für die Ausübung der Regierung tauglichen Residuen zur Verfügung stehen und die zur Gewaltanwendung geneigt sind.

§ 2060. *Die Elemente.* – Die Form der Gesellschaft wird durch alle Elemente determiniert, die auf sie einwirken, und wirkt ihrerseits wiederum auf diese Elemente ein. Deshalb kann man sagen, daß dabei eine wechselseitige Determination vor sich geht. Unter diesen Elementen können wir die folgenden Kategorien unterscheiden: 1. Boden, Klima, Flora, Fauna, geologische und mineralogische Bedingungen usw. 2. Andere für eine Gesellschaft zu einem gegebenen Zeitpunkt externe Elemente, d. h. die hinsichtlich des Raumes externen Einwirkungen anderer Gesellschaften auf sie, hinsichtlich der Zeit die externen Konsequenzen des vorausgegangenen Zustandes dieser Gesellschaft. 3. Interne Elemente, zu denen hauptsächlich die Rasse, die Residuen (oder besser: die durch sie manifestierten Gefühle), die Neigungen, die Interessen, die Haltungen gegenüber rationalem Denken und Beobachtung, der Wissensstand usw. gehören. Hierher gehören auch die Derivationen.

§ 2066. Jedenfalls werden wir, ob die Anzahl der in Betracht gezogenen Elemente nun groß oder gering ist, unterstellen, daß sie ein System bilden, das wir *soziales System* nennen werden. Dessen Natur und Eigenschaften wollen wir jetzt untersuchen. Ein solches System verändert mit der Zeit Form und Charakter, und indem wir es soziales System nennen, beabsichtigen wir, es sowohl in einem bestimmten Zeitpunkt als auch in den sukzessiven Transformationen zu betrachten, die es im Verlauf der Zeit erleidet.

§ 2079. *Ordnung des sozialen Systems.* – Das ökonomische System ist zusammengesetzt aus gewissen Molekülen, die von den Geschmacksrichtungen getrieben werden und den Fesseln unterworfen sind, die durch die Hindernisse für die Erlangung der ökonomischen Güter aufgerichtet werden. Das soziale System ist viel komplexer, und auch wenn wir es, ohne in allzu schwere Irrtümer zu verfallen, soweit als irgend möglich vereinfachen wollten, werden wir es zumindest betrachten müssen als ein Kompositum aus gewissen Molekülen, zu denen Residuen, Derivationen, Interessen und Neigungen gehören, und die, zahlreichen Fesseln unterworfen, logische und nichtlogische Handlungen vollführen.

§ 2080. Betrachten wir die Moleküle des sozialen Systems, d. h. die Individuen, in denen gewisse, durch Residuen manifestierte Gefühle vorhanden sind, die wir der Kürze halber einzig mit dem Namen Residuen bezeichnen werden.

§ 2081. Die Residuen manifestieren sich in den Derivationen, die ein Anzeichen der Kräfte sind, die auf die sozialen Moleküle einwirken.

§ 2097. Unter Benutzung der Umgangssprache können wir sagen, daß alle in Betracht gezogenen Elemente den Gleichgewichtszustand determinieren, daß es gewisse Bindeglieder zwischen ihnen gibt und daß man, wenn man einige dabei außer acht läßt, auf dem Wege der Hypothese dann hypothetische Veränderungen der Gesellschaft (virtuelle Bewegungen) in Betracht ziehen kann[10]. Und zum besseren Verständnis der Interdependenz der betreffenden Elemente, die man sogleich in mathematischer Ausdrucksweise wahrzunehmen vermag, werden wir hinzufügen, daß die Gefühle von ökonomischen Verhältnissen *abhängen* wie diese von den Gefühlen *abhängen* und daß analoge Beziehungen bei den anderen Elementen bestehen.

§ 2158. Wenn man ausschließlich und immanent Ideen, Ideale und Mythen betrachtet, erhält man Systeme der Ethik, Metaphysik und Theologie. Wenn man ausschließlich reale Tatsachen in Betracht zieht und deshalb Ideen, Ideale und Mythen ausschließlich von außen her als solche betrachtet, gelangt man zu Forschungen der erfahrungsmäßigen Wissenschaft oder – um ihnen einen Namen zu geben – zu wissenschaftlicher Geschichte.

§ 2159. Die Komponenten, die zur Überredung der Menschen, zur Beeinflussung ihrer Gefühle, zum In-Bewegung-Setzen auf einem bestimmten Wege dienen, sind ein Gemisch aus den beiden vorausgehenden Kategorien, weil der menschliche Geist das Ideale und das Reale in verschiedenen Proportionen erheischt. Diese Proportionen variieren zu einer gegebenen Zeit und in einem gegebenen Land gemäß den betreffenden Menschen und, wenn man auf den Durchschnitt blickt, gemäß den Ländern und Zeiten in einer Wellenbewegung, wie dies bei fast allen sozialen Phänomenen der Fall ist.

§ 2178. Hinsichtlich der herrschenden Klasse haben wir hauptsächlich fünf Kategorien von Tatsachen zu unterscheiden: 1. Eine bloße Handvoll Bürger, wenn sie nur gewalttätig sind, können ihren Willen den Inhabern der Herrschaft aufzwingen, wenn diese nicht geneigt sind, der Gewalt mit gleicher Ge-

10 Das tun implizit die Reformer, die sich Utopien ausdenken. Wer auf seine Weise über die Gefühle der Menschen Verfügungsgewalt gewinnen kann, vermag auch innerhalb der durch die anderen Bedingungen bestimmten Grenzen über die Form der Gesellschaft zu verfügen.

walt zu begegnen. Wenn die Inhaber der Herrschaft hauptsächlich von humanitären Gefühlen bei ihrer Enthaltsamkeit von der Gewalt getrieben werden, wird der bezeichnete Effekt sehr leicht erreicht. Wenn sie jedoch Gewalt nicht anwenden, weil sie andere Mittel für ratsamer halten, tritt häufig die folgende Wirkung ein: 2. Um Gewalt abzuwenden oder ihr zu widerstehen, verläßt sich die herrschende Klasse auf List, Betrug und Korruption, kurz die Regierungsautorität geht dann von den Löwen auf die Füchse über. Die herrschende Klasse beugt das Haupt vor der Drohung der Gewalt, weicht aber nur scheinbar zurück und bemüht sich, das Hindernis zu umgehen, das sie nicht offen überwinden kann. Langfristig wirkt ein solches Vorgehen mächtig auf die Auslese der herrschenden Klasse ein, zu der nurmehr die Füchse zugezogen, die Löwen aber zurückgewiesen werden (§ 2227). Wer am besten die Kunst beherrscht, die Gegner durch Korruption zu schwächen, ihnen durch Betrug und Täuschung wieder zu entwinden, was er zuvor scheinbar der Gewalt zugestanden hatte, gilt hier als Meister unter den Herrschenden. Wer Widerstandsanwandlungen hat und nicht zur rechten Zeit und am rechten Ort den Rücken zu beugen weiß, gilt als der schlechteste unter den Herrschenden und vermag nur unter ihnen zu bleiben, wenn er diesen Mangel durch andere hervorragende Qualitäten kompensiert. 3. Auf diese Weise wachsen in der herrschenden Klasse die Residuen des Instinkts der Kombinationen (Klasse I) und verschwinden diejenigen der Persistenz der Aggregate (Klasse II), da die erstgenannten zur Anwendung der Kunst dienen, Auswege zu finden, einfallsreiche Kombinationen an die Stelle offenen Widerstandes zu setzen, während die zweitgenannten gerade dazu führen würden, und ein starkes Gefühl der Persistenz der Aggregate die Biegsamkeit beseitigt. 4. Die Pläne der herrschenden Klasse erstrecken sich auf keinen zu langen Zeitraum. Das Vorherrschen des Instinkts der Kombinationen und die Schwächung der Persistenz der Aggregrate bewirken, daß sich die herrschende Klasse mehr um die Gegenwart als um die Zukunft sorgt. Das Individuum ist sehr viel wichtiger als die Familie, der einzelne Bürger als die Gemeinschaft und die Nation. Die Interessen der Gegenwart und der nächsten Zukunft überwiegen ebenso wie die materiellen Interessen diejenigen einer entfernteren Zukunft und die Ideale der Gemeinschaft und des Vaterlandes. Man bemüht sich, die Gegenwart zu genießen, ohne sich allzusehr um die Zukunft zu sorgen. 5. Teilweise kann man diese Phänomene auch in den internationalen Beziehungen beobachten. Die Kriege werden wesentlich ökonomisch; gegenüber Starken vermeidet man sie und bricht sie lediglich gegenüber Schwachen vom Zaun. Mehr als alles andere betrachtet man sie als eine Spekulation (§ 2328). Man treibt oft unwissentlich sein Land an den Rand des Krieges, indem man die ökonomischen Konflikte anfacht und sich der Hoffnung hingibt, daß sie niemals in bewaffnete Konflikte umschlagen werden. Nicht selten jedoch wird einem Lande der Krieg durch ein Volk aufgezwungen, bei dem die Entwicklung noch nicht so fortgeschritten ist, daß sie zur Vorherrschaft der Residuen der Klasse I geführt hätte.

§ 2179. Hinsichtlich der beherrschten Klasse haben wir die folgenden Beziehungen zu unterscheiden, die teilweise den eben behandelten entsprechen: 1. Wo es in der beherrschten Klasse eine gewisse Anzahl von zur Gewaltanwendung Geneigten und begabte Führer gibt, beobachtet man oft, daß die herrschende Klasse überwältigt wird und eine andere ihren Platz einnimmt. Das ist dort leicht der Fall, wo die herrschende Klasse hauptsächlich von humanitären Empfindungen geleitet wird, noch sehr viel leichter dann, wenn sie sich nicht die hervorragenden Elemente, die in der beherrschten Klasse aufsteigen, zu assimilieren weiß: eine geschlossene oder wenig offene humanitäre Elite erreicht das Maximum an Instabilität. 2. Hingegen ist es schwieriger, eine herrschende Klasse zu überwältigen, die sich umsichtig der Gerissenheit, des Betrugs und der Korruption zu bedienen weiß. Äußerst schwierig wird es, wenn es ihr gelingt, sich die Mehrheit derer zu assimilieren, die in der beherrschten Klasse dieselben Gaben besitzen, dieselben Fertigkeiten anzuwenden wissen und die deshalb die Führer derer sein könnten, die zur Gewaltanwendung geneigt sind. Die beherrschte Klasse, die auf diese Weise führerlos, talentlos und unorganisiert bleibt, ist dann fast stets unfähig, irgend etwas Dauerhaftes in die Wege zu leiten. 3. Derart verschwinden nahezu in der beherrschten Klasse die Residuen des Instinkts der Kombinationen. Aber diese Erscheinung ist nicht dem Anwachsen dieser Residuen in der herrschenden Klasse vergleichbar. Da die herrschende Klasse zahlenmäßig viel kleiner ist, verändert sich ihr Charakter beträchtlich durch die Hinzufügung oder Entfernung zahlenmäßig weniger Individuen, während eine solche geringe Anzahl für eine enorm größere Gesamtheit nur eine leichte Veränderung mit sich bringt. Davon abgesehen verbleiben in der beherrschten Klasse viele, die über den Instinkt der Kombination verfügen, die ihn nicht in der Politik oder damit zusammenhängenden Tätigkeiten, sondern nur in davon unabhängigen Berufen ausüben. Dieser Umstand verleiht den Gesellschaften Stabilität, da es für die herrschende Klasse genügt, sich eine begrenzte Anzahl von Individuen anzugliedern, um der beherrschten Klasse die Führer zu nehmen. Jedoch nimmt auf die Dauer der Charakterunterschied zwischen der herrschenden und der beherrschten Klasse zu; in jener neigt der Instinkt der Kombinationen, in dieser die Persistenz der Aggregrate dazu, das Übergewicht zu gewinnen. Wenn der Unterschied hinreichend groß geworden ist, erfolgen Revolutionen. 4. Diese übertragen oftmals einer neuen herrschenden Klasse die Macht, in der die Residuen der Persistenz der Aggregate angewachsen sind und die deshalb den Plänen für den Genuß der Gegenwart Ideale für die Zukunft hinzufügt. Der Skeptizismus weicht teilweise dem Glauben. 5. Diese Erwägungen müssen zum Teil auf die internationalen Beziehungen ausgedehnt werden. Wenn in einem bestimmten Volk die Residuen des Instinkts der Kombinationen proportional über ein gewisses Maß über die Residuen der Persistenz der Aggregate hinauswachsen, kann es von einem anderen Volk, bei dem diese Erscheinung nicht eingetreten ist, leicht in einem Krieg besiegt werden. Die Macht, die ein Ideal bei der Erringung des Sieges ausübt, beobachtet man sowohl bei Bürger- wie bei zwischenstaatlichen Kriegen. Wer die Gewohnheit, Gewalt anzuwenden, verliert, sich hingegen daran gewöhnt, jede Operation danach zu beurteilen, was sie auf Heller und Pfennig erbringt oder riskiert, läßt sich leicht dazu verleiten, den Frieden zu erkaufen. Möglicherweise kann ein solches Vorgehen sogar – isoliert betrachtet – gut sein, weil der Krieg mehr gekostet hätte als der Preis für den Frieden betrug. Aber die Erfahrung zeigt, daß auf die Dauer und im Zusammenhang mit dem unvermeidlich daraus Folgenden ein Volk auf diese Weise den eigenen Ruin herbeiführt. Sehr selten ergreift das eben erwähnte Phänomen des Vorherrschens des Instinkts der Kombinationen die gesamte Bevölkerung. Gewöhnlich beobachtet man es nur in den oberen Gesellschaftsschichten und wenig oder gar nicht in den unteren, viel zahlreicheren. So wird man beim Ausbruch des Krieges überrascht durch die Energie, die sich im einfachen Volk zeigt und die man, wenn man nur auf die Oberschichten achtet, nicht im geringsten voraussah. Zuweilen genügt wie im Falle Karthagos diese Energie nicht, um das Vaterland zu retten, weil der Krieg von den herrschenden Klassen des eigenen Landes schlecht vorbereitet und schlecht geführt wurde, hingegen gut vorbereitet und geführt von den herrschenden Klassen des Feindes. In anderen Fällen, wie bei den französischen Revolutionskriegen, genügt die Energie des Volkes für die Rettung des Vaterlandes, weil der Krieg, wenn er auch von den herrschenden Klassen des eigenen Landes schlecht vorbereitet wurde, noch schlechter vorbereitet und noch schlechter geführt wurde von den herrschenden Klassen der Feinde. Das verschafft den unteren Gesellschaftsschichten Zeit, ihre herrschende Klasse von der Macht zu vertreiben und an ihre Stelle eine andere, energischere zu setzen, bei der das proportionale Verhältnis der Persistenz der Aggregate zum Instinkt der Kombinationen größer ist. In anderen Fällen wiederum, wie in Deutschland nach der Niederlage von Jena, überträgt sich die Energie des Volkes auf die Oberklassen und treibt sie zu Taten an, die sich wegen der Verbindung einer geschickten Führung mit einem lebhaften Glauben als wirksam erweisen.

§ 2185. Die Theorien, die den Gebrauch der Gewalt von seiten der Beherrschten billigen, verbinden sich fast stets mit denen, die Gewaltanwendung von seiten der Herrschenden verwerfen. Wenige Träumer nur mißbilligen generell Gewaltanwendung von jeder Seite. Ihre Theorien haben jedoch keinerlei Einfluß oder dienen nur dazu, den Widerstand der Herrschenden zu schwächen, indem sie der Gewalt der Beherrschten freies Feld schaffen.

§ 2186. Es bedarf nicht vieler Theorien, um diejenigen, die unterdrückt sind oder sich unterdrückt glauben, zum Widerstand und zur Gewaltanwendung zu treiben. Vielmehr sind die Derivationen hauptsächlich auf die Überredung derer gerichtet, die in dem Konflikt neutral bleiben würden, damit sie den Widerstand der herrschenden Klasse mißbilligen und so zu seiner Minderung beitragen, oder auch auf die Überredung der Herrschenden selber im gleichen Sinne. Das kann übrigens heutzutage nur bei denen durchschlagenden Erfolg haben, die von der Rückenmarkschwindsucht der Humanitätserwägungen zerfressen sind.

§ 2267. Wenn wir alle diese Tatsachen ein wenig mit Abstand betrachten und sie soviel als möglich aus den Fesseln sektiererischer Leidenschaften und nationaler, parteimäßiger, perfektionistischer, idealistischer und anderer Vorurteile befreien, erkennen wir, daß die Herrschenden, wie auch immer die Regierungsform beschaffen sei, im Durchschnitt eine gewisse Neigung bezeigen, ihre Macht dazu zu benützen, um sich im Sattel zu halten, und sie zu mißbrauchen, um besondere Vorteile und Gewinne zu erlangen, ja daß sie zuweilen nicht einmal gut unterscheiden zwischen ihren eigenen Gewinnen und Vorteilen ihrer Partei und daß sie sie zudem fast stets mit den Vorteilen und den Gewinnen der ganzen Nation verwechseln. Daraus folgt: 1. Von diesem Standpunkt aus gibt es keinen großen Unterschied zwischen den verschiedenen Regierungsformen. Die Unterschiede bestehen vielmehr in der Substanz, d. h. in den Gefühlen der Bevölkerung: wo sie überwiegend (oder in geringerem Maße) ehrenhaft ist, findet man auch eine überwiegend (oder in geringerem Maße) ehrenhafte Regierung. 2. Gebrauch und Mißbrauch der Macht werden um so ausgedehnter sein, je größer die Einmischung des Staates in die privaten Angelegenheiten ist. Wenn die Ausbeutungsmöglichkeiten wachsen, wächst auch das, was sich dabei herausholen läßt. In den Vereinigten Staaten von Amerika, in denen man die Moral durch Gesetz aufzwingen will,[11] kann man große Mißbräuche erblicken, die dort fehlen, wo es diesen Versuch nicht gibt oder wo er sich in viel geringeren Proportionen bewegt. 3. Die herrschende Klasse eignet sich die Habe anderer an, nicht nur für den eigenen Gebrauch, sondern auch, um daran Menschen der beherrschten Klasse teilhaben zu lassen, die sie verteidigen und ihre Macht mit Waffengewalt oder Schläue sichern helfen, ganz so wie in der Antike die Klientel dem Patron Hilfe leistete. 4. In den meisten Fällen sind weder die Patrone noch ihre Gefolgsleute sich voll ihrer Überschreitungen der Regeln der in ihrer Gesellschaft existierenden Moral bewußt, und wenn sie ihrer gewahr werden, entschuldigen sie das leicht, indem sie entweder behaupten, letztlich würden andere dasselbe machen, oder durch den fadenscheinigen Vorwand, daß der Zweck die Mittel heilige. Kann doch für sie der Zweck, die eigene Macht zu behaupten, nicht anders als großartig sein, und so verwechseln ihn zahlreiche von ihnen guten Glaubens mit der Rettung des Vaterlandes. Es gibt aber auch Menschen unter ihnen, die glauben, sie verteidigten die Ehrlichkeit, die Moral, das öffentliche Wohl, während ihr Wirken vielmehr die üblen Künste derer verbirgt, die danach streben, ganz einfach Geld zu machen. 5. Die Regierungsmaschine verbraucht auf jede Weise eine bestimmte Menge Reichtum, die nicht nur in Beziehung steht zur Gesamtmenge an ökonomischen Gütern, die den Privatpersonen gehören, in deren Angelegenheiten sich die Regierung einmischt, sondern auch zu den von der herrschenden Klasse benützten Mitteln, um sich an der Macht zu halten, und deshalb zu den Proportionen der Residuen von Klasse I und II in dem herrschenden und dem beherrschten Teil der Bevölkerung.

§ 2329. *Oszillationen der Derivationen in Beziehung zu den sozialen Oszillationen.* – Dieses Phänomen ist sehr wichtig. Beim Fortschreiten unserer Untersuchungen erweiterte sich dieses Problem immer mehr und hat jetzt die Interdependenz zwischen den Wellenbewegungen der Residuen und der Derivationen angenommen und zwischen diesen beiden Tatsachenreihen und den anderen sozialen Fakten, zu denen vor allem die ökonomischen gehören.

§ 2330. Auch in diesen sehr allgemeinen Wendungen ausgedrückt, handelt es sich bei dem vorliegenden Problem nur um den Spezialfall einer sehr viel allgemeineren Erscheinung, nämlich um den wellenförmigen Verlauf der einzelnen sozialen Phänomene und ihrer wechselseitigen Beziehungen. Man kann sagen, daß die Menschen zu allen Zeiten irgendeine Vorstellung von der rhythmischen, periodischen, oszillatorischen und wellenförmigen Bewegung aller natürlichen Phänomene, die sozialen eingeschlossen, besessen haben.

---

11 Die Korruption der Polizei in New York ist teilweise die Folge dessen, daß man törichterweise die Tugend durch Gesetze erzwingen will.

Diese Vorstellung steht in Beziehung zu den Residuen der Persistenz der Aggregate (Klasse II), die aus der Beobachtung der periodischen Wiederkehr von Tag und Nacht, der Jahreszeiten und Mondphasen erwachsen und späterhin, nachdem man mit astronomischen Observationen begonnen hat, aus der Bewegung der Himmelskörper. Auf anderen Gebieten beobachtet man die periodische Wiederkehr von Fruchtbarkeit und Sterilität, Überfluß und Hungersnot, Prosperität und Verfall. Bei den Menschen beobachtet man eine ununterbrochene Aufeinanderfolge in der Heraufkunft neuer Personen an die Stelle der Abgeschiedenen, in der unaufhörlichen Wiederholung der Lebensphasen von Kindheit, Mannes- und Greisenalter. Die Vorstellung einer ähnlichen Aufeinanderfolge für die Familien, Städte, Völker, Nationen, ja die gesamte Menschheit entstand spontan, sobald beim Vorliegen einer sich über einen hinreichenden Zeitraum erstreckenden Tradition oder eines entsprechenden historischen Zeitraumes intelligente und neugierige Menschen ihre Aufmerksamkeit darauf richten. Mit großer Wahrscheinlichkeit dehnen die Autoren, die apriorisch oder in dogmatischer Weise denken wie die Mehrheit der Metaphysiker, die von solchen Tatsachen empfangenen Eindrücke instinktiv auf das Universum aus und versichern dann, daß alles dem Rhythmus dieser Bewegung unterworfen sei. Andere Autoren jedoch gelangen zu derselben Schlußfolgerung in Form einer hastigen Verallgemeinerung und indem sie bei weitem über die Tatsachen hinausschießen, die sie im übrigen deformieren.[12]

---

12 Die Lehre von einer Aufeinanderfolge von Weltschöpfungen und -zerstörungen scheint von Anaximander, Anaximenes und Heraklit aufrechterhalten worden zu sein, obschon man die dafür bei den einzelnen Autoren erforderlichen Phasen verschieden hat interpretieren wollen. Zumindest eine davon war sogar für Cicero ziemlich dunkel, der gesagt hat (*De nat. deor.*, III, 14, 35), wenn Heraklit sich nicht habe verständlich machen wollen, könne man ihn auslassen. – Im Grunde sind diese Interpretationsprobleme für die Untersuchungen, die wir hier anstellen, gleichgültig. Es genügt für uns, daß die antiken Autoren bereits eine solche Vorstellung besessen haben, und das geht mit Gewißheit aus Stellen wie den folgenden bei Aristoteles hervor: *De coelo*, I, 10, 2; *Phys.*, I,1; Diog. Laert., IX, 8. Die letztgenannte schreibt Heraklit die Versicherung zu: «Die Welt ist ein Ganzes; sie entsteht aus dem Feuer und wird neuerlich in bestimmten Perioden in Brand gesteckt, abwechselnd jedes Jahrhundert (oder: in jedem Zeitraum). Das ist vom Geschick bestimmt.» Euseb., *Praep. evang.*, XIII,13, p. 676. Die Stoiker besaßen eine analoge Lehre, die sie möglicherweise von älteren Philosophen übernommen hatten (Euseb., *Praep. evang.*, XV,18; Cicero, *De nat. deor.*, II,46,118). Derart erhält man eines der im Text bezeichneten Extreme. Das andere wird von Herbert Spencer geliefert. Im zweiten Teil seiner ‹*First Principles*› gibt es ein ganzes Kapitel mit dem Titel ‹*Rhythm of the Movement*›. Nachdem der Verfasser einige Beispiele für diese Rhythmen geliefert hat, begnügt er sich nicht, wie es die Erfahrungswissenschaft erforderte, mit der Schlußfolgerung, daß dies eine ziemlich allgemeine Eigenschaft ist, sondern von seiner Metaphysik angestachelt, sucht er ihr absolute Form zu verleihen.

VI. FRANCO FERRAROTTI (* 1926)

Aus: La sociologia, storia, concetti, metodi, 1961, Kap. 2, Der Begriff der Soziologie, deutsch von F. Jonas.

1. Eine erste Definition

Im vorangegangenen haben wir versucht, die Voraussetzungen der Soziologie zu klären und die Entwicklungslinien zu bestimmen, die zu der allgemeinen Überzeugung hinführen, daß es «Gesetze» der sozialen Entwicklung gibt und daß diese «Gesetze» rational erkannt werden können. An diesem Punkt entsteht die Soziologie im eigentlichen Sinne als Wissenschaft der Gesellschaft. Und hier finden wir darüber hinaus die Elemente einer ersten Definition der Soziologie als einer *Wissenschaft, die sich auf Beobachtungen gründet,* d. h. *auf Analysen, die an empirischen Gehalten orientiert sind, geleitet von Arbeitshypothesen, die induktiv verifiziert werden können, und kritischen Interpretationen beliebiger menschlicher Gruppierungen, so wie sie sich in ihren verschiedenartigen interindividuellen Beziehungen ausdrücken und dabei gleichförmige und wiederholbare Zusammenhänge erkennen lassen.*

2. Der spezifische Gegenstand der Soziologie

Diese Definition ist unter all den Vorbehalten aufzunehmen, die wir oben dargelegt haben. Sosehr sie aber auch in ihren wesentlichen Begriffsbestimmungen zu vertiefen sein mag, um sie vor mechanistischen Interpretationen zu bewahren, halten wir sie trotzdem für ausreichend, den spezifischen Gegenstand der soziologischen Analyse zu klären und somit die Soziologie gegenüber der Philosophie und den anderen Sozialwissenschaften, insbesondere der Psychologie, der Kulturanthropologie, der Wirtschaftswissenschaft abzugrenzen. Hinsichtlich des spezifischen Gegenstandes der Soziologie ist die brillante polemische Erwiderung von Benedetto Croce berühmt: «Was ist das *spezifische* Element der Soziologie, wie es Durkheim bestimmt hat, der mit solcher Entschiedenheit von der *Sonderheit* der Soziologie zu sprechen pflegte? Worum geht es bei dem Studium der Regeln und der Institutionen, aufgestellt und geschaffen von der Kollektivität? Es ist klar, daß es sich um nichts anderes als um die *formale Wissenschaft des Rechts* handeln kann, von der man in Deutschland so große Stücke hält: eine Wissenschaft des Rechts, die nicht mehr vorgibt, die gesellschaftlichen Ideale zu bestimmen und der Gesetzgebung Vorschriften zu machen, wie es das alte Naturrecht tat, sondern die allein die *formale Seite* des Rechts untersuchen will. Und diese formale Wissenschaft hat ihre Wurzeln nicht in den *spezifischen* Elementen der Kollektivität, sondern in einer Tatsache des Bewußtseins und ist deswegen Philosophie. Ohne die Untersuchung des Willens und seiner Ziele und die Tatsache der Formulierung gelangt man niemals zu einer formalen Philosophie des Rechts. Was

DURKHEIM über die Soziologie hinaus als *Geschichte* der Institutionen verstand, das muß angesehen werden als Teil der Rechtsgeschichte in weiterem Sinne, d.h., aller der Institutionen, die das menschliche Zusammenleben regeln. Eine Soziologie in diesem Sinne ist also entweder *Wissenschaft des Rechts* oder *Geschichte* dieser Wissenschaft. Darüber geht sie nicht hinaus. Insoweit als diese Regeln und Institutionen sich schließlich als *Regeln des Denkens* verstehen, wird die Soziologie auch Logik sein; insoweit sie sich auf die Kunst bezieht, auch Ästhetik; und wenn sie sich auf die Wirtschaftstatsachen bezieht, auch Wirtschaftswissenschaft. Sie wird zusammenfassend also alles sein, ausgenommen Soziologie!»[1]

CROCE bezieht sich hier auf den Versuch von EMILE DURKHEIM, das spezifische und darum autonome Erkenntnisobjekt der Soziologie auf die Besonderheit des Sozialen zu gründen.[2] Die Kritik von CROCE ist im Zusammenhang mit der allgemeinen Reaktion auf den Positivismus in den ersten Jahren dieses Jahrhunderts zu sehen, und sie stellt den Kern der Kritik der Wissenschaft dar, nach der durch CROCE alle Wissenschaften, und nicht allein die Soziologie, auf zweckmäßige Klassifikationen zurückgeführt werden, auf eine Rationalisierung des Gedächtnisses, die höchstens eine subsidiäre Funktion gegenüber dem «erkennenden Bewußtsein» hat.[3] Diese kritischen Bemerkungen sind, soweit sie sich spezifisch auf die Soziologie beziehen, jedoch nur in dem Maße berechtigt, als sie sich gegen eine Konzeption dieser Wissenschaft wenden, die in einem metaphysischen und szientistischen Sinne naturalistisch ist, in anderen Worten, gegen eine Soziologie, die sich als *Superwissenschaft* begreift, d. h. als ein Ersatz der Philosophie, aller anderen Sozialwissenschaften und sogar der allgemeinen wissenschaftlichen Methodik.[4]

---

1 Vgl. B. CROCE, La Critica, Bd. 1, S. 55 f.

2 In der zitierten Stelle bezieht sich CROCE ausdrücklich auf E. DURKHEIM, *De la méthode objective en Sociologie.* In: ‹Revue de synthèse historique›, Paris, 1900/1902, Bd. 2, S. 3–17.

3 Vgl. hierzu M. ABBATE, *La filosofia di Benedetto Croce e la crisi della società italiana.* Turin 1955, S. 91–99, und F. FERRAROTTI, *Sociologia, saggi e ricerche.* Rom 1955, S. 30–33.

4 Zu einer interessanten Polemik hinsichtlich dieser Fragen vgl. C. ANTONI, *La scienza dei manichini.* In: Il Mondo, 17. November 1951, S. 6, und N. ABBAGNANO, *Risposta a Carlo Antoni.* In: Quaderni di Sociologia, Nr. 3, Winter 1952, S. 137–140. ABBAGNANO unterstreicht folgende Frage: «Beginnen wir mit dem Prinzip. Die Soziologie ist nicht entstanden, um ‹Gesetze› zu geben. Darum existiert sie nicht als Wissenschaft. Diese Überlegung kann ohne Frage auf die gegenwärtige Physik angewendet werden, die, wie festgestellt, nicht von ‹Gesetzen› redet oder jedenfalls von solchen Gesetzen in einem ganz anderen Sinne spricht, als es die Physik des 19. Jahrhunderts tat. Daher kann man schließen, daß die Physik nicht als Wissenschaft existiert. Der Soziologie ist es nicht gelungen, den Gegenstand ihrer Forschungen, d. h., die Gesellschaft selbst zu definieren. Aber ebensosehr wird derjenige, der heutzutage einen Mathematiker nach dem Objekt seiner Wissenschaft fragt, diesen um eine

3. Beziehungen zu den anderen Wissenschaften: interdisziplinäre Fragestellungen

Man kann vernünftigerweise nicht daran zweifeln, daß die Polemik und die vergeblichen Versuche, eine allumfassende Soziologie, d. h. eine Art *Wissenschaft der Wissenschaften* zu gründen und auszuarbeiten, zahlreich gewesen sind und daß sie sich über einen großen Teil des vergangenen Jahrhunderts und die ersten beiden Dekaden dieses Jahrhunderts hingezogen haben. Ebenso unzweifelhaft ist nunmehr, daß jede «imperialistische» und exklusive Ambition von seiten der Soziologie zu Ende geht.

Die Beziehungen zwischen der Soziologie und den anderen Sozialwissenschaften und zwischen der Soziologie und der Philosophie bestimmen sich gegenwärtig auf der Grundlage dessen, was man unter *interdisziplinärer Fragestellung* versteht. Dieses Stadium wurde, schematisch gesprochen, in drei Phasen erreicht: a) die Phase des hartnäckigen Soziologismus, in der alle Daten, die von der soziologischen Forschung ermittelt wurden, auf das reine, spezifische und unreduzierbare «Soziale» zurückgeführt wurden, unter dem man ein absolutes *a priori* verstand, über das hinaus es nur wechselnde Erscheinungen, Epiphänomena des Überbaus und den Psychologismus gab; b) die Phase der in sich abgeschlossenen und spezialisierten Sozialwissenschaften, in der der Begriff des *Menschen* und der *menschlichen Natur*, oder genauer gesagt, der *konkreten und bedeutsamen menschlichen Erfahrung*, einem entscheidenden Prozeß der Atomisierung unterworfen wurde; c) die gegenwärtige Phase der interdisziplinären Fragestellungen, in der man die Bedeutung der Integration der verschiedenen Sozialwissenschaften begreift und in der gleichzeitig die systematischen Erfordernisse aufs neue hervortreten. Diese letzte Phase kann man ungefähr durch die Feststellung kennzeichnen, daß, so wie sich in den vergangenen Jahrzehnten ein Übergang von der systematischen Makrosoziologie zur empirischen Forschung vollzog, sich gegenwärtig ein Übergang abzeichnet von unsystematischen empirischen Forschungen zu einem Typus von Forschung, der darauf abzielt, einen bestimmten Satz von Hypothesen zu verifizieren oder zu widerlegen, die sich auf ein größeres, jedoch ausdrücklich begrenztes theoretisches Schema beziehen, das letztlich in einem bestimmten Begriff des Menschen als «handelndes Wesen» verankert ist. Dieses Schema wird umfassend gedacht, d. h. als eine psychisch-physische Totalität unter Bedingungen, die historisch bzw. durch die Umwelt festgelegt sind.

Antwort sehr verlegen machen; und in jedem Fall wird seine Antwort von anderen Mathematikern diskutiert werden. Können wir deswegen daraus schließen, daß die Mathematik keinen Gegenstand hat und darum nicht als Wissenschaft existiert? Es ist klar, daß derjenige, der die kritische Unsicherheit über Methode und Verfahrensweisen einer Disziplin als Beweis für die wissenschaftliche Nichtexistenz dieser Disziplin hält, schließen muß, daß keine einzige Disziplin in einem möglichen Sinne Wissenschaft ist. Diese kritische Unsicherheit durchzieht tatsächlich heutzutage alle wissenschaftlichen Disziplinen, die unsere Kulturwelt begründen, ohne irgendeinen Unterschied, ob sich diese Disziplinen auf die Natur oder auf den Geist beziehen.»

Wie es logisch zu erwarten ist, unterscheiden sich diese interdisziplinären Interpretationen der interdisziplinären Fragestellungen und der Anforderung der Integration der verschiedenen Sozialwissenschaften je nach den besonderen kulturellen Voraussetzungen, den Forschungserfahrungen und der Entwicklung der einzelnen Forscher. Es scheint uns jedoch, daß in einer Hinsicht die Übereinstimmung allgemein ist: überall wird die Ansicht abgelehnt, daß es sich um eine bloße und einfache «Fusion» der einzelnen Sozialwissenschaften handle. Wie ich schon Gelegenheit hatte, an anderer Stelle zu bemerken,[5] muß man sich, um sich das Wesen und die tiefe Bedeutung dieser Entwicklung zu vergegenwärtigen, klarmachen, daß nicht allein die verschiedenen einzelnen *Sozialwissenschaften* dahin streben, sich zu integrieren, sondern daß diese zentripetale Bewegung verbunden ist mit einer inneren Veränderung, in der die von LASSWELL so genannten *policy sciences*[6], d. h. die Wissenschaften, die als solche *sozial* sind, sich unter Anerkennung der eigenen wesentlichen Interdependenz vereinigen zu einer Wissenschaft, die man als Wissenschaft des politischen Lebens oder des Zusammenlebens und der Entwicklung dieses Zusammenlebens begreifen könnte und die daher als «Wissenschaft des Menschen in der Gesellschaft», d. h. des Menschen, der so ist, gerade weil er in der Gruppe und der größeren Gesellschaft lebt und sich verwirklicht, angesehen werden kann. Es handelt sich nicht mehr um Determinismus oder um Indeterminismus, diese Fragen betreffen uns nicht mehr. Es handelt sich vielmehr um das Problem des Bewußtseins der Grenzen. Die Aufgabe der Sozialwissenschaften besteht in der Vergewisserung der objektiven Grenzen, in der Erläuterung und Interpretation der realen (historischen) Grenzen der sozialen Handlungen.

4. DIE BEZIEHUNGEN ZU DEN ANDEREN WISSENSCHAFTEN: DIE UNTERSCHEIDENDEN PRINZIPIEN

Nach unserem Urteil darf die zentripetale und an dem Bedürfnis der Integration orientierte Tendenz, die gegenwärtig die Sozialwissenschaften zeigen, jedoch nicht zu einer Verwirrung innerhalb der einzelnen Sozialwissenschaften führen. In diesem Falle müßte das Ergebnis wissenschaftliche Bedeutungslosigkeit und eine Art von verantwortungslosem Verschleudern des wissenschaftlichen Denkens sein. Die einzige Bedeutung der «Integration», die auf der Ebene der Forschung logisch haltbar und fruchtbar erscheint, kann nur in einem tatsächlichen Zusammenhandeln, einem *wettbewerblichen Zusammenspiel* zwischen den einzelnen Sozialwissenschaften bestehen, in dem ihre wechselseitigen Resultate überprüft und angereichert werden. Die wesentliche Voraussetzung, um die wissenschaftlichen Vorteile zu erlangen, die aus einer sol-

---

5 Vgl. F. FERRAROTTI, *Primi appunti sul concetto di scienza sociale.* In: Atti del primo Congresso nazionale di Scienze Sociali, Bologna 1958, S. 65–79.

6 Vgl. H. D. LASSWELL, D. LERNER (Hg.), *The Policy Sciences.* Stanford 1951, S. 5–7.

chen beweglichen Verbindung bestehen, beruht auf der strengsten operativen Autonomie, aufgrund deren die einzelnen spezialisierten Sozialwissenschaften auch nicht die geringste Verwirrung oder reduktionistische Tendenz zulassen, so nahe sich auch ihre Problemstellungen stehen, wenn sie nicht sogar identisch sind.

In dieser Hinsicht ist die oben angebotene Definition, die die Soziologie als Analyse der menschlichen Gruppierungen und deren interindividuellen Beziehungen bestimmt, nützlich. Sie grenzt die Soziologie von der Sozialphilosophie ab insofern, als die Soziologie eine Wissenschaft der Beobachtung ist, die es nicht als ihre grundlegende Aufgabe betrachtet, normative oder ethische Wertungen zu treffen; von der Psychologie insofern, als sie den einzelnen als Glied einer Gruppe ansieht und nicht als einzigartiges Individuum in einer gegebenen Umwelt; von der Kulturanthropologie insofern, als die Soziologie ihr Interesse auf den Menschen als sozial handelndes Wesen und Schöpfer von sozialen Institutionen richtet und andere Aspekte seiner Tätigkeit vernachlässigt; von der Nationalökonomie insofern, als sie den Menschen nicht als *homo oeconomicus* betrachtet, der rein rational nach dem hedonistischen Kalkül verfährt; vom Recht insofern, als sie den wirklichen soziologischen Gehalt hinter der abstrakten Präzision juristischer Formeln untersucht und soziale Sachverhalte einschließt, die, wie z. B. die Mode, juristisch nicht modifizierbar sind; von der Geschichte schließlich insofern, als die Geschichtswissenschaft dahin tendiert, das untersuchte Phänomen zu individualisieren, d. h. das Geschehen als einzigartig und unwiederholbar darzustellen, während die Soziologie auf Verallgemeinerungen abzielt und analoge Ereignisse und Zusammenhänge von Epoche zu Epoche vergleicht, um daraus die allgemeinen, sich wiederholenden und daher in gewissem Maße voraussehbaren Elemente abzuleiten. Mit anderen Worten, die Soziologie ist innerhalb der Sozialwissenschaften die einzige, die die sozialen Beziehungen als solche untersucht und dabei von ihrer religiösen, wirtschaftlichen, juristischen oder sonstigen Natur absieht. In diesem Sinne ist die Soziologie die Wissenschaft von der Gesellschaft.

5. Die Beziehungen zu den anderen Wissenschaften: genauere Bestimmung des Begriffs des «Sozialen»

Diese unsere Bemerkungen haben nur die Aufgabe, das Problem richtig zu verorten. Sie haben es noch lange nicht erschöpft. Wir haben oben gesehen, daß das Problem der Beziehung der Soziologie zur Philosophie und den anderen Sozialwissenschaften im Verlauf der Krise und der Auflösung des Soziologismus große Bedeutung gewonnen hat und daß dieses Problem nicht auf mechanistische Art und Weise und ein für allemal gelöst werden kann. Die Beziehungen zwischen den Sozialwissenschaften sind von großer Komplexität. Sie entziehen sich jeder aprioristischen Systematisierung, die vorgibt, die Eigenschaften und das Aussehen einer solchen Systematisierung abstrakt zu bestimmen. Wenn man behauptet, daß sich die Soziologie von allen anderen Sozialwissenschaften unterscheidet und sich insofern als «grundlegende Sozialwissenschaft» bezeichnen kann, als sie sich mit dem Sozialen als solchem beschäftigt, stellt sich das Problem erst, weil es gerade in der Zweideutigkeit des Sozialen besteht.

Was bedeutet es, wenn man sich mit dem Sozialen als Sozialem beschäftigt? Was ist das «Soziale»? Hier handelt es sich nach unserem Urteil offenkundig nicht darum, die alte und mühevolle Entgegensetzung zwischen dem einzelnen und der Gesellschaft zu wiederholen, die der tote Punkt war, an dem die Überlegungen und soziologischen Forschungen sowohl von SPENCER als auch von DURKHEIM strandeten. GEORGES GURVITCH hat neben anderem mit Recht bemerkt, daß das Individuum und die Gesellschaft zwei Bezugspunkte sind, die sich nicht ausschließen, sondern die in einer wechselseitigen Beziehung zueinander stehen und notwendigerweise komplimentär sind, insofern es kein Individuum ohne Gesellschaft und keine Gesellschaft ohne Individuum gibt. Tatsächlich ist aber die Beziehung zwischen dem einzelnen und der Gesellschaft nicht so einfach aufzulösen. Es reicht nicht aus, wie es andererseits GURVITCH verdienstvollerweise getan hat, den Konflikt von Individuum und Gesellschaft als «falsches Problem» aufzuzeigen.[7]

Wir müssen also den Begriff des «Sozialen» präzisieren. Insbesondere handelt es sich darum, den *gesellschaftlichen Charakter des einzelnen* aufzudekken und zu bestimmen. Mit anderen Worten, das Gesellschaftliche tritt zum Individuellen nicht hinzu, es ist ihm nicht äußerlich und gehört zu ihm nicht nur durch äußere Definition, vielmehr ist jedes Individuum im strengsten Sinne zu begreifen als Ort der Begegnung des Sozialen, wie es sich in den Institutionen und dem kollektiven Verhalten ausdrückt, und als «Bündel» von Aktionen und Reaktionen als Zentrum der Initiative und der Zielsetzungen, die sich auf das Soziale beziehen, so daß es zur gleichen Zeit Opfer und Herr, Sklave und Hauptperson des Sozialen ist.[8]

Der Bezug zwischen dem einzelnen und der Gesellschaft ist darum ein dialektischer in dem Sinne, als er nicht einen Verweis auf statisch aufgefaßte oder dogmatisch gegebene Realitäten impliziert, sich nicht auf geschlossene Gegensätze festlegt, keinen Bezug auf das andere ausschließt, sondern vielmehr einen lebhaften Prozeß der Vermittlungen und «Herausforderungen» bedeutet. So begriffen, erfordert eine solche Beziehung notwendigerweise gleichzeitig die Integration verschiedener Sozialwissenschaften und klärt gleichzeitig

---

7 Vgl. hierzu auch die Beobachtungen von G. PRETI, *Praxis ed empirismo.* Turin 1957, S. 129–151.

8 Zu den verschiedenartigen Definitionen des Sozialen vgl. den sorgfältigen A. CUVILLIER, *Manuel de Sociologie.* Paris 1950, Bd. 1, S. 99–137, vgl. darüber hinaus R. CANESTRARI, *Psicologia e sociologia.* In: VV. AA. *Filosofia e sociologia,* Bologna 1954, S. 179: «Wenn das Individuum immer als Sein in der Gesellschaft existiert, dann folgt daraus, daß man die Gesellschaft nicht als Interaktionszusammenhang der Individuen begreifen kann, da in einem solchen Fall das Individuum ein logisches *prius* und unter logischem Gesichtspunkt unabhängig gegenüber der Gesellschaft wäre, eine Feststellung, die im Widerspruch steht zu dem Phänomen des Seins in der Gesellschaft».

deren Grenzen. Als Wissenschaft des Sozialen kann die Soziologie ihre Augen nicht vor der Spannung verschließen, die beständig mit den Auseinandersetzungen um die «Werte», die Bedeutung der Urteile und des ideativen Elements, d. h. der philosophischen Tätigkeit im engeren Sinne verbunden ist, und sich unter der Vorgabe einer naturalistischen Wissenschaftlichkeit auf einen illusorischen Agnostizismus zurückziehen. Sie kann aus zwei Gründen ihre Augen nicht vor den «Werten» verschließen: es ist ihre Aufgabe, die tatsächlichen Bedingungen zu durchleuchten und diese mit den besonderen geschichtlichen und sozio-ökonomischen Bedingungen zu illustrieren. Zum anderen erhält sie durch die philosophische Betrachtung der «Werte» ihr Problembewußtsein, das über die Auswahl der bedeutsamen Forschungsobjekte und die Formulierung von Arbeitshypothesen entscheidet, die nicht zufällig oder bloß tautologisch sein können...

6. Die Soziologie als ‹Wissenschaft der Gesellschaft›

Nach unserem Urteil ist ein solcher Prozeß des Austauschs und der wechselseitigen Befruchtung nur unter der Bedingung möglich, daß die Soziologie und die anderen Sozialwissenschaften ihre eigene Autonomie bewahren. Wie wir es schon oben unterstrichen haben, kann bei dem gegenwärtigen Zustand der tatsächlichen Forschungen die Integration der Sozialwissenschaften nur dann im Hinblick auf die Ergebnisse, und daher auf die Erweiterung unseres Wissens erfolgreich sein, wenn sie als konkurrierende Interdependenz verstanden wird, in der die verschiedenen Wissenschaften des Menschen in der Lage sind, sich gegenseitig zu stimulieren und zu kontrollieren.

In diesem Zusammenhang bestimmt sich die Soziologie als *Wissenschaft der Gesellschaft*. Aber was bedeutet diese Formel? Wissenschaft welcher Gesellschaft? Was ist die Gesellschaft? Wie kann man sich die Gesellschaft vorstellen, und was sind die wichtigsten Auffassungen von der Gesellschaft? Gibt es die Gesellschaft in «reiner» Form oder können wir uns nur mit *Gesellschaften* beschäftigen, wie sie uns historisch bekannt sind? Hier handelt es sich nicht um rhetorische Fragen; von der Antwort auf die so gestellten Fragen hängt die Zukunft der Soziologie als wissenschaftliche Disziplin ab. Je nachdem, ob man die Soziologie ansieht als Wissenschaft, die von einer rationalen und wesentlich homogenen Vereinigung Rechenschaft ablegen soll, die demzufolge ohne Restbestände und Dunkelzonen vollkommen durchschaubar und in ein allumfassendes System übersetzbar ist, oder ob man umgekehrt die Gesellschaft begreift als einen Komplex von aufeinander bezogenen und aufeinander wirkenden Gruppen, die jede für sich ihre eigenen Wertungen, Verhaltensweisen und Interessen haben, die in mehr oder weniger festgelegten Institutionen artikuliert sind, kann man die Entwicklung der Soziologie schematisch in zwei große Perioden einteilen: a) die Phase der Systematisierungen oder der allumfassenden und geschlossenen Soziologie und b) die Phase der eigentlich sozialen Forschungen. Es handelt sich selbstverständlich um eine grobe Einteilung, von der man aber ausgehen kann, um den mühevollen Weg zu rekonstruieren, den eine ganze Generation von Forschern durchlaufen hat, um vom Historismus zur Soziologie, von der «Philosophie der Geschichte» zur «Wissenschaft der Gesellschaft» zu gelangen.

7. Der gegenwärtige Begriff der Soziologie

Wir sind jetzt vielleicht imstande, einen Begriff der Soziologie anzugeben. Die Soziologie ist der Versuch der Reflexion, den die Gesellschaft unternimmt, um sich sich selbst zu erklären. «Alle Gesellschaften», so unterstreicht Raymond Aron, «haben eine mehr oder weniger klare Vorstellung von dem gehabt, was sie waren und was sie sein wollten. Die modernen Gesellschaften sind die ersten, die vorgeben, von sich selbst ein wissenschaftliches Bewußtsein zu erwerben. Die Soziologie hat die Aufgabe, das Gewissen einer Gesellschaft zu sein, die ehrgeizig oder unvorsichtig genug ist, sich selbst der losgelösten Beobachtung und der rückhaltlosen Neugierde zu unterwerfen.»[9] Aber der Übergang von der «Philosophie der Geschichte» zur Soziologie ist kein schmerzloser Übergang. Auf der Ebene der Begriffe hat Carlo Antoni diesen Übergang rekonstruiert und interpretiert, wobei er das Denken von Max Weber herausstellte, der einer der Hauptbeteiligten dieses Überganges war. Bezugnehmend auf Webers Lehre vom «Idealtypus», der nach der Ansicht von Weber die Möglichkeit eröffnen sollte, wissenschaftliche Typen auch auf dem Gebiet der Sozialwissenschaften zu bestimmen, bemerkt Antoni, daß diese Theorie in Wirklichkeit eine Rückkehr vom modernen Begriff des Naturgesetzes zu dem klassischen Begriff des Archetyps, des Modells der «Idee» darstellt. «Wie die platonischen Ideen», so schreibt Antoni, «stehen auch die ‹Idealtypen› im Himmel der reinen Rationalität oberhalb der unzusammenhängenden Materie, die allein dadurch und in dem Maße verstanden werden kann, in dem sie an dieser Rationalität teilhat ... Die ‹Idealtypen› unterscheiden sich nach Weber von den gewöhnlichen empirischen Begriffen dadurch, daß sie keine Schemata sind, die empirische Gehalte ausdrücken, sondern Grenzbegriffe, an denen die Realität gemessen wird. Ein Beweis dafür, daß der ‹Idealtypus› nicht den ‹Klassenbegriffen› der Naturwissenschaften entspricht, wurde von Weber durch die Möglichkeit angezeigt, auch Idealtypen für einzelne historische Individualitäten zu bilden. So kann z. B. das Christentum zusammengefaßt werden in einem ‹Wesen des Christentums›, das als historisches Beispiel nur einen problematischen Wert haben würde, aber als ‹Idealtypus› einen großen heuristischen Wert haben könnte zur Unterscheidung der verschiedenen christlichen Konfessionen und nach außen hin zur Abgrenzung gegenüber anderen Religionen. Jedermann kann aus diesem Grunde sehen, daß das, was Weber ‹Idealtypus› nannte, in diesem Fall ein System von Glaubenssätzen und ethischen Normen ist, daß es sich tatsächlich nicht um einen ‹Typ› handelt, sondern um ein konkretes Moment in der Geschichte der Ideen und darum nicht um eine ‹Idealität›, sondern um eine ‹Realität›.» Einen ‹Typus› könnte man, so

9 Vgl. R. Aron, *Science et conscience de la société.* In: Europ. Archiv für Soziologie, Bd. 2, 1960, S. 1.

schließt ANTONI, «wenn überhaupt, psychologisch als Typus des ‹Christlichen› bestimmen, aber in einem solchen Fall hätte man einen Klassenbegriff ähnlich dem der Naturgeschichte.»[10]

Auf der methodologischen Ebene bringt die Absicht der Soziologie, die Gesellschaft wissenschaftlich zu untersuchen, unausweichlich soziale Konsequenzen mit sich, löst die Frage nach den Institutionen aus, stellt direkt oder indirekt Glaubenssätze, Gewohnheiten und traditionelle Verhaltensweisen zur Diskussion. Auch wenn ihre Situation von Land zu Land aufgrund besonderer sozio-ökonomischer Charakteristika des politischen Systems und des historischen Hintergrundes verschieden ist, wird der Forscher von einem distanzierten Analytiker zu einem teilnehmenden Beobachter. In diesem Sinne wird er selbst zu einem Faktor des Wandels. Wer auch immer direkte Erfahrung mit der soziologischen Forschung hat, weiß, daß sie auch auf dem einfachsten eng umschriebenen Niveau notwendigerweise den Wandel impliziert. Er kann den zeitlichen Abstand deutlich machen, zwischen dem, was man vollkommen glaubt, und dem, was im praktischen Leben alltäglich geschieht, er ist imstande zu beweisen, wie allgemein in ihrer traditionellen Form diskussionslos anerkannte Institutionen wie die Familie vorindustriellen Typs in Wirklichkeit schlecht angepaßt, unangemessen und gegenüber der objektiven Entwicklung der heutigen Gesellschaft zurückgeblieben sind.

Die Wiedereröffnung des Gesprächs über diese Punkte, d. h. über die Konvergenz und über die qualititativen Unterschiede zwischen der naturalistischen Klassifikation und der soziologischen Typologie und über die Funktion der Soziologie im Hinblick auf die soziale Realität, das scheint insbesondere in einer kulturellen Situation, wie es die italienische ist, wichtig. Hier löst die Wiederentdeckung der soziologischen Analysen und Studien einen verdächtigen Enthusiasmus aus, der dazu führen kann, unkritisch mechanistische, statistische oder sogar willkürlich normative Positionen zu wiederholen, ohne sich auf die *wirklichen* Probleme einzulassen, mit denen sich die Soziologie heute auseinandersetzen muß, wenn sie sich die Möglichkeit einer integrierten Forschung erhalten will, da sie gleichzeitig empirisch-deskriptiv, aber nicht szientistisch, historisch, d. h. auf der Ebene des Verstehens, aber nicht auf dogmatische Folgerungen der *Entwicklungsmythologie* verpflichtet, begrifflich orientiert an präzisen, verifizierbaren Arbeitshypothesen und systematisch, aber nicht in einem schulmeisterlichen oder philosophischen Sinne, sein will.

---

10 Vgl. C. ANTONI, *Dallo storicismo alla sociologia*. Florenz 1940, S. 176 bis 178.

VII. MAX WEBER (1864–1920)

Aus: Gesammelte Aufsätze zur Wissenschaftslehre, J. C. B. Mohr, Tübingen 1968.

Wissenschaft als Beruf

(Vortrag, gehalten im Winter 1918/19 vor Studenten der Münchener Universität zur Orientierung über Berufsfragen)

Der alte Mill, dessen Philosophie ich sonst nicht loben will, aber in diesem Punkt hat er recht, sagt einmal: wenn man von der reinen Erfahrung ausgehe, komme man zum Polytheismus. Das ist flach formuliert und klingt paradox, und doch steckt Wahrheit darin. Wenn irgend etwas, so wissen wir es heute wieder: daß etwas heilig sein kann nicht nur: obwohl es nicht schön ist, sondern: *weil* und *insofern* es nicht schön ist, – in dem 53. Kapitel des Jesaiasbuches und im 22. Psalm können Sie Belege dafür finden; – und daß etwas schön sein kann nicht nur: obwohl, sondern: in dem, worin es nicht gut ist, das wissen wir seit Nietzsche wieder, und vorher finden Sie es gestaltet in den ‹*Fleurs du mal*›, wie Baudelaire seinen Gedichtband nannte; – und eine Alltagsweisheit ist es, daß etwas wahr sein kann, obwohl und indem es nicht schön und nicht heilig und nicht gut ist. Aber das sind nur die elementarsten Fälle dieses Kampfes der Götter der einzelnen Ordnungen und Werte. Wie man es machen will, ‹wissenschaftlich› zu entscheiden zwischen dem *Wert* der französischen und deutschen Kultur, weiß ich nicht. Hier streiten eben auch verschiedene Götter miteinander, und zwar für alle Zeit. Es ist wie in der alten, noch nicht von ihren Göttern und Dämonen entzauberten Welt, nur in anderem Sinne: wie der Hellene einmal der Aphrodite opferte und dann dem Apollon und vor allem jeder den Göttern seiner Stadt, so ist es, entzaubert und entkleidet der mythischen, aber innerlich wahren Plastik jenes Verhaltens, noch heute. Und über diesen Göttern und in ihrem Kampf waltet das Schicksal, aber ganz gewiß keine ‹Wissenschaft›. Es läßt sich nur verstehen, *was* das Göttliche für die eine und für die andere oder: in der einen und der anderen Ordnung ist. Damit ist aber die Sache für jede Erörterung in einem Hörsaal und durch einen Professor schlechterdings zu Ende, so wenig natürlich das darin steckende gewaltige *Lebens*problem selbst damit zu Ende ist. Aber andere Mächte als die Katheder der Universitäten haben da das Wort. Welcher Mensch wird sich vermessen, die Ethik der Bergpredigt, etwa den Satz: ‹Widerstehe nicht dem Übel› oder das Bild von der einen und der anderen Backe, ‹wissenschaftlich widerlegen› zu wollen? Und doch ist klar: es ist, innerweltlich gesehen, eine Ethik der Würdelosigkeit, die hier gepredigt wird: man hat zu wählen zwischen der religiösen Würde, die diese Ethik bringt, und der Manneswürde, die etwas ganz anderes predigt: ‹Widerstehe dem Übel, – sonst bist du für seine Übergewalt mitverantwortlich.› Je nach der letzten Stellungnahme ist für den einzelnen das eine der Teufel und das andere der Gott, und der einzelne hat sich zu entscheiden, welches *für ihn* der Gott und welches der Teufel ist. Und so geht es durch alle Ordnungen des Lebens hindurch. Der großartige Rationalismus der ethisch-methodischen Lebensführung, der aus jeder religiösen Prophetie quillt, hatte diese Vielgötterei entthront zugunsten des ‹einen, das not tut› – und hatte dann, angesichts der Realitäten des äußeren und inneren Lebens, sich zu jenen Kompromissen und Relativierungen genötigt gesehen, die wir alle aus der Geschichte des Christentums kennen. Heute aber ist es religiöser ‹Alltag›. Die alten vielen Götter, entzaubert und daher in Gestalt unpersönlicher Mächte, entsteigen ihren Gräbern, streben nach Gewalt über unser Leben und beginnen untereinander ihren ewigen Kampf. Das aber, was gerade dem modernen Menschen so schwer wird, und der jungen Generation am schwersten, ist: einem solchen *Alltag* gewachsen zu sein. Alles Jagen nach dem ‹Erlebnis› stammt aus dieser Schwäche. Denn Schwäche ist es: dem Schicksal der Zeit nicht in sein ernstes Antlitz blicken zu können.

Schicksal unserer Kultur aber ist, daß wir uns dessen wieder deutlicher bewußt werden, nachdem durch ein Jahrtausend die angeblich oder vermeintlich ausschließliche Orientierung an dem großartigen Pathos der christlichen Ethik die Augen dafür geblendet hatte.

Doch genug von diesen sehr ins Weite führenden Fragen. Denn der Irrtum, den ein Teil unserer Jugend begeht, wenn er auf alles das antworten würde: ‹Ja, aber wir kommen nun einmal in die Vorlesung, um etwas anderes zu erleben als nur Analysen und Tatsachenfeststellungen›, – der Irrtum ist der, daß sie in dem Professor etwas anderes suchen, als ihnen dort gegenübersteht, – einen *Führer* und nicht: einen *Lehrer*. Aber nur als *Lehrer* sind wir auf das Katheder gestellt. Das ist zweierlei, und daß es das ist, davon kann man sich leicht überzeugen. Erlauben Sie, daß ich Sie noch einmal nach Amerika führe, weil man dort solche Dinge oft in ihrer massivsten Ursprünglichkeit sehen kann. Der amerikanische Knabe lernt unsagbar viel weniger als der unsrige. Er ist trotz unglaublich vielen Examinierens doch dem *Sinn* seines Schullebens nach noch nicht jener absolute Examensmensch geworden, wie es der deutsche ist. Denn die Bürokratie, die das Examensdiplom als Eintrittsbillet ins Reich der Amtspfründen voraussetzt, ist dort erst in den Anfängen. Der junge Amerikaner hat vor nichts und niemand, vor keiner Tradition und keinem Amt Respekt, es sei denn vor der persönlich eigenen Leistung des Betreffenden: *das* nennt der Amerikaner *‹Demokratie›*. Wie verzerrt auch immer die Realität diesem Sinngehalt gegenüber sich verhalten möge, der Sinngehalt ist dieser, und darauf kommt es hier an. Der Lehrer, der ihm gegenübersteht, von dem hat er die Vorstellung: er verkauft mir seine Kenntnisse und Methoden für meines Vaters Geld, ganz ebenso wie die Gemüsefrau meiner Mutter den Kohl. Damit fertig. Allerdings: wenn der Lehrer etwa ein *football*-Meister ist, dann ist er auf diesem Gebiet sein Führer. Ist er das (oder etwas Ähnliches auf anderem Sportgebiet) aber nicht, so ist er eben nur Lehrer und weiter nichts, und keinem amerikanischen jungen Manne wird es einfallen, sich von ihm ‹Weltanschauungen› oder maßgebliche Regeln für seine Lebensführung verkaufen zu lassen. Nun, in dieser Formulierung werden wir das ablehnen. Aber es fragt sich, ob hier in dieser von mir absichtlich noch etwas ins Extreme gesteigerten Empfindungsweise nicht doch ein Korn Wahrheit steckt.

Kommilitonen und Kommilitoninnen! Sie kommen mit diesen Ansprüchen an unsere Führerqualitäten in die Vorlesungen zu uns und sagen sich vorher nicht: daß von hundert Professoren mindestens neunundneunzig nicht nur keine *football*-Meister des Lebens, sondern überhaupt nicht ‹Führer› in Angelegenheiten der Lebensführung zu sein in Anspruch nehmen und nehmen dürfen. Bedenken Sie: es hängt der Wert des Menschen ja nicht davon ab, ob er Führerqualitäten besitzt. Und jedenfalls sind es nicht *die* Qualitäten, die jemanden zu einem ausgezeichneten Gelehrten und akademischen Lehrer machen, die ihn zum Führer auf dem Gebiet der praktischen Lebensorientierung oder, spezieller, der Politik machen. Es ist der reine Zufall, wenn jemand auch diese Qualität besitzt, und sehr bedenklich ist es, wenn jeder, der auf dem Katheder steht, sich vor die Zumutung gestellt fühlt, sie in Anspruch zu nehmen. Noch bedenklicher, wenn es jedem akademischen Lehrer überlassen bleibt, sich im Hörsaal als Führer aufzuspielen. Denn die, welche sich am meisten dafür halten, sind es oft am wenigstens, und vor allem: ob sie es sind oder nicht, dafür bietet die Situation auf dem Katheder schlechterdings keine Möglichkeit der *Bewährung.* Der Professor, der sich zum Berater der Jugend berufen fühlt und ihr Vertrauen genießt, möge im persönlichen Verkehr von Mensch zu Mensch mit ihr seinen Mann stehen. Und fühlt er sich zum Eingreifen in die Kämpfe der Weltanschauungen und Parteimeinungen berufen, so möge er das draußen auf dem Markt des Lebens tun: in der Presse, in Versammlungen, in Vereinen, wo immer er will. Aber es ist doch etwas allzu bequem, seinen Bekennermut da zu zeigen, wo die Anwesenden und vielleicht Andersdenkenden zum Schweigen verurteilt sind.

Sie werden schließlich die Frage stellen: wenn dem so ist, was leistet denn nun eigentlich die Wissenschaft Positives für das praktische persönliche ‹Leben›? Und damit sind wir wieder bei dem Problem ihres ‹Berufs›. Zunächst natürlich: Kenntnisse über die Technik, wie man das Leben, die äußeren Dinge sowohl wie das Handeln der Menschen, durch Berechnung beherrscht: – nun, das ist aber doch nur die Gemüsefrau des amerikanischen Knaben, werden Sie sagen. Ganz meine Meinung. Zweitens, was diese Gemüsefrau schon immerhin nicht tut: Methoden des Denkens, das Handwerkszeug und die Schulung dazu. Sie werden vielleicht sagen: nun, das ist nicht Gemüse, aber es ist auch nicht mehr als das Mittel, sich Gemüse zu verschaffen. Gut, lassen wir das heute dahingestellt. Aber damit ist die Leistung der Wissenschaft glücklicherweise auch noch nicht zu Ende, sondern wir sind in der Lage, Ihnen zu einem Dritten zu verhelfen: zur *Klarheit.* Vorausgesetzt natürlich, daß wir sie selbst besitzen. Soweit dies der Fall ist, können wir Ihnen deutlich machen: man kann zu dem Wertproblem, um das es sich jeweils handelt – ich bitte Sie, der Einfachheit halber an soziale Erscheinungen als Beispiel zu denken –, praktisch die und die verschiedene Stellung einnehmen. *Wenn* man die und die Stellung einnimmt, so muß man nach den Erfahrungen der Wissenschaft die und die *Mittel* anwenden, um sie praktisch zur Durchführung zu bringen. Diese Mittel sind nun vielleicht schon an sich solche, die Sie ablehnen zu müssen glauben. Dann muß man zwischen dem Zweck und den unvermeidlichen Mitteln eben wählen. ‹Heiligt› der Zweck diese Mittel oder nicht? Der Lehrer kann die Notwendigkeit dieser Wahl vor Sie hinstellen, mehr kann er, solange er Lehrer bleiben und nicht Demagoge werden will, nicht. Er kann Ihnen ferner natürlich sagen: wenn Sie den und den Zweck wollen, dann müssen Sie die und die Nebenerfolge, die dann erfahrungsgemäß eintreten, mit in Kauf nehmen: wieder die gleiche Lage. Indessen das sind alles noch Probleme, wie sie für jeden Techniker auch entstehen können, der ja auch in zahlreichen Fällen nach dem Prinzip des kleineren Übels oder des relativ Besten sich entscheiden muß. Nur daß für ihn eins, die Hauptsache, gegeben zu sein pflegt: der *Zweck.* Aber eben dies ist nun für uns, sobald es sich um wirklich ‹letzte› Probleme handelt, *nicht* der Fall. Und damit erst gelangen wir zu der letzten Leistung, welche die Wissenschaft als solche im Dienste der Klarheit vollbringen kann, und zugleich zu ihren Grenzen: wir können – und sollen – Ihnen auch sagen: die und die praktische Stellungnahme läßt sich mit innerer Konsequenz und also: Ehrlichkeit ihrem *Sinn* nach ableiten aus der und der letzten weltanschauungsmäßigen Grundposition – es kann sein, aus nur einer, oder es können vielleicht verschiedene sein –, aber aus den und den anderen nicht. Ihr dient, bildlich geredet, diesem Gott und *kränkt jenen anderen,* wenn Ihr Euch für diese Stellungnahme entschließt. Denn Ihr kommt notwendig zu diesen und diesen letzten inneren sinnhaften *Konsequenzen,* wenn Ihr Euch treu bleibt. Das läßt sich, im Prinzip wenigstens, leisten. Die Fachdisziplin der Philosophie und die dem Wesen nach philosophischen prinzipiellen Erörterungen der Einzeldisziplinen versuchen, das zu leisten. Wir können so, wenn wir unsre Sache verstehen (was hier einmal vorausgesetzt werden muß), den einzelnen nötigen, oder wenigstens ihm dabei helfen, sich selbst *Rechenschaft zu geben über den letzten Sinn seines eigenen Tuns.* Es scheint mir das nicht so sehr wenig zu sein, auch für das rein persönliche Leben. Ich bin auch hier versucht, wenn einem Lehrer das gelingt, zu sagen: er stehe im Dienst ‹sittlicher› Mächte: der Pflicht, Klarheit und Verantwortungsgefühl zu schaffen, und ich glaube, er wird dieser Leistung um so eher fähig sein, je gewissenhafter er es vermeidet, seinerseits dem Zuhörer eine Stellungnahme oktroyieren oder suggerieren zu wollen.

Überall freilich geht diese Annahme, die ich Ihnen hier vortrage, aus von dem einen Grundsachverhalt: daß das Leben, solange es in sich selbst beruht und aus sich selbst verstanden wird, nur den ewigen Kampf jener Götter miteinander kennt, – unbildlich gesprochen: die Unvereinbarkeit und also die Unaustragbarkeit des Kampfes der letzten überhaupt *möglichen* Standpunkte zum Leben, die Notwendigkeit also: zwischen ihnen sich zu *entscheiden.* Ob unter solchen Verhältnissen die Wissenschaft wert ist, für jemanden ein ‹Beruf› zu werden, und ob sie selbst einen objektiv wertvollen ‹Beruf› hat, – das ist wieder ein Werturteil, über welches im Hörsaal nichts auszusagen ist. Denn für die Lehre dort ist die Bejahung *Voraussetzung.* Ich persönlich bejahe schon durch meine eigene Arbeit die Frage. Und zwar auch und gerade für den Standpunkt, der den Intellektualismus, wie es heute die Jugend tut oder – und meist – zu tun sich einbildet, als den schlimmsten Teufel haßt. Denn dann gilt für sie das Wort: ‹Bedenkt, der Teufel, der ist alt, so werdet alt, ihn zu verstehen.› Das ist nicht im Sinne der Geburtsurkunde gemeint, sondern in dem Sinn: daß man auch vor diesem Teufel, wenn man mit ihm fertig werden will, nicht – die Flucht ergreifen darf, wie es heute so gern geschieht, sondern daß man seine Wege erst einmal zu Ende überschauen muß, um seine Macht und seine Schranken zu sehen.

Daß Wissenschaft heute ein *fachlich* betriebener ‹Beruf› ist im Dienst der Selbstbesinnung und der Erkenntnis tatsächlicher Zusammenhänge, und nicht eine Heilsgüter und Offenbarungen spendende Gnadengabe von Sehern [und] Propheten oder ein Bestandteil des Nachdenkens von Weisen und Philosophen über den *Sinn* der Welt, – das freilich ist eine unentrinnbare Gegebenheit unserer historischen Situation, aus der wir, wenn wir uns selbst treu bleiben, nicht herauskommen können. Und wenn nun wieder TOLSTOJ in Ihnen aufsteht und fragt: ‹Wer beantwortet, da es die Wissenschaft nicht tut, die Frage:

was sollen wir denn tun? und: wie sollen wir unser Leben einrichten?›, oder in der heute abend hier gebrauchten Sprache: ‹welchem der kämpfenden Götter sollen wir dienen? oder vielleicht einem ganz anderen, und wer ist das?›, – dann ist zu sagen: nur ein Prophet oder ein Heiland. Wenn der nicht da ist oder wenn seiner Verkündigung nicht mehr geglaubt wird, dann werden Sie ihn ganz gewiß nicht dadurch auf die Erde zwingen, daß Tausende von Professoren als staatlich besoldete oder privilegierte kleine Propheten in ihren Hörsälen ihm seine Rolle abzunehmen versuchen. Sie werden damit nur das eine fertig bringen, daß das Wissen um den entscheidenden Sachverhalt: der Prophet, nach dem sich so viele unserer jüngsten Generation sehnen, ist eben *nicht* da, ihnen niemals in der ganzen Wucht seiner Bedeutung lebendig wird. Es kann, glaube ich, gerade dem inneren Interesse eines wirklich religiös ‹musikalischen› Menschen nun und nimmermehr gedient sein, wenn ihm und anderen diese Grundtatsache, daß er in einer gottfremden, prophetenlosen Zeit zu leben das Schicksal hat, durch ein Surrogat, wie es alle diese Kathederpropheten sind, verhüllt wird. Die Ehrlichkeit seines religiösen Organs müßte, scheint mir, dagegen sich auflehnen. Nun werden Sie geneigt sein, zu sagen: Aber wie stellt man sich dann zu der Tatsache der Existenz der ‹Theologie› und ihres Anspruchs darauf: ‹Wissenschaft› zu sein? Drücken wir uns um die Antwort nicht herum. ‹Theologie› und ‹Dogmen› gibt es zwar nicht universell, aber doch nicht gerade nur im Christentum. Sondern (rückwärtsschreitend in der Zeit) in stark entwickelter Form auch im Islam, im Manichäismus, in der Gnosis, in der Orphik, im Parsismus, im Buddhismus, in den hinduistischen Sekten, im Taoismus und in den Upanishaden und natürlich auch im Judentum. Nur freilich in höchst verschiedenem Maße systematisch entwickelt. Und es ist kein Zufall, daß das okzidentale Christentum nicht nur – im Gegensatz zu dem, was z. B. das Judentum an Theologie besitzt – sie systematischer ausgebaut hat oder danach strebt, sondern daß hier ihre Entwicklung die weitaus stärkste historische Bedeutung gehabt hat. Der hellenische Geist hat das hervorgebracht, und alle Theologie des Westens geht auf ihn zurück, wie (offenbar) alle Theologie des Ostens auf das indische Denken. Alle Theologie ist intellektuelle *Rationalisierung* religiösen Heilsbesitzes. Keine Wissenschaft ist absolut voraussetzungslos, und keine kann für den, der diese Voraussetzungen ablehnt, ihren eigenen Wert begründen. Aber allerdings: jede Theologie fügt für ihre Arbeit und damit für die Rechtfertigung ihrer eigenen Existenz einige spezifische Voraussetzungen hinzu. In verschiedenem Sinn und Umfang. Für *jede* Theologie, z. B. auch für die hinduistische, gilt die Voraussetzung: die Welt müsse einen *Sinn* haben, – und ihre Frage ist: wie muß man ihn deuten, damit dies denkmöglich sei? Ganz ebenso wie Kants Erkenntnistheorie von der Voraussetzung ausging: ‹Wissenschaftliche Wahrheit gibt es, und sie *gilt*› – und dann fragte: Unter welchen Denkvoraussetzungen ist das (sinnvoll) möglich? Oder wie die modernen Ästhetiker (ausdrücklich – wie z. B. G. v. Lukács – oder tatsächlich) von der Voraussetzung ausgehen: ‹es *gibt* Kunstwerke› – und nun fragen: Wie ist das (sinnvoll) möglich? Allerdings begnügen sich die Theologien mit jener (wesentlich religions-philosophischen) Voraussetzung in aller Regel nicht. Sondern sie gehen regelmäßig von der ferneren Voraussetzung aus: daß bestimmte ‹Offenbarungen› als heilswichtige Tatsachen – als solche also, welche eine sinnvolle Lebensführung erst ermöglichen – schlechthin zu glauben sind und daß bestimmte Zuständlichkeiten und Handlungen die Qualität der Heiligkeit besitzen, das heißt: eine religiös-sinnvolle Lebensführung oder doch deren Bestandteile bilden. Und ihre Frage ist dann wiederum: Wie lassen sich diese schlechthin anzunehmenden Voraussetzungen innerhalb eines Gesamtweltbildes sinnvoll deuten? Jene Voraussetzungen selbst liegen dabei für die Theologie jenseits dessen, was ‹Wissenschaft› ist. Sie sind kein ‹Wissen› im gewöhnlich verstandenen Sinn, sondern ein ‹Haben›. Wer sie – den Glauben oder die sonstigen heiligen Zuständlichkeiten – nicht ‹hat›, dem kann sie keine Theologie ersetzen. Erst recht nicht eine andere Wissenschaft. Im Gegenteil: in jeder ‹positiven› Theologie gelangt der Gläubige an den Punkt, wo der AUGUSTINische Satz gilt: *credo non quod, sed* quia *absurdum est.* Die Fähigkeit zu dieser Virtuosenleistung des ‹Opfers des Intellekts› ist das entscheidende Merkmal des positiv religiösen Menschen. Und daß dem so ist: – dieser Sachverhalt zeigt, daß trotz (vielmehr infolge) der Theologie (die ihn ja enthüllt) die Spannung zwischen der Wertsphäre der ‹Wissenschaft› und der des religiösen Heils unüberbrückbar ist.

Das ‹Opfer des Intellekts› bringt rechtmäßigerweise nur der Jünger dem Propheten, der Gläubige der Kirche. Noch nie ist aber eine neue Prophetie dadurch entstanden (ich wiederhole dieses Bild, das manchen anstößig gewesen ist, hier absichtlich), daß manche moderne Intellektuelle das Bedürfnis haben, sich in ihrer Seele sozusagen mit garantiert echten, alten Sachen auszumöblieren, und sich dabei dann noch daran erinnern, daß dazu auch die Religion gehört hat, die sie nun einmal nicht haben, für die sie aber eine Art von spielerisch mit Heiligenbildchen aus aller Herren Länder möblierter Hauskapelle als Ersatz sich aufputzen oder ein Surrogat schaffen in allerhand Arten des Erlebens, denen sie die Würde mystischen Heiligkeitsbesitzes zuschreiben und mit dem sie – auf dem Büchermarkt hausieren gehen. Das ist einfach: Schwindel oder Selbstbetrug. Durchaus kein Schwindel, sondern etwas sehr Ernstes und Wahrhaftes, aber vielleicht zuweilen sich selbst in seinem Sinn Mißdeutendes ist es dagegen, wenn manche jener Jugendgemeinschaften, die in der Stille in den letzten Jahren gewachsen sind, ihrer eigenen menschlichen Gemeinschaftsbeziehung die Deutung einer religiösen, kosmischen oder mystischen Beziehung geben. So wahr es ist, daß jeder Akt echter Brüderlichkeit sich mit dem Wissen darum zu verknüpfen vermag, daß dadurch einem überpersönlichen Reich etwas hinzugefügt wird, was unverlierbar bleibt, so zweifelhaft scheint mir, ob die Würde rein menschlicher Gemeinschaftsbeziehungen durch jene religiösen Deutungen gesteigert wird. – Indessen, das gehört nicht mehr hierher. –

Es ist das Schicksal unserer Zeit, mit der ihr eigenen Rationalisierung und Intellektualisierung, vor allem: Entzauberung der Welt, daß gerade die letzten und sublimsten Werte zurückgetreten sind aus der Öffentlichkeit, entweder in das hinterweltliche Reich mystischen Lebens oder in die Brüderlichkeit unmittelbarer Beziehungen der einzelnen zueinander. Es ist weder zufällig, daß unsere höchste Kunst eine intime und keine monumentale ist, noch daß heute nur innerhalb der kleinsten Gemeinschaftskreise, von Mensch zu Mensch, im *pianissimo,* jenes Etwas pulsiert, das dem entspricht, was früher als prophetisches Pneuma in stürmischem Feuer durch die großen Gemeinden ging und sie zusammenschweißte. Versuchen wir, monumentale Kunstgesinnung zu erzwingen und zu ‹erfinden›, dann entsteht ein so jämmerliches Mißgebilde wie in den vielen Denkmälern der letzten 20 Jahre. Versucht man, religiöse Neubildungen zu ergrübeln ohne neue, echte Prophetie, so entsteht im innerlichen Sinn etwas Ähnliches, was noch übler wirken muß. Und die Kathederprophetie wird vollends nur fanatische Sekten, aber nie eine echte Gemeinschaft schaffen. Wer dies Schicksal der Zeit nicht männlich ertragen kann, dem muß man sagen: Er kehre lieber, schweigend ohne die übliche öffentliche Renegatenreklame, sondern schlicht und einfach, in die weit und erbarmend geöffneten Arme der alten Kirchen zurück. Sie machen es ihm ja nicht schwer. Irgendwie hat er dabei – das ist unvermeidlich – das ‹Opfer des Intellektes› zu bringen, so oder so. Wir werden ihn darum nicht schelten, wenn er es wirklich vermag. Denn ein solches Opfer des Intellekts zugunsten einer bedingungslosen religiösen Hingabe ist sittlich immerhin doch etwas anderes als jene Umgehung der schlichten intellektuellen Rechtschaffenheitspflicht, die eintritt, wenn man sich selbst nicht klarzuwerden den Mut hat über die eigene letzte Stellungnahme, sondern diese Pflicht durch schwächliche Relativierung sich erleichtert. Und mir steht sie auch höher als jene Kathederprophetie, die sich darüber nicht klar ist, daß innerhalb der Räume des Hörsaals nun einmal keine andere Tugend gilt als eben: schlichte intellektuelle Rechtschaffenheit. Sie aber gebietet uns festzustellen, daß heute für alle jene vielen, die auf neue Propheten und Heilande harren, die Lage die gleiche ist, wie sie aus jenem schönen, unter die Jesaja-Orakel aufgenommenen edomitischen Wächterlied in der Exilszeit klingt: ‹Es kommt ein Ruf aus Sēʾîr in Edom: Wächter, wie lang noch die Nacht? Der Wächter spricht: Es kommt der Morgen, aber noch ist es Nacht. Wenn ihr fragen wollt, kommt ein ander Mal wieder.› Das Volk, dem das gesagt wurde, hat gefragt und geharrt durch weit mehr als zwei Jahrtausende, und wir kennen sein erschütterndes Schicksal. Daraus wollen wir die Lehre ziehen: daß es mit dem Sehnen und Harren allein nicht getan ist, und es anders machen: an unsere Arbeit gehen und der ‹Forderung des Tages› gerecht werden – menschlich sowohl wie beruflich. Die aber ist schlicht und einfach, wenn jeder den Dämon findet und ihm gehorcht, der *seines* Lebens Fäden hält.

VIII. ARNOLD GEHLEN (* 1904)

Aus: Anthropologische Forschung. Zur Selbstbegegnung und Selbstentdeckung des Menschen, rowohlts deutsche enzyklopädie Bd. 138, Reinbek [6]1968, S. 55 bis 68.

DAS BILD DES MENSCHEN IM LICHTE DER MODERNEN ANTHROPOLOGIE

Zeitbedingtheit jeder Lehre vom Menschen

Im Jahre 1786 legte KANT in der Schrift ‹Was heißt: sich im Denken orientieren?› die folgenden Sätze nieder:

‹Ein reiner Vernunftglaube ist also der Wegweiser oder Kompaß, wodurch der spekulative Denker sich auf seinen Vernunftstreifereien im Felde übersinnlicher Gegenstände orientieren, der Mensch von gemeiner doch moralisch gesunder Vernunft aber seinen Weg dem ganzen Zwecke seiner Bestimmung völlig angemessen vorzeichnen kann, und dieser Vernunftglaube ist es auch, der jedem anderen Glauben, ja jeder Offenbarung zum Grunde gelegt werden muß.›

Das war in wenigen Worten das Programm der Aufklärung, in welchem die Vernunft für die Fragen der Philosophie, Ethik und Religionslehre als zureichendes Organ in Anspruch genommen wurde.

Als 1860 SCHOPENHAUER starb, hatte er die Szene schon ganz verändert. Der Wille als sinnfremde, blinde, wütende Daseinsgier bricht sich oder spiegelt sich im Bewußtsein, und vor uns steht die Erscheinungswelt – die bunte Welt der Dinge und Wesen, die wir wirklich nennen: jedes einzelne von außen gesehen von farbiger Schönheit, von innen gesehen dämonischer, tötungsbereiter Daseinsdrang.

Um 1920 regiert FREUD. Er hat uns wie jeder wirkliche Entdecker eine erste, aber verzerrte Karte unbetretener Gebiete mitgebracht, und darin liegt seine Größe und Grenze. Seine knifflige Scholastik der Perversionen enthielt doch einige bedeutende Funde, blieb auch alles Menschliche im Rahmen eines bestimmten Großstadtsortiments. Doch der desperate Ernst seiner Gedanken und sein weiser Sinn von der Hinfälligkeit unseres Wissens waren Elemente, die auch noch mit dem Absurden versöhnten. Den Geist des Menschen faßte seine Anthropologie mit fast technischen Bildern auf: etwa als den Dampf, der sich aus den Triebverwicklungen erhebt, als das Ventil der Triebe in Träumen und Phantasien oder als eine Apparatur der Enthemmung und Regulierung derselben mittelst der sogenannten Bewußtmachung. Kunst und Kitsch, Wirklichkeit und Schein wurden über die Brücke der Traumfaseleien hin ununterscheidbar.

Wo steht die Anthropologie heute? Ich glaube, auch das Menschenbild FREUDS verblaßt schon, es hat zwei Weltkriegen doch nicht standhalten können, ja seine Analysen erhalten allmählich einen eigenen und nicht vorausgesehenen Reiz durch die Zeitkostümierung der Gefühle und Gedanken.

Ich denke weiter, der wesentliche Unterschied zwischen dem Bilde vom Menschen, das sich jetzt langsam aus der geduldigen Arbeit vieler herausentwickelt, und jenen großen Entwürfen, die ich nannte, besteht darin, daß wir nicht mehr das jeweils hypertroph Gewordene und Überfütterte am Menschen, den Geist oder die Triebe, für *den* Menschen erklären. Daß wir einen Sinn bekommen haben für das Pluralistische im Menschen, ja für das der Möglichkeit nach Anarchische. Und zugleich sehen wir ihn auf dem Hintergrunde der jeweiligen Gesellschafts- und Arbeitsverhältnisse. Man kann auch sagen: *neben* eine Psychologie von innen tritt eine Psychologie von außen. Um ein ganz einfaches Beispiel zu nennen, auf das schon MAX WEBER hinwies: Wenn ich vom Erwerbsstreben eines Unternehmers rede, so kann ich das in der Sicht von innen tun, dann handelt es sich um eine Leidenschaft, ein Interesse oder sonst eine seelische Kraft mit eigener Geschichte. Oder von außen – dann ist ‹Erwerbsstreben› die Einstellung, die jedem von der Gesetzlichkeit eines Betriebes aufgenötigt wird, der in einem solchen Betrieb verantwortlich handelt, wenn dieser unter Konkurrenz steht. Beide Ansichten der Sache schließen sich gegenseitig nicht aus, man muß sie zusammennehmen, und daß man dies muß und kann, ist selbst eine Aussage über den Menschen.

Man muß eine jede Lehre vom Menschen auf dem Hintergrund ihrer Zeit sehen. Jeder weiß, daß KANTS Vernunftoptimismus dem Elan der aufstrebenden bürgerlichen Gesellschaft entsprach. Natürlich kann sich die heutige Anthropologie nicht selbst historisch nehmen, aber sie muß ihre Aussagen über den Menschen mit dem Bewußtsein machen, daß sie sie an denjenigen abliest, welche unter den sehr einmaligen Bedingungen der Gegenwart leben. Das ist ein großer Unterschied zu FREUD: Wir sehen heute die Menschen nicht nur an ihren Triebschicksalen gesund und krank werden, sondern diese Triebschicksale selbst mit der sozialen Umwelt sich mitverändern, und müssen uns so darüber klarwerden, daß grundsätzlich die Innenansicht und die Außenansicht sich gegenseitig fordern.

Die Außen-Innenverschränkung im Menschen

Die Verschränkung oder Vermischung dessen, was von innen, und dessen, was von außen kommt, geht beim Menschen unendlich tief und wohl bis in den Kern der Substanz. Hierher gehört ja auch die großartig interessante Einsicht PORTMANNS von dem ‹extra-uterinen Frühjahr›. PORTMANN in Basel stellte dar, daß das neugeborene menschliche Kind eine Art normalisierter Frühgeburt ist, sofern es nach der Geburt etwa ein Jahr lang noch nicht über die artgemäßen Bewegungsweisen und Kommunikationsmittel – also die Sprache – verfügt. Aber dies bedeutet nun, daß Prozesse der Reifung und des Wachstums, welche als solche durchaus auch im Mutterkörper gefördert werden würden, jetzt dem Einfluß unzähliger Reizquellen der Außenwelt ausgesetzt sind. Diese Reifungsprozesse, wie die Erwerbung der aufrechten Haltung, der Hantierung, der ungefähren Körperbeherrschung und der Sprachanfänge, vollziehen sich in der Verarbeitung der zahlreichen Reize, welche auf das Kind schon durch die pflegende Umgebung einwirken, in einem Zustand, in dem es noch wesentliche embryonale Eigenschaften, z. B. in Hinsicht der Wachstumsgeschwindigkeiten, hat. Dieser extra-uterine, zwar außerhalb des Mutterleibes, aber noch im Stadium der Ausreifung vor sich gehende frühe Kontakt mit dem offenen Reichtum der einströmenden Reizfülle ist das früheste Stadium eines der wichtigsten Wesenszüge des Menschen – seiner *Weltoffenheit*. Und so rückt diese Weltoffenheit als eine *innere* Eigenschaft in den Zusammenhang der fundamentalen äußeren Eigenschaften hinein, von denen LOUIS BOLK, der verstorbene geniale Amsterdamer Anatom, nachwies, daß sie allesamt zeitlebens stabilisierte, über die ganze Lebenszeit hin dauerhaft gewordene embryonale Eigenschaften sind: so die Schädelwölbung, die Unterstellung des Gebißteils unter den Hirnteil, die Unbehaartheit, der Bau des Beckens, aus dem der aufrechte Gang folgt usw. Ein solches frühinfantiles Merkmal, das doch stabilisiert durchhält, ist auch die Weltoffenheit des Menschen, und man kann deshalb, wie PORTMANN sagt, eine Reihe von Eigenschaften, die auf den ersten Blick rein physisch sind, wie die Dauer der Schwangerschaft und den verzögerten Ausbildungsgrad der Bewegungs- und Kommunikationsmittel bei der Geburt, nur im Zusammenhang mit der Bildung unseres Soziallebens, ja der gesamten weltoffenen Daseinsweise des Menschen verstehen. Die ganze unbestimmt offene Reizeinwirkung auf das Kleinkind wird so geradezu eine obligatorische Teilfunktion von physischen Reifungen und Entwicklungen, die als solche bei den meisten höheren Säugern durchaus im Mutterleibe vor sich gehen.

Man könnte nun von hier aus überleiten zu dem Menschen als embryonisches oder ‹unspezialisiertes› Wesen, zu dem, wie NIETZSCHE sagte, ‹nicht festgestellten Tier›, und die Riskiertheit, die Unfertigkeit seiner Konstitution würde uns ebenso erscheinen wie auf der anderen Seite und umgekehrt seine Fähigkeit des Sichfeststellens, der unerschöpflichen Improvisation immer neuer Antworten auf die unerschöpflichen Herausforderungen des Daseins und damit seine Kraft des Aufbaus immer neuer Kulturwelten. Soweit ich diese Überlegungen in meinem Buche vom Menschen vorgelegt habe, will ich hier nicht darauf eingehen; vielmehr wollen wir dem Gedankengang PORTMANNS von der Außen-Innenverschränkung im Menschen jetzt auf das Gebiet der Instinktlehre folgen. Dabei gilt es als Leitidee festzuhalten, daß es die von den Menschen gegeneinander und zusammen festgestellten Sitten, Rechtsformen, Institutionen sowie die zwangsläufige Gleichförmigkeit der Arbeitswelt sind, welche die unvorstellbare Plastizität und Nichtfestgestelltheit des Menschen sozusagen auf Schienen legen und eingrenzen. So wie sich der Trieb zum Sprechen, das Ausdrucksbemühen des kleinen Kindes auskristallisiert in Artikulationen, die ihm von außen zugeworfen werden, so kristallisieren sich unsere Antriebe in den Figuren aus, die das gesellschaftliche Leben vorzeichnet.

Lehre von der Selbstdomestizierung des Menschen

KONRAD LORENZ hatte schon 1942 überzeugend nachgewiesen, daß mit fortschreitender Zivilisation ein Verfall der hochselektiven, wählerischen, anspruchsvollen Normen des Verhaltens eintritt. Nun zeigen nach LORENZ die Lebensbedingungen, in die sich die zivilisierten Menschen freiwillig begeben haben, die größte Ähnlichkeit zu denen, die der Mensch seinen Haustieren aufzwang: Beengung der Bewegungsfreiheit, Mangel an körperlicher Ortsbewegung, Beschränkung von Luft, Licht und Sonne, Ausschaltung der natürlichen Auslese und andere Faktoren dieser Art erzeugen beim Menschen wie bei seinen eigenen Haustieren gewisse ähnliche Folgen der Domestizierung. Hand in Hand mit einem allgemeinen Verlust an Muskeltonus werden domestizierte Wesen schlapp und bewegungsunlustig, es vermindern sich alle feiner spezialisierten Reaktionen des sozialen Lebens, sie werden verwaschen und unschärfer. Disharmonien im Instinktgefüge lassen sich bei domestizierten Tieren massenhaft feststellen, so wie z. B. der triebhafte Drang zum Fliegen bei allen domestizierten Vögeln außer der Taube verschwunden ist. Beim zivilisierten Menschen zeigen sich nun ebenfalls solche Disharmonien: kleine Schwankungen in der Selektivität in moralischer Hinsicht, eine minder scharfe Umschreibung des eben noch Erlaubten, eine minder starke Hemmung in irgendeiner Richtung werden zunehmend häufiger, man reagiert durchschnittlich mit der Tendenz nach einem ‹weniger wählerisch›. Umgekehrt aber steigen bei allen domestizierten Wesen quantitativ der Nahrungs- und Begattungstrieb, sie werden leichter enthemmbar, häufiger und wahlloser ansprechbar.

Diese sehr bekannt gewordene und auf den ersten Blick so bestechende Theorie von Lorenz arbeitet also mit der Vorstellung, der Mensch habe sozusagen in seiner Wildform dieselben hochdifferenzierten und hochspeziellen sozialen Instinktregulationen gehabt, die dieser Forscher so genial bei vielen Tierarten nachwies. Und der bei Haustieren zu beobachtende Zerfall dieser Regulationen spiele sich jetzt bei uns ab, weil der Mensch sich selbst domestiziert habe.

Doch möchte ich dieser These und Voraussetzung nicht zustimmen. Es gibt keine Wildform des Menschen und keine nachweisbaren, tierähnlich fein abgestimmten und auf Artgenossen bezogenen Regulationen. Bei den ersten Hominiden der Australopithecus-Gruppe in Südafrika, vor zwei bis drei Millionen Jahren, hat man z. B. Kannibalismus nachgewiesen, beim Sinanthropus vor einer halben Million Jahren ebenfalls und jetzt noch bei zahlreichen primitiven Gesellschaften. Die Plastizität oder Ausartungsbereitschaft des Trieblebens ist beim Menschen offenbar primär und nicht sekundär. Eine Geschichte der Rauschgifte und Rauschmittel würde dasselbe ergeben: uraltester Menschheitsbesitz, genauso verbreitet wie der Mensch selbst.

Zurück zur Kultur!

Wir wollen daher mit der umgekehrten Vorstellung wie Lorenz arbeiten: Die innere Unstabilität des menschlichen Antriebslebens erscheint als fast grenzenlos. Es sind sehr langsam, über Jahrhunderte und Jahrtausende, herausexperimentierte feste und stets auch einschränkende, inhibitorische Formen wie das Recht, das Eigentum, die monogame Familie, die bestimmt verteilte Arbeit, welche unsere Antriebe und Gesinnungen heraufgedrückt, heraufgezüchtet haben auf die hohen exklusiven und selektiven Ansprüche, welche Kultur heißen dürfen. Diese Institutionen wie das Recht, die monogame Familie, das Eigentum sind selbst in keinem Sinne natürlich und sehr schnell zerstört. Ebensowenig natürlich ist die Kultur unserer Instinkte und Gesinnungen, die vielmehr von jenen Institutionen von außen her versteift, gehalten und hochgetrieben werden müssen. Und wenn man die Stützen wegschlägt, primitivisieren wir sehr schnell. Dann gibt es nicht, wie Lorenz glaubte, einen Zerfall ursprünglich sicherer Instinkte, sondern gerade die Re-Instinktivierung, den Rückgang in die fundamentale und konstitutionelle Unsicherheit und Ausartungsbereitschaft des Antriebslebens. Wenn die äußeren Sicherungen und Stabilisierungen, die in den festen Traditionen liegen, entfallen und mit abgebaut werden, dann wird unser Verhalten entformt, affektbestimmt, triebhaft, unberechenbar, unzuverlässig. Sofern nun auch normalerweise der Fortschritt der Zivilisation abbauend wirkt, nämlich Traditionen, Rechte, Institutionen schleift, insofern *vernatürlicht* er den Menschen, primitivisiert ihn und wirft ihn zurück auf die *natürliche* Unstabilität seines Instinktlebens. Die Bewegungen nach dem Verfall zu sind stets natürlich und wahrscheinlich, die Bewegungen nach der Größe, dem Anspruchsvollen und Kategorischen hin sind stets erzwungen, mühsam und unwahrscheinlich. Das Chaos ist ganz im Sinne ältester Mythen vorauszusetzen und *natürlich*, der Kosmos ist göttlich und *gefährdet*.

Ich vertrete geradezu einen umgekehrten Standpunkt als das 18. Jahrhundert: es ist Zeit für einen Gegen-ROUSSEAU, für eine Philosophie des Pessimismus und des Lebensernstes. ‹Zurück zur Natur› heißt für ROUSSEAU: die Kultur entstellt den Menschen, der Naturzustand zeigt ihn in voller Naivität, Gerechtigkeit und Beseelung. Dagegen und umgekehrt scheint es uns heute, daß der Naturzustand im Menschen das Chaos ist, das Medusenhaupt, bei dessen Anblick man erstarrt. Die Kultur ist das Unwahrscheinliche, nämlich das Recht, die Gesittung, die Disziplin, die Hegemonie des Moralischen. Aber die zu reich, zu differenziert gewordene Kultur bringt eine Entlastung mit sich, die zu weit getrieben ist und die der Mensch nicht erträgt. Wenn die Gaukler, Dilettanten, die leichtfüßigen Intellektuellen sich vordrängen, wenn der Wind allgemeiner Hanswursterei sich erhebt, dann lockern sich auch die uralten Institutionen und die strengen professionellen Körperschaften: das Recht wird elastisch, die Kunst nervös, die Religion sentimental. Dann erblickt unter dem Schaum das erfahrene Auge schon das Medusenhaupt, der Mensch wird *natürlich* und alles wird möglich. Es muß heißen: Zurück zur Kultur! Denn vorwärts geht es offenbar mit schnellen Schritten der Natur entgegen, da die fortschreitende Zivilisation uns die ganze Schwäche der durch strenge Formen nicht geschützten menschlichen Natur demonstriert.

Triebumwandlung, Instinktreduktion, Triebüberschuß

Wir wollen unsere These einmal an einem Beispiel ausprobieren und wählen dazu den Aggressionstrieb. FREUD hatte in seinem nicht mehr beendeten Abriß der Psychoanalyse diesen Trieb wieder wie früher als Destruktions- oder Todestrieb angesetzt und gesagt, daß seine Ableitung nach außen durch das Muskelsystem eine Notwendigkeit für die Erhaltung des Individuums sei, daß aber mit der Einsetzung des Über-Ich ansehnliche Beträge des Aggressionstriebes im Innern des Ich fixiert würden und dort selbstzerstörend wirkten. ‹Zurückhaltung von Aggression ist überhaupt ungesund›, sagte er, ‹wirkt krankmachend, kränkend.›

FREUD nennt hier also die Fixierung von Triebquanten im Ich, er kennt an anderer Stelle die Umwandlung von Aggression in Angst. Es steht mit diesem Trieb so wie mit jedem anderen im Menschen: er kann seine Gestalt verändern, auch ist er entperiodisiert wie der Geschlechtstrieb, auf Dauer gestellt und immer ansprechbar. Auch er kann, wie dieser, als Komponente in viele andere Bedürfnisse und Antriebe eingehen und unterscheidet sich daher nicht von den anderen so plastischen, verteilbaren, verschmelzbaren, die Erscheinungsform wechselnden Instinktresiduen des Menschen.

Nun ist der Aggressionstrieb doch offenbar auf den Daseinskampf bezogen, und FREUD sagte sehr richtig, er müsse durch das Muskelsystem abgeleitet werden. Die beiden wichtigsten Formen dieser Ableitung sind mit Sicherheit jahrtausendelang die schwere körperliche Arbeit und der Kampf von Gruppen untereinander gewesen. In den früheren kleinteiligen Gesellschaften, als wenige Leute periodisch miteinander rauften, gab es vielleicht mehr inneren Frieden in der Welt als jetzt. Denn inzwischen ist folgendes geschehen: Wir haben die großen polizierten und befriedeten Massengesellschaften moderner Staaten und die Maschine, die dem Menschen die Arbeit abnimmt und erleichtert. Die beiden großen Kanäle, in denen die Menschen jahrtausendelang den Aggressionstrieb abführten, sind verstopft: nämlich die schwere körperliche Arbeit und die doch bis zur Erfindung des mühelosen Tötens mit der Feuerwaffe recht harmlosen dauernden Fehden und Raufereien.

Wo bleibt denn jetzt dieser Trieb? Er ist nach wie vor am Leben, aber er wechselt die Erscheinung. Er lebt in den gewaltigen Ladungen innersozialer Gereiztheit, die unsere großen, von der physischen Arbeit so stark entlasteten Gesellschaften zu sprengen drohen; er hat sich in Angst und Angstbereitschaft konvertiert oder in das allgegenwärtige Mißtrauen, mit dem die Menschen sich gegenübertreten. Dies ist offenbar die Zivilisationsform jenes Triebes, die Gestalt, die er unter den modernen entlasteten und erleichterten Lebensbedingungen annimmt. Vielleicht gibt es überhaupt wegen der verminderten Abfuhrmöglichkeit eine Energiestauung dieses Triebes mit der bekannten Senkung der Reizschwelle, so daß große Massen von Aggressionsbereitschaft bereitlägen, um loszubrechen, wenn sie ausgeklinkt werden – wobei dieses Ausklinken immer leichter möglich würde. Jedenfalls steht eines fest: mit der zivilisatorischen Entlastung des Menschen von schwerer körperlicher Arbeit, die ja schon so weit geht, daß höchstbezahlte Berufe dieser Art gemieden werden, geht zeitlich und örtlich eine Verhetzbarkeit, eine Angstentwicklung zusammen, wie sie so noch nie gegeben war.

Man kann dieses Beispiel einer allgemeinen Überlegung aussetzen. Mit der Freisetzung der Intelligenz und Motorik, wie sie beim Menschen geschehen ist, scheint eine ‹*Instinktreduktion*›, eine Art Abbau der wohlgeordneten angeborenen und stereotypen Verhaltensformen eingetreten zu sein, die wir beim Tier instinktiv nennen. Das Wort Instinktreduktion bedeutet oder meint keine quantitative Abnahme von Antriebsbeträgen, sondern soll einen anthropologisch sehr grundlegenden Zusammenhang bezeichnen. Abgehängt von der Motorik nehmen unsere vitalen Antriebe die Form der Innenentfaltung, des Gefühlsstoßes, der Affektentwicklung an, oder zum mindesten tritt diese Innenverarbeitung gleichberechtigt neben die Abfuhr in der Handlung. Zweitens sind die beim Tier wohlumschriebenen Instinktkomplexe beim Menschen entdifferenziert, in hohem Grade verschmelzungsfähig, plastisch, konvertierbar (wie dies FREUD nannte). Eben deswegen forderte ja C. G. JUNG eine ganz unspezifische Libido sozusagen als Reservoir aller menschlichen Antriebsverteilung. Instinktive Komponenten können also in den verschiedensten Verteilungen und Überlagerungen in ein beliebiges gelerntes menschliches Handeln übergehen.

Nimmt man z. B. den Affekt der Eifersucht, so kann niemand sagen, was an instinktiven Komponenten darinsteckt, was daran Liebe, gekränkter Stolz, was Besitztrieb oder ‹Instinkt der Integrität› (PARETO) ist. Und ebensowenig kann jemand voraussagen, ob dieser Affekt als Gefühlsstoß in der Innenverarbeitung bleibt oder ob er sich in Handlungen entlädt, und wenn ja, in welchen.

Und dann kommt dazu noch eine andere Grundeigenschaft des menschlichen Antriebslebens, nämlich seine chronische, pausenlose Regsamkeit und Ansprechbarkeit, eben das, was Max Scheler den Triebüberschuß nannte. Man erhält so manchmal den Eindruck, als ob mehrere Gruppen von Instinktresiduen dauernd und gleichzeitig um dasselbe Ausdrucksfeld, nämlich die Motorik, den Handlungsbereich konkurrierten und dabei zu grandiosen Vereinfachungen und Verschmelzungen genötigt würden, die wir dann als Eifersucht, Ehrgeiz, Erwerbsstreben, Pflichtgefühl usw. bezeichnen. Ganz sicher bilden die Sitten, Rechtsgewohnheiten und Institutionen einer Gesellschaft die Grammatik, nach deren Regeln sich unsere Antriebe artikulieren müssen; vielleicht sind sie überhaupt die großen Vereinfacher, die jene großen Synthesen, in denen die verschiedensten Antriebe zu Gesinnungen verschmelzen, hervorbringen und von außen stützen. Sind diese haltgebenden Mächte erschüttert, dann zerfallen diese Gesinnungen in wechselnde Impulse, die stammeln und kauderwelschen, weil sie die gemeinsame Sprache verloren haben.

Eingangs sprachen wir von der Verschränkung des Inneren und Äußeren im Menschen, so daß neben eine Psychologie von innen eine von außen treten müsse. Ganz allgemein können wir jetzt sagen: wenn wir den Menschen als Gesellschaftswesen ansehen, so bilden die Institutionen einer Gesellschaft, also die Sozialformen, Produktionsformen, Rechtsformen, Riten usw. die Grammatik und Syntax und damit die Ausdrucksformen, in denen sich die Antriebs- und Instinktverteilungen der Menschen bewegen müssen. Es ist so, als ob dieses Repertoire der Institutionen wie eine Schleuse wirkte, welche bestimmte Antriebe kanalisiert und andere abdämmt. Seit die amerikanische Soziologie an Dutzenden kleiner primitiver Gesellschaften, jede ein Spezialfall menschlicher Möglichkeiten, ihre Feldstudien gemacht hat, ist es unmöglich, sich dem Eindruck zu entziehen, daß die soziologische (bzw. ‚sozialpsychologische) und die psychologische Betrachtung sich gegenseitig befruchten müssen und daß dann erst die höheren anthropologischen Probleme sichtbar werden.

Es könnte nämlich sehr gut sein, daß unsere öffentliche Weisheit sehr große Torheiten enthält, die wir gar nicht erkennen und durchschauen können, wohl aber durchmachen müssen. Ich komme von der Vorstellung nicht los, daß in der gegenwärtigen Gesellschaft, d. h. in ihrer wirklichen Verfaßtheit wie auch in ihrer Selbstinterpretation oder öffentlichen Selbstgefälligkeit ganz bestimmte menschliche Tiefenbedürfnisse leerlaufen. Wir wollen zum Schlusse ganz kurz darauf eingehen und zwei Vermutungen formulieren, die sich nicht der Erwartung hingeben dürfen, populär werden zu können.

Intellektuelle Überbelastung

Wir leben gegenwärtig in Europa und Amerika, so will es scheinen, unter einer zu großen *Entlastung* von den negativen Seiten des Lebens, angefangen von der schweren Arbeit bis zur physischen Not und Entbehrung. Auf der anderen Seite leben wir unter einer zu großen *Belastung* mit rein intellektuellen Anforderungen unserer Kultur.

Der zweite Punkt soll zuerst behandelt werden, er ist der weniger bedenkliche. Wir leben unter einem dauernden Bombardement zusammenhangloser Tatsachen, die wir geistig und moralisch bewältigen oder, wie man sagt, ‹integrieren› sollen. In Deutschland, wo wir unter ein wechselndes Trommelfeuer von Rechtsbruchstücken genommen wurden, ist das am eindrucksvollsten zu sehen, aber es gilt in Graden überall. Die amerikanischen Autoren haben dafür eine vorzügliche Formel: *‹too much discriminative strain›* – sagen sie, zu viel Unterscheidungs- und Entscheidungsdruck. Bei der fieberhaften Eile, mit der die Intellektuellen ihre Ideologien aufbauen und wieder abtragen, mit der die Politiker Teilstücke davon realisieren und wieder einebnen, und alles das unter einem pausenlosen Beschuß von sich widersprechenden Informationen und Meinungen, untermischt mit Suggestionen, das eben Eingepaukte wieder zu vergessen – bei diesem Zustande bilden sich in den Menschen ganz neue Reaktionsweisen heraus. HENDRIK DE MAN hat in seinem eben erschienenen Buche ‹Vermassung und Kulturverfall› (1952) sehr richtig gezeigt, wie durch die Ausschaltung der räumlichen und zeitlichen Distanzen die historisch gewordenen und biologisch bedingten Maßstäbe und Perspektiven verlorengehen, so daß der Mensch sich nicht mehr orientieren kann. Die Zeit zur ordentlichen Verarbeitung der Eindrücke im Bewußtsein fehlt, die nicht gesiebten und geklärten Eindrücke bilden aber doch wohl ein Residuum, einen Restbestand, der uns nervös und stimmungsmäßig belastet. So kehrt man nach einer mehrstündigen Autofahrt mit der bekannten Erschöpfung und Gereiztheit zurück und hat, wie DE MAN sehr richtig sagt, viel weniger gesehen, als wenn man sich einfach irgendwo am Rande des Straßengrabens ins Gras gesetzt hätte. Wir können die komplizierten und schnell wechselnden Situationen auch affektiv nicht zusammenhalten, wir können unser Verhalten immer weniger auf eingelebte Gewohnheiten stützen. Und da man Gewohnheiten nicht allein hat, sondern gerade sie zum größten Teil unseren Zusammenhang mit anderen ausmachen, so wird die Möglichkeit geringer, sich auf das gleichförmige Verhalten dieser anderen zu verlassen. Schließlich haben wir uns durch immer weitergetriebene geistige Unterrichtung und Gegenunterrichtung, durch steigende Sensibilisierung und stets zunehmende Bindung an die industrielle Wirtschaft sozusagen endgültig an die Unsicherheit gefesselt.

Man muß also wohl zugeben: Es sieht so aus, als ob in dem Element ‹Tradition› etwas für unsere innere Gesundheit Unverzichtbares steckte. Im allgemeinen wird ja über das geschrieben, was verloren ist, sich auflöst oder zerbröckelt, aber das Buch über Tradition fehlt noch. In Traditionen des Verhaltens, des Wertens und Geltenlassens werden doch, in langen Zeiten herausexperimentiert, Fundamente gelegt, die man nicht dauernd in Frage stellen muß, die keine Entscheidungszumutungen stellen, weil sie habitualisiert sind. Und außerdem ist unser Einverständnis mit den anderen im gleichen Traditionsrahmen ja konfliktlos schon gegeben. ‹Hohe Kultur›, sagte NIETZSCHE einmal, ‹verlangt, viele Dinge unerklärt stehen zu lassen›, sie verlangt also Traditionen, die sich nicht erklären, sondern kraft Geltung des immer so Gewesenen respektiert werden. Das ist eine ungeheure Entlastung, die wir für eine ewige Belastung mit dem *‹discriminative strain›*, dem Unterscheidungs- und Entscheidungsdruck, preisgegeben haben. Und weiter: nur auf der Basis des Selbstverständlichen, gewohnheitsmäßig Gewordenen und der Kritik und Kontrolle Entzogenen kann man ‹sublimieren›, kann man hohe Lösungen improvisieren oder einmal im vollen Bewußtsein des Gewichtes und Risikos ein geistiges oder moralisches Experiment versuchen. Dagegen sollen wir in dieser traditionsfressenden Zeit immerfort Jetztbewältigungen erfinden. Bei einem *per se* ‹nicht festgestellten› Wesen gehören Traditionen überhaupt zu den Grundbedingungen nervöser Gesundheit, sie gehören in das kleine Einmaleins der Kultur.

Gefahr der Entlastung vom ‹Negativen›

Nun der andere Punkt. Wenn es eine zu große Belastung mit rein intellektuellen Anforderungen gibt und ein zu schnelles Tempo des sogenannten Fortschritts, ohne daß man sich darüber klar wäre, wie man ihn bezahlt (denn bezahlt wird er), so gibt es offenbar umgekehrt eine zu große Entlastung von den einschränkenden und hemmenden Einflüssen primitiverer und gesunderer Verhältnisse. Wie ist es denn? Wir haben uns den Tod sehr kunstvoll aus den Augen manövriert, der spielt sich hinter weißgelackten Türen ab. Leute, die schwere körperliche Arbeit leisten, wirken allmählich rückständig, wie die Bauern, bevor sie selber verstädterten. Es bildet sich eine neuartige, noch nie dagewesene Aristokratie der Leute mit gutem Einkommen: der Lebensstandard wird klassebildend. Es ist dies der erste Fall einer Aristokratie ohne Risiko, und natürlich fehlt es ihr entsprechend an Autorität, nämlich an moralischer Autorität. Die ununterbrochene Enthemmung immer neuer Konsumbedürfnisse und der allgemeine Wettlauf nach dem Wohlleben verbinden sich mit einem Berge versetzenden Glauben an die Phrase. Das Substantielle, Goldhaltige und Diskrete verschwindet aus dem geistigen Bereich, wogegen die Gefühle weit über ihre natürlichen Grenzen hinaus angeheizt werden. Wir sahen schon, wie mit der intellektuellen Überbeanspruchung des Menschen die Triebhaftigkeit entfesselt wird, aber auch die Glaubensbereitschaft ausgeleerter Seelen. Der Mensch wird also natürlicher, und merkwürdigerweise vernatürlicht sich auch die Moral: sie wird immanenter, dabei spannungslos, untragisch, selbstverständlich und selbstgefällig.

Mit einem Worte, es ist so, als ob die Phantastik, die Exzesse der Sensibilität und der Affekte, die Wucherung und Ausartungsbereitschaft der Seele immer bereitlägen, aber von außen her, vom Zwang der Umstände, von der Not, vom Eigensinn der Natur in Form und Gesetz gehalten würden. Entlastet sich der Mensch zu sehr vom Ernst der Wirklichkeit, von der Not, vom ‹Negativen›, wie HEGEL es nannte, dann breitet sich das alles hemmungslos aus. JACOB BURCKHARDT hatte genial gesehen, daß selbst das Verlangen nach Bildung ein verhülltes Begehren nach dem Wohlleben sein kann.

Es ist das natürlich ein heikles Thema, denn es gibt noch zu viel sinnlose und überflüssige Not in der Welt, und überhaupt läßt sich die Menschheit nicht mehr gern an das Schmerzhafte erinnern oder gar ans Kreuz schlagen. Der Druck der Not aber hat anthropologisch eine wahrscheinlich ungemeine Bedeutung. Es ist nämlich eine gesicherte Erkenntnis, daß dem Menschen mit der Instinktreduktion eine ganze Reihe hemmender Regulationen verlorengegangen sein müsse, wie sie alle Tiere noch haben. So scheint er die natürliche Hemmung gegen die Tötung von Artgenossen mit der Menschwerdung selbst verloren zu haben, und ich erwähnte schon, daß die Anthropophagie zwei oder drei Millionen Jahre alt ist, so alt wie der Mensch selbst. Umgekehrt: nur aus dem Abbau hemmender Regulationen läßt sich ja das enorme ‹Luxurieren› verstehen, zu dem alle menschlichen Antriebe und instinktnahen Bedürfnisse neigen, heute vor allem die Konsumbedürfnisse. Es ist nun durchaus möglich, daß bestimmte Instinktregulationen wegfallen konnten, weil sie innerhalb des Bereichs intelligenter Handlung kompensierbar waren, und dieser Gedanke scheint anthropologisch aufschlußreich zu sein. Wir verständigen uns z. B. nicht wie die Tiere mit angeborenen ‹Signalen›, mit Bewegungen und Lautgestalten, die angeborenes Verständnis finden – eben das, was man instinktiv nennt und worauf sich aller Verkehr zwischen Tieren stützt. Sondern wir verständigen uns sprachlich, und das heißt nicht nur intelligent, sondern auch: auf dem Umweg über die äußeren Sachen. Denn dort, in der objektiven Dingwelt, liegt der Schwerpunkt unserer Existenz als eines tätigen und handelnden Daseins. So ist vielleicht der Widerstand, auf den unsere Arbeit trifft, der Schweiß des Angesichts, wirklich eine entscheidende Kategorie des Menschen, wie die Bibel meint – nämlich die von der *Außenwelt übernommene Hemmungsleistung* gegenüber der Bereitschaft des Trieblebens zu luxurieren. Liegt es so, dann ist die zunehmende Entlastung von der Arbeit, weil der Druck der Not nachläßt, allerdings gefährlich: vielleicht wieder ein Schritt vorwärts auf dem Wege der Enthemmung einer fürchterlichen Natürlichkeit.

Der Ausweg der Askese

Wenn man sich einen Ausweg vorstellen könnte, so wäre es eigentlich nur noch die *Askese*. Praktisch würde sie bedeuten, daß man sich zunächst einmal von dem ausschließt, was Bergson den allgemeinen Wettlauf nach dem Wohlleben nannte. Die Askese würde dann nicht in ihrer höchsten religiösen Form, als *sacrificium*, sondern als *disciplina* in Erscheinung treten, und da wir einen so unzeitgemäßen Gedanken einmal gefaßt haben, so wollen wir ihm doch noch ein paar Schritte folgen.

Schon in dieser Form nämlich, als *disciplina* und *stimulans*, als Konzentration geistiger und willentlicher Selbstkontrolle, wäre die Askese gefährlich zu leben und der gemeinsamen Gegnerschaft des Kapitalismus und des Kommunismus sicher, die ja in dem einen Punkte: Wettlauf nach dem Wohlleben, oder, um es vornehmer auszudrücken, Hebung des Lebensstandards, völlig übereinstimmen. Ein Asket ist in der gegenwärtigen Gesellschaft ortlos und utopisch. Daß hier ein bedeutender Punkt liegt, sieht man schon daran, daß von fast allen Elementen der christlichen Religion gerade dieses eine *nicht* säkularisiert wurde. Offenbar wird es hier ernst. Man kann die Freiheit, die Gleichheit, den Fortschritt, die Humanität und viele andere Kategorien der Neuzeit als säkularisierte christliche Inhalte verstehen: an die Askese hat sich noch niemand herangetraut. Das ist eine Sache, die sich offenbar nicht ohne wahrhafte Absurdität in Phrase verwandeln läßt. Die Anthropologie muß sie dagegen zu den ganz hohen Kategorien rechnen. Ja, man kann sie sogar, ausgehend von der in ihr liegenden *aktiven* Instinktreduktion oder Instinktausschaltung, geradezu als eine Fortsetzung des Prozesses der Menschwerdung auffassen.

Es ist vielleicht bemerkenswert, daß ähnliche Gedanken in einer wiedererkennbaren Form bereits vertreten wurden. William James hat sich in dem 1907 übersetzten bekannten Buch ‹Die religiöse Erfahrung› in dem gleichen Zusammenhang ähnlich ausgesprochen. Er sagt dort, daß im Heroismus das letzte Geheimnis des Lebens liege und daß wir den verachteten, der dafür keinen Sinn habe. ‹Jeder ist sich unmittelbar bewußt, daß eine hochherzige Gleichgültigkeit gegen das Leben alle Fehler sühnt.› Dann gibt er zu, daß der Krieg eine Schule für Lebensenergie und Heroismus ist, aber zugleich ‹eine große Veranstaltung von Unvernunft und Verbrechen›. So sucht er nach einem *‹moralischen Äquivalent für den Krieg›* und sagt: ‹Ich möchte glauben, daß in dem alten mönchischen Armutsideal trotz seiner Einseitigkeit das gesuchte moralische Äquivalent für den Krieg liegt. Sollte nicht die freiwillig erwählte Armut ‹das tapfere Leben› sein, das dabei nicht nötig hat, die Schwächeren zu unterdrücken? Es ist heute bitter not, daß uns wieder einmal laut das Lob der Armut gesungen wird. Wir verachten jeden, der im Interesse der Pflege seines inneren Lebens den Weg der Armut wählt. Nimmt er nicht teil an dem allgemeinen Hasten, an der gierigen Jagd nach Geld, so halten wir ihn für beschränkt und werfen ihm Mangel an Ehrgeiz vor ... ich empfehle diese Frage ernstem Nachdenken, denn sicherlich ist die herrschende Furcht vor der Armut unter den gebildeten Klassen die schlimmste moralische Krankheit, an der unsere Zeit leidet› (S. 346/f).

Diese Sätze lassen sich heute in noch höherem Grade anthropologisch belegen und sichern, als dies JAMES möglich war. Sie verlieren dadurch nichts von ihrer Anstößigkeit und dem Ärgernis, das sie bereiten müssen. Schon insofern sind sie aus der allgemeinen Atmosphäre des unverbindlichen Interesses herausgehoben, mit welchem Gedanken zur Kenntnis genommen und vergessen werden.

Die ewige Revolution gegen die Bestimmung des Menschen zur Kreatur, zur harten Notwendigkeit und zu mühseligen Pflichten, diese ewige Revolution, aus der der Mensch immer natürlicher und immer schreckenerregender hervorgeht, sie wird nicht eher beendet sein, als bis irgendwelche Eliten und ‹schöpferische Minderheiten› die ungemeine Herausforderung annehmen, die in der konsequenten und kommandierenden, aber sinnlosen Entwicklung liegt: in dem Trend zum Wohlleben auf der Weltebene.

Seit die Zivilisation diesen Kurs genommen hat, experimentiert der Mensch mit sich selbst an einer Stelle, an der er es noch nie tat. Indem er versucht, sich ganz grundsätzlich dem Joch der Umstände zu entziehen, liefert er sich an etwas aus, das er noch zu wenig kennt und wovon er die Meinungen des frivolsten Optimismus hat: das ist er selbst.

ANMERKUNG. Vortrag, gehalten an der Handelshochschule St. Gallen am 15. Januar 1952, erschienen in der Zeitschrift ‹Merkur›, Nr. 52, 1952, und in ‹Die neue Weltschau› (Stuttgart 1953, p. 81–99). Unveränderter Abdruck. Der Vortrag entwickelt zwei neue Themenketten, zuerst in der Forderung, neben eine Psychologie von innen habe eine ergänzende von außen zu treten. In der Schrift ‹Sozialpsychologische Probleme in der industriellen Gesellschaft› (1949, 1957, rde Bd. 53) erschien dieses Thema in der Feststellung, daß bestimmte Verhaltensweisen von der Person, andere von der Umwelt her zu beschreiben seien; es entspricht dies etwa der gleichzeitigen Unterscheidung RIESMANS von *‹inner directed›* und *‹other directed› behavior* (von innen bestimmtes, vom anderen her bestimmtes Verhalten). Ihre anthropologische Anwendung finden solche Bestimmungen jedoch erst in der Lehre von den *Institutionen*, die im vorliegenden Aufsatz eingeleitet und in dem Buche ‹Urmensch und Spätkultur› (1956) durchgeführt wurde. Die Institutionen wie Recht, Ehe, Eigentum usw. erscheinen dann als haltgebende und gestaltbestimmende Stabilisierungen von Antriebskräften, die isoliert gedacht als plastisch und richtungsstabil erscheinen. Jede Kultur ‹stilisiert› gewisse Verhaltensformen heraus, macht sie verpflichtend und für alle ihr Zugehörigen modellvorbildlich. Solche Institutionen bedeuten dann für den einzelnen eine Entlastung von Grundentscheidungen und eine eingewöhnte Sicherheit der maßgeblichen Orientierungen, so daß das Verhalten reflexionsfrei und stetig, auch in der Gegenseitigkeit gleichförmig erfolgen kann. Man muß daher das institutionell eingeregelte Verhalten (Fühlen, Denken, Werten usw.) als eine Wiederherstellung der verlorenen tierischen Instinktsicherheit auf sehr viel höherer Ebene auffassen. Es gibt folglich Fälle, in denen man das Verhalten der Menschen von der Logik ihrer Institutionen her mit großer Wahrscheinlichkeit voraussagen kann, die Interpretation von innen, vom Charakter her wird dann sogar irreführend.

Aus diesem Themenkreis entsteht notwendig ein zweiter in der Frage, wie denn die ‹Natur› des Menschen sich zu den kulturellen Ausformungen verhalte, in denen sie sich sozusagen auskristallisiert, wobei das Problem noch durch den Umstand bereichert wird, daß die verschiedenen Gesellschaften und Kulturen in ungestörtem Zustande ihre eigenen kulturellen Traditionen für die allein ‹natürlichen› halten. Der später folgende Beitrag zur Rothacker-Festschrift (‹Über Kultur, Natur und Natürlichkeit›) ist diesen Dingen gewidmet.* Die im vorliegenden Vortrag vertretene Behauptung, daß bei Zerstörung der Institutionen etwas wie eine Rück-Instinktivierung erfolgt, daß der Ausbruch der ‹fürchterlichen Natürlichkeit›, der dann beobachtet wird, die menschlich fundamentale Unsicherheit und Ausartungsbereitschaft des Antriebslebens freilegt – diese Behauptung gehört zu den Grundsätzen einer realistischen, d. h. wesentlich: nicht verharmlosenden Anthropologie.

Die den Vortrag beendenden Ausführungen über Askese haben eine weitgehende und nachhaltige Resonanz gefunden, fast ausschließlich zustimmender Art (vgl. Karl Korn, Zurück zur Kultur? Frankf. Allg. Ztg. 21. 6. 1952). Das Thema könnte nur im Zusammenhang einer Soziologie der Moral weiter behandelt werden und muß einstweilen in einer gewissen Isolierung stehen bleiben.

* Siehe rde Bd. 138, S. 78 ff. (Anm. d. Red.)

IX. HELMUT SCHELSKY (* 1912)

In: Wo stehen wir heute? Bähr (ed.), Gütersloh 1960.

Zur Standortbestimmung der Gegenwart

Die Frage ‹Wo stehen wir heute?› ist ein Haltezeichen für Besinnung. Sie fordert zur Ortsbestimmung auf, damit zur Umschau, zum Maßnehmen, zur Selbstbetrachtung. Der Gang und das Geschäft des Alltages sollen einmal ausgesetzt werden, damit der Mensch auf sich selbst zurückschaue. Diese Aufforderung dürfte sich wohl kaum allein an den Leser richten, auch der Autor kann sich ihr gegenüber nicht in seiner Alltagsbeschäftigung des Geschichtedeutens oder -erzählens einfach erhalten, gleichsam als wüßte er sozusagen professionell dauernd, ‹wo wir heute stehen›. Eine solche Haltung hieße den Leser zu der Besinnung und den Zweifeln auffordern, die man sich selbst als Autor ersparte. Der Umkehr der Antriebsrichtung, die in dieser Frage gemeint ist, kann sich auch der Gelehrte in bezug auf sein Sachgebiet, der Schriftsteller in bezug auf sein bisher Gedachtes nicht entziehen. Diese Frage mit ein paar Verallgemeinerungen, wie sie in jeder intellektuellen Branche üblich sind, zu beantworten, schiene mir geistig leichtfertig.

Ist aber diese Bewegung, gegen den Strom der eigenen Gedanken zu schwimmen, erst einmal in Gang gebracht, so macht sie auch vor der Frage selbst nicht halt. Der wissensbegierige und gutgläubige Leser möge mir verzeihen, daß mir an dieser Frage alles fraglich erscheint. In jedem ihrer vier Wörter ist eine derartige Fülle von Unbestimmtheiten gespeichert, die der Antwortende erst zu interpretieren und dann für sich persönlich zu entscheiden hat, daß die Antwort notwendigerweise immer in subjektiver Beliebigkeit erfolgen muß.

Schon das ‹Wo› sinnt einen Maßstab der Ortsbestimmung an, der ein Glaubensbekenntnis erfordert. Wonach sollen wir den Standpunkt des Menschen heute beurteilen? Nach der Heiligung des Menschen oder nach seiner Tugendhaftigkeit oder Humanität? Nach seiner Macht über die Natur, seinen Produktionsmitteln, oder nach dem Maß seiner Künste, sich selbst oder andere zu beherrschen? Sollen wir die Ortsbestimmung in einen Plan der Vorsehung oder in den ‹ehernen Gang› der Geschichte einzeichnen? Indem der Autor sich zu einer dieser ‹Sinngebungen des Sinnlosen› entschließt, bekennt er sich zu seinen Göttern, und das heißt in unserer vielgläubigen Zeit, daß er sich von vornherein entschließt, diese Frage nur für die Glaubensgemeinschaft zu beantworten, der er anzugehören meint.

Und welche ‹Bewegung› wird eigentlich vorausgesetzt, wenn man fragt: ‹Wo stehen wir?› Der Mensch als Subjekt oder Objekt des Geschehens? Gilt es den Standpunkt zu bestimmen, zu dem den Menschen die List der Idee oder die Entwicklung seiner Produktionsmittel geführt hat? Oder ist die Standortbestimmung eines zielbewußten kollektiven Handelns gemeint, das Bilanz macht und sich fragt: wie weit haben wir unseren Plan, unser Programm verwirklicht? Bewegung im Fortschritt oder Rückschritt? Schließlich ist ja auch die Vorstellung, daß wir überhaupt nur ‹stehen› und uns gar nicht ‹bewegen›, keineswegs undenkbar. Hinter all diesen Vorstellungen einer Bewegung, die geortet werden soll, stecken ebenso viele Theorien des Geschehens, die nur verschwiegen werden können, um der Antwort nicht ihren allgemeinen Überzeugungswert zu nehmen.

Vielleicht mag die Bestimmung des ‹heute› noch am wenigsten fraglich sein, obwohl sie immerhin die Variationsbreite zwischen dem ‹Atomzeitalter› und einer ‹Silvesterbesinnung 1960› einschließt. Aber gerade der Soziologe wird unvermeidbar vor der Vieldeutigkeit des ‹wir› in unserer Frage stocken: Wer soll mit diesem ‹wir› gemeint sein? Die Menschheit, ‹wir Europäer›, ‹wir Deutschen› oder gar nur ‹wir Bundesdeutschen›? Zu jedem dieser Kollektive gehört schließlich ein anderes soziales Bewußtsein, aus dem heraus diese Frage ihren Sinn erhält und beantwortet werden sollte. Aber die Fragestellung legt noch eine andere Bestimmung des ‹wir› nahe: Entspringt sie nicht den typischen Bewußtseinsbedürfnissen, die ‹wir Intellektuellen› an das Zeitgeschehen herantragen, und wird in ihr nicht eine Antwort erwartet, die ‹uns Intellektuelle› und unseren Anhang befriedigen soll? Oder könnte mit dem ‹wir› möglicherweise nur das verallgemeinerte ‹Ich› des jeweiligen Autors gemeint sein? Ich bin bereit, mich jedem der genannten ‹wir› zuzurechnen, aber jede Identifikation mutet mir eine andere ‹Rolle› zu und würde damit zu anderen Überlegungen und verschiedenen Antworten auf die gestellte Frage führen. Die Versuchung liegt nahe, daß sich der Autor in diesem Falle mit kaschiertem ‹Rollenwechsel› oder voreiligen ‹Rollensynthesen› behilft.

Man sollte diese Überlegungen nicht als spitzfindige und gelehrte Versuche betrachten, sich einer unmittelbaren sachlichen Antwort auf die Frage zu entziehen und auf den Relativismus aller Zeit-, Kultur- und Weltdeutungen hinzuweisen. Der Relativismus der ‹Weltanschauungen› ist für uns heute kein Problem mehr, da wir ihn als intellektuelle Möglichkeit mit Selbstverständlichkeit vorauszusetzen gelernt haben. Wir – Intellektuellen – wissen, daß es nur Wahrheiten gibt in bezug auf vorausgesetzte Tatsachen oder Existenzen, die sich dazu bekennen; und die anderen praktizieren eben dasselbe. Aber hier geht es gar nicht um Relativismen, um das Zerfallsproblem des Glaubens- und Wissenschaftsabsolutismus, sondern hier geht es um die Abstraktheit einer Frage, die typisch ist für die Ratlosigkeit unseres – oder sagen wir vorsichtiger: eines bestimmten gegenwärtigen Bewußtseins. Die Frage wird sofort beantwortbar, wenn man ihr einen klaren Sachbezug gibt: Wo stehen wir heute in der Kolloidchemie, in der Automatisierung der Industrie, in der deutschen Soziologie usw.? Der Autor, der sie sich so sachlich eingrenzte, könnte eindeutige Antworten geben, verfehlte aber, eben jene allgemeine Ratlosigkeit überhaupt zu bemerken, die die Abstraktheit der Frage begründet. Das Entscheidende an ihr ist ja gerade, daß auch die Summe aller Sach-Antworten das Wissensbedürfnis dieser Frage unbefriedigt lassen müßte. Sie hält bewußt die Wahrheitsebene in der Schwebe, auf der sie eine Antwort erwarten könnte. Der Wahrheitsebenen sind viele, die wir heute anzuerkennen vermögen: von der Autorität einer Institution oder dem Grundsatz ‹Allein aus dem Glauben› bis zur mathematischen Beweisführung der modernen Naturwissenschaft. Aber gerade dieser Wahrheitsvielfalt gegenüber drückt unsere Frage ja ihre Desorientiertheit aus. Wo stehen wir also heute? Zumindest dort, wo diese Art Fragen keine unmittelbaren, naiv sicheren und überzeugenden Antworten mehr erwarten können; wo ihr eine vor-wissenshafte Entscheidung angesonnen werden muß, die den Kern der Frage als Wissensbedürfnis aufhebt; dort, wo diese Art Fragen mehr reflexhafter Ausdruck eines geistigen Zustands als gezieltes Wissensbedürfnis sind; wo sich die Ohnmacht des Menschen in pseudo-wissenschaftlichen Orientierungsbedürfnissen äußert.

Überbürden und überbewerten wir mit dieser Auffassung nicht die uns gestellte Frage? Ist nicht gerade ihr geistesgeschichtlicher Ursprung verhältnismäßig leicht festzustellen? Hinter ihr steht schließlich deutlich das historische Bewußtsein von 200 Jahren europäischer Geistesgeschichte mit den in ihm entwickelten Bedürfnissen der Epocheneinteilung und -bewertung, spezifischer Ursprungs- und Endzielvorstellungen, der säkularisierten Heilserwartungen und Verdammungsurteile. Ein sich so das soziale und kulturelle Geschehen erhellendes historisches Selbstverständnis formiert bestimmte Erwartungen der Utopie und Kritik, die in Geschichtsphilosophien und universalhistorischen Schemata, in sozialen und kulturellen Entwicklungslehren, in Kultur- und Gesellschaftskritik oder in Reflexionen, die von alledem Bruchstücke enthalten, abgesättigt werden können. Im naiven Verständnis zielt unsere Frage sicherlich auf solche Art Antworten.

Aber gerade diese Denkweisen haben ihre subjektive Beliebigkeit erwiesen. Diese universalen materiellen Geschichts- und Sozialdeutungen werden als unerlaubte Abstraktionsgrade des historischen und soziologischen Wissens enthüllt und sind von der Beweiskraft der Wissenschaften verlassen. Die Zeit- und Kulturkritik wird immer deutlicher als ein purer Reflex der Irritiertheit erkannt; gerade der Soziologe muß darauf hinweisen, daß sie in einer machiavellistischen Wendung längst in eben das System funktional eingearbeitet ist, das sie zu kritisieren, also souverän zu beurteilen und zu bekämpfen meint: sie filtert die unmittelbare Aktionskritik ab, etwa die grundsätzlicher politischer Gegnerschaft, indem sie Freund- und Feindpositionen auf abstrakte Umstände verteilt, die weder einer persönlichen Zurechnung und Verantwortung noch dem Zugriff des Handelnden zugänglich sind. In dem durch Verbreiterung der Bildung und intellektuellen Erziehung geschaffenen Publikations- und Tagungsmilieu unserer Welt leistet sie die Abfuhr der gestauten geistigen Energien der Intellektuellen und betrügt diese um den Führungsanspruch im Geschehen, den sie in der Entstehung eben dieser Welt bewiesen haben. So befinden wir uns in den intellektualisierten Gesellschaften des Westens inmitten einer tiefenpsychologischen Sozialtherapie großen Stiles, indem die Verharmlosung und Domestikation des Menschen und seiner sozialen Kräfte der Empörung durch den Selbstbetrug und die Selbstentmachtung der Intellektuellen mitgeleistet wird. Denn gerade ihre Gesellschafts- und Kulturkritik stabilisiert den *status quo*, indem sie eine unverbindliche Vorwurfshaltung gegen die Zeitumstände und die Kritik an den anderen als Dauerhaltung ermöglicht. Selbst den Priestern gelingt es aus ihrer tiefen Verantwortung für den inneren Zusammenhang der Sachlage nicht mehr, diese in ein individuelles Sünden- und Schuldbewußtsein umzuwenden.

Auf eine Teilnahme an diesem Spiel zielt unsere Fragestellung. Sie lockt auf das perfide Terrain der intellektuellen Selbstentmachtung durch Subjektivität, die sich als das Allgemeine ausgibt, in diesem Falle durch eine verbindlich orientierende Aussage, ‹wo wir heute stehen›. Was kann man denn noch erwarten, wenn man so fragt? Doch nur *die subjektiven Emotionen und Reflexionen, die das begleiten, was sowieso geschieht.*

Aber müssen wir das Spiel nicht mitspielen? Tragen nicht alle Ausbruchversuche – wie dieser – eben wieder die Tönung der Subjektivität und Zeitkritik? Kann man, darf man die Frage, ‹Wo stehen wir heute?› nur mit Schweigen und Weiterarbeiten beantworten? Das, was sowieso geschieht, mit den Bewegungen des Gedankens zu begleiten, ist zumindest eine Versuchung, der der bewußte Mensch der Gegenwart kaum widerstehen kann. Obwohl unsere Frage nur die geschehensassoziativen Reflexionen des modernen Denkens provoziert, könnte durch sie doch ein Prozeß in Gang gehalten werden, der zwar die gestellte Frage nicht beantwortet, aber noch andere und produktivere Nebenwirkungen hat als die erwähnte Selbstentmachtung der Intellektuellen durch Zeit- und Kulturkritik.

Indem wir um dieses Risiko wissen, wollen wir uns auf die Frage in der Form weiter einlassen, daß wir nach der Reichweite historisch-soziologischer Entwicklungsvorstellungen für ihre Beantwortung fragen: das vorauszusehende Scheitern eines solchen Versuches, zu klären, ‹wo wir heute stehen›, wird uns Gelegenheit geben, nach bisher unerwähnten Nebenerfolgen dieser Reflexionen zu forschen. Dabei sollte klar sein, daß es sich in diesen Gedankengängen nicht um die wissenschaftliche Aussage der oder einer Soziologie handelt; der ‹soziologische Aspekt› ist mehr oder minder zufällig und ohne Vorrang vor anderen, eigentlich nur das Absprungbrett für ein Bewußtsein, dessen Träger gerade diese Profession in der wissenschaftlichen Zivilisation ausübt und sich ihr auch bei generell gemeinten Ortsbestimmungen der Gegenwart nicht entziehen kann.

Seinen geschichtlichen und sozialen Standort hat der Mensch stets von zwei Polen her gedeutet: von seinem Verhältnis zur Natur und von seinen Göttern oder, um es moderner zu sagen, da für uns heute beide Begriffe, Natur und Götter, zu reinen Bildern geworden sind, von der Art und Weise her, in der er sein Leben selbst zu produzieren gezwungen war, und von den Vorstellungsgehalten her, denen gegenüber er ‹das Gefühl der schlechthinnigen Abhängigkeit› zu empfinden vermochte. Wie sehr sich dann die Auslegung der jeweiligen Herrschafts- und Sozialordnung und die Deutung der Natur und des Himmels gegenseitig durchdringen, so daß, wie in allem sozialen Geschehen, die Frage nach der ersten Ursache unbeantwortet bleiben muß, hat erst kürzlich E. Topitsch gezeigt[1].

Für uns heute scheint kennzeichnend zu sein, daß wir unseren zeitlichen und sozialen Standort im wesentlichen von dem einen Pol, den Produktionsmitteln, her begreifen. Die Entwicklung der modernen Technik und ihre Folgen in allen Lebensbereichen des Menschen prägen so unausweichlich unsere Zeitstruktur, daß die Orientierung an ihr zu den Selbstverständlichkeiten unseres Zeitalters gehört. Daß wir ‹im Atomzeitalter› leben, scheint eine so allgemeine und zwingende Vorstellung zu sein, daß ihr gegenüber nicht nur die religiösen Selbstdeutungen sekundär werden, sondern sogar die tradierten Religionen auf eine zuweilen wunderliche Art von ihr zu leben beginnen. Daß noch Fichte und Schelling zu Anfang des 19. Jahrhunderts ihr gegenwärtiges Zeitalter als das Zeitalter des Sohnes begreifen konnten und noch Comte in seinem Dreistadiengesetz kaum verhüllt diese christlich-heilsgeschichtliche Epocheneinteilung der Menschheitsentwicklung nach der Dreieinigkeit Gottes wiederholt, scheint lange abgelebten Zeiten anzugehören.

Aber ist unser Glaube an das ‹Atomzeitalter› so unreligiös, wie er scheint?

---

1 Ernst Topitsch, Vom Ursprung und Ende der Metaphysik. Wien 1958.

Der Begriff entstammt jener Vorstellungs-Gattung von ‹Steinzeit›, ‹Eisenzeit›, ‹Bronzezeit› usw., in der im 19. Jahrhundert Historie und Naturwissenschaft ihr Kategorien-Bündnis geschlossen haben. Trägt er nicht auch die Substanz der Wissenschafts-Religion des 19. Jahrhunderts weiter in sich? Trägt die ‹eine Technik›, die die Kulturen heute zu der ‹einen› Welt zusammenschließt, nicht auch ein ‹Gefühl der schlechthinnigen Abhängigkeit› ihr gegenüber um die Welt und verbreitet damit das Ferment einer neuen einheitlichen Religiosität? Verbinden nicht gerade wir Europäer mit der Entwicklung der Atombombe apokalyptische Endzeitaltergefühle, denen wir in der historisch gewußten Form christlicher Tradition verständnislos gegenüberzustehen meinen [2]? Wo stehen wir also heute? Vor dem Weltuntergang? Oder ist dies nur die abstrakt-quantitative Form, in der wir heute das Totalrisiko des Menschen erleben müssen, das die ‹Welten› der ‹Wir› zu allen Zeiten bedroht und den Frieden zu allen Zeiten gleich dringlich gemacht hat?

Daß wir Alt-Europäer ein besonderes Verhältnis zu der Technik besitzen, die wir selbst geschaffen haben und mit der wir uns alle in einer neuen Einheitlichkeit der Welt aufheben, dafür ist mir immer eine unscheinbare Anekdote aufschlußreich erschienen: Ein bekannter Atomphysiker erzählte mir, daß ihm während eines internationalen Gelehrtentreffens ein asiatischer Kollege gesagt hätte: Sehen Sie, alle Völker, die Amerikaner, die Russen, wir anderen, verbinden mit der Entwicklung der modernen Technik eigentlich nur große Hoffnungen für unsere Zukunft; einzig Sie Europäer begleiten sie mit Pessimismus und Untergangsgedanken. Liegt da der Schluß nicht nahe, daß dies weniger in der Technik begründet ist als in der Tatsache, daß die europäische Kultur am Ende ist?

Nun, auch diese Einsicht ist längst bei uns geschichtsphilosophisch rationalisiert worden. Für das Bewußtsein, daß wir uns in einer ‹Spätkultur› befinden, war Spenglers ‹Untergang des Abendlandes› der große Auslöser; Toynbee hat unser historisches Stadium als das des ‹Zerfalls der Zivilisationen› minuziöser beschrieben. Aber während solchen am Rhythmus von ‹Kulturen› orientierten universalhistorischen Betrachtungen immer noch die Möglichkeit annehmbar erscheint, daß hinter dem ‹faustischen Menschen› der Stachanow-Mensch oder der Ford-Mensch neue ‹Kulturen› aufbaut, fordern uns andere Ansichten auf, einen dezidierteren ‹Abschied von der bisherigen Geschichte› zu nehmen. In einem leider noch unveröffentlichten Manuskript Gotthard Günthers, ‹Die amerikanische Apokalypse›, las ich vor Jahren die These, daß alle ‹Geschichte› an den umgrenzten Raum der Hochkulturen gebunden ist, die nordamerikanische Kultur aber, trotz ihrer europäischen Abstammung, der Gesetzlichkeit des geschichtslosen, hochkulturfreien Raumes, den sie besiedelt hat, folge und damit zum Protagonisten einer ‹geschichtslosen› Epoche werde – was, nebenbei gesagt, auch für die Räume gilt, in die die Sowjetunion heute mehr und mehr ihr Gewicht verlagert. Das heißt doch die universalgeschichtliche Sicht Spenglers mit Spenglerschen Argumenten zu Ende bringen.

---

2 Vgl. Günther Anders, Über die Bombe und die Wurzeln unserer Apokalypse-Blindheit. In: ‹Die Antiquiertheit des Menschen›, München 1956. Daß Anders wie die Bußprediger aller Zeiten den anderen nicht die gleiche Klarsicht der Erschütterung zubilligt, wie er sie vorträgt, ihnen also Blindheit vorwirft, besagt nichts über das Zeitbewußtsein; diese Attitüde gehört zum Metier.

Wir begegnen dieser These vom Anbruch einer ‹geschichtslosen› Zeit heute in den verschiedensten Fassungen. Aber ist wirklich die Geschichte am Ende oder nur die europäische Geschichtsphilosophie?

Undramatischer und realistisch überzeugender wird diesem Befund die von verschiedenen Gelehrten vertretene These gerecht, daß wir uns mit dem Entstehen der modernen Industriegesellschaften und ihrer Verbreitung über die ganze Erde an einer neuen Kulturschwelle befinden, wie wir sie seit Jahrtausenden nicht erlebt haben. ‹Es gibt wahrscheinlich doch nur zwei kulturgeschichtlich wirklich entscheidende Zäsuren: den prähistorischen Übergang von der Jägerkultur zur Seßhaftigkeit und den modernen zum Industrialismus› (Gehlen). In beiden Fällen lösten nicht nur bestimmte Zivilisationen und Kulturkreise andere und vorhergehende ab, sondern die Umwälzung des materiellen Milieus war derart total, daß neue soziale, geistige und moralische Möglichkeiten und Gesetzlichkeiten überhaupt erst entstanden, von denen die verschiedenen Kulturen und Zivilisationen trotz ihres Wechsels und Wandels gleichmäßig lebten. Gehlen zieht aus dieser Konzeption folgende Konsequenzen für unser gegenwärtiges Zeitbewußtsein:

‹... folglich werden die gültigen geschichtlichen Rhythmen durch eine qualitativ einzigartige Ereignisreihe überlagert ... Die gesamte Dekadenz- und Spätzeit-Thematik würde innerhalb dieser Vorstellungen sozusagen ‚aufgehoben', nämlich in relativierter Form mitgeführt werden. Man könnte dann die Erscheinungen aus einer Art Interferenz oder gegenseitigen Durchdringung zwischen einer Zivilisationsperiode alten Stils und einer schlechthin neuartigen Epoche erklären ... Die beschriebene Interferenz zwischen einem Zivilisationszustand (wie er ähnlich schon mehrere Male über die Weltbühne ging) und einem einmaligen Prozeß der Neufeststellung des ‚Naturmilieus', in dem die Menschheit künftig leben will, also mit dem ‚Industrialisierung' genannten vieldimensionalen und bewußtseinsverändernden Vorgang, macht es ergiebig, die Symptome und Erscheinungen, von denen zu sprechen ist, in ihrer neuartigen Konstellation aufzufassen. Sie erscheinen, in unser Koordinatennetz eingezeichnet, grundsätzlich mit doppeltem Gesicht: einem nach vorwärts und einem nach rückwärts blickenden. Die Doppelsinnigkeit, Zweideutigkeit wird damit konstitutiv und zu einer vorfindbaren, verstehbaren Zeitsignatur.›[3]

Was bedeutet diese so definierte ‹Unbestimmtheit als Zeitsignatur› für unsere Frage, wo wir heute stehen? Wenn wir nicht die allzu beliebte geistige Unart scheuten, die exakten Ergebnisse und Theorien der modernen Physik in reinem Bilderdenken auf alle möglichen Lebensgebiete anzuwenden, könnten wir hier von einer historischen Unbestimmtheitsrelation sprechen: je nachdem man ein historisches Koordinatensystem, ‹nach rückwärts›, oder ein providentielles, ‹nach vorwärts›, wählt, wird man nicht nur verschiedene Standortbestimmungen für das Heute erhalten, sondern verschiedene Bewußtseinsstrukturen in sich entwickeln müssen. Jedes dieser zeitlichen Koordinatensysteme setzt aber das andere außer Kraft, und man wird sich nicht, wie in der Physik, damit behelfen können, daß eben beide ‹gelten› und man sie wechselweise zur Erkenntnis der Wirklichkeit gebrauchen müsse. Das ginge, sofern hinter der Frage ‹Wo stehen wir heute?› nur die vom Handeln dispensierte Betrachtung der Welt stünde; da sie aber letzthin darauf zielt zu wissen, ‹Was

---

3 Arnold Gehlen, Die Seele im technischen Zeitalter. rde Bd. 53, S. 71, 87 f.

sollen wir tun?›, und damit Eindeutigkeit fordert, wird ‹die Unbestimmtheit als Zeitsignatur› zur Antwortlosigkeit.

Dem immer wieder unternommenen Versuch, diese und ähnliche Koordinatensysteme der Zeit zusammenzudenken, bietet sich unausweichlich die fatale Kategorie des ‹Übergangs› an, von der dann auch in allen zeitdiagnostischen Überlegungen überreichlich Gebrauch gemacht wird. Sie orientiert nicht, sondern sie vertröstet. Sie ist, wie wir schon von KIERKEGAARD wissen sollten, die Kategorie des Augenblicks, der nicht ergriffen wird. Übergang – das ist die historische Determination, die sich nicht wahrhaben will. Alle Versuche, aus der Erkenntnis der Vergangenheit in die Zukunft zu denken, geraten nämlich in Verlegenheit gegenüber der Tatsache, daß sich schon im normalen Kulturwandel die sozialen Gesetzlichkeiten von ihren geschichtlichen Ursprüngen und Zusammenhängen ständig lösen und ein stets neues gegenwärtiges Leben gewinnen. Die scheinbar gleichen Fakten stehen in Wirklichkeit dauernd an einem anderen Ort, in veränderten Zusammenhängen und vor neuen Werdegesetzlichkeiten. So führt gerade das historische Denken in Europa zu sehr gelehrten Irrtümern über die gegenwärtige Welt. Wie sehr muß erst diese Verlegenheit vor ‹absoluten Kulturschwellen› wachsen! Wenn ‹die Geschichte› aufhört, dann steht vielleicht der unhistorisch denkende Mensch dem Kommenden sachangemessener orientiert gegenüber als der geschichtsbewußte. Die Möglichkeiten, das Erbe der Kultur mit in die Zukunft zu nehmen, bestehen nicht nur darin, es als Verpflichtung anzuerkennen oder als Kapital auszunutzen, sondern man kann es auch als Ballast oder als Luxus tradieren. Standortbestimmung ist dann die Aufgabe der ‹Vergegenwärtigung›, die nicht nur die Geschichte ständig neu und umdenkt, sondern das geschichtliche Bewußtsein als solches bezweifelt, um sich der Rationalität der jeweiligen Gegenwart gegenüber offenzuhalten.

Hier kommt nun die Soziologie im engeren Sinne ins Spiel, die ja von vielen ihrer Vertreter als die Gegenwartwissenschaft schlechthin verstanden worden ist, obwohl diese nicht immer die damit gegebene Belanglosigkeit und Überholbarkeit ihrer Erkenntnisse zuzugeben bereit waren. Der Soziologie ist vor allem die Rationalisierung der geschichtlichen Betroffenheit durch die moderne Technik und Industrie zu danken; ihr Thema war von Anfang an und ist es bis heute, die industrielle Gesellschaft der jeweiligen Gegenwart aus ihren eigenen Gesetzen zu begreifen. Sie hat zwei der entscheidenden Attitüden ihr gegenüber entwickelt: das Krisenbewußtsein und den Plan. Gerade weil sie ihre Gegenwart als etwas Unfertiges, als Chaos, als Krise denkt, die Vollendung, Schöpfung, Heilung in der Zukunft erfahren müssen, auf die wir noch zuleben, ortet sie den Standpunkt des Menschen von der vorerfahrenen Zukunft her. Diese ist ihr gegenwärtig in der Form einer vom Gefühl der Notwendigkeit begleiteten Vorstellung einer Gesamtordnung der Gesellschaft und des Menschen oder doch wenigstens indirekt in den Methoden, mit denen sie den Menschen und damit seine Zukunft planend und manipulierend in den Griff bekommt. Die Überzeugungsgarantien für diese Zukunftssichten ziehen sie und ihr Publikum aus der schonungslos realistischen Kritik, mit der sie jeweils die Gegenwart diagnostiziert[4]. In dieser Gestalt ist die Soziologie der Partner,

---

4 Vgl. dazu HELMUT SCHELSKY, Ortsbestimmung der deutschen Soziologie, Düsseldorf 1959, S. 115 ff.

der in idealer Weise nicht nur auf die Frage ‹Wo stehen wir heute?›, eine Antwort weiß, sondern zugleich die unterdrückte Fragestellung ‹Was sollen wir tun?› mit beantwortet. (Überall, wo die Soziologie wesentlich historisch wird, und zwar in einer Weise, die die Historie nicht nur als ‹Unterbau› für eine primär gewußte Gegenwartskonzeption benutzt, verliert sie – wie etwa bei MAX WEBER – diesen Führungswert sehr schnell.)

Leider ist die Soziologie zu solchen Antworten heute überhaupt nicht mehr imstande. Der Trick der älteren Soziologie, der sie befähigte, einleuchtende ortsbestimmende und providentielle Aussagen zu machen, bestand nämlich darin, für die Gegenwart einen überzeugenden Hauptnenner zu finden, auf den sich dann das unbekannte X der Zukunft zwangsläufig auch beziehen lassen mußte. Die bekannteste und wirksamste dieser Theorien ist die von KARL MARX; er vermochte noch technische Entwicklung und Herrschaftsstrukturen, Rechts-, Besitz- und Einkommensverhältnisse, Lebensstil und Kulturstand, Familienstrukturen und Arbeitsformen und als Unterbau noch die ganze geschichtliche Entwicklung auf einen Faktor zu reduzieren: auf Klasse und Klassenkampf. Ähnlich arbeiteten die biologischen Universaltheorien, die dadurch, daß sie biologische Faktoren zum Hauptnenner erhoben, dem Wandel der Zeiten noch mehr entronnen und der Zukunft noch sicherer zu sein glaubten. Es ist selbstverständlich, daß diese ‹Theorien der prädominanten Faktoren› (GURVITCH) ihrer monotheistischen Wissenschaftsgläubigkeit nach untereinander in einer Konkurrenz auf Leben und Tod standen; man kann auch nicht verschiedenen monotheistischen Religionen zugleich angehören, ohne völlig desorientiert und ständig voller Angst zu sein.

Wenn wir nach 1945 in Westdeutschland dieser ‹monolithischen› Klassentheorie die Konzeption entgegenstellten, daß wir uns der Tendenz nach in einer ‹nivellierten Mittelstandsgesellschaft› befänden, so war dies vor allem zunächst eine dialektisch-negative These, die den Blick für andere strukturierende Faktoren in unserer Gesellschaft frei machen sollte. In der Tat hat sich heute das Begreifen unserer Gesellschaft in der Soziologie erheblich vervielfältigt: ‹die Gesellschaft am Fließband›, ‹die Gesellschaft im Überfluß›, ‹die Gesellschaft des kleinen Mannes›, ‹das System der Manager›, ‹die außengeleitete Gesellschaft›, die Berufsgesellschaft, die Freizeit- und Konsumgesellschaft, ‹das Leben aus zweiter Hand›, ‹der vierte Mensch› usw.; auch die ‹Klassengesellschaft› wäre jetzt hier unter diesen und anderen Gesamtorientierungen einzufügen. So viel Theorien, so viel Wahrheiten! Und es wäre zu wiederholen, daß der Mensch heute nicht durch sein Nichtwissen, sondern gegenüber der Vielfalt der gewußten Wahrheiten desorientiert ist und deshalb fragt: Wo stehen wir? Jede dieser Theorien beantwortet diese Frage nach einem Koordinatenkreuz mit wissenschaftlichem Wahrheitsgehalt; es wäre nicht allzu schwierig, noch ein paar Ortungsvorstellungen dazu zu erfinden, klärte aber für unsere Frage nicht das geringste.

Der Wahrheitsgehalt dieser Theorien liegt in ihrer Hypothesenbildung zur Erforschung konkret wissenschaftlicher und fachinterner Fragestellungen. Eben deshalb müssen und können heute auch diese Art Gesamtkonzeptionen verhältnismäßig konkurrenzlos nebeneinander existieren; man benutzt sie, wenn man sie dem Gegenstand nach braucht. Auch ein Sammelband dieser Theorien würde die Frage ‹Wo stehen wir heute?› in ihrer Allgemeinheit nicht beantworten können. Gehen diese Theorien nämlich über ihren Anwendungszweck als Hypothese für konkretes wissenschaftliches Forschen hinaus, so gewinnen sie nur den Wert von Teilinformationen zu beliebiger Meinungsbildung. Fragen, wie die uns gestellte, drängen die Wissenschaft notwendig in die Rolle eines ‹*Opinionleaders*› unter vielen anderen. In der Soziologie ist die Fähigkeit, auf so allgemeine Fragen zu antworten, die ihr für das letzte Jahrhundert ebenso zugeschrieben werden konnte wie vorher der Historie und davor der Philosophie, längst durch ihre steigende Wissenschaftlichkeit aufgesaugt worden.

Dazu schwindet ihr spezifischer Gegenstand. Die Soziologie als Gegenwarts- und Krisenwissenschaft hat ihre Thematik stets dadurch zugeteilt erhalten, daß sie sich den im sozialen Strukturwandel jeweils erschütterten, in Umbruch geratenden und unstabil werdenden Erscheinungen des menschlichen Zusammenlebens zuwandte. So sind zunächst die politische Demokratie, die liberalkapitalistische Wirtschaftsform und das Industriearbeitertum zu den geistesgeschichtlichen Urgegenständen der Soziologie geworden. Sehr bald ergriffen die davon ausgehenden sozialen Wandlungen und damit ‹Krisen› andere soziale Bereiche und Gebilde, und wir erleben noch im 19. Jahrhundert die Entstehung eine Soziologie der Familie, der Großstadt, des Dorfes usw. Im Verlauf der fortschreitenden Entwicklung erwiesen sich aber auch kulturelle Schöpfungen des Menschen wie Religion, Kunst und Literatur, die Wissenschaften usw., deren soziale Seite bis dahin als dem innersten Wesen dieser Erscheinungen gegenüber belanglos angesehen wurde, als im hohen Maße sozial determiniert. Die Erkenntnis dieser Wechselwirkungen zwischen sozialem Zustand und diesen geistigen Bereichen schlug sich notwendig in der Entstehung einer Religionssoziologie, Kunstsoziologie und vor allem der Wissenssoziologie nieder.

Was man zunächst aus der soziologischen Betrachtung völlig ausließ und als eine soziale Vorgegebenheit betrachtete, war die ‹Natur› des Menschen, seine biologischen Grundbefindlichkeiten, wie sie sich als Geschlecht, als Altersstufen oder angeborene Konstitution bestimmen ließen. Aber auch diese ‹Natürlichkeit› des Menschen erwies sich schließlich als im hohen Maße sozial gestaltet und den Einwirkungen des Umbruchs der ‹absoluten Kulturschwelle› ausgesetzt. Die sozialen Strukturwandlungen der Gegenwart formieren die ‹Natur› des Menschen um, und dieser Vorgang tritt als Krise der Sexualität oder sonstiger Beziehungen der Geschlechter, als Krise der Kindheit und Jugend, der Reife und des Alters, als fundamentale Wandlung in der Rolle der Eltern oder als Entstehen neuer Vitalgefühle in Erscheinung, die damit notwendig zu neuen Gegenständen der Soziologie werden. Wesentliche anthropologische Wissensrichtungen wie die Psychoanalyse Freuds, die funktionalistische Schule der Ethnologie (Malinowski, Marg. Mead, Ruth Benedict), die amerikanische ‹*cultural anthropology*›, die deutsche philosophische Anthropologie (Scheler, Plessner, Gehlen, Portmann u. a.) und nicht zuletzt auch solche Aktualitäten wie die Forschungen Kinseys orientieren über diese ‹Natur-Krise› des modernen Menschen.

Allerdings glaube ich, daß mit dieser Soziologie der biologischen Grundbefindlichkeiten auch ein Ende der Themenausweitung der Soziologie erreicht ist; ich sehe keinen grundsätzlichen Bereich von Traditionen und sozialen Vorgegebenheiten mehr, der heute nicht schon in eine ‹Krise› geraten und damit fraglich und zum Gegenstand der soziologischen Betrachtung geworden wäre. Mit der Konsolidierung der neuen Sozialstrukturen in der ‹Natur› des Menschen konsolidiert sich prinzipiell auch der Gegenstandsbereich der Soziologie als Krisenwissenschaft und scheint sich in seinem Umfang abzuschließen, wenn auch die Strukturumwandlungen und ihre Erkenntnisse im einzelnen noch keineswegs abgelaufen sind. Das Ende des wesentlichen Ausgriffs der modernen Soziologie taucht damit am Horizonte auf und wirft, wenn mich nicht alles täuscht, seine Schatten in Form der methodischen Perfektion und der wissenschaftlichen Langeweile schon heute voraus.

Damit steht die Soziologie und mit ihr der moderne Mensch in ihren Orientierungsbedürfnissen einer Erscheinung gegenüber, die wider Erwarten aller intellektuellen Utopie intellektuell am schwierigsten anzuerkennen sein wird: der Stabilisierung der industriellen Gesellschaften, der Verfestigung und Erstarrung des neuen sozialen und ‹natürlichen› Milieus der neuen Kulturschwelle. Durch die sich in vielerlei organisatorischen Formen niederschlagenden Reformmaßnahmen moderner Gesellschaftsführung und durch eine jenseits allen bewußten Planungszugriffs in den Tiefenschichten des menschlichen Verhaltens, in Gewohnheiten, Sitten, Antriebsstrukturen und Reaktionsfähigkeiten erfolgte Anpassung des Menschen an die moderne Technik, ihre Produktionsformen und ihre Sozialstrukturen ist auf vielen Gebieten der industriellen Gesellschaft schon ein weitgehender Ausgleich früherer Spannungen erreicht. Das dynamische Bewußtsein der Krise zögert überall, ihn anzuerkennen; daß die Jugend mit der Technik, den Großbürokratien, den Massenkommunikationsmitteln usw. ‹leichter fertig wird› als die vorhergehenden Generationen, begegnet eher Mißtrauen als Befriedigung. Zuviel von der geliebten Not des Zeitalters, die das Freiheitsgefühl und das Machtbewußtsein des modernen Menschen begründete, geht damit verloren. Wo zuerst diese Stabilisierung der industriellen Welt eintritt, wird die Euphorie der Freiheit als sozialer Machbarkeit auch zuerst verfliegen. Pessimismus und Resignationen werden Zeichen dieses Stadiums sein. Heute reagiert man auf solche Feststellungen noch mit dem Vorwurf des ‹Restaurativen›. Aber was wird hier eigentlich restauriert? Doch höchstens der Zwang der Umstände und damit die Ohnmacht des Menschen, im übrigen verfestigt sich gerade das Neue.

Man könnte diese entmachtende Stabilisierung der Sozialstrukturen mit der Hoffnung begleiten, daß gerade an ihr die Notwendigkeit der geistigen Überformung des nun bald wieder festgelegten Menschen um so deutlicher wird, daß nicht nur die ‹Linie› des Abbaus und Nihilismus, sondern überhaupt der Kulminationspunkt einer säkularisierten Heilsbewältigung der Welt überschritten ist. Aber wie wir die ‹Linie› auch ziehen mögen, sie wird endgültig erst dann überschritten sein, wenn nicht mehr von der ‹industriellen Gesellschaft› und der ‹modernen Technik› die Rede ist, weil jede andere, vorhergehende verblaßt und der Vorstellung als Lebensraum gar nicht mehr zugänglich ist. So weit sind wir noch nicht; vorläufig sind wir Alt-Europäer die Gefangenen einer sich auf der ganzen Erde ausdehnenden Entwicklung eines neuen Kulturmilieus, die wir selbst verursacht haben und die uns nun in immer neuen Auflagen und Aktualitäten eben die Probleme zurückspielt, die wir selbst in die Welt gesetzt haben.

Jede eingehendere Besinnung enthüllt uns so die Belanglosigkeit analytisch erfaßbarer Probleme des Historischen oder Sozialen zur Beantwortung der Frage, wo wir heute stehen. Da das wissenschaftliche Denken längst das Milieu selbst geworden ist, in dem wir leben, geben die Wissenschaften keine ihre Anwendungen überschreitenden Ortsbestimmungen mehr her. So bliebe der Selbstbesinnung des Menschen über diese Frage nur wiederum das alte Geständnis der Ohnmacht und des Vertrauens: Gott helfe uns? Und wo die Reflexion auch dies bereits unterlaufen hat, wäre der Frage nur noch das Schweigen angemessen? Aber dort, wo wir heute stehen, scheint uns dies beides ja gerade unmöglich zu sein.

Daß die Frage unbeantwortbar ist, heißt nicht, daß sie sinnlos wäre. Wenn sie auch – wie wir es auf dem Gebiet der Geschichtsphilosophie und der soziologischen Analyse gezeigt zu haben glauben – nur die Reflexionen und Emotionen erregt, die das begleiten, was sowieso geschieht, so ist nun nach der Bedeutung und dem Wert eben dieses Reflexionsprozesses zu fragen. Unsere Antwort darauf wäre: Dieser Vorgang und damit unsere Frage arbeitet mit an einer der beiden Menschheitsentwicklungen, die wir als dauerhaft einlinig und trotz aller ‹Rückschläge› als geschichtlich unumkehrbar anzunehmen wagen würden. Die eine ist offensichtlich das Wachsen der Macht des Menschen über die außermenschliche Natur; der Mensch arbeitet sich nach und nach durch sein Außen durch. Die andere Entwicklung betrifft die Geschichte des Bewußtseins und ist schwer faßbar; wir möchten sie mit aller Vorsicht und mit vielem Zweifel als eine Steigerung der Reflexionsstufen bezeichnen. Nicht die Gegenstände des Bewußtseins, der Umfang des Wissens oder die Wahrheit des Gedachten nehmen zu – wahrscheinlich wird ebensoviel vergessen wie neu erkannt, und die Wahrheit war zu allen Zeiten gleich –, sondern die kritische Wendung des Bewußtseins gegen sich selbst und seine Inhalte scheint sich ständig vertieft zu haben. Das sind sehr abstrakte Bestimmungen. Was bedeuten sie für uns heute und für unsere Frage?

Die Emotionen und Reflexionen, die unsere Frage erregt, produzieren heute z. B. das Material der Kunst, genauer gesagt: der gegenwärtigen Kunst. Zwar wird die geschichtsphilosophische Reflexion zur subjektiven Beliebigkeit, aber eben damit zur künstlerischen Aufgabe. Die subjektive Dauerreflexion an Hand solcher Fragen wie der uns gestellten schafft das Medium oder das Material, aus oder mit dem die moderne Kunst gestaltet. Die Tagebuch- und Notizbuchmassen eines André Gide, Robert Musil, Ernst Jünger usw. sind Zeitbesinnungen in der ästhetischen Dimension, immer erneute und in ihrer künstlerischen Qualität gültige Versuche, auf unsere Frage zu anworten. Dichter, die dagegen den ‹Zeitgeist› noch in einem momentanen epischen Gemälde beschwören zu können glauben, erscheinen demgegenüber als antiquiert und inferior. Die wirklichen Romane der Zeit werden in der Dauerreflexion grundsätzlich nicht zu Ende gebracht, wie Musils ‹Mann ohne Eigenschaften›, der nicht zufällig ebenso wie Hermann Brochs Werk in wissenschaftlichen Reflexionen über den heutigen Menschen versandet. Schließlich ist schon James Joyces ‹Ulysses› als der erste Meisterwurf eines Kunstwerkes der modernen Dauerreflexion aufzufassen. Diese Dichtung der Dauerreflexion an Hand der Frage ‹Wo stehen wir heute?› hat für die Gegenwart den Ort eingenommen, den im 19. Jahrhundert der gesellschaftliche, im 18. der moralische Roman innehatten.

Dabei geht die ästhetische Reflexion durch die Werke hindurch weiter. Wenn die Maler heute das Bild nur noch als Überbleibsel einer malerischen Handlung auffassen, so gilt dies für alle Werke dieser Reflexions-Kunst. So gilt dies auch für alle Formen der Antworten, die überhaupt auf die Frage ‹Wo stehen wir heute?› gegeben werden können; sind sie nachgedacht, sind sie auch schon überholt. Das Werk, die Antwort ist das Belanglose, die reproduzierte Frage alles.

Genau diese Wirkung will aber diese Kunst auch bei ihrem Publikum erregen; sie will nichts vermitteln als die Kommunikation in der Dauerreflexion an Hand eines konventionell vorher vereinbarten geistigen Rahmens, sie will in einen Prozeß hineinreißen. Genau das will im Grunde und leistet heute unsere Frage ‹Wo stehen wir?›. Keine der Antworten, die auf sie gegeben werden, wird eine endgültige Orientierung im Sinne des Gewußten vermitteln können, da heute nicht mehr die Gegenstände des Bewußtseins, sondern die Reflexionsstufen die Orientierung abstecken und den Menschen sich selbst bestätigen lassen. Solche Fragen führen uns heute nicht mehr auf einen Berg oder auch nur einen Hügel der Einsicht, von dem wir in Ruhe und Beschaulichkeit die Landmarken unserer Lebensräume abmessen, sondern gerade sie halten uns im Laufen, mitten im Dschungel.

Zum Schluß ist nun nur noch der Eindruck zu beseitigen, als handele es sich in dem von uns beschriebenen Verhältnis allein um die Beziehung des modernen Menschen zur Kunst oder zu seinem geschichtlich-sozialen Selbstbewußtsein. Im Grunde ist hier das Verhältnis aller Arten unseres gestaltenden Tuns zu uns selbst angeschnitten worden, wie wir es heute notwendig eingehen müssen: Der Mensch im Zustande der Dauerreflexion ist nicht nur Material und Publikum der Kunst und der Philosophie, sondern gleicherweise Material und Publikum der Politik und der Rechtsetzung, der Moral und der Religion, der Erziehung und aller menschlichen Gemeinschaften. Daß er in diesem seinem Wesen nicht verstümmelt und verkürzt werde – wie es alle Systeme tun, die die Reflexion abschneiden –, sondern in ihm bestärkt und entwickelt wird, das ist die Funktion der Dauerfrage ‹Wo stehen wir heute?›.

Wo stehen wir also heute? Die Antworten darauf, die gegeben werden müssen, sind an sich ganz gleichgültig. Man muß weiter denken. Man muß sich auf dieses Leben einlassen.

X. CHARLES S. PEIRCE (1839–1914)

Aus: How to Make Our Ideas Clear. Bd. 5/6 der Collected Papers of Charles S. Peirce, Harvard Univ. Press, Cambridge, Mass., 1931–58. 5.394 ff, deutsch von F. Jonas.

I. Klarheit und Deutlichkeit

II. Die pragmatische Maxime

5.394.
Die Prinzipien, die im ersten Teil dieses Aufsatzes dargelegt wurden, führen sogleich zu einer Methode der Gedankenklärung, die sich von der ‹Deutlichkeit› der Logiker durch einen höheren Grad der Klarheit unterscheidet. Wir haben dort festgestellt, daß der Denkprozeß durch den Stachel des Zweifels ausgelöst wird und daß er aufhört, wenn eine Überzeugung erreicht ist; die Hervorbringung der Überzeugung ist also die einzige Aufgabe des Denkprozesses. Für meinen Zweck sind jedoch alle diese Worte zu stark. Sie erwecken den Anschein, als wenn ich die Vorgänge so beschrieben hätte, wie sie unter einem geistigen Mikroskop erscheinen würden. Zweifel und Glaube beziehen sich, wie diese Worte gewöhnlich gebraucht werden, auf religiöse und andere ernsthafte Diskussionen. Hier aber verwende ich sie, um den Beginn einer jeden Frage, unabhängig davon, wie klein oder groß sie ist, und ihre Auflösung zu bezeichnen. Wenn ich z. B. in der Droschke mein Portemonnaie herausziehe und darin eine Fünfcentmünze und fünf Eincentmünzen finde, entscheide ich, während meine Hand nach dem Portemonnaie greift, auf welche Art und Weise ich den Fahrschein bezahlen werde. Eine solche Frage Zweifel und meine Entscheidung Überzeugung zu nennen, hieße sicherlich, Worte in einer unangemessenen Weise verwenden. Von einem solchen Zweifel als Ursache einer Irritierung zu sprechen, die beruhigt werden muß, legt die Vermutung eines Geisteszustandes nahe, der in peinlicher Nähe zu einer Geisteskrankheit steht. Wenn wir uns jedoch die Angelegenheit näher ansehen, dann muß zugegeben werden, daß, wenn auch nur der geringste Zweifel darüber besteht, ob ich mit den fünf einzelnen Münzen oder mit der Fünfcentmünze bezahlen soll (was sicher der Fall sein wird, wenn ich nicht aufgrund einer vorher feststehenden Gewohnheit handle), dann werde ich, obschon Irritierung dafür ein zu starkes Wort ist, mich so weit zu einem kleinen Denkprozeß veranlaßt sehen, als notwendig ist, um zu entscheiden, wie ich handeln soll. Am häufigsten entstehen Zweifel aufgrund einer wenn auch vorübergehenden Unschlüssigkeit in unseren Handlungen. Bisweilen ist dies nicht so. Ich muß z. B. auf einer Eisenbahnstation warten und verbringe die Zeit damit, die Reklamen an den Wänden zu lesen. Ich vergleiche die Vorzüge verschiedener Züge und verschiedener Strecken, die ich niemals in Anspruch nehmen werde, wobei ich mir lediglich einbilde, in einem Zustand der Unschlüssigkeit zu sein, weil ich mich langweile, daß nichts da ist, was mich beunruhigen könnte. Diese vorgegebene Unschlüssigkeit, ob sie nun zur bloßen Zerstreuung oder für einen edleren Zweck fingiert wird, spielt eine große Rolle in der Hervorbringung wissenschaftlicher Forschung. Wie auch immer der Zweifel entstehen mag, er regt den Geist zu einer Tätigkeit an, die schwach oder energisch, ruhig oder ungestüm sein kann. Bilder strömen rasch

durch das Bewußtsein, wobei das eine unaufhörlich in das andere übergeht, bis wir uns schließlich, wenn alles vorbei ist – was im Bruchteil einer Sekunde, in einer Stunde oder nach langen Jahren sein mag –, dazu entschlossen sehen, so zu handeln, wie die Umstände, die unser Zögern ausgelöst haben, es erfordern. Mit anderen Worten, wir haben eine Überzeugung erreicht.

5.395.
In diesem Vorgang beobachten wir zwei verschiedene Bewußtseins-Elemente, deren Unterscheidung wir uns am besten mit Hilfe eines Beispiels verdeutlichen können. Ein Musikstück besteht aus unterschiedenen Noten und zugleich aus der Melodie. Ein einzelner Ton kann für eine Stunde oder einen Tag gehalten werden, und er existiert ebenso vollkommen in jeder Sekunde dieser Zeit wie in der ganzen Zeit insgesamt; solange er gehalten wird, ist er unabhängig von der Zeit anwesend. Anders verhält es sich jedoch mit der Melodie, deren Darbietung eine bestimmte Zeit in Anspruch nimmt, innerhalb deren nur bestimmte Teile der Melodie gespielt werden. Sie besteht in einer geordneten Aufeinanderfolge von Tönen, die das Ohr zu unterschiedlichen Zeiten erreichen; und um sie wahrzunehmen, muß eine gewisse Kontinuität des Bewußtseins gegeben sein, die uns die Ereignisse eines Zeitablaufs vergegenwärtigt. Wir können die Melodie gewiß nur dadurch wahrnehmen, daß wir die einzelnen Noten hören; trotzdem kann man von uns nicht sagen, daß wir sie direkt hören, denn was wir hören, ist nur das, was uns zu einem bestimmten Zeitpunkt gegenwärtig ist, und eine geordnete Aufeinanderfolge kann nicht in einem Augenblick bestehen. Diese zwei Arten von Gegenständen – die, deren wir uns *unmittelbar*, und die, deren wir uns *mittelbar* bewußt sind – sind immer im Bewußtsein vorhanden. Einige Teile (die Sinneswahrnehmungen) sind, solange sie dauern, in jedem Augenblick ganz gegenwärtig, während andere (wie etwa der Gedanke) Handlungen sind, die einen Beginn, eine Mitte und ein Ende haben und aus einer Übereinstimmung der aufeinanderfolgenden Sinneswahrnehmungen bestehen, die durch das Bewußtsein strömen. Sie können uns nicht unmittelbar gegenwärtig sein, sie müssen einen Teil der Vergangenheit oder der Zukunft überspannen. Der Gedanke ist der Faden einer Melodie, die sich durch die Aufeinanderfolge unserer Sinneseindrücke zieht.

5.396.
Wir können hinzufügen, daß ebenso, wie ein Musikstück in Teilen geschrieben werden mag, die jeder für sich eine eigene Melodie haben, ebenso auch verschiedene Systeme bestehen können, die das Verhältnis der Aufeinanderfolge zwischen denselben Sinneseindrücken bestimmen. Diese verschiedenen Systeme unterscheiden sich dadurch, daß sie verschiedene Motive, Ideen oder Aufgaben haben. Der Gedanke ist nur ein solches System, denn sein einziges Motiv, seine einzige Idee und Aufgabe ist es, eine Überzeugung hervorzubringen, und alles, was nicht diesem Zwecke dient, gehört einem anderen System an. Der Denkprozeß könnte gegebenenfalls andere Ergebnisse haben; er kann z. B. dazu dienen, uns zu zerstreuen, und unter *Dilettanten* ist es nicht selten, Menschen zu finden, die den Gedanken so sehr zu ihrem Vergnügen zweckentfremdet haben, daß es sie zu bedrücken scheint, daran zu denken, daß die Fragen, mit denen sie sich zu ihrem Vergnügen beschäftigen, eines Tages entschieden werden könnten; und einer sicheren Entdeckung, die einen beliebten Diskussionsgegenstand

aus der literarischen Arena entfernt, begegnet man mit schlecht verhohlenem Mißfallen. Diese Neigung ist die vollkommene Entartung des Denkens. Von den anderen Elementen, die den Denkprozeß begleiten, abgesehen, können der eigentliche Kern und die Bedeutung des Denkens in nichts anderem liegen als darin, eine Überzeugung hervorzubringen, obschon dieser Zweck willentlich vereitelt werden kann. Der Denkprozeß hat als einzig mögliches Motiv die Erreichung einer Ruhestellung des Gedankens; und was auch immer sich nicht auf die Überzeugung bezieht, ist kein Teil des Denkens im eigentlichen Sinne.

5.397.

Was ist das nun, eine Überzeugung? Es ist die Binnen-Kadenz, die einen Satz in der Symphonie unseres intellektuellen Lebens beendet. Wir haben gesehen, daß diese Überzeugung genau drei Eigenschaften hat: 1. Sie ist etwas, dessen wir gewahr sind, 2. sie beschwichtigt den Stachel des Zweifels und 3. sie begründet in uns eine Handlungsanweisung oder, kurz gesagt, eine *Gewohnheit*. In dem Maße, in dem sie den Stachel des Zweifels beschwichtigt, der das Motiv für den Denkprozeß war, entspannt sich dieser und ruht für einen Augenblick, wenn die Überzeugung erreicht ist. Da aber die Überzeugung eine Handlungsanweisung ist, deren Anwendung weiteren Zweifel und weiteren Gedanken bedeutet, ist sie nicht nur ein Haltepunkt, sondern auch ein Ausgangspunkt für den Gedanken. Aus diesem Grunde habe ich mir erlaubt, sie Gedanken in Ruhestellung zu nennen, obwohl der Gedanke wesentlich ein Prozeß ist. Das *letztendliche* Ergebnis des Denkens ist die Ausübung des Wollens, und an diesem hat der Gedanke keinen Anteil mehr; die Überzeugung ist vielmehr nur ein Stadium des Denkprozesses, eine Wirkung auf unsere Natur, die zum Gedanken gehört, der unser zukünftiges Denken beeinflußt.

5.398.

Das wesentliche an einer Überzeugung ist die Begründung einer Gewohnheit; und die verschiedenen Arten der Überzeugung unterscheiden sich durch die verschiedenen Handlungsfolgen, zu denen sie Veranlassung geben. Wenn sich Überzeugungen in dieser Hinsicht nicht unterscheiden, wenn sie denselben Zweifel durch Hervorbringung derselben Handlungsanweisungen beschwichtigen, dann ruft die Verschiedenartigkeit in der Art und Weise des Bewußtseins von ihnen ebensowenig verschiedene Überzeugungen hervor wie eine Melodie, die in verschiedenen Tonarten gespielt wird, dadurch zu einer anderen Melodie wird.

Oft werden imaginäre Unterschiede zwischen Überzeugungen gemacht, die sich nur auf unterschiedliche Arten des Ausdrucks beziehen – die Streitigkeiten, die daraus folgen, sind jedoch real genug. Zu glauben, daß Gegenstände so wie in der Figur 1 angeordnet sind und daß sie so wie in der Figur 2 angeordnet sind, ist ein und derselbe Glaube; trotzdem kann man sich vorstellen, daß jemand die eine Aussage bejaht und die andere leugnet. Solche falschen Unterscheidungen sind ebenso schädlich wie die Vermengung von verschiedenen Überzeugungen, die in Wirklichkeit verschieden sind, und gehören zu den Fallen, vor denen wir uns beständig in acht nehmen müssen, besonders dann, wenn wir uns im Bereich der Metaphysik bewegen. Eine besonders hervorstechende Täuschung dieser Art, die oft eintritt, besteht darin, daß wir die Sinneswahrnehmung, die durch unsere eigene Unklarheit des Gedankens entsteht, für

Figur 1

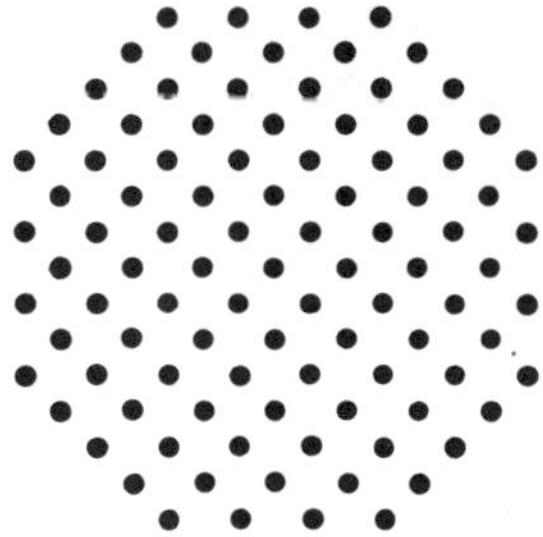

Figur 2

eine Eigenschaft des Gegenstandes halten, über den wir nachdenken. Anstatt einzusehen, daß die Unklarheit rein subjektiv ist, bilden wir uns ein, daß wir am Objekt eine mysteriöse Eigenschaft wahrnehmen; und wenn uns später unser Begriff in einer klaren Form dargestellt wird, erkennen wir ihn nicht als denselben, da die Eigenschaft der Empfindung der Unerkennbarkeit fehlt. Solange diese Täuschung dauert, ist sie offenbar ein unüberwindbares Hindernis auf dem Wege zu klaren Gedanken; aus diesem Grunde sind die Gegner des rationalen Gedankens ebenso daran interessiert, diese Täuschung zu verewigen, wie seine Anhänger, sich vor ihr zu hüten.

5.399.
Eine andere derartige Täuschung besteht darin, den bloßen grammatikalischen Unterschied in der Konstruktion zweier Worte für einen Unterschied in den Ideen zu halten, die sie ausdrücken. Dieser Irrtum ist in diesem pedantischen Zeitalter, in dem der allgemeine Mob der Schriftsteller soviel mehr auf die Worte als auf die Sachen achtet, häufig genug. Wenn ich eben sagte, daß der Gedanke eine *Handlung* ist und daß er in einer *Beziehung* besteht, so liegt darin keine Unstimmigkeit, obschon eine Person eine Handlung sein kann, aber keine Beziehung vollzieht, die nur das Ergebnis einer Handlung sein kann, sondern nur eine grammatikalische Ungenauigkeit.

5.400
Vor allen diesen Spitzfindigkeiten sind wir so lange vollkommen sicher, als wir uns darauf besinnen, daß die ganze Aufgabe des Denkens darin besteht, Handlungsgewohnheiten hervorzubringen; und daß, was auch immer mit einem Gedanken verbunden sein mag, sich aber nicht auf diesen Zweck bezieht, eine Beifügung zu ihm, aber kein Teil von ihm ist. Wenn es eine Einheit unserer Sinneswahrnehmungen gibt, die jedoch keinen Bezug darauf hat, wie wir uns zu einer bestimmten Gelegenheit verhalten werden – so, wenn wir einem Musikstück zuhören –, dann können wir das nicht denken nennen. Um seine Bedeutung zu enwickeln, müssen wir einfach bestimmen, was für eine Gewohnheit es hervorruft, denn was ein Ding bedeutet, ist einfach die Gewohnheit, die es beinhaltet. Die Identität einer Gewohnheit hängt nun jedoch von den Handlungsfolgen ab, zu denen diese uns führt, und zwar nicht allein unter den Umständen, die normalerweise auftreten, sondern auch unter denen, die möglicher-

weise sich ereignen, unabhängig davon, wie unwahrscheinlich sie sein mögen [1]. Um was für eine Gewohnheit es sich handelt, hängt davon ab, *wann* und *wie* sie uns zum Handeln veranlaßt. Was das *Wann* betrifft, so ist jede auslösende Ursache einer Handlung von der Wahrnehmung abgeleitet; hinsichtlich des *Wie* ist es das Ziel einer jeden Handlung, irgendein vernünftiges Ergebnis zu erzielen. Auf diese Art und Weise finden wir das, was greifbar und möglicherweise praktisch ist, als Grundlage jeder wirklichen Unterscheidung von Gedanken, unabhängig davon, wie subtil sie sein mögen; und es gibt keinen Bedeutungsunterschied, der so fein wäre, als daß er in etwas anderem bestünde als in einem möglichen Unterschied praktischer Handlungen.

5.401.
Um zu sehen, wohin dieses Prinzip führt, wollen wir in seinem Licht eine Lehre wie die der Transsubstantiation betrachten. Die protestantischen Kirchen sind im allgemeinen der Ansicht, daß die Elemente des Sakraments nur in einem übertragenen Sinne Fleisch und Blut sind; sie nähren unsere Seelen so, wie Fleisch und der Saft von ihm unsere Körper ernähren würden. Die Katholiken jedoch halten daran fest, daß diese Elemente in einem wirklichen Sinne Fleisch und Blut seien, obwohl sie alle die äußeren Eigenschaften von Waffelgebäck und verdünntem Wein besitzen. Wir können aber keinen Begriff von Wein haben, außerhalb dessen, was zu einer Überzeugung führen kann, nämlich daß entweder erstens dies, das oder jenes Wein ist, oder zweitens, daß Wein bestimmte Eigenschaften besitzt. Solche Überzeugungen sind nichts anderes als Hinweise an uns selbst, daß wir bei passender Gelegenheit uns hinsichtlich der Dinge, von denen wir glauben, daß sie Wein seien, uns so verhalten, wie es den Qualitäten entspricht, die wir dem Wein zuschreiben. Der Anlaß für ein solches Verhalten wäre eine sinnliche Wahrnehmung, das Motiv das Bestreben, ein vernünftiges Ergebnis zu erzielen. Unser Verhalten hat also ausschließlich Bezug auf das, was unsere Sinne berührt, unsere Gewohnheit hat denselben Bezugspunkt wie unsere Handlung, unser Glaube denselben Bezugspunkt wie unsere Gewohnheit, unser Verständnis denselben Bezugspunkt wie unser Glaube; wir können also konsequenterweise unter Wein nichts anderes verstehen, als was direkt oder indirekt bestimmte Wirkungen auf unsere Sinne hervorbringt; und die Rede, daß etwas all die sinnlichen Eigenschaften des Weines hat und doch in Wirklichkeit Blut sei, ist sinnloses Geschwätz. Es ist jedoch hier nicht mein Ziel, die theologische Frage weiter zu verfolgen; und nachdem ich sie als ein logisches Beispiel verwendet habe, lasse ich sie fallen, ohne mich darum zu kümmern, wie der Theologe antworten würde. Ich möchte nur darstellen, wie unmöglich es ist, daß wir in unserem Verstand eine Idee haben, die sich auf irgend etwas anderes als die möglichen sinnlichen Eigenschaften der Gegenstände bezieht. Unser Begriff von irgend etwas *ist* unser Begriff von dessen sinnlichen Eigenschaften; und wenn wir uns einbilden, daß wir irgendeinen anderen Begriff haben, betrügen wir uns selbst und nehmen irrtümlicherweise eine bloße Sinneswahrnehmung, die den Gedanken begleitet, für einen Teil des Gedankens selbst. Es ist absurd zu sagen, daß der Gedanke irgendeine Bedeutung habe, die sich nicht auf seine einzige Aufgabe bezieht. Es ist närrisch für

---

1 auch wenn sie aller bisherigen Erfahrung entgegengesetzt sind. – Randbemerkung 1893.

Katholiken und Protestanten, sich einzubilden, daß sie untereinander über die Elemente des Sakraments anderer Meinung wären, wenn sie hinsichtlich aller wahrnehmbaren Wirkungen jetzt und in Zukunft übereinstimmen.

5.402.
Es ergibt sich also, daß die Regel zur Erlangung des dritten Grades der Klarheit des Verständnisses, wie folgt, lautet: Achte auf die Wirkungen, die wir dem in Frage stehenden Gegenstand zuschreiben und die möglicherweise praktische Folgen haben. Unser Begriff von diesen Folgen ist dann Inbegriff dessen, was wir unter dem fraglichen Gegenstand verstehen [2].

III. Einige Anwendungen der pragmatischen Maxime

5.403.
Wir wollen diese Regel durch einige Beispiele illustrieren; und um mit dem denkbar einfachsten zu beginnen, wollen wir uns fragen, was wir meinen, wenn wir ein Ding hart nennen. Offensichtlich meinen wir, daß es von vielen anderen Stoffen nicht gekratzt werden kann. Der ganze Begriff dieser Eigenschaft, ebenso wie jeder anderen, liegt in den vorgestellten Wirkungen. Es gibt absolut keinen Unterschied zwischen einem harten Gegenstand und einem weichen Gegenstand, solange sie nicht ausprobiert worden sind. Wir wollen uns also vorstellen, daß ein Diamant in der Mitte eines weichen Baumwollkissens kristallisieren könne und daß er dort bliebe, bis das Ganze schließlich verbrennt. Wäre es falsch zu sagen, daß der Diamant weich war? Dies scheint eine dumme Frage zu sein und würde es außerhalb des Bereichs der Logik auch sein. Hier sind solche Fragen aber oft sehr nützlich, da sie dazu dienen, logischen Prinzipien schärfere Konturen zu geben, als es wirkliche Diskussionen jemals könnten. Wenn wir die Logik studieren, müssen wir sie nicht mit schnellen Antworten beiseite schieben, sondern mit Aufmerksamkeit behandeln, um die zugrunde liegenden Prinzipien herauszuarbeiten. Wir können in dem gegenwärtigen Fall unsere Frage modifizieren und fragen, was uns daran hindert zu sagen, daß alle harten Körper vollkommen weich bleiben, bis sie berührt werden, daß ihre Härte mit dem Druck zunimmt, bis sie gekratzt werden. Die Überlegung zeigt uns, daß die Antwort lautet: eine solche Art und Weise des Sprechens wäre nicht *falsch*. Sie würde eine Veränderung unseres gegenwärtigen Sprachgebrauchs hinsichtlich der Worte hart und weich bedeuten, aber nicht deren Bedeutung beeinflussen. Sie stellen nämlich keine Tatsache anders dar, als sie ist; sie beinhalten nur eine Anordnung von Tatsachen, die außerordentlich ungeschickt wäre. Dies führt uns zu der Bemerkung, daß die Frage, was sich unter Umständen ereignen würde, die nicht tatsächlich eintreten, keine Tatsachenfrage ist, sondern nur eine nach deren möglichst durchsichtiger Anordnung. So lautet z. B. die Frage des freien Willens und des Schicksals in ihrer einfachsten Form, entkleidet von allem Beiwerk, ungefähr wie folgt: ich habe etwas getan, worüber ich mich schäme; könnte ich durch eine Willensanstrengung der Ver-

---

2 hier folgen drei längere Anmerkungen, die verschiedene Entwicklungsphasen in dem Denken von PEIRCE charakterisieren und auf die wir in der Übersetzung verzichtet haben.

suchung widerstanden und anders gehandelt haben? Die philosophische Antwort ist, daß es sich hier nicht um eine Tatsachenfrage handelt, sondern nur um eine Frage, die die Anordnung der Tatsachen betrifft. Wenn ich sie so anordne, daß das, was sich auf meine Frage bezieht, möglichst klar herauskommt – nämlich daß ich mich selbst zu tadeln habe, weil ich unrecht tat –, ist es vollkommen richtig zu sagen, daß, wenn ich etwas anderes gewollt hätte, ich auch anders gehandelt haben würde. Andererseits ist es, wenn wir die Tatsachen so anordnen, daß sie eine andere wichtige Erwägung zum Vorschein kommen lassen, gleichfalls wahr, daß, wenn eine Versuchung einmal ihre Wirksamkeit hat entfalten können, sie auch, wenn sie eine bestimmte Kraft erlangt hat, ihre Wirkungen erzeugen wird, mag ich mich dagegen auch wehren, wie ich kann. Es gibt keinen Einwand gegen einen Widerspruch in dem, was einer falschen Voraussetzung folgen würde. Die *reductio ad absurdum* besteht darin, daß widersprüchliche Ergebnisse sich aus einer Hypothese ableiten, die folgerichtig als falsch erklärt werden muß. Viele Fragen hängen mit der Diskussion um den freien Willen zusammen, und ich bin weit davon entfernt, sagen zu wollen, daß beide Seiten gleichermaßen recht haben. Im Gegenteil bin ich der Ansicht, daß die eine Seite wichtige Tatsachen leugnet, was die andere nicht tut. Aber was ich wirklich sage, ist, daß die oben genannte einzige Frage der Ursprung des ganzen Zweifels war; daß, wäre diese Frage nicht aufgeworfen worden, die Auseinandersetzung niemals stattgefunden hätte; und daß diese Frage in der Art und Weise, wie ich es aufgezeigt habe, vollkommen aufgelöst wird.

Im folgenden wollen wir uns einen klaren Begriff dessen verschaffen, was wir unter Gewicht verstehn. Dies ist ein anderer, sehr leichter Fall. Wenn wir sagen, daß ein Körper schwer ist, meinen wir einfach, daß er, in Abwesenheit einer entgegenstehenden Kraft, fallen wird. Dies ist offensichtlich der ganze Begriff von Gewicht (wobei wir bestimmte Spezifikationen, wie es fallen wird usw., vernachlässigen, die in dem Bewußtsein des Physikers vorhanden sind, der dieses Wort verwendet.) Es ist eine berechtigte Frage, ob nicht bestimmte Tatsachen die Gravität *erklären* können; aber was wir unter dieser Kraft verstehen, ist vollständig enthalten in ihren Wirkungen.

5.404 ...

IV. Realität

5.405.
Wir wollen uns jetzt dem Gegenstand der Logik zuwenden und einen Begriff untersuchen, mit dem diese sich besonders beschäftigt, dem der *Realität*. Wenn wir Klarheit im Sinne des Vertrautseins verstehen, könnte kein Begriff klarer als dieser sein. Jedes Kind verwendet ihn mit vollkommenem Vertrauen und bildet sich noch nicht einmal im Traum ein, daß es ihn nicht versteht. Was jedoch die Klarheit in ihrem zweiten Grad anbelangt, so würde es wahrscheinlich die meisten Menschen und sogar auch unter denjenigen, die einen Hang zum Reflektieren haben, in Verlegenheit bringen, eine abstrakte Definition des Realen zu geben. Trotzdem kann man vielleicht zu einer solchen Definition kommen, wenn man die Unterscheidungsmerkmale zwischen der Realität und ihrem Gegenteil, der Einbildung, in Erwägung zieht. Ein eingebildeter Gegenstand ist das Ergebnis von jemandes Einbildungskraft; er hat die Eigenschaften, die ihm durch dessen Gedanken beigemessen werden. Daß diese Eigen-

schaften unabhängig davon sind, wie du oder ich darüber denken, ist eine äußere Realität. Es gibt jedoch Phänomene in unserem Geist, die von unseren Gedanken abhängen und doch zur gleichen Zeit real sind, in dem Sinne, daß sie sie wirklich denken. Aber obschon ihre Eigenschaften davon abhängen, wie wir denken, hängen sie doch nicht davon ab, was wir uns hinsichtlich dieser Eigenschaften vorstellen. So hat ein Traum eine reale Existenz als geistiges Phänomen, wenn ihn jemand wirklich geträumt hat; daß er so und so geträumt hat, hängt nicht davon ab, was irgend jemand sich hinsichtlich dieses Traumes vorstellt, sondern ist vollkommen unabhängig von jeder Meinung über diesen Gegenstand. Andererseits, wenn wir unser Augenmerk nicht auf die Tatsache des Träumens, sondern auf das geträumte Ding richten, erfährt es seine besonderen Eigenschaften durch keine andere Tatsache, als daß geträumt wurde, es besitze sie. Wir können also das Reale als das definieren, dessen Eigenschaften unabhängig von der Meinung beliebiger Menschen sind.

5.406.
Wie befriedigend aber auch eine solche Definition erachtet werden mag, so wäre es doch ein großer Fehler anzunehmen, daß sie den Begriff der Realität vollkommen klar macht. Hier wollen wir also unsere Regeln anwenden Nach ihnen besteht Realität ebenso wie jede andere Eigenschaft in den besonderen sinnlichen Wirkungen, die von Dingen ausgehen, die an deren Hervorbringung teilhaben. Die einzige Wirkung, die reale Dinge haben, ist die, eine Überzeugung hervorzubringen, denn alle Sinneswahrnehmungen, die sie auslösen, gehen in das Bewußtsein in der Form der Überzeugung ein. Die Frage ist infolgedessen die, wie man einen wahren Glauben (oder Glauben an das Reale) unterscheiden kann von einem falschen Glauben (oder dem Glauben an Einbildungen). Wie wir nun in der vorangegangenen Abhandlung gesehen haben, beziehen sich die Begriffe Wahrheit und Falschheit in ihrer vollen Entwicklung ausschließlich auf die Verwendung der experimentellen Methode, um eine Meinung zu klären. Ein Mensch, der willkürlich die Sätze wählt, die er vertreten will, kann das Wort Wahrheit nur verwenden, um seinen Willen auszudrükken, an seiner Wahl festzuhalten. Natürlich ist diese Methode der Hartnäckigkeit niemals ausschließlich angewendet worden; die Vernunft ist dafür für den Menschen zu selbstverständlich. Aber in der Literatur der dunklen Zeitalter finden wir einige gute Beispiele für sie. Wenn Scotus Eriugena eine dichterische Passage kommentiert, in der davon die Rede ist, daß Nieswurz den Tod des Sokrates verursacht habe, zögert er nicht, seinen Leser darüber zu informieren, daß *elleborus* [das lateinische Wort für Nieswurz, F. J.] und Sokrates zwei berühmte griechische Philosophen gewesen seien und daß der letztere im Streitgespräch durch den ersteren besiegt, sich die Sache so sehr zu Herzen nahm, daß er daran starb! Was für einen Begriff von Wahrheit hat wohl ein Mensch gehabt, der eine so zufällige Meinung ohne jede Qualifikation annehmen und lehren konnte? Der wahre Geist des Sokrates, der, wie ich hoffe, entzückt gewesen wäre, im Streitgespräch unterlegen zu sein, weil er etwas davon gelernt haben würde, steht in seltsamem Kontrast zu der naiven Idee des Kommentators, für den (ebenso wie für den ‹geborenen Missionar› unserer Tage) die Diskussion einfach als ein Kampf erschienen wäre. Als die Philosophie aus ihrem langen Schlaf erwachte, und bevor die Theologie sie vollkommen beherrschte, scheint es die Praxis eines jeden Professors gewesen zu sein, sich

einer beliebigen, noch verfügbaren philosophischen Position zu bemächtigen, die ihm stark genug erschien, sich hinter ihr zu verschanzen, und von Zeit zu Zeit aus ihr hervorzubrechen, um andere anzugreifen. So ermöglichen es uns sogar die dürftigen Berichte, die wir von jenen Streitgesprächen haben, wenigstens ein Dutzend oder noch mehr Meinungen festzustellen, die von verschiedenen Lehrern zeitweilig hinsichtlich der Fragen des Nominalismus und des Realismus vertreten wurden. Man lese den einleitenden Teil der ‹*Historia Calamitatum*› von ABÄLARD, der sicher ebenso philosophisch wie irgendeiner seiner Zeitgenossen war, und sehe den kämpferischen Geist, der in ihm lebt. Für ihn ist die Wahrheit einfach seine besondere Festung. Solange die Methode der Autorität vorherrschte, verstand man unter Wahrheit wenig mehr als den katholischen Glauben. Alle Anstrengungen der scholastischen Doktoren sind darauf gerichtet, ihren Glauben an ARISTOTELES und ihren Glauben an die Kirche miteinander zu vereinen, und man kann ihre gedankenschweren Bände durchsuchen, ohne ein weiterführendes Argument zu finden. Es ist bemerkenswert, daß dort, wo verschiedene Glaubensrichtungen nebeneinander blühen, die Abtrünnigen selbst von der Partei, deren Glauben sie annehmen, mit Verachtung gestraft werden; so vollständig hat der Begriff der Loyalität den der Wahrheitssuche verdrängt. Seit der Zeit des DESCARTES ist der Fehler in dem Begriff der Wahrheit weniger offenkundig. Trotzdem wird es manchmal dem Wissenschaftler so scheinen, als ob die Philosophen weniger bemüht waren, die Tatsachen herauszufinden, als vielmehr festzustellen, welche Überzeugung am meisten mit ihrem System übereinstimme. Es ist schwer, einen Anhänger der *Apriori*-Methode durch Herbeiführung von Tatsachen zu überzeugen; aber zeige ihm, daß die Meinung, die er vertritt, im Widerspruch zu dem steht, was er anderswo behauptet hat, dann wird er seine Meinung sehr wahrscheinlich zurückziehen. Diese Köpfe scheinen nicht zu glauben, daß Streitgespräche jemals aufhören könnten, sie scheinen zu denken, daß die Meinung, die für einen Menschen selbstverständlich ist, es für den anderen nicht ist und daß man sich über Fragen der Überzeugung konsequenterweise niemals einigen wird. Indem sie sich damit zufriedengeben, ihre eigene Meinung mit einer Methode zu begründen, die einen anderen zu unterschiedlichen Resultaten führen würde, verraten sie ihr schwaches Verständnis hinsichtlich dessen, was Wahrheit ist.

5.407.
Andererseits sind alle Anhänger der Wissenschaft von der fröhlichen Hoffnung beseelt, daß der Prozeß der Forschung, wenn er nur weit genug vorangetrieben wird, auf jede Frage, auf die er angewendet wird, eine sichere Lösung geben wird. Der eine mag die Geschwindigkeit des Lichtes erforschen, indem er die Bahn der Venus und die Aberration der Sterne untersucht; ein anderer dadurch, daß er die Oppositionen des Mars und die Eklipsen der Jupitermonde prüft; ein dritter durch die Methode von FIZEAU; ein vierter durch die von FOUCAULT; ein fünfter durch die Bahnbewegungen von LISSAJOUX; ein sechster, ein siebenter, ein achter und ein neunter mag die verschiedenen Methoden verwenden, die auf einer Vergleichung der Meßwerte statischer und dynamischer Elektrizität beruhen. Sie mögen zuerst verschiedene Ergebnisse erhalten, aber in dem Maße, in dem jeder seine Methode und seine Techniken vervollkommnet, wird man finden, daß die Ergebnisse sich beständig auf ein vorherbestimmtes Zentrum hin bewegen. Ähnlich ist es mit jeder wissenschaft-

lichen Forschung. Verschiedene Köpfe mögen mit den entgegengesetztesten Ansichten beginnen, aber der Fortschritt der Forschung führt sie durch eine Kraft, die außerhalb ihrer liegt, zu einer und derselben Lösung. Diese Aktivität der Gedanken, durch die wir vorangetrieben werden, nicht dorthin, wohin wir es wünschen, sondern zu einem vorherbestimmten Ziel, ist vergleichbar mit der Wirkung des Schicksals. Keine Veränderung der Perspektive, keine Auswahl anderer Tatsachen zur Untersuchung, noch nicht einmal eine natürliche Neigung des Geistes können einen Menschen vor der vorherbestimmten Meinung bewahren. Diese große Hoffnung ist verkörpert in der Konzeption der Wahrheit und der Realität. Die Meinung, die vorherbestimmt ist[3], daß alle, die forschen, schließlich in ihr übereinstimmen werden, ist das, was wir unter Wahrheit verstehen, und der Gegenstand, dem diese Meinung entspricht, ist die Realität. Das ist die Art und Weise, in der ich Realität erklären würde.

5.408.
Es mag aber gesagt werden, daß diese Ansicht im Widerspruch steht zu der abstrakten Definition, die ich von der Realität gegeben habe, insofern, als sie die Eigenschaften des Realen davon abhängig macht, was letztendlich über sie gedacht wird. Die Antwort darauf ist, daß auf der einen Seite die Realität nicht notwendig unabhängig ist vom Denken im allgemeinen, sondern nur von dem, was du oder ich oder irgendeine endliche Zahl von Menschen über sie meinen mögen; und daß andererseits, obschon der Gegenstand der letztendlichen Meinung davon abhängt, was diese Meinung ist, dennoch diese letztendliche Meinung nicht von dem abhängt, was du oder ich oder irgendein Mensch denken. Unsere Verderbtheit und die anderer mag die Gründung der Meinung unendlich hinausschieben; sie mag sogar möglicherweise dazu führen, daß eine willkürliche Ansicht allgemein angenommen wird, solange das Menschengeschlecht dauert. Aber auch das würde nicht die Art der Überzeugung ändern, die allein das Ergebnis einer genügend weit getriebenen Forschung sein kann; und wenn nach dem Verschwinden unserer Rasse eine andere mit Fähigkeiten und Neigungen zur Forschung auftreten sollte, dann müßte diese wahre Meinung diejenige sein, zu der sie letztendlich kommen würde. «Wahrheit, zu Boden geschmettert, wird wieder auferstehen», und die Meinung, die schließlich das Ergebnis der Forschung wäre, hängt nicht davon ab, wie irgend jemand zur Zeit denkt. Aber die Realität des Realen hängt von der realen Tatsache ab, daß die Forschung, wenn nur lange genug fortgesetzt, dazu bestimmt ist, zu einer Überzeugung von dieser Realität zu führen.

5.409.
Es mag aber gefragt werden, was ich zu all den kleinen Tatsachen der Geschichte zu sagen habe, die auf immer vergessen wurden, zu den verlorengegangenen Büchern der Alten, zu den begrabenen Geheimnissen.

---

3 Vorherbestimmung meint lediglich das, was sicherlich eintreten wird und auf keine Weise vermieden werden kann. Es ist ein Aberglaube vorauszusetzen, daß eine bestimmte Art von Ereignissen vorherbestimmt ist, und es ist ein anderer Aberglaube anzunehmen, daß das Wort Vorherbestimmung niemals von dem Makel des Aberglaubens befreit werden kann. Es ist uns allen vorherbestimmt, daß wir sterben.

«Wie viele Edelsteine von reinstem, heiterem Glanz
liegen in den dunklen, unergründeten Tiefen des Ozeans,
wie viele Blumen werden geboren, um ungesehen zu blühen
und ihre Süße an die Wüstenluft zu verschwenden.»

Existieren diese Dinge wirklich nicht, weil sie hoffnungslos außerhalb der Reichweite unseres Wissens liegen? Und dann, wird nicht, wenn das Universum tot ist (gemäß der Voraussage einiger Wissenschaftler) und alles Leben für immer aufgehört hat, der Zusammenprall der Atome fortdauern, obschon es kein Bewußtsein geben wird, das davon weiß? Darauf erwidere ich, daß, obschon bei keinem möglichen Wissensstand irgendeine Zahl groß genug sein kann, um das Verhältnis zwischen der Summe dessen, was unbekannt bleibt, und der Summe des Bekannten auszudrücken, die Annahme doch unphilosophisch wäre, daß hinsichtlich einer beliebigen gegebenen Frage (die irgendeine klare Bedeutung hat) die Forschung, wenn sie nur weit genug vorangetrieben wird, nicht eine Lösung bringen würde. Wer würde wenige Jahre zuvor gesagt haben, daß wir jemals die Substanz kennen könnten, aus der die Sterne bestehen, deren Licht länger gebraucht haben mag, um uns zu erreichen, als die menschliche Rasse existiert? Wer kann sicher sein, was wir in wenigen hundert Jahren nicht alles wissen werden? Wer kann voraussagen, was das Ergebnis einer wissenschaftlichen Forschung sein würde, die mit der Aktivität der letzten hundert Jahre für zehntausend Jahre fortgesetzt würde? Und wenn sie für eine Million oder eine Milliarde oder eine beliebige Anzahl von Jahren fortgesetzt werden würde, wie ist es möglich zu sagen, daß es irgendeine Frage gibt, die nicht letztendlich gelöst werden könnte?

Es mag aber eingewendet werden: «Was sollen diese entlegenen Betrachtungen, besonders dann, wenn es Euer Prinzip ist, daß nur praktische Unterschiede Bedeutung haben?» Gut, ich muß zugeben, daß es wenig Unterschied macht, ob wir sagen, daß ein Stein auf dem Grunde des Ozeans in vollkommener Dunkelheit glänzt oder nicht – d. h. es macht *wahrscheinlich* keinen Unterschied, wenn wir beständig uns daran erinnern, daß dieser Stein *möglicherweise* morgen herausgefischt werden mag. Aber daß es Edelsteine auf dem Grunde der See, Blumen in der unerforschten Wüste gibt usw., sind Sätze, die ebenso wie der hinsichtlich der Härte des Diamanten, der nicht gedrückt wird, mehr die Anordnung unserer Sprache als die Bedeutung unserer Begriffe betreffen.

5.410.
Es scheint mir jedoch, daß wir durch die Anwendung unserer Regel eine klare Vorstellung davon erhalten haben, was wir unter Realität verstehen, sowie von der Tatsache, auf der dieser Begriff aufbaut, daß wir vielleicht nicht eine so anmaßende wie seltsame Behauptung vertreten sollten, allen denen, die der Methode der Wissenschaften folgen, eine metaphysische Theorie der Existenz zur allgemeinen Annahme anzubieten. Da jedoch die Metaphysik ein Gegenstand ist, der mehr kurios als nützlich ist, ein Gegenstand, dessen Kenntnis uns gleich dem eines versunkenen Riffs im wesentlichen dazu dient, uns von ihm fernzuhalten, will ich den Leser in diesem Augenblick nicht mit noch mehr Ontologie belästigen. Ich bin bereits viel weiter auf diesem Wege vorangeschritten, als ich gewünscht hätte; und ich habe dem Leser schon eine solche Menge Mathematik, Psychologie und aller möglichen verworrenen Dinge ver-

abreicht, daß ich fürchte, daß er mich schon verlassen hat und daß das, was ich jetzt schreibe, nur noch für den Setzer und den Korrektor bestimmt ist. Ich habe der Wichtigkeit des Gegenstandes vertraut. Es gibt keinen Königsweg zur Logik, und wirklich wertvolle Begriffe können nur um den Preis genauer Aufmerksamkeit erhalten werden. Ich weiß jedoch, daß hinsichtlich der Begriffe die Öffentlichkeit das Billige und Gewöhnliche bevorzugt; und in meiner nächsten Abhandlung werde ich zu dem, was leicht verstanden werden kann, zurückkehren und von ihm nicht mehr abweichen. Der Leser, der Mühe gehabt hat, sich durch diese Abhandlung durchzuarbeiten, wird in der nächsten belohnt werden, wo er sieht, wie großartig das, was auf diese umständliche Art und Weise entwickelt worden ist, angewendet werden kann zur Vergewisserung der Regeln wissenschaftlichen Denkens.

Wir haben bis jetzt die Schwelle zur wissenschaftlichen Logik noch nicht überschritten. Es ist sicher wichtig zu wissen, wie wir unsere Begriffe klären können, aber sie können sehr klar sein, ohne wahr zu sein. Wie man sie so machen kann, werden wir im folgenden zu untersuchen haben. Wie man jene vitalen und schöpferischen Ideen weiterbringen kann, die sich in tausend Formen vervielfachen, und überall verbreiten, indem sie die Zivilisation vorantreiben und die Würde des Menschen begründen, das ist eine Kunst, die bis jetzt noch nicht auf Regeln gebracht worden ist, sondern ein Geheimnis ist, für das die Geschichte der Wissenschaft einige Hinweise bereithält.

XI. TALCOTT PARSONS (*1902)

Aus: Beiträge zur soziologischen Theorie. Soziologische Texte Bd. 15, hrsg. u. eingel. v. Dietrich Rüschemeyer, dt. Übers. v. Brigitta Mitchell, Luchterhand Verlag, Neuwied/Rh. 1964.

Systematische Theorie in der Soziologie. Gegenwärtiger Stand und Ausblick

I. Wesen und Funktionen einer systematischen Theorie

Es ist wohl kaum zuviel gesagt, wenn man den Stand der systematischen Theorie einer Wissenschaft als den wichtigsten Einzelindex für ihren Reifegrad bezeichnet. Der Entwicklungsstand der Theorie betrifft das auf dem jeweiligen Gebiet angewandte allgemeine Begriffsschema, Art und Grad der logischen Integration zwischen den verschiedenen Elementen der Theorie und schließlich ihre praktische Anwendung in der empirischen Forschung. In diesem Sinne kann man sagen, daß die Soziologie gerade dabei ist, in den Status einer reifen Wissenschaft einzutreten. Sie zeichnete sich bisher nicht durch jene Integration und gezielte Arbeit aus, die eine Wissenschaft erst erreichen kann, wenn sie eine klar dargelegte systematische Theorie besitzt, die allgemein anerkannt und angewandt wird. Der große Rahmen einer derartigen Theorie ist jedoch jetzt vorhanden, wenn diese Tatsache auch noch nicht allgemein erkannt worden ist und in der Entwicklung und Verfeinerung der Theorie sowie in ihrer systematischen Anwendung und Überprüfung in der praktischen Forschungsarbeit noch viel zu tun bleibt. Man kann deshalb sagen, daß wir an der Schwelle einer entschieden neuen Ära der Soziologie und der benachbarten Sozialwissenschaften stehen.

Der Terminus ‹Theorie› umfaßt eine ganze Vielzahl verschiedener Tatbestände, denen lediglich das Element generalisierender Begriffsbildung gemeinsam ist. In diesem Aufsatz wird die Theorie zunächst einmal betrachtet als ein ‹System›; sie unterscheidet sich damit von losgelösten ‹Theorien›, d. h. einzelnen allgemeinen Aussagen über einzelne Erscheinungen oder Klassen von Erscheinungen. Ein theoretisches System, so wie es hier verstanden wird, ist eine Gesamtheit allgemeiner Begriffe, die logisch interdependent sind und einen empirischen Bezug haben. Ein solches System ist auf ‹logische Geschlossenheit› angelegt: im idealen Fall erreicht es einen solchen Grad logischer Integration, daß jede logische Implikation aus einer beliebigen Kombination von Sätzen des Systems in einem anderen Satz des gleichen Systems ausdrücklich festgestellt wird [1].

Ein hochentwickeltes theoretisches System kann eine Vielzahl sehr verschiedener allgemeiner Begriffstypen enthalten, die auch verschiedene Funktionen haben. Es kann hier nicht im einzelnen auf alle Möglichkeiten eingegangen werden; unsere Aufmerksamkeit wird sich daher auf diejenigen beschränken,

---

1 Eine ausführliche Darstellung dieses Theoriebegriffs findet sich in dem Buch des Verfassers: *The Structure of Social Action*, New York, McGraw-Hill Co., 1937, besonders in den Kapiteln I und XIX.

die für den wissenschaftlichen Bereich ganz allgemein am wichtigsten sind. Die beiden allgemeinsten Funktionen der Theorie bestehen darin, die Beschreibung und die Analyse zu erleichtern. Diese beiden Funktionen sind auf das engste miteinander verknüpft, denn nur dann, wenn die wesentlichen Tatsachen eines Phänomens in systematischer und geordneter Weise beschrieben worden sind, ist eine genaue Analyse überhaupt möglich.

Die Grundkategorie aller wissenschaftlichen Beschreibung scheint die Kategorie des empirischen Systems zu sein. Die empirischen Sachverhalte, über die Tatsachenfeststellungen getroffen werden, lassen sich nicht isolieren; vielmehr beschreibt jede Feststellung nur einen Aspekt oder ein Merkmal eines zusammenhängenden Ganzen, das als Ganzes eine gewisse selbständige Bedeutung besitzt. Es scheint keine andere Methode als die der theoretischen Begriffsbildung zu geben, um aus der unendlichen Zahl der Beobachtungstatsachen, die sich über eine konkrete Erscheinung oder über einen konkreten Bereich gewinnen lassen, eine solche Auswahl zu treffen, daß sich die beschreibenden Feststellungen zu einem kohärenten Ganzen zusammenfügen und eine ‹angemessene› und ‹genaue› Beschreibung darstellen. Die Beschreibung ist dann angemessen, wenn auf alle in dem jeweiligen Zusammenhang wissenschaftlich *wichtigen* Fragen genaue und verifizierbare Antworten gegeben werden können. Welche Fragen wichtig sind, bestimmt sich weitgehend aus der logischen Struktur des implizit oder explizit angewandten allgemeinen Begriffsschemas.

Bestimmte beschreibende Sätze beziehen sich oft auf einzelne Aspekte oder Eigenschaften empirischer Erscheinungen. Solche Sätze sind jedoch empirisch sinnlos, wenn nicht das ‹Was›, über das sie etwas aussagen, klar und genau erfaßt und definiert wird. Dieses ‹Was›, nämlich die miteinander zusammenhängenden empirischen Erscheinungen, welche den Gegenstand der Beschreibung und Analyse für eine wissenschaftliche Untersuchung bilden, sind es, die wir als empirisches ‹System› bezeichnen. Es ist also eine für wissenschaftliche Zwekke als Gesamtheit behandelte Reihe von Erscheinungen, die umfassend, komplex und verschiedenartig genug ist, so daß sich bedeutsame und nicht lediglich truistische Untersuchungsergebnisse gewinnen lassen, die gleichzeitig aber auch hinreichend begrenzt und vereinfacht ist, so daß die zu untersuchenden Probleme überschaubar bleiben und der Forscher sich nicht in einem Irrgarten verliert.

Auf der Ebene der Beschreibung scheinen es in der Hauptsache zwei Begriffselemente zu sein, die die Funktionen eines allgemeinen Begriffsschemas erfüllen. Das erste ist der sogenannte ‹Bezugsrahmen›. Er stellt den Rahmen jener allgemeinsten Kategorien dar, innerhalb deren die empirische wissenschaftliche Arbeit einen ‹Sinn› hat. In der klassischen Mechanik beispielsweise sind der drei-dimensionale, geradlinige Raum, die Zeit, Masse, Stellung und Bewegung die wesentlichen Elemente des Bezugsrahmens. Jede beschreibende Feststellung muß sich, soll sie auf ein mechanisches System anwendbar sein, auf einen oder mehrere ‹Körper› beziehen, die jeweils eine gegebene Masse haben, eine angebbare Stellung im Raum einnehmen, ihre Stellung in der Zeit durch Bewegung verändern können usw. Die Funktion des Bezugsrahmens erschöpft sich jedoch nicht darin, bestimmte Kategorien für die Beschreibung eines Systems zu liefern: sie besteht vor allem darin, einen Test für die Genauigkeit der Beschreibung zu schaffen. In der Struktur des Begriffssystems ist logisch impliziert, daß für eine begrenzte Zahl von Grundkategorien bestimmte Werte festgestellt worden sein müssen, ehe man von einer genauen Beschreibung sprechen kann. Nur auf diesem Wege lassen sich die wichtigen Lücken innerhalb des vorhandenen Wissens feststellen.

Das zweite Element ist die Struktur der Systeme selbst. Erscheinungen, die in einem bestimmten Sinne zusammenhängen, die ein System bilden, besitzen auch auf struktureller Ebene einen engen Zusammenhang. Diese Tatsache scheint zu den Bestandteilen des allgemeinsten Bezugsrahmens für alles empirische Wissen zu gehören, in dem die grundlegende Bedeutung des hier als gegeben betrachteten Systembegriffes impliziert ist. Struktur ist der ‹statische› Aspekt der Beschreibung eines Systems. Strukturell gesehen setzt sich ein System aus ‹Einheiten› zusammen, aus potentiell voneinander unabhängigen Untersystemen und ihren wechselseitigen strukturellen Beziehungen zueinander. So ‹besteht› zum Beispiel in der Mechanik ein System aus Körpern als Grundeinheiten. Die Zahl der Körper, ihre Eigenschaften (etwa die Masse) und ihre Beziehungen zueinander (etwa die relative Lage, Beschleunigung und Bewegungsrichtung) bilden die Struktur des Systems.

Die Verwendung des Bezugsrahmens und der Strukturkategorien zur Beschreibung hat die Funktion, die erforderlichen Tatsachen festzustellen und eine Ausgangsbasis zu schaffen für die Lösung von Problemen in der dynamischen Analyse, dem eigentlichen Ziel wissenschaftlicher Forschung. Die Analyse kann nicht nur in bezug auf den Untersuchungsbereich unendlich verschiedenartig sein, auch hinsichtlich ihres prinzipiellen Zieles lassen sich zwei Aspekte unterscheiden. Erstens ist dies die ‹kausale Erklärung› bestimmter Erscheinungen oder Prozesse in der Vergangenheit und die Voraussage von zukünftigen Ereignissen; zum zweiten ist es der Erwerb eines Bestandes an allgemeinem analytischen Wissen, das Auffinden von ‹Gesetzen›, die sich, setzt man jeweils die entsprechenden Daten ein, auf eine unbegrenzte Zahl von Einzelfällen anwenden lassen. Diese beiden Ziele bzw. diese beiden Aspekte des gleichen Ziels gehen miteinander Hand in Hand. Kann einerseits eine bestimmte Kausalerklärung nur gefunden werden durch die Anwendung allgemeinen analytischen Wissens in irgendeiner Form, so lassen sich andererseits neue analytische Allgemeinaussagen nur auf dem Weg der Verallgemeinerung aus empirischen Fällen und der Überprüfung an empirischen Fällen entwickeln.

In beiderlei Hinsicht besteht der wissenschaftliche Fortschritt vor allem in der allmählichen Ausweitung des Anwendungsbereiches der dynamischen Analyse. Selbst die einfachste rationale Tätigkeit wäre praktisch unmöglich, könnte man nicht eine dynamische Beziehung herstellen zwischen einer einzelnen, einfachen ‹notwendigen Bedingung› und einer daraus folgenden Wirkung und dabei von der Annahme ausgehen, daß alle anderen Faktoren weitgehend ‹gleichbleiben›. Auf einen bestimmten Fall angewandt ist darin ein gewisser Grad der Verallgemeinerung impliziert, daß nämlich diese *Art* Faktor eine notwendige Bedingung für diese *Art* Wirkung darstellt. So müssen etwa Kartoffeln eine gewisse Zeit lang ‹kochen› – d. h. eine allgemeine *Art* von Prozeß durchmachen, wenn sie ‹gar› werden – d. h. einen gewissen, beobachtbaren Zustand erreichen sollen. Diese *Art* Analyse des gesunden Menschenverstandes geht allmählich über in Wissenschaft, und zwar in dem Maße, als das System abhängiger Variablen, die zusammenhängend behandelt werden können, an Komplexität zunimmt und die verfügbaren analytischen Allgemeinaussagen auf immer mehr Einzelfälle anwendbar werden.

In der Entwicklung einer Wissenschaft steht manchmal der eine Aspekt im Vordergrund, manchmal der andere. Wo jedoch eine breite Anwendungsmöglichkeit nur durch extrem einfache Beziehungen zwischen den Variablen erzielt werden kann, darf den Ergebnissen nur eine zweitrangige wissenschaftliche Bedeutung zugeschrieben werden. Denn wenn eine allgemeine Aussage nur sehr einfache Beziehungen bzw. nur die Beziehungen zwischen zwei oder drei Variablen deckt, so läßt sich nicht vermeiden, daß sie unerwünscht abstrakt bleibt. Es wird nämlich wahrscheinlich nur ganz wenige konkrete empirische Systeme geben, in denen gerade diese Beziehungen und diese Variablen allein oder auch nur in der Hauptsache für die Lösung drängender empirischer Probleme ausschlaggebend sind. Es muß daher das Ziel der wissenschaftlichen Theorie sein, den Anwendungsbereich der dynamischen Analyse komplexer Systeme in ihrer Gesamtheit so weit wie möglich auszudehnen. Dieses Ziel zu erreichen stellt die Wissenschaft vor die größten theoretischen Schwierigkeiten.

Drückt man es etwas anders aus, so ist es das wesentliche Kennzeichen der dynamischen Analyse im eigentlichen Sinne, daß sie eine Reihe *interdependenter* Erscheinungen simultan im Sinne der Mathematik behandelt. Den einfachsten Fall bildet die Analyse der Wirkung, die sich aus der Veränderung einer unabhängigen Variablen ergibt, doch bleibt dabei die reziproke Wirkung dieser Veränderungen auf die betreffende Variable außer Betracht. Die ideale Lösung wäre ein logisch geschlossenes System dynamischer Allgemeinaussagen, in dem sich alle Elemente der reziproken Interdependenz zwischen Variablen des Systems ausdrücken lassen. Dieses Ideal ist im formalen Sinne bisher nur in den Differentialgleichungssystemen der analytischen Mechanik erreicht worden. Alle anderen Wissenschaften stehen in bezug auf die systematische theoretische Analyse noch auf einer ‹primitiveren› Ebene.

Soll diese ideale Ebene der dynamischen Analyse erreicht werden, so müssen zwei wesentliche Voraussetzungen erfüllt sein. Einerseits ist es erforderlich, daß die Variablen empirischen Charakter besitzen, so daß die näheren Bestimmungen innerhalb der allgemeinen Kategorien tatsächlich relevante Tatsachenfeststellungen über einen gegebenen Zustand des empirischen Systems darstellen, relevant im Hinblick auf die Struktur der betreffenden wissenschaftlichen Probleme. Andererseits müssen diese Begriffe ihrem formal-logischen Charakter nach so beschaffen sein, daß sich bestimmte Techniken auf sie anwenden lassen. Bisher ist nur eine Technik bekannt, die es erlaubt, die dynamische Interdependenz mehrerer Variablen in einem komplexen System im strengen Sinne simultan zu analysieren, nämlich die Differentialrechnung und einige von ihr abgeleitete verfeinerte Kalküle.

Dieser Art der analytischen Behandlung sind jedoch nur ganz bestimmte Variablen zugänglich – nämlich solche, die nur ihren numerisch quantitativen Wert entlang einem Kontinuum verändern. Diese Forderung schränkt den Bereich der Beobachtungsmöglichkeiten sehr stark ein. Selbst in Fällen, wo sich derartige numerische Kontinua feststellen lassen, sind diese oft nicht notwendig die Variablen, denen die größte empirische Bedeutung zukommt.

Die wichtigste Voraussetzung für eine erfolgreiche dynamische Analyse ist die ständige systematische Rückbeziehung jedes Problems auf den Zustand des Systems als Ganzen. Kann dies nicht dadurch sichergestellt werden, daß jede relevante Tatsache explizit als Wert einer der in die dynamische Analyse einbezogenen Variablen erscheint, so muß eine methodische Vereinfachung vorgenommen werden. Logisch ist dies nur in der Form möglich, daß man einigen allgemeinen Kategorien die Rolle von Variablen entzieht und sie als Konstante behandelt. Genau dies tut ein analytisches System wie die Mechanik mit gewissen Elementen *außerhalb* des Systems, die als Bedingungen behandelt werden. Das gleiche ist jedoch auch *innerhalb* des Systems logisch möglich. Die Verwendung von strukturellen Kategorien bei der Behandlung dynamischer Probleme erfüllt im wesentlichen diese Funktion.

Diese Funktion besteht darin, die dynamischen Probleme so weit zu vereinfachen, daß sie auch ohne die Möglichkeit einer verfeinerten mathematischen Analyse behandelt werden können. Der Verlust ist hierbei zwar sehr groß, wird jedoch teilweise dadurch kompensiert, daß alle Probleme explizit und systematisch auf das Gesamtsystem bezogen werden. Denn die Struktur eines Systems, wie sie durch ein allgemeines Begriffsschema beschrieben wird, ist ein echtes technisch-analytisches Werkzeug. Es gibt die Gewähr dafür, daß nichts wirklich Wichtiges vernachlässigt wird; und indem es einen festen Zusammenhang schafft, trägt es zur Genauigkeit der Problemstellung und der Lösungen bei. Schließlich führt es jene Gefahr auf ein Mindestmaß zurück, der der gesunde Menschenverstand so leicht erliegt: Lücken im Wissen auszufüllen durch den Rückgriff auf kritiklos übernommene Residualkategorien.

Es sollte vielleicht gesagt werden, daß die Struktur des Systems in der Mechanik nicht als ein selbständiges theoretisches Element behandelt wird. Bei der Beschreibung ist sie selbstverständlich für jeden Zustand des Systems relevant. Auf dynamischer Ebene löst sie sich jedoch auf in Prozeß und Interdependenz. Dies weist auf die wichtige Tatsache hin, daß Struktur und Prozeß höchst relative Kategorien sind. Struktur bezeichnet nicht irgendeine ontologische Stabilität in den Erscheinungen, sondern lediglich eine relative Stabilität – Gleichförmigkeiten in Ergebnissen bestimmter zugrundeliegender Prozesse, die hinreichend stabil sind, um sie für pragmatische Zwecke innerhalb gewisser Grenzen als konstant anzunehmen.

Führt man die Struktur eines Systems als einen positiven Grundbestand in die dynamische Analyse ein, so müssen diese ‹statischen› Strukturkategorien und die jeweiligen sich aus ihnen ergebenden Tatsachenfeststellungen auf irgendeine Weise mit den dynamisch variablen Elementen des Systems verknüpft werden. Diese Verknüpfung wird durch den zentralen Begriff der *Funktion* erreicht. Seine entscheidende Rolle besteht darin, Kriterien für die *Wichtigkeit* der verschiedenen dynamischen Faktoren und Prozesse innerhalb des Systems zu setzen. Wichtig sind diese Faktoren und Prozesse insofern, als sie für das System von funktionaler Bedeutung sind, und ihre jeweilige Wichtigkeit im einzelnen ergibt sich aus der Analyse der jeweiligen funktionalen Beziehungen zwischen den Teilen des Systems sowie dem System und seiner Umgebung.

Die Tatsache, daß dem Begriff der Funktion so große Bedeutung zukommt, impliziert, daß das empirische System als ‹in einem Prozeß befindlich› aufgefaßt wird. Seine Struktur bildet jenes System von genau bestimmten Zusammenhängen, von denen die empirische Beobachtung zeigt, daß sie sich innerhalb gewisser Grenzen ‹zu erhalten neigen›; oder auch, in einer mehr dynamischen Betrachtungsweise, daß sie sich einem empirisch konstanten Muster gemäß ‹zu entwickeln neigen› (beispielsweise dem Wachstumsmuster eines jungen Organismus entsprechend).

Funktionale Bedeutung ist in diesem Zusammenhang ihrem Wesen nach teleologisch. Ein Prozeß oder eine Reihe von Bedingungen können entweder zur Erhaltung (oder Entwicklung) des Systems ‹beitragen›, oder aber sie sind ‹dysfunktional›, d. h. sie beeinträchtigen die Integration, die Wirksamkeit usw. des Systems. Die funktionale Beziehung jeder einzelnen Bedingung und jeden Prozesses auf *den Zustand des Gesamtsystems* stellt also das logische Äquivalent für die Simultangleichungen in einem voll entwickelten System der analytischen Theorie dar. Dies scheint der einzige Weg zu sein, auf dem sich die dynamische Interdependenz variabler Faktoren in einem System analysieren läßt, wenn entsprechende mathematische Techniken und die operationalen und empirischen Voraussetzungen für ihre Anwendung fehlen.

Das hier erörterte allgemeine theoretische System kann daher seinem logischen Typus nach als ‹strukturell-funktionales System› bezeichnet werden – zum Unterschied von einem analytischen System. Dieses strukturell-funktionale System besteht aus den allgemeinen Kategorien, die notwendig sind, um die Zustände eines empirischen Systems angemessen zu beschreiben. Es enthält einerseits ein System struktureller Kategorien, die für eine genaue Beschreibung eines empirisch möglichen, vollständigen empirischen Systems der betreffenden Klasse logisch angemessen sein müssen. Auf dieser Ebene ist es eine der Hauptfunktionen des Systemcharakters der Theorie, die Vollständigkeit der Beschreibung sicherzustellen, d. h. es methodisch unmöglich zu machen, daß irgend etwas Wichtiges übersehen wird, und die Gewähr zu bieten, daß *alle* wesentlichen Strukturelemente und Beziehungen des Systems explizit beschrieben werden. Ohne ein solches (wenigstens implizites) Vorgehen werden in Schlußfolgerungen und Interpretation stets ungeprüft Annahmen über die fehlenden Elemente eine Rolle spielen.

Andererseits muß ein solches System auch eine Reihe von dynamischen, funktionalen Kategorien enthalten. Diese müssen direkt mit den strukturellen Kategorien verknüpft sein, d. h. sie müssen Prozesse beschreiben, die diese bestimmten Strukturen erhalten bzw. abbauen und die Beziehungen des Systems zu seiner Umwelt vermitteln. Dieser Aspekt des Systems muß gleichfalls in dem oben beschriebenen Sinne vollständig sein.

Ein verhältnismäßig vollständiges und explizites allgemeines System dieser Art ist für die Physiologie [1] entwickelt worden, ein anderes, wenn auch weniger vollständiges, in der Psychologie. Den festen Bezugspunkt für alle physiologischen Funktionsanalysen bildet die anatomische Struktur des Organismus. Die Kriterien für die Bedeutung von Prozessen wie Atmung, Ernährung usw. und ihrer dynamischen Interdependenz ergeben sich aus ihrer Funktion in bezug auf die Erhaltung dieser Struktur in einer gegebenen Umwelt. In der neueren Psychologie ist die Rolle der ‹Charakterstruktur› oder Persönlichkeit analog zur Rolle der anatomischen Struktur in der Biologie, während ‹Motive› in bezug auf Situationen die dynamischen Elemente darstellen.

. . .

---

1 Über die Stellung der strukturell-funktionalen Analyse in der Physiologie siehe insbesondere: W. B. CANNON, *The Wisdom of the Body*, New York, W. W. Norton and Co., 1932.

Mangel an Raum verbietet es, den wesentlichen Problemen im einzelnen nachzugehen, die die Entwicklung der strukturell-funktionalen Theorie bis zu ihrem heutigen Stand mit sich gebracht hat. Es wird jedoch behauptet, daß wir heute den Entwurf einer zusammenhängenden, systematischen strukturell-funktionalen Theorie besitzen und in den Grundlinien anwenden, die sich vor allem, wenn auch keineswegs ausschließlich, aus den vier oben angeführten Quellen entwickelt hat. Der letzte Abschnitt dieser Abhandlung soll der, wenn auch nur groben und sehr allgemeinen, Skizzierung dieser Grundzüge vorbehalten sein. Die meisten Einzelheiten müssen dabei notwendig außer acht gelassen werden. Wie bei jeder theoretischen Konstruktion, die sich im Zustand der Entwicklung befindet, gibt es zahllose Schwierigkeiten und ungelöste Probleme, auf die hier ebenfalls nicht näher eingegangen werden kann.

Das erste Erfordernis eines allgemeinen theoretischen Systems ist der ‹Bezugsrahmen›. Für das hier zur Diskussion stehende soziale System ist dieser Bezugsrahmen ganz offensichtlich gegeben im Begriff des ‹Handelns›, oder noch besser in dem Begriffspaar ‹Handelnder-Situation› in einem dem Bezugsrahmen: Organismus-Umwelt in der Biologie analogen Sinne.

Dieser Bezugsrahmen: Handelnder-Situation bildet gleichzeitig den Bezugsrahmen der Psychologie; in einem sozialen System wird er jedoch dadurch kompliziert, daß er eine Vielzahl von *inter*agierenden Handelnden in teils getrennten, teils gemeinsamen Situationen umfaßt.

Die Grundeinheit aller sozialen Systeme ist das Individuum als *Handelnder*, d. h. als eine Einheit, die grundsätzlich dadurch gekennzeichnet ist, daß sie die Erreichung von ‹Zielen› anstrebt, daß sie Gegenständen oder Ereignissen gegenüber emotionell oder affektiv ‹reagiert› und daß sie ihre Situation, ihre Ziele und sich selbst bis zu einem gewissen Grade kognitiv kennt oder versteht. Handeln ist in diesem Bezugsrahmen notwendig entlang einem ‹normativen›, ‹teleologischen› oder vielleicht noch besser ‹voluntaristischen› ‹Koordinaten›- oder Achsensystem strukturiert. Ein Ziel ist definiert als ein ‹wünschenswerter› Zustand, sein Nichterreichen ist eine ‹Versagung›, eine ‹Frustration›. Die affektive Reaktion umfaßt die Komponenten der entweder angenehmen oder schmerzlichen Bedeutung für den Handelnden sowie der Anerkennung oder Ablehnung des Gegenstandes oder Zustandes, der die Reaktion hervorgerufen hat. Die kognitive Ausrichtung schließlich ist den Maßstäben der ‹Richtigkeit› und ‹Angemessenheit› des Wissens und Verstehens unterworfen.

Diese grundlegende ‹normative Ausrichtung› des Handelns weist auf die entscheidende Rolle derjenigen ‹Muster› hin, die die wünschenswerte Richtung des Handelns in der Form von Zielen und Verhaltensmaßstäben bestimmen. Es empfiehlt sich, dieses System von normativen Mustern als ein wichtiges Element der ‹Kultur› einer Gruppe zu behandeln. Diese umfaßt daneben auch noch kognitive ‹Vorstellungs›-Muster, Symbole und andere Elemente. Nach der hier vertretenen Auffassung ist ein soziales System jedoch ein System des Handelns, d. h. ein System motivierten menschlichen Verhaltens, und nicht ein System von Kulturmustern. Es ist in gewisser Hinsicht mit Kulturmustern verknüpft, genauso wie es in anderer Hinsicht mit physischen und biologischen Bedingungen verknüpft ist. Aber ein ‹Kultursystem› gehört einem anderen Abstraktionsbereich an als ein ‹soziales System›, wenn auch beide weitgehend aus den gleichen konkreten Erscheinungen abstrahiert werden [2].

Bei alledem ergibt sich in bezug auf die Interpretation des Handelns eine eigentümliche Dualität. Die eine wesentliche Komponente ist der ‹Sinn› des Handelns für den Handelnden, sei dieser bewußt und explizit oder nicht. Die andere Komponente ist die Bedeutung des Handelns für eine ‹objektive› Verkettung von Gegenständen und Ereignissen, wie sie von einem Beobachter analysiert und gedeutet werden.

In gewissem Sinne besteht dieser grundlegende Bezugsrahmen also aus denjenigen Strukturkategorien der Persönlichkeit im Sinne der Psychologie, die bekannt sein müssen, wenn man eine bestimmte Charakterstruktur oder eine bestimmte Folge von Handlungen beschreiben und analysieren will. Doch aus dem Bezugsrahmen: Handelnder-Situation läßt sich die Struktur des sozialen Systems nicht direkt ableiten. Hierzu ist die zusätzliche funktionale Analyse jener Komplikationen erforderlich, die sich aus der Interaktion einer Vielzahl von Handelnden ergeben.

Selbst wenn man von sozialen Beziehungen ganz absieht, so sind in den Merkmalen der Situation des Handelns sowie in den biologisch bestimmten Bedürfnissen und Fähigkeiten eines Individuums bereits gewisse feste Determinierungspunkte im System des Handelns gegeben. Die funktionalen Erfordernisse der sozialen Integration und die Bedingungen, die notwendig sind, damit eine Vielzahl von Handelnden ein existenzfähiges ‹Einheits›-System bilden, fügen weitere hinzu.

Funktionale Erfordernisse, seien sie biologischen, sozio-kulturellen oder individuellen Ursprungs, werden jedoch, insofern sie für dieses Begriffsschema von dynamischer Bedeutung sind, durch *Handlungsprozesse* erfüllt. Das Bedürfnis zu essen ist biologisch bestimmt, doch die menschlichen Prozesse der Nahrungsmittelerzeugung und die verschiedenen sozialen Sitten bezüglich Geschmack und Verbrauch sind nicht mehr biologisch bestimmt als jede andere soziale Erscheinung, wie beispielsweise die Schaffung von – und die Freude an – symphonischer Musik. Die letzte ‹Quelle› der Bedürfnisse ist daher nur insofern von Bedeutung, als sie die Struktur und Ausrichtung der sozialen Handlungssysteme beeinflußt, insbesondere indem sie ‹Brennpunkte› schafft, um die herum sich Einstellungen, Symbole und Handlungsmuster sammeln.

Eine Struktur ist eine Reihe von verhältnismäßig stabilen Beziehungsmustern zwischen Einheiten. Da die Einheit des sozialen Systems der Handelnde ist, ist die Struktur ein System von sozialen Beziehungsmustern zwischen Handelnden. Allerdings zeichnet sich die Struktur von sozialen Handlungssystemen dadurch aus, daß in den meisten Beziehungen der Handelnde nicht als individuelle Ganzheit [3] beteiligt ist, sondern lediglich mit einem bestimm-

---

2 Für die genaue Unterscheidung zwischen Handeln und Kultur siehe: *The Structure of Social Action*, Kapitel XIX, S. 762 ff. Diese Auffassung stimmt nicht überein mit der von Kluckhohn und Kelly in ihrem Beitrag *The Concept of Culture* in: Ralph Linton, Hg., *The Science of Man in the World Crisis*, Columbia University Press, 1945, vertretenen Darstellung der Kultur und des sozialen Systems.

3 In dem Sinne etwa, wie ein bestimmter Ziegelstein als ganzer ein ‹Teil› einer Mauer ist oder nicht.

ten, differenzierten ‹Ausschnitt› seines gesamten Handelns. Ein derartiger Ausschnitt, der die Grundeinheit eines Systems sozialer Beziehungen darstellt, wird heute überwiegend als ‹Rolle› bezeichnet[4]. Die obige Aussage muß daher folgendermaßen umformuliert werden: die soziale Struktur ist ein System von Beziehungsmustern zwischen Handelnden in ihrer Eigenschaft als Rollenträger. Der Begriff der Rolle verknüpft das Untersystem des Handelnden, als einer ‹psychologischen›, sich in bestimmter Weise verhaltenden Gesamtheit, mit der eigentlichen *sozialen* Struktur.

An diesem Punkt stellen sich nun zwei grundlegende Fragen. Erstens, was ist das Wesen dieses verknüpfenden Bandes, was ist die soziale Struktur, vom Standpunkt des Handelnden aus betrachtet, der in ihr seine Rollen spielt? Zweitens, was ist das Wesen des ‹Systems› von Beziehungsmustern der sozialen Struktur?

Der Schlüssel zu der ersten Frage liegt in dem normativ-voluntaristischen Aspekt der Struktur des Handelns. Vom sozialen System her gesehen ist die Rolle ein Element jener allgemeinen Muster, denen das Handeln der beteiligten Individuen folgt. Doch handelt es sich hierbei nicht bloß um einen statistischen ‹Trend›. Es handelt sich um Ziele und Verhaltensmaßstäbe. Vom Standpunkt des Handelnden her gesehen definiert sich seine Rolle durch die normativen Erwartungen der Gruppenmitglieder, die in den sozialen Traditionen zum Ausdruck kommen. Diese Erwartungen von seiten der Mitmenschen bilden ein wesentliches Merkmal der Situation, in die sich jeder Handelnde gestellt sieht. Es bringt Folgen für ihn mit sich, ob er diesen Erwartungen entspricht oder nicht: im einen Fall Anerkennung und Belohnung, im anderen Ablehnung und Bestrafung. Und was noch mehr ist: sie bilden einen Teil seiner eigenen Persönlichkeit. Im Verlauf des Sozialisierungsprozesses nimmt er – in mehr oder weniger starkem Maße – die Verhaltensmaßstäbe und Ideale der Gruppe in sich auf. Auf diese Weise werden sie, unabhängig von äußeren Sanktionen, zu wirksamen Motivierungskräften für sein eigenes Verhalten.

So gesehen liegt der wesentliche Aspekt der sozialen Struktur in einem System von Erwartungsmustern, die das *rechte* Verhalten für Personen in bestimmten Rollen definieren; ihre Geltung wird sowohl durch die positiven Motive des Rollenträgers selbst wie auch durch die Sanktionen von seiten anderer durchgesetzt. Wenn derartige Systeme von Erwartungsmustern so fest in das Handeln eingegangen sind, daß sie ganz selbstverständlich als legitim betrachtet werden, so bezeichnet man sie, im Hinblick auf ihren Platz in dem gesamten sozialen System, zweckmäßigerweise als ‹Institutionen›. Das grundlegende, stabile Strukturelement der sozialen Systeme, dem nach der hier vertretenen Auffassung eine entscheidende Rolle in der theoretischen Analyse zukommen muß, ist also die Struktur jener institutionellen Muster, durch die die Rollen der Handelnden in den jeweiligen sozialen Systemen definiert werden.

Vom funktionalen Standpunkt aus stellen die institutionalisierten Rollen Mechanismen dar, mit Hilfe derer die außerordentlich vielfältigen Möglichkeiten der ‹menschlichen Natur› in ein einziges, integriertes System eingefügt werden, das mit allen Situationserfordernissen fertig werden kann, denen sich

---

4 Dieser Begriff ist vor allem benutzt worden von Ralph Linton in: *The Study of Man*, New York, D. Appleton-Century Co., 1936. Siehe insbesondere Kapitel VIII.

die Gesellschaft und ihre Mitglieder gegenübersehen. In bezug auf diese Möglichkeiten erfüllen die Rollen zwei Hauptfunktionen: die erste ist *selektiver* Art und besteht darin, daß sie die für die Bedürfnisse und Toleranzen des jeweiligen Strukturmusters ‹passenden› Verhaltensmöglichkeiten herausbringen und alle anderen beiseite lassen oder verdrängen; die zweite besteht darin, daß sie mit Hilfe bestimmter Interaktionsmechanismen die maximale motivierungsmäßige Stütze für ein den Rollenerwartungen entsprechendes Handeln sicherstellen. Wichtig ist vor allem, daß die mit ‹Gewissen› und ‹Idealen› verbundenen, uneigennützigen Motive *und* die eigennützigen Motive im Interesse *gleicher* Verhaltensrichtungen wirken.

Die zweite Grundfrage betrifft die Struktur des institutionellen Systems selbst. Die Institutionen sind gleichzeitig Resultanten und Steuerungsfaktoren des Handelns von Menschen in der Gesellschaft. Daher muß das institutionelle System sowohl auf die funktionalen Bedürfnisse der Handelnden als Individuen als auch auf die der von ihnen gebildeten sozialen Systeme bezogen sein. Wie im Falle der Anatomie stellt also die funktionale Differenzierung das grundlegende Strukturprinzip dar. Allerdings ist der funktionale Bezug in diesem Falle von größerer Komplexität, da hier die *zweifachen* funktionalen Bedürfnisse des Handelnden und des sozialen Systems miteinander verflochten sind.

Jedes analytische Schema für eine derart funktional differenzierte Struktur ist notwendig komplex, und ein einzelnes ‹richtiges› Schema gibt es vermutlich nicht. Doch hat sich ein dreifaches Grundschema als sehr brauchbar erwiesen, das auch von weitgehender, allgemeiner Bedeutung zu sein scheint[5]. Das sind zunächst die ‹situationsbedingten› Institutionen oder Muster. Sie umfassen jene Fälle, in denen sich die Rollen um Aspekte der Situation organisieren, in die die Handelnden und die sozialen Systeme gestellt sind. Zentrale Beispiele hierfür sind Verwandtschaftsrollen, die sich um die biologische Verbundenheit von Individuen durch Abstammung organisieren, und – zumindest teilweise – politische Institutionen, die sich um die Solidarität in bezug auf die Anwendung und Duldung von Macht innerhalb eines räumlichen Gebietes organisieren. Die zweite Klasse bilden die ‹instrumentalen› Institutionen, die direkt auf das Erreichen von Zielen bestimmter Art angelegt sind. Zum Beispiel wird eine gegebene Technologie wie die der modernen Medizin im Rahmen einer institutionalisierten Rolle – der des Arztes – ausgeübt. Drittens schließlich gibt es die ‹integrierenden› Institutionen, die in erster Linie darauf ausgerichtet sind, die Beziehungen zwischen Individuen so zu regeln, daß der Konflikt vermieden und die positive Zusammenarbeit gefördert wird. Die wichtigsten Beispiele sind hier die soziale Schichtung und die Autorität.

Da sich in einem System eine vergleichende Wertung der persönlichen Eigenschaften und Leistungen nicht vermeiden läßt, ist es von wesentlicher Bedeutung, daß diese Wertungen in ein Rangordnungssystem, nämlich das Schichtungssystem einer Gesellschaft, integriert werden. Ganz ähnlich kann man sich in jeder komplexeren Gesellschaft, will man regelwidriges Verhalten vermeiden und die erforderliche Koordinierung des Handelns zahlreicher

5 Siehe *Toward a Common Language for the Area of Social Science*, Teil II, mimeographierte Fassung für den Gebrauch der Studenten in Harvard College (Abdruck in der ersten Ausgabe von T. Parsons, *Essays in Sociological Theory, Pure and Applied*, Glencoe, The Free Press, 1949).

einzelner erreichen, nicht auf eine spontane Befolgung irgendwelcher unorganisierter Lenkungsmechanismen verlassen. Einige Personen und Organe müssen eine Stellung einnehmen, die es ihnen ermöglicht, abweichendes Verhalten oder seine Folgen innerhalb bestimmter Grenzen zu unterdrücken und eine wirksame Zusammenarbeit sicherzustellen. Auch hier ist es für die Integration einer Gesellschaft wiederum wesentlich, daß derartige Lenkungsbefugnisse institutionell geordnet und geregelt sind und ein System von legitimen Autoritätsrollen bilden. Dies ist ein wichtiger Faktor für die Wirksamkeit der Lenkungsmechanismen; er ermöglicht es, an ein Gefühl der moralischen Verpflichtung zu appellieren; er gibt außerdem die Möglichkeit, die Autorität zu regeln, deren Mißbrauch sehr ernste Zerfallserscheinungen im Gefolge hat.

Die Bedeutung einer Betrachtungsweise, in der die Institutionen als funktional differenziertes System behandelt werden, liegt darin, daß sie es möglich macht, Veränderungen in jedem beliebigen Teil des Systems in ihrer Interdependenz mit dem gesamten System zu untersuchen. Insofern das System durch allgemeine Begriffe angemessen erfaßt und strukturell vollständig ist, wird auf diese Weise sichergestellt, daß alle wichtigen Rückwirkungsmöglichkeiten einer derartigen Veränderung explizit gemacht werden können.

Die systematische Behandlung der institutionellen Struktur allein macht jedoch eine dynamische Analyse noch nicht möglich. Diese setzt weiter voraus, daß die Verhaltenstendenzen der handelnden Personen in bestimmten Situationen und bei gegebenen institutionalisierten Rollenerwartungen ebenfalls in allgemeinbegrifflicher Form erfaßt werden können. Dies ist aber wiederum letztlich abhängig vom Vorhandensein einer Theorie der ‹Motivierung› des menschlichen Verhaltens.

Die eigentlichen Grundlagen einer derartigen Theorie müssen zweifellos aus der Psychologie übernommen werden. Doch hat es sich bisher aus zwei Gründen im allgemeinen nicht als möglich erwiesen, durch einfache ‹Anwendung› von psychologischen Begriffen eine angemessene Theorie der Motivierung von sozial strukturierten Massenerscheinungen zu entwickeln. Es sind dies erstens das starke ‹idiosynkratische› Element in der Motivierung und im Verhalten der Einzelindividuen und zweitens der hohe Abstraktionsgrad, mit dem die Psychologie üblicherweise arbeitet. Die Beziehungen zwischen der psychologischen Ebene und der Ebene des Verhaltens in sozialen Systemen sind komplex; die psychologischen Implikationen des Rollenbegriffs werfen jedoch einiges Licht auf diese Frage.

Dies gilt vor allem in zwei Richtungen. Eine frühere Tendenz in der Psychologie ging dahin, die ‹Persönlichkeit› weitgehend als Ausdruck der genetischen Konstitution oder einer einmaligen Idiosynkrasie aufzufassen. Das vergleichende Studium der Sozialisierung zeigt jedoch, daß die ‹Charakterstruktur› der in dem gleichen kulturellen und institutionellen System aufgewachsenen Menschen wichtige Gleichförmigkeitselemente aufweist und daß diese mit den verschiedenen Rollen innerhalb des Systems variieren[6]. Wenn auch der Geltungsbereich dieser Konzeption von einer mit gegebenen Rollenstruk-

6 Siehe zum Beispiel ABRAM KARDINER, *The Individual and His Society*, New York, Columbia University Press, 1939, und verschiedene neuere Veröffentlichungen von MARGARET MEAD.

turen verbundenen Charakterstruktur noch keineswegs klar ist, so ist seine allgemeine theoretische Bedeutung doch erwiesen. Soweit diese Konzeption zutrifft, ist das zur Erklärung des Verhaltens in einer institutionalisierten Rolle heranzuziehende Motivierungsgefüge nicht direkt aus den ‹Neigungen der menschlichen Natur› im allgemeinen abzuleiten. Vielmehr handelt es sich um generelle Komponenten, die in einer bestimmten Struktur *organisiert* sind. Ein derart strukturierter Persönlichkeitstyp besitzt als solcher seine ihm eigentümlichen Motivierungsgefüge und Verhaltenstendenzen.

Die zweite wichtige Entwicklung geht in eine andere Richtung. Sie betrifft den Bereich, innerhalb dessen in jedem sozialen System ein Spielraum für unterschiedliches psychisches Verhalten gegeben ist. Das vorliegende Material, insbesondere aus komplexen Gesellschaften, läßt erkennen, daß dieser Spielraum für große Teile der Bevölkerung relativ weit ist und daß die Charaktertypen, die die Erfordernisse einer gegebenen Rolle mehr oder weniger erfolgreich erfüllen, sich ebenfalls über einen weiten Variationsbereich verteilen.

Der hier wirksame Grundmechanismus kann als ‹strukturelle Verallgemeinerung der Ziele› und anderer Aspekte der Ausrichtung des Handelns bezeichnet werden. W. I. THOMAS meint das gleiche, wenn er sagt, daß eine der Hauptfunktionen der Institutionen in der ‹Definition der Situation›[7] für das Handeln besteht. Ist eine Situation einmal institutionell definiert und diese Definition durch ein gut integriertes Sanktionensystem gestützt, so wird, wie bereits gezeigt wurde, im allgemeinen eine Vielzahl verschiedener Motivierungselemente für ein den Erwartungen entsprechendes Handeln mobilisiert. So ist etwa, um eines der berühmtesten Beispiele zu zitieren, das ‹Gewinnmotiv›, das in der Nationalökonomie eine so große Rolle spielt, keineswegs eine psychologische Kategorie. Richtig ist vielmehr, daß ein System ‹freier Wirtschaft› in einer Markt- und Geldwirtschaft die Situation für die Führung von Geschäftsunternehmen bzw. das Streben danach in der Weise definiert, daß die Gewinnverfolgung ihre Existenzbedingung und den Erfolgsmaßstab für die wirtschaftliche Tätigkeit darstellt. Daher werden alle Interessen des Individuums, sei es am Leistungserfolg, an Selbstachtung, an der Bewunderung anderer etc. (um von den Dingen, die für Geld erworben werden können, erst gar nicht zu sprechen) kanalisiert in Richtung auf eine gewinnbringende Tätigkeit[8]. In einer anders definierten Situation würden die gleichen Grundmotive zu einer gänzlich anderen Tätigkeit führen[9].

---

7 Siehe insbesondere sein *The Unadjusted Girl*, Boston 1927. Vgl. auch *Social Behavior and Personality, Contributions of W. I. Thomas to Theory and Social Research*, Hrsg. H. Volkart, New York, Social Science Research Council, 1951. – Dt.: Person u. Sozialverhalten, ‹Soziol. Texte›, 26, 1965.

8 Siehe TALCOTT PARSONS, *The Motivation of Economic Activity*, in: Canadian Journal of Economics and Political Science, 6, 187–203, Mai 1940, deutsche Übers. in ‹Soziologische Texte›, Bd. 15, S. 136 ff. Für eine weitgehende Analyse der Beziehung zwischen Rollenstruktur und Motivierung siehe: TALCOTT PARSONS, *Propaganda and Social Control*, in: Psychiatry, 5: 551 bis 572, November 1942. Beide Artikel sind abgedruckt in: TALCOTT PARSONS, *Essays in Sociological Theory*, Revised Edition, Glencoe, The Free Press, 1954.

9 Siehe B. MALINOWSKI, *Coral Gardens and their Magic*, London, G. Allen and Unwin, 1935, Bd. I, Kapitel I, Abschnitt 9.

Es genügt also für die dynamische Analyse von Problemen in einem sozialen System nicht, einfach die ‹Psychologie› auf das Verhalten der Individuen in den jeweiligen ‹objektiven› Situationen anzuwenden. Bei der Interpretation der individuellen ‹Reaktionen› müssen zumindest zwei weitere Problemkreise berücksichtigt werden: das, was über die ‹typische› Charakterstruktur des jeweiligen sozialen Systems und bestimmter Rollen in diesem System bekannt ist; und die Wirkung, die in der betreffenden Gesellschaft gängigen strukturellen Verallgemeinerungen von Zielen und Handlungsrichtungen zukommt, wie sie in den ‹Definitionen der Situation› gegeben sind.

Aber auch bei entsprechender Berücksichtigung dieser Überlegungen bleibt es doch wahr, daß die dynamischen Grundkategorien des sozialen Systems ‹psychologische› Kategorien sind. Die Beziehung der Psychologie zu der Theorie der sozialen Systeme scheint ganz analog zu sein zu der Beziehung zwischen Biochemie und allgemeiner Physiologie. Genauso, wie der Begriff des Organismus kein Begriff der allgemeinen Chemie ist, so ist auch der Begriff des sozialen Systems kein Begriff der Psychologie. Aber die *Prozesse* im Rahmen des physiologischen Konzepts eines funktionierenden Organismus sind chemischer Natur. Ähnlich sind die *Prozesse* des sozialen Verhaltens, wie die jedes anderen, psychologisch. Doch ohne die Bedeutung, die ihnen der institutionell-strukturelle Zusammenhang verleiht, verlieren sie ihre Relevanz für das Verständnis sozialer Erscheinungen.

Wie skizzenhaft und unzureichend die hier gegebene Darstellung auch immer sein mag, so ist doch zu hoffen, daß sie eine Vorstellung von dem Charakter der sich allmählich entwickelnden strukturell-funktionalen Theorie sozialer Systeme vermittelt. Es bleibt noch die Frage zu beantworten, welcher Aspekt dieser Theorie als spezifisch soziologisch betrachtet werden kann.

Es läßt sich selbstverständlich die Auffassung vertreten, daß die soziologische Theorie eine umfassende Theorie sozialer Systeme ganz allgemein sein sollte. Dies scheint jedoch deswegen nicht erstrebenswert, weil es die Soziologie zu einer extrem weiten Disziplin machen würde, die beispielsweise den größeren Teil der Psychologie und die gesamte Wirtschaftstheorie einschließen müßte. Die wichtigste Alternative zu dieser Auffassung besteht darin, die Soziologie als die Wissenschaft von den Institutionen im oben dargestellten Sinne, oder genauer ausgedrückt, als die Wissenschaft von der institutionellen Struktur zu behandeln. So wie diese hier verstanden wird, würde damit die Soziologie keineswegs auf eine rein statische Strukturanalyse beschränkt, vielmehr könnte sie auch den dynamischen Strukturproblemen, einschließlich des Strukturwandels, entschieden ihre Aufmerksamkeit zuwenden. Dynamische, insbesondere psychologische Probleme würden je nach ihrer Relevanz für diesen Zusammenhang in die Soziologie eingehen [10].

Diese Auffassung gestattet eine klare Trennung der Soziologie von der Psychologie als der allgemeinen Wissenschaft von der menschlichen Persönlichkeitsstruktur und Motivierung. Es ist ganz klar, daß es zahlreiche kon-

---

10 Dies ist, in leicht modifizierter Form, im wesentlichen die Auffassung, wie sie in *The Structure of Social Action*, Kapitel XIX, dargelegt ist. Institutionen sind jene Strukturelemente der sozialen Systeme, in denen die Muster der ‹integrierten gemeinsamen Werte› eines Handlungssystems am sichtbarsten verkörpert sind.

krete Probleme der Psychologie in diesem Sinne gibt, die überhaupt nicht soziologischer Art sind. Zum Beispiel wären in dem gesamten Bereich der klinischen Psychologie soziologische Erwägungen höchstens zweitrangig und peripher. Die beiden Wissenschaften sind jedoch notwendig stark interdependent, und in praktisch allen konkreten psychologischen Problemen spielen Daten bezüglich Rollenstruktur des sozialen Systems zumindest implizit eine Rolle. Doch ist dies in der Beziehung zwischen verschiedenen Wissenschaften keine ungewöhnliche Situation.

Diese Auffassung macht es ebenfalls möglich, zwischen Soziologie und Wirtschaftstheorie zu trennen. Die Wirtschaftstheorie befaßt sich mit ganz bestimmten dynamischen Prozessen, die innerhalb von sozialen Systemen stattfinden. Aber nur ganz bestimmte Typen von sozialen Systemen weisen eine Situation auf, wo die Wirtschaftstheorie in mehr als ganz allgemeiner Hinsicht relevant ist; Systeme nämlich, in denen die primäre Ausrichtung in hohem Maße nach Erwägungen einer optimalen Mittelverwendung und nach Kostenerwägungen erfolgt. Eine solche Situation setzt erstens eine ganz bestimmte institutionelle Struktur voraus. Infolgedessen setzt sie zweitens voraus, daß die Motive um bestimmte Typen strukturell verallgemeinerter Ziele organisiert sind. Sind diese Bedingungen jedoch gegeben, so müssen die eigentümlichen dynamischen Folgen des wirtschaftlich ausgerichteten Handelns mit Hilfe eines besonderen, technischen Begriffsschemas analysiert werden. Wie PARETO und viele andere wohl wußten, ist dieses Begriffsschema höchst abstrakt, und die weiteren Aspekte der Dynamik wirtschaftlicher Gesamtsysteme werden unvermeidlich die Interdependenz mit nicht-wirtschaftlichen Variablen sichtbar machen.

In komplexen sozialen Systemen finden sich auch noch andere bedeutende, funktional differenzierte Strukturen, deren charakteristische Merkmale denen der Markt- oder Geldwirtschaft in mancher Hinsicht analog sind. Die vielleicht wichtigste unter ihnen ist die Regierungsstruktur. Es ist immer möglich, das Studium derartiger Strukturen und der entsprechenden sozialen Prozesse zum Gegenstand einer verhältnismäßig selbständigen Wissenschaft zu machen. Bisher ist jedoch in keinem dieser Fälle ein eigenes analytisches Schema entwikkelt worden, das einer solchen Wissenschaft einen theoretischen Status verliehen hätte, wie ihn beispielsweise die Wirtschaftswissenschaft besitzt. Es ist daher höchst fraglich, ob die ‹Lehre von der Politik› – im Sinne einer Wissenschaft, nicht im ethischen oder normativen Sinne – als ein Grundelement der Theorie der sozialen Systeme betrachtet werden sollte. Es scheint logisch richtiger, sie als einen Anwendungsbereich der allgemeinen Theorie sozialer Institutionen zu betrachten, wenn auch als einen Anwendungsbereich, der hinreichend differenziert ist, um für viele Zwecke als selbständige Disziplin behandelt zu werden. Die gleichen Überlegungen gelten für andere Aspekte der strukturellen Differenzierung, beispielsweise den der Religion.

Schließlich bleibt noch die Frage, ob die Anthropologie[11] als eine theoretisch

---

11 PARSONS verwendet den Begriff ‹Anthropologie›, wie er sich in den USA durchgesetzt hat und auch in Frankreich sowie England allmählich üblich wird: Im Gegensatz zu Deutschland, wo Anthropologie traditionell als naturwissenschaftliche Disziplin – getragen von Biologen und Medizinern – verstanden und heute vielfach mit dem modernen Begriff ‹Humangenetik› gleichgesetzt

selbständige Wissenschaft anzusehen sei. Als Lehre von den ‹Naturvölkern› stellt sie natürlich ein pragmatisches Spezialgebiet von beträchtlicher Bedeutung dar – in mancherlei Hinsicht analog dem Gebiet der politischen Wissenschaft. Insofern sie sich jedoch mit der theoretischen Untersuchung sozialer Systeme als solcher befaßt, scheint es unbegründet, sie als eine eigene theoretische Disziplin anzusehen. In dieser Hinsicht muß sie als ein Zweig der Soziologie, in anderen Aspekten als Zweig der Wirtschaftswissenschaft, der politischen Wissenschaft und so fort betrachtet werden. Allerdings stellt sich hier ein Problem, dessen Analyse zu einer Modifizierung dieser Auffassung führen könnte. Viele ihrer Vertreter verstehen die Anthropologie als die Wissenschaft von der *Kultur*, und nicht als eine Wissenschaft von sozialen Systemen. In der hier vorgelegten Analyse ist impliziert, daß die Kultur, wenn sie auch empirisch zu den Grundlagen der sozialen Systeme gehört und in bestimmtem Sinne eine ihrer Komponenten darstellt, doch nicht eine ausschließlich soziale Erscheinung im theoretischen Sinne ist. Es wurde weiter oben gesagt, daß die Untersuchung der Struktur von Kulturmustern *als solchen* sowie ihrer strukturellen Interdependenz eine legitime Abstraktion von den konkreten Erscheinungen des menschlichen Verhaltens und seiner materiellen Folgen darstellt und daß sie sich von einer Untersuchung des Interdependenzzusammenhanges in einem sozialen System beträchtlich unterscheidet. Es ist völlig klar, daß eine solche Untersuchung nicht das gleiche ist wie die Untersuchung von Institutionen als Aspekte eines sozialen Systems. Sollte sich das theoretische Interesse der Anthropologie hauptsächlich in dieser Richtung entwickeln, so scheinen sich daraus zwei wichtige Folgen zu ergeben. Erstens ist es ganz klar, daß die traditionelle Hauptbetonung der Beschäftigung mit den Naturvölkern nicht aufrechterhalten werden kann. Die Kultur der Naturvölker ist genausowenig ein Gegenstand für eine selbständige Wissenschaft wie ihre institutionelle Struktur. Zweitens ist es von größter Wichtigkeit, die allgemeine Beziehung zwischen Kultur und Sozialstruktur zu klären. Über diesen Punkt scheint sowohl unter den Soziologen wie unter den Kulturanthropologen große Verwirrung zu herrschen.

---

wird, bilden in den USA vor allem ethnographische, ethnosoziologische wie archäologische Kulturstudien den Kern der ‹Anthropologie› (Cultural Anthropology, Social Anthropology). Im Vergleich dazu wird der Abstammungs- und Rassenlehre nur wenig Raum zugemessen (Physical Anthropology). Humangenetik, Konstitutionslehre und menschliche Biologie werden aus der amerikanischen Anthropologie überhaupt ausgeklammert. (Anm. d. Red. d. ‹Soziologischen Texte›)

XII. GEORGE CASPAR HOMANS (* 1910)

Aus: Theorie der sozialen Gruppe, Westdeutscher Verlag, Köln und Opladen, 1965, deutsch von Rolf Gruner.

Siebzehntes Kapitel

Zusammenfassung

Ein Buch der Exposition sollte im ersten Kapitel sein Programm umreißen, im mittleren Teil seine Absichten verwirklichen und im letzten Kapitel die Ergebnisse zusammenfassen. Hier aber weichen wir von dieser zweckmäßigen Einteilung etwas ab, indem wir nämlich im letzten Kapitel ein durch die gerade beendete Untersuchung nahegelegtes Problem anschneiden – das Problem der Beziehung zwischen kleinen Gruppen und der Zivilisation, der sie angehören – und uns der Zusammenfassung schon in diesem, dem vorletzten Kapitel zuwenden. ‹Zusammenfassung› aber ist nicht ganz das rechte Wort, denn wir wollen die Ergebnisse unserer Untersuchung nicht im einzelnen durchgehen, sondern zu zeigen versuchen, welche Art von Untersuchung wir überhaupt angestellt haben. Wenn die von uns angewandte Methode, wie wir zugeben, nicht die einzig mögliche ist, mit deren Hilfe man soziologische Forschung treiben kann, so sind wir um so mehr dazu verpflichtet, ihre besonderen Merkmale klar herauszuarbeiten. Man wird uns verzeihen, wenn wir dabei rasch vorgehen und die Kenntnis vieler schon früher erledigter Punkte voraussetzen.

Die Funktion der Theorie

Wir begannen mit der Feststellung, daß es sich bei unserem Buch um ein Werk der soziologischen Theorie handelt, und zitierten den Satz von Willard Gibbs: «Es ist die Aufgabe der theoretischen Forschung, die Form zu schaffen, in der die Resultate des Experiments ausgedrückt werden können.» Da wir Soziologen und keine Physiker sind, interessieren wir uns mehr für andere Beobachtungen als für Experimente, waren aber nach dieser Abwandlung bereit, uns Gibbs' Meinung über die Aufgabe des Theoretikers anzuschließen. Wir haben dann diese Aufgabe in Angriff genommen, indem wir uns fragten, welche Art von Beobachtungen einige fähige Erforscher des sozialen Verhaltens tatsächlich angestellt haben. Als wir sahen, daß es sich dabei immer um dieselben Klassen handelte, entschlossen wir uns, diesen Klassen Namen zu geben, sie als Verhaltenselemente zu bezeichnen und diese Elemente als die Grundbegriffe unserer Arbeit zu verwenden, um mit ihrer Hilfe die Beziehungen zu formulieren, deren Bestehen jene Erforscher kleiner Gruppen zwischen ihren verschiedenen Beobachtungsklassen festgestellt hatten. In der gleichen Weise beobachten die Physiker die von ihnen Druck und Temperatur genannten Erscheinungen und formulieren dann die zwischen beiden bestehende Beziehung. Sie verfügen dabei über eine gemeinsame Sprache, in der die Ergebnisse vieler verschiedenartiger Forschungen ausgedrückt werden können, und wir versuchten eine Sprache gleicher Art für die Soziologie zu entwickeln. Denn unserer Meinung nach konnten die Ergebnisse einer Untersuchung nur mittels einer solchen gemeinsamen Sprache mit denen anderer Untersuchungen verglichen werden. Das aber hielten wir wiederum für nötig, damit eine entwicklungsfähige soziologische Wissenschaft imstande wäre, über das soziale Verhalten einen Komplex von Hypothesen aufzustellen und auf viele verschiedenartige Gruppen anzuwenden. In dieser Weise wollten wir einer allgemeinen Theorie der kleinen Gruppe näherkommen.

Das Wesen der Hypothesen

Mit solchen Zielen vor Augen untersuchten wir zunächst drei Gruppen, den Bank Wiring Observation Room, die Norton-Straßen-Bande und die Tikopia-Familie, welche so beschrieben wurden, als wären sie statisch und gleichbleibend. Bei der Behandlung dieser Gruppen stellten wir einige Hypothesen auf, von denen manche für alle drei Gruppen zu gelten schienen. Wir beschränkten uns auf die einfachsten Hypothesen, versuchten sie aber auf solche Weise zu formulieren, daß ihre Nachprüfung durch Beobachtung und Experiment denkbar wäre. Sogar die einfachsten Hypothesen der Soziologie sind nur selten in dieser Form aufgestellt worden, aber bis das allgemein der Fall ist, werden die Grundlagen unserer Wissenschaft noch nicht gelegt worden sein. Wir wollen diese Hypothesen hier nicht wiederholen, sondern nur zeigen, um welche Art von Hypothesen es sich dabei handelt. So sahen wir zum Beispiel sowohl bei den Drahtarbeitern als auch bei den Norton-Leuten, daß der soziale Rang eines Menschen in der Gruppe um so höher liegt, je mehr er in den von ihm ausgeübten Aktivitäten die Gruppennormen erfüllt. Wohlgemerkt gilt diese Regel unabhängig davon, um was es sich bei diesen Aktivitäten und Normen im einzelnen handelt. Die Normen der Drahtarbeiter und die von ihnen ausgeübten Aktivitäten unterscheiden sich etwas von den Normen und Aktivitäten der Norton-Leute, und doch gilt für die jeweils verschiedenen Normen und Aktivitäten beider Gruppen dieselbe allgemeine Hypothese. Unsere Verhaltenselemente Interaktion, Gefühl, Aktivität und Normen waren in der Tat so gewählt, daß mit ihrer Hilfe die zugrundeliegenden Beziehungen – von uns analytische Hypothesen genannt – herausgearbeitet werden konnten. Auf den ersten Blick sind menschliche Gruppen sehr verschieden voneinander. Die eine wohnt in Zelten, ernährt sich von Kamelherden und mißt dem Mut einen großen Wert bei, den die Männer bei Überfällen auf andere Gruppen an den Tag legen. Eine andere lebt in Häusern, arbeitet in einer Fabrik und schätzt die Verrichtung ‹einer fairen Tagesarbeit für einen fairen Tageslohn› sehr hoch ein. Auf dieser Stufe der Forschung haben die Anthropologen recht, wenn sie die kulturelle Relativität hervorheben und sich über den alten Spruch lustig machen, wonach ‹die menschliche Natur auf der ganzen Welt dieselbe ist›. In Wirklichkeit variiert das Verhalten der Menschen außerordentlich. Aber trotz dieser Unterschiede sind wir der Meinung, daß sich die zwischen den Verhaltenselementen bestehenden Beziehungen vielleicht doch überall gleichbleiben.

Wir haben unsere analytischen Hypothesen nur als Hypothesen vorgelegt. Ein Statistiker würde erheblich mehr stichhaltiges Material fordern, ehe er sie als bewiesene Lehrsätze anzuerkennen bereit wäre. Man müßte ihm zeigen, daß sie für viel mehr Gruppen als die von uns ausgewählten gelten, die drei statischen Gruppen und die beiden im Prozeß des sozialen Wandels begriffenen, Hilltown und die Elektrogerätefirma. Weitere Untersuchungen können sehr wohl erweisen, daß unsere Hypothesen fehlerhaft sind. Sie werden auf jeden Fall zeigen, daß ihre Formulierung auf weit präzisere Weise möglich ist und daß für eine angemessene Analyse selbst der einfachsten Menschengruppe noch viele Zusatzhypothesen erforderlich sind. Wir haben nie Vollständigkeit in Anspruch genommen. Und doch glauben wir fest daran, daß unsere Hypothesen – mögen sie nun richtig oder unrichtig, zureichend oder unzureichend sein – von jener Art sind, wie sie eine fortgeschrittene Sozialwissenschaft einmal formulieren wird, insofern sie nämlich Aussagen über Gleichförmigkeiten darstellen, die den Unterschieden an der Oberfläche des Verhaltens menschlicher Gruppen zugrunde liegen.

Das System der Hypothesen

Für jede von uns behandelte Gruppe haben wir nicht nur eine einzige, sondern eine Reihe oder ein System von Hypothesen vorgelegt, die alle gleichzeitig für die in Frage stehende Gruppe gelten. Der Hypothesen sind viele, und sie stehen in dem Sinne miteinander in Beziehung, daß jedes in eine Hypothese eingehende Element auch in einige der anderen Eingang findet. So kann ein Anstieg in der Häufigkeit der zwischen Personen vor sich gehenden Interaktion die Stärke der füreinander gehegten günstigen Gefühle erhöhen, er kann aber auch die Anzahl der von ihnen zusammen ausgeübten Aktivitäten vermehren. Es war diese Bemühung um die Formulierung einer Reihe von aufeinander bezogenen Hypothesen, was die Anzahl unserer Musterfälle auf fünf beschränkte. Wären wir nur an einer Hypothese interessiert gewesen, so hätten wir diese mit einem aus viel mehr Gruppen stammenden Material untermauern können. Doch die Vorlage von genügend vielen Nachweisen zur Stützung eines ganzen Hypothesensystems begrenzte notwendigerweise die Anzahl der von uns in Betracht gezogenen Gruppen [1].

In dem System beschränkt jede Einzelhypothese die Anwendbarkeit aller anderen. Um wiederum ein Beispiel zu geben, so sahen wir, daß die von Menschen füreinander empfundenen Gefühle der Zuneigung oder Liebe im allgemeinen um so stärker sind, je häufiger diese Menschen miteinander in Interaktion stehen. Andererseits entdeckten wir jedoch auch, daß, wenn eine Person Befehle gibt, die eine andere ausführen muß, die Interaktion zu einer Verminderung auf den vom äußeren System geforderten Umfang tendiert – sie ist hauptsächlich auf den ‹geschäftlichen› Bereich beschränkt – und die emotionale Haltung des Untergebenen gegenüber seinem Vorgesetzten zu einer Haltung des Respekts statt zu einer solchen der Freundschaftlichkeit hinstrebt. Die zwischen einem bestimmten Führer und seinem Anhänger vorhandene Beziehung wird also durch beide Hypothesen bestimmt. In dem Ausmaß, in welchem die zwei Personen lediglich miteinander in Interaktion stehen, entwickeln sich zwischen ihnen Gefühle der Zuneigung, und ihre Interaktion erhöht sich ‹sozial› über den für das äußere System benötigten Umfang hinaus. In dem Gra-

1 Eine weitere Erörterung einiger damit verbundener Probleme findet sich bei G. C. Homans, *The Strategy of Industrial Sociology*, in: American Journal of Sociology, 54, 1949, S. 330–337.

de dagegen, in dem der eine vom anderen zu befolgenden Befehl gibt, wird die Interaktion klein gehalten, und das Gefühl entwickelt sich in Richtung auf Respekt oder gar Feindseligkeit.

Die Werte der Elemente

Diese Erörterung läßt von den zahlreichen Schwächen unserer Theorie die größten deutlich hervortreten. Wie wollen wir zum Beispiel die zwischen einem bestimmten Vorgesetzten und seinem Untergebenen tatsächlich bestehende Beziehung erklären? Wie können wir den Grad angeben, in dem in einem bestimmten Falle die eine Hypothese die Anwendbarkeit einer anderen einschränkt? Ein Mathematiker würde sagen, daß die bloße Aufstellung eines Systems von Simultangleichungen eine Sache ist, ihre Lösung aber eine ganz andere. Wenn ein Hypothesensystem das tatsächliche Verhalten einer Gruppe erklären und letztlich auch voraussagen soll, so reichen die Hypothesen selbst dazu nicht aus, sondern es muß uns auch möglich sein, den in sie eingehenden Elementen Werte zuzuschreiben. Wenn wir sagen: ‹Je häufiger ein Mensch Befehle gibt, die ein anderer befolgen muß, um so seltener wird die Interaktion beider Personen außerhalb des äußeren Systems sein›, so mag diese Hypothese zwar stimmen, teilt uns aber immer noch nicht genug mit, um über das Verhalten der beiden Leute Rechenschaft zu geben. Sie setzt voraus, daß die Häufigkeit der Erteilung autoritativer Befehle und die Stärke der sozialen Interaktion gegenseitig voneinander abhängig sind, das heißt, daß, wenn die erste bestimmt ist, auch die zweite festliegt. Können wir aber der einen Häufigkeit keinen Wert zuschreiben, so können wir auch der anderen keinen anweisen. Wenn wir nicht *genau* zu sagen vermögen, *wie oft* ein Mensch einem anderen autoritative Befehle gibt, so ist es uns auch nicht möglich, *genau* zu sagen, *wie oft* die beiden miteinander in Interaktion stehen werden. Und dasselbe gilt natürlich auch für die anderen, verwandten Hypothesen des Systems. Mit der Lösung dieses Problems haben wir in diesem Buch kaum den Anfang gemacht, denn wir waren nicht in der Lage, den Elementen absolute Werte zuzuschreiben, sondern konnten zum Beispiel bei dem Vergleich zwischen Tikopia-Familie und Norton-Straßen-Bande nur sagen, daß in der ersten Gruppe die Autorität größer war und weniger soziale Interaktion zwischen Führer und Anhänger bestand als in der zweiten Gruppe. Das heißt, wir haben das Problem nur auf relative Weise gelöst, in Ausdrücken des Mehr und Weniger, nicht in solchen des Wie-viel-mehr und Wie-viel-weniger. Ehe sich in dieser Richtung Fortschritte erzielen lassen, muß man die Entwicklung von Maßen abwarten, mit deren Hilfe wir den Verhaltenselementen Werte zuweisen und von Gruppe zu Gruppe vergleichbare Ergebnisse erzielen können. Wir sagen nicht, daß die Aufstellung von Hypothesen überflüssig wäre – sie ist ganz im Gegenteil im höchsten Maße nötig und wichtig –, sondern wir behaupten nur, daß sie allein nicht ausreicht. Die Komplexitäten des sozialen Verhaltens entstehen vielleicht weniger aus den Hypothesen selbst, deren Anzahl zwar ohne Zweifel groß ist, deren Form aber einfach genug sein kann, als vielmehr aus ihren Gegenseitigkeitsbeziehungen unter den in bestimmten Situationen herrschenden Umständen.

So kommen wir von einem neuen Gesichtspunkt her wieder auf die zwischen Gruppen bestehenden Unterschiede zurück. Gruppen sind sich insofern gleich, als viele der analytischen Hypothesen auf alle Gruppen anwendbar sind. Sie unterscheiden sich aber in den Werten der in die Hypothesen eingehenden Elemente. Das meinten wir auch in früheren Kapiteln mit unserer Behauptung, daß sich Gruppen dem Grade nach unterscheiden, in welchem sie die in ihnen allen vorhandenen Elemente besitzen. Außerdem sind die Werte der Elemente anfangs durch das bestimmt, was wir je nach den Umständen, in denen sich die betreffende Gruppe befindet, die ‹gegebenen Faktoren› nennen, wobei einer der hervorragendsten Faktoren oder Faktorenreihen die soziale und physische Umwelt der Gruppe darstellt. Wir wollen zu der zwischen Vorgesetzten und Untergebenen bestehenden Beziehung zurückkehren, die uns als Beispiel zur Veranschaulichung der unserer Theorie begegnenden Schwierigkeiten diente. In einer Gruppe wie der Tikopia-Familie, welche ihren Lebensunterhalt mit Hilfe einer großen Mannigfaltigkeit von Einwirkungen auf die physische Umwelt sicherstellt, schließt das Verhältnis zwischen Übergeordneten und Untergebenen, zum Beispiel zwischen Vater und Sohn, viel weniger soziale Interaktion und viel mehr emotionale Distanz ein, als das bei derselben Beziehung in der Norton-Straßen-Bande der Fall war, einer großenteils ‹autonomen›, das heißt einer Gruppe, deren Überleben nicht von der erfolgreichen Durchführung einer großen Anzahl von Bearbeitungen der physischen Umwelt abhing. Die das Verhältnis zwischen Über- und Untergeordneten erklärenden Hypothesen sind zwar für beide Gruppen die gleichen, aber die Werte der in sie eingehenden Elemente unterscheiden sich in beiden Fällen voneinander, je nach der Verschiedenheit der zwischen Gruppe und Umwelt bestehenden Beziehungen.

Obwohl wir hier die Umwelt auf Kosten der anderen Merkmale hervorgehoben haben, ist sie nicht die einzige der ‹gegebenen› Faktorenreihen. Andere wichtige Umstände sind die Größe der Gruppe und ihre alters- und geschlechtsmäßige Zusammensetzung. Die Tikopia-Familie unterschied sich scharf von den anderen von uns betrachteten Gruppen, insofern sie Personen beider Geschlechter und jeden Alters umfaßte. Einen weiteren wichtigen Faktor stellt die Geschichte der in Frage stehenden Gruppe dar, durch welche die von Generation zu Generation überlieferten Normen bestimmt werden. Auch hier unterschied sich die Tikopia-Familie von den anderen Gruppen, denn sie hatte eine sehr lange kulturelle Geschichte hinter sich. Ebenso wie die Merkmale eines an einem und um ein Stück Eisen befindlichen Magnetfeldes nicht völlig verstanden werden können, wenn man nicht die Geschichte dieses Eisenstückes kennt – ob es zum Beispiel durch Menschenhände oder das Meer in seine Form gebracht wurde –, so kann auch das Verhalten einer Gruppe nicht ohne Bezug auf ihre Geschichte verstanden werden. Zum Beispiel leben die Navajo- und Hopi-Indianer des amerikanischen Südwestens in derselben physischen Umwelt und wenden zum großen Teil dieselben Techniken an. Aber diese Faktoren begrenzen lediglich den Bereich der für beide Gruppen möglichen Variation. Beide haben eine etwas unterschiedliche Organisation, und die Unterschiede sind wenigstens zum Teil durch ihre verschiedenartige Geschichte bedingt. Die Hopi waren in der entfernteren Vergangenheit seßhafte Ackerbauern und sind das auch jetzt noch, während es sich bei den Navajos um nomadisierende Jäger handelte.

Zustandekommende Entwicklung

Vorsichtigerweise haben wir nun gesagt, daß die Werte der in die Hypothesen eingehenden Variablen bloß anfänglich von den Faktoren bestimmt werden, welche durch die eine Gruppe jeweils beeinflussenden Umstände gegeben sind. Keine Gruppe hält nämlich die zwischen ihren Mitgliedern durch die ‹gegebenen› Faktoren begründeten Beziehungen völlig aufrecht. Vielmehr können auf der Grundlage dieser alten neue Beziehungen entstehen und dahingehend rückwirken, um die ‹gegebenen› Faktoren zu verändern, zum Beispiel die Anpassung der Gruppe an ihre Umwelt oder die der jüngeren Generation überlieferten kulturellen Traditionen. Wir versuchten, dem Prozeß der so zustandekommenden Entwicklung durch unsere Analyse der zwischen äußeren und inneren Systemen bestehenden gegenseitigen Abhängigkeit gerecht zu werden.

Doch obwohl sich das innere System stets aus dem äußeren entfaltet, können die ‹gegebenen› Faktoren immer noch die Strecke begrenzen, die diese Entwicklung gehen kann. So entstand zwar die Führerschaft im Bank Wiring Observation Room ebenso und durch dieselben in unseren analytischen Hypothesen beschriebenen Prozesse wie in der Norton-Straßen-Bande, aber sie entwickelte sich – zum Beispiel gemessen an der Häufigkeit, mit welcher der Führer Interaktion einleitet – unter den Drahtarbeiten nicht so weit wie bei den Norton-Leuten. Dieser Unterschied scheint seine Ursache darin gehabt zu haben, daß die Western Electric Company die Drahtarbeiter durch einen Gruppen- und einen Sektionsleiter beaufsichtigen ließ und daß die Kontrolle den Bereich einschränkte, in dem ein informeller Führer tätig werden konnte. Wir dürfen also sagen, daß sich Gruppen deshalb ähnlich sind, weil viele der analytischen Hypothesen auf sie alle zutreffen, daß sie sich aber nach den Werten der in diese Hypothesen eingehenden Elemente unterscheiden und daß diese Werte durch die gegebenen Faktoren der die Gruppe beeinflussenden Umstände sowie durch das Ausmaß bestimmt sind, in welchem die Faktoren die innere Entwicklung der Gruppe zulassen.

Soziale Kontrolle

Wir begannen mit der Analyse von drei Gruppen, die als statisch behandelt werden konnten, weil sie so beschrieben worden waren, als ob sie nur in einem Zeitmoment bestanden hätten. Dies erlaubte uns die Ausarbeitung einiger analytischer Hypothesen, ohne dabei durch die mit dem sozialen Wandel verbundenen Komplikationen behindert zu sein. Zur Formulierung der im sozialen System bestehenden Beziehungen setzten wir also die Stabilität des Systems voraus. Doch nach vollendeter Formulierung kehrten wir das Argument um und zeigten, daß die Stabilität selbst erst von diesen Beziehungen abhängt. Wir taten das, indem wir die Beziehungen nunmehr differential betrachteten, das heißt, uns fragten, was geschehen würde, wenn das Verhalten eines Menschen auf irgendeine Weise von dem Verhalten abwiche, das der Forscher als bestehend beschrieben hatte. Angenommen, ein Mensch, der bis zu einem gewissen Grade den Normen seiner Gruppe nachgekommen ist, weicht nun etwas weiter von diesen ab, ein Wählerdrahtarbeiter zum Beispiel läßt seine Leistung etwas unter die sowieso bereits niedrige Stufe sinken. Was – wenn überhaupt etwas –

veranlaßt ihn dann, die Leistung wieder auf den ursprünglichen Punkt zurückzubringen? Wie wir annahmen, liegt der Grund dafür darin, daß der Nettobetrag der Befriedigung seiner Gefühle auf der neuen Stufe geringer als auf der alten ist. Aber selbst ohne eine Annahme über die Befriedigung seiner Gefühle können wir die Folgen seiner verminderten Leistung erkennen: sie hat die Tendenz, ihm und anderen Gruppenmitgliedern eine geringere Bezahlung einzubringen sowie die Stärke irgendwelcher von seinen Kollegen ihm gegenüber an den Tag gelegten Feindseligkeitsgefühle zu vergrößern, die Häufigkeit ihrer Interaktion mit ihm zu vermindern und seinen sozialen Rang absinken zu lassen. Diese Folgen sind alle durch die bereits von uns entdeckten Beziehungen zwischen den Elementen Gefühl, Aktivität, Interaktion und Normen bestimmt, und daher sagten wir auch, daß es zumindest auf der Stufe der kleinen Gruppe beim Studium der sozialen Kontrolle nichts Neues geben würde und die Kontrolle – beziehungsweise ein Verfahren der Belohnung und Bestrafung – in den analytischen Hypothesen des sozialen Systems schon enthalten wäre.

Außerdem ist die Kontrolle dem ganzen Beziehungssystem und nicht nur einer Beziehung inhärent. Sie ist wirksam, insofern die Abweichung eines Menschen von seinem bestehenden Ausmaß der Einhaltung einer Norm viele Folgen und nicht nur eine einzige nach sich zieht und die Wirkungen sozusagen in keinem Verhältnis zur Ursache stehen. Die Abweichung von seiner derzeitigen Aktivitätsstufe kann für einen Menschen Konsequenzen in Hinsicht auf seinen materiellen Nutzen – seine Einkünfte oder die ihm von anderen gewährten Gefälligkeiten –, seine Interaktion mit anderen und seinen sozialen Rang haben, weil seine Aktivitäten mit allen diesen Dingen und nicht nur mit einem derselben in Beziehung stehen. Aber wiederum haben wir nichts erfahren, was wir nicht schon zuvor wußten, sondern lediglich das System analytischer Hypothesen differential betrachtet.

Schließlich sahen wir auch, daß kleine Veränderungen nicht immer zu Ergebnissen mit der Tendenz führen, das Verhalten eines Gruppenmitgliedes auf seine frühere Stufe zurückzubringen. Ist das aber doch der Fall, so können wir den Zustand des sozialen Systems mit demselben Namen *Gleichgewicht* bezeichnen, mit dem analoge Zustände physikalischer Systeme benannt werden. Unter Gleichgewicht verstehen wir daher jenen besonderen Zustand eines sozialen Systems, in welchem die Werte der in das System eingehenden Elemente und der zwischen diesen bestehenden Beziehungen von der Art sind, daß jede kleine Veränderung in einem der Elemente andere Veränderungen mit der Tendenz in Gang setzt, denjenigen Zustand des Systems wiederherzustellen, der vor dem Auftreten jener ersten Veränderung bestand. Wohlgemerkt sehen wir das Gleichgewicht oder die Tendenz zum Gleichgewicht nicht als eine dem sozialen System innewohnende Eigenschaft an, denn Gleichgewicht besteht nur zu manchen Zeiten in manchen, nicht aber zu allen Zeiten in allen Gruppen.

Sozialer Wandel

Die Betrachtung des Gleichgewichts diente uns als Übergang zur Betrachtung des sozialen Wandels. Wir setzten zunächst für die Gruppe einen stabilen Zustand voraus. Dann wandten wir uns der Analyse der Stabilität selbst zu und untersuchten die in einem sozialen System vor sich gehenden kleinen Veränderungen, welche zu einer Wiederherstellung des früheren Systemzustandes führen. Und schließlich betrachteten wir jene Wandlungen, die keine solche Erneuerung des früheren Zustandes zur Folge haben, insbesondere aber zwei in etwa voneinander abgrenzbare Arten des sozialen Wandels, nämlich die soziale Desintegration und den sozialen Konflikt. Für die erste Art diente uns Hilltown als Beispiel, wo eine Abnahme in der Anzahl von Aktivitäten, in welchen die Mitglieder einer Gruppe zusammenwirkten, am Ende zu einer Schwächung der von der Gruppe über das Verhalten ihrer Mitglieder ausgeübten Kontrolle führte, so daß das Gebilde schließlich überhaupt kaum mehr als Gruppe anzusehen war. Die Elektrogerätefirma diente uns als Beispiel für den sozialen Konflikt. Hier führten eine Vergrößerung des Betriebs und eine stärkere Komplexität seiner Organisation zur Verminderung des sozialen Ranges einer Gruppe (der Konstruktionsingenieure) innerhalb der Firma, zu einer Verwirrung von Normen und Realitäten des Betriebslebens und damit schließlich zur Unzufriedenheit der Konstruktionsingenieure und Schwächung ihrer Fähigkeit zur Zusammenarbeit mit anderen Firmenangehörigen.

Ebenso wie bei der Untersuchung der sozialen Kontrolle fanden wir auch bei der Betrachtung des sozialen Wandels nichts Neues in den zwischen den Verhaltenselementen bestehenden Beziehungen, sondern stellten auch hier nur die alten Fragen auf neue Weise. Statt dem Problem nachzugehen, wie Interaktion und Aktivität zusammenhängen, fragten wir zum Beispiel, was in Hinsicht auf die Häufigkeit der zwischen den Gruppenmitgliedern vor sich gehenden Interaktion geschieht, wenn die Zahl der von der Gruppe ausgeübten Aktivitäten abnimmt. So stellten wir bei der Untersuchung Hilltowns fest, daß mit der Verringerung der von den Gruppenmitgliedern im äußeren System vollzogenen Aktivitäten notwendigerweise auch ihre Interaktion im äußeren System zurückgeht, wodurch sich wiederum auch die Interaktion im inneren System oder – wie wir es in Ermangelung eines besseren Ausdrucks nannten – die soziale Interaktion verringert. Mit Abnahme der sozialen Interaktion aber werden die Normen immer unbestimmter und immer weniger konsequent vertreten, und auch der soziale Rang – der ja durch das Ausmaß bestimmt ist, in welchem ein Mensch die Gruppennormen erfüllt – etabliert sich immer weniger fest. Alle diese Wandlungen bedeuten, daß die Gruppe den Individuen weniger Anreize zur Erfüllung ihrer Normen zu bieten hat und bei Nichterfüllung weniger Strafen verhängen kann. Die Folge ist *Anomie* oder Desintegration.

Hier müssen wir erneut zu der augenfälligen, aber wichtigen Unterscheidung zwischen unserem System analytischer Hypothesen und den Werten der in diese Hypothesen eingehenden Elemente zurückkehren. Bei der Untersuchung des sozialen Wandels haben wir wie gesagt keine neuen Hypothesen gefunden, sondern lediglich beobachtet, wie eine Veränderung im Wert eines Elementes Veränderungen in den Werten aller anderen bewirkt. Mit der Aussage, daß eine Abnahme in der Anzahl der von einer Gruppe ausgeübten Aktivitäten eine Verringerung der Häufigkeit der zwischen den Gruppenmitgliedern vor sich gehenden Interaktion mit sich bringt, stellen wir keine neue Hypothese auf, sondern betrachten nur die in den Werten jener Elemente zustandekommenden Veränderungen, die schon in eine uns bereits bekannte Hypothese eingegangen sind. Das heißt, wir studieren die Dynamik.

Aber durch was werden diese Veränderungen anfänglich in Gang gebracht?

Bei der Analyse unserer statischen Gruppen wiesen wir darauf hin, daß die Werte der in das soziale System eingehenden Elemente zu Beginn durch gewisse ‹gegebene› Faktoren bestimmt waren, und zwar insbesondere, was die Beziehung zwischen der Gruppe und der sie umgebenden Umwelt anbetrifft. Bei der Untersuchung des sozialen Wandels aber sahen wir diese Faktoren nicht als ein für allemal gegeben an. Wir behandelten sie hier nicht als Konstanten, sondern als Variablen. So machten die in der Umwelt Hilltowns vor sich gehenden Veränderungen – von denen einige, wie zum Beispiel die Rodung des Landes und der Bau von Scheunen und Häusern, auf die Aktivitäten der Hilltowner selbst zurückzuführen waren, während andere, wie die Verbesserung der Verkehrsmittel, die Erweiterung der Märkte und der Aufstieg der Industrie, höhere Gewalten darstellten – allmählich die Kooperation der Hilltownbewohner in den Aktivitäten des äußeren Systems weniger erforderlich. Aber mit diesen äußeren Entwicklungen wird nicht völlig erklärt, was in Hilltown geschah. Die inneren Folgen der äußeren Veränderungen wirkten als Rückkoppelung und beschleunigten damit den Wandlungsprozeß noch mehr. So hat zum Beispiel die Abnahme der von der Gesellschaft Hilltowns über ihre Mitglieder ausgeübten Kontrolle tatkräftige Bewohner erheblich schneller zum Verlassen der Stadt veranlaßt, als das der Fall gewesen sein würde, wenn die Umweltveränderungen allein von Bedeutung gewesen wären.

Schließlich wandten wir uns dann einer bestimmten Form des sozialen Wandels zu, nämlich demjenigen, welcher bewußt von dem Führer beziehungsweise den Führern einer Gruppe in Verfolgung eines Gruppenziels durchgeführt wird. Wir sahen dabei, daß das eigentliche Problem des Führers in der Erhaltung eines beweglichen Gleichgewichts, das heißt der Erhaltung des sozialen Systems in einem solchen Zustand besteht, in welchem jede Abweichung von dem zum Ziel führenden Pfad im System weitere Veränderungen mit der Tendenz auslöst, es auf den betreffenden Pfad zurückzubringen. Wie wir weiterhin feststellten, waren die Regeln, die der Führer zur Lösung dieses Problems zu beachten hat, ebenfalls schon implizit in all dem enthalten, was wir zuvor bereits über die zwischen Führer und Anhängern bestehenden Beziehungen und das Wesen der sozialen Kontrolle erfahren hatten. Der beste Rat, den wir einem Führer geben konnten, war der, seine Handlung dem Medium anzupassen, in dem er arbeitet.

Aber wenn wir sagen, daß wir bei Betrachtung der sozialen Kontrolle und des sozialen Wandels nichts Neues erfahren haben, so wollen wir damit keineswegs unsere Wissenschaft in Staub und Asche legen. Die Behauptung bedeutet vielmehr nur, daß die Erscheinungen der sozialen Statik, der sozialen Kontrolle und des sozialen Wandels, welche manchmal als besondere Gebiete der Soziologie behandelt werden, mit größerer Einfachheit, Eleganz und Erkenntniskraft formuliert werden können, wenn man sie als in einer einzigen Reihe von Hypothesen enthalten ansieht. Einfachheit aber bedeutet nicht Endgültigkeit. Wir haben nur einige wenige und dazu höchst elementare jener Hypothesen aufgestellt, die sich später einmal zu einer langen Reihe auswachsen werden. Der Erforscher menschlicher Dinge muß sich immer vergegenwärtigen, daß er mit seinen Bemühungen erst am Anfang, keineswegs schon am Ende steht.

ÜBER DEN VERFASSER

FRIEDRICH JONAS wurde 1926 in Berlin geboren. An seine Studienjahre, die er, nach bestandenem Diplom-Volkswirt-Examen (1949), 1951 als Schüler Professor PAULSENS an der Freien Universität Berlin mit der Promotion zum Dr. rer. pol. beendete, schloß sich ein einjähriger Studienaufer.thalt in den USA an. Nach seiner Rückkehr übernahm FRIEDRICH JONAS für mehrere Jahre die Leitung der volkswirtschaftlichen Abteilung der Gutehoffnungshütte A. V. 1960–1962 arbeitete er als Assistent bei Prof. ARNOLD GEHLEN, 1962–1964 in gleicher Funktion bei Prof. HELMUT SCHELSKY. 1964 habilitierte sich FRIEDRICH JONAS an der rechts- und staatswissenschaftlichen Fakultät der Universität Münster und erhielt 1965 einen Ruf auf den ordentlichen Lehrstuhl für Soziologie an der rechts- und wirtschaftswissenschaftlichen Fakultät der Universität Mainz, den er bis zu seinem Tod 1968 innehatte.

Wichtigste Veröffentlichungen
Bücher:
Sozialphilosophie der industriellen Arbeitswelt, Stuttgart 1960 / Staatliche Hilfe bei wirtschaftlichen Strukturänderungen, dargestellt am Cotton Industry Act 1959, Berlin 1963 / Das Selbstverständnis der ökonomischen Theorie, Berlin 1964 / Die Institutionenlehre Arnold Gehlens, Tübingen 1966

Aufsätze:
Aspekte des Entwicklungsproblems in Industriestaaten, Schmollers Jahrbuch 83, 1963 / Probleme des Staatseingriffs bei wirtschaftlichen Strukturanpassungen, Der Staat, 2, 1963 / Technik als Ideologie, Technik im technischen Zeitalter, 1965 / Die Gesellschaftslehre des Babeuf, Jahrbuch für Sozialwissenschaft, 16, 1965 / Zum Problem des Kommunismus bei Babeuf, Der Staat, 4, 1965 / Zur Soziologie der französischen Revolution, Der Staat, 5, 1966 / Zur Aufgabenstellung der modernen Soziologie, ARSP 52, 1966 / Logik der Sozialwissenschaften, Der Staat, 7, 1968.

LITERATURHINWEISE

Zu Kapitel VI:

AIMARD, G., Durkheim et la science économique. Paris 1962

ALPERT, H., Emile Durkheim and his Sociology. New York 1939

BAYET, A., La science des faits moraux. Paris 1925

BENRUBI, J., Les sources et les courants de la philosophie contemporaine en France. 2 Bände, Paris 1933

BOUGLÉ, C., Bilan de la sociologie française contemporaine. Paris 1935

BOUTHOUL, G., Histoire de la sociologie. Paris 1950

BUREAU, P., La science des mœurs. Paris 1926

CAZENEUVE, J., La sociologie de Marcel Mauss. Paris 1968

Centennaire de la naissance d'Emile Durkheim. Annales de l'Université de Paris, 1, 1960

CUVILLIER, A., Introduction à la sociologie. Paris 1936

–, Où va la sociologie française? Paris 1953

DAMALAS, B., L'œuvre scientifique de F. Simiand. Paris 1943

DAVY, G., Sociologues d'hier et d'aujourd'hui. Paris 1931

DEPLOIGE, S., Le conflit de la morale et la sociologie. Brüssel, Paris 1910

DUCHAC, R., Sociologie et psychologie. Paris 1963

DUFRENNE, M., La personnalité de base. Un concept sociologique, Paris 1953

DUVIGNAUD, J., Durkheim, sa vie, son œuvre. Paris 1965

GOLDMANN, L., Sciences humaines et philosophie. Paris 1952

GUGLER, J., Die neuere französische Soziologie. Neuwied 1961

KNOBLAUCH, D., Die Methodologie François Simiands. Diss. Köln 1935

LACOMBE, R., La méthode sociologique de Durkheim. Paris 1926

LE BRAS, G., et al., Aspects de la sociologie française. Paris 1966

LOWIE, R. H., The History of Ethnological Theory. London 1938

MACHHAUSEN, M., Die Problematik des objektiven Geistes und der Begriff des Kollektivbewußtseins bei Emile Durkheim. Diss. 1937

MARICA, G., Emile Durkheim. Diss. Jena 1932

MAUNIER, R., Essais sur les groupements sociaux. Paris 1929

SAUVY, A., La nature sociale. Introduction à la psychologie politique. Paris 1957

SEGER, I., Durkheim and his Critics on the Sociology of Religion. New York 1957

TOULEMONT, R., Sociologie et pluralisme dialectique. Introduction à l'œuvre de Georges Gurvitch. Paris 1955

VIALATOUX, J., De Durkheim à Bergson. Paris 1939

VIET, J., Les méthodes structuralistes dans les sciences sociales. Paris 1965

–, Les sciences de l'homme en France. Tendances et organisation de la recherche, 1966

WOLFF, K. H. (ed.), Emile Durkheim, 1858–1917. A Collection of Essays, with Translations and a Bibliography. Columbus (Ohio) 1960

Zu Kapitel VII:

ABBATE, M., La filosofia di Benedetto Croce e la crisi della società Italiana. Torino 1955

Aquilera, F., Handbook of Latin American Studies. 1953
Barbano, F., und M. Viterbi, Bibliografia della Sociologia Italiana 1948–1958. Torino 1959
Battaglia, F., La lezione spiritualistica di G. Gentile. Torino 1955
Beckmann, J. D. (ed.), Soziologie in Lateinamerika. Dortmund 1967
Bénoist, Ch., Le Machiavellisme. 3 Bände, Paris 1936
Bertrand, L., Social Psychology in Latin America. 1947
Bousquet, G. H., Grundriß der Soziologie nach Vilfredo Pareto. Karlsruhe 1926
–, Pareto. Sa vie et son œuvre. Paris 1928
–, Pareto 1848–1923. Le savant et l'homme. Lausanne 1960
Brunello, B., Il pensiero politico italiano dal Romagnosi al Croce. Bologna 1949
Bulferetti, Le ideologie socialistiche in Italia nell'età del positivismo evoluzionistico. Firenze 1951
Burnham, J., The Machiavellians. New York, London 1943
Caponigri, A. R., History and Liberty. The Historical Writings of Benedetto Croce. London 1955
Corsi, M., Le origini del pensiero di Benedetto Croce. Firenze 1951
Croce, B., A History of Italy 1871–1915. Oxford 1929
Davis, H. E., Latin American Social Thought. Washington 1961
Eisermann, G., Vilfredo Pareto als Nationalökonom und Soziologe. Tübingen 1961
–, Vilfredo Paretos System der allgemeinen Soziologie. Stuttgart 1962
Etudes sur Pareto et les doctrines économiques, politiques, sociales et sociologiques de son époque, offertes à H. G. H. Bousquet. Cahiers Vilfredo Pareto, 5, 1965
Faucci, O., Storicismo e metafisica nel pensiero Crociano. Firenze 1950
Faul, E., Der moderne Machiavellismus. Köln 1961
Ferrarotti, F., Sociology in Italy, Problems and Prospects. 1957
Ferrater Mora, J., Ortega y Gasset. An Outline of his Philosophy. New Haven 1957
Gentile, G., Cinquant'anni di socialismo in Italia. 1946
Germani, G., La sociología en la América Latina. Buenos Aires 1964
Giacalone-Monaco, T., Pareto e Sorel. Riflessioni e ricerche. 2 Bände, Padova 1960/61
Gramsci, A., Il materialismo storico e la filosofia di Benedetto Croce. Torino 1948
Gualtari, H., The Labour Movement in Italy 1848–1904. 1946
Hamann, R., Paretos Elitentheorie und ihre Stellung in der neueren Soziologie. Stuttgart 1964
Henderson, L. J., Pareto's General Sociology. Cambridge (Havard University Press) 1935
Homans, G. C., und C. P. Curtis, An Introduction to Pareto. New York 1934
Hirsch, W., Vilfredo Pareto. Ein Versuch über sein soziologisches Werk. Zürich-Bruxelles 1948
Hughes, H. S., Consciousness and Society. New York 1958

La Ferla, G., Vilfredo Pareto. Filosofo volteriano. Firenze 1954
Levy della Vida, G., La teoria della circolazione delle aristocrazie del Pareto e la teoria del ricambio sociale del Gini. 1935
Martin, A. von, Soziologie der Renaissance. 2. Aufl., Frankfurt a. M. 1947
Meisel, J. H., The Myth of the Ruling Class. Gaetano Mosca and the ‹Elite›. Ann Arbor (University of Michigan Press) 1958
Michels, R., Storia critica del movimento socialista italiano dagli inizi fino al 1911. Firenze 1926
Morselli, E., Pareto e la politica di Mussolini. Catania 1928
Norsa, A., Il principio della forza nel pensiero politico di N. Machiavelli. Milano 1936
Perrin, G., Sociologie de Pareto. Paris 1966
delle Piane, Mario, Gaetano Mosca, classe politica e liberalismo. Napoli 1952
Povina, A., Historia de la sociologia Latino-Americana. Mexico 1941
Salvatorelli, L., Il pensiero politico italiano dal 1700 al 1872. [5]1949
Schuler, E., Pareto's Marx-Kritik. Tübingen 1935
Steger, H. A., Die Universitäten in der gesellschaftlichen Entwicklung Lateinamerikas. Gütersloh 1967
Ycaza Tigerino, J. L., Sociologia de la politica hispanoamericana. Madrid 1950
Zanels, Günter, Paretos Theorie der sozialen Heterogenität und Zirkulation der Eliten. Stuttgart 1968

Zum Exkurs:
Ahlberg, R., Die Entwicklung der empirischen Sozialforschung in der Sowjetunion. 1964
Christman, R. C. (ed.), Soviet Science, A Symposium. Washington 1952
Eisermann, G. (ed.), Die gegenwärtige Situation der Soziologie. 1967
Fischer, G., Science and Politics, The New Sociology in the Soviet Union. Ithaca, N. Y. 1964
Halmos, P. (ed.), Japanese Sociological Studies. The Sociological Review Monograph, 10, 1966
Kiss, G., Gibt es eine «marxistische» Soziologie? Köln und Opladen 1966
Matthes, J. (ed.), Soziologie und Gesellschaft in den Niederlanden. 1965
Rosenmayr, L. und E. Köckeis, Sociology in Austria. 1966
Roucek, J, (ed.), Contemporary Sociology. New York 1958
Social Sciences Information, 3, 1964
Transactions of the Third World Congress of Sociology, 1956
Transactions of the Fourth World Congress of Sociology, Bd. 1, 1959

Zu Kapitel VIII:
Abel, T., Systematic Sociology in Germany. A Critical Analysis of Some Attempts to Establish Sociology as an Independent Science. New York 1929
Abramowski, G., Das Geschichtsbild Max Webers. Stuttgart 1966
Antoni, C., Vom Historismus zur Soziologie. Stuttgart [1950]
Aron, R., Deutsche Soziologie der Gegenwart. Stuttgart 1953
Baumgarten, E., Max Weber, Werk und Person. Dokumente, ausgewählt und kommentiert. Tübingen 1964.

BELLEBAUM, A., Das soziologische System von Ferdinand Tönnies unter besonderer Berücksichtigung seiner soziographischen Untersuchungen. Meisenheim/Glan 1966
BENDIX, R., Max Weber, Das Werk. Darstellung, Analyse, Ergebnisse. München 1964
BOESE, F., Geschichte des Vereins für Socialpolitik 1872–1932. Leipzig 1939
EISERMANN, G., (ed.), Gegenwartsprobleme der Soziologie. Alfred Vierkandt zum 80. Geburtstag. Potsdam 1949
–, Wirtschaft und Kultursystem. Alexander Rüstow zum 70. Geburtstag. Erlenbach–Zürich/Stuttgart 1955
FREUND, J., Sociologie de Max Weber. Paris 1966
GECK, L. H. A., Sozialpsychologie in Deutschland. Berlin 1929
–, J. v. KEMPSKI und H. MEUTER (eds.), Studien zur Soziologie. Festgabe für Leopold von Wiese aus Anlaß der Vollendung seines 70. Lebensjahres. Bd. I, Mainz 1948
HENRICH, D., Die Einheit der Wissenschaftslehre Max Webers. Tübingen 1952
KARSTEN, A., Das Problem der Legitimität in Max Webers Idealtypus der rationalen Herrschaft. Diss. Hamburg 1961
LEEMANS, V., F. Toennies et la sociologie contemporaine en Allemagne. Paris 1933
LENK, K., Von der Ohnmacht des Geistes. Kritische Darstellung der Spätphilosophie Max Schelers. Tübingen 1959
LIEBER, H. J., Wissen und Gesellschaft. Die Probleme der Wissenssoziologie. Tübingen 1952
MAIER, H., Das geschichtliche Erkennen. Göttingen 1914
MOMMSEN, W. J., Max Weber und die deutsche Politik 1890–1920. Tübingen 1959
OPPENHEIMER, F., Richtungen der neueren deutschen Soziologie. Jena 1928
–, H., Die Logik der soziologischen Begriffsbildung. Mit besonderer Berücksichtigung von Max Weber. Tübingen 1925
PALYI, M. (ed.), Hauptprobleme der Soziologie. Erinnerungsgabe für Max Weber. 2. Bde., München 1923
RICKMAN, H. P. (ed.), Meaning in History. W. Dilthey's Thoughts on History and Society. London 1961
ROSSI, P., Lo storicismo tedesco contemporaneo. Turin 1956
RÜSCHEMEYER, D., Probleme der Wissenssoziologie. Eine Kritik der Arbeiten Karl Mannheims und Max Schelers und eine Erweiterung der wissenssoziologischen Fragestellung, durchgeführt am Beispiel der Kleingruppenforschung. Diss. Köln 1958
SALIN, E. (ed.), Synopsis. Festgabe für Alfred Weber, 30. 7. 1868–30. 7. 1948. Heidelberg 1948
SCHELSKY, H., Ortsbestimmung der deutschen Soziologie. Düsseldorf-Köln 1959
SCHELTING, A. VON, Max Webers Wissenschaftslehre. Tübingen 1934
SPECHT, K. G. (ed.), Soziologische Forschung in unserer Zeit. Ein Sammelwerk, Leopold von Wiese zum 75. Geburtstag. Köln/Opladen 1951
SPYKMAN, N. J., The Social Theory of Georg Simmel. Chicago 1925
SUSMAN, M., Die geistige Gestalt Georg Simmels. Tübingen 1959

Verhandlungen des Ersten Deutschen Soziologentages vom 19.–22. 10. 1910. Reden, Vorträge und Debatten. Schriften und Vorträge der Deutschen Gesellschaft für Soziologie, I. Serie, I. Band Tübingen 1911
Max Weber und die Soziologie heute. Verhandlungen des 15. Deutschen Soziologentages vom 28.–30. 4. 1964 in Heidelberg. Tübingen 1965
WEGENER, W., Die Quellen der Wissenschaftsauffassung Max Webers und die Problematik der Werturteilsfreiheit der Nationalökonomie. Ein wissenschaftssoziologischer Beitrag. 1962
WILLI, V., Das Wesen der Kulturhöhe und der Kulturkrise in der kultursoziologischen Sicht Alfred Webers. Paris, Luzern, Köln-Opladen 1953
WINCKELMANN, J., Legitimität und Legalität in Max Webers Herrschaftssoziologie. Tübingen 1952
WOLFF, K. H. (ed.), Georg Simmel, 1858–1918. A Collection of Essays, with Translations and a Bibliography. Columbus/Ohio 1959
Reine und angewandte Soziologie. Festgabe für F. Tönnies zum 80. Geburtstag am 26. 7. 1935. Leipzig 1936
Max-Weber-Gedächtnisschrift der Maximilians-Universität München. München 1964

Zu Kapitel IX:
ALLEN, PH. J. (ed.), Pitirim A. Sorokin in Review. Durham 1963
BAUMGARTEN, E., Die geistigen Grundlagen des amerikanischen Gemeinwesens. 2 Bde., Frankfurt 1936–38
BEAL OWEN, F., The Development of Sociology in the United States. Ann Arbor, Mich. 1944
BERGMANN, J. E., Die Theorie des sozialen Systems von Talcott Parsons. Eine kritische Analyse. Frankfurt/Main 1967
BERNARD, L. L. und J. S., Origins of American Sociology. New York [1943]
BLACK, M. (ed.), The Social Theories of Talcott Parsons. A critical examination. Englewood Cliffs, N. J. 1961
BOGARDUS, E. S., The Development of Social Thought. New York/London 1940
BRAMSON, L., The Political Context of Sociology. Princeton, N. J. 1961
BREDMEIER, H. C., und R. M. STEPHENSON, The Analysis of Social Systems. San Francisco/Toronto/London 1962
CARTER, H., The Social Theories of L. T. Hobhouse. Chapel Hill 1927
DAHRENDORF, R., Gesellschaft und Freiheit. Zur soziologischen Analyse der Gegenwart. München 1961
–, Die angewandte Aufklärung, Gesellschaft und Soziologie in Amerika. München 1963
DOLLARD, J., Criteria for the Life History, with Analyses of Six Notable Documents. New Haven 1935
EUBANK, E. E., The Concepts of Sociology. Boston/New York 1932
FIRTH, R. (ed.), Man and Culture: An Evalution of the Work of Bronislaw Malinowski. London 1957
GIBSON, QU. B., The Logic of Social Enquiry. London/New York 1960
GREEN, A. W., Sociology – An Analysis of the Life in Modern Society. New York [2]1956
GROSS, L. (ed.), Symposium on Sociological Theory. Evanston, Ill. 1959

HARRISON, S. M., The Social Survey, the Idea Defined, and its Development Traced. New York 1931
HARTMANN, H. (ed.), Moderne amerikanische Soziologie. Stuttgart 1967
HINKLE, G. N. und R. L., Die Entwicklung der amerikanischen Soziologie. Eine Geschichte ihrer Motive und Theorien. München 1960
HOFSTADTER, R., Social Darwinism in American Thought. New York 1959
HOROWITZ, I. L. (ed.), The New Sociology. New York 1964
HOUSE, F. N., The Development of Sociology. New York/London 1936
KARPF, F. B., American Social Psychology. New York/London 1932
KELLERMANN, P., Kritik einer Soziologie der Ordnung. Organismus und System bei Comte, Spencer und Parsons. Freiburg i. Br. 1967
LANDSBERGER, H., Hawthorne Revisited. Ithaca, N. Y. 1958
LERNER, D., und H. D. LASSWELL, (eds.), The Policy Sciences. Stanford 1951
LIPSET, S. M., und L. LOWENTHAL, (eds.), Culture and Social Character, The Work of David Riesman Reviewed. New York 1961
LOOMIS, CH. P., Social Systems. Princeton, N. J. 1960
–, und Z. K., Modern Social Theories. Princeton, N. J. 1961
LUNDBERG, G. A., R. BAIN, N. ANDERSON (eds.), Trends in American Sociology. New York/London 1929
MADGE, J. H., The Origins of Scientific Sociology. New York 1962
MARCUSE, L., Amerikanisches Philosophieren. rde Bd. 86, Hamburg 1959
MARTINDALE, D., The Nature and Types of Sociological Theory. Boston 1960
MONTANER, A., Der Institutionalismus als Epoche amerikanischer Geistesgeschichte. Tübingen 1948
MOSER, C. A., Survey Methods in Social Investigation. London 1958
ODUM, H. W., American Sociology. New York 1951
RUDOLPH, W., Die amerikanische «Cultural Anthropology» und das Wertproblem. Berlin 1959
SCHILL, B., Die Rezeption von Max Webers Lehre vom sozialen Handeln durch Talcott Parsons. Diss. München 1964
SHILS, E. A., The Present State of American Sociology. Glencoe, Ill. 1948
SIMEY, T. S. und M. B., Charles Booth, Social Scientist. London 1960
SOROKIN, P. A., Contemporary Sociological Theories. New York/London 1928
–, Fads and Foibles in Modern Sociology and Related Sciences. Chicago 1956
STEIN, M., und A. VIDICH (eds.), Sociology on Trial. Engelwood Cliffs, N. J. 1963
STRAUSS, A. L. (ed.), The Social Psychology of George Herbert Mead. Chicago 1956
SYMONOLEWICZ, K., Bronislaw Malinowski: A Sociological Analysis. Diss. Columbia 1955
THAYER, H. S., Meaning and Action. A Critical History of Pragmatism. 1968
TIRYAKIAN, E. A. (ed.), Sociological Theory, Values and Social Change. Glencoe, N. Y. 1963
WALTHER, A., Soziologie und Sozialwissenschaften in Amerika und ihre Bedeutung für die Pädagogik. Karlsruhe 1927
WILLIAMS, R., Die amerikanische Gesellschaft. Soziologie einer Nation. Stuttgart 1953
ZETTERBERG, H. L., Sociology in the United States of America. A Trend Report. Paris 1956

PERSONENREGISTER